K. ANKE / H. KALTENECKER / R. OETKER · **Prozeßrechner**

Dr. phil. nat. KLAUS ANKE
Dr. rer. nat. HORST KALTENECKER
Dr.-Ing. RUDOLF OETKER

Prozeßrechner

Wirkungsweise und Einsatz

Mit 204 Abbildungen und 13 Tabellen

2. unveränderte Auflage

AKADEMIE-VERLAG · BERLIN 1971

Mitarbeiter:

Anke, Klaus, Dr. phil. nat.
Bamberger, Karl-Friedrich
Barta, Johann
Benseler, Albrecht
Bollmann, Helmut
Clauß, Martin
Doetsch, Edmund
Fleischer, Reinhard
Gerstberger, Rudolf
Hiller, Alfons
Hirschberg, Günter
Höppl, Heinz
Hock, Friedemann, Dr. rer. nat.
Hofmann, Eduard-Dieter
Kaltenecker, Horst, Dr. rer. nat.
Kapfer, Einar, Dr.-Ing.
Kürner, Hans
Lutz, Kurt
Mittendorf, Horst, Dr. rer. nat.
Oemigk, Jürgen
Oetker, Rudolf, Dr.-Ing.
Offer, Udo
Reinhardt, Klaus
Schendel, Claus
Schlick, Karl
Schmid, Edwin
Schuhmacher, Karlheinz
Seyfried, Hans
Straßer, Günter
Ueberschär, Georg
Urbach, Walter, Dr. rer. nat.
Westphal, Bruno
Winkler, Dieter
Zander, Willi

Erschienen im Akademie-Verlag GmbH, 108 Berlin, Leipziger Straße 3—4
Von R. Oldenbourg, München, genehmigte Lizenzausgabe
Lizenznummer: 202 · 100/633/71
Gesamtherstellung: VEB Druckerei „Thomas Müntzer", 582 Bad Langensalza, DDR
Bestellnummer: 5810 · ES 19 B 4, 20 K 3
EDV-Nr. 761 338 1
Printed in German Democratic Republic

VORWORT DER HERAUSGEBER

Es war nicht leicht, dieses Buch zu schreiben und herauszugeben. Dafür gibt es eine Reihe von Gründen und es lohnt sich, diese hier aufzuschreiben. Wir glauben, daß die Leser unser Buch dann besser verstehen werden.

Die Materie ist neu oder zumindest so jung, daß von einer echten Vorgeschichte nicht gesprochen werden kann. Aus einer Evolution — der Entwicklung der Automatisierungstechnik — wurde eine Explosion — die Prozeßdatenverarbeitung. Die Grundlagenforschung ist davon ebenso überrascht worden wie die industrielle Entwicklung. Niemand hat dies Ereignis vorbereitet und mit Leitgedanken versehen. Die Realität forderte mit unwiderlegbaren Gründen diese neue Technik. Es ist nicht leicht, unter diesen Umständen Druckreifes zu finden.

Wo Vorgeschichte oder Konvention nicht vorhanden ist, sind junge Menschen die besten Wegbereiter. Sie finden und verwerfen leichter; und dies war — wir wissen es jetzt sehr genau — bei dieser Materie erforderlich. Der technische Erfolg auf dem Gebiet der Prozeßdatenverarbeitung, der heute vielfach unter Beweis steht, gibt uns recht bei dieser Behauptung. Das Schreiben eines Buches jedoch erfordert Eigenschaften, die erst bei Älteren reifen. Der Altersdurchschnitt der Autoren ist 33. Es ist nicht leicht, mit so jungen Menschen ein Buch zu schreiben.

Die Autoren haben trotz ihrer Jugend eine mehrjährige persönliche Praxis in der Prozeßdatenverarbeitung hinter sich. Mehr noch: sie mußten theoretische Grundlagen erarbeiten, sie mußten diese auf praktische Gegebenheiten ausrichten und sie wurden aus der Aufgabe nicht eher entlassen, bevor nicht die Realität der befriedigenden Anwendung gegeben war. Also erst, wenn der zukünftige Benutzer der automatisierten Anlage sich von der einwandfreien Funktion überzeugt hatte und in der Lage war, diese mit eigenen Kräften zu beherrschen, waren die Autoren frei und konnten dokumentieren. Zumeist wurde dieser Vorgang jedoch durch neue Aufgaben empfindlich gestört. Kenner des Arbeitsgebietes wissen abzuleiten, daß unsere Autoren das Buch nicht nur erlebt, sondern auch erlitten haben. Es ist nicht leicht, in dieser Situation ein Buch zu schreiben.

Alle Autoren sind zu Fachleuten auf ihrem Gebiet geworden; Stil und Standpunkt sind daher erkennbar eigenwillig. Wir haben den Text nicht so stark redigiert, daß dies verloren ging; eine solche Nivellierung hätte dem Inhalt mehr geschadet als genützt. Die Folge ist natürlich, daß die verschiedenen Verfasser erkennbar sind und daß sich sachliche Überschneidungen und Wiederholungen nicht ganz vermeiden ließen. Es war für die Herausgeber nicht leicht, hier das richtige Maß zu finden. Hierüber zu richten, bitten wir unsere Leser.

Die dargestellte Materie hat sich schnell entwickeln müssen; zum Teil wird sie auch schnell veralten. Wir haben deshalb auf die letzten Feinheiten in Erkenntnis sowie Darstellung verzichtet und wissen, daß es noch viel zu erarbeiten gibt. Unser Buch wird wohl nur wenige Jahre in der jetzigen Form leben. Wir haben uns deshalb beeilt es zu schreiben, wollen es laufend an der Realität messen und — wenn erforderlich — bald verbessern. Es ist nicht leicht für einen Verleger, ein solches Werk zu übernehmen.

Gern hätten wir dem Buch noch einige Kapitel etwa mit den Überschriften „Geschichte", „Zukunft", „Gegenwart" mit auf den Weg gegeben. Zur „Geschichte" ist das Gebiet noch zu jung, für die „Zukunft" noch nicht alt genug. Die „Gegenwart" ist einer so stürmischen Entwicklung unter worfen, daß wir es lieber Zeitschriften überlassen möchten, hier stets das Neueste zu melden. Ein paar kennzeichnende Zahlen wollen wir aber hier einfügen. Einfach deshalb, weil damit am besten klar wird, was wir meinen, wenn wir von einer Explosion auf diesem Gebiet sprechen. Bei diesen Zahlen wurden nur Prozeßrechner im engeren Sinne der industriellen Automatisierung berücksichtigt nicht aber solche für den Einsatz in der Verkehrstechnik und in der Medizin (die auch in diesem Buch nicht erwähnt wurden).

Die nachstehende Tabelle bringt die Anzahl der eingesetzten Prozeßrechner in der Welt und in Europa in den Jahren 1963 bis 1968 und eine Schätzung für 1973.

	1963	1964	1965	1966	1967	1968	1973
Welt	350	450	800	1500	2500	3600	22000
Europa	80	150	250	400	600	1000	6600

Diese Zahlen zeigen, daß der Prozeßrechnermarkt in den vergangenen fünf Jahren jährlich etwa um den Faktor 1,5 anwuchs. Wir glauben, daß dieser jährliche Wachstumsfaktor auch in den nächsten Jahren mindestens erreicht wird.

Es wird schwer sein, auf breiter Basis diesem Wachstum zu folgen. Die kräfteverzehrende Realisierung dieser Erfordernisse verlangt, schnell und umfassend für die Ausbildung und Schulung zu sorgen. Hierzu soll dieses Buch einen Beitrag leisten. Wir wenden uns an Lernende, die einmal dieses Sachgebiet beherrschen wollen. In unserer nebenberuflichen Eigenschaft als Lehrbeauftragte haben wir den Aufbau und die Schwerpunkte des Buches besonders im Hinblick auf diese Aufgabe ausgerichtet. Wir wenden uns aber auch an zukünftige Benutzer von Prozeßrechnern, in der Hoffnung, ihnen damit manche Entscheidung zu erleichtern. Aber auch Branchenfremde — wie Pädagogen, Psychologen, Juristen — finden sicher für sie verständliche Passagen, aus denen ihnen klar wird, daß der in diesem Buch geschilderte Grad der industriellen Automatisierung in einer noch kaum zu überschauenden Weise alle Menschen berühren wird.

Bei der Auswahl und Anordnung des Stoffes haben wir uns davon leiten lassen, daß ein Leser, der sich mit dem Gesamtgebiet vertraut machen will, durch die Kapitelfolge einigermaßen systematisch zum Verständnis der wesentlichen Zusammenhänge gelangt. Daher sind nach einer Einführung in den Teilen 2 bis 5 die Grundlagen in Theorie, Methode und Gerätetechnik sowie das Vorgehen bei der Realisierung eines Projektes dargestellt. In Teil 6 werden an Hand ausgeführter Anlagen die Anwendungen unter besonderer Berücksichtigung ihrer für den Einsatz von Prozeßrechnern typischen Technologie behandelt.
Auch ein in der Materie bereits erfahrener Leser wird bei speziellen Fragen Rat und Anregungen finden, wobei ihm das Suchen durch ein ausführliches Sachverzeichnis erleichtert ist.
Eine vollständige Anleitung zum Programmieren konnte mit dem Buch nicht gegeben werden. Die Darstellung beschränkt sich hier auf die bei Prozeßrechnern charakteristischen Gesichtspunkte. Da eine allgemein anwendbare Programmiersprache für Prozeßrechneraufgaben noch nicht existiert, hätte das auf bestimmte Systeme zugeschnittene Vorgehen im einzelnen beschrieben werden müssen, wozu der Platz im vorgesehenen Umfang bei weitem nicht ausreicht. Hier muß zunächst auf die von den Herstellern für ihre Gerätesysteme verfaßten Unterlagen verwiesen werden.
Im gegenwärtigen Stadium einer noch nicht abzusehenden Entwicklung kann das vorliegende Buch Anspruch auf Vollständigkeit oder gar Endgültigkeit nicht erheben. Der Entschluß, bisherige Ergebnisse aktuell in einer Buchveröffentlichung zusammenzustellen wurde gemeinsam mit dem Verlag R. Oldenbourg gefaßt. Wir sind ihm für verständnisvolles Entgegenkommen sowie für Unterstützung durch Rat und Tat zu besonderem Dank verpflichtet.
Das Vorwort soll schließen mit dem Dank an alle Autoren, die nebenberuflich ihr Manuskript verfassen mußten und hierbei teilweise ihre Umwelt in Mitleidenschaft gezogen haben. Wir freuen uns mit ihnen, daß unser Buch fertig ist und erhoffen diesem viele zufriedene Leser.

Klaus Anke

Horst Kaltenecker

Rudolf Oetker

Vorwort zur 2. Auflage

Die erste Auflage dieses Buches war überraschend schnell vergriffen. Die weiterhin lebhafte Entwicklung des Prozeßrechner-Gebiets legte die Frage nahe, ob für die 2. Auflage eine wesentliche Überarbeitung erforderlich wird. Wir sind zu dem Ergebnis gekommen, daß die Darstellungen der 1. Auflage nach so kurzer Zeit unverändert Gültigkeit haben. Neu hinzugekommene Einsatzbeispiele im Buchteil „Typische Anwnedungen" wären wohl interessant gewesen, hätten aber den vorgegebenen Umfang gesprengt. So haben wir uns auf eine Durchsicht, geringfügige Verbesserungen und Hinzunahme neuerer Literarurhinweise beschränkt.

Wir hoffen, daß das Buch auch weiterhin zufriedene Leser findet.

Die Herausgeber

INHALTSVERZEICHNIS

Zu Beginn jedes Kapitels der Teile 1 bis 6 befindet sich noch eine Inhaltsübersicht, mit der zugleich die Gliederung des betreffenden Kapitels in Abschnitte dargestellt wird.

1. EINFÜHRUNG

1.1 Anforderungen der fortschreitenden Automatisierung

von R. Oetker

Inhaltsübersicht

1 Ziel und Wesen der Automatisierung von Prozessen

Die gemeinhin verbreitete Vorstellung, allein im Ersetzen von Menschen das Automatisieren zu verstehen, läßt nicht das Wesentliche erkennen. Wichtige Aussagen liefert die Definition: Der „Automat" ist ein künstliches System, das selbsttätig ein Programm befolgt und zwischen verschiedenen Ablaufmöglichkeiten Entscheidungen trifft, die auf der Verknüpfung von Eingaben mit inneren Zuständen beruhen und Ausgaben zur Folge haben. Nach diesen Merkmalen erfüllt der Automat sein Ziel, z. B. Warenverkauf.

In den technischen Systemen der Energie- und Stoffumsetzung, des Bearbeitens, des Förderns, des Verkehrs- sowie des Meß- und Prüfwesens laufen Vorgänge ab, die hier als „Prozesse" verstanden werden; auch ihnen ist stets ein gewisses Ziel vorgegeben. Dieses kann ausreichende Versorgung, rechtzeitige Bereitstellung, Quantität, Qualität, neue Erkenntnisse und nicht zuletzt auch ein rationell erreichtes Ergebnis sein. Diese Ziele sind bei ständig wachsenden Anforderungen durch die Entwicklung der menschlichen Gesellschaft bedingt; sie zu erfüllen, ist Aufgabe der fortschreitenden Automatisierung.

Zur Routine gewordene menschliche Arbeit, die einen Wirkungsablauf von Beobachten, Überlegen und Handeln darstellt, ist ein Anlaß, solche Funktionen von einem Automaten vollziehen zu lassen. Diese Erkenntnis ist so alt wie die Menschheit selbst und gilt in verstärktem Maße für die technischen Prozesse in neuer Zeit. Es kommt aber hinzu, daß die modernen Mittel der Meßtechnik, Datenverarbeitung und Energietechnik das menschliche Vermögen der Sinne, des Verstands und der Muskeln für bestimmte Aufgaben bei weitem übertreffen. Wie schon die oben gegebene Definition des Automaten ja gezeigt hat, sind diese Mittel seine hauptsächlichen Bestandteile, mit ihnen vermag er wesentlich mehr auszurichten, als es der bloße Ersatz von Menschen ermöglicht.

Trotzdem bleibt die Automatisierung nur stellvertretend für den Menschen, denn welche Größen am Prozeß zu erfassen sind, in welcher Weise sie verarbeitet werden müssen und wie im Prozeß einzugreifen ist, um die beabsichtigten Wirkungen zu erzielen, bedarf seiner vorherigen Untersuchung, Überlegung und Festlegung.

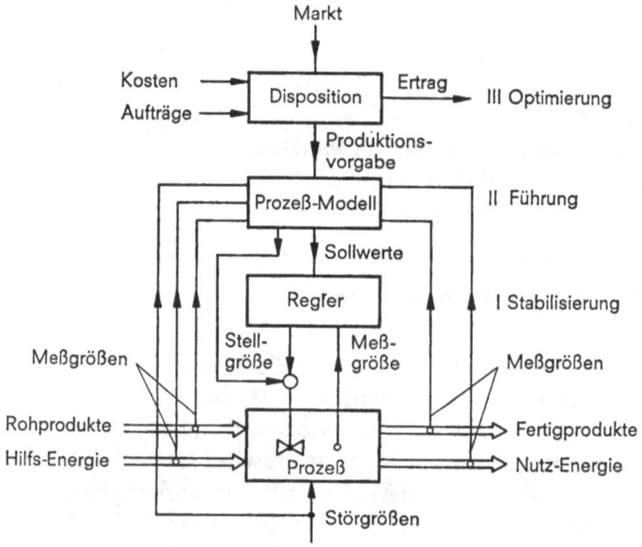

Bild 1. Automatisierungsstufen eines Produktionsprozesses.

Mit steigender Ausbaustufe ist menschlicher Mitwirkung jeweils die Funktion der nächst höheren, noch nicht automatisierten Stufe übertragen:

Ausbaustufe I Die Vorgabe der Sollwerte, auf die der Prozeß durch Regler selbsttätig stabilisiert wird.
Ausbaustufe II Die Vorgabe der Produktion, für die ein Prozeßmodell die Sollwerte liefert, nach denen der Prozeß selbsttätig geführt wird. Das Prozeßmodell kann zugleich die Regler unterstützen.
Ausbaustufe III Der Einfluß auf den Markt, wobei die Disposition selbsttätig Produktionsvorgaben so liefert, daß jeweils das erzielbare Optimum eingehalten wird.

(aus R. Oetker, Fortschritt und Grenzen der Automatisierung in Fortschrittliche Betriebsführung 17. Jg. 1968 S. 138–141)

Die fortschreitende Automatisierung ist gekennzeichnet einerseits durch immer bessere Methoden und Mittel, andererseits durch die wachsenden Anforderungen der Effektivität kostspieliger und umfangreicher Anlagen. Sie werden aber stets dem menschlichen Einfluß unterstellt bleiben, der um so wirkungsvoller wird, je höher die **Automatisierungsstufe** ist, über die er z. B. bei einer Produktionsanlage eingreift (Bild 1). Dies gilt in ähnlicher Weise für den Lastverteiler im Versorgungsnetz wie für den Experimentator an einer Versuchsanlage. Allerdings muß er sich auf die Dienste der unterlagerten Automaten verlassen können, wenn er in eigener Verantwortlichkeit auf höherer Ebene in das Geschehen eingreift; der Automat liefert ihm dazu aufbereitete Unterlagen und nimmt ihm alle vorbedachten Entscheidungen ab.

2 Anforderungen an die zu automatisierende Anlage

Um das Vorhaben der Automatisierung verwirklichen zu können, muß die Anlage eine Reihe von technischen Voraussetzungen erfüllen, die der automatische Ablauf erfordert. Hierzu gehört, daß der Ablauf in allen seinen Phasen beobachtbar ist, d. h. daß der ihn bestimmende Prozeßzustand sich durch Meßgrößen und Meldungen jeweils erkennen läßt. Um mit der Automatisierung das vorgegebene Ziel erreichen zu können, müssen außerdem die dafür maßgeblichen Größen steuerbar sein, d. h. daß sie sich durch Eingriffe in den Prozeßablauf auf bestimmte Werte bringen lassen. Diese Einwirkungen dosiert der Automat auf Grund vorbedachter Entscheidungen.
Je mehr Unterlagen über das Prozeßverhalten, d. h. den Zusammenhang zwischen Eingriff und Ergebnis vorliegen, desto zielsicherer können die Entscheidungsfunktionen des Automaten eingerichtet werden. Somit ist eine weitere Anforderung an den Prozeß die Determinierbarkeit, also eine weitgehende Beschreibungsmöglichkeit auf Grund des physikalisch-chemischen Verhaltens oder mathematischer Beziehungen.
Als wesentliche Eigenschaft des Prozesses ist dabei das dynamische Verhalten zu beachten, also der zeitliche Zusammenhang zwischen Eingriff und Ergebnis. Sehr häufig ist es Aufgabe einer automatisierten Anlage, das vorgegebene Ziel zeitgerecht zu erreichen. Damit bestehen bestimmte Anforderungen bezüglich des dynamischen Prozeßverhaltens. Ist der Automat wegen unzureichender Unterlagen bei seinen Entscheidungsfunktionen auf den Vergleich zwischen Ergebnis und Ziel angewiesen, dann kann das dynamische Prozeßverhalten zur Instabilität der automatisierten Anlage führen oder zumindest eine unerwünscht lange Einstellzeit verursachen.
Von einer automatisierten Anlage wird erwartet, daß sie die ihr vorgegebenen Aufgaben exakt erfüllt. Das kann an ihre Manövrierfähigkeit weit höhere Anforderungen stellen, als sie vorher bei Handbetrieb sinnvoll waren. Wenn auch die Automatisierung die jeweils schonendste Betriebsweise der Anlagen bei Erfüllung ihrer Aufgaben gewährleistet, so muß doch die gegenüber dem unzulänglichen Handbetrieb schärfere Fahrweise in der Konstruktion beachtet werden. Dies betrifft auch den Einbau von Meßgebern, Meldern und Stelleinrichtungen.

3 Anforderungen an die Automatisierungsmittel

Unter Automatisierungsmittel sind sämtliche Einrichtungen zur Automatisierung eines Prozesses zu verstehen, die gebraucht werden, um seine Zustandsgrößen zu erfassen, zu verarbeiten, vorbedachte Entscheidungen zu treffen und Eingriffe in den Prozeßablauf vorzunehmen. Mit fortschreitender Automatisierung wachsen Anzahl und Vielfalt der zu erfassenden Größen, ihre Verarbeitung wird komplizierter, zahlreiche Entscheidungen sind zu treffen und viele Eingriffsstellen am Prozeß zu versorgen. Mit großer Zuverlässigkeit müssen verschiedenartige Größen exakt gemessen, schnell verarbeitet und zum Eingriff gebracht werden. Dem Betriebspersonal ist das Prozeßgeschehen in übersichtlicher Weise darzustellen, und für die noch zu gebenden Anweisungen sind sinnfällige Eingriffsmöglichkeiten zu schaffen.

Ist der Prozeß vollständig bekannt, so läßt sich für ein gegebenes Ziel die gesamte Automatisierungseinrichtung mit allen ihren Eigenschaften sehr genau festlegen, jedoch ist das Entwurfsergebnis je nach Art und Anforderung des Prozesses von Fall zu Fall durchaus verschieden.

Läßt sich der Prozeß in seinem Verhalten nur unvollkommen beschreiben, dann muß die Automatisierungseinrichtung bereits im Entwurf die Möglichkeit offen lassen, ihre Eigenschaften verändern und anpassen zu können.

In beiden Fällen gelangt man nur dann zu einer befriedigenden Lösung, wenn die Automatisierungseinrichtung bereits in ihrer Konzeption die notwendige Flexibilität aufweist. Sie ist auch deswegen zu fordern, weil häufig ein Automatisierungsvorhaben stufenweise realisiert wird.

Unabhängig von Art und Anforderung des Prozesses läßt sich eine begrenzte Anzahl von Elementaroperationen angeben, die von den Automatisierungs mitteln auszuführen sind. Ihre Kombination muß dann zu den speziellen Eigenschaften führen, die zur Erfüllung des vorgegebenen Ziels jeweils notwendig sind.

Erforderlich ist Speicherfähigkeit für Daten und Anweisungen. Die Arbeitsweise einer Automatisierungseinrichtung beruht auf vorbedachten Entscheidungen, die häufig früheren Ergebnissen folgen, bereits angefallene Prozeßdaten heranziehen und bereitgehaltene Berechnungsverfahren einsetzen. Auch beim Auftreten unvorhersehbarer Ereignisse ist die Vergangenheit in allen Einzelheiten zur Aufklärung notwendig.

Eine weitere Anforderung ist die Wirkungsmöglichkeit der Automatisierungsmittel auch über größere Entfernungen. Bei dem Zusammenschluß oft weit auseinanderliegender Anlagen zu einer automatisch arbeitenden Betriebseinheit muß die Fernübertragung von Daten und Eingriffen einwandfrei arbeiten.

1.2 Gesichtspunkte zum Prozeßrechner und dessen Einsatz

von H. Kaltenecker

Inhaltsübersicht

1 Mittel der Automatisierung

Prozeßrechner dienen der Automatisierung von Prozessen. Unter Prozessen werden dabei alle deterministischen oder stochastischen Abläufe gemeint, bei denen Materie, Energie oder Informationen umgeformt werden. Man spricht von einem technischen Prozeß, wenn dessen Zustandsgrößen gemessen, gesteuert oder geregelt werden können. Nach dieser Definition spannt sich der Bogen technischer Prozesse vom Hüttenwerk bis zur kernphysikalischen Experimentiereinrichtung, vom Kraftwerk bis zur Auswertung von Ergebnissen der Gaschromatographie, von der Raffinerie bis zum Test eines Raketenstarts, um nur ein paar Beispiele zu geben.
Auf dem Weg zum Prozeßrechner können wir drei wesentlich voneinander unterscheidbare Stufen der Mittel zur Automatisierung verfolgen. Die erste Stufe bilden Einzweckgeräte wie Meßumformer, Regler, Stellglieder, Grenzwertgeber, Anzeiger, Logikelemente. Aus diesen Grundbausteinen kann man alle wichtigen Aufgaben durch entsprechende Kombinationen lösen. Zum Regeln benötigt man Meßumformer, Regler und Stellglied, zum Überwachen Meßumformer, Grenzwertmelder und Anzeiger, zum Steuern z. B. Grenzwertmelder, Logikelemente und Stellglieder. Das wesentliche Merkmal der ersten Stufe ist die freizügige Kombination der Bausteine und die individuelle Anpassung an alle Aufgaben.
Diese Freizügigkeit wird jedoch durch einen verhältnismäßig hohen Aufwand an Projektierung und Zusammenschaltung erkauft. Außerdem war festzustellen, daß sich typische Aufgaben häufig wiederholten. Die erste Stufe der Mittel zur Automatisierung wurde deshalb bald durch eine zweite Stufe ergänzt und oft auch ersetzt. Sie besteht aus zweckgebundenen, vorpro-

jektierten Systemen wie Signalsysteme, Steuersysteme, Meßwertüberwachungssysteme, Fernmeßsysteme. Jedes dieser Systeme besteht wieder aus Bausteinen, die erweiterungsfähige Funktionseinheiten darstellen und nach einem festgelegten Schema miteinander zu verbinden sind. Ein Meßwertüberwachungssystem enthält z. B. erweiterbare Einrichtungen zum sequentiellen Abtasten von Meßwerten, Analog-Digitalumsetzer, Vergleicher und Blattschreiber. Der projektierende Ingenieur hat im Prinzip nur die Anzahl und den Meßbereich der Meßstellen anzugeben. Die Art der Eingabeverarbeitung und Ausgabe ist im System weitgehend festgelegt. Jede funktionelle Änderung führt zu einem Eingriff in das System und muß vermieden werden, wenn der Vorteil dieses Mittels, wenig Projektierung zur Lösung einer Aufgabe, nicht vermindert werden soll.
Besteht die erste Stufe aus weitgehend freizügig kombinierbaren Einzweck**geräten**, so liegen in der zweiten Stufe spezielle Einzweck**systeme** vor, die weniger Projektierungsaufwand benötigen, jedoch auf Kosten der Freizügigkeit. Die dritte Stufe wird nun durch den Prozeßrechner gebildet. Sie ergänzt und ersetzt beide vorhergehenden Stufen und enthält die erwähnten Vorteile dieser Stufen. Hier handelt es sich um anwendungsunabhängige Systeme. Dieser dritten Stufe ist das vorliegende Werk gewidmet.

2 Gerätetechnischer Aufbau des Prozeßrechners

Ein Prozeßrechner enthält als Kern eine Datenverarbeitungsanlage (DVA) und stellt somit ein äußerst flexibles Mittel dar (Kapitel 1.3). Der wesentliche Unterschied zur Arbeitsweise mit Einzweckgeräten oder Einzwecksystemen ist, daß alle Aufgaben in fundamentale Einzelschritte (Befehle) zerlegt werden, die sequentiell sehr schnell abgearbeitet werden. Die Summe der Einzelschritte, die zu einer Aufgabe gehören und vom Programmierer festgelegt werden, nennt man Programm. Ein Prozeßrechner kann viele Programme enthalten, deshalb ist es erforderlich, daß diese Aufgaben im sogenannten Arbeitsspeicher funktionsfähig aufbewahrt werden können. Die Fähigkeit, umfangreiche Programme, Ergebnisse, Zwischenergebnisse und ähnliche Daten zu speichern, ist ein weiteres Merkmal der mit dem Prozeßrechner realisierten dritten Stufe.
Ein Prozeßrechner (Bild 1) beinhaltet eine Zentraleinheit, bestehend aus Arbeitsspeicher, Rechenwerk und einem Steuerwerk, das die Zusammenarbeit aller Elemente des Prozeßrechners steuert. Die Zentraleinheit von Prozeßrechnern unterscheidet sich wegen unterschiedlicher Aufgabenstellung und damit aus Gründen der Effektivität oder des Preisleistungsverhältnisses von herkömmlichen DVAs in ihrem Aufbau (Kapitel 2.1). Neben den bekannten Ein- und Ausgabegeräten (Standardperipherie) von DVAs, die auch bei kommerziellen und wissenschaftlichen Anwendungen eingesetzt werden, z. B. Lochkartengeräte, Drucker, Großspeicher (Kapitel 2.2), ent-

hält ein Prozeßrechner zusätzlich Prozeßelemente (Kapitel 2.3), die eine direkte Ankopplung der Zentraleinheit an die Meß-, Regel- und Steuergeräte des Prozesses erlauben. Dadurch ist eine der Voraussetzungen für den Echtzeitbetrieb, der im folgenden näher definiert werden soll, erfüllt.

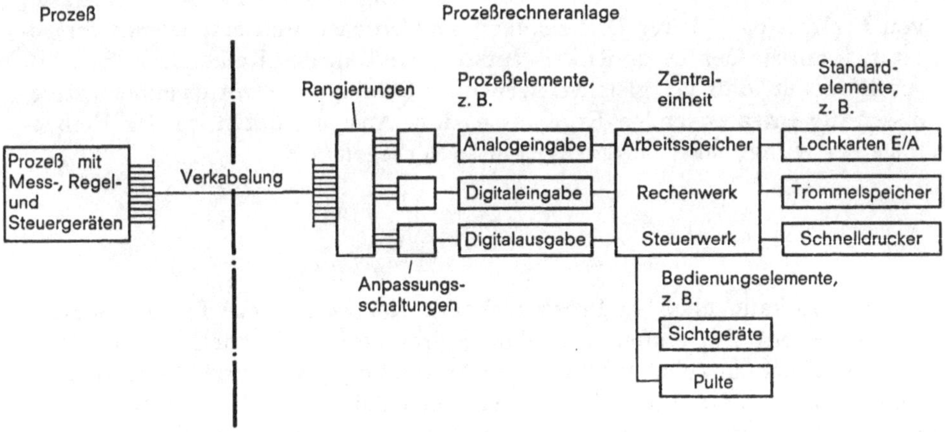

Bild 1. Aufbau eines Prozeßrechnersystems

3 Echtzeitbetrieb

Ein Prozeßrechner hat eine Reihe immer wiederkehrender Aufgaben zu bearbeiten. Er enthält aus diesem Grund in seinen Speichern alle Programme, die zur Bearbeitung dieser Aufgaben notwendig sind. Nach der endgültigen Inbetriebssetzung werden im allgemeinen keine weiteren Programme, die zur Automatisierung benutzt werden, eingegeben, es sei denn, um bei Stillstandszeiten des Prozesses die Aufgaben zu erweitern oder zu ändern.
Die Prozeßrechenanlage hat bezüglich der zeitlichen Disposition folgende Aufgabengruppen zu bewältigen: Aufgaben, deren Bearbeitungsbeginn vom Bedienungspersonal festgelegt wird; Aufgaben, die zu fest vorgegebenen absoluten oder relativen Zeiten beginnen müssen, und schließlich solche Aufgaben, deren Beginn von Ereignissen im Prozeßablauf abhängt. Die Zeitpunkte für diese Prozeßereignisse sind nicht oder nur unzureichend genau bekannt. Außerdem läßt der Prozeß in vielen Fällen nur extrem kurze **Antwortzeiten** für die Aufgabe zu, d. h., die Bearbeitung muß möglichst schnell nach Auftreten des Ereignisses beginnen und so zum Abschluß gebracht werden, daß die Antwort in Form von Ausgabedaten rechtzeitig erfolgen kann. Diese Betriebsart, bei welcher der Programmablauf mit dem Prozeßablauf oder der relativen oder absoluten Zeit synchronisiert werden muß, nennt man Echtzeitbetrieb oder Realzeitbetrieb.
Der Echtzeitbetrieb führt zu der Forderung, alle Aufgaben nach Dringlichkeiten (Prioritäten) zu ordnen, weil die Möglichkeit für das gleichzeitige Auf-

treten mehrerer Ereignisse des Prozesses besteht. Durch eine solche Ordnung, die bei der Einsatzplanung festgelegt werden muß, kann man durch geräte- und programmiertechnische Mittel (Teil 2) erreichen, daß immer die dringendste Aufgabe vom Prozeßrechner bearbeitet wird.
Die Bearbeitung von Aufgaben geringerer Dringlichkeit wird beim Auftreten von Ereignissen höherer Dringlichkeit abgebrochen und erst wieder fortgesetzt, wenn sie der Dringlichkeit entsprechend an der Reihe sind. So wird gewährleistet, daß bei gleichzeitigen oder überlappend vorliegenden Ereignissen die entsprechenden Ergebnisse, d. h. Ausgangsdaten, in der Reihenfolge der Dringlichkeiten der Ereignisse vorliegen.

4 Programmarten

Im Prinzip kann man bei Prozeßrechnern vier wesentliche Programmarten unterscheiden. Zur ersten Art gehören Programme, die zur Funktion eines Prozeßrechners unabhängig von jeder Anwendung grundsätzlich erforderlich sind (Kapitel 2.6). Diese Programme haben die Aufgabe, die Steuerung, Koordinierung und Überwachung des Ablaufs aller für den jeweiligen Einsatzfall notwendigen Anwenderprogramme zu übernehmen. Diese Aufgabe kann aber teilweise auch schon durch die Geräteausstattung selbst gelöst sein. Die Anforderungen, die an die erste Programmart von den Prozeßrechenaufgaben her gerichtet werden, übertreffen die Möglichkeiten üblicher DVAs. In vielen Fällen waren die Lösungen auch richtungweisend für neuere Aufgaben dieser DVAs.
Die Programme der zweiten Art sind für anwenderorientierte Aufgaben erforderlich (Kapitel 2.7). In dieser Kategorie gibt es sowohl allgemein verwendbare Programmsysteme für Meß-, Steuer-Regel- und Optimierungsprobleme sowie spezielle Programme, die nur auf einen Anwender zugeschnitten sind. Ein wesentliches Merkmal in der Struktur dieser Programmsysteme sind die besonderen Belange des Echtzeitbetriebes, das heißt die Abstimmung des Programmablaufes auf die dynamischen Eigenschaften des Prozesses.
Eine dritte Programmart bei Prozeßrechensystemen stellen solche Programme dar, die zum Prüfen der Funktion des Prozeßrechensystems erforderlich sind und bei Ausfall des Systems den Wiederanlauf weitgehend automatisch und schnell gewährleisten (Kapitel 5.5). Diese Programmart dient also besonders zur Erhöhung der Verfügbarkeit des Prozeßrechensystems, zur raschen Fehlererkennung, zur Erhöhung der Sicherheit und Verfügbarkeit des Prozesses.
Die vierte Art der Programme bildet ein Hilfsmittel zum Herstellen und Austesten von neuen Programmen (Kapitel 2.6). Besondere Aufmerksamkeit muß diesen Programmen gewidmet werden, wenn sie im Prozeßrechner neben den eigentlichen Prozeßrechneraufgaben ablaufen sollen, damit der normale Betrieb nicht gestört wird. Interpretatives Arbeiten und Ausnüt-

zung von Speicherschutzeinrichtungen sind die Mittel, um dieses Problem zu bewältigen.
Eine besondere Aufgabe besteht noch in der Entwicklung einer geeigneten Prozeßsprache zur Herabsetzung des Programmierungsaufwandes (Kapitel 2.8). Alle bisher bekannten Ansätze, die im wesentlichen auf bekannten Sprachen wie Algol und Fortran basieren, können noch nicht recht befriedigen.

5 Verfügbarkeit

Neben den vielseitigen Vorteilen, die Prozeßrechner zur Automatisierung bieten, darf ein wesentlicher Nachteil nicht unerwähnt bleiben. Er ergibt sich zwangsläufig durch die Zentralisierung der Aufgabenbearbeitung in einem Gerät, nämlich im Prozeßrechner. Besonders kraß zeigt sich dieses Problem, wenn man den Prozeßrechner zur digitalen Vielfachregelung (Englisch DDC $\triangleq$ Direct Digital Control) einsetzt. Hier erfüllt der Prozeßrechner die Funktionen einer Vielzahl von Reglern („Einzweckgeräte"). Während der Ausfall eines Reglers manuell leicht überspielt werden kann, kann der Ausfall eines Prozeßrechners bei DDC-Betrieb zum Totalausfall des Prozesses führen, wenn man nicht besondere Vorkehrungen für diesen Betriebsfall trifft (Kapitel 4.4 und 6.4).
Hohe Verfügbarkeit der Prozeßrechneranlage erfordert Einsatz redundanter Systeme, schnelle Fehlererkennung und Fehlerbeseitigung (Kapitel 5.5) sowie sorgfältigen Anlagenaufbau (Kapitel 5.3).

6 Einsatzarten von Prozeßrechnern

Den Einsatz kann man nach der Art der Kopplung von Prozeßrechner mit Prozeß sowie nach Art der Aufgabenstellung beschreiben.
Zunächst sei die **Kopplung** beschrieben (Bild 2). Man unterscheidet indirekte und direkte Prozeßkopplung. Bei der **indirekten Prozeßkopplung** werden sowohl Eingabedaten als auch Ausgabedaten nur durch menschlichen Eingriff zwischen Prozeß und Prozeßrechner übertragen. Diese Arbeitsweise wählt man, wenn es auf Echtzeitbetrieb nicht ankommt, z. B. bei Prüfung von verschiedenen Einsatzmöglichkeiten oder Versuchen mit Prozeßmodellen, die in der DVA gespeichert sind.
Indirekt gekoppelte Arbeitsweise ist auch dann zweckmäßig, wenn die Bearbeitung der Aufgaben nur relativ selten durchgeführt werden muß und in der zeitlichen Einordnung unkritisch ist, so daß man sich die Kosten für die Anpassungseinheiten an die Meß- und Stelleinrichtungen des Prozesses sparen kann.

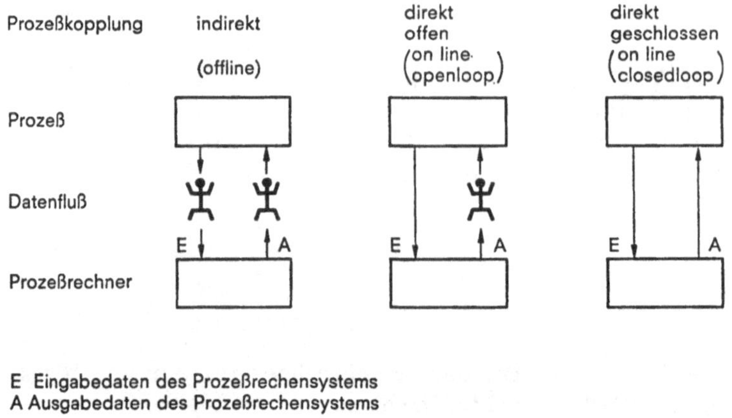

Bild 2. Arten der Prozeßkopplung

Bei der direkten Prozeßkopplung werden Prozeßdaten ohne menschlichen Eingriff übertragen. Man spricht von **offener, direkter Prozeßkopplung,** wenn entweder Eingabedaten oder Ausgabedaten ohne menschlichen Eingriff übertragen werden. Die überwiegende Mehrzahl dieser Anwendungsfälle benutzt den Menschen auf der Ausgabeseite des Prozeßrechners. Die Eingabedaten werden also automatisch erfaßt. Die Ergebnisse der Verarbeitung werden jedoch zunächst vom Menschen beurteilt, bevor sie, gegebenenfalls durch ihn korrigiert, dem Prozeß bzw. seinen Automatisierungseinrichtungen als Stellinformationen weitergegeben werden. Diese Arbeitsweise ist häufig ein Übergangsstadium zur geschlossenen Prozeßkopplung. Der Mensch wird also aus Sicherheitsgründen solange als Erfahrungsfilter in den Wirkungskreis geschaltet, bis gewährleistet ist, daß das Prozeßrechensystem einwandfrei arbeitet.

Die **geschlossene, direkte Prozeßkopplung** schließlich enthält den Menschen nicht mehr im Wirkungskreis, was natürlich nicht ausschließt, daß er von außen dem Prozeßrechner Information zuführt und so auf den Wirkungsablauf Einfluß nimmt. Bei der geschlossenen Prozeßkopplung, die zur Prozeßführung und Optimierung angewandt wird, arbeitet man mit einer geregelten oder gesteuerten Prozeßführung.

Im ersteren Fall erreicht man das Ziel, indem der Prozeßrechner die Stellglieder nach gewissen Algorithmen oder Strategien solange betätigt, bis ein das Ziel charakterisierender Prozeßzustand erreicht ist.

Im zweiten Fall hat man ein Modell des Prozesses im Prozeßrechner gespeichert, auf Grund dessen die Stellglieder von vornherein in die Stellung gebracht werden, wie es der vorgeschriebene Prozeßzustand (Ziel) verlangt. Hier handelt es sich um die zur Zeit höchste Stufe der Automatisierung, die umfangreiche Arbeiten zur Prozeßerkennung und Prozeßbeschreibung voraussetzt (Teil 3).

Beschreibt man den Einsatz des Prozeßrechners nach der **Aufgabenstellung,** so kann man drei wesentliche Aufgaben definieren:
Überwachen und **Auswerten** von **Prozeßdaten** ist die fundamentale erste Aufgabe (Kapitel 6.1 und 6.2). Ziel dieser Aufgabe ist die Überwachung von Prozeßdaten auf prozeßerlaubte Zustände, Protokollieren der Daten und besonderes Hinweisen auf unerlaubte Zustände. Unter Auswerten versteht man darüber hinaus Mittelwertbildung, Statistik und Erkennen besonders charakteristischer Prozeßdatenverläufe z. B. bei der Analyse von Gasen und Flüssigkeiten durch Gaschromatographie.
Der zweite Aufgabenbereich betrifft das **Steuern und Regeln** mittels Prozeßrechner (Kapitel 6.3 bis 6.6), eine Aufgabe, die heute in der Mehrzahl der Anwendungen mit Einzweckgeräten oder Einzwecksystemen gelöst wird. Wirtschaftliche Lösungen für beliebige Regelalgorithmen, Aufgaben mit modellbezogenen Steuerungen, Entkopplungssysteme oder Verriegelungen sowie Einbeziehung dieser Aufgaben in das ganze Automatisierungssystem sind einige der Vorteile, die sich bei Übernahme durch den Prozeßrechner ergeben.
Der dritte, schwierigste und deshalb auch zuletzt zum Zuge kommende Aufgabenbereich ist das **Führen und Optimieren** von Prozessen. Hierzu sind umfangreiche technologische Kenntnisse erforderlich. Einen Einblick in Aufgabenstellungen und Lösungsmöglichkeiten geben Beispiele (Kapitel 6.7 bis 6.10).

7 Systemplanung und Projektablauf

Beginn jeder Überlegung beim Einsatz von Prozeßrechnern ist die Systemplanung (Kapitel 4.1). Dazu gehört Festlegung der Aufgaben, die vom Prozeßtrechner gelöst werden sollen, und die Kenntnis der zur Lösung in Betracht kommenden Automatisierungsverfahren (Kapitel 4.2), die Wahl der Struktur der Prozeßrechenanlage (Kapitel 4.3 und 4.4), die Anlagenausstattung (Kapitel 5.1) sowie die Programmorganisation (Kapitel 5.2). Diesen Aufgaben geht meist eine Einsatzstudie (Kapitel 5.1) voraus, in der unter anderem auch die technologischen Zusammenhänge des Prozesses soweit wie möglich geklärt werden müssen. In manchen Fällen kann es angebracht sein, durch mobile Prozeßrechner oder über Fernversuche mit Rechenzentrumsanlagen die Nützlichkeit eines Prozeßrechnereinsatzes festzustellen. Sind diese Arbeiten getan, so beginnt der eigentliche Projektablauf. Von den umfangreichen Überlegungen zur Systemplanung und zum Projektablauf (Kapitel 5.3 bis 5.6) sollen einige Dinge besonders betont werden.
Prozeßrechner haben grundsätzlich die Fähigkeit, auch kommerzielle und wissenschaftliche Aufgaben zu lösen. Deshalb ist der Wunsch vieler Anwender verständlich, mit dem Prozeßrechner neben dem Prozeßrechenbetrieb auch tpyischen Rechenzentrumsbetrieb einzurichten. Von diesem

gemischten Betrieb ist grundsätzlich abzuraten. Folgende Gründe können dafür genannt werden: wegen der angepaßten Preis/Leistungsverhältnisse ist die Anschaffung einer kleineren kommerziell orientierten DVA **und** eines kleineren Prozeßrechners effektiver und oft auch kostengünstiger als **ein** entsprechend größerer Prozeßrechner; Kompetenzen und Verantwortung lassen sich naturgemäß besser teilen, wenn verschiedene Aufgaben auf mehreren Rechnern gelöst werden; der Prozeßrechner soll im 24-Stundenbetrieb mit größter Verfügbarkeit arbeiten, die Verfügbarkeit sinkt jedoch, ganz gleich welche Schutzmaßnahmen man vorsieht, mit der Anzahl der Benutzer und mit der Größe der Rechenanlage.

Eine Reihe von Prozeßrechnern, die in ihrer Leistungsfähigkeit aufeinander abgestimmt sind, nennt man auch Prozeßrechnerfamilie. Solche Familien sind aufwärts und meist unter gewissen Einschränkungen auch abwärts kompatibel, d. h., die Programme des kleineren Rechners laufen auch auf dem größeren, und mit Einschränkungen gilt auch das Umgekehrte. Trotzdem sollte die Zentraleinheit einer Prozeßrechenanlage nicht zu knapp bemessen werden. Es ist eine bekannte Erfahrung, daß der Umgang mit diesem Hilfsmittel sehr rasch den Bedarf nach der Lösung weiterer Aufgaben erweckt, die ursprünglich nicht eingeplant waren. Eine Umstellung auf größere Zentraleinheiten dieser Familie ist zwar möglich, aber eine Unterbrechung des Rechnerbetriebes in dieser Umstellungsphase unvermeidlich, wenn man nicht erhebliche Kosten in Kauf nehmen will.

Ein besonderes Problem stellt die Abschätzung des Software-Aufwandes (software $\hat{=}$ geistiger Aufwand, namentlich Prozeßerkennung und Programmieren), während der Hardware-Aufwand (hardware $\hat{=}$ alle elektronischen und elektromechanischen Geräte) viel besser übersehen werden kann. Die schwierige Übersicht der Software, z. T. bedingt durch die Flexibilität des Prozeßrechners, wird zunehmend besser, je mehr man zu abgeschlossenen Programmsystemen kommt, deren Einsatz natürlich die Flexibilität zum Teil wieder vermindert. Die Schätzungen sind um so besser, je mehr Aufwand man der Systemplanung einräumt.

Ein abschließendes Wort zum Gelingen eines Projektes sei der Zusammenarbeit von Hersteller und Anwender gewidmet. Die Prozeßrechenanlage steht auf der höchsten Stufe der z. Zt. bekannten Automatisierungsmittel. Eine solche Anlage kann deshalb, insbesondere wenn sie umfangreich ist, nur dann zur Zufriedenheit des Anwenders in Betrieb genommen und gehalten werden, wenn Hersteller und Anwender vom Anfang der Systemplanung bis zum Betrieb ein Team bilden (Teil 5). Anlagen solchen Umfangs und solcher Komplexität können nur miteinander, nie gegeneinander gedeihen. Es ist eine vordringliche Aufgabe von Führungskräften beider Seiten, dies zu erkennen und organisatorische Maßnahmen zu treffen.

8 Zum Nutzen des Prozeßrechnereinsatzes

Insbesondere die schnelle sequentielle Arbeitsweise, also die Auflösung einer Aufgabe in kleine Schritte, führt zu einer Prozeßrechner-Kostenfunktion wie in Bild 3 dargestellt. Der Grundaufwand mit Prozeßrechner ist deswegen hoch. Mit wachsendem Aufgabenumfang macht sich jedoch ohne Prozeßrechner der stärker wachsende Geräteaufwand bemerkbar, und im Schnitt-

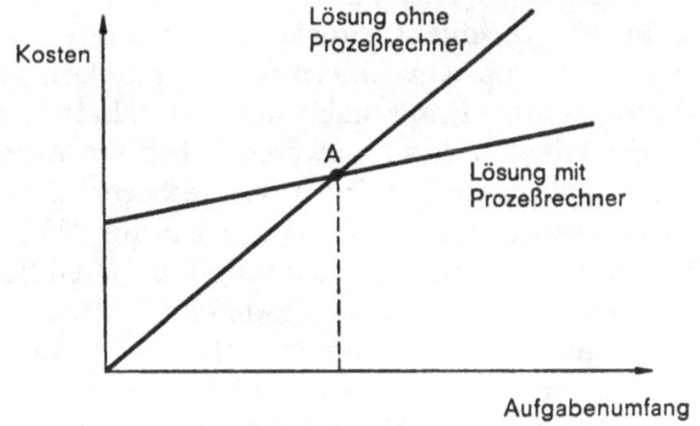

Bild 3. Automatisierungskosten in Abhängigkeit vom Aufgabenumfang

punkt A sind die Kosten einer Automatisierung mit und ohne Prozeßrechner gleich. Für alle Einsatzfälle sollte dieser Schnittpunkt vor der endgültigen Entscheidung gefunden werden. Im folgenden werden einige Anhaltspunkte gegeben, die bei einer solchen Entscheidung wichtig sind.

Eine Überwachung mit Prozeßrechnern kann bei gleichen Kosten wesentlich umfangreicher und damit effektiver durchgeführt werden als mit Einzweckgeräten und Einzwecksystemen. Besseres Überwachen bedeutet frühzeitigeres Erkennen der Fehler im Prozeß oder in den Meß-, Regel- und Steuergeräten. Damit können auch frühzeitiger Gegenmaßnahmen eingeleitet werden, für die der Prozeßrechner selbst Unterlagen zu liefern vermag. Dies wiederum führt zu höherer Verfügbarkeit des Prozesses und zur Schonung seiner Anlagenteile.

Der Aufwand für das manuelle Auswerten von Diagrammen, Analysen, Meß- und Zählwerten kann errechnet werden. Die Einsparungen sind deshalb in den meisten Fällen bestimmbar, die Kosten eines Prozeßrechners ebenso. Durch Anwendungsbeispiele konnte schon mehrfach gezeigt werden, daß Amortisation bei Auswertungsaufgaben in wenigen Jahren zu erzielen ist, abgesehen von dem Vorteil, von Qualität und Quantität des verfügbaren Personals unabhängig zu sein.

Schwieriger sind die Verhältnisse beim Steuern und Regeln. Wenn die bessere Dynamik oder größere Flexibilität mittels Prozeßrechner nicht schon von vornherein dieses Mittel fordert, gelingt der Rentabilitätsnachweis selten, ohne daß man zusätzliche Aufgaben wie Überwachen oder Optimieren vorweisen kann. Leider findet man diese Anschauung zum Nachteil des

Anwenders nicht immer in der Literatur bestätigt. Die Kostenverhältnisse werden sich wandeln, sobald die Probleme Mensch-Maschine, Zuverlässigkeit und Preisleistungsverhältnis besser beherrscht werden können.
Prozeßführung und Prozeßoptimierung haben meist Verbesserungen bezüglich Qualität und Quantität des herzustellenden Produktes zum Ziel. Hier kann man im allgemeinen die Ergebnisse mit und ohne Prozeßrechner vergleichen. Bei Erstanwendungen wird häufig der Fehler gemacht, zu früh nach dem Gewinn zu fragen. Insbesondere bei technologisch komplizierten Prozessen läßt sich eine eventuelle Wirtschaftlichkeit erst nach dem Experiment erbringen. Solche Experimente sind teuer, sie können auf die Dauer nur von Anwendern und Herstellern gemeinsam getragen werden.
Häufig ist die Frage nach der Wirtschaftlichkeit gar nicht direkt gestellt. Es handelt sich dann im wesentlichen um Aufgaben, die ohne einen Rechner überhaupt nicht in einem vertretbaren Zeitraum gelöst werden können. Hierzu gehören z. B. Teststationen für Weltraumraketen. Ein Test ohne Rechner würde so lange dauern, daß die Gültigkeit der ersten Testwerte bei Abschluß des Testes schon zweifelhaft wäre. Andere Aufgaben verlangen so rechenintensive Programme, daß eine manuelle Bearbeitung aus Personal-, Kosten- und Zeitgründen nicht in Betracht kommt.
Zum Nutzen des Prozeßrechnereinsatzes kann zusammenfassend gesagt werden, daß in vielen Fällen der Nachweis einer Wirtschaftlichkeit in der Regel nicht mit einer Erstanwendung gelingt, dafür aber stets eine bessere Transparenz des Geschehens erreicht wird mit ihren positiven Folgen wie höherer Verfügbarkeit und besserer Prozeßerkennung. In allen Fällen kann man jedoch mit gleichen Kosten mehr machen als ohne Prozeßrechner, d. h. nützt man das Mittel voll aus und kann man die Erstaufwendungen vernachlässigen, so ist die Wirtschaftlichkeit im Vergleich mit anderen Mitteln wohl immer gegeben.
Darüber hinaus werden sich mehr solche Anwendungen von Prozeßrechnern durchsetzen, die mit anderen Mitteln nicht ausführbar sind und vom Standpunkt des wirtschaftlichen Vergleichs vernünftigerweise nicht beurteilt werden können.

Literaturhinweise

Ernst, D., Kaltenecker, H.: Einsatz von Prozeßrechnern.
Siemens Z., Jg. 39 Sept. 1965, H. 9, S. 932—939.

Savas, E. S.: Computer Control of Industrial Processes.
McGraw Hill, New York 1965.

Hotes, H.: Digitalrechner in technischen Prozessen.
Walter de Gruyter Verlag, Berlin 1967.

Schöne, A.: Prozeßrechnersysteme der Verfahrensindustrie.
Carl Hanser Verlag, München 1969.

Syrbe, M.: Messen, Steuern, Regeln mit Prozeßrechnern.
Akademische Verlagsgesellschaft Frankfurt/M. (erscheint Ende 71).

1.3 Grundsätzliche Arbeitsweise digitaler Datenverarbeitungsanlagen

von H. Höppl

Inhaltsübersicht

1 Datendarstellung

In digitalen Datenverarbeitungsanlagen (DVA) werden alle Informationen durch eine Anzahl zusammengehörender „Binärzeichen" ausgedrückt. Die beiden Zustände eines Binärzeichens werden in schriftlichen Darstellungen meist mit „0" und „1" bezeichnet. Als Signale werden die Binärzeichen durch physikalische Größen dargestellt, die nur zwei deutlich unterscheidbare Werte annehmen können. Meist werden in der DVA elektrische Spannungen oder Magnetflußrichtungen als Signale benutzt. Zum Beispiel können folgende Darstellungen festgelegt sein:

Spannung vorhanden = Information „1"
Spannung fehlt = Information „0"
Magnetfluß $+\Phi$ = Information „1"
Magnetfluß $-\Phi$ = Information „0".

Zur Verarbeitung in der DVA wird jedes Binärzeichen von einem Bauelement aufgenommen. Deshalb ist die „Länge" der aus mehreren Binärzeichen bestehenden Dateneinheit durch die Konstruktion der DVA festgelegt. Eine solche Dateneinheit ist bei Prozeßrechnern das „Maschinenwort". Üblicherweise werden Maschinenwörter von 12 bis 36 Binärzeichen (Kurzform „Bits") verwendet.

Die zusammengehörenden Bauelemente eines Maschinenwortes im Arbeitsspeicher einer DVA heißen „Zelle", die zusammengehörenden Speicherelemente zur Aufnahme eines Maschinenwortes in den übrigen Teilen der DVA „Wortregister" oder kurz „Register".

In der Prozeßautomatisierung müssen vor allem Meßwerte (Zahlen) und binäre Zustandsmeldungen verarbeitet werden. Ihre Darstellung im Maschinenwort soll deshalb an zwei einfachen Beispielen gezeigt werden; zur Vereinfachung werden dafür „Maschinenwörter" benutzt, die nur aus 5 Bits bestehen:

Zahlendarstellung im Maschinenwort: In Prozeßrechnern werden Zahlen meist als Dualzahlen dargestellt. Sie haben den Vorteil, daß Rechnungen mit ihnen besonders leicht und schnell durchführbar sind.
Die einzelnen Ziffern einer Dualzahl haben je nach ihrer „Stelle" innerhalb der Zahl eine „Wertigkeit". Die Wertigkeit steigt von rechts nach links mit wachsenden Potenzen der Basis des Dualzahlensystems (= 2) an. Eine der Stellen des Maschinenwortes dient zur Kennzeichnung des Vorzeichens (Bild 1).

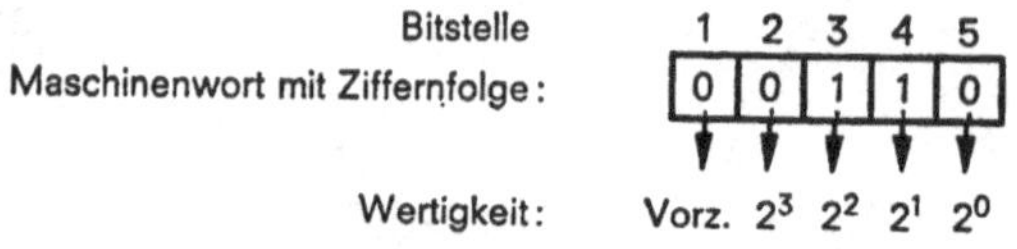

Bild 1. Darstellung der Dezimalzahl 6 als Dualzahl im Maschinenwort
Vorz. = Vorzeichenstelle: „0" = +; „1" = –

Darstellung binärer Zustandsmeldungen im Maschinenwort: Die Bedeutung der einzelnen Bitstellen des Maschinenwortes kann hier vom Anwender frei festgelegt werden.
Beispiel: Das gedachte fünfstellige Maschinenwort soll den Anlagenzustand eines von einer Doppelsammelschiene abgehenden Leitungsabzweiges darstellen (Bild 2).

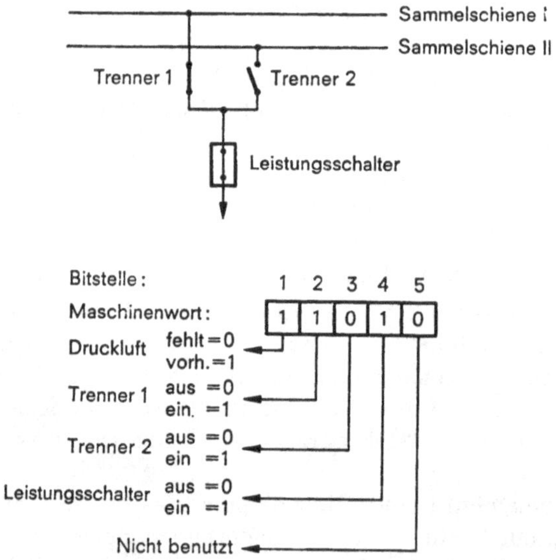

Bild 2. Darstellung binärer Zustandsmeldungen im Maschinenwort (Beispiel: Schaltanlage)

2 Elementaroperationen

Alle Funktionen, die von einer DVA ausgeführt werden sollen, müssen aus Elementaroperationen – gewissermaßen aus „Funktionsbausteinen" – zusammengesetzt werden. Solche Elementaroperationen sind z. B.:

Verarbeitung von Datenwörtern, wie:

- arithmetische Operationen (Addition, Subtraktion, Multiplikation, Division),
- logische Verknüpfungen (jede Bitstelle des einen Wortes wird mit der gleichen Bitstelle eines zweiten Datenwortes nach einer der logischen Funktionen (z. B. UND, ODER) verknüpft.
- Verschieben der Bits innerhalb eines Maschinenwortes.

Alle Operationen, bei denen Datenwörter verändert oder miteinander verknüpft werden, führt das „Rechenwerk" der DVA aus.

Transferoperationen: Mit ihnen können Datenwörter zur Verarbeitung aus dem Arbeitsspeicher in das Rechenwerk gebracht oder es können Verarbeitungsergebnisse aus dem Rechenwerk im Arbeitsspeicher abgespeichert werden.

Eingabeoperationen und Ausgabeoperationen: Sie dienen zur Übergabe von Maschinenwörtern zwischen den peripheren Eingabe- und Ausgabegeräten und dem Arbeitsspeicher der Zentraleinheit.

Interne Steueroperationen: Sie bewirken interne Steuerungsvorgänge, die den Programmablauf beeinflussen.

Alle Elementaroperationen werden durch gerätetechnische Funktionseinheiten in der DVA in fest verdrahteter Schaltkreistechnik ausgeführt. Jede Elementaroperation wird durch ein spezielles Signal — jeweils auf einer eigenen Signalleitung — ausgelöst.

3 Befehle und Befehlsdecodierung

Die charakteristische Arbeitsweise der DVA beruht jedoch auf der Art, wie die Elementaroperationen ausgelöst und wie sie zu Funktionsabläufen zusammengesetzt werden. Jeder einzelne Arbeitsschritt der DVA wird durch einen sogenannten „Befehl" ausgelöst. Der Befehl ist eine Arbeitsanweisung an das Steuerwerk der DVA. Diese Arbeitsanweisungen werden — ebenso wie die Daten — in Maschinenwörtern in binär codierter Form ausgedrückt. Die zusammengehörige Folge von Befehlswörtern, mit denen die DVA in die Lage versetzt wird, eine aus Elementaroperationen zusammengesetzte Funktion auszuführen, ist das Programm. Die Befehlswörter des Programmes müssen vor dem Programmablauf mit Hilfe eines Eingabegerätes (z. B. eines Lochkartenlesers) in den Arbeitsspeicher der DVA eingegeben („eingeschrieben") werden. Die DVA ist dann speicherprogrammiert.

Ein 24stelliges Befehlswort kann z. B. für eine Verarbeitungsoperation so aussehen:

0 1 0 0 0 1 1 0 0 0 1 0 1 0	0 0 0 0	0 1 0 0 0 0
Operandenadresse, z. B. Zelle Nr. 4490	Zusatzangaben	vorgeschriebene Elementaroperation z. B. „Addiere"

Das dargestellte Befehlswort zeigt einen „Einadreßbefehl", wie er bei Prozeßrechnern verwendet wird. Er besteht im wesentlichen aus einem „Adreßteil" und einem „Operationsteil". Im Adreßteil ist die duale Adresse einer Arbeitsspeicherzelle angegeben, in welcher der „Operand" — d. h. das zu verarbeitende Datenwort — zu finden ist (im Beispiel: Nr. 4490). Der Operationsteil enthält in verschlüsselter Form die Angabe der Elementaroperation, die mit dem Operanden ausgeführt werden soll (im Beispiel: Addiere). Bei der Verknüpfung von zwei Operanden mit Hilfe von Einadreßbefehlen muß der erste Operand entweder schon von einer vorange-

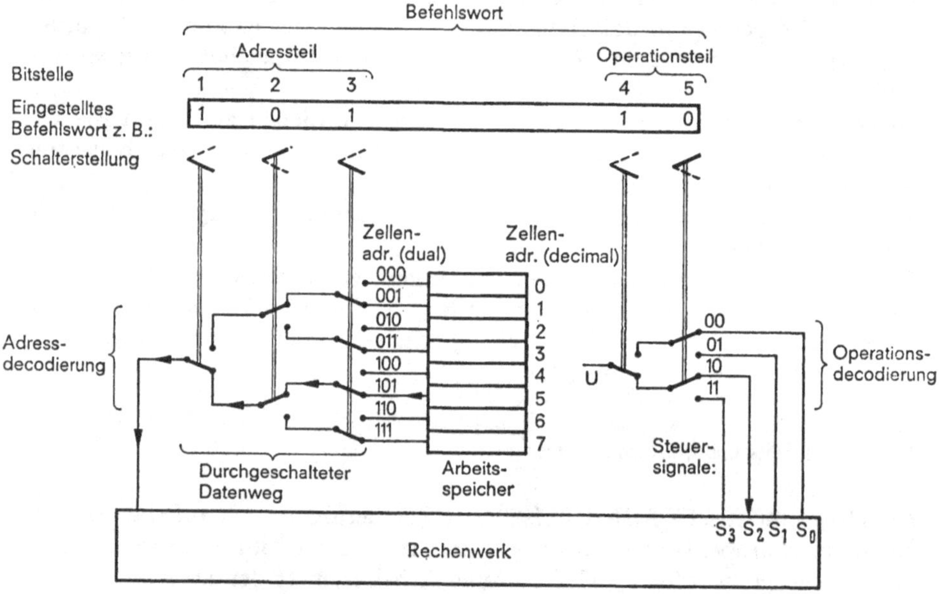

Bild 3. Prinzip der Befehlsdecodierung
z. B. S_0 UND-Verknüpfung, S_1 ODER-Verknüpfung, S_2 Addition, S_3 Subtraktion

henden Operation im Rechenwerk stehen oder er muß erst durch einen „Transferbefehl" aus dem Arbeitsspeicher ins Rechenwerk gebracht werden. Mit Hilfe der Befehlswörter steuert die DVA ihren Arbeitsablauf selbsttätig. Das Steuerwerk muß dazu die Befehlswörter „verstehen" oder „decodieren"; es muß die im Befehlswort enthaltenen Informationen zur Steuerung einer Elementaroperation auswerten. Eine Vorstellung davon soll zunächst an einem vereinfachten Schema gegeben werden (Bild 3).

Das benutzte Befehlswort besteht wieder nur aus fünf Bits (drei Bits für den Adreßteil, zwei Bits für den Operationsteil). Durch eine dreistellige Adreßzahl lassen sich 8 ($= 2^3$) Arbeitsspeicherzellen unterscheiden; durch einen zweistelligen Operationsteil lassen sich 4 ($= 2^2$) Elementaroperationen unterscheiden.

Es sei angenommen, daß die Information der fünf Bits des Befehlswortes an fünf Schaltern (jeweils mit den Schalterstellungen 0 und 1) eingestellt wird. Durch die Schalter 1 bis 3 wird der Adreßteil des eingestellten „Befehlswortes" decodiert, d. h., es wird der Leitungsweg von einer der acht Zellen des Arbeitsspeichers zum Rechenwerk durchgeschaltet (im Beispiel von Zelle Nr. 5). Auf dem so durchgeschalteten Weg wird der Inhalt dieser Arbeitsspeicherzelle, z. B. ein Meßwert, ins Rechenwerk übertragen.
Durch die Schalter 4 und 5 wird der Operationsteil des Befehlswortes decodiert, d. h., es wird eines der Steuersignale S_0 bis S_3 gebildet (im Beispiel S_2 = „Addiere"). Dieses Steuersignal löst nun die Elementaroperation im Rechenwerk aus.

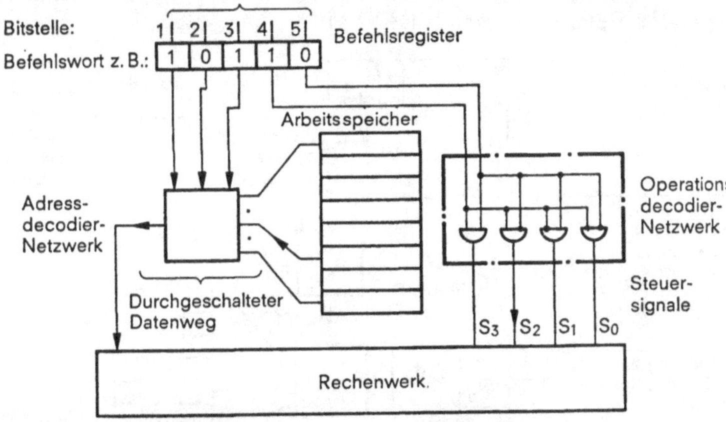

Bild 4. Elektronische Verarbeitung des Befehlswortes

Zum Abarbeiten des Programmes, das aus einer Folge von Befehlswörtern besteht, könnte so an den „Befehlsschaltern" 1 bis 5 der Informationsinhalt der Befehlswörter nacheinander von Hand eingestellt werden.
Die DVA bringt aber selbsttätig in sehr schneller Folge die Befehlswörter eines Programmes zur Decodierungseinrichtung. Um die Decodierung für den raschen Ablauf geeignet zu machen, ist im Rechner anstelle der zur Erläuterung benutzten Schalterknebel (Bild 3) ein „Befehlsregister" (bestehend aus bistabilen Kippstufen) vorhanden. Außerdem sind anstelle der Schalterkontakte elektronische Decodierschaltungen aus Verknüpfungsgattern eingesetzt (Bild 4). Das Befehlsregister wird bei jedem Programmschritt durch das Steuerwerk des Rechners mit dem nächsten Befehlswort geladen. Die Decodierschaltungen arbeiten kontaktlos; sie bewirken — ebenso wie die nur zur Erläuterung benutzten Schalterkontakte (Bild 3) — die Durchschaltung des Datenweges und die Auswahl eines bestimmten Steuersignales. Am Beispiel des Netzwerkes für die Operations-Decodierung ist gezeigt, wie dies mit UND-Gattern geschieht; bei der Adreßdecodierung sind diese Einzelheiten nicht dargestellt.

4 Programmsteuerung

Als Ergänzung soll noch gezeigt werden, wie das Befehlsregister bei jedem Programmschritt mit einem neuen Befehlswort geladen wird.
Als Voraussetzung für den Ablauf eines Programmes müssen sowohl die Befehlswörter als auch die Datenwörter im Arbeitsspeicher der DVA stehen. Es ist Aufgabe des „Steuerwerkes", die Befehlswörter nacheinander in der richtigen Reihenfolge aus dem Arbeitsspeicher zu „lesen" und sie zur Decodierung und Ausführung in das Befehlsregister zu bringen. Im Arbeitsablauf des Rechners wechselt immer das **Lesen** und die **Ausführung** aufeinanderfolgender Befehlswörter ab (Bild 5).

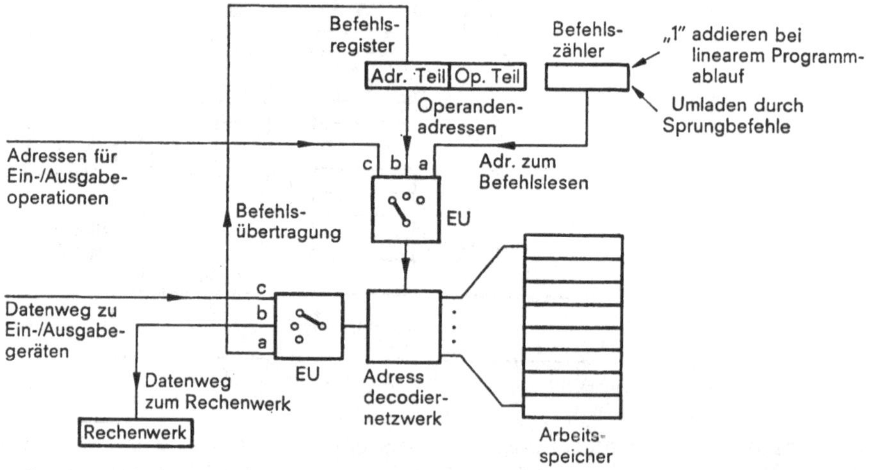

Bild 5. Informationswege beim Befehlslesen und Datenverkehr „Stellungen" der elektronischen Umschalteinrichtung EU

a **Befehlslesen**
b **Datenaustausch zwischen Arbeitsspeicher und Rechenwerk**
c **Datenaustausch zwischen Arbeitsspeicher und Ein-Ausgabegeräten**

Damit die Befehlswörter eines Programmes in der richtigen Reihenfolge gelesen und zur Decodierung in das Befehlsregister gebracht werden können, ist eine „Buchführung" nötig, die beim Programmablauf ständig verfolgt, in welcher Arbeitsspeicherzelle das nächste Befehlswort zu finden ist. Diesem Zweck dient bei Datenverarbeitungsanlagen mit „Einadreßbefehlen" das „Befehlszähler-Register", vereinfacht „Befehlszähler" genannt. Beim Start eines Programmes muß dieser Befehlszähler mit der Adresse des ersten Befehlswortes dieses Programmes geladen werden.
Zum „Lesen" eines Befehlswortes aus dem Arbeitsspeicher und zu seiner Übertragung in das Befehlsregister haben die elektronischen Umschalteinrichtungen EU die „Stellung" a). Anschließend in „Stellung" b) finden die

Vorgänge der Befehlsdecodierung und der Befehlsausführung statt (Bild 4), wobei Daten im Rechenwerk verknüpft und zwischen Arbeitsspeicher und Rechenwerk transferiert werden. Die „Stellung" c) wird zum Datenaustausch zwischen dem Arbeitsspeicher und den Eingabegeräten oder den Ausgabegeräten benötigt.
Meist werden die Befehlswörter eines Programmes in aufeinanderfolgenden Zellen des Arbeitsspeichers stehen. Der Befehlszählerstand kann deshalb im allgemeinen nach Ausführung eines Befehles automatisch um 1 erhöht werden.
Entscheidend für die flexible Anpassung der Rechnerfunktion an veränderliche Betriebsbedingungen ist es aber, daß von dieser „linearen Programmführung" abgegangen werden kann. Der Befehlszähler kann nämlich vom Programm selbst durch „Sprungbefehle" umgeladen werden.
Die Ausführung solcher Sprungbefehle kann davon abhängig gemacht werden, ob bestimmte Bedingungen erfüllt sind. Die Sprungbedingung wird vor dem Sprungbefehl im Rechenwerk untersucht; ist sie nicht erfüllt, so wird das Programm linear weitergeführt. Durch solche „bedingten Sprungbefehle" können Programmteile wiederholt durchlaufen werden (Programmschleifen) oder es können Programmverzweigungen hergestellt werden. Zum Beispiel kann durch Sprung auf einen anderen Programmzweig die Struktur einer Regelung beim Erreichen des Grenzwertes einer Störgröße geändert werden, oder es können iterative Verfahren durchlaufen werden so lange, bis das Ergebnis eine gewünschte Genauigkeit hat, oder es können je nach dem Prozeßzustand verschiedene Programmzweige durchlaufen werden.
Gerade diese Möglichkeit der freizügigen, allein durch die Programmierung vorgesehenen Programmverzweigung bei Erfüllung bestimmter Kriterien macht die speicherprogrammierte DVA zu dem Mittel, das veränderlichen Umständen weitgehend angepaßt werden kann.

5 Programmierung

Bei Benutzung speicherprogrammierter Datenverarbeitungsanlagen zur Prozeßautomatisierung vermindert sich die Projektierung gegenüber der Benutzung konventioneller Mittel auf seiten der Gerätetechnik. Sie besteht im wesentlichen in der Kombination der Peripheriegeräte und in ihrer Verbindung mit Gebergeräten, Anzeigegeräten, Stellgeräten und Steuereinrichtungen der Prozeßanlage. Da die Funktion der DVA erst durch die Programme festgelegt wird, die in ihren Arbeitsspeicher und gegebenenfalls noch auf externe Speicher eingegeben werden, besteht dafür ein wesentlicher Teil der Projektierung und Einsatzvorbereitung in der „abstrakten" Aufgabe der Programmerstellung.
Programmiersprachen: In der DVA sind Daten und Befehle in binärer Codierung der sogenannten Maschinensprache ausgedrückt. Es wäre äußerst müh-

sam und unübersichtlich, Programme in dieser Form aufzustellen. Um in wirtschaftlicher und möglichst gut überschaubarer Weise programmieren zu können, werden heute „symbolische" oder „höhere" Programmiersprachen benutzt. Eine solche Programmiersprache besteht aus einem System von Symbolen und Anweisungen, mit denen die Einzelschritte eines Programmes ausgedrückt werden, sowie aus Regeln, wie diese Symbole und Anweisungen formal anzuordnen und zu verbinden sind (einer „Syntax"). Sie ist der mathematischen Formelsprache vergleichbar, in der mathematische Zusammenhänge eindeutig und prägnanter als durch Erläuterungen der Umgangssprache ausgedrückt werden können.
Als Symbole benutzen die Programmiersprachen teils Abkürzungen aus Buchstaben, teils Ziffern sowie Satzzeichen und Sonderzeichen (wie Klammern, Apostrophs), teils festgelegte Wörter, teils Formelausdrücke der Mathematik.
Bei den gebräuchlichen Programmiersprachen sind zwei Arten zu unterscheiden:

Maschinenorientierte (maschinenabhängige) Programmiersprachen, auch „Assemblersprachen" genannt, benutzen als Einzelschritte des Programmes die Maschinenbefehle (= die Elementaroperationen) einer bestimmten DVA. Die Befehle werden lediglich nicht im binären Befehlscode der DVA ausgedrückt, sondern duıch mnemotechnische Abkürzungen.

Maschinenorientierte Programmiersprachen sind jeweils nur für ein bestimmtes Rechnersystem verwendbar, für das sie aufgestellt sind und dessen Befehlsvorrat sie benutzen.
Die Anwendung dieser Sprachen wird heute durch die Benutzung „symbolischer Adressen" und durch die Verwendung von „Makroanweisungen" erleichtert. Symbolische Adressen sind Namen oder Abkürzungen, die anstelle der Nummern von Arbeitsspeicherzellen benutzt werden. Makroanweisungen werden anstelle zusammengehörender Folgen von Einzelbefehlen eingesetzt, die häufig vorkommen.

Problemorientierte (maschinenunabhängige) Programmiersprachen, auch „Compilersprachen" genannt, benutzen als Einzelschritte zur Formulierung des Programmes problembezogene Anweisungen (z. B. Rechenanweisungen, Eingabe- oder Ausgabeanweisungen). Der Programmierer beschreibt damit den Arbeitsgang; er legt das Verfahren fest, mit dem die gestellte Aufgabe gelöst werden soll. Problemorientierte Sprachen sind nicht auf ein bestimmtes Rechnersystem beschränkt.
Alle Programme, die in einer „maschinenorientierten" oder in einer „problemorientierten" Programmiersprache formuliert sind, müssen vor ihrer Verwendung im Rechner in die Befehlsdarstellung des Rechners umgeformt werden, in dem sie ablaufen sollen. Diese Umsetzung aus der Programmiersprache in die **„Maschinensprache"** wird maschinell auf einer DVA mit Hilfe eines **„Übersetzungsprogrammes"** durchgeführt. Bei Programmen, die in einer

problemorientierten Programmiersprache aufgestellt sind, muß der angegebene Lösungsweg bei der Übersetzung zugleich in eine Folge von Maschinenbefehlen des verwendeten Rechnermodelles umgesetzt werden.
Übersetzerprogramme für maschinenorientierte Programmiersprachen werden auch „**Assembler**" genannt. Übersetzungsprogramme für problemorientierte Programmiersprachen heißen „**Compiler**".
Die Übersetzung wird stets vor dem Programmablauf in getrennten Arbeitsgängen durchgeführt (Bild 6).
Problemorientierte Programmiersprachen, die auch in der Prozeß-Automatisierung Verwendung finden, sind vor allem **ALGOL** (**Algorithmic Language**)

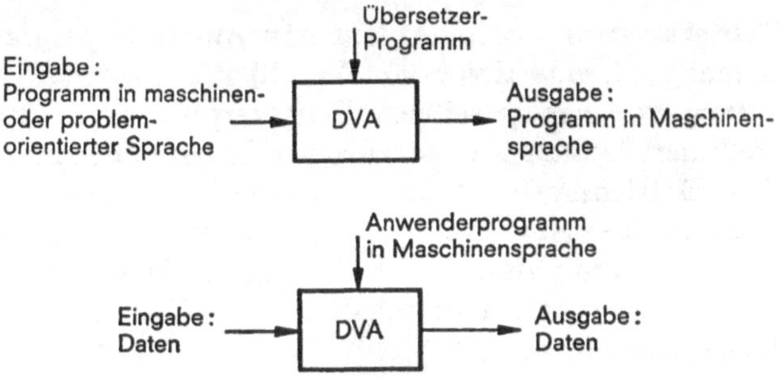

Bild 6. Übersetzung und Programmablauf.

und **FORTRAN** (**Formula Translation**). Beides sind Sprachen, die im wesentlichen für technisch-mathematische Probleme geeignet sind.
Reine Automatisierungsaufgaben, bei denen mathematische Aufgaben nicht im Vordergrund stehen, werden vorzugsweise mit maschinenorientierten Sprachen programmiert.
Maschinenprogramme, die aus maschinenorientierten Programmiersprachen entstanden sind, benötigen meist weniger Arbeitsspeicherplatz und weniger Laufzeit als solche, die aus problemorientierten Sprachen übersetzt worden sind. Beim Programmieren in maschinenorientierter Sprache kann das Programm meist dem speziellen Fall besser angepaßt werden. Eine möglichst kurze Programmlaufzeit und geringer Speicherbedarf ist besonders in der Prozeßautomatisierung wesentlich, weil hier oft mehrere Programme, zeitgeschachtelt ineinander verzahnt, schritthaltend mit dem Prozeß ablaufen müssen (Real-time-Betrieb).
Allerdings erfordert die Verwendung problemorientierter Programmiersprachen wesentlich weniger Programmierungsaufwand.

Rationalisierung der Programm-Erstellung. Bei der Prozeßautomatisierung kommen Aufgaben vor, die in verschiedenen technologischen Anwendungsbereichen im wesentlichen gleichartig sind. Dazu gehören Aufgaben der Erfassung und Verarbeitung von Meßwerten, die Erstellung von Protokollen sowie Verfahren für Steuerungen und Regelungen.
Die Programmierung dieser Aufgaben läßt sich durch Verwendung standardisierter Programmsysteme rationalisieren. Ein solches Programmsystem be-

steht aus Programmbausteinen für verschiedene Teilaufgaben. Aus ihnen kann jeweils für eine bestimmte Aufgabenstellung und für eine bestimmte Anlagenausstattung ein speziell zugeschnittenes Programm erstellt werden. Das Programm für diesen speziellen Anwendungsfall wird aus den standardisierten Programmbausteinen „maschinell" durch eine DVA mit Hilfe eines „Generatorprogrammes" zusammengestellt.
Das Programmsystem ist so aufgebaut, daß die anlagenspezifischen Parameter für die Programmbausteine (z. B. Meßstellenadressen, Grenzwerte) in eigenen Speicherbereichen, sogenannten „Versorgungslisten", bereitgestellt werden. Auch diese „Versorgungslisten" können durch Generatorprogramme mit Hilfe der DVA erzeugt werden.

Betriebssystem. Beim Ablauf von Anwenderprogrammen auf der DVA ist immer auch eine Reihe von Verarbeitungsgängen durchzuführen, die unabhängig von den jeweiligen Benutzerproblemen sind. Für diese Aufgaben stellt der Hersteller standardisierte Programme zur Verfügung, die zusammen das „Betriebssystem" der DVA genannt werden. Diese Programme machen z. B. erst die Abwicklung der problemabhängigen Benutzerprogramme und die volle Ausnutzung der DVA möglich. Das „Betriebssystem" erweitert die gerätetechnischen Eigenschaften der DVA um zusätzliche „programmierte Systemeigenschaften".

Wichtigster Bestandteil des Betriebssystems ist das **Organisationsprogramm.** Es hat vor allem folgende Aufgaben:

- es stellt Programme zum Ablauf bereit, es startet und beendet sie;
- es koordiniert die Benutzung externer Elemente durch verschiedene Anwenderprogramme;
- es koordiniert die Simultanarbeit verschiedener Anwenderprogramme;
- es organisiert und steuert die Zusammenarbeit der Zentraleinheit mit externen Speichern.

Mit Hilfe von **Bedienungsprogrammen** kann das Betriebspersonal Daten und Programme in den Rechner eingeben, die Ausgabe von Informationen veranlassen und durch Steueranweisungen den Ablauf der Programme beeinflussen.

2. AUFBAU UND WIRKUNGSWEISE

2.1. Zentraleinheiten

von K.-H. SCHUHMACHER

Inhaltsübersicht

1 Überblick

Alle technischen Einrichtungen einer digitalen Datenverarbeitungsanlage, die der zentralen, programmgesteuerten Informationsverarbeitung dienen, werden allgemein unter dem Namen **Zentraleinheit** zusammengefaßt. An eine Zentraleinheit kann meist eine größere Anzahl von **Peripherieeinheiten** angeschlossen werden, mit deren Hilfe der Informationsaustausch zwischen der Zentraleinheit und der Umwelt (Mensch, Prozeß) vorgenommen wird.
Die Zentraleinheit umfaßt die Funktionseinheiten: Arbeitsspeicher, Steuerwerk, Rechenwerk, Ein-Ausgabe-Werk, Wartungsfeld und Stromversorgung (Bild 1).
Im **Arbeitsspeicher** stehen — unmittelbar vor und während der Bearbeitung einer Aufgabe — die hierzu gehörenden aktuellen Informationen, zum Bei-

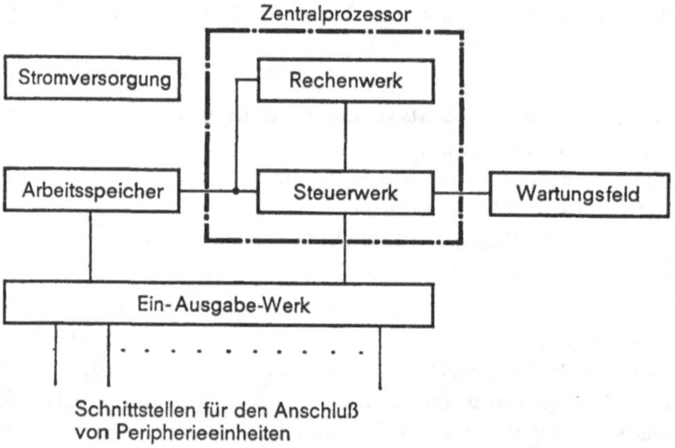

Bild 1: Rechner-Zentraleinheit

spiel Befehle der Anwenderprogramme und des Organisationsprogramms, Operanden, Tabellen und Ergebnisse. Informationen, die zu einem bestimmten Zeitpunkt nicht mehr oder noch nicht für die Bearbeitung aktuell sind, können sowohl im Arbeitsspeicher als auch in peripheren Speichereinheiten untergebracht werden.
Das **Steuerwerk** bestimmt die Befehlsadressen, liest die einzelnen Befehle eines Programms aus dem Arbeitsspeicher, bereitet sie für den Ablauf vor und

steuert die Ausführung der Befehle in den dafür zuständigen Funktionseinheiten. Das Steuerwerk koordiniert außerdem den Verkehr mit dem Arbeitsspeicher und behandelt Programmverzweigungen sowie Programmunterbrechungen.
Im **Rechenwerk** werden arithmetische und logische Befehle sowie Verschiebe- und Bitbefehle bearbeitet. Prozeßrechner der oberen Preisklasse enthalten Rechenwerke für Addition, Subtraktion, Multiplikation und Division von Zahlen in Festkomma- und Gleitkommadarstellung. Logische Befehle bewirken eine Verknüpfung der Operanden nach den Gesetzen der Booleschen Algebra, also zum Beispiel UND, ODER, UNGLEICH usw. Durch Verschiebe- und Bitbefehle kann die Lage eines Operanden im Rechenwerksregister um eine gegebene Stellenzahl verschoben bzw. eine Stelle (ein Bit) im Rechenwerksregister identifiziert oder verändert werden.
Steuer- und Rechenwerk arbeiten funktionell und technisch sehr eng zusammen. Sie werden daher oft zu einer Einheit kombiniert, die man **Zentralprozessor** nennt.
Über das **Ein-Ausgabe-Werk** wird der Verkehr der Zentraleinheit mit den Peripherieeinheiten abgewickelt. Die Ein-Ausgabe-Struktur moderner Datenverarbeitungsanlagen ermöglicht im allgemeinen die gleichzeitige Ausführung von Ein-Ausgabe-Operationen in mehreren Peripherieeinheiten simultan zum Programmablauf in der Zentraleinheit.
Das **Wartungsfeld** ist eine Schalttafel mit einer Reihe von Tasten und Lampen, die zur Inbetriebnahme und zur Fehlersuche dienen. Selten werden Rechner auch über eine Schalttafel bedient. Als allgemein übliches Bedienungsorgan hat sich stattdessen der Blattschreiber durchgesetzt. Er bietet unter anderem den Vorteil, daß der Dialog zwischen dem Operateur und der Anlage in Form eines Protokolls festgehalten wird.
Die **Stromversorgung** liefert die meist geregelten Betriebsspannungen für alle Funktionseinheiten der Zentraleinheit. Durch Schaltungsmaßnahmen wird erreicht, daß der Informationsinhalt des Arbeitsspeichers beim Ein- und Ausschalten der Anlage erhalten bleibt. Kurzzeitige Einbrüche und länger andauernde Ausfälle der Netzspannung können mit Hilfe von Kondensatoren bzw. Akkumulatoren oder Notstromaggregaten überbrückt werden.
Nach dieser kurzen Einführung in die grundsätzliche Struktur der Zentraleinheit einer programmgesteuerten digitalen Datenverarbeitungsanlage werden in den nun folgenden Abschnitten dieses Kapitels die wichtigsten Merkmale von Prozeßrechner-Zentraleinheiten ausführlicher erläutert.

2 Informationsdarstellung

2.1 Informationsformate von Bitgruppen

Jede Information wird in der Zentraleinheit durch eine begrenzte Anzahl zweiwertiger (binärer) elektrischer Signale dargestellt. Ein binäres Signal, dessen zwei Zustände allgemein mit 0 bzw. 1 bezeichnet werden, hat den Informationsinhalt

$$I = \log_2 2 = 1 \text{ bit} .$$

Diese Informationseinheit gestattet die Darstellung einer Ja–Nein-Aussage, wie „Motor ein", „Motor aus" oder „Ventil offen", „Ventil geschlossen". Für Informationen mit größerem Informationsinhalt, wie etwa für Meßwerte, Stückzahlangaben, Korrekturfaktoren, Zeichen des Alphabets, Dezimalziffern, Adressen oder Befehle eines Programms, benötigt man mehrere Informationseinheiten, also Bitgruppen.

Beispiele:

a) Der Informationsinhalt der zehn Dezimalziffern 0 bis 9 ist

$$I = \log_2 10 \approx 3{,}322 \text{ bit} .$$

Da Bitgruppen nur ganzzahlige Mengen von Bits enthalten können und 3 Bit nur 2^3, also acht unterschiedliche Möglichkeiten bietet, hat die Bitgruppe für die Darstellung der zehn Dezimalziffern eine Länge von 4 bit.
b) Ein vorzeichenbehafteter Meßwert, der mit einer Genauigkeit von $1^0/_{00}$ im Prozeßrechner abgebildet werden soll, hat betragsmäßig einen Informationsinhalt von

$$I = \log_2 1000 \approx 9{,}97 \text{ bit} .$$

Berücksichtigt man außerdem das zweiwertige Vorzeichen (1 bit), so hat die Bitgruppe für diesen Meßwert eine Länge von 11 bit.
Die in einem Rechner zu verarbeitenden Informationen können durch folgende drei Typen von Informationsformaten dargestellt werden:

Bit: Elementare Informationseinheit;
Zeichen: Bitgruppe mit einer Länge von meist 6 oder 8 bit für die Abbildung von alphanumerischen Informationen, z. B. Dezimalziffern, Buchstaben, Satzzeichen, mathematischen Symbolen oder mehreren Bits (Bitmustern);
Wort: Bitgruppe zur Darstellung von Zahlen, Befehlen, mehreren Zeichen oder Bits.

Während bei vorwiegend kommerziell eingesetzten Rechnern die Verarbeitung von alphanumerischen Informationen, also Zeichen bzw. Zeichenfolgen variabler Länge im Vordergrund steht, liegt das Schwergewicht der Aufgaben eines Prozeßrechners in der Ausführung von Operationen mit Zahlenwerten und Bitmustern, die sich durch Worte fester Länge darstellen lassen.
Arbeitsspeicher, Steuerwerk und Rechenwerk einer Prozeßrechner-Zentraleinheit sind daher wortweise organisiert. Das vom Steuerwerk gelesene Befehlswort, die Operandenworte im Rechenwerk und die kleinste adressierbare Informationseinheit im Arbeitsspeicher, das Arbeitsspeicherwort, haben im allgemeinen die gleiche Länge. Auch die Übertragung von Informationen zwischen den einzelnen Funktionseinheiten wird wortweise parallel ausgeführt. Entsprechend dieser einheitlichen Wortstruktur spricht man häufig

von dem Maschinenwort einer Anlage. Die Länge eines Maschinenwor tes charakterisiert in starkem Maße die Leistungsfähigkeit, aber auch den Pr eis einer Zentraleinheit. Unter anderem sind folgende Gesichtspunkte für die Wahl der Wortlänge von Bedeutung:

Eine große Stellenzahl erlaubt eine hohe Genauigkeit der Darstellung von Zahlen (Abschnitt 2.2.1). Hierbei muß beachtet werden, daß, bedingt durch Abrundungsfehler, ein unter Umständen beträchtlicher Genauigkeitsverlust bei längeren Rechnungen eintreten kann. Die Stellenzahl sollte daher größer sein, als für die natürliche Genauigkeit der hauptsächlich abzubildenden Zahlenwerte erforderlich ist. Die Wortlänge sollte mindestens der Stellenzahl für Arbeitsspeicheradressen entsprechen, die während eines Programmablaufs häufig arithmetischen Operationen unterzogen werden. Da in einer Prozeßrechner-Zentraleinheit selbstverständlich auch alphanumerische Informationen zu behandeln sind, wird man die Stellenzahl des Maschinenwortes so auslegen, daß eine ganzzahlige Menge von Zeichen untergebracht werden kann.

Im Hinblick auf die Kosten sollte die Länge eines Maschinwortes aber auch nicht größer gewählt werden, als es für die Genauigkeit der Verarbeitung erforderlich ist.

In Zentraleinheiten mit kurzen Maschinenworten werden Informationen, die eine größere Stellenzahl benötigen (z. B. bestimmte Befehlstypen oder Gleitkommazahlen), durch mehrere Worte dargestellt (Doppelworte, Dreifachworte usw.).

Abhängig von der Preisklasse der Prozeßrechner werden heute im wesentlichen folgende Wortlängen technisch realisiert:

Untere Preisklasse:	Wortlängen zu 12 bit oder 16 bit.
Mittlere Preisklasse:	Wortlängen zu 16 bit, 18 bit oder 24 bit.
Obere Preisklasse:	Wortlängen zu 24 bit oder 32 bit.

Über Standard-Peripherieeinheiten (Kapitel 2.2) werden Informationen fast ausnahmslos zeichenweise ein- bzw. ausgegeben. Dies gilt z. B. für Lochstreifengeräte und Drucker, aber auch für Magnetbandgeräte, Plattenspeicher und Datenübertragungseinrichtungen. Die Verbindungswege zwischen dem Ein–Ausgabe-Werk und den Standard-Peripherieeinheiten sind daher oft für die Übertragung von Zeichen ausgelegt. Im Ein–Ausgabe-Werk werden eintreffende Zeichen zu Maschinenworten zusammengesetzt bzw. bei der Ausgabe Maschinenworten entnommen.

Charakteristisch für Prozeßrechner sind Peripherieeinheiten für die Ein- und Ausgabe von Prozeßsignalen. Die Ein–Ausgabe-Geschwindigkeit dieser sogenannten Prozeßelemente (Kapitel 2.3) bestimmt ganz wesentlich das Realzeitverhalten eines Prozeßrechners. Bei leistungsfähigen Anlagen werden daher alle Stellen einer Prozeßinformation, wie etwa eines Meßwertes, im Format eines Maschinenwortes parallel übertragen.

2.2 Darstellung von Operanden

2.2.1 *Zahlen*

Das geeignete Zahlensystem für die Darstellung von Zahlen durch zweiwertige (binäre) Signale ist das **duale Zahlensystem** mit der Basis $B = 2$. Wie beim **dezimalen Zahlensystem** ($B = 10$) ist auch beim dualen Zahlensystem und jedem anderen Zahlensystem der Zahlenwert A die Summe der Produkte aus der **Ziffer** x_i an der Stelle i und dem **Stellenwert** B^i, also

$$A = \sum_{i=-m}^{i=+n} x_i B^i .$$

Beim dualen Zahlensystem ist x eine der Dualziffern 0 oder 1 und entspricht den beiden Zuständen eines binären Signals. Die Stellen mit $i \geqq 0$ bilden den ganzen, die mit $i < 0$ den gebrochenen Teil der Zahl. Zur Abbildung einer Dualzahl werden, wie auch im dezimalen Zahlensystem üblich, lediglich die aufeinanderfolgenden Dualziffern notiert. Durch das Setzen eines Kommas zwischen den Stellen $i = 0$ und $i = -1$ lassen sich die einzelnen Stellen der Ziffernfolge eindeutig bewerten.

Beispiel:

Die Dualziffernfolge

10111,011

entspricht dem Zahlenwert

$$A = 1 \cdot 2^4 + 0 \cdot 2^3 + 1 \cdot 2^2 + 1 \cdot 2^1 + 1 \cdot 2^0 + 0 \cdot 2^{-1} + 1 \cdot 2^{-2} + \\ + 1 \cdot 2^{-3}$$

Als Dezimaläquivalent erhält man die Dezimalziffernfolge

23,375 .

Dual dargestellte Zahlen können von Menschen nur äußerst mühselig interpretiert werden. Wir sind gewohnt, im dezimalen Zahlensystem zu denken und müssen zumindest verlangen, daß wir Zahlenwerte in Form einer Folge von Dezimalziffern in den Rechner eingeben, bzw. im Falle der Ausgabe vom Rechner, lesen können.

Über Peripherieeinheiten, die für den Dialog Mensch — Maschine vorgesehen sind, werden Zahlenwerte daher ausschließlich in dezimaler Form ein- und ausgegeben. Die einzelnen Dezimalziffern bildet man in der Zentraleinheit meist im Format eines Zeichens als Dualzahl ab, doch sind auch binärdezimale Verschlüsselungen üblich.

Beispiel:

Darstellung von dual verschlüsselten Dezimalziffern im 6-bit-Zeichen-Format in einem 24-bit-Maschinenwort:

000111	001000	000000	000001
7	8	0	1

Für die Verschlüsselung der zehn Dezimalziffern reichen jedoch vier Binärstellen aus. In einem 8-bit-Zeichen (Byte) können also zwei Dezimalziffern abgebildet werden.
Wie die folgende Gegenüberstellung zeigt, beansprucht bei vorgegebener Genauigkeit die binär-dezimale, verglichen mit der dualen, Zahlendarstellung eine größere Anzahl von Binärstellen.

Genauigkeit	Notwendige Stellenzahl bei binär-dezimaler Darstellung	Notwendige Stellenzahl bei dualer Darstellung
$10‰$	2 Dezimalziffern = 8 bit	7 bit
$1‰$	3 Dezimalziffern = 12 bit	10 bit
$10^{-1}‰$	4 Dezimalziffern = 16 bit	14 bit

Die Zentraleinheiten von Prozeßrechnern sind für die Verarbeitung von Dualzahlen fester Länge ausgelegt. Die für die obenerwähnten Ein- und Ausgaben erforderliche Umwandlung dual ↔ binär-dezimal ist ohne Einschränkung möglich und wird programmgesteuert durchgeführt.

Die zweckmäßige Informationseinheit für die Darstellung von Dualzahlen ist das Maschinenwort. Falls die Wortlänge den praktischen Genauigkeitsforderungen gut angepaßt ist, erlaubt das Arbeiten mit Dualzahlen die bestmögliche Ausnutzung der Binärstellen im Arbeitsspeicher und im Rechenwerk sowie kürzeste Operationszeiten für die Ausführung arithmetischer Verknüpfungen.

Die einzelnen Dualziffern einer Dualzahl werden im Maschinenwort ohne Kennzeichnung der Kommalage abgebildet. Damit der Ziffernfolge ein Zahlenwert zugeordnet werden kann, muß die Lage des Kommas und damit die Stellenbewertung verabredet werden. Entsprechend der unterschiedlichen Behandlung des Kommas unterscheidet man zwischen der Festkomma- und der Gleitkommadarstellung von Dualzahlen.

Operationen mit Dualzahlen in **Festkommadarstellung** werden im Rechenwerk so ausgeführt, als ob das Komma immer an der gleichen Stelle des Wortes gesetzt wäre. Für die arithmetische Verknüpfung der Operanden ist es dabei völlig bedeutungslos, an welcher Stelle das gedachte Komma steht. Eine Möglichkeit ist z. B. die, sich das Komma als rechts hinter der niedrigwertigen Stelle des Wortes stehend zu denken, d. h., es können nur ganze Zahlen abgebildet werden.

Vorzeichenbehaftete Festkommadualzahlen werden im allgemeinen auf folgende Weise in einem n-stelligen Maschinenwort dargestellt:

Bei positiven Zahlen enthält die Stelle n eine 0 zur Markierung des Pluszeichens. Die restlichen $(n - 1)$ Stellen dienen zur Abbildung des Absolutbetrages der Zahl.

Um die Subtraktion in Form einer Addition ausführen und die Vorzeichenstelle in gleicher Weise wie die übrigen Stellen des Wortes behandeln zu können, werden negative Zahlen zweckmäßig als Komplement der entsprechenden positiven Zahl zu 2^n dargestellt.

Beispiel:

Darstellung der Zahl +12: 0 1100
Darstellung der Zahl −12: 1 0100.

Der **Zahlenwert Null** hat bei der hier beschriebenen Darstellung positives Vorzeichen.
Mit Maschinenworten üblicher Länge ergeben sich folgende Zahlenbereiche für ganze Zahlen:

Stellenzahl des Maschinenwortes	Zahlenbereich für vorzeichenlose Zahlen	Zahlenbereich für vorzeichenbehaftete Zahlen
12 bit	0—4.095	−2.048 bis +2.047
16 bit	0—65.535	−32.768 bis +32.767
24 bit	0—16.777.215	−8.388.608 bis +8.388.607
32 bit	0—4.294.967.295	−2.147.483.648 bis +2.147.483.647

Beim Umgang mit Festkommazahlen muß der Benutzer darauf achten, daß
— die darzustellenden Zahlen im gewählten Zahlenbereich untergebracht werden können, d. h., er muß im allgemeinen mit **Maßstabsfaktoren** arbeiten, und daß
— nur Zahlen mit gleichen Maßstabsfaktoren addiert bzw. subtrahiert werden.

Die unbequeme Handhabung der Maßstabsfaktoren beim Eingeben und Interpretieren von Zahlen in Festkommadarstellung läßt sich in gewissem Umfange durch programmierte Maßnahmen erleichtern.
Prozeßrechner höherer Preisklassen gestatten die Verarbeitung von Dualzahlen in **Gleitkommadarstellung**, bei der die Maßstabsfaktoren bereits in den Zahlen enthalten sind. Eine Gleitkommadualzahl G hat die Form

$$G = M \cdot 2^E .$$

M ist eine vorzeichenbehaftete Festkommadualzahl und heißt **Mantisse.** Das Komma wird zwischen der Vorzeichenstelle und der höchstwertigen Stelle gedacht. 2^E ist der **Maßstabsfaktor,** von dem jedoch nur der Exponent als ganze, vorzeichenbehaftete Festkommadualzahl notiert wird. Die Stellenzahl der Mantisse ist ein Maß für die Genauigkeit, die Stellenzahl des Exponenten ein Maß für die Größe des Zahlenbereichs einer Gleitkommadualzahl.
Ein Zahlenwert kann auf zwei verschiedene Arten dargestellt werden:

Beispiel:

$0{,}11000000 \cdot 2^{20}$

oder $0{,}00000011 \cdot 2^{26}$.

Die erste Art, ohne führende Nullen hinter dem Komma, wird als **normalisiert** bezeichnet. Die Überführung der zweiten, **unnormalisierten** Darstellungsart in die normalisierte Form nennt man **normalisieren.**
Für die Abbildung von Mantisse und Exponent einer Gleitkommadualzahl erweist sich die Stellenzahl üblicher Maschinenworte häufig als zu klein. Gleitkommaoperanden werden daher meist in mehreren Worten untergebracht.
Beispiel:
Darstellung einer Gleitkommadualzahl in zwei 24-bit-Maschinenworten.

1. Wort	Stelle 1:	Vorzeichen der Mantisse
	Stellen 2 bis 24:	Mantissenstellen 2^{-1} bis 2^{-23}
2. Wort	Stellen 1 bis 3:	Für Erkennung von Überläufen usw.
	Stelle 4:	Vorzeichen des Exponenten,
	Stellen 5 bis 14:	Exponentenstellen 2^9 bis 2^0,
	Stellen 15 bis 24:	Mantissenstellen 2^{-24} bis 2^{-33}.

Der Maßstabsfaktor dieser Gleitkommazahl beträgt:
$2^E = 2^{-1021}$ bis 2^{+1023} entsprechend etwa 10^{-308} bis 10^{+308}.
Die 34-bit-Mantisse erlaubt die Darstellung von positiven und negativen Zahlen mit einer Genauigkeit von besser als 10^{-7} ‰.

2.2.2 *Alphanumerische Informationen*

Alphanumerische Informationen sind beliebig gemischte Folgen von Buchstaben, Dezimalziffern, Satzzeichen oder sonstigen Symbolen, z. B.

KONVERTER 7, WOLRAM 13,5
oder MST 384 – DRBR.

Durch Austausch alphanumerischer Informationen über entsprechend eingerichtete Ein–Ausgabe-Geräte, wie etwa Blattschreiber, Drucker oder Sichtgeräte, verständigen sich Mensch und Rechner.
Während als Dezimalziffernfolge eingegebene Zahlenwerte häufig numerischen Operationen unterzogen werden bzw. ausgegebene Dezimalziffernfolgen Rechenergebnissen entsprechen, hinterlegt man Buchstabenfolgen in vielen Fällen lediglich im Arbeitsspeicher, um sie bei Bedarf zum Aufbau von auszudruckenden Texten heranziehen zu können. Um Speicherplatz zu sparen, werden Texte oft abgekürzt, was zur Folge hat, daß nur Eingeweihte in der Lage sind, einen ausgedruckten Text zu interpretieren. So bedeutet das obengenannte, zweite Beispiel „Meßstelle Nr. 384 — Drahtbruch".
Eine besondere Bedeutung haben darüber hinaus Buchstabenfolgen und Satzzeichen bei der Formulierung von Programmen mit Hilfe von Programmiersprachen (Kapitel 2.8).
Die einzelnen Buchstaben, Dezimalziffern, Satzzeichen oder Symbole eines alphanumerischen Textes werden binär verschlüsselt und im Format von Zeichen in der Zentraleinheit abgebildet. Ein 6-bit-Zeichen bietet $2^6 = 64$

Tabelle 1: Beispiel eines Codes für die binäre Verschlüsselung alphanumerischer Informationen durch 6-bit-Zeichen

Binäre Verschlüsselung	Bedeutung	Bemerkung	Binäre Verschlüsselung	Bedeutung	Bemerkung
0 0 0 0 0 1	1	10	0 0 0 0 0 0		Zwischenraum (Block)
0 0 0 0 1 0	2	Dezimal-	1 1 1 0 1 1	.	Punkt
0 0 0 0 1 1	3	ziffern	0 1 1 0 1 1	,	Komma
0 0 0 1 0 0	4		0 0 1 1 0 1	:	Doppelpunkt
0 0 0 1 0 1	5		1 0 1 1 1 0	;	Semikolon
0 0 0 1 1 0	6		0 0 1 1 0 0	'	Apostroph
0 0 0 1 1 1	7		0 1 0 0 0 1	/	Schrägstrich
0 0 1 0 0 0	8		0 1 1 1 0 0	(	Klammer auf
0 0 1 0 0 1	9		1 1 1 1 0 0	)	Klammer zu
0 0 1 0 1 0	0		1 0 0 0 0 0	—	Minus (Bindestrich)
1 1 0 0 0 1	A		1 1 0 0 0 0	+	Plus
1 1 0 0 1 0	B		1 0 1 1 0 1	%	Prozent
1 1 0 0 1 1	C		1 0 1 0 1 1	$	Dollar
1 1 0 1 0 0	D		0 0 1 1 1 0	>	größer als
1 1 0 1 0 1	E		1 1 1 1 1 0	<	kleiner als
1 1 0 1 1 0	F	26	1 0 1 1 0 0	*	Stern
1 1 0 1 1 1	G	Buch-	1 1 1 1 0 1	#	Irrungszeichen
1 1 1 0 0 0	H	staben	0 1 1 1 1 0	—	Namengeber
1 1 1 0 0 1	I	des	1 1 1 1 1 1		Bereichsende (kein
1 0 0 0 0 1	J	Alpha-			Abdruck)
1 0 0 0 1 0	K	bets	0 1 1 1 0 1		Nicht belegt
1 0 0 0 1 1	L				
1 0 0 1 0 0	M				Steuerinformationen für
1 0 0 1 0 1	N				Blattschreiber:
1 0 0 1 1 0	O		0 1 1 1 1 1		Zeilenvorschub
1 0 0 1 1 1	P		1 0 1 1 1 1		Wagenrücklauf
1 0 1 0 0 0	Q		1 0 1 0 1 0		Ziffernumschaltung
1 0 1 0 0 1	R		1 1 1 0 1 0		Buchstabenumschal-
0 1 0 0 1 0	S				tung
0 1 0 0 1 1	T		0 0 1 1 1 1		Schwarz–Rot-
0 1 0 1 0 0	U				Umschaltung
0 1 0 1 0 1	V		0 1 0 0 0 0		Rot–Schwarz-
0 1 0 1 1 0	W				Umschaltung
0 1 0 1 1 1	X				
0 1 1 0 0 0	Y				
0 1 1 0 0 1	Z				

Möglichkeiten. Damit können die 10 Dezimalziffern, die 26 Buchstaben des Alphabets und weitere 28 Symbole, Satz- und Sonderzeichen in einem Code dargestellt werden (Tabelle 1). Bei Verwendung von 8-bit-Zeichen (Bytes) stehen $2^8 = 256$ Möglichkeiten zur Verfügung. Wenn ausschließlich

Dezimalziffern abgebildet werden sollen, kann man das 8-bit-Zeichen in zwei Felder zu je 4 bit aufteilen. In der „gepackten Form" lassen sich somit zwei Dezimalziffern pro Byte unterbringen.
Der in der Zentraleinheit benutzte sogenannte **Interncode** stimmt häufig nicht mit den von Peripherieeinheiten verwendeten Codes überein. Unterschiedlich codierte Informationen lassen sich mit Hilfe von Codiernetzwerken oder gespeicherten Codetabellen ineinander überführen.

2.2.3 *1-bit-Informationen und binäre Muster*

Ein großer Teil der Prozeßsignale, die von einem Prozeßrechner erfaßt oder ausgegeben werden müssen, sind Informationen, die einen zweiwertigen Zustand (z. B. „Pumpe ein", „Pumpe aus" oder „Fertigungsabschnitt frei", „Fertigungsabschnitt belegt") charakterisieren und durch ein binäres Signal dargestellt werden können. In der Zentraleinheit faßt man meist mehrere dieser **1-bit-Informationen** in einem Maschinenwort als **binäres Muster** zusammen. Die Bedeutung einer einzelnen Stelle innerhalb des binären Musters wird vom Programmierer festgelegt. Binäre Muster und 1-bit-Informationen werden im Rechenwerk mit Hilfe von logischen Befehlen, Verschiebe- und Bitbefehlen behandelt (Abschnitt 5).

2.3 Darstellung von Maschinenbefehlen

2.3.1 *Befehlswort*

Jede Aufgabenbearbeitung in einer digitalen Datenverarbeitungsanlage besteht in der Ausführung einer Folge von **Maschinenoperationen.** Eine Maschinenoperation, wie etwa die Addition von zwei Dualzahlen oder der Transport eines Operanden vom Arbeitsspeicher in das Rechenwerk, wird durch Schaltnetzwerke realisiert und durch einen entsprechenden **Maschinenbefehl,** den das Steuerwerk aus dem Arbeitsspeicher liest, eingeleitet. Die verschiedenen Maschinenoperationen einer Zentraleinheit spiegeln sich in der **Maschinenbefehlsliste** wieder, einer schriftlichen Zusammenstellung der Maschinenbefehlstypen mit zugehörigen Operationsbeschreibungen und Angaben der Operationsdauer.
Die einzelnen Maschinenbefehle eines ablaufbereiten Programms werden im Arbeitsspeicher durch **Befehlsworte** dargestellt. Um eine lückenlose Speicherung zu ermöglichen, entspricht die Länge eines Befehlswortes der Stellenzahl des Arbeitsspeicherwortes oder einem ganzzahligen Vielfachen davon. Jedes Befehlswort enthält eine Angabe über die Art der auszuführenden Operation. Außerdem müssen im allgemeinen operationsabhängige Informationen, wie etwa Operandenadressen, die Adresse eines Bit innerhalb eines Operanden oder die Adresse des nächstfolgenden Maschinenbefehls im Befehlswort dargestellt werden. Ein Befehlswort läßt sich daher in einen

Operationsteil und in einen **Allgemeinen Teil** (Feld mit operationsabhängiger Bedeutung) aufgliedern (Bild 2a).

a) Grundsätzlicher Aufbau eines Befehlswortes

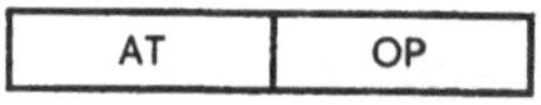

b) Einadreßbefehlsformat bzw. Befehlsformat für die Angabe eines Operationsparameters

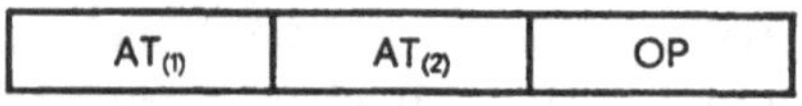

c) Zweiadreßbefehlsformat

Bild 2: Aufbau von Einadreß- und Mehradreßbefehlsworten

2.3.2 *Operationsteil des Befehlswortes*

Unter dem Operationsteil im engeren Sinne versteht man meist ein Feld des Befehlswortes, das den Code der auszuführenden Maschinenoperation (Operationscode; Befehlscode) enthält. Im weiteren Sinne kann man auch all die Stellen dem Operationsteil zuordnen, in denen z. B. Bedingungen für eine Modifikation des Allgemeinen Teils vor Operationsbeginn oder die Art und Weise der Programmfortsetzung nach Operationsabschluß vom Programmierer markiert sind. Operationsteile der in Prozeßrechnern benutzten Befehlsworte haben, abhängig von der Größe der Anlage, eine Länge von 4 bis 10 bit.

Beispiel für die Interpretation eines zehnstelligen Operationsteils:

Stellen 1 bis 7: Befehlscode
Das Format erlaubt die Kennzeichnung von $2^7 = 128$ unterschiedlichen Maschinenoperationen
Stelle 8: Markierung einer Adressenmodifikation (Abschnitt 2.3.5),
Stelle 9: Markierung für eine Substitution des Allgemeines Teils (Abschnitte 2.3.5 und 4.2),
Stelle 10: Markierung der Unterbrechbarkeit des Programms nach der Ausführung des Maschinenbefehls (Abschnitt 4.5.2).

2.3.3 *Allgemeiner Teil des Befehlswortes*

Die Bedeutung des Allgemeines Teils ist abhängig von der Art der Maschinenoperation, d. h. vom Operationscode des betreffenden Befehlswortes. Da das Feld häufig zur Darstellung von Adressen dient, ist auch die Benennung **Adreßteil** gebräuchlich. Eine Adresse im Allgemeinen Teil kennzeichnet z. B.

den Speicherplatz eines Operanden, auf den sich die Maschinenoperation bezieht. Je nach der Anzahl der im Befehlswort angegebenen Operandenadressen spricht man von **Ein- oder Mehradreßbefehlen.** An Hand von einigen Maschinenbefehlstypen wird im folgenden die unterschiedliche Interpretation des Allgemeinen Teils erläutert.

Befehlstyp: „Transfer eines Operanden"

a) Zweiadreßbefehl (Bild 2c):
Der Allgemeine Teil enthält zwei Adressen. Die erste gibt an, wo der zu transferierende Operand steht, die zweite, wohin er gebracht werden soll.

Beispiel: Transfer eines Operanden aus dem Arbeitsspeicher in ein Register
1. Adresse $\triangleq$ Arbeitsspeicheradresse,
2. Adresse $\triangleq$ Registeradresse.

b) Einadreßbefehl (Bild 2b):
Falls durch die Art der Transferoperation entweder die Zieladresse oder die Herkunftsadresse eindeutig gekennzeichnet ist, so reicht die Angabe einer Adresse im Allgemeinen Teil aus.
Beispiel: Transfer eines Operanden aus dem Rechenwerksregister (Akkumulator) in den Arbeitsspeicher
Adresse $\triangleq$ Arbeitsspeicheradresse

Befehlstyp: „Verknüpfung von zwei Operanden"

a) Zweiadreßbefehl (Bild 2c):
Der Allgemeine Teil dient zur Darstellung der Herkunftsadressen von beiden Operanden.
Beispiel: Verknüpfung von zwei Operanden, die beide in Registern untergebracht sind. Nach Abschluß der Operation steht das Ergebnis im Akkumulator des Rechenwerks.
Adresse 1 $\triangleq$ Registeradresse (Operand 1).
Adresse 2 $\triangleq$ Registeradresse (Operand 2).

b) Einadreßbefehl (Bild 2b):
Es wird davon ausgegangen, daß der erste Operand vor Beginn der Operation bereits im Akkumulator des Rechenwerks gespeichert ist (z. B. als Ergebnis einer vorhergehenden Verknüpfung oder auf Grund einer Transferoperation). Im Allgemeinen Teil steht die Arbeitsspeicheradresse des zweiten Operanden. Nach Abschluß der Operation enthält der Akkumulator das Ergebnis.

Befehlstyp: „Verändern eines Operanden"

Im Rechenwerk werden auch Operationen am Operanden selbst ausgeführt, z. B. Links- und Rechtsverschiebungen oder die Veränderung eines einzelnen Bits innerhalb eines Binärmusters. Der Allgemeine Teil dient in diesem Fall zur Kennzeichnung der Zahl der Verschiebeschritte bzw. zur Angabe der Lage eines Bit im Operandenwort. Das zugehörige Befehlsformat ist der Einadreßbefehl (Bild 2b).

Befehlstyp: „Verzweigung einer Befehlsfolge“

Die aufeinanderfolgenden Befehle eines Programms stehen normalerweise, beginnend ab einer Startadresse, in lückenloser Reihenfolge im Arbeitsspeicher. Die Befehlsadressen werden dem Befehlszähler des Steuerwerks entnommen, dessen Inhalt nach jeder Befehlsausführung um 1 erhöht wird. Dieser Ablauf kann durch Verzweigungsbefehle, auch **Sprungbefehle** genannt, unterbrochen werden. Im einfachsten Fall veranlaßt ein Verzweigungsbefehl das Laden des Befehlszählers mit einer Arbeitsspeicheradresse, die im allgemeinen Teil des Befehlswortes steht. Der Allgemeine Teil kennzeichnet somit das Sprungziel, d. h. die Adresse des Befehls, mit dem das Programm fortgesetzt werden soll. Das zugehörige Befehlsformat ist ebenfalls der Einadreßbefehl (Bild 2b).

Wie aus den obengenannten Beispielen hervorgeht, wird die Länge des Allgemeinen Teils eines Befehlswortes in starkem Maße durch die Anzahl und die Art der darzustellenden Adressen bestimmt. Zahlreiche Prozeßrechner verwenden ausschließlich das Einadreßbefehlsformat.

2.3.4 Vollständige und verkürzte Arbeitsspeicheradressen im Befehlswort

Befehle, denen eine Maschinenoperation mit Arbeitsspeicherverkehr zugrunde liegt, müssen grundsätzlich jedes beliebige Wort im Arbeitsspeicher adressieren können. Die übersichtlichste und technisch einfachste Adressiermethode geht davon aus, daß in den Befehlsworten **vollständige Arbeitsspeicheradressen** angegeben werden. Die Zahl der Binärstellen für die Darstellung einer vollständigen Arbeitsspeicheradresse A beträgt

$$n_{(A)} = \log_2 K_{\max} ,$$

wobei $K_{\max}$ die maximale Kapazität des Arbeitsspeichers in Worten ist. Prozeßrechner der unteren und mittleren Preisklasse gestatten heute einen Ausbau des Arbeitsspeichers von mindestens $2^{14} = 16384$ Worten (entsprechend 262144 bit bei 16-bit-Worten bzw. 393216 bit bei 24-bit-Worten). Die Arbeitsspeicherkapazität für Prozeßrechner der oberen Preisklasse liegt bei $2^{16} = 65\,536$ Worten und mehr. Es werden also mindestens 14 bzw. 16 Binärstellen $n_{(A)}$ im allgemeinen Teil benötigt. Vollständige Arbeitsspeicheradressen können daher nur in Befehlsworten mit relativ großer Länge, z. B. mit 24 bit bzw. mit 32 bit, untergebracht werden.

Benutzerprogramme lassen sich meist so organisieren, daß innerhalb größerer Programmabschnitte nur mit begrenzten Arbeitsspeicherbereichen gearbeitet werden muß. Es ist also möglich, die Anfangsadresse dieses Bereichs an einer vereinbarten Stelle, etwa in einem Register, zu hinterlegen und im Befehlswort lediglich eine **verkürzte Arbeitsspeicheradresse** A' (für die Adressierung innerhalb des Bereichs) anzugeben. Die vollständige Arbeitsspeicheradresse

A wird bei diesem Verfahren erst unmittelbar vor dem Ansprechen des Arbeitsspeichers aus der Bereichsanfangsadresse A_B und der verkürzten Arbeitsspeicheradresse A' automatisch zusammengesetzt. Um einen allzu häufigen Bereichswechsel zu vermeiden, sollte A' nicht zu klein sein. Die Leistungsfähigkeit des Verfahrens läßt sich dadurch steigern, daß nicht nur ein, sondern mehrere Register für die Speicherung von aktuellen Bereichsanfangsadressen zur Verfügung gestellt werden. Der allgemeine Teil des Befehlswortes enthält in diesem Falle neben der verkürzten Arbeitsspeicheradresse A' eine Registeradresse A_R.
Abhängig von der Stellenzahl $n_{(A')}$ der verkürzten Arbeitsspeicheradresse A' beträgt die Kapazität eines Bereichs $2^{n(A')}$ Worte. Die tatsächliche Lage der Bereiche im Arbeitsspeicher kann auf unterschiedliche Art und Weise wie folgt festgelegt werden:
a) Adressierung mit beliebigen Bereichsanfangsadressen: Die Bereichsanfangsadresse A_B ist eine beliebige (vollständige) Arbeitsspeicheradresse mit einer Stellenzahl

$$n_{(A_B)} = n_{(A)} = \log_2 K_{\max} .$$

Die zum Ansprechen des Arbeitsspeichers benötigte vollständige Adresse A wird durch Ausführung einer Addition ermittelt:

$$A = A' + A_B .$$

Falls A_B in einem Register mit der Adresse A_R gespeichert ist:

$$A = A' + (A_R) .$$

Die Schreibweise in Klammern bedeutet den Inhalt des Registers mit der Adresse A_R.
b) Adressierung mit festgelegten Bereichsanfangsadressen: Der gesamte Arbeitsspeicher mit der maximalen Kapazität $K_{\max} = 2^{n(A)}$ Worten wird, beginnend ab Adresse 0, in Bereiche mit der Kapazität von je $2^{n(A')}$ Worten unterteilt. Die Bereichsanfangsadressen liegen damit fest:

Bereich Nr. 0 Anfangsadresse $A_{B1} = 0$,
Bereich Nr. 1 Anfangsadresse $A_{B2} = 1 \cdot 2^{n(A')}$,
Bereich Nr. 2 Anfangsadresse $A_{B3} = 2 \cdot 2^{n(A')}$,
Bereich Nr. 3 Anfangsadresse $A_{B4} = 3 \cdot 2^{n(A')}$,
. .
. .
. .
Bereich Nr. m Anfangsadresse $A_{Bm} = m \cdot 2^{n(A')}$,
(letzter Bereich)

Auch in diesem Falle gilt für die Bildung der vollständigen Adresse A zum Ansprechen des Arbeitsspeichers die Beziehung

$$A = A' + A_B .$$

Da die niederwertigen ($n_{(A')}$) Stellen der Bereichsanfangsadresse jedoch immer 0 sind, kann der Additionsvorgang entfallen und die Adresse A auf einfache Weise, wie das folgende Beispiel zeigt, aus der Bereichsnummer [dargestellt in ($n_{(A)} - n_{(A')}$) höherwertigen Stellen] und der verkürzten Arbeitsspeicheradresse [dargestellt in $n_{(A')}$ niederwertigen Stellen] zusammengesetzt werden.

Beispiel: Maximale Arbeitsspeicherkapazität $K_{\max} = 2^{16}$ Worte; Größe eines der gleichgroßen Bereiche: 2^{12} Worte; Anzahl der Bereiche $m = 2^4$. Es soll im Bereich 5 die Zelle 300 angesprochen werden. Bereichsanfangsadresse A_B für Bereichsnummer 5:

$$5 \cdot 2^{12} = 20480 = 1 \cdot 2^{12} + 1 \cdot 2^{14}.$$

Die zugehörige 16stellige Dualzahl:

0101000000000000

gibt mit den 4 höherwertigen Stellen die Bereichsnummer 5 und mit den 12 niederwertigen Stellen (= 0) die Adresse der ersten Zelle des Bereichs an.

Verkürzte Arbeitsspeicheradresse A':

$$300 = 1 \cdot 2^8 + 1 \cdot 2^5 + 1 \cdot 2^3 + 1 \cdot 2^2.$$

Zugehörige zwölfstellige Dualzahl:

000100101100.

Vollständige Arbeitsspeicheradresse $A = 20480 + 300 = 20780$ als 16stellige Dualzahl, zusammengesetzt aus Bereichsnummer und verkürzter Arbeitsspeicheradresse:

0101	000100101100
Bereichs- nummer	Verkürzte Arbeitsspeicheradresse

2.3.5 *Modifikation von Arbeitsspeicheradressen im Befehlswort*

Die einfachste Form zur programmgesteuerten Bearbeitung einer Benutzeraufgabe ist das **Geradeausprogramm** (Bild 3). Die Zahl und die Reihenfolge der insgesamt auszuführenden Maschinenoperationen entspricht genau der vom Programmierer angegebenen Befehlsfolge.

Die Speicherplätze der zum Programm gehörenden Parameter (Operanden) können den einzelnen Maschinenbefehlen fest zugeordnet werden, d. h., der Programmierer kann die Parameteradressen explizit in den Befehlsworten angeben.

Programme mit ausschließlich gestrecktem Aufbau kommen in der Praxis jedoch äußerst selten vor. Der Speicherbedarf von Programmen läßt sich ganz wesentlich dadurch verringern, daß eine mehr oder weniger große Zahl von Programmstücken mehrfach, jedoch mit verschiedenen Parametern

durchlaufen wird. Beispiele hierfür sind Unterprogramme und Programmschleifen.
Unterprogramme sind häufig benutzte Programmstücke mit universellem Charakter, wie etwa Befehlsfolgen zur Berechnung einer Quadratwurzel oder

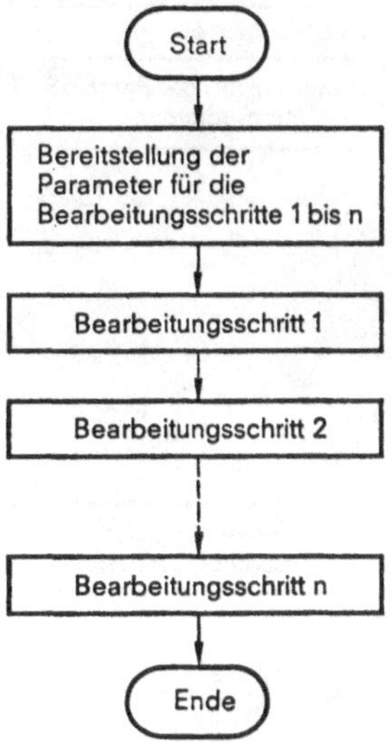

Bild 3: Struktur eines Geradeausprogramms

einer trigonometrischen Funktion. Ein bestimmtes Unterprogramm wird nur einmal im Speicher hinterlegt (zum Beispiel in einer Unterprogrammbibliothek) und bei Bedarf dynamisch in das ablaufende **Hauptprogramm** eingefügt (Bild 4).
Programmschleifen sind Abschnitte mit zyklischer Struktur, d. h., die betreffende Befehlsfolge wird so oft — mit jeweils anderen Parametern — durchlaufen, bis entweder das Ergebnis mit der gewünschten Genauigkeit vorliegt (iterative Zyklen) oder, z. B. bei der Verarbeitung von Funktionen mit indizierten Variablen, eine den Indizes entsprechende Zahl von Zyklen bearbeitet ist (Bild 5).
Im Gegensatz zum Geradeausprogramm muß bei den zuletzt genannten Programmstrukturen die Möglichkeit bestehen, die für den Ablauf eines Unterprogramms bzw. eines Zyklus benötigten Parameteradressen erst unmittelbar vor der Ausführung der einzelnen Maschinenbefehle in die betreffenden Befehlsworte einzufügen. Im folgenden werden drei typische Verfahren zur Modifikation der ursprünglich im Allgemeinen Teil angegebenen Adresse näher erläutert:

a) Bereitstellung der aktuellen Adresse durch Substitution der ursprünglichen Adresse: Die in den einzelnen Befehlsworten angegebenen Adressen beziehen sich auf vereinbarte Hilfszellen im Arbeitsspeicher, in denen die jeweils aktuellen Parameteradressen hinterlegt werden. Vor Ausführung eines Maschinenbefehls wird der Adreßteil des Befehlswortes durch die ent-

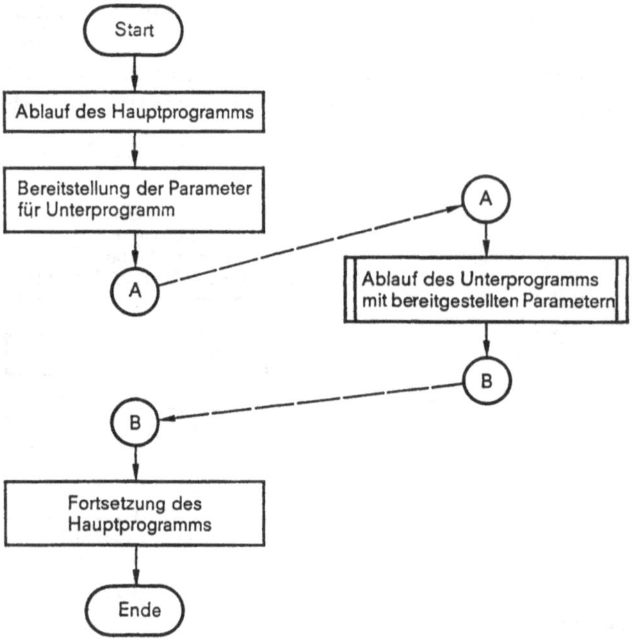

Bild 4: Einfügen eines Unterprogramms in ein Hauptprogramm

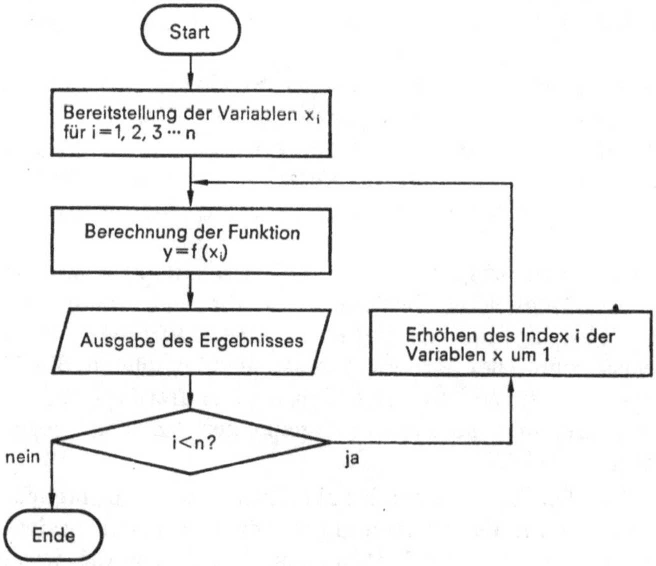

Bild 5: Beispiel einer Programmschleife zur Berechnung aller Werte der Funktion $y = f_{(x_i)}$. (x_i = indizierte Variable)

sprechenden Stellen der Hilfszelle ersetzt, die durch den ursprünglichen Adreßteil gekennzeichnet war. Dieses **Auswechseln des Adreßteils** wird abhängig vom Zustand einer Substitutionsstelle des Operationsteils (Abschnitt 2.3.2) in der Bereitstellungsphase (Abschnitt 4.2) vom Steuerwerk automatisch ausgeführt.

Mehrfachsubstitutionen sind möglich, wenn nicht nur der Adreßteil, sondern auch die Substitutionsstelle selbst in den Austauschvorgang einbezogen wird, d. h., in diesem Falle wird so lange substituiert, bis eine ausgetauschte Substitutionsstelle mit der Aussage „Nicht Substituieren" gefunden wird.

b) Bereitstellung der aktuellen Adresse durch Addition der ursprünglichen Adresse zu der Anfangsadresse eines Datenbereichs: Die ursprüngliche Adreßangabe im Befehlswort kennzeichnet die relative Lage eines Parameters zur Anfangsadresse eines Datenbereichs. Vor dem Ablauf eines Programmstücks wird die Anfangsadresse des zugehörigen aktuellen Datenbereichs programmgesteuert in einem Register hinterlegt. Während der Bearbeitung bildet das Steuerwerk die gültigen Parameteradressen durch Addition der Adreßteile zu der Bereichsanfangsadresse. In Befehlsworten, die eine vollständige Arbeitsspeicheradresse im allgemeinen Teil enthalten und somit nicht zwangsläufig eine Adreßbildungsprozedur der beschriebenen Art erfordern, muß der Additionsvorgang durch eine besondere Stelle im Operationsteil des Befehlswortes markiert werden (Abschnitt 2.3.2).

c) Funktionen mit indizierten Variablen (z.B. $y = f(x_i)$ für $i = 0, 1, 2, 3, \ldots n$) werden zweckmäßig durch Programmabschnitte mit zyklischer Struktur bearbeitet. Benötigt der erste Zyklus den Parameter X_0, der zweite Zyklus X_1 usw., und stehen diese Parameter beginnend ab Adresse α in aufeinanderfolgenden Zellen des Arbeitsspeichers, so läßt sich die für jeden Zyklus aktuelle Parameteradresse auf folgende Weise bilden:

Aktuelle Adresse $= \alpha +$ Inhalt eines Zyklenzählers. Da der Zyklenzähler den Index des aktuellen Parameters speichert, wird er meist als **Indexregister** bezeichnet. Eine Adressenmodifikation durch Indexfortschaltung kann sowohl mit dem Verfahren a) als auch mit dem Verfahren b) kombiniert werden. Im Falle a) dient eine Hilfszelle im Arbeitsspeicher als Indexregister. Die notwendigen Additionsvorgänge werden programmgesteuert ausgeführt. Im Falle b) wird das zur Speicherung der vollständigen Bereichsanfangsadresse benötigte Register auch zur Indexfortschaltung herangezogen.

3 Arbeitsspeicher

3.1 Allgemeines

Im Arbeitsspeicher einer Zentraleinheit werden alle Informationen gespeichert, die zum Zeitpunkt der Bearbeitung einer Aufgabe aktuell sind, also zum Beispiel die Maschinenbefehle und Daten eines ablaufenden Anwenderprogramms. Die **Zugriffszeit,** d. h. die Zeit für das Lesen oder das Einschreiben eines Wortes aus dem bzw. in den Arbeitsspeicher bestimmt in starkem Maße die Ausführungsdauer einer Maschinenoperation und damit die Arbeitsgeschwindigkeit eines Prozeßrechners. Als Arbeitsspeicher werden daher ausnahmslos Schnellspeicher eingesetzt, die heute in Form von Magnetkernspeichern einen hohen Entwicklungsstand erreicht haben.

3.2 Aufbau und Arbeitsweise von Magnetkernspeichern

3.2.1 Ferritringkerne als 1-bit-Speicher

Das Bauelement zur Speicherung eines Bit ist ein magnetischer Ringkern aus Ferritmaterial. Die Hystereseschleife $B = f(H)$ ist annähernd rechteckig (Bild 6). Wird der Kern durch Anlegen einer Feldstärke $+H_m$ in den

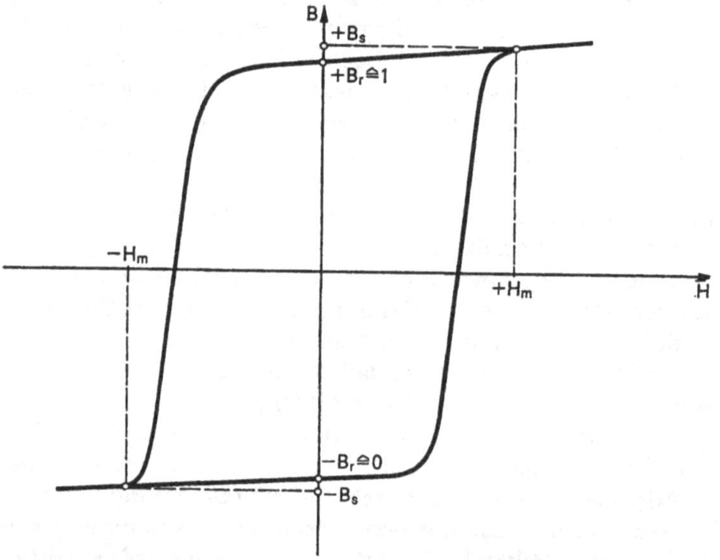

Bild 6: Hystereseschleife $B = f(H)$ eines Ferritringkerns

B magnetische Induktion
$\pm B_s$ Sättigungs-Induktion
$\pm B_r$ Remanenz-Induktion
H magnetische Feldstärke
$\pm H_m$ maximale Feldstärke bei Erregung

Bereich positiver Sättigungsinduktion $+B_s$ gebracht, so bleibt er nach dem Abschalten der Erregung im Zustand positiver Remanenz $+B_r$. Durch eine vorübergehende Erregung mit $-H_m$ läßt er sich in die negative Remanenzlage $-B_r$ bringen. Den beiden Remanenzlagen kann man die binären Speicherzustände 0 bzw. 1 zuordnen, also z. B. $-B_r \triangleq 0$ und $+B_r \triangleq 1$.
Lesevorgang. Zur Abfrage des binären Zustandes erregt man den Kern kurzzeitig mit der Feldstärke $-H_m$.
War der Kern im Zustand $-B_r$ ($\triangleq$ Binärzustand 0), so wird der linke untere, annähernd waagerechte Ast der Hystereseschleife durchlaufen (Bild

7a). Entsprechend den geringen Induktionsänderungen $\pm (B_s - B_r)$ hat die in einem Lesedraht induzierte Spannung nur eine verhältnismäßig kleine positive bzw. negative Amplitude.

War der Kern dagegen im Zustand $+B_r$ ($\triangleq$ Binärzustand 1), so bewirkt der Durchlauf des linken, fast senkrechten Astes der Hystereseschleife eine relativ große Flußänderung und damit die Induzierung einer Lesepannung, deren Spannungs-Zeit-Fläche wesentlich größer ist, als die beim Lesen einer 0 (Bild 7b).

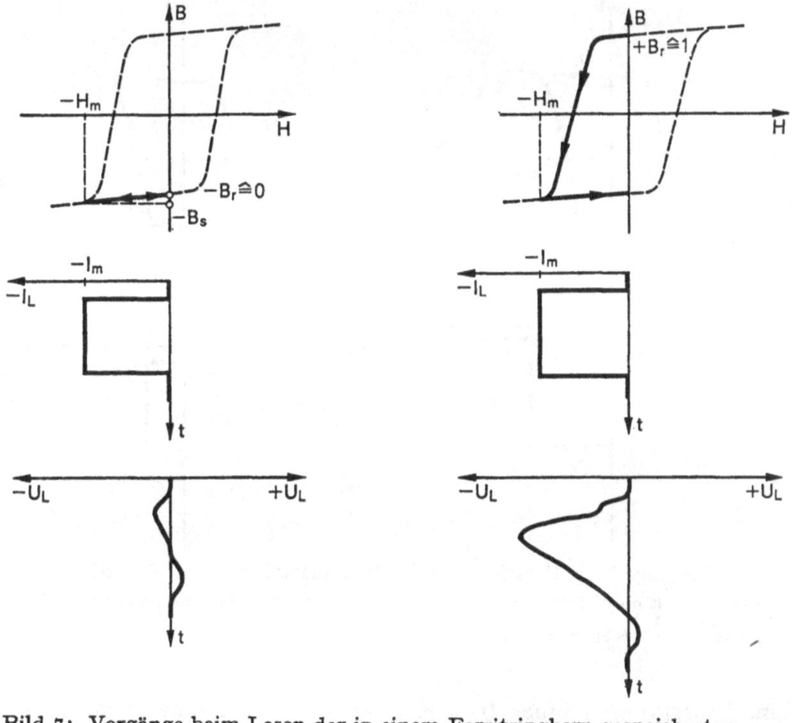

Bild 7: Vorgänge beim Lesen der in einem Ferritringkern gespeicherten Information

a) Lesen des Binärzustandes 0 b) Lesen des Binärzustandes 1
I_L Lesestrom U_L Lesespannung I_m Maximalwert des Lesestroms

Mit Hilfe eines Leseverstärkers lassen sich die 0-Lesespannungen und die 1-Lesespannungen eindeutig unterscheiden.

Durch den beschriebenen Abfragevorgang wird der Kern in den Binärzustand 0 gebracht, d. h., er wird „gelöscht". Damit die Information erhalten bleibt, muß man den gelesenen Binärzustand im Anschluß an die Abfrage wieder einschreiben. Ein **Lesezyklus** für zerstörungsfreies Lesen besteht daher aus Abfrage und Wiedereinschreiben.

Schreibvorgang. Auch der Schreibvorgang setzt sich aus zwei Schritten zusammen. Im ersten Schritt wird der Kern in den Remanenzzustand $-B_r$ ($\triangleq$ Binärzustand 0) gebracht, d. h., er wird gelöscht.

Zum Einschreiben einer 1 (Bild 8a) wird der Kern im zweiten Schritt kurzzeitig mit $+H_m$ erregt. Dabei wird der rechte Teil der Hystereseschleife von $-B_r$ bis $+B_r$ durchlaufen. Nach dem Abschalten der Erregung verbleibt der Kern im Zustand positiver Remanenz ($\triangleq$ Binärzustand 1).

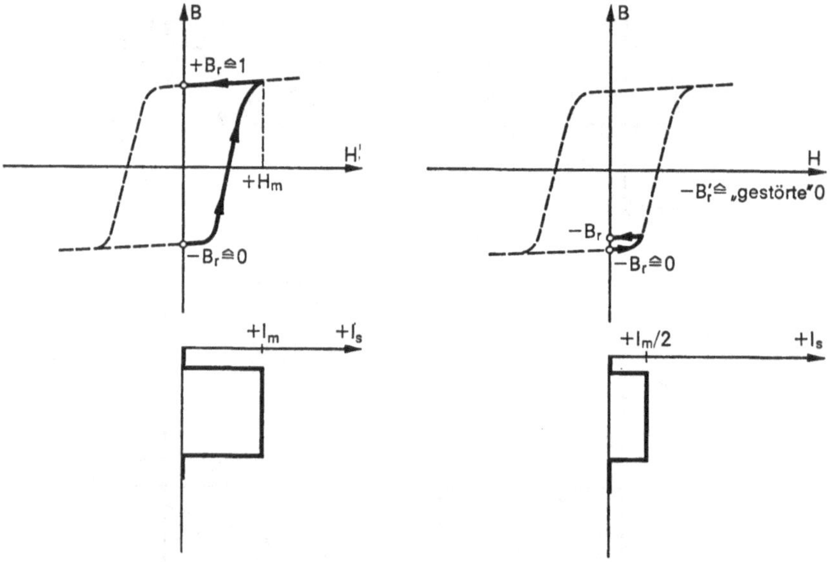

Bild 8: Vorgänge beim Einschreiben der Information in einen Ferritringkern

a) Einschreiben des Binärzustandes 1
I_s Schreibstrom
I_m Maximalwert des Schreibstroms

b) Einschreiben des Binärzustandes 0

Zum Einschreiben einer 0 muß man das Ummagnetisieren von $-B_r$ auf $+B_r$ verhindern. Eine Möglichkeit hierzu wäre, den Kern überhaupt nicht zu erregen. In der Praxis zeigt es sich jedoch, daß es einfacher ist, mit halber Erregung zu arbeiten. Bei Ansteuerung des Kerns mit einem Halbstrom $+\frac{I_m}{2}$ wird zwar ein Stück des unteren, annähernd waagerechten Astes der Hystereseschleife durchlaufen, die Erregung reicht jedoch nicht zur Ummagnetisierung (Bild 8b). Das Abschalten des Halbstromes bringt den Kern in die Remanenzlage $-B_r'$, also in eine Remanenzinduktion, die betragsmäßig kleiner ist als $-B_r$. Man spricht in diesem Fall von einem „gestörten Remanenzzustand" (z. B.: $-B_r' =$ „gestörte 0"). Der Betrag der Störung $B_r - B_r'$ erreicht im praktischen Betrieb meist nach wenigen Halbstromerregungen einen Grenzwert vom Betrag $0{,}05 \cdot B_r$ bis $0{,}1 \cdot B_r$.

3.2.2 *Koinzidenzspeicher*

Koinzidenzprinzip. Die einzelnen Ferritringkerne werden innerhalb einer aus n Zeilen (x-Drähten) und m Spalten (y-Drähten) bestehenden, zweidimensionalen Matrix in den Kreuzungspunkten der x- und y-Drähte angeordnet. Um einen bestimmten Kern der Matrix ansprechen zu können, macht man sich die bereits im vorhergehenden Abschnitt erwähnte Unempfindlichkeit der Kerne gegenüber Halbstromerregungen zunutze. Wird zum Beispiel die Zeile x_3 und die Spalte y_2 gleichsinnig von je einem Strom der Größe $\frac{I_m}{2}$ durchflossen, so wird nur der Kern mit Vollstrom I_m erregt, der sich im Kreuzungspunkt des x_3-Drahtes mit dem y_2-Draht befindet. Die übrigen Kerne der Zeile x_3 bzw. der Spalte y_2 erhalten lediglich halbe Er-

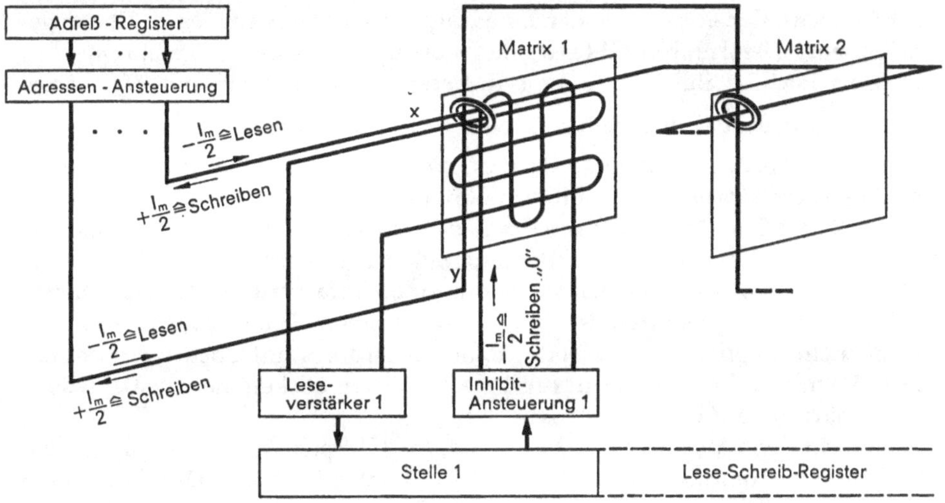

Bild 9: Aufbau eines 3D-Vierdraht-Koinzidenzspeichers

regung und ändern demzufolge ihren Remanenzzustand nicht. Die heute eingesetzten Magnetkernarbeitsspeicher arbeiten überwiegend nach diesem Koinzidenzprinzip.

3D-Vierdraht- und 3D-Dreidraht-Koinzidenzspeicher. Die Koinzidenzmethode gestattet die Anwahl eines einzelnen Kerns innerhalb einer Matrix. Um das parallele Ansprechen von größeren Informationseinheiten, z. B. von Worten, zu ermöglichen, faßt man mehrere Matrizen zu einem **Speicherblock** zusammen. Die Anzahl der Matrizen entspricht also der Stellenzahl eines Arbeitsspeicherwortes, die Zahl der in einer Matrix angeordneten Kerne der Wortkapazität.

Beispiel: Ein Speicherblock besteht aus 24 Matrizen zu je 64 × 64 Kernen ($\triangleq$ 64 x-Drähte und 64 y-Drähte). Der Block hat somit eine Kapazität von 4096 Worten zu je 24 bit.

Führt man die x- und y-Drähte (Bild 9) mäanderförmig und dreidimensional (3D) durch alle Matrizen eines Blocks, so spricht man von einem 3D-Speicher. Zum Lesen der Information eines Wortes wird über die Adressen-Ansteuerung ein x- und ein y-Draht mit je einem Halbstrom $-\frac{I_m}{2}$ angesteuert. Jede Matrix enthält einen individuellen Lesedraht, der durch alle Kerne gefädelt ist. Die in jeder Ebene induzierte Lesespannung wird in einem Leseverstärker ausgewertet und als binäre Information in der entsprechenden Stelle eines Schreib-Lese-Registers gespeichert.

Zum Einschreiben schickt man je einen Halbstrom $+\frac{I_m}{2}$ durch das ausgewählte x-y-Leitungspaar. Die Ummagnetisierung beim Einschreiben einer 0 wird in der betreffenden Ebene durch Kompensation eines Halbstromes unterdrückt. Hierzu enthält jede Matrix einen individuellen, sogenannten **Inhibitdraht**, der ebenso wie der Lesedraht durch alle Kerne einer Ebene gefädelt ist. Die Inhibitdrähte werden abhängig von der einzuschreibenden Information, die im Schreib–Lese-Register gespeichert ist, mit Halbstrom $-\frac{I_m}{2}$ angesteuert (Einschreiben 0) oder nicht (Einschreiben 1).

Die beschriebene Anordnung erfordert zwar einen relativ geringen Aufwand an Ansteuerelektronik, doch müssen durch jeden Kern insgesamt vier Drähte gefädelt werden (3D-Vierdraht-Koinzidenzspeicher). Für den Aufbau von Magnetkernspeichern mit sehr kleiner Zykluszeit werden heute Ferritringkerne mit Außenabmessungen bis herab zu 0,3 mm verwendet. Das Durchfädeln von vier Drähten ist bei derart kleinen Dimensionen praktisch nicht mehr möglich. Man arbeitet daher neuerdings mit Speicheranordnungen, die mit drei oder sogar nur mit zwei Drähten auskommen, wobei jedoch der Elektronikaufwand anwächst.

Eine technische Möglichkeit ist z. B. die, im 3D-Speicher das Lesesignal und den Inhibitstrom über ein und denselben Draht zu führen. Der Draht muß also beim Lesen auf den Eingang des Leseverstärkers, beim Schreiben auf den Ausgang der Inhibitansteuerung geschaltet werden (3D-Dreidrahtspeicher).

$2^1/_2$D-Dreidraht- und $2^1/_2$D-Zweidraht-Koinzidenzspeicher. Aus Matrizen zusammengesetzte Speicherblöcke, bei denen entweder nur der x-Draht oder nur der y-Draht mäanderförmig durch alle Matrizen des Blocks geführt wird, bezeichnet man als $2^1/_2$D-Speicher (Bild 10). Beim Einschreiben einer 1 werden beide Halbströme, beim Einschreiben einer 0 wird nur ein Halbstrom (über den durchgeschleiften Ansteuerdraht) eingeschaltet. Der Inhibitdraht kann also entfallen.

Bei $2^1/_2$D-Zweidrahtspeicher verzichtet man auch noch auf den Lesedraht. Der Leseverstärker wird mit der nicht durchgeschleiften Ansteuerleitung verbunden. Der Halbstrom auf dieser Leitung muß so rechtzeitig vor dem zweiten Halbstrom eingeschaltet werden, daß Störschwingungen bis zum Erscheinen des Lesesignals abgeklungen sind.

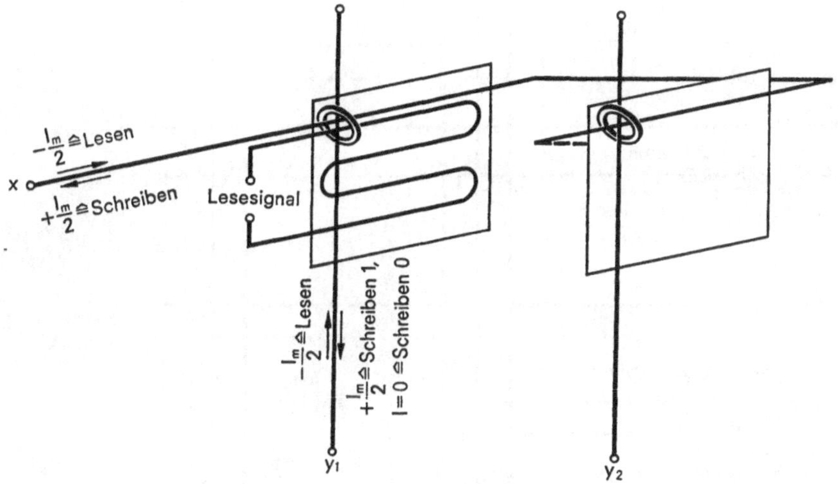

Bild 10: Aufbau des Speicherblocks eines $2^1/_2$D-Dreidraht-Koinzidenzspeichers

3.2.3 *Wortorganisierte 2D-Zweidraht-Speicher*

Wortorganisierte 2D-Zweidrahtspeicher bestehen im einfachsten Falle aus nur einer zweidimensionalen (2D) Matrix (Bild 11). Ebenso wie bei den Koinzidenzspeichern sind die Kerne in den Kreuzungspunkten der x- und y-Drähte angeordnet. Die Zahl der Kerne in einer Zeile entspricht der Stellenzahl eines Speicherwortes, die Zahl der Zeilen der Wortkapazität des Speichers.
Zum Lesen eines Wortes schickt man einen Vollstrom der Größe $-I_m$ durch den x-Draht, der durch die Adresse ausgewählt ist. Die Lesespannungen werden in den y-Drähten induziert, über Leseverstärker ausgewertet und als binäre Signale von einem Schreib–Lese-Register aufgenommen.
Beim Schreiben steuert man den ausgewählten x-Draht mit Halbstrom $+\frac{I_m}{2}$ an. Die y-Drähte werden abhängig von der einzuschreibenden Information im Schreib–Lese-Register mit Halbstrom $+\frac{I_m}{2}$ erregt (≙ Binärzustand 1) oder nicht (≙ Binärzustand 0). Mit der beschriebenen Anordnung lassen sich zwar sehr schnelle Arbeitsspeicher aufbauen, der Aufwand für die Ansteuerelektronik ist jedoch, verglichen mit dem der Koinzidenzspeicher, sehr groß.

3.3 **Kenndaten moderner Magnetkernspeicher**

Als Arbeitsspeicher für Prozeßrechner werden heute vorwiegend Magnetkern-Koinzidenzspeicher eingesetzt. Die **Zykluszeit**, d. h. die Zeit für das Lesen und Wiedereinschreiben einer Information, wird neben anderen Faktoren in starkem Maße durch die Schaltzeit der Kerne bestimmt. Sie ist abhängig

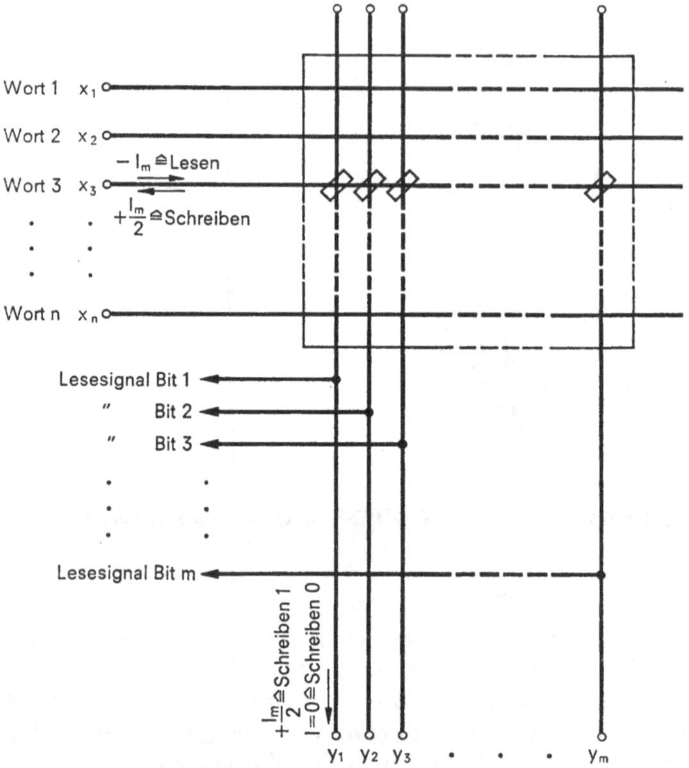

Bild 11: Aufbau eines wortorganisierten 2D-Zweidraht-Speichers
$x_1, x_2 \ldots x_n$ x-Drähte
$y_1, y_2 \ldots y_m$ y-Drähte

von der Art des Ferritmaterials und von den geometrischen Abmessungen (Tabelle 2).

Im Hinblick auf eine möglichst kostenoptimale Anpassung von Prozeßrechnern an eine vorgegebene Aufgabenstellung können praktisch alle Zentraleinheiten mit Arbeitsspeichern verschiedener Kapazität ausgerüstet werden. Während der Grundausbau kleiner Anlagen heute meist 4096 Worte enthält, beträgt die Minimalkapazität größerer Prozeßrechner, die für die Simultanarbeit mehrerer Anwenderprogramme vorgesehen sind, häufig 8192 oder 16384 Worte. Erweiterungen des Grundausbaus sind durch Anschluß zusätzlicher Speichermoduln möglich. Große Anlagen gestatten einen Ausbau bis zu 65536 und mehr Worten.

3.4 Ausblick

Einer weiteren Verkürzung der Zykluszeit von Magnetkernspeichern sind vor allem dadurch Grenzen gesetzt, daß die Auffädelung von Ringkernen

Tabelle 2: Kenndaten moderner Ferritkernspeicher

Abmessungen der Ferritringkerne			Drahtdurchmesser			Erreichbare Schaltzeit der Kerne	Erreichbare Zykluszeit in der Speicheranordnung
Außen-⌀	Innen-⌀	Dicke	x- bzw. y-Draht	Lesedraht	Inhibitdraht		
ca. 0,8 mm	ca. 0,5 mm	ca. 0,2 mm	ca. 0,08 mm	ca. 0,07 mm	ca. 0,09 mm	<0,45 µs	<1,5 µs
ca. 0,5 mm	ca. 0,3 mm	ca. 0,12 mm	ca. 0,05 mm	ca. 0,05 mm	ca. 0,06 mm	<0,2 µs	<0,7 µs
ca. 0,3 mm	ca. 0,2 mm	ca. 0,09 mm	ca. 0,05 mm	—	—	<0,13 µs	<0,35 µs

mit einem Außendurchmesser < 0,3 mm fertigungstechnisch kaum noch durchführbar ist. Die Verkürzung der Zykluszeiten magnetischer Schnellspeicher und damit die Notwendigkeit zur Verringerung des Volumens der Speicherelemente und der Speicheranordnungen läßt sich durch Anwendung **dünner magnetischer Schichten** erreichen. Im Gegensatz zu Ferritkernen, bei denen der Ummagnetisierungsvorgang durch Wandverschiebungen mit Schaltzeiten von ca. 100 ns (bei 0,3-mm-Kernen) geschieht, werden bei dünnen magnetischen Schichten magnetische Vektoren gedreht, was ca. 100 mal schneller vor sich gehen kann. Speicher dieser Art verwenden dünne Permalloy-Schichten, die entweder eben oder auf Drähten plattiert angewendet werden.

Neben dem Dünnschichtspeicher wird in Zukunft vor allem der **Halbleiterspeicher** voraussichtlich eine große Bedeutung erlangen. Bei einem Halbleiterspeicher besteht jedes Speicherelement aus einer bistabilen Kippschaltung, also aus einem relativ umfangreichen Schaltungskomplex. Die stürmische Weiterentwicklung der Technik integrierter Schaltkreise, wie etwa der integrierten MOS-Speicher, läßt jedoch einen wirtschaftlichen Einsatz von Halbleiterspeichern aussichtsreich erscheinen.

4 Steuerwerk

4.1 Allgemeines

Das Steuerwerk einer Zentraleinheit hat im wesentlichen folgende Aufgaben:

a) Bereitstellen der einzelnen Befehlsworte eines im Arbeitsspeicher stehenden, ablauffertigen Programms;

b) Einleiten der Befehlsausführung in den verschiedenen Funktionseinheiten des Rechners;

c) Steuern des Zugriffs der Funktionseinheiten zum Arbeitsspeicher;

d) Steuern des Programmablaufs, d. h. Verzweigen, Unterbrechen und Wechseln von Programmen.

Gerätemäßig besteht das Steuerwerk aus Registern und logischen Netzwerken in Halbleitertechnik. Da Steuerwerk und Rechenwerk funktionell sehr eng zusammenarbeiten, werden die technischen Einrichtungen der beiden Funktionseinheiten häufig konstruktiv zu einer Einheit zusammengefaßt, die man im allgemeinen **Zentralprozessor** nennt.

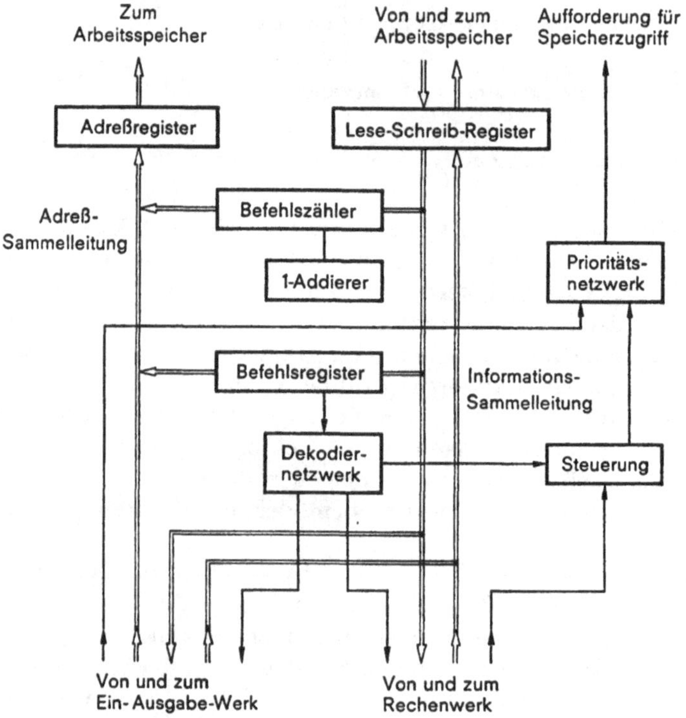

Bild 12: Funktionen eines Steuerwerkes (Beispiel)

Die oben aufgeführten Aufgaben und die zur Lösung benötigten Schaltungskomplexe (Bild 12) werden anschließend erläutert.

4.2 Bereitsstellen von Befehlsworten

Mit der im **Befehlszähler** stehenden Befehlsadresse wird das **Adreßregister** geladen und ein Befehlswort aus dem Arbeitsspeicher über das **Lese-Schreib-Register** in das **Befehlsregister** gelesen.

Anschließend führt das Steuerwerk, falls erforderlich, die notwendigen Modifikationen des gelesenen Befehlswortes durch (Abschnitt 2.3.5). Als Beispiel wird der Ablauf einer bzw. mehrerer Substitutionen von Teilen des Befehlswortes gezeigt (Bild 13).

4.3 Einleiten der Befehlsausführung

Im Anschluß an die Bereitstellungsphase wird der Operationsteil des Befehlswortes im Dekodiernetzwerk entschlüsselt und die zuständige Funktionseinheit des Rechenwerks zur Bearbeitung des Befehls aufgefordert.
Betrifft der Befehl eine Maschinenoperation mit relativ kurzer Ausführungszeit (hierzu gehören im allgemeinen alle Operationen, die ausschließlich mit Hilfe von schnellen elektronischen Schaltnetzwerken abgewickelt werden),

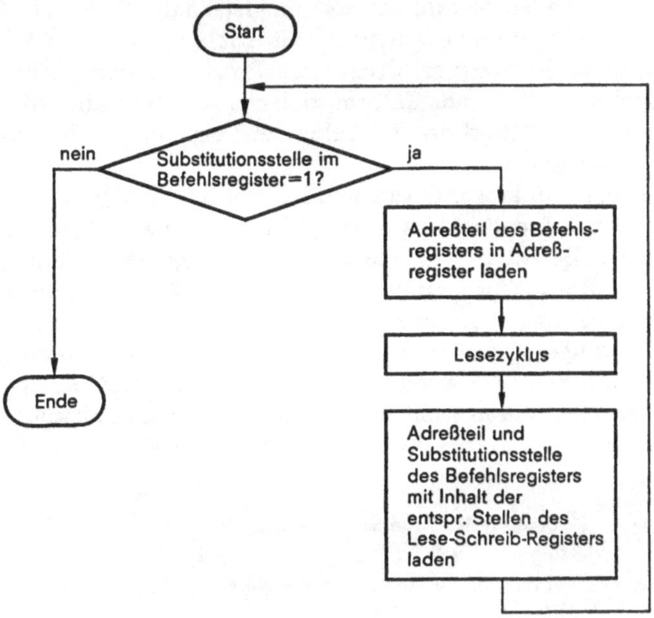

Bild 13: Ablauf von Befehlswort-Substitutionen (Beispiel)

so wartet das Steuerwerk mit dem Bereitstellen des nächstfolgenden Befehlswortes bis zum Operationsabschluß. Das Befehlsregister speichert das betreffende Befehlswort während der Operation, so daß sich ein entsprechender Speicher in der ausführenden Funktionseinheit erübrigt. Moderne Prozeßrechner benötigen für die Bearbeitung eines Befehls innerhalb der Zentraleinheit meist nicht mehr als einige 10^{-6} Sekunden. Ein großer Teil der Befehle hat eine Operationsdauer, die dem Zeitbedarf von ein bzw. zwei Arbeitsspeicherzyklen entspricht. Die Ausführungszeit komplizierterer Befehle, wie etwa der Multiplikation oder der Division von Gleitkommazahlen, ist abhängig von den zu verknüpfenden Informationen und häufig um den Faktor 10 bis 20 größer. Das bedeutet eine Blockierung des Programmablaufs für eine Zeit $< 10^{-4}$ Sekunden, was im allgemeinen nicht als störend empfunden wird. Auch die Ein- bzw. Ausgabe eines Prozeßsignals über elektronisch und mit hoher Geschwindigkeit arbeitende Peripherieeinheiten

(„schnelle" Prozeßelemente) beansprucht eine Zeit dieser Größenordnung und wird daher oft ebenso wie eine Operation innerhalb der Zentraleinheit behandelt.
Betrifft der Befehl dagegen eine Ein- bzw. Ausgabeoperation, die über ein langsam arbeitendes Gerät abgewickelt wird, so dauert die Bearbeitung, abhängig davon, ob nur eine einzige Informationseinheit oder ein Informationsblock betroffen ist, je nach Gerät zwischen einigen 10^{-3} und einigen 10^2 Sekunden. Das Warten des Steuerwerks auf den Operationsabschluß wäre in diesen Fällen sowohl äußerst unwirtschaftlich (in der Zwischenzeit können andere Programme ablaufen) als auch unzulässig im Hinblick auf das geforderte Realzeitverhalten eines Prozeßrechners. Eine mit dem Prozeßablauf schritthaltende Informationsverarbeitung und die schnelle, programmgesteuerte Reaktion der Anlage auf ein äußeres Ereignis könnte man nicht gewährleisten.
Befehle mit langer Operationszeit werden vom Steuerwerk daher lediglich an die ausführende Funktionseinheit übergeben. Anschließend wird sofort ein neuer Befehl bereitgestellt, der im allgemeinen eine Verzweigung in das Organisationsprogramm bewirkt, das dann entscheidet, welches der auf Bearbeitung wartenden Programme ausgeführt werden soll (Kapitel 2.6). Die angesprochene Peripherieeinheit arbeitet nunmehr **selbständig und simultan** zum weiteren Programmablauf und meldet den Abschluß der Operation durch Senden eines Signals, das im Leitwerk zur Ausführung einer Programmunterbrechung führt (Abschnitte 4.5 und 6).

4.4 Steuern des Arbeitsspeicherzugriffs

4.4.1 Verteilen der Arbeitsspeicherzyklen

Sowohl das Steuer- und Rechenwerk als auch alle oder ein Teil der am Ein-Ausgabe-Werk angeschlossenen Peripherieeinheiten tauschen Informationen mit dem Arbeitsspeicher aus. Bedingt durch die im vorhergehenden Abschnitt beschriebene Simultanarbeit von Peripherieeinheiten einerseits und dem Steuer- und Rechenwerk andererseits, muß man damit rechnen, daß unter Umständen mehrere Peripherieeinheiten und der Zentralprozessor gleichzeitig Zugriff zum Arbeitsspeicher verlangen. Da aber zu einem bestimmten Zeitpunkt nur eine Funktionseinheit versorgt werden kann, ist es notwendig, bei der Verteilung der Arbeitsspeicherzyklen Prioritätsgesichtspunkte zu berücksichtigen.
Eine Reihe von Peripherieeinheiten, wie etwa Platten- oder Trommelspeicher, arbeiten im Rahmen eines vom Peripheriegerät vorgegebenen starren Taktrasters. Für den Austausch einer Informationseinheit mit dem Arbeitsspeicher steht nur eine relativ kurze Zeitspanne zur Verfügung, innerhalb der ein Zugriff möglich sein muß. Anderenfalls ginge zum Beispiel eine Informationseinheit verloren, und die gesamte Ein–Ausgabe-Operation müßte

neu eingeleitet werden. Die Tätigkeit des Zentralprozessors kann demgegenüber jederzeit angehalten werden, die Verschiebung eines Zugriffs bedeutet in diesem Falle lediglich eine Verlängerung des Programmablaufs um eine Arbeitsspeicherzykluszeit. Hieraus ergibt sich die Notwendigkeit, die insgesamt verfügbaren Arbeitsspeicherzyklen erstrangig dem Ein–Ausgabe-Werk und zweitrangig dem Steuer- und Rechenwerk zuzuteilen. Theoretisch kann das Ein-Ausgabe-Werk dem Zentralprozessor damit alle Arbeitsspeicherzyklen „stehlen", in der Praxis sind die externen Datenraten jedoch meist sehr viel kleiner als die verfügbare Zyklusfrequenz des Arbeitsspeichers. Beträgt die Gesamtdatenrate aller Peripherieeinheiten zum Beispiel 666000 Worte/s $\triangleq$ 1,5 µs/Wort und hat der Arbeitsspeicher eine Zykluszeit von 0,5 µs/Wort, so stehen dem Zentralprozessor im ungünstigsten Fall immer noch $^2/_3$ aller Zyklen zur Verfügung. Die Zyklenverteilung wird im Leitwerk mit Hilfe des **Prioritätsnetzwerks** (Bild 12) vorgenommen. Eine entsprechende Einrichtung im Ein–Ausgabe-Werk ordnet alle dieser Funktionseinheit zugeteilten Zyklen den angeschlossenen Peripherieeinheiten zu (Abschnitt 6).

4.4.2 *Durchschalten der Adreß- und Informationsleitungen*

Die für den Arbeitsspeicherverkehr erforderlichen Adressen werden vor Abgabe einer Zugriffsanforderung in Registern des Steuerwerks bzw. des Ein–Ausgabe-Werks bereitgestellt. Der Befehlszähler (Befehlsadresse), der Adreßteil des Befehlsregisters (Operandenadresse) und das E-/A-Adreßregister im Ein–Ausgabe-Werk sind daher mit dem Adreßregister des Steuerwerks über **Adreßleitungen** verbunden. **Informationsleitungen,** die zur Übertragung der gelesenen bzw. einzuschreibenden Informationen dienen, führen vom Lese–Schreib-Register u. a. zum Befehlsregister im Steuerwerk, zu den Operanden- und Ergebnisregistern im Rechenwerk und zum E-/A-Pufferregister im Ein–Ausgabe-Werk (Bild 12).
Adreß- und Informationsleitungen führt man technisch oft in Form von zwei **Sammelleitungssystemen** aus. Hat eine Funktionseinheit einen Arbeitsspeicherzyklus angefordert und vom Prioritätsnetzwerk eine Zuteilung erhalten, so werden nur die an diesem Zugriff beteiligten Adreß- bzw. Informationsregister auf die zugehörigen Sammelleitungen aufgeschaltet.

4.4.3 *Bildung der tatsächlichen Arbeitsspeicheradressen*

Das Adreßregister im Steuerwerk hat eine Stellenzahl, die der tatsächlichen Arbeitsspeicheradresse entspricht. Arbeitet eine Zentraleinheit z. B. mit verkürzten Adreßangaben im Befehlswort (Abschnitt 2.3.4), so muß die vollständige, tatsächliche Arbeitsspeicheradresse vor dem Speicherzugriff im Steuerwerk gebildet werden. In Prozeßrechnern der oberen Preisklasse, die eine Simultanarbeit vieler Programme gestatten, werden alle Arbeitsspei-

cheradressen, die in einem Anwenderprogramm vorkommen, also Befehls-, Operanden- und Ein-Ausgabeadressen, nicht reell, sondern **symbolisch** interpretiert, d.h., im Anwenderprogramm wird keine Aussage über die tatsächliche Lage der Befehle und Daten im Arbeitsspeicher gemacht. Die Zuordnung der symbolischen zu den reellen Adressen wird vom Betriebssystem (Organisationsprogramm) dynamisch festgelegt. Das Steuerwerk bildet die reellen Adressen erst unmittelbar vor dem Arbeitsspeicherzugriff. Das Verfahren bietet u. a. folgende Vorteile:
— Bessere Ausnutzung des Arbeitsspeichers (z. B. Möglichkeit zum Ausfüllen von Speicherlücken, die beim Übertragen nicht mehr aktueller Programme, Programmstücke oder Datenbereiche auf Externspeicher entstehen)
— Schutz von getesteten Programmen gegen Überschreiben, bedingt durch fehlerhafte Adressierung in ungetesteten Programmen.
Zur Bildung der tatsächlichen Arbeitsspeicheradressen enthält das Steuerwerk meist speziell für diesen Zweck ausgelegte technische Einrichtungen (z. B. Register, Zuordner, Addierer).

4.5 Steuern des Programmablaufs

4.5.1 Verzweigen von Programmen

Ein großer Teil aller Befehle eines Programms steht abschnittsweise in aufeinanderfolgenden Zellen des Arbeitsspeichers, d.h., nach dem Lesen eines Befehls wird der Inhalt des Befehlszählers mit Hilfe eines 1-Addierers (Bild 12) um 1 erhöht.
Dieser Programmablauf läßt sich durch **Verzweigungsbefehle** — auch **Sprungbefehle** genannt — unterbrechen. Die Bearbeitung eines Verzweigungsbefehls führt zum Laden des Befehlszählers mit einer Adresse, die im allgemeinen direkt dem Adreßteil des Befehlswortes entnommen wird.
Unbedingte Verzweigungsbefehle werden in jedem Fall ausgeführt, **bedingte Verzweigungsbefehle** nur dann, wenn die befehlsgemäße Bedingung erfüllt ist, anderenfalls wird der Befehlszähler auf übliche Weise um 1 erhöht. Typische bedingte Verzweigungsbefehle sind z. B.:

„Verzweigen, falls Akkumulatorinhalt gleich Null",
„Verzweigen, falls Akkumulatorinhalt ungleich Null",
„Verzweigen, falls Akkumulatorinhalt positiv",
„Verzweigen, falls Akkumulatorinhalt negativ",
„Verzweigen, falls Akkumulatorüberlauf".

Neben der Programmverzweigung durch Befehle können auch bestimmte Ereignisse innerhalb und außerhalb der Zentraleinheit den Programmablauf beeinflussen. Dies soll im folgenden Abschnitt im Zusammenhang mit der Behandlung von Programmunterbrechungen näher erläutert werden.

4.5.2 Unterbrechen und Wechseln von Programmen

Eine Reihe von Ereignissen, die innerhalb oder außerhalb der Zentraleinheit eintreten können, führt zur Unterbrechung eines laufenden Programms und, falls erforderlich, zu einem Programmwechsel. Die Ereignisse kann man grob in folgende zwei Gruppen aufteilen, die sich im Hinblick auf die Ursachen, die Bedeutung und die Art der zugehörigen Bearbeitung unterscheiden.

Gruppe I:

Ursachen: Fehler, die bei der Ausführung des laufenden Programms in der Zentraleinheit bzw. in nicht simultan arbeitenden Peripherieeinheiten aufgetreten und erkannt worden sind.

Bedeutung: Es handelt sich um Fehler, die eine Fortsetzung des laufenden Programms unmöglich oder sinnlos machen.

Bearbeitung: Das laufende Programm (jedoch nur dieses!) wird bedingungslos und meist nach Abschluß des gerade in Bearbeitung befindlichen Befehls **abgebrochen,** der Befehlszählerstand und gegebenenfalls eine Fehlererkennung im Arbeitsspeicher hinterlegt (Fehlersuche!). Die Unterbrechung führt im allgemeinen zu einer automatischen Verzweigung in das Organisationsprogramm, d. h., der Befehlszähler wird mit einer festgelegten Adresse geladen. Bei Prozeßrechnern, die eine prioritätsgesteuerte Simultanarbeit mehrerer Programme zulassen, sorgt das Organisationsprogramm anschließend für den Ablauf des höchstrangig auf Bearbeitung wartenden Programms (Kapitel 2.6).

Gruppe II:

Ursachen: Meldungen aus dem Prozeß, die eine programmgesteuerte Reaktion erfordern, sowie Meldungen von simultan zum Programmablauf arbeitenden Peripherieeinheiten (z. B. Meldungen über den Abschluß von Ein-Ausgabe-Operationen).

Bedeutung: Den Meldungen sind in der Regel Programme zugeordnet, die sich im Wartezustand befinden. Durch das Eintreffen einer Meldung muß das darauf wartende Programm aktiviert werden.

Bearbeitung: Da das laufende Programm nicht abgebrochen, sondern nur **vorübergehend unterbrochen** werden soll, ist eine Sicherstellung aller für die Fortsetzung wichtigen Informationen notwendig. Hierzu gehören neben dem Befehlszählerstand auch eine mehr oder weniger große Zahl von Registerzuständen. Die meist recht aufwendige Sicherstellungsprozedur kann man auf das Abspeichern des Befehlszählerinhaltes beschränken, wenn man die Unterbrechung erst zu einem Zeitpunkt unkritischer Registerzustände ausführt. Die entsprechenden Stellen im Programm kann der Programmierer entweder durch eine besondere Stelle im Befehlswort (Abschnitt 2.3.2) oder durch eine Maske, die per Befehl gesetzt wird, markieren. Meldungen, die auf diese Weise behandelt werden, nennt man oft **bedingte Unterbrechungs-**

anforderungen, im Gegensatz zu den **unbedingten Unterbrechungsanforderungen**, die sich unabhängig vom Zustand des Programms zum nächstfolgenden Befehlsabschluß auswirken.
Der Programmablauf nach Ausführung der Unterbrechung wird im allgemeinen durch eine automatische Verzweigung in das Organisationsprogramm fortgesetzt. Die Verzweigungsadresse ist eine andere, als die bei Unterbrechungen durch Meldungen der Gruppe I, damit eine Unterscheidung der Ereignisse möglich ist. Beispiel für den weiteren Ablauf (Kapitel 2.6):
Das Organisationsprogramm identifiziert die eingetroffene Meldung, aktiviert das auf diese Meldung wartende Programm (was noch nicht bedeutet, das es anschließend abläuft) und sorgt für den Ablauf desjenigen auf Bearbeitung wartenden, d. h. aktivierten Programms, das die höchste Priorität hat.
Um eine besonders schnelle, programmgesteuerte Reaktion des Rechners auf Meldungen aus dem Prozeß zu ermöglichen, kann die einer Meldung zugeordnete Unterbrechung direkt, d. h. ohne Umweg über das Organisationsprogramm, zu einer Verzweigung auf das entsprechende Anwenderprogramm führen. In diesem Fall wird meist auch die Unterbrechung zum nächstfolgenden Befehlsabschluß bearbeitet, d.h., Einrichtungen für das Abspeichern der Registerzustände des unterbrochenen Programms sind unerläßlich.
Treffen Meldungen vom Typ der Gruppe I und solche der Gruppe II gleichzeitig im Leitwerk ein, so werden die der Gruppe I vorrangig behandelt.

5 Rechenwerk

5.1 Allgemeines

Im Rechenwerk einer Zentraleinheit werden die zu einem ablaufenden Programm gehörenden Operanden entsprechend den Angaben der im Steuerwerk bereitgestellten Rechenwerksbefehle verarbeitet. Eine Operation besteht entweder aus einer arithmetischen bzw. logischen Verknüpfung von zwei Operanden gleichen Formats oder aus der befehlsgemäßen Modifikation eines einzelnen Operanden.
Während sich Rechenwerksbefehle in kommerziellen Datenverarbeitungsanlagen vielfach auf Operanden beziehen, die durch eine variable Anzahl von Zeichen dargestellt sind, kann man sich bei Prozeßrechnern auf feste Operandenformate beschränken, was zu erheblichen Kosteneinsparungen führt. Operanden werden hier im allgemeinen im Format eines Maschinenwortes, im Falle von Gleitkomma- oder Doppelwortbefehlen auch im Format von zwei Maschinenworten parallel verarbeitet (Abschnitt 2.1).
Auch die erforderlichen Modifikationen von Arbeitsspeicheradressen lassen sich programmgesteuert mit Hilfe von adreßarithmetischen Befehlen im Rechenwerk ausführen. Zentraleinheiten, in denen bei jedem Arbeitsspei-

cherzugriff eine Adressenbehandlung vorgenommen werden muß, wie das zum Beispiel bei Adressierverfahren mit verkürzten oder virtuellen Adressen der Fall ist, sind darüber hinaus mit speziellen Schaltnetzwerken für diesen Zweck ausgestattet.

5.2 Struktur und grundsätzliche Arbeitsweise eines Rechenwerkes

Ein Rechenwerk (Bild 14) gestattet das Addieren und Subtrahieren von Festkommadualzahlen, das logische Verknüpfen von binären Mustern sowie das Modifizieren einzelner Operanden auf Grund von Angaben im Befehls-

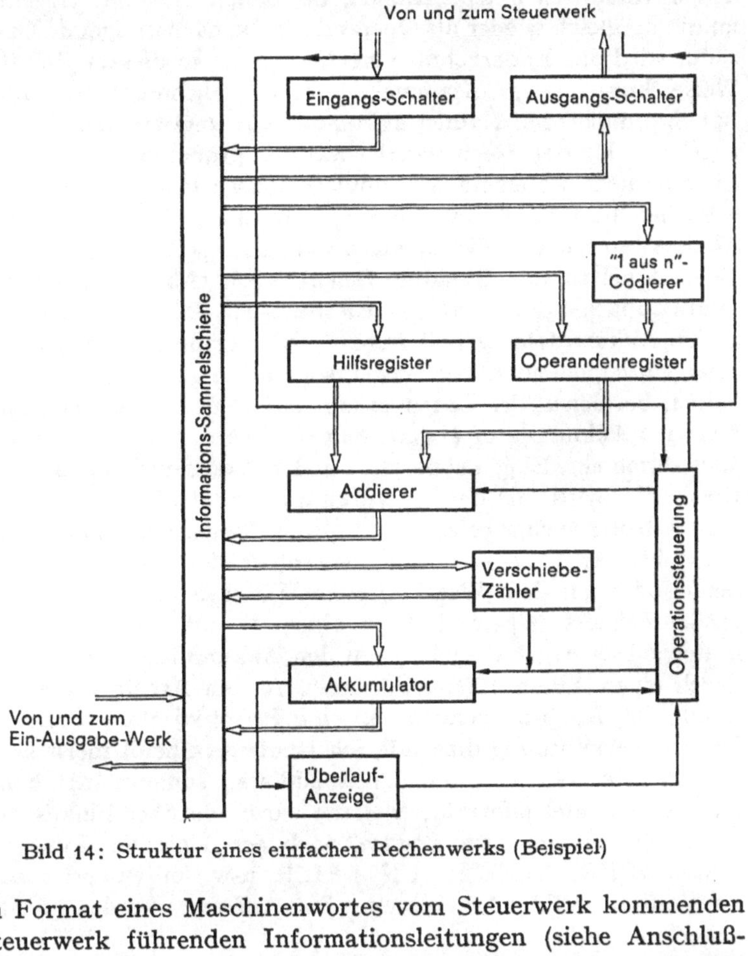

Bild 14: Struktur eines einfachen Rechenwerks (Beispiel)

wort. Die im Format eines Maschinenwortes vom Steuerwerk kommenden bzw. zum Steuerwerk führenden Informationsleitungen (siehe Anschlußstelle in Bild 13) sind bei diesem Rechenwerk über Eingangs- und Ausgangsschalter mit einer Informationssammelschiene verbunden. An sie können

die an einer Befehlsausführung beteiligten Rechenwerkskomplexe angeschaltet werden.
Eine Befehlsausführung setzt sich aus mehreren, zeitlich aufeinanderfolgenden Schritten zusammen, die man als **Mikrooperationen** bezeichnen kann. Für den folgerichtigen Ablauf der zu einem Befehl gehörenden Mikrooperationen sorgt eine **Operationssteuerung**.

5.2.1 *Arithmetische und logische Verknüpfung zweier Operanden*

Der Operand 1 steht meist in einem Register, das auch zur Aufnahme des Verknüpfungsergebnisses verwendet wird. Bei mehreren aufeinanderfolgenden arithmetischen Operationen, bei denen man das Ergebnis einer Verknüpfung gleich wieder als Operand für die nächstfolgende Operation heranzieht, wird das Endergebnis einer Rechnung in diesem Register in gewisser Weise durch das „Aufsammeln" der Zwischenergebnisse aufgebaut. Man hat ihm daher den Namen **akkumulatives Register** oder kurz **Akkumulator** gegeben. Ist das Rechenwerk, was bei größeren Anlagen meist der Fall ist, mit mehr als einem Akkumulator ausgestattet, so müssen die Rechenwerksbefehle eine Kennzeichnung enthalten, die angibt, auf welchen der Akkumulatoren sich die Operation beziehen soll.
Beim Arbeiten mit Einadreß-Befehlstypen (Abschnitt 2.3) muß der Operand 1 zunächst durch einen **TRANSFER-EIN-Befehl** aus dem Arbeitsspeicher in den Akkumulator geholt werden, wenn er dort nicht bereits als Ergebnis einer vorhergehenden Rechenwerksoperation gespeichert ist. In Zentraleinheiten, bei denen der Datenverkehr mit Peripherieeinheiten auf dem Wege über den Akkumulator abgewickelt wird (Abschnitt 6), kann der Operand 1 auch durch eine Eingabeoperation in den Akkumulator gebracht werden. Der Operand 2 wird mit der im Verknüpfungsbefehl angegebenen Adresse aus dem Arbeitsspeicher gelesen und in das **Operandenregister** des Rechenwerks gebracht. Anschließend wird der Inhalt des Akkumulators (Operand 1) direkt oder auf dem Wege über ein Hilfsregister mit dem Inhalt des Operandenregisters (Operand 2) in einem Schaltnetzwerk befehlsgemäß verknüpft. Das Ergebnis gelangt in den Akkumulator. Von dort läßt es sich durch einen **TRANSFER-AUS-Befehl** in den Arbeitsspeicher bringen oder durch eine Ausgabeoperation an eine Peripherieeinheit übertragen.
Das zur Verknüpfung dienende Schaltnetzwerk heißt meist **Addierer**, obwohl es in Wirklichkeit nicht nur Zahlen addieren, sondern auch komplementieren und voneinander subtrahieren kann, sowie darüber hinaus dafür ausgelegt ist, binäre Muster zum Beispiel nach den logischen Funktionen NICHT, UND, ODER, GLEICH, UNGLEICH usw. miteinander zu verknüpfen. Der Aufbau und die Arbeitsweise eines Addierers werden im Abschnitt 5.2.2. näher erläutert.
Kompliziertere arithmetische Verknüpfungen, wie etwa die Multiplikation oder die Division, lassen sich auf eine Folge von Additionen bzw. Subtrak-

tionen zurückführen, die entweder programmgesteuert (Unterprogramm) oder bei leistungsfähigeren Rechnern mit Hilfe spezieller Rechenwerkssteuerungen ablaufen („Verdrahtete" Multiplikation bzw. Division).
Prozeßrechner der oberen Preisklasse haben meist Rechenwerke, die neben der arithmetischen Verarbeitung von Festkommadualzahlen auch die von Gleitkommadualzahlen gestatten. Das Rechenwerk muß in diesem Falle sowohl für die Verknüpfung der Mantissen M_1 und M_2 als auch für die Verknüpfung der Exponenten E_1 und E_2 der Maßstabsfaktoren eingerichtet sein (Abschnitt 2.2.1).

Beispiel für den grundsätzlichen Ablauf der Addition zweier Gleitkommaoperanden $O_1 = M_1 \cdot 2^{E_1}$ und $O_2 = M_2 \cdot 2^{E_2}$:

1. Schritt: Angleichung der Maßstabsfaktoren
Subtraktion $E_1 - E_2$, Prüfen ob Differenz positiv oder negativ.

Positive Differenz	Negative Differenz
↓	↓
E_1 = Ergebnisexponent	E_2 = Ergebnisexponent
↓	↓
Mantisse M_2 wird durch $2^{\lvert E_1 - E_2 \rvert}$ dividiert, d. h. um $\lvert E_1 - E_2 \rvert$ Stellen nach rechts verschoben.	Mantisse M_1 wird durch $2^{\lvert E_1 - E_2 \rvert}$ dividiert, d. h. um $\lvert E_1 - E_2 \rvert$ Stellen nach rechts verschoben.

2. Schritt: Addition der Mantissen

$$M_1 + M_2 = \text{Ergebnismantisse}\,.$$

Soll das Ergebnis in normalisierter Form vorliegen, dann wird die Ergebnismantisse anschließend so oft nach links verschoben und der Ergebnisexponent nach jedem Verschiebeschritt um 1 vermindert, bis die Vorzeichenstelle und die höchstwertige Stelle der Ergebnismantisse ungleich sind.

5.2.2 Addierer

Zur **Addition** zweier einstelliger Dualzahlen benötigt man ein Verknüpfungsnetzwerk mit zwei Eingängen (für die beiden einstelligen Summanden) und zwei Ausgängen (für die einstellige Summe und den einstelligen Übertrag zur nächsten, höherwertigen Stelle). Eine solche Schaltung heißt **Halbaddierer** und kann aus NOR-Gattern aufgebaut werden (Bild 15). Bei der Addition mehrstelliger Dualzahlen müssen die für die einzelnen Stellen verwendeten Addiernetzwerke den jeweiligen Übertrag der nächsten, niederwertigen Stelle berücksichtigen. So erweiterte, einstellige Addiernetzwerke nennt man **Volladdierer** (Bild 16).
Ein Verknüpfungsnetzwerk für die parallele Addition n-stelliger Dualzahlen besteht somit aus n Volladdierern, die durch Übertragsleitungen miteinander verbunden sind (Bild 17).

Summand a	1	0	1	0
Summand b	1	1	0	0
Summe S	0	1	1	0
Übertrag Ü	1	0	0	0

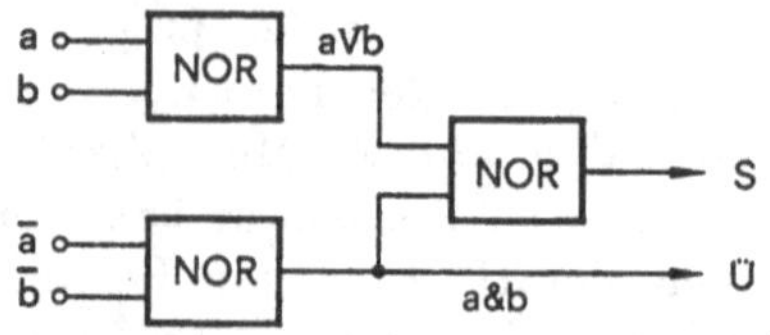

Bild 15: Halbaddierer

a) Funktionstabelle
b) Schaltungsbeispiel mit NOR-Gattern

Summand a	1	0	1	0	1	0	1	0
Summand b	1	1	0	0	1	1	0	0
Übertrag von der nächsten niederwertigen Stelle $Ü_1$	1	1	1	1	0	0	0	0
Summe S	1	0	0	1	0	1	1	0
Übertrag an die nächste höherwertige Stelle $Ü_2$	1	1	1	0	1	0	0	0

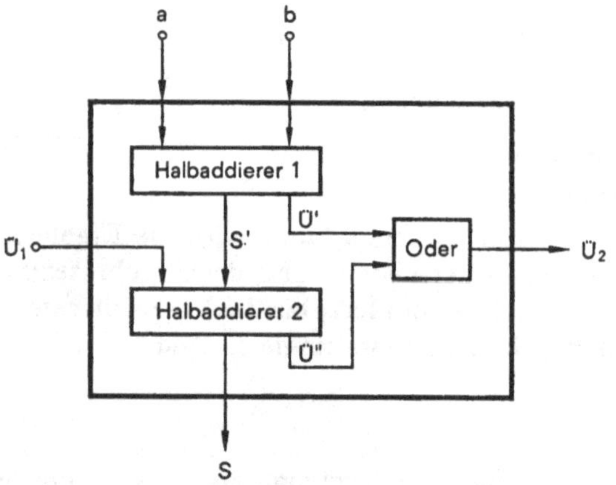

Bild 16: Volladdierer

a) Funktionstabelle
b) aus zwei Halbaddierern und ein ODER-Gatter zusammengesetzter Volladdierer

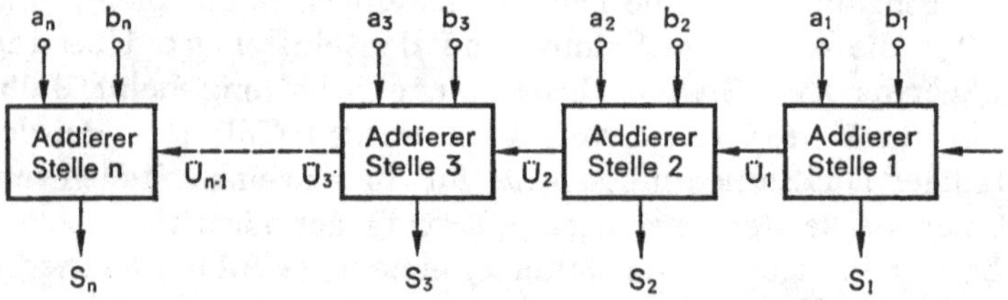

Bild 17: Paralleladdierer für *n*-Dualstellen

$a_1 \dots a_n$, $b_1 \dots b_n$ } **Summanden**
$ü_1 \dots ü_{n-1}$ **Überträge**
$s_1 \dots s_n$ **Stellen-Summen**

Die Zeit für die Ausführung einer Paralleladdition wird in erster Linie durch die Laufzeit der Übertragssignale bestimmt. Wenn beispielsweise in jeder Addiererstufe zur Bildung des Übertragssignals zwei Gatterfunktionen zu durchlaufen sind, so beträgt die gesamte Übertragslaufzeit $T_ü$ eines n-stelligen Addiernetzwerkes:

$$T_ü = 2 \cdot n \cdot T_G \; (T_G = \text{Zeit für den Durchlauf einer Gatterfunktion}).$$

Die Additionszeit wirkt sich in sehr starkem Maße auf die Dauer einer Rechenwerksoperation aus. Dies gilt vor allem für arithmetische Verknüpfungen, die sich aus einer größeren Zahl von Additionen zusammensetzen, wie etwa die Multiplikation. Bei der Entwicklung schneller Paralleladdierer werden im wesentlichen folgende drei Wege beschritten, um die Übertragslaufzeit klein zu halten:

Verringerung der Gatterlaufzeiten durch Verwendung schneller, integrierter Schaltkreiskomplexe.

Entwicklung von Schaltungen, die zur Bildung des Übertragssignals einer Stufe nur eine Gatterlaufzeit beanspruchen.

Entwicklung von Schaltungen, die es gestatten, Übertragssignale von mehreren Stufen parallel zu erzeugen und auszuwerten.

Die Additionszeit eines leistungsfähigen Paralleladdierers für 24 Stellen liegt heute in der Größenordnung von 10^{-7} Sekunden.

Wie bereits in Abschnitt 2.2.1 erwähnt, werden negative Zahlen zweckmäßig als **Komplement** der positiven Zahl zu 2^n dargestellt. Hierin ist n die Zahl der Dualstellen einschließlich der Vorzeichenstelle. Das Komplement einer Zahl Z zu 2^n läßt sich auf einfache Weise durch das Invertieren aller Dualstellen und anschließendes Hinzuaddieren einer 1 bilden:

$$2^n - Z = (2^n - 1 - Z) + 1 = \overline{Z} + 1 \, .$$

Zur Ausführung dieser Operationen kann die um einen Inverter erweiterte Addierschaltung Verwendung finden (Bild 18). Der zu komplementierende

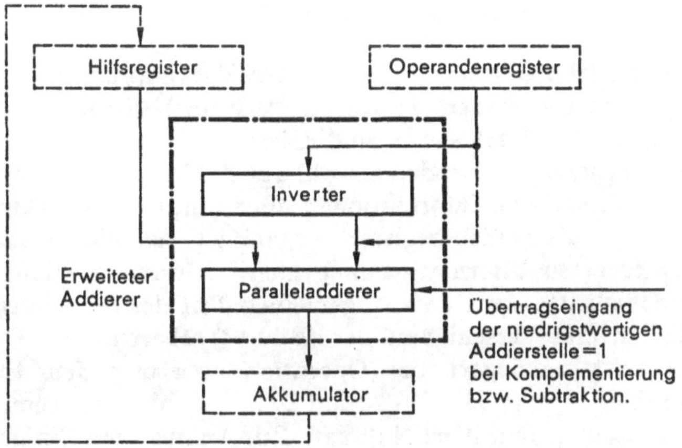

Bild 18: **Erweiterter Addierer für Komplementierung und Subtraktion**

Operand gelangt vom Operandenregister über den Inverter zum Paralleladdierer. Zur 1-Addition wird dem Übertragseingang der niedrigstwertigen Addiererstelle eine 1 aufgeschaltet. Die anschließende additive Verknüpfung mit dem Inhalt des leeren Akkumulators liefert das Komplement $2^n - Z$.
Mit der gleichen Einrichtung kann die **Subtraktion** in Form einer Addition bearbeitet werden, indem man den Subtrahenden, wie oben beschrieben, in eine negative Zahl verwandelt, das heißt komplementiert, und im gleichen Arbeitsgang zu dem im Akkumulator stehenden Minuenden addiert.
Im Verlauf einer arithmetischen Verknüpfung kann es vorkommen, daß der durch die Stellenzahl des Operandenwortes vorgegebene, zulässige Zahlenbereich überschritten wird. Ein **Akkumulatorüberlauf** wird im Rechenwerk im allgemeinen identifiziert und in Form einer **Überlaufanzeige** gespeichert, die mit Hilfe bedingter Verzweigungsbefehle (Abschnitt 4.5.1) vom Programm abgefragt werden kann. Falls die Überlaufanzeige eine eindeutige Aussage über die Art und den Umfang des eingetretenen Überlaufs gestattet, so ist es möglich, den im Akkumulator stehenden Zahlenwert programmgesteuert in den zulässigen Zahlenbereich zurückzuführen.
Bei **logischen Operationen** werden die einzelnen korrespondierenden Stellen der beiden Operanden zum Beispiel auf Grund der logischen Funktionen UND, ODER, GLEICH, UNGLEICH miteinander verknüpft.

Beispiel: UNGLEICH-Verknüpfung

Operand 1 (im Akkumulator):	101010101010
Operand 2 (im Operandenregister):	001100110011
Ergebnis (im Akkumulator):	100110011001.

Die gewünschten logischen Verknüpfungen lassen sich im Addierer durch Ab- und Hinzuschalten bestimmter Teilfunktionen über Steuereingänge einschalten.

5.2.3 Modifikation einzelner Operanden

Neben der arithmetischen bzw. logischen Verknüpfung von zwei Operanden gleichen Formats werden im Rechenwerk auch Einzeloperanden an Hand von Angaben im Befehlswort modifiziert.
Verschiebeoperationen werden sowohl auf Zahlen als auch auf binäre Muster und alphanumerische Informationen angewandt. Der Akkumulator ist für diesen Zweck als Schieberegister ausgebildet, das eine Stellenverschiebung der gespeicherten Information in beiden Richtungen zuläßt. Die Zahl der Verschiebeschritte wird dem Allgemeinen Teil des Befehlsregisters entnommen und in den Verschiebezähler (Bild 14) übertragen. Nach jedem Verschiebeschritt verringert die Operationssteuerung den Inhalt des Verschiebezählers um 1. Die Operation ist abgeschlossen, wenn der Inhalt des Verschiebezählers den Wert Null hat. Zur Analyse von Binärmustern erweist sich eine Verschiebeoperation als besonders wirkungsvoll, mit der es möglich

ist, die Stellennummer einer mit 1 besetzten Stelle im Operanden zu ermitteln (Bitbefehl). Der Operand wird dabei so oft nach links verschoben, bis die erste mit 1 besetzte Stelle durch die Überlaufanzeige des Akkumulators erkannt wird. Die notwendigen Verschiebeschritte (= Stellennummer) werden im Verschiebezähler gezählt und anschließend mit der im Befehlswort angegebenen Adresse in den Arbeitsspeicher übertragen.
Das **Vergrößern oder Verkleinern eines Operanden** um einen durch den Befehlstyp fest vorgegebenen konstanten Betrag, zum Beispiel um 1, wird häufig für Adreßmodifikationen benutzt. Die Operationssteuerung lädt das Operandenregister entsprechend dem Befehlscode entweder mit einem Inkrement (positive Zahl) oder mit einem Dekrement (negative Zahl). Anschließend wird der Inhalt des Operandenregisters auf übliche Weise zum Akkumulatorinhalt addiert.
Typische **Bitoperationen** sind das Abfragen bzw. Verändern der Information einer einzelnen Akkumulatorstelle. Im Gegensatz zu der oben erläuterten Verschiebeoperation, die die Ermittlung der Stellennummer einer mit 1 besetzten Stelle im Operandenwort zum Ziel hat, ist diese Nummer hierbei im Allgemeinen Teil des Befehlswortes vorgegeben. Eine Möglichkeit, wie derartige Operationen im Rechenwerk ausgeführt werden können, zeigen die folgenden drei Beispiele:

Beispiele 1:

Befehlstyp: Verzweigen, falls Akkumulatorstelle $A_m = 1$.
Ablauf: Die Stellennummer m aus dem Allgemeinen Teil des Befehlsregisters wird dem **„1 aus n"-Codiernetzwerk** (Bild 14) zugeleitet. Die Stelle m des Operandenregisters wird auf 1, alle übrigen $n - 1$ Stellen werden auf 0 gesetzt. Der Inhalt des Operandenregisters wird mit dem des Akkumulators, der das zu testende binäre Muster enthält, nach der logischen UND-Funktion verknüpft.
Ergebnis: War $(A_m) = 1 \rightarrow$ Akkumulatorinhalt $> 0 \rightarrow$ Verzweigen!
War $(A_m) = 0 \rightarrow$ Akkumulatorinhalt $= 0 \rightarrow$ Nicht verzweigen!

Beispiel 2:

Befehlstyp: Akkumulatorstelle A_m auf 1 setzen.
Ablauf: Die Stelle m des Operandenregisters wird über das „1 aus n"-Codiernetzwerk auf 1, alle übrigen Stellen werden auf 0 gesetzt. Der Inhalt des Operandenregisters wird mit dem des Akkumulators nach der logischen ODER-Funktion verknüpft.
Ergebnis: Es wird nur die Akkumulatorstelle A_m auf 1 gesetzt, wenn dies nicht schon vorher der Fall war. Alle übrigen Akkumulatorstellen bleiben unverändert.

Beispiel 3:

Befehlstyp: Akkumulatorstelle A_m auf 0 setzen.
Ablauf: Die Stelle m des Operandenregisters wird über das „1 aus n"-Codiernetzwerk auf 0, alle übrigen Stellen werden auf 1 gesetzt. Der Inhalt des

Operandenregisters wird mit dem des Akkumulators nach der logischen UND-Funktion verknüpft.
Ergebnis: Es wird nur die Akkumulatorstelle A_m auf 0 gesetzt, wenn dies nicht schon vorher der Fall war. Alle übrigen Akkumulatorstellen bleiben unverändert.

5.3 Leistungsfähigkeit moderner Rechenwerke

Die Leistungsfähigkeit eines Rechenwerkes wird durch die Zahl und die Art der verdrahteten Operationen, die Stellenzahl der zur Verarbeitung kommenden Operanden und die zur Ausführung einer Operation benötigte Zeit gekennzeichnet. Eine umfangreiche Befehlsliste mit einer großen Zahl von Rechenwerksbefehlen kann man nicht in allen Fällen mit einer hohen Leistungsfähigkeit des Rechners gleichsetzen. Wesentlich ist die Art der Befehle, ihre Wirksamkeit und praktische Brauchbarkeit. Die Beurteilung einer Befehlsliste setzt sehr viel Erfahrung voraus, die im allgemeinen nur durch vergleichendes Programmieren gewonnen werden kann.
Prozeßrechner der unteren und mittleren Preisklasse gestatten im allgemeinen nur die Verarbeitung von Festkommadualzahlen. In der unteren Preisklasse sind meist nur Additions- und Substraktionbefehle durch Schaltnetzwerke realisiert. Rechner der mittleren Preisklasse enthalten darüber hinaus Einrichtungen für die automatische Multiplikation und Division. Prozeßrechner der oberen Preisklasse, die häufig auch für die Lösung technisch-wissenschaftlicher Aufgaben eingesetzt werden, sind im Rechenwerk mit Schaltnetzwerken ausgerüstet, die eine arithmetische Verarbeitung auch von Gleitkommadualzahlen in allen vier Grundrechnungsarten erlauben. Rechner dieser Größenordnung bieten oft auch die Möglichkeit, entweder mit einfacher Genauigkeit (Operandenwort = Maschinenwort) oder mit erhöhter Genauigkeit (z. B. Operandenwort = 2 Maschinenworte) zu rechnen.
Die Bedeutung der Stellenzahl des zur Verarbeitung kommenden Operandenwortes wurde bereits behandelt (Abschnitt 2.2).

Die Operationszeit eines Rechenwerksbefehls setzt sich zusammen aus:

t_1 = Zeit für das Lesen eines Befehls aus dem Arbeitsspeicher.

t_2 = Zeit für das Lesen des zweiten Operanden aus dem Arbeitsspeicher (nicht bei allen Befehlen erforderlich).

t_3 = eigentliche Ausführungszeit des Befehls im Rechenwerk.

Leistungsfähige Rechenwerke sind so ausgelegt, daß alle einfachen Operationen, hierzu gehören zum Beispiel Addition, Subtraktion, logische und Transferoperationen, innerhalb der Zeitspanne ausgeführt werden können, die der Arbeitsspeicher benötigt, um eine gelesene Informationseinheit wieder einzuschreiben. Diese Zeitspanne entspricht der Differenz zwischen der Zykluszeit und der Zugriffszeit. Die Befehle der genannten Kategorie haben

daher eine Gesamtoperationszeit, die entweder einer Zykluszeit $(t_1 + t_3)$ bzw. zwei Zykluszeiten $(t_1 + t_2 + t_3)$ entspricht.
Bei komplizierteren Rechenwerksoperationen, wie etwa der Multiplikation und der Division, die sich aus vielen einfachen Operationen zusammensetzen, wird die Gesamtoperationszeit im wesentlichen durch die Zeit t_3 bestimmt. Sie ist unter anderem abhängig von der Struktur der Operanden.

Beispiel: Operationszeit $(t_1 + t_2 + t_3)$ für die Multiplikation und Division von 24stelligen Festkommaoperanden in einem modernen Prozeßrechner der oberen Preisklasse (Zykluszeit 0,6 μs):
Multiplikation: 8,4 bis 12 μs,
Division: 9,0 bis 12,6 μs.

6 Ein-Ausgabe-Werk

6.1 Allgemeines

Über das Ein–Ausgabe-Werk, im folgenden EA-Werk genannt, wird der Informationsaustausch zwischen dem Arbeitsspeicher bzw. dem Zentralprozessor einerseits und den peripheren, entweder elektronisch oder elektromechanisch arbeitenden EA-Geräten andererseits abgewickelt.
Das Spektrum der EA-Geräte eines Prozeßrechners ist äußerst vielgestaltig. Es enthält neben den Standardtypen, wie Lochkartenlesern, Druckern, peripheren Speichern, Koppel- und Datenübertragungseinrichtungen (Kapitel 2.2) auch Geräte, die für die Ein- und Ausgabe von Prozeßsignalen (Kapitel 2.3) erforderlich sind. Da die praktisch benötigten Konfigurationen, abhängig von der Aufgabenstellung, sehr unterschiedlich sein können, muß das EA-Werk sowohl im Hinblick auf das verfügbare Typenspektrum als auch was die Zahl der Geräte anbetrifft sehr flexible Anschlußmöglichkeiten bieten. Die notwendige Freizügigkeit erreicht man durch die Einführung von möglichst universell verwendbaren **EA-Schnittstellen**, die den Anschluß verschiedenartiger EA-Geräte über gerätespezifische **periphere Anpassungssteuerungen** erlauben. Die Kombination von peripherer Anpassungssteuerung und EA-Gerät, wobei auch mehrere gleichartige Geräte an einer Steuerung betrieben werden können, nennt man **Peripherieeinheit.**
EA-Operationen werden im allgemeinen programmgesteuert ausgeführt. Ein vom Steuerwerk an das EA-Werk übergebener EA-Befehl, bzw. eine EA-Befehlsfolge, bewirkt die Eingabe oder Ausgabe entweder einer einzelnen Information oder einer endlichen Folge von Informationen als **Informationsblock.**

Peripherieeinheiten für die Eingabe und Ausgabe von alphanumerischen Informationen werden an EA-Schnittstellen angeschlossen, die für die Übertragung von Zeichen eingerichtet sind. Bei blockweisem EA-Verkehr setzt

man bei der Eingabe mehrere Zeichen zu einem Wort zusammen. Auszugebende Zeichen entnimmt man entsprechenden Teilworten.
Bei der Ein- und Ausgabe eines einzelnen Zeichens wird meist nur ein Teil des Maschinenwortes ausgenutzt. EA-Schnittstellen mit wortweise parallelen Informationsleitungen ermöglichen einen EA-Verkehr mit hoher Übertragungsgeschwindigkeit. Sie dienen zum Beispiel zum Anschluß von Prozeß-Peripherieeinheiten und schnellen externen Speichern.
Eine Reihe von Ereignissen, die innerhalb oder außerhalb einer Peripherieeinheit eintreten können, wie etwa Alarmmeldungen aus dem zu steuernden Prozeß oder Gerätefehler, führen zur Eingabe von Unterbrechungsanforderungen (Abschnitt 4.5.2).
Die EA-Struktur moderner Prozeßrechner ermöglicht die gleichzeitige Ausführung von EA-Operationen in mehreren Peripherieeinheiten simultan zum Programmablauf in der Zentraleinheit.

6.2 Ein-Ausgabe-Verkehr über den Akkumulator

Im Folgenden wird die Arbeitsweise eines EA-Werkes (Bild 19), das für die parallele Ein- und Ausgabe von Worten über den Akkumulator des Rechenwerkes ausgelegt ist, erläutert:

Ausführung eines Ausgabebefehls: Die im Akkumulator stehende Information wird über den Ausgangsschalter und eine Informationssammelleitung allen angeschlossenen Peripherieeinheiten zugeführt. Die Adresse der ausgewählten Peripherieeinheit gelangt aus dem Allgemeinen Teil des Befehlsregisters in das **Adreßregister** des EA-Werkes. Die adressierte periphere Steuerung erhält über individuelle Steuerleitungen eine Aufforderung, das angebotene Wort in einen Zwischenspeicher zu übernehmen und die Operation auszuführen. Handelt es sich um eine Ausgabe mit „kurzer Ausführungszeit" im EA-Gerät (Abschnitt 4.3), so wartet das Steuerwerk auf das Eintreffen der Steuermeldung „Operationsende", ist also bis zu diesem Zeitpunkt blockiert. Bei „langer Ausführungszeit" wird das Steuerwerk unmittelbar nach der Übernahme des Befehls und der zugehörigen Information wieder freigegeben (Steuersignal „Freigabe"). Die Peripherieeinheit arbeitet in diesem Falle unabhängig vom Programmablauf sowie simultan zur Zentraleinheit und gegebenenfalls anderen Peripherieeinheiten. Sie meldet das Ende der Ausgabeoperation durch eine Unterbrechungsanforderung.

Ausführung eines Eingabebefehls: Die ausgewählte Peripherieeinheit wird zur Eingabe eines Wortes aufgefordert. Es sind auch hier zwei Fälle zu unterscheiden:
Das Wort steht zum Zeitpunkt der Eingabeaufforderung oder um eine „kurze Ausführungszeit" verzögert im Zwischenspeicher der Peripherieeinheit bereit:

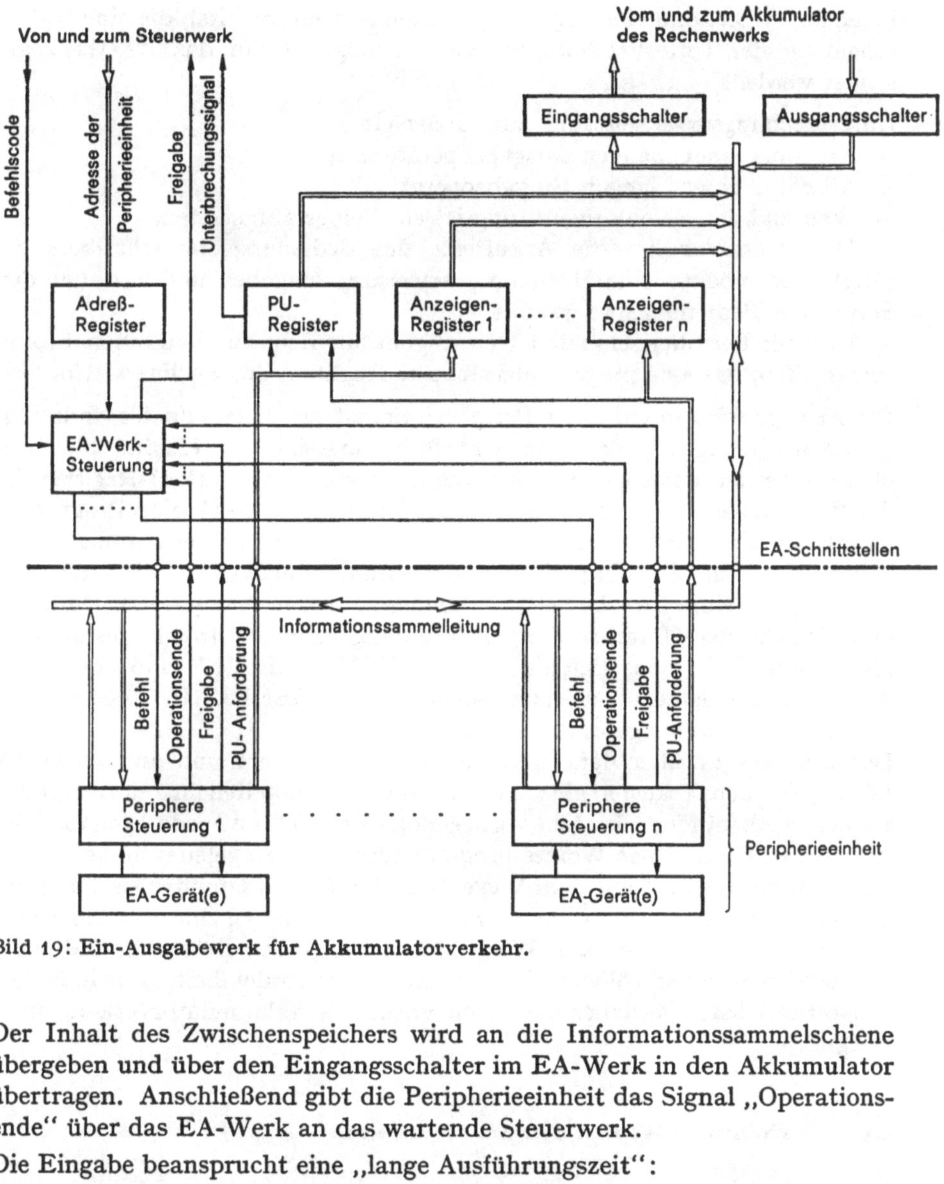

Bild 19: Ein-Ausgabewerk für Akkumulatorverkehr.

Der Inhalt des Zwischenspeichers wird an die Informationssammelschiene übergeben und über den Eingangsschalter im EA-Werk in den Akkumulator übertragen. Anschließend gibt die Peripherieeinheit das Signal „Operationsende" über das EA-Werk an das wartende Steuerwerk.

Die Eingabe beansprucht eine „lange Ausführungszeit":

Das Steuerwerk wird unmittelbar nach der Eingabeaufforderung wieder freigegeben (Steuersignal „Freigabe"). Die Peripherieeinheit arbeitet nun unabhängig und meldet durch die Anforderung einer Programmunterbrechung, daß das einzugebende Wort im Zwischenspeicher bereitsteht.

Anforderung einer Programmunterbrechung: Von jeder Peripherieeinheit kann über individuelle Leitungen eine Anforderung auf Programmunterbrechung (1 Bit) und eine zugehörige Anzeige (mehrere Bits), die eine Unterscheidung der Unterbrechungsursachen ermöglicht, an das EA-Werk gesendet werden.

Unterbrechungsursachen sind zum Beispiel:
— Abschluß einer „langen Ausgabeoperation".
— Abschluß einer „langen Eingabeoperation".
— Während der Befehlsausführung ist ein Fehler aufgetreten.
— Der Operateur hat die Anrufteste des Bedienungsblattschreibers betätigt. Er möchte eine Bedienungsanweisung eingeben und verlangt den Start eines Bedienungsprogramms.
— In einer Peripherieeinheit ist ein Signal aus dem zu steuernden Prozeß eingetroffen, das eine programmgesteuerte Reaktion des Rechners erfordert.

Die Anzeige wird in ein jeder Peripherieeinheit fest zugeordnetes, individuelles **Anzeigenregister,** das 1 bit-Unterbrechungssignal in ein für alle Peripherieeinheiten gemeinsames **Programmunterbrechungs (PU)-Register** im EA-Werk eingetragen. Anschließend fordert das EA-Werk eine Programmunterbrechung im Steuerwerk an, die im allgemeinen zu einer automatischen Verzweigung in das Organisationsprogramm führt (Abschnitt 4.3 und Kapitel 2.6). Zum Zwecke der programmgesteuerten Analyse von Herkunft und Ursache der Unterbrechungsanforderung kann der Inhalt des PU-Registers mit Hilfe eines Befehls „PU-REGISTER LESEN" und der Inhalt des Anzeigenregisters durch einen Befehl „ANZEIGENREGISTER LESEN" in den Akkumulator gebracht werden.
Der EA-Verkehr über den Akkumulator ist eine gute und aufwandsarme Lösung für den Transfer einzelner Informationseinheiten in relativ großen zeitlichen Abständen. In dem vorliegenden Beispiel muß jede Eingabe oder Ausgabe eines einzelnen Wortes programmgesteuert eingeleitet und bei „langer Ausführungszeit" auf dem Wege über eine Programmunterbrechung abgeschlossen werden. Dies führt im Falle der Übertragung eines Informationsblockes mit hoher Datenrate (Worte/s) zu einer großen Belastung und unter Umständen zu einer völligen Blockierung der Zentraleinheit. Für eine derartige Betriebsart ist daher die EA-Struktur mit Akkumulatorverkehr nicht geeignet.

6.3 Ein-Ausgabe-Verkehr über den Arbeisspeicher

Der Informationsaustausch über den Arbeitsspeicher läßt sich im einfachsten Falle über eine einzige Arbeitsspeicherzelle, deren Adresse im EA-Werk festgelegt ist, abwickeln. Sehr viel leistungsfähiger ist jedoch eine Ein–Ausgabe-Struktur, die eine flexible, programmgesteuerte Zuordnung von Arbeitsspeicheradressen für jede angeschlossene Peripherieeinheit ermöglicht. Die Adressen werden durch Befehle übergeben.

Abhängig von der Betriebsart lassen sich zwei EA-Befehlsgruppen unterscheiden:

Betriebsart: **Eingabe oder Ausgabe einer einzelnen Informationseinheit.**

EA-Befehlsgruppe:

1. EA-Befehl.
Er enthält im Operationsteil eine Angabe über die Art der auszuführenden Operation (zum Beispiel Eingabe oder Ausgabe) und im allgemeinen Teil die Adresse der anzusprechenden Peripherieeinheit.

2. EA-Befehl.
Er enthält im allgemeinen Teil die Adresse der Arbeitsspeicherzelle, über die der Informationsaustausch abgewickelt werden soll.

Ähnlich wie bei dem EA-Verkehr über den Akkumulator, muß auch bei einem Arbeitsspeicherverkehr jeder Austausch einer einzelnen Informationseinheit programmgesteuert eingeleitet und bei „langer Ausführungszeit" auf dem Wege über eine Programmunterbrechung abgeschlossen werden. Im Hinblick auf die Leistungsfähigkeit gelten also auch hier die im vorhergehenden Abschnitt genannten Einschränkungen.

Betriebsart: **Eingabe oder Ausgabe eines Informationsblockes.**

EA-Befehlsgruppe:

1. EA-Befehl.
Er hat die gleiche Bedeutung wie in der obigen Betriebsart.

2. EA-Befehl.
Er enthält im allgemeinen Teil die Anfangsadresse eines Arbeitsspeicherbereichs.

3. EA-Befehl.
Im allgemeinen Teil steht die Endadresse eines Arbeitsspeicherbereichs oder eine Blocklängenangabe.

Die EA-Operation setzt sich aus mehreren aufeinanderfolgenden Geräteoperationen zusammen. Der blockweise Informationsaustausch wird daher immer, gleichgültig ob er sich auf ein elektronisch oder ein elektromechanisch arbeitendes EA-Gerät bezieht, als eine Operation mit „langer Ausführungszeit" behandelt, d. h., das Steuerwerk kann unmittelbar nach Übergabe der EA-Befehlsgruppe wieder freigegeben werden. Anschließend schreibt bzw. liest die Peripherieeinheit die einzelnen Informationseinheiten eines Blockes, beginnend mit der Anfangsadresse (aus dem 2. EA-Befehl), in den bzw. aus dem Arbeitsspeicher. Da das EA-Werk die höchste Priorität für den Arbeitsspeicherzugriff hat (Abschnitt 4.4.1), sind die bei dieser Betriebsart erreichbaren, maximalen Datenraten (Worte/s) theoretisch nur von der Schreib–Lese-Geschwindigkeit des Arbeitsspeichers abhängig. Die in der Praxis benötigten Datenraten sind jedoch meist sehr viel kleiner, so daß eine Simultanarbeit der Zentraleinheit möglich ist. Tritt der Fall ein, daß mehrere simultan arbeitende Peripherieeinheiten gleichzeitig einen Arbeits-

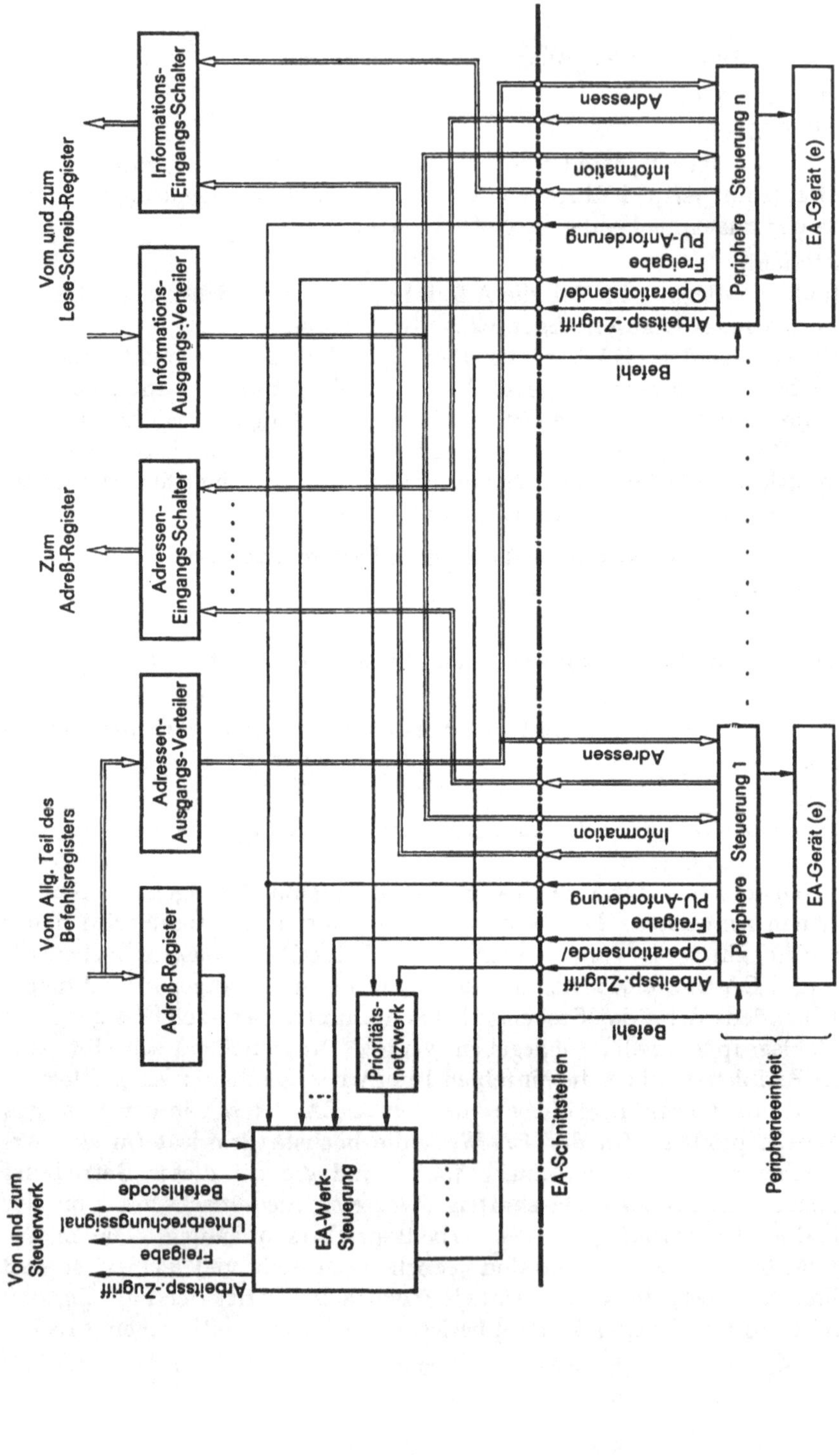

Bild 20: Ein-Ausgabe-Werk für Arbeitsspeicherverkehr

speicherzugriff verlangen, so muß das EA-Werk die ihm vom Steuerwerk zugeteilten Arbeitsspeicherzyklen nach Prioritätsgesichtspunkten verteilen. Hierzu dient ein Prioritätsnetzwerk, das jeder EA-Schnittstelle eine der zu vergebenden Prioritätsstufen zuordnet. EA-Geräte, die den Austausch einer Informationseinheit nur im Rahmen eines starren Zeitrasters zulassen, wie Platten- oder Trommelspeicher, beanspruchen eine hohe Priorität. Peripherieeinheiten, deren EA-Geräte im Start–Stop-Betrieb arbeiten, können dagegen an EA-Schnittstellen niedriger Priorität angeschlossen werden.

Die Operation gilt als abgeschlossen, wenn entweder die Endadresse oder die Blocklänge (aus dem 3. EA-Befehl) erreicht ist. Der Abschluß wird durch ein Unterbrechungssignal gemeldet.

Anforderung einer Programmunterbrechung: Unterbrechungsanforderungen werden auf ähnliche Weise wie oben beschrieben eingegeben (Abschnitt 6.2). Als Programmunterbrechungs- und Anzeigenregister benutzt man Arbeitsspeicherzellen, deren Adressen im EA-Werk oder in den Peripherieeinheiten selbst festgelegt sind.

Zentrale und dezentrale Adressenbehandlung: Die Speicherung der Arbeitsspeicheradressen während der Befehlsausführung sowie die bei Ein-Ausgabe eines Informationsblocks notwendigen Adreßrechnungen erfordern entsprechende Einrichtungen für jede an das EA-Werk angeschlossene Peripherieeinheit. Die benötigten Register und Schaltnetzwerke kann man entweder zentral im EA-Werk oder dezentral in den Steuerungen der Peripherieeinheiten unterbringen. Im letztgenannten Fall müssen die EA-Schnittstellen für die Übertragung von Arbeitsspeicheradressen in beiden Richtungen ausgelegt sein. Da eine EA-Schnittstelle dieser Art alle für den direkten Zugriff zum Arbeitsspeicher erforderlichen Informations-, Adreß- und Steuerleitungen enthält, sind neben programmgesteuerten auch extern gesteuerte EA-Operationen möglich. Die Arbeitsspeicheradressen werden hierbei nicht durch Befehle, sondern durch die Peripherieeinheit selbst bereitgestellt. Für die externe Benutzung des Arbeitsspeichers sind jedoch feste Adressenverabredungen notwendig. Das EA-Werk (Bild 20) ist für den wortweise parallelen Informationsaustausch mit dem Arbeitsspeicher und für dezentrale Adressenbehandlung eingerichtet.

Literaturhinweise

Kaufmann, H.: Nachrichten-Verarbeitung und Automatisierung, Band 2 der Beihefte zur Zeitschrift „Elektronische Rechenanlagen".
R. Oldenbourg-Verlag, München–Wien, 2. Auflage 1966.

Leipold, K., Rekowski, W.: Datenverarbeitungssysteme und ihre Zentraleinheiten.
Jahrbuch des elektrischen Fernmeldewesens 1968.

Schnelle Speicher, Sonderheft der Entwicklungsberichte der Siemens Halske Werke, 1969.

Rechenberg, P.: Grundzüge digitaler Rechenautomaten.
R. Oldenbourg-Verlag, München–Wien 1964.

Speiser, Ambros P.: Digitale Rechenanlagen.
Springer-Verlag, Berlin, 2. Auflage 1965.

Steinbuch, K.: Taschenbuch der Nachrichtenverarbeitung.
Springer-Verlag, Berlin, 2. Auflage 1967.

Zemanek, H.: Alphabete und Codes 1967 der Datenverarbeitung.
R. Oldenbourg-Verlag, München–Wien 1967.

Hellermann, H.: Digital Computer System Principles.
McGraw-Hill, New York 1967.

2.2 Standardperipherie

von A. Benseler u. E. Schmid

Inhaltsübersicht

1 Bedienungsgeräte

Unter Standardperipherie sind alle externen Elemente eines Prozeßrechners zu verstehen, soweit sie mit denen allgemeiner Datenverarbeitungsanlagen übereinstimmen und nicht speziellen Prozeßaufgaben dienen. Bedienungsgeräte gehören zur Standardperipherie und dienen sowohl der **manuellen Eingabe** von Daten sowie Anweisungen als auch der **visuellen Ausgabe** von Meldungen, Speicherinhalten usw. Grundsätzlich können alle Eingabegeräte auch als Bedienungsgeräte fungieren. Bedienungsgeräte im engeren Sinne sind Bedienungsfeld und Blattschreiber; Lochstreifen- und Lochkarten-

geräte ermöglichen zwar auch die Bedienung des Rechners, jedoch muß hierbei ein besonderer Datenträger erstellt werden.
Das Bedienungsfeld, besser **Wartungsfeld**, dient vorwiegend der Prüfung, Inbetriebnahme und Wartung der Zentraleinheit. Außer den Schaltern, Anzeigen und Lampen für Ein-Ausgaben sind Meldegeräte vorhanden, die dem Operator das Funktionieren der Anlage oder bestimmte Störungszustände, wie Übertemperatur, Netzausfall/Batteriebetrieb, Netzgeräteausfall usw., anzeigen. Da über das Wartungsfeld jede beliebige Arbeitsspeicherzelle adressiert und mit jeder beliebigen Information versehen werden kann, ist das Wartungsfeld im normalen Betrieb aus Sicherheitsgründen weder als Bedienungsgerät noch zur Ein-Ausgabe von Daten zugelassen.
Mit klar übersehbaren Folgen und größerem Komfort kann man über den **Bedienungsblattschreiber** mit dem Programmsystem verkehren. Spezielle Bedienungsprogramme lassen einen festgelegten Katalog von Bedienungsanweisungen zu und überprüfen außerdem die Eingaben auf formale Fehler sowie innerhalb von Grenzen auf logische Richtigkeit.
Insbesondere sind festlegbare Arbeitsspeicherbereiche vor dem Überschreiten geschützt. Außerdem werden Fehlertexte an den Operator und Protokolle über wichtige Betriebszustände in Klartext ausgedruckt. Mit Zweifarbendruck lassen sich Ein- und Ausgaben unterscheiden.
Neben dem Bedienungsblattschreiber gibt es weitere für die Bedienung zugelassene Blattschreiber und **Sichtgeräte**, die über größere Entfernungen (auch Postleitungen) betrieben werden können.

2 Externe Speicher

.1 Übersicht

Zur Aufnahme von Programmen, die nicht ständig im Arbeitsspeicher (ASP) stehen, zum Abspeichern von Prozeßdaten, zum Zwischenspeichern zeitweise anfallender großer Datenmengen und zur Archivierung von Daten werden externe, **magnetische Speicher** benötigt. Heute ist fast jede Prozeßrechneranlage auf Grund des großen Programm- und Datenumfangs mit Externspeichern ausgestattet.
Die Art und Größe des Externspeichers (ESP) muß in Abhängigkeit von der erforderlichen Transferrate, der Speicherkapazität, der Zuverlässigkeit, der Wartungshäufigkeit und des Preises individuell für jede Anlage festgelegt werden. Außerdem spielen die Umweltbedingungen (Klima, Staub, Erschütterungen, Luftzusammensetzung) und die Austauschbarkeit von Datenträgern für die Wahl des ESP eine Rolle.
Nach Art der gespeicherten Information spricht man von Daten- bzw. Systemspeichern. Als Datenspeicher dienen Trommel, Platte oder Magnetband, als Systemspeicher erweitert er den Arbeitsspeicher, da er Teile des

Betriebssystems, Dienstprogramme, Anwenderprogramme und Daten aufnimmt. Die Programme können jedoch nur dann ablaufen, wenn sie im Arbeitsspeicher stehen. Als Systemspeicher eignen sich Kernspeicher, Trommel und Platte. Der Einsatz von Externspeichern richtet sich nach deren Eigenschaften, häufig werden mehrere ESP kombiniert (Tabelle 1).

Tabelle 1: Vergleich verschiedener Externspeicher

Speichertyp	Trommel	Platte	Band	Kern
Speicherkapazität in Bit	bis $10 \cdot 10^7$	bis $24 \cdot 10^7$	bis $4 \cdot 10^7$ pro Band	bis $1 \cdot 10^7$
Zugriffszeit	5 bis 30 ms	20 bis 200 ms	bis zu Minuten	0,15 bis 3 µs[1])
Übertragungsrate in Bit pro sec.	bis $2 \cdot 10^6$	bis $2 \cdot 10^6$	bis $1{,}5 \cdot 10^6$	bis $140 \cdot 10^6$
Kosten in DM pro Bit, einschließlich Gerätekosten	0,02	etwa 0,005[2])	etwa 0,005[3])	etwa 0,4
Umgebungsbedingungen (empf. Werte)	10—40 °C 20—80% rel. Feuchte staubarm	15—32 °C 45—65% rel. Feuchte staubarm	17—30 °C 45—65% rel. Feuchte staubarm	10—40 °C 20—80% rel. Feuchte
Wartung in Std. pro Monat	nahezu keine	5	10	keine

[1]) Zykluszeit
[2]) bezogen auf den eingebauten Plattenstapel
[3]) bezogen auf das eingesetzte Band

2.2 Magnetbandspeicher

Magnetbandspeicher sind die zur Zeit für sehr große Datenmengen in Betracht kommenden Externspeicher. Der Datenträger ist ein dünnes, 1,25 oder 2,5 cm breites Magnetband mit Längen zwischen 90 und 1080 Meter. Die Speicherkapazität ist abhängig von der Bandlänge, Bandbreite und von der Schreibdichte (Anzahl der Zeichen pro cm). Das Magnetband eignet sich nur als Datengroßspeicher, wenn es auf die **Zugriffszeit** nicht ankommt, die wegen der zum Auffinden gewünschter Daten erforderliche Umspulzeit sehr groß ist (Größenordnung Sekunden bis Minuten). Vorteile des Magnetbandspeichers sind: sehr große Kapazität, Aufbau einer Magnetbandbibliothek, auswechselbare Datenträger, leichte Archivierbarkeit, geringer Preis der Datenträger. In Prozeßrechneranlagen sind Magnetbandgeräte unter gewissen Voraussetzungen nur für Bibliotheks- und Archivzwecke verwendbar. Schlechte Behandlung oder Aufstellung der Geräte unter klimatisch ungünstigen Bedingungen führen zu Schäden an den Bändern, Lese-Schreibköpfen und Antrieben, hohe Temperaturen und geringe Luftfeuchtigkeit zu elektrostatischer Aufladung der Bänder, große Temperaturschwankungen zu Spannungen innerhalb des Bandwickels. Aus diesen Gründen werden an die Aufstellungsräume besondere Anforderungen gestellt.

2.3 Plattenspeicher

Ein weiterer Magnetschichtspeicher großer Kapazität mit auswechselbarem Datenträger ist der Plattenspeicher.

Magnetplatten, ähnlich einer Schallplatte, meist zu einem Plattenstapel, Plattenturm oder Plattensatz übereinandergeschichtet, drehen sich mit hoher Geschwindigkeit. Die Lese-Schreibköpfe sitzen auf einem Kamm, dem Positionierschlitten, der, durch einen hydraulischen Positioniermechanismus verstellbar, radial zwischen die Platten greift.

Im Gegensatz dazu gibt es auch Plattengeräte mit feststehenden Köpfen. Auf Grund der hohen Drehzahl des Plattenstapels bildet sich unter dem Auftriebskörper, in dem die Magnetsysteme eingelassen sind, ein Luftpolster, auf dem die Magnetsysteme in etwa 5 μm Abstand von der Plattenoberfläche schwimmen. Dadurch wird vermieden, daß die Magnetköpfe und die Magnetschicht beschädigt werden.

Die Plattenflächen sind in konzentrische Spuren unterteilt. Übereinanderliegende Spuren gleicher Position ergeben einen Zylinder. Für die Plattenspeicher gelten ähnliche Umgebungsbedingungen wie für Magnetbandgeräte, insbesondere muß beim Wechseln der Plattenstapel, beim Transport und bei der Lagerung größte Sorgfalt geübt werden.

2.4 Trommelspeicher

Unter den Magnetschichtspeichern ist der Trommelspeicher mechanisch am einfachsten aufgebaut. Ein in schmierfreien Lagern laufender, zylindrischer Rotor, der mit der Magnetschicht versehen ist, dreht sich mit hoher Geschwindigkeit. Die Magnetköpfe stehen bei den meisten Ausführungen fest und sind den Spuren starr zugeordnet. Eine aufgezeichnete Taktspur oder eine mit Schlitzen versehene Taktscheibe liefert die Synchronisiersignale zum Lesen sowie zum Schreiben der Information und den Startimpuls für den Spuranfang.

Da praktisch keine Verschleißteile vorhanden sind, eignet sich der Trommelspeicher gut als Systemspeicher für Prozeßrechner. Die Zugriffszeit ist abhängig von der Drehzahl und vom Durchmesser des Rotors. Die Kapazität ist fest und nicht, wie beim Plattenspeicher, erweiterbar.

Bis auf gelegentliches Reinigen der Trommeloberfläche und Nachjustieren der Magnetköpfe läuft der Trommelspeicher wartungsfrei.

2.5 Externe Schnellspeicher

Externe Schnellspeicher sind Ferritkernspeicher ohne mechanisch bewegte Teile. Dadurch entfallen die Positionierzeiten, wie sie bei Magnetband-, Platten- und Trommelspeicher vorhanden sind. Sie werden, um die Zugriffszeiten möglichst klein zu halten, vorwiegend an schnelle Datennahtstellen des Rechners angeschlossen. Der Ferritkernspeicher ist in Matrizenform aufgebaut, wobei die Lese-Schreibdrähte durch die Ringkerne gefädelt sind.
Bedingt durch den hohen Preis werden Schnellspeicher nur dort eingesetzt, wo alle anderen ESP auf Grund ihrer Nachteile (Zugriffszeit, Wartung, Umgebungsbedingungen) nicht eingesetzt werden können.

3 Lochkarten- und Lochstreifeneinheiten

3.1 Aufgaben

Lochkarten- und Lochstreifenelemente sind in der kommerziellen Datenverarbeitung neben den Externspeichern die wichtigsten Datenein-ausgabemöglichkeiten, über die enorme Datenmengen tagtäglich verarbeitet werden. Im Gegensatz dazu dienen sie bei Prozeßrechneranlagen zum einmaligen Einlesen des gesamten Programmsystems und im laufenden Prozeß zur Eingabe von Änderungsparametern und Korrekturen oder zur simultanen Bearbeitung anderer meist kleinerer Probleme. Die an Prozeßrechner angeschlossenen Lochkarten- und Lochstreifenelemente sind daher weniger von der Leistungsfähigkeit, sondern mehr durch die gebotene Bedienungserleichterung bestimmt. Danach wird sich auch entscheiden, in welchem Umfange sich der Einsatz lohnt.

3.2 Lochkarteneinheiten

Neben Einzelgeräten für Lochkarteneingabe und Lochkartenausgabe gibt es auch kombinierte Lochkartenein-ausgabegeräte. Die Information wird entweder mechanisch über Bürsten oder optisch abgetastet und in einen Zwischenpuffer oder direkt in den Arbeitsspeicher übertragen. Der Karteninhalt kann binär oder alphanumerisch gelesen werden. Als Datenträger wird die 80-spaltige Lochkarte mit zwölf Zeilen verwendet. Der störungsfreie Betrieb der Lochkartengeräte hängt im wesentlichen von der vorschriftsmäßigen, vom Hersteller empfohlenen, Lagerung der Lochkarten und von der Behandlung beim Ablochen und Sortieren ab.

Die Lesegeschwindigkeit liegt zwischen 700 bis 60000 Karten pro Stunde, die Stanzgeschwindigkeit zwischen 700 bis 20000 Karten pro Stunde.

3.3 Lochstreifeneinheiten

Bei Lochstreifengeräten ist das Spektrum von der Leistungsfähigkeit in Zeichen pro Sekunde (Z/s) her sehr groß. Bei den Lesern reicht es vom mechanischen Stiftabtaster (10 Z/s) über Bürstenabtaster (30—100 Z/s), optische Leser (200—1200 Z/s) bis zu den kapazitiven Lesern mit 2000 Z/s. Die Lochstreifenstanzer, die alle etwa nach dem gleichen Stanzprinzip arbeiten, haben Geschwindigkeiten von 10 Z/s bis 300 Z/s.
Einfache Geräte sind nur auf 5-Kanal, größere Geräte bis 8-Kanal-Streifen einschließlich Paritykontrolle über sechs, sieben oder acht Spuren und alphanumerischem oder binärem Verarbeiten der Information ausgelegt. Datenträger ist der Lochstreifen mit einer Breite von 17,4 bis 25,4 mm, einer Dicke von 0,08 bis 0,13 mm und einer Länge von etwa 300 m pro Rolle.

4 Blattschreiber und Drucker

Zur visuellen Ausgabe von Information dient ein breites Spektrum von druckenden Geräten unter folgenden Benennungen: Blattschreiber, Fernschreiber, Formulardrucker, Breitwagendrucker, Zeilendrucker, Schnelldrucker und Paralleldrucker. Wenn auch über alle diese Geräte alphanumerische Texte ausgedruckt werden können, so bestehen doch wesentliche Unterschiede zwischen den angebotenen Druckgeräten. Sie unterscheiden sich in der Anzahl der Typen, Anzahl der Zeichen pro Zeile, Einfarb- oder Zweifarbdruck und vor allem in der Druckgeschwindigkeit. Während Blattschreiber, Fernschreiber und zum Teil auch Formulardrucker Eingabetastaturen haben und daher als Ein-Ausgabegeräte eingesetzt werden, fehlen diese bei den Schnell-, Zeilen- und Paralleldruckern. Letztere sind für extrem hohe Druckgeschwindigkeiten und umfangreiche Formularbreiten ausgelegt und daher im wesentlichen für Rechenzentrumsbetrieb bestimmt.

Seriendrucker (Blattschreiber, Fernschreiber usw.) erreichen Druckgeschwindigkeiten zwischen 10 bis 40 Zeichen pro Sekunde. Sie arbeiten die Druckinformation seriell ab durch Transport des Typenhebelkorbes oder Kopfes oder des Papierwagens. Seriendrucker können über größere Entfernungen, auch über das Telexnetz oder Poststandleitungen, angeschlossen werden.

Paralleldrucker, deren Druckgeschwindigkeit zwischen 100 bis 2500 Zeilen je Minute liegt, arbeiten meist nach dem Prinzip des „fliegenden Drucks". D.h., gegen die Typenwelle, die auf ihrem Umfang für jede Schreibstelle den gesamten Zeichenvorrat trägt und sich mit konstanter Drehzahl dreht, wird in dem Augenblick, in dem das abzudruckende Zeichen an der Druckstelle vorbeifliegt, ein Druckhammer abgeschossen, der das Papier gegen die eingefärbte Type schlägt. Das Formular kann zeilenweise, über einen photoelektrisch abgetasteten Steuerlochstreifen, per Befehl gesteuert werden.

5 Plotter

Plotter (Digital-Plotter) sind elektronisch ansteuerbare Zeichen- bzw. Schreibgeräte, mit denen graphische Informationswerte dargestellt werden können. Plotter werden eingesetzt zum automatischen Zeichnen von Kurven, Schaubildern, Flußdiagrammen usw. Gezeichnet wird mit Tinte und Feder oder Kugelschreiber, wobei mit auswechselbaren Einsätzen die Strichbreite und Farbe variiert werden können.
Die Positionierung des Schreibstiftes und des Papiers (bei Trommelplottern mit Endlosformular) geschieht mit Schrittmotoren, die vom Rechner aus Positionierbefehle erhalten.
Es können Schritte in mehreren Richtungen gegeben werden, z. B. in X-Y-Richtung und jeweils in 45° dazu. Die Schrittgröße beträgt 0,1 oder 0,2 mm pro Schritt, die Schrittgeschwindigkeit etwa 200—1000 Schritte pro Sekunde. Die Schreibbreite variiert zwischen 30 und 75 cm.
Zum Zeichnen von nicht zusammenhängenden Linien (mehrere Figuren, Texte, punktierte Linien) kann der Schreibstift zusätzlich Abhebebefehle erhalten.
Von der Funktion her werden Inkremental- und Analogplotter unterschieden. Inkrementalplotter werden mit der Änderung Δx, Δy gegenüber der letzten Position angesteuert und sind konstruktiv meist als Trommelplotter ausgeführt, während Analogplotter Zeichentischplotter sind und mit den vollen X-Y-Koordinaten angesteuert werden.
Häufig dient der Arbeitsspeicher als Ausgabepuffer der Zeicheninformation; einige Plotter können jedoch auch mit einem eigenen Kernspeicher (etwa 2—4 k Byte) ausgestattet werden. Diese Plotter stellen jeweils nach Abarbeiten des Speicherinhaltes eine neue Anforderung an den Rechner zur Übernahme neuer Daten. Um dem Anwender die Programmierarbeit zu erleichtern, stehen standardmäßig Unterprogramme zum Erzeugen der Schrittsignale, zur Ansteuerung beliebiger X-Y-Koordinaten, zum Zeichnen von Linien oder Symbolfolgen (Striche, Punkte, Kreuzchen), Symbolen (Buchstaben, Zeichen, Ziffern), Achsenkreuz und zur Bestimmung eines geeigneten Maßstabes zur Verfügung.

Sichtgeräte

6.1 Arten

Auf der Suche nach technisch realisierbaren und wirtschaftlich vertretbaren schnellen Ein-Ausgabemöglichkeiten werden in zunehmendem Maße elektronische Sichtgeräte an Prozeßrechner angeschlossen. Mit ihnen wird auch eine bessere Sinnfälligkeit erzielt. Man nennt diese Geräte auch Bildschirm-

elemente, Datensichtstationen, Bildschirmarbeitsplätze oder in der englischsprachigen Literatur Display oder CRT- (Kathodenstrahlröhren-) Display.
Außer einer Kathodenstrahlröhre mit Ablenkverstärkern, Hochspannungsteil und Stromversorgung enthält ein Sichtgerät noch eine Bildaufbaulogik und je nach Art des Gerätes Bildwiederholungsspeicher, Zeichen-, Vektor- und Kreisgeneratoren und als Eingabeelemente alphanumerische und Funktions-Tastaturen, Rollkugeln, Steuerknüppel oder Lichtgriffel.
Man unterscheidet zwei Arten von Sichtgeräten: alphanumerische (nur zur Darstellung von alphanumerischen Zeichen) und Analog-Sichtgeräte (für beliebige Darstellungen). Sie arbeiten sämtlich ohne Papier und ohne mechanisch bewegte Teile.

6.2 Alphanumerische Sichtgeräte

Sie entsprechen in ihrer Anwendung einem Blattschreiber mit dem Unterschied, daß sie eine wesentlich höhere Datenaustauschrate zulassen (120 bis 480 Zeichen/sek) und als wichtigsten Unterschied einen eigenen Datenspeicher enthalten. Dieser wird primär zur Bildwiederholung benötigt, denn zur flimmerfreien Darstellung von Information auf dem Schirm einer Kathodenstrahlröhre muß diese Information je nach verwendetem Phosphor 15 bis 50mal in der Sekunde neu geschrieben werden. Zusätzlich gestattet dieser Speicher aber eine Trennung von Aufbau und Übertragung eines Textes.
Über eine Eingabetastatur ist eine blinkende Marke über den ganzen Bildschirm bewegbar und gestattet damit einen gezielten Aufbau eines Textes, Korrektur von falschen Zeichen durch Überschreiben mit den richtigen Zeichen und über besondere Funktionstasten ein Ein- und Ausfügen von Zeichen. Erst wenn eine Nachricht korrekt ist, wird diese nach Betätigung einer Taste zum Rechner übertragen.
Viele alphanumerische Sichtgeräte bieten zusätzlich die Möglichkeit des Anschlusses eines Druckers zur Ausgabe des auf dem Bildschirm stehenden Textes. Damit kann das Ergebnis eines Dialoges mit dem Rechner, wenn es in der gewünschten Form vorliegt, auf Papier festgehalten werden.
Der Anschluß der alphanumerischen Sichtgeräte erfolgt ähnlich wie bei den Blattschreibern über eine Seriennahtstelle. Damit ist auch Fernbetrieb möglich.

6.3 Analogsichtgeräte

Einfache Analogsichtgeräte (Kurvensichtgeräte, siehe auch Kap. 2.3., Abschn. 3.3.6) dienen der schnellen Ausgabe von Kurven auf Bildschirmen. Sie sind in der Regel mit einem eigenen Bildwiederholungsspeicher ausgerüstet, der auf Anforderung oder vom Programm mit den Bilddaten gefüllt wird. In Form von Kurvenzügen, Balkendiagrammen usw. läßt sich

ein rascher Überblick über Rechen- oder Versuchsergebnisse gewinnen und damit ein rechtzeitiges Eingreifen über Bedienungselemente in einen Versuch oder Prozeß erreichen.
Komfortablere Analogsichtgeräte haben eigene Vektor-, Kreis- und Zeichengeneratoren und gestatten damit praktisch jede beliebige Bilddarstellung, wie Flußdiagramme, Stromlaufpläne usw. Diese Sichtgeräte verwenden als Bildwiederholungsspeicher meist einen externen Kernspeicher, der, gemeinsam für mehrere Bildschirmeinheiten verwendet, die Darstellung von verschiedenen Bildern zur gleichen Zeit und den freien Zugriff zu den einzelnen Bildelementen gestattet. Über geeignete Bedienungselemente, wie Funktionstastaturen, Rollkugeln, Steuerknüppel, lassen sich Marken über den Bildschirm bewegen und damit bestimmte Bildteile markieren, um damit dem Rechner mitzuteilen, daß an dieser Stelle eine Änderung erwünscht ist. Damit lassen sich ganze Prozesse über Bildschirmgeräte steuern oder mit Hilfe des Rechners umfangreiche Konstruktionsarbeiten (Rechnergestützter Entwurf) rasch durchführen. Als Eingabegeräte finden auch Lichtgriffel Verwendung. Dabei handelt es sich um Fotodioden, die, auf den Bildschirm aufgesetzt, bei Vorbeilaufen des Strahles ein Signal abgeben und damit dem Rechner die Änderungsstelle mitteilen (siehe auch Kap. 2.3, Abschn. 4.7).
Diese komfortablen Sichtgeräte setzen natürlich entsprechend umfangreiche Programme und auch größere Hintergrundspeicher voraus.

7 Datenübertragungseinheiten

7.1 Übertragungswege

Peripherieeinheiten für Datenübertragung bieten mehrere Möglichkeiten zur Kopplung (Kapitel 4.4) der Zentraleinheit eines Prozeßrechners mit weiteren Zentraleinheiten und mit Geräten außerhalb des Nahbereichs (Bild 1). Die durch Kopplung entstandenen Übertragungswege sind besonders hervorgehoben. Die Verbindung zwischen der Zentraleinheit (Z) und irgendeiner Peripherieeinheit (P) wird durch das Kabel der E/A-Schnittstelle (Kapitel 2.1) hergestellt. Die höchstzulässige Länge eines solchen Kabels (30 m) bestimmt die Grenzen des Nahbereichs. Wenn zwei Datenverarbeitungsanlagen so angeordnet werden können, daß ihre Nahbereiche zusammenstoßen (z. B. Anlage A und B), dann kann die Distanz zwischen beiden Zentraleinheiten durch Kabel der E/A-Schnittstelle überbrückt werden. Zur Kopplung sowie zur Steuerung der Datenübertragung dienen Peripherieeinheiten für Datenaustausch.
Größere Entfernungen werden mit Übertragungsleitungen überbrückt, die nicht mehr zur Datenverarbeitungsanlage gehören und im Vergleich zu den Kabeln der E/A-Schnittstelle bei erträglichem Aufwand nur geringe Bandbreite und Aderzahl bieten können. Die **Übertragungsleitung** (L) für Fern-

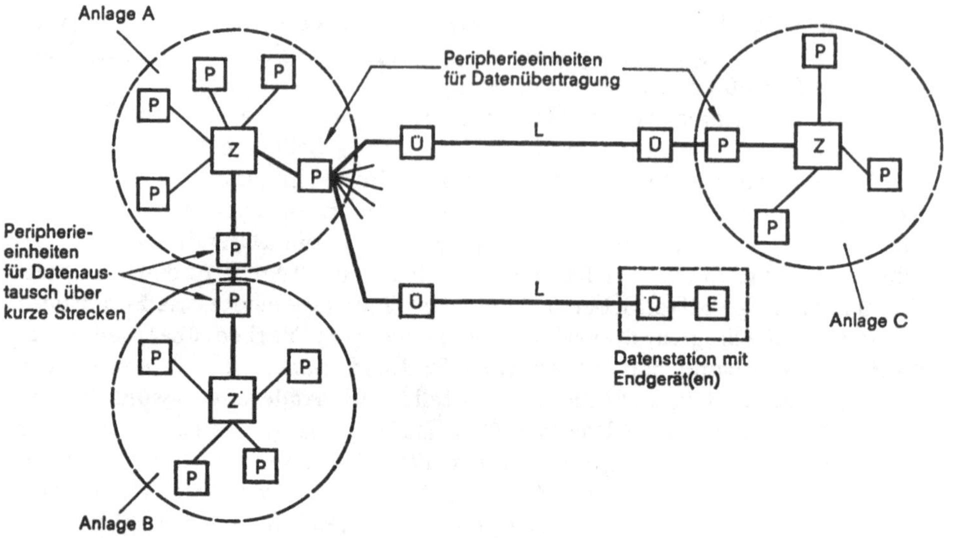

Bild 1: Übertragungswege bei verschiedenen Kopplungsarten

Z Zentraleinheit
P Peripherieeinheit
Ü Datenübertragungseinrichtung
L Übertragungsleitung
E Datenendeinrichtung

übertragung ist auf beiden Seiten mit einer **Datenübertragungseinrichtung** (*Ü*) abgeschlossen. Diese dient, je nach Ausführung, zur galvanischen Trennung, Pegelüberwachung, Synchronisation, Umschaltung von Fernsprech- auf Datenübertragungsbetrieb usw. Im Übertragungsweg liegt auf beiden Seiten je eine Peripherieeinheit für Datenübertragung, die zur Steuerung des Datenverkehrs zwischen Zentraleinheit und Datenübertragungseinrichtung dient.
Für die Aufstellung außerhalb des Nahbereichs werden Geräte mit Fernbetriebseinrichtungen und — im Bedarfsfall — Fehlerschutzeinheiten zu **Datenendeinrichtungen** (*E*) zusammengefaßt. Eine Datenendeinrichtung wiederum ist mit einer Datenübertragungseinrichtung konstruktiv zu einer Datenstation zusammengefaßt (z. B. Sichtstation, Druckerstation).
Die Übertragungsleitung kann durch eine Standverbindung oder eine gewählte Verbindung gegeben sein. Standverbindungen haben für Prozeßrechner die größere Bedeutung. Das am häufigsten verwendete Übertragungsmittel ist das Fernsprechkabel. Im **innerbetrieblichen Bereich** können stattdessen auch Kabel mit größerer Bandbreite verlegt werden. Für einen Übertragungsweg kann hier eine große Zahl von Kabeladern beansprucht werden, wenn nur geringe Entfernungen zu überbrücken sind. Sobald der Datenverkehr eines Prozeßrechners über das Betriebsgelände hinaus ausgedehnt werden soll, müssen die in ihrer Art vorgegebenen **öffentlichen Übertragungswege** im Fernsprechnetz, im Telexnetz sowie in Form von Telefonie- oder Telegrafie-Standverbindungen benutzt werden. Dies sind entweder

Zweidraht- oder **Vierdrahtverbindungen.** Daher wird in solchen Fällen bit-seriell übertragen. Größere Strecken innerbetrieblicher Übertragungswege werden ebenfalls als Zwei- oder Vierdrahtverbindung ausgeführt. Es besteht auch die Möglichkeit, Fernsprech-Nebenstellenanlagen für Datenverkehr mitzubenutzen.
Die wichtigste Kenngröße einer Übertragungsleitung ist die höchstzulässige Schrittgeschwindigkeit. Daraus resultiert die Übertragungsgeschwindigkeit (in bit/s) für den gesamten Übertragungsweg. Telegrafieverbindungen lassen Übertragungsgeschwindigkeiten von 50 bis 200 bit/s zu. Mit Fernsprechwählverbindungen, die für Datenübertragungszwecke herangezogen werden, lassen sich 1200, 2400 oder 4800 bit/s im Orts- und Fernbereich erzielen. Standverbindungen im Ortsbereich des öffentlichen Fernsprechnetzes und Standverbindungen im innerbetrieblichen Bereich lassen höhere Übertragungsgeschwindigkeiten zu.

7.2 Übertragungsprinzipien

Im Nahbereich einer Anlage ist die bit-parallele Übertragung üblich. Mehrere Bit werden zu einer Einheit zusammengefaßt (z. B. 6 Bit zu einem Zeichen), gemeinsam übertragen und quittiert. Über öffentliche Verbindungen wird bit-seriell übertragen. Die Umformung von der parallelen in die serielle Darstellung und umgekehrt vollzieht ein Parallel-Serien- bzw. Serien-Parallel-Umsetzer in der Peripherieeinheit für Datenübertragung. Auch im innerbetrieblichen Bereich ist es üblich, bit-seriell zu übertragen, wenn der Aufwand für Umsetzer und zusätzliche Steuerung geringer ist als für zusätzliche Kabeladern (oder wenn mit Geräten verkehrt werden soll, die mit Serienübergabe arbeiten).
In allen Fällen, in denen Übertragungsleitungen galvanisch durchgeschaltet werden können, wird mit **Gleichstromtelegrafie** übertragen (Einfach- oder Doppelstromprinzip). Fernsprechwege mit der üblichen Bandbegrenzung nach unten (Grenze bei 300 Hz) sind für Gleichstromtelegrafie ungeeignet; die Signale der Peripherieeinheit müssen moduliert werden. Ein einfaches Verfahren in dieser Richtung ist die **binäre Frequenzmodulation.** Sie erlaubt die Übertragung mit einer Geschwindigkeit von 1200 bit/s; das 3100 Hz breite Sprachfrequenzband kann für Datenübertragung mit Rücksicht auf die zulässigen Verzerrungen nur teilweise ausgenutzt werden. Eine bessere Ausnutzung läßt sich durch bestimmte Formen der Phasenmodulation (mehrere mögliche Phasenlagen pro Telegrafieschritt) erreichen. Mit **ternärer Phasendifferenzmodulation** z. B. ist im gleichen Frequenzband eine Übertragungsgeschwindigkeit von 2400 bit/s möglich.
In den letztgenannten Fällen wird die Übertragungsleitung auf beiden Seiten durch eine **Modulator-Demodulator-Kombination, Modem** genannt, abgeschlossen. Der Modem enthält außerdem Überwachungs-, Steuer- und Umschalteinrichtungen; er stellt die Datenübertragungseinrichtung dar.

Bei Gleichstromtelegrafie hat die Datenübertragungseinrichtung eine wesentlich einfachere Funktion. Sie wird im Bereich der **Hochpegeltelegrafie** (±60 V, z. B. Fernschreibbetrieb) auch als Anschalteinheit bezeichnet und ist bisher meist in Relaistechnik ausgeführt worden. Einrichtungen für **Niederpegeltelegrafie** (±0,4 V, mittelschnelle Übertragung, 2400 bit/s und mehr; über Adern in Kabeln, die auch Ferngespräche übertragen) enthalten im Prinzip nur ein elektronisches Relais und einen Verstärker zur Anhebung des Empfangspegels auf die im Prozeßrechner üblichen Werte. Durch Datenübertragungseinrichtungen wird die galvanische Trennung von Übertragungsleitung und Datenverarbeitungsanlage (und damit auch die Trennung der beiden Endstellen) gewährleistet.

Im Zusammenhang mit Fernschreibgeräten und -systemen kommt allgemein das Start–Stop-Verfahren für die Synchronisierung zur Anwendung. Bei der Übertragung von Daten zwischen rein elektronischen Einheiten unter Verwendung von quarzstabilisierten Taktgebern wird das **Synchronverfahren** verwendet.

7.3 Datenübertragungsprozeduren

Prozeßdaten enthalten wenig Redundanz. Plausibilitätskontrollen reichen bei Fernübertragung auf teilweise stark gestörten Verbindungen nicht aus. In der Peripherieeinheit für Datenübertragung über Fernleitungen kann **Quer- und Längsparitätsprüfung** durchgeführt werden. Durch Blockwiederholung läßt sich eine **Fehlerkorrektur** erreichen. Eine Übertragung mit Fehlerschutz führt zwangsläufig zu mehreren zusätzlichen Ablaufschritten; der Grad des Fehlerschutzes ist mitbestimmend für den Umfang der Datenübertragungsprozedur.

Datenübertragungsprozeduren sind Vereinbarungen bezüglich des Ablaufs einer Datenübertragung. Sie müssen, besonders für die Kopplung von Datenverarbeitungsanlagen, so beschaffen sein, daß das Eingreifen einer Bedienungsperson auch in einer ganzen Reihe von Fehlerkonstellationen nicht nötig ist, daß vielmehr nach einem mißlungenen Übertragungsversuch automatisch ein neuer folgen kann.

Die üblichen Prozeduren sind **Halbduplexprozeduren**; das bedeutet, daß allgemein Übertragungswege zugrundegelegt werden, über die Daten abwechselnd in beiden Richtungen (aber nicht gleichzeitig) ausgetauscht werden können.

Die Form einer Prozedur ist u. a. auch davon abhängig, ob **Punkt-zu-Punkt-Verkehr** oder **Mehrpunktverkehr** gewünscht wird und — im Fall des Punkt-zu-Punkt-Verkehrs — wo die Initiative liegt (nur auf einer Seite oder auf beiden).

Dem Betrieb ohne Fehlerschutz und der Parallelübertragung mit mehreren Steuerleitungen liegen sehr einfache Prozeduren zugrunde.

Gebräuchliche Prozeduren gelten für (gesicherte) Datenblöcke, die eine große Zahl von Zeichen (üblicherweise einige hundert) enthalten. Diese sind im

Leitungscode verschlüsselt. Zwischen die Nutzdaten werden von den entsprechenden Steuereinheiten noch Leitdaten (z. B. Übertragungssteuerzeichen für Blockanfangs- und Blockendemarkierung) eingeblendet.

Für den Verkehr mit Fernschreibgeräten und -systemen wird der CCITT-Code Nr. 2 (5er-Code), für die Kopplung von Datenverarbeitungsanlagen und den Verkehr mit mittelschnellen Datenstationen der CCITT-Code Nr. 5 (7er-Code) verwendet.

7.4 Peripherieeinheiten für Datenübertragung

Der Vielfalt an Übertragungsleitungstypen, Übertragungseinrichtungen und Übertragungsprinzipien muß eine Reihe von Bausteinen gegenüberstehen, damit eine Anpassung des Prozeßrechners in möglichst vielen Einsatzfällen einfach erreicht werden kann. Diese Bausteine stellen selbst verschiedene Typen von Peripherieeinheiten dar oder werden zu solchen zusammengefügt. Diese arbeiten weitgehend selbständig und simultan zum Prozeßgeschehen; nur so bleibt die Belastung der Zentraleinheit durch die Datenübertragung gering.

Peripherieeinheiten für Datenaustausch bei Nahkopplung von zwei Datenverarbeitungsanlagen sind einfach im Aufbau und in der Regel für einen Übertragungsweg pro E/A-Schnittstelle ausgelegt. Sie steuern den blockweisen Datenaustausch zwischen den Arbeitsspeichern zweier Zentraleinheiten. Zeichen für Zeichen wird quittiert. Die Übertragungsgeschwindigkeit beträgt etwa ein Drittel des Wertes, der für die E/A-Schnittstelle gilt. Stromversorgung und gegenseitige Überwachung sind so ausgelegt, daß beim Ausfall einer Anlage die andere eine entsprechende Meldung erhält aber nicht in ihrer Funktion gestört wird.

Im allgemeinen werden mehrere außerhalb des Nahbereichs stehende Geräte und manchmal auch mehrere Datenverarbeitungsanlagen an einen Prozeßrechner angeschlossen. Da nur eine E/A-Schnittstelle zur Verfügung steht, besteht die Peripherieeinheit daher in der Regel aus einem Datenübertragungs-Multiplexer (dieser fächert den E/A-Kanal in Teilkanäle auf) und einer Übertragungssteuerung pro Teilkanal; diese enthält einen kombinierten Parallel–Serien-Parallel-Umsetzer, kann jeweils ein Zeichen zwischenspeichern und wird daher auch Leitungspuffer genannt. Auch Fehlerschutz und Synchronisiereinrichtungen sowie Steuereinrichtungen für eine komplette Prozedur können darin enthalten sein. Die Prozedur kann aber auch im Programm festgelegt sein.

Der Datenübertragungsmultiplexer schaltet prinzipiell nacheinander für kurze Zeitabschnitte je einen Leitungspuffer an die E/A-Schnittstelle, damit jeder regelmäßig Gelegenheit zum Datenverkehr mit dem Arbeitsspeicher hat. Dadurch kann auf mehreren Leitungen simultan übertragen werden.

Peripherieeinheiten für Datenübertragung gestatten den Anschluß von elektromechanischen oder elektronischen Ein-Ausgabegeräten, die außerhalb des Nahbereiches eines Prozeßrechners aufgestellt werden müssen.
Ein Gerät, das sehr häufig zum Ausdrucken von Protokollen verwendet wird, ist der **Fernschreiber**. Die Übertragungsgeschwindigkeit ist von der Type und vom Übertragungsweg abhängig, liegt aber immer im niedrigen Bereich (50—200 bit/s). Die Übertragungsprozeduren sind einfach.

Literaturhinweise

Enderlein, W. und Liegmann, E.: Schnelldrucker, Lochkarten- und Magnetbandgeräte für die Datenverarbeitungstechnik.
Siemens-Zeitschrift 42 (1968) S. 284 bis 286.

Wortmann, H.: Informations- und Datenverarbeitung, Technische Handbücherei, Fachverlag Schiele und Schön, Berlin 1966.

Die elektronische Datenverarbeitung, Forschung — Anwendung — Ausbildung. AWV (Ausschuß für wirtschaftliche Verwaltung) Erich Schmidt Verlag, Berlin 1964.

Fischbach, F. und Büttgen, P.: Lehrbuch für die elektronische Datenverarbeitung, Grundwerk. v. Hase und Köhler Verlag, Mainz 1967.

Löbel, G., Müller, P. und Schmid, H.: Lexikon der Datenverarbeitung.
Verlag Moderne Industrie Wolfgang Dummer & Co., München 1969.

Compton, R. D.: Information Displays. Electronic Design News (EDN) April 1966, S. 113.

Zeitschrift: Information Display, Journal of the Society for Information Display; Information Display Publications Inc., Los Angeles (Calif.), 647 N. Sepulveda Blvd. (erscheint zweimonatlich).

Neubauer, G.: Bildschirm ermöglicht Dialog, EZ Elektronik Zeitung 14 (1967), S. 18.

Ganzhorn, K und Walter, W.: Optische Kopplung Mensch—Datenverarbeitungsanlage.
Umschau 67 (1967) 2, S. 42—46.

Luxemburg, H. R. und Kuhn, R. C.: Display Systems Engineering.
McGraw-Hill Book Company, New York 1968.

Theis, D. I. und Hobbs, L. C.: Low Cost Remote CRT-terminals.
Datamation Juni 1968, S. 22.

2.3 Prozeßelemente

von H. KÜRNER

Inhaltsübersicht

1 Aufgabenstellung

Prozeßrechnersysteme sind gekennzeichnet durch ihre Fähigkeit, selbsttätig Kontakt mit ihrer Umwelt aufzunehmen und dabei die Zeit als Einflußgröße zu berücksichtigen.
Die Umwelt eines Prozeßrechners besteht neben der Standardperipherie vor allem aus Geräten zur Prozeßinstrumentierung der angeschlossenen Anlage. Beispiele solcher Anlagen sind Prozesse zur Erzeugung und Verteilung von Energie oder zur Güterproduktion, auch Prüfprozesse oder Experimentieranlagen zur Gewinnung von Information. Dementsprechend können eine Vielzahl unterschiedlicher Meß- und Analysengeräte, Regeleinrichtungen, Anzeige- und Schreibgeräte, Stellglieder und Bedienungsvorrichtungen angeschlossen sein. In vielen Anlagen sind diese Geräte zudem räumlich weit verteilt und ihre Signale haben verschiedene Darstellungsformen (analog oder digital), unterschiedliche Werte und Meßbereiche sowie verschiedenartige zeitliche Arbeitsweise (statisch oder dynamisch). Als Bindeglied zwischen der Zentraleinheit des Prozeßrechners und den angeschlossenen Geräten zur Prozeßinstrumentierung setzt man elektronische Einrichtungen ein, die im folgenden **Prozeßelemente** genannt werden.
Die Prozeßelemente haben somit die Aufgabe, auf der Eingabeseite der Zentraleinheit elektrische Umweltsignale räumlich sowie zeitlich zusammenzufassen und so anzupassen, daß ein Prozeßrechner sie verarbeiten kann. Nichtelektrische Größen (z. B. Temperatur, Druck, Durchfluß, Strahlung usw.) müssen durch vorgeschaltete Meßfühler und Meßumformer in elektrische Signale umgeformt werden (Kapitel 2.4).
Auf der Ausgabeseite verwandeln Prozeßelemente die Ausgangswerte der Zentraleinheit in Signale geeigneter Darstellung und verteilen sie zeitlich sowie räumlich an die angeschlossenen Peripheriegeräte.

2 Einteilung und grundsätzlicher Aufbau von Prozeßelementen

2.1 Einteilung

Die unterschiedlichen Signaleigenschaften der Peripheriegeräte und die verschiedenen Betriebsarten in Zusammenarbeit mit der Zentraleinheit lassen sich aus technischen und wirtschaftlichen Gründen nicht mit einem universellen Prozeßelement beherrschen. Zweckmäßiger ist eine Aufteilung der Aufgabe auf mehrere Arten von Prozeßelementen, die mit optimalen Eigenschaften für die verschiedenen Betriebsarten und für den Anschluß einer bestimmten Teilmenge von Peripheriegeräten ausgelegt sind.
Modularer Aufbau von Prozeßelementen ermöglicht es, die verschiedenen Teilaufgaben — wie Organisation des Zeitablaufs, Signalformung, räumliche

Zusammenfassung oder Auffächerung von Signalen, Datenübertragung usw. — in konstruktiv selbständigen Funktionseinheiten zu realisieren. Unterschiedliche Aufgabenstellungen lassen sich dann durch bausteinmäßige Kombination der Funktionseinheiten lösen. Voraussetzung für den Aufbau eines solchen modularen Systems sind die Normierung der internen Nahtstellen und der Prozeduren des Datenaustausches. Der modulare Aufbau ist ebenfalls wichtig, um Anlagen mit variablem Ausbaugrad leicht erstellen und eventuell während des Betriebs rasch an geänderte Aufgabenstellungen anpassen zu können.
Die wichtigsten Funktionseinheiten der Prozeßelemente (PE) sind Prozeßelement-Steuerungen und Prozeßsignalformer (PSF) mit Prozeßsignalformer-

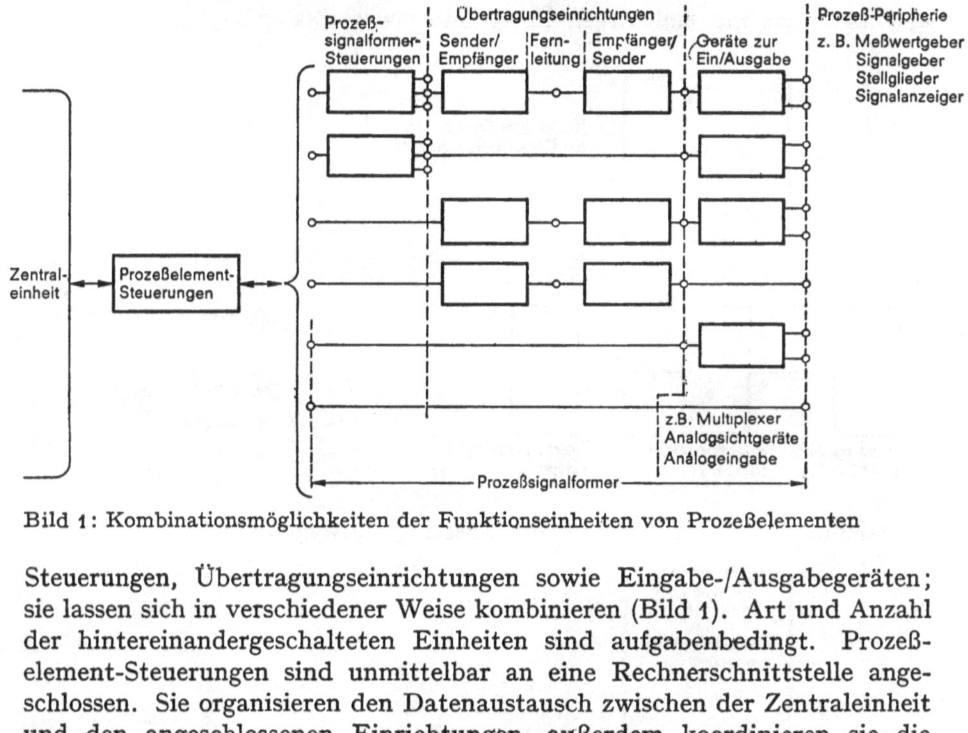

Bild 1: Kombinationsmöglichkeiten der Funktionseinheiten von Prozeßelementen

Steuerungen, Übertragungseinrichtungen sowie Eingabe-/Ausgabegeräten; sie lassen sich in verschiedener Weise kombinieren (Bild 1). Art und Anzahl der hintereinandergeschalteten Einheiten sind aufgabenbedingt. Prozeßelement-Steuerungen sind unmittelbar an eine Rechnerschnittstelle angeschlossen. Sie organisieren den Datenaustausch zwischen der Zentraleinheit und den angeschlossenen Einrichtungen, außerdem koordinieren sie die Simultanarbeit mehrerer angeschlossener Prozeßsignalformer. Übertragungseinrichtungen müssen beim Betrieb im Regional- und Fernbereich zusätzlich in den Informationsweg eingeschaltet werden. Multiplexer für analoge oder digitale Signale sind notwendig, um die Anzahl der Ein- oder Ausgänge vervielfachen zu können.
Prozeßsignalformer-Steuerungen steuern den zeitlichen Arbeitsablauf der angeschlossenen Geräte, die Decodierung der Adressen und die Zwischenspeicherung der Meßwerte.

Prozeßsignalformer mit ihren Eingabe-/Ausgabegeräten übernehmen die Umformung der Darstellungsart und des Zeitverhaltens der aufgenommenen Signale. Analog–Digital-Umsetzer oder Digital–Analog-Umsetzer sind Beispiele hierfür besonders wichtiger Geräte.

2.2 Leitungsführung

An eine PE-Steuerung lassen sich meist mehrere unterschiedliche PSF-Steuerungen anschließen. Bei der Organisation der Datenübertragung und der davon abhängigen Leitungsführung hat man grundsätzlich die Wahl zwischen zwei Konzepten:

a) Ringleitung mit kollektiven Übertragungswegen (Bild 2);

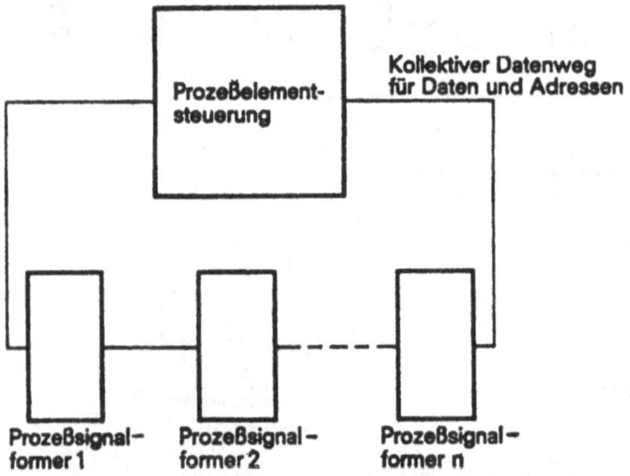

Bild 2: Prozeßelement mit Ringleitungsstruktur

b) Stichleitungen mit individuellen Übertragungswegen (Bild 3).

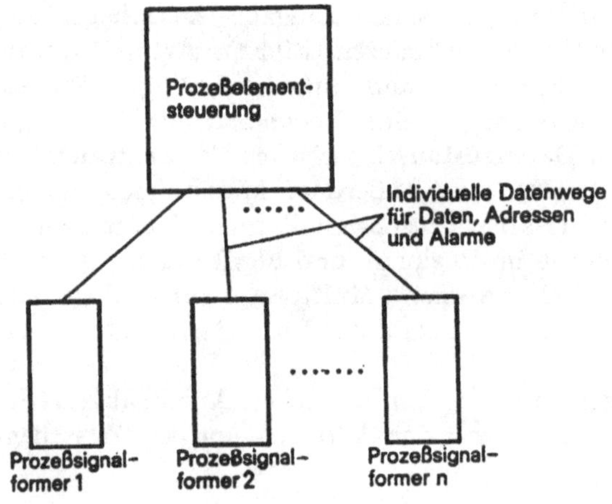

Bild 3: Prozeßelement mit Stichleitungsstruktur

Die beiden Konzepte unterscheiden sich hinsichtlich der möglichen Übertragungsraten, des Aufwandes für Kabel, Sender und Empfänger und der Freizügigkeit hinsichtlich der räumlichen Aufstellung.
Bei hohen Übertragungsraten muß man trotz höheren Aufwandes eine Stichleitungs-Struktur mit individuellen Übertragungswegen für Informationen und Signale wählen. Dies gilt z. B. bei externgesteuerten Prozeßelementen.
Für Prozeßelemente mit geringen Übertragungsraten ist dagegen eine Ringleitungs-Struktur mit kollektiven Nachrichtenwegen für Daten und, falls auch Alarme zu bearbeiten sind, mit zusätzlichen individuellen Leitungen für Alarme wirtschaftlich-technisch optimal. Dabei werden die individuellen Leitungen parallel zu dem kollektiven Leitungssystem mitgeführt, so daß in der Kabelführung eine Anpassung an das Ringleitungs-Konzept möglich ist. Das Ringleitungs-Konzept wird deshalb häufig für programmgesteuerte Prozeßelemente eingesetzt.

2.3 Simultanarbeit

Beim Betrieb von Prozeßelementen an einem Prozeßrechner sind zwei widersprüchliche Forderungen zu realisieren: einerseits verlangt man, daß das Prozeßrechnersystem auf Umweltseinflüsse (Alarme, Meldungen oder Meßergebnisse) rasch reagiert, und andererseits soll die Zentraleinheit in ihrer Rechengeschwindigkeit nicht beeinträchtigt werden. Da die Transferraten der meisten Prozeßelemente im Vergleich zur Arbeitsgeschwindigkeit der Zentraleinheit sehr klein sind und der Zeitpunkt des Datenaustausches oft nicht vom Programm, sondern von der Umwelt bestimmt wird, muß man mit Hilfe von organisatorischen und gerätetechnischen Mitteln erreichen, daß bei der Ein- und Ausgabe größere Totzeiten vermieden werden. Das organisatorische Mittel besteht in einem Betriebssystem, das bei Bedarf ein gerade laufendes Programm unterbricht und kurzfristig ein anderes Programm zur Steuerung der Ein- und Ausgabevorgänge startet. Dieses Unterbrechungssystem ermöglicht damit die Simultanarbeit mehrerer Prozeßelemente untereinander und mit der Zentraleinheit.
Ein weiteres Mittel zur Vermeidung von Totzeiten besteht im Anschluß von Prozeßelementen an die Arbeitsspeichernahtstelle des Prozeßrechners und im direkten Datentransfer zwischen Arbeitsspeicher und Prozeßelement ohne Programmunterbrechung. Das Unterbrechungssystem tritt bei diesem Prozeßelement erst in Tätigkeit, wenn eine vorgegebene Blocklänge transferiert oder ein Blockendezeichen erkannt wurde.
Die Simultanarbeit von Zentraleinheit und Prozeßelementen erfordert ein eigenes Steuerwerk in den Prozeßelementen, die Prozeßelement-Steuerung. Sie kann in den Programmablauf eingreifen, indem sie Unterbrechungsmeldungen an das Betriebssystem abgibt. Zusätzlich muß jedes Prozeßelement noch einen Pufferspeicher für mindestens ein Wort enthalten.

2.4 Betriebsarten

Drei Betriebsarten von Prozeßelementen lassen sich unterscheiden:

- Der programmgesteuerte Betrieb, bei dem **ein Wort** je Befehl transportiert wird;
- der externgesteuerte Betrieb, bei dem **ein Datenblock** zwischen Arbeitsspeicher und Prozeßelement ausgetauscht wird;
- der zyklische Betrieb, bei dem die Meßwerte **blockweise** zwischen Prozeßelement und Zentraleinheit transferiert werden.

Diese unterschiedlichen Betriebsarten bestimmen entscheidend den Aufbau und die Wirkungsweise der Prozeßelemente. Für jede Betriebsart werden Prozeßelemente mit wesentlich verschiedenen Eigenschaften (Tabelle 1) eingesetzt.

Tabelle 1: Charakteristische Eigenschaften der Betriebsarten von Prozeßelementen

Eigenschaft \ Betriebsart	programmgesteuert	externgesteuert	zyklisch
Zeitpunkt des Datenaustausches bestimmt von...	Programm	Externgerät	Prozeßsignalformer
Satzlänge	Zeichen, Wort	Block	Block
Aktuelle Speicheradresse bestimmt von ...	Programm per Befehl	Prozeßelement	Prozeßsignalformer
Transfergeschwindigkeit bestimmt von Zeit für ...	Befehlsversorgung durch Programm	Arbeitsspeicherzyklus	Datenübertragung
Max. Entfernung zwischen Prozeßelement-Steuerung und Signalformer	Nahbereich $\leqq 30$ m	Regionalbereich $\leqq 1000$ m	Fernbereich $\leqq 10$ km
Leitungsführung zwischen Prozeßelement-Steuerung und Signalformer	Ringleitung	Stichleitung	Stichleitung
Anschluß an Zentraleinheit	Registernahtstelle (z. B. Akku-Nahtstelle)	Arbeitsspeichernahtstelle	Arbeitsspeichernahtstelle

3 Programmgesteuerte Prozeßelemente

3.1 Grundlagen

Diese Prozeßelemente ermöglichen eine programmgesteuerte Eingabe analoger Meßwerte, binärer Signale und Alarme in die Zentraleinheit und eine

programmgesteuerte Ausgabe analoger Werte sowie binärer Signale aus dem Prozeßrechner.
Ein programmgesteuertes Prozeßelement besteht aus einer Steuerung und einem oder mehreren Prozeßsignalformern. Für die Schnittstelle ist ein Ringleitungs-Konzept vorteilhaft.
Der Verkehr zwischen der Zentraleinheit und einem Prozeßelement läuft dabei nach einem festen Schema ab: Die Programmsteuerung in der Zentraleinheit liest während der Bearbeitung eines Programms bei einer Ein-/Ausgabe einen oder mehrere Elementbefehle und übergibt sie an die Prozeßelement-Steuerung. Die Prozeßelement-Steuerung wertet die übergebenen Befehle und Parameter aus und startet die gewünschte Eingabe- oder Ausgabeoperation. Dabei verkehrt das Prozeßelement selbständig über die Datensteuerung mit der Zentraleinheit und ermöglicht den wortweisen Datentransport zwischen Zentraleinheit und den angeschlossenen Peripheriegeräten.
Eine vollständige Eingabe- oder Ausgabeoperation besteht also aus der Übergabe einer Befehlsgruppe an die Prozeßelement-Steuerung, aus der eigentlichen Signalformung mit Datentransfer zwischen Zentraleinheit und Signalformer sowie aus dem Befehlsabschluß.
Die Struktur der Befehle, mit denen die Prozeßelement-Steuerung von der Zentraleinheit versorgt wird, hängt ab von der Transferrichtung und der Zeitdauer der vom angesprochenen Prozeßsignalformer auszuführenden Operation. Kurze Operationen, die nur wenige Mikrosekunden dauern, werden mit sogenannten „**kurzen Befehlen**" veranlaßt. Bei diesen Operationen wartet die Zentraleinheit nach der Versorgung auf das Ende der Befehlsausführung und fährt danach in ihrem Programm fort. Dauert die Prozeßsignalformer-Operation jedoch einige Millisekunden, so startet ein Ausgabebefehl („**langer Befehl**") die Operation, und die Programmsteuerung wird nach der Versorgung sofort wieder freigegeben. Sie kann bis zum Operationsende für andere Aufgaben benutzt werden. Zur Adressierung der angesprochenen Prozeßelement-Steuerung dient ein **Elementauswahlbefehl**, der zusätzlich noch die Information für die Transferrichtung enthält. Zur Versorgung der Prozeßelement-Steuerung mit Parametern dienen ein oder mehrere **Elementversorgungsbefehle.**
Bei der **Eingabe** von Werten mit „**kurzen Befehlen**" enthalten die Elementversorgungsbefehle zunächst die Meßstellen- und die Prozeßsignalformer-Adresse, womit die angesprochene Meßstelle und der zur Eingabe benutzte Prozeßsignalformer gekennzeichnet wird. Außerdem enthalten sie die Kernspeicheradresse zur Kennzeichnung der Kernspeicherzelle, in der der Meßwert abgespeichert werden soll.
Bei der **Ausgabe** von Werten mit „**kurzen Befehlen**" werden ebenfalls drei Teilbefehle benötigt: ein Elementauswahlbefehl mit der Kanalnummer und dem Richtungskennzeichen sowie zwei Elementversorgungsbefehle mit der Kernspeicher-Adresse und der Ausgabeadresse des Empfängers.

Zum Auslösen einer **Eingabe** mit **„langem Befehl“** sind ein Elementauswahlbefehl und ein Elementversorgungsbefehl nötig. Der Elementversorgungsbefehl enthält die Meßstellenadresse und die Signalformeradresse. Die Prozeßelement-Steuerung kann bis zum Operationsende (bei der integrierenden Analogeingabe z. B. etwa 30 ms lang) für andere Aufgaben benutzt werden. Die Operationsendemeldung führt zu einer Programmunterbrechung in der Zentraleinheit und startet ein Programm, das eine Befehlsgruppe für Eingabe mit kurzem Befehl abgibt, um den Meßwert vom Prozeßsignalformer in den Arbeitsspeicher zu übernehmen.

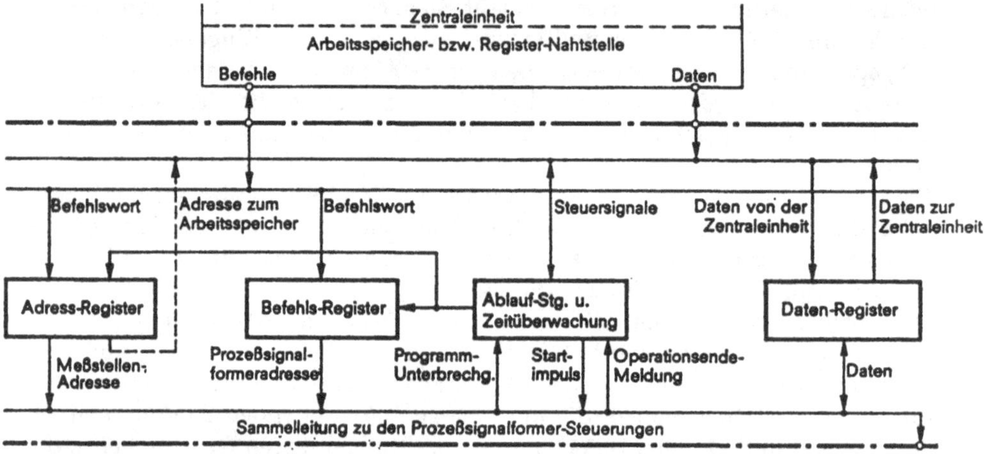

Bild 4: Prozeßelement-Steuerung für programmgesteuerte Ein- Ausgabe

3.2 Prozeßelement-Steuerung

Die Prozeßelement-Steuerung für programmgesteuerte Ein-Ausgabe (Bild 4) ermöglicht den Datenaustausch zwischen der Zentraleinheit eines Prozeßrechners und den Prozeßsignalformern. Sie besteht aus der Ablaufsteuerung und Registern für Befehle, Adressen und Daten. Die Prozeßelement-Steuerung ist über eine Sammelleitung mit den nachgeschalteten Prozeßsignalformern verbunden. Auf dieser Sammelleitung, die kollektive und individuelle Verbindungen enthalten kann, werden Signale für Richtungskennzeichen (Ein- oder Ausgabe), Signalformeradresse, Meßstellenadresse, Start und Operationsende sowie die Wortinformation und Alarmmeldungen übertragen.

Abhängig vom Aufbau der Zentraleinheit werden die Prozeßelement-Steuerungen entweder an die Register- (Akkumulator-)Nahtstelle oder die Arbeitsspeicher- (Standardkanal-)Nahtstelle angeschlossen. Die grundsätzliche Funktion der Prozeßelement-Steuerungen wird davon nicht betroffen. Allerdings ergeben sich Unterschiede im Zeitablauf des Datentransfers und in der Adressierung bei der Meßwerteingabe.

3.3 Prozeßsignalformer

3.3.1 Prozeßsignalformer-Steuerungen

An eine Prozeßelement-Steuerung können über die Sammelleitung mehrere Prozeßsignalformer angeschlossen werden. Um den Zeitablauf der Signalformung zu steuern und eine Simultanarbeit von Prozeßsignalformern zu ermöglichen, enthält der Prozeßsignalformer eine Prozeßsignalformer-Steuerung (Bild 5). Zu ihr gehören eine Auswahlbaugruppe zur Auswertung der Signalformeradresse, ein Teiladressen-Decodierer, eine Ablaufsteuerung und

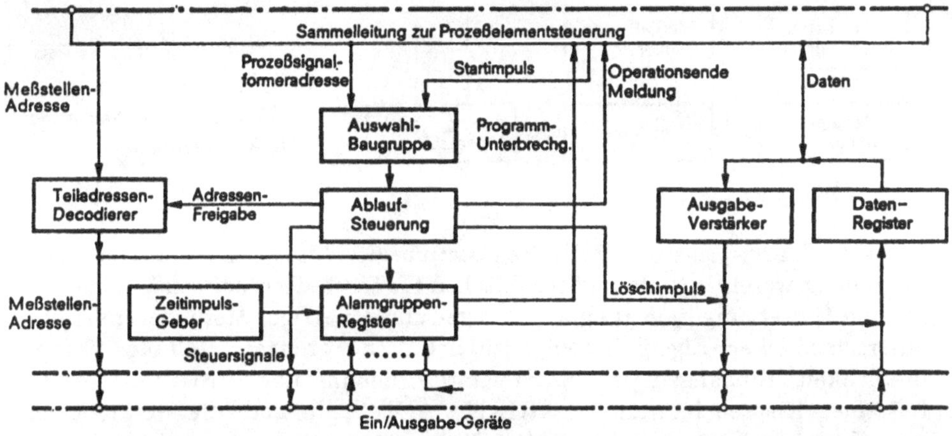

Bild 5: Prozeßsignalformer-Steuerung für programmgesteuerte Ein- Ausgabe

ein Datenregister. Die Prozeßsignalformer-Steuerung übernimmt programmgesteuert von der Prozeßelement-Steuerung die Prozeßsignalformeradresse, die Meßstellenadresse, die Daten sowie den Startimpuls und leitet den Transfervorgang ein. Nach dem Ende der Operation gibt die Ablaufsteuerung die Operationsendemeldung an die Prozeßelement-Steuerung ab.

Alarme werden im Alarmgruppenregister aufgenommen und gespeichert. Sie lösen einen Sammelalarm aus, der zur Prozeßelement-Steuerung gegeben wird. Die Prozeßelement-Steuerung unterbricht daraufhin das laufende Programm und leitet eine Alarmbearbeitung ein. Um den Alarm zu identifizieren, wird dabei das Alarmgruppenregister abgefragt.

Ein interner Zeitimpulsgeber erzeugt im zeitlichen Abstand von z. B. 100 ms Impulse, die zum Alarmgruppenregister laufen, dort entsprechend weiterverarbeitet werden und zum Start eines Weckerprogramms in der Zentraleinheit führen. Die Synchronisierung dieser Zeitimpulse mit den Minutenimpulsen einer Normaluhr ist möglich.

3.3.2 *Prozeßsignalformer für Analogeingabe*

Analog-Digital-Umsetzer: Die Umweltsignale, die ein Prozeßrechner aufnehmen muß, liegen zum großen Teil in analoger Darstellung vor. Analog-Digital-Umsetzer (ADU) übernehmen die Umsetzung von der analogen Darstellung in die der Arbeitsweise der Zentraleinheit angepaßte digitale Form. Sind mehrere Meßstellen angeschlossen, so schaltet ein Meßstellenwähler die adressierte Meßgröße zeitmultiplex über einen Vorverstärker auf den Analog-Digital-Umsetzer (Bild 6).

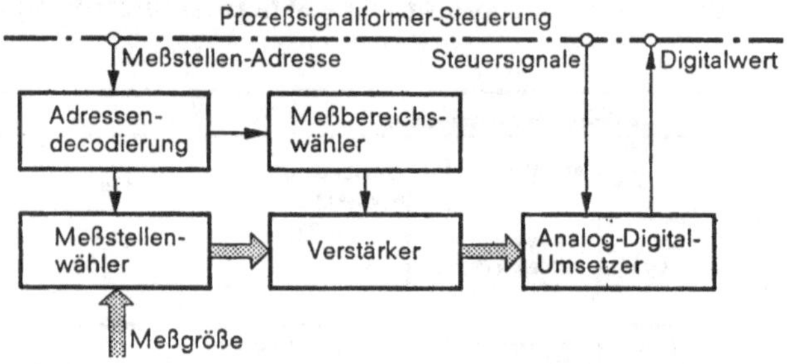

Bild 6: Prozeßsignalformer für Analogeingabe

Das Umsetzungsprinzip und die Realisierung des Analog-Digital-Umsetzers bestimmen wesentlich die meßtechnischen Eigenschaften der Analogeingabe. Für die Umsetzung gibt es eine Reihe verschiedenartiger Methoden mit sehr unterschiedlichen Eigenschaften bezüglich Fehlergrenzen, Meßfolge, Empfindlichkeit, Eingangsimpedanz, Störunterdrückung und Aufwand.

Bei einer Klasseneinteilung elektrischer ADU kann man die Geräte nach dem Umsetzverfahren und nach der Meßart beurteilen. Im Prinzip lassen sich entsprechend der Tatsache, daß man den Nachrichteninhalt einer Zeitfunktion durch die Signalparameter Amplitude, Zeitdauer und Frequenz ausdrücken kann, drei **Umsetzverfahren** unterscheiden:

Beim **Amplitudenverfahren** wird die Meßgröße in einem Regelkreis so lange mit einer stufenweise sich verändernden Normalgröße verglichen, bis beide Werte übereinstimmen. Die Bewertung der eingeschalteten Stufen liefert den Digitalwert.

Beim **Zeitverfahren** wird die Meßgröße in eine Zeitspanne umgeformt, deren Länge benutzt wird, um die digitale Ausgangsgröße zu gewinnen. Die Zeitspanne kann beispielsweise durch Zählen von Impulsen konstanter Pulsfrequenz gemessen werden.

Beim **Frequenzverfahren** wird die Meßgröße in eine Frequenz umgeformt. Der Digitalwert kann beispielsweise durch Zählen der Anzahl der Impulse oder Perioden in einem bestimmten Zeitintervall gebildet werden.

Darüber hinaus gibt es noch Umsetzungsverfahren, bei denen die Meßgröße als Drehwinkel oder Längsbewegung vorliegt oder in diese Zwischengrößen umgeformt und durch Abzählen von Einheiten oder Ablesen einer Skala in einen Digitalwert umgesetzt wird (Kapitel 2.4).

Nach der **Meßart** lassen sich die ADU-Geräte einteilen in solche mit Augenblickswertmessung und solche mit integrierender Messung. Bei der **Augenblickswertmessung** wird der Digitalwert während der Meßzeit in dem Zeitpunkt ermittelt, in dem die Vergleichsgröße mit der Meßgröße übereinstimmt. Änderungen der Meßgröße während der Meßzeit und überlagerte Störspannungen oder Störimpulse können das Meßergebnis verfälschen.

Bei der **integrierenden Messung** wird während der Meßzeit das Integral über die an den Eingangsklemmen liegende Meßgröße gebildet. Der Meßgröße überlagerte Störungen gehen dabei nur im Verhältnis ihres Zeitintegrals zum Zeitintegral der Meßgröße in das Meßergebnis ein und werden dadurch sehr stark unterdrückt. Das integrierende Meßverfahren stellt den zeitlichen Mittelwert einer Meßgröße dar. Ist die Änderungsgeschwindigkeit der Meßgröße klein im Verhältnis zur Meßzeit, so kann man auf dem Weg über die Mittelwertbildung auch „augenblickliche" Amplituden der Meßgröße ermitteln.

Aus Umsetzungsverfahren und Meßart ergeben sich folgende Eigenschaften: alle Geräte des Amplitudenverfahrens und die meisten Umsetzer des Zeitverfahrens arbeiten als Augenblickswertmesser, während die Geräte des Frequenzverfahrens stets eine integrierende Messung durchführen (Tabelle 2).

Tabelle 2: Verfahren zur Analog–Digital-Umsetzung

	Analog–Digital-Umsetzung			
Verfahren	Augenblickswertmessung		integrierende Messung	
Gerät	Stufenumsetzer	Sägezahnumsetzer mit Frequenznormal	Spannungs-Frequenz-Umformer mit Zeitnormal	Spannungs–Zeit-Umformer mit Frequenznormal
Vorteil	hohe Umsetzgeschwindigkeit		hohe Störunterdrückung	

Analog–Digital-Umsetzer sind vorwiegend für die Spannungsmessung ausgelegt. Liegen die Meßwerte in anderer Form, z. B. als Strom oder Widerstand vor, so müssen sie vor der Umsetzung in eine proportionale Spannung umgeformt werden (Kapitel 2.4).

Die genaue Messung der analogen Prozeßinformation ist eine der Voraussetzungen für einen erfolgreichen Einsatz von Prozeßrechnern. Die auftretenden Fehler bei der Analogeingabe hängen dabei von den Fehlergrenzen der Meßgeber und der Analog–Digital-Umsetzer sowie von der erzielten Störunterdrückung ab.

Die **Fehlergrenzen** der Analog–Digital-Umsetzer setzen sich dabei zusammen aus dem Eigenfehler des Gerätes und der Auswirkung der Einflußgrößen. Einflußgrößen sind beispielsweise Temperatur, Betriebsspannung, Netzfrequenz, Innenwiderstand der Meßgeber und Fremdfelder.

Gleichtaktstörspannungen entstehen durch unterschiedliche Potentiale zwischen Meßgebern und Analog–Digital-Umsetzern. Durch symmetrischen, abgeschirmten und potentialfreien Aufbau der Analog–Digital-Umsetzer lassen sich die Auswirkung von Gleichtaktstörspannungen auf das Meßergebnis klein halten. Zusätzlich zu diesen gerätetechnischen Maßnahmen muß durch eine sorgfältige Installation der Verbindungsleitungen zwischen Meßgebern und Analog–Digital-Umsetzern für eine hohe Störunterdrückung gesorgt werden.

Gegentaktstörspannungen sind den Meßspannungen überlagert und entstehen durch kapazitive, induktive oder galvanische Einkopplung. Auch diese Störungen werden durch eine sorgfältige Kabelverlegung stark reduziert. Falls die Meßspannung und die Störspannungen unterschiedliches Frequenzspektrum haben, läßt sich durch Begrenzung der Bandbreite eine weitere Störunterdrückung erreichen. Zu diesem Zweck schaltet man bei Augenblickswertumsetzern Tiefpässe zwischen Meßwertgeber und Analog–Digital-Umsetzer oder führt eine digitale Mittelwertbildung mit Hilfe eines Rechenprogramms durch. Wirkungsvoller sind die Methoden der Mittelwertmessung, bei denen durch aktive Integration während der Messung die überlagerten Störspannungen sehr stark unterdrückt werden können.

Die Arbeitsweise des Analog–Digital-Umsetzers bestimmt weitgehend die Betriebseigenschaften der Prozeßsignalformer zur Analogeingabe (Tabelle 3).

Analog–Digital-Umsetzer zur Augenblickswertmessung: Der Umsetzungsvorgang läuft taktgesteuert ab (**Stufenumsetzer,** Bild 7). Ein Schieberegister schaltet nacheinander die abgestuften Vergleichsspannungen in den Meßkreis ein und versucht nach dem Prinzip einer Wägung die Gleichheit zwischen Vergleichsspannung und Meßspannung herzustellen. Der Nullverstärker gibt jedesmal ein Signal ab, wenn die Summe der eingeschalteten Vergleichs-

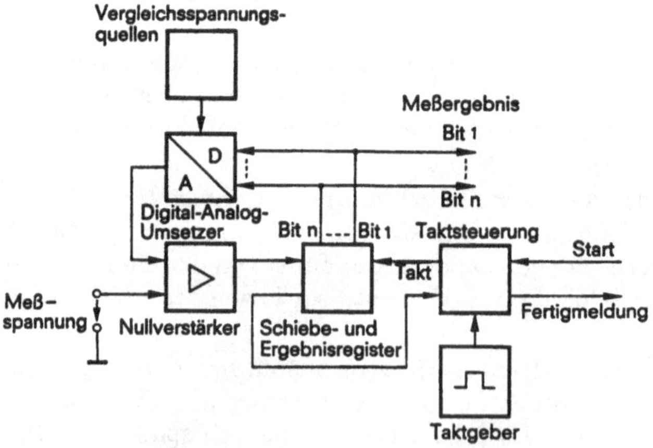

Bild 7: Analog–Digital-Umsetzer zur Augenblickswertmessung (Stufenumsetzer)

Tabelle 3: Charakteristische Eigenschaften von Prozeßsignalformern zur Analogeingabe

Charakteristische Eigenschaft	Integrierende Analogeingabe zur Mittelwertmessung	Analogeingabe zur Momentanwertmessung	Analogeingabe für Impulshöhenanalyse
Betriebsart	programmgesteuert	programmgesteuert, externgesteuert	externgesteuert
Meßart	Mittelwertmessung	Momentanwertmessung	Momentanwertmessung
Verfahren der Analog-Digital-Umsetzung	integrierend mit Spannungs-Frequenz-Umformer	Stufenumsetzer	Sägezahn-Umsetzer mit 2 Normalen
max. Auflösung	11 bit + Vorzeichen	a) 14 bit b) 11 bit + Vorzeichen	12 bit
Umsetzzeit ADU	20 ms	a) 50 μs b) 15 μs	35 μs
Fehlergrenzen in % v. Endwert	±0,1%	a) ±0,02% b) ±0,05%	±0,1%
Meßstellenwähler	Schutzgaskontakt-Relais	Trennverstärker mit Transistorschalter	—
max. Anzahl Meßstellen	256	250	1
Abtastfolge bei Anwahl verschiedener Meßstellen	max. 30/sec	max. 50.000/sec	—
Abtastfolge bei Anwahl derselben Meßstelle	max. 30/sec	5—50.000/sec abhängig vom vorgeschalteten Tiefpaß	max. 30.000/sec
Meßeingang	potentialfrei	potentialfrei mit Trenn- und Halteverstärker oder potentialgebunden mit Differenzverstärker	einpolig geerdet, Halteverstärker
Störunterdrückung	durch Integration über 20 ms	durch Einzelfilter	—
Meßbereichsendwerte	±10 mV ÷ ±20 V	a) 16 mV ÷ 1 V b) ±20 mV ÷ ±10 V	10 V
Kleinste meßbare Stufe	±5 μV	a) 1 μV b) ±10 μV	2,5 mV

Tabelle 3: (Fortsetzung)

Charakteristische Eigenschaft	Integrierende Analogeingabe zur Mittelwertmessung	Analoeingabe zur Momentanwert-messung	Analogeingabe für Impulshöhen-analyse
Besondere Eigenschaft	Störunterdrückung überlagerter Spannungen	hohe Geschwindigkeit und Auflösung	hohe differentielle Linearität
Einsatz-Schwerpunkt	Verfahrenstechnik	a) Analysenmeß-technik b) Verfahrenstechnik	Kernstrahlungs-meßtechnik
Anpassung passiver Meßwertgeber	zentral durch Stromgenerator	durch einzelne Stromgeber	—

spannungen größer ist als die Meßspannung. Dieses Signal bewirkt, daß die zuletzt eingeschaltete Stufe wieder ausgeschaltet wird (Bild 8). Beim nächsten Schritt wiederholt sich der Vorgang für die nächstkleinere Vergleichsspannung. Der Meßvorgang vollzieht sich also nach einem Einschachtelungs-

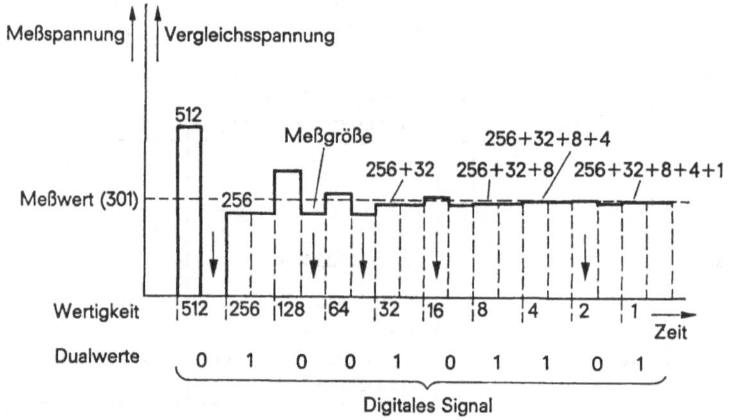

Bild 8: Abgleichvorgang des Stufenumsetzers

verfahren. Das Verhältnis der Vergleichsspannungen entspricht dabei dem verwendeten Zahlensystem; die Spannungen sind also beim dualen Zahlensystem nach Potenzen von 2 gestuft. Das Meßergebnis entspricht der Summe der eingeschalteten Stufen.

Stufenumsetzer werden bei Prozeßrechneranlagen überall dort eingesetzt, wo es auf die schnelle Messung von Analogwerten ankommt, beispielsweise bei der Aufnahme der Ausgangsspannungen von Analysengeräten wie Massenspektrometern oder Gaschromatographen.

Müssen überlagerte Störspannungen unterdrückt werden, so ist ein vorgeschaltetes Filter notwendig. Bei der zeitmultiplexen Messung mehrerer Meß-

stellen durch einen ADU muß jeder Meßstelle ein Filter zugeordnet werden. Die Tiefpässe sind konstruktiv meist mit dem Meßstellenwähler vereinigt. Da das Filter andererseits die Bandbreite der Anordnung begrenzt, ist ein Kompromiß zwischen Bandbreite und Störunterdrückung unvermeidlich. Dies zeigt sich vor allem bei der Abtastung ein und derselben Meßstelle über ein Filter. Bei dieser Anordnung reduziert sich die mögliche Eingabegeschwindigkeit abhängig von der Ausführung der Eingangsschaltung, der Einstellzeit des Filters und der Art des Meßstellenwählers auf Bruchteile der Abtastfolge ohne Tiefpaß. Bei gleicher Güte der Störunterdrückung erlaubt sogar meist eine Schaltung mit integrierendem Analog–Digital-Umsetzer (infolge der aktiven Integration) eine höhere Abtastfolge als die Analogeingabe mit Stufenumsetzer.
Der Störabstand einer Meßgröße läßt sich auch durch häufige Messung (ohne vorgeschaltetes Filter) und geeignete Mittelwertbildung verbessern. Dies führt zur Methode der „digitalen Filterung". Dabei spart man die den Meßstellen zugeordneten Tiefpässe ein und ersetzt sie durch ein Mittelwertprogramm mit entsprechendem Bedarf an Arbeitsspeicherzellen. Eine Erhöhung der effektiven Abfragegeschwindigkeit ist mit der digitalen Mittelwertbildung nicht verbunden.

Sägezahnumsetzer: Beim Umsetzungsvorgang (Bild 9) wird die Meßspannung mit einer Sägezahn-Spannung verglichen, die linear von der Spannung Null bis zum Endwert ansteigt (Bild 10). Beim Nulldurchgang der Vergleichsspannung beginnt eine Zählkette die Taktimpulse eines frequenzkonstanten Taktgebers zu zählen. Erreicht die Vergleichsspannung die Meßspannung, so unterbricht der Nullverstärker die Zählung. Die Anzahl der gezählten Impulse ist damit ein Maß für diesen Meßwert. Die Umsetzgeschwindigkeit hängt im wesentlichen von der Bandbreite des Nullverstärkers und der Zählgeschwindigkeit der Zählkette ab.
Um die Umsetzgeschwindigkeit weiter zu erhöhen, kann man statt mit einem Normal mit mehreren Normalen, d. h. Sägezahnspannungen unterschiedlicher Steigung arbeiten. Benutzt man beispielsweise zwei Normale, so führt man zuerst eine Grobmessung mit einer Sägezahnspannung großer Steigung durch

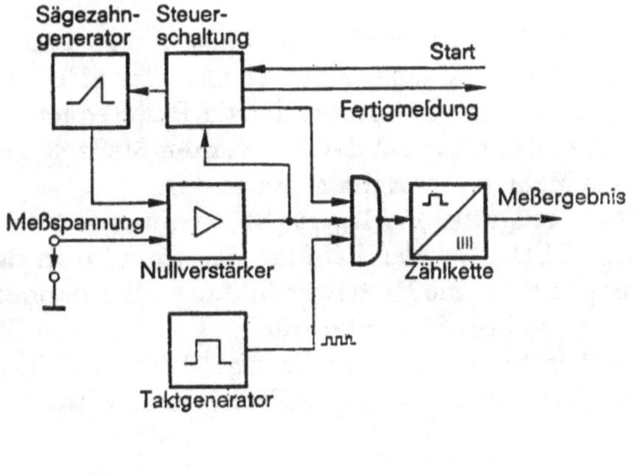

Bild 9: Analog–Digital-Umsetzer zur Augenblickswertmessung (Sägezahnumsetzer)

und anschließend eine Feinmessung mit einer Sägezahnspannung entsprechend kleinerer Steigung. Bei gleicher Zählfrequenz ergibt dieses Zweischrittverfahren eine beträchtliche Verkürzung der Umsetzzeit.
Die geschilderte Analogeingabe mit Sägezahnumsetzer wird vorzugsweise für Sonderaufgaben, z. B. in der Kernstrahlungsmeßtechnik für Impulshöhen-

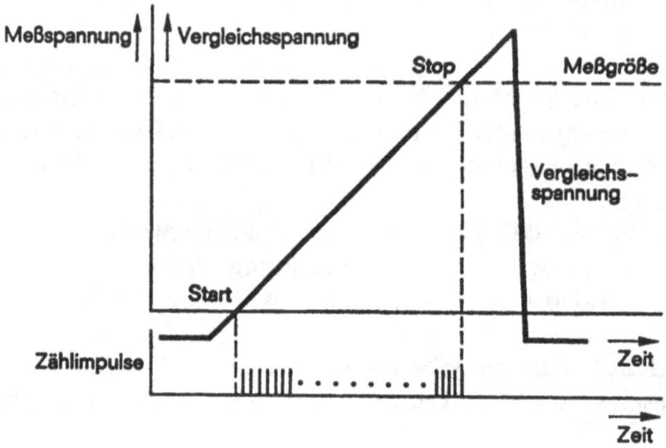

Bild 10: Abgleichvorgang des Sägezahnumsetzers

analyse, eingesetzt. Beim Anschluß an Prozeßrechner arbeitet der ADU zusammen mit dem Prozeßelement für fremdgesteuerte Eingabe (Tabelle 2).
Analog-Digital-Umsetzer mit integrierender Messung: Bei der Umsetzung (Bild 11) bildet man das Zeitintegral der als Gleichspannung anliegenden

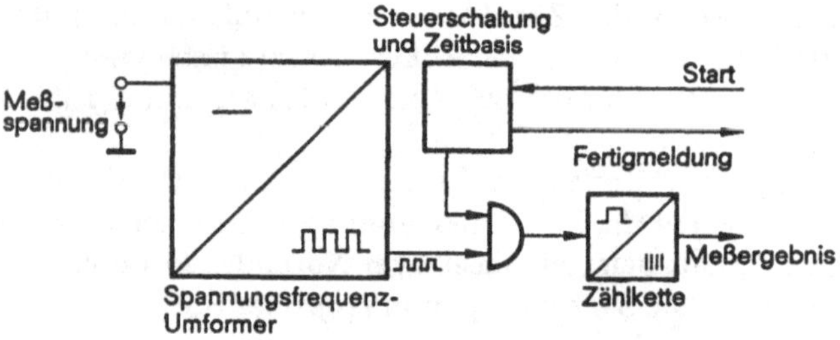

Bild 11: Analog-Digital-Umsetzer zur integrierenden Messung mit Spannungs-Frequenz Umformer

Meßgröße mit Hilfe eines **Spannungs-Frequenz-Umformers** (SFU), einer Zählkette und eines Zeitnormals. Der SFU verwandelt die momentane Meßspannung in eine proportionale Pulsfrequenz. Die Impulse werden von der Zählkette während der konstanten Meßzeit gezählt. Das Zählergebnis stellt den Meßwert in digitaler Form dar.
Der Meßgröße überlagerte Störspannungen modulieren die Ausgangsfrequenz der SFU. Bei der Zählung der Impulse in der nachgeschalteten Zählkette ergibt sich eine Mittelwertbildung. Bei periodischen Störspannungen erfolgt eine völlige Störunterdrückung, wenn die Meßzeit ein ganzzahliges Vielfaches der Störperiode beträgt (Bild 12). Impulsförmige Störungen werden im Verhältnis der Impulsfläche zum Zeitintegral der Meßgröße unterdrückt.

Als Meßzeit wählt man deshalb einen möglichst großen Wert; der Mindestwert ist die Periodendauer der hauptsächlichsten Störgröße. Bei einer Netzfrequenz von 50 Hz ergibt sich daraus eine kürzeste Meßzeit von 20 ms. Vorgeschaltete Tiefpässe sind nicht notwendig, da sich durch die aktive Mittelwertbildung eine gute Störunterdrückung ergibt.

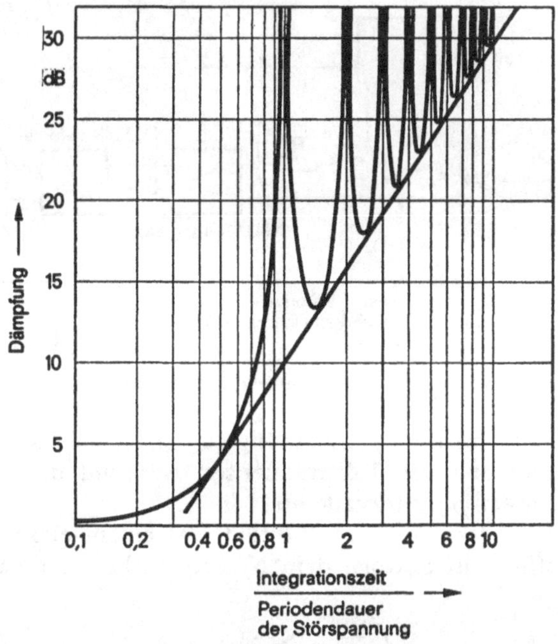

Bild 12: Unterdrückung überlagerter Störspannungen bei Analog-Digital-Umsetzern zur integrierenden Messung

Leitungsbruchüberwachung des Meßgebers: Die Eigenschaft der integrieren den Meßmethode, überlagerte Wechselspannungen zu unterdrücken, kann in einer Schaltung zur Leitungsbruchüberwachung ausgenutzt werden. Über einen sehr hochohmigen Wechselspannungsgenerator wird ein kleiner eingeprägter Strom in die Meßschleife eingespeist, der im Normalfall über die niederohmigen Geber kurzgeschlossen wird. Die dann sehr kleine Störwechselspannung wird vom Spannungs-Frequenz-Umformer integriert und erscheint nicht im Meßergebnis. Bei Unterbrechung der Geberschleife fließt der volle Strom in den Spannungs-Frequenz-Umformer und führt zu einer starken Übersteuerung. Diese wird als Kriterium für Leitungsbruch verwendet, das zum Rücksetzen der Ergebniszählkette und zur Störungsmeldung an den Prozeßrechner führt.

Spannungs-Zeit-Umformer arbeiten nach einem 2-Schritt-Verfahren, bei dem im 1. Schritt die Meßspannung mit Hilfe eines Miller-Integrators über eine konstante Zeit integriert und im 2. Schritt der Integrationskondensator mit einem konstanten Strom entgegengesetzter Polarität entladen wird. Die Zeit zwischen Anfang und Ende der Entladung ist ein Maß für die Meßgröße

(Bild 14). Diese Zeit läßt sich durch Abzählen der Anzahl der Impulse eines Taktgenerators leicht bestimmen.
Gewinnt man die konstante Meßzeit für den 1. Umsetzungsschritt ebenfalls aus dieser Taktfrequenz, so hängt das Meßergebnis nur noch vom Verhältnis

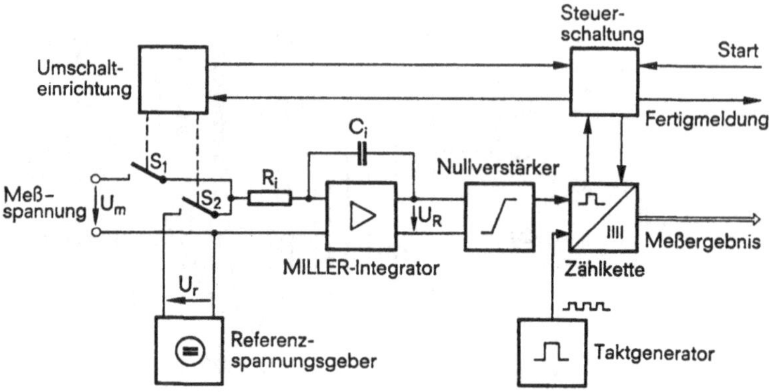

Bild 13: Analog–Digital-Umsetzer mit Spannungs–Zeit-Umformer

der zu messenden Spannung zu der Referenzspannung und von der Übereinstimmung der Taktfrequenzen während der beiden aufeinanderfolgenden Umsetzungsintervalle ab.
Das Gerät (Bild 13) besteht aus einem elektronischen Integrierverstärker (Miller-Integrator), dem Nullverstärker, der Ergebniszählkette, dem Takt-

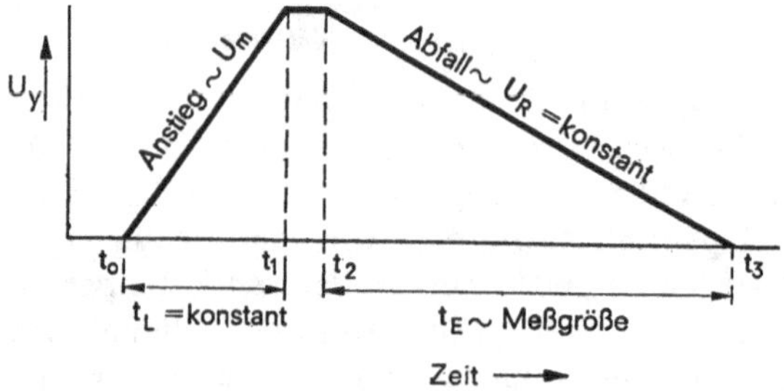

Bild 14: Spannungsverlauf am Integrierverstärker eines Spannungs—Zeit-Umformers

generator, der Referenzspannungsquelle, der Steuerschaltung und der Umschalteinrichtung.

Meßstellenwähler: Der Meßstellenwähler hat die Aufgabe, die Meßwerte räumlich zusammenzufassen und zeitmultiplex zum ADU durchzuschalten. Weitere Aufgaben können die Potentialtrennung, Meßbereichsanpassung, Verstärkung und Filterung der Meßwerte und die Durchschaltung von Hilfsspannungen sein.
Die Meßstellenadresse wird in digitaler Form (codiert oder vordecodiert) von der Prozeßsignalformersteuerung zugeführt. Häufig sind die Durchschaltelemente in Form einer Matrix angeordnet. Dann wird die Adresse als Zeilen-

und Spaltenadresse angeboten und im Durchschaltelement selbst oder in einem vorgeschalteten Verknüpfungsglied decodiert. Nur in Ausnahmefällen wird die Meßstellenadresse zyklisch durch Weiterschalten eines eingebauten Meßstellenzählers gebildet. In jedem Fall muß der Meßstellenwähler für wahlfreien Zugriff frei adressierbar sein.

Die potentialfreie Abtastung ist notwendig, da die Meßgrößen in Steuer- und Regelsystemen häufig potentialmäßig miteinander verkoppelt sind. Die Forderungen der Eigensicherheit lassen sich bei Potentialtrennung ebenfalls leichter erfüllen. Die potentialfreie Abtastung erfordert eine zweipolige Leitungsführung vom Meßgeber zum Meßstellenwähler und vermindert dadurch Einstreuung von Störspannungen infolge Erdschleifen. Die Meßbereichsanpassung und Verstärkung der durchgeschalteten Meßwerte ist notwendig, um die Signale an den Eingangsbereich des Analog-Digital-Umsetzers anzupassen und um den Eingangswiderstand des Umsetzers zu erhöhen. Dadurch wird eine wirksame Siebung erleichtert und Meßfehler durch Schwankungen des Durchschaltwiderstandes des Meßstellenwählers werden eliminiert.

Die Durchschaltelemente müssen hohe Ansprüche an Dynamik, Geschwindigkeit, Lebensdauer und Störfreiheit erfüllen, da bei der Durchschaltung die Signalamplitude als Träger der Information möglichst wenig verfälscht werden darf.

Als Durchschaltelemente werden häufig trockene oder quecksilberbenetzte **Schutzgaskontakte** mit kurzer Schaltzeit und hoher Lebensdauer eingesetzt. Bei der Mittelwertmessung verbinden die Durchschaltkontakte die Meßstelle während der Messung zweipolig mit dem potentialfreien Spannungs-Frequenz-Umformer. Der Vorverstärker arbeitet als Differenzverstärker und wird potentialfrei über Gleichspannungswandler mit Betriebsspannung versorgt. Während der Messung können über zusätzliche Kontakte Hilfsspannungen, z. B. zur Abfrage von Widerstandsgebern oder zur Kompensation von Thermoelementen, durchgeschaltet werden (Bild 15).

Bei der Augenblickswertmessung werden verschiedene Ausführungsformen von Meßstellenschaltern benutzt. Bei der Methode der **Kondensatorumschaltung** wird die Spannung eines vorgeschalteten Siebkondensators kurzzeitig über einen zentralen Vorverstärker mit hohem Eingangswiderstand dem ADU zugeführt (Bild 16). Die Anordnung hat eine recht begrenzte Abfragegeschwindigkeit infolge der Schaltzeiten der Relais und der Zeitkonstante des Speicherkondensators. Der Vorteil liegt in der galvanischen Trennung von Meßwertgeber und Analog-Digital-Umsetzer während der Messung.

Eine wesentlich schnellere Anordnung benutzt **Transistorschalter** und Impulsübertrager zum Durchschalten und Potentialtrennen der Meßspannungen (Bild 17). Beim potentialfreien Durchschalten des Transistorschalters entsteht am Eingangsübertrager ein kurzer Impuls, dessen Amplitude der Meßspannung entspricht. Der Übertrager hat je Meßstelle eine Primärwick-

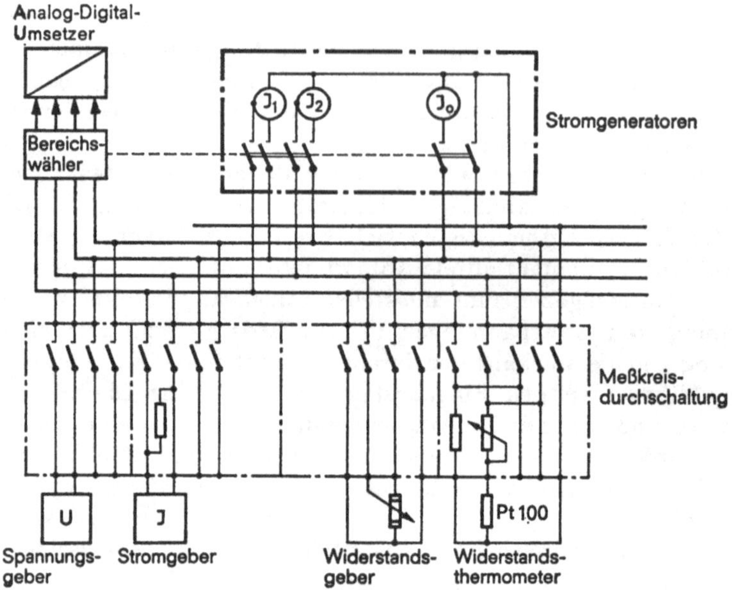

Bild 15: Meßstellenschalter mit Relaiskontakten für integrierende Analogeingabe

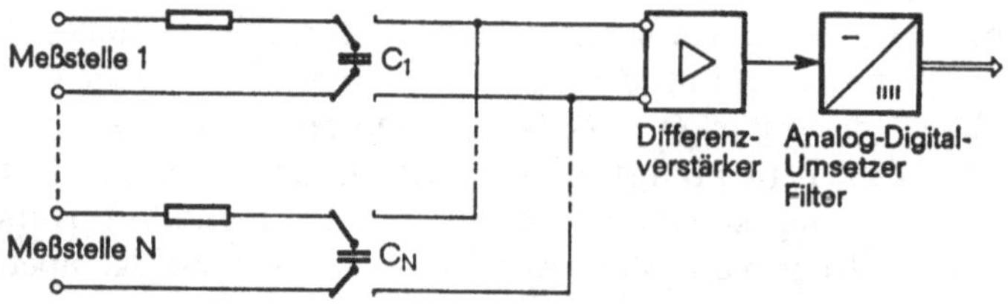

Bild 16: Meßstellenschalter mit Speicherkondensatoren und Umschaltkontakten

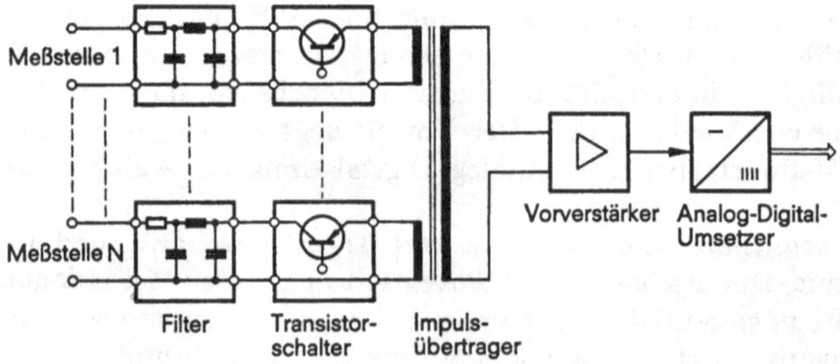

Bild 17: Meßstellenschalter mit Impulsübertragern und Transistorschaltern

lung und eine gemeinsame Sekundärwicklung. Im nachgeschalteten Wechselstromverstärker wird die Impulsamplitude verstärkt und über weitere Zwischenübertrager und Verstärker zum ADU geführt. Diese Anordnung erfüllt die Bedingungen der Eigensicherheit.

Bei besonders hohen Ansprüchen an die Störunterdrückung und die Fehlergrenzen des Meßstellenwählers sind **Trennverstärker** mit eingebauten Tiefpässen für jede Meßstelle vorteilhaft (Bild 18). Transistorschalter aus Feldeffekttransistoren übernehmen die Durchschaltung der gefilterten und vorverstärkten Meßwerte. Der zentrale Vorverstärker ist als Abtast- und Halteverstärker ausgebildet, um während der Analog-Digital-Umsetzung entstehende Störspannungen unterdrücken zu können.

Abtast- und Halteverstärker: Bei Analog-Digital-Umsetzern für Augenblickswertmessung dienen als Zusatzgeräte Verstärker mit sehr schneller und sehr

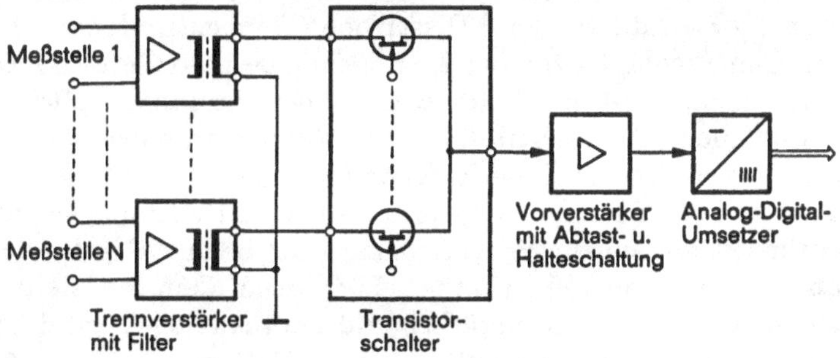

Bild 18: Meßstellenschalter mit Trennverstärkern und Transistorschaltern

genauer Arbeitsweise. Sie sind für zwei Betriebsarten durch externe Steuersignale umschaltbar.

In der Betriebsart als **Abtastverstärker** arbeitet das Gerät als Operationsverstärker mit hoher Verstärkung und großer Bandbreite. Die Ausgangsspannung folgt der Eingangsspannung gemäß der Bandbreite des Verstärkers.

In der Betriebsart als **Halteverstärker** speichert das Gerät die Ausgangsspannung mit einer sehr kleinen Verzögerungszeit vom Zeitpunkt des Auftretens des Haltesignals an. Die Fehlergrenzen sind sehr klein, so daß im Haltebetrieb während einiger Millisekunden nur Fehler im Promillebereich auftreten.

Abtast- und Halteverstärker (Bild 19) werden vorzugsweise für zwei Aufgaben eingesetzt:

— Zwischen Meßstellenschalter und Analog-Digital-Umsetzer wird ein Verstärker angeordnet, der den Analogwert zu einem definierten Zeitpunkt erfaßt und während der Analog-Digital-Umsetzung konstant hält. Dadurch kann bereits eine neue Meßstelle angewählt werden, während der vorhergehende Wert noch gemessen wird.

— Jeder Meßstelle wird ein Verstärker zugeordnet. Alle Meßwerte werden gleichzeitig gespeichert und dann anschließend die gespeicherten Werte mit

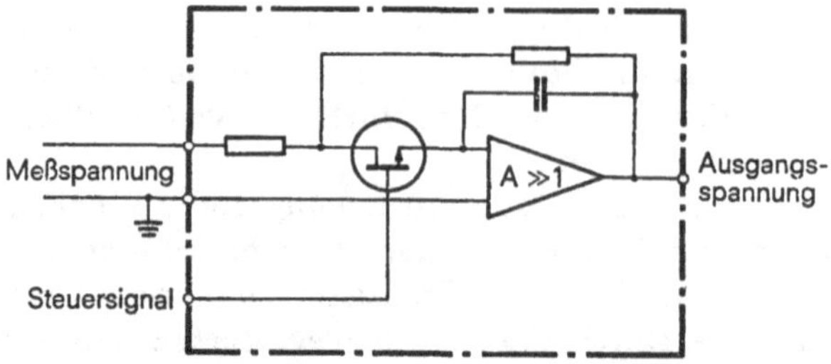

Bild 19: Abtast- und Halteverstärker

einem Meßstellenwähler abgefragt und durch einen Analog–Digital-Umsetzer nacheinander verarbeitet.

Analogeingabe für Gaschromatographen-Signale: Beim Messen der Ausgangsspannungen gewisser Analysengeräte, z. B. von Gaschromatographen (GC), müssen bei einer Maximalamplitude von 1 Volt auch noch kleinste Spannungen von 1 μV erfaßt werden. Dieser hohe Bereichsumfang stellt an die meßtechnischen Eigenschaften der Analogeingabe besondere Anforderungen, die mit einem Analog-Digital-Umsetzer hoher Auflösung allein nicht erfüllt werden können. Aus diesem Grund benötigt man einen speziell ausgelegten Prozeßsignalformer für diese Aufgabe (Bild 20).

Eine speziell für Gaschromatographie entwickelte Analogeingabe besteht im wesentlichen aus einem Vorverstärker, der beim GC installiert wird, zwei Trennverstärkern mit eingebauten Tiefpässen, dem Meßstellenwähler sowie dem zentralen Eingangsverstärker und dem Analog–Digital-Umsetzer. Der Gesamtbereich wird unterteilt in vier Meßbereiche für 16 mV, 64 mV,

Meßbereich	Nennwert	Auflösung	Gesamtverstärkung
1	16 mV	1 µV	64
2	64 mV	4 µV	16
3	256 mV	16 µV	4
4	1024 mV	64 µV	1

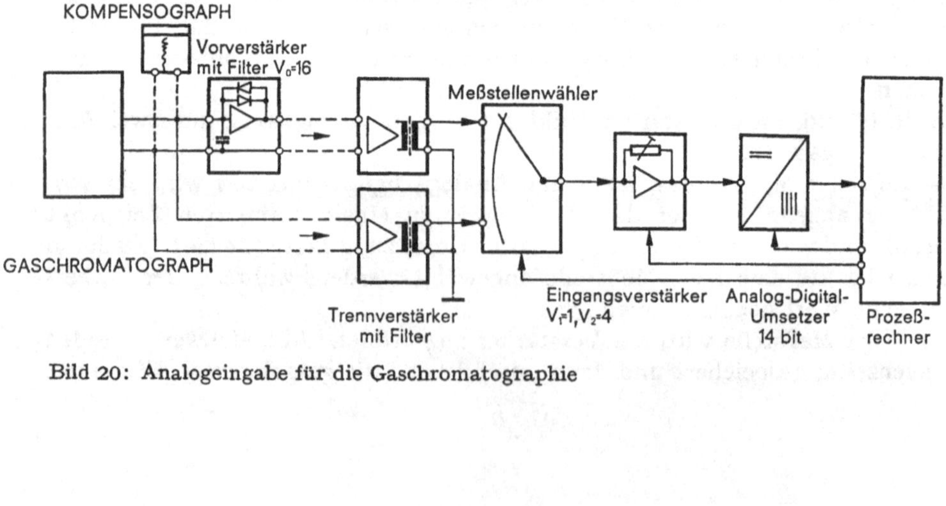

Bild 20: Analogeingabe für die Gaschromatographie

256 mV und 1024 mV. Die notwendige Gesamtverstärkung zur Anpassung der GC-Signale an den Eingangsbereich des Analog–Digital-Umsetzers wird auf zwei Verstärker aufgeteilt. Der Analog–Digital-Umsetzer ist für eine Auflösung von 14 bit ausgelegt.
Die Ausgangssignale des GC gelangen auf zwei Wegen zur Analogeingabe: kleine Signale bis 64 mV Nennwert werden im Vorverstärker um den Faktor 16 verstärkt und im nachgeschalteten Trennverstärker potentialmäßig entkoppelt. Der Verstärkerausgang ist als Meßstelle (n) am Meßstellenwähler angeschlossen. Ein zweiter Trennverstärker entkoppelt die unverstärkten Detektorsignale und leitet sie zum Eingang ($n + 1$) des Meßstellenwählers weiter. Der zentrale Eingangsverstärker wird programmgesteuert während der Meßwertaufnahme im Verstärkungsfaktor 1 bzw. 4 **umgeschaltet.** Dadurch ergeben sich durch Kombination die möglichen Gesamtverstärkungen von 1, 4, 16 und 64.
Der Vorteil der Anordnung besteht in der klaren Aufteilung der verschiedenen Teilaufgaben auf getrennte Baugruppen und der einfachen und schnellen Meßbereichsumschaltung während der Aufnahme der Meßwerte.

3.3.3 *Prozeßsignalformer für Digitaleingabe*

Zahlreiche Prozeßsignale treten in binärer Form auf. Beispiele sind Zweipunktsignale von Schaltern, Tasten, Stellglied-Endkontakten oder Impulsgebern sowie Ausgangsgrößen von Digitalmeßgeräten (Analog–Digital-Umsetzern und Zählern). Die Signale haben zwei ausgezeichnete Schaltzustände, z. B. Transistor gesperrt oder durchgeschaltet, Kontakt offen oder geschlossen.
Um Erdungsschwierigkeiten in ausgedehnten Anlagen zu vermeiden, müssen die Signale potentialfrei abgetastet werden.
Da die Signale bereits in binärer Form vorliegen, braucht die Durchschaltung nicht amplitudentreu zu erfolgen. Der gerätetechnische Aufwand der Digitaleingabe ist damit im wesentlichen durch die potentialfreie Durchschaltung und die eventuelle Eigensicherheit der Schaltungen gegeben.
Die binären Eingangssignale lassen sich nach der Signaleigenschaft einteilen in statische und dynamische Signale und nach der Verarbeitungsart im Prozeßrechner in Meldungen und in Alarme.
Bei **statischen** Signalen dient für die binäre Information die Amplitude als Signalparameter. Die Signale werden in der Digitaleingabe ohne Zwischenspeicherung als Momentanwert im Augenblick der Abtastung aufgenommen.
Bei **dynamischen** Signalen ist die Impulsflanke der Signalparameter. Abhängig von der Art der Eingangsschaltung wird entweder beim Anstieg oder beim Abfall des Eingangssignals ein Impuls erzeugt und damit eine Speicherstufe gesetzt. Bei der Abtastung wird der Inhalt der Speicherstufe abgefragt und anschließend gelöscht.

Meldungen sind Eingangssignale, die keine Programmunterbrechung auslösen. Dagegen führen **Alarme** zu einer Programmunterbrechung und damit zum Start eines Bearbeitungsprogramms.

Kombiniert man die beiden Signaleigenschaften und die beiden Verarbeitungsarten, so ergeben sich die vier Kombinationen:

statische	Meldungen,
statische	Alarme,
dynamische	Meldungen,
dynamische	Alarme.

Entsprechend aufgebaute Prozeßsignalformer ermöglichen die programmgesteuerte Aufnahme der Signale.

Alle Prozeßsignalformer enthalten Eingangssiebglieder, um Kontaktprellungen und eingestreute Störimpulse zu unterdrücken. Die Ansprechzeiten sind wählbar.

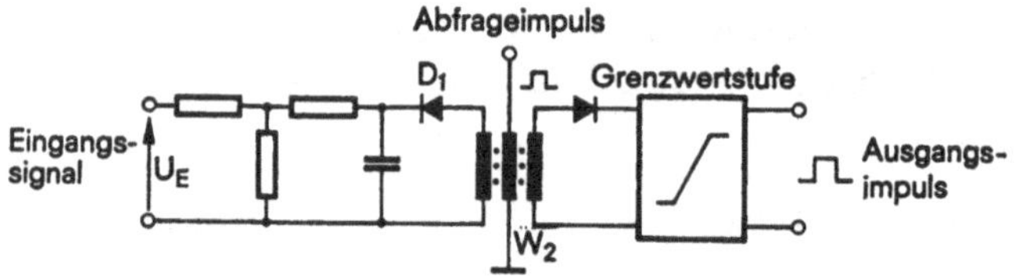

Bild 21: Potentialfreie Abtastschaltung von Binärsignalen

Zur potentialfreien Abtastung von Binärsignalen (Bild 21) wird zunächst der Widerstand der Diode D1 vom Eingangsstrom gesteuert. Der Übertrager dient zur galvanischen Trennung und zur Abfrage. Die Wicklung W2 wird vom Abfrageimpuls angesteuert. Der Übertrager ist bei Nullsignal am Eingang praktisch durch die Diode und den Kondensator kurzgeschlossen, so daß bei seiner Erregung durch den Abfrageimpuls kein Ausgangssignal auftritt. Bei einem Signal am Eingang wird der Kondensator so aufgeladen, daß die Diode gesperrt wird. Der Abfrageimpuls findet einen leerlaufenden Übertrager vor und gibt ein Signal an seinem Ausgang ab. Mit einer nachgeschalteten Grenzwertstufe läßt sich ein systemgerechtes Signal erzeugen.

Die **statische Meldungseingabe** (Bild 22a) dient zur Abfrage von Kontakten oder Binärsignalen, die nicht gespeichert werden. Es lassen sich nur Signale erfassen, die zum Zeitpunkt der Abfrage an den Eingängen anstehen.

Die **dynamische Meldungseingabe** (Bild 22b) dient zur Abfrage von Kontakten oder Binärsignalen, die nur kurzzeitig anstehen. Die Signale werden differenziert und wahlweise beim Signalanstieg oder Abfall erfaßt und bis zur Abfrage gespeichert. Damit lassen sich auch Impulse geringer Impulsfolgefrequenz ohne Zwischenschaltung von Zählketten oder Untersetzerstufen erfassen.

Die **statische Alarmeingabe** (Bild 22c) dient zur Eingabe von statischen Signalen, die unmittelbar nach dem Auftreten erfaßt werden müssen. Der

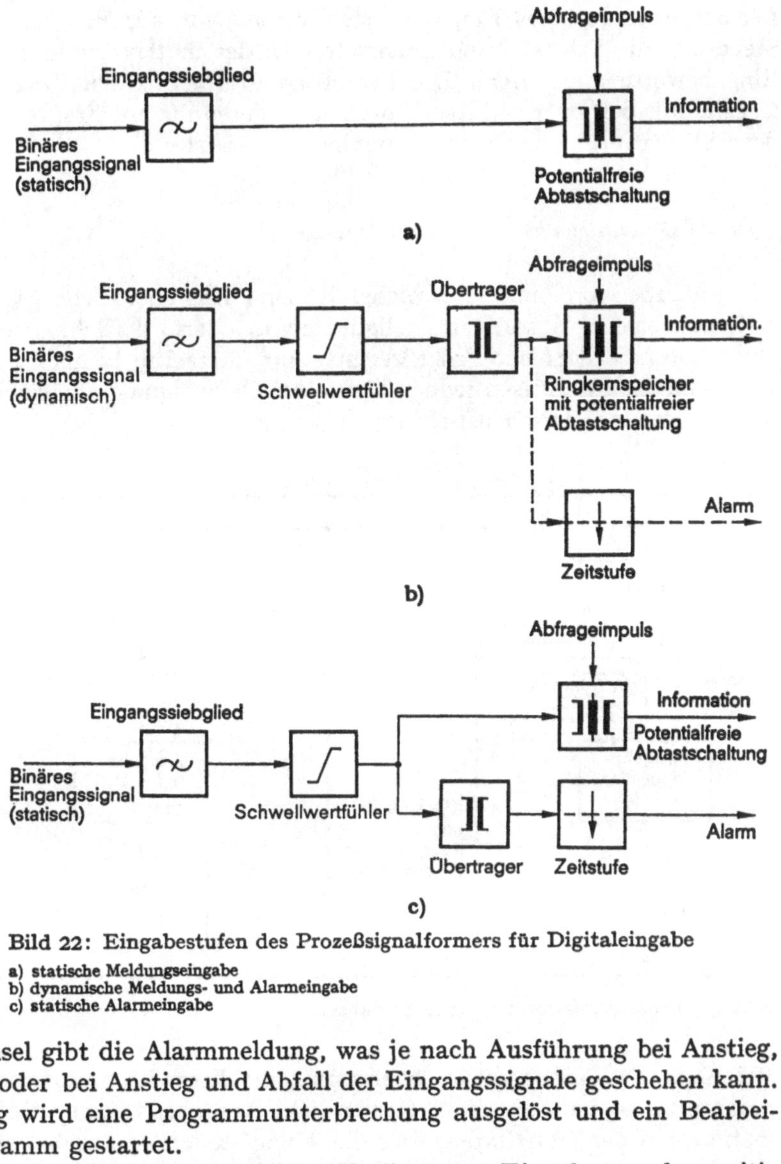

Bild 22: Eingabestufen des Prozeßsignalformers für Digitaleingabe

a) statische Meldungseingabe
b) dynamische Meldungs- und Alarmeingabe
c) statische Alarmeingabe

Signalwechsel gibt die Alarmmeldung, was je nach Ausführung bei Anstieg, bei Abfall oder bei Anstieg und Abfall der Eingangssignale geschehen kann. Gleichzeitig wird eine Programmunterbrechung ausgelöst und ein Bearbeitungsprogramm gestartet.

Die **dynamische Alarmeingabe** (Bild 22b) dient zur Eingabe von kurzzeitig auftretenden Binärsignalen. Die Signale werden differenziert und wahlweise beim Anstieg oder Abfall der Signale erfaßt und bis zur Abfrage gespeichert. Gleichzeitig wird eine Programmunterbrechung ausgelöst und ein Bearbeitungsprogramm gestartet. Entsprechend der Wortlänge des Prozeßrechners faßt man mehrere Eingangssignale zu einem Wort zusammen und fragt diese Signale gleichzeitig ab.

Bei der Abfrage eines Eingabewortes werden von der Prozeßsignalformer-Steuerung die Spalten- und Zeilenadressen der matrixförmig angeordneten Eingabeworte angeboten. Die Prozeßsignalformer bilden daraus den Abfrageimpuls des ausgewählten Wortes und bieten die abgefragte Information der PSF-Steuerung zur Speicherung im Wortregister an.

3.3.4 *Prozeßsignalformer für Digitalausgabe*

Die Ausgabe von binären Signalen ist zum Ansteuern von Signallampen, Ziffernanzeigern, unstetigen Stellgliedern u. ä. erforderlich. Auch für eine Digitalausgabe darf der Prozeßrechner nur kurzzeitig beansprucht werden. Die Binärsignale müssen jedoch häufig als Dauersignale abgegeben werden; deshalb ist eine Zwischenspeicherung notwendig.

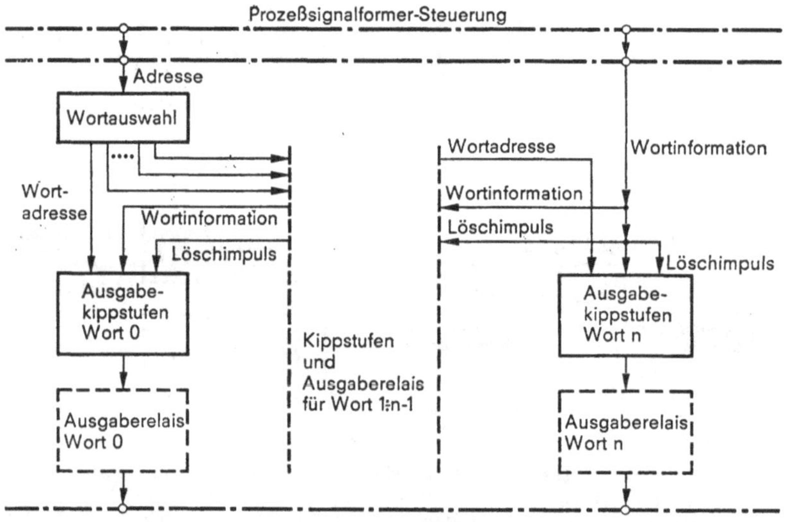

Bild 23: Prozeßsignalformer für Digitalausgabe

Bei einer Ausgabeoperation übernimmt die Prozeßsignalformer-Steuerung programmgesteuert die Signalformer- und Ausgebeadressen, die Wortinformation und den Startimpuls, der die Ablaufsteuerung auslöst. Im Prozeßsignalformer für Digitalausgabe (Bild 23) wird die codierte Adresse in der Baugruppe Wortauswahl decodiert und die Wortadresse gebildet. Der Löschimpuls setzt mit seiner Vorderflanke die Kippstufen des ausgewählten Speichers zurück. Mit der Rückflanke wird die von der Ausgabesteuerung der Prozeßsignalformer-Steuerung angebotene Wortinformation in diese Ausgabekippstufen übernommen. Die Ausgabekippstufen können wahlweise bistabil oder monostabil ausgeführt sein.

Die Ausgangssignale der Kippstufen werden über eingebaute Transistorschalter verstärkt und dadurch zugleich die Kippstufen gegen Störimpulse auf den Leitungen geschützt.
Die Transistorschalter sind abhängig von der notwendigen Länge der angeschlossenen Leitung und der zur Weiterverarbeitung benötigten Signaldarstellung verschiedenartig ausgeführt (Bild 24). Der Einsatz richtet sich nach deren Eigenschaften (Tabelle 4).

Tabelle 4: Ausgangssignale der Digitalausgabe

	„1"-Signal	„0"-Signal	Maximale Länge der angeschlossenen Leitung
Transistor-Signal	0V	$+U_B$	$\leqq$ 30 m
Transistor-Signal über Schutzwiderstand	abhängig von Belastung	$+U_B$	$\leqq$ 300 m
Übertragungs-Signal	$+1/2\ U_B$	0V	$\leqq$ 3000 m

Die gebräuchlichste Schaltung (Bild 24a) liefert ein „Transistorsignal" von etwa Null Volt dann, wenn der Transistor gegen Masse durchgeschaltet ist. Um den Transistor gegen Kurzschlüsse auf der Ausgangsseite zu schützen,

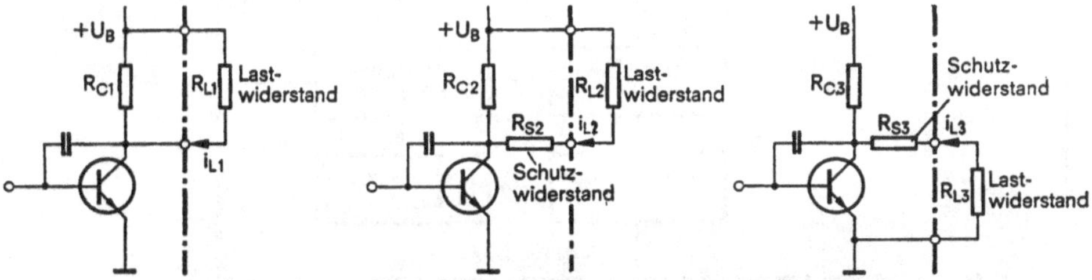

a) Schalter für Transistorsignal $R_{C1} > R_{L1}$

b) Schalter für Transistorsignal mit Schutswiderstand $R_{C2} > R_{L2} > R_{S2}$

c) Schalter für Übertragungssignal $R_{C3} + R_{S3} = R_{L3}$

Bild 24: Transistorschalter in der Digitalausgabe

kann die modifizierte Schaltung mit Schutzwiderstand (Bild 24b) eingesetzt werden. Bei großen Leitungslängen oder bei der Notwendigkeit hoher Betriebssicherheit gewährleistet die Schaltung für „Übertragungssignal" (Bild 24c), daß bei Erd- oder Masseschluß auf den Leitungen ein „1"-Signal nicht vorgetäuscht werden kann. Allerdings ist dabei der zulässige Laststrom erheblich geringer als bei den beiden anderen Schaltungen.
Zur Potentialtrennung lassen sich Relais an die Ausgabekippstufen anschließen. Abhängig von Betätigungshäufigkeit, Schaltleistung, Übergangswiderstand, Zuverlässigkeit und Preis setzt man wahlweise „trockene" Schutzgaskontakte oder „quecksilberbenetzte" Kontakte ein.

3.3.5 *Prozeßsignalformer für Analogausgabe*

Die Analogausgabe setzt Verknüpfungsergebnisse der Zentraleinheit von der digitalen in die analoge Darstellung um und verteilt diese Signale auf die

angeschlossenen Geräte. Sie dient zum Ansteuern von analogarbeitenden Anzeige- und Schreibgeräten und von Stellwertspeichern von Reglern.
Für die programmgesteuerte Digital–Analog-Umsetzung wird der Prozeßsignalumformer (Bild 25) eingesetzt. Bei einer Ausgabeoperation bietet die Steuerung die Meßstellenadresse, den umzusetzenden Digitalwert und Steuersignale an. Um ein stetiges Ausgangssignal zu erzeugen, wird der kurzzeitig wortweise anliegende Digitalwert gespeichert. Ein Löschimpuls setzt mit der Vorderflanke die Speicherkippstufen des durch die Adresse ausgewählten Wortes zurück. Mit der Rückflanke wird der Digitalwert in das Ausgaberegister übernommen. Jedem Ausgaberegister ist ein Digital–Analog-Um-

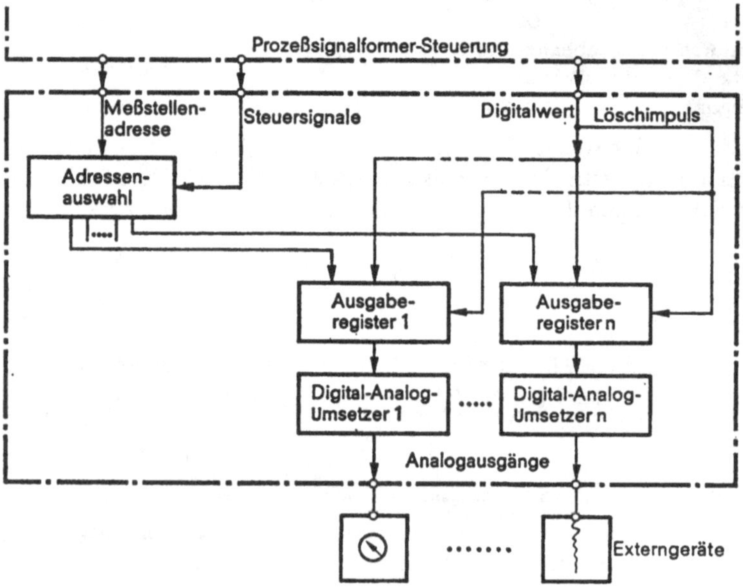

Bild 25: Prozeßsignalformer für Analogausgabe mit stetigem Ausgangssignal

setzer nachgeschaltet, der den Digitalwert in einen entsprechenden Analogwert verwandelt.
Das Ausgangssignal wird in Prozent des Nennwertes angegeben. Vorteilhaft wählt man als Nennausgangssignal einen eingeprägten Gleichstrom von $\pm$ 20 mA = 100% (Normvorschlag) oder eine eingeprägte Gleichspannung von beispielsweise 1 V oder 10 V Nennwert.
Der **Digital–Analog-Umsetzer** bestimmt mit seiner Umsetzgeschwindigkeit Auflösung und Fehlergrenze die meßtechnischen Eigenschaften der Analogausgabe.
Für die Mehrzahl der Aufgaben reicht eine Auflösung von 8 bit bei Fehlergrenzen von $\pm$ 0,5% vom Endwert aus. Für Sonderfälle werden Digital–Analog-Umsetzer mit höherer Auflösung, beispielsweise 11 bit und Vor-

zeichen, Potentialtrennung und Fehlergrenzen von ±0,1% vom Endwert eingesetzt.
Die wichtigste Umsetzmethode ist das Schalten von Widerständen, Strom- oder Spannungsquellen mit Hilfe von Kontakten oder Halbleiterschaltern. Meist werden den einzelnen Stufen Teilströme oder Teilspannungen zugeordnet und die Amplituden so überlagert, wie es der Codierung entspricht. Bei dualer Zahlendarstellung in der Zentraleinheit benötigt man deshalb Umsetzer für die Analogausgabe ebenfalls mit dualer Codierung.
Die häufigste technische Ausführung sind Geräte, die mit Kettenleiternetzwerken arbeiten. Dabei haben alle Teilgrößen gleiche Amplitude und werden an verschiedene Stellen eines Kettenleiters derart eingespeist, daß die einzelnen Stufen an der Ausgangsgröße ihren Gewichten entsprechend beteiligt sind.
Bei dem Digital–Analog-Umsetzer mit Widerstandskettenleiter (Bild 26) werden die einzelnen Stufen mit Hilfe von Relaiskontakten geschaltet.

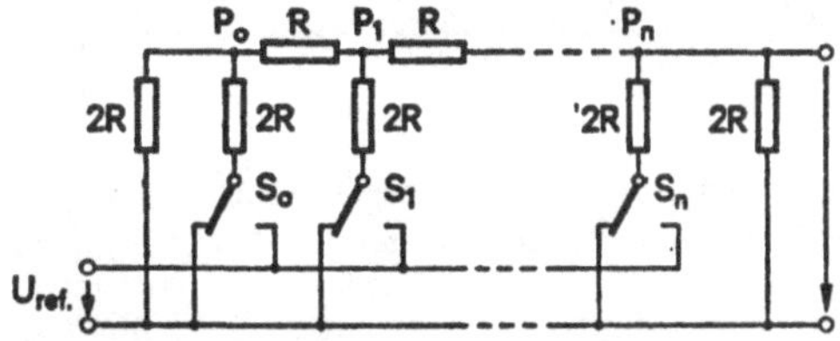

Bild 26: Digital–Analog-Umsetzer mit Widerstandskettenleiter und Relaiskontakten

Bezugsgröße ist die Referenzspannung $U_{ref.}$. Der Kettenleiter ist auf beiden Seiten mit seinem Wellenwiderstand $2\,R$ abgeschlossen. Aus Symmetriegründen liegen damit rechts und links von jedem Punkt $P_{0\ldots n}$ die Widerstände R. Der Strom jeder eingeschalteten Stufe verzweigt sich je zur Hälfte nach rechts und links; damit vermindert sich die Wirkung der Stufenspannung von Glied zu Glied jeweils auf die Hälfte entsprechend der dualen Codierung.
Widerstandskettenleiter sind auch mit komplementären Transistoren anstelle von Schaltern ausführbar (Bild 27). Die Transistorstufen $T_{0\ldots n}$ dienen lediglich als Pegelumsetzer zur Ansteuerung der Transistorschalter $S_{0\ldots n}$. Die Schaltung ist für die Umsetzung dualcodierter Werte in einpolige Signale ausgelegt. Digital–Analog-Umsetzer mit vorzeichenrichtiger Umsetzung sind ohne besondere Schwierigkeiten realisierbar.
Aus Belastungsgründen ist es zweckmäßig, dem Umsetzer noch einen Ausgangsverstärker nachzuschalten. Damit können auch eingeprägte Ausgangsströme erzeugt werden.
Für analoge Externgeräte mit Speicherverhalten lassen sich die digitalen Ausgabespeicher einsparen und ein einziger Digital–Analog-Umsetzer **zeitmultiplex** betreiben (Bild 28). Das Analogsignal und ein Steuerimpuls werden über eine Sammelleitung allen Externgeräten angeboten, die über Stichleitungen adressiert werden. Das adressierte Externgerät, z. B. ein Stellwert-

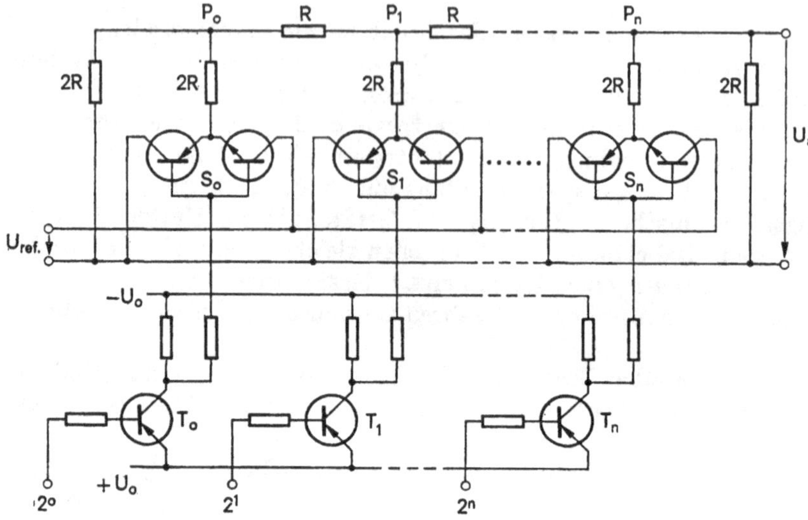

Bild 27: Digital–Analog-Umsetzer mit Widerstandskettenleiter und Transistorschaltern mit Komplementärtransistoren

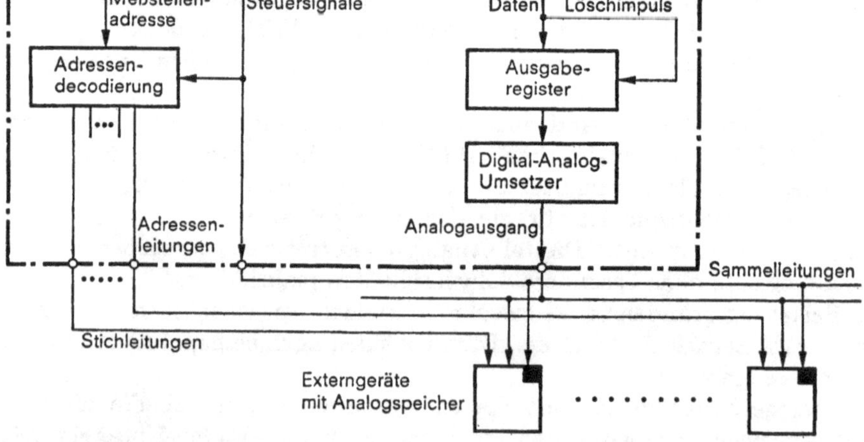

Bild 28: Prozeßsignalformer für zeitmultiplexe Analogausgabe

speicher für digitale Vielfachregelung (Kapitel 6.4), übernimmt beim Auftreten des Steuerimpulses den angebotenen Analogwert und speichert ihn bis zur nächsten Ausgabeoperation.
Als Digital–Analog-Umsetzer läßt sich die beschriebene Ausführungsform mit Kettenleiternetzwerk und Ausgangsverstärker verwenden. Zur Ausgabe von Stellinkrementen muß der Umsetzer für vorzeichenrichtige Ausgangsspannung ausgelegt werden (Kapitel 2.4).

3.3.6 *Kurvensichtgerät*

Die analoge Darstellung einer Meßgröße ist für den Menschen wesentlich besser als eine Zahlenfolge geeignet, um den Zeitverlauf einer Meßgröße wiederzugeben und an ihrer Tendenz beispielsweise sich anbahnende Störungen im Prozeß zu erkennen.
Konventionelle Punkt- oder Linienschreiber mit Meßstellenanwahl haben beim Anschluß an Prozeßrechner den Nachteil, daß sich mit ihnen die Meßwerte nur vom Augenblick der Anwahl an aufzeichnen lassen; die im Prozeßrechner gespeicherte Vergangenheit der Meßstelle dagegen kann mit ihnen nicht zeitrichtig dargestellt werden.
Elektronische Kurvensichtgeräte sind für diese Aufgabe wesentlich besser geeignet, da sie für jede darzustellende Kurve einen Bildwiederholungsspeicher enthalten, der vom Prozeßrechner per Programm angewählt, gelöscht und mit Information gefüllt werden kann. Die Informationen der Bildwiederholungsspeicher werden vom Sichtgerät laufend abgefragt und als Kurven auf dem Bildschirm dargestellt.
Dabei lassen sich zwei Transferarten zwischen Zentraleinheit und Kurvensichtgerät unterscheiden:
Bei der **wortweisen Übertragung** wird zyklisch der jeweils neueste Meßwert einer Kurve eingeschrieben. Dabei werden der jeweils älteste Meßwert gelöscht, alle Meßwerte um einen Speicherplatz verschoben und der neue Meßwert in dem freien ersten Speicherplatz des Bildwiederholungsspeichers abgespeichert.
Geschieht die Messung in konstanten Zeitabständen, so wandert jeder Kurvenpunkt mit gleichbleibender Geschwindigkeit von oben nach unten (bei vertikaler Zeitachse) über den Bildschirm. Diese Betriebsart ist für die laufende Beobachtung von ausgewählten Meßwerten vorteilhaft.
Bei der **blockweisen Übertragung** wird eine Kurve vollständig neu ausgegeben und gespeichert. Nach der Anwahl erscheint damit auf dem Bildschirm schlagartig eine vollständige Kurve, die beispielsweise eine Sollkurve oder den Meßwertverlauf in der Vergangenheit darstellt. Bei einer Mehrkurvendarstellung ist damit ein schneller Vergleich zwischen aktuellen gemessenen Werten einerseits und gespeicherten Werten andererseits möglich.
Das Kurvensichtgerät wird an das programmgesteuerte Prozeßelement angeschlossen. Das Gerät besteht aus einem Steuerteil und einer oder mehreren

Bildschirmeinheiten, die in unterschiedlicher Entfernung vom Steuerteil aufgestellt werden können, jedoch alle dasselbe Bild zeigen.

Die **Wirkungsweise** des Geräts ist der Fernsehtechnik entnommen, wobei der Gerätesteuerteil die Fernsehkamera und die Impulszentrale ersetzt. Der Elektronenstrahl wird in der Bildschirmeinheit rasterförmig mit einer Geschwindigkeit von 50 Halbbildern je Sekunde über den Bildschirm geführt. Zu Beginn jeder Spalte wird ein Vorwahlzähler mit dem entsprechenden Digitalwert geladen, der der Amplitude des Kurvenpunktes entspricht.

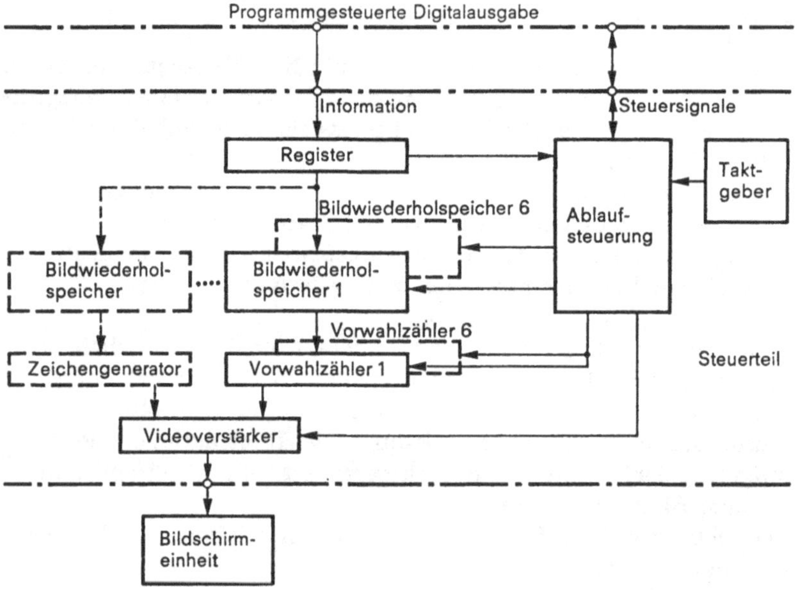

Bild 29: Steuerteil eines Kurvensichtgerätes mit Zusätzen für Mehrkurven- und Textdarstellung

Während der Elektronenstrahl dunkelgetastet über den Bildschirm läuft, wird der Vorwahlzähler von einem Taktgenerator leergezählt. Beim Zählerstand ‚0' tastet ein Videoverstärker kurzzeitig den Strahl hell und markiert auf diese Weise einen Kurvenpunkt. Am Spaltenende hält der Bildwiederholungsspeicher den Digitalwert des nächsten Kurvenpunktes bereit und derselbe Vorgang findet statt. Als Bildwiederholungsspeicher lassen sich Umlaufspeicher, beispielsweise rückgekoppelte Schieberegister, besonders vorteilhaft einsetzen.

Der Steuerteil (Bild 29) besteht im wesentlichen aus dem Taktgeber mit Impusuntersetzerstufen zur Gewinnung von Vertikal- und Horizontalablenksignalen, dem Bildwiederholungsspeicher mit Vorwahlzähler als Digital-Zeitumsetzer und einem Videoverstärker.

Durch verschiedene Zusätze läßt sich das Gerät weiter ausbauen. Zur Darstellung eines Balkendiagramms kann der Elektronenstrahl vom Beginn der

Zeilenablenkung bis zum Zählerstand ‚0‘ des Vorwahlzählers hellgetastet werden. Koordinatenachsen lassen sich durch Helltasten der ersten Zeile bzw. durch Helltasten des ersten Punktes jeder Zeile darstellen. In diese Koordinatenachsen können Zeit- und Amplitudenmarken eingeblendet werden. Als weiterer Zusatz läßt sich ein Zeichengenerator einbauen. Damit kann in einem besonderen Schriftfeld Zusatztext mit Angaben über den dargestellten Meßwert angezeigt werden. Die aktuelle Uhrzeit wird laufend an einer bestimmten Stelle des Bildschirmes wiedergegeben.

Die Mehrkurvendarstellung ist mit einem weiteren Zusatz möglich, mit dem bis zu vier verschiedene Kurven in unterschiedlicher Helligkeit und Punktierung angezeigt werden. Jeder Kurve ist dabei ein Bildwiederholungsspeicher zugeordnet. Die Speicher werden gleichzeitig zur Bilderzeugung abgefragt, können jedoch unabhängig vom Programm gefüllt und gelöscht werden. Mit Hilfe von Farbfernsehröhren lassen sich die Kurven auch farbig darstellen.

Zur Auswahl der interessierenden Meßstelle und der zugehörigen Kurve (bei Mehrkurvendarstellung) dient eine Tastatur, die an die programmgesteuerte Digitalausgabe angeschlossen und vom Programm zyklisch abgefragt wird.

3.4 Prozeßsignalformer für dezentralen Einsatz

Bei Anlagen im Lokalbereich, d. h. bei kleiner bis mittlerer räumlicher Ausdehnung, setzt man für den programmgesteuerten Datenaustausch zwischen der Zentraleinheit des Prozeßrechners und den Externgeräten die im Abschnitt 3.3 erläuterten Prozeßsignalformer ein.

Zum Anschluß der Externgeräte müssen alle Verbindungsleitungen vom Meßort zu den Prozeßsignalformern geführt werden, die in unmittelbarer Nähe der Zentraleinheit aufgestellt sind. Bei ausgedehnten Anlagen bedeutet das möglicherweise einen wesentlichen Aufwand für die Verkabelung. Anlagen im Regionalbereich mit Entfernungen zwischen Externgeräten und Zentraleinheit bis zu 10 km erfordern deshalb besondere Prozeßsignalformer und Zusatzgeräte, die weiter unten beschrieben werden.

Beispiele solcher ausgedehnter Anlagen sind Prüfanlagen mit einer Vielzahl von Prüfständen und Laboratorien in verschiedenen Gebäuden oder haustechnische Großanlagen zur Überwachung von Heizungs-, Lüftungs- und Klimaanlagen, Gas- und Wasserversorgung, Aufzugs- und Förderanlagen und Sanitär-, Beleuchtungs- und Fernmeldeanlagen in großen Baukomplexen wie Kliniken, Universitäten und Fabrikanlagen.

Bei solchen Anlagen müssen adernsparende Verfahren zum Anschluß der Externgeräte eingesetzt werden. Bei diesen Entfernungen lohnen sich jedoch zeit- oder frequenzmultiplexe Fernmeßsysteme wegen der Gerätekosten noch nicht.

Zur Lösung der Aufgabe z. B. in einer Universität (Bild 30) faßt man alle in einem Gebäude, Gebäudeteil oder Labor vorhandenen Meßstellen in einer Unterzentrale zusammen. Die Meßstellenanwahl geschieht programmgesteuert von der zentralen Leitwarte aus mit einem adernsparenden System; für die Übertragung der analogen Meßwerte und der binären Signale von der Unterzentrale zum zentralen Prozeßrechner wird ein Ringkabel benutzt.

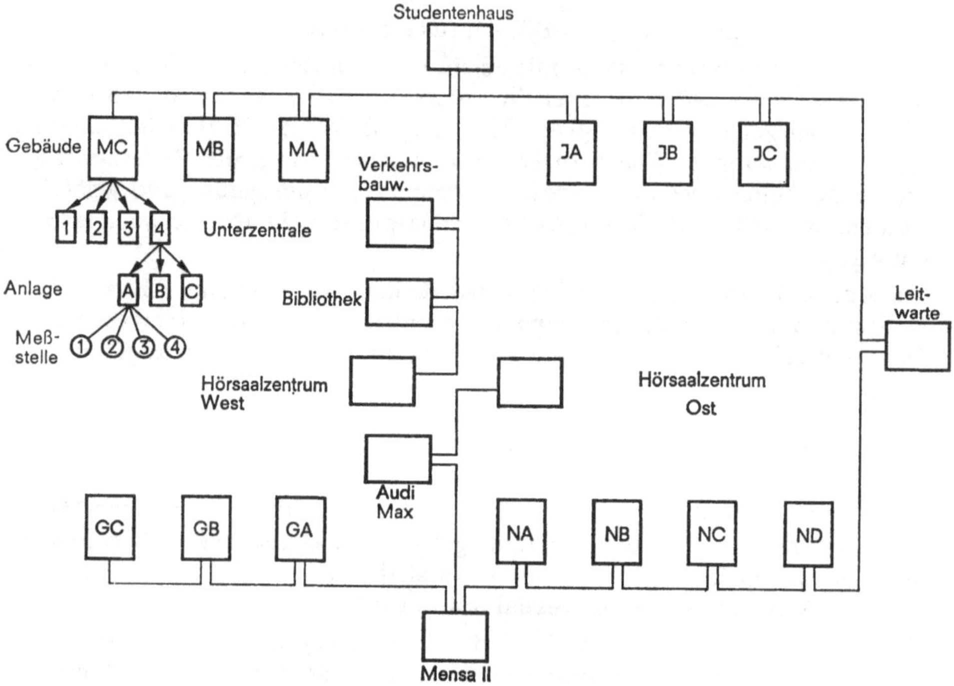

Bild 30: Gebäudeanordnung und Kabelführung der haustechnischen Anlage in einer Universität

Zur **Meßstellenanwahl** wird ein adernsparendes System eingesetzt. Die Wahl des verwendeten Codes wird zweckmäßigerweise nicht nach dem Gesichtspunkt der höchstmöglichen Adernersparnis erfolgen, sondern soll vor allem eine übersichtliche und sinnvolle Meßstellenanwahl in enger Anpassung an die örtlichen Gegebenheiten und den Anlagenaufbau ermöglichen. Optimal erscheint eine vierstufige Unterteilung nach Anlagenort, Anlagenart, Anlagennummer und Meßstellennummer. Realisiert wird diese Unterteilung mit Auwahlmatrizen (Bild 31), die von einem Prozeßsignalformer für programmgesteuerte Digitalausgabe über ein Ringkabel angesteuert werden. Bei Ausfall des Rechners oder bei Wartungsarbeiten wird die Meßstellenanwahl durch eine Umschalteinrichtung vom Prozeßrechner abgetrennt. Alle Meßstellen können dann von einem Tastenfeld in der zentralen Leitwarte angewählt werden. Der Meßwert der angewählten Meßstelle wird in diesem

Fall von einem Zahlenanzeiger im Zentralleitstand dargestellt. Anlagenrückmeldungen werden auf Anzeigelampen ausgegeben.

Bei der **Meßwertaufnahme** können Daten in verschiedener Form auftreten:
- als analoge Meßwerte;
- als binäre Signale (z. B. Anlagenrückmeldung, Störungsmeldung, Schaltbefehl);
- als Zählwert (z. B. Festmengenimpuls).

Entsprechend ihrer Signalform werden die Daten bei der Durchschaltung zur Leitwarte auf verschiedene Matrixbausteine für Meßwerte, Meldungen

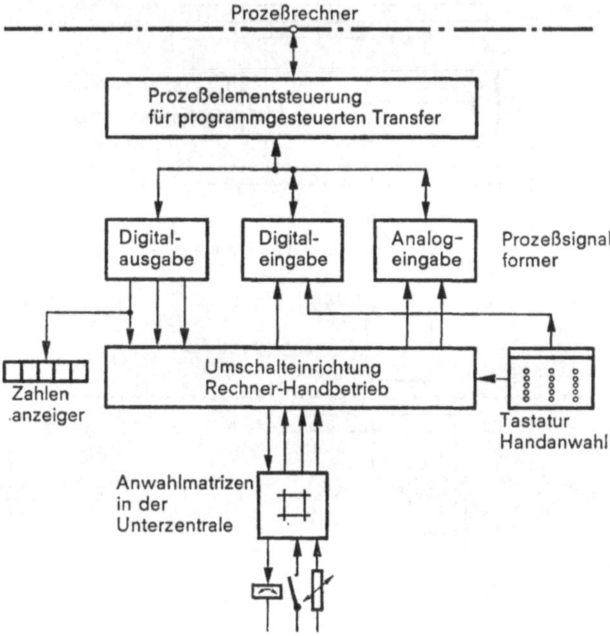

Bild 31: Haustechnische Anlage mit adernsparender Anwahleinrichtung

und Befehle aufgeteilt. Entsprechend enthält das Ringkabel Meßadern, Meldeadern und Befehlsadern.

Analoge Meßwerte werden von aktiven Gebern, beispielsweise Meßumformern mit eingeprägtem Strom oder eingeprägter Spannung sowie Spannungsgebern, und passiven Gebern, beispielsweise Widerstandsthermometern oder Widerstandsfernsendern geliefert. Passive Geber werden grundsätzlich, damit jeglicher Leitungsabgleich entfällt, in 4-Leiterschaltung angeschlossen und mit Hilfe eines Stromgenerators abgefragt (Bild 32).

Für die **Meßwertübertragung analoger Werte** ist ein spezieller Prozeßsignalformer notwendig. Er besteht in der Zentrale aus der Prozeßsignalformer-Steuerung, der Zählkette und Zeitbasis des Analog–Digital-Umsetzers zur

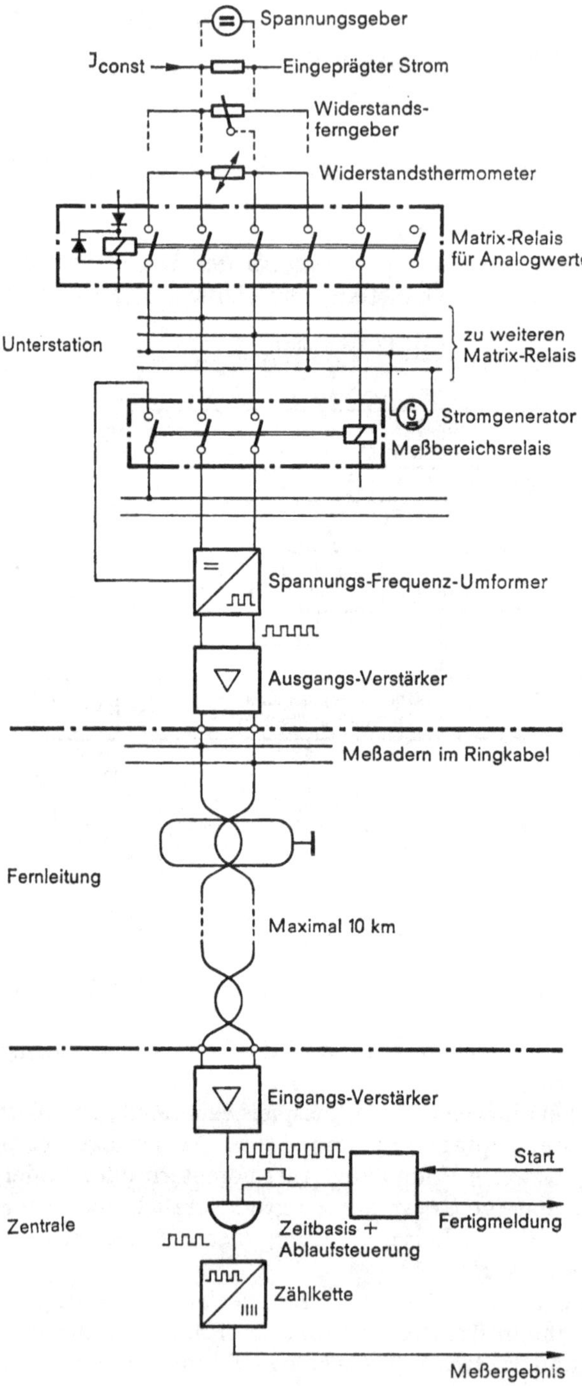

Bild 32: Programmgesteuerte Analogeingabe für dezentralen Einsatz bei haustechnischen Anlagen

integrierenden Messung (Abschnitt 3.3.2); in der Unterzentrale ist er aus einem Meßstellen- sowie Meßbereichswähler und einem Spannungs-Frequenz-Umformer mit Ausgangsverstärker aufgebaut (Bild 32). Der Spannungs-Frequenz-Umformer formt die angewählten Meßwerte in eine proportionale Impulsfrequenz von 0–10 KHz um, verstärkt diese Impulse und schaltet sie auf die Meßadern der gemeinsamen Ringleitung. Die in der Zentrale eintreffenden Impulse werden kontrolliert, verstärkt und über eine Meßzeit von mehreren Netzperioden gezählt. Dadurch werden Störimpulse eliminiert und Einstreuungen aus dem Starkstromnetz unterdrückt. Das Verfahren gewährleistet eine hinreichende Übertragungssicherheit auch bei größeren Entfernungen.
Binäre Signale können zwischen Unterzentrale und Leitwarte in beiden Richtungen ausgetauscht werden. Alle zusammengehörigen Signale einer Meldestelle werden dabei über einen gemeinsamen Matrixbaustein durchgeschaltet und über die Befehlsadern im Ringkabel übertragen. Diese Anordnung hat den Vorteil, daß mit einer einzigen Anwahl sofort der Anlagenzustand zu erkennen ist und von der Leitwarte gleichzeitig Schaltbefehle ausgegeben werden können.
Zählwerte werden abhängig von der Frequenz der Festmengenimpulse entweder in der Unterzentrale mit Hilfe von Zählketten erfaßt und das Zählergebnis abgefragt, oder die Impulse werden direkt auf das Ringkabel aufgeschaltet und in der Zentrale gezählt.

4 Externgesteuerte Prozeßelemente

4.1 Einsatzgesichtspunkte

Diese Prozeßelemente ermöglichen die blockweise Ein- und Ausgabe von Daten mit hohen Datenraten durch direkten Zugriff zum Arbeitsspeicher der Zentraleinheit. Jedem Element steht ein Wechselpuffer im Arbeitsspeicher zur Verfügung. Die Anforderungen zum Datentransfer werden vornehmlich externgesteuert (sporadisch oder zyklisch) von Externgeräten gestellt.
Die Prozeßelemente bestehen aus verschiedenen Funktionseinheiten, mit denen unterschiedliche Konfigurationen entsprechend den jeweiligen Anforderungen zusammengestellt werden können (Bild 1). Man unterscheidet Prozeßelement-Steuerungen, Prozeßsignalformer mit Steuerungen, Übertragungseinrichtungen und Ein-Ausgabe-Geräten, z. B. Multiplexer. Eine normierte Schnittstelle bietet die Voraussetzung für eine freizügige Kombinierbarkeit der Funktionseinheiten, die über Stichleitungen verbunden werden können. Jede Prozeßelement-Steuerung ist mit einem programmgesteuerten Maskenausgang ausgerüstet. „Masken" sind Informationen in Form von Bitmustern. Sie werden von besonderen, dafür erstellten Programmen in der Zentraleinheit zusammengestellt und mit Hilfe von speziellen Ein-

richtungen gespeichert (Maskenregister) und an die nachfolgenden Funktionseinheiten ausgegeben. Masken dienen vorwiegend zum Steuern eines gezielten Informationsaustausches zwischen Zentraleinheit und Umwelt. Der Modus des Datentransfers unterliegt so der Kontrolle des Programms, die Datenrate der Kontrolle der Externgeräte.
An die Prozeßelemente für externgesteuerten Transfer können zahlreiche Typen von Externgeräten angeschlossen werden. Beispiele auf der Eingabeseite sind Analog–Digital-Umsetzer und Zähler oder Digital–Analog-Umsetzer und Prozeßsichtgeräte auf der Ausgabeseite.
Außerdem lassen sich an Prozeßelemente für kombinierte Ein–Ausgabe auch Externspeicher mit magnetischer Speicherung, beispielsweise Magnetbandgeräte oder Trommel- und Plattenspeicher über entsprechende Anschaltungen anschließen. Zusätzlich ist mit Hilfe der kombinierten Ein–Ausgabeelemente auch eine Rechnerkopplung mit hoher Datenrate im Nah- und Regionalbereich möglich.

4.2 Prozeßelement-Steuerungen

4.2.1 Datentransfer

Die Zentraleinheit stellt jeder angeschlossenen Prozeßelement-Steuerung zwei Pufferbereiche *A* und *B* des Arbeitsspeichers zur Verfügung. Diese beiden Pufferbereiche können einer Steuerung in bezug auf Kernspeicher-Anfangsadresse und Blocklänge fest oder variabel zugeordnet sein. Jede Prozeßelement-Steuerung setzt sich funktionsmäßig aus einem Versorgungs- und einem Datensteuerteil zusammen.
Der **Versorgungssteuerteil** hat die Aufgabe, vor Beginn des Datentransfers in der Versorgungsphase die Prozeßelement-Steuerung auszuwählen und mit folgenden Parametern zu versorgen: Anfangsadresse der Pufferbereiche *A* und *B*, Pufferlänge der Bereiche *A* und *B*, Maskeninformation.
Die Informationen für Anfangsadressen und Blocklängen werden parallel in Zähler geladen und daraus während des Datentransfers die aktuellen Arbeitsspeicheradressen sowie Blocklängen gebildet. Die Steuerung gibt unabhängig vom Pufferbereich die Maskeninformation als statisch anliegendes Bitmuster an die angeschlossenen Funktionseinheiten weiter. Damit läßt sich das Maskenregister der Steuerung in Sonderfällen für die programmgesteuerte Digitalausgabe verwenden.
Während der Versorgung einer Steuerung wird der Datenverkehr zwischen der Steuerung und dem Prozeßrechner durch ein spezielles Maskenbit gesperrt. Nach Verschwinden dieses Maskenbit wird der Datenverkehr zum Prozeßrechner freigegeben.
Der **Datensteuerteil** stellt grundsätzlich vor einem Datentransfer zwischen Prozeßelementsteuerung und Prozeßrechner immer eine Anforderung. Da-

durch wird der Steuerung ein Speicherzyklus zugeteilt. Bei der fortlaufenden Ein- bzw. Ausspeicherung der Daten liefert der Adressenzähler die Arbeitsspeicheradresse direkt. Nach beendetem Speicherzyklus wird der entsprechende Adressenzähler um 1 erhöht, während der zugehörige Längenzähler um 1 erniedrigt wird. Ist ein Pufferbereich gefüllt, so geht eine Meldung an den Prozeßrechner, und die Steuerung schaltet bei Wechselpufferbetrieb selbsttätig auf den anderen Pufferbereich (von A nach B bzw. von B nach A) um. Die Meldung führt zur Unterbrechung eines gerade laufenden Programms und zum Start eines Bearbeitungsprogramms.

Anschließend an die Bearbeitung eines gefüllten bzw. eines abgearbeiteten Pufferbereiches werden der Adressenzähler und der Längenzähler des Bereiches neu geladen, wobei der Datenfluß im anderen Pufferbereich nicht unterbrochen wird.

Bei Störungen oder bei Überlastung kann das Programm die Wechselpuffer möglicherweise nicht schnell genug bearbeiten. Der Datentransfer wird dann unterbrochen und nach erfolgter Neuversorgung automatisch fortgesetzt. Zusätzlich erhält die Zentraleinheit die Meldung, daß ein Fehler aufgetreten ist.

Die erzielbaren Datenraten hängen von der Zykluszeit des Arbeitsspeichers und der Arbeitsweise der Prozeßelement-Steuerung ab. Bei realisierten Steuerungen läßt sich jeder zweite Arbeitsspeicherzyklus ausnutzen und damit Transfergeschwindigkeiten von einigen Hunderttausend Worten/s erreichen.

Zum Anschluß von Funktionseinheiten und von Externgeräten ist jede Steuerung mit einer normierten **Nahtstelle** ausgerüstet. Die Nahtstelle ist so ausgelegt, daß Daten wortweise parallel übertragen werden. Für die mitlaufenden Steuersignale ist ein Quittungssystem vorteilhaft, so daß die Kabellänge und damit die Signallaufzeit nur die erzielbare Datenrate, aber nicht die funktionelle Sicherheit der Nahtstelle beeinflussen. Außerdem hat ein Quittungssystem Vorteile durch die leichte Prüfbarkeit und die Möglichkeit der automatischen Überwachung.

Der Datentransfer wird mit den drei Steuersignalen „Anforderung", „Rückmeldung" und „Rücksetzen" gesteuert. Beim Transfer eines Datenwortes muß die aktive Funktionseinheit eine Anforderung an das jeweils nachfolgende Gerät stellen. Dieses Signal setzt eine Kippstufe, deren Ausgangssignal die Rückmeldung darstellt. Die Übernahme der vom sendenden Gerät bereitgestellten Information durch das empfangende Gerät wird mit dem Rücksetzen dieser Kippstufe beendet. Anschließend kann die aktive Funktionseinheit eine neue Anforderung stellen.

Das Signal „Rücksetzen" dient dazu, einen definierten Anfangszustand aller Funktionseinheiten, beispielsweise nach dem Einschalten der Betriebsspannung oder am Anfang einer Messung, herzustellen.

Sollen die Daten gegen unerkannte Einfachfehler bei der Übertragung durch eine Paritätskontrolle geschützt werden, so benötigt man noch drei zusätz-

liche Signale. Das Signal „Paritybit" ergänzt die algebraische Summe der binären Einsen in einem Datenwort auf eine gerade Zahl; das Signal „Parityfehler" zeigt die Erkennung eines Übertragungsfehlers in einer vorgeschalteten Funktionseinheit an, und das Signal „Paritysperre" unterdrückt die Paritykontrolle. Die Paritykontrolle dient nur der Fehlererkennung ohne Möglichkeit der Fehlerkorrektur durch Wiederholung oder Rekonstruktion. Bei einem gestörten Datenwort erhält der Prozeßrechner eine Meldung.
Um hohe Datenraten erreichen zu können, werden die Signale zwischen den Funktionseinheiten des Prozeßelementes über paarig verdrillte geschirmte Leitungen übertragen, die mit dem Wellenwiderstand abgeschlossen sind. Sender- und Empfängerbausteine an den Leitungsenden vermindern kapazitive sowie induktive Störbeeinflussungen und gestatten Leitungslängen bis zu 30 m ohne Einsatz von Übertragungseinrichtungen.

4.2.2 *Eingabesteuerung*

Die Steuerung dient zur externgesteuerten Dateneingabe mit einer maximalen Eingabegeschwindigkeit von einigen Hunderttausend Worten/s. Die Daten werden wortweise über eine Arbeitsspeichernahtstelle direkt in den Arbeitsspeicher eingeschrieben. Der Steuerung ist ein Wechselpuffer mit zwei Teilbereichen zugeordnet.
Durch den direkten Zugriff zum Arbeitsspeicher ist die Programmsteuerung beim Datentransfer kaum beansprucht, denn erst nachdem ein Teilbereich des Wechselpuffers mit Daten geladen ist, wird über eine Programmunterbrechung eine neue Versorgung der Steuerung verlangt.
Die Steuerung wird im Nahbereich an eine Arbeitsspeichernahtstelle der Zentraleinheit angeschlossen. Die Eingabesteuerung dient zum Anschluß eines Eingabegerätes nach Abschnitt 4.5 oder eines Externgerätes, z. B. eines Analog–Digital-Umsetzers, direkt oder über eine Übertragungseinrichtung. Die Steuerung kann mit einer Paritykontrolle erweitert werden. Die Maskenformation gestattet die Steuerung nachgeschalteter Funktionseinheiten.

4.2.3 *Ausgabesteuerung*

Die Ausgabesteuerung ist das direkte Gegenstück der Eingabesteuerung. Der Steuerung ist ebenfalls ein Wechselpuffer mit zwei Teilbereichen zugeordnet, aus dem die Daten fortlaufend ausgegeben werden können. Sie dient zum Anschluß eines Ausgabegerätes oder eines Externgerätes, beispielsweise eines Prozeßsichtgerätes, direkt oder über eine Übertragungseinrichtung.

4.2.4 *Kombinierte Ein-/Ausgabesteuerung*

Die kombinierte Steuerung (Bild 33) stellt eine konstruktive Einheit dar und ist mit einem getrennten Ein- und Ausgabekanal ausgerüstet. Sie ist in der

Betriebsart umschaltbar und kann wie eine Eingabesteuerung oder wie eine Ausgabesteuerung für Wechselpufferbetrieb eingesetzt werden. Als weitere Betriebsart ist der kombinierte Betrieb für simultane Ein- und Ausgabe vorgesehen, wobei dann pro Kanal nur ein **Einfachpuffer** zur Verfügung steht. Die gewünschte Betriebsart ist per Programm frei wählbar.
Die Nahtstellen zur Peripherie entsprechen der normierten Nahtstelle. An die kombinierte Steuerung können gleichzeitig zwei Funktionseinheiten, z. B. ein Eingabegerät und ein Ausgabegerät, angeschlossen werden.

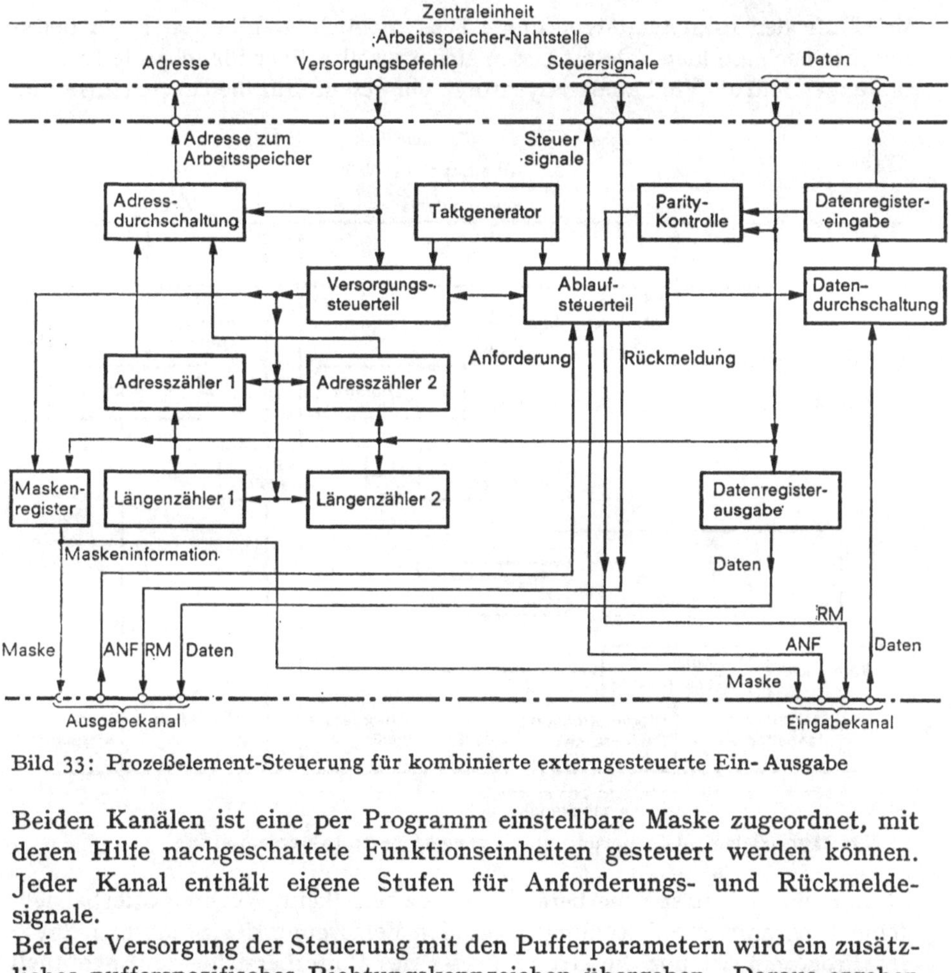

Bild 33: Prozeßelement-Steuerung für kombinierte externgesteuerte Ein- Ausgabe

Beiden Kanälen ist eine per Programm einstellbare Maske zugeordnet, mit deren Hilfe nachgeschaltete Funktionseinheiten gesteuert werden können. Jeder Kanal enthält eigene Stufen für Anforderungs- und Rückmeldesignale.
Bei der Versorgung der Steuerung mit den Pufferparametern wird ein zusätzliches pufferspezifisches Richtungskennzeichen übergeben. Daraus ergeben sich drei mögliche Betriebsarten:

a) **Beide** Puffer sind auf **Eingabe** eingestellt. Die Steuerung arbeitet im **Wechselpufferbetrieb** wie die Eingabesteuerung.

b) **Beide** Puffer sind auf **Ausgabe** eingestellt. Die Steuerung arbeitet im **Wechselpufferbetrieb** wie die Ausgabesteuerung.
c) Der eine Puffer ist auf Eingabe, der andere auf Ausgabe eingestellt. Die Steuerung arbeitet **simultan** auf **Einzelpuffer.** Anforderungen können für beide Kanäle gleichzeitig gestellt werden. Sind keine Prioritäten festgelegt, so werden die Anforderungen abwechselnd bearbeitet.

4.2.5 Prozeßelement-Steuerung für Inkrementierung

Mit Hilfe der Inkrementsteuerung ist es möglich, Zählketten im Arbeitsspeicher nachzubilden. Damit lassen sich Prozeßrechner für schnelle Impulszählungen und als Vielkanalanalysatoren einsetzen. Für die Inkrementierung

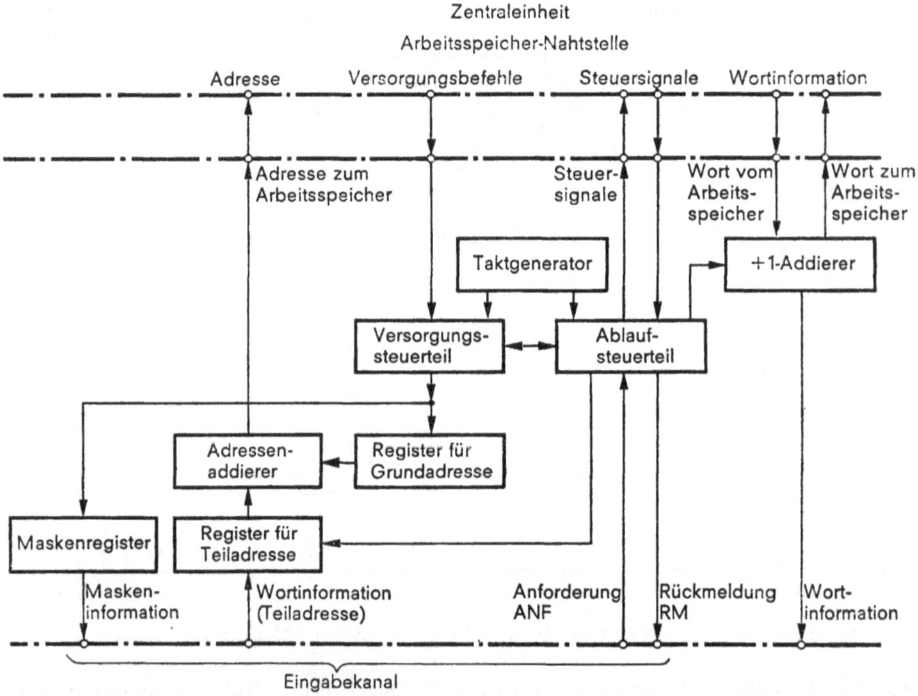

Bild 34: Prozeßelement-Steuerung für externgesteuerte Inkrementierung

ist nur ein Arbeitsspeicherbereich vorgesehen (kein Wechselpufferbetrieb, keine Programmunterbrechung). Bei der Versorgung der Steuerung durch das Programm ist nur die Grundadresse des Pufferbereiches und eventuell eine Maske auszugeben.
An die Steuerung (Bild 34) werden hauptsächlich Analog–Digital-Umsetzer angeschlossen. Die vom Umsetzer angebotene Digital-Information entspricht dann der Amplitude der anliegenden Meßspannung. Die Steuerung

interpretiert dieses Datenwort als Teiladresse im Arbeitsspeicher und addiert den Wert zu der durch die Versorgung bereitgestellten Grundadresse. Auf Grund der so gebildeten Gesamtadresse wählt die Steuerung die entsprechende Arbeitsspeicherzelle an, liest ihren Inhalt, erhöht diesen Wert um 1 und speichert das Ergebnis in dieselbe Zelle zurück (Inkrementierung). Der Inhalt einer Zelle gibt dann an, wie oft eine Teiladresse entsprechend einer Eingangsinformation aufgetreten ist. Der Inhalt des Arbeitsspeicherbereiches läßt sich zur Auswertung der Häufigkeitsverteilung weiterverarbeiten.
Außer Analog–Digital-Umsetzern lassen sich auch Impulsgeber anschließen. Jedem Impulsgeber wird dann eine feste Eingangsinformation entsprechend einer Arbeitsspeicherteiladresse zugeordnet. Bei jedem Impuls wird eine Anforderung ausgelöst und die entsprechende Zelle angesteuert. Damit ist eine Impulszählung mit sehr hoher Geschwindigkeit ausführbar.
Sind mehrere Impulsgeber an eine Inkrementsteuerung angeschlossen, so muß noch ein Eingabegerät vorgeschaltet werden, das die Impulse zeitlich trennt, um unerwünschte Koinzidenzen zu vermeiden. In Sonderfällen läßt sich die Inkrementsteuerung auch in Wechselpuffertechnik betreiben, wobei die Umschaltung von einem Teilbereich zum anderen zeitabhängig gesteuert wird. Damit kann man beim Anschluß von Spannungs–Frequenz-Umformern jeweils in einem Pufferbereich die Mittelwerte der Meßgrößen über relativ kurze Meßzeiten bilden und die Ergebnisse der vorhergehenden Meßperiode im anderen Pufferbereich gleichzeitig weiterverarbeiten, z. B. auf Grenzwerte kontrollieren.

4.3 Rechnerkopplung

Die Steuerungen der externgesteuerten Prozeßelemente (Bild 35) ermöglichen die Kopplung zweier Zentraleinheiten von Prozeßrechneranlagen *A* und *B*, die über Arbeitsspeichernahtstellen verfügen.
Der Datentransfer geschieht wortweise parallel in einer Richtung oder simultan in beiden Richtungen. Dabei kann ein maximaler Datenfluß von einigen Hunderttausend Worten/s erreicht werden. Die zulässige Entfernung zwi-

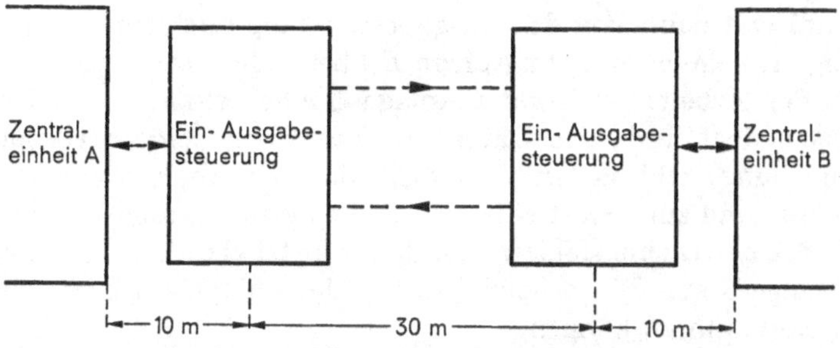

Bild 35: Rechnerkopplung mit externgesteuerten Prozeßelementen mit Nahbereich

schen den beiden miteinander gekoppelten Zentraleinheiten beträgt im Nahbereich etwa 30 m und im Regionalbereich beim Einsatz der Übertragungseinrichtung (Abschnitt 4.4) etwa 1000 m. Dabei kann eine Parity-Bildung und -Prüfung über die gesamte Übertragungsstrecke vorgenommen werden. Außerdem werden Betriebszustandskontrollen durchgeführt.
Der Datentransfer von der Anlage A zur Anlage B geschieht grundsätzlich auf eine Ausgabeinitiative der Anlage A hin. Die an Anlage A angeschlossene Ausgabesteuerung wird vom Programm mit einer Befehlsgruppe versorgt, die die Anfangsadresse und die Länge des zu übertragenden Datenblockes enthält.
Vor dem Start des Datentransfers wird von der Ausgabesteuerung überprüft, ob die angeschlossenen Funktionseinheiten (Kabel, Eingabesteuerung und

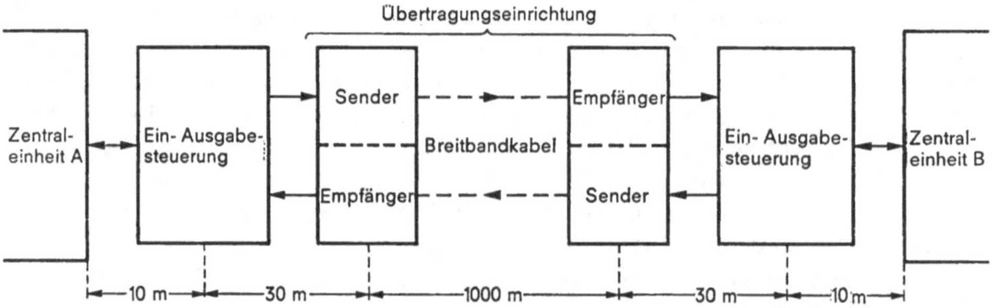

Bild 36: Rechnerkopplung mit externgesteuerten Prozeßelementen im Regionalbereich

Zentraleinheit B) betriebsklar, d. h. eingeschaltet und übertragungsbereit sind. Die Eingabesteuerung an der Anlage B muß dabei mit einer Befehlsgruppe versorgt und empfangsbereit sein. Die Blocklänge der zu übertragenden Information kann fest vereinbart sein oder im ersten Wort des Datenblockes mitgeteilt werden. In jedem Fall müssen die bereitgestellten Pufferlängen beider Anlagen übereinstimmen.
Nach der Versorgung und Überprüfung beginnt der eigentliche Datentransfer, der nach dem Quittungsprinzip der Nahtstelle erfolgt. Ein neues Wort wird erst dann von der Ausgabesteuerung aus dem Arbeitsspeicher der Anlage A gelesen und zur Anlage B übertragen, wenn das vorhergehende Wort in den Arbeitsspeicher der Anlage B eingeschrieben worden ist.
Nach dem Ende des Datentransfers geben beide Steuerungen eine Unterbrechungsmeldung an ihre Zentraleinheit ab, die zur Programmunterbrechung und zum Start eines Bearbeitungsprogrammes führen.
Bei Übertragungsfehlern werden zusätzliche Anzeigen gesetzt, die in der Anlage A zur Wiederholung und in der Anlage B zur Anullierung des Datenblockes führen können.
Ist die Übertragungsstrecke unklar oder gesperrt, so kommt kein Datenverkehr zustande. In diesem Fall wird eine Zeitstufe gesetzt und nach

Ablauf einer Wartezeit eine Programmunterbrechung mit der Anzeige „Übertragung unklar" eingeleitet.
Durch Zwischenschalten einer Übertragungseinrichtung kann man Funktionseinheiten des externgesteuerten Prozeßelementes miteinander im Regionalbereich koppeln (Bild 36). Hierzu gehören die beiden Bausteintypen „Sender" und „Empfänger", die über Breitbandkabel miteinander verbunden werden. Die geräteseitige Schnittstelle der Übertragungseinrichtung entspricht der normierten Nahtstelle nach Abschnitt 4.2.1. Die maximale Transfergeschwindigkeit bis zu einer Entfernung von etwa 1 km beträgt mehrere Hunderttausend Byte/s. Dadurch bleibt die hohe Datenrate des externgesteuerten Prozeßelementes auch bei Kopplung im Regionalbereich erhalten.

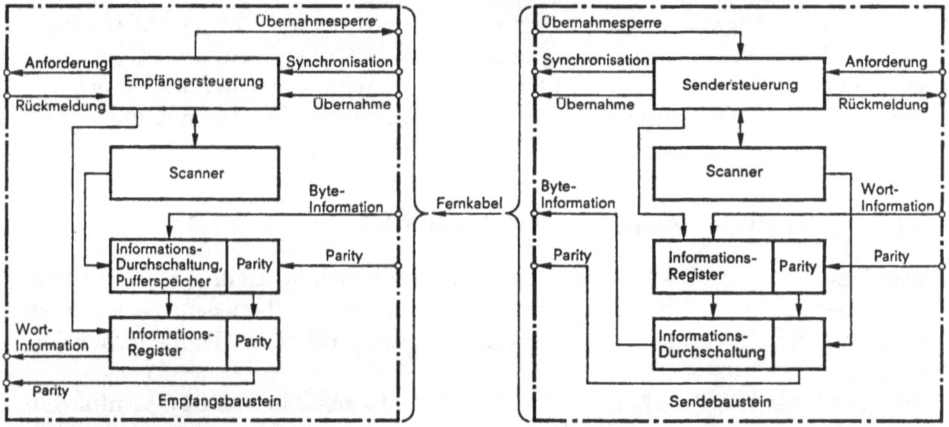

Bild 37: Sende- und Empfangsbaustein der externgesteuerten Übertragungseinrichtung

4.4 Übertragungseinrichtung

Die der Übertragungseinrichtung (Bild 37) parallel angebotene Wortinformation wird vom Senderbaustein byteweise parallel übertragen und vom Empfangsbaustein wieder in die Paralleldarstellung umgeformt. Jedes Byte besteht dabei aus 8 bit. Zusätzlich werden noch Steuersignale übertragen.
Eine Datensicherung auf der Übertragungsstrecke geschieht durch Parityerzeugung und Kontrolle. Die Übertragungsbausteine sind von der Übertragungsstrecke galvanisch getrennt, um Fremdeinstreuungen durch Erdschleifen zu vermeiden. Zur Ankopplung der Bausteine dienen Ringkernübertrager. Mit diesen wird gleichzeitig der Kabelwiderstand (Wellenwiderstand) an den Senderausgang und Empfängereingang angepaßt. Alle Signale werden grundsätzlich symmetrisch und bipolar übertragen.
Um Störspannungen infolge induktiver oder kapazitiver Einkopplung im Empfänger zu erkennen, prüft ein Digitalfilter die Signale auf Sollfrequenz.

Außerdem übernimmt das Digitalfilter die Überprüfung der Steuersignale auf Polarität, Gleichzeitigkeit und richtige Reihenfolge.
Auf eine Anforderung hin wird der Scanner gestartet. Er schaltet die in einem Informationsregister vorliegende Information byteweise auf die Fernleitung. Verzögert gegenüber der Informationsdurchschaltung um mindestens eine Kabellaufzeit wird das Übernahmesignal an den Empfänger gesendet, der mit dem Eintreffen dieses Signales die Information übernimmt. Das vom Empfänger zum Sender laufende Signal „Übernahmesperre" verhindert das Durchschalten einer Anforderung, falls der Empfänger die vorhergegangene Information an die nachfolgende Steuerung nicht absetzen konnte, da dieser wiederum kein Arbeitsspeicherzyklus zugeteilt wurde. Zur Fehlerkontrolle wird auf der Sendeseite die Information byteweise durch ein Paritybit ergänzt.
Auf der Empfangsseite wird die byteweise übertragene Information zu einem vollständigen Wort zusammengesetzt. Ein für das Gesamtwort gültiges, aus den Einzelparitybits abgeleitetes Gesamtparitätsbit wird dem Wort beigestellt. Die Paritykontrolle erzeugt das Gültigkeitsbit, das mit der Steuerung als Anzeige an den Rechner übergeben werden kann.

4.5 Eingabe- und Ausgabegerät für digitale Signale

Der Datenaustausch zwischen den Externgeräten und dem Arbeitsspeicher des Prozeßrechners über das Eingabegerät sowie zwischen dem Arbeitsspeicher und den Externgeräten über das Ausgabegerät unterliegt gleichen Bedingungen.
Die „Anforderung" (ANF) — die Bereitschaft zur Abgabe bzw. Aufnahme von Information in digitaler Form — wird grundsätzlich von den Externgeräten gestellt. Als Quittung auf eine Anforderung erhält das Externgerät von dem Eingabe- bzw. Ausgabegerät das „Rückmeldesignal" (RM). Während der Dauer des Signals RM darf das Externgerät keine neue Anforderung ANF stellen; erst die Rückflanke von RM bedeutet die Freigabe.
Bei der Dateneingabe mit Hilfe des externgesteuerten Eingabegerätes (Bild 38) können an die Eingänge mehrere Externgeräte parallel angeschlossen werden und gleichzeitig Daten senden. Zur Auswahl der Externgeräte lassen sich die Eingänge des Anforderungsvorregisters durch eine Maske abdecken. Dabei wird jedem Eingang ein Maskenbit zugeordnet. Durch Setzen dieser Maskenbits legt das Programm fest, welche Externgeräte zur Übertragung ausgewählt werden.
Sowohl bei der Ein- als auch bei der Ausgabe wird mit Hilfe von „Masken" (Bitmustern) gesteuert, welche der angeschlossenen Externgeräte Information abgeben bzw. aufnehmen können. Die Masken lassen sich abhängig von vorher festgelegten Kriterien vom Prozeßrechner per Programm modifizieren. Dadurch ist ein selbsttätiger Ablauf auch sehr komplizierter Prozeduren nach vorgeschriebenen Richtlinien möglich. Masken sind außerdem

geeignet, bei Überlastung des Prozeßrechners den Informationsaustausch ganz oder teilweise zu unterbinden. Zusätzlich können sie zur Abfrage von Kontrollinformation dienen.
An das Eingabegerät und ebenso an das gleichartig aufgebaute Ausgabegerät lassen sich jeweils mehrere Externgeräte anschließen. Als Externgeräte bei

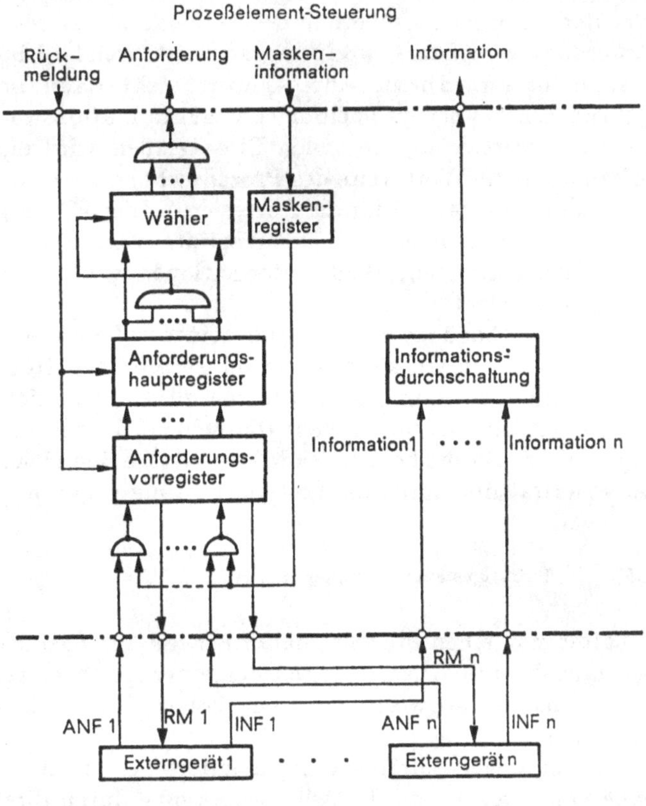

Bild 38: Eingabegerät für externgesteuerten Transfer

der Eingabe kommen Datenquellen in Frage, die ihre Information in digitaler Form anbieten, beispielsweise Analog-Digital-Umsetzer oder Impulszähler. Als Externgeräte auf der Ausgabeseite sind z. B. Prozeßsichtgeräte oder Digital-Analog-Umsetzer anschließbar.
Die angeschlossenen Externgeräte können sporadisch Anforderungen stellen, die in einem Anforderungsregister gespeichert werden. Von diesen Anforderungen wird ein Signal abgeleitet und mit ihm ein mehrstufiger Wähler gestartet. Dieser Wähler prüft das Anforderungsregister durch und schaltet bei Koinzidenz die zugehörige Information weiter. Beim Eingabevorgang wird diese Information in den Arbeitsspeicher des Prozeßrechners eingeschrieben; beim Ausgabevorgang wird die betreffende Information aus dem Arbeitsspeicher ausgelesen und zu den Externgeräten durchgeschaltet.

Da die Anforderungen von den Externgeräten sporadisch gestellt werden, müssen die einzelnen Eingänge adressiert werden. Für die Adressierung der vom Eingabegerät durchgeschalteten Information gibt es zwei Möglichkeiten:

Indirekte Adressierung, bei der die Ausgänge des Anforderungsregisters auf den ersten Informationseingang des Eingabegerätes gelegt sind.
Bei der Informationsübernahme erscheint als erstes Wort der Inhalt des Anforderungsregisters, worin markiert ist, welche Eingänge Anforderungen gestellt haben. Dieses Adressenwort steht dann im Arbeitsspeicher als „Überschrift" vor den nachfolgenden Informationsworten.

Direkte Adressierung: In vielen Einsatzfällen wird die Breite der Eingabeinformation die Wortbreite des Prozeßrechners nicht erreichen. Im Rechnerwort sind dann Stellen für die Adressierung der Eingänge frei. Jedes Externgerät muß zusammen mit der Wortinformation die zugehörige Adresseninformation anbieten. Beide Informationen werden als ein Wort im Arbeitsspeicher abgelegt.

Reichen die Eingänge eines Eingabegerätes oder die Ausgänge eines Ausgabegerätes nicht aus, so können je zwei Geräte „gekettet" werden. Dabei sind die Geräte über drei Steckleitungen für Information, Maske und Steuersignale miteinander verbunden; die beiden Abfragewähler steuern sich dann gegenseitig. Da die beiden geketteten Geräte den gleichen Aufbau haben, ist die Priorität nur durch die Leitungsführung gegeben.

4.6 Externgesteuerte Analogeingabe

Schaltet man einen Prozeßsignalformer für Analogeingabe zwischen den Prozeß und die Funktionseinheiten des externgesteuerten Prozeßelementes, so lassen sich Analogwerte mit sehr hoher Geschwindigkeit externgesteuert aufnehmen.

Dabei sind zwei Betriebsarten zu unterscheiden, nämlich die Adressenvorgabe vom Prozeß und die Adressenvorgabe durch direkten Arbeitsspeicherzugriff.

Der Prozeßsignalumformer für externgesteuerte Analogeingabe besteht aus dem Steuerteil, einem Analog–Digital-Umsetzer zur Momentanwertmessung mit kurzer Umsetzzeit (siehe Tabelle 2) und einem Meßstellenwähler mit freier Adressierbarkeit.

Bei der Betriebsart **„Adressenvorgabe vom Prozeß"** (Bild 39) ist die Analogeingabe an eine externgesteuerte Eingabesteuerung angeschlossen. Der Prozeß liefert die gewünschte Meßstellenadresse und anschließend den Startimpuls an die Prozeßsignalformer-Steuerung. Nach dem Ende der Analog–Digital-Umsetzung fordert der Steuerteil mit dem Signal „Anforderung" (ANF) einen Arbeitsspeicherzyklus zur Eingabe des Datenwortes in den reservierten Pufferbereich des Arbeitsspeichers an. Das Datenwort besteht dabei aus dem

Meßwert und der Meßstellenadresse. Nach dem Ende des Signals „Rückmeldung" (RM) steht die Analogeingabe zu einer neuen Eingabe bereit. Die maximale Datenrate wird nur von der Umsetzgeschwindigkeit des Analog-Digital-Umsetzers bestimmt, wenn man durch Einsatz eines analogen Halteverstärkers (Abschnitt 3.3.2) eine überlappende Adresseneingabe und Ergebnisausgabe realisiert.

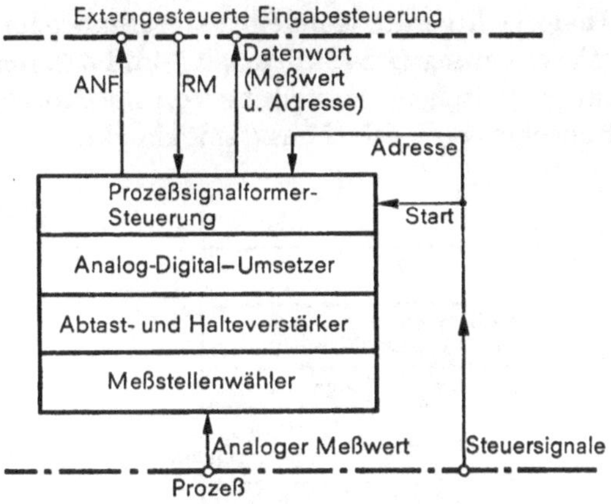

Bild 39: Externgesteuerte Analogeingabe, Betriebsart: Adressenvorgabe vom Prozeß

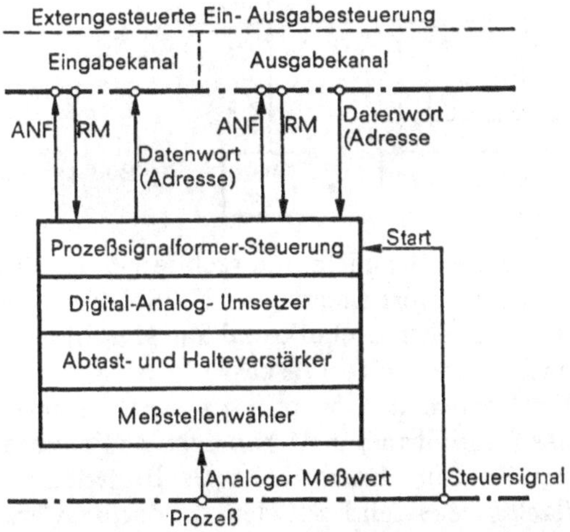

Bild 40: Externgesteuerte Analogeingabe, Betriebsart: Adressenvorgabe durch direkten Arbeitsspeicherzugriff

Bei der Betriebsart **„Adressenvorgabe durch direkten Arbeitsspeicherzugriff"** (Bild 40) ist in einem Pufferbereich eine Liste der anzuwählenden Meßstellenadressen gespeichert. Diese Liste wird von der Analogeingabe abgearbeitet, und gleichzeitig werden die Meßergebnisse in einem zweiten Pufferbereich abgespeichert. Zu diesem Zweck wird die Analogeingabe an eine kombinierte externgesteuerte Eingabe-/Ausgabesteuerung angeschlossen. Der Prozeß liefert lediglich die Startimpulse für die Analog–Digital-Umsetzung. Auch hier ergibt sich die maximale Datenrate aus der Umsetzgeschwindigkeit des

Analog–Digital-Umsetzers, da während einer Umsetzung bereits die Adresse der nächsten anzuwählenden Meßstelle aus dem Arbeitsspeicher angefordert wird. Datenraten von 20000–50000 Umsetzungen je Sekunde bei 10 bis 12 bit Auflösung sind Stand der Technik.

4.7 Analogsichtgerät

Analogsichtgeräte können als Ausgabegeräte an die externgesteuerte Ausgabesteuerung (Abschnitte 4.2.3 und 4.2.4) angeschlossen werden. Sie dienen zur graphischen Darstellung von im Prozeßrechner gespeicherten Daten auf Bildschirmen. Die Einsatzmöglichkeiten der Analogsichtgeräte sind sehr

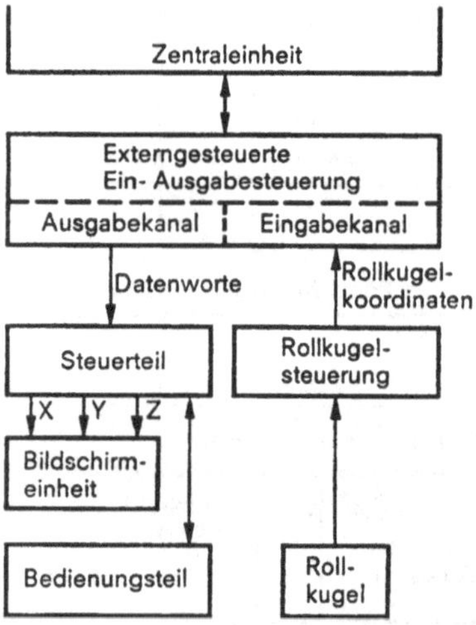

Bild 41: Analogsichtgerät mit Rollkugel

vielfältig. Beispiele sind rechnergekoppelte Experimentieranlagen der Nuklearphysik, Kernchemie und Nuklearmedizin, Prüfstände und Versuchsanlagen in der Elektrotechnik und im Maschinenbau, verfahrenstechnische Anlagen und zahlreiche technisch-wissenschaftliche Aufgaben.

Funktionsmäßig besteht ein Analogsichtgerät (Bild 41) aus dem Steuerteil, der Bildschirmeinheit und dem Bedienungsteil. Ein Teil des Arbeitsspeichers des Prozeßrechners dient als Bildwiederholungsspeicher, um ein stehendes flackerfreies Bild auf dem Bildschirm erzeugen zu können. Der Steuerteil (Bild 42) übernimmt dazu zyklisch die in einem reservierten Speicherbereich stehenden Daten, setzt sie in analoge Spannungswerte um und steuert damit die Bilddarstellung auf dem Schirm der Bildröhre. Bedienungszusätze ermöglichen die Markierung von Punkten und die Eingabe von Bildschirmkoordinaten mit Hilfe einer **Rollkugel.** Weitere Bedienungselemente gestatten die Spreizung interessierender Bildteile, die Drehung der isometrischen Darstellung, die logarithmische Darstellung der Y-Koordinate und die Vertauschung von X- und Y-Koordinaten ohne Programmbelastung. Zusätzliche

Vektor- und Zeichengeneratoren erlauben die zeit- und speicherplatzsparende Darstellung von Linien, Zeichen und Symbolen mit Hilfe festverdrahteter Schaltungen.
Damit ist beispielsweise der Experimentator während des Experimentablaufes in der Lage, Zwischenergebnisse zu beobachten, Kontrollen der Meßergebnisse durchzuführen, Störungen rasch zu erkennen und mit Hilfe des Prozeßrechners den Experimentablauf zu beeinflussen. Das Analogsicht-

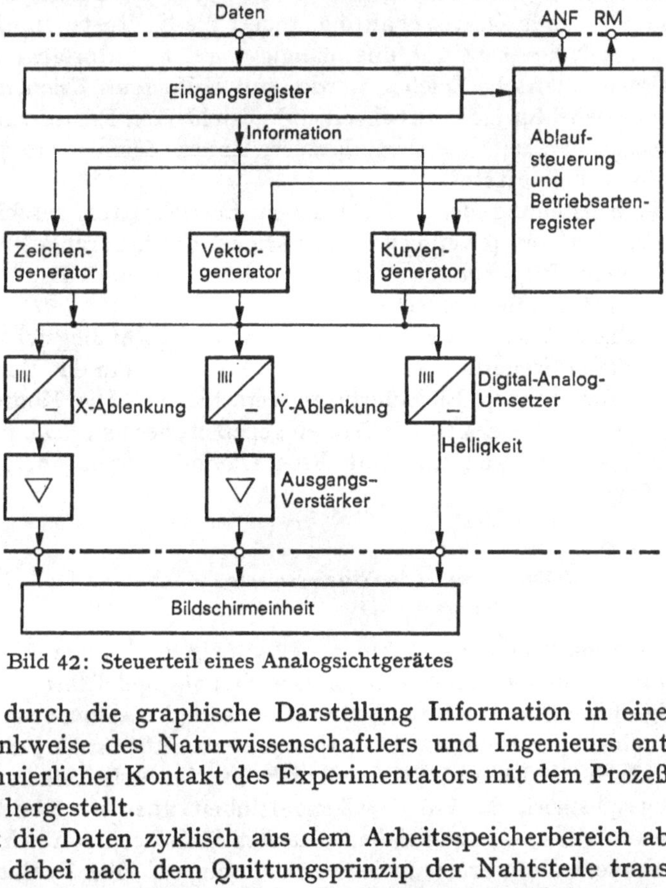

Bild 42: Steuerteil eines Analogsichtgerätes

gerät liefert dazu durch die graphische Darstellung Information in einer Form, die der Denkweise des Naturwissenschaftlers und Ingenieurs entspricht. Ein kontinuierlicher Kontakt des Experimentators mit dem Prozeßrechner wird somit hergestellt.
Der Steuerteil ruft die Daten zyklisch aus dem Arbeitsspeicherbereich ab. Die Daten werden dabei nach dem Quittungsprinzip der Nahtstelle transferiert. Der Steuerteil formt die in digitaler Form angebotene Information in analoge Spannungen um, die auf einem Bildschirm als Punkte, Vektoren oder Zeichen erscheinen.
Bei **frei positionierter X–Y-Darstellung** werden je 10 bit für die X- und *Y*-Ablenkung und 3 bit für die Helligkeitssteuerung ausgewertet und den entsprechenden Digital–Analog-Umsetzern zur Umformung in die Ablenk- und Helltastspannungen zugeleitet. Damit lassen sich beliebige Figuren, Symbole und Zeichen darstellen.

Bei der **Kurvendarstellung** wird die X-Ablenkspannung über einen Digital-Analog-Umsetzer, der an einen internen Zähler angeschlossen ist, gewonnen. Der Zählerstand wird mit jedem abgegebenen Anforderungsimpuls um 1 erhöht.
Als **Vektorgenerator** dient ein digital gesteuerter Frequenzteiler. Er setzt die zahlenmäßig vorgegebene Vektorlänge getrennt für die X- und Y-Richtung in eine proportionale Impulszahl um, die von je einem Umkehrzähler gezählt und über Digital-Analog-Umsetzer in proportionale Spannungen umgesetzt werden. Eine Zusatzschaltung steuert die Helltastspannung, um die Vektorhelligkeit konstant und unabhängig von der Vektorlänge zu halten.
Alphanumerische Zeichen werden mit Hilfe eines **Zeichengenerators** erzeugt. Dabei wird für jedes zu schreibende Zeichen ein Raster von 5×7 Bildpunkten geschrieben und die dem darzustellenden Zeichen entsprechenden Punkte werden hellgetastet.
Die Einstellung der verschiedenen Betriebsarten geschieht durch Steuerworte, die den jeweiligen Informationsworten vorangestellt werden müssen. In einem Bild können mehrere Steuerworte und damit auch mehrere Betriebsarten aufeinanderfolgen.
Als Zusatz ist eine **Rollkugelsteuerung** an das Analogsichtgerät anschließbar. Mit dieser Steuerung ist es möglich, eine Marke in das Bild einzublenden und über den ganzen Bildschirm zu verschieben. Die Koordinaten der Marke können in die Zentraleinheit eingegeben werden. Damit lassen sich Bildpunkte markieren und mit Programmhilfe erzeugen, ändern oder unterdrücken.

5 Zyklisch arbeitende Prozeßelemente

Die Prozeßelemente nehmen selbsttätig und ohne Mitwirkung des Programms analoge Meßwerte, binäre Signale und Alarme auf, übertragen die digitalisierten Werte zur Zentraleinheit und speichern sie im Arbeitsspeicher in einem reservierten Pufferbereich ab. Die **analogen Meßwerte** werden zyklisch erfaßt und die Meßergebnisse im Arbeitsspeicher in feste Zellen abgespeichert, so daß die Zentraleinheit über ein Abbild aller Meßstellen verfügt, das ständig auf dem neuesten Stand gehalten wird. Die Zugriffszeit zu einem Meßwert reduziert sich damit auf eine Zykluszeit; der Meßwert kann höchstens einen Abfragezyklus „alt" sein.
Binäre Signale werden nur aufgenommen, wenn die zugeordnete Meldung eingetroffen ist. Diese Werte werden bei der Übertragung besonders gekennzeichnet und im Arbeitsspeicher zusammen mit ihrer Meßstellennummer in eine reservierte Zelle abgespeichert. Gleichzeitig wird durch eine Programmunterbrechung ein Bearbeitungsprogramm gestartet.
Die **Alarmeingänge** werden von einem besonderen Prozeßsignalformer laufend abgefragt. Beim Autreten von Alarmen werden die Adressen der

Alarme in der Reihenfolge des Auftretens zur Zentraleinheit übertragen und dort in einem reservierten Arbeitsspeicherbereich gespeichert. Gleichzeitig wird ein Bearbeitungsprogramm gestartet.
Das zyklisch arbeitende Prozeßelement ist wegen seiner unabhängigen Arbeitsweise besonders geeignet für den Aufbau von Prozeßrechnersystemen mit räumlicher Trennung von Zentraleinheit und Prozeßsignalformern im Fernbereich. Da die Prozeßsignalformer noch den Anschluß von Funktionseinheiten für Uhrzeit- und Datumeingabe, Grenzwertkontrolle, Meßwertanzeige und Protokolldruck ermöglichen, lassen sich damit autarke Meßwertverarbeitungsanlagen zur Grenzwertüberwachung und Protokollierung aufbauen, die besonders für den stufenweisen Ausbau von Prozeßrechnersystemen und für einen Notbetrieb bei Rechnerausfall vorgesehen sind.
Anstelle des zyklisch arbeitenden Prozeßelements können auch kleine aufwandsarme Prozeßrechner als Satellitenrechner bei dezentralisierten Anlagen eingesetzt werden. Satellitenrechner bieten neben der Anschlußmöglichkeit eines Spektrums von Standardperipherie und von Externspeichern die Vorteile der freizügigen Speicherung von Daten und Programmen.
Außerdem können Satellitenrechner eine ständige Vorverarbeitung aller Meßwerte durchführen und brauchen nur datenreduzierte Ergebnisse zum zentralen Rechner zu übertragen. Dadurch sinkt der Aufwand für die Datenübertragung.
Zusätzlich lassen sich beim Einsatz von Satellitenrechnern sehr wirkungsvolle Sicherungsverfahren gegen Übertragungsstörungen einführen, die beispielsweise im Fehlerfall eine wiederholte Übertragung eines gestörten Datenblockes durchführen.

6 Stellelemente

6.1 Arbeitsweisen

Das Stellelement hat die Aufgabe, beim Einsatz von Prozeßrechnern für die digitale Vielfachregelung (DDC) Steuerbefehle an die nachgeschalteten Stellantriebe abzugeben.
Abhängig von der Arbeitsweise der Stellantriebe unterscheidet man integrierende Stellantriebe, z. B. elektromotorische Sollwertsteller oder elektromotorische Stellantriebe, und proportionale Stellantriebe, z. B. elektropneumatische Membranantriebe.
Zur Ansteuerung der Stellantriebe dient dementsprechned entweder das Stellelement mit Impulsausgang oder das Stellelement mit stetigem Ausgangssignal.

6.2 Stellelement mit Impulsausgang

Zum Ansteuern von integrierenden Stellantrieben werden Impulse proportional zur Stellgrößenänderung benötigt, um bestimmte Verstellungen zu erzielen. Nach dem Ende der Impulse bleibt der Motor und damit der Antrieb

in der erreichten Stellung stehen. Die Stellimpulse können pulslängenmoduliert oder als Impulszahl ausgegeben werden. Um die Zentraleinheit trotz der begrenzten Verstellgeschwindigkeit der Stellantriebe nur kurzzeitig zu belasten, ist eine Zwischenspeicherung der Stellinformation notwendig; dies geschieht in digitaler Form.
Das Stellelement arbeitet zyklisch und ist so aufgebaut, daß jedem Stellantrieb in der Zentraleinheit eine Arbeitsspeicherzelle und im Stellelement ein Stellsignalgeber zugeordnet ist. Es wird an die Arbeitsspeichernahtstelle der Zentraleinheit angeschlossen.

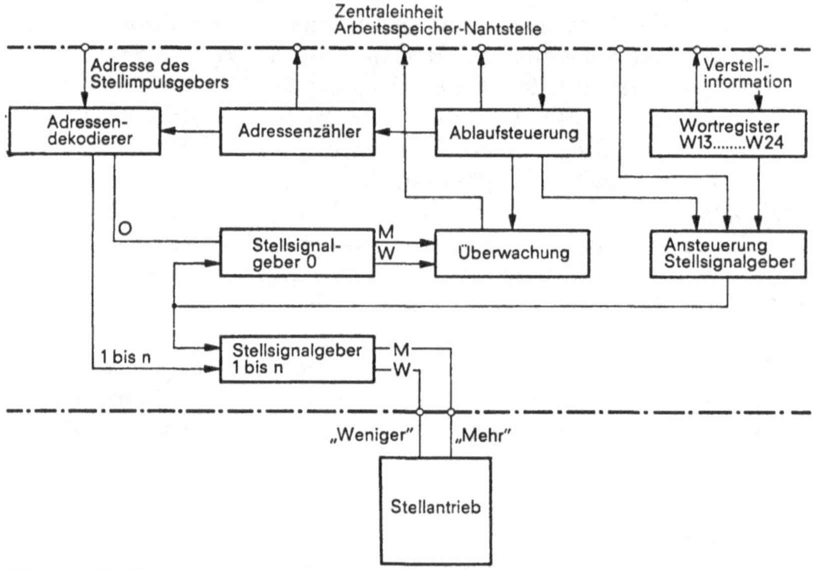

Bild 43: Stellelement mit Impulsausgang

Das Stellelement mit Impulsausgang (Bild 43) besteht aus der Ablaufsteuerung, dem Wortregister für die Verstellinformation, dem Adressenzähler und Adressendecodierer, der Ansteuerschaltung für die Stellsignalgeber, den Stellsignalgebern 1 bis *n* für die nachgeschalteten Stellantriebe und dem Stellsignalgeber 0 mit einer Überwachungseinrichtung. Der Ausgabevorgang wird ausgelöst durch eine Folge von Elementauswahl- und Elementversorgungsbefehlen. Sie enthalten die Adresse des Stellausganges, welche nach Adressendecodierung den entsprechenden Stellsignalgeber auswählt, und geben außerdem an, ob die Verstellinformation positiv (M=mehr) oder negativ (W=weniger) ist. Die Verstellinformation wird vom Programm jeweils in eine Arbeitsspeicherzelle eingeschrieben, die dem Stellsignalgeber fest zugeordnet ist. Die Arbeitsspeicherzellen liegen in einem Arbeitsspeicherbereich, dessen Anfangs- und Endadresse im Stellelement fest eingestellt werden.

Das Stellelement fragt zyklisch mit der Frequenz des Grundtaktes nacheinander alle vorhandenen Stellsignalgeber auf Arbeitsstellung (M bzw. W) oder Nullstellung ab. Dabei wird taktsynchron mit der Anfangsadresse begonnen. Befindet sich z. B. der Stellsignalgeber Nr. 1 in Arbeitsstellung, dann wird die Verstellinformation aus dem Arbeitsspeicher ausgelesen und im Wortregister des Stellelements zwischengespeichert. Die gelesene Information wird um den Wert 1 erniedrigt und ihr neuer Wert wieder in die Arbeitsspeicherzelle zurückgeschrieben. Der Stellsignalausgang bleibt in Arbeitsstellung. War die gelesene Information 1, so wird der zugehörige Stellsignalausgang auf Null gesetzt (Nullstellung) und eine 0 in die entsprechende Arbeitsspeicherzelle eingeschrieben.
Nach Bearbeitung des Stellsignalgebers Nr. 1 wird vom Adressenzähler die Adresse um 1 erhöht. Ist der zugehörige Stellsignalgeber Nr. 2 in Arbeitsstellung, läuft der gleiche Vorgang wie beschrieben ab. Ist er in Nullstellung, so wird die zugeordnete Arbeitsspeicherzelle nicht gelesen und die Adresse sofort erhöht. Dieser Vorgang wiederholt sich bis zum Erreichen der eingestellten Endadresse. Danach wird der Adressenzähler zurückgesetzt, und mit der Vorderflanke des nächsten Grundtaktes beginnt eine neue Bearbeitung aller Stellsignalgeber. In jeder Taktperiode wird also von den Verstellinformationen derjenigen Stellsignalgeber, die in Arbeitsstellung sind, jeweils eine 1 subtrahiert. Dadurch ist die Stellzeit eines jeden Stellgliedes und mithin seine Verstellung äquivalent der zugehörigen Verstellinformation.
Zur Überwachung der Ausgabe- und Subtraktionsvorgänge sowie der Daten-Nahtstelle auf zeitliche Überlastung sind Überwachungseinrichtungen eingebaut.
Der Stellsignalgeber ist eine Baugruppe, die funktionsmäßig aus einer tristabilen Kippstufe besteht, mit den Signaleingängen „Mehr", „Weniger" und „Null", den Adreßeingängen zur Anwahl über den Decodierer und den Ausgängen für die Signale „Mehr" oder „Weniger", an die der Stellantrieb oder ein Zwischenrelais angeschlossen wird. Die Stellinformation kann wahlweise als Impulslänge oder Impulszahl mit Hilfe eines zentralen Taktgenerators ausgegeben werden, sobald der Stellsignalgeber auf „Mehr" oder „Weniger" steht. Die Periodendauer des Taktgenerators wird so gewählt, daß während einer Impulsperiode ein kompletter Abfragezyklus aller Arbeitsspeicherzellen ablaufen kann.

6.3 Stellelement mit stetigem Ausgangssignal

Zum Ansteuern von stetig wirkenden proportionalen Stellgliedern werden Signale in Form von amplitudenmodulierten elektrischen Spannungen oder Strömen benötigt, die für nichtelektrische Stellantriebe in pneumatische oder hydraulische Stellgrößen umgesetzt werden können. Um die Zentraleinheit durch die Ausgabe nur kurzzeitig zu belasten und den Aufwand für zugeordnete digitale Speicher und nachgeschaltete Digital–Analog-Umsetzer zu sparen, werden die Signale analog gespeichert (Kapitel 6.4). Als programmgesteuertes Stellelement wird der in Abschnitt 3.3.5 beschriebene Prozeßsignalformer für zeitmultiplexe Analogausgabe zusammen mit analogen Stellwertspeichern verwendet (Bild 28). Die nachgeschalteten Halteverstärker speichern die ausgegebenen Stellimpulse als Amplitudenwert jeweils bis zum nächsten Ausgabezyklus. Die Stellsignale können von der Zentraleinheit des Prozeßrechners in zwei Arten errechnet und ausgegeben werden, nämlich als Absolutwerte für Sollwert oder Stellgröße und als Differenzwerte (Inkremente), die die jeweilig notwendige Änderung der gespeicherten Werte angeben. Die Inkrementausgabe hat für die Rechnerbelastung und den gerätetechnischen Aufwand im Stellelement einige Vorteile.

Literaturhinweise

Händler, W.: Digitale Universalrechenautomaten in: Taschenbuch der Nachrichtenverarbeitung; herausgegeben von K. Steinbuch.
Springer-Verlag Berlin–Göttingen–Heidelberg, 2. Auflage 1968.

Kaltenecker, H.: Einführung in die Arbeitsweise von Digital-Prozeßrechnern.
ATM, Liefg. 343, Juli 1965.

Ernst, D. und Kaltenecker, H.: Einsatz von Prozeßrechnern.
Siemens-Z. 39, 1965, S. 932—939.

Breunig, H. und Kürner, H.: Prozeßsignalformer des Prozeßleitsystems 303 p.
Siemens-Z. 39, 1965, S. 1016—1021.

Krägeloh, W.: Analog/Digital- und Digital/Analog-Umsetzer.
in: Taschenbuch der Nachrichtenverarbeitung; herausgegeben von K. Steinbuch, Springer-Verlag Berlin–Göttingen–Heidelberg, 2. Auflage 1968.

Breunig, H. und Kürner, H.: Elektronische Spannungs–Frequenz-Umformer für die Digital-Meßtechnik.
ATM, Liefg. 356, Sept. 1965.

Brandt, Klessmann, Krüger, Kürner, Neuburger, Stuckenberg: „Studie über ein rechnergesteuertes Elektroniksystem für kernphysikalische und -chemische Experimente",
erstellt im Auftrag des Bundesministers für wissenschaftliche Forschung vom ad hoc-Ausschuß „Koppelelektronik" der Deutschen Atomkommission, Dezember 1967.

Krüger, G.: Anordnung zum veränderbaren Ankoppeln von Datenquellen an serienmäßige Computer.
DAS 1273228 v. 12. Jan. 1967.

Kürner, H.: Eine universelle Koppelelektronik für rechnergesteuerte Experimentsysteme.
Atompraxis, Heft 7/1968.

Mallebrein, R.: Sichtgeräte-Arbeitsplatz für ein Teilnehmersystem.
Teilnehmer-Rechensysteme, R. Oldenbourg-Verlag, München–Wien 1968, S. 175—189.

Schlick, K.: Analoge Regler und Speicherglieder zum Anschluß an Prozeßrechner in verfahrenstechnischen Regelanlagen. (MP-Sonderdruck der Siemens AG).

2.4 Anschlußglieder im Prozeß

von M. Clauss

Inhaltsübersicht

1 Überblick

In Zusammenarbeit mit den Prozeßelementen dienen Anschlußglieder in unmittelbarer Verbindung mit der Prozeßanlage dem Erfassen von Zustandsgrößen und dem Einwirken durch Stellgrößen. Sie haben elektrische Aus- bzw. Eingänge und sind meist Einrichtungen der üblichen Meß-, Regelungs- und Steuerungstechnik, z. B. Meßgeber für Temperatur, Druck, Durchfluß, Drehzahl bzw. Stellgeräte, Antriebe, Schalteinrichtungen. Auch die zur Kommunikation zwischen dem prozeßführenden Personal und dem Prozeßrechner benötigten Geräte, z. B. Tastaturen, optische und akustische Melde- und Anzeigeeinrichtungen, arbeiten über die Anschlußglieder am Prozeß.
Die Ein- und Ausgänge der Prozeßsignalformer sind so ausgebildet, daß ein großes Spektrum verschiedener Anschlußglieder direkt mit ihnen verbunden werden kann. In besonderen Fällen müssen an der Prozeßsignalformer-Naht-

stelle zur Zusammenschaltung mit den Anschlußgliedern besondere Meßzusätze oder sonstige Anpassungseinrichtungen vorgesehen werden.

2 Analoge Geber

2.1 Meßgeber und Meßumformer mit Gleichspannungs- und Gleichstromausgang

Eine Vielzahl der am Prozeß eingesetzten Anschlußglieder liefert ausgangsseitig ein Gleichspannungs- oder Gleichstromsignal. Solche Anschlußglieder sind z. B. Meßgeber, Meßumformer, Analysengeräte mit z. T. stark unterschiedlichen Signalbereichen. Bei den Meßspannungen liegen die Meßbereichsendwerte zwischen 10 mV und 20 V. Bei den Meßströmen verwendet man vorwiegend das Einheitssignal mit Meßbereichsendwert 20 mA.
Gleichspannungsgeber werden entsprechend ihrem Ausgangssignalbereich direkt oder über Meßzusätze an die Analogeingänge der Prozeßsignalformer (Kapitel 2.3) angeschlossen. Ein Meßzusatz ist dann erforderlich, wenn das Meßsignal über dem höchsten zur Verfügung stehenden Meßbereichsendwert der Analogeingabe liegt oder wenn in besonderen Fällen zur Erzielung größtmöglicher Auflösung und Genauigkeit der Signalbereich dem Meßbereich exakt angepaßt werden muß. Im Meßzusatz sind dazu genaue Spannungsteiler mit Meßwiderständen und konstante Spannungs- oder Stromquellen zur Einstellung des Unterdrückungsbereiches für Geber mit stark verschobenem Nullpunkt notwendig.
Beim Geberanschluß an die **Analogeingabe mit Mittelwertmessung** (Bild 1)* dienen zur mehrpoligen Meßkreisdurchschaltung und zur Einstellung des Meßbereichswählers Schutzgaskontakte von Relais. Der Meßbereichswähler wird gleichzeitig mit der Meßkreisdurchschaltung angesteuert; er führt die Anpassung des Signalbereiches an den Meßbereich des Spannungs-Frequenz-Umsetzers durch.
Bei der **Analogeingabe mit Momentanwertmessung** und kontaktloser Meßkreisdurchschaltung (Bild 2) ist der Geberausgangswiderstand gegenüber dem Eingangswiderstand der Analogeingabe meist niederohmig. Beim direkten Anschluß an den Analogeingang entsteht deshalb am Ausgangswiderstand und Zuleitungswiderstand nur ein geringer Spannungsabfall und der dadurch verursachte Fehler kann vernachlässigt werden. Beträgt z. B. der Eingangswiderstand $R_i = 1\ \text{M}\Omega$ und ist vom Analog-Digital-Umsetzer der Meßbereich in 2^{12} Stufen aufgelöst, so wird der Meßausschlag gerade um eine Stufe verfälscht, wenn die Summe vom Ausgangswiderstand und Zuleitungswiderstand 250 Ω annimmt. Bei bestimmten Arten von Analogeingaben mit Momentanwertmessung nimmt mit der Abtastfrequenz (50 Hz) der Eingangswiderstand des Analogeingangs merklich ab.
Wird zur Meßbereichsanpassung der Geberausgang mit einem bei der Analogeingabe angeordneten Spannungsteiler belastet und damit, vom Geber

* Ausschlagtafel nach S. 160

her gemessen, der Eingangswiderstand verkleinert, so sind die Zuleitungs- und Geberausgangswiderstände häufig nicht mehr vernachlässigbar. Insbesondere müssen nun die durch Temperaturveränderungen hervorgerufenen Widerstandsänderungen der Zuleitung berücksichtigt werden. Die hierdurch verursachten Meßwertverfälschungen sind durch das Verhältnis von Zuleitungswiderstandsänderung zum Außenkreiswiderstand $R_A = R_Q + 2(R_L + R_V) + R$ bestimmt (Bild 2). Soll z. B. bei einer Temperaturänderung von 20 °C der Fehler 0,2% nicht überschreiten und beträgt der Aderwiderstand der Kupferzuleitung 40 Ω, so darf der Außenkreiswider-

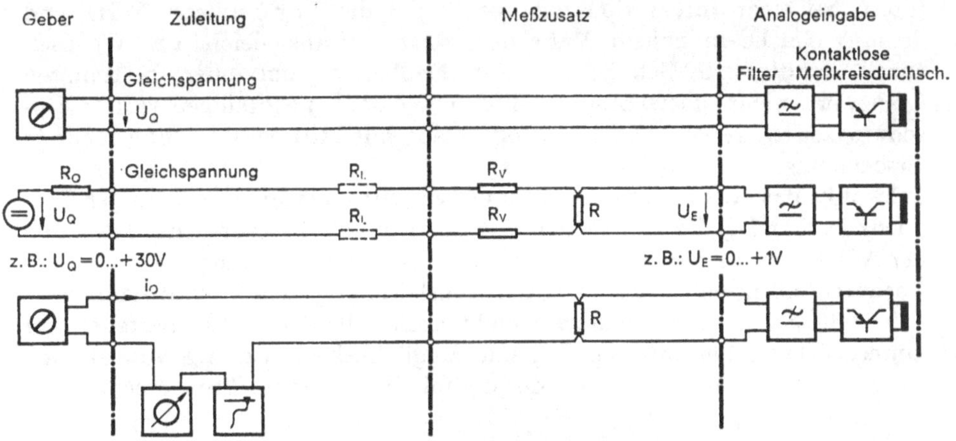

Bild 2: Geberanschluß an die Analogeingabe mit Momentanwertmessung

stand 3,4 kΩ nicht unterschreiten. Der Außenwiderstand läßt sich durch R_V in Grenzen, gegeben durch Signalbereich und den maximal am Analogeingang zulässigen Außenwiderstand, beeinflussen.

Im allgemeinen werden die durch Meßzusatz und Zuleitungen aber auch durch den Geber bedingten **systematischen Fehler** wie Übersetzungs-, Nullpunkts- und Linearitätsfehler, die über den bei der geforderten Meßgenauigkeit gegebenen Grenzwerten liegen und nicht zeitlichen und betriebsmäßigen Einflüssen unterworfen sind, bei der Meßwertumrechnung durch das **Meßwerterfassungsprogramm** eliminiert. Im gleichen Meßwerterfassungsprogramm kommt auch der Unterdrückungsbereich zur Einrechnung.

Die zu messenden Gleichströme werden über Meßwiderstände in Gleichspannungen umgeformt. Für die einzelnen Meßwiderstände ergibt sich jeweils der Widerstandswert aus der im Geberkreis noch verfügbaren Bürde, aus dem Strombereichsendwert und dem Meßbereichsendwert des Analogeinganges. Der Widerstandswert wird so dimensioniert, daß ein Analogeingang mit möglichst hohem Meßbereichsendwert einsetzbar ist.

Der Meßwiderstand muß insbesondere bei solchen Stromgebern, in deren Bürdenkreis noch Anzeiger, Regler usw. eingeschaltet sind, unauftrennbar angeschlossen sein.

Bei Stromgebern mit nicht eingeprägten Ausgangsströmen müssen hinsichtlich der Beeinflussung durch Zuleitungen sinngemäß gleiche Überlegungen wie bei Spannungsgebern mit nachgeschalteten Spannungsteilern angestellt werden.

Dem eigentlichen Gleichanteil des Gebersignals ist häufig, insbesondere bei Meßumformern, eine vom Gerät her verursachte **Restwelligkeit** überlagert; sie ist eine Gegentakt-Störung. Analogeingaben mit Mittelwertmessung filtern bei einer Integrationszeit von 20 ms die Störfrequenz 50 Hz und deren Vielfache in hohem Maße aus, wenn der aus Gleich- und Wechselanteil resultierende Scheitelwert den Meßbereich um einen bestimmten Grenzwert nicht überschreitet. Die manchmal nachteiligen Filter-Einschwingzeiten treten bei der Analogeingabe mit Mittelwertbildung nicht in Erscheinung.

Schwankt das Ausgangssignal eines Gebers mit einer extrem niedrigen Frequenz, z. B. mit 3 Hz, um seinen Mittelwert, dadurch verursacht, daß schon der Wert der zu messenden physikalischen Größe schwingt — z. B. der Gasdurchfluß in einem vermaschten Rohrleitungssystem — und kann diese Schwingung auf der Primärseite nicht gedämpft werden, so bestehen zur Unterdrückung der Störung folgende Möglichkeiten: Einsatz von aktiven Filtern vor der Analogeingabe oder digitale Filterung im Prozeßrechner.

2.2 Widerstandsferngeber

Widerstandsferngeber kommen hauptsächlich als Schleifdraht- und Ringrohr-Ferngeber vor. Die Meßspanne, d. h. der überstrichene maximale Widerstandsbereich, beträgt $\Delta R = 100\ \Omega$. Der Gesamtwiderstand bewegt sich in einem Bereich zwischen 100 Ω und 120 Ω, der Anfangswiderstand R_A zwischen 0 Ω und 20 Ω. Der am Geber abgegriffene Widerstandswert wird prinzipiell auf zwei Arten vom Prozeßsignalformer aus in einen Spannungswert umgeformt:

Bei der Analogeingabe mit Mittelwertbildung wird der Geber durch einen einzelnen zentralen Stromgenerator bestromt. Er liefert einen eingeprägten, potentialfreien Gleichstrom von einem bestimmten Wert, der während des Meßvorganges dem in Vierleiterschaltung angeschlossenen Geber über die Meßkreisdurchschaltkontakte zugeführt wird (Bild 1 b).

Bei Analogeingaben mit Momentanwertmessung muß der Geber dauernd bestromt werden, da sonst bei der Abtastung der Meßstelle die zur Abtastzeit relativ langen Einschwingvorgänge stören. Der Strom wird hierbei aus einem dem einzelnen Geber fest zugeschalteten Stromgenerator oder aus einem einer Gruppe von Gebern zugeordneten potentialfreien Konstantspannungsgerät (Bild 3) entnommen. Die Meßschaltung ist so dimensioniert, daß Zu-

leitungswiderstandsänderungen das Meßergebnis nicht merklich verfälschen. Bedingt durch die großen Widerstandswerte von R_V und der nach oben u. a. hinsichtlich der Forderung nach Eigensicherheit begrenzten Konstantspannung beträgt der am Geber maximal erzielbare Spannungsausschlag nur ca. 100 mV. Es muß ein empfindlicher Analogeingang gewählt werden.
Bei allen Anschlußarten werden gegebenenfalls die Auswirkungen von Anfangs- und Gesamtwiderstand des Gebers und Zuleitungswiderständen bei der Prozeßrechner-Einschaltung mit einem Eichprogramm erfaßt. Dieses ermittelt aus definierten Anfangs- und Endstellen des Gebers M_A, M_E sowie

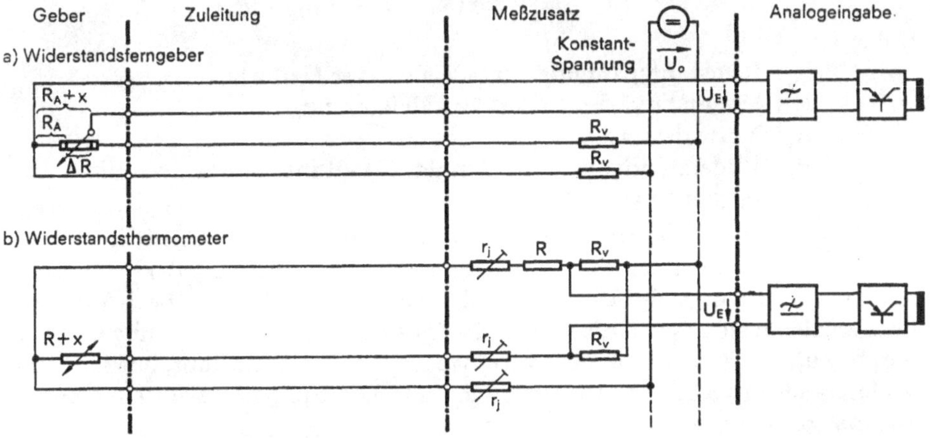

Bild 3: Anschluß von Widerstandsferngeber und Widerstandsthermometer an Analogeingabe mit Momentanwertmessung

den zugehörigen verschlüsselten Digitalwerten S_A, S_E die aus Faktor F und Beiwert B bestehenden Anpassungskonstanten.

$$F = \frac{M_E - M_A}{S_E - S_A}\,; \qquad B = M_E - \frac{M_E - M_A}{S_E - S_A} \cdot S_E\,.$$

2.3 Widerstandsthermometer

Für die gebräuchliche Art von Widerstandsthermometern wie Pt 100 ergeben sich für den Anschluß an die Analogeingabe grundsätzlich die gleichen Möglichkeiten wie beim Widerstandsferngeber. Hierbei wird jedoch neben dem Strompfad, in dem der Geber eingeschlossen ist, zur Kompensation des bei 0 °C oder bei einem anderen Bereichsanfangswert gegebenen Geberwiderstandes ein Hilfsstrompfad mit einem entsprechenden Festwiderstand notwendig (Bild 1c). Zur Versorgung der Meßschaltung dienen zwei potentialfreie Stromgeneratoren mit eingeprägtem Ausgangsstrom I_1, I_2. Der Ausgleich von Widerstandsdifferenzen der Zuleitungsadern beider Strompfade wird mit r_j durchgeführt. Das Meßsignal ist die Differenz der an Geber und

Festwiderstand anstehenden Spannungen. Zum Ausgleich der nichtlinearen Widerstandsthermometercharakteristik werden die von den Stromgeneratoren gelieferten eingeprägten Ausgangsströme von der Meßspannung entsprechend gesteuert.

Bei der Analogeingabe mit Momentanwertmessung ist der Geber in einer Meßbrückenschaltung angeordnet (Bild 3b). Die von der Widerstandsänderung x des Gebers abhängige Spannung U_E an der Meßdiagonalen ist im unbelasteten Zustand:

$$U_E = U_0 \cdot \frac{x \cdot R_v}{(R_v + R + R_j)\,(R_v + R + 3\,R_j) + R_j \cdot x}.$$

Dabei ist:

U_0: Konstantspannung zur Speisung der Meßbrücke,
R : Widerstand des Gebers bei Meßanfang,
R_v: Vorwiderstand,
R_j: Widerstandswert, auf den der Zuleitungswiderstand mit r_j abgeglichen ist.

Der Widerstand R_v bestimmt nun einerseits die Empfindlichkeit der Meßschaltung und ermöglicht damit eine Signalbereichsanpassung der gewünschten Temperaturbereiche an den Meßbereich der Analogeingabe. Andererseits werden durch den Wert von R_v die Linearität der Meßschaltung und der durch Zuleitungseinwirkungen verursachte Fehler beeinflußt. Wie beim Widerstandsferngeber, so ist auch hier nur mit Spannungswerten von ca. 100 mV zu rechnen.

Bei den angegebenen Arten äußern sich Element- und Leitungsbruch im Meßsignal darin, daß dieses einen der beiden Meßbereichsendwerte einnimmt oder überschreitet. Das Meßwertverarbeitungsprogramm kann mit Hilfe von Tendenz- und Plausibilitätskontrolle diese Fehler erkennen.

Das Meßwertverarbeitungsprogramm ermöglicht auch hier wieder den Ausgleich der vom Geber und Meßzusatz verursachten Nichtlinearitäten. Wird bei den Meßschaltungen anstelle des Festwiderstandes R ein zweites Widerstandsthermometer in den Strompfad eingeschaltet, so ergibt sich eine Schaltung zur Differenztemperaturmessung. Diese Meßmethode ist jedoch nur bedingt anwendbar, da durch die Nichtlinearität der Kennlinien relativ große, nicht eineichbare Fehler entstehen können.

2.4 Thermoelemente

Die gebräuchlichsten Thermoelemente sind die Thermopaare Fe-Konst. NiCr–Ni und PtRh–Pt. Diese erzeugen bei den üblicherweise am Prozeß zu erfassenden Temperaturbereichen Thermospannungen, die von empfindlichen Analogeingängen direkt erfaßt und im Verarbeitungsprogramm linearisiert werden können. Da die Analogeingänge auch in kleinen Meßbereichen große Eingangswiderstände aufweisen, treten beim Abtasten der Ther-

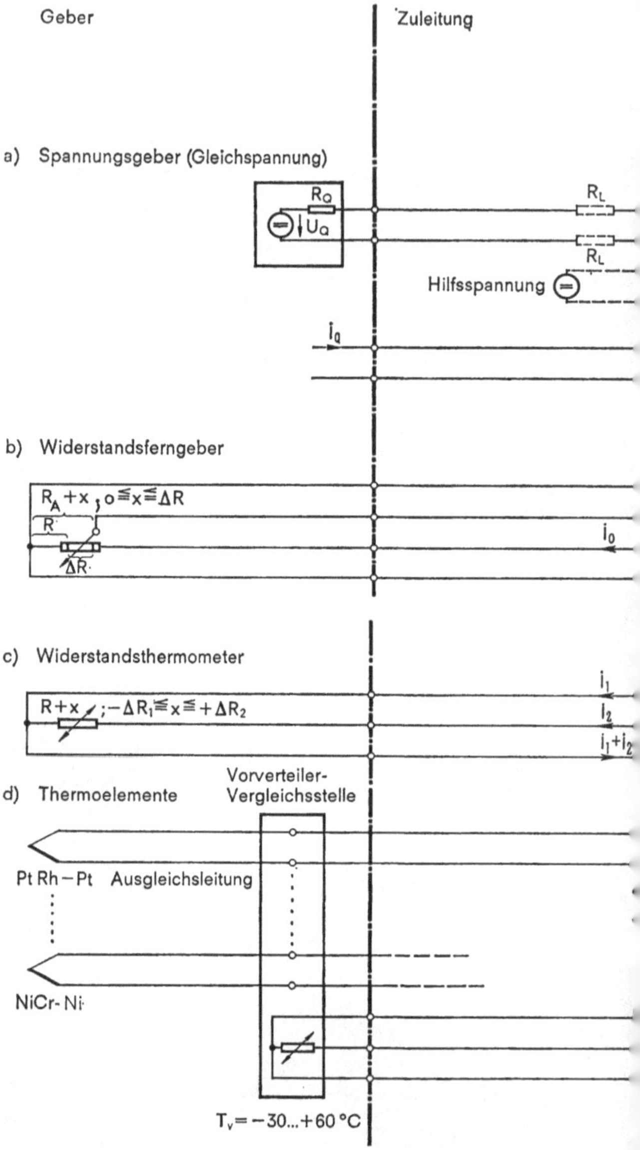
Geber
Zuleitung
a) Spannungsgeber (Gleichspannung)
R_Q
U_Q
R_L
R_L
Hilfsspannung
i_Q
b) Widerstandsferngeber
$R_A + x$, $0 \leqq x \leqq \Delta R$
R
ΔR
i_0
c) Widerstandsthermometer
$R + x$; $-\Delta R_1 \leqq x \leqq +\Delta R_2$
i_1
i_2
$i_1 + i_2$
d) Thermoelemente
Vorverteiler-
Vergleichsstelle
Pt Rh – Pt
Ausgleichsleitung
NiCr-Ni
$T_v = -30 \ldots +60\,°C$

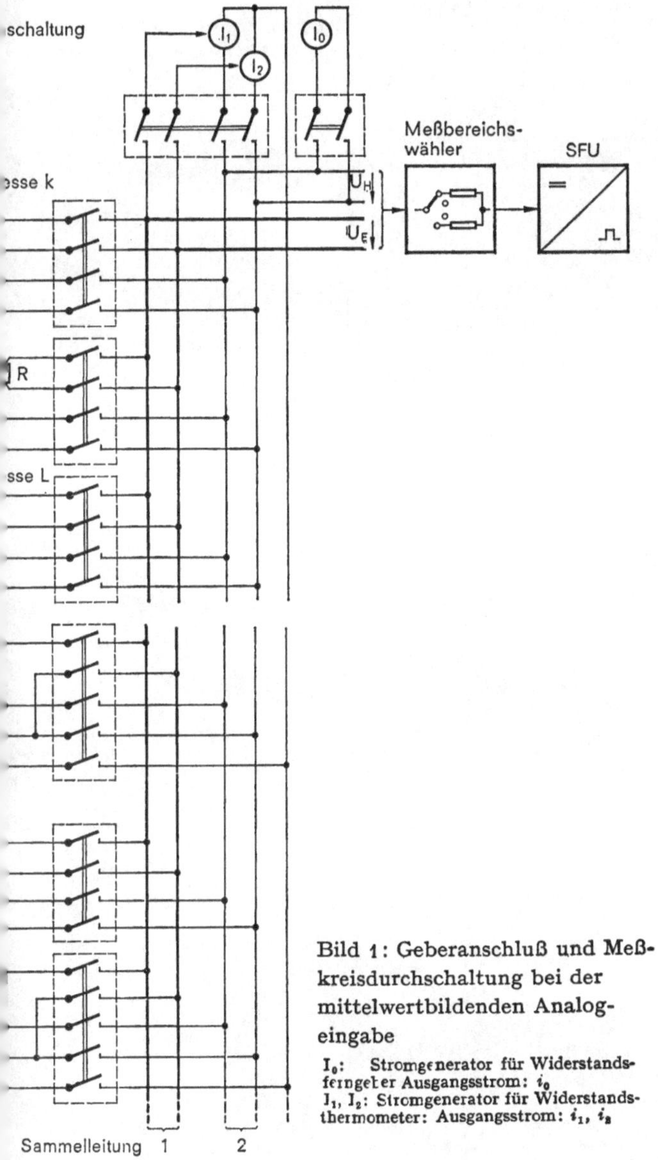

Bild 1: Geberanschluß und Meßkreisdurchschaltung bei der mittelwertbildenden Analogeingabe

I_0: Stromgenerator für Widerstandsferngeber Ausgangsstrom: i_0
I_1, I_2: Stromgenerator für Widerstandsthermometer: Ausgangsstrom: i_1, i_2

mospannungen auch unter Einbeziehung hochohmiger Ausgleichsleitungen praktisch keine Signalverfälschungen auf. Die Vergleichsstelle für mehrere oft verschiedenartige Thermoelemente bildet normalerweise ein Vorverteiler, in dem die Ausgleichsleitungen enden (Bild 1d).
Die Vergleichsstellentemperatur kann durch das Meßwerterfassungsprogramm eingerechnet werden, wenn die Vergleichsstellentemperatur mit Hilfe eines Thermostaten auf einen bekannten Wert eingestellt ist oder wenn sie über einen zusätzlichen Analogeingang mit einem Widerstandsthermometer gemessen wird.
Beim Einsatz eines Thermostaten muß dessen Funktion überwacht und bei Ausfall dem Prozeßrechner z. B. über Digitaleingabe eine Meldung übermittelt werden.
Bei der Analogeingabe mit Mittelwertmessung ist es durch die mehrpolige Meßkreisdurchschaltung (Bild 1) möglich, mit der Durchschaltung einer Thermospannung auch gleichzeitig die Ausgangsspannung der zugeordneten Kompensationsschaltung (Kompensationsdose) mit auf die Sammelleitung 2 zu schalten und somit eine Korrektur der Thermospannung zu erreichen. Der dabei von der Analogeingabe verschlüsselte Meßwert ist auf einen bestimmten Wert, z. B. 0 °C, bezogen. Diese Art der Vergleichsstellentemperaturkompensation hat jedoch Nachteile, denn der Fehler, der durch die Kompensationsschaltung entsteht, ist relativ groß, und die sichere Stromversorgung der Schaltung an der Vergleichsstelle ist mit einigem Aufwand verbunden. Außerdem muß an einer Vergleichsstelle mit verschiedenen Thermoelementen für jede Art eine eigene Kompensationsschaltung eingesetzt werden.
Parallel zur Analogeingabe können weitere Geräte, wie Anzeiger, Schreiber und Kompensographen, an den Thermoelementen angeschlossen werden, wenn durch den Einfluß der Geräte das Meßsignal nicht in einem unzulässigen Maß verändert wird. Zu berücksichtigen sind hierbei die Vergleichsstellentemperaturkompensation, die Widerstände im Eingangskreis sowie die Eigenschaften der Geräte hinsichtlich Potentialfreiheit und Koppelkapazitäten zur Erde bzw. zum Versorgungsnetz. Bei Kompensographen ist zu beachten, daß während des Kompensationsvorgangs ein eingeprägter Strom aus seinem Eingang fließt, der am Thermoelement und den Ausgleichsleitungen eine vorübergehende Fehlerspannung verursacht. Ihre Auswirkung auf die Analogwerterfassung vom Prozeßrechner wird durch Mehrfachabtastung eliminiert.

2.5 Meßumformer mit Wechselstrom- und Wechselspannungsausgang

In Starkstromanlagen sind häufig Wechselströme und -spannungen z. B. an Verteilernetzen, Motoren, Öfen usw. zu messen. Zwischen dem zu diesem Zweck eingesetzten Strom- und Spannungswandler und der Analogeingabe werden Meßzusätze mit Stromeingängen für die Nennströme 1 A und 5 A bzw. Spannungseingänge für die Nennspannungen 100 V, 220 V und 380 V erforderlich.

Die Meßzusätze bewirken eine galvanische Trennung der Meßkreise und erzeugen eingeprägten Ausgangsstrom. Der Ausgangsstrom wird in Brückenschaltung gleichgerichtet und über einen Meßwiderstand geleitet. Aus der am Meßwiderstand entstehenden pulsierenden Gleichspannung bildet die Analogeingabe bzw. deren Eingangsfilter den arithmetischen Mittelwert, wenn das Eingangssignal mit einer Frequenz von 50 Hz annähernd sinusförmig verläuft.

2.6 Verkabelung, Erdung und Schirmung

Die fehlerfreie Erfassung der Analogsignale hängt wesentlich davon ab, ob elektrische Störsignale an den Gebern und deren Zuleitungen, durch Fremdeinflüsse verursacht, auftreten. In einem räumlich ausgedehnten Prozeß sind die Geber oft von stark unterschiedlichen Erdpotentialen umgeben und mit ihren langen Zuleitungen elektrischen sowie magnetischen Störfeldern ausgesetzt. Hier ist die Gefahr einer Fremdbeeinflussung groß. Diese Situation verschlechtert sich infolge der meist gegen Erde unsymmetrischen Geberausgänge, die auch oft am Einbauort direkt oder über einen relativ kleinen Widerstand mit Erdpotential verbunden sind. Hinzu kommt häufig noch eine intensive kapazitive Kopplung mit dem örtlichen Stromversorgungsnetz. Bei der Verbindung von Geber und Analogeingabe ist deshalb der Verkabelung, der Erdung und Schirmung ganz besondere Aufmerksamkeit zu widmen.

Die auf den Zuleitungen am Analogeingang anstehenden Störspannungen können in zwei Gruppen eingeteilt werden: die eine umfaßt die sogenannten Gegentaktspannungen, die andere die sogenannten Gleichtaktspannungen. Die **Gegentaktspannungen** sind definiert als unerwünschte, der Meßspannung überlagerte Störspannungen. Die **Gleichtaktspannung** ist die am Ende der Zuleitung an beiden Eingangsanschlüssen der Analogeingabe gegen Bezugspotential des Prozeßsignalformers (Prozeßrechnererde) auftretende Störspannung (Bild 4). Die Analogeingänge weisen im allgemeinen infolge ihrer elektrischen Symmetrie und der kleinen Kapazitäten gegen Erde hohe Dämpfungswerte für Gleichtaktspannungen bis zu Frequenzen von einigen kHz auf. Bei 50 Hz werden Dämpfungswerte > 120 dB erzielt. Insofern sind Gleichtaktspannungen, auch wenn sie mit hohen Werten an der Analogeingabe auftreten, nicht von störendem Einfluß.

Die Gleichtaktspannungen, die hauptsächlich durch Erdpotentialdifferenzen, Induktion und kapazitive Einkopplung entstehen, erzeugen jedoch, falls sie in unsymmetrischen Zuleitungen und Geberausgängen Ströme hervorrufen, unerwünschte Gegentaktspannungen. Bei Thermoelementen zum Beispiel sind einerseits die Zuleitungen infolge der Ausgleichsleitungen unsymmetrisch, und andererseits ist das Thermopaar am Einbauort meist geerdet bzw. relativ niederohmig mit Erde verbunden. Um nun hier die Auswirkungen von Fremdeinflüssen, insbesondere die durch Potentialunterschiede zwischen Geber- und Prozeßrechnererde verursachten kapazitiven Verschiebungsströme, möglichst klein zu halten, ist von jedem Thermoelement die Hin- und Rückleitung zu einem Paar verseilt statisch geschirmt zur Analogeingabe zu führen und der Schirm beim Geber zu erden. Werden

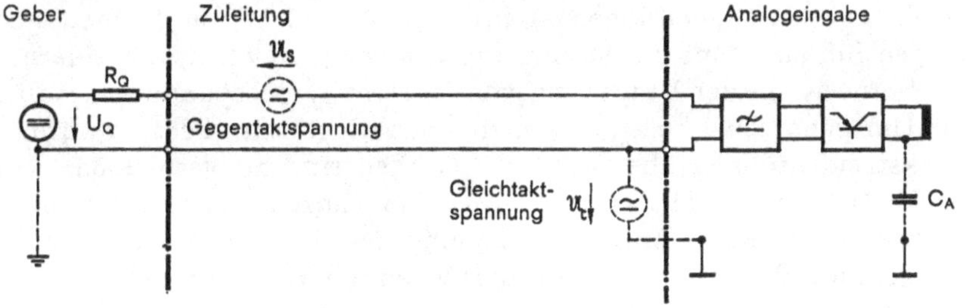

Bild 4: Störspannungen am Analogeingang

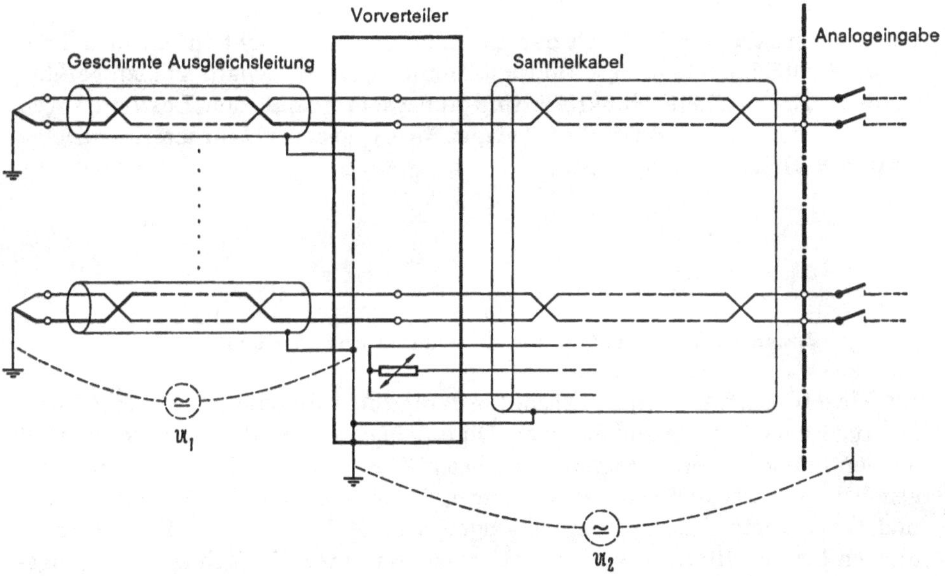

Bild 5: Schirmung und Erdung beim Anschluß von Thermoelementen an die Analogeingabe

mehrere Thermoelement-Meßkreise in einem Vorverteiler in unmittelbarer Nähe der Meßstellen zusammengeführt, dann kann in den häufigsten Fällen vom Vorverteiler an ein Sammelkabel verwendet werden, das paarweise verseilte Adern und einen gemeinsamen statischen Schirm aufweist. Der Kabelschirm ist nun mit den Schirmen der Ausgleichsleitungen am Vorverteiler zu erden (Bild 5). Damit kann hier auf das teure Sammelkabel mit einzeln geschirmten Aderpaaren und gegeneinander isolierten Schirmen verzichtet werden.

Im Leitungszug von Geber und Analogeingabe sind die Verbindungsstellen der Leitungen an den Verteilern sorgfältig auszuwählen, damit nicht bei ungünstigen Temperaturverteilungen aus den an den Verbindungsstellen auftretenden Thermospannungen störende Komponenten resultieren.

Generell sollen Meßleitungen — insbesondere solche, die kleine Signalspannungen führen — möglichst entfernt von energiereichen Störfeldern, wie sie beispielsweise in der Umgebung von Motoren, Hochspannungsschaltanlagen und Umspanntransformatoren auftreten, verlegt sein. Parallelführungen mit Starkstromleitungen über größere Strecken sind zu vermeiden. Hin- und Rückleitungen der Meßkreise werden bei Einzelleitung und Sammelkabel paarweise verseilt geführt. Die Erdung der Schirme hat an der Stelle zu erfolgen, wo die Meßkreise am intensivsten mit Erde ohmisch oder kapazitiv verkoppelt sind. Meßumformerausgangssignale mit eingeprägten Strömen und Spannungen hohen Signalniveaus müssen nicht unbedingt in geschirmten Kabeln verlegt werden.

Bei der Verkabelung ist auch darauf zu achten, daß nicht in ein und demselben Sammelkabel analoge Meßsignale mit digitalen Schaltsignalen geführt werden. Eigensichere Meßkreise sind außerdem gemäß den Bestimmungen für die Errichtung elektrischer Anlagen in explosionsgefährdeten Betriebsstätten VDE 0165 zu verkabeln.

3 Digitale Geber

3.1 Zustandsmelder und Meßgeber mit digitalem Ausgangssignal

Im Prozeß steht eine große Anzahl von digitalen Signalen in binärer Form an, die vom Prozeßrechner über Digitaleingaben erfaßt und verarbeitet werden müssen. Solche Signale sind beispielsweise die Stellungsrückmeldungen bei Ventilen und Absperrschiebern, Meldungen von Endlagenschaltern und Grenzwertmeldern, Laufmeldungen von Motoren, Voll- und Leermeldungen bei Behältern usw. Außerdem gehören dazu die digitalen Ausgangssignale von Meßgebern wie Winkelcodierer, Zählimpulsgeber, Analysengeräte mit Digitalausgang, weiter von Tastaturen und von Schaltwerken mit digitalen Verknüpfungsgliedern. Die digitalen Signale der Geber unterscheiden sich im Informationsgehalt, der Codierung und dem zeitlichen Verhalten. Hiervon sowie von der Bedeutung der Signale für die vom Prozeßrechner zu erfüllende Aufgabe abhängig, werden diese an die verschiedenen Digitaleingaben geführt und dort programmgesteuert abgefragt oder fremdgesteuert,

z. B. vom Gebergerät selbst veranlaßt in vorbestimmte Arbeitsspeicherbereiche des Prozeßrechners eingetragen.

Statische Digitaleingänge werden immer dann verwendet, wenn die Signalzustände an den Geberausgängen zu bestimmten, dem Prozeßrechner bekannten, Zeitpunkten oder Ereignissen von Interesse sind und dieser den Abfragevorgang jeweils zeitlich synchron auslösen kann. Als Beispiel sei die Erfassung von Endlagerückmeldungen genannt. Hier werden zur Kontrolle eines vom Prozeßrechner auf die Stellglieder ausgeübten Steuervorganges programmgesteuert die Rückmeldungen an der statischen Digitaleingabe abgefragt.

Dynamische Digitaleingänge dienen dazu, Zustandsänderungen der einzelnen anliegenden Binärzeichen in einer bestimmten, jeweils einmal vorgegebenen Richtung, zu erkennen und die Information zu speichern, bis sie in den Arbeitsspeicher übernommen wird. Damit ist neben der selektiven Erkennung von Wertänderungen einzelner oder mehrerer Bits auch die Erfassung kurzzeitig zwischen zwei aufeinanderfolgenden Abfragevorgängen anstehender ein- und mehrstelliger Werte gegeben. Die dynamische Digitaleingabe kann zum Beispiel einzelne Impulse von Zählimpulsgebern oder einzelne dynamisch vorgegebene Werte von Eingabetastaturen puffern.

Alarmeingänge, die ebenfalls auf Wertänderungen der angelegten Binärzeichen ansprechen und Vorrangbearbeitungen auslösen, werden dazu verwendet, um sofort Ereignisse zu melden, die im Prozeß unvorhersehbar auftreten. An die statische Alarmeingabe werden hauptsächlich Melder für Grenzwertüberschreitungen, Gefahrenzustände und ähnliches angeschlossen, denn hierbei besteht oft die Notwendigkeit, Kommen sowie Gehen der Meldungen anzuzeigen und zu jedem beliebigen Zeitpunkt, z. B. bei Wiederinbetriebnahme des Prozeßrechners nach einem Stillstand, ein Abbild der statisch anstehenden Meldungen aufzunehmen. Mit der dynamischen Alarmeingabe werden in erster Linie Meldungen, die beim Durchlaufen bestimmter regulärer Prozeßzustände anfallen, und Meldungen von Tastaturen erfaßt.

Die Schaltelemente an den Geberausgängen sind hauptsächlich Kontakte und Schalttransistoren mit erdpotentialfreien oder erdpotentialgebundenen Ausgängen. Sie eignen sich mit Ausnahme von einigen Zählimpulsgebern praktisch alle zum direkten Anschluß an eine der Digitaleingaben. Der Einfluß der Zuleitungswiderstände kann im allgemeinen vernachlässigt werden. Die Stromversorgung der von den Schaltelementen angesteuerten Digitaleingänge geschieht überwiegend von zentraler Stelle im Prozeßsignalformer. Sie wird galvanisch getrennt für die verschiedenen potentialgebundenen Geberausgänge zugeführt.

Das Umschalten des Eingangssignals am Digitaleingang von einem Zustand in den anderen entsprechend der Binärzeichenzuordnung erfordert einen relativ hohen Spannungs- bzw. Stromhub zur Überwindung der Schwellwerte. Dadurch wird einerseits, in Verbindung mit dem Eingangsfilter, ein hoher Störspannungsabstand erzielt und andererseits ein sicheres Durchbrechen der bei Kontakten oft durch Korrosion an den Kontaktflächen entstehenden hochohmigen Übergangsschichten gewährleistet. Bei einer sprunghaften Änderung der Geberausgangsspannung um den vollen Signalhub vergeht die Einstellzeit, bis der angeschlossene Digitaleingang auf den neuen Zustand eingeschwungen ist. Die Einstellzeit wird bestimmt durch die Eigenschaften des Eingangsfilters vom Digitaleingang, durch Zuleitungskapazitäten, durch den Widerstand im Eingangskreis und durch den Spannungshub. Sie ist — auch bei gleichartigen Digitaleingängen — von Eingang zu Eingang verschieden lang. Dadurch entsteht in vielen Fällen bei einer Änderung eines mehrstelligen codierten Digitalwertes kurzzeitig ein völlig falscher Wert, der dann zur Auswirkung kommt, wenn gerade in diesem Augenblick die Digitaleingabe abgefragt wird. Um diesen Fehler auszuschließen, muß nun entweder von der Wertänderung abhängig der Abfragevorgang entsprechend zeitverzögert veranlaßt werden, oder das Programm muß eine Mehrfachabfrage im Abstand der Einschwingzeiten mit anschließendem Wertevergleich durchführen. Durch mehrfaches Abfragen lassen sich auch kurzzeitige, zum Beispiel durch Fremdeinflüsse in den Zuleitungen induzierte Störungen erfassen und beseitigen. Bei Verwendung redundanter, prüfbarer Codes sind außerdem weitgehend alle statischen Fehler erkennbar. Damit sind genügend Möglichkeiten gegeben, um auch in extremen Fällen digitale Werte aus dem Prozeß sicher zu erfassen.

3.2 Zählimpulsgeber

Im Prozeß sind häufig Verbindungsglieder anzutreffen, die an ihrem Ausgang Impulse abgeben. Solche Verbindungsglieder, hier Zählimpulsgeber genannt, sind z. B.: Leistungsstundenzähler, Flüssigkeitszähler, Durchflußmesser, Drehzahlmesser, Stückzählsonden, Impulsgeber an Förderwerken und Dosiereinrichtungen usw.

Bei der Erfassung von Zählimpulsen wird entsprechend der zu messenden physikalischen Größe prinzipiell unterschieden zwischen einer Impulszählung, begrenzt durch zwei Ereignisse im Prozeßablauf, z. B. der Mengenmessung, und einer Impulszählung in der Zeiteinheit, z. B. der Durchflußmessung. Bei der Durchflußmessung, die auf einer Frequenzmessung beruht, muß die Zeitbasis fest vorgegeben sein; bei der Mengenmessung kann die Zeitbasis variieren, sie wird bei der Messung nicht berücksichtigt.

Die anfallenden Zählimpulse variieren von Fall zu Fall in starkem Maße in ihren charakteristischen Parametern wie Maximalfrequenz, Kurvenform (sinusförmig, rechteckförmig; Puls-Pausenverhältnis) und Amplitude.

Die Maximalfrequenzen der üblichen Meßbereiche überspannen die Werte von wenigen Impulsen pro Minute bis zu einigen kHz.

Häufig müssen die Impulse noch verstärkt und in systemgerechte Signale umgeformt werden. Störimpulse, auf den Zuleitungen oder an den Zähl-

impulsgebern durch Fremdeinflüsse hervorgerufen, sind mit Filtern, deren Grenzfrequenz auf die maximal zu erfassende Zählimpulsfrequenz abgestimmt sein muß, zu unterdrücken.
Liegen die Frequenzen der Zählimpulse unterhalb bestimmter, durch die Eigenschaften der Prozeßsignalformer und durch die Prozeßrechnerauslastung gegebener Grenzwerte, so ist eine direkte Erfassung der Impulse über die programm- oder fremdgesteuerte Digitaleingabe möglich. Bei der programmgesteuerten Erfassung kommen dabei die dynamischen Digitaleingänge zur Anwendung. Die Digitaleingänge werden vom Erfassungsprogramm wortweise abgefragt, und zwar mit einer Abfragefrequenz, die größer sein muß als die höchste aller von den angeschlossenen Zählimpulsgebern zu erwartenden Frequenzen. Jedem Digitaleingang ist eine Kernspeicherzelle zugeordnet, der das Erfassungsprogramm nach jedem erkannten Zählimpuls den aktuellen Zählwert entnimmt, den Wert um Eins erhöht und wieder in dieselbe Zelle abspeichert. Der Zählwert bildet den Ausgangswert für die Mengen- bzw. Frequenzmessung. Bei der Frequenzmessung ist dabei zu berücksichtigen, daß die im Prozeßrechner gebildete Zeitbasis durch unterschiedliche Organisationszeiten, Vorrangsbearbeitung usw. mit Toleranzen behaftet ist und dadurch besonders bei einer kurzen Zeitbasis große Meßfehler entstehen können.
Läuft im Prozeßrechner ein schneller Meßwerterfassungszyklus mit einer Frequenz von 10 Hz, so lassen sich damit auch Zählimpulse bis zu dieser Frequenz programmgesteuert aufnehmen.
Bei Zählimpulsen mit höheren Frequenzen kommen **Hilfszähler** zum Einsatz. Diese Hilfszähler sind im allgemeinen Dualzähler, ihre Parallelausgänge werden mit den statischen Digitaleingängen verbunden. Die Zählerkapazität k der einzelnen Hilfszähler muß so ausgelegt sein, daß bei maximaler Impulsfrequenz in der Zeit zwischen zwei aufeinanderfolgenden Wertübernahmen an der Digitaleingabe höchstens $k - 1$ Impulse auftreten. Im Übernahmezeitpunkt n wird dann die seit der letzten Übernahme eingezählte Impulszahl Δz aus dem neuen Zählerstand z_n und dem alten Zählerstand z_{n-1} wie folgt errechnet:

$$\text{bei } z_n > z_{n-1}\colon \Delta z = z_n - z_{n-1}\,,$$
$$z_n < z_{n-1}\colon \Delta z = z_n - z_{n-1} + k\,.$$

In den Fällen, in denen die Hilfszähler gleichzeitig während des Einzählens von Zählimpulsen abzufragen sind (z. B. bei Frequenzmessung), wird ein Schaltzusatz, bestehend aus Verzögerungsglied und monostabiler Kippstufe, erforderlich, der zur Synchronisierung eine Sperrmeldung abgibt (Bild 6). Die Sperrmeldung kennzeichnet bei einem eintreffenden Zählimpuls frühzeitig das Umschalten des Hilfszählers. Das Erfassungsprogramm untersucht nun bei jeder Wertübernahme, ob die Sperrmeldung mit anliegt, und wartet gegebenenfalls mit der Übernahme. Damit werden die durch Umschaltvorgänge und Einschwingzeiten verursachten Fehler eliminiert.

Diese Fehler lassen sich auch ausschließen, indem das Erfassungsprogramm den Hilfszähler mehrmals hintereinander in zeitlichen Abständen entsprechend den Einschwingzeiten abfragt und durch einen Vergleich der übernommenen Werte untereinander den richtigen ermittelt.
Hilfszähler kommen auch als reine Frequenzteiler oder in kombinierter Form zum Einsatz (Bild 7). Hier wird jeweils die Impulsfrequenz so stark

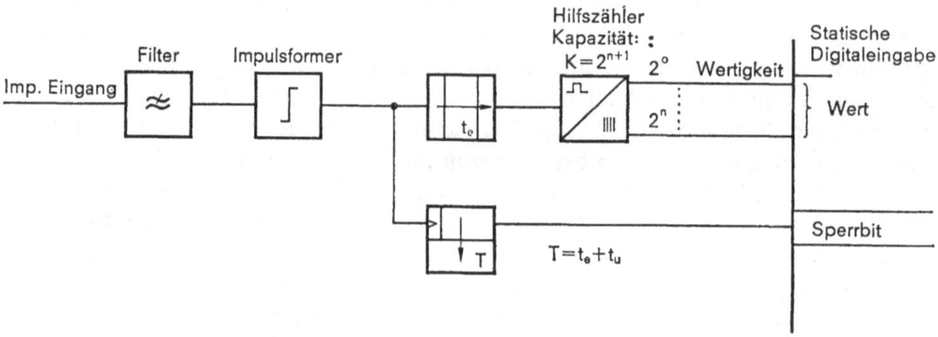

Bild 6: Hilfszähler mit Schaltzusatz an der statischen Digitaleingabe zur Erfassung von Zählimpulsen

t_e: Einstellzeit der Digitaleingabe
t_u: Umschaltzeit des Hilfszählers

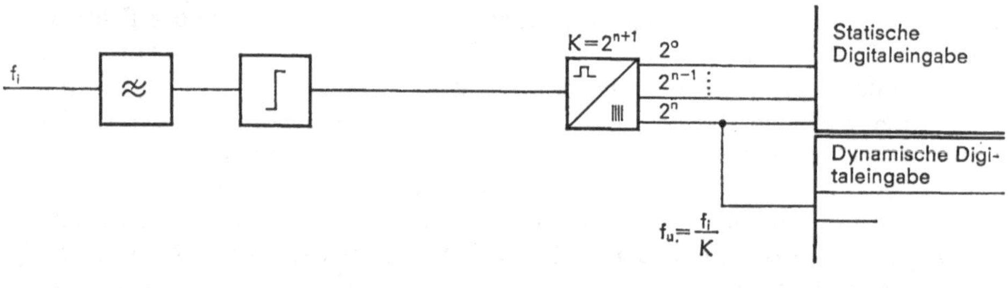

Bild 7: Hilfszähler an der statischen und dynamischen Digitaleingabe zur Erfassung von Zählimpulsen

untersetzt, daß eine programmgesteuerte Erfassung der Übertragsimpulse der letzten Zählstufe über einen dynamischen Digitaleingang möglich ist. Bei der Ermittlung des genauen Zählwertes werden die Parallelausgänge des Zählers an der statischen Digitaleingabe noch mit abgefragt. Die kombinierte Impulszählung erfordert den geringsten Aufwand an Zählstufen und Digitaleingängen.

Bei der Frequenzmessung müssen zusätzlich zum Hilfszähler noch Schaltglieder die genaue Zeitbasis bilden und den Impulsfluß zum Hilfszähler abhängig von Synchronisiersignalen steuern (Bild 8).

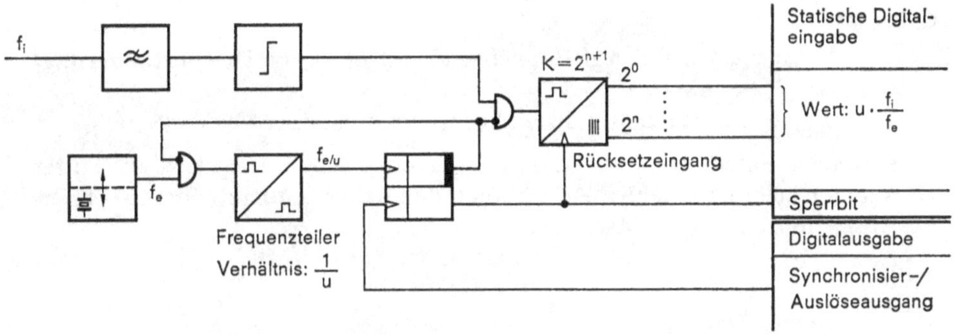

Bild 8: Hilfsschaltwerk zur Impulsfrequenzmessung

3.3 Codiereinrichtungen

Eine Reihe von Meßwertgebern liefern an ihrem Ausgang bereits mehrstellige binär codierte Digitalwerte. Ein wichtiger Vertreter dieser Art von Gebern ist der **Winkelcodierer**. Dieser ist im Prozeß dort anzutreffen, wo Drehbewegungen oder wo Wege oder Kräfte, die sich in analoge Drehbewegungen umsetzen lassen, gemessen werden müssen.
Beim Winkelcodierer wird die eingeleitete Drehbewegung mit Hilfe einer oder mehrerer Codierscheiben in einen entsprechenden Digitalwert umgesetzt. Die Ausgänge, meist als Kontakt- oder Schalttransistorausgang ausgeführt, werden mit der entsprechenden Anzahl statischer Digitaleingänge verbunden.
In vielen Fällen ist es möglich, Digitalwerte bei feststehender Codierscheibe zu übernehmen. Hierbei ist vom Winkelcodierer ein eindeutiger Wert gegeben. Übergangsfehler, die an Grenzstellen der Codierscheibe, beim Übergang von einem Wert zum nächsten unter Umständen entstehen können, sind nicht vorhanden. Die Decodierung des übernommenen Wertes wird durch das Programm an Hand einer geeigneten Umcodiertabelle vorgenommen.

Beim Erfassen von Werten im dynamischen Prozeßablauf, z. B. bei Positionier- und Dosiersteuerungen, läßt es sich nicht vermeiden, Augenblickswerte auch aus laufenden Codierscheiben aufzunehmen. Um dabei zu einem fehlerfreien Augenblickswert zu kommen, muß einerseits die Einstellzeit der Digitaleingänge hinreichend kurz sein gegenüber der bei schnellster Wertänderung gegebenen Verweilzeit des Wertes in einer Stellung, und andererseits sind, falls nicht der zyklisch permutierte Gray-Code Verwendung findet, die durch Einschwingzeiten verursachten kurzen Umschaltfehler zu eliminieren.
Für die Abtastfrequenz f_t, mit der bei einer schnellen und genauen Meßwertverfolgung vom Programm die Augenblickswerte zu erfassen sind, gilt:

$$f_t > \frac{V_{\max}}{F};$$

dabei ist:

V_{max}: maximale, auf Bereichsendwert bezogene Meßwertänderung/Sekunde (%/s),

F : auf Bereichsendwert bezogener zulässiger Fehler (%).

In extremen Fällen resultiert daraus eine hohe Abtastfrequenz, die unter Umständen zu einer erheblichen, während der Meßzeit auftretenden Rechnerbelastung führen kann.

4 Analoge Empfänger

Die Analogausgaben mit eingeprägtem Ausgangsstrom im Einheitsstrombereich 0 mA bis 20 mA werden in erster Linie dazu verwendet, um die im Prozeßrechner zum Beispiel bei der Meßwertreduzierung und Kenngrößenermittlung fortlaufend anfallenden Werte, die sich nicht unmittelbar am Prozeß abgreifen lassen, an Anzeigern und Schreibern zur Darstellung zu bringen.

Durch eine Eingabe an den Prozeßrechner mit Hilfe einer an der Digitaleingabe angeschlossenen Tastatur kann aus einer Reihe von Meßgrößen eine ausgewählt und deren Werte über einen Analogausgang zur Anzeige gebracht werden.

Bei Mehrfachkurvenschreibern, beispielsweise beim Kompensograph-Punktdrucker, besteht die Möglichkeit, an ein Gerät die Werte für alle parallel aufgezeichneten Kurven über einen Analogausgang auszugeben. Die synchrone Meßwertausgabe vom Prozeßrechner wird dabei von der Meßstellenumschaltung des Gerätes über einen Alarmeingang gesteuert.

In manchen Fällen kommen diese Ausgänge auch zur Vorgabe von Soll- und Stellwerten für Regelstrecken zum Einsatz. Hierbei ist jedoch besonders zu beachten, daß bei Rechnerausfall der Ausgang keinen Strom mehr liefert.

5 Digitale Empfänger

5.1 Schaltglieder

Mit den Ausgängen der Digitalausgabe werden im Prozeß hauptsächlich Relais, Schütze, Magnetkupplungen, Meldelampen und sonstige binär arbeitende Stellorgane und Anzeigegeräte geschaltet. Überdies ist die Digitalausgabe hier die Nahtstelle zur Wertübergabe an Schaltwerke mit digitalen Verknüpfungsgliedern.

Abhängig von den jeweiligen Erfordernissen hinsichtlich Schaltleistung, Schaltfrequenz, Potentialtrennung usw. werden die Ausgänge mit Transistorsignal, Übertragungssignal oder die Kontaktausgänge benützt. In der zeitlichen Funktion sind einmal statisch anstehende Werte, dann verschiedene, in ihrer Dauer weit tolerierte Schaltimpulse und pulsdauermodulierte Stellimpulse nötig.

Die Schaltglieder an der Digitalausgabe, die mittelbar oder unmittelbar auf den Prozeß einwirken, müssen so ausgeführt sein, daß sie beim Ausfall der Prozeßrechnerstromversorgung eine sichere Schaltstellung einnehmen und dabei keinen Gefahrenzustand im Prozeß herbeiführen. Beim Wiedereinschalten des Prozeßrechners bleiben die Digitalausgänge definiert in Ruhestellung. Außerdem kann die Versorgungsspannung für die Schaltglieder programmgesteuert zu einem beliebigen Zeitpunkt eingeschaltet werden. An induktiven, an der Digitalausgabe angeschlossenen Lasten sind die beim Schalten entstehenden Induktionsspannungen zuverlässig zu unterdrücken.

Die galvanisch getrennte, kontaktlose Wertübergabe an potentialgebundene, elektronische Schaltwerke, die in großer Entfernung vom Prozeßrechner angeordnet sind, macht den Einsatz von Trennstufen bei den Schaltwerken erforderlich.

5.2 Relaismatrizen

Soll durch die Digitalausgabe eine große Anzahl gleichartiger, binärer Schaltglieder, zum Beispiel Ventile, gesteuert werden, so eignen sich matrizenartige Relaisanordnungen unter der Voraussetzung, daß bei der im ungünstigsten Betriebsfall auftretenden maximalen Schalthäufigkeit die unter Umständen durch Summierung mehrerer Relaisschaltzeiten resultierenden Schaltverzögerungen an einzelnen Schaltgliedern zugelassen werden können.

Beim Einsatz von Relaismatrizen wird gegenüber der direkten Ansteuerung der Schaltglieder die Anzahl der erforderlichen Digitalausgänge stark reduziert. Dabei entsteht kein wesentlicher Zusatzaufwand an Bauteilen, wenn ohnehin schon Relais zur Signalumsetzung benötigt werden. Außerdem ergeben sich in vielen Fällen günstige Möglichkeiten zur Einfügung einer Handsteuerung oder zur Verknüpfung von Stellungsrückmeldungen.

Relaismatrizen werden auch eingesetzt zur Ansteuerung von Meldelampen und bei dezentralisierter Meßwerterfassung, um in den Unterstationen im Prozeß die dort zusammengeführten analogen und digitalen Meßwerte auf eine gemeinsame Sammelleitung durchzuschalten.

Die in den Knotenpunkten der Relaismatrizen zum Einsatz kommenden Relais sind abgesehen von einigen Ausnahmen (z. B. Meßkreisdurchschaltung) polarisierte Relais, die auch bei Spannungsausfall ihren Schaltzustand unverändert beibehalten.

Am Beispiel einer Meldelampensteuerung mit Erst- und Letztmeldung durch Blinklicht soll Funktion und Aufbau einer Relaismatrix beschrieben werden (Bild 9). Jede Meldelampe wird von einem zugehörigen polarisierten Relais L

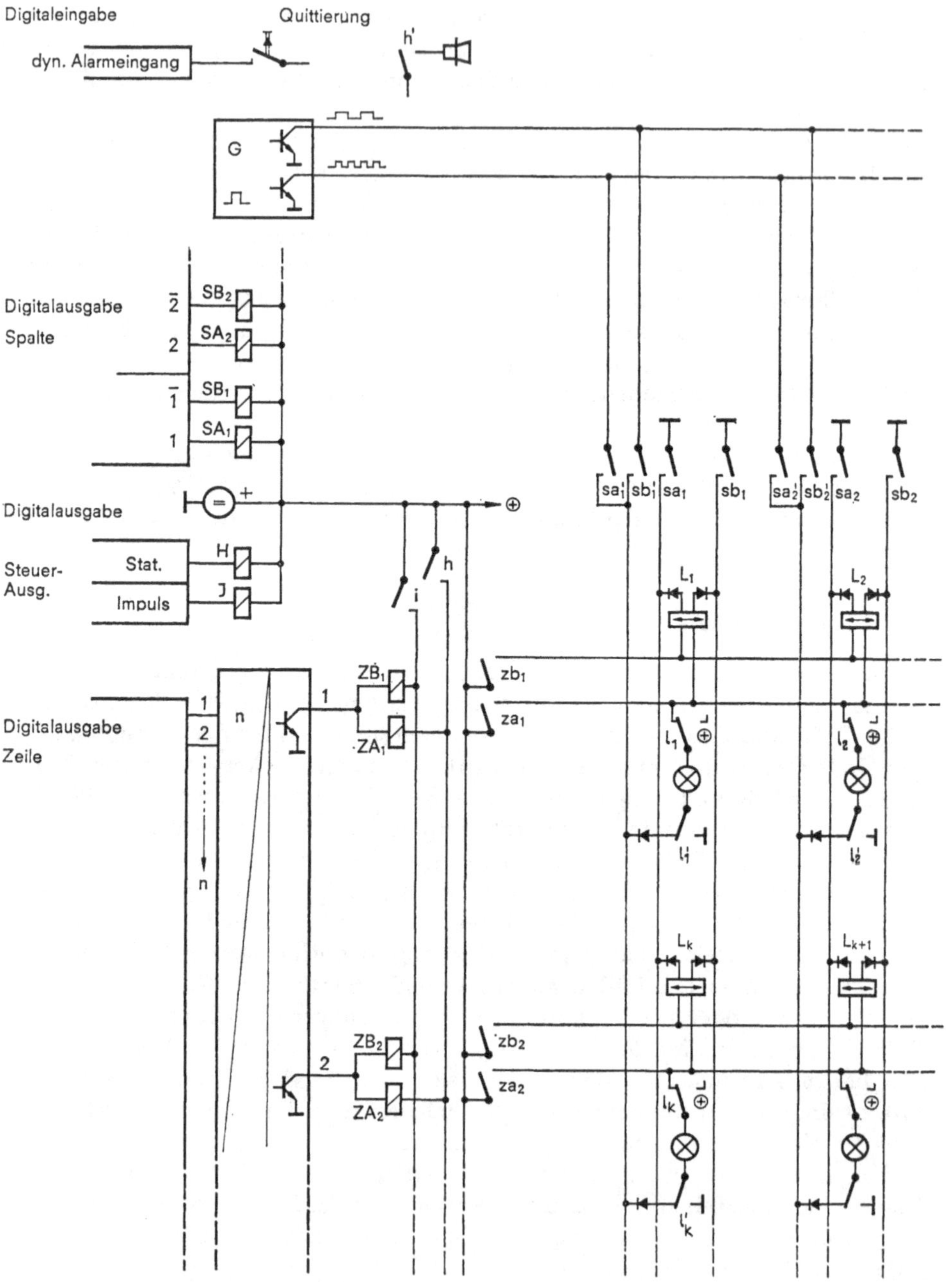

Bild 9: Relaismatrix zur Steuerung von Meldelampen mit Erst- und Letztwertmeldung
L polarisierte Relais
ZA, *ZB*, *SA*, *SB* Hilfsrelais

mit den Kontakten *l* und *l'* geschaltet. Die beiden Steuerwicklungen jedes *L*-Relais sind jeweils in einem Kreuzungspunkt von Zeilen- und Spaltenleitung einer Matrix angeordnet. Die Zeilen- und Spaltenleitungen werden von den Kontakten der Hilfsrelais *ZA*, *ZB* und *SA*, *SB* angesteuert. Die Relais *ZA* und *SA* dienen zum Einschalten der Meldelampen, die Relais ZB und *SB* zum Ausschalten.
Der Meldeablauf (Bild 10) wird erzielt, indem die Digitalausgabe bei der Spalte ein bestimmtes Relais *SA* und in Verbindung mit Relais *H* ein bestimmtes Relais *ZA* zum Anziehen bringt. Damit erhält die im Kreuzungspunkt der angesteuerten Zeile und Spalte liegende Meldelampe über die

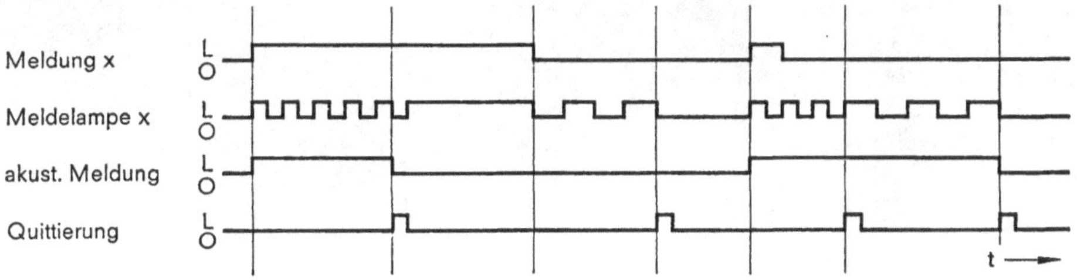

Bild 10: Funktionsdiagramm für den Meldeablauf

Hilfsspaltenleitung schnelles Blinksignal. Beim Quittieren verursacht ein Alarm das kurze Einschalten des *J*-Relais und die Abschaltung des *H*-Relais. Relais *ZA* fällt ab und *ZB* schaltet kurz ein. Damit erhält das *L*-Relais in seiner Einschaltwicklung einen Impuls und wird eingeschaltet. Die Meldelampe zeigt Dauerlicht.
Das Abschalten der Meldelampen erfolgt über das Relais *SB* in einem entsprechenden Steuerablauf wie beim Einschalten. Die Meldelampe erhält hierbei jedoch langsames Blinksignal.

Literaturhinweise

VDI Berichte Nr. 78 Digitale Meßtechnik.

Kaltenecker, H.: Störbeeinflussungen von Signalleitungen der Prozeßrechneranlagen und zweckmäßige Gegenmaßnahmen.
Nachrichtentechnische Zeitschrift 19 (1966) 1, S. 1 bis 6.

Zimmermann, H.: Störspannungen in elektronischen Schaltungen.
Technische Rundschau 36 (1968), S. 17 bis 19.

Zimmermann, H.: Störspannungen in elektronischen Schaltungen.
Technische Rundschau 39 (1968), S. 41 bis 42.

Klein, P. E.: Winkelabtastung und -Codierung.
Elektronik 9 (1968), S. 283 bis 286.

Schlick, K.: Analoge Regler und Speicherglieder zum Anschluß an Prozeßrechner in verfahrenstechnischen Regelanlagen.
Siemens-Druckschrift MP 5/1, Bestell-Nr. 2-7410-263.

2.5 Verkehr Mensch-Rechner

von U. Offer

Inhaltsübersicht

1 Charakteristika von Mensch und Rechner

Mensch und Rechner haben verschiedene Eigenschaften und Fähigkeiten. Berücksichtigt man diese und fügt sie sinnvoll zusammen, so ergeben sich wirkungsvolle Möglichkeiten Aufgaben zu lösen. Teilweise ergänzen sich diese verschiedenen Charakteristika und bilden ein leistungsfähigeres System im Vergleich zu einer Arbeitsweise, bei der entweder nur die menschlichen oder nur die maschinellen Fähigkeiten eingesetzt werden. Die unterschiedlichen Eigenschaften sollen im folgenden etwas genauer angegeben werden, bevor auf die Kommunikationsmittel zwischen Mensch und Maschine eingegangen wird.
Der Mensch ist fähig, das generelle Problem einer Aufgabe zu sehen; die Rechenmaschine dagegen führt detaillierte Routinearbeiten auf einem niedrigen Niveau bei hoher Geschwindigkeit aus. Ein Mensch besitzt Urteilsvermögen, Intuition, Kreativität, während eine Maschine nur das ausführen kann, was auf Grund ihrer technischen Konzeption ganz spezifisch auf sie zugeschnitten ist. Beim Denken und bei der Kommunikation benutzt der Mensch eine Sprache, die freizügig und redundant ist; die Maschinen-Sprachen verlangen dagegen genau das Gegenteil. Der Mensch ist in seinen Reaktionen sehr flexibel, die Operationen der Rechenmaschine sind im voraus genau definiert für in Betracht gezogene Bedingungen. Das Gedächtnis eines

Menschen ist sehr umfassend, für Einzelheiten aber ziemlich vergeßlich, der Speichervorrat einer Maschine ist zwar relativ klein, dafür jedoch unbegrenzt haltbar. Ein Mensch neigt eher dazu, Fehler zu machen, während ein Rechner Fehler nur in Ausnahmezuständen macht. Die Reaktion und das Verhalten eines Menschen sind relativ langsam, bei der Maschine sehr schnell.
Im praktischen Betrieb gilt es nun, diese verschiedenen Eigenschaften von Mensch und Rechner aufeinander abzustimmen. Bei den meisten Mensch-Rechner Konfigurationen unterstützt die Maschine den Menschen, indem sie Verwaltungs- und Routine-Operationen schnell und richtig ausführt. Die Analyse eines Problems kann nur durch den Menschen erfolgen, und der Rechner kann nicht den Menschen ersetzen, falls durch diesen die Aufgabenstellung ungenügend definiert wurde.
Die Zahl der **Kommunikationsmittel** zwischen Mensch und Rechner ist durch die menschlichen Fähigkeiten begrenzt auf den Weg des Hörens, Sehens und der manuellen Betätigung. Daneben gibt es Beschränkungen psychologischer Natur, z. B. die Bereitschaft, nur einige Sekunden und nicht länger auf eine Antwort der Maschine zu warten.
Die Kommunikation zwischen Mensch und Rechner umfaßt zwei Informationswege, nämlich den vom Menschen zum Rechner und den vom Rechner zum Menschen. Auf Grund des Standes der heutigen Technik läßt sich die Kommunikation vom Rechner zum Menschen wesentlich leichter realisieren als umgekehrt. Deshalb wird auch auf diesen Verbindungsweg zuerst eingegangen. Der unterschiedliche Schwierigkeitsgrad läßt sich am sprachlichen Kommunikationsmittel sehr deutlich zeigen. Ausgabemittel vom Rechner zum Menschen mit einer synthetischen Sprache sind heute ohne weiteres möglich.
Eine Anyalse des gesprochenen menschlichen Wortes (und auch der menschlichen individuellen Handschrift) bereitet noch große Schwierigkeiten und ist ohne großen Aufwand überhaupt nicht zu realisieren. Unabhängig von der technischen Realisierung ist die Ausgabe der Informationen vom Rechner zum Menschen deshalb einfacher, weil die Form von vornherein durch ein Programm festgelegt ist. Die Eingabe von Informationen des Menschen zum Rechner bedarf jedoch einer Übersetzung und einer Einordnung in das Programm. Eine Informationseingabe ist im Dialogverkehr mit einer folgenden Informationsausgabe gekoppelt. Der Mensch erwartet eine Reaktion durch die Maschine oder zumindest eine Bestätigung des richtigen Empfangs seiner eingegebenen Information.
Die Unterschiede in der Geschwindigkeit bei Rechenmaschinen und beim Menschen sind so groß, daß die Maschine eine größere Zahl von Eingabe- und Ausgabestationen gleichzeitig bedienen kann, ohne daß Verzugszeiten von den beteiligten Menschen bemerkt werden. Ein großes Hindernis jedoch beim Verkehr zwischen Mensch und Rechner ist die Unterschiedlichkeit der menschlichen und der maschinellen Sprache. Eine für die Kommunikation zwischen Mensch und Rechner gut geeignete Sprache muß leicht erlernbar

sein und sich eng auf die vom System Mensch-Maschine auszuführenden Aufgaben beziehen.

2 Ausgaben vom Rechner an den Menschen

2.1 Notwendigkeiten durch den Prozeßrechnerbetrieb

Die Anzahl sowie Art der Ausgaben vom Rechner wird bereits bei der Anlagenprojektierung festgelegt und durch die Anwenderprogramme realisiert. Das bedeutet, daß beim Auftreten definierter Voraussetzungen vom Programm her eine Ausgabe auf einem bestimmten Gerät zur Unterrichtung des Betriebspersonals veranlaßt wird. Neben den periodischen Protokollen werden zeitlich unvorhersehbar Meldungen ausgegeben, sobald sich bestimmte Zustände im Prozeß ändern. Diese Meldungen können eine aufkommende Gefahr oder einen Fehler anzeigen. Die Reaktion des Bedienungspersonals hängt von der Art der ausgegebenen Daten ab. Auf die Überschreitung eines Grenzwertes z. B. muß das Bedienungspersonal sofort reagieren. Bei der periodischen Ausgabe von Prozeßmittelwerten, aus der sich z. B. neue Trends im Prozeßablauf ergeben, genügt auch ein späterer Eingriff.
Durch den Einsatz von Prozeßrechneranlagen ist es möglich, große Datenmengen auszugeben. Für den Menschen ist es dabei oft schwierig, die Prioritäten und Zusammenhänge der einzelnen Informationen zu erkennen. Zur besseren Übersicht ist es notwendig, Kenngrößen zu bilden und die wichtigsten Daten auf ein Gerät auszugeben, das sich unmittelbar im Blickfeld befindet. Die übrigen Daten können auf langsam arbeitenden Ausgabegeräten erscheinen, die vom Platz des Operateurs nicht unmittelbar zu sehen sind.
Der Mensch kann die vom Rechner ausgegebenen Daten entweder sehen oder hören. Die wichtigsten Möglichkeiten zur Mitteilung bestehen in der Ausgabe und Dokumentation auf Papier benutzenden Geräten, der Anzeige auf Elektronenstrahl-Röhren und Meldungen in akustischer Form.

2.2 Ausgaben auf Papier benutzenden Geräten

Die meisten der vom Rechner ausgegebenen Daten werden auf Papier in verschiedener Form (Blätter, Rollen, Streifen, Karten, Streifen-Karten) ausgedruckt, gestanzt oder gezeichnet. Diese Ausgabemittel sind teilweise recht langsam verglichen mit anderen Ausgabetechniken, haben jedoch den Vorteil, daß sie relativ günstig im Preis sind. Außerdem bietet sich bei diesen Geräten eine gute Möglichkeit für die Dokumentation und eine eventuell notwendige weitere Verarbeitung der Daten. Man muß dabei unterscheiden zwischen Ausgabegeräten, die eine für den Menschen direkt verständliche

Information liefern, und Geräten, die die Information in codierter Form ausgeben.
In die letzte Kategorie fallen die Lochstreifen-, Lochkarten- und Lochstreifen-Karten-Stanzer mit Ausgabegeschwindigkeiten von etwa 20—00 Zeichen pro Sek. Bei den Lochkarten und Lochstreifen-Karten ist es möglich, außer der Lochung eine Beschriftung im Klartext vorzunehmen.
Das am häufigsten benutzte Gerät für die Ausgabe von Daten direkt an den Menschen ist der **Blattschreiber.** Die Ausgabegeschwindigkeit ist mit 10 bis 20 Zeichen pro Sekunde relativ langsam, so daß das menschliche Auge dem Entstehen einer Ausgabeinformation noch folgen kann. Da der Schreibvorgang elektromechanisch erfolgt, wird der die Anlage bedienende Mensch akustisch auf eine neue Aufgabe aufmerksam gemacht. Außer Klartext erscheinen auch Kurzzeichen und Abkürzungen, die nur von eingeweihten Personen verstanden werden. Um den Typenhebelsatz begrenzt zu halten, können entweder nur große oder nur kleine Buchstaben verwendet werden. Zur Unterscheidung der Art oder Bedeutung von Meldungen ist es möglich, von schwarzer Schrift in rote umzuwechseln.
Die Ausgaben auf Blattschreiber bieten den Vorteil einer einfachen und guten Dokumentation. Da es sich meist um Protokolle mit periodisch wiederkehrenden Daten handelt, wird Faltpapier benutzt, dessen einzelne Bögen getrennt werden können. Bei dem hier geschilderten Verfahren ist es möglich, bis zu sieben Durchschläge außer dem Original zu erhalten, so daß die Daten gleichzeitig an mehreren Stellen zugänglich sind. Handelt es sich lediglich um ein Kontrollausschreiben, so kann man Papier von einer Rolle benutzen. Will man neben den auf Papier geschriebenen Zeichen alle Daten gleichzeitig auf einen Lochstreifen speichern, so wird ein Lochstreifen-Stanzzusatz am Blattschreiber vorgesehen.
Die maximale Zeichenzahl pro Zeile beim Blattschreiber ist begrenzt. Man kann zwischen zwei Schriftgrößen wählen und erreicht bei der kleineren Zeichengröße bis zu 104 Zeichen pro Zeile. **Protokoll-Blattschreiber** erlauben eine Schreibbreite von etwa 150 Zeichen pro Zeile und weisen außerdem den Vorteil auf, daß sie eine Tabelliereinrichtung enthalten, mit der Daten auf vorgedruckten Formularen an ganz bestimmten Stellen ausgeschrieben werden können.
Es gibt Anwendungsfälle, bei denen die Ausgabegeschwindigkeit der Blattschreiber von maximal 20 Zeichen pro Sekunde nicht ausreicht. Hier muß man auf **Schnelldrucker** ausweichen. Schnelldrucker können bis zu 140 Schreibstellen pro Zeile haben und arbeiten mit Ausgabegeschwindigkeiten von etwa 10—20 Zeilen/s, wobei jeweils eine komplette Zeile gleichzeitig gedruckt wird. Eine typische Anwendung beim Prozeßrechner-Betrieb ist das Ausdrucken von Störablaufprotokollen. Ein Ausschreiben über Blattschreiber würde etwa die 100-fache Zeit in Anspruch nehmen, außerdem werden wegen der vielen kurzzeitig anfallenden Daten relativ große Puffer benötigt, um die Daten bis zum Ausschreiben zu speichern.

Eine andere Form der Informationsübermittlung an den Menschen über Papier besteht in der Ausgabe von graphischen Darstellungen. Hierzu werden X, Y-Schreiber oder **Plotter** eingesetzt, die direkt an den Rechner angeschlossen werden können, wenn die Größen X und Y auf Grund von gemessenen Werten durch die Zentraleinheit errechnet werden. Plotter oder automatische Zeichengeräte werden hauptsächlich für das Zeichnen von Kurven eingesetzt, die laufend benötigt werden, z. B. Belastungskurven von EVUs, zeitlicher Verlauf von Meßwerten und Kenngrößen, Abhängigkeit mehrerer Kenngrößen voneinander. Die Kurvendarstellung gibt dem Menschen ein wesentlich anschaulicheres Bild als eine Tabelle mit numerischen Werten. Neben dem Zeichnen der Kurven kann der Plotter auch die Beschriftung der Zeichnung ausführen. Der Zeichnungsvorgang erfolgt sehr schnell mit bis zu 1500 Schritten pro Sek., bei Schrittweiten von 0,05 bis 0,2 mm.

2.3 Ausgaben auf Elektronenstrahl-Röhren

Die Darstellung der vom Rechner ausgegebenen Daten auf Kathodenstrahl-Röhren gewinnt in letzter Zeit an Bedeutung und wird auch in Zukunft häufiger eingesetzt werden. Neben Elektronenröhren, auf denen nur ein Zeichen dargestellt werden kann, interessieren insbesondere die aus der Fernsehtechnik kommenden großflächigen Röhren, die die Darstellung von vielen Zeichen auf einem Schirm gestatten. Die Röhren sind meist konstruktiv mit der Steuerungs- und Ablenkelektronik zu einem Gerät zusammengefaßt und heißen **Sichtgeräte.** Für die Erzeugung der Zeichen bieten sich zwei Methoden an: Zusammensetzung aus einzelnen Stücken oder Punkten durch einen frei positionierbaren Elektronenstrahl oder das Rasterverfahren der Fernsehtechnik.

Diese verschiedenen Techniken haben ihre Auswirkung auf die Form der einzelnen Zeichen. Bei Anwendung der Fernsehtechnik ist die Zahl der Zeilen und damit der Rasterpunkte für das einzelne Zeichen begrenzt. Die Qualität der Form ist daher meist schlechter als bei der Erzeugung durch einen frei positionierbaren Elektronenstrahl, wo durch erhöhten Aufwand die Zeichenqualität verbessert werden kann. In der Praxis hat sich gezeigt, daß eine geringere Qualität der Zeichen oft ausreichend ist, da sich das Betriebspersonal an die vereinfachte und andersartige Form der Zeichen bald gewöhnt und keine Schwierigkeiten beim Ablesen des Schirms mehr hat. Für den Einsatz bei Prozeßrechneranlagen werden vorzugsweise große Schirme benötigt, um einmal die benötigte Zeichenzahl darstellen zu können und andererseits die Zeichen so groß aufzuschreiben, daß sie auch von nicht direkt davorsitzenden Personen gut erkannt werden können. Bei den jetzt vorhandenen Geräten ist die Schirmgröße auf eine maximale Diagonale von 59 cm beschränkt. Nimmt man bei einer vorgegebenen Schirmgröße beliebig kleine Zeichen in Kauf, so wird die maximal darstellbare Zahl der

Zeichen auf dem Schirm durch die Schreibgeschwindigkeit begrenzt. Denn nach etwa 20–50 ms muß das Schreiben beendet sein und der Bildaufbau wiederholt werden.

Beim heutigen Stand der Anwendungstechnik werden Sichtgeräte mit alphanumerischen Anzeigen meist zur Meßwertverfolgung, Betriebsablauf-Protokollierung und der Meldung von Störungen benutzt. Dabei ist jeder Zeile eine bestimmte Information über den Prozeß zugeordnet. Falls sich Änderungen durch den Zustand des Prozesses ergeben, so wird nur in der für diesen Wert betreffenden Zeile der numerische Wert geändert.

Neben den alphanumerischen Daten können Sichtgeräte auch Graphik darstellen. So kann eine anlagenmäßige Darstellung des momentanen Zustandes eines Prozesses auf einem Sichtgerät dargestellt werden, z. B. Netzkonfigurationen eines Energieversorgungs-Unternehmens auf den verschiedenen Spannungsebenen. Der Aufwand für derartige Darstellungen ist höher, weil neben alphanumerischen Zeichen eine Anzahl von speziellen Symbolen (z. B. Sinnbilder für Transformatoren oder Leistungsschalter) erzeugt werden müssen.

Bei der großen Menge von Daten, die bis heute dem Bedienungspersonal zur Verfügung stehen, ist es oft schwer zu unterscheiden, welche der angezeigten Informationen neu und aktuell sind. Beim Sichtgerät läßt sich diese Unterscheidung recht einfach dadurch machen, daß geänderte Werte zuerst blinken (während die übrige Information als stehendes Bild erscheint). Das Blinken kann eine bestimmte Zeit anstehen oder aber so lange, bis das Bedienungspersonal die Wahrnehmung durch Knopfdruck quittiert hat.

Gegenüber den Ausgaben auf Blattschreibern und Druckern haben die Darstellungen auf Sichtgeräten entscheidende Vorteile. Da die Datenausgabe auf rein elektronischem Weg geschieht, hat sie eine wesentlich höhere Geschwindigkeit als die Ausgaben auf elektromechanischen Geräten. Ferner ist es möglich, neben alphanumerischen Daten auch Graphik auf demselben Bildschirm darzustellen. Während der Blattschreiber die Zeichen fortlaufend gemäß ihrer zeitlichen Übermittlung ausschreibt, läßt sich beim Sichtgerät die bereits dargestellte Information an jeder beliebigen Stelle einfach ändern und damit schnell auf den neuesten Stand bringen. Zur Dokumentation bedarf es zusätzlicher Geräte: Handelt es sich nur um alphanumerische Daten, so genügt ein Blattschreiber. Bei ausschließlicher Graphik kann ein Plotter angekoppelt werden.

Ist die Informationsmenge, die vom Rechner ausgegeben wird und angezeigt werden soll, gering, so genügt der Einsatz von einzelnen **Elektronenröhren.** Sie können entweder eine beliebige der zehn verschiedenen Ziffern oder einen aus zehn verschiedenen Buchstaben oder ein Vorzeichen darstellen. Mit der Kombination mehrerer dieser Röhren lassen sich Meßwerte, deren Vorzeichen und deren Dimension anzeigen. Jede Ziffernröhre umfaßt dabei eine Dekade der dargestellten Zahl. Handelt es sich um gebrochene Zahlen, so kann zusätzlich ein Punkt an der betreffenden Ziffernröhre aufleuchten.

Neben Meßwerten werden in der Praxis auch Meßstellennummern, Uhrzeiten oder Kurztexte auf diese Weise angezeigt. Ebenso wie bei den Sichtgeräten läßt sich eine Meßwertverfolgung durchführen, indem man einen bestimmten Wert anzeigt und die eintretenden Änderungen laufend ausgibt. Die Anzeigeröhren werden meist in Wandtafeln oder Pultaufsätzen eingebaut, damit sie dem Bedienungspersonal gut sichtbar sind. Außer den hier genannten elektronischen Anzeigeröhren, bei denen die Kathode die Form des anzuzeigenden Zeichens hat, existieren noch zwei andere Röhrenarten, die die Darstellung von Ziffern und Buchstaben gestatten: Projektionsröhren und Balkenröhren. Bei der ersten Form wird das Licht einer Lampe auf eine Maske gegeben, die den Umrissen des Zeichens entspricht. Im zweiten Fall wird jedes Zeichen aus einer Zahl von Balken zusammengesetzt, die innerhalb der Röhre auszuwählen sind und aufleuchten (Anodenlumineszenz).

2.4 Sprachausgaben

Die Sprachausgabe spielt heute beim Prozeßrechnerbetrieb noch eine sehr kleine Rolle. Mit Hilfe von Ansagegeräten kann eine eng begrenzte Zahl von Sprachmeldungen ausgegeben werden. Im wesentlichen handelt es sich dabei um Warnungen bei Ausnahmezuständen des Prozesses. Die Sprachausgabe hat den Vorteil, daß sie vom Bedienungspersonal auch dann sofort wahrgenommen werden kann, wenn dieses sich nicht am Bedienungsplatz mit dessen Ein–Ausgabegeräten befindet.

3 Dialogverkehr zwischen Mensch und Rechner

3.1 Anforderungen durch den Prozeßrechnerbetrieb

Bei Änderungen im Prozeß, neuen Erkenntnissen auf Grund ausgegebener Daten, bei Prüfungen und Bedienungen wird der Mensch veranlaßt, selbst die Initiative zu übernehmen und Daten in den Rechner einzugeben. Die Eingaben sind nicht wie die Ausgaben bereits bei der Projektierung und Programmierung eingeplant worden, sondern ergeben sich durch Ereignisse der Umwelt. Dies bedeutet, daß durch die Eingaben des Menschen das laufende Programm des Rechners unterbrochen wird, um die Information der Eingaben zu identifizieren und zu verarbeiten. Im allgemeinen sind die Eingaben mit Datenausgaben gekoppelt, und man spricht deshalb von einem Dialogverkehr zwischen Mensch und Maschine. Dieser Dialog kann verschiedene Formen annehmen: Durch eine Eingabe kann z. B. eine Informationsanforderung an den Rechner gestellt werden, die dieser durch eine folgende Ausgabe beantwortet. Beispiele dazu sind: Nachfrage nach interessanten Prozeßwerten, die nicht automatisch ausgegeben werden, Bedienungs- und Prüfroutinen. Die nachfolgende Ausgabe kann auch lediglich zur Bestätigung dienen, daß die eingegebene Information richtig vom Rechner aufgenommen wurde (z. B. bei Änderung wichtiger Parameter). Die Eingaben können auch als Folge von vorausgegangenen Ausgaben entstehen (z. B. Ausgabe eines Alarms), die eine Korrektur durch Eingabe erzwingen. Beim Dialogverkehr in Prozeßrechneranlagen spielen der Sicherheitsfaktor und die Reaktionszeit eine besondere Rolle, um bei Fehleingaben große Schäden zu vermeiden. Bei einem Dialog müssen die Antworten innerhalb von Sekunden kommen, damit die Wartezeit und das Unbehaglichkeitsgefühl beim Menschen nicht zu groß werden.

Während die vom Rechner ausgegebenen Daten vom Menschen durch das Auge wahrgenommen werden, geschieht die Eingabe von Daten ausschließlich manuell, und zwar durch Fingerdruck auf Tasten (oder Einstellen von Schaltern). Für den Dialogverkehr ist die Verbindung der Eingabetasten mit einer Reihe von Ausgabemitteln notwendig.

3.2 Dialogverkehr über Blattschreiber mit Tastaturen

Die Geschwindigkeit der Informationseingabe wird allein durch den Menschen bestimmt und ist sehr langsam. Der Rechner wird durch die Eingaben nur kurz unterbrochen und führt in der Zwischenzeit andere Programmaufgaben aus. Da der Mensch bei der manuellen Betätigung sehr leicht Fehler macht, muß dafür gesorgt werden, daß falsche Eingaben nicht vom Rechner bearbeitet werden. Dazu kann z. B. die Eingabe zuerst aufgebaut, geprüft und – falls sie richtig ist – durch ein Endezeichen die Bearbeitung durch den Rechner veranlaßt werden. Ist die Eingabe fehlerhaft, so kann man sie durch Abschluß mit einem Irrungszeichen unwirksam machen.

Es lassen sich beim Prozeßrechnerbetrieb zwei Einsatzmöglichkeiten für Ein-Ausgabe-Blattschreiber unterscheiden. Zu jeder Anlage gehört ein Bedienungs-Blattschreiber, der für die Bedienung und Prüfung eingesetzt wird. Auf ihm werden grundsätzlich Störungen und Fehler an den Geräten und im Programmsystem ausgeschrieben. Eingegeben werden alle Anweisungen, die mit dem Betriebssystem und dem Anwenderprogramm zusammenhängen. Der Bedienungsblattschreiber befindet sich immer in der unmittelbaren Nähe des Rechners. Daneben können je nach Anwendungsfall mehrere Ein-Ausgabe-Blattschreiber benutzt werden, die meist in verschiedenen Außenstationen aufgestellt sind und dazu dienen, Daten des Prozesses manuell einzugeben oder die Ausgabe bestimmter Informationen anzufordern. Oft handelt es sich dabei um Werte, die nicht automatisch in den Rechner eingegeben werden können, bzw. deren direkte Eingabe zu aufwendig wäre. Beispiele ergeben sich beim Prozeßrechnereinsatz in Lagerhäusern, Laboratorien oder Stahlwerken.

3.3 Dialogverkehr über Tasten- und Anzeigefelder

Durch Benutzung von Tasten- und Anzeigefeld-Kombinationen erreicht man beim Dialogverkehr mit dem Rechner eine größere Flexibilität und bessere Sinnfälligkeit als dies mit Blattschreibern möglich ist. Aus einer Anzahl kombinierbarer Baugruppen kann für jede Anwendung eine optimale Ausführung zusammengebaut werden. Für die manuelle Eingabe steht ein breites Spektrum der verschiedensten Tasten zur Verfügung. Die Datenausgabe erfolgt auf Elektronenröhren und kann dort abgelesen werden. Man kann unterscheiden zwischen Zehner-, alphanumerischen- und Funktions-Tastaturen. Beispiele sind Tasten für Klarmeldung, Irrung, Parameteränderung, Programmstart. Die Tasten sind einzeln, als Zehnerstreifen oder als komplettes Feld einsetzbar. Sie können beleuchtet oder unbeleuchtet sein. Die Beleuchtung kann z. B. als Quittierung benutzt werden oder zur Information, welche Taste zuletzt gedrückt wurde. Die Lampen in der Taste können Dauerlicht abgeben oder blinken, wobei das Blinken einen Ausnahme- oder Übergangszustand anzeigen kann.

Zur Verhinderung von Fehlbedienungen sind die Tastaturen verriegelt. Das gesamte Tastenfeld kann durch einen Schlüsselschalter außer Betrieb gesetzt werden, so daß unbefugte Personen keine Eingriffsmöglichkeit haben. Die Verriegelung kann auch elektrisch oder durch eine Programmkontrolle erfolgen. Tasten- und Anzeigefelder werden meist in Pulten kompakt und übersichtlich zusammengefaßt. Funktionstasten sind getrennt von Zehner- oder alphanumerischen Tastaturen angeordnet. Anzeigen werden im Pultaufsatz eingebaut, damit sie dem Bedienungspersonal gut sichtbar sind.

Beim Prozeßrechnerbetrieb muß gewährleistet sein, daß die Informationseingaben ohne Fehler zum Rechner gelangen. Aus diesem Grund müssen die eingetasteten Werte und Befehle noch einmal auf ihre Richtigkeit hin kontrolliert werden. Dazu gibt es folgende Möglichkeiten: Die eingetasteten Daten werden direkt auf die Anzeigeröhren gegeben. Nach der visuellen Überprüfung erfolgt die Eingabe in den Rechner mit Hilfe einer Übergabetaste. Will man noch den Ein–Ausgabeweg zum und vom Rechner mit kontrollieren, so werden die Daten von der Tastatur in den Rechner eingegeben und von dort wieder auf das Anzeigefeld ausgegeben.

Kombinierte Tasten- und Anzeigefelder als Bedienungspulte spielen eine große Rolle bei DDC-Anlagen. Hier entsteht für das DDC-Bedienungspult die Aufgabe, den von der analogen Technik her gewohnten Kontakt zwischen Bedienungsmann und Prozeß durch Schreiber, Anzeigen, Sollwertsteller, Leitgeräte usw. zu ersetzen. Über die Tastaturen der DDC-Bedienungspulte können z. B. Sollwerte, Grenzwerte, Parameter der Regelgleichung und Abtastintervalle geändert werden. Interessierende Meßwerte und Regelgrößen können ausgewählt und auf den Anzeigen dargestellt werden.

3.4 Dialogverkehr über Sichtgeräte

Wegen der guten Anschaulichkeit, einer leichten Handhabung und der Ausgabemöglichkeit größerer Datenmengen werden Sichtgeräte in zunehmendem Maße eingesetzt. Für die Informationseingabe dienen alphanumerische und Funktionstastaturen, die zwecks besserer Handhabung durch den Operateur getrennt vom Bildschirm angeordnet werden. Um bestimmte Stellen auf dem Schirm zu identifizieren, werden **Lichtgriffel** benutzt. Die Lichtgriffel enthalten Fotoelemente, die die Helligkeitsschwankungen im Rhythmus der Bildwiederholfrequenz an dieser Stelle registrieren. Die Signale werden ausgewertet und können die angesprochene Stelle auf dem Bildschirm identifizieren. Als Rückmeldung für die Bedienungsperson wird eine Lichtmarke benutzt, die an diese Stelle rückt und aufblinkt. Sobald die Bildschirmstelle erkannt ist, kann mit Hilfe einer Funktionstastatur z. B. das an dieser Stelle befindliche Zeichen oder Symbol geändert werden. Die gleichen Eingabemöglichkeiten ergeben sich, wenn man anstelle des Lichtgriffels eine **Rollkugel** in Zusammenarbeit mit einer Tastatur benutzt. Die Bewegung der Rollkugel wird auf zwei Codegeber übertragen, die der X- und Y-Komponente der Verschiebebewegung entsprechend Digitalwerte erzeugen. Mit der Bewegung der Kugel wird eine Marke auf dem Bildschirm verschoben. Nach Erreichen der gesuchten Stelle auf dem Bildschirm und Identifizierung des betreffenden Zeichens kann mit Hilfe der Tastatur und dem Start der zugehörigen Programme das Zeichen gelöscht, geändert oder die Zeichnung neuer Darstellungen veranlaßt werden. Gegenüber dem Lichtgriffel ergibt sich der Vorteil, daß der Bedienungsmann seine Hand nicht dauernd zur Identifizierung auf dem Bildschirm benötigt. Läßt man die Rollkugel los, so bleibt sie in der zuletzt fixierten Stellung stehen. Diese kann nochmal visuell überprüft werden, bevor die Tastatur bedient wird.

Es sind zwei Arten von Dialogverkehr zu unterscheiden. Wird das Sichtgerätesystem zur Auskunft benutzt, so kann die Bedienungsperson mit Hilfe einer Tastatur auf dem Bildschirm Informationen in Form von numerischen Daten, Text, Tabellen, Kurven, Symbolbildern und Graphiken ausgeben lassen. Dadurch, daß z. B. viele Meßwerte und Betriebsgrößen nach Anwahl auf dem Sichtgerät erscheinen, ist es möglich, einen Teil der konventionellen Instrumentierung zu sparen. Dies trifft insbesondere für den Einsatz der Sichtgeräte in Kraftwerken und Lastverteilern zu, wo bereits erste Erfahrungen vorliegen. Für die Bedienungsperson ergibt sich außerdem der Vorteil, daß Informationen zusammengefaßt am Arbeitsplatz erscheinen, was in großen Warten nicht möglich ist.

Die zweite Art von Dialogverkehr über das Sichtgerät hat den direkten Eingriff in das Prozeßgeschehen zum Ziel. Der Ein–Ausgabevorgang läuft daher unter besonderen Sicherheitsvorkehrungen folgendermaßen ab: Mit Hilfe der Rollkugel wird ein bestimmtes Symbol angesteuert. Vom Rechner erfolgt Rückmeldung, daß das Symbol richtig erkannt wurde. Der Befehl zur Ausführung einer Handlung wird per Tastatur an den Rechner gegeben und gleichzeitig auf dem Schirm vermerkt. Der Rechner bestätigt an das sichtgerät, daß der Befehl ausgeführt wurde. Dies drückt sich in einer Änderung des betreffenden Symbols auf dem Schirm aus. Anwendungen dieser Art ergeben sich z. B. bei der Steuerung von Schaltstationen durch zentrale Lastverteiler.

2.6 Betriebsprogramme

von G. Ueberschär

Inhaltsübersicht

1 Begriff des Betriebssystems

Unter dem Betriebssystem einer Datenverarbeitungsanlage wird eine durch ihre Ausstattung festgelegte Menge von Standardprogrammen und Programmsystemen verstanden. Diese sind vom speziellen Anwendungsfall unabhängig und werden in der Regel vom Hersteller geliefert. Mit dem Betriebssystem wird die technische Struktur eines Rechners um die programmierte Struktur so erweitert, daß der Benutzer die Datenverarbeitungsanlage sinnvoll und mit möglichst bequemen Mitteln an seine spezielle Aufgabe anpassen kann. Anlagenausstattung und Benutzerwünsche bestimmen die Varianten des Betriebssystems mit ihren zugehörigen Programmen, die sich aus Bausteinen nach einer Wunschliste per Programm generieren lassen. Die Grenzen zwischen technischer Struktur und programmierter Struktur sind fließend und für den Benutzer zunächst gar nicht zu erkennen. Funktionen, die bei großen Datenverarbeitungsanlagen durch fest verdrahtete elektronische Steuerungen realisiert sind, können in kleineren Anlagen, bei denen sie aus Aufwandsgründen nicht eingebaut sind, per Programm im Betriebssystem implementiert sein. Fest verdrahtete Funktionen sind ohne weiteres nicht veränderbar, laufen dafür aber im allgemeinen wesentlich schneller ab als dieselben, durch das Betriebssystem nachgebildeten Funktionen. So haben kleine Anlagen einer Systemfamilie häufig nur eine Teilmenge der Befehlsliste der größeren Typen dieser Familie in verdrahteter Form. Fehlende Befehle werden durch das Betriebssystem per Programm mit den vorhandenen Befehlen „nachgespielt". Auf diese Weise kann auch die kleine Anlage für den Benutzer die gesamte Befehlsliste der Familie erhalten. Allerdings liegt die Befehlsausführungszeit eines „simulierten" Befehls eine bis zwei Größenordnungen über der eines fest verdrahteten Befehls, und es wird zusätzlicher Speicherplatz benötigt.

Es ist denkbar, die Funktionen des Betriebssystems als fest verdrahtete Steuerungen in einer Datenverarbeitungsanlage zu realisieren. Damit würde aber die Flexibilität weitgehend verlorengehen und die Kosten würden ganz erheblich steigen. Die im folgenden beschriebenen Eigenschaften von Betriebssystemen werden daher großenteils per Programm realisiert.

2 Aufgaben eines Betriebssystems

2.1 Bedienen

Die erste Grundfunktion eines Betriebssystems ist es, eine Datenverarbeitungsanlage „bedienbar" zu machen, d. h. dem Benutzer den Verkehr mit der Datenverarbeitungsanlage mit einfachen Mitteln überhaupt erst zu ermöglichen. Unter „bedienen" einer Datenverarbeitungsanlage ist zu verstehen, daß der Benutzer durch Eingabe von alphanumerischem Text oder durch Betätigen von Funktionstasten die Anlage zu bestimmten, gewünschten Reaktionen veranlassen kann. Alphanumerische Zeichenfolgen zur Bedienung einer Anlage heißen „Bedienungsanweisungen".

Die einfachsten unerläßlichen Bedienungsfunktionen sind **Eingabe und Start von Programmen.** Die Programmeingabe erfolgt entweder von den „klassischen" Datenträgern, Lochkarten bzw. Lochstreifen, oder, mit erheblich größerer Geschwindigkeit, von magnetischen Datenträgern wie Magnetbän-

dern, Trommel- oder Plattenspeichern. Die Programme müssen so in den Rechner eingelesen werden, daß sie nach einem entsprechenden Startaufruf ablaufen und die gewünschten Funktionen ausführen können. Man nennt diese Bedienungsfunktion **Laden** oder **Bereitstellen** eines Programms.
Die Funktion „Programm laden" kann bei den verschiedenen Betriebssystemen mit mehr oder weniger Bedienungskomfort ausgestattet sein, je nachdem, ob das Betriebssystem den Speicherplatz selbst verwaltet und dem zu ladenden Programm automatisch freie Kernspeicher- oder Externspeicherbereiche zuteilt, oder ob dies der Benutzer tun muß.
Grundsätzlich sind die Bedienungsmöglichkeiten Laden und Starten von Programmen für den Benutzer ausreichend; das Betriebssystem kann sich zunächst auf diese beiden Funktionen beschränken. Es muß darüber hinaus jedoch dem Anwender die Möglichkeit bieten, beliebige zusätzliche Bedienungsfunktionen zu programmieren. Dazu wird vom Betriebssystem eine entsprechende Nahtstelle zur Verfügung gestellt, an welche die als Benutzerprogramme konzipierten Bedienungsfunktionen angeschlossen werden können.

2.2 Koordinieren

2.2.1 *Ansprechen externer Elemente*

Das Betriebssystem sorgt dafür, daß der Anwender mit den externen Elementen „anlagenunabhängig" verkehren kann. Das geschieht dadurch, daß in Anwenderprogrammen alle externen Elemente nur über sogenannte „Aufrufe an das Betriebssystem" angesprochen werden. Ein solcher Aufruf kann z. B. lauten: „Inhalt einer Lochkarte in den Arbeitsspeicher ab Adresse ADR einlesen", wobei ADR ein vom Anwender wählbarer Parameter ist. Dieser Aufruf ist vom Anwender her gesehen unabhängig davon, an welchem Ein-Ausgabekanal z. B. das Lochkartenelement angeschlossen ist oder welche fest verdrahteten Versorgungs- oder Anzeigenzellen bei einer speziellen Anlage für das Element vorgesehen sind. Diese anlagenspezifischen Informationen sind ausschließlich im Betriebssystem hinterlegt, das den **anlagenunabhängigen Aufruf** in die anlagenspezifischen Versorgungsbefehle umsetzt.

Die meisten Operationen der externen Elemente sind sogenannte „lange Operationen". Das bedeutet, daß die Ausführungszeiten für solche Operationen (z. B. 100 ms für das Lesen einer Lochkarte) um mehrere Größenordnungen über den Befehlsausführungszeiten der Programmsteuerung (z. B. 4 μs) liegen. Bei modernen Rechnern wird daher die Programmsteuerung nur zum Anstoß einer Externoperation und bei der Fertigmeldung eines externen Elementes benötigt.
Der Anwender verkehrt mit diesen Elementen über „lange Aufrufe". Das Betriebssystem übernimmt dabei zunächst die Versorgung der externen Elemente, die dann selbständig mit der Anlage verkehren, ohne die Pro-

grammsteuerung zu stören. Zusätzlich wertet es die Fertigmeldungen dieser Elemente aus. Der Anwender muß lediglich in seinen Programmen, wiederum in Form eines Aufrufes an das Betriebssystem, angeben, an welcher Stelle das Programm auf die Beendigung eines zuvor abgegebenen Externaufrufes warten soll. Das Betriebssystem sorgt dafür, daß das Programm an dieser Stelle unterbrochen und, wenn die entsprechende Externoperation ausgeführt ist, fortgesetzt wird. Erst dann stehen die aufgeforderten Daten dem Anwenderprogramm an der gewünschten Stelle im Arbeitsspeicher zur Verfügung.

2.2.2 *Steuerung der Simultanarbeit*

Wegen der im letzten Abschnitt beschriebenen Funktion „Warten auf fertig", ist es sinnvoll und speziell bei Prozeßrechnern unbedingt erforderlich, daß mehrere Programme nebeneinander in einer Datenverarbeitungsanlage abgewickelt werden. Und zwar wird jeweils dann ein anderes Programm aktiviert, wenn das gerade laufende infolge eines Aufrufs „Warten auf fertig" vom Betriebssystem bis zur Rückmeldung des entsprechenden externen Elementes angehalten werden muß. Für den Benutzer erscheint es so, als ob dann beide Programme gleichzeitig ablaufen; tatsächlich werden sie von der Programmsteuerung verschachtelt nacheinander abgewickelt. Die Auswahl unter den „an der Programmsteuerung wartenden", also ablaufbereiten Programmen geschieht im einfachsten Fall nach fest vereinbarten Prioritäten. Die Programmsteuerung wird jeweils dem ablaufbereiten Programm höchster Priorität so lange zugeteilt, bis es eine Wartestelle oder das Programmende erreicht hat. Dann wird das Programm nächst niedrigerer Priorität aktiviert.
Da sich mehrere Programme in die Benutzung der Programmsteuerung teilen, muß das Betriebssystem auch den Fall beherrschen, daß mehrere Programme gleichzeitig die Benutzung eines und desselben externen Gerätes, z. B. eines Ausgabeblattschreibers, anfordern. Das Betriebssystem reiht diese Anforderungen in sogenannten Warteschlangen ein und arbeitet sie nach der Reihenfolge ihres Eintreffens oder entsprechend der Priorität des aufrufenden Programmes ab.

2.3 Übersetzen

Die Programme in einer Datenverarbeitungsanlage sind mit Bitkombinationen in einer für den Benutzer völlig unübersichtlichen und nahezu unverständlichen Form dargestellt. Man schreibt sie daher in einer **Programmiersprache,** die maschinenorientiert oder problemorientiert sein kann. Dem Betriebssystem kommt dabei die Aufgabe des Übersetzens in ein ablauffähiges Programm zu.
Maschinenorientierte Sprachen werden gelegentlich „eins zu eins Sprachen" genannt. In derartigen Sprachen wird im einfachsten Fall jeder einzelne

Maschinenbefehl in der Reihenfolge, wie er in der Datenverarbeitungsanlage tatsächlich ablaufen soll, formuliert.
Für jede Art von Datenverarbeitungsanlagen gibt es eine eigene maschinenorientierte Programmiersprache. Sie kann sehr komfortabel ausgestattet sein und dann ihren „eins zu eins"-Charakter weitgehend verlieren, wenn mit einem einzigen Sprachelement eine ganze Reihe von Maschinenbefehlen aufgerufen wird. Solche „**Makroaufrufe**" werden vom Übersetzer als Befehlsfolgen abgesetzt.
Um die Arbeit des Programmierens zu vereinfachen, werden die Operationsteile der Befehle in einem mnemotechnischen Code notiert und die Operanden der Befehle in der Regel durch „Namen" bei der sogenannten „**Programmierung mit symbolischen Adressen**" angesprochen (z. B. **PROSA**).
Die Übertragung in ein ablauffähiges Programm ist Aufgabe des Übersetzerprogramms, das „Assembler" genannt wird.
Problemorientierte Sprachen können ohne Kenntnis der Datenverarbeitungsanlage, auf der das Programm später laufen soll, verwendet werden. Es handelt sich hierbei meist um Sprachen, mit denen ein spezieller Aufgabenkomplex besonders gut beschrieben werden kann, z. B. ALGOL und FORTRAN.
Problemorientierte Sprachen bieten zwar eine erhebliche Erleichterung bei der Programmierung, sind aber in der Regel weniger effektiv, da das zugehörige Übersetzerprogramm, das „Compiler" genannt wird, für die spezielle Maschine das Maschinenprogramm nicht optimal erzeugt. Es wird mehr Speicherplatz und mehr Rechenzeit benötigt als bei der Programmierung mit maschinenorientierten Sprachen.

2.4 Testen

In der Regel sind Programme zunächst fehlerhaft, unabhängig davon, in welcher Sprache sie geschrieben sind. Dabei ist zu unterscheiden zwischen syntaktischen Fehlern und logischen Fehlern. **Syntaktische Fehler** sind Verstöße gegen die Regeln der Programmiersprache. Derartige Fehler sind leicht zu beherrschen, da die Übersetzerprogramme in der Lage sind, sie zu erkennen und durch entsprechende Meldungen den Programmierer auf diese Fehler aufmerksam zu machen.
Logische Fehler lassen sich nur durch einen sorgfältigen Test des geschriebenen Programms finden. Theoretisch müßten zu einem vollständigen Test eines Programms sämtliche Programmzweige mit allen möglichen Versorgungsdaten durchlaufen werden. Praktisch ist dieses Verfahren wegen der sehr großen Zahl der Möglichkeiten undurchführbar. Es muß also dem einzelnen Programmierer überlassen bleiben, seine Teststrategie so zu wählen, daß er mit hoher Wahrscheinlichkeit zu einem fehlerfreien Programm kommt.
Das Betriebssystem hat die Aufgabe, dem Programmierer automatisch arbeitende Testhilfsmittel zur Verfügung zu stellen, z. B. das Verfolgen des

dynamischen Ablaufs eines Programms, die Überwachung mit Ausgabe bestimmter Informationen an festzulegenden Programmstellen oder „Momentaufnahmen" der Arbeitsspeicher oder Externspeicherbelegung.

3 Aufbau eines Betriebssystems

3.1 Organisationsprogramm

3.1.1 Aufgaben

Der zentrale Teil eines Betriebssystems ist das sogenannte Organisationsprogramm, es steuert die Koordinierung von Programmen und externen Elementen und die Bedienung des Gesamtsystems.
Für alle Echtzeitaufgaben und speziell für den Prozeßrechnerbetrieb muß unter allen Umständen eine optimale Auslastung des Rechners einschließlich der peripheren Geräte gewährleistet werden.
Die hierzu notwendige Simultanarbeit zu steuern, ist Aufgabe des Koordinierungsteils im Organisationsprogramm.

3.1.2 Simultanarbeit erster Art

Die meisten Elemente einer Datenverarbeitungsanlage, wie Programmsteuerung, Datensteuerung und Rechenwerk, sind nur einfach vorhanden. Diese Elemente können dann in der Regel auch nur eine Aufgabe zu einer Zeit lösen. So können z. B. mehrere Zugriffe zum Arbeitsspeicher nur nacheinander abgewickelt werden, und auch die Programmsteuerung steht zu einer Zeit nur einer Aufgabe zur Verfügung. Der in diesem Zusammenhang gebräuchliche und häufig benutzte Begriff der „Simultanarbeit" ist daher so zu verstehen, daß Vorgänge in einer Art „Zeitscheibentechnik" nacheinander- und ineinander verschachtelt abgewickelt werden. Bei einer Simultanarbeit zwischen einem externen Datentransfer und der Programmsteuerung, die beide Zugriff zum Arbeitsspeicher benötigen, kann z. B. der erste Arbeitsspeicherzyklus einem externen Datentransfer mit dem Arbeitsspeicher und der folgende Zyklus zum Lesen eines Befehls für die Programmsteuerung dienen. Bei dieser Simultanarbeit „erster Art" werden in modernen Anlagen die Anforderungen der angeschlossenen externen Elemente und der Programmsteuerung auf Arbeitsspeicherzyklen gerätetechnisch koordiniert. Die Datensteuerung verteilt die zur Verfügung stehenden Arbeitsspeicherzyklen entsprechend einer festgelegten Prioritätsreihenfolge an die anfordernden Elemente. Die Programmsteuerung hat dabei die niedrigste Priorität, so daß gewährleistet ist, daß Programme erst laufen können, wenn alle Anforderungen von externen Elementen abgearbeitet sind.

3.1.3 Simultanarbeit zweiter Art

Die von der technischen Struktur eines Rechners her realisierte Simultanarbeit zwischen externem Datentransfer und Programmsteuerung wird jedoch für den Anwender erst ausnutzbar durch die vom Organisationsprogramm koordinierte Simultanarbeit mehrerer Programme, die Simultanarbeit „zweiter Art" genannt wird.
Für „lange Externoperationen" wird die Programmsteuerung lediglich zur Einleitung des Datentransfers, also zur Vergabe eines Auftrags an ein externes Element, benötigt und dann erst wieder zur Verarbeitung der von dem externen Element abgegebenen Endemeldung. Während der dazwischenliegenden Zeit, die je nach der Art des externen Elements zwischen einigen Millisekunden und einigen Sekunden liegen kann, ist die Programmsteuerung frei. Sie kann vom Organisationsprogramm einem auf Bearbeitung wartenden Programm zugeteilt werden. Die einem Programm zur Verfügung stehende „Zeitscheibe" ist im Normalfall natürlich wesentlich größer als ein einzelner Arbeitsspeicherzyklus. Sie hängt stark von der Auslastung des Rechners ab. Bei zu kurzen Zeitscheiben sinkt die Effektivität der Anlage. Im einfachsten Fall wird ein Programm so lange von der Programmsteuerung bearbeitet, bis es aus irgendeinem Grund auf eine Rückmeldung von der Peripherie her warten muß oder von einem anderen Programm höherer Dringlichkeit unterbrochen wird.
Um die erforderlichen Koordinierungsarbeiten vornehmen zu können, muß das Organisationsprogramm genaue Kenntnis darüber haben, welche Externoperation gerade läuft, von welchem Programm sie angefordert worden ist und wann eine Externoperation beendet ist. Außerdem ist im Organisationsprogramm vermerkt, welche Programme an der Programmsteuerung warten, d. h. weiterlaufen könnten, welche Programme eine Externoperation einleiten möchten und welche Programme auf die Beendigung einer Externoperation warten müssen. Der Benutzer teilt dem Organisationsprogramm seine Wünsche mit Hilfe von Aufrufen mit. Ein solcher **Organisationsaufruf** besteht formal aus einem speziellen Sprungbefehl (z. B. Unterprogrammsprung an eine feste Adresse) in das Organisationsprogramm mit Hinterlegung der Rückkehradresse und einer Reihe von Versorgungsparametern, die z. B. das angesprochene Gerät, die Operationsart, die Adressen der Datenfelder etc. angeben. Nach Einleitung der durch den Aufruf angeforderten Operation kann das aufrufende Programm fortgesetzt werden. Die einfachsten Organisationsaufrufe lösen folgende Funktionen aus:

Starten eines Programms,
Beenden eines Programms,
Beantragen eines Externverkehrs und
Warten auf die Beendigung dieses Externverkehrs.

Betrachtet sei der einfachste Fall, daß lediglich ein einziges Programm läuft und z. B. eine Lochkarte lesen will. Nach dem Start des Programms wird der

Organisationsaufruf „Lochkarte lesen“ gegeben. Das Organisationsprogramm übernimmt jetzt die Steuerung und leitet die Eingabe der Lochkarte in den Arbeitsspeicher ein. Anschließend wird das aufrufende Programm, also das Programm, das die Lochkarte lesen will, fortgesetzt. Es können jetzt in diesem Programm weitere Operationen durchgeführt werden, allerdings nicht solche, die voraussetzen, daß der Text der Lochkarte bereits im Arbeitsspeicher steht. Will man zu der einzugebenden Information zugreifen, dann muß an geeigneter Stelle ein Aufruf „Warte auf Beendigung der Lochkarteneingabe“ gegeben werden. Hier geht wiederum die Steuerung an das Organisationsprogramm über. Das Organisationsprogramm prüft, ob die Lochkarteneingabe beendet ist, und setzt, wenn das der Fall ist, das aufrufende Programm fort. Im anderen Fall wird das Programm angehalten und, da laut Voraussetzung der Rechner sonst keine Aufgaben im Moment hat, geht er in Wartestellung. Kommt eine Meldung von der Lochkarteneingabe an das Organisationsprogramm, daß die Karteneingabe beendet ist, dann wird vom Organisationsprogramm geprüft, ob auf diese Endemeldung ein Programm wartet. Im vorliegenden Beispiel ist das der Fall, und dieses Programm wird forgesetzt. Man hat also, während die Lochkarte in den Rechner eingelesen wird, eine Simultanarbeit zwischen dem Aufruf und dem aufrufenden Programm.

Die Simultanarbeit von Programmen untereinander wird in den meisten Fällen nach Prioritäten geregelt, d.h., es läuft immer das gerade ablaufbereite Programm höchster Priorität. Lief in obigem Beispiel vor dem Start

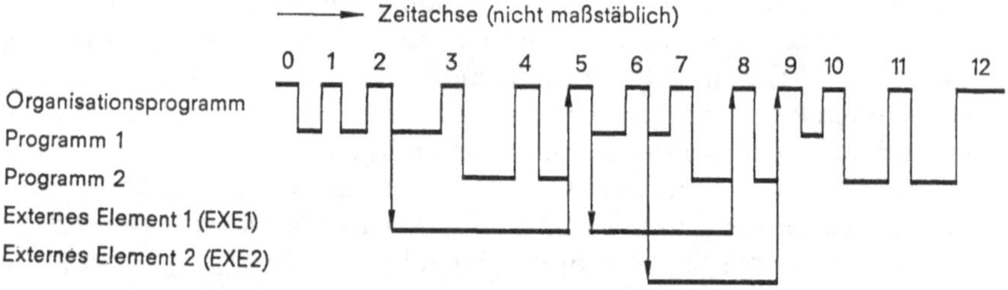

Bild 1: Simultanlauf von Programmen

0 Programm 1 läuft an.
1 Programm 1 gibt Startaufruf für Programm 2; Programm 1 wird jedoch fortgesetzt, da es die höhere Priorität besitzt.
2 Programm 1 gibt Aufruf für EXE 1. Das Element ist frei und wird versorgt.
3 Programm 1 gibt Warteaufruf für EXE 1. Das Element ist noch nicht fertig. Programm 1 wird unterbrochen und Programm 2 läuft an.
4 Programm 2 gibt Aufruf für EXE 1. Das Element ist noch tätig, der Aufruf wird in die Warteschlange eingereiht, Programm 2 wird fortgesetzt.
5 Fertigmeldung von EXE 1. Das darauf wartende Programm 1 kann jetzt fortgesetzt werden. Zuvor wird EXE 1 mit dem noch in der Warteschlange stehenden Aufruf versorgt.
6 Programm 1 gibt Aufruf für EXE 2. Das Element ist frei und wird versorgt.
7 Programm 1 gibt Warteaufruf für EXE 2. Das Element ist noch nicht fertig, Programm 1 wird unterbrochen und Programm 2 fortgesetzt.
8 Fertigmeldung von EXE 1. Da kein Programm auf diese Fertigmeldung wartet, wird sie lediglich im ORG registriert.
9 Fertigmeldung von EXE 2. Das darauf wartende Programm 1 wird fortgesetzt. Programm 2 wird unterbrochen.
10 Programm 1 gibt Endeaufruf. Es wird beendet und Programm 2 fortgesetzt.
11 Programm 2 gibt Warteaufruf für EXE 1. Da das Element bereits fertig ist (8) wird Programm 2 fortgesetzt.
12 Programm 2 gibt Endeaufruf. Es wird beendet. Das ORG geht in den Wartezustand.

des Programms mit dem Lochkarteneingabeaufruf bereits ein Programm niederer Priorität, dann wurde dieses beim Start des neuen Programms unterbrochen und damit wartend. Das Programm niederer Priorität wird jedoch vom Organisationsprogramm automatisch wieder aktiviert, wenn bei dem Aufruf „Warten auf Fertigwerden“ der Lochkarteneingabe diese Eingabe noch nicht beendet war und somit die Programmsteuerung für das aufrufende Programm hoher Priorität nicht mehr benötigt wird. Erst nach erfolgter Fertigmeldung der Lochkarteneingabe wird das Programm niederer Priorität wieder unterbrochen und das wartende Programm höherer Priorität fortgesetzt. Dieses Prinzip gilt natürlich auch für mehrere externe Elemente und für mehrere simultanlaufende Programme (Bild 1).

3.1.4 *Bilden von Warteschlangen*

Eine wichtige Aufgabe des Organisationsprogramms im Zusammenhang mit der Simultanarbeit von Programmen ist die Koordinierung der gemeinsamen Benutzung von Anlagenteilen durch simultan laufende Programme. Es kann z. B. vorkommen, daß ein Programm einen Transfer zu einem Externspeicher anfordert, bevor ein gerade mit ihm laufender Transfer für ein anderes Programm abgeschlossen ist. Diese Anforderung muß dann vom Organisationsprogramm so lange zurückgehalten werden, bis der belegte Anlagenteil freigeworden ist. Allgemein kann es sich dabei jedoch um jedes externe Element, aber auch um Programme, um Speicherbereiche im Arbeitsspeicher oder in einem Externspeicher handeln. Schließlich ist auch die Programmsteuerung ein gemeinsamer Anlagenteil, in dessen Benutzung sich die einzelnen Programme teilen müssen.
Diese Koordinierungsaufgaben werden selbstverständlich auch so weit wie möglich vom Organisationsprogramm dem Benutzer abgenommen. Das entscheidende Prinzip, das dabei verwendet wird, ist die sogenannte „Warteschlangenbildung“. Für jeden gemeinsam benutzten Anlagenteil wird eine Warteschlange aufgebaut, und jede Anforderung für diesen Anlagenteil wird in diese Warteschlange eingereiht. Unter einer Warteschlange ist dabei eine aneinandergekettete Folge von Warteschlangenelementen zu verstehen, die in der Regel aus Arbeitsspeicherzellen bestehen. Wichtig dabei ist die Aneinanderkettung der einzelnen Elemente, damit nach Abarbeitung, z. B. des ersten Elements, bekannt ist, welche Anforderung als nächste zu bearbeiten ist. Für Aufbau und Abarbeitung von Warteschlangen sind entweder die Programmpriorität oder die zeitliche Reihenfolge der Anforderungen maßgebend.

3.1.5 *Externspeicherprogramm — Organisation*

Die Simultanarbeit von Programmen und die Warteschlangenstrukturen komplizieren sich erheblich, wenn nicht sämtliche Programme, die auf der

Anlage ablaufen sollen, ständig im Arbeitsspeicher stehen können. Der Koordinierungsteil des Organisationsprogramms muß nicht nur dafür sorgen, daß die auf Bearbeitung wartenden Programme fortgesetzt werden, sondern auch, daß sie zuvor von dem Externspeicher in den Arbeitsspeicher transferiert werden. Der Laufbereich im Arbeitsspeicher, den ein Externspeicherprogramm belegt, solange es aktiv ist, wird Arbeitsbereich genannt. Die Simultanarbeit von Externspeicherprogrammen untereinander macht es erforderlich, daß Externspeicherprogramme niederer Priorität nicht, wie bei Arbeitsspeicherprogrammen üblich, an jeder möglichen Stelle zugunsten von Externspeicherprogrammen höherer Priorität unterbrochen werden können, da in vielen Fällen der Transfer der Programme wesentlich mehr Zeit beansprucht als der Programmlauf selbst. Es ist daher üblich, derartige Programme nur an ausgezeichneten Stellen, an denen das Programm sowieso auf Fertigmeldungen warten muß, zugunsten anderer Externspeicherprogramme zu unterbrechen und gegebenenfalls auszutransferieren.

Die zweite, noch schwierigere Problematik bei Externspeicherprogrammen liegt in der Behandlung langer Externaufrufe von diesen Programmen. Man kann es sich in der Regel nicht leisten, den Arbeitsbereich der Externspeicherprogramme so lange zu blockieren, bis die entsprechenden Externaufrufe abgearbeitet sind. Das Betriebssystem muß darum einen Mechanismus enthalten, der Externspeicheraufrufe einschließlich der ein- oder auszutransferierenden Daten zwischenspeichert, um damit den Arbeitsbereich des aufrufenden Programms für die Dauer der Abwicklung der Externoperation wieder für andere Programme freizugeben. Moderne Betriebssysteme bedienen sich dabei sogenannter Ein–Ausgabe-Systeme (Abschnitt 3.2).

3.1.6 Speicherplatzverwaltung

Bei Organisationsprogrammen für größere Anlagen ist es unerläßlich, daß dem Anwender die Buchführung über den Speicherplatz sowohl im Arbeitsspeicher als auch auf dem Externspeicher weitgehend abgenommen wird. Bausteine für Datenorganisationen auf den verschiedenen Datenträgern sind in der Regel Bestandteile moderner Betriebssysteme. Eine derartige **Dateiorganisation** gestattet es dem Anwender, Datenbereiche auf dem Externspeicher symbolisch, also mit einem „Namen", anzusprechen. Der Anwender braucht sich nicht darum zu kümmern, an welchem physikalischen Speicherort seine Daten stehen. Er bekommt über das Organisationsprogramm durch Angabe des von ihm gewählten Namens Zugriff zu dem gewünschten Datenbereich, dessen Länge er auch selbst festlegen kann. Zusätzlicher Komfort, z. B. das Blocken und Entblocken von Daten, wird meist in das Ein–Ausgabe-System (Abschnitt 3.2) verlegt und ist daher nicht mehr unmittelbar Bestandteil des Organisationsprogramms.

3.1.7 *Laden, Starten und Beenden*

Der im Organisationsprogramm eingebaute Bedienungskomfort für die Anlage muß sich zumindest auf das Laden, Starten und Beenden von Programmen erstrecken. Sowohl Arbeitsspeicherprogramme als auch Externspeicherprogramme müssen hierdurch bedient, also geladen und gestartet werden können. Der Bedienungsteil des Organisationsprogramms arbeitet also eng mit dem Koordinierungsteil und der Speicherbuchführung zusammen. Das Ladeprogramm des Bedienungsteiles ist von den Hardwareeigenschaften der Maschine stark abhängig. Bei modernen Maschinen sind Programme in Maschinencode mit Hilfe von Basisregistern, also mit Hardwaremitteln, im Arbeitsspeicher verschiebbar. Hat eine Anlage diese Möglichkeit nicht, dann muß ein Programm beim Einlesen in den Rechner in der Regel auf die gewünschte Ladeadresse umadressiert werden. Externspeicherprogramme müssen so auf den Externspeicher geladen werden, daß sie beim Transfer in den Arbeitsspeicher nicht umadressiert zu werden brauchen, da sonst die Transferzeit unzumutbar verlängert würde. Bei Anlagen mit Basisregistern ergeben sich natürlich dadurch keine Schwierigkeiten. Im anderen Fall muß das Programm für einen bestimmten vorher festgelegten Laufbereich im Arbeitsspeicher geladen und abgespeichert werden. Dieses Programm kann dann nur in diesem einen Arbeitsspeicherbereich ablaufen.

3.2 Ein-Ausgabe-System

3.2.1 *Zwischenspeicherung*

Das Ein–Ausgabe-System (E–A-System) soll als selbständiger Bestandteil des Betriebssystems neben dem Organisationsprogramm dem Anwender den Verkehr mit den externen Elementen erleichtern und die Effektivität des Datenverkehrs erhöhen. Bei Externspeicherprogrammen ist es wichtig, daß diese Programme den Laufbereich im Arbeitsspeicher nicht so lange blockieren, wie sie auf Beendigung eines Datentransfers warten müssen. An dieser Stelle greift das E–A-System ein. Gibt der Anwender in einem solchen Programm an das Betriebssystem den Auftrag, einen Datenblock ein- oder auszutransferieren, dann wird dieser Auftrag in dem E–A-System zwischengespeichert und die z. B. auszugebenden Daten auf einen Externspeicher mit schnellem Zugriff und hoher Transferrate übernommen. Die Daten sind also außerhalb des aufrufenden Programms sichergestellt und somit in diesem Programm nicht mehr von Bedeutung. Sie werden zu gegebener Zeit von E–A-Systemen in einen systemeigenen Ausgabepuffer transferiert und von dort auf dem gewünschten externen Element ausgegeben. Das Anwenderprogramm kann nun entweder die Ausgabe als bereits abgeschlossen betrachten und in der Bearbeitung anderer Aufgaben fortfahren, oder aber es

kann, wenn die endgültige Ausgabe der Daten z. B. auf einem Blattschreiber abgewartet werden soll, unterbrochen und von einem anderen Externspeicherprogramm überschrieben werden. Das Anwenderprogramm braucht erst wieder in den Arbeitsspeicher transferiert zu werden, wenn die Ausgabe endgültig abgeschlossen ist und das Programm weiterarbeiten kann. Weder für die Datenausgabe selbst noch für die Weiterschaltung der Warteschlange muß das Programm in den Arbeitsspeicher geholt werden.
Für Eingabeaufrufe von Externspeicherprogrammen ist die Funktion des E–A-Systems ähnlich. Der vom Programm abgegebene Eingabeaufruf wird im E–A-System zwischengespeichert und ggf. in eine Warteschlange eingereiht. Bis zur Beendigung der gewünschten Eingabe wird das aufrufende Programm nicht mehr im Arbeitssspeicher benötigt. Es können in dem Arbeitsbereich andere Programme abgewickelt werden. Ein Eintransfer des Programms vor oder während der Eingabe ist nicht mehr erforderlich, da die vom Programm angeforderten Daten von dem Eingabesystem in einen Zwischenpuffer, sei es im Arbeitsspeicher, sei es auf einem Externspeicher, abgelegt werden. Erst nach Beendigung der Eingabe werden diese Daten dem aufrufenden Programm übergeben, das nun durch den Koordinierungsmechanismus des Organisationsprogramms fortgesetzt werden kann.

3.2.2 *Ansprechen über symbolische Namen*

Eine zweite Aufgabe des E–A-Systems ist es, dem Anwender die Möglichkeit zu geben, die Ein–Ausgabegeräte über symbolische Namen anzusprechen. Er braucht also nicht mehr für jeden Externaufruf in seinem Programm einen logischen Kanal (z. B. Lochkarteneingabe oder Lochstreifeneingabe) statisch anzugeben, sondern muß lediglich jedem E–A-Kanal einen symbolischen Namen geben. Ein solcher Aufruf könnte z. B. lauten: „Einlesen einer Lochkarte oder eines Lochkartenäquivalents von Kanal EINGABE". Dabei ist EINGABE der symbolische Name des Kanals, und es ist zunächst für den Programmierer ohne Interesse, ob dieser Kanal später beim Lauf des Programms tatsächlich ein Lochkarteneingabegerät ist oder aber ein Magnetband, ein Lochstreifeneingabegerät, ein Trommelspeicher oder ein Plattenspeicher. Er geht bei der Programmierung lediglich davon aus, daß er die Daten im Format einer Lochkarte, also z. B. 80-zeichenweise übergeben bekommt. Die richtige Aufbereitung der Daten übernimmt das E–A-System. Die Zuordnung zu dem symbolischen Kanalnamen und logischer Kanalnummer kann entweder auf die bekannte Weise statisch, z. B. im Kopf des Programms, oder dynamisch bei dem Programmlauf, in einem Vorlauf oder auch durch Bedienungsanweisung erfolgen.

3.2.3 *Blocken und Entblocken von Daten*

Bei diesem Verfahren wird der Programmierer auch noch von der Kenntnis und Berücksichtigung der physikalischen Eigenschaften der externen Daten-

träger befreit. Er ist also z. B. nicht mehr an das Format einer Lochkarte oder an Magnetbandblöcke oder an Sektoren von Plattenspeichern gebunden. Neben den logischen oder symbolischen Kanalnummern seiner E–A-Elemente kann der Anwender jetzt mit logischen „Sätzen" für seine ein- bzw. auszugebenden Daten arbeiten. Das E–A-System sorgt von selbst dafür, daß die Daten bei der Ausgabe dem Format des externen Datenträgers angepaßt, also in „Blöcke" zusammengefaßt werden und daß die Blöcke von den externen Elementen bei der Eingabe in den Rechner in die gewünschten logischen Sätze aufgelöst werden (Entblocken).
Darüber hinaus kann ein E–A-System dem Anwender das Umschlüsseln von alphanumerischer Information in Festkommazahlen, Gleitkommazahlen oder andere recheninterne Darstellungsarten und umgekehrt abnehmen und aus recheninternen Informationen Drucktexte bilden. Protokollsysteme können Drucktexte aus verschiedenen logischen Sätzen zusammenstellen und aufbereiten. Der Anwender kann z. B. fordern, daß der Inhalt von Satz X als alphanumerischer Text (also nicht umgeschlüsselt), der Inhalt von Satz Y oder ein Teil davon als Gleitkommazahlen (Umschlüsselung der Interndarstellung in abdruckbare Zeichen) und der Inhalt von Satz Z (oder wieder ein Teil davon) als Festkommazahlen (Umschlüsselung der Interndarstellung) auszugeben ist. Zusätzlich kann er bestimmte Formate für die auszugebenden Zahlen fordern und das Druckbild definieren. Selbstverständlich muß er dafür einen Formatschlüssel angeben, das Umschlüsseln und Aufbereiten der Daten übernimmt jedoch das E–A-System.

3.3 Assembler

Das in der maschinenorientierten Sprache geschriebene „Quellprogramm" liegt in der Regel als Lochkartenstapel oder Lochstreifen vor. Es muß vom Programmierer erstellt werden. Da es sich hier um eine eindeutige, auch dem Programmierer bekannte Zuordnung zwischen Quellsprache und abgesetzten Maschinenbefehlen in der Objektsprache handelt, liegt hier eine rein mechanische Umsetzung vor. Auch die Erweiterung zu Makroassemblern, bei denen für ein Sprachelement der Quellsprache mehrere, u. U. viele Befehle in der Objektsprache abgesetzt werden, ändert nichts an dieser eindeutigen Zuordnung, da die entsprechenden Makros vom Programmierer selbst in ihrer Reihenfolge erklärt werden müssen.
Ein Assembler hat also im wesentlichen folgende Aufgaben:

- Die in dem mnemotechnischen Code der Assembler-Sprache geschriebenen **Operationsteile** müssen in das der Datenverarbeitungsanlage verständliche Bitmuster umgesetzt werden.
- Den vom Programmierer angegebenen **symbolischen Adressen**, also mit einem Namen bezeichneten Operandenadressen, müssen die richtigen physikalischen Adressen zugeordnet und entsprechend dem Befehlscode der Anlage verschlüsselt werden. Dazu baut der Übersetzer bei

seinem ersten „Durchlauf" ein sogenanntes **Adreßbuch** auf, in dem sämtliche definierten Namen mit der dazugehörigen physikalischen Adresse eingetragen werden. Erst in einem zweiten Durchlauf ist es dann möglich, den im Quellprogramm aufgerufenen Namen die im Adreßbuch eingetragenen physikalischen Adressen zuzuordnen. Natürlich können nur solche Namen aufgerufen werden, die auch im Programm definiert sind. Andernfalls erfolgt eine Fehlermeldung des Übersetzers, da er keine Zuordnung in seinem Adreßbuch finden kann.

— Bei Makroassemblern muß das Übersetzungsprogramm anstelle der vom Programmierer angegebenen Makroaufrufe die Befehlsfolge einsetzen, die ihm vor Beginn der Übersetzung in Form von **Makroerklärungen** mitgeteilt worden ist. Auch hierbei ist wieder die Zuweisung physikalischer Adressen zu den sogenannten lokalen und globalen Parametern von Makroaufrufen erforderlich.

— Wie schon erwähnt, sind für einen Übersetzungsvorgang zwei sogenannte Durchläufe erforderlich, der erste für den Aufbau des Adreßbuchs und der zweite für die endgültige Generierung des Maschinenprogramms. Unter Durchlauf wird hier die sequentielle Abarbeitung des ursprünglichen Quellprogramms verstanden. Zwischenergebnisse (z. B. Adreßbücher) und Ergebnisse (z. B. Maschinencode) werden getrennt aufgebaut, so daß das ursprüngliche Quellprogramm unverändert bleibt.

Komfortable Assembler für größere Anlagen sind in der Regel segmentiert, d. h., wesentliche Teile des Assemblers stehen auf einem Externspeicher und werden nur bei Bedarf in den Arbeitsspeicher hineintransferiert, so daß ein Assembler mit einem relativ kleinen Arbeitsbereich im Arbeitsspeicher auskommt. Auch das Quellprogramm, Zwischenergebnisse, Listen und das Objektprogramm können dabei auf den Externspeicher abgesetzt werden, um die knappe Arbeitsspeicherkapazität nicht unnötig zu belasten. Allerdings muß man bei derart segmentierten Programmen in Kauf nehmen, daß die Laufzeit, also die Rechenzeit einschließlich der erforderlichen Transferzeiten, erheblich ansteigt gegenüber Versionen, bei denen der Übersetzer komplett im Arbeitsspeicher stehen kann.

3.4 Compiler

Compiler sind Übersetzerprogramme für problemorientierte Sprachen. Sie unterscheiden sich insofern wesentlich von Assemblern, als es keine von vornherein eindeutig festgelegte Zuordnung zwischen Quellsprache und abgesetztem Objektcode gibt. Diese Zuordnung, die natürlich letztlich vorhanden sein muß, wird nicht durch die Definition der Sprache bestimmt, sondern ist eine Funktion des Compilers. Es ist also durchaus möglich und unter gewissen Umständen sinnvoll, daß auf der gleichen Maschine laufende Compiler aus dem gleichen Quellprogramm sehr unterschiedliche Objektprogramme in Maschinencode generieren. Z. B. kann der eine Compiler Befehlsfolgen absetzen, in die möglichst viele Überwachungs- und Kontrollfunktionen eingebaut sind, die es dem Programmierer erleichtern, in der Testphase die logischen Fehler zu finden. Dadurch kann sich allerdings die Laufzeit dieses Programms und sein Speicherbedarf erheblich vergrößern. Andererseits ist eine Compilerversion denkbar, die im Objektprogramm auf jegliche Kontrollen verzichtet und optimalen Objektcode absetzt. Diese Version wird für Programme eingesetzt werden, die vorher mit Hilfe der anderen Compilerversion ausgetestet worden sind, und die häufig laufen und optimal in der Speicherplatzausnutzung und in der Rechenzeit sein müssen.

Da es bei Compilersprachen keine eindeutige Zuordnung zwischen Quellprogramm und Objektprogramm gibt, ist hier eine logische Umsetzung des Quellprogramms durch den Compiler erforderlich. Diese Umsetzung erfolgt in mehreren Durchläufen, den sogenannten „Pässen". Die Eingangsinformation für jeden Paß wird „input-string" genannt und die Ausgangsinformation „output-string". Für den ersten Paß des Compilers ist der input-string gleich dem Quellprogramm. Soweit wie möglich (es gibt Fälle, bei denen sich die Methode nicht streng durchführen läßt) wird in jedem Paß der input-string sequentiell abgearbeitet und daraus der output-string generiert, der wiederum als input-string für den nächsten Paß dient. Sequentielle Bearbeitung bedeutet, daß eine einmal bearbeitete Information in dem input-string nicht mehr benötigt wird, man braucht also an einer Stelle des inputs nicht zu davorliegenden Informationen zuzugreifen. Auch der output wird natürlich sequentiell aufgebaut. Bei magnetbandorientierten Compilern, die input und output auf Magnetbändern zwischenspeichern, werden häufig abwechselnd „Vorwärts"- und „Rückwärts"-Pässe verwendet, um Bandbewegungen zu sparen und zu kurzen Compilationszeiten zu kommen.

Sequentiell arbeitende Pässe haben den Vorteil, daß es dann nicht notwendig ist, input- und output-string gleichzeitig komplett im Rechner zu halten. Außerdem ergeben sich aus dieser Technik einfache Strukturen bei dem Übersetzungsvorgang. Ein weiterer Vorteil besteht darin, daß die einzelnen Pässe dadurch verhältnismäßig kurz werden. Eine Segmentierung der Pässe ist nicht erforderlich. Jeder Paß braucht also nur einmal in den Arbeitsspeicher transferiert zu werden, und es braucht nicht der Platz für input- und output-strings gleichzeitig freigehalten zu werden. Bei genügend großem Kernspeicher oder genügend kleinen Objektprogrammen erübrigt sich dadurch u. U. ein Transfer der input- und output-strings überhaupt. So kann man wiederum relativ kurze Compilationszeiten erreichen. Der output des letzten Passes eines Compilers ist selbstverständlich ein ablauffähiges oder bereitstellbares Programm in Maschinencode. Es kann wahlweise auf den verschiedenen Datenträgern abgesetzt werden.

Assembler und Compiler sind in der Regel nur dadurch mit dem Organisationsprogramm verbunden, daß sie dessen Funktionen benutzen. Die Nahtstelle zwischen den Übersetzerprogrammen und dem Organisationsprogramm sind also ausschließlich Organisationsaufrufe, d. h., die Übersetzerprogramme laufen in dem Betriebssystem wie normale Anwenderprogramme.

3.5 Überwacher

Man muß bei neu geschriebenen Programmen davon ausgehen, daß sie, auch wenn sie syntaktisch richtig sind, d. h., wenn beim Übersetzen keine Fehler mehr gemeldet wurden, noch logische Fehler enthalten.
Bei in problemorientierten Sprachen geschriebenen Programmen und entsprechenden Compilern mit guten Fehlerkontrollen führen logisch fehlerhafte Programme zunächst nur zu falschen Ergebnissen. Da das Testen solcher Programme entweder mit den vom Compiler zur Verfügung gestellten Testroutinen (z. B. post mortem dump, Label-trace etc.) oder mit individuellen Mitteln (z. B. durch einprogrammierte Ausgabe von Zwischenergebnissen) erfolgen kann, stellt das Betriebssystem für derartige Tests in der Regel keine Hilfsmittel zur Verfügung.
Grundsätzlich anders sind die Verhältnisse bei Programmen, die in maschinenorientierter Sprache geschrieben sind. Solche Programme können, wenn sie logische Fehler enthalten, alle anderen Anwenderprogramme und u. U. auch das Betriebssystem stören und zerstören derart, daß die Datenverarbeitungsanlage neu angefahren werden muß. In modernen Anlagen sind deshalb auf der Hardwareseite **Schutzmechanismen** sowohl zum Schutze verschiedener Anwenderprogramme gegeneinander als auch zum Schutze des Betriebssystems gegenüber Zerstörung von fehllaufenden Anwenderprogrammen eingebaut. Diese Schutzmechanismen müssen jedoch vom Prinzip her zumindest bei abhängigen Programmen unvollständig bleiben. Weitere Schutzeinrichtungen können in das Organisationsprogramm eingebaut werden, z. B. derart, daß falsche oder unsinnige Aufrufe vom Organisationsprogramm nicht akzeptiert werden. Aber auch mit diesen Mitteln ist ein vollständiger Schutz nicht möglich. Es ist daher unerläßlich, daß Programme, bevor sie z. B. in einem Prozeßrechner eingesetzt werden, sorgfältig auf logische Fehler getestet werden.
Für diese notwendigen Testarbeiten stellt das Betriebssystem entsprechende Mittel in Form von Überwachern und sonstigen Testhilfen zur Verfügung. Überwachen eines Programms bedeutet letzten Endes, daß der dynamische Ablauf eines Programms verfolgt wird. Das kann dadurch geschehen, daß jeder einzelne durchlaufene Befehl einschließlich der dabei entstandenen Registerstände protokolliert wird, oder aber daß nur an vorgegebenen Punkten im Programm Zwischenergebnisse, im einfachsten Fall wieder Registerstände, protokolliert werden. Beide Methoden sind bei heute verfügbaren Überwachern möglich. Das erste Verfahren ist nur bei kleinen Programmen zu empfehlen oder dann, wenn nur kleine Teilausschnitte von Programmen so überwacht werden sollen, d. h., wenn ein Fehler bereits auf einen bestimmten Bereich lokalisiert ist. Umfangreiche Programme würden bei diesem

Verfahren eine sehr große und deshalb sehr unübersichtliche Datenmenge liefern. Das zweite Verfahren mit vom Programmierer selbst angegebenen Haltepunkten ist wesentlich effektiver, setzt jedoch voraus, daß der Programmierer seinen Test am Schreibtisch sorgfältig vorbereitet. Er muß sich genau überlegen, an welcher Stelle des Programms welche Informationen für ihn wichtig und aufschlußreich sind. In vielen Fällen ist es auch so, daß ein einziger Fehler in dem Programm die gesamte nachfolgende Überwachungsstrategie unbrauchbar und überflüssig macht.
Die für den Programmierer effektivste Überwachungs- und Testmethode ist der **ständige Kontakt** mit seinem zu testenden Programm und damit mit der Datenverarbeitungsanlage. Er kann dann nach jedem Haltepunkt in Abhängigkeit von den Zwischenergebnissen, die er nach seiner Wahl beliebig abrufen kann, die Teststrategie fortsetzen und modifizieren. Der Nachteil dieser Methode liegt darin, daß bei einem Test die Rechenkapazität der Datenverarbeitungsanlage praktisch brach liegt. Dieser Nachteil läßt sich dadurch kompensieren, daß auf dem Rechner simultan zum Test eines Programms andere Aufgaben abgewickelt werden und z. B. auch mehrere Programmierer gleichzeitig ihre Programme testen können. Das führt zu Mehrbenutzer-Systemen, bei denen vielen Anwendern gleichzeitig die gesamte Datenverarbeitungsanlage zur Verfügung zu stehen scheint.

Ein weiteres Problem jeder Testmethode ist es, daß nur durch rein interpretatives Testen eines Programms sichergestellt werden kann, daß dieses Programm den übrigen Rechenbetrieb nicht stört. Beim interpretativen Test wird ein Befehl nicht direkt ausgeführt, sondern zunächst von dem Interpretationsprogramm daraufhin untersucht, ob er zulässig ist, d. h., ob er keine Störung anderer Programme verursachen kann (Schreibbefehle in nicht zugelassene Bereiche, Organisationsaufrufe für nicht vorhandene Geräte, nicht unterbrechbare Substitutionsschleifen usw.). Eine derartige interpretative Behandlung von Programmen bedeutet allerdings, daß die Laufzeit dieser Programme mindestens um den Faktor 50 verlängert wird. Die Interpretationsmethode ist also nur in Ausnahmefällen und speziell beim Testen sinnvoll.

4 Sprachebenen eines Betriebssystems

Aus den Beschreibungen über Aufgaben und Funktionen des Betriebssystems geht hervor, daß das Betriebssystem dem Anwender gestattet, auf verschieden hohen Sprachebenen mit einer Datenverarbeitungsanlage zu verkehren. Je höher die Sprachebene ist, desto stärker wird der Anwender von der Detail-Programmiererarbeit entlastet. Auf der anderen Seite müssen bei höheren Programmiersprachen immer strengere Normierungen vorgeschrieben und eingehalten werden. Z. B. sind die Formate der auf Externspeicher abgesetzten Daten für den Anwender nicht mehr frei wählbar, oder die

Struktur und Art der Variablen ist auf ein bestimmtes Spektrum begrenzt. Nur mit solchen Normierungen ist jedoch das Ziel höherer Sprachebenen, nämlich die vereinfachte Manipulierbarkeit, zu erreichen.
Die niedrigste Sprachebene erfordert also den höheren Programmiereraufwand und die intensivsten Detailkenntnisse der Datenverarbeitungsanlage, gestattet es dem Anwender jedoch, die meisten Hardwarefunktionen der Datenverarbeitungsanlage für seine Aufgaben optimal auszunutzen. Programmierung auf einer hohen Sprachebene ist übersichtlicher, leichter zu erlernen und in vielen Fällen systemunabhängig. Sie gestattet es jedoch nur, die Anlageneigenschaften in normierter Form auszunutzen und ergibt sowohl in bezug auf den Speicherplatzbedarf als auch auf die Laufzeit weniger effektive Programme. Es muß also von Fall zu Fall abgeschätzt und sorgfältig überlegt werden, welche Sprachebene für welche Problemstellungen geeignet ist. Im folgenden sollen die verschiedenen wesentlichen Sprachebenen zusammengestellt werden.
Unter der **physikalischen Ebene** versteht man die Eigenschaften, die die Hardware einer Datenverarbeitungsanlage dem Anwender zur Verfügung stellt. Es sind also dies die Maschinenbefehle für die Programmsteuerung und die Befehle zum Ansteuern externer Elemente sowie die verschiedenen Programmunterbrechungsmechanismen. Von diesen Eigenschaften benutzt der Anwenderprogrammierer heute nur noch die Maschinenbefehle, und auch sie nur über die Assemblersprachen, in denen er sie einfach formulieren kann. Alle übrigen Eigenschaften der Maschinenebene werden vom Organisationsprogramm angesprochen und auf eine höhere Ebene transformiert, die dem Anwender die erforderlichen Koordinierungsaufgaben abnimmt. Es wird also in der Regel nur das Organisationsprogramm auf der physikalischen Ebene programmiert werden.
Die Nahtstelle zwischen dem Organisationsprogramm und den Anwenderprogrammen ist die **logische Ebene**. Das Organisationsprogramm stellt dem Benutzer in Form von Organisationsaufrufen bestimmte Funktionen zur Verfügung, wobei der Benutzer das angesprochene externe Gerät sowohl in seinen physikalischen Eigenschaften als auch in seiner logischen Kanalnummer kennen muß. Er muß also z. B. explizit angeben, daß der auszugebende Text auf dem Blattschreiber Nr. 4 alphanumerisch abgedruckt werden soll. Die logische Ebene umfaßt außerdem die bereits beschriebenen Koordinierungsfunktionen des Organisationsprogramms, insbesondere die Koordinierung der Simultanarbeit verschiedener Programme untereinander, die Koordinierung der Simultanarbeit zwischen Programmen und externen Elementen und die Koordinierung der gemeinsamen Benutzung von Anlagenteilen. Alle höheren Sprachebenen setzen diese logische Ebene voraus und bauen auf ihr auf.
Wesentlicher Bestandteil der **symbolischen Ebene** ist das Ein-Ausgabe-System. Eine ganz strenge Abgrenzung der einzelnen Ebenen untereinander ist jedoch nicht möglich. Es sollen hier nur die wesentlichen Unterschiede

aufgezeigt werden. Auch die Programmierung auf der symbolischen Ebene muß, wie die auf der logischen Ebene, in Assemblersprache erfolgen. Der Unterschied gegenüber der logischen Ebene liegt darin, daß dem Benutzer wesentlich umfangreichere, standardisierte Routinen des Betriebssystems für seine Anwendungsfälle zur Verfügung stehen. Es handelt sich hier hauptsächlich um die Vereinfachung bei der Programmierung des Verkehrs mit externen Elementen. Einzelheiten darüber wurden schon bei der Erläuterung des Ein–Ausgabe-Systems erwähnt. Die bei der Erstellung von Verarbeitungsprogrammen in Assemblersprache allgemein übliche symbolische Adressierung der Operanden wird in der symbolischen Ebene auch auf die Adressierung von externen Geräten, Dateien und Datensätzen übertragen. Der Anwender braucht sich nicht mehr um die Ausrüstung der Anlage mit externen Elementen in einem bestimmten Anwendungsfall zu kümmern. Seine Ein–Ausgabe-Aufrufe beziehen sich auf beliebige Geräte, die er nicht anzugeben und in ihrer physikalischen Struktur nicht zu kennen braucht. Die Zuweisung erfolgt per Bedienung oder im Kopf des Programms. Selbstverständlich müssen dabei zusätzliche Normierungen und Einschränkungen in Kauf genommen werden.

Ein Weg für die Weiterentwicklung von Prozeßrechnerbetriebssystemen und zur Erleichterung der Programmierung von Prozeßrechneranlagen ist nun der, für die spezifischen Prozeßrechnerfunktionen eine **technologische Ebene** zu schaffen. Die einfachsten Funktionen dieser technologischen Ebene könnten sich auf die Erfassung und Aufbereitung von Meßwerten beziehen, wobei der Programmierer nur den Namen des Meßwertes, nicht aber seine physikalische oder logische Nummer und die Art, wie er dem Rechner zur Verfügung gestellt wird, zu kennen braucht. Eine ähnliche Strategie läßt sich für binäre Signale von und zu der technologischen Anlage denken. Ein nächster Schritt wäre es, Programme für die Weiterverarbeitung derartiger Meßwerte oder binärer Signale zu Funktionen des Betriebssystems zu erklären und sie vom Anwender beliebig aufrufen zu lassen. Mit derartigen Techniken könnten Steuerungs- und auch Regelungsprobleme für Prozeßrechneranlagen einfach programmiert werden.

Zur Zeit existieren derartige Programmsysteme zur Meßwertverarbeitung, zur Binärsignalverarbeitung, zur Steuerung und zur Regelung von Prozeßrechneranlagen als getrennte, vom Betriebssystem losgelöste Anwenderprogrammsysteme. Es bleibt abzuwarten, ob sich Wege finden lassen, diese Programmsysteme zumindest logisch in das Betriebssystem zu inkorporieren, oder ob man zur Vereinfachung der Prozeßrechnerprogrammierung den Weg über eine oder ggf. mehrere verschiedene Prozeßsprachen beschreitet. Es ist natürlich genausogut denkbar, daß eine Kombination aus beiden Lösungen den optimalen Weg darstellt.

Unter der **formalen Ebene** soll die Ebene der problemorientierten Sprachen verstanden werden. Wie bereits in den vorangegangenen Abschnitten beschrieben, berücksichtigt das Betriebssystem die Ebene der problemorien-

tierten Sprachen dadurch, daß es die geeigneten Compiler für diese Sprachen zur Verfügung stellt. Darüber hinaus können diese Compiler in ein Monitorsystem eingebettet sein, das es gestattet, Übersetzung und Lauf der übersetzten Programme mit einer Bedienungsmaßnahme zu erreichen.
Sprachen für die Lösung kommerzieller Probleme oder technisch-wissenschaftlicher Aufgaben sind vorhanden. Die Entwicklung von Prozeßsprachen hingegen steht noch in ihren Anfängen. Das rührt einmal daher, daß der Einsatz von Datenverarbeitungsanlagen zur Steuerung industrieller Prozesse in großem Umfang gerade erst begonnen hat, und zum anderen daher, daß die Probleme, die bei der Programmierung derartiger Datenverarbeitungsanlagen auftreten, außerordentlich heterogen und komplex sind. Die große Schwierigkeit besteht also darin, den Umfang solcher Prozeßsprachen abzustecken. Außerdem müssen sie sich viel intensiver auf die übrigen Eigenschaften des Betriebssystems und speziell auf die des Organisationsprogramms abstützen, da sich Echtzeit-Probleme nur unter genauer Beachtung der Unterbrechungsmechanismen und der Programmprioritäten lösen lassen. Es wird an vielen Stellen an der Formulierung problemorientierter Sprachen gearbeitet. Konkrete Ergebnisse sind jedoch voraussichtlich nicht vor einigen Jahren zu erwarten.

Literaturhinweise

Keiner, H.: Systemprogramme. VDI Bildungswerk, Lehrgang „Aufbau und Arbeitsweise der Digitalrechner".

Martin, J.: Programming Real-Time Computer Systems. Verlag Prentice-Hall, Inc., Englewood Cliffs, N. J.

2.7 Anwenderprogramme

von K. F. Bamberger

Inhaltsübersicht

1 Bedeutung

Unter Anwenderprogrammen sind alle Programme zu verstehen, durch die der Bearbeitungsablauf einer speziellen Aufgabe, zu deren Lösung ein Prozeßrechner eingesetzt ist, festgelegt wird. Dementsprechend reicht die Größe eines Anwenderprogramms von unter Umständen nur einigen Befehlen bis zu einem Umfang von der mehrfachen Größe des zur Verfügung stehenden Arbeitsspeichers. Das Programm muß dann „segmentiert" aufgebaut sein, um in einzelnen Segmenten aus einem Externspeicher abgerufen im verfügbaren Arbeitsspeicherbereich bereitgestellt werden zu können.

Der Ausdruck „Anwender"-Programm besagt, daß das Programm zur Lösung bestimmter technologischer Aufgabenstellungen, die beim Anwender eines Prozeßrechners vorliegen, geschrieben ist. Diese Definition grenzt auch klar die Anwenderprogramme zu den Betriebsprogrammen ab. Die Betriebsprogramme ergänzen die gerätemäßig realisierten Maschineneigenschaften und sind anwenderunabhängig. Die Anwenderprogramme greifen auf die Betriebsprogramme zurück; sie bedienen sich ihrer vor allem bei koordinierenden und Ein–Ausgabe-bezogenen Aufgaben.

Anwenderprogramme müssen für jeden Einsatzfall des Prozeßrechners, wenn nicht völlig neu entwickelt, dann doch zumindest neu zusammengestellt werden. Das Neu-Zusammenstellen oder sogar Neu-Entwickeln der Anwenderprogramme gilt im allgemeinen für den Einsatz von Prozeßrechnern auch bei Anwendungsfällen, die von der Aufgabestellung her zunächst als gleichartig erscheinen. Bei näherer Betrachtung der einzelnen Faktoren, die die Erstellung der Anwenderprogramme bestimmen — hier vor allem der Programmsysteme — erkennt man die Notwendigkeit einer Neubearbeitung, z. B. können eine andere Konfiguration des Prozeßrechners sowie seiner Peripherie oder andere Echtzeitforderungen und andere Speicherplatzbelegung eine Neubearbeitung verlangen. (Kapitel 5.2). Davon nicht berührt werden standardisierte Programme (z. B. arithmetische Grundfunktionen in Gleitkommadarstellung, Doppelwortarithmetik, transzendente Funktionen usw.). Diese Programme sind in einer für den jeweiligen Prozeßrechner optimalen Form erstellt und stehen dem Anwender in der sogenannten Programmbibliothek zur Verfügung. Deshalb nennt man diese Programme auch Bibliotheksprogramme; sie gehören zuordnungsmäßig weder zu den Betriebsoprogrammen noch zu den Anwenderprogrammen.

2 Typen von Anwenderprogrammen

2.1 Merkmale

Der Typ eines Anwenderprogrammes ist durch ganz bestimmte, das Programm kennzeichnende Merkmale festgelegt. Sie beziehen sich auf die unterschiedliche Verwaltung durch das Betriebssystem und auf die gestufte Zuordnung der Programmtypen. Man unterscheidet Haupt-, Teil- und Unterprogramme. Dem Programmierer sind die Merkmale bekannt; sie gestatten ihm bei der Beschäftigung mit einem Anwenderprogramm die Einordnung der einzelnen Aufgaben und legen die Richtlinien der Programmentwicklung fest.

2.2 Hauptprogramme

Der Programmtyp Hauptprogramm ist dadurch gekennzeichnet, daß er eine Programmnummer, eine Priorität und einen Namen hat. Im allgemeinen ist die Programmnummer mit der Programmpriorität identisch. Die Priorität nimmt im allgemeinen mit wachsender Programmnummer ab, das heißt, ein Hauptprogramm mit der Nummer 10 liegt in der Priorität hinter den Programmen mit den Nummern 0 bis 9. Einem Hauptprogramm wird vom Organisationsprogramm des Betriebssystems ein eigener Befehlszähler zugeordnet. Daraus resultiert, daß es vom Betriebssystem verwaltet wird, worunter alle Koordinierungsmaßnahmen, z. B. Starten, Beenden, Wechseln, Bearbeiten nach Priorität, Ein-Austransfer von und zum Externspeicher, zu verstehen sind (Kapitel 2.6). Der Name hat neben der formalen Bedeutung für den Übersetzer den Sinn, Programme namentlich aufrufen bzw. bereitstellen zu können. Diese Möglichkeiten werden vor allem bei der Verwendung von Externspeichern als Programmträger ausgenutzt. Der Programmierer ordnet Namen, Programmnummer und Priorität einem Hauptprogramm meistens selbst zu; es muß spätestens beim Bereitstellen in den Prozeßrechner geschehen sein.

Hauptprogramme werden für eine in sich abgeschlossene Aufgabenstellung erstellt, das heißt, sie sind im allgemeinen selbständige Programme, die eine Aufgabe vollständig lösen. Ein Hauptprogramm könnte auch ein **unabhängiges Programm** sein, das zu keinem Zeitpunkt seines Laufes Informationen von einem anderen Hauptprogramm benötigt oder Informationen an ein anderes Hauptprogramm abgibt. Im Prozeßrechnereinsatz kommen unabhängige Hauptprogramme so gut wie gar nicht vor, hier gibt es also nur **abhängige Hauptprogramme,** die untereinander in einem mehr oder weniger regen Datenaustausch stehen. Das Koordinieren, z. B. gegenseitiges Starten und Beenden von Hauptprogrammen, muß beim Prozeßrechnereinsatz durch das Betriebssystem erfüllt sein.

2.3 Teilprogramme

Aus Gründen der Programmorganisation und der Arbeitsspeicherplatzaufteilung, aber auch aus Gründen der Übersichtlichkeit werden vor allem umfangreiche Hauptprogramme in kleinere Programmabschnitte, sogenannte Teilprogramme, unterteilt. Teilprogramme stellen für sich abgeschlossene

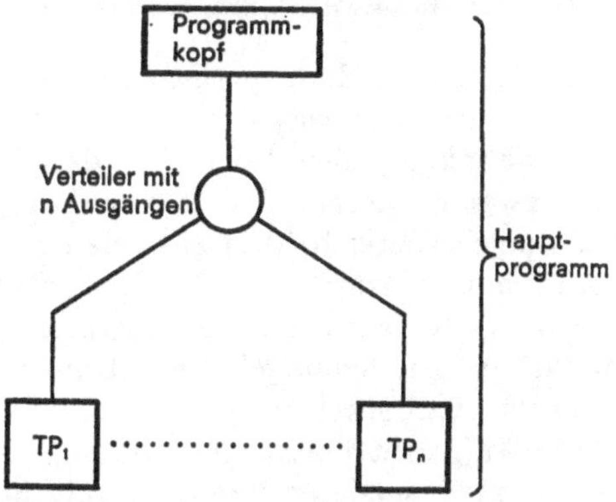

Bild 1: Gliederung eines Hauptprogramms
$TP_1 \ldots TP_n$ Teilprogramme

Teilaufgaben innerhalb der das Hauptprogramm ausmachenden Gesamtaufgabe dar. Charakteristisch für Teilprogramme ist, daß ihre Koordinierung (z. B. Starten) nicht über das Betriebssystem, sondern durch das jeweilige Hauptprogramm, dem sie zugeordnet sind, erfolgt. Die Priorität der Teilprogramme entspricht der des Hauptprogramms. Die Reihenfolge, in der

ein Hauptprogramm die einzelnen Teilprogramme, in die es aufgeteilt ist, aufruft, kann bei jedem Programmablauf anders sein.
In der Gliederung eines Hauptprogramms (Bild 1) sind die Teilprogramme TP_1 bis TP_n über einen Verteiler mit dem Programmkopf verbunden dargestellt. Der Programmkopf übernimmt hierbei für die Teilprogramme die koordinierenden Funktionen. Die Teilprogramme laufen im allgemeinen nacheinander und nicht simultan zueinander ab. Diese Organisation eines Anwenderprogramms wird hauptsächlich vorliegen, wenn ein Externspeicher vorhanden ist und der Arbeitsspeicherbereich, der für den Ablauf von externspeicherresidenten, d. h. im Externspeicher ständig vorhanden, Programmen zur Verfügung steht, nicht ausreicht, um ein ganzes Hauptprogramm speichern zu können (Bild 2).

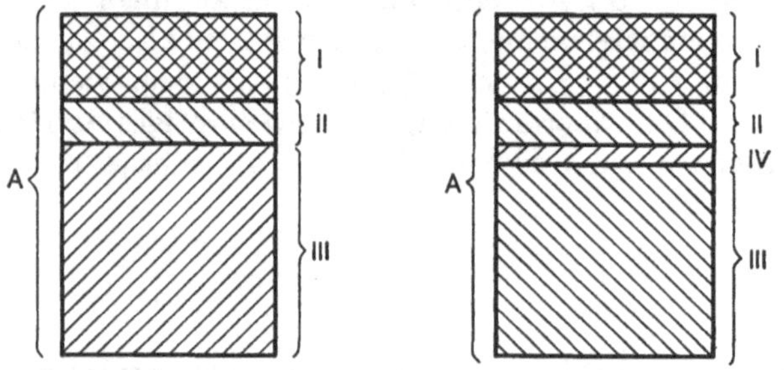

a) Programmkopf externspeicherresident b) Programmkopf arbeitsspeicherresident

Bild 2: Zuordnung von Arbeitsspeicher-Bereichen für Hauptprogramme

A Größe des Arbeitsspeichers
I belegt durch Organisationsprogramm
II Bereich für arbeitsspeicherresidente Programme
III freier Bereich für externspeicherresidente Hauptprogramme
IV Bereich für arbeitsspeicherresidente Programmköpfe

Steht das ganze Hauptprogramm, also Programmkopf und die Teilprogramme, auf dem Externspeicher, so wird beim Start des Hauptprogramms der Programmkopf allein oder aber der Programmkopf und ein Teilprogramm (und zwar in diesem Fall immer dasselbe Teilprogramm) in den freien Arbeitsspeicherbereich (Bild 2a) geladen. Die weiteren Teilprogramme werden dann vom Programmkopf bei Bedarf und in beliebiger Reihenfolge nachgezogen. Dabei wird das Teilprogramm, das im Arbeitsspeicher steht, meist durch ein neu hereingeholtes überschrieben. Ist der Kopf des Hauptprogramms arbeitsspeicherresident (Bild 2b), können ihm mehr als nur steuernde Aufgaben übertragen werden, da er jetzt auf einen Startbefehl hin sehr schnell reagieren kann. Durch diese Programmanordnung im Arbeitsspeicher ist Simultanarbeit von mehreren Hauptprogrammen und damit auch von Teilprogrammen von vornherein gewährleistet. Für welche Form der Programmanordnung man sich entscheidet, hängt von der jeweiligen Aufgabe ab und muß von Fall zu Fall bei der Programmsystemanalyse entschieden werden (Kapitel 5.2).

2.4 Unterprogramme

Eine weitere Hilfe für den Aufbau eines Hauptprogramms ist die Technik der Unterprogramme. Unterprogramme dienen in erster Linie dazu, um immer wiederkehrende Abläufe innerhalb eines Programms zu realisieren. Solche immer wiederkehrenden Abläufe können z. B. das Bilden arithmetischer Ausdrücke, das Bilden von Durchlaufzählern, das Umcodieren von Zeichen, das Ermitteln der Uhrzeit sein. Charakteristisch für das Unterprogramm ist, daß es nur einmal innerhalb eines Hauptprogramms vorhanden ist und immer dann vor diesem angesprungen wird, wenn die durch das Unterprogramm realisierte Funktion gebraucht wird. Das Unterprogramm

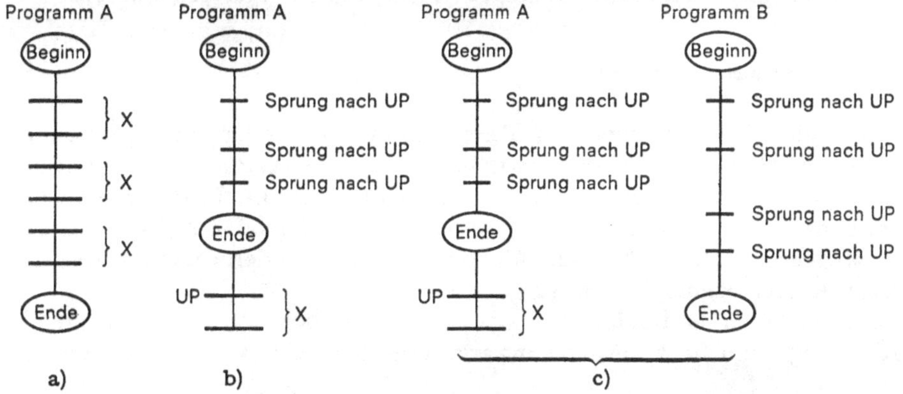

Bild 3: Unterprogrammtechnik

a) Programm ohne Benutzung der Unterprogrammtechnik
b) *X* ist zu einem Unterprogramm UP zusammengefaßt
c) Benutzung des Unterprogramms UP von Programm A und B
X stets gleichbleibende Befehlsfolge

hat keine eigene Programmnummer sondern läuft stets unter der Nummer des aufrufenden Hauptprogramms. Die Benutzung ist auch dadurch vereinfacht, daß der Ansprung des Unterprogramms und der Rücksprung in das Hauptprogramm gerätetechnisch realisiert sind und somit keine Koordinierungsarbeit durch das Betriebssystem erforderlich wird. Normiert man die Versorgung des Unterprogramms mit Parametern (Daten zur Verarbeitung) sowie die Bereitstellung der vom Unterprogramm erhaltenen Ergebnisse, so wird die Benutzung für den Anwender sehr einfach.

Die Benutzung von Unterprogrammen bietet eine Reihe von Vorteilen (Bild 3). Gegenüber der mehrfachen Unterbringung einer gleichbleibenden Befehlsfolge (Bild 3 a) wird durch mehrfachen Ansprung der nur einmal untergebrachten Befehlsfolge Speicherplatz gespart (Bild 3 b). Auch mehr als ein Hauptprogramm kann zu einem Unterprogramm zugreifen (Bild 3 c). Bei Mehrfachbenutzung von Unterprogrammen tritt das Problem auf, daß ein laufendes Unterprogramm von einem anderen Hauptprogramm höherer

Priorität aufgerufen wird. Folgende Möglichkeiten bestehen, um einen Fehllauf zu vermeiden:

— Das Unterprogramm ist nicht unterbrechbar, auch nicht durch höherprioritätige Programme (Nachteil: Widerspruch zum Prioritätsgedanken).

— Das Unterprogramm wird vor Benutzung vom aufrufenden Programm belegt (Nachteil wie vorstehend).

— Das Unterprogramm ist „reentrant" geschrieben. Hauptmerkmal eines reentrant geschriebenen Programmes ist, daß Befehlsbereich und Datenbereich exakt voneinander getrennt sind, d.h., der Befehlsbereich kann gleichzeitig mit verschiedenen Datenbereichen arbeiten.

Ein Unterprogramm kann sowohl von einem Hauptprogramm, einem Teilprogramm sowie von einem Unterprogramm selbst aufgerufen werden.

2.5 Parameterversorgung

Sobald ein Hauptprogramm in Teilprogramme und/oder Unterprogramme gegliedert ist, aber auch wenn zwischen Hauptprogrammen eine Abhängigkeit durch Datenaustausch besteht, tritt das Problem auf, die Programme mit den notwendigen Parametern zu versorgen. Im folgenden soll deshalb auf die wichtigsten Möglichkeiten, die sich dem Anwenderprogrammierer zur Parameterversorgung bieten, eingegangen werden.

Am einfachsten und schnellsten geschieht die Parameterübergabe an ein Unterprogramm über die Rechenwerks-Register (Akkus). Hierbei lädt das

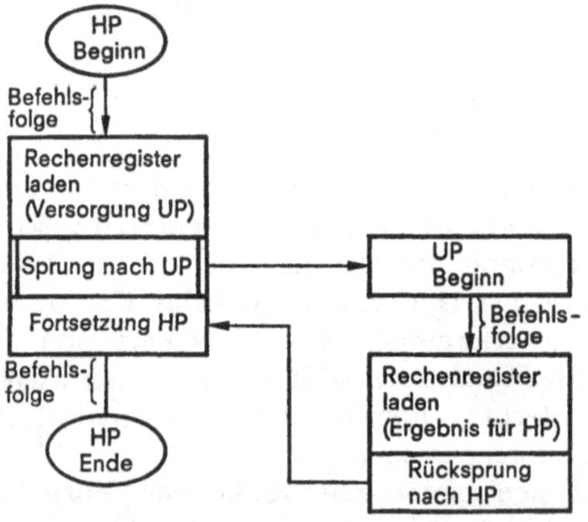

Bild 4: Unterprogrammversorgung über Rechenregister

HP Hauptprogramm,
UP Unterprogramm

aufrufende Programm vor dem Unterprogrammsprung die Register mit den zu übergebenden Parametern (Bild 4). Die Anzahl der zu übergebenden Parameter ist durch die Anzahl der Rechenwerks-Register des Prozeßrechners begrenzt. Das vom Unterprogramm erarbeitete Ergebnis wird unmittelbar bevor der Rücksprung ins aufrufende Programm stattfindet in den

Rechenwerks-Registern bereitgestellt. Bei dieser Art der Parameterübergabe ist jeweils dasjenige Programm hinsichtlich der Parameterversorgung aktiv, welches über die Parameter verfügt. Beim Unterprogrammansprung ist das aufrufende Programm, beim Rücksprung ist das Unterprogramm aktiv.

Eine weitere Möglichkeit der Übergabe von Parametern an das aufzurufende Programm ist die Verwendung von Hilfszellen, wobei Rechenregister (Bild 4) durch Hilfszellen zu ersetzen sind. Die Anzahl der Parameter kann dabei beliebig groß sein; sie ist nicht mehr durch die Anzahl der Rechenwerks-

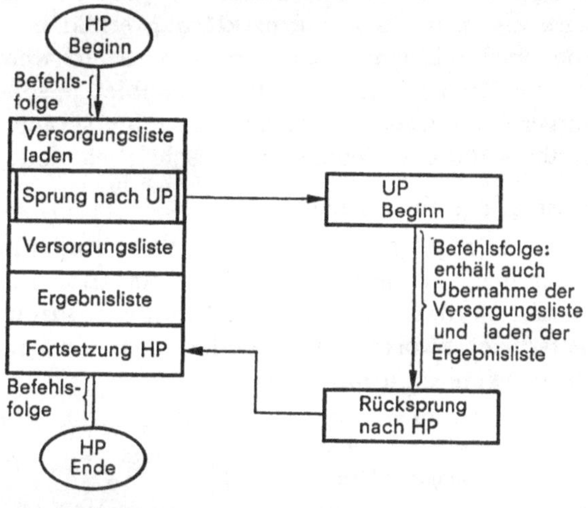

Bild 5:
Unterprogrammversorgung
über Parameterlisten

Register begrenzt. Das angesprungene Programm muß die Adressen der Hilfszellen kennen und sich die Parameter von dort holen.

Eine grundsätzliche Empfehlung, an welcher Stelle innerhalb des Programms die Hilfszellen anzuordnen sind, kann nicht gegeben werden, sie hängt vom einzelnen Fall ab.

Eine Verallgemeinerung der oben beschriebenen Methode besteht darin, daß man unmittelbar an den Unterprogrammansprung Parameterlisten anordnet (Bild 5). Es kann entweder je eine Liste für die Versorgung und für die Ergebnisse des Unterprogramms vorgesehen werden oder eine für Versorgung und Ergebnisse gemeinsame Liste. In dieser Liste stehen die Daten entweder selbst, oder sie enthalten Adressen, die angeben, wo die Versorgungsdaten zu finden bzw. die Ergebnisse abzulegen sind. Die Wahl der Versorgungsart ist aufgabenabhängig.

2.6 Benutzung von Makros zur Parameterversorgung

Im vorangegangenen Abschnitt wurden Möglichkeiten aufgezeigt, wie sich Programme gegenseitig mit Daten (Parametern) versorgen können. Eine

für den Programmierer einfache Methode, Register, Hilfszellen und Parameterlisten zu versorgen, also diese in einem Anwenderprogramm immer wieder vorkommenden Routinen, ist das Definieren von Makros. Diese Möglichkeit kann allerdings nur genutzt werden, wenn der zur Verfügung stehende Assembler Makroerklärungen verarbeiten kann.
Unter einem **Makrobefehl** ist zunächst nur eine einmal vom Anwender erklärte Befehlsfolge (Makroerklärung) zu verstehen, die mit einem Namen versehen wird. Der Assembler setzt dann diese Befehlsfolge immer an den Stellen innerhalb eines Anwenderprogrammes ab, an denen der Makrobefehl mit seinem Namen aufgerufen wird (Makroaufruf). Die Daten (z. B. Adressen), die in der als **Makroerklärung** erklärten Befehlsfolge angegeben sind, können durch den **Makroaufruf** modifiziert werden.
Welche Möglichkeiten sich hierbei anbieten, soll an Hand von zwei Beipsielen aufgezeigt werden, die in der Assemblersprache PROSA des Prozeßrechnersystems 300 der Siemens AG geschrieben sind.

Beispiel 1 (siehe auch Bild 4):

Es sollen Signaländerungen, und zwar Änderungen von 0 → 1 eines Wertes unter der Adresse A1 gegenüber dem alten in A2 gespeicherten Wert festgestellt werden. Es handle sich um ein Bitmuster von der Länge eines Arbeitsspeicherwortes. Die Änderungen sind im rechten Akkumulator des Rechenwerkes zu hinterlegen.

Vereinbarungsteil der Makroerklärung „Signaländerung"	ME SIGAEN FP FP1, FP2	formale Parameter
Rumpf der Makroerklärung	TEP' FP2 UGL' FP1 UND' FP1	Befehlsfolge

Im Vereinbarungsteil der Makroerklärung werden die Adressen der Werte als formale Parameter aufgeführt, im Rumpf der Makroerklärung folgt die zur Lösung der Aufgabe notwendige Befehlsfolge. Die formalen Parameter FP1 und FP2 stehen stellvertretend für die im Makroaufruf festzulegenden Adressen A1, A2, unter denen die akutellen Parameter zu finden sind. Der im Anwenderprogramm zu verwendende Makroaufruf hat dann folgende Form:

MA SIGAEN = A1, A2 .

Unmittelbar vor und hinter dem Aufruf stehen die anderen Befehle des Anwenderprogramms.

Beispiel 2: (siehe auch Bild 5):

An ein Unterprogramm sind Parameter zu übergeben, die in einer Versorgungsliste zusammengestellt sind, welche unmittelbar hinter dem Unterprogrammsprung steht. Die Ergebnisse sollen vom Unterprogramm ebenfalls in einer Ergebnisliste zusammengestellt werden, die sich unmittelbar an die Versorgungsliste anschließt. Eine Verallgemeinerung der Aufgabe besteht darin, daß die Anzahl der Versorgungsparameter — und somit auch der Ergebnisparameter — zwischen 1 und 5 variieren kann.

```
Vereinbarungsteil      {    ME  LITRANS
der Makroerklärung     {    FP  FP1, FP2, FP3, FP4, FP5  formale Parameter
Listentransferierung   {    GP  ULITRANS                 globaler Parameter
                            UNT ULITRANS
            lokaler         NOP E-A                      Länge der Versorgungsliste
          { Parameter   A   NOP  FP1           }
Rumpf     {                 NOP  FP2     B(2)  }
der       {                 NOP  FP3     B(3)  } Versorgungsparameterliste
Makroer-  { lokaler         NOP  FP4     B(4)  }
klärung   { Parameter   E   NOP  FP5     B(5)  }
          {                 HZ                           Hilfszelle
                            AP   E + E - A               Platz für Ergebnisparameterliste
```

Anschließend an die formalen Parameter ist der Name des Unterprogramms, das im Makroerklärungs-Rumpf aufgerufen wird, als globaler Parameter vereinbart. Der globale Parameter muß mit demselben Namen irgendwo im Anwenderprogramm definiert werden. Die Angabe der Länge der Versorgungsliste ist für das Unterprogramm notwendig, da gemäß der Aufgabenstellung die Anzahl der Eingangsparameter zwischen 1 und 5 variieren kann. Die Angabe B (2 bis 5) bei den formalen Parametern bewirkt, daß sie beim Nichtaufruf durch den Makroaufruf nicht abgesetzt werden. Die formalen Parameter FP_i sind als Adreßparameter vereinbart und somit substituierbar.
Der im Anwenderprogramm zu schreibende Makroaufruf kann wie folgt formuliert werden:

MA LITRANS = VERS1, VERS2, VERS3, VERS4, VERS5

oder für den Fall, daß nur zwei Versorgungsparameter benötigt werden:

MA LITRANS = VERS1, VERS2,,,

und für den Fall der gemischten Adressierung (direkt und indirekt):

MA LITRANS = VERS1, (ADREP2), VERS3,,

ADREP2 enthält die Adresse des Parameters 2.
Mit der Erklärung von Makrobefehlen ist dem Anwenderprogrammierer eine Programmhilfe an die Hand gegeben, die ähnlich zu handhaben ist wie Prozeduren bei ALGOL. Die Verwendung von Makroaufrufen in Programmen macht die Programme übersichtlicher und damit auch verständlicher und vereinfacht das Erstellen größerer Programmkomplexe.

3 Programmsysteme

3.1 Begriff

Unter einem Programmsystem versteht man die Gesamtheit der Programme, die zur Lösung eines Aufgabenkomplexes erforderlich ist. Die notwendige

Prozeßrechnerausstattung ist im Programmsystem berücksichtigt. Der Begriff Programmsystem setzt jedoch voraus, daß mit ihm die Aufgabenstellung vollständig erfüllt wird, unabhängig davon, ob es sich dabei um einen Kleinrechner mit einer Minimalperipherie und nur um ein Hauptprogramm handelt, oder um einen Groß- oder Doppelrechner, oder gar um eine Rechnerhierarchie mit einer Vielzahl von abhängigen oder unabhängigen Haupt-, Teil- und Unterprogrammen, die direkte und/oder indirekte Prozeßaufgaben zu bearbeiten haben.
Die Gesichtspunkte, die zur Entwicklung eines Programmsystems maßgebend sind (Kapitel 5.2), setzen die Kenntnis der Programmteile voraus, aus denen ein Programmsystem besteht; sie werden im folgenden dargestellt.
In der Gerätetechnik allgemein und bei elektronischen Datenverarbeitungsanlagen im besonderen geht man schon seit langer Zeit den Weg, umfangreiche Aufgaben in Teilaufgaben zu zerlegen. So entstehen aus Bausteinen gebildete Funktionseinheiten, die man beliebig kombinieren oder erweitern kann. Vor allem bei einer elektronischen Datenverarbeitungsanlage hat man ein solches Bausteinsystem mit den Funktionseinheiten Arbeitsspeicher, Steuerwerk, Rechenwerk, Ein–Ausgabe-Werk — um nur die wichtigsten zu nennen — vor sich. Das Prinzip der Gliederung einer Aufgabe in funktionelle Teilaufgaben, die in sich abgeschlossene Teilprobleme lösen, kann man auch in der Programmierung mit Erfolg anwenden.

3.2 Gliederung der Programmsysteme

Zunächst läßt sich die Gesamtaufgabe, die durch das Programmsystem gelöst wird, in bestimmte Hauptaufgaben unterteilen. Die Gesamtaufgabe „Überwachung im Dampfkraftwerk durch Prozeßrechner“ läßt sich z. B. in die **Hauptaufgaben**

Analogwertverarbeitung,
Alarmerfassung und Binärwertverarbeitung,
Protokollierung,
Bedienung,
Kenngrößenberechnung

unterteilen. Die Gesamtheit der Programme, die zur Lösung einer dieser Hauptaufgaben erforderlich sind, heißt **Programmblock**. Jeder Programmblock besteht selbst wieder — je nach Aufgabenstellung — aus einer Vielzahl von Programmen. Dabei kann es sich um ein Hauptprogramm handeln, das in verschiedene Teil- und Unterprogramme gegliedert ist und dem man dann sinnvollerweise auch einen Namen, z. B. „**Analogwertverarbeitung**“, abgekürzt **ANAVERAB**, gibt, oder auch um mehrere Hauptprogramme mit entsprechender Unterteilung.
Die Untergliederung der Hauptaufgabe in kleinste, sinnvolle und in sich abgeschlossene Teilaufgaben führt zum Programmbaustein. Der Programm-

baustein kann nicht mehr unterteilt werden. Typische Programmbausteine des Programmblocks „Analogwertverarbeitung" sind z. B.:

Grenzwertkontrolle auf feste Grenzen,
Grenzwertkontrolle auf variable Grenzen,
Meßwertverfolgung,
Linearisierung.

Programmbausteine liegen als selbständig arbeitende Unterprogramme und/oder Teilprogramme vor. Durch Kombination der entsprechenden Programmbausteine lassen sich aufgabenspezifische Programmblöcke zusammenstellen. Hierbei tritt ein ähnliches Problem auf, wie es von der Parameterversorgung der Unterprogramme oder Teilprogramme her bereits bekannt ist, nämlich die Versorgung der Programmbausteine mit Daten, die im folgenden besprochen werden soll.

Datennahtstellen äquivalent zur Gerätetechnik führt man auch in der Programmierung ein. In der Datennahtstelle findet und hinterlegt der Programmbaustein die zur Bearbeitung bzw. Weiterverarbeitung notwendigen Daten. Die Datennahtstellen entkoppeln die einzelnen Programmbausteine gegenseitig, d. h., es findet keine direkter Informationsaustausch der Programmbausteine untereinander statt. Betrachtet man die für den Ablauf eines Programmes erforderlichen Daten etwas genauer, so läßt sich eine Dreiteilung feststellen (Bild 6):

— **Feste Daten,** die die anlagenspezifischen Größen darstellen (z. B. Beschreibung der Meßwertgeber: analog oder digital, Meßstellennummer, Name, feste Grenzwerte usw.).

— **Koppeldaten,** die von einem Programmbaustein erarbeitet werden und als Parameter für einen anderen Baustein innerhalb eines Blockes oder für einen anderen Block erforderlich sind.

— **Variable Daten,** die als Steuerdaten während des Bearbeitungszeitraums eines Programmbausteines dienen.

Da zusammengehörige Daten im allgemeinen zwecks leichterer Handhabung durch die Programme fortlaufend aufgelistet sind, spricht man auch von **Datenlisten.** Gemäß obiger Definition besteht demnach eine Datennahtstelle aus Versorgungslisten mit festen Daten, Koppeldaten und variablen Daten. Die hier angegebenen Namen für die Listen sind Oberbegriffe und werden vom Programmierer durch aufgabenspezifische Namen versehen, z. B. Rohwertliste, Meßwertliste, Rechenwertliste. Das ist erforderlich, da innerhalb eines Programmsystems mehrere Versorgungslisten vorhanden sind. Werden diese Listen- oder Datenbereiche zentral verwaltet, so spricht man von **Dateien,** und zwar von Arbeitsspeicher-Dateien, wenn der Datenbereich ständig im Arbeitsspeicher reserviert ist, oder von Externspeicher-Dateien, wenn sich der Datenbereich auf dem Externspeicher befindet. Den Dateien gibt der Anwender ebenfalls Namen, die sogenannten Dateinamen. Durch Einführen der Datennahtstelle lassen sich die Programmbausteine weit-

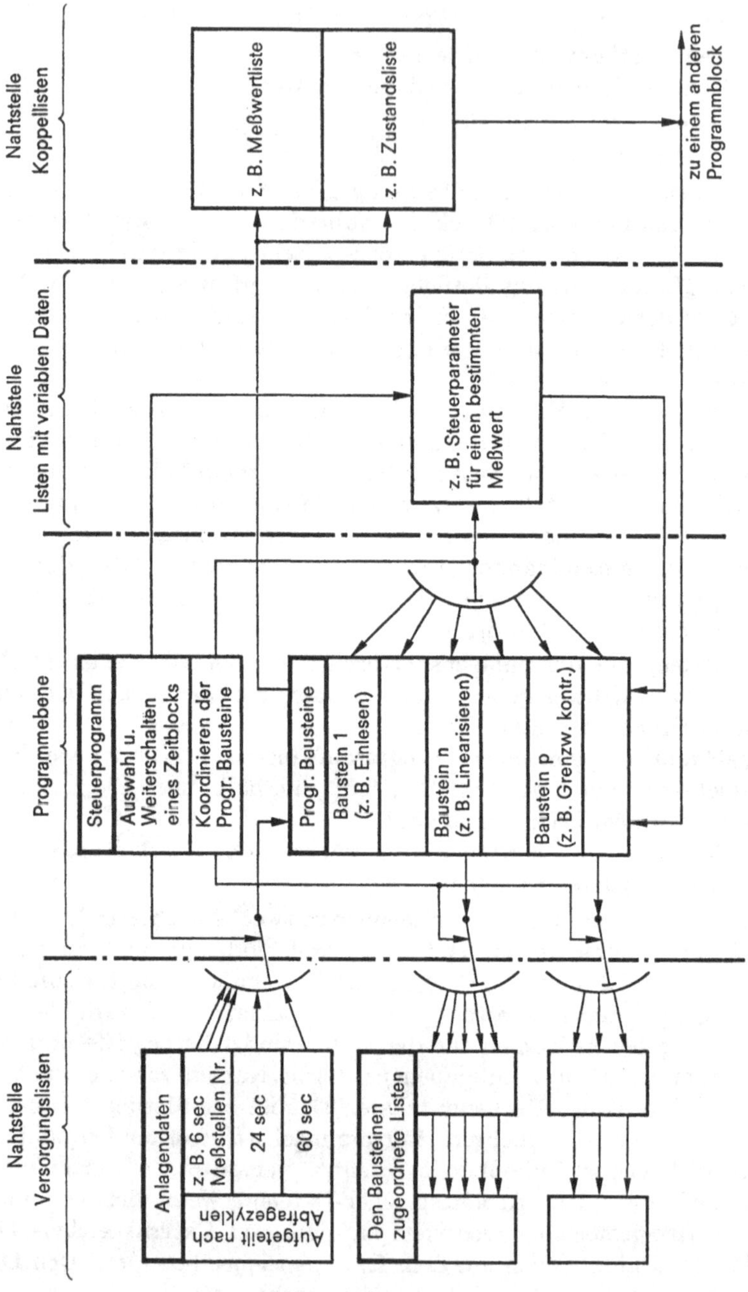

Bild 6: Aufbau eines Programmblocks (Beispiel)

gehend anlagenunabhängig schreiben. Die erforderlichen aktuellen Parameter für den speziellen Einsatzfall werden anlagen- und einsatzabhängig in den Versorgungslisten zusammengestellt.
Wie bereits erwähnt, werden die aufgabenspezifischen Programmblöcke aus den entsprechenden Programmbausteinen zusammengestellt. Ferner gehören dazu die einzelnen Listen. Für den Lauf dieses so erstellten Programmblockes wird jedoch noch ein **Steuerprogramm** benötigt, das die einzelnen Bausteine koordiniert. Es legt z. B. die Reihenfolge der Verarbeitungsschritte und damit die Reihenfolge, in der die Programmbausteine aufgerufen werden sollen, fest; es ruft die einzelnen Programmbausteine auf und weist die entsprechenden Listen der Datennahtstelle den Programmbausteinen zu.

Ein aus Steuerprogramm(en), Programmbausteinen und Nahtstellen aufgebauter Programmblock (Bild 6) kann nahezu beliebig dadurch geändert oder erweitert werden, daß man unter Beibehaltung der festgelegten Struktur des Programmblocks Bausteine und Listen ersetzt, wegläßt oder neue hinzufügt. Darüber hinaus ist es für den Anwender eines Programmblocks einfach, neue Programme zu entwickeln, die er über die Nahtstelle ankoppeln kann. Ein solches zusätzliches Programm vermag nicht nur Information aus den Listen zu entnehmen, sondern Information auch einzutragen. Dadurch kann man dem Programmblock neue Aufgaben übertragen.

3.3 Standard-Programmsysteme

Gleichbleibende oder sich zumindest stark ähnelnde Aufgabenstellungen, zu deren Lösung ein Prozeßrechner eingesetzt wird, legen den Gedanken nahe, die erforderlichen Programme zu standardisieren. Darunter ist zu verstehen, daß man eine Reihe von Standard-Programmbausteinen entwickelt, die jeweils ganz bestimmte Teilaufgaben für den betreffenden Einsatzfall optimal lösen. Eine Standardisierung verlangt ferner, daß die Anzahl, der Aufbau und die Art der Listen festgelegt wird. Schließlich kann man auch noch die Steuerprogramme einmal fest definieren, sofern man den im einzelnen Fall notwendig werdenden Geräteaufwand, Aufwand an Programmbausteinen und Programmblöcken sowie die Echtzeitforderungen genau kennt.
Der Einsatz von Standard-Programmsystemen bringt für den Anwender von Prozeßrechnern mehrere Vorteile mit sich: Die einzelnen Programmbausteine sind dokumentiert, ihre Leistungsfähigkeit ist bekannt und durch oftmaligen Einsatz erprobt. Die Programmbausteine können gemäß der vorliegenden Aufgabenstellung ausgewählt und zum Programmsystem zusammengestellt werden. Die Zeiten für die Spezifikation des Programmsystems werden wesentlich verkürzt, während die Entwicklung der Programmbausteine völlig entfällt. Die Zeiten für die Auftragsabwicklung werden erheblich verringert. Es fallen nur Programmierzeiten für bisher noch nicht aufgetretene Probleme an, für die neue Programmbausteine zu entwickeln sind.

3.4 Erzeugung von Programmsystemen

Erst der Zusammenbau der einzelnen Programmbausteine und Listen zu einem Programmblock und das Verketten der Programmblöcke untereinander stellt ein ablauffähiges Anwenderprogrammsystem dar. Auch die sogenannten Standardsysteme müssen aus den vorhandenen Standard-Programmbausteinen zusammengestellt werden. Diese Tätigkeit ist, sofern sie der Programmierer von Hand erledigt, zeitraubend und langweilig und birgt viele Fehlerquellen in sich, die meist erst durch umfangreiche Programmtests gefunden werden. Deshalb automatisiert man zweckmäßigerweise die Erzeugung von Programmsystemen. Dies erfordert zwar einige zusätzliche Überlegungen beim Erstellen der Programmbausteine, ja sogar einige zusätzliche Programme, jedoch wird dieser Mehraufwand später mehr als kompensiert. Besonders bei Standard-Programmbausteinen, die stets zu neuen Kombinationen miteinander verbunden werden, ist dieser Mehraufwand gerechtfertigt, vor allem wenn man bedenkt, daß dadurch auch dem Technologen ohne tiefergehende Programmierkenntnis die Erzeugung von Programmsystemen möglich wird.

Das erste und wichtigste Hilfsmittel bei der automatischen Erzeugung von Programmsystemen ist der **Listengenerator**. Um die Versorgungslisten zu erhalten, werden die anlagenspezifischen Daten in Aufgabenblättern eingetragen und von da auf Lochkarten übertragen. Der Listengenerator sortiert diese Angaben nach Teilaufgaben und trägt sie in Versorgungslisten ein. Die so erzeugten anlagenspezifischen Versorgungslisten werden auf einem Datenträger dem Anwender zur Verfügung gestellt. Beim Erzeugen der Listen aus der Lochkarteninformation führt der Listengenerator ähnlich wie ein Übersetzer eine Prüfung auf formale Fehler durch.

Der nächste Automatisierungsschritt ist die **Erzeugung von Programmsystemen** aus den Programmbausteinen und den mit dem Listengenerator erstellten Versorgungslisten. Für diesen Schritt bieten sich zwei verschiedene Realisierungsmethoden an.

Die eine Methode, die **Makroprogrammierung**, beruht auf der Möglichkeit, Makros erklären zu können, und der Fähigkeit des Assemblers, mit selbsterklärten Makros sowie einer Unterprogrammbibliothek arbeiten zu können. Die Anwendung dieser Möglichkeiten zum Erzeugen eines Programmsystems wird im folgenden stichwortartig aufgezeigt:

— Die Befehlsfolgen der Steuerprogramme und der Programmbausteine werden in Form von Makroerklärungen in beliebiger Reihenfolge auf einen Externspeicher (z. B. Plattenspeicher) geladen.

— Bilbiotheksprogramme werden in Maschinencode (vorübersetzt) ebenfalls auf den Externspeicher geladen.

— Ebenso werden die vom Listengenerator erzeugten Listen abgesetzt.

Somit sind sämtliche zur Erzeugung des Programmsystems erforderlichen Bausteine auf dem Externspeicher vorhanden. Die Zusammenstellung eines

Programmblocks aus diesen Bausteinen erfolgt durch Schreiben eines Programms, das ausschließlich aus den in der gewünschten Reihenfolge geschriebenen Makroaufrufen der Programmbausteine besteht, die als Makroerklärungen auf dem Externspeicher stehen. Vervollständigt wird dieses Programm noch durch das Abrufen der Unterprogramme und Listen aus der ebenfalls auf dem Externspeicher stehenden Unterprogrammbibliothek. Die Übersetzung dieses Programms liefert den gewünschten Programmblock.

Die andere Methode beruht auf der Verwendung eines **Generatorprogramms.** Sie ist von der verwendeten Programmiersprache und dem Übersetzer unabhängig und somit die allgemeinere Lösung. Das Arbeiten mit dem Generatorprogramm setzt voraus, daß die zur Erzeugung von Programmsystemen erforderlichen Programmbausteine und Listen in einer dem Generatorprogramm verständlichen Form vorliegen. Diese Forderung beinhaltet, daß jedem Programmbaustein eine sogenannte REGEL voranzustellen ist. Diese gibt an, unter welchen Bedingungen dieser Baustein in das zu erzeugende Programmsystem beim Generieren abgesetzt wird. Die Gesamtheit der zur Erzeugung von Programmsystemen möglichen Programmbausteine wird **Masterstapel** genannt. Die Reihenfolge der Programmbausteine im Masterstapel ist durch den Verarbeitungsgang des zu generierenden Programmsystems gegeben. Der Masterstapel kann auf einem Externspeicher abgelegt sein oder auch als Kartenstapel vorliegen. Die vom Listengenerator erzeugten Listen werden entweder ebenfalls, versehen mit den notwendigen REGELn, in den Masterstapel eingebaut oder in einer eigenen Datei abgelegt. Zur Erzeugung (Generierung) eines Programmsystems teilt der Anwender dem Generatorprogramm den Verarbeitungsgang des zu generierenden Programmsystems in Form von „Wünschen" mit. Gemäß diesen „Wünschen" geht das Generatorprogramm alle vorhandenen Bausteine einmal in der festgelegten Richtung durch und prüft an Hand der Bedingungen, ob der Baustein in das zu generierende Programmsystem einzubauen ist oder nicht. Die einzubauenden Programmbausteine werden sofort einem Übersetzungsvorgang unterworfen. Sobald der letzte Baustein des Masterstapels durchlaufen ist, liegt das gewünschte Programmsystem vor.

Für den in der Programmierung Ungeübten ist die zweite der gezeigten Methoden zur Erzeugung eines Programmsystems am einfachsten zu handhaben. Für den Entwickler der Programmbausteine bietet die erste Methode die geringeren Schwierigkeiten. Da es auf dem Gebiet der Prozeßrechner noch keine geeigneten Prozeßsprachen gibt, bieten generierbare Standard-Programmsysteme eine wirksame Hilfe für den Programmierer. Es ist wohl auch richtig, zu behaupten, daß die in den zur Zeit existierenden Standardsystemen angewendeten Techniken gute Grundlagen für die Entwicklung einer Prozeßsprache darstellen.

Literaturhinweise

Höppl, H.: PROSA 300 für Prozeßautomatisierung, Band I Einführung. Siemens AG 1969.

Güntsch, F. R.: Einführung in die Programmierung digitaler Rechenautomaten. Verlag De Gruyter, Berlin, 2. Auflage 1963.

Knödel, W.: Programmierung von Ziffernrechenanlagen. Springer, Wien 1961.

Bachmann, K. H.: Programmierung für Digitalrechner. Dt. Verlag d. Wissenschaften, Berlin, 3. Aufl. 1969.

Müller, D.: Programmierung elektron. Rechenanlagen. Bibliographisches Institut, Mannheim, 2. Aufl. 1965.

Pösch, H.: Anleitung zur Programmierung elektron. Ziffernrechner. Decker, Hamburg 1964.

Lutz, T., Hauff, V.: Programmierfibel — Eine verständliche Einführung in das Programmieren digitaler Rechenautomaten. Franckh'sche Verlagshandlung, Stuttgart, 3. Aufl. 1969.

Lexikon der Datenverarbeitung — In Zusammenarbeit mit G. Löbel und H. Schmid hrsg. v. P. Müller. Verl. Moderne Industrie, München 1969.

2.8 Programmiersprachen

von H. Mittendorf

Inhaltsübersicht

1 Sprachstufen

1.1 Historische Entwicklung

Die ersten in größerer Serie hergestellten Datenverarbeitungsanlagen, z. B. 1956: IBM 650, 1960: Siemens 2002, waren zunächst nur in dem internen Maschinencode programmierbar. Der Anwender hatte hier als einzigen „Komfort" die Dezimaldarstellung der Maschinenbefehle zur Verfügung. Im übrigen mußte er alle Adressierungsprobleme (absolut) von Hand lösen; dazu kam noch die Bewältigung der Schwierigkeiten, die mit der „räumlichen" Optimierung bei der Platzzuweisung auf der Maschine verbunden waren.

Der Begriff „Sprache" tauchte in diesem Zusammenhang noch nicht auf. Das System **SOAP** (**S**ymbolic **o**ptimal **a**ssembly **p**rogram) bei IBM (ca. 1958) brachte die erste wirkliche „Assembler"-Sprache. Kurz danach (1958 bis 1960) entwickelte IBM dann das Fortran-System, bei dem häufig vorkommende Operationsfolgen zu Elementen einer höheren Sprache zusammengefaßt wurden. Die europäischen Maschinenhersteller behielten zunächst die Assemblerprogrammierung bei und bauten sie weiter aus, z. B. Siemens das **PROSA**-System (**Pro**grammieren mit **s**ymbolischen **A**dressen) bei den Anlagen 3003 und der Familie 300. 1960 wurde von einer Mathematikergruppe nach längeren Diskussionen Algol 60 konzipiert und als Sprache erstmalig exakt beschrieben [1]. Für die mehr kaufmännischen Aufgaben entstand das Cobol-System.

In dem Bestreben, eine universelle Programmiersprache zu schaffen, die zur Bearbeitung wissenschaftlicher und kommerzieller Probleme gleich gut geeignet sein sollte, entwickelte in den Jahren 1964/65 IBM die Sprache PL/1 [2], [3]. Die Bemühungen, eine auch für Prozeßanwendungen brauchbare Sprache zu schaffen, haben bei den hieran interessierten Kreisen noch nicht zu Ergebnissen geführt.
Darüber hinaus wurde im Laufe der 60er Jahre eine Reihe höherer Programmiersprachen für spezielle Sonderprobleme entwickelt, wie sie objektgebunden bei Werkzeugmaschinen (APT) oder in der Baustatik (RASTA) auftreten. Die den unbefangenen Beobachter verwirrende Vielfalt von „Sprachen" legt es nahe, Ordnungsgesichtspunkte für eine kritische Beurteilung zu schaffen und den Begriff „Programmiersprache" umfassender zu formulieren.

1.2 Einteilung

Als Merkmal soll der „Komfort" dienen, den eine Sprache dem Benutzer bietet, um sein Vorhaben auf der Maschine zu verwirklichen. Demnach sind vier Stufen von Sprachen zu unterscheiden und deren Verwirklichung auf dem Digitalrechner (Implementierung) ist besonders bei den Stufen höheren Komforts zu behandeln.

Stufe 0: **Maschinencode**

Hier handelt es sich für den Benutzer um die Programmierung im internen Maschinencode (MC). Sie kann dual oder dezimal erfolgen. Da überhaupt kein Komfort geboten wird, erhält diese unterste „Sprach"stufe die Bezeichnung 0.

Stufe 1: **Maschinenorientierte Sprachen** (Assembler)

Als wesentlich neues Element tritt jetzt die Benutzung von Operationsbefehlen und symbolischen Adressen hinzu. Im übrigen gibt es leider fast ebensoviele Assemblersprachen wie Maschinensysteme (IBM: SOAP für 650, MAP für 7090; Siemens: PROSA für 3003 und 300-Serie).

Stufe 2: **Problemorientierte Sprachen** (Mittelsprachen)

Innerhalb ihres Rahmens geben sie dem Benutzer die Möglichkeit, Aufgaben problemgerecht ohne Kenntnis der Maschine zu formulieren [4]. In dieser Stufe finden sich wenige auf bestimmte Problemkreise bezogene Sprachen; z. Z. gibt es: ALGOL 60 (mathematisch), FORTRAN II, IV (jeweils in verschiedenem Ausbau), COBOL (kommerziell), PL/1 und die noch in Entwicklung begriffene Sprache ALGOL 68 [5].

Stufe 3: **Objektgebundene Sprachen**

Sie bieten dem Benutzer den höchsten Komfort, in dem er die mit bestimmten Objekten vorzunehmenden Berechnungen und Operationen in seiner gewohnten Weise ansprechen kann. In dieser Stufe gibt es wieder viele Sprachen, die objektgebunden definiert sind, z. B. MESY (Mechanik) [6], RASTA (Statik) [7], APT (Werkzeugmaschinen), MATLAN (Matrizen).

1.3 Zuordnung

Charakteristisches Merkmal der Sprachen 1 bis 3 liegt darin, daß die höhere Sprache stets aus Elementen der um eine Stufe niedrigeren Sprache aufgebaut wird und daß umgekehrt Sprachenelemente der niedrigeren Stufe in der höheren durch sogenannte Codeunterprogramme benutzbar sind. Beispiele: In PROSA sind (bei geeigneter Normierung) MC-Abschnitte möglich. ALGOL gestattet die Verwendung vorübersetzter Assemblerprogramme, und in MATLAN z. B. sind Subroutinen in FORTRAN IV einbaubar. Dagegen ist es im allgemeinen **nicht** möglich, bei dieser Verbindung mehr als eine Stufe zu überspringen (MC in ALGOL verboten, Assembler in MATLAN nicht zulässig).

2 Verwirklichung problemorientierter Sprachen (Mittelsprachen)

Ausgehend von derAssemblerprogrammierung und demBegriff des„MAKRO" fand man die Elemente einer höheren Sprache. Die Schwierigkeit lag in der Erarbeitung syntaktischer Regeln von ausreichender „Eindeutigkeit". Für eine leichte automatische Implementierung der Sprache (Compilierung) ist eine exakte Formulierung notwendig (hierfür dienen sogenannte Metasprachen).
Bei kaufmännischen Programmierungssprachen liegt die Problematik mehr in den Ein-Ausgaben, dem Verkehr mit externen Speichern und der sehr leichten Erlernbarkeit auch für mathematisch völlig ungeschultes Personal. Daher wurde hier eine neue Sprache (COBOL) geschaffen. Universelle Mittelsprachen sind für den größten Teil der Anwender zu „schwierig" und in ihrer Effektivität gering, d. h., die Maschinen werden schlecht ausgenützt, und die Rechenzeiten sind zu groß. Die für Prozeßanwendungen geeignete Mittelsprache fehlt bisher.
Eine Mittelsprache kann nur optimal sein für die Anwendungsmöglichkeiten, für die sie geschaffen wurde. So ist ALGOL optimal für arithmetische Aufgaben, COBOL dagegen sehr gut anwendbar für Ein–Ausgabe-Probleme, Speicherschutz, Datentransfer usw. Eine hypothetische, alle Grundfunktionen in sich vereinigende Sprache sollte folgende Mindestanforderungen erfüllen:

— Sie muß prozedurorientiert sein.
  Voraussetzung dafür ist, daß die Mittelsprache Baustein problemorientierter Sprachen sein kann. Sie sollte mit dem Mittel der Codeprozedur aber auch den beschriebenen Durchgriff nach unten haben.

— Sie muß für die Hauptanwendungsgebiete leicht ansprechbare Grundfunktionen haben.
  Diese sind in den derzeitigen Hauptanwendungsgebieten
  Wissenschaftliche Datenverarbeitung: mathematisch-logische Grundfunktionen, dynamische Speicherplatzverwaltung z. B. mit ALGOL 60 gut erfüllt.
  Kaufmännische Datenverarbeitung: einfache Verarbeitung großer Datenmengen, die z. T. auf peripheren Speichern stehen, kommerziell zweckmäßige Ein-Ausgabemöglichkeiten z. B. mit COBOL gut erfüllt.
  Prozeß-Datenverarbeitung: leicht ansprechbare Prozeßdaten-Ein-Ausgaben (zyklische Verarbeitung und Alarmeingaben). Vorhandene Hilfsmittel für Echtzeitaufgaben (Simultanarbeit).
— Sie muß einen gewissen Mindestsprachvorrat haben, der allen diesen Sprachen gemeinsam ist.
  Diese Forderung ist wichtig, damit die Einbettung in die noch hypothetische, alles umfassende Sprache leicht möglich ist; also einfache arithmetische und logische Grundelemente, handliche Ein-Ausgaben, einfache Verarbeitung von Feldern (Listen).

Der Bau eines Compilers ist erst nach der exakten Beschreibung einer Mittelsprache möglich. Der Compilerbau selbst stellt eine lernbare Wissenschaft dar [8]. Voraussetzung ist natürlich die Existenz der Assemblerebene auf der Anlage, da der Compiler ja selbst ein Anwenderprogramm in der Assemblersprache ist. Das schließt nicht aus, daß gewisse Hardwareeigenschaften der Analge (z. B. interrupt-Ebenen) oder Assemblersprachelemente (z. B. Indexregister) bereits in Hinblick auf eine noch zu konzipierende Mittelsprache erstellt werden.

3 Verwirklichung objektgebundener Sprachen

Die Sprache ist hier rein auf das betreffende Fachgebiet bezogen [4], sie kann daher nur von den entsprechenden „Fachleuten" geschaffen werden.
So ist beispielsweise ALGOL objektgebunden in bezug auf die Lösung arithmetischer Probleme (im wesentlichen für wenig Veränderliche), nicht aber in Hinblick auf die Hochbaustatik. Zwar wird ein Hochbaustatiker bei der Programmierung letztlich auch arithmetische Probleme zu lösen haben. Die dazu nötigen arithmetischen Operationen sind aber nicht **primär** Objekte seiner Tätigkeit. Dies sind vielmehr Balken, Träger, Platten, Trägheitsmomente, Schnittlasten usw. Der Wortschatz einer für Probleme der Hochbaustatik zu formulierenden Sprache sollte also im wesentlichen aus Namen dieser Objekte und Bezeichnungen für ihre möglichen Verknüpfungen bestehen. Wegen der zahlreichen Fachgebiete wird es also auch viele objektgebundene Sprachen geben, die möglichst aber nur eine Mittelsprache benutzen sollten.

Zur Formulierung objektgebundener Sprachen sind also Elementaroperationen so zu wählen, daß sie mindestens den drei folgenden Bedingungen genügen [4]:

— sich an Objekten des Fachgebietes orientieren,
— in sich routiniert ablaufen und
— sich sinnvoll verknüpfen lassen.

Die Problembeschreibung in einer solchen Sprache ist dann eigentlich kein Programm mehr, sondern eine „Formulierung", die auf der Benutzerseite das Programm ersetzt. Ohne auf Einzelheiten eingehen zu können, seien einige Beispiele solcher „Übersprachen" genannt:

MESY [6] (Mechanik der Systeme) erlaubt die Berechnung mechanischer Systeme, gekennzeichnet durch die Elementarbegriffe STABT (Stabschwingung transversal), MASSE, FEDER, LAST, LOESG usw. Diese Begriffe sind jeweils Prozedurenaufrufe (Mittelsprache ist ALGOL). Zu einer Elementaranweisung der Übersprache gehören im Mittel 31 ALGOL-Anweisungen.

RASTA [7] (räumliche Stabwerke) gestattet unter sehr allgemeinen Voraussetzungen die Berechnung räumlicher Stabwerke.

ANAGOL erlaubt die Bearbeitung von Problemen des Analogrechners (Lösen linearer Differentialgleichungssysteme) auf dem Digitalrechner.

Einige weitere Möglichkeiten seien kurz angedeutet: Auf dem Gebiet DDC (direct digital control) ist eine Übersprache denkbar, wo beliebige auch adaptive Regel- und Identifizierungsalgorithmen durch Elementaroperationen aufrufbar sind. Eine in einem Algorithmus auftretende Entfaltungsoperation wäre dann etwa eine mögliche Verknüpfung („Befehl" der Übersprache).

Bei der Implementierung der Übersprachen ergibt sich nun zwingend die Notwendigkeit der Mittelsprachen. Würden diese nämlich fehlen, so wären für jede Übersprache viele Spezialcompiler notwendig, mit denen die Elementaroperationen der Übersprachen unmittelbar in die Grundsprache der benutzten Anlage übersetzt werden. Das hätte zwei entscheidende Nachteile. Einmal würden diese Spezialcompiler natürlich niemals rechtzeitig fertig werden, zum anderen wären sie ein entscheidendes Hindernis für die weltweite Verbreitung der Übersprachen selbst.

Die einzig denkbare Lösung führt daher über prozedurorientierte Mittelsprachen, wofür im Prinzip schon ALGOL geeignet ist. Compilierungsprobleme, die bei der Umsetzung der Übersprache auftreten, wären in der Mittelsprache selbst, und damit universal, lösbar. Eine zweite (maschinenabhängige) Übersetzung würde dann die generierte Mittelsprache in die Grundsprache der verwendeten Maschine übersetzen. Für kleinere Maschinen, wie sie in der Prozeßanwendung die Regel sind, würde eine Programmformulierung in einer derart komfortablen Sprache zu unanwendbar langen Maschinenprogrammen führen. Zumindest für den Spezialfall der Prozeßrechner muß daher eine eigene Sprache konzipiert werden.

4 Problemorientierte Sprache für Prozeßanwendungen

4.1 Typische Prozeßaufgaben

Sofern man die Entwicklung einer solchen Sprache in Betracht zieht, müßten aus heutiger Sicht hauptsächlich die folgenden Anwendungsfälle erfaßt werden:

a) Prozeßdatenverarbeitung (Überwachen, Regeln, Steuern),
b) umfangreichere mathematische Algorithmen (Kenngrößen, Prozeßmodelle),
c) wirtschaftlich orientierte Problemstellungen (Optimierung),
d) vorwiegend wissenschaftliche Aufgaben (kernphysikalische Experimente),
e) Arbeiten eines Rechenzentrumsbetriebes.

Diese verwirrende Vielfalt der Einsatzmöglichkeiten erschwert das Konzept einer Prozeßsprache. Die Einsatzfälle d) (vorwiegend auf dem Institutssektor) und e) (meist nur in einem vorübergehenden Stadium) könnten zwar durch ALGOL und FORTRAN teilweise abgedeckt werden, wobei gegebenenfalls Prozeß-Codeprozeduren hinzutreten müssen. Für den Einsatzfall c) kommt, soweit es sich um sogenannte Betriebsrechner handelt, COBOL in Betracht. Als typische Prozeßanwendungen bleiben aber die Fälle a) und b), für deren optimale Programmierung hauptsächlich eine Prozeßsprache zu entwickeln ist.

Um dies zu verdeutlichen, sei ein Anwendungsbeispiel betrachtet: Ein Prozeßrechner soll eingesetzt werden für die automatische Auswertung von Gaschromatogrammen im Echtzeitbetrieb. Ein Lösungsverfahren, auch für stark überlagerte Peaks, ist bereits bekannt, als ALGOL-Programm formuliert und hat die vom Kunden gewünschte Reproduzierbarkeit und Genauigkeit der Ergebnisse erbracht. Von der technisch-wissenschaftlichen Seite könnte das Problem als gelöst angesehen werden; aus der Sicht des Prozeßrechner-Programmierers dagegen ist noch ein großer Teil Arbeit zu leisten: Es sind in Assemblersprache Anwenderprogramme zu erstellen für

a) die Meßwerterfassung (simultan für viele Gaschromatographen),
b) die Bereitstellung der Meßwerte zur Ankopplung an die ALGOL-Auswerteprogramme,
c) die Bedienungsprogramme (in dem vom Anwender gewünschten Sinne).

Diese Arbeiten a) . . . c) erfordern nun tatsächlich noch einmal mindestens den gleichen Arbeitsaufwand wie die Lösung des Auswerteproblems selbst. In einer „Prozeßsprachen"-Formulierung des Problems würde die Aufgabe a) durch standardmäßig eingebaute Prozeßaufrufe gelöst, b) entfiele, da die einheitliche Programmierung die geeignete Bereitstellung der Meßwerte automatisch sichern würde. Lediglich die Bedienungsprogramme müßten auch bei einer Prozeßsprachen-Formulierung für den Anwender eigens erstellt werden.

4.2 Anforderungen an eine Prozeßsprache

Sehr hohe Aufmerksamkeit ist der für das Prozeßgeschehen typischen **Simultanarbeit** zuzuwenden. Ausgehend vom bisher benutzten Begriff der Priorität (die nach der Warteschlangentheorie dann automatisch vom Betriebssystem bearbeitet wird), wird man Festlegungen für „Priorität setzen" und „Priorität verändern" schaffen. Diese werden mindestens für einen Block gelten und in parallelen oder übergeordneten Blöcken erscheinen. Eine große Schwierigkeit liegt hierbei in der Vermeidung von Prozedur-Seiteneffekten; hierfür wurde eine besondere sogenannte Programmprozedur vorgeschlagen [9]. Sie ist dadurch gekennzeichnet, daß in ihr nichtlokale Sprungziele und nichtlokale Prozeduren verboten sind.
Bezüglich der Ein-Ausgabe-Festlegungen wird man sehr viel mehr Beachtung den typischen **Prozeß-Ein-Ausgaben** widmen müssen, die in festen Zeitabständen wiederkehrend leicht, jedoch als Alarmeingaben sehr schwer im Sinne einer übergeordneten Prozeßsprache formulierbar sind.
Eine in der Zukunft sicher stark wachsende Bedeutung werden für den Prozeßrechnereinsatz schreibende oder zeichnende **Ausgabeeinheiten** (Plotter) und **Sichtgeräte** bekommen. Hier bereitet die Programmvielfalt große Schwierigkeiten. Vom Standpunkt der Prozeßsprache aus handelt es sich natürlich „nur" um das Formulieren „geeigneter" Aufrufe für neue Standardausgaben.
Trotz in Zukunft wachsender und auch billiger werdender Kernspeicher muß einige Aufmerksamkeit dem Problem der **Programmsegmentierung** zugewandt werden. Die beiden bislang erprobten Verfahren, automatische Segmentierung und problemgerechte Segmentierung mit wählbaren Schnittstellen, sollten als Grundtypen beibehalten und in das Prozeßsprachensystem inkorporiert werden.
In gewissem Zusammenhang hiermit steht das Problem der Datensegmentierung oder allgemeiner des **Datentransfers von und zu externen Speichern.** Man wird hier allgemeine, dem System immanente „Verschiebe"-Aufrufe erfinden müssen, die ganze Datensätze oder volle Strukturen innerhalb eines Speichermediums oder von einem zum anderen Speichermedium zu transferieren gestatten.
Trotz sorgfältigster Formulierung der Sprachelemente dieser neuen Sprache wird es auch in Zukunft Probleme, z. B. Datentransfer, geben, die sich sinnvoll nur auf der **Assemblerebene** (z. B. mit Codeprozeduren) werden lösen lassen.
Die zu entwickelnde Prozeßsprache sollte zusätzliche Sprachelemente für wirkungsvolle **Testmöglichkeiten** enthalten. Sie sollten Überwacherläufe, Laufzeitermittlungen und Korrekturen ermöglichen. Eine für diese Aufgaben entwickelte Korrektursprache [10] wird nach erfolgreich abgeschlosse-

nem Test des Programms von ihren Korrektur- und Testanweisungen befreit, da das endgültige Programm damit natürlich nicht belastet werden darf. Die Verwirklichung einer so konzipierten Sprache wird keine leichte Aufgabe sein. Wohl mehr noch als sonst in der Technik wird eine wirkungsvolle Teamarbeit zwischen dem Hersteller der Anlage, einer Vielzahl von Anwendern und den wissenschaftlichen Rechenzentren der Hochschulen notwendig werden. Darüber hinaus ist eine Zusammenarbeit der Anlagenhersteller untereinander unerläßlich, wenn eine universale Sprache für Prozeßanwendungen geschaffen werden soll, an Bedeutung vergleichbar den bekannten, weltweit verbreiteten Sprachen für wissenschaftliche und kommerzielle Anwendungen [11].

Literaturhinweise

Backus, J. W. et. al., Revised Report on the Algorithmic Language ALGOL 60. Num. Math. 4 (1963), S. 420—453. [1].

Bates, F. u. M. L. Douglas: PL/1, Einführung in die Programmiersprache für den Selbstunterricht. Carl-Hanser-Verlag, München 1967. [2].

Winkler, H.: Anleitung zum praktischen Gebrauch von PL/1. R. Oldenbourg-Verlag, München, 2. Aufl. 1969. [3].

Schrader, K. H.: Über die Benutzung problemorientierter Sprachen. Elektr. Dat. Ver. 8 (1968), S. 400—406. [4].

Wijngaarden, A. van: Draft Report on the Algorithmic Language ALGOL 68. Mathematisch Centrum Amsterdam MR 93, second printing, March 1968. [5].

Schrader, K.-H.: Eine Sprache und ein ALGOL-Programmsystem für Probleme der Mechanik der Systeme (MESY). Elektronische Datenverarbeitung 9 (1967), Heft 3, S. 101—115. [6].

Withum, D.: Eine problemorientierte Sprache zur elektronischen Berechnung räumlicher Stabwerke (RASTA). Mitteilungen des Instituts für Statik der Technischen Hochschule Hannover, herausgegeben von Prof. Dr.-Ing. habil. A. Pflüger, Nr. 11, Hannover, Dezember 1966. [7].

Randell-Russel: ALGOL 60-Implementation. Academic Press (1964). [8].

Benson, D., R. J. Cunningham et. al.: A language for realtime systems. The Comp. Bull. (Dez. 1967), S. 202 bis 212. [9].

Wippermann, H.: Korrekturverfahren in Programmiersystemen. Elektr. Rech. anl. 10 (1968), H. 6, S. 291—296. [10].

Brandes, J., S. Eichentopf, P. Elzer, L. Frevert, V. Haase, H. Mittendorf, G. Müller, P. Rieder: PEARL, the Concept of a Process- and Experiment-oriented Programming Language. Elektron. Datenverarbeitung 12 (1970), Heft 10, S. 429—442 [11].

3. PROZESSERKENNUNG UND PROZESSFÜHRUNG

3.1 Prozeßmodelle

von R. Oetker

Inhaltsübersicht

1 Anlaß zur Modellbildung

Der Erfolg der Prozeßautomatisierung hängt wesentlich davon ab, in welchem Umfang Unterlagen über das Prozeßgeschehen vorhanden und zugänglich sind. Es spiegelt sich in den Automatisierungsmitteln wider, bestimmt ihren Aufbau und ihre Wirkungsweise. Dieser Zusammenhang wird um so enger, je weitgehender die Automatisierungsaufgabe gestellt ist.
Häufig ist aber zur Festlegung und zum Betrieb der Automatisierungsmittel das Prozeßgeschehen nur unzureichend bekannt, nicht genügend gut erfaßbar oder überhaupt unzugänglich. Man stellt dann den unter Heranziehung aller bisher verfügbaren und neu erreichbaren Informationen erkannten Prozeß in einem Modell dar, das in die Automatisierungsmittel einbezogen wird. Sowohl für das Verfahren der analytischen oder empirischen **Prozeßerkennung** als auch für die Modelldarstellung selbst sind Prozeßrechner in hervorragender Weise geeignet.
Um den Aufwand zu beschränken, bildet man mit einem Prozeßmodell nur solche Eigenschaften des Prozesses ab, die zur Erfüllung der Automatisierungsaufgabe wesentlich sind. Grundlage für die modellmäßige Darstellung sind also das zugehörige Teilsystem des Prozesses und die in ihm stattfindenden Vorgänge. Es kann mitunter ausreichen, sich auf stationäre Zustände zu beschränken; in anderen Fällen kommt es darauf an, den Darstellungsinhalt des Prozeßmodells sowohl auf die stationären als auch dynamischen Eigenschaften des Prozesses zu beziehen, hierbei ist auch der zeitliche Abbildungsmaßstab zu beachten.
Gelingt es zum Beispiel, sowohl die Stör- als auch die Stellübertragungsfunktion des Prozesses für eine Zustandsgröße richtig im Modell wiederzugeben, so vermag dieses bei erfaßbarer Störgröße die Stellgröße so zu liefern,

daß durch ihren Eingriff die Zustandsgröße auf ihrem vorgegebenen Wert bestmöglich gehalten wird.

Bei umfangreicheren Aufgaben müssen z. B. Kopplungen von Mehrgrößensystemen, zeit- oder zustandsbedingte parametrische wie auch strukturelle Änderungen der Prozeßeigenschaften und Vorgabefunktionen vielfältiger Art im Prozeßmodell dargestellt sein, um einwandfreie Automatisierungsergebnisse zu erzielen.

Bei unzureichender Kenntnis über das Prozeßgeschehen kann man in Modellen zunächst genäherte, vermutliche oder mögliche Eigenschaften, auch mehrere solcher Annahmen nebeneinander, abbilden. In dieser Darstellungsart ist das Modell im Verband der Automatisierungsmittel zur Adaption (Parameter) und Modifikation (Struktur) befähigt.

2 Unterscheidungsmerkmale

Die **Gewinnung** von Prozeßmodellen geschieht je nach Zugänglichkeit der Unterlagen auf grundsätzlich verschiedene Weise. Läßt sich das physikalisch-chemische Geschehen im Prozeß gut verfolgen und zuverlässig beschreiben, dann gelangt man zu einem **analytischen** Prozeßmodell. Ein häufig dabei angewandtes Verfahren ist die Aufstellung von Stoff- und Energiebilanzen über alle Prozeßbereiche. Fehlen hingegen einigermaßen gesicherte Unterlagen über die Gesetzmäßigkeiten, nach denen der Prozeß abläuft, dann ist man auf Beobachtungen der Eingangs- und Ausgangsgrößen des Prozesses angewiesen. Ihre statistische Klassifizierung im betriebsmäßigen Zustand oder das Prozeßverhalten bei gewissen Testfunktionen am Eingang führt auf ein **empirisches** Prozeßmodell, das allein auf Beobachtungen beruht.

Analytische Prozeßmodelle sind für bestimmte Klassen von Prozessen, z. B. Vorgänge im Boden von Destillationskolonnen, allgemein anwendbar. Bei empirischen Prozeßmodellen bedarf es bei jeder auch geringfügigen Änderung des Prozesses neuer Beobachtungen, da die systematischen Zusammenhänge unbekannt sind.

Die Art der **Darstellung** ist ein weiteres Merkmal zur Unterscheidung von Prozeßmodellen. Eine naheliegende, aber nur in besonderen Fällen eingesetzte Methode ist der Modellaufbau mit **gegenständlich** gleichen Mitteln wie der natürliche Prozeß, gegebenenfalls in verkleinertem Maßstab, z. B. Kopierwerke in der Antriebstechnik. Mit Rücksicht auf leichtere Handhabung, z. B. bei der Wiedergabe des Verhaltens eines Dampferzeugers, zieht man eine gegenständlich-analoge Darstellung der Prozeßzusammenhänge vor, wobei dann von den Signalflußplänen des Prozesses ausgegangen wird. Analogrechner sind hierfür gut geeignet. Gleichwertige Darstellungen lassen sich auch im Digitalrechner programmieren.

Sind die Prozeßunterlagen vorwiegend numerischer Art, z. B. Zahlentafeln, Funktionsauswertungen, Rechenprozeduren, wobei meist auch Speicherfähigkeit und hohe Genauigkeit verlangt wird, dann ist ein **mathematisches** Prozeßmodell zweckmäßig, das am besten mit einem Digitalrechner dargestellt wird. Da wegen der Kopplung mit dem Prozeß Ein-Ausgabeoperationen und Echtzeitbetrieb notwendig sind, überträgt man die Funktionen des mathematischen Modells einem Prozeßrechner.
Das **Zeitverhalten** ist bei **dynamischen** Modellen ein wesentliches Merkmal; es muß die Prozeßabläufe auch zeitlich wiedergeben, wobei ein bestimmter Zeitmaßstab in der Abbildung zweckmäßig sein kann, wenn die natürlichen Vorgänge sehr lange dauern. Das Beharrungsverhalten eines Prozesses läßt sich mit einem **stationären** Modell darstellen.
Das **Entwicklungsvermögen** ist ein sehr entscheidendes Merkmal für Prozeßmodelle, die auf Grund ihres Aufbaus die Fähigkeit haben, Darstellungsparameter, die in gewissen Bereichen einstellbar sind, selbsttätig dem Prozeß anzupassen — **adaptives** Modell — oder Strukturen selbst zu entwickeln, die auf Grund von Erfahrungen zu einer bestmöglichen Wiedergabe des Prozeßgeschehens führen — **lernendes** Modell.

3 Einsatzarten

In der Prozeßautomatisierung sind Modelle ein äußerst wirksames Mittel mit vielfältigen Einsatzmöglichkeiten. Dabei sind bestimmte Grundarten des Einsatzes zu unterscheiden, die aber auch in Kombination vorkommen. Wesentlich zum Verständnis ist die Unterscheidung von unabhängigen und abhängigen Prozeßgrößen, häufig auch Eingangs- und Ausgangsgrößen genannt. An dem zur Abbildung herangezogenen Teilsystem des Prozesses sind alle diejenigen Größen „unabhängig", die vom betrachteten Teilprozeß nicht beeinflußt werden, die aber den Prozeß beeinflussen, z. B. Umgebungsbedingungen, Materialzusammensetzung, Lastgrößen, natürlich auch die Zeit. Vom Prozeß beeinflußte Größen sind „abhängig", z. B. Temperatur (von der Verbrennung), Analyse (von der Reaktion), Abmessungen (von der

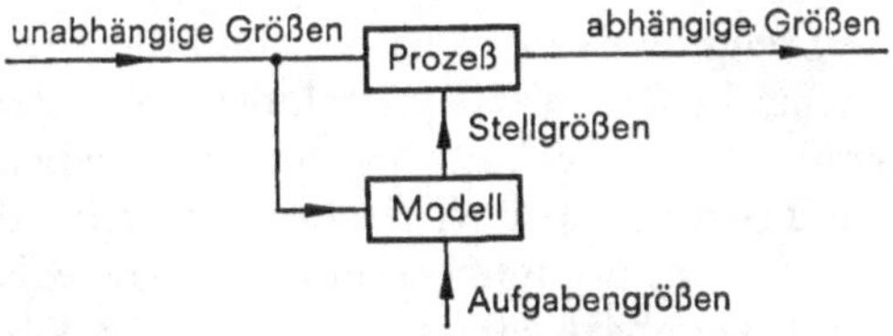

Bild 1: Steuerung über Modell

Verformung). Abhängigkeiten außerhalb des betrachteten Prozeßbereichs bleiben unberücksichtigt.
Bei der Prozeßsteuerung über Modell (Bild 1) sind die als völlig bekannt vorausgesetzten Zusammenhänge zwischen allen beteiligten Prozeßgrößen

abgebildet. Das Modell wird allein durch unabhängige Größen versorgt und liefert bei Eingabe von Aufgabengrößen die Stellgrößen derart, daß ihr Eingriff im Prozeß die abhängigen Prozeßgrößen in aufgabengemäßes Verhalten bringt.

Bei unvollständigen Prozeßkenntnissen, z. B. wenn eine wesentliche Störgröße nicht erfaßbar ist, kann die Prozeßsteuerung über Modell, dem dann diese Größe auch fehlt, ihre Aufgabe nicht mehr erfüllen. Man zieht dann einen Vergleich der abhängigen Prozeßgrößen mit den vorgegebenen Aufgabengrößen mit heran (Bild 2), auf Grund dessen das Modell in Verbindung

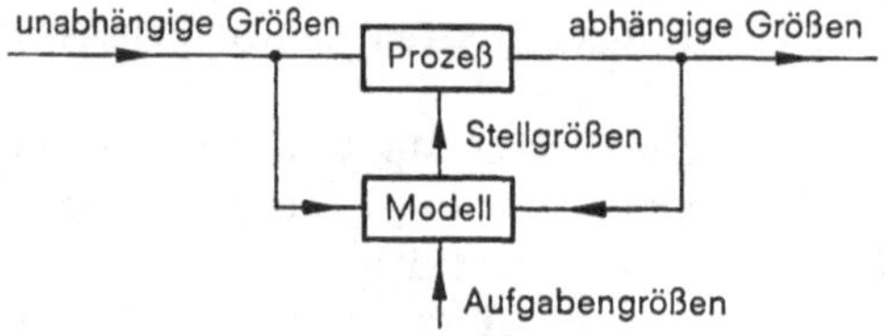

Bild 2: Regelung über Modell

mit bekannten Beziehungen der Prozeßgrößen die Stellgröße bildet. Es entsteht also ein Regelkreis, in den das Modell mit einbezogen ist (Kapitel 6.7). Sind die Prozeßeigenschaften in bezug auf ihre Parameter und Funktionen nicht exakt bekannt, so bildet man im Modell die Beziehungen zwischen den Prozeßgrößen (unabhängige, abhängige und Stellgrößen) durch plausible Funktionen mit Parametern ab, die innerhalb des Unsicherheitsbereichs veränderbar sind. Auf Grund eines Vergleichs (Bild 3) der Ausgangsgrößen von Prozeß und Modell werden die Parameter selbsttätig solange verändert, bis Prozeßausgang und Modellausgang übereinstimmen. Das sich so „adaptierende" Modell ist dann in der Lage, zu den Aufgabengrößen schließlich

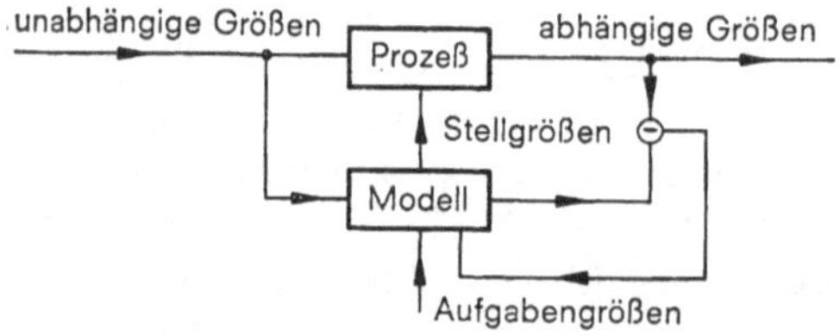

Bild 3: Adaptives Modell

die Stellgrößen so zu liefern, daß die Prozeß-Ausgangsgrößen exakt die vorgeschriebenen Werte annehmen (Kapitel 6.10). Müssen im Modell sogar Strukturen aufgebaut werden, mit denen nicht erfaßbare Zusammenhänge von Prozeßgrößen wiederzugeben sind, dann setzt man lernende Prozeßmodelle ein, die mit bestimmten Strategien aus den Erfahrungen schließlich eine brauchbare Struktur entwickeln. Adaptive und lernende Modelle verlangen, damit der Angleichvorgang möglichst schnell abläuft, die Einbeziehung aller vorher erreichbaren, sogenannten a priori-Informationen und die Verwertung aller im Verlauf des Vorganges zunehmend gut identifizierten Prozeßdaten. Hierbei müssen zahlreiche Werte gespeichert und in oft kom-

plizierter Weise numerisch verarbeitet werden, wofür sich Prozeßrechner ganz besonders gut eignen.
Prozeßmodelle werden auch dafür eingesetzt, Vorgänge, die im Prozeß auftreten können, zu **simulieren**. Dies hat große Bedeutung für die Untersuchung der Automatisierungsmittel bei Prozeßvorgängen, die nur selten oder unter gefahrdrohenden Umständen auftreten. Gerade dann kommt es auf einwandfreie Funktion der Automatisierungsmittel an, und man hätte sonst keine Möglichkeit, diese zu prüfen. Zeitraffend ausgeführte Modelle sind zur **Vorhersage** einsetzbar, d. h., man kann mit ihnen mehrere Möglichkeiten „durchspielen", den am günstigsten verlaufenden Eingriff auswählen und diesen am Prozeß realisieren.

Literaturhinweise

EYKHOFF, P. VAN DER GRINTEN. P.M.EM, KWAKERNAAK, H. and VELTMANN, B. P. Th.: Systems modelling and identification
Automatic and Remote Control 3rd IFAC-Congreß London 1966. Verlag Butterworth/Oldenbourg London/Munic 1969

BALAKRISHNAN, A. V. and PETERKA, V.: Identification in automatic Control Systems
Survey Paper IEAC-Congress Warschau 1969

ISERMANN, R.: Experimentelle Analyse der Dynamik von Regelsystemen.
Bibliographisches Institut Mannheim, Hochschultaschenbuch 1970

3.2 Optimierung

von E. Kapfer

Inhaltsübersicht

1 Wirtschaftlichkeit und Wirkungsgrad

Die Aufgabe, einen industriellen Prozeß so zu führen, daß die Wirtschaftlichkeit der Anlage das mögliche Optimum erreicht, ist nicht neu; sie stellt sich jedem, der planend oder ausführend mit industriellen Prozessen zu tun hat. Ihre Lösung ist um so wichtiger, je größere Stoff- und Wärmemengen bei der Führung des Prozesses umgesetzt werden. Eine geringe Verbesserung des Wirkungsgrades kann die Wirtschaftlichkeit und Konkurrenzfähigkeit dann entscheidend beeinflussen.

Innerhalb der letzten fünf bis zehn Jahre hat man sich vielerorts mit der Entwicklung von Optimierungskonzepten befaßt. Erneuten Anlaß hierzu gab vor allem die schnelle Entwicklung von Prozeßrechnern sowie die immer lauter werdende Forderung nach definierter Betriebsweise, besserem Wirkungsgrad und erhöhter Wirtschaftlichkeit eines Prozesses. Es ist unmittelbar einleuchtend, daß ein Betriebszustand des Prozesses optimal ist, wenn er den meisten Gewinn abwirft. Man kann Wirkungsgrad oder Wirtschaftlichkeit eines Prozesses nach mehreren Gesichtspunkten beurteilen, je nach dem, ob Begriffe wie Erzeugung/Zeit, Qualität/Einheit, Differenz zwischen tatsächlicher Qualität und angestrebter Qualität, Kosten/Einheit, Verhältnis zwischen Angebot und Nachfrage usw. die für den Prozeß wichtige Rolle spielen.

Die in der Technik auftretenden physikalischen Prozesse sind im allgemeinen steuerbar, d. h., sie können je nach dem Willen des Menschen auf verschiedene Weise geführt werden. Im Zusammenhang damit erhebt sich die Frage nach derjenigen Steuerung des Prozesses, die in diesem oder jenem Sinne die optimale ist. Man spricht z. B. von zeitoptimal, wenn das Ziel des Prozesses in möglichst kurzer Zeit erreicht ist, von energie optimimal, wenn man wünscht, das Ziel mit möglichst geringem Energieaufwand zu erreichen usw. In der mathematischen Formulierung sind dies Probleme der **Variationsrechnung.**

In der klassischen Variationsrechnung, die z. B. aus dem Lösen einer Eulerschen Differentialgleichung besteht, wird jedoch eine Reihe von Problemen, die für die moderne Technik wichtig sind, nicht gelöst. So fällt es z. B. schwer, in der Praxis Anwendungsfälle für Optimierungsverfahren zu finden, die auf der klassischen Variationsrechnung aufgebaut sind. Hierfür sind zwei Gründe anzuführen. Zunächst ist es bisher nicht gelungen, die klassischen Verfahren auf die Notwendigkeiten und Gegebenheiten moderner Großprozesse umzustellen. Viele derartige Prozesse laufen zwar kontinuierlich ab, doch werden die Informationen aus dem Prozeß, mit deren Hilfe Wirkungsgrad oder Wirtschaftlichkeit bestimmt werden können, diskontinuierlich „abgetastet", d. h., sie fallen zu bestimmten, meist äquidistanten, diskreten Zeitpunkten an. Andererseits sind viele Meßverfahren für die Großindustrie noch nicht so weit entwickelt, daß sie die hohen Anforderungen an Genauigkeit und Sicherheit, die von seiten der Theorie der Optimierung verlangt werden, erfüllen können. Man denke nur an die Meßunsicherheit bei Hochtemperaturprozessen, bei denen wichtige physikalische Konstanten wie Wärmeleitfähigkeiten, spezifische Wärmen bei hohen Temperaturen usw. nur näherungsweise bekannt sind.

Während die Theorie der optimalen Prozesse auch für Abtastsysteme erweitert werden müßte, sollte die Praxis intensiv bemüht sein, durch saubere meßtechnische Erfassung aller Prozeßparameter die Beschreibung des Prozesses durch klassische Methoden zu erleichtern.

Bei der Berechnung der Wirtschaftlichkeit eines industriellen Prozesses wird man sehr schnell feststellen, daß die Funktionen, die die Wirtschaftlichkeit festlegen, untereinander und von anderen nicht unabhängig sind. So kann es z. B. gelingen, durch Vorgabe spezieller Führungsgrößen die Erzeugung pro Zeiteinheit bei nachlassender Qualität zu steigern. Man wird jedoch außerdem feststellen, daß die Anlage hierdurch so stark belastet wird, daß ihre Lebensdauer bis zur Grundüberholung sich wesentlich verkürzt. Oder es gelingt, durch gezielte Prozeßführung den „Ausschuß" eines Produktes und damit die Differenz zwischen angestrebter Qualität (= Sollwert) und erreichter Qualität (= Istwert) zu verringern. Dies ist jedoch nur möglich, wenn der Prozeß sorgfältiger, d. h. mit mehr Aufwand, geführt wird. Das gegenseitige, zahlenmäßige Abwägen der für die Wirtschaftlichkeit eines Prozesses maßgeblichen Faktoren und Funktionen ist demnach eine wichtige Aufgabe der Optimierung.

2 Zielgrößen und Einzelzielgrößen

Nach dem eben Erläuterten muß die bei Wirtschaftlichkeit eines Prozesses beschreibende Größe nach ihrem zahlenmäßigen Wert bei Abändern bestimmter Einflußgrößen des Prozesses erkennbar und meßbar sein. Nur unter dieser Voraussetzung ist ein Optimierungsverfahren anwendbar. An-

ders ausgedrückt: Man muß von vornherein wissen, um wieviel durch Befolgen einer „Optimierungsvorschrift" die Wirtschaftlichkeit überhaupt gesteigert werden kann.
Angenommen, eine die Wirtschaftlichkeit des Prozesses beschreibende Größe Z (Zielgröße) läßt sich als Funktion endlich vieler Einzelzielgrößen $Z_1 \ldots, Z_m$ ausdrücken:

$$Z = f(Z_1, Z_2., \ldots, Z_m)\,. \qquad (1)$$

Die Einzelzielgrößen $Z_1, \ldots, Z_m$ sind den bereits erläuterten Begriffen, z. B. Erzeugung/Zeit, Qualität/Einheit usw., gleichzusetzen. Im allgemeinen kann man die mathematische „Verzahnung" der Einzelgrößen untereinander nicht angeben, da Physik und Technologie der meisten Prozesse nur in einem sehr engen Bereich der Einflußgrößen bekannt sind oder sich die mathematische Abhängigkeit wegen der verwickelten Zusammenhänge ganz allgemein einfach nicht herleiten läßt.
Zum mindesten steht aber fest, daß bei fast allen Prozessen gewisse bereits erwähnte Abhängigkeiten der Einzelzielgrößen untereinander bestehen:

$$f_l(Z_1, Z_2., \ldots, Z_m) = 0\,, \qquad l \leqq m\,. \qquad (2)$$

Es existieren also mindestens m Gleichungen, die eine gegenseitige Abhängigkeit der Einzelzielgrößen untereinander beschreiben.
Eine vernünftige Annahme ist, daß nicht mehr Gleichungen als Einzelzielgrößen vorhanden sein können, da das System sonst vieldeutig wird. Dieser Fall ist zwar denkbar, er würde in der Praxis darauf hinauslaufen, daß es mehrere „Optimierungsvorschriften" geben würde, aus denen sich das Betriebspersonal oder ein Prozeßrechner die „passende" heraussucht.
Das sorgfältige Auffinden und Herleiten von Einzelzielgrößen ist eine wichtige Aufgabe für System- und Verfahrensingenieure. Die Vollständigkeit des Satzes der Einzelzielgrößen und damit das echte Bild über die Wirtschaftlichkeit des Prozesses bestimmt entscheidend die Art und den Umfang des anzuwendenden Optimierungskonzeptes.
Bei der Lösung dieser Aufgabe sollte auch die immer vorhandene Fehlerbreite der Einzelzielgröße bedacht werden. In der Praxis sind Prozesse zum einen durch die Unsicherheit der Meßwerterfassung verrauscht, zum anderen können nichtmeßbare Störgrößen die Topologie der Prozeßeigenschaften verschieben, die dann kein festes Gebirge mehr ist, sondern gewissermaßen ein „wabbelnder Pudding".

3 Optimieren und Teiloptimieren

Da der Zusammenhang zwischen Zielgröße und Einzelzielgröße (1) einerseits und die Abhängigkeit der Einzelzielgrößen untereinander (2) andererseits im allgemeinen unbekannt sind, wird eine Optimierung des Prozeßablaufes bezüglich der Wirtschaftlichkeit zunächst nicht gelingen.

Nun hat sich bei vielen Prozessen gezeigt, daß eine genaue Kenntnis aller funktionalen Abhängigkeiten zur Durchführung eines Verbesserungsschrittes keineswegs notwendig ist. Vielmehr gelingt es bei fast allen industriellen Prozessen, eine oder mehrere Einzelzielgrößen aus dem Funktionsverband herauszulösen und damit durch Maximierung der nun unabhängigen Einzelzielgröße eine Teiloptimierung des Prozesses durchzuführen.
Die Optimierungsaufgabe reduziert sich dann auf die Teilaufgabe, die Zielgröße Z in Richtung auf das unbekannte Optimum Z_{opt} hin zu verbessern. Zur Lösung dieser Teilaufgabe nehmen wir an, daß eine Faktorisierung des Ausdruckes (1) in folgender Form möglich ist:

$$Z = \left[\prod_{p=1}^{n} g_p(Z_p)\right] \cdot f(Z_{n+1}, Z_{n+2}, \ldots, Z_m), \qquad n < m. \tag{3}$$

Der einfachste Fall ist offenbar:

$$Z = Z_1 \cdot f(Z_2, Z_3, \ldots, Z_m), \tag{4}$$

mit $n = 1$ und $g_1(Z_1) = Z_1$.
Die Verbesserung von Z in Richtung Z_{opt} stellt dann eine Teiloptimierung des Prozesses dar, die in der amerikanischen Literatur „suboptimum control" genannt wird. Man kann zeigen, daß bei Eindeutigkeit der Zuordnung der Einzelzielgrößen $Z_{1\ldots m}$ zur Zielgröße Z die Maximierung (Minimierung) der Einzelzielgröße Z_1 notwendig und hinreichend ist für eine Verbesserung von Z in Richtung Z_{opt}. Ob Z_1 möglichst groß oder möglichst klein gemacht werden muß, um Z zu verbessern, hängt von der Definition von Z_1 ab.
Die bisher erläuterten Zusammenhänge sollen etwas deutlicher gemacht werden (Bild 1). Der sinnbildlich dargestellte Prozeß legt durch Vorgabe

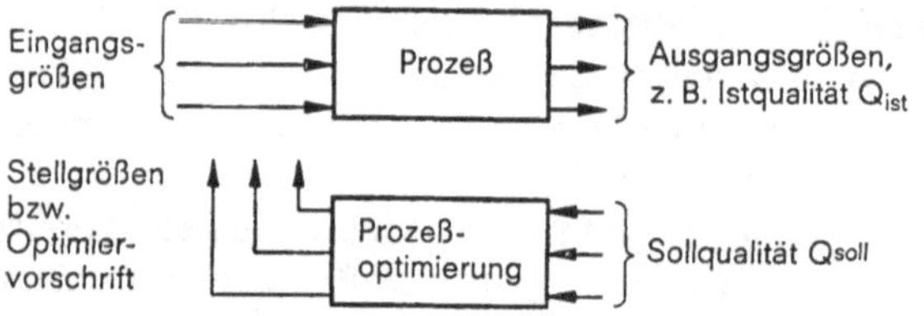

Bild 1: Teiloptimieren eines Prozesses

von drei Eingangsgrößen drei Ausgangsgrößen fest. Die Ausgangsgrößen repräsentieren die Qualität des Endproduktes. Für diese Qualität bestehen bestimmte Sollvorschriften, die vom Betriebspersonal durch Auswahl der Eingangsgrößen beachtet werden. Bei oft wechselnden Sollqualitäten steht das Personal vor der schwierigen Aufgabe, durch jeweils richtige Vorgabe der Eingangsgröße die Abweichung ΔQ der Istqualität Q_{ist} von der Sollqualität Q_{soll} minimal zu halten. Die Einzelzielgröße Z_1, die hier „Treffsicherheit" genannt wird, erreicht dabei einen bestimmten Wert, den das Betriebspersonal nicht überbieten kann.

$$Z_1 = \frac{1}{\Delta Q} = \frac{1}{Q_{\text{ist}} - Q_{\text{soll}}}.$$

Da bei Vorgabe einer Optimierungsvorschrift durch die Prozeß-Optimierung nur andere, im allgemeinen geringfügig abgeänderte Werte für die Eingangsgrößen eingegeben werden, bedeutet dies eine Lösung der Einzelzielgröße Z_1 aus dem Funktionsverband der übrigen Einzelzielgrößen.

Damit ist die Faktorisierung von Z_1 möglich, und die Stellgrößen können so gewählt werden, daß Z_1 innerhalb der betrieblichen Möglichkeiten das Maximum erreicht. Damit ist der Prozeß teiloptimiert.

Zur vollständigen Optimierung muß die Zielgröße als Funktion der Einzelzielgrößen betrachtet werden (Bild 2). Bedeutet Z_1 eine Zielgröße, z. B.

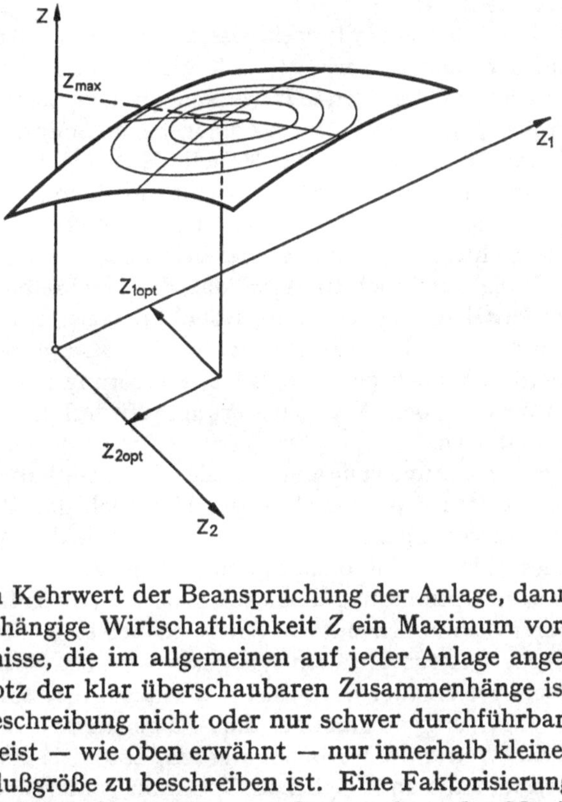

Bild 2: Maximierung der Zielgröße
Z_1, Z_2 Einzelzielgrößen

Erzeugung/Zeit, Z_2 z. B. den Kehrwert der Beanspruchung der Anlage, dann ist für die von Z_1 und Z_2 abhängige Wirtschaftlichkeit Z ein Maximum vorhanden. Dies sind Verhältnisse, die im allgemeinen auf jeder Anlage angetroffen werden können. Trotz der klar überschaubaren Zusammenhänge ist aber eine mathematische Beschreibung nicht oder nur schwer durchführbar, da der industrielle Prozeß meist — wie oben erwähnt — nur innerhalb kleiner Änderungsbereiche der Einflußgröße zu beschreiben ist. Eine Faktorisierung ist daher nicht möglich, das Optimierverfahren muß versuchen, das Maximum Z_{max} aufzufinden.

Da bei multivariablen Prozessen, also bei Prozessen mit vielen Eingangs- und Ausgangsgrößen, die Anzahl möglicher Einzelzielgrößen bedeutend größer sein kann, sind die Probleme, die Mathematiker, Regelungstechniker und Verfahrensingenieure bei der Optimierung derartiger Prozesse zu lösen haben, bedeutend schwieriger.

4 Zusammenhang mit Prozeßmodellen

Jede Einzelzielgröße wird in irgendeiner Form von den Eingangs- und Ausgangsgrößen des Prozesses abhängen bzw. sich durch eine bestimmte funktionelle Abhängigkeit von einem begrenzten Satz Eingangs- und Ausgangsgrößen darstellen lassen. Damit hat man die Aufgabe vor sich, über die Zusammenhänge zwischen Eingangs- und Ausgangsgrößen Klarheit zu schaffen. Abhängigkeiten zwischen Eingangs- und Ausgangsgrößen, die das Verhalten des Prozesses über kürzere oder längere Zeit innerhalb gewisser Toleranzen richtig beschreiben, stellen die Grundlage für ein Modell des Prozesses dar.

Man will bei einem Prozeß wissen, wie sich die Ausgangsgrößen ändern, wenn auf der Eingangsseite verstellt wird, oder anders ausgedrückt, wie weit die Eingangsgrößen verstellt werden müssen, damit die Werte der Ausgangsgrößen gehalten oder nach vorgegebenen Sollwerten geändert werden können. Damit ergibt sich für das Modell die Aufgabe der Bestimmung der erforderlichen Änderungsschritte. Hierzu notwendig ist die Kenntnis der Prozeßkennlinien, des Zeitverhaltens mit Tot- und Übergangszeiten sowie die Berücksichtigung nichtmeßbarer Einflüsse. Zur Formulierung der Aufgabenstellung wäre noch zu sagen, daß die Beschreibung des Prozeßverhaltens nur **im Mittel** richtig sein muß, wobei kurzzeitige Abweichungen zugelassen sein sollen. Da viele Prozesse durch Einsatz komplizierter Automatisierungsmittel meist nur noch geringfügige Verbesserungen ihrer Wirtschaftlichkeit erreichen, darf der Automatisierungsaufwand bestimmte Höchstkosten nicht übersteigen.

Bei der Optimierung industrieller Prozesse haben sich für den Einsatz eines Automatisierungskonzepts, zu dem auch das Prozeßmodell gehört, gewisse Richtlinien ergeben, die man „Philosophie der Optimierung" nennen könnte. Diese Philosophie besagt etwa folgendes:

Da die Optimierung auch auf Prozesse anwendbar sein muß, die nichtmeßbaren Einflüssen unterliegen — nichtmeßbar in dem Sinne, daß nach heutigem Wissensstand ein Meßgerät oder ein Meßverfahren für eine physikalisch determinierte Einflußgröße des Prozesses fehlt — muß der für die Optimierung eingesetzte **Modellalgorithmus selbstanpassend** oder **lernend** sein. Weiter muß bedacht werden, daß viele Prozesse vom Betriebspersonal bereits nahe am möglichen Optimum gefahren werden und daß der Einsatz selbsttätiger Optimierungsverfahren daher bestenfalls eine geringfügige Erhöhung der Wirtschaftlichkeit bringt. Das Optimierungskonzept darf daher nicht teuer sein, die einzusetzenden Geräte und Programme müssen im richtigen Verhältnis zum wirtschaftlichen Erfolg stehen. Dies erfordert ein einfaches, mathematisches Grundkonzept, das auf Prozeßrechnern wenig Speicherplatz belegt und im Programmzyklus schnell durchgerechnet werden kann.

Literaturhinweise

Rosenbrock, H. H. und Young, A. J.: Realtime on-line digital computers (Survey Paper) Automatic and Remote Control III.
Proceedings of the 3rd Congress of the International Federation on Automatic Control, London 1968 *).

Urbach, W.: Probleme und Methoden der Prozeßführung mit Prozeßrechnern. Regelungstechnik 15 (1967) S. 1—8.

Kapfer, E. L.: Increment model, a new method of Process Analysis (Paper 24 E), Automatic and Remote Control III, Proceedings of the 3rd Congress of the International Federation on Automatic Control, London 1968*).

Hofmann, H.: Standardprogramme für eine Optimierung chemisch-technologischer Probleme.
Chemical Engineering Science 17 (1961) S. 77.

Mathias, R. A. und Van Nice, R. I.: Survey of adaptive control devices, Scientific paper 9091-6-6981-10(1).
Westinghouse electric Corporation.

Kapfer, E. L., Lembcke, R. und Winterfeld, F.: Entwicklung Mathematischer Modelle für Sauerstoff-Aufblasverfahren sowie erste Ergebnisse.
Stahl und Eisen 85 (1965) S. 331—341.

Frank, W.: Mathematische Grundlagen der Optimierung.
R. Oldenbourg, München-Wien 1969.

*) zu beziehen durch: Institute of Mechanical Engineers, 1 Birdcase Walk, London SW 1.

3.3 Regression und Korrelation

von H. MITTENDORF und F. HOCK

Inhaltsübersicht

1 Lineare Regression bei einer Veränderlichen

1.1 Das Kollektiv

Um zu einem Modell des Prozesses zu kommen, wenn man auf statistische Methoden angewiesen ist, müssen zunächst über längere Zeiten zusammengehörige Meßwerte aufgenommen werden. Betrachtet sei zunächst nur **eine** Meßgröße. Nimmt man an, der Prozeß befinde sich während der Meßzeit im Gleichgewicht (der Prozeß ist dann in einem sogenannten **stationären** Zustand), und man hätte in dieser Zeit die Meßgröße x n-mal gemessen, so ist der Mittelwert dieser Größe:

$$\bar{x} = \frac{x_1 + x_2 + \cdots + x_n}{n} = \sum_{\nu=1}^{n} x_v/n = [x]/_n \,. \tag{1}$$

Jeder Meßwert habe von ihm die Abweichung:

$$\varepsilon_v = \bar{x} - x_v \qquad v = 1 \ldots n \,. \tag{2}$$

Man nennt ε_v den „scheinbaren" Fehler der Messung. Den wirklichen Fehler kann man grundsätzlich nicht ermitteln, da der „wahre" Wert x^* unbekannt ist.

Es soll nun auf anderem Wege versucht werden, den wahren Wert x^* möglichst gut durch einen Wert x anzunähern. Man fordert, daß die Quadratsumme der scheinbaren Fehler ein Minimum wird,

$$\sum_{v=1}^{n} \varepsilon_v^2 = \sum_{v=1}^{n} (x - x_v)^2 \overset{!}{=} \text{Min} \,. \tag{3}$$

Notwendige Bedingung hierfür ist das Verschwinden der partiellen Ableitung 1. Ordnung nach dem Wert x (hierbei sind hinreichende Bedingungen zunächst außer acht gelassen!). Aus

$$\frac{\partial \Sigma (x - x_v)^2}{\partial x} = 0 \quad \text{folgt} \quad 2\,(x - x_1) + 2\,(x - x_2) + - - - + 2\,(x - x_n) = 0 \tag{4}$$

oder

$$x = \frac{x_1 + x_2 + \cdots + x_n}{n} = \bar{x} \,. \tag{5}$$

Man erhält mit (5) also gerade wieder den Mittelwert (1). Die „angepaßte" Meßgröße entspricht genau dem Mittelwert der Einzelmessungen.

Die Gesamtheit der n Messungen nennt man in der Statistik ein Kollektiv, dessen Mittelwert x bekannt ist und dessen Streuung σ^2 durch die Beziehung

$$\sigma^2 = \frac{\sum\limits_{v=1}^{n} (x - x_v)^2}{n - 1} \tag{6}$$

gegeben ist. Der Nenner $(n - 1)$ bewirkt, daß nur für $n > 1$ die Streuung endlich wird. Wiederholt man die Messung beliebig oft, so wachsen die Kollektive immer mehr; im Grenzfall $(n \to \infty)$ erhält man die Grundgesamtheit (Vereinigungsmenge aller Kollektive). Der wahre Wert x^* ist dann durch

$$x^* = \lim_{n \to \infty} \frac{x_1 + x_2 + \cdots\cdots + x_n}{n} \tag{7}$$

nur in der Grundgesamtheit definiert.

1.2 Bestimmung der Koeffizienten der Regressionsgeraden

Angenommen, man hätte solche Kollektive für zwei Meßgrößen, die miteinander in Zusammenhang stehen, aus einem stationären Prozeß, der eine Vielzahl von Zuständen durchlaufen hat, gewonnen. Für jeden Zustand gibt es ein Wertepaar (x, y); die Gesamtheit aller dieser Paare bildet eine (sta-

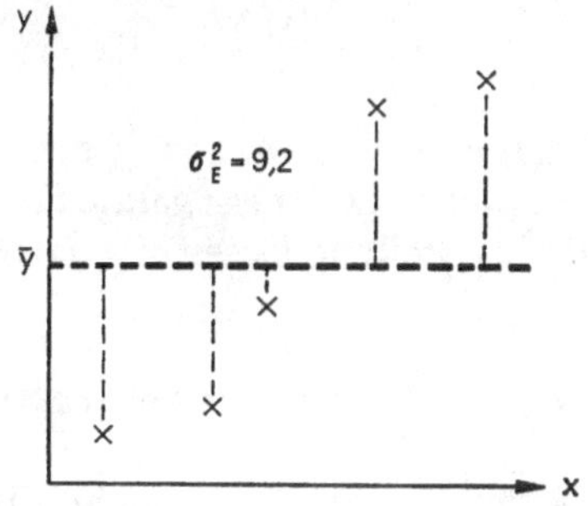

Bild 1: Eingangsstreuung σ_E
Regressionsgerade $y = \bar{y}$ Mittelwert

tistische) Beschreibung des Prozesses für diese beiden Meßgrößen (z. B. Leistung eines Kraftwerks als Funktion des Brennstoffverbrauchs). Die Wertepaare werden als Punkte im Koordinatensystem x, y aufgetragen (Bild 1). Es soll versucht werden, eine Gerade $y = ax + b$ durch diese Punkte zu legen, was aber nur angenähert gelingt. Sie heiße Regressionsgerade und sei gewonnen durch die Forderung, daß die Summe der scheinbaren Fehler ein Minimum wird:

$$U = \sum_{v=1}^{n} (y_v - \tilde{y}_v)^2 \stackrel{!}{=} \text{Min} \,. \tag{8}$$

Dabei sind y_v die gemessenen und $\tilde{y}_v$ die durch $\tilde{y}_v = a + b\,x_v$ „angepaßten" Meßwerte. Notwendige Bedingung für ein Minimum ist

$$\left.\begin{aligned} \frac{\partial U}{\partial a} &= 2 \sum_{v=1}^{n} (a + bx_v - y_v) = 0 \qquad \text{und} \\ \frac{\partial U}{\partial b} &= 2 \sum_{v=1}^{n} x_v\,(a + bx_v - y_v) = 0 \,. \end{aligned}\right\} \tag{9}$$

Die (linearen) Gleichungen (9) stellen dar, bei welcher Wahl der Parameter a, b die obige Bedingung (8) erfüllt ist. Das System (9) stellt man (durch Ausklammern von a und b und Umordnen) als lineares Gleichungssystem durch

$$n \cdot a + [x] \cdot b = [y] \,, \quad [x]\,a + [x^2] \cdot b = [x\,y] \,, \quad [x^2] = \sum_{v=1}^{n} x_v^2 \tag{10}$$

dar. Das System (10) läßt sich auch mit den Darstellungsmitteln der linearen Algebra als

$$K \cdot h = g \tag{11}$$

schreiben. Dabei ist

$$K = \begin{pmatrix} n & [x] \\ [x] & [x^2] \end{pmatrix}$$

die sogenannte **Kovarianzmatrix** (sie ist, wie man sieht, symmetrisch);

$h = \begin{pmatrix} a \\ b \end{pmatrix}$ nennt man den Parametervektor, und

$g = \begin{pmatrix} [y] \\ [x\,y] \end{pmatrix}$ ist die „rechte Seite" des Systems.

Nach einiger Gewöhnung erkennt man, daß die Schreibweise (11) sehr viel kompakter und aussagekräftiger ist als etwa (9). Nur mit einer solchen Form der Darstellung lassen sich auch umfangreichere Probleme straff formulieren.

1.3 Bestimmtheitsmaß und Korrelationskoeffizient

Tatsächlich stellt (8) nicht die einzige Lösung des Problems dar; es gibt nämlich noch eine zweite Ausgleichsgerade, die dadurch entsteht, daß man nach den Fehlerquadraten der Abszissen ausgleicht, also

$$U = \sum_{v=1}^{n} (x_v - \tilde{x}_v)^2 \overset{!}{=} \text{Min}$$

mit

$$\tilde{x} = \alpha\, y_v + \beta\,.$$

Auf die genauere rechnerische Untersuchung sei verzichtet. Aus der geometrisch deutbaren Tatsache des mehr oder weniger guten „Zusammenfallens" dieser beiden Geraden kann man eine zahlenmäßige Größe, das Bestimmtheitsmaß

$$B = \frac{\Sigma[(x_v - \bar{x}) \cdot (y_v - \bar{y})]^2}{\Sigma\,(x_v - \bar{x})^2 \cdot \Sigma\,(y_v - \bar{y})^2} = \frac{S_{xy}^2}{S_{xx} \cdot S_{yy}} \tag{12}$$

und den Korrelationskoeffizienten

$$r = \sqrt{B} \tag{13}$$

herleiten. Die geometrische Deutung von B ist die folgende: Man denke sich die beiden Ausgleichsgeraden in einem Achsensystem dargestellt, dessen Ursprung mit dem Schnittpunkt der beiden Geraden zusammenfällt. Dann stellt B den Quotienten

$$B = \frac{\text{Steigung der flacheren Geraden}}{\text{Steigung der steileren Geraden}} \text{ dar.}$$

Nur im Idealfall identischer Geraden ist $B = 1$, sonst stets $B < 1$. Ist $B = 0$, so besteht keinerlei Zusammenhang zwischen beiden Geraden; man sagt: die Meßgrößen x und y sind völlig unkorreliert.

1.4 Signifikanz der Korrelationskoeffizienten

Es war am Anfang festgestellt, daß die Meßwerte, mit denen die Anpassungsrechnung durchgeführt wurde, stets nur Mengen (Kollektive oder Stichproben) aus der (unbekannten) Grundgesamtheit sind. Die entscheidende Frage ist nun, ob der Korrelationskoeffizient r auch in der Grundgesamtheit wesentlich von Null verschieden ist. Eine andere Ausdrucksweise für diesen Sachverhalt ist: „Existiert die Regressionsgerade auch in der Grundgesamtheit?" oder „Sind die Regressionskoeffizienten statistisch gesichert?"
Hierfür ist die Zahl n der zugrundegelegten Meßwertpaare entscheidend. Für $n < 2$ ist überhaupt keine Gerade (zwei Parameter) definiert; für $n = 2$ gibt es genau eine Gerade (die sogenannte Kollokationsgerade), die aber statistisch vollständig ungesichert ist. Statistisch prüfbare Sicherheiten treten erst bei $n > 2$ auf.
Weiter wird man immer noch eine gewisse Irrtumswahrscheinlichkeit p dafür, daß die Regressionsgerade **nicht** in der Grundgesamtheit vorhanden ist, annehmen müssen. Hat man sich einmal auf ein bestimmtes p (z. B. 1%) geeinigt, so geht man zur Prüfung der statistischen Sicherheit folgendermaßen vor:

1. Man errechne aus den Prozeßdaten die Größe
$$t = r\sqrt{n-2} \cdot \sqrt{1-r^2}\,. \tag{14}$$
2. Man ermittle aus einer Tabelle einen Vergleichswert
$$t_{\min} = f(n, p)$$
(diese Tabellen findet man z. B. in [1] für eine Reihe von p-Werten als festen Parameter n. Die $t_{\min}$-Werte selbst sind nicht explizit angebbar, sie sind definiert als Lösungen einer bestimmten Integralgleichung (siehe [1], S. 371 ff).
3. Man vergleiche jetzt t und $t_{\min}$:
Wenn $t > t_{\min}$ ist, so sind die Regressionskoeffizienten (bei gegebenem p) statistisch gesichert.

Ist die Prüfung 3 erfolgreich verlaufen, so sagt man, die Korrelationskoeffizienten seien für das gegebene Problem signifikant.

Lineare Mehrfachregression

2.1 Methode

Nur in seltenen Fällen hängt eine gemessene Größe von nur einer Variablen ab. So ist der Bremsweg eines Autos zwar überwiegend eine Funktion der Geschwindigkeit, darüber hinaus aber noch abhängig von der Reifenbeschaffenheit, der Straßenoberfläche und möglicherweise noch anderen Faktoren. Die „Kunst" einer gesicherten statistischen Aussage liegt darin, die relevanten Einflußgrößen wirklich zu erfassen. Hätte man sich nun aber in diesem Fall auf die drei Einflußgrößen geeinigt, so müßte man an Stelle der Ausgleichsgeraden jetzt eine mehrdimensionale Ausgleichsebene (mathematisch: Hyperebene) heranziehen.

Bezeichnet man jetzt die Variablen mit x_μ $(\mu = 1, 2 \ldots m)$ und die zugehörigen Meßwerte mit $x_{\mu v}$ $(v = 1, 2 \ldots n)$, so lautet der Berechnungsansatz folgendermaßen:

$$\tilde{y} = h_0 + h_1 x_1 + h_2 x_2 + \cdots + h_m x_m ;$$

der einzelne Meßwert stellt sich dar durch:

$$\tilde{y}_v = h_0 + h_1 x_{1v} + h_2 x_{2v} + \cdots + h_m x_{mv} . \tag{15}$$

Man fordert wieder, daß die Summe der scheinbaren Fehler ein Minimum wird:

$$U = \sum_{v=1}^{n} (\tilde{y} - y_v)^2 \overset{!}{=} \text{Min} .$$

Notwendige Bedingung für das Minimum ist:

$$\left.\begin{aligned} \frac{\partial U}{\partial h_0} &= 2 \sum_{v=1}^{n} (h_0 + h_1 x_{1v} + \cdots + h_m x_{mv} - y_v) = 0 , \\ \frac{\partial U}{\partial h_1} &= 2 \sum_{v=1}^{n} x_{1v} (h_0 + \cdots + h_m x_{mv} - y_v) = 0 , \\ &\;\vdots \\ \frac{\partial U}{\partial h_\mu} &= 2 \sum_{v=1}^{n} x_{\mu v} (h_0 + \cdots + h_m x_{mv} - y_v) = 0 . \end{aligned}\right\} \tag{16}$$

Der Beweis, daß diese Gleichungen auch **hinreichend** für das Minimum sind, muß hier übergangen werden. Die Umordnung der Gleichungen (16) liefert das lineare Gleichungssystem (System der Normalgleichungen):

$$\left.\begin{aligned} n \cdot h_0 + [x_1] \cdot h_1 + \cdots + [x_m] \cdot h_m &= [y] , \\ [x_1] \cdot h_0 + [x_1^2] \cdot h_1 + \cdots + [x_1 x_m] \cdot h_m &= [x_1 y] , \\ [x_2] \cdot h_0 + [x_2 x_1] \cdot h_1 + \cdots + [x_2 x_m] \cdot h_m &= [x_2 y] , \\ &\;\vdots \\ [x_m] \cdot h_0 + [x_m x_1] \cdot h_1 + \cdots + [x_m^2] \cdot h_m &= [x_m y] , \end{aligned}\right\} \tag{17}$$

das man auch kompakter in der Form

$$K \cdot h = g$$

darstellen kann. Die symmetrische Kovarianzmatrix K hat die Form

$$K = \begin{pmatrix} n & [x_1] & [x_2] & \ldots & [x_m] \\ [x_1] & [x_1^2] & [x_1 x_2] & \ldots & [x_1 x_m] \\ [x_2] & [x_2 x_1] & [x_2^2] & \ldots & [x_2 x_m] \\ \vdots & \vdots & \vdots & & \vdots \\ [x_m] & [x_m x_1] & [x_2 x_m] & \ldots & [x_m^2] \end{pmatrix} .$$

Der Parametervektor $\underline{h}$ ist dargestellt durch

$$\underline{h} = \begin{pmatrix} h_0 \\ h_1 \\ \vdots \\ h_m \end{pmatrix}, \text{ die rechte Seite ist } \underline{g} = \begin{pmatrix} [y] \\ [x, y] \\ \vdots \\ [x_m y] \end{pmatrix}.$$

Wieder fallen die Vorteile der Schreibweise (11) ins Auge.

2.2 F-Test nach Fisher

Die statistische Sicherheit des so berechneten Parametervektors $\underline{h}$ läßt sich nun nicht mehr mittels des vorher behandelten Korrelationskoeffizienten r angeben. Tatsächlich sind aber auch hier Testmethoden möglich, mittels derer prüfbar ist, ob die angepaßte Hyperebene auch in der Grundgesamtheit vorhanden ist. Definiert man eine Eingangsstreuung durch

$$\sigma_E^2 = \frac{\sum_{v=1}^{n} (y_v - \bar{y})^2}{n - 1} \tag{18}$$

(gemessene Werte y_v gegen ihren Mittelwert $\bar{y}$)
und eine Reststreuung mittels

$$\sigma_R^2 = \frac{\sum_{v=1}^{n} (y_v - \bar{\bar{y}}_v)^2}{n - 1} \tag{19}$$

(gemessene Werte y_v gegen angepaßte Werte $\bar{\bar{y}}_v$),
so läßt sich das Bestimmtheitsmaß B in der Form

$$B = 1 - \frac{\sigma_R^2}{\sigma_E^2} \cdot \frac{(n - m - 1)}{(n - 1)} \tag{20}$$

darstellen.

Der entscheidende Vorteil der Darstellung (20) gegenüber (12) liegt darin, daß hier die unabhängigen Variablen nicht mehr unmittelbar auftreten. Die Definition von B über die Streuungen σ_E^2 und σ_R^2 ist daher für jede Darstellung der Regressionsfunktionen geeignet. (Z. B. auch für Hyperflächen!)

Die anschauliche Bedeutung der beiden Streuungen geht aus den beiden Bildern 1 und 2 hervor. Während die Eingangsstreuung (Bild 1) sich auf den Mittelwert $\bar{y}$ bezieht und daher sicher große Werte annimmt, ist bei Vorhandensein einer **Regressionsgeraden** die Reststreuung (Bild 2) sehr viel geringer (es wird dann $B \approx 1$). Liegen die Meßwerte dagegen völlig willkürlich verteilt (d. h. nimmt die Reststreuung nicht wesentlich ab), so liegt auch keine Korrelation vor; eine Regressionsgerade existiert nicht.

Mit dem von Fisher [1] eingeführten F-Test läßt sich nun allgemein prüfen, ob eine **Regressionsfläche** auch in der Grundgesamtheit vorhanden ist. Man bilde hierzu die Größe

$$F = \frac{n - m - 1}{m} \frac{B}{1 - B} \tag{21}$$

(n: Zahl der Meßwerte pro Variable)
(m: Zahl der Variablen)

und prüfe, ob bei gegebener **Irrtumswahrscheinlichkeit** p

$$F \geqq F_{\min}(m, n - m - 1, p) \qquad (F_{\min}\text{: Tabellenwert}) \tag{22}$$

ist. Ist die Bedingung (22) erfüllt, so sind die berechneten Koeffizienten statistisch gesichert, d. h., die Regressionsfunktion existiert auch in der Grundgesamtheit.

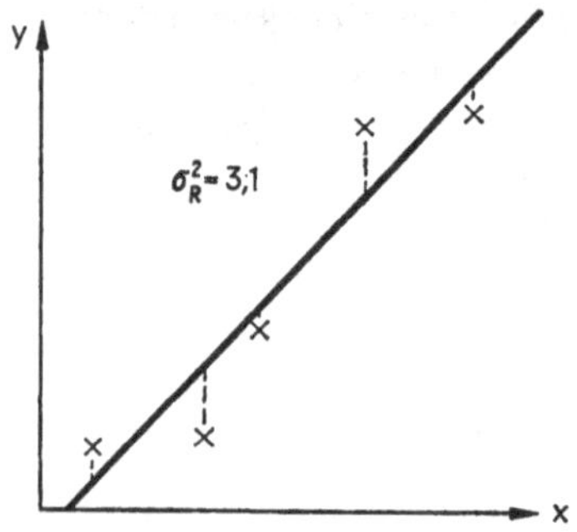

Bild 2: Reststreuung σ_R

3 Nichtlineare Regression

In vielen Anwendungsfällen genügt bei der Lösung einer bestimmten Regressionsaufgabe der lineare Ansatz nicht. Insbesondere in den Fällen, wo etwa tabellenmäßig gegebene Zusammenhänge näherungsweise durch eine Funktion dargestellt werden sollen (Approximationsproblem), ist man gezwungen, nichtlineare Ansätze zu machen. Das gilt für viele vom Prozeßrechner-Programm nachzubildende Kennlinien und Kennflächen.

Praktisch die größte Bedeutung als Approximationsfunktionen haben die Polynome erlangt. Hierfür sind drei Gründe maßgebend:

a) Die Berechnung eines Polynoms gestaltet sich auf dem Rechner besonders einfach (Hornerschema). In bestimmten Fällen ist sogar reine Festkommarechnung möglich.
b) Die Polynome sind die einzigen Funktionen, die einer expliziten Ausführung des Regressionsansatzes noch auf allgemeine Weise zugänglich sind.
c) Die überwiegende Mehrheit der beim Prozeßrechnereinsatz auftretenden Funktionen läßt sich durch Polynome niedriger Ordnung genügend genau darstellen. Außerdem sind die Polynome die für Approximationsaufgaben in der numerischen Mathematik bei weitem am besten untersuchten Funktionen.

Man führt jetzt den Regressionsansatz im einzelnen durch; das Approximationspolynom habe bei einer Variablen x die Darstellung

$$\tilde{y} = h_0 + h_1 x + h_2 x^2 + \cdots + h_m x^m .$$

Die Forderung, daß die Summe der scheinbaren Fehler ein Minimum wird

$$U = \sum_{v=1}^{n} (\tilde{y}_v - y_v)^2 = \text{Min}$$

führt in bekannter Weise (0-Setzen der partiellen Ableitungen 1. Ordnung) nach einiger Umordnung zu der **Kovarianzmatrix** (n: Zahl der Meßwerte)

$$K = \begin{pmatrix} n & [x] & [x^2] & \dots & [x^m] \\ [x] & [x^2] & [x^3] & \dots & [x^{m+1}] \\ \vdots & \vdots & \vdots & & \vdots \\ [x^m] & [x^{m+1}] & [x^{m+2}] & \dots & [x^{2m}] \end{pmatrix} \text{ mit der rechten Seite } \underline{g} = \begin{pmatrix} [y] \\ [x, y] \\ \vdots \\ [x^m y] \end{pmatrix}. \tag{23}$$

Für die schnelle Ermittlung der Matrix K auf dem Rechner ist die Erkennung des Ordnungsschemas der Summationsglieder $[x^\alpha]$ $(0 \leqq \alpha \leqq 2\,m)$ von großer Bedeutung. Im Falle (23) erkennt man, daß es sich um eine zyklische Matrix handelt; sie besteht aus genau $(2\,m + 1)$ Gliedern der Folge

$$[x^0]\,,\ [x^1], \dots [x^{2m}]\,,$$

die also nur einmal ermittelt und anschließend den richtigen Matrixplätzen zugeordnet werden müssen.

Das zweidimensionale Problem sei noch kurz angedeutet. Wir machen hier den allgemeinen Ansatz (x_1, x_2 seien die Variablen):

$$y = h_0 + (h_1 x_1 + h_2 x_2) + (h_3 x_1^2 + h_4 x_1 x_2 + h_5 x_2^2) + \dots,$$

d. h., wir betrachten x_1, x_2 als gleichrangig und nehmen bei der maximalen Ordnung p alle Glieder $x_1^\alpha x_2^\beta$ mit $\alpha + \beta = 1, 2, \dots p$ in den Ansatz auf. Für die schnelle Ermittlung der Kovarianzmatrix K ist auch hier entscheidend die Kenntnis des Ordnungsprinzips, nach welchem die Glieder $[x_1^\alpha x_2^\beta]$ in der Matrix angeordnet sind. Weitere Einzelheiten müssen speziellen Fachberichten entnommen werden [2].

Es seien noch folgende Tatsachen angemerkt:

- Für die praktische Anwendung kann man natürlich die Variablen $x_1, x_2, \dots$ selbst durch geeignete Funktionen darstellen, z. B. $x_1 = \ln(\xi_1)$ oder $x_1 = \xi_1^{0{,}135}$ usw.
- Die Forderung, das Minimum der scheinbaren Fehler zu ermitteln, kann modifiziert werden, indem man etwa die Summe der scheinbaren **relativen** Fehlerquadrate minimiert [2].
- Das statistische Prüfverfahren (F-Test nach Fisher) ist natürlich in den behandelten nichtlinearen Fällen genau so anwendbar.

Darstellungsformen der Polynomentwicklung für mehr als zwei Veränderliche sind sehr kompliziert [2]. Auf sie kann im Rahmen dieser Darstellung nicht eingegangen werden.

4 Inkrementierende Regression

4.1 Begriff

Unter „inkrementierende Regression" soll ein Verfahren verstanden werden, mit dessen Hilfe es möglich ist, die Parameter einer einmal ermittelten Regressionsfläche laufend zu verbessern, wenn neue Meßwerte (Inkremente) hinzukommen. Bei der Beschreibung der hier auftretenden Formeln ist allerdings eine erheblich kompaktere Darstellung durch Matrizen nicht zu vermeiden. Die nötigen Kenntnisse aus der Matrizenrechnung werden jedoch so weit wie möglich im Text entwickelt.

Sei A eine Matrix, so werde mit A^T die transponierte und mit A^{-1} (bei $\det(A) \neq 0$) die inverse Matrix verstanden. Wir merken weiter an, daß die Multiplikation zweier Matrizen A und B nur definiert ist, wenn A soviel Spalten wie B Zeilen hat (für quadratische Matrizen ist das natürlich stets erfüllt, bei Rechteckmatrizen bedarf es aber einer besonderen Untersuchung). Das Multiplikationsgesetz kann insbesondere angewendet werden auf Einzelmatrizen, die jeweils aus nur **einer** Zeile oder Spalte bestehen.

4.2 Neue Darstellung der Regressionskoeffizienten

Für die in 2 behandelte Mehrfachregression soll eine neue Darstellungsform gesucht werden. Zunächst kann man in der Formel (15) ohne wesentliche Beschränkung der Allgemeinheit das konstante Glied weglassen (es ist dann gewissenmaßen im transformierten $\tilde{y}_v$ enthalten). Führen wir nun einen Variablenvektor

$$\underline{x} = \begin{pmatrix} x_1 \\ x_2 \\ \vdots \\ x_m \end{pmatrix} \quad \text{und einen Parametervektor} \quad \underline{h} = \begin{pmatrix} h_1 \\ h_2 \\ \vdots \\ h_m \end{pmatrix}$$

ein, so kann der k-te Meßwert y_k durch

$$y_k = \underline{x}_k^T \cdot \underline{h} + v_k \tag{24}$$

dargestellt werden. v_k ist der scheinbare Fehler $v_k = y_k - \tilde{y}_k$, das Matrizenprodukt $\underline{x}_k^T \cdot \underline{h}$ stellt die $1 \cdot 1$-Matrix $x_1(k) \cdot h_1 + \cdots + x_m(k) \cdot h_m$ für den k-ten Beobachtungszeitpunkt dar. Tatsächlich stellen (15) und (24) bei Berücksichtigung des Beobachtungsfehlers v_k denselben Sachverhalt dar. Mit (24) sucht man nun aber eine andere Darstellung für die Lösung des Regressionsproblems, die **nicht** über die Normalgleichungen (17) führt.

Die Minimalbedingung läßt sich jetzt als

$$U = \sum_{v=1}^{k} (\bar{y}_v - y_v)^2 = \sum_{v=1}^{k} v_v^2 = \underline{v}_k^T \underline{v}_k = \text{Min} \tag{25}$$

formulieren. Der Fehlervektor $\underline{v}_k = \begin{pmatrix} v_1 \\ v_2 \\ \vdots \\ v_k \end{pmatrix}$ entsteht daraus, daß man sich alle Gleichungen (24) bis zur k-ten einschließlich hingeschrieben denkt und diese Darstellung in Matrixform mit

$$\underline{y} = X_k \cdot \underline{h} + \underline{v}_k \tag{26}$$

kompakt angeben kann. (26) ist eine Matrizengleichung für eine 1-Spalten-Matrix, die als additiven Term den Fehlervektor v_k enthält (k ist also Index einer Matrix, nicht eines einzelnen Meßwertes). Die Zeilen von X_k setzen sich dabei aus den bekannten, von Beobachtung zu Beobachtung sich ändernden Meßwertfolgen $\underline{x}_v^T$ $(v = 1 \ldots k)$ zusammen. Der Sonderfall $X_k = X$ würde bedeuten, daß sich die Meßwertmatrix unabhängig vom Zeitpunkt der Beobachtung nicht mehr ändert, also konstant ist (die Regressionsrechnung würde dann von einem bestimmten Zeitpunkt an stets dieselben Parameter liefern).

Nimmt man nun $k \geqq m$ und den Rang $(X_k) = m$ an (lineare Unabhängigkeit der Beobachtungen), so ist (25) mit (26) lösbar. Läßt man für das folgende den Index k und die Unterstreichung zur Kennzeichnung der Vektoren fort, so läßt sich die Minimalbedingung (25) darstellen als

$$\begin{aligned} U = v^T v &= (X \cdot h - y)^T \cdot (X \cdot h - y) = (h^T X^T - y^T)(X h - y) \\ &= h^T X^T X h - h^T X^T y - y^T X h + y^T y \,. \end{aligned}$$

Hierbei ist Gebrauch gemacht von der Regel

$$(A \cdot B \cdot C)^T = C^T B^T A^T$$

und den bekannten Multiplikationsregeln. Beachtet man noch, daß

$$y^T X h = y^T (X^T)^T \cdot (h^T)^T = (h^T X^T y)^T = h^T X^T y$$

ist (da $(A^T)^T = A$ und $y^T X h$ eine $1 \cdot 1$-Matrix ist), so erhält man

$$U = h^T X^T X h - 2\, h^T X^T y + y^T y \,. \tag{27}$$

Der erste Term stellt eine quadratische Form in h dar, der zweite Term ist eine Linearform in h, und $y^T y$ bildet ein konstantes Glied. (27) läßt sich nun direkt nach den h_i differenzieren [3]. Man erhält

$$\frac{\partial U}{\partial h_i} = 2\, e_i^T X^T X h - 2\, e_i^T X^T y \,. \tag{28}$$

Dabei sind e_i die Einheitsvektoren, d. h. die Spalten der Einheitsmatrix. (28) kann man zu der einen Vektorgleichung

$$\left(\frac{\partial U}{\partial \underline{h}}\right) = 2\,(X^T X \cdot h - X^T y)$$

zusammenfassen. Ihre 0-Setzung liefert endlich die Lösung des Problems:

$$h = (X^T X)^{-1} X^T y\,. \tag{29}$$

Tatsächlich ist die Lösung (29) im allgemeinen numerisch günstiger zu behandeln als die Lösung der Normalgleichungen [4] [5] [6]. Mit dieser neuen Darstellung des Parametervektors lassen sich aber noch sehr viel weitergehende Überlegungen anstellen.

4.3 Laufende Korrektur des Parametervektors

Schreibt man (29) zunächst in der mit k indizierten Form, so erhält man für die Schätzwerte des Parametervektors mittels der Gaußschen Methode (oder statistisch auf Grund der Maximum-Likelihood-Methode)

$$\hat{\underline{h}}_k = (X_k^T X_k)^{-1} X_k^T y_k\,. \tag{30}$$

Man hat bei $\underline{h}$ jetzt den Index k geschrieben, um anzudeuten, daß $\hat{\underline{h}}_k$ ein auf Grund von k Beobachtungen ermittelter „Schätzwert" ($\hat{h}_k$) von $\underline{h}$ ist.
Tatsächlich berücksichtigt ja die Gleichung (30) eine wichtige Tatsache nicht, die z. B. bei dem Problem der Identifizierung im Rahmen physikalischer Experimente oder bei der Bahnbestimmung in der Raumfahrt von entscheidender Bedeutung ist:
Im allgemeinen liegt nämlich nicht nur ein einmaliger Satz von k Beobachtungen zur Schätzung von $\underline{h}$ vor, vielmehr fallen häufig laufend sukzessive neue Beobachtungen an, die zur Bildung des Schätzwertes mit herangezogen werden können. Daher wird man in solchen Fällen eine laufende Schätzwertbildung anstreben, wobei natürlich der augenblickliche Schätzwert $\underline{h}_k$ alle Informationen des vorausgegangenen Datenmaterials mit erfassen muß [7] [8].
Man nimmt also an, zusätzlich zu den k Beobachtungen (26) stehe eine weitere Beobachtung

$$y_{k+1} = \underline{x}_{k+1}^T\, \underline{h} + v_{k+1} \tag{31}$$

zur Verfügung. Definiert man dann mit

$$X_{k+1} = \left(\frac{X_k}{\underline{x}_{k+1}{}^T}\right) \text{ und } \quad \underline{y}_{k+1} = \left(\frac{\begin{matrix}\underline{y}_k\\ \vdots\end{matrix}}{y_{k+1}}\right)$$

neue Vektoren, so läßt sich nach längerer Rechnung [7] ein neuer Schätzwert $\hat{\underline{h}}_{k+1}$, dargestellt durch $\underline{x}_{k+1}$ und bekannte Matrizen, ermitteln.

Man erhält

$$\hat{\underline{h}}_{k+1} = \hat{\underline{h}}_k + P_k \underline{x}_{k+1} (\underline{x}_{k+1}^T P_k \underline{x}_{k+1} + 1)^{-1} (y_{k+1} - \underline{x}_{k+1}^T \cdot \hat{\underline{h}}_k) \quad (32)$$

mit $P_k = X_k^T X_k$.

Der additive Korrekturterm besteht aus der Spalte $P_k \underline{x}_{k+1}$ und den beiden in Klammern stehenden Skalaren. Der rechte Skalar verschwindet offenbar genau dann, wenn der alte Schätzwert $\hat{\underline{h}}_k$ exakt die neue Beobachtung (31) (d. h. mit $v_{k+1} = 0$) erfüllt. Daß die Invertierung sich nur auf einen skalaren Faktor bezieht, erleichtert die Rechnung (32) außerordentlich.

Es ist also (bei linearer Regression) nicht mehr notwendig, die Normalgleichungen jeweils neu zu lösen, es genügt vielmehr, die k-abhängigen Matrizen sukzessive zu ergänzen bzw. umzuordnen und zu jedem neuen Beobachtungszeitpunkt nur noch die lineare Korrekturrechnung (32) durchzuführen. Ähnliche Beziehungen sind auch für die nichtlineare Regression entwickelt worden [9]. Insgesamt stellen diese rekursiven Algorithmen, wie (32), sehr wirkungsvolle Mittel für die laufende Lösung des Identifizierungsproblems im Prozeßrechner dar.

5 Kenngrößen und Funktionen zur Charakterisierung stochastischer Vorgänge

5.1 Voraussetzungen

Für die Prozeßerkennung stehen oft aus der Beobachtung von Zustandsgrößen nur völlig regellose Signale zur Verfügung, die praktisch nicht durch analytische Funktionen darstellbar sind. Man kann aber den zeitlichen Verlauf solch stochastischer Vorgänge messen und aus den Meßwerten statistische Größen zur Charakterisierung der Zufallsfunktionen berechnen.

Wenn man die Messung sowie Auswertung unter gleichen Bedingungen mehrmals über ausreichend lange Zeiträume wiederholt und dabei stets dieselben Ergebnisse erhält, so handelt es sich um „stationäre" Signale. Dies soll im folgenden vorausgesetzt werden, denn nur für sie gelten die meisten Definitionen der zu behandelnden Funktionen. Zunächst werden einige Kenngrößen und Funktionen zur Charakterisierung stochastischer Signale eingeführt und ihre wichtigsten Eigenschaften und Beziehungen, welche für die anschließend beschriebenen Anwendungen Bedeutung haben, erläutert.

5.2 Die Verteilungsdichtefunktion

Es ist nicht möglich, aus dem vergangenen Verlauf einer Zufallsfunktion exakte Voraussagen über die Fortsetzung abzuleiten; man kann nur die Wahrscheinlichkeit für das Auftreten eines bestimmten Wertes angeben.

Die statistisch berechnete Wahrscheinlichkeit, daß ein Meßwert zwischen x und $x + \Delta x$ liegt, sei $w(x) \cdot \Delta(x)$. Weil die Zufallsfunktion ja irgendeinen der überhaupt möglichen Werte annehmen muß, ist

$$\int_{-\infty}^{+\infty} w(x)\, \mathrm{d}x = 1 \,. \tag{33}$$

Die Wahrscheinlichkeit, daß x unterhalb einer gegebenen festen Grenze liegen wird, beträgt

$$\int_{-\infty}^{x_1} w(x)\, \mathrm{d}x = W(x_1) \,.$$

Diese Größe heißt Summenhäufigkeit. Wenn die Grenze x_1 variiert wird, so entsteht die **Wahrscheinlichkeitsverteilung**

$$W(x) = \int_{-\infty}^{x} w(\xi)\, \mathrm{d}\xi \,, \tag{34}$$

welche für $x \to \infty$ dem Wert 1 zustreben muß.

Der zeitliche Mittelwert eines Signals

$$\bar{x} = \int_{-\infty}^{+\infty} x \cdot w(x)\, \mathrm{d}x = \lim_{T\to\infty} \frac{1}{T} \int_{0}^{T} x(t)\, \mathrm{d}t$$

ist für diskrete Meßwerte x_i gegeben durch

$$\bar{x} = \lim_{n\to\infty} \frac{1}{n} \sum_{i=1}^{n} x_i \,. \tag{35}$$

Die praktisch wichtigste **Wahrscheinlichkeitsdichteverteilung** ist die bekannte Gaußsche Normalverteilung (Bild 3), welche sich bei reinen Zufallsprozessen einstellt. Sie wird dargestellt durch die Funktion:

$$w(x) = w(\bar{x}) \cdot \mathrm{e}^{-\frac{(x-\bar{x})^2}{2\sigma^2}} \,. \tag{36}$$

Der Formfaktor σ ist der Abstand der Wendepunktsabszisse von dem Mittelwert $\bar{x}$. σ wird als Streuung oder Standardabweichung und σ^2 als Varianz bezeichnet. Die Beziehung

$$\sigma^2 = \overline{(x - \bar{x})^2}$$

gilt für jede Wahrscheinlichkeitsdichteverteilung. Für $x = \bar{x} \pm \sigma$ wird $w(x) = w(\bar{x}) \cdot \mathrm{e}^{-1/2} \approx 0{,}6\, w(\bar{x})$.

Aus der Bedingung, daß die Fläche unter der Verteilungsfunktion gleich 1 sein muß, ergibt sich für die Normalverteilung

$$w(\bar{x}) = \frac{1}{\sqrt{2\pi}\,\sigma} \,.$$

Der quadratische Mittelwert, dessen Wurzel als Effektivwert bekannt ist, wird für kontinuierliche Funktionen als

$$\overline{x^2} = \int_{-\infty}^{+\infty} x^2\, w(x)\, \mathrm{d}x = \lim_{T\to\infty} \frac{1}{T} \int_{0}^{T} x^2(t)\, \mathrm{d}t$$

und für diskrete Werte als

$$\overline{x^2} = \lim_{n \to \infty} \frac{1}{n} \sum_{i=1}^{n} x_i^2$$

gegeben. Für die Normalverteilung besteht der Zusammenhang

$$\overline{x^2} = \sigma^2 + (\bar{x})^2 .$$

Ein normalverteiltes Eingangssignal in einem linearen System hat ein normalverteiltes Ausgangssignal zur Folge. Bei anderen Verteilungen gibt es Verzerrungen der Verteilungsfunktion.

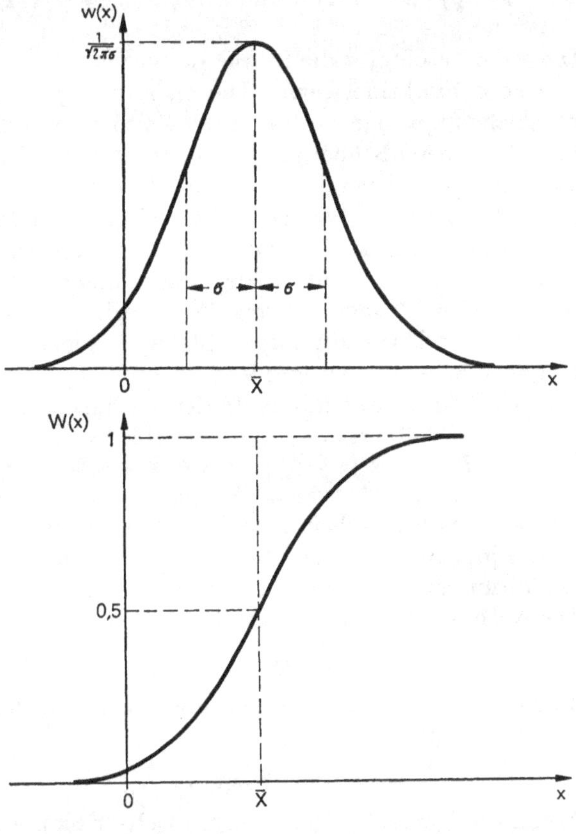

Bild 3: Die Gaußsche Normalverteilung. Wahrscheinlichkeitsdichte $w(x)$ und Wahrscheinlichkeitsverteilung $W(x)$

Die **Verbundwahrscheinlichkeit** $w(x_1, y_1)\, dx\, dy$ gibt die Wahrscheinlichkeit dafür an, daß der Wert von x zwischen x_1 und $x_1 + dx$ und gleichzeitig der Wert von y zwischen y_1 und $y_1 + dy$ liegt. Wenn x und y statistisch unabhängig sind, so ist die Verbundwahrscheinlichkeit das Produkt der Einzelwahrscheinlichkeiten:

$$w(x_1, y_1) = w(x_1) \cdot w(y_1) .$$

Für die Verbundwahrscheinlichkeit muß gelten:

$$\int_{-\infty}^{+\infty}\int_{-\infty}^{+\infty} w(x, y)\, dx\, dy = 1 \,. \tag{37}$$

5.3 Die Autokorrelationsfunktion

Die Autokorrelationsfunktion (AKF) wird definiert als der Mittelwert des Produktes aus dem Funktionswert $x(t)$ und dem um das Intervall τ später auftretenden Wert $x(t + \tau)$.

$$\overline{x(t) \cdot x\,(t + \tau)} = \lim_{T\to\infty} \frac{1}{2\,T} \int_{-T}^{+T} x(t) \cdot x\,(t + \tau)\, dt = \Phi_{xx}(\tau) \,. \tag{38}$$

Die AKF beschreibt die Stärke der gegenseitigen Abhängigkeit aufeinanderfolgender Funktionswerte. Die meisten regellosen Vorgänge machen keine plötzlichen Sprünge, und für kurze Zeit ist ihr Verlauf mit größerer Sicherheit vorauszusehen als über größere Zeitspannen. Die Lufttemperatur zum Beispiel ist aus dem vergangenen Verlauf nicht vorauszuberechnen. Wegen der Energiespeicher im Wettergeschehen können Änderungen aber nicht beliebig schnell erfolgen, so daß ein innerer Zusammenhang aufeinander folgender Temperaturwerte besteht, der mit zunehmender Zeitdifferenz schwächer wird. Dieser Zusammenhang findet seinen Ausdruck in der AKF, welche mit wachsendem τ abnimmt. Die AKF regelloser Signale kennzeichnet die mögliche Schnelligkeit von Veränderungen.
Die AKF wird auch mit Hilfe der Verbundwahrscheinlichkeit definiert:

$$\Phi_{xx}(\tau) = \int_{-\infty}^{+\infty}\int_{-\infty}^{+\infty} x_1(t) \cdot x_2(t + \tau) \cdot w(x_1, x_2, \tau)\, dx_1\, dx_2 \,.$$

Die Verbundwahrscheinlichkeit $w(x_1, x_2, \tau)$ dafür, daß das Wertepaar x_1, x_2 gerade im Abstand τ auftritt, ist praktisch nur schwer zu ermitteln, aber diese Definition ist nützlich für theoretische Untersuchungen.
Die AKF ist eine gerade Funktion von τ:

$$\Phi_{xx}(\tau) = \Phi_{xx}(-\tau) \,.$$

Für $\tau = 0$ nimmt sie ihren größten Wert an, der gleich dem quadratischen Mittelwert ist:

$$\Phi_{xx}(0) = \overline{x^2(t)} \geqq \Phi_{xx}(\tau) \,.$$

Wenn die Variable x keine periodische Komponente enthält, so wird

$$\lim_{\tau\to\infty} \Phi_{xx}\,(\tau) = (\bar{x})^2 \,.$$

Die AKF einer Variablen ohne Gleichanteil geht also mit wachsenden τ gegen Null (Bild 4).
Wenn $x(t)$ einen periodischen Anteil hat, so ist auch Φ_{xx} periodisch in τ. Die AKF enthält keine Phasenbeziehungen zwischen periodischen Komponenten,

weil jede Teilschwingung nur mit sich selbst multipliziert einen Beitrag liefert.

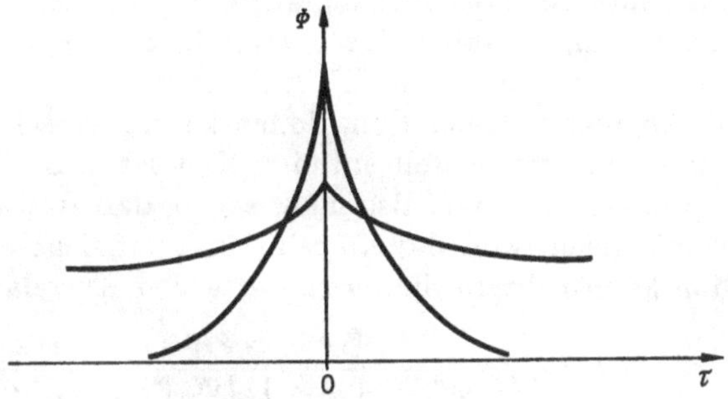

Bild 4: Autokorrelationsfunktionen von Signalen mit und ohne konstanten Anteil

5.4 Die Kreuzkorrelationsfunktion

Die Kreuzkorrelationsfunktion (KKF) kennzeichnet den Grad und die Kausalität des inneren Zusammenhanges zweier Funktionen. Sie ist der Mittelwert des Produktes der zeitlich um τ gegeneinander verschobenen Funktionen. Als Funktion der Verschiebung τ läßt die KKF das Zeitverhalten des Systems erkennen, welches die kausale Verknüpfung der Funktionen bewirkt:

$$\Phi_{yx}(\tau) = \overline{y(t) \cdot x(t+\tau)} = \lim_{T\to\infty} \frac{1}{2T} \int_{-T}^{+T} y(t) \cdot x(t+\tau)\, dt\,. \tag{39}$$

So wie die AKF wird auch die KKF über die Verbundwahrscheinlichkeit definiert:

$$\Phi_{yx}(\tau) = \int_{-\infty}^{+\infty} \int_{-\infty}^{+\infty} y_1(t) \cdot x_1(t+\tau) \cdot w(y_1, x_1, \tau)\, dy_1\, dx_1\,.$$

Aus der Definition folgt die Symmetrie

$$\Phi_{yx}(\tau) = \Phi_{xy}(-\tau)\,.$$

Man kann leicht zeigen, daß

$$\Phi_{yx}(\tau) \leqq \frac{1}{2} \left(\Phi_{xx}(0) + \Phi_{yy}(0)\right)\,.$$

Für die Grenzfälle gilt

$$\Phi_{yx}(0) = \overline{y \cdot x}$$

und

$$\lim_{\tau\to\infty} \Phi_{yx}(\tau) = \bar{y} \cdot \bar{x}\,.$$

Der **Korrelationskoeffizient** r ist der normierte Wert der KKF für $\tau = 0$

$$r = \frac{\overline{x\,y} - \bar{x} \cdot \bar{y}}{\sigma_x \cdot \sigma_y}\,,$$

mit $\sigma_x^2 = \overline{x^2} - (\bar{x})^2 = \Phi_{xx}(0) - \Phi_{xx}(\infty)$ und der entsprechenden Beziehung für σ_y.

Bei exakt linearer Abhängigkeit der Funktionen x und y ist $r = 1$. Für linear völlig unabhängige Wertefolgen ist $r = 0$. Für andere Verschiebungen τ kann man die KKF in gleicher Weise normieren. Auch bei strenger Abhängigkeit zweier Funktionen kann r verschwinden, wenn die Beziehung keinen linearen Anteil enthält. Das ist z. B. der Fall, wenn $x = \sin t$ und $y = \cos t$. Man darf also nicht sagen, daß zwei Funktionen statistisch unabhängig seien, weil ihr Korrelationskoeffizient einen sehr kleinen Wert hat. Man kann r durch die Grenzwerte von Korrelationsfunktionen ausdrücken:

$$r = \frac{\Phi_{yx}(0) - \Phi_{yx}(\infty)}{\sqrt{\left(\Phi_{xx}(0) - \Phi_{xx}(\infty)\right) \cdot \left(\Phi_{yy}(0) - \Phi_{yy}(\infty)\right)}} .$$

5.5 Das Leistungsspektrum und sein Zusammenhang mit der Autokorrelationsfunktion

Einige weitere Charakteristika stochastischer Signale können hier nur andeutungsweise besprochen werden.

Das **Frequenzspektrum** eines nichtperiodischen Vorganges erhält man durch die Fouriertransformation

$$A(\mathrm{j}\,\omega) = \int_{-\infty}^{+\infty} x(t) \cdot \mathrm{e}^{-\mathrm{j}\,\omega\,t}\,\mathrm{d}t . \tag{40}$$

Dieses Integral konvergiert nicht für zeitlich unbegrenzte Rauschsignale. Durch einen Kunstgriff wird Konvergenz erreicht. Dazu schneidet man ein Stück von $t = -T$ bis $t = T$ heraus und setzt $x(t)$ außerhalb dieses Bereichs gleich Null. Für diesen endlichen Bereich $x_T(t)$ berechnet man das endliche Frequenzspektrum

$$A_T(\mathrm{j}\,\omega) = \int_{-T}^{+T} x_T(t) \cdot \mathrm{e}^{-\mathrm{j}\,\omega\,t}\,\mathrm{d}t . \tag{41}$$

Durch einen Grenzübergang erhält man das vollständige Frequenzspektrum

$$A(\mathrm{j}\,\omega) = \lim_{T\to\infty} A_T(\mathrm{j}\,\omega) .$$

Die Gesamtleistung eines Signals (Spannung oder Strom) ist proportional zu seinem quadratischen Mittelwert.

Oft interessiert der Anteil der Frequenzkomponenten an der übertragenen Leistung. Dieser wird durch das **Leistungsspektrum** des Signals beschrieben. Es wird mit Hilfe des Frequenzspektrums folgendermaßen definiert:

$$S_{xx}(\omega) = \lim_{T\to\infty} \frac{|A_T|^2\,(\omega)}{2\,T} . \tag{42}$$

$S_{xx}(\omega)$ ist reell und eine gerade Funktion von ω.

Aus dem Leistungsspektrum erhält man proportional zur Gesamtleistung

$$\overline{x^2(t)} = \frac{1}{\pi} \int_0^\infty s_{xx}(\omega)\, d\omega\,.$$

S_{xx} ist ein frequenzabhängiger Mittelwert ohne Phaseninformation. Das Leistungsspektrum hängt mit der AKF durch die Wiener-Khintchine-Beziehung zusammen,

$$S_{xx}(j\,\omega) = \int_{-\infty}^{\infty} \Phi_{xx}(\tau) \cdot e^{-j\omega\tau}\, d\tau\,,$$

es ist also die Fourier-Transformierte der AKF, welche für die gerade Funktion $\Phi_{xx}(\tau)$ übergeht in

$$S_{xx}(\omega) = 2 \int_0^\infty \Phi_{xx}(\tau) \cos \omega\tau\, d\tau.$$

Der Wert des Leistungsspektrums bei der Frequenz Null ist gleich der Fläche unter der AKF:

$$S_{xx}(0) = 2 \int_0^\infty \Phi_{xx}(\tau)\, d\tau\,.$$

5.6 Die Berechnung der Korrelationsfunktionen

Zur praktischen Berechnung der Korrelationsfunktionen werden die Integrale durch endliche Summen über die Produkte diskreter Funktionswerte angenähert. Die Abtastfrequenz und der zeitliche Summierungsbereich müssen dabei sinnvoll gewählt werden:

Ein stetiges Signal mit einer oberen Grenzfrequenz wird nach dem bekannten Shannonschen Theorem ohne Informationsverlust durch diskrete Werte dargestellt, wenn die Abtastfrequenz mindestens doppelt so hoch ist wie die Grenzfrequenz des Signals. Umgekehrt ist die erfaßbare Bandbreite eines Rauschsignals durch die Abtastfrequenz begrenzt.

Ersetzt man die kontinuierliche Zeitachse durch diskrete Zeitpunkte im Abstand Δ und legt den Beginn eines Ereignisses durch $i = 0$ fest, so erhält man die Rechenvorschriften:

$$\Phi_{xx}(i \cdot \Delta) = \frac{1}{N - i + 1} \sum_{k=0}^{N-i} x(k \cdot \Delta) \cdot x((k + i) \cdot \Delta)\,,$$

$$\Phi_{yx}(i \cdot \Delta) = \frac{1}{N - i + 1} \sum_{k=0}^{N-i} y(k \cdot \Delta) \cdot x((k + i) \cdot \Delta)\,,$$

$$i = 0, 1, 2, 3, \ldots$$

Die Schrittweite Δ und der Größtwert der Zählvariablen i, welche die maximale Spanne $\tau_{\max}$ festlegen, sowie die Zahl N der Funktionswerte müssen als Parameter der Berechnung vorgegeben werden. Je größer N ist, um so

genauer werden die Korrelationsfunktionen berechnet. Man kann abschätzen, daß die Summationszeit etwa zehnmal so groß wie die maximale Verschiebung τ_{max} sein muß, wenn der Fehler der berechneten Korrelationsfunktion nicht mehr als 2% betragen soll [10].
Die aktuellen Werte von N und i_{max} werden durch den interessierenden Bereich von τ und die erforderliche Genauigkeit oder durch die Zahl der vorhandenen Meßwerte oder die verfügbare Rechenzeit bestimmt.

6 Anwendungen der Korrelationsfunktionen

6.1 Die Gewinnung schwacher periodischer Signale aus starkem Rauschen

Das zu analysierende Signal habe den Verlauf

$$x(t) = y(t) + z(t) ,$$

wobei y eine periodische Funktion ist, welche durch ein starkes, mit ihr nicht korreliertes Rauschen z bis zur Unkenntlichkeit überdeckt wird. Durch Ausmultiplizieren des Produktes von $x(t)$ mit $x(t+\tau)$ erhält man

$$\Phi_{xx}(\tau) = \overline{y(t) \cdot y(t+\tau)} + \overline{z(t) \cdot z(t+\tau)} + \overline{y(t) \cdot z(t+\tau)} + \\ + \overline{z(t) \cdot y(t+\tau)} .$$

Die gemischten Ausdrücke entfallen, weil y und z nicht korreliert sind. Darum erhalten wir die AKF des empfangenen Signals

$$\Phi_{xx}(\tau) = \Phi_{yy}(\tau) + \Phi_{zz}(\tau) .$$

Als AKF eines Rauschsignals geht $\Phi_{zz}(\tau)$ mit wachsendem Argument schnell gegen Null. $\Phi_{yy}(\tau)$ hat in τ die gleiche Periode wie y in der Zeit. Durch die Ermittlung der AKF bis zu einer ausreichend großen Verschiebung τ_{max} kann das Nutzsignal aus vielfach stärkerem Rauschen „herausgefischt" werden.
Wenn das periodische Signal mehrere Frequenzen enthält, so ist seine AKF durch eine Fourier-Reihe, welche nur Cosinusglieder enthält, darstellbar und leicht zu analysieren.

6.2 Frequenzanalyse mit einer Sinusfunktion

Ein unbekanntes regelloses Signal $x(t)$ wird mit einem sinusförmigen Prüfsignal kreuzkorreliert. Wenn man sich $x(t)$ durch eine Fourierreihe dargestellt denkt, so ergeben sich bei der Mittelwertbildung des Produktes mit der Sinusfunktion nur dann Beiträge, wenn deren Frequenz ein ganzzahliges Vielfaches der Grundfrequenz der Fourierentwicklung ist. In diesem Falle wird die KKF periodisch in τ, und ihre Amplitude ist proportional zu dem Effektivwert des gesuchten Frequenzanteils.

6.3 Systemidentifizierung mit Rauschsignalen

Das Verhalten einer linearen Regelstrecke kann man durch ihre Antwort auf einen Einheitsimpuls beschreiben. Diese Impulsantwort ist als die Gewichtsfunktion $g(t)$ der Strecke bekannt. Eine beliebige Eingangsfunktion läßt sich gedanklich in eine dichte Folge von Impulsen zerlegen. Die Antwort $x(t)$ des Systems erhält man dann als Überlagerung der Antworten auf die Einzelimpulse. Diese Überlagerung wird durch das Faltungsintegral

$$x(t) = \int_0^t g(\tau) \cdot y(t-\tau)\,d\tau$$

beschrieben. Bei impulsförmiger Anregung $y(t) = \delta(t)$ liefert dies sogenannte Duhamel-Integral die Gewichtsfunktion. Weil die Diracfunktion $\delta(t) = 0$ für $t \neq 0$ und weil

$$\int_{-\infty}^{\infty} \delta(t)\,dt = 1\,,$$

wird dann nämlich $x(t) = g(t)$.

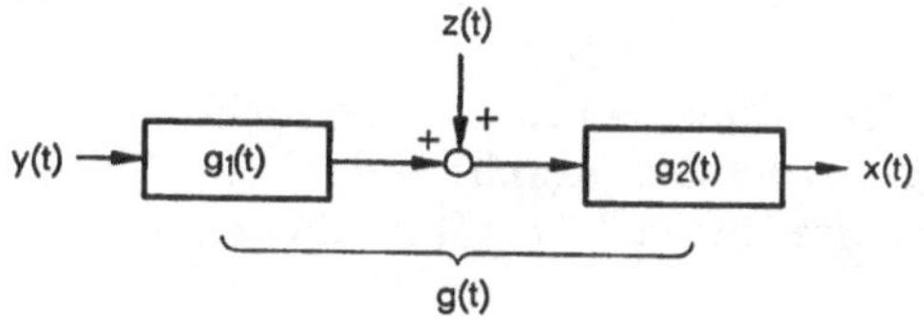

Bild 5:
Übertragungsglied mit Störeinfluß

Ein System (Bild 5) hat auf Grund der dargestellten Struktur die Gewichtsfunktion

$$g(t) = g_1(t) \cdot g_2(t)\,.$$

Wirkt außer dem Eingangssignal $y(t)$ auch noch das Störsignal $z(t)$ ein, so entsteht das Ausgangssignal

$$x(t) = \int_0^{\infty} g(u) \cdot y\,(t-u)\,du + \int_0^{\infty} g_2(v) \cdot z\,(t-v)\,dv\,.$$

Nach Einsetzen dieses Ausdruckes in die Definitionsgleichung und nach Vertauschung der Integrale erhält man die KKF

$$\Phi_{yx}(\tau) = \int_0^{\infty} g(u)\,\Phi_{yy}\,(\tau-u)\,du + \int_0^{\infty} g_2(v) \cdot \Phi_{yz}\,(\tau-v)\,dv\,.$$

Wenn z und y nicht korreliert sind, so verschwindet das zweite Integral, und es resultiert die Beziehung

$$\Phi_{yx}(\tau) = \int_0^{\infty} g(t)\,\Phi_{yy}(t-\tau)\,dt\,. \qquad (43)$$

Diese Integralgleichung gilt unabhängig von irgendwelchen mit y nicht korrelierten weiteren Einflußgrößen. Auf ihr beruht die Möglichkeit der Systemidentifizierung durch statistische Auswertung der Antwort des Systems auf ein regelloses Eingangssignal.

Diese Methode ist vor allem interessant, wenn es praktisch nicht möglich ist, eine der in der elementaren Regelungstechnik üblichen Testfunktionen anzuwenden. Diese sind Sprung-, Impuls- oder Sinusfunktion. Oft sind entweder die unvermeidlichen Störungen zu stark, um die Antwortsignale sicher messen zu können, oder ein sauberes Prüfsignal ist schwer zu erzeugen. Auch wirtschaftliche Gründe können die Störung des normalen Betriebes durch Versuche verbieten. Zur Ermittlung der Gewichtsfunktion ist in solchen Fällen die obige Integralgleichung zu lösen. Die Lösung ist besonders einfach, wenn die AKF des Eingangssignals eine Diracfunktion ist, denn dann ist die KKF proportional zu der Gewichtsfunktion der untersuchten Strecke.
Ein Signalzustand mit dieser AKF ist das sogenannte weiße Rauschen mit konstantem frequenzunabhängigem Leistungsspektrum. Das weiße Rauschen ist nicht realisierbar, denn seine Gesamtleistung müßte unendlich sein. Man kann es aber durch breitbandiges Rauschen, dessen Leistungsspektrum bis zu einer oberen Grenze konstant ist, annähern. Seine AKF hat Impulsform und ist um so schmaler, je höher die Grenzfrequenz des Rauschsignals liegt. Solange man die Gewichtsfunktion innerhalb der Breite von Φ_{yy} als konstant ansehen kann, gilt die Proportionalität von Gewichtsfunktion und KKF in guter Näherung.
Wenn diese Voraussetzung nicht erfüllt ist, so gelingt die Lösung der Integralgleichung durch numerische Entfaltung. Dazu verwandelt man das uneigentliche Integral in eine endliche Summe:

$$\Phi_{yx}(i \cdot \Delta\tau) \approx \sum_{n=0}^{N} g(n \cdot \Delta t) \cdot \Phi_{yy}(i \cdot \Delta t - n \cdot \Delta\tau) \cdot \Delta t \,.$$

Mit $\Delta\tau = \Delta t = \Delta$ vereinfacht sich dieser Ausdruck zu

$$\frac{\Phi_{yx}(i \cdot \Delta)}{\Delta} \approx \sum_{n=0}^{N} g(n \cdot \Delta) \cdot \Phi_{yy}((i - n) \cdot \Delta) \,.$$

Ausführlich geschrieben ist das ein lineares Gleichungssystem für $N + 1$ Stützwerte der Gewichtsfunktion. Die Zählvariable i läuft dabei von 0 bis N, und jedem Wert von i entspricht eine Gleichung mit $N + 1$ Unbekannten. Wegen der Symmetrie von Φ_{zz} ist die Koeffizientenmatrix des Gleichungssystems symmetrisch. Ihre Diagonalelemente sind gleich und haben den Wert $\Phi_{yy}(0)$. Das Gleichungssystem hat also die Form:

$$\begin{aligned}
\frac{\Phi_{yx}(0)}{\Delta} &= g(0) \cdot \Phi_{yy}(0) + g(\Delta) \cdot \Phi_{yy}(\Delta) + g(2\Delta)\, \Phi_{yy}(2\Delta) + \cdots + g(N \cdot \Delta)\, \Phi_{yy}(N \cdot \Delta) \\
\frac{\Phi_{yx}(\Delta)}{\Delta} &= g(0) \cdot \Phi_{yy}(\Delta) + g(\Delta) \cdot \Phi_{yy}(0) + g(2\Delta) \cdot \Phi_{yy}(\Delta) + \cdots + g(N \cdot \Delta)\Phi_{yy}((N-1) \cdot \Delta) \\
\frac{\Phi_{yx}(2\Delta)}{\Delta} &= g(0) \cdot \Phi_{yy}(2\Delta) + g(\Delta) \cdot \Phi_{yy}(\Delta) + g(2\Delta)\, \Phi_{yy}(0) + \cdots + g(N \cdot \Delta)\, \Phi_{yy}((N-2) \cdot \Delta) \\
&\;\;\vdots \\
\frac{\Phi_{yx}(N \cdot \Delta)}{\Delta} &= g(0) \cdot \Phi_{yy}(N \cdot \Delta) + g(\Delta) \cdot \Phi_{yy}((N-1) \cdot \Delta) + \cdots + g(N \cdot \Delta) \cdot \Phi_{yy}(0) \,.
\end{aligned}$$

$\Phi_{yy}(0)$ ist der größte Wert der AKF. Wegen des Überwiegens der Diagonalelemente ist die Matrix des Gleichungssystems gut konditioniert, und die numerische Lösung macht keine Schwierigkeiten. Der Lösungsvektor ist die diskrete Gewichtsfunktion $g(i \cdot \Delta)$, welche man durch diese Entfaltungsrechnung aus der Systemantwort auf ein beliebiges, nicht konstantes Eingangssignal erhält. Für eine gegebene diskrete Eingangsfunktion $y(i \cdot \Delta)$ gleicher Schrittweite erhält man daraus das diskrete Ausgangssignal

$$x(n \cdot \Delta) = \sum_{i=0}^{N} g(i \cdot \Delta) \cdot y((n-i) \cdot \Delta) .$$

Durch diese Gleichung wird das Verhalten des Systems im Zeitbereich beschrieben. Die Transformation in den Frequenzbereich durch die Laplace-Transformation

$$G(\mathrm{j}\,\omega) = P(\omega) + \mathrm{j}\,Q(\omega) = \int_0^\infty g(t) \cdot \mathrm{e}^{-\mathrm{j}\,\omega t}\,\mathrm{d}t$$

ist möglich, wenn sie für diskrete Funktionen durch endliche Summen angenähert wird:

$$P(\omega) = \lim_{\substack{N\to\infty \\ \Delta t \to \mathrm{d}t}} \sum_{i=0}^{N} g(i \cdot \Delta t) \cdot \cos(\omega \cdot i \cdot \Delta t) \cdot \Delta t ,$$

$$Q(\omega) = \lim_{\substack{N\to\infty \\ \Delta t \to \mathrm{d}t}} \sum_{i=0}^{N} g(i \cdot \Delta t) \cdot \sin(\omega \cdot i \cdot \Delta t) \cdot \Delta t .$$

Die praktische Ausführung erfordert für Frequenzen $\omega \gg 1$ eine Interpolation zwischen den Stützstellen von $g(t)$, weil sonst die Sprünge im Argument von Sinus und Cosinus zu groß werden.
In der Regelungstechnik ist es üblich, die Frequenzkennlinie

$$F = 20 \cdot \log |G(\mathrm{j}\,\omega)|$$

stückweise durch gerade Strecken anzunähern und daraus Blockstruktur, Verstärkung und Zeitkonstanten zu entnehmen. Praktische Versuche mit der numerisch gewonnenen Frequenzkennlinie zeigten aber, daß die Annäherung durch geradlinige Stücke zu unsicher und willkürlich war, um ausreichend genaue Daten daraus zu gewinnen [11]. Die meiste Information ist in der diskreten Gewichtsfunktion enthalten. Die Umwandlung in andere Darstellungsformen der Eigenschaften des Übertragungsgliedes ist mit Informationsverlust verbunden.
Für den praktischen Gebrauch der Methode muß vorausgesetzt werden, daß das zu untersuchende System mindestens innerhalb des vorkommenden Aussteuerbereichs linear ist. Nur in diesem Falle gilt das Superpositionsprinzip und ist die Gewichtsfunktion definiert.
Während der Integrationszeit, welche zur ausreichend genauen Berechnung der Korrelationsfunktionen erforderlich ist, dürfen sich die Eigenschaften

des Systems nicht merklich ändern. Wenn es sich um einen Prozeß mit mehreren Eingangsvariablen handelt oder Störungen vorhanden sind, so dürfen diese mit dem gemessenen Eingangssignal nicht korreliert sein, und man benötigt eine längere Integrationszeit, um die KKF mit gleicher Genauigkeit wie ohne solche Einflüsse zu berechnen.
Das Eingangssignal $y(t)$ muß von Natur aus schwanken oder ihm müssen kleine Änderungen überlagert werden. Das Frequenzband des Signals muß den Übertragungsbereich der Strecke enthalten.
Vor der Berechnung der Korrelationsfunktionen muß das Zeitverhalten des zu untersuchenden Übertragungsgliedes näherungsweise bekannt sein. Die Schrittweite Δt ist so zu wählen, daß eine sinnvolle Anzahl von Stützstellen

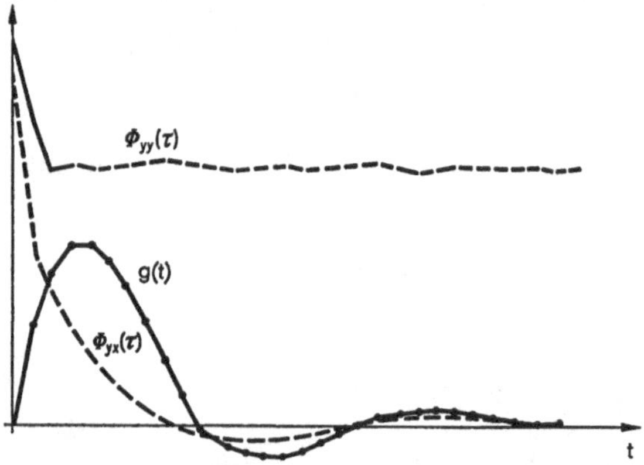

Bild 6: Auto- und Kreuzkorrelationsfunktionen und daraus berechnete Gewichtsfunktion eines Systems nach Bild 5

für den relevanten Teil der Gewichtsfunktion herauskommt. Die KKF wird für zunehmende Werte von τ so lange berechnet bis sie mit geringer Steigung so in einen schmalen Bereich um die Nullinie eingelaufen ist, daß sie diesen Bereich wahrscheinlich nicht mehr verlassen wird. Nach dieser Verschiebungszeit verschwindet dann auch die Gewichtsfunktion. Für ein unperiodisches Eingangssignal wird die AKF wahrscheinlich schon früher den konstanten Wert $\bar{y}^2$ annehmen. Wenn das Signal einen periodischen Anteil hat, so muß Φ_{yy} bis zum gleichen maximalen Wert von τ berechnet werden wie Φ_{yx}. Nachdem ein ausreichender Bereich der Korrelationsfunktionen berechnet ist, wird die symmetrische Matrix des Systems der $N - 1$ linearen Gleichungen entsprechend dem angegebenen Schema aus den Stützwerten von Φ_{yy} aufgebaut, und die berechneten Werte der KKF werden als rechte Seiten der Gleichungen eingesetzt. Die Lösung erfolgt am schnellsten mit dem Gaußschen Algorithmus. Auf eine Pivotsuche kann dabei wegen der überwiegenden Diagonalelemente verzichtet werden. Der Lösungsvektor besteht aus den Werten der diskreten Gewichtsfunktion mit der Zeiteinheit Δt.
Das Ergebnis eines in [11] beschriebenen Versuchs (Bild 6) stammt von einer Verzögerungsstrecke 2. Ordnung. Dem konstanten Eingangssignal wurde ein durch einen Zufallszahlengenerator erzeugtes Rauschen überlagert. Die

aus den Meßwerten berechneten Korrelationsfunktionen und die daraus gewonnene Gewichtsfunktion sind aufgezeichnet. Diese Gewichtsfunktion stimmte gut mit der Impulsantwort des Systems überein.

6.4 Extremwertregelung

Die Ausbeute x eines chemischen Prozesses kann in Abhängigkeit von einer Stellgröße y_1 ein Maximum durchlaufen. Durch den Einfluß eines veränderlichen Parameters y_2 verschiebt sich die Lage der maximalen Ausbeute über y_1 (Bild 7). Die günstigsten Betriebszustände liegen auf der gestrichelten Kurve. Die Extremwertregelung hat die Aufgabe, die Stellgröße y_1 bei Änderungen des Parameters y_2 so zu verstellen, daß x stets den maximal möglichen Wert behält, sich also auf der gestrichelten Linie bewegt. Ein

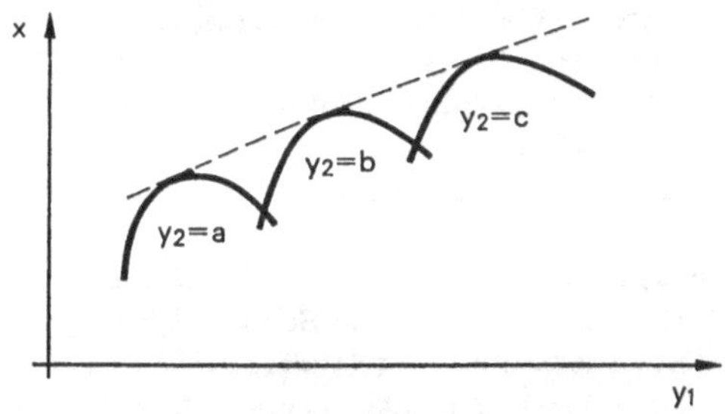

Bild 7: Gleitendes Maximum bei Extremwertregelung

üblicher Regler ist dazu nicht geeignet, weil der Regelsinn sich im Maximum der Ausbeute umkehrt. Auf beiden Seiten des Kurvenscheitels gehören zum Ausgleich der gleichen Regelabweichung entgegengesetzt gerichtete Stellschritte. Der Regler würde stets an einen Anschlag fahren, und der Kreis wäre instabil.

Im Maximum geht die Verstärkung $\partial x/\partial y_1$ durch Null. Diese ist zu messen und als neue Regelgröße mit dem Sollwert Null einzuführen. Dann bleibt der Regelsinn konstant, denn die zweite Ableitung der Ausbeute hat auf beiden Seiten des Maximalwertes das gleiche negative Vorzeichen.

Die Verstärkung kann mit Hilfe der KKF gemessen werden. Dazu wird der Eingangsgröße y_1 ein kleines schwankendes Signal überlagert, dessen Amplitude den Prozeß noch nicht wesentlich stört. Das Signal braucht nicht regellos zu sein. Eine Sinusfunktion ist sogar sehr geeignet, denn dann wird die Amplitude der periodischen KKF proportional zu der Streckenverstärkung. Nachdem die Zeitverschiebung τ_m ermittelt ist, bei welcher Φ_{y_1x} maximal ist, wird $\Phi_{y_1x}(\tau_m)$ laufend berechnet und dann y_1 so verstellt, daß die KKF verschwindet. Diese wechselt genau wie die Streckenverstärkung ihr Vorzeichen beim Überschreiten des Scheitels der Streckencharakteristik.

Diese Regelung arbeitet naturgemäß langsam, und sie kann nur solche Änderungen des Parameters y_2 ausgleichen, welche langsam erfolgen im Vergleich zu der Integrationszeit, die zur Berechnung der KKF nötig ist. Diese Berechnung braucht nicht sehr genau zu sein, um den richtigen Regelsinn erkennen zu lassen. Der Regler muß integral arbeiten, um einen ruhigen Verlauf zu erzielen.

Literaturhinweise

Linder, A.: Statistische Methoden. Verlag Birkhäuser, Basel, 3. Auflage 1960, [1].

Mittendorf, H., Schaffrath, G.: Approximation von Funktionen mehrerer Veränderlicher durch Regressionspolynome. Elektron. Rechenanlagen 11 (1969) H. 6 S. 338–344 [2].

Zurmühl, R.: Matrizen und ihre technischen Anwendungen. Springer-Verlag, Berlin, 4. Auflage, 1964, [3].

Bauer, F. L.: Elimination with Weighted Row Combinations for Solving Linear Equations and Least Squares Problems. Num. Math. 7 (1965), S. 338, [4].

Golub, G.: Numerical Methods for Solving Linear Least Squares Problems. Num. Math. 7 (1965), S. 206, [5].

Businger, P., Golub, H.: Linear Least Squares Solutions by Householder Transformations. Num. Math. 7 (1965), S. 269, [6].

Schmidt, G.: „Rekursive Verfahren der Systemidentifizierung", Vortrag auf dem FrankfurterVDI/VDE-Aussprachetag „Systemidentifizierung und Modellbildung" vom 2./3. 1. 1969, [7].

Lee, R. C. K.: Optimal Estimation, Identification and Control. MIT Press, Cambridge, Mass., 1964, [8].

Movery, V. I.: Least Squares Recursive Differential-Correction. Estimation, Trans. AC-10 (1965), S. 399, [9].

Solodownikow, W. W.: Einführung in die statistische Dynamik linearer Regelsysteme. VEB Verlag Technik, Berlin und R. Oldenbourg, München–Wien, 1963, [10].

Sell, F.: Korrelationsanalyse von Übertragungsgliedern mit Hilfe eines Digitalrechners. Diplomarbeit, T. H. Karlsruhe, Fakultät für Elektrotechnik, 1967, [11].

Schlitt, H.: Systemtheorie für regellose Vorgänge. Verlag Springer, Berlin, Göttingen, Heidelberg, 1960, [12].

Truxal, J. G.: Entwurf automatischer Regelsysteme. Verlag R. Oldenbourg, München–Wien, 1960, [13].

Van der Grinten, R. M.: Stochastische Prozesse in der Meß- und Regelungstechnik. Verlag R. Oldenbourg, München–Wien, 1965, [14].

3.4 Lineares und dynamisches Programmieren

von W. URBACH

Inhaltsübersicht

1 Aufgabe des linearen Programmierens

Alle Verfahren, Systeme zu optimieren, welche sich mit linearen Mitteln der Algebra beschreiben lassen, sind Verfahren des „Linearen Programmierens". Anstelle dieses Ausdrucks, der sich inzwischen eingebürgert hat, wäre wohl „Lineare Optimierung" die bessere Benennung. Der Schwerpunkt der Anwendung solcher Verfahren liegt auf kommerziellem, dispositivem, planendem und strategischem Gebiet.

Es gibt jedoch eine Klasse von Systemen, die meist als Teilprobleme größerer Aufgabenkomplexe für Prozeßrechner Gegenstand des linearen Programmierens (LP) sind. Es geht dabei normalerweise um Aufteilung, Bilanzierung und/oder Disposition von Energie-, Stoff- und Produktionsströmen oder -einheiten. Typische anwendungsnahe Beispiele sind:

Mischungsrechnungen. Die optimale Mischung von Stoffströmen führt im allgemeinen zu einem Kompromiß zwischen mehr und weniger erwünschten Komponenten. Der bekannteste Anwendungsfall ist die möglichst kostengünstige Mischung von Benzinen und Zusätzen zu Treibstoffen vorgegebener Produktspezifikationen in der Raffinerie. Ein anderes Beispiel ist die Rohmehlmischung aus den Steinbruchkomponenten und chemischen Zusätzen in der Zementindustrie.

Transportprobleme. Hierbei geht es um die optimale Ausnutzung von gegebenen Transportkapazitäten, um bei einer Vielzahl von möglichen Verkehrswegen einen Versorgungsplan zu erfüllen.

Optimale Auslastung. Beispielsweise können aus einem Rohstoff in verschiedenen Anlagen mehrere verschiedene Endprodukte verschiedenen Wertes

pro Produktionseinheit gewonnen werden. Die Anlagen seien nur bis zu gewissen Grenzen auslastbar. Gesucht sind dann die möglichst gute Anlagenausnutzung und/oder ein möglichst hoher Endproduktwert über alle Anlagen hinweg.
Eine Raffinerie erzeugt z. B. aus gegebenen Rohölanlieferungen auftragsabhängig, marktabhängig, für den Prozeßrechner aber vor allem durch die Möglichkeiten der verfahrenstechnischen Anlagen begrenzt, einen Fächer von Endprodukten, z. B. Benzinen, Leichtölen, Schwerölen, Stadtgas usw. Die innerhalb gewisser Grenzen veränderbare Arbeitsweise der Raffinerie kann mit Hilfe des LP in einer langfristig gültigen Planungsrechnung oder auch zeitabhängig optimiert werden.
Stationäre Optimierung. Die Variationen um einen festen Betriebspunkt müssen so klein sein, daß sie noch als linear aufgefaßt werden können. Der auf Grund einer Vorausberechnung optimal festgelegte stationäre Betriebspunkt einer kontinuierlichen Anlage bedarf im laufenden Betrieb noch der Verbesserung durch kleine zulässige Verstellungen. Sie auszunützen ist dann das Optimierungsziel.
Optimale Lastverteilung. Bei mehreren gleichartigen Anlagen kann sich die Lastverteilung sowohl auf die Energiefluß- als auch Stofflußbelastung beziehen.
Verschnittoptimierung. Hier sei als konkretes Beispiel das Zuschneiden von Glastafeln aufgeführt. Tafelglas, dessen Abmessungen durch die Produktionsanlage vorgegeben sind, muß so aufgeteilt werden, daß fehlerbehaftete Stellen herausfallen, die Kundenstückzahlen vollzählig bei gegebenen Bestellmaßen entstehen, der nicht aufgeteilte Rest möglichst viel verwertbare Maße enthält, die in einer der nächsten Bestellungen unterzubringen sind, und daß der verbleibende Verschnitt am geringsten ist.

2 Simplex-Methode

2.1 Erläuterung an einem geometrischen Beispiel

Das am meisten verbreitete Verfahren des LP ist die Simplex-Methode. Wegen ihrer praktischen Bedeutung, ihrer leichten Handhabung und wegen ihrer „Rechnerfreundlichkeit" als Standardlösungsmethode von LP-Problemen ist sie fester Bestandteil der meisten Programmbibliotheken. Sie wird deshalb im folgenden ausführlich behandelt. Dabei ist es ein Ziel dieser Darstellung, unter Verzicht auf allgemeine Beweise [1] Einblick in Begründung und Verfahrensweise zu geben.
Aus Gründen der Übersichtlichkeit sei ein Beispiel gewählt, das sich zweidimensional darstellen läßt, aber mehrere Beschränkungen enthält:
Durch fünf Gerade wird ein Fünfeck umschrieben, das den Nullpunkt 0 des Koordinatensystems der beiden verfügbaren Variablen x_1 und x_2 enthält

(Bild 1). Gesucht ist unter Veränderung von x_1 und x_2 derjenige Punkt auf oder innerhalb der Berandung, für den der Wert:

$$Z = \frac{1}{7} x_1 + x_2$$

ein Maximum wird.

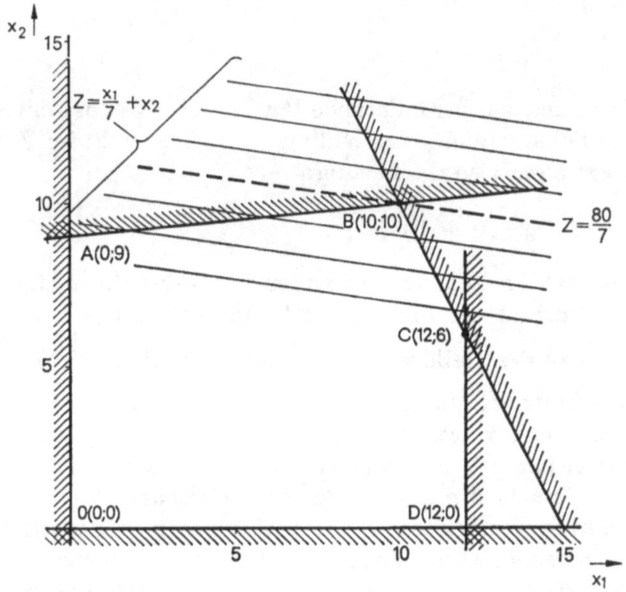

Bild 1: Aufsuchen des Maximalwerts einer linearen Zielfunktion (Beispiel zur Simplex-Methode)

Die Gleichungen für die fünf berandenden Geraden lauten:

$$OA: \quad x_1 = 0\,, \tag{1}$$

$$OD: \quad x_2 = 0\,, \tag{2}$$

$$AB: \ -\frac{1}{10} x_1 + x_2 = 9\,, \tag{3}$$

$$DC: \quad x_1 = 12\,, \tag{4}$$

$$CB: \ 2\,x_1 + x_2 = 30\,. \tag{5}$$

Das Fünfeckinnere samt Berandung wird eindeutig beschrieben, wenn man das Ungleichheitszeichen benützt:

$$x_1 \geqq 0\,, \tag{6}$$

$$x_2 \geqq 0\,, \tag{7}$$

$$-\frac{1}{10} x_1 + x_2 \leqq 9\,, \tag{8}$$

$$x_1 \leqq 12\,, \tag{9}$$

$$2\,x_1 + x_2 \leqq 30\,. \tag{10}$$

Davon sind die ersten beiden Ungleichungen von geringer Aussagekraft. Es wird bei der weiteren Behandlung immer vorausgesetzt, daß sie erfüllt sind, ohne sie weiter zur numerischen Lösung jeweils gesondert heranzuziehen. Zur geometrischen Lösung dient eine Schar paralleler Zielgeraden, der auch der gesuchte Punkt angehören muß:

$$Z = \frac{1}{7} x_1 + x_2 . \qquad (11)$$

Der zunächst veränderliche Parameter Z wächst mit zunehmendem Abstand der Schargeraden vom Nullpunkt und erreicht im Eckpunkt B das zulässige Maximum, also die Lösung:

$$\frac{1}{7} 10 + 10 = \frac{80}{7} .$$

Die Art der Lösung wird außer durch das Vorzeichen im wesentlichen durch die Neigung der Zielgeraden bestimmt. Beispielsweise hätte der Koeffizient $-\frac{1}{10}$ an der Stelle von $\frac{1}{7}$ bei x_1 in Gleichung (11) alle Punkte im Geradenabschnitt AB zu optimalen Lösungen gemacht:
Die Simplexmethode macht sich die durchgeführten und auch allgemein beweisbaren Überlegungen zunutze, entzieht sich aber bei mehr als dreidimensionalen Problemen der geometrischen Vorstellung. Sie geht von einer numerisch möglichst leicht auffindbaren nichtoptimalen Lösung durch entsprechendes Umrechnen des Gleichungssystemes zu verbesserten Lösungen schrittweise über, indem, bestimmt durch die Neigung der Zielgeraden, jeweils der nächste Eckpunkt ermittelt wird, der den größeren Anstieg in Z bringt. Gehört der Nullpunkt zum zugelassenen Bereich, danin wird er meistens als Ausgangspunkt genommen. Im graphischen Beispel verläuft der Weg von O nach A und schließlich nach B. Die Methode ermittelt also nicht sofort explizit die Lösung, sondern sucht sie nach einem iterativen Verfahren. Solche Methoden lassen sich auch bei vielen Veränderlichen leicht systematisieren und programmieren. Der von der Simplexmethode ausgewählte Weg ist nicht unmittelbar der kürzeste, führt aber nach einer endlichen Anzahl von Schritten notwendig zum Optimum.

2.2 Rechnerisches Vorgehen

Im obigen Beispiel muß die Methode von der Lösung O (0, 0) zuerst zu A (0, 9) mit dem verbesserten Wert $Z = 9$ und dann zur optimalen Lösung B (10, 10) mit dem Wert $Z = \frac{80}{7}$ gelangen. Zunächst stören die unhandlichen Ungleichungen, sie werden durch das Einführen von sogenannten Schlupfvariablen in Gleichungen verwandelt. So wird z. B. aus der Ungleichung

$$x_1 \leqq 12 , \qquad (12)$$

die Gleichung

$$x_1 + y_2 = 12\,. \tag{13}$$

Die hiermit eingeführte Variable y_2 bedeutet anschaulich die ungenutzte Veränderbarkeit der Variablen x_1 gegen ihre äußere Grenze. Für $x_1 = 5$ besagt Gl. (13), daß die Variable x_1 um $y_2 = 7$ nach positiven Werten hin verändert werden darf. Da die optimale Lösung, wie vom geometrischen Verfahren bekannt, B ist, wird im numerischen Verfahren die Variable y_2 den Wert 2 annehmen müssen. In ähnlicher Weise werden die übrigen Ungleichungen behandelt und so entsteht unter Hinzunahme der Zielgleichung ein durchaus vertrautes Linearsystem:

$$-\frac{1}{10}x_1 + x_2 + y_1 \qquad = 9\,, \tag{14}$$

$$x_1 \qquad + y_2 \qquad = 12\,, \tag{15}$$

$$2\,x_1 + x_2 \qquad + y_3 = 30\,, \tag{16}$$

$$\frac{1}{7}x_1 + x_2 \qquad = Z\,. \tag{17}$$

Dieses System läßt sich nach den drei Schlupfvariablen und Z auflösen, weil sie jeweils nur in einer Spalte und nur in einer Zeile vorkommen. Man könnte auch umordnen:

$$y_1 = 9 + \frac{1}{10}x_1 - x_2\,, \tag{18}$$

$$y_2 = 12 - x_1\,, \tag{19}$$

$$y_3 = 30 - 2\,x_1 - x_2\,, \tag{20}$$

$$Z = \frac{1}{7}x_1 + x_2\,. \tag{21}$$

Das Gleichungssystem (18), (19) und (20) enthält fünf Variable, es sind also zwei davon frei verfügbar. Dies wird nun auch im folgenden konsequent ausgenützt, um günstige Darstellungen zu gewinnen. Die Nullösung lautet $x_1 = x_2 = 0$ mit $y_1 = 9$, $y_2 = 12$, $y_3 = 30$ und $Z = 0$. Aus (17) kann man nun entnehmen, daß eine Vergrößerung von x_2 sich stärker auswirkt als eine von x_1. Durch Ausprobieren sieht man, daß die entscheidende Beschränkung in Gl. (14) zu finden ist, der größte zugelassene Wert von x_2 ist 9 mit $x_1 = y_1 = 0$. Die Konsequenzen einer solchen Vergrößerung sieht man am besten, wenn nach x_2 in ähnlicher Weise aufgelöst ist, wie in Gl. (18) nach y_1. Das erreicht man durch Auflösen von (14) nach x_2 und Einsetzen in die übrigen Gleichungen (16) und (17). Damit bekommt man die neue Darstellung

$$-\frac{1}{10}x_1 + x_2 + y_1 \qquad = 9\,, \tag{22}$$

$$x_1 \qquad + y_2 = 12\,, \tag{23}$$

$$\frac{21}{10}x_1 - y_1 + y_3 = 21\,, \tag{24}$$

$$\frac{17}{70}x_1 - y_1 = Z - 9\,. \tag{25}$$

Vergleicht man dieses System mit (14)—(17), dann erkennt man, daß nunmehr nach x_2, y_2, y_3 und Z aufgelöst ist. Für $x_1 = y_1 = 0$ ergibt sich damit die verbesserte Lösung $x_2 = 9$, $y_2 = 12$, $y_3 = 21$, $Z = 9$. In dieser Darstellung ist nun über x_1 und y_1 frei verfügt worden.
Man hätte auch aufgelöst schreiben können:

$$y_1 = 9 + \frac{1}{10}x_1 - x_2\,,$$

$$y_2 = 12 - x_1\,,$$

$$y_3 = 21 - \frac{21}{10}x_1 + y_1\,,$$

$$Z = 9 + \frac{17}{70}x_1 + y_1\,.$$

Wiederholt man den gleichen Gedankengang wie vorher, dann sieht man aus (25), daß nur noch die Vergrößerung von x_1 Z vergrößert. Der zulässige Maximalwert von x_1 ist aus Gl. (24) zu erhalten. Man rechnet also zweckmäßigerweise x_1 aus (24) aus und setzt in die übrigen Gleichungen (22), (23) und (25) ein, womit x_1 überall verschwindet und nur noch in der Gl. (24), dort aber mit dem Koeffizienten 1 erhalten bleibt, so daß dann das System nach x_1 aufgelöst ist.
Die Ausrechnung ergibt nun aus (24):

$$x_1 = 10 + \frac{10}{21}y_1 - \frac{10}{21}y_3\,, \tag{26}$$

(26) in (22) eingesetzt:

$$x_2 + \frac{20}{21}y_1 + \frac{1}{21}y_3 = 10\,, \tag{27}$$

(26) in (23) eingesetzt:

$$\frac{10}{21}y_1 + y_2 - \frac{10}{21}y_3 = 2\,, \tag{28}$$

(26) in (25) eingesetzt:

$$-\frac{130}{147}y_1 - \frac{17}{147}y_3 = Z - \frac{80}{7}\,, \tag{29}$$

oder neu arrangiert:

$$x_2 + \frac{20}{21}y_1 \qquad + \frac{1}{21}y_3 = 10\,, \tag{30}$$

$$-\frac{10}{21}y_1 - y_2 + \frac{10}{21}y_3 = -2\,. \tag{31}$$

$$x_1 - \frac{10}{21} y_1 + \frac{10}{21} y_3 = 10\,, \tag{32}$$

$$-\frac{130}{147} y_1 - \frac{17}{147} y_3 = Z - \frac{80}{7}\,. \tag{33}$$

Der größte Wert für Z wird mit $y_1 = y_3 = 0$ erhalten, so daß sich $x_1 = 10$; $x_2 = 10$, $y_2 = 2$ und $Z = \frac{80}{7}$ als Endlösung für Punkt B ergibt.

2.3 Matrizendarstellung

Zu einer schematischen, übersichtlichen und damit leicht programmierbaren Darstellung kommt man, wenn man nur noch die Koeffizienten der Systeme (14)—(17), (22)—(25) und (30)—(33) in Matrizenform schreibt und für die Umwandlung zwei Rechenregeln ausnützt:

a) Jede Zeile darf mit einem beliebigen Faktor multipliziert werden.
b) Zeilen dürfen beliebig addiert und subtrahiert werden, wodurch man neue Zeilen erhält.

Der Rechner speichert also zu Beginn die (14)—(17) entsprechende Tabelle ab:

x_1	x_2	y_1	y_2	y_3	
$-\frac{1}{10}$	①	1	0	0	9
1	0	0	1	0	12
2	1	0	0	1	30
$-\frac{1}{7}$	-1	0	0	0	0

Gegenüber (14)—(17) ist die letzte Zeile mit (—1) multipliziert und Z, das immer isoliert vorkommt, weggelassen. Diese Maßnahme führt, wie die nachfolgenden Tabellen zeigen, zu einem positiven Zeichen für den rechten unteren Koeffizienten, der Z entspricht. Das Programm verläuft nun wie folgt:

I) In der Zielgleichung (Zeile 4) wird der größte Betrag eines negativen Koeffizienten gesucht; er ist in der zweiten Spalte. Wäre kein negativer Koeffizient mehr vorhanden, dann wäre dieses Tableau bereits die beste Lösung mit $y_1 = 9$, $y_2 = 12$, $y_3 = 30$, $Z = 0$.

II) Durch die Division der Koeffizienten in der sechsten Spalte durch die zugeordneten Koeffizienten der nach I gefundenen zweiten Spalte wird der kleinste Maximalwert von x_2 ermittelt. Die Beschränkung liegt in der ersten Zeile. Damit ist das sogenannte Pivotelement gefunden (durch Kreis markiert), nach dem sich die Umrechnung des Simplex-Tableaus nun richtet.

III) Die Zeile des Pivots wird durch den Koeffizienten des Pivots dividiert und ergibt damit die neue, umgewandelte Zeile (hier bereits geschehen, da Koeffizient bereits 1).

IV) Jede andere Zeile wird nach den angeführten Rechenregeln so umgerechnet, daß in der Pivot**spalte** eine Null steht.

Im vorliegenden Fall:

1. Zeile alt = 1. Zeile neu,
2. Zeile alt = 2. Zeile neu,
(3. Zeile alt) − (1. Zeile neu) = 3. Zeile neu,
(4. Zeile alt) + (1. Zeile neu) = 4. Zeile neu.

Damit entsteht: vgl. (22—25)

x_1	x_2	y_1	y_2	y_3	
$-\frac{1}{10}$	1	1	0	0	9
1	0	0	1	0	12
$\frac{21}{10}$	0	−1	0	1	21
$-\frac{17}{70}$	0	1	0	0	9

Letzte Umwandlung nun in Stichworten:

- Letzter negativer Koeffizient in der 1. Spalte,
- Pivot in der ersten Spalte,
- Beschränkung in der dritten Zeile,
- Pivot also in der ersten Spalte, dritten Zeile,
- $\left((3.\ \text{Zeile alt})/\frac{21}{10}\right) = 3.\ \text{Zeile neu}$,
- $\left(\text{Pivotzeile } (3.\ \text{Zeile neu})/10\right) + (1.\ \text{Zeile alt}) = 1.\ \text{Zeile neu}$,
- (Pivotzeile (3. Zeile neu)/1) − (2. Zeile alt) = 2. Zeile neu,
- $\left(\text{Pivotzeile } (3.\ \text{Zeile neu})/\frac{70}{17}\right) + (4.\ \text{Zeile alt}) = 4.\ \text{Zeile neu}$.

Neues Tableau vgl. (30—33)

x_1	x_2	y_1	y_2	y_3	
0	1	$\frac{20}{21}$	0	$\frac{1}{21}$	10
0	0	$-\frac{10}{21}$	-1	$\frac{10}{21}$	-2
1	0	$-\frac{10}{21}$	0	$\frac{10}{21}$	10
0	0	$\frac{130}{147}$	0	$\frac{17}{147}$	$\frac{80}{7}$

Das Programm findet den positiven Koeffizienten $x_1 = 10, x_2 = 10, Z = \frac{80}{7}$.
Die ursprünglich vereinbarten Schlupfvariablen sind nicht vollständig ausgenützt $y_1 = \frac{130}{147}$ und $y_3 = \frac{17}{147}$.
Die Programmierung des gefundenen Verfahrens ist nunmehr nur noch eine Formsache. Das Programm bricht mit dem letzten nicht mehr zu verbessernden Tableau ab.

3 Dynamisches Programmieren

3.1 Aufgabenstellung (Beispiel)

Die Methode des „Dynamic Programming" geht im wesentlichen auf Arbeiten von Richard Bellman zurück und ist auf Grund ihrer Eignung für numerische Probleme für die Anwendung von Digitalrechnern besonders geeignet. Dem Verfahren liegt das Konzept des Vielstufen-Entscheidungsprozesses zugrunde. Der Begriff Prozeß wird dabei im weitesten Sinne aufgefaßt, im wesentlichen versteht man aber darunter zeitliche Abläufe, kontinuierlich oder diskontinuierlich. Eine Entscheidung ist dabei das Verfügen über eine Prozeßvariable. Da die Methode des dynamischen Programmierens Optimierungsprobleme löst, bedeutet eine Entscheidung zunächst eine freie Verfügbarkeit der Prozeßvariablen innerhalb eines vorgegebenen Spielraumes, solange man das Optimierungsziel noch nicht mit in Betracht zieht. Im folgenden dient zur Erläuterung der Aufgabenstellung in enger Anlehnung an Bellman ein Beispiel, das auch die Wesenszüge des dynamischen Programmierens sichtbar macht.
Ein Brennstoffstrom x wird in zwei Anteile aufgespalten: y und $x - y$. Diese Stoffströme werden nun in zwei verschiedenen Prozessen verwendet, aber nicht im einmaligen Durchlauf verbraucht. Dabei führt y zur Erzeugung eines Produktwertes $g(y)$ pro Zeiteinheit im ersten Prozeß, $x - y$ zur Erzeu-

gung eines Produktwertes $h(x-y)$ im anderen Prozeß. Der Brennstoffstrom wird nach dem einmaligen Durchlauf zu ay $(a < 1)$ vermindert, mit dem verminderten Brennstoffstrom $b(x-y)$ $(b < 1)$ wieder zusammengeführt und zum zweiten Durchlauf rückgespeist. Mit dem verminderten Strom $(ay + b(x-y))$ wiederholt sich der Prozeß, wobei wieder über die Aufteilung verfügt werden kann. Der Prozeß wird bis zum restlosen Verbrauch von x n-mal durchgeführt. Bei jedem Durchlauf ist eine Entscheidung fällig, nämlich das optimale Aufteilungsverhältnis. Die mit Hilfe des Brennstoffverbrauches entstehenden Produktwerte über alle Durchläufe sollen ein Maximum sein. Im Hinblick darauf muß jede einzelne Einstellung des Aufteilungsverhältnisses optimal sein. Nach üblichem Vorgehen müßte man wie folgt rechnen:

Anfangsbrennstoffstrom:	x,	
Brennstoffströme:	y,	$x-y$,
Einzelproduktwerte:	$g(y)$,	$h(x-y)$,

nichtoptimaler Gesamtproduktwert:

$$g(y) + h(x-y) = R_1(x, y), \tag{34}$$

optimaler Gesamtproduktwert:

$$f_1(x, y) = \max_{0 \leqq y \leqq x} [g(y) + h(x-y)], \tag{35}$$

Restbrennstoffstrom:

$$x_1 = a\,y + b(x-y), \tag{36}$$

neue Aufteilung:	y_1,	$x_1 - y_1$,
neue Einzelproduktwerte	$g(y_1)$,	$h(x_1 - y_1)$,

nichtoptimaler Gesamtproduktwert:

$$R_2(x, y, y_1) = g(y) + h(x-y) + g(y_1) + h(x_1 - y_1), \tag{37}$$

optimaler Gesamtproduktwert:

$$f_2(x, y, y_1) = \max_{\substack{0 \leqq y \leqq x \\ 0 \leqq y_1 \leqq x_1}} [g(y) + h(x-y) + g(y_1) + h(x_1 - y_1)], \tag{38}$$

und schließlich nach n-Stufen (Durchläufen):

$$f_n(x, y, y_1 \ldots y_{n-1}) = \max_{\substack{0 \leqq y \leqq x \\ 0 \leqq y_1 \leqq x_1 \\ 0 \leqq y_2 \leqq x_2 \\ \vdots \\ 0 \leqq y_{n-1} \leqq x_{n-1}}} [g(y) + h(x-y) + g(y_1) + h(x_1 - y_1) + \cdots g(y_{n-1}) + h(x_{n-1} - y_{n-1})]. \tag{39}$$

Um die hiermit vorliegende Aufgabe zu lösen, wäre die n-dimensionale Behandlung notwendig: Untersuchen der nach n Variablen differenzierten Gleichungen, Untersuchen auf Haupt- und Nebenmaxima, Untersuchen der

Funktionswerte am Rand der Intervalle usw. Hier entstünden auch für modernste Digitalrechner ernsthafte Belastungen, wenn man einmal annimmt, daß die Funktion nicht analytisch angebbar wäre, sondern in tabellierter Form vorläge. Teilt man jedes der Intervalle $0 \leqq y \leqq x$, $0 \leqq y_n \leqq x$ in zehn Teile und nimmt man einen zehnmaligen Prozeßdurchlauf an, dann wären 10^{10} Werte zu untersuchen.

3.2 Lösungsmethode

Das Bellmansche Prinzip setzt bei Gl. (37) und (38) an und verwendet ein ebenso einfach erscheinendes wie fruchtbares Prinzip, das Prinzip der Optimalität. Die Gl. (37) weist den Produktwert beider Prozesse als Folge **beider** Entscheidungen des Zweistufenprozesses y, y_1 aus. Die Konsequenz ist die analytische Ermittlung zweier Variabler nach (38). Das ist nach üblichem Vorgehen notwendig, weil die erste Entscheidung y verschieden ausfällt für einen Einstufenprozeß und für einen Zweistufenprozeß, y und y_1 hängen also von der Stufenzahl **und** voneinander ab.
Tatsächlich ist im Augenblick der zweiten Entscheidung über y bereits verfügt, die zweite Entscheidung muß optimal sein, ob es, funktional gedacht, die erste nun war oder nicht. Verallgemeinert man dieses Prinzip sofort, dann ist für den n-Stufenentscheidungsprozeß einzusehen, daß seine (n-te)-Entscheidung mit dem Ergebnis des $(n-1)$-Stufenprozesses zu fällen ist, gleichgültig, ob die Entscheidungen vorher optimal waren oder nicht. Folglich muß es eine Formulierung geben, die rechnerisch den n-Stufenprozeß auf einen $(n-1)$-Stufenprozeß zurückführt und damit das Problem der Vieldimensionalität in eine Kette von rechnerisch eindimensionalen Problemen auflöst. In Gl. (37) erreicht man das durch die einfach erscheinende Erkenntnis, daß der Term $g(y_1) + h\,(x_1 - y_1)$ den Zuwachs des zweiten Durchlaufes darstellt, daß dieser Zuwachs (erster Durchlauf) aber durch die Entscheidung nach (35) über die Funktion f_1 sich ergibt, wenn man in (35) an die Stelle x den Wert x_1 setzt, der ja das Ergebnis der ersten Entscheidung ist.

Dann kann man schreiben:

$$R_2(x, y, y_1) = g(y) + h\,(x - y) + f_1\,(ay + b\,(x - y))\,. \tag{40}$$

Hier ist nun das Ergebnis des Zweistufenprozesses auf den Einstufenprozeß f_1 zurückgeführt, die Variable y_1 ist eliminiert, man bestimmt nun für den **Zweistufenprozeß** die **erste** Entscheidung y nach

$$f_2(x) = \max_{0 \leqq y \leqq x}\,[g(y) + h\,(x - y) + f_1\,(ay + b\,(x - y))]\,, \tag{41}$$

und durch konsequente Anwendung des Prinzips der Optimalität:

$$f_N(x) = \max_{0 \leqq y \leqq x}\,[g(y) + h\,(x - y) + f_{N-1}\,(ay + b\,(x - y))]\,. \tag{42}$$

Damit ist das Ziel, Rekursion und Kette eindimensionaler Prozesse, erreicht. Die Gl. (42) ist nicht etwa eine allgemeine Darstellung des dynamischen Programmierens, sie zeigt vielmehr das Prinzip der Schlußweise.
Im Gegensatz zu den Verfahren des linearen Programmierens gibt es gerade wegen der Verallgemeinerungsfähigkeit dieser typischen Schlußweise kein Standardprogramm. Das Prinzip ist in hohem Maße auf Systeme mit Beschränkungen nichtlinearen Charakters und auf infinitesimale Systeme übertrag- und ausweitbar. Trotz dieser allgemeinen Bedeutung hat das Prinzip der dynamischen Programmierung in die Methodik der Prozeßführung noch wenig praktischen Eingang gefunden. Man kann das hauptsächlich darauf zurückführen, daß die Systemgleichungen, die den Gleichungen (34, 37 . . .) entsprechen, nicht bekannt genug sind. Die Reaktionen der Prozesse auf Eingriffe müßten ja vollständig beschreibbar sein, beispielsweise die chemisch-physikalischen Auswirkungen eines Aufblasimpulses auf Bad und Konverter bei einem LD-Verfahren. Eine gewisse Verbreitung hat das Prinzip des dynamischen Programmierens hingegen bei gut beschreibbaren Systemen gefunden. Dazu gehören Probleme der Energie- und Lastverteilung, der Disposition und einige spezielle Einzelprobleme der Verfahrenstechnik, wie die Katalysator-Verbrauchsrechnung für chemische Reaktoren.

Literaturhinweise

Bellman, R.: Dynamic Programming. Princeton University Press Princeton, New Jersey 1957, [2].

Joksch, H. C., Mohr, J. C. B.: Lineares Programmieren. Paul Siebeck-Verlag, Tübingen 1962, [1].

Bellman, R.: Dynamische Programmierung und selbstanpassende Regelprozesse. R. Oldenbourg München–Wien 1967.

Nemhauser, G. L.: Einführung in die Praxis der dynamischen Programmierung. R. Oldenbourg München–Wien 1969.

Suchowitzki, S. I./Awdejewa, L. I.: Lineare und konvexe Programmierung. R. Oldenbourg München–Wien 1969.

3.5 Methoden der Prozeßführung

von E. KAPFER

Inhaltsübersicht

1 Methoden auf analytischer und deduktiver Basis

Die Erhöhung der Wirtschaftlichkeit industrieller Prozesse verlangt, wie in Kapitel 3.2 gezeigt, die Optimierung der die Wirtschaftlichkeit bedingenden Einzelzielgrößen. Dies gelingt nur, wenn man sich über den Zusammenhang zwischen Eingangs- und Ausgangsgrößen im klaren ist. Dieser und die nächsten Abschnitte werden sich ausführlich mit der Frage befassen, welche Methoden geeignet sind, die Führung bzw. Steuerung von Eingangsgrößen derart vorzunehmen, daß die Ausgangsgrößen des Prozesses vorgegebene Sollwerte möglichst genau erreichen und halten.

Analytische Verfahren sind ausschließlich auf physikalischer Grundlage aufgebaut. Sie benutzen die Grundgesetze der Erhaltung von Masse, Energie und Impuls und beschreiben durch Herleitung zeitabhängiger Differentialgleichungen den Ablauf des Prozesses in aller Strenge. Im Gegensatz zu den sogenannten „Probier-" oder „Experimentierverfahren" ist es bei Anwendung analytischer Verfahren möglich, den optimalen Betriebspunkt der Anlage in Form einer geschlossenen Lösung des physikalischen Gleichungssystems vorherzusagen. Durch Variation gewisser Einflußgrößen des Prozesses (unabhängige Eingangsgrößen) gewinnt man ein Bild darüber, welche

Eingangsgrößen um wieviel verstellt werden müssen, damit der kostenminimale Betriebspunkt erreicht wird.

Die Methode der **Variationsrechnung** ist ein analytisches Verfahren. Es werden Mittel der höheren Mathematik eingesetzt, um den Prozeß physikalisch richtig zu beschreiben. Die Variationsrechnung hat ihre Leistungsfähigkeit bewiesen z. B. bei Optimalproblemen der Geometrie, für die keinerlei Beschränkungen existieren. Der grundlegende Unterschied zwischen derartigen Problemen (beispielsweise der kürzesten Verbindung zweier Punkte auf einer vorgegebenen Fläche) und den Optimalproblemen der Technik besteht vor allem darin, daß ein industrieller Prozeß nur innerhalb gewisser Grenzen seiner Einflußgrößen ablaufen kann. Stets sind die Prozeßparameter (z. B. Stellgrößen, Temperatur, Niveau usw.) gewissen Beschränkungen unterworfen. Eine Lösung des Optimalproblems mit Hilfe der klassischen Variationsrechnung, die ohne Beschränkungen arbeitet, würde zunächst zu falschen Ergebnissen führen.

Findet man Prozesse, die sich analytisch beschreiben lassen, so müssen bei Analyse dieser Prozesse auch die Beschränkungen bekannt sein, denen die Einflußgrößen unterliegen. Wie bereits in Kapitel 3.2 angedeutet, besteht das Führungskonzept aus einer „Optimierungsvorschrift", in der der zeitliche Verlauf der Eingangsgrößen des Prozesses durch Steuerfunktionen festgelegt wird.

Ein Verfahren zur Optimierung von Prozessen, deren Verhalten stetig oder stückweise stetig und differenzierbar bzw. stückweise differenzierbar ist, stellt, auch bei beschränkten Steuerfunktionen, das **Pontrjaginsche Maximumprinzip** dar. Die Prozeßoptimierung mit Hilfe des Maximumprinzips verlangt stets nur die Lösung gewöhnlicher Differentialgleichungen.

Gegeben sei beispielsweise ein Prozeß, der durch eine optimale „Fahrweise" von einem in einen anderen Zustand überführt werden soll.

Die Zustandsgrößen X_i des Prozesses unterliegen den Zeitgesetzen

$$\left.\begin{aligned} \frac{dX_1}{dt} &= f_1(\underline{X}, \underline{u}) , \\ \frac{dX_2}{dt} &= f_2(\underline{X}, \underline{u}) , \\ &\vdots \\ \frac{dX_n}{dt} &= f_n(\underline{X}, \underline{u}) , \end{aligned}\right\} \qquad (1)$$

wobei $\underline{X}$ stellvertretend für alle Einflußgrößen X_i; $i = 1$ bis n steht und $\underline{u}$ Steuerfunktionen $u_1 \ldots u_n$ bedeutet, die innerhalb eines Steuerbereiches $\bar{U}$ liegen. Die mit dem Maximum-Prinzip zu lösende Aufgabe lautet dann, wenn I den Güteindex und f_0 eine die optimale Fahrweise beschreibende Forderung bedeuten:

$$I = \int_{t_0}^{t_1} f_0 \,[\underline{X}(t), \underline{u}(t)]\, dt = \text{Min} . \qquad (2)$$

Es seien zwei Punkte $\underline{X}_0$, $\underline{X}_1$ gegeben. Unter allen zulässigen Steuerungen $\underline{u} = \underline{u}(t)$, die den Punkt $\underline{X}_0$ in den Punkt $\underline{X}_1$ überführen, soll diejenige gefunden werden, die I minimal macht. Die Steuerung $\underline{u}(t)$ ist demnach die optimale Steuerungsfunktion. Setzen wir $f_0(\underline{X}, \underline{u}) = 1$, erhalten wir mit $I = t_1 - t_0 =$ Min. als Sonderfall die zeitminimale Steuerung.
Die Herleitung der Differentialgleichungen (1) wird sich — da jeder technische Prozeß den Gesetzen der Physik und Chemie unterliegt — auf die Herleitung von Stoff- und Wärmebilanzen abstützen. Im allgemeinen Fall ist (1) ein Satz gekoppelter Differentialgleichungen, der den Prozeßablauf beschreibt. Diese Differentialgleichungen lassen sich jedoch nur bei einfachen Zusammenhängen exakt herleiten und lösen. Bei vielen Prozessen der Großindustrie ist es meist nicht möglich, die „Vermaschung" der Einflußgrößen X_i physikalisch zu entwirren, mit anderen Worten: Die zur Beschrei-

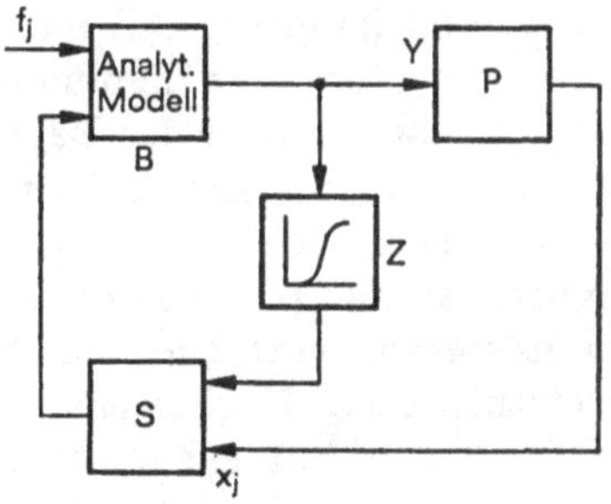

Bild 1: Bilanzmodell eines analytisch beschreibbaren Prozesses
P Prozeß; *Z* Zeitglied; *S* Speicher

bung der Differentialgleichungen notwendigen physikalischen und chemischen Konstanten sind meßtechnisch nicht erfaßbar oder — was meist noch schwerwiegender ist — viele Einflußgrößen selbst können gar nicht gemessen werden. Man denke nur an die Bestimmung hoher und höchster Temperaturen, die Messung chemischer Gleichgewichte, Messung von Wärmemengen usw. Die Anwendung des Pontrjaginschen Maximumprinzips setzt jedoch voraus, daß der zu beschreibende Prozeß durch keine Einflüsse verändert wird, die nicht meßtechnisch erfaßbar sind. Die Bedeutung dieses analytischen Verfahrens wird also sicher in dem Augenblick zunehmen, in dem neue Meßverfahren die oben erwähnte Unsicherheit beheben werden.
Verzichtet man auf eine vollständige Beschreibung des zeitlichen Verlaufs der Ausgangsgrößen und damit auf die Vorgabe zeitabhängiger Steuerfunktionen, so bleibt die Beschreibung von Endzuständen nach Vorgabe von Anfangsbedingungen. Man beschreibt den eingeschwungenen Zustand und benutzt die Ergebnisse dieser vereinfachten Darstellungsweise für Kontroll- und Prüfzwecke.
So kann eine Stoffbilanz eines bestimmten Teilproduktes Aufschluß über den Verlauf eines Prozesses bezüglich „Wegwanderns" eines eingestellten Arbeitspunktes, Auftretens systematischer Fehler, Einstellfehler des Betriebspersonals u. a. m. geben. Bei einfacher Prozeßstruktur kann ein **analy-**

tisches Bilanzmodell auch als Führungskonzept für die Stellgrößenvorgabe eines Prozesses wirken (Bild 1).
In einem Prozeß P reagiert die zugeführte Menge Y vollständig mit M verschiedenen Begleitelementen, deren Zuführung nicht eingezeichnet ist, zu M verschiedenen Ausgangsprodukten X_J; letztere werden nach meßtechnischer Erfassung einem Speicher S zugeführt, der auch den zeitlich richtig zugeordneten, also um die Durchlauf- bzw. Reaktionszeit verschobenen Wert der Menge Y enthält. Im analytischen Modell wird eine Bilanz der Form

$$Y - \sum_{J=1}^{M} X_J f_J = \Delta Y \tag{3}$$

gebildet.
ΔY ist hierbei der Wert, um den die Bilanz sich nicht schließen läßt. Da ein Reaktionsprozeß vorliegt, bedeutet $\Delta Y > 0$ stets das Auftreten weiterer, unbekannter, weil meßtechnisch nicht erfaßter Reaktionen, $\Delta Y \leqq 0$ hingegen stets eine Fehlmessung oder Falschbedienung. Die f_J sind die Reaktionsparameter der Begleitelemente.
Bei einigen Prozessen ist es möglich, aus der Kenntnis von Gl. (3) einen geschlossenen Kreis aufzubauen, bei dem ΔY als Steuerfunktion die Größe Y führt. Als Beispiel mag die Betrachtung der Sauerstoffbilanz eines Schmelzprozesses dienen: Die zugeführte Gesamtsauerstoffmenge O_2 reagiert mit verschiedenen Begleitelementen des Schmelzgutes. Durch Bildung von Komplexverbindungen, die nur bei hoher Temperatur bestehen können, fehlt bei der Bilanzierung über die Oxyde bei Normaltemperatur eine gewisse Sauerstoffmenge ΔO_2, die zur Korrektur von O_2 für den nächsten Schmelzablauf verwendet werden kann. Beim Ablauf dieses Vorgangs (Bild 1) werden durch Analyse die Oxyde X_J festgestellt, an die eine bestimmte Sauerstoffmenge gebunden wurde; nach Zeitverschiebung in Z stehen Eingangsgröße $Y = O_2$ und Ausgangsgröße zeitlich richtig geordnet in einem Speicher S, aus dem das Bilanzmodell B die Daten zur Bilanzierung abrufen kann. Die Bilanz kann nach Vorgabe der Reaktionskoeffizienten berechnet werden, worauf das Modell die neue, korrigierte Stellgröße O_2 ausgibt.

2 Selbstanpassende Verfahren

Für die Optimierung vieler Industrieprozesse z. B. der Grundstoffindustrie müssen Verfahren eingesetzt werden, bei denen die Kenntnis aller Anlagenparameter oder Einflußgrößen nicht zwingende Voraussetzung ist. Das Führungskonzept zur Steuerung der Stellgrößen benutzt zwar alle verfügbaren Kenntnisse des Prozesses, ist jedoch empirisch aufgebaut.
Aus einer Vielzahl von Einzelmessungen der Eingangs- und Ausgangsgrößen kann man nach den Methoden der mathematischen Statistik ein Modell

herleiten, das die Eingangs–Ausgangs-Experimente des Prozesses für den eingeschwungenen Zustand innerhalb des durch die Messungen abgedeckten Bereiches wiedergibt.
Es seien Modelle behandelt, die den Wert y^* für eine Stellgröße y berechnen können. Für die Bestimmung mehrerer Stellgrößen sind demnach auch mehrere Teilmodelle notwendig. Beispielsweise ergibt sich für eine Ausgangsgröße x_a:

$$x_a = f(x_{e_1}, x_{e_2}, \ldots, x_{ej}, \ldots, x_{eM}) . \tag{4}$$

Hierin sind x_{ej} ($j = 1$ bis M) die M Eingangsgrößen, in denen die Stellgröße y enthalten ist.
Man kann, Eindeutigkeit der Zuordnung vorausgesetzt, jede Eingangsgröße durch die übrigbleibenden Größen ausdrücken. So hat man z. B. für die Stellgröße y:

$$y = g(x_{e_1}, x_{e_2}, \ldots, x_{eM-1}, x_a) . \tag{5}$$

Man wählt dafür den mathematisch leicht faßbaren und für nicht zu große Änderungsbereiche der Prozeßgrößen genügend genauen Ansatz:

$$y \approx y^* = \sum_{j=1}^{M-1} a_j\, g_j(x_{ej}) + b\, g_M(x_a) + c . \tag{6}$$

y^* bedeutet hierin den rechnerisch bestimmten Modellwert der Stellgröße y.
Das Prozeßmodell Gl. (6) ist zunächst nur in bezug auf die Beiwerte linearisiert. Es bedeutet keine Beschränkung der Allgemeinheit, wenn man statt der Funktionen g_j und g_M die Argumente x_{ej} und x_a einführt.
Damit lassen wir lediglich eine etwas größere Varianz der Abweichung zwischen Stellgröße und Modellwert zu. Wir erhalten also:

$$y^* = \sum_{j=1}^{M-1} a_j\, x_{ej} + b\, x_a + c . \tag{7}$$

Zur Bestimmung der Beiwerte a_j, b und c wird das Bewertungskriterium von Gauß herangezogen, das eine sichere Beurteilung der Abweichung zwischen Stellgröße und Modellwert ermöglicht und auf einfache Rechenoperationen führt. Gefordert ist eine Bestimmung der Beiwerte so, daß die Summe der quadratischen Abweichungen $(y - y^*)^2$ zum Minimum wird. Alle meßbaren Größen des Prozesses bilden zeitlich geordnete Folgen. Der Zählindex in jeder Folge sei durch i gekennzeichnet. Liegen für jede Größe jeweils N Werte vor, so lautet das Minimalprinzip:

$$\sum_{i=1}^{N} (y_i - y^*)^2 = \sum_{i=1}^{N} \left[y_j - \left(\sum_{j=1}^{M-1} a_j\, x_{eij} + b\, x_{ai} + c \right) \right]^2 \overset{!}{=} \text{Min} . \tag{8}$$

Die Beiwerte a_j, b und c gewinnt man durch Differentiation und Auflösung eines linearen Gleichungssystems. Dieses Verfahren ist in der Statistik unter dem Namen „Regressionsanalyse" bekannt (Kapitel 3.3).
Nach Berechnung der Beiwerte des Modells Gl. (8) hat man eine einfache

Formel, mit der bei Kenntnis der Eingangsgrößen x_{ej} und der Ausgangsgröße x_a der Modellwert der Stellgröße berechnet werden kann.

Man muß sich hierbei darüber im klaren sein, daß die ursprüngliche Aufgabe für die Prozeßführung eigentlich darin besteht, die Ausgangsgröße des Prozesses möglichst nahe an die vorgegebenen Sollwerte heranzuführen. Bei den hier vorliegenden Modellen ist jedoch die mittlere quadratische Abweichung der Stellgrößen von ihrem Modellwert ein Minimum, was nicht der ursprünglichen Aufgabe entspricht. Bleiben die Abweichungen der Ausgangsgrößen genügend klein, so ist diese „Umkehr der Aufgabe" zulässig. Um dies zu prüfen, untersucht man einmal das Bestimmtheitsmaß des Modelles für die eigentliche Aufgabe und weiter das Bestimmtheitsmaß für das Modell der umgekehrten Aufgabe:

$x_i^* = A\,y_i$; für die Fehlerquadratsummen Q_1 erhält man

$$Q_1 = \sum_i (x_i - x_i^*)^2 = \sum_i (x_i - A\,y_i)^2 \overset{!}{=} \text{Min}\,,$$

für A ergibt sich demnach durch Differentiation $\frac{\mathrm{d}Q_1}{\mathrm{d}A} = 0$:

$A = \sum_i x_i\,y_i / \sum_i y_i^2$; setzt man A in Q_1 ein, so folgt

$$Q_1 = \sum_i x_i^2 - (\sum x_i\,y_i)^2/\sum y_i^2 = \sum_i x_i^2\,(1 - B)\,,$$

wobei B das Bestimmtheitsmaß bedeutet $B = (\sum_i x_i\,y_i)^2/(\sum_i x_i^2 \sum_i y_i^2)$.

Für das zweite Modell folgt analog

$$y_i^* = \beta\,x_i;$$

$$Q_2 = \sum_i (x_i - x_i^*)^2 = \sum_i (x_i - \frac{1}{\beta}\,y_i)^2;$$

$$\beta = \sum_i x_i\,y_i / \sum_i x_i^2;$$

damit wird

$$Q_2 = \sum_i x_i^2 \left(\frac{1}{B} - 1\right) > Q_1\,.$$

Die Summierung läuft jeweils von $i = K - \alpha + 1$ bis K, umfaßt also genau α Abtastwerte.

Die Streuung ist beim zweiten Modell größer geworden, doch ist der Unterschied zwischen beiden Modellen um so kleiner, je näher B an 1 liegt.

Dem Modell (7), das feste Beiwerte hat, haften noch Nachteile an. Im praktischen Einsatz am Prozeß soll das Modell zur Vorausberechnung der Stellgröße verwendet werden. Wird der Prozeß (z. B. durch Einfluß nichtmeßbarer Störgrößen) in Bereiche geführt, die außerhalb des zur Beiwertbestimmung verwendeten Bereiches liegen, so fehlt dem Modell die Beziehung zur physikalischen Wirklichkeit.

Diese Nachteile lassen sich vermeiden, wenn man die Beiwerte des Modells nach jeder Abtastung der Meßwerte erneut berechnet. Weiterhin werden die Beiwerte aus einem Ensemble von Meßwerten berechnet, die aus einem kleinen unmittelbar vergangenen Zeitraum des Prozeßablaufs stammen. Die neuesten Meßwerte werden als Inkrement dem schon vorhandenen Ensemble von Meßwerten hinzugefügt.
Die Anpassung an das durch Einfluß nichtmeßbarer Störgrößen geänderte Prozeßverhalten kommt dadurch zustande, daß das Ensemble einer Bewertung unterzogen wird.
Die Beiwerte werden gewissermaßen aus einem Lernschlauch berechnet, in den die neuesten Meßwerte eingespeichert und aus dem die ältesten Meßwerte ausgespeichert werden. Hier wiederholt sich das Spiel der Erfassung und

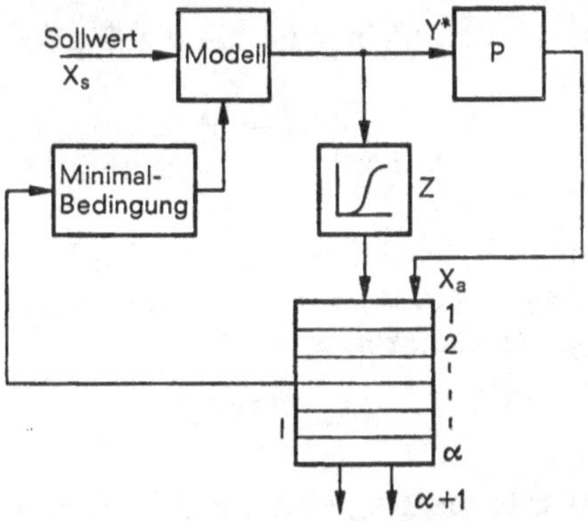

Bild 2: Führungskonzept des Inkrementmodells
P Prozeß; *Z* Zeitglied; *I* Inkrementspeicher
α Anzahl der gespeicherten Inkremente

Einspeicherung des neuen Inkrementes, der Ausspeicherung des ältesten Inkrementes, der Bestimmung der Beiwerte des Modells und der Vorausberechnung der Stellgröße nach jeder Abtastung. Wie sich zeigt, ist durch das Hinzufügen des Inkrementes zu einem begrenzten Ensemble von Meßwerten eine sehr gute Anpassung des Prozeßmodells an das Verhalten des Prozesses möglich. Die Anpassungsfähigkeit hängt entscheidend davon ab, wie groß das Ensemble ist.
Beim **Inkrementmodell** (Bild 2) läuft nach Vorgabe der Stellgröße y^* der Prozeß bis zum nächsten Abtasten der Meßwerte. Durch eine Zeitverschiebung Z werden die Meßwerte in zeitlich richtiger Zuordnung dem Inkrementspeicher I zugeführt. (Die übrigen Eingangsgrößen sind nicht eingezeichnet). Nach Durchrechnen der Minimalbedingung (8) und Vorgabe des Sollwertes x_s für die neue Ausgangsgröße X_a kann das Modell erneut die Stellgröße y^* berechnen.
Wählt man α sehr klein, so muß M beschränkt werden, um statistisch gesicherte Ergebnisse zu bekommen.
Verhält sich z. B. α zu M wie 3:1, so hat man das (mehrdimensionale) Problem, durch drei Meßpunkte die günstigste Gerade zu legen. Die Steigung dieser Geraden ist dann statistisch nicht mehr gesichert.

Im Sinne einer möglichst schnellen Anpassung des Modells an den Prozeß wählt man den Inkrementparameter α möglichst klein. Man fordert, daß das Rechenergebnis innerhalb einer gewissen vorgegebenen Irrtumswahrscheinlichkeit statistisch gesichert ist und prüft die Erfüllung dieser Forderung mit einem Stichprobentest. Zur Durchführung des Testes braucht man ein Maß dafür, wie weit die Varianz der Modellgröße durch die Varianz der Eingangsgrößen erklärt ist. Besteht das Ensemble für jede im Modell benötigte Größe des Prozesses aus je α Meßwerten, so ist von der Leistungsfähigkeit des Modells zu erwarten, daß die **Restvarianz**

$$\sigma_R^2 = \frac{\sum_{i=1}^{\alpha} (y_i - y_i^*)^2}{\alpha - M - 1} \tag{9}$$

wesentlich kleiner ist als die **Eingangsvarianz**

$$\sigma_E^2 = \frac{\sum_{i=1}^{\alpha} (y_i - \bar{y})^2}{\alpha - 1},$$

wobei $\bar{y}$ den Mittelwert der im Ensemble aller Meßwerte enthaltenen Stellgrößen bedeutet. Die als statistisches Bewertungsmaß verwendete Größe ist das **Bestimmtheitsmaß B**:

$$B = 1 - \left(\frac{\sigma_R}{\sigma_E}\right)^2 \frac{\alpha - M - 1}{\alpha - 1}. \tag{10}$$

Es gilt die Ungleichung $0 \leqq B \leqq 1$. Für $B = 1$ ist $\sigma_R = 0$, die Stellgröße wird vom Modell genau nachgebildet, was aber praktisch nie vorkommt, da auch das beste Modell den Prozeß nicht vollständig beschreiben kann.
Für $B = 0$ ist $\sigma_R = \sigma_E$, das Modell ist zur Beschreibung des Prozesses unbrauchbar.
Bei der Bildung von Führungskonzepten mit mehreren Eingangs- und Ausgangsgrößen spielt die Frage der Korrelation zwischen Eingangs- und Ausgangsgrößen eine entscheidende Rolle. Eine allgemein gebräuchliche Darstellungsweise für einen etwa bestehenden Zusammenhang ist die **Korrelationsfunktion**, im einfachsten Fall der Korrelationskoeffizient bzw. dessen Quadrat, das Bestimmtheitsmaß. Ist das Bestimmtheitsmaß $B > 0$, so besteht ein Zusammenhang zwischen den zur Berechnung von B herangezogenen Einflußgrößen zunächst nur in der willkürlich herausgegriffenen Stichprobe, und es ist besonders zu prüfen, ob dieser Zusammenhang auch in der Grundgesamtheit besteht. Man benutzt als Stichprobentest das Prüfverfahren von R. A. Fisher und führt die dreidimensionale F-Verteilung ein, die von M und der Irrtumswahrscheinlichkeit p abhängt. Die Statistik liefert die Beziehung

$$F_{\min} = \frac{\alpha - M - 1}{M} \cdot \frac{B}{1 - B} = F(M, \alpha - M - 1, p). \tag{11}$$

Ist $F \geqq F_{\min}$, so wird mit der Wahrscheinlichkeit p ein Zusammenhang irrtümlich vorgetäuscht (daher auch der Name „**Irrtumswahrscheinlichkeit**"), mit der Wahrscheinlichkeit $1 - p$ besteht jedoch ein Zusammenhang. Nach (11) muß der Inkrementspeicherparameter α mindestens den Wert

$$\alpha_{\text{Min}} = 1 + \left(1 + \frac{1 - B}{B} F(M, \alpha_{\min} - M - 1, p)\right) M\,, \tag{12}$$

haben. Gibt man B vor, so kann man $\alpha_{\min}$ durch Iteration bestimmen. Bei einer Irrtumswahrscheinlichkeit von $p = 0{,}1\%$, $M = 4$ und $B = 0{,}7$ erhält man $\alpha_{\min} = 20$, das Ensemble muß also mindestens aus 20 Abtastungen für jeden Wert der benötigten Eingangs- und Ausgangsgrößen bestehen, damit die aus der Stichprobe berechneten Werte auch in der Grundgesamtheit gesichert sind. Man sieht aus Gl. (12), daß $\alpha_{\min}$ mit M annähernd proportional wächst, da sich F für größer werdendes α nicht mehr wesentlich ändert. Hieraus folgt aber der schon erwähnte Tatbestand, daß im Interesse einer guten Anpassungsfähigkeit des Modells an den Prozeß (α möglichst klein) auch die Anzahl der auf den Modellwert der Stellgröße einwirkenden Eingangs- und Ausgangsgrößen des Prozesses beschränkt werden sollte.

Die Stellgröße war unter der Voraussetzung der Eindeutigkeit der Zuordnung durch die anderen meßbaren Größen des Prozesses ausgedrückt worden. Man darf die Anpassungsfähigkeit des Modells dadurch als gegeben annehmen, daß zur Bestimmung der Beiwerte auch die Vergangenheitswerte der Stellgrößen y und der Ausgangsgröße x_a enthalten sind, die ja die Wirkungen nichtmeßbarer Störgrößen ausdrücken. Der Ablauf des Inkrementmodells hat große Ähnlichkeit mit einem geschlossenen Regelkreis, es gibt jedoch einige Unterschiede. Zunächst fehlt der direkte Vergleich zwischen Soll- und Istwert der Ausgangsgröße. Die Stellgröße des Prozesses wird nicht, wie bei Feedback-Systemen üblich, erst nach Auftreten einer Regelabweichung verstellt, sondern wird von einem angepaßten Modell gesteuert.

Die Anpassung der Beiwerte des Modells geschieht nach Ablauf des Prozesses auf Grund des Gaußschen Minimalprinzips nach Art einer Regelung, ohne direkten Soll-Istvergleich.

Das Inkrementmodell ist anwendbar für nichtstationäre deterministische oder stochastische Prozesse; bei ungünstiger Wahl der Abtastzeiten können allerdings auch zufällige Einflüsse miterfaßt werden. Bei stationären Prozessen mit mehreren Eingangsgrößen ist zu beachten, daß die Eingangsgrößen untereinander nicht linear abhängig sein dürfen. In diesem Fall ist das Gleichungssystem nicht mehr eindeutig lösbar. Die untereinander linear abhängigen Eingangsgrößen müssen dann zu einer Eingangsgröße zusammengefaßt werden, wobei sich die Ordnung des zu lösenden Gleichungssystems entsprechend erniedrigt.

Da das Modell ein genügend genaues Momentbild des Prozesses liefert, bereitet eine Entkopplung von mehreren Ausgangsgrößen keine Schwierigkeit. Nichtlinearitäten im Prozeß können vom Modell beschrieben werden.

Den Sollwertänderungen für die Ausgangsgröße folgt der entsprechende Modellwert der Stellgröße ohne Zeitverhalten.

3 Verfahren auf kybernetischer Grundlage

3.1 Anpassen und Lernen

Zunächst erhebt sich die Frage, was denn speziell unter „Lernen" zu verstehen ist und wo Unterschiede zwischen „Anpassen" und „Lernen" bestehen. Bisher existiert keine allgemeine Definition des Lernens. Um jedoch einen Unterschied zum Begriff des Anpassens deutlich zu machen, erscheint es nützlich, unter Lernen alles zu verstehen, was zu einer zielorientierten Änderung eines die Umwelt (den Prozeß) beschreibenden Algorithmus (Modell) führt, mit dem Ziel, die Umwelt richtig zu beschreiben, wenn die Umwelt sich ändert. Im gleichen Sinne definiert K. Steinbuch „Lernende Automaten" als solche, die auf Grund früherer Erfahrungen ihr internes Modell der Außenwelt modifizieren, wobei das interne Modell das Verhalten des Automaten bestimmt.
An dieser Stelle wird auch klar, daß das Anpassen z. B. der Beiwerte eines Reglers oder eines Modells allein nicht die Minimalforderung der Lernfähigkeit, nämlich die Änderung des Algorithmus, erfüllt. Es besteht demnach ein wesentlicher Unterschied zwischen Anpassen und Lernen: Automatische Adaptoren oder Geräte zur **Selbstanpassung** enthalten kein internes Umweltmodell, und sie sind nicht in der Lage, etwa auf Grund gesammelter Erfahrungen einen Adaptationsprozeß zu beschleunigen. Zu fordern für ein **Lernmodell** sind also zwei Eigenschaften, nämlich die Kenntnis des internen Umweltmodells und die Möglichkeit der zielorientierten Änderung des internen Umweltmodells.

3.2 Die aktuelle Kombination

Das einfache Inkrementmodell (Abschnitt 2) ist seiner Struktur nach kein **Lernmodell.** Es enthält zwar ein internes **Umweltmodell,** kann aber keine zielorientierte Änderung dieses Umweltmodells vornehmen. Bei Prozessen mit vielen Eingangsgrößen wird es stets eine Abstufung der „Wichtigkeit" dieser Größen für das Modell geben. Da es auf statistischer Grundlage arbeitet, können zur Modellbeschreibung Größen vernachlässigt werden, die sich über längere Zeiträume nicht oder nur sehr wenig ändern.
Man läßt also zur Ermittlung des Prozeßmodells beim Inkrementverfahren nur diejenigen Eingangsgrößen zu, die den Ablauf des Prozesses maßgeblich mitbestimmen. Die etwas schlechtere Approximation wird aufgewogen durch die zur Vorausberechnung unbedingt erforderliche statistische Sicherheit der Beiwerte. Eine Vorausberechnung läßt sich überhaupt nur dann

durchführen, wenn eine für die Grundgesamtheit der Meßwerte des Prozesses repräsentative Stichprobe herausgegriffen ist: Je besser die Stichprobe die Grundgesamtheit darstellt, desto genauer wird das Ergebnis der Vorausberechnung.

Man hat dann nicht mehr M, sondern nur noch $M_{max} < M$ auf den Modellwert der Stellgröße einwirkende Größen und sucht ein geeignetes Kriterium zur Auswahl einer Kombination von M_{max} Eingangs- und Ausgangsgrößen aus den M insgesamt vorhandenen.

Wählt man aus M Größen eine Anzahl M_{max} aus, so ergeben sich

$$\varepsilon = \binom{M}{M_{max}},$$

Kombinationen. Welche dieser Kombination man zur Bildung des Modells für die Vorausberechnung heranzieht, ist davon abhängig zu machen, wie groß das Bestimmtheitsmaß der entsprechenden Kombination bei Benutzung der im „Lernschlauch" befindlichen Meßwerte war. Man erhält eine Folge von Bestimmtheitsmaßen, deren Index von 1 bis zur Zahl ε läuft. Ein geeignetes Suchverfahren sucht die Kombination mit dem größten Bestimmtheitsmaß heraus und stellt diese „aktuelle Kombination" für das Modell zur Vorausberechnung bereit. Man verlangt also, daß die Kombination, die in der unmittelbaren Vergangenheit des Prozeßablaufs die größte Bestimmtheit liefert, dies auch für die unmittelbare Zukunft des Prozeßablaufs tun wird. Somit ist wiederum der Einfluß sich determiniert ändernder, aber nicht meßbarer Störgrößen erfaßt, was man an einer entsprechenden Änderung einer aktuellen Kombination erkennen kann. Da durch das Auswahlverfahren nur die den Modellwert am sichersten bestimmenden Größen im Modell verwendet werden, kann ein Wechsel der aktuellen Kombination auch dadurch verursacht sein, daß sich die Rangfolge der „Wichtigkeit" der M Größen während des Prozeßablaufs ändert.

Das Modell mit dem eingeordneten Auswahlverfahren ist seiner Struktur nach ein Lernmodell, denn es enthält beide für die Lernfähigkeit geforderten Kriterien.

Will man aus Vergangenheitswerten ein lernfähiges Modell für die Stellgröße aufbauen, so müssen hierzu auch Vergangenheitswerte der Ausgangsgröße des Prozesses enthalten sein, da diese Größe die Wirkung nichtmeßbarer Störgrößen anzeigt. Man muß durch eine besondere Vorschrift dafür sorgen, daß die Ausgangsgröße stets in der aktuellen Kombination enthalten ist. Der Einfluß regelloser (stochastischer) nichtmeßbarer Störgrößen ist im allgemeinen nicht erlernbar, besonders dann nicht, wenn die entsprechenden Störgrößen sogar von Abtastung zu Abtastung stochastisch unabhängig sind.

3.3 Funktionalspeicher-Modell

Eine weitere Möglichkeit, die Beschreibung für lernende Systeme zu erweitern, ist das Benutzen eines Funktionalspeichers (Bild 3).

Ein einfacher Prozeß P steuert nach Vorgabe einer Ölmenge Q die Raumtemperatur T. Die Außentemperatur und andere, nichtmeßbare Einflüsse (z. B. Heizwert des Öls) sind in der Größe Z_{NM} zusammengefaßt, die zwar die Ausgangsgrößen des Prozesses beeinflußt, jedoch dem Modell nicht bekannt ist.

Nach zeitlich richtiger Zuordnung der Werte durch das Zeitglied Z stehen alle verfügbaren Prozeßgrößen in einem Inkrementspeicher I, der eine Anzahl α der neuesten Werte enthält.

In einem Funktionsspeicher FS steht eine gewisse Anzahl von Funktionen, die für diesen speziellen Prozeß vernünftig sein können. So kann der Zusam-

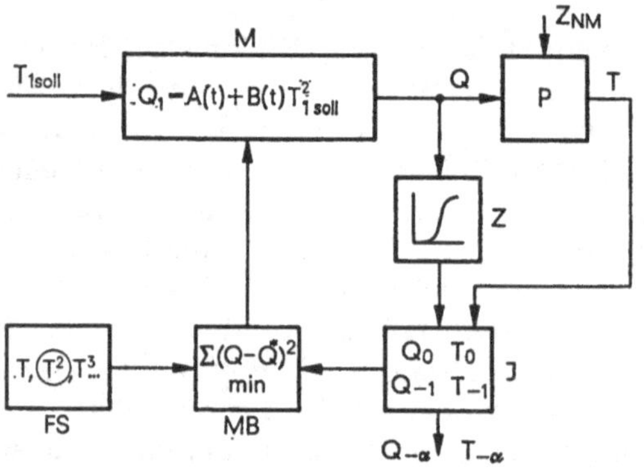

Bild 3: Funktionalspeicher-Modell

M Modell; Z_{NM} nicht meßbare Störgrößen;
Q Ölmenge; *FS* Funktionsspeicher;
P Prozeß; *MB* Minimal-Bedingung;
T Temperatur; *Z* Zeitglied
J Inkrementspeicher

menhang zwischen zugeführter Ölmenge und erreichter Raumtemperatur durch eine monotone Funktion T, T^2, T^3 ... usw. gegeben sein. Der Reihe nach werden die in FS stehenden Funktionen mit Hilfe der Minimalbedingung MB auf das absolute Minimum hin geprüft. Ist dieses z. B. bei T^2 erreicht, werden die ermittelten Werte für $A(t)$ und $B(t)$ in das Modell M eingetragen, und nach Vorgabe des Sollwertes $T_{1\,\mathrm{Soll}}$ wird der nächste Modellzyklus berechnet. Da der Zusammenhang im Augenblick quadratisch angenommen wird, muß zur Bestimmung von $A(t)$ und $B(t)$ $\alpha_{\min} = 3$ sein. Entscheidend für die Wirkungsweise des Funktionsspeichermodells ist die Wahl der Abtastzeit: Sie muß wesentlich kürzer sein als die Zeit, in der die nichtmeßbaren Störgrößen wirksam werden.

3.4 Lernmodell mit exponentieller Beiwertalterung (EXPO)

Die Lernfähigkeit des Prozeßmodells kommt durch verschiedene Maßnahmen zustande, deren wichtigste offenbar das „Mitführen" eines „lebenden" Speichers ist, aus dem fortlaufend ein aktuelles Umweltmodell gebildet werden kann. Die Bewertung dieses Speicherinhaltes geschah bisher recht willkürlich:

Die neuesten und die ältesten Werte im Lernschlauch haben dasselbe Gewicht 1, beim Ausscheiden fällt plötzlich das Gewicht auf 0.

Wesentliche Vorteile gegenüber dieser Bewertung bringt die EXPO durch schnellere Anpassung. Will man aus einer Meßwertfolge x_i derart das Mittel bilden, daß der Einfluß weiter zurückliegender Meßwerte exponentiell abnimmt, so multipliziert man den Einfluß zurückliegender Glieder jeweils mit dem Alterungsfaktor $(1 - b)$, so daß sich die Teilsummenfolge

$$S_1 = b\,X_1\,,$$
$$S_2 = b\,(1 - b)\,X_1 + bX_2\,,$$
$$S_3 = b\,(1 - b)\,(1 - b)\,X_1 + b\,(1 - b)\,X_2 + bX_3\,,$$
$$\vdots$$

ergibt.

Für die Teilsumme mit dem Index $k + 1$ gilt dann

$$S_{k+1} = \sum_{i=0}^{k} b\,(1 - b)^i\,X_{k+1-i} = \sum_{i=0}^{k} p_i\,X_{k+1-i}\,, \tag{13}$$

wobei $p_i = b\,(1 - b)^i$ die Gewichtung der EXPO bedeutet. Nach i Abtastungen ist der älteste Summand mit dem Faktor $(1 - b)^i$ exponentiell gealtert, und zwar um so mehr, je näher b an 1 liegt.

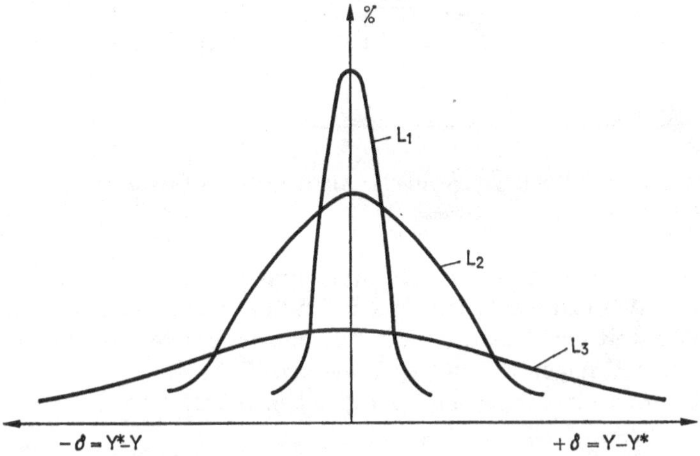

Bild 4: Maximum-Likelihood-Funktion

Um die EXPO in ein Führungskonzept einzubeziehen, geht man wieder vom Modellansatz (6) aus und überlegt, wie die Modellbeiwerte zu bestimmen sind.

Die Bestimmung der Beiwerte kann z. B. durch Maximierung der Likelihood-Funktion durchgeführt werden, die die gemeinsame Verteilungsdichte der Fehler zwischen Prozeß und Modell beschreibt (Bild 4).

Wie man ersieht, wird L um so größer, je kleiner die Abweichungen $\delta_i = Y - Y^*$ zwischen Prozeß und Modell sind. Die Maximum-Likelihood-Funktion L kann durch

$$L \sim \exp\left(-\frac{1}{2}\sum_{i=k-\alpha+1}^{k} \delta_i^2 p_i\right) \tag{14}$$

ausgedrückt werden, wobei p_i die bereits beschriebenen Gewichte bedeuten. Soll L maximal werden, muß

$$Q = \sum_{i=k-x+1}^{k} (Y_i - Y_i^*)^2 p_i = \text{Min} \tag{15}$$

werden. Setzt man den Modellansatz in (7) ein und berücksichtigt (13), so kann man durch Differentiation und Lösen eines linearen Gleichungssystems das Modell vollständig bestimmen.

Beim Prinzip der EXPO (Bild 5) ist im Gegensatz zu den bisherigen Darstellungen die Möglichkeit der Kenngrößenbildung besonders erwähnt. Kenn-

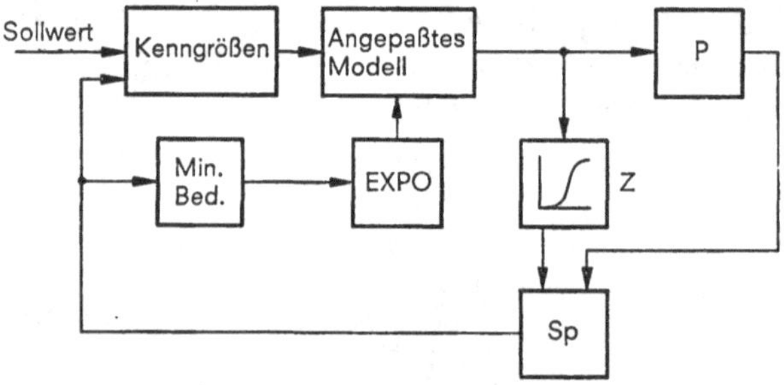

Bild 5: Modell mit exponentieller Alterung der Beiwerte
P Prozeß; *Z* Zeitglied; *Sp* Speicher

größen sind stets eine Zusammenfassung mehrerer Prozeßgrößen, die für sich allein zu wenig Informationen über den Ablauf des Prozesses liefern.

Wie weit der Alterungsfaktor b und der Stichprobenumfang zusammenhängen, soll folgende Untersuchung zeigen:

Für den klassischen Fall der gleichen Gewichte p_i ist

$$p = \frac{1}{\alpha}\,; \qquad \sum_{i=1}^{\alpha} p_i = 1\,, \qquad \text{daher ist } \sum_{i=1}^{\alpha} p_i^2 = \alpha\,\frac{1}{\alpha^2} = \frac{1}{\alpha}\,.$$

Eine beliebige, z. B. exponentielle, Gewichtsverteilung, bei der $\sum p_i = 1$, bewirkt dieselbe Streuungszerlegung wie eine klassische Stichprobe des Umfanges α.

Man setzt also mit (13)

$$\alpha = \frac{1}{\sum_{i=0}^{\infty} p_i^2} = \frac{1}{\sum_{i=0}^{\infty} b^2 (1-b)^{2i}} = \frac{1}{b^2 \sum_{i=0}^{\infty} (1-b)^{2i}}\,;$$

durch Anwendung der Summenformel für die geometrische Reihe erhalten wir

$$\alpha = \frac{2 - b}{b} \quad \text{bzw.} \quad b = \frac{2}{1 + \alpha}. \tag{16}$$

Der Alterungsfaktor b entspricht einer klassischen Stichprobe vom Umfang $\frac{2 - b}{b}$.

4 Mathematische Experimentierverfahren

4.1 Grundsätzliches

Bei den verschiedenen Optimierverfahren handelt es sich ganz allgemein um Methoden, mit deren Hilfe es möglich ist, diejenige Lösung der den Prozeß beschreibenden Zusammenhänge zu finden, bei der Einzelzielgrößen oder Zielkenngrößen einen absolut besten Wert annehmen.

Während analytische Methoden die Kenntnis aller Prozeßparameter und damit deduktives Herleiten der Stoff- und Energiebilanzen voraussetzen, wird bei Anwendung kybernetisch-empirischer Methoden lediglich die kurzseitige Übereinstimmung zwischen Modell und Prozeß verlangt, um zu brauchbaren Ergebnissen zu gelangen.

Mathematische Experimentierverfahren stehen ihrem Aufbau und ihrer Anwendung nach in der Mitte: Durch Anwendung geschickt gewählter Änderungsschritte versucht man, das Maximum einer durch physikalische Grundannahmen und empirische Kenngrößen aufgebauter Topologie zu finden. Die hierbei anwendbaren Methoden sind in der Theorie zu beachtlicher Reife entwickelt.

4.2 Probierverfahren

Unter dem Begriff „Probierverfahren" versteht man Optimierverfahren, bei denen eine Zielgröße oder Einzelzielgröße probeweise mit einer Reihe von Wertkombinationen durchgerechnet wird. Nach Vorliegen einiger Funktionswerte werden je nach Verfahren mehr oder weniger zufällig diejenigen Kombinationen der Variablen ausgewählt, welche einen Höchstwert für die Zielgröße ergeben. Diese Verfahren eignen sich besonders dann, wenn die vorliegenden Zielfunktionen nicht analytisch behandelbar sind.

Die „Suche ohne System" ist ein Optimierungsprinzip, das in der Praxis kaum anwendbar ist, da die Ermittlung der optimalen Kombination der Einflußgröße des Prozesses einen meist nicht vertretbaren Rechen- und Speicheraufwand erfordert.

Die „faktorielle Methode" stellt eine wesentliche Verbesserung gegenüber der obengenannten Art der Zufallsuche dar, da bereits im einfachsten Fall die Zielgröße für eine systematisch ausgewählte Wertekombination ausgerechnet wird.

Man kann auch das ermittelte Gebiet durchgerechneter Variablenkombinationen dazu benutzen, ein kleineres Gebiet auszurechnen, in dem das Optimum zu suchen ist. Letzteres wird dann in gleicher Weise behandelt wie das ursprüngliche Gebiet, d. h. wiederum mit einem Gebiet von durchgerechneten Variablenkombinationen überspannt usw. (Bild 6).

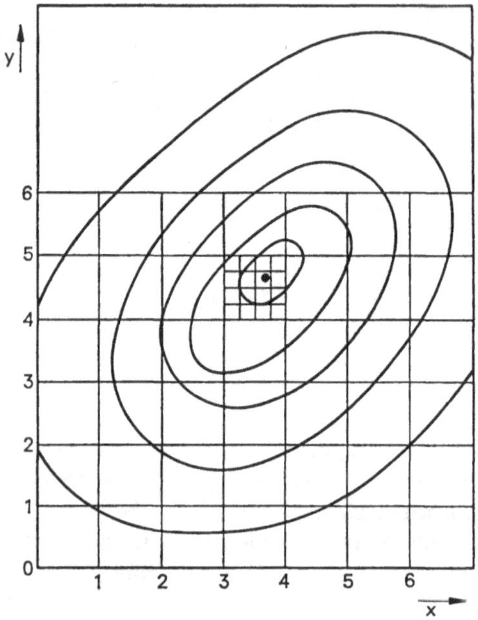

Bild 6: Prozeß-Topologie mit Linien gleichen Zielgrößenwerts

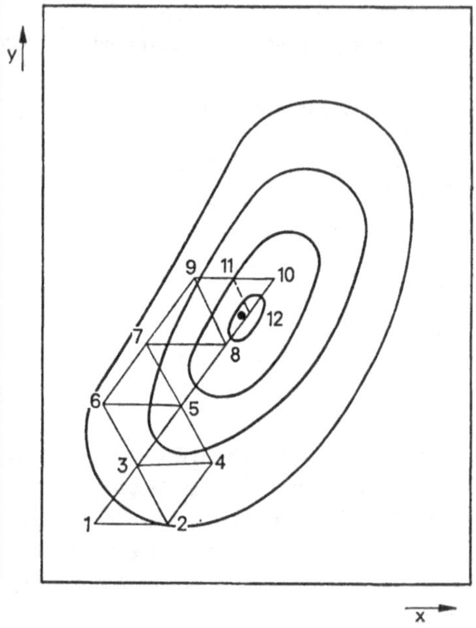

Bild 7: Aufsuchen des Optimums in symmetrischen Schritten

Weiterhin besteht die Möglichkeit, über Eckpunkte von Symmetrieflächen voranzuschreiten (Bild 7). Dabei führt man die Rechnung spiegelbildlich zum Punkt mit dem schlechtesten Wert der Zielgröße fort (**Simplexmethode**). Ein weiteres Probierverfahren ist die **„Ein-Faktor-Methode"**. Hier ermittelt man den Wert der Zielgröße zunächst nur in Abhängigkei von einer Einflußgröße. Für diese erhält man also einen „bedingten" Optimalwert. Nachfolgend wird dann in gleicher Weise ein „Faktor" nach dem anderen behandelt. Diese Rechnung muß bei fortlaufender Verbesserung der bedingten Optimalwerte so lange fortgesetzt werden, bis der Verbesserungsschritt kleiner als eine vorgegebene Schranke geworden ist (Bild 8).

Soll die Rechnung nicht zu oft wiederholt werden, darf man bei diesem Verfahren lediglich die Existenz einer relativ geringen Anzahl von Einflußgrößen voraussetzen.

Wenn die zu optimierende Zielgröße aus einem System linearer Gleichungen (bzw. Ungleichungen) besteht oder wenn diese in bestimmten Bereichen durch lineare Gleichungen angenähert werden kann (Linearisierung), so führt die Methode des „linearen Programmierens" zum Optimum (Kapitel 3.4).

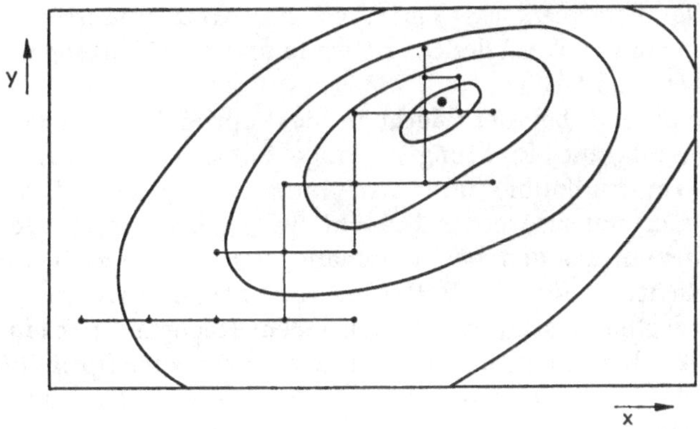

Bild 8:
Ein-Faktor-Methode

4.3 „Hill-Climbing"-Methoden

Bei den Hill-Climbing-Methoden erfolgt die Optimierung der Zielgröße nach Vorliegen des Prozeßmodells durch schrittweises Verbessern angenommener Basiswerte. Die Verbesserung wird auf einem Wege durchgeführt, auf dem die Zielgröße wächst, wobei vor jedem Rechenschritt folgende Teilprobleme zu bedenken sind:

a) In welche Richtung soll der Verbesserungsschritt erfolgen?
b) Wie groß ist die Schrittlänge in dieser Richtung zu wählen?
c) Wann kann die Rechnung beendet werden?
d) Wie werden etwa vorhandene Rand- und Nebenbedingungen berücksichtigt?

Jedes dieser Teilprobleme läßt sich verschieden behandeln, wobei jedoch stets die Frage

e) wie rechen- und speicherintensiv wird das Rechenprogramm werden?

im Vordergrund steht.

4.4 Gradientenverfahren

Entscheidende Vorteile bei der mathematischen Behandlung bezüglich der Suche nach dem Optimum einer Zielgröße bietet das Gradientenverfahren. Es benutzt die Größe und das Vorzeichen der Gradienten der Zielgröße nach den einzelnen Einflußgrößen, um, ausgehend von einer bestimmten Basis, durch schrittweise Verbesserung der Betriebsparameter zum Optimum zu kommen. Die einzelnen Verbesserungsschritte V werden nach der allgemeinen Rechenvorschrift

$$V_{K+1} = V_K + \lambda \, B \, \nabla Z \,, \tag{17}$$

durchgeführt. K bedeutet die Anzahl der Verbesserungsschritte, λ die Schrittweite, B die Metrik der Konvergenz und ∇Z den Gradienten der Zielgröße.
Die verschiedenen Varianten der Gradientenmethode unterscheiden sich nur in der Wahl der Schrittweite und des Richtungsvektors, also in der Wahl von λ und B.
Während bei der Methode des optimalen Gradienten die anfangs eingeschlagene Richtung so lange beibehalten wird, bis die Zielgröße nicht mehr zunimmt, und erst dann eine neue optimale Gradientenrichtung berechnet zu werden braucht, wird bei der Methode der konjugierten Gradienten aus den zwei aufeinanderfolgenden Gradientenrichtungen eine neue Richtung für die Verbesserungsschritte berechnet. Bei der Methode des steilsten Anstiegs wird nach jedem Rechenschritt eine neue Gradientenrichtung berechnet, um so auf kurzem Weg zum Optimum zu kommen.
Für die Anwendung der Gradientenmethoden zur Optimierung von Zielgrößen muß eine Reihe von Voraussetzungen erfüllt sein. Zunächst muß der Prozeß durch Gleichungen beschrieben werden können, und die Zielgröße muß kontinuierlich sein. Weiter muß die Topologie des Systems zeitlich konstant sein, und der Fehler bei der Berechnung der Gradienten soll kleiner sein als der kleinste Verbesserungsschritt. Schließlich ist es günstig, wenn die Zielgröße im Optimum durch Berechnung der zweiten Ableitung genügend sicher bestimmt ist.
Die Gradientenverfahren können auch zur Auflösung nichtlinearer Gleichungssysteme bzw. Gleichungen, die nicht durch analytische Verfahren direkt lösbar sind, verwendet werden. Bei Anwendung dieses Verfahrens muß die Zielgröße bzw. die Modellgleichung in dem in Frage kommenden Bereich stetig und differenzierbar sein. Liegt ein algebraisches Gleichungssystem der allgemeinen Form

$$f_i(x_{e_1}, x_{e_2}, \ldots, x_{eM}) = 0 \,, \qquad i = 1, 2, \ldots, p < M \tag{18}$$

vor, so bezeichnet man dieses als nichtlinear, wenn mindestens eine der i Gleichungen nichtlinear ist.
Die Lösung eines solchen Systems führt man auf die Lösung einer einzigen nichtlinearen Gleichung zurück, indem man die Funktion

$$\varphi(x_{e_1}, x_{e_2}, \ldots, x_{eM}) = \sum_{i=1}^{n} \psi_i^2 \tag{19}$$

bildet.
Für die Lösungen von Gleichung (18) wird diese Funktion zu Null. Für näherungsweise Lösungen ist $\varphi > 0$. Nennt man die Näherungslösung $\mathfrak{x}^{(0)}$, so gilt:

$$\mathfrak{x}^{(0)} = (x_{e_1}^{(0)}, x_{e_2}^{(0)}, \ldots, x_{eM}^{(0)}) \,, \tag{20}$$

wobei $\varphi(\mathfrak{x}_{(0)}) > 0$ ist.

Nun versucht man, die Funktionswerte $\mathfrak{x}^{(0)}$ so zu ändern, daß $\varphi(\mathfrak{x})$ möglichst weitgehend in Richtung Null verbessert wird.

Man kann zeigen, daß $\varphi(\mathfrak{x})$ in der Nähe von $\mathfrak{x}^{(0)}$ besonders gut abnimmt, wenn man $\mathfrak{x}^{(0)}$ proportional zu $\partial\varphi/\partial x_{e_1}, \ldots \partial\varphi/\partial x_{eM}$, dem Gradienten von φ, verringert.

Damit erhält man neue, verbesserte Näherungswerte $\mathfrak{x}^{(1)}$ durch folgende Beziehungen:

$$\left.\begin{array}{ll} x_{e_1}^{(1)} = x_{e_1}^{(0)} - d_1^{(0)}\,, \quad \text{wobei} & d_1^{(0)} = \lambda \dfrac{\partial\varphi(\mathfrak{x}^{(0)})}{\partial x_{e_1}}\,, \\ \vdots & \vdots \\ x_{eM}^{(1)} = x_{eM}^{(0)} - d_M^{(0)}\,, \quad \text{wobei} & d_M^{(0)} = \lambda \dfrac{\partial\varphi(\mathfrak{x}^{(0)})}{\partial x_{eM}}\,. \end{array}\right\} \tag{21}$$

Den eingeführten Parameter λ muß man so wählen, daß $\varphi(\mathfrak{x}^{(1)})$ möglichst klein wird, d. h., λ ist aus der Minimum-Bedingung

$$\frac{\partial\varphi(\mathfrak{x}^{(1)})}{\partial\lambda} = 0\,, \tag{22}$$

zu berechnen.

In vielen Fällen ist die Auflösung von Gleichung (22) analytisch nicht möglich. Dann muß man λ ebenfalls durch iterative Näherungsverfahren oder Suchverfahren ermitteln.

Nachdem λ gefunden worden ist, erhält man die verbesserte Näherung nach Gleichung (21). Anschließend tritt $\mathfrak{x}^{(1)}$ an die Stelle von $\mathfrak{x}^{(0)}$. Man verfährt nach dem gleichen Schema so lange, bis z.B. ein $\mathfrak{x}^{(K)}$ gefunden ist, für das gilt

$$|x_{e_i}^{(K)} - x_{e_i}^{(K-1)}| < \varepsilon_i\,, \qquad i = 1, 2, \ldots M\,, \tag{23}$$

worin ε_i eine obere Schranke ist.

Das hier erläuterte Gradientenverfahren ist wegen seiner Einfachheit und wegen seiner ausgezeichneten Konvergenzeigenschaft besonders für viele unabhängige Variable x_{e_i} verwendbar.

Literaturhinweise

Kapfer, E.: Inkrementmodell, ein Verfahren zur Optimierung technischer Prozesse.
Teil I, II, Regelungstechnik 1967, Heft 1 S. 9—14, Heft 4, S. 163—166.

Müller, P.: Anwendung lernfähiger Automaten. Regelungstechnik 13/1967.

Linder, E.: Statistische Methoden für Naturwissenschaftler, Mediziner und Ingenieure.
Birkhäuser Verlag, Basel, 3. Auflage, 1964.

Smirnow, Dunin-Barkowski: Mathematische Statistik in der Technik.
VEB Deutscher Verlag der Wissenschaften, Berlin 1963.

Friedrich, W.: Untersuchung des Inkrementmodells auf Speicherlänge und Alterung.
Diplomarbeit Universität Karlsruhe 1967.

Kapfer, E.: Increment Model, a new Method of Process Analysis (Paper 24 E) Automatic and Remote Control III. Proceedings of the 3rd Congress of the International Federation on Automatic Control, London 1968*).

Pontrjagin, L. S.: Mathematische Theorie optimaler Prozesse.
R. Oldenbourg Verlag, München–Wien 1964.

Tsien, H. S.: Technische Kybernetik.
Verlag Berliner Union, Stuttgart 1967.

Bellmann, R.: Dynamisches Programmieren und selbstanpassende Prozesse.
R. Oldenbourg Verlag, München–Wien 1967.

Tintner, G.: Handbuch der Ökonometrie.
Springer Verlag, Berlin–Göttingen–Heidelberg 1963.

Hofmann, H.: Standardprogramme für die Optimierung chemisch-technologischer Probleme.
Sonderdruck des Institutes für chem. Technologie der Technischen Hochschule Darmstadt, S. 143—S. 159.

*) zu beziehen durch: Institute of Mechanical Engineers 1 bird case walk, London SW 1

4. AUTOMATISIERUNGSSYSTEME

4.1 Systemplanung

von H. BOLLMANN

Inhaltsübersicht

1 Bedeutung

Bei der Planung industrieller Prozesse und Verfahren ist die Wahl des wirtschaftlich optimalen Automatisierungsgrades ein wesentlicher Gesichtspunkt. Unter Automatisierungsgrad ist der Anteil selbsttätiger Mittel zur Verbesserung und Erleichterung der Betriebsführung zu verstehen. Zu diesen Mitteln, die nach den Methoden der Automatisierungs- und Informationstechnik arbeiten, gehören: Steuerungen und Regelungen, Einrichtungen für die Prozeßdatenerfassung und Prozeßüberwachung sowie für die Gewinnung von Prozeßführungsgrößen.
Der mit den Geräten der Meß-, Steuer- und Regelungstechnik bisher erreichte Automatisierungsgrad ist bei vielen Prozessen bereits außerordentlich hoch, z. B. im Dampfkraftwerk oder in Raffinerien. Mit dem Prozeßrechner steht ein Gerät zur Verfügung, dessen Leistungsfähigkeit und Flexibilität weitere wesentliche Fortschritte ermöglicht. Sie erstrecken sich sowohl auf die Breite der Aufgaben als auch auf die Qualität der Lösung besonders schwieriger Automatisierungsprobleme.
Bereits vorliegende Erfahrungen sowie weitergehende Überlegungen zeigen, daß mit Hilfe des Prozeßrechners wirtschaftlich reizvolle Automatisierungsaufgaben angegangen werden können, die mit den herkömmlichen Mitteln nicht lösbar waren. Die Erfolge zeichnen sich in einer verbesserten Ausnutzung der Produktionseinrichtungen, werterhaltender Fahrweise der Anlagen, erhöhter Produktqualität und der Einsparung von Betriebs- und Investitionskosten ab. Bei dem Trend zu immer größeren Produktionseinheiten rechtfertigen bereits geringe prozentuale Verbesserungen die größeren Investitionen für die Automatisierungsmittel.
Damit ist ein wesentlicher Gesichtspunkt des Prozeßrechnereinsatzes angesprochen: der im Vergleich zu herkömmlichen Automatisierungsmitteln hohe Investitionsaufwand. Um die Eigenschaften bereitzustellen, welche die

Leistungsfähigkeit eines Prozeßrechners ausmachen, ist eine gewisse Grundausstattung notwendig, die, selbst knapp ausgelegt, schon einen hohen Aufwand bedeutet. Hinzu kommen laufende Aufwendungen für die Wartung und bei größeren Systemen für speziell geschultes Bedienungspersonal.

Von beträchtlichem Ausmaß sind die im Zuge der Einsatzvorbereitung eines Prozeßrechners anfallenden Kosten für Ingenieurleistungen. Sie sind höher als bei herkömmlichen Automatisierungseinrichtungen und können in einzelnen Fällen die Größenordnung der Gerätekosten erreichen oder diese sogar überschreiten. Der Grund dafür liegt darin, daß einerseits die mit einem Prozeßrechner zu lösenden Automatisierungsaufgaben im allgemeinen schwieriger sind, indem sie eine sorgfältige Prozeßanalyse und Systemspezifikation verlangen, andererseits die Projektierungsarbeiten durch das Aufstellen der Programme wesentlich umfangreicher sind.

Um dennoch mit dem Prozeßrechner eine technisch und wirtschaftlich optimale Gesamtlösung zu erreichen, muß seinem Einsatz eine sorgfältige Planung vorausgehen. Art und Umfang der zu lösenden Automatisierungsaufgaben sind mit den funktionellen und gerätetechnischen Möglichkeiten eines Prozeßrechners abzustimmen. Das ist die Aufgabe der Systemplanung.

Die Phase der Systemplanung ist von entscheidender Bedeutung für die Einsatzvorbereitung. Einmal wirkt sich das erarbeitete Lösungskonzept unmittelbar auf die Anlagenausstattung und damit auf die Gerätekosten aus, wobei sich durch geschickte Planung aufwandsarme Lösungen erzielen lassen. Zum anderen, und das ist erfahrungsgemäß noch mehr zu beachten, kann die Vernachlässigung der Systemplanung zu erheblichen Kostensteigerungen bei der anschließenden Einsatzvorbereitung führen. Grundsätzliche Fehler oder Unzulänglichkeiten, die erst in der Phase der Programmierung offenbar werden, können die Arbeit um Monate oder Jahre verzögern. Mehr noch als auf anderen Gebieten gilt bei der Einsatzvorbereitung von Prozeßrechnern die Erfahrung, daß sich Sorgfalt und Mühe bei der Planung mit hohem Zins bei der Ausführung wieder auszahlen.

Bei der Systemplanung sind drei Bearbeitungsstufen zu unterscheiden:
— Wahl des Automatisierungsverfahrens auf Grund der Prozeßanalyse und unter Berücksichtigung der speziellen Eigenschaften des Prozeßrechners;
— Abgrenzung der vom Prozeßrechner zu übernehmenden Aufgaben gegenüber unterlagerten Automatisierungseinrichtungen und gegenüber dem Betriebspersonal;
— Wahl der grundsätzlichen Struktur (Systemstruktur) für die Anlagenausstattung und die Programmorganisation.

2 Grundlagen

Wer sich mit der Systemplanung befaßt, sollte neben Kenntnissen über Prozeßrechner und deren Betriebssysteme auch über technologische Kenntnisse des zu automatisierenden Verfahrens verfügen. Er muß mit den grundsätzlichen Verfahren der Meß-, Regelungs- und Steuerungstechnik vertraut sein sowie darüber hinaus die Automatisierungsprobleme auch „rechnergerecht" formulieren und lösen können. Dazu gehört Erfahrung mit dem Einsatz von Prozeßrechnern.

Die Probleme sind jedoch zu vielschichtig, als daß man generell anwendbare Methoden zur Lösung spezieller Einsatzfälle angeben könnte. Eine wichtige Grundlage bildet jedoch ein gutes Verständnis für die Automatisierungssysteme, wie sie mit Prozeßrechnern realisiert sind. Sie zu vermitteln ist Aufgabe dieses Teils im vorliegenden Buch.

Dazu werden die Prinzipien der **Automatisierungsverfahren** für die verschiedenen Einsatzstufen und Einsatzformen des Prozeßrechners beschrieben (Kapitel 4.2). Ihr mathematisch-physikalischer Inhalt (Teil 3) und typische Anwendungen (Teil 6) ergänzen die Darstellung.

Eng verknüpft mit der Wahl des Automatisierungsverfahrens ist die Wahl der zweckmäßigen **Systemstruktur.** Im Vordergrund stehen die Fragen der funktionellen und technischen Einbeziehung des Rechners in den Produktionsprozeß, die Programmorganisation und der Nachweis der richtig bemessenen Leistungsfähigkeit des gewählten Systems. Neben **Einrechnersystemen** (Kapitel 4.3) können bei größeren Aufgaben oder bei besonderen Anforderungen an die Verfügbarkeit des Prozeßrechners **Mehrrechnersysteme** (Kapitel 4.4) zum Einsatz kommen.

Die Systemplanung bildet auch einen wesentlichen Bestandteil der **Einsatzstudie** (Kapitel 5.1), die projektbezogen alle Phasen eines gedachten Prozeßrechnereinsatzes von der Aufgabenklärung bis zu einer Aussage über die zu erwartenden wirtschaftlichen Vorteile durchläuft. Ihr Ergebnis liefert die Basis für die Entscheidung über die Realisierung des Prozeßrechnerprojektes.

4.2 Automatisierungsverfahren

von H. BOLLMANN

Inhaltsübersicht

1 Einsatzstufen von Prozeßrechnern

Prozeßrechner werden bei Automatisierungsaufgaben mittleren Umfanges fast immer in zeitlich aufeinanderfolgenden Stufen, mit denen jeweils ein Teil der Aufgaben gelöst wird, zum Einsatz gebracht. Bei sehr umfangreichen Aufgaben gilt diese Regel praktisch ohne Ausnahme. Dafür gibt es verschiedene Gründe. Die Einsatzvorbereitung kann so viel Zeit in Anspruch nehmen, daß bis zu ihrem vollständigen Abschluß unnötig viel Zeit verstreichen würde, die für den Betrieb einer sinnvoll abgegrenzten Einsatzstufe bereits genutzt werden kann. Wesentlich häufiger hängt jedoch die Fortsetzung der Einsatzvorbereitung von Ergebnissen ab, die zuvor in einer vorausgehenden Einsatzstufe mit dem Prozeßrechner gewonnen worden sind.

Z. B. müssen für die Erstellung eines mathematischen Modells Prozeßdaten mit dem Rechner erfaßt und aufbereitet vorliegen.
Der wirtschaftlichen Realisierung eines derartig stufenweisen Einsatzes kommt die bausteinförmig erweiterbare Struktur der Prozeßrechner entgegen. Sie erlaubt für jede Stufe eine weitgehende Anpassung an die Aufgaben ohne wesentliche Vorleistung für später folgende Erweiterungen.
Unabhängig von der Aufgabenstellung lassen sich fünf aufeinanderfolgende **Einsatzstufen** abgrenzen, wobei durchaus bei einigen Anwendungen die eine oder andere Einsatzstufe nur schwach ausgebildet oder auch gar nicht vorhanden sein kann.
Die **Prozeßdatenerfassung** ist natürlich Voraussetzung für alle folgenden Stufen, zumal sie auch die notwendigen Unterlagen zur Prozeßanalyse schafft.
Die **Prozeßüberwachung** bildet heute den Schwerpunkt aller Einsätze. Sie ist wirtschaftlich sehr attraktiv und wird in Zukunft noch an Bedeutung gewinnen. Die oft zitierte abwertende Bemerkung über die „schnelle Schreibmaschine" für den ausschließlich mit Überwachungsaufgaben beschäftigten Prozeßrechner ist bei einem gut geplanten Einsatz vollkommen fehl am Platz.
Regelungen und Steuerungen, die direkt vom Prozeßrechner ausgeführt werden, sind als Einsatzstufe heute noch wenig ausgeprägt. Der bloße Ersatz festverdrahteter Einrichtungen ist aus Gründen der Betriebszuverlässigkeit und wegen mangelnder wirtschaftlicher Vorteile wenig sinnvoll. Regelungen und Steuerungen werden aber dann zweckmäßig über den Prozeßrechner geführt, wenn dieser in einer höheren Einsatzstufe besonders wirkungsvolle Algorithmen für ihre Funktionen bildet.
Die **Prozeßführung** ist als Aufgabe dem Prozeßrechner sozusagen auf den Leib geschrieben. Hier erweist sich bei technisch komplizierten Problemen seine Überlegenheit gegenüber herkömmlichen Automatisierungseinrichtungen. Unter Prozeßführung soll die programmierte Sollwertführung nach einfachen Prozeßgleichungen und nach komplexen mathematischen Modellen verstanden werden. Ferner gehört dazu die übergeordnete dispositive Steuerung von Produktionsgruppen, aber auch die Erarbeitung von Führungsgrößen für das Betriebspersonal ohne direkten Eingriff des Rechners. Diese Einsatzstufe erfordert in der Regel sehr viel Arbeit bei der Einsatzvorbereitung und nicht selten grundsätzliche verfahrenstechnische Entwicklungsarbeit. Sie ist heute noch bei vielen Anwendungen unvollständig und nur bei einigen Prozessen (z. B. Blasstahlwerk, Walzwerk, Zementfabrik) bereits weitgehend ausgereift.
Die **Prozeßoptimierung** bildet die letzte Stufe des Prozeßrechnereinsatzes und ist zugleich die anspruchsvollste hinsichtlich der technologischen Aufgabenstellung sowie der anzuwendenden Lösungsverfahren. Sie läßt dafür bei einer Reihe von technischen Prozessen aber auch den größten wirtschaftlichen Nutzen erwarten. Besonders diskontinuierliche Prozesse, wie Chargenprozesse oder Stückprozesse mit häufig wechselnden Produktionsprogram-

men, geben lohnende Ansatzpunkte für Optimierungsverfahren mit Prozeßrechnern. Bei kontinuierlichen Prozessen mit gleichbleibendem Produktionsprogramm ist der Spielraum wesentlich geringer. Wenn auch Optimierung das eigentliche Ziel darstellt, so gibt es heute doch erst wenige Prozeßrechneranwendungen, bei denen dieses Ziel im nennenswerten Umfang erreicht wurde. Das liegt an der Schwierigkeit der Aufgabe, aber auch an der Tatsache, daß in der Regel die vorausgehenden Einsatzstufen zunächst einmal in Betrieb sein müssen.

Die beschriebenen Einsatzstufen liefern zugleich eine sinnvolle Gliederung für die Beschreibung der Automatisierungsverfahren. Die Überlegung, welche Aufgaben dem Rechner übertragen werden und welches Automatisierungsverfahren zum Einsatz kommt, sollte sich grundsätzlich an den spezifischen Eigenschaften des Prozeßrechners orientieren. Seine Arbeitsweise ist so verschieden von der Arbeitsweise herkömmlicher Automatisierungsmittel, daß sich andersartige Lösungen, die oft effektvoller sind, anbieten. Die Substitution bekannter und bewährter Automatisierungseinrichtungen durch einen Prozeßrechner ohne gleichzeitige wesentliche technische Aufwertung des Lösungsverfahrens ist in den meisten Fällen nicht zu empfehlen.

Spezifische Eigenschaften des Prozeßrechners sind:

- Die hohe Verarbeitungsgeschwindigkeit für logische und arithmetische Rechenoperationen praktisch beliebigen Umfanges und Schwierigkeitsgrades.
- Die Möglichkeit, größere Mengen von Prozeßdaten oder durch weitere Verarbeitung verdichtete Daten für beliebig lange Zeit zu speichern und bei Bedarf in Bruchteilen von Sekunden oder Millisekunden zur Verfügung zu haben.
- Die mit dem Prozeßablauf schritthaltende, praktisch simultane Bearbeitung von vielen voneinander unabhängigen Aufgaben und die Möglichkeit, Verknüpfungen zwischen mehreren Aufgaben in einfacher Weise herzustellen.
- Schließlich erlaubt die freie Programmierbarkeit des Prozeßrechners die Anpassung der Automatisierungsverfahren an sich ändernde Eigenschaften eines Prozesses oder die Verbesserung des Verfahrens auf Grund neuerer Erkenntnisse.

Als technischer Nachteil des Prozeßrechners muß die Konzentration von Operationen in einem zentralen Gerät mit dem Risiko ihres Gesamtausfalls angesehen werden.

2 Prozeßdatenerfassung

2.1 Angaben zu den Prozeßdaten

Die Aufgabenstellung und die Einsatzstudie liefern Aussagen über Anzahl sowie Art der zu erfassenden Prozeßdaten. Aus den Prozeßeigenschaften und

mit dem gewählten Automatisierungsverfahren können die Erfassungsraten, das ist die Häufigkeit, mit der ein Geber abgetastet wird, festgelegt werden. Z. B. muß die Durchflußstärke für eine Durchflußregelung über den Rechner etwa einmal in der Sekunde abgetastet werden, um ein gutes Regelverhalten zu gewährleisten, während es für die Verarbeitung eines Zählerstandes u. U. genügt, alle 30 Minuten den letzten Stand abzufragen. Außerdem sind Angaben zur Darstellungsart der Prozeßdaten notwendig. Hier ist zu unterscheiden zwischen Daten, die als Signale aus dem Prozeß geliefert werden, und Daten, die von einem Datenträger abgerufen werden.
Signale können auftreten als:

- **analoge Signale** (Meßwerte, Führungswerte, Übertragungssignale);
- **binäre Signale** (Zustandsmeldungen, Stellungsmeldungen, Steuerbefehle);
- **digitale Signale** als mehrstellige Binärsignale (Zählerstände, Fernwirktelegramme, Bedienungsanweisungen).

Als materielle Datenträger kommen in Betracht: Lochkarten, Lochstreifenkarten, Ausweise.
Schließlich ist bei einigen binären und digitalen Prozeßdaten noch eine Angabe über die geforderte Reaktionszeit des Rechners bei Änderung des Signalzustandes erforderlich, um entscheiden zu können, ob eine zyklische Erfassung möglich ist oder eine sporadische Erfassung (Digitaleingabe bzw. Alarmeingabe, Kapitel 2.3) gewählt werden muß. Damit sind alle erforderlichen Angaben zur Wahl des Verfahrens der Datenerfassung aufgezählt. Bei den meisten Einsätzen kommen beide Verfahren nebeneinander zur Anwendung.

2.2 Zyklische Datenerfassung

Die Erfassungsprogramme für die Prozeßsignalformer Analogeingabe und Digitaleingabe werden in regelmäßigen Zeitabständen vom Wecker (Echtzeituhr) des Prozeßrechners gestartet. Der Zyklus richtet sich nach der höchsten Erfassungsrate. Kleinere Erfassungsraten werden durch lückende Verteilung der entsprechenden Signale auf die Grundzyklen realisiert. Damit sind Abtastperioden in ganzen Vielfachen der Grundperiode möglich. In der Praxis entscheidet man sich aus programmtechnischen Gründen nur für eine kleine Auswahl der möglichen Perioden; z. B. für 1, 5, 20 und 60 Sekunden.
Die zyklische Erfassung wird sowohl für Meßwerte als auch für Meldungen am häufigsten verwendet. Sie empfiehlt sich besonders bei höheren Erfassungsraten und vielen Prozeßdaten im Hinblick auf die zeitliche Rechnerauslastung. Bei sehr hohen Erfassungsraten müssen **extern gesteuerte Prozeßsignalformer** mit direktem Arbeitsspeicherzugriff eingesetzt werden (Kapitel 2.3).

Für **analoge Signale** können bis zu einer

$$\text{Erfassungsleistung} = \Sigma\, \text{Eingänge} \times \text{Erfassungsrate}$$

von etwa 50—100 Signalen je Sekunde Prozeßsignalformer mit integrierenden Verschlüßlern eingesetzt werden. Im Bereich von 1000—2000 Signalen je Sekunde werden bevorzugt Prozeßsignalformer mit Momentanwertverschlüsselung und programmgesteuerter Abfrage (jedes Signal wird nacheinander einzeln vom Programm abgefragt) verwendet. Obwohl dieser Typ gerätetechnisch um mehr als eine Größenordnung höhere Erfassungsleistungen zuläßt, liegt der praktisch nutzbare Bereich wegen der zeitlichen Rechnerbelastung durch das Erfassungsprogramm nur bei den oben angegebenen Werten. Mit den externgesteuerten Prozeßsignalformern können bei mäßiger Rechnerbelastung Erfassungsleistungen bis zu 100 000 Signalen je Sekunde und darüber realisiert werden. Die Grenze ist bei diesem Gerät durch die Geschwindigkeit des verwendeten Analog–Digitalumsetzers gegeben.

Die programmgesteuerte Analogwerterfassung erlaubt in einfacher Weise die **dynamische Änderung der Sequenz** (bei laufendem Erfassungsprogramm) und der Erfassungsrate (Bild 1 a). Es werden im Erfassungsprogramm lediglich die Adressen der Meßwerte geändert. Das erfordert bei externgesteuerten Analogeingaben wesentlich mehr Aufwand. Während bei **unveränderlicher Sequenz** durch einen externen Zähler jeweils die Meßstellenadresse um eine Einheit weiter gezählt wird (Bild 1 b), muß bei **veränderlicher Sequenz** die Meßstellenadresse mit jedem Zyklus vom Rechner vorgegeben werden. Dazu ist eine zusätzliche Steuerung notwendig, die aus dem Arbeitsspeicher selbständig die Adressen liest (Bild 1 c). Zur dynamischen Änderung der Sequenz und Erfassungsrate wird die Adressenliste entsprechend geändert.

Binärsignale werden nicht einzeln wie Analogsignale, sondern wortweise (z. B. 24 Binärsignale je Wort) vom Rechner übernommen. Voraussetzung ist, daß die Signale auch tatsächlich wortweise zusammengefaßt am Prozeßsignalformer aufgelegt werden. Dadurch liegt die ausnutzbare Erfassungsleistung bei programmgesteuerter Erfassung wesentlich höher. Sie hat ihre Grenze etwa bei 30000—50000 Signale je Sekunde. Bei größeren Erfassungsleistungen müssen ebenfalls externgesteuerte Digitaleingaben eingesetzt werden.

Die relativ hohe Erfassungsleistung der **programmgesteuerten Eingabe** ermöglicht aufwandsarme Lösungen für die zeitfolgerichtige Erfassung auch sporadisch auftretender Meldungen. Normalerweise wird man für diese Meldungen Alarmeingänge vorsehen, die jedoch etwa doppelt so teuer sind wie normale Digitaleingänge. Man kann ebenso normale Digitaleingänge verwenden, diese im schnellen Zyklus abfragen und auf Änderung des Signalzustandes untersuchen. Der Zyklus darf dann nicht länger dauern als die geforderte Auflösungszeit. Das ist die minimale Zeit, bei der zwei aufeinanderfolgende Meldungen noch unterschieden werden können. Sie beträgt z. B. bei insgesamt 1500 Meldungen ca. 20 ms. Werden wesentlich kleinere Auflösungszeiten gefordert oder ist die zeitliche Auslastung des Rechners durch andere Aufgaben groß, so verbietet sich dieses Verfahren.

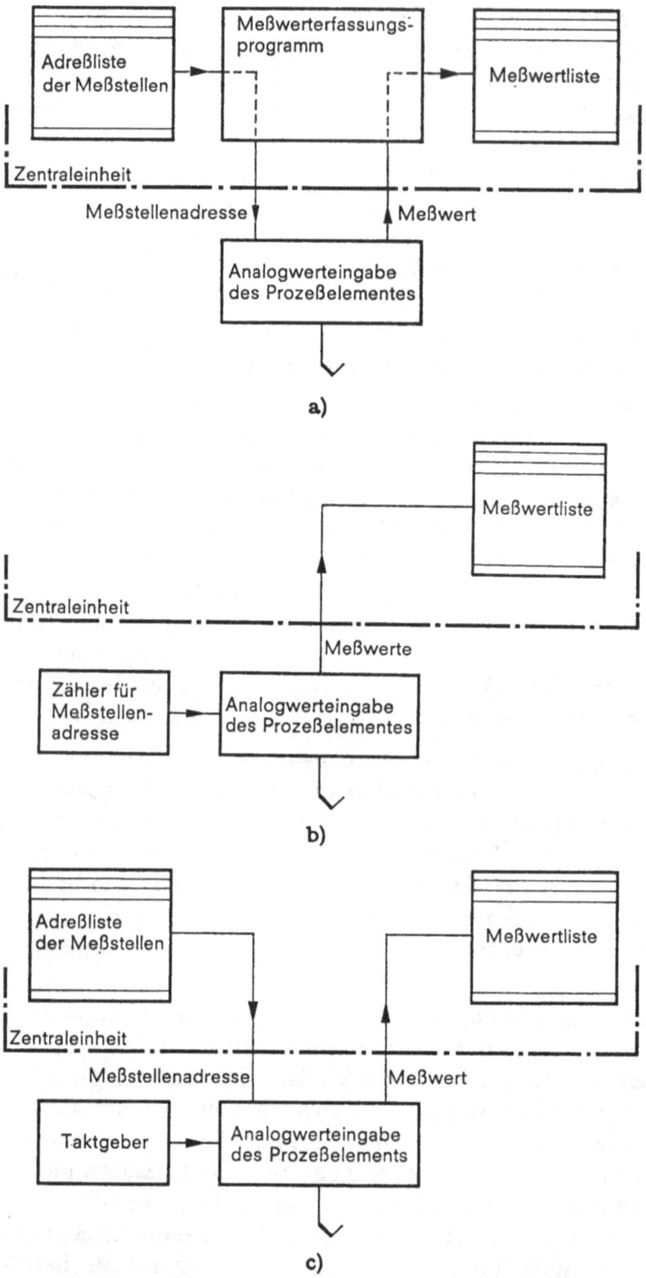

Bild 1: Analogwerterfassung

a) programmgesteuert
b) externgesteuert mit fester Sequenz
c) externgesteuert mit variabler Sequenz

2.3 Sporadische Datenerfassung

Die sporadische Datenerfassung ist naturgemäß bei diskontinuierlichen Prozessen von größerer Bedeutung als bei kontinuierlichen Prozessen. Der Anstoß zur Erfassung kommt von Alarmsignalen aus dem Prozeß, mit denen entweder ein spezielles Erfassungsprogramm oder ein komplettes Anwenderprogramm mit eigener Datenerfassung gestartet wird. Da die momentanen und erst recht die mittleren Erfassungsraten klein sind, spielen Probleme der zeitlichen Rechnerbelastung im allgemeinen eine untergeordnete Rolle.
Bei der Automatisierung von Walzwerken werden die Prozeßdaten z. B. ausschließlich sporadisch erfaßt. Das Walzgut selbst löst beim Passieren von Lichtschranken oder ähnlichen Lagegebern über Alarme die Erfassung von Temperaturmeßwerten, Walzdruck, Drehzahl und anderen aus. Ebenso wird die Übernahme von Bedienungsanweisungen für den Rechner über Tastaturen immer durch Alarme eingeleitet.

2.4 Aufwandsarme Erfassungsmethoden

Für den Anschluß binärer und digitaler Signale an den Prozeßrechner sind unter bestimmten Voraussetzungen aufwandsarme Lösungen möglich. Die gruppenweise organisierte Übernahme von Binärmeldungen (Bild 2a) über eine schmale Nahtstelle der Digitaleingabe (z. B. 1 Wort à 24 Bit) des Prozeßrechners geschieht durch ein zyklisch arbeitendes Erfassungsprogramm. Je Gruppe wird über eine Digitalausgabe die Abfragespannung auf die Kontakte einer Gruppe durchgeschaltet (Anwahl). Da zwischen der Anregung und der vollzogenen Durchschaltung einige Millisekunden vergehen, wird die Abfrage der Digitaleingabe vom Programm um diese Zeit verzögert. Das Verfahren ist durch die Wartezeiten uneffektiver als die direkte Abfrage und deshalb nur für kleinere bis mittlere Erfassungsraten verwendbar. Außerdem müssen die zu erfassenden Meldungen als potentialfreie Kontakte angeboten werden.
Ein ähnliches Verfahren kann für die Abfrage digitaler Signale mit gleichem Format (z. B. Zählwerte), die räumlich über ein größeres Gebiet verteilt sind, eingesetzt werden (Bild 2b). Nach dem Prinzip der Linienabfrage werden die Ausgangskontakte der Geber alle an die gleichen Leitungen, nämlich die Linie, angeschlossen, und der einzelne Geber wird durch Aufschaltung einer Spannung über eine Digitalausgabe abgefragt. Bei diesem Verfahren erhält man nicht nur eine schmale Nahtstelle am Prozeßelement des Rechners, sondern man spart durch die Ringleitung erheblich an Kabelkosten gegenüber einer sternförmigen Verkabelung.
Ein spezielles Problem stellt die Ankopplung von Fernwirkempfängern an den Prozeßrechner dar. Beim Einsatz von Prozeßrechnern in Lastverteileranlagen elektrischer Versorgungsnetze und für die automatische Betriebsführung von Gas- und Ölpipelines muß der größte Teil der Prozeßdaten von

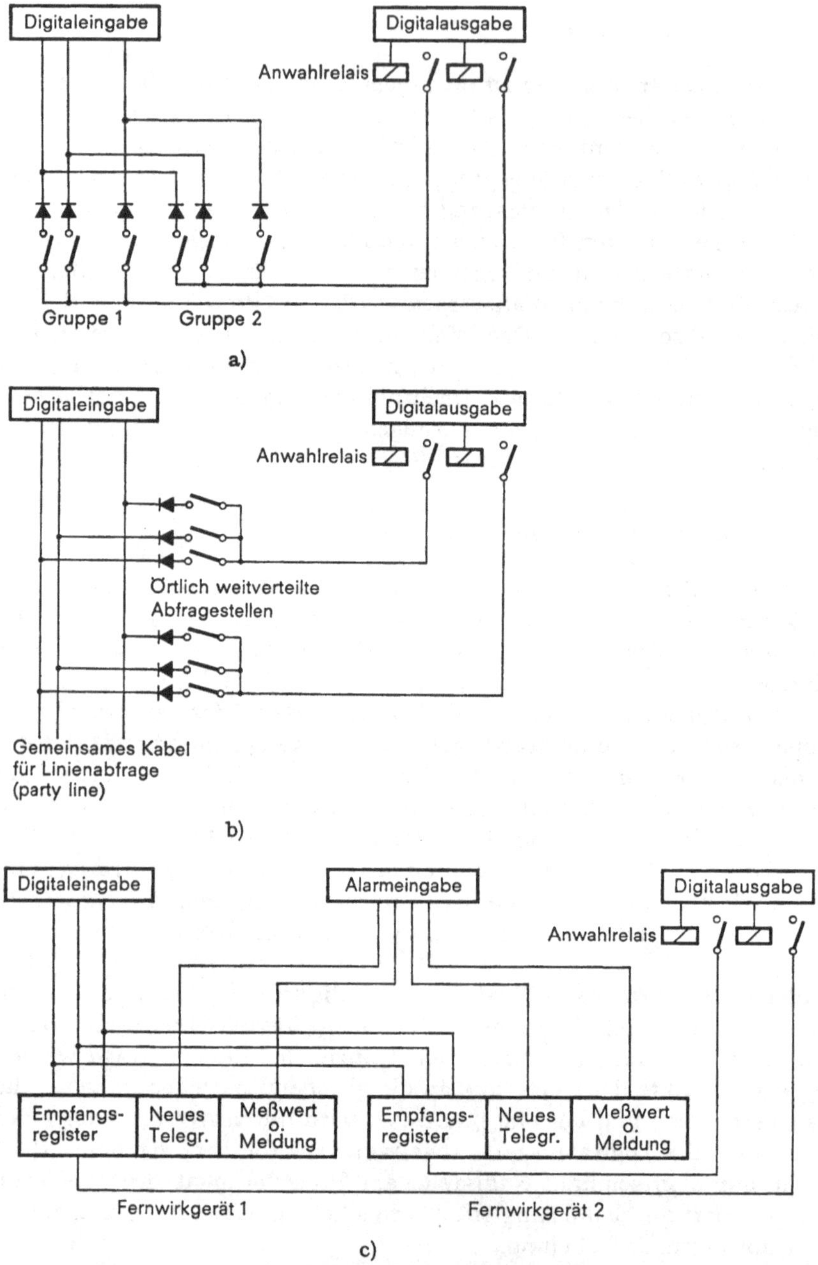

Bild 2: Aufwandsarme Erfassung binärer und analoger Signale

a) Eingabe durch gruppenweise Anwahl
b) Eingabe örtlich weit verteilter Digitalwerte über zeitmultiplexe Linienabfrage
c) zeitmultiplexe Übernahme von Fernwirktelegrammen mit Meßwerten und Meldungen

Fernwirkgeräten übernommen werden. Für eine aufwandsarme Lösung werden die Fernwirkempfangsregister direkt vom Rechner abgefragt, wobei wiederum mehrere Empfangsregister nacheinander auf die gleichen Digitaleingaben geschaltet werden können, wenn die Übertragungsgeschwindigkeit die zeitliche Schachtelung zuläßt. Um nicht jedes Fernwirktelegramm übernehmen zu müssen, wird es im Empfänger geprüft und nach Meßwert- oder Meldungstelegramm unterschieden. Die Meßwerttelegramme werden nur auf Anforderung des Rechners übernommen, während die Meldungstelegramme ohnehin nur bei Meldungsänderungen sporadisch erscheinen und dann übernommen werden müssen (Bild 2c). Die Interpretation der Fernwirktelegramme (Decodierung) wird von dem Erfassungsprogramm erledigt. Diese Lösung ergibt eine sehr effektive Ausnutzung der Nahtstelle zum Prozeß.

Bei der Erfassung von Impulswerten anstelle von Zählerständen könnte durch Wegfall von Zählwertspeichern, mehradrigen Übertragungseinrichtungen und Digitaleingaben unter Umständen viel Aufwand gespart werden. Dafür müssen die Nachteile des Informationsverlustes bei nicht verfügbarem Prozeßrechner und die hohe zeitliche Rechnerbelastung bei hohen Impulsfrequenzen in Kauf genommen werden. Im Zweifelsfall gilt die allgemeine Regel beim Einsatz eines Prozeßrechners: Möglichst Eingabe von absoluten Werten und Ausgabe von inkrementellen Werten (siehe auch DDC-Regelung Kapitel 6.4).

2.5 Materielle Datenträger

Abschließend zu den Verfahren der Prozeßdatenerfassung sind noch die materiellen Datenträger in Form von Lochkarten, Lochstreifenkarten oder maschinenlesbaren Ausweisen zu erwähnen. Lochkarten werden als Träger für Steuerinformationen, Rezepturen oder Sollwerte bei Programmregelungen verwendet. Als Produktbegleitkarte, auf der z. B. die Qualitätsmerkmale einzelner Bearbeitungsstufen vermerkt werden, konkurriert sie mit der Lochstreifenkarte (Bild 3). Sie hat den Vorteil, daß neben der abgelochten maschinenlesbaren Information noch der entsprechende Klartext aufgezeichnet wird. Für beide Datenträger gibt es relativ preiswerte einfache Lesegeräte, die im Produktionsbetrieb aufgestellt werden können. Der Ausweis trägt unveränderliche Informationen und wird vorwiegend zur Identifizierung von Personen oder Typen z. B. bei der Produktionsüberwachung eingesetzt. Die materiellen Datenträger spielen bei der Prozeßdatenverarbeitung nicht die Rolle wie die direkte Datenerfassung über Prozeßsignalformer. Sie haben jedoch den Vorteil, daß sie relativ sicher viele Informationen an verschiedenen Stationen aufnehmen können und dem fertigen Produkt zur Kennzeichnung beigegeben werden können.

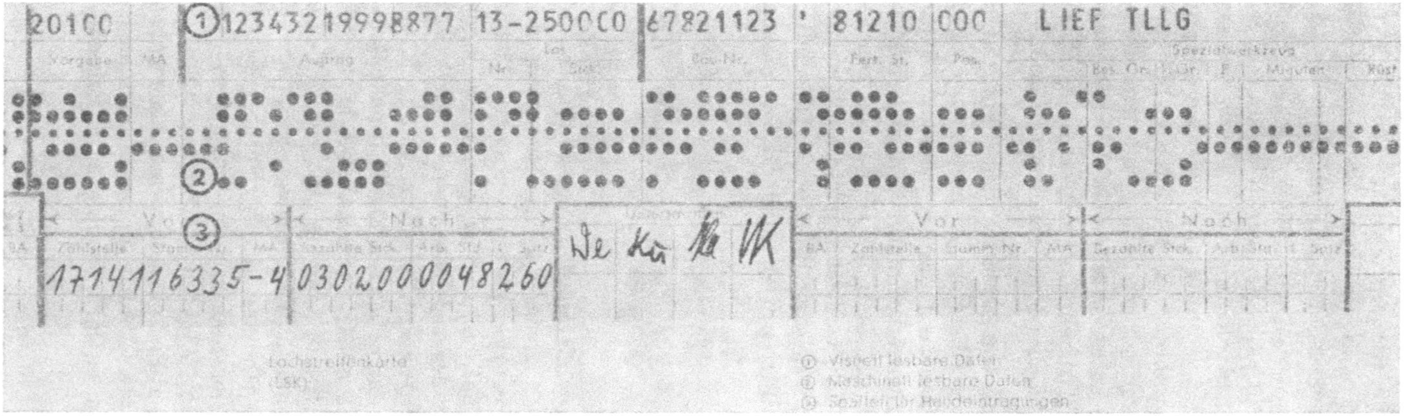

Bild 3: Lochstreifenkarte

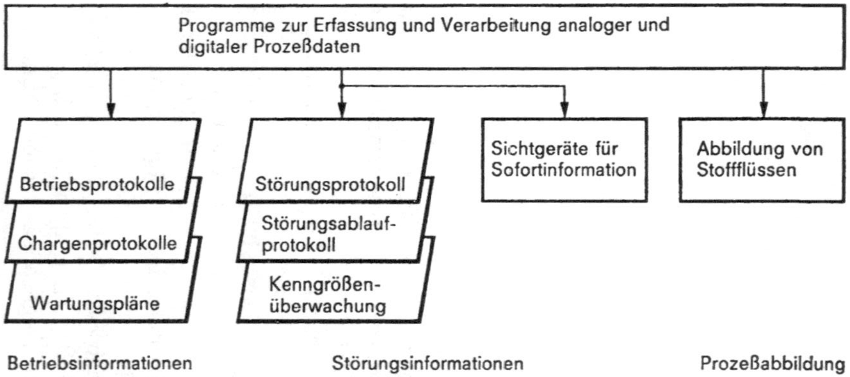

Bild 4: Übersicht der Aufgaben zur Prozeßüberwachung

3 Prozeßüberwachung

3.1 Aufgaben

Die Prozeßüberwachung umfaßt drei große Gruppen von Aufgaben (Bild 4):

- Überwachung des störungsfrei arbeitenden Prozesses und Erstellen von Betriebsprotokollen mit wenigen aussagefähigen summarischen Angaben zur Information des Betriebspersonals und der Unternehmungsleitung. Ferner die Verarbeitung von Prozeßdaten für statistische Aufstellungen.
- Erkennen von Störungen im Prozeßablauf, Analyse der Störung und Ausgabe von Störungsprotokollen mit möglichst vielen und detaillierten Angaben zur Störungsursache und zum Störungsablauf. Ferner kann der Prozeßrechner bei guter Kenntnis der internen Prozeßabläufe sich anbahnende Störungen rechtzeitig erkennen, so daß schädlichen Auswirkungen begegnet werden kann.
- Die Stoffflußverfolgung für flüssige und feste Produkte. Dabei führt der Rechner ein Abbild des Materialflusses, an Hand dessen Produktionsanweisungen ausgegeben, Datenzuordnungen (neue Qualitätsmerkmale) getroffen und Störungen im Produktionsfluß erkannt werden.

3.2 Betriebsprotokolle

Die von Anwendung zu Anwendung sehr unterschiedliche Protokollierung hat als gemeinsames Kennzeichen die Beschränkung auf die wirklich wesentlichen und aussagefähigen Daten. Neben direkt meßbaren Prozeßgrößen erscheinen deshalb in den Betriebsprotokollen errechnete Prozeßgrößen (reduzierte Werte), z. B. Verbrauchssalden, aufsummierte Produktionszahlen aber auch die Ergebnisse komplizierter Rechnungen wie der Prozeßwirkungsgrad. Der Vorteil des Prozeßrechners liegt für diese Aufgabe in der aktuellen und objektiven Berichterstattung gegenüber der bisher überwiegend manuell betriebenen Protokollierung. In Verbindung mit den aussagefähigeren Angaben ergibt sich eine bessere Transparenz des Prozeßablaufes und damit eine bessere Basis für Entscheidungen der Unternehmensleitung.
Als Betriebsprotokolle werden fast ohne Ausnahme vorgedruckte Formate verwendet mit Bezeichnung der Prozeßgrößen, in die der Rechner die gemessenen oder errechneten Werte einträgt. Bei diskontinuierlichen Prozessen (Bild 5) werden die Betriebsprotokolle mit dem Abschluß einer Charge oder der Bearbeitung eines Produktes (z. B. Walzprotokoll) erstellt. Zusätzlich werden noch Schicht- oder Tagesprotokolle mit summierten Angaben ausgegeben. Bei kontinuierlichen Prozessen erfolgt die Protokollierung selbsttätig in regelmäßigen Zeitabständen (Stundenprotokoll im Kraftwerk) oder auch auf Anforderung des Betriebspersonals.
Da die Betriebsprotokolle nicht unmittelbar für die Betriebsführung benötigt werden, können sie auf langsamen druckenden Geräten in Nebenräumen des

Wartengebäudes ausgegeben werden. Wegen des vorgedruckten Formates wird jedem Protokolltyp ein Drucker zugeordnet.
Eine besondere Aufgabe in dieser Gruppe ist die Betriebszeitüberwachung. Der Rechner registriert selbsttätig die Betriebszeit der verschiedenen Produktionseinrichtungen an Hand der Zustandsmeldungen und der internen Uhr. Die summierten Betriebszeiten werden z. B. wöchentlich oder auf Anforderung ausgedruckt, wobei auch die Zeit bis zur fälligen Wartung mit

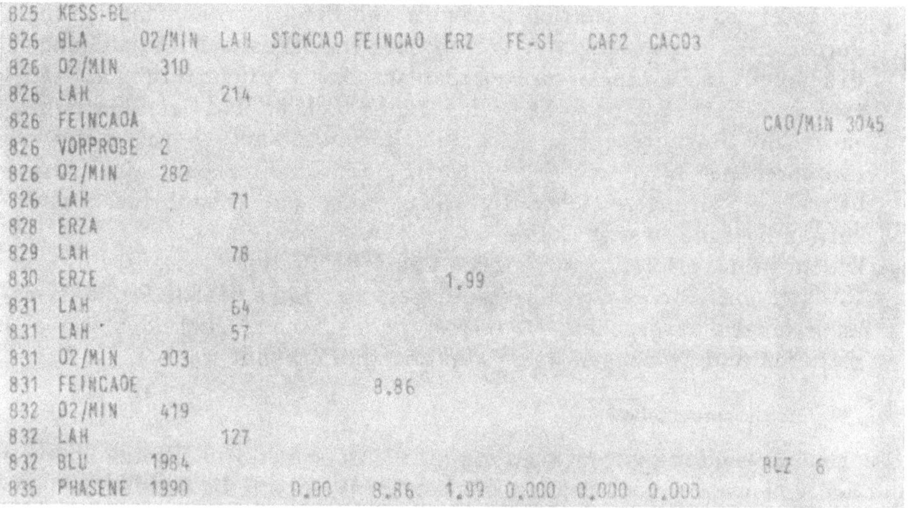

```
825 KESS-BL
826 BLA       O2/MIN  LAH  STCKCAO FEINCAO  ERZ   FE-SI   CAF2  CACO3
826 O2/MIN     310
826 LAH                214
826 FEINCAOA                                                          CAO/MIN 3045
826 VORPROBE  2
826 O2/MIN     282
826 LAH                71
828 ERZA
829 LAH                78
830 ERZE                                 1.99
831 LAH                64
831 LAH                57
831 O2/MIN     303
831 FEINCAOE                    8.86
832 O2/MIN     419
832 LAH                127
832 BLU       1984                                                     BLZ  6
835 PHASENE   1990         0.00   8.86   1.99  0.000  0.000  0.003
```

Bild 5: Chargenprotokoll eines Sauerstoffaufblaskonverters

Der Ausschnitt aus dem Blattschreiber-Ausdruck läßt den Verlauf einer Blasphase erkennen. Beginnend mit der Uhrzeit (8h 25) erscheinen die Operationsmeldungen aus dem Prozeß z. B. der Sauerstoff-Blasstrom (O_2/min), die Höhenstellung der Blas-Lanze über dem Bad (LAH), Zugaben von Erz (ERZ 1,99 t) und von Feinkalk (FEINCAO 8,36 t) am Blasphasenende (8 h35) erkennt man die Sauerstoffmenge (1990 m^3) und die Zugabemengen

im Protokoll aufgeführt wird. Die Daten dienen in Verbindung mit anderen Betriebsdaten zur Planung der Wartungs- und Revisionsarbeiten. Falls sinnvoll, kann ein koordinierter Schmier- und Wartungsplan auch vom Prozeßrechner direkt erstellt werden.

3.3 Störungserfassung

Es sind einzelne Prozeßgrößen, korrespondierende Prozeßgrößen, nicht meßbare Prozeßgrößen und ganze Produktionseinrichtungen zu überwachen.
Bei einzelnen **Prozeßgrößen** werden abnormale Zustände entweder durch externe Grenzwertgeber erfaßt und dem Prozeßrechner als binäres Signal mitgeteilt, oder der Rechner führt die Grenzwertüberwachung selbst mit dem zyklisch erfaßten Meßwert der Prozeßgröße durch. Beim letzten Verfahren können die Grenzwerte leicht geändert, mehrere gestaffelte Grenzwerte eingeführt oder gleitende Grenzen verwendet werden. In einem **Störungsproto-**

koll werden die auftretenden Meldungen im Klartext mit Angabe der Uhrzeit und in der chronologisch richtigen Reihenfolge ausgegeben. Erreicht eine Prozeßgröße wieder den normalen Betriebsbereich, kann dies ebenfalls mit ausgegeben werden. Kommende und verschwindende Meldungen werden z. B. durch Rot- bzw. Schwarzdruck unterschiedlich kenntlich gemacht. Gegenüber herkömmlichen Überwachungseinrichtungen hat der Prozeßrechner neben den einfach zu ändernden Grenzwerten den Vorteil der zeitfolgerichtigen Registrierung, die eine wesentlich klarere und schnellere Analyse einer Störung erlaubt.

Störungsmeldungen müssen vom Betriebspersonal sofort bemerkt werden, um gegebenenfalls rechtzeitig die richtigen Maßnahmen zu treffen. Bei relativ langsam schreibenden Druckern und vielen fast gleichzeitig auftretenden Meldungen kann das Erscheinen der letzten Meldung im Protokoll eventuell zu lange dauern. Man geht deshalb mehr und mehr dazu über, für die Sofortinformation des Betriebspersonals die Störmeldungen primär in der Warte auf einem Sichtgerät anzuzeigen und den Drucker im Nebenraum aufzustellen. Das geschriebene Protokoll dient dann zur Führung des Betriebstagebuchs.

Eine weitere Verbesserung der Störungsanalyse ergibt sich durch die Überwachung **korrespondierender Prozeßgrößen.** Bei diesem Verfahren wird der Verlauf der wichtigsten Prozeßgrößen für die Dauer einiger Minuten im Rechner gespeichert, wobei neue Werte die jeweils ältesten ablösen. Beim Auftreten einer Störung wird die auslösende Meldung selbst zusammen mit korrespondierenden Prozeßgrößen und ihr Verlauf vor und nach der Störung in einem **Störablaufprotokoll** ausgedruckt. Dieses Verfahren — auch als „post mortem review" bekannt — ist ein außerordentlich leistungsfähiges Mittel zur Störungsanalyse und zugleich ein gutes Beispiel für die Nutzung der spezifischen Eigenschaften eines Prozeßrechners. Es erfordert allerdings eingehende Studien, um die richtigen Korrespondenzen zu wählen, und einen Externspeicher für die relativ vielen Daten. Zur Ausgabe eignet sich das Sichtgerät oder auch ein langsamer Drucker.

Die Überwachung **nicht direkt meßbarer Prozeßgrößen** wird auf die Auswertung meßbarer Größen zurückgeführt. Dazu müssen die entsprechenden Beziehungen (Prozeßgleichungen) ausreichend bekannt sein, um die Fehlertoleranzen des errechneten Wertes klein genug zu halten. Ein einfaches Beispiel ist die Berechnung und Überwachung des Drehmoments beim Walzgerüst aus Spannung, Strom und Drehzahl des Hauptantriebes. Wesentlich aufwendiger ist z. B. die Überwachung der Kühlkanalfaktoren im Reaktor eines Kernkraftwerkes. Ausgehend von Meßwerten der Kerninstrumentierung werden die Leistungsdichteverteilung im Reaktorkern und daraus der Kühlkanal mit der höchsten Aufwärmspanne errechnet. Solche Verfahren sind charakteristisch für die Anwendung von Prozeßrechnern und kehren im Prinzip bei der Prozeßführung mit mathematischen Modellen und bei der Optimierung wieder.

Die **Überwachung kompletter Teilaggregate** eines Prozesses dient in der Regel der Erkennung einer sich anbahnenden Störung. Auch hierbei wird aus einer Reihe meßbarer Prozeßgrößen über beschreibende logische oder arithmetische Prozeßgleichungen auf die Funktion des Aggregates geschlossen. Beim Auswandern der errechneten Größe aus einem vorgegebenen Bereich erhält das Betriebspersonal eine Meldung mit Angabe der wahrscheinlichen Störungsursache. Die Überwachung einer Pumpe auf Fördermenge über Förderhöhe ist wieder ein einfaches Beispiel. Komplizierter ist dagegen die Überwachung einer Zementrohmühle auf Über- oder Unterschreiten des zulässigen Füllgrades.

Bei den zuletzt beschriebenen Überwachungsverfahren liegt das Problem in der Aufstellung der Prozeßgleichungen. Die Realisierung der Lösung auf dem Prozeßrechner ist der einfachere Teil der Aufgabe.

3.4 Stofffflußverfolgung

Der Rechner führt ein Abbild der Transportwege und Läger einschließlich ihrer Belegung. Der Prozeß wird abhängig von der Aufgabenstellung in genügend kleine Abschnitte unterteilt. Bei festen Materialien wählt man den Abschnitt so, daß sich in ihm nur jeweils eine Einheit befinden kann (Lagerfach, Behälter, Strecke). Ferner wird jeder Produkteinheit eine Kennung im Rechner zugeordnet. Auf Meldungen aus dem Prozeß oder durch Berechnung der Verweilzeiten an Hand von Modellen werden die Kennzeichen im Abbild umgespeichert. Das Abbild selbst wird benutzt, um im richtigen Zeitpunkt für den richtigen Abschnitt Steuerbefehle, Bearbeitungsprogramme oder andere Führungswerte auszugeben. Ferner können vom Abbild gesteuert Prozeßdaten erfaßt und den Einheiten zugeordnet werden.

Bei stückigem Material wird man versuchen, der zu verfolgenden Einheit selbst eine maschinenlesbare Kennung mitzugeben, die an den entscheidenden Stellen im Transportsystem abgefragt wird. Für einen Container besteht eine solche Kennung z. B. aus binär codierten Rastern von Eisenplättchen, die zur Abfrage an einem Näherungsindikator vorbeilaufen. Damit ist eine einfache Synchronisierung des Abbildes mit der tatsächlichen Belegung des Transportsystems beim Start des Überwachungsprogrammes möglich. Abbildungsfehler sind weitgehend ausgeschlossen.

Wenn dem Material keine Kennung mitgegeben werden kann — z. B. ist das bei heißem Walzgut unmöglich — muß abhängig von einfachen Änderungssignalen an den Abschnittgrenzen (Lichtschranken, Endkontakte) die Umspeicherung veranlaßt werden. Abbildungsfehler durch versagende Geber oder störende Eingriffe in das Transportsystem sind bei diesem indirekten Verfahren leichter möglich. Man muß deshalb zusätzlich Kontrollen vorsehen. Beim indirekten Verfahren muß ferner beim Start des Überwachungsprogramms vom Beginn der Abbildungsstrecke ab „eingefädelt" werden.

Bei flüssigen Materialien ist die Aufgabe noch schwieriger, da dem Material weder eine lesbare Kennung mitgegeben werden kann noch vom Materialfluß Änderungsssignale abgeleitet werden können. Man ist hierbei vollständig auf Modelle zur Berechnung der Lauf- und Verweilzeiten angewiesen. Nach diesen Verfahren werden z. B. die verschiedenen Produkte (Batches) in Produktenpipelines verfolgt, um die zur Förderung der einzelnen Produkte erforderlichen Pumpkosten zuordnen zu können oder Entnahmeventile zu betätigen.

Obwohl nur die am häufigsten zur Anwendung kommenden Verfahren der Prozeßüberwachung in großen Zügen beschrieben wurden, zeigt dieser Abschnitt doch die Vielfalt der Möglichkeiten und ihre Nutzung für eine verbesserte Betriebsführung. Die Möglichkeiten der Prozeßüberwachung werden in Zukunft aber noch wachsen durch den Einsatz von großen **Universalsichtgeräten,** die umfangreiche graphische Darstellungen mit Texten und Zahlenwerten erlauben. Auf den Bildschirmen der Sichtgeräte können Fließbilder bzw. Blindschaltbilder des Prozesses mit eingeblendeten Meßwerten, Stellungszeichen und Meldungen, die ständig aktualisiert werden, ausgegeben werden. Durch Anwahl können nacheinander verschiedene Teilbereiche und durch Änderung des Abbildungsmaßstabes lupenartig vergrößerte Abschnitte dargestellt werden.

Der Einsatz von Sichtgeräten wird das Bild der herkömmlichen Warte verändern, indem ein wesentlicher Teil der heute notwendigen Instrumentierung entfällt. Die Aufgaben können viel wirkungsvoller mit Sichtgeräten gelöst werden. Bemerkenswerte Vorteile sind die hochwertigere Informationsdarstellung und der sehr geringe Raumbedarf. Auf der anderen Seite wird bei dieser Lösung der Prozeßrechner weit mehr als heute in die allgemeine Instrumentierung einbezogen werden. Da dann bei einem Ausfall des Rechners notwendige Informationen für die Prozeßführung fehlen, muß dem Problem der Verfügbarkeit besondere Beachtung geschenkt werden.

4 Regelungen und Steuerungen

Diese Einsatzstufe des Prozeßrechners umfaßt die Übernahme von Regelungen und Steuerungen mit direktem Eingriff des Rechners in die Stellorgane der Regelkreise oder in die Schaltgeräte der Steuerkreise. Die Aufgaben werden vielfach auch unter dem Begriff „Direct Digital Control" (DDC) zusammengefaßt. Von allen Aufgabengebieten ist die Frage, ob ein Prozeßrechner DDC-Aufgaben übernehmen soll oder nicht, wohl am heftigsten diskutiert und bis heute noch nicht endgültig beantwortet worden.

Die eigentlichen Verfahren (Kapitel 6.3 und 6.4) sind relativ einfach und sind nach drei Aufgabengruppen zu unterscheiden:

— **Einstufige Steuerungen,** bei denen eine Anzahl von binären Kriterien (Stellungsmeldungen, Grenzwerte oder Zeitintervalle) logisch miteinander zu einer Bedingung verknüpft werden, bei deren Erfüllung Befehle an den Prozeß ausgegeben werden. Z. B. wird die Stellung einer Weiche in einem Transportsystem abhängig vom Zielort gesteuert.

- **Mehrstufige Steuerungen,** die aus einer Kette von einstufigen Steuerungen bestehen, wobei in die Bedingungen des nächsten Steuerungsschrittes die Rückmeldungen der ausgeführten Befehle vom vorhergehenden Schritt eingehen. Derartige Folgesteuerungen (englisch „sequential control") werden z. B. zum Anfahren von Aggregaten oder als Programmsteuerungen für chemische Reaktoren verwendet.
- Einfache **Regelkreise,** die überwiegend nach einheitlichen Regelalgorithmen — z. B. PI, PID — arbeiten.

Der Prozeßrechner wickelt diese Aufgaben im Prinzip alle nach dem gleichen Verfahren ab. Die vielen gleichartigen Regel- oder Steuerkreise werden zyklisch — z. B. einmal je Sekunde — nacheinander bearbeitet. Ein Kernprogramm mit den Regel- bzw. Steueralgorithmen entnimmt aus einer Liste die jeweils geltenden Parameter, tastet die Meßwerte und Signale ab, errechnet die Stellgröße und gibt die Stellbefehle aus.

Das Verfahren läßt bereits eine technische Grenze für den Einsatz eines Prozeßrechners erkennen. Der erforderliche zeitliche Bearbeitungszyklus darf nicht zu klein werden, um die zeitliche Belastung des Rechners in vernünftigen Grenzen zu halten. Als Anhaltswert kann für die untere Grenze bei nicht zu vielen Steuer- bzw. Regelkreisen ein Bearbeitungszyklus von 0,2 bis 0,5 Sekunden gelten. Damit ist der Einsatz von Prozeßrechnern für Regelungen auf wärme- und verfahrenstechnische Prozesse beschränkt. Schnelle Antriebsregelungen würden den Rechner zeitlich zu stark belasten.

Das nächste bei der Systemplanung zu beachtende Kriterium ist die erforderliche **Verfügbarkeit** der Regelungen und Steuerungen. Falls keine besonderen Maßnahmen zur Erhöhung der Verfügbarkeit getroffen werden, sollten hinsichtlich kurzzeitiger Unterbrechungen kritische Regel- und Steuerkreise nicht auf den Prozeßrechner übernommen werden. Dazu gehören z. B. Steuerkreise, die Schutzfunktionen haben, und Regelkreise, die im offenen Zustand instabil sind.

Schließlich bleibt als letztes übrig, die Frage der **Wirtschaftlichkeit** zu untersuchen. Wenn ausschließlich DDC-Aufgaben mit dem Prozeßrechner bearbeitet werden sollen, werden verschiedentlich als untere Grenze der Wirtschaftlichkeit bei Substitution konventioneller Geräte 100 Regelkreise genannt. Für Steuerungen, die meist nicht eine so einheitliche Struktur wie Regelungen haben, läßt sich eine Grenze allgemein nicht angeben. Man wird jedoch mit einem Prozeßrechner immer eine **technische Verbesserung** der Regelung und Steuerung erreichen wollen, die wirtschaftlich von Fall zu Fall zu bewerten ist und diese Grenze erheblich verschieben kann. Zu den technischen Verbesserungen zählen bei Regelungen bereichsabhängige Algorithmus- und Parametereinstellungen, Störgrößenaufschaltungen, einfachere Bedienbarkeit und Wartungsfreiheit (Langzeitkonstanz). Bei Steuerungen ist

vor allem die einfache Änderungsmöglichkeit von Steuerprogrammen und die sehr viel bessere Überwachung der automatischen Abläufe durch das Betriebspersonal durch Ausgabe von Meldungen auf Drucker oder Sichtgeräte zu werten.
Überwiegend werden heute DDC-Aufgaben im kleineren bis mittleren Umfang zusammen mit anderen Aufgaben auf dem Prozeßrechner bearbeitet. Die obige Frage der Wirtschaftlichkeitsgrenze tritt dadurch noch mehr in den Hintergrund, während die technischen Vorteile bei der Systemplanung den Ausschlag geben. Diese können bei einigen Anwendungen so bedeutend sein, daß selbst Aufwendungen für Mehrrechnersysteme zur Erhöhung der Verfügbarkeit in Kauf genommen werden.

5 Prozeßführung

5.1 Aufgabe

Die automatische Prozeßführung ist bei einer großen Zahl von Anwendungen das eigentliche Ziel des Rechnereinsatzes. Bisher mußten diese Aufgaben überwiegend vom Betriebspersonal durchgeführt werden, da die Automatisierung mit festverdrahteten Einrichtungen der Steuerungs- und Regelungstechnik nicht oder nicht im wünschenswerten Umfang möglich war. Der Prozeßrechner ist dagegen mit allen dafür erforderlichen Eigenschaften ausgestattet.
Damit ist aber nur eine Voraussetzung erfüllt. Die erfolgreiche Realisierung dieser Einsatzstufe hängt entscheidend davon ab, ob es gelingt, die inneren Zusammenhänge des zu automatisierenden Prozesses zu analysieren und systematische Verfahren zur Prozeßführung zu entwickeln, deren mathematisch-physikalischen Grundlagen bereits oben (Teil 3) ausführlich beschrieben sind. Wenn sich im Planungsstadium noch kein sicheres Urteil über die Einsatzfähigkeit der Verfahren bilden läßt, ist dringend geraten, im Rahmen einer Einsatzstudie diese Frage zu untersuchen, bevor mit der Einsatzvorbereitung begonnen wird.
In diesem Abschnitt sollen Hinweise gegeben werden, unter welchen Bedingungen die verschiedenen Verfahren als Automatisierungssystem vorteilhaft eingesetzt werden können. Anders als in den vorangegangenen Abschnitten spielen dabei Probleme der optimalen Ausnutzung spezifischer Rechnereigenschaften eine mehr sekundäre Rolle. Es gibt auch kaum generell verwendbare Modularprogramme für die Prozeßführung, wie sie z. B. für die Prozeßüberwachung und für DDC-Aufgaben eingesetzt werden. Dagegen müssen die meist umfangreichen und rechenintensiven Programme für die Prozeßführung zunächst problemorientiert erstellt werden.
Unter dem Begriff Prozeßführung sollen alle Aufgaben der Sollwertführung, der Einsatzsteuerung von Produktionseinrichtungen und der Erarbeitung von Anweisungen für das Betriebspersonal verstanden werden. Die Abgren-

zung gegenüber der „Prozeßoptimierung" (Abschnitt 6) besteht in der **Führung nach vorgegebenen Sollwerten, die nicht vom Prozeßrechner optimiert werden.** Ob ein direkter Eingriff des Prozeßrechners in die Stellglieder der Anlage notwendig und sinnvoll ist, hängt von der erforderlichen Reaktionszeit ab. Der Aufgabe nach gehören eine Reihe von Verfahren ohne direkten Eingriff mit zu dieser Einsatzstufe.

5.2 Führung nach Festprogramm

Die einfachste Form der Prozeßführung ist die nach einem fest vorgegebenen Programm (Bild 6). Sie wird bei Stückprozessen und Chargenprozessen mit häufigem Wechsel des Produktionsprogramms gewählt, wenn komplexe Ab-

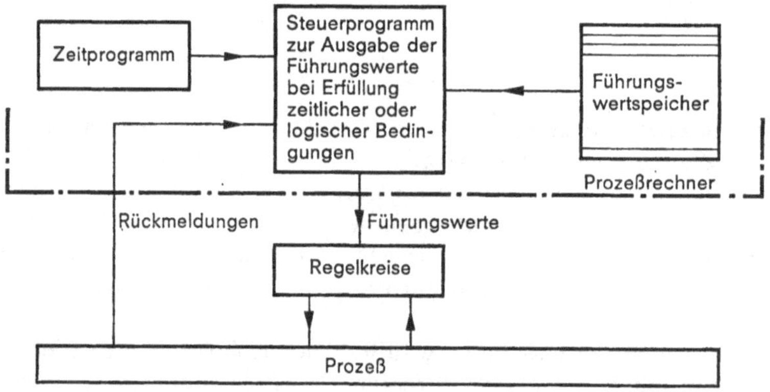

Bild 6: Schema einer Programmregelung

hängigkeiten zwischen den Prozeßvariablen nicht zu berücksichtigen sind. Abhängig von logischen und zeitlichen Bedingungen liegen feste Sollwerte und feste Befehlsabläufe vor, die aus dem Speicher des Rechners abgerufen und als Führungswerte an unterlagerte Regelungen und Steuerungen ausgegeben werden. Dieses Verfahren wird z. B. für die Automatisierung von Blockwalzwerken angewendet. Der Prozeßrechner hat eine große Zahl verschiedener fest vorgegebener Walzprogramme gespeichert. Beim Eintreffen einer neuen Bramme wird das zugehörige Walzprogramm bereitgestellt. Angestoßen vom Abbild der Walzgutverfolgung werden vom Prozeßrechner Führungsgrößen und Befehle für Walzenanstellung, Drehzahl, Verschieberpositionen, Rollgänge usw. zeitrichtig ausgegeben.
Der Prozeßrechner wird bei diesen Aufgaben als Datenspeicher sowie zur Verknüpfung logischer Bedingungen benutzt. Die Sollwerte werden nicht vom Rechner selbst ermittelt. Wenn keine außergewöhnlich umfangreichen Aufgaben der Prozeßüberwachung gleichzeitig mit bearbeitet werden müssen, genügt deshalb ein kleinerer bis mittlerer Prozeßrechner, der vom Preis her mit festverdrahteten Einrichtungen für derartige Aufgaben durchaus kon-

kurrieren kann, aber diesen gegenüber den Vorteil der höheren Flexibilität und Ausbaufähigkeit bietet.

5.3 Führung nach Prozeßgleichungen

In den überwiegenden Fällen wird anstelle einer relativ starren Prozeßführung nach fest vorgegebenem Programm das Verfahren der Sollwertführung nach Prozeßgleichungen gewählt. Hierunter versteht man die Berechnung von Führungsgrößen für die unterlagerten Regelkreise, die z. B. auch nach dem DDC-Verfahren arbeiten können, durch den Prozeßrechner mit dem Ziel, einige ausgewählte **Prozeßausgangsgrößen auf vorgegebenen Sollwerten zu halten.** Voraussetzung ist, daß diese Prozeßgrößen selbst gemessen werden

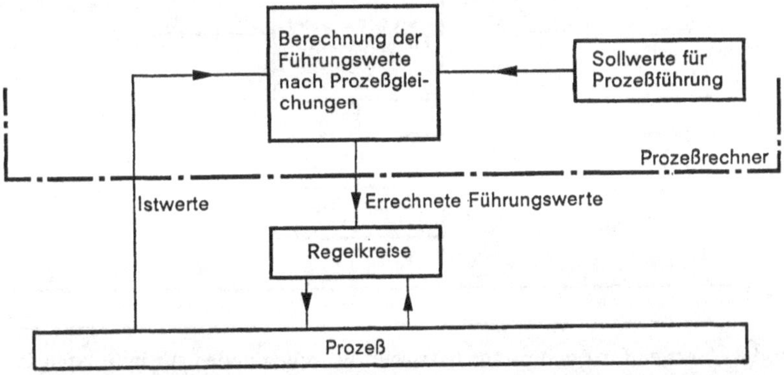

Bild 7: Schema der Sollwertführung nach beschreibenden Prozeßgleichungen

können. Über eine Reihe von beschreibenden Prozeßgleichungen ermittelt der Rechner aus den Istwerten der Prozeßgrößen die Führungsgrößen für die unterlagerten Regelkreise (Bild 7) mit dem Ziel, die Istwerte mit den Sollwerten der Prozeßausgangsgrößen in Übereinstimmung zu bringen. In der Regel werden noch eine Reihe weiterer Prozeßgrößen vom Rechner erfaßt und zur Verbesserung des regelungstechnischen Verhaltens zur Störgrößenaufschaltung herangezogen. Unzulänglichkeiten in den beschreibenden Prozeßgleichungen wirken sich in diesem geschlossenen Regelungssystem nur dynamisch, nicht aber im Beharrungszustand aus.

Ein Beispiel für die Sollwertführung nach Prozeßgleichungen ist die automatische Rohmaterialaufbereitung in einem Zementwerk (Kapitel 6.7). Als Ausgangsstoffe für die Zementherstellung werden z. B. zwei Rohmaterialien bekannter Zusammensetzung mit einem weiteren Rohmaterial schwankender Zusammensetzung gemischt und zu Rohmehl vermahlen. Unabhängig von der schwankenden Zusammensetzung des einen der drei Ausgangsstoffe soll die Zusammensetzung des Rohmehls möglichst genau einem vorgegebenen Sollwert entsprechen. Der Prozeßrechner übernimmt bei dieser Anwendung automatisch in regelmäßigen Zeitabständen die Analyse des Rohmehls von einem Röntgenspektrometer, wertet sie aus und ermittelt die Abweichung vom vorgegebenen Sollwert. Aus der Abweichung wird rückwärts über die beschreibenden Mischungsgleichungen die geänderte Zusammensetzung der schwankenden Rohstoffkomponente ermittelt. Mit der neu gefundenen Zusammensetzung werden dann neue Mengensollwerte für die drei Rohmaterialien errechnet und als Führungsgrößen an die automatischen Bandwaagen ausgegeben. Das Beispiel zeigt, wie bei diesem Verfahren die Fähigkeit des Prozeßrechners, schritthaltend mit dem Prozeßablauf umfangreiche arithmetische Rechnungen auszuführen, ausgenützt wird. Gegenüber einer manuellen Betriebsführung mit Nomogrammen oder anderen Hilfsmitteln wird

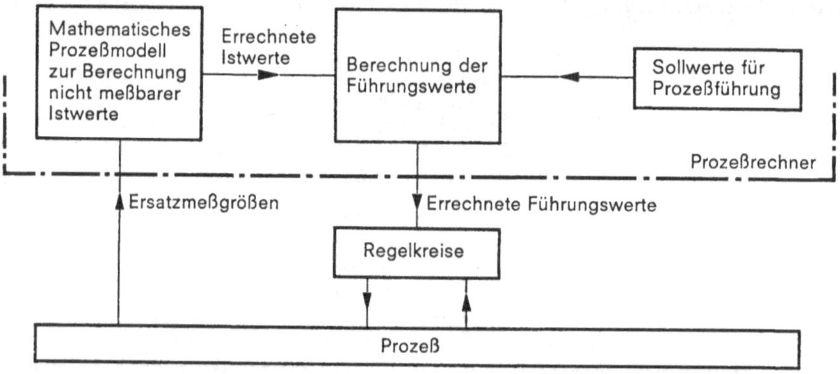

Bild 8: Verwendung von mathematischen Prozeßmodellen zur indirekten Prozeßregelung

eine wesentlich bessere Einhaltung der vorgegebenen Sollwerte und damit der Produktqualität erreicht. Diese Verfahren kommen in ähnlicher Form für viele Prozesse mit gutem Erfolg zur Anwendung.

Nicht immer ist die nach einem vorgegebenen Sollwert zu führende Prozeßgröße direkt meßbar. Damit entfällt auch die Möglichkeit einer Regelung der Prozeßgröße im eigentlichen Sinne. Man kann jedoch versuchen, die Prozeßgröße ersatzweise mit Hilfe meßbarer Prozeßgrößen über beschreibende Prozeßgleichungen zu berechnen (Teil 3). In diesem Fall spricht man von einem **mathematischen Modell** des Prozesses. Wenn mit ihm die Errechnung der nicht meßbaren Größe mit ausreichender Genauigkeit gelingt, kann eine Quasiregelung erreicht werden (Bild 8).

Ein einfaches Beispiel für die Anwendung eines mathematischen Modells ist die Führung der Temperatur in einem elektrisch beheizten Ofen nach maximal zulässigen Gradienten auf einen Wert von ca. 3000 °C. Da so hohe Temperaturen direkt nicht mehr meßbar sind, wird, über ein Modell aus der Energiezufuhr, dem Einsatzgewicht des Ofens, der Wärmestrahlung und anderen meßbaren oder bekannten Einflußgrößen, ein Temperaturwert errechnet und im Sinne einer Regelung über die Energiezufuhr beeinflußt.

Gegenüber einer manuellen Prozeßführung ist es mit dem Prozeßrechner möglich, die zulässige Änderung der Temperatur voll auszunutzen. Durch die kürzere Produktionszeit werden die Leistung der Anlage erhöht und Energiekosten für unnötige Wärmeverluste gespart.

Ob derartige Verfahren mit Vorteilen gegenüber dem manuellen Betrieb eingesetzt werden können, hängt von der Treffsicherheit der Modellaussage ab. Falls keine Erfahrungswerte vorliegen, kann zum Zeitpunkt der Systemplanung hierzu meist keine quantitative Aussage gemacht werden. Die Erfahrung zeigt jedoch, daß sich unsichere Modelle im Betrieb mit Hilfe des Rechners selbst ausreichend verbessern lassen. Hier ist als Mittel vor allem die **automatische Adaption des Modells** an sich ändernde Eigenschaften zu nennen. Der Gebrauch nicht besonders perfekter Modelle, die sich im Betrieb automatisch mit erfahrungsgemäß hoher Genauigkeit anpassen, kann bei der Systemplanung erhebliche Kosten für die Entwicklung präziser Modelle sparen.

5.4 Vorausberechnung von Prozeßabläufen

Die Berechnung nicht meßbarer Prozeßgrößen ist nur ein wichtiges Anwendungsgebiet mathematischer Modelle für die Prozeßführung. Von gleicher Bedeutung ist die Vorausberechnung von Prozeßabläufen nach mathematischen Modellen mit dem Ziel, Anfangsparameter oder Randparameter der Prozeßführung so zu wählen, daß ein **vorgegebener Zustand im späteren Prozeßablauf** möglichst genau erreicht wird. Naturgemäß hat die Anwendung dieses Verfahrens seine größte Bedeutung bei Stückprozessen und Chargenprozessen. Der selbsttätigen Adaption kommt bei vorausberechnenden Modellen besondere Bedeutung zu.

Ein interessantes Beispiel ist der Einsatz eines solchen mathematischen Modells für die Prozeßführung einer Grobblechstraße im Walzwerk. Sollwerte sind die Dicke und Breite des Grobblechs nach dem letzten Stich. Beim Eintreffen der Bramme werden abhängig von deren Abmessungen und Temperatur die Zahl der notwendigen Stiche und die Stichdaten selbst unter Beachtung von Grenzwerten für Dickenabnahme, Drehmoment usw. nach einem Modell vorausberechnet. Nach jedem Stich werden Meßwerte der Walzkraft und der Dicke aufgenommen, die zur automatischen Adaption des Modells herangezogen werden, falls sich größere Abweichungen zwischen vorausberechneten und erreichten Werten ergeben haben. Der Stichplan wird mit dem geänderten Modell dann erneut durchgerechnet. Bei den letzten Stichen ist das Modell so gut angepaßt, daß sich kaum noch Korrekturen ergeben und die Sollwerte mit hoher Genauigkeit erreicht werden. Der Prozeßrechner übernimmt sowohl die Vorausberechnung als auch die Nachrechnung und gibt für die jeweils folgenden Stiche die Einstelldaten als Führungswerte unterlagerter Regelungen aus.

Ein anderes Beispiel ist die Berechnung der Chargierung für einen LD-Konverter im Blasstahlwerk im Hinblick auf die vorgegebene Temperatur und Eisenanalyse am Ende des Blasverfahrens. Hierbei wird das Modell hauptsächlich zur Vorausberechnung eingesetzt.

5.5 Einsatzsteuerung von Produktionseinrichtungen

Diese Aufgabe umfaßt sowohl das Anfahren und Stillsetzen ganzer Prozesse als auch die lastabhängige Einsatzsteuerung. Die Befehle werden an Hand von logischen und arithmetischen Rechnungen erarbeitet. Ein Beispiel ist die Blockführung im Dampfkraftwerk, ein anderes die übergeordnete Steuerung von innerbetrieblichen Transporteinrichtungen in Lagern, Walzwerken und im Fahrzeugbau. Die Verfahren sind funktionell relativ einfach, erfordern jedoch eine Reihe zusätzlicher Kontrollen, um gewollte Eingriffe mit den damit verbundenen weitgehenden Konsequenzen für die Prozeßführung unter allen Umständen zu verhindern (Kapitel 6.3 und 6.5).

5.6 Erarbeitung von Anweisungen

Sie dienen dem Betriebspersonal und nicht dem automatischen Ablauf, haben aber dennoch erhebliche Bedeutung für die Prozeßführung, da sie schritthaltend mit dem Prozeßablauf wesentliche Aussagen durch Resultate meist äußerst umfangreicher Rechnungen liefern.
Ein typisches Beispiel sind sogenannte Netzsicherheitsrechnungen in Lastverteileranlagen großer elektrischer Versorgungsnetze. Da Netzausfälle katastrophale Auswirkungen für große regionale Bereiche haben können, ist die Sicherheit der Energiedarbietung eine Hauptaufgabe des Lastverteilers. Er muß die Netzkonfiguration so wählen, daß der zufällige Ausfall einer Leitung oder eines anderen Betriebsmittels nicht zu Zusammenbrüchen führen kann. Angestrebt wird ohnehin eine wesentlich höhere Sicherheit, die auch beim Zusammentreffen zweier Fehler noch keinen größeren Ausfall zur Folge hat. Der Prozeßrechner wird bei diesen Aufgaben zur systematischen Untersuchung der Netzsicherheit eingesetzt. Mit den automatisch übernommenen Daten der Fernwirkeinrichtungen erarbeitet er sich die jeweilige Netztopologie und die Lastsituation. Hiervon ausgehend untersucht er mit simulierten Ausfällen kritischer Betriebsmittel die Netzsicherheit — z. B. durch eine Lastflußrechnung für den neuen Zustand — und gibt die wesentlichen Resultate aus. Ebenso kann der Rechner vor einer beabsichtigten Schalthandlung des Betriebspersonals den neuen Netzzustand untersuchen und beurteilen. Diese Rechnungen stellen sehr hohe Anforderungen an die Leistungsfähigkeit des Prozeßrechners.
Ein anderes Beispiel ist die Berechnung zulässiger Laständerungsgeschwindigkeiten von Kernkraftwerken mit Rücksicht auf die Xenonvergiftung des Kernreaktors. Bei einer beabsichtigten Laständerung wird die Xenonver-

teilung ausgehend von den ständig übernommenen Meßwerten der Kerninstrumentierung berechnet und aus ihr die zulässige Laständerungsgeschwindigkeit ermittelt.

6 Prozeßoptimierung

Die Optimierungsverfahren, zu deren Darstellung auch mathematische Methoden geeignet sind (Teil 3), sollen hier im Hinblick auf ihre praktische Anwendung beschrieben werden. Unter dem Begriff „Optimierung" sollen im folgenden ausschließlich Verfahren der wirtschaftlich optimalen Prozeßführung verstanden werden. Der Rechner hat dabei die Aufgabe, optimale Sollwerte für die Prozeßführung zu ermitteln, ein Problem, das heute erst bei wenigen Anwendungen umfassend gelöst werden konnte. Es ist daher noch nicht möglich, über das Gebiet der Prozeßoptimierung einen vollständigen Überblick zu geben.

Man kann die industriellen Prozesse hinsichtlich der Möglichkeiten der Optimierung in zwei Gruppen gliedern:

— **Prozesse mit ständig gleichbleibendem Produktionsprogramm** werden im wesentlichen bereits bei der Planung optimiert. Während des Betriebes bleibt als Spielraum für die Optimierung nur die Anpassung an schwankende Produktionsleistungen übrig. Zu dieser Kategorie von Prozessen gehören z. B. Wärmekraftwerke. Wenn der Rechner trotzdem mehr und mehr auch für Optimierungsaufgaben in solchen Prozessen eingesetzt wird, liegt das daran, daß mit der ständig wachsenden Größe der Anlagen selbst geringe prozentuale Verbesserungen der Produktion und der Verfügbarkeit erhebliche absolute Gewinne bedeuten.

— **Prozesse mit häufig wechselndem Produktionsprogramm** müssen bei jedem, nicht immer vorhersehbaren Wechsel der Fertigung hinsichtlich ihrer optimalen Ausnutzung neu durchgerechnet werden. Der wirtschaftliche Anreiz für den Einsatz von Rechnern ist selbst bei mittleren Anlagen groß und in manchen Fällen das eigentliche Ziel des Einsatzes. Zu dieser Gruppe gehören z. B. innerbetriebliche Transportsysteme im Fahrzeugbau oder die Lastverteilung in großen elektrischen Netzen. Häufiger ist die Optimierung jedoch eine zusätzliche Aufgabe des Prozeßrechners unter mehreren anderen und richtet sich auf besonders lohnende Ansatzpunkte.

Im Rahmen der Systemplanung müssen die Zielgrößen der Optimierung klar herausgearbeitet werden. Erfahrungsgemäß gibt es eine Reihe von Zielgrößen, die abhängig von der Art des Prozesses Schwerpunkte bilden und zunächst einmal als Kriterium für mögliche Optimierungsaufgaben untersucht werden sollten. Dazu gehören:

- **Minimierung der Rohstoffkosten,** z. B. durch Ausnutzung zulässiger Toleranzen bei der Chargierung oder kontinuierlichen Mischung, bestmögliche Ausnutzung sich preiswert anbietender Rohstoffsorten.
- **Minimierung der Betriebskosten** für Hilfsenergien durch Ausnutzung der jeweils billigsten Energieträger oder Tarife.
- **Maximierung des Prozeßwirkungsgrades** durch Auswahl der jeweils effektivsten Produktionseinheiten oder durch Wahl des günstigsten Betriebspunktes unter Ausnutzung eines erlaubten Spielraums für die Produktionsleistung.
- **Maximale Ausnutzung der Produktionskapazität** durch optimale Bearbeitungsfolge verschiedener Produktionsprogramme. Damit können bei neuen Anlagen Investitionskosten gespart werden oder die Kapazität bereits bestehender Anlagen kann durch Einsatz eines Prozeßrechners erhöht werden (z. B. Transportsysteme Galvanikanlagen).
- **Minimierung des Verschnitts** bei der Aufteilung von Fertigungslosen in Auftragsabmessungen.

Nach Festlegung der Zielgrößen muß das eigentliche Optimierungsverfahren gewählt werden. Dabei sind zunächst eine Reihe von **Randbedingungen** zu prüfen. Es kann durchaus sein, daß der optimale Betrieb eines Teilprozesses keinen Fortschritt in Richtung einer Gesamtoptimierung sondern im Gegenteil eine Verschlechterung bringen kann. Ebenso ist es möglich, daß die Optimierung des Gesamtprozesses für einen kleinen betrachteten Zeitraum durchaus einer optimalen Prozeßführung über größere Zeiträume entgegensteht. Die Klärung des örtlichen und zeitlichen Optimierungsbereiches ist außerordentlich wichtig, sie kann jedoch zu sehr komplexen Untersuchungen führen. Einige Beispiele mögen die Bedeutung solcher Randbedingungen bei der Optimierung erläutern.

Um bei der Rohmaterialaufbereitung in einer Zementfabrik die Kosten für Hilfsenergien zu minimieren, muß der Füllgrad der Rohmühle, die den wesentlichen Energieverbrauch bringt, im Bereich der erlaubten Produktionsleistung auf den höchsten Austrag geregelt werden. Als Randbedingung für die Einschaltzeiten der Mühle sind zusätzlich die Tarifgrenzen zu beachten.

Wesentlich komplexer ist das Problem jedoch bei der Optimierung der Lastverteilung in elektrischen Versorgungsnetzen. Es gliedert sich in die Untersuchung zweier Probleme. Zunächst muß ermittelt werden, welche Einheiten sich an der Energieerzeugung beteiligen sollen. Dabei sind langfristige Energielieferungs- und Abnahmeverträge mit Verbundpartnern als Randbedingungen zu berücksichtigen, die z. B. bei vorgegebenen Bändern für die Austauschleistungen Jahresarbeitssummen vorschreiben. Oder die Bewirtschaftung hydraulischer Monats- oder Jahresspeicher ist mit einzubeziehen. Damit wird es notwendig, den in Betracht kommenden Zeitraum z. B. auf ein ganzes Jahr auszudehnen. Für diesen Zeitraum wird auf Grund von jahreszeitlich, wochentäglich, tageszeitlich abhängigen Lastprognosen der optimierte Einsatzplan der Erzeugungseinheiten unter Berücksichtigung der oben genannten Randbedingungen erstellt. Das zweite Problem besteht dann darin, die tatsächlich im Netz auftretende atmende Last ständig optimal auf die momentan an der Erzeugung beteiligten Einheiten zu verteilen (Momentanoptimierung). Da die tatsächliche Last von der Lastprognose mehr oder weniger abweicht, muß der Einsatzplan (Langzeitoptimierung) in kürzeren Zeitabständen unter Einbeziehung der vergangenen gemessenen Werte neu berechnet werden, um am Ende des Optimierungszeitraums die Randbedingungen auch wirklich exakt zu erfüllen.

Das vorstehende Beispiel, das in Wirklichkeit noch viel komplizierter ist, zeigt den Einfluß derartiger Randbedingungen. Die Optimierung ginge am Ziel vorbei, wenn jeweils nur die effektivsten Erzeugungseinheiten zugeschaltet und auf diese die Last verteilt würde.

Ganz ähnliche Probleme treten bei der Wahl der richtigen Losgröße bei Verschnittoptimierungen oder bei der Optimierung von Transportproblemen auf. Abschließend soll deshalb noch einmal darauf hingewiesen werden, daß bei der Lösung eines Optimierungsproblems die Wahl des betrachteten Zeitraums und die Abgrenzung des zu optimierenden Bereiches sorgfältig untersucht werden müssen.

Sind diese Vorklärungen durchgeführt, so kann das eigentliche Optimierungsverfahren ausgewählt und eingesetzt werden. Auf Grund bereits vorliegender Erfahrungen kann für eine Reihe von Aufgaben eine Zuordnung der anzuwendenden Verfahren getroffen werden.

— Das Verfahren der **linearen Programmierung** wird erfolgreich eingesetzt für die Optimierung von Mischungsregelungen, Chargierungen, Kapazitätsbelegungen, Transportproblemen und eindimensionalen Verschnittaufgaben.
— Die verschiedenen Methoden des **steilsten Anstieges** werden vorwiegend bei kontinuierlichen Prozessen am mathematischen Modell des Prozesses angewendet.
— Lineare und nichtlineare Probleme können generell mit der **dynamischen Programmierung** behandelt werden. Tatsächlich wird die dynamische Programmierung noch sehr selten in Verbindung mit Prozeßrechnern angewendet, da sie sehr rechenintensiv ist und spezielle Verfahren trotz einschränkender Nebenbedingungen effektiver arbeiten.
— Viele kleinere Probleme werden ohne besonders leistungsfähige Strategien nach der „Trial and Error-Methode" behandelt, da der Rechner durch seine hohe Verarbeitungsgeschwindigkeit die Durchrechnung vieler Möglichkeiten gestattet.

Abschließend sei noch zu diesem Abschnitt erwähnt, daß die Lösung von Optimierungsaufgaben in der Regel sehr leistungsfähige Rechner erfordert, wenn sie schritthaltend mit dem Prozeßablauf ausgeführt werden soll.

4.3 Einrechnersystem

von H. BOLLMANN

Inhaltsübersicht

1 Auslegung der Zentraleinheit

Nach Klärung der Aufgabenstellung und Wahl des Automatisierungsverfahrens kann die erforderliche Systemstruktur der Prozeßrechneranlage festgelegt werden. Ziel der Systemplanung ist dabei, eine möglichst aufwandsarme Struktur zu finden, deren Leistungsfähigkeit optimal den Aufgaben angepaßt ist. Zunächst sollen hier Systeme mit nur einer Zentraleinheit behandelt werden, die in der praktischen Anwendung zahlenmäßig weit überwiegen.

Den Kern einer Prozeßrechneranlage bildet die **Zentraleinheit.** Sie bestimmt wesentlich die Leistungsfähigkeit des Gesamtsystems und trägt mit 30–60% zu den Kosten bei, wobei der kleinere prozentuale Anteil für große Anlagen gilt. Manche Hersteller bieten auch bei Prozeßrechnern Systemfamilien mit mehreren leistungsmäßig gestuften Zentraleinheiten an. Der Systemplanung obliegt es, hieraus eine den Aufgaben angemessene Leistungsgröße auszuwählen. Die genaue Festlegung der endgültigen Anlagenausstattung kann erst im Zuge der Projektbearbeitung getroffen werden.

Für die Wahl der Zentraleinheit ist die Beurteilung von drei Eigenschaften wesentlich, und zwar

— die Kapazität des Ein–Ausgabekanalwerkes,
— der Umfang der Befehlsliste und Ausführungszeit der Befehle und
— die Kapazität des Arbeitsspeichers.

Zahl und Art der erforderlichen **Ein–Ausgabekanäle** ergeben sich meist ohne weitere Untersuchungen aus dem gewählten Automatisierungsverfahren. Neben den verschiedenen Externspeichern, Prozeßelementen und betrieblich erforderlichen Ein–Ausgabegeräten sind zusätzlich die Geräte für die Bedienung des Systems sowie für eventuell geplante Hintergrundarbeiten zu berücksichtigen. Beschränkungen der Ein–Ausgabekanäle machen sich erfahrungsgemäß nur bei kleineren Zentraleinheiten bemerkbar und können u. U. allein aus diesem Grund die Wahl einer leistungsfähigeren Zentraleinheit erforderlich machen.

Schwieriger ist die Beurteilung der erforderlichen **Verarbeitungsgeschwindigkeit** und **Befehlsliste.** Der Prozeß bestimmt für die verschiedenen Aufgaben die maximal zulässige Reaktionszeit des Systems, die auf keinen Fall überschritten werden darf. Bei Erfüllung dieser Bedingungen spricht man von einer schritthaltenden Bearbeitung durch den Rechner. Die Bearbeitungszeit der Zentraleinheit setzt sich zusammen aus den Zeiten für

- **Datentransfer** zu externen Geräten quasi simultan zur Bearbeitung von Programmen,
- **Programmlaufzeiten** einschließlich kurzer Wartezeiten für externe Geräte und den
- **Organisationszeiten** bei Programmwechsel und für andere Organisationsaufrufe.

Nun wird man zum Zeitpunkt der Systemplanung eine derartig vollständige Analyse gar nicht durchführen können, da die Programme ja noch nicht vorliegen. Man ist dabei auf Schätzungen angewiesen und untersucht für kritische Bearbeitungen den ungünstigsten Fall. Dabei ist folgendermaßen vorzugehen:

Zunächst werden alle **zyklisch zu bearbeitenden Aufgaben an Hand** des gewählten Automatisierungsverfahrens ausgesondert und die durch sie verursachte zeitliche Belastung berechnet. Glücklicherweise handelt es sich dabei um die häufige Bearbeitung gleicher einfacher Routinen (z. B. Meßwerteerfassung, Linearisierung, Regelung, Steuerung usw.). Dafür werden bevorzugt Standardprogrammbausteine — sogenannte Modularprogramme — eingesetzt, deren Bearbeitungszeiten für die jeweilige Zentraleinheit bekannt sind. Notfalls muß die Routine überschlägig programmiert werden. Ferner sind die erforderlichen Organisationszeiten und Transferzeiten für Externspeicherprogramme relativ einfach abzuschätzen. Die Summe aller erforderlichen zyklischen Einzelbearbeitungen ergibt die ständig vorhandene Grundbelastung der Zentraleinheit; eine wichtige Kenngröße, die erfahrungsgemäß 40—50% auf keinen Fall überschreiten sollte.

Als nächster Schritt muß geprüft werden, ob es Aufgaben gibt, die mit **höherer Priorität** als die zyklischen Programme bearbeitet werden müssen. Dazu gehören sporadisch eintreffende Alarme aus dem Prozeß. Bei einer statistischen Häufung dieser sporadischen Bearbeitungen, deren Bearbeitungszeiten wiederum relativ einfach geschätzt werden können, darf der Start zyklischer Programme nicht verzögert werden. Das bedeutet, daß die summierte Bearbeitungszeit nicht größer als etwa 50% (bei kleinerer zyklischer Grundbelastung entsprechend mehr) der kleinsten zyklischen Periode sein darf.

Schließlich sind noch die sporadisch zu bearbeitenden Aufgaben mit **niedrigerer Priorität** als die zyklische Programme zu betrachten. Ihre Bearbeitungszeit wird überschlägig mit genügender Sicherheit geschätzt. Da der Rechner eine zyklische Grundbelastung hat, steht er nur mit einem Bruchteil seiner Kapazität für diese Aufgaben zur Verfügung. Damit ergibt sich ein

Verlängerungsfaktor, der z. B. bei 50% Grundbelastung überschlägig den Wert 2 hat. Ist statistisch mit einer Häufung mehrerer sporadischer Programme höherer Priorität zu rechnen, so ergibt sich ein weiterer Verlängerungsfaktor, der von Fall zu Fall geschätzt wird. Damit erhält man schließlich die tatsächliche Bearbeitungszeit solcher Aufgaben (z. B. mathematisches Modell), die kleiner als die erforderliche Reaktionszeit sein muß.
Zum Umfang der **Befehlsliste** ist ergänzend zu bemerken, daß die Bearbeitung größerer ALGOL- oder FORTRAN-Programme festverdrahtete Gleitpunktbefehle erfordert, da sonst die Programmlaufzeiten zu lang werden.
Als letzte Auslegungsgröße der Zentraleinheit ist die **Kapazität des Arbeitsspeichers** zu bestimmen. Sie ergibt sich aus dem Bedarf für:
- residente Programmteile des Organisationsprogrammes (Angabe vom Hersteller),
- Anwenderprogramme mit kurzen Reaktionszeiten, die deshalb arbeitsspeicherresident sein müssen und
- Bereiche für den Ablauf von Programmen aus Externspeichern.

Bei kleineren Anlagen mit absehbaren begrenzten Aufgaben kann eine Vergrößerung des Arbeitsspeichers über diese notwendige Kapazität hinaus billiger als ein kleiner zusätzlicher Externspeicher sein. Mit einer Vergrößerung des Arbeitsspeichers kann ferner die effektive Leistung eines Systems wesentlich gesteigert und u. U. dadurch der Übergang zu einer leistungsfähigeren Zentraleinheit umgangen werden.

2 Wahl des Externspeichers

Die Auslegungskriterien sind Speicherkapazität, Zugriffszeit, Transferrate und Wartungsbedarf.
Prozeßnahe Programme sind meistens relativ klein, werden aber häufig bearbeitet. Falls sie auf einem Externspeicher untergebracht werden sollen, muß die Gesamtzeit vom Aufruf eines Programmes bis zur Ablaufbereitschaft im Arbeitsspeicher möglichst klein sein. Da sie häufig bearbeitet werden müssen, sind viele Transfers notwendig. Dagegen ist die Speicherbelegung aller prozeßnahen Programme zusammen relativ gering. Diesen Anforderungen entspricht am besten der **Magnettrommelspeicher** oder der **Plattenspeicher mit festen Köpfen**. Die Summe aus Zugriffszeit und Transferzeit ist für kleinere Programme unter 1000 Worten wesentlich kleiner als bei Plattenspeichern mit beweglichen Köpfen. Durch das Fehlen beweglicher Teile bei den Schreib- und Leseköpfen ist die wartungsfreie Betriebszeit unabhängig von der Fluktuation der Programme. Die Kapazität ist ausbaubar und in praktisch allen Fällen ausreichend für die Prozeßprogramme.
Prozeßferne Programme z. B. Assembler, Compiler, die ihre Residenz auf einem Magnettrommelspeicher haben sollen, können die maximal ausbaufähige Kapazität schnell überfordern. Ferner sind die Kosten für größere

Speicherkapazitäten relativ hoch. Um die größere, für das System insgesamt erforderliche Speicherkapazität bereitzustellen, muß zunächst geprüft werden, ob ein **Magnetplattenspeicher** mit **beweglichen Köpfen** und großer Speicherkapazität die Anforderungen insgesamt erfüllen kann. Das ist möglich, wenn die Zugriffszeit ausreicht und die durchschnittliche Fluktuationsrate der Programme nicht größer als etwa 1 Hz ist. Ist die Fluktuationsrate größer, so wird wegen der mechanischen Beanspruchung die wartungsfreie Betriebszeit für einen Prozeßrechner zu klein.

Unter Umständen kann durch Vergrößerung des Arbeitsspeichers die Programmfluktuation herabgesetzt und damit der sonst erforderliche Trommelspeicher vermieden werden.

Bei größeren Anlagen wird man im allgemeinen beide Arten von Externspeichern vorsehen müssen. Beim Plattenspeicher kann dann von seiner Eigenschaft als Wechselplattenspeicher Gebrauch gemacht werden. Die Speicherkapazität läßt sich damit z. B. für Archivierungszwecke und Hintergrundarbeiten beliebig vergrößern. Dazu ist allerdings erforderlich, daß häufig benötigte Programme auf dem Trommelspeicher resident sind.

Magnetbandspeicher werden bei Prozeßrechnern relativ selten eingesetzt. Sie dienen hauptsächlich als Zwischenspeicher für die Aufnahme großer Mengen von Meßdaten bei Prüfprozessen und wissenschaftlichen Experimenten, wenn diese Daten erst später oder auch auf einem anderen Rechner weiterverarbeitet werden sollen.

Die **zeitliche Belastung** der Datenübertragungssteuerung zur Zentraleinheit ist bei allen Externspeichern ähnlich wie für die Zentraleinheit zu prüfen. Die Summe aller Zugriffszeiten und effektiven Transferzeiten sollte ca. 60%—80% der möglichen Auslastung nicht überschreiten. Bei der effektiven Transferzeit sind die Zeitverluste durch Aufzeichnungslücken und Bereichsgrenzen (Zylinderüberschreitung) zu berücksichtigen. Ferner muß in kritischen Fällen die automatische Transferwiederholung beim Auftreten von Übertragungsfehlern mit in eine Zeitbetrachtung einbezogen werden, wenn die Reaktionszeit des Systems an die zulässige Grenze kommt.

Weitere Anlagenteile, die in die Systemstruktur eingehen, ergeben sich praktisch zwangsläufig aus der Aufgabenstellung und dem gewählten Automatisierungsverfahren. Beim Prozeßelement sind Auslegungskriterien für die Datenerfassung (Kapitel 4.2) zu berücksichtigen. Das Betriebssystem und insbesondere das Organisationsprogramm wird meistens erst endgültig bei der Einsatzvorbereitung festgelegt. Als Eingabegerät für Programme wird bei Prozeßrechnern bevorzugt der Lochstreifenleser eingesetzt. Sollen auf dem Rechner im Hintergrund neue Programme übersetzt, getestet und verarbeitet werden, so ist zusätzlich ein Lochkartenleser, ein Lochstreifenstanzer und in der Regel auch ein Schnelldrucker erforderlich.

4.4 Mehrrechnersysteme

von H. Bollmann und E. Hofmann

Inhaltsübersicht

1 Gesichtspunkte der Entwicklung

Die gegenwärtig erkennbare weitere Entwicklung des Prozeßrechnereinsatzes ist durch zwei Richtungen gekennzeichnet, nämlich durch die zunehmende funktionelle sowie gerätetechnische Einbeziehung des Prozeßrechners in die Prozeßführung und Instrumentierung, außerdem durch die Breite und Vielfalt der dem Prozeßrechner übertragenen Aufgaben in großen Industriebetrieben. Beide Entwicklungseinrichtungen sind im gewissen Ausmaß nicht unabhängig voneinander. Für ihre Verwirklichung sind eine Reihe von Voraussetzungen zu erfüllen, deren Probleme bei der Systemplanung sorgfältig zu prüfen und abzuwägen sind.
Mit der zunehmenden Einbeziehung des Prozeßrechners kommt seiner Betriebszuverlässigkeit wachsende Bedeutung zu. Dabei muß man nicht gleich an die Übernahme von DDC-Aufgaben oder gar von Schutzfunktionen denken, schon bei einer ausgedehnten Prozeßüberwachung durch den Rechner kann ohne fühlbare Betriebseinschränkungen auf sichere Funktion nicht verzichtet werden.
Zunächst ist der summarische Begriff **Betriebszuverlässigkeit** für den Prozeßrechnereinsatz noch etwas näher zu definieren. Es soll darunter verstan-

den werden, daß der Prozeßrechner weder etwas Falsches tut, noch daß er die von ihm erwartete Funktion nicht ausführt. Daraus resultieren drei Gruppen von Forderungen, deren Erfüllung unterschiedlichen Aufwand erfordert. Der Rechner soll

– unter keinen Umständen falsche Befehle an den Prozeß ausgeben oder falsche Anweisungen an das Betriebspersonal liefern, die nicht sofort als solche erkannt werden,
– unwiederbringliche Prozeßdatenbestände zerstörungssicher speichern oder sie in kurzer Zeit regenerieren können und
– nicht länger als eine vom Prozeß her zulässige Zeit außer Funktion sein.

Die erste Forderung ist relativ einfach durch entsprechende Maßnahmen von Fall zu Fall zu erfüllen. Z. B. wird bei Steuerungen der Befehl auf zwei voneinander unabhängigen Wegen erarbeitet und zweikanalig ausgegeben, wenn es die Sicherheit erfordert. Die Befehlsausführung findet nur dann statt, wenn auf beiden Kanälen dasselbe verlangt wird.

Zur Erfüllung der zweiten Forderung müssen die Dateien mit den Prozeßdaten auf zwei voneinander unabhängigen Datenträgern gespeichert werden. Aus Kostengründen wird man den zweiten Datenträger, der lediglich zur Sicherung dient, entsprechend billig wählen, wenn Zeit genug für die Regeneration der zerstörten Datenbestände vorhanden ist. In einem automatisch geführten Lagerhaus werden z. B. neben der Lagerbelegung im Arbeitsspeicher des Rechners zusätzlich die Lagerbelegung am Tagesende und alle Lagerbewegungen des nächsten Tages auf Lochstreifen ausgegeben. Vom Lochstreifen kann nach einer Störung die aktuelle Lagerbelegung regeneriert werden.

Ein weitaus größerer Aufwand ist mit der dritten Forderung verbunden, wenn die zulässige Ausfallzeit kleiner als die mögliche Reparaturzeit des Systems ist. In der Praxis werden in diesen Fällen **Doppelrechnersysteme** eingesetzt. Bei Ausfall eines Rechners werden dessen Aufgaben vom anderen Rechner übernommen. Andere Systeme mit inhärenter Sicherheit durch mehrfachen Aufbau der verschiedenen Funktionsblöcke des Rechners (Multiprozessorsysteme und polymorphe Systeme) haben bei der Prozeßdatenverarbeitung heute noch keine praktische Bedeutung gewinnen können.

Eine andere, mehr in die Breite der Anwendung zielende Entwicklungsrichtung führt zum Einsatz von **Mehrrechnersystemen.** Sie geht nicht allein vom Argument der erhöhten Betriebszuverlässigkeit aus, vielmehr stehen folgende Überlegungen im Vordergrund:

– Aufteilung stark unterschiedlicher Aufgaben und Bearbeitung auf jeweils am besten dafür geeigneten Rechnern;
– Aufteilung von Aufgaben auf mehrere Rechner aus Kapazitätsgründen;
– Zusammengefaßte Verarbeitung von miteinander verflochtenen Aufgaben, die in örtlich weit voneinander entfernten Betrieben anfallen.

Mit der Aufteilung auf mehrere Rechner wird natürlich auch eine Erhöhung der Betriebszuverlässigkeit erreicht. Bei Ausfall eines Rechners fällt eben

nur die Bearbeitung von einem Teil der Aufgaben aus. Diese Art von Mehrrechnersystemen nennt man **hierarchische Systeme.** Sie unterscheiden sich von den allein aus Gründen der Betriebszuverlässigkeit gebildeten **redundanten Systemen.**
Die Wahl der Systemstrukturen von Mehrrechnersystemen soll in den folgenden Abschnitten im Hinblick auf die Systemplanung behandelt werden. Einer grundsätzlichen Betrachtung über die Zuverlässigkeit ist ein eigener Abschnitt gewidmet.

2 Hierarchische Systeme

2.1 Einsatzgesichtspunkte

Die Benennung „hierarchisches System" für eine bestimmte Art von Mehrrechnersystemen deutet eine Aufteilung der Aufgaben auf mehrere Rechner nach Kriterien der rangmäßig gestuften Entscheidungsebene an. Tatsächlich sind derartige hierarchische Strukturen bei fast allen Mehrrechnersystemen anzutreffen. Hier sollen im engeren Sinne des Begriffes nur solche Mehrrechnersysteme behandelt werden, bei denen die Aufgabenteilung im Vordergrund steht, nicht jedoch, wenn andere Auslegungskriterien, z. B. die Erhöhung der Betriebszuverlässigkeit durch redundanten Aufbau, primär die Struktur bestimmen.
Der Einsatz hierarchischer Mehrrechnersysteme kommt in Betracht, wenn bei einer zu automatisierenden Anlage die zu bearbeitenden Aufgaben bereits auf verschiedenen Ebenen liegen, der Aufbau räumlich weit verteilt ist oder wenn die Menge der Aufgaben derartig groß ist, daß ein Einzelrechner nicht ausreicht. Dementsprechend sind auch die Strukturen des Rechnersystems unterschiedlich. Als ein Merkmal kann man den Grad der gegenseitigen Kopplung ansehen. Damit ist der Umfang der auszutauschenden Daten unter Berücksichtigung der einzuhaltenden Zeitbedingungen gemeint. Die Auslegung eines hierarchischen Systems erfordert um so mehr Sorgfalt bei der Planung, je intensiver die gegenseitige Kopplung der Rechner ist. Im ganzen gesehen sind hierarchische Systeme jedoch von wesentlich einfacherer Struktur als z. B. redundante Mehrrechnersysteme.

2.2 Anlagen mit gemischten Aufgaben

Zu den einfachen Systemen mit schwach ausgeprägtem Datenaustausch gehört die Kopplung eines Prozeßrechners mit einer überlagerten Datenverarbeitungsanlage für die Bearbeitung organisatorischer und kommerzieller Aufgaben. Derartige Mehrrechnersysteme kommen z. B. in Industriebetrieben im Rahmen der „integrierten" Datenverarbeitung zum Einsatz, bei der Aufgaben der Produktionsplanung und der Produktionsführung in einem funktionell zusammengefaßten System behandelt werden. Das System arbeitet schritthaltend mit dem Produktionsablauf und ist bis zu einem gewissen Maß auch in der Lage, sich kurzfristigen Produktionseinschränkungen oder Änderungen dynamisch anzupassen. Dabei sind sowohl organisatorische Aufgaben als auch Probleme der reinen Prozeßdatenverarbeitung zu lösen. Die Produktionsplanung wird für einen größeren Zeitraum unter optimaler Einreihung der während dieses Zeitraums zu fertigenden Aufträge auf einer kommerziellen Datenverarbeitungsanlage bearbeitet. Von ihr werden die Produktionsanweisungen mit dem erforderlichen zeitlichen Vorlauf an den unterlagerten Prozeßrechner übertragen. Gegebenenfalls können auch mehrere Prozeßrechner für verschiedene Produktionsabschnitte mit dem überlagerten Planungsrechner zusammenarbeiten. Von den Prozeßrechnern gehen Informationen über den Ist-Zustand der Produktion zurück an den Planungsrechner. Einfache Anweisungen und Rückmeldungen können auch direkt von Datenendplätzen im Produktionsbetrieb mit dem Planungsrechner ausgetauscht werden.

Das Problem beim Entwurf hierarchischer Systeme liegt in der möglichst optimalen Wahl der Aufgabenteilung zwischen dem übergeordneten und dem untergeordneten Rechner. Dabei sind folgende Regeln zu beachten:

- Grundsätzlich sollten die verschiedenen Aufgaben auf dem jeweils dafür am besten geeigneten Rechner bearbeitet werden. Der Prozeßrechner übernimmt neben der Datenerfassung, Regelung und Steuerung weitgehend alle Aufgaben der Produktionsführung.
- Der notwendige Datenaustausch zwischen den Rechnern sollte möglichst gering sein. Diese Forderung wird fast immer mit erfüllt, wenn die vorhergehende Regel beachtet wird. Probleme ergeben sich dann, wenn Programme der Produktionsplanung und Produktionsführung häufig zu größeren gemeinsamen Datenbeständen zugreifen müssen. Diese Dateien werden zweckmäßig vom Planungsrechner geführt. Wenn der häufige Zugriff vom Prozeßrechner organisatorisch zu kompliziert ist und zuviel Zeit kostet, werden auch die entsprechenden Programme besser auf den Planungsrechner verlegt. Zur doppelten Führung von größeren Dateien wird man sich nur nach sorgfältiger Prüfung anderer Möglichkeiten entschließen.
- Im Interesse einer hohen Verfügbarkeit des Gesamtsystems sollte die Produktionsführung mit dem Prozeßrechner für befristete Zeit auch ohne den Planungsrechner möglich sein. Auch diese Forderung wird erfüllt, wenn die erste Regel beachtet wird. Bearbeitet der Planungsrechner außer langfristigen Aufgaben auch kurzfristige Umplanungen, so müssen gewisse Einschränkungen in Kauf genommen werden.
- Bei mehreren untergeordneten Prozeßrechnern werden auf jedem Prozeßrechner nur Aufgaben aus dem ihm zugeordneten Produktionsbereich bearbeitet. Übergeordnete Aufgaben der Produktionsführung sind vom Planungsrechner zu behandeln.

— Schließlich sollten Aufgaben der Produktionsplanung und Produktionsführung, die mit ein und demselben Programm bearbeitet werden können, möglichst dem Planungsrechner zugeordnet werden.

Die erforderliche Übertragungskapazität der Rechnerkopplung ist in der Regel so gering, daß die genormten Einrichtungen der Datenfernübertragung mit max. 2.400 Bd Übertragungsrate eingesetzt werden können. Das ermöglicht die örtlich getrennte Aufstellung der Rechner, die betrieblich ohnehin meistens erforderlich ist. Der Prozeßrechner muß wegen der vielen Verbindungen zur Anlage im Produktionsbetrieb aufgestellt werden, während der Planungsrechner oft in einem Rechenzentrum installiert wird.

2.3 Örtlich verteilte Anlagen

Ähnliche Strukturen wie bei den vorgehend beschriebenen Rechnersystemen für gemischte Aufgaben ergeben sich bei der Lösung von reinen Aufgaben der Prozeßautomatisierung in örtlich weit verzweigten Anlagen.

Obwohl die erforderliche Verarbeitungskapazität in einem genügend leistungsfähigen Prozeßrechner bereitstellbar ist, können Mehrrechnersysteme die wirtschaftlichere Lösung sein. Das Kriterium ist der Aufwand für die Verkabelung des Prozeßrechners mit den Gebern und Stellgliedern in der Anlage, sofern nicht bereits technische Schwierigkeiten der Übertragung eine zentrale Lösung verbieten. Sekundär hat bei diesen Systemen auch die Forderung nach einer genügend hohen Verfügbarkeit Einfluß auf die Wahl der Struktur.

Der Aufwand für die Verkabelung hängt außer von Länge und Anzahl der Verbindungen auch vom Signalpegel, der Signaländerungsgeschwindigkeit und den Umgebungsbedingungen (Streckenführung, Störbeeinflussung) ab. Feste Regeln lassen sich nicht angeben. An Hand einer Gegenüberstellung des Aufwandes für eine zentrale und dezentrale Lösung muß unter Berücksichtigung abweichender technischer Bedingungen die Entscheidung gesucht werden.

Mehrrechnersysteme für örtlich verteilte Anlagen bestehen aus einem leistungsfähigen zentralen Prozeßrechner mit mehreren dezentral aufgestellten **Satellitenrechnern.** Bei Entfernung über ca. 1000 m zwischen den Satellitenrechnern und dem Zentralrechner kommen als Koppelglieder nur die Geräte der Datenfernübertragung mit Übertragungsraten von 2.400 Bd infrage. Deswegen muß der Satellitenrechner für den ihm zugeordneten Prozeßabschnitt die selbständige Bearbeitung aller Aufgaben mit kurzen Reaktionszeiten übernehmen. Soll eine Prozeßführung für befristete Zeit oder unter einschränkenden Bedingungen ohne Zentralrechner möglich sein, so verlagert sich die Aufgabenteilung noch mehr in Richtung Satellitenrechner.

Bei Mehrrechnersystemen, die in einem räumlich engen Bereich bis ca. 1000 m Ausdehnung installiert werden, sind Kopplungen mit wesentlich höheren Übertragungsraten realisierbar. In diesen Systemen nutzt man die höhere

Übertragungskapazität möglichst gut aus. Die Ausstattung der Satellitenrechner wird dadurch zugunsten der Ausstattung des Zentralrechners weniger umfangreich. Die Satellitenrechner dienen dann im wesentlichen nur zur Datenerfassung und Datenausgabe. Nur Aufgaben mit sehr kurzen Reaktionszeiten bearbeiten sie selbständig. U. U. erfolgt auch die Bedienung der Satellitenrechner über den Zentralrechner. Die Verschiebung der Aufgaben auf den Zentralrechner ergibt hier die wirtschaftlichste Lösung, da ein großer Rechner ein günstigeres Preis-Leistungsverhältnis als ein kleinerer Rechner hat. Ferner werden die peripheren Geräte am Zentralrechner wesentlich besser ausgenutzt.

2.4 Systeme hoher Leistungsfähigkeit

Die ständig wachsenden Aufgaben der Prozeßautomatisierung nehmen gelegentlich für die Lösung geschlossener Aufgabenstellungen einen Umfang an, der mit einem einzigen Rechner nicht mehr zu realisieren ist. In diesem Fall werden ebenfalls Mehrrechnersysteme mit zwei oder in seltenen Fällen auch mehr als zwei Rechnern eingesetzt.
Die Rechner werden im Nahbereich über sehr schnelle Datenaustauschsteuerungen (Kapitel 2.3) gekoppelt. Die Wahl der Aufgabenteilung und damit die Wahl der Anlagenausstattung hängt sehr stark von der jeweils zu lösenden Aufgabenstellung ab. Bei Aufgaben mit sehr intensiven Ein–Ausgaben (z. B. Prüfstandsautomatisierung) wird ein unterlagerter Rechner im wesentlichen mit der Datenerfassung und Datenausgabe betrieben. Da diese Aufgaben nicht verarbeitungsintensiv sind, genügen hierfür weniger leistungsfähige Prozeßrechner. Die weitere Verarbeitung übernimmt der übergeordnete leistungsfähige Rechner. Die Übertragungskapazität der Rechnerkopplung ist so groß, daß nur bei sehr hohen Datenerfassungsraten Zeitprobleme auftreten.
Häufig muß bei derartigen Mehrrechnersystemen auch die weitere Verarbeitung der Prozeßdaten aus Kapazitätsgründen auf mehrere Rechner aufgeteilt werden. Der untergeordnete Rechner übernimmt dann neben der Datenerfassung auch alle prozeßnahen Aufgaben, während die verarbeitungsintensiven prozeßfernen Aufgaben vom übergeordneten Rechner bearbeitet werden. Ein Beispiel ist der Einsatz eines Zweirechnersystems in Kernkraftwerken. Der unterlagerte Rechner übernimmt die gesamte Prozeßüberwachung, während die umfangreiche Auswertung der Kerninstrumentierung und die Erarbeitung von Anweisungen für die Prozeßführung auf dem übergeordneten Rechner geschieht.

3 Begriff der Verfügbarkeit

3.1 Gesichtspunkte zur Beurteilung

Bei der Entwicklung und Projektierung umfassender Automatisierungseinrichtungen muß auch die zu erwartende Betriebszuverlässigkeit betrachtet

werden. Die Arbeiten auf dem Gebiet der Luftfahrt und der Weltraumfahrt haben Verständnis für die Bedeutung der Zuverlässigkeit geweckt. Bei der Instrumentierung von Kernreaktoren werden seit Jahren Systeme erhöhter Betriebszuverlässigkeit eingesetzt [1, 2, 3].
Zuverlässigkeitsangaben beschreiben für eine Einrichtung die Wahrscheinlichkeit, nach der eine Aufgabe unter definierten Bedingungen für eine bestimmte Zeit erfüllt wird. In diesen Bedingungen sind die Beanspruchungen durch Funktion und Umgebung definiert. Es müssen aber auch die geplanten Einsatzbedingungen berücksichtigt werden. So ist z. B. an die Meß- und Steuereinrichtungen einer Weltraumsonde die Forderung gestellt, mit höchster Wahrscheinlichkeit für eine begrenzte Zeit funktionsfähig zu sein. Von einem Prozeßrechner dagegen wird für alle Zeit ein großer mittlerer Ausfallabstand und ein günstiges Verhältnis von Ausfallzeit zu Betriebszeit verlangt. Diese unterschiedlichen Einsatzbedingungen führen nicht nur zu unterschiedlichen Dimensionierungen, sondern auch zu unterschiedlichen Strukturen im Aufbau der Geräte und der Systeme. Die Betrachtungen in diesem Abschnitt beziehen sich vorwiegend auf elektronische Einrichtungen, bei denen Fehler durch den Austausch von Bauelementen oder Baugruppen behoben werden können.
Zur Beurteilung der Betriebseigenschaften dienen folgende Begriffe:

Mittlere Ausfallzeit $\bar{t}_A$ ist die gemittelte Zeitspanne zwischen Ausfall und wiederhergestellter Betriebsfähigkeit

Mittlere Betriebszeit $\bar{t}_B$ ist die gemittelte Zeitspanne zwischen Ende einer Ausfallzeit bis Beginn einer neuen Ausfallzeit.

Hieraus errechnen sich die **Ausfallwahrscheinlichkeit**

$$p = \frac{\bar{t}_A}{\bar{t}_B + \bar{t}_A} \tag{1}$$

und die **Betriebswahrscheinlichkeit**

$$q = \frac{\bar{t}_B}{\bar{t}_B + \bar{t}_A}, \tag{2}$$

die auch **Verfügbarkeit** genannt wird

$$p + q = 1 . \tag{3}$$

Zur experimentellen Bestimmung ist eine große Anzahl von Beobachtungen unter gleichen Bedingungen über einen längeren Zeitraum notwendig.

3.2 Theoretische Berechnung

Elektronische Meß- und Steuereinrichtungen bestehen aus zahlreichen miteinander verbundenen Einrichtungen, deren Einzelverfügbarkeiten bekannt sind. Im folgenden werden einige Beziehungen angegeben, die es erlauben, die Gesamtverfügbarkeit derartig zusammengesetzter Systeme zu berechnen.

Ein System bestehe aus den Geräten $G1, G2, \ldots Gn$ und sei nur betriebsfähig, wenn alle Geräte betriebsfähig sind (Bild 1 a). Die Betriebswahrscheinlichkeit Q_s ist das Produkt der Einzelbetriebswahrscheinlichkeiten

$$Q_s = q_{G1} \cdot q_{G2} \cdot \ldots \cdot q_{Gn}, \tag{4}$$

$$= (1 - p_{G1})(1 - p_{G2}) \ldots (1 - p_{Gn}). \tag{5}$$

Für $p_{gi} \ll 1$ folgt

$$Q_s = 1 - (p_{G1} + p_{G2} + \cdots + p_{Gn}). \tag{6}$$

Aus $Q_s = 1 - P_s$ folgt für die Ausfallwahrscheinlichkeit des Systems

$$P_s = \sum_{i=n}^{i=1} p_{Gi}. \tag{7}$$

Die Ausfallwahrscheinlichkeit des Systems ist gleich der Summe der Ausfallwahrscheinlichkeiten der einzelnen an diesem System beteiligten Geräte. Nach Gleichung (1) wird für $\bar{t}_{Ai} \ll \bar{t}_{Bi}$ die Ausfallwahrscheinlichkeit des Systems:

$$\frac{\bar{t}_{As}}{\bar{t}_{Bs}} = \frac{\bar{t}_{A_1}}{\bar{t}_{B_1}} + \frac{\bar{t}_{A_2}}{\bar{t}_{B_2}} + \cdots + \frac{\bar{t}_{An}}{\bar{t}_{Bn}}. \tag{8}$$

Für den Fall, daß die mittleren Ausfallzeiten aller am System beteiligten Geräte gleich angesetzt werden können, gilt unter der Voraussetzung des Systemausfalls infolge Ausfalls nur eines Geräts, also $\bar{t}_{As} = \bar{t}_{Ai}$:

$$\frac{1}{\bar{t}_{Bs}} = \frac{1}{\bar{t}_{Bi}} + \frac{1}{\bar{t}_{B_2}} + \cdots + \frac{1}{\bar{t}_{Bn}}. \tag{9}$$

Daraus folgt die mittlere Betriebszeit des Systems

$$\bar{t}_{Bs} = \frac{1}{\sum\limits_{i=1}^{i=n} \frac{1}{\bar{t}_{Bi}}}. \tag{10}$$

Besteht ein System aus den Geräten $G1, G2, \ldots, Gn$, die sich gegenseitig lückenlos voll ersetzen, so ist das System betriebsfähig, solange mindestens eines der Geräte funktionsfähig ist (Bild 1 b). Die Ausfallwahrscheinlichkeit für ein derartiges System ist gleich dem Produkt der Ausfallwahrscheinlichkeiten der beteiligten Geräte $G1, G2, \ldots, Gn$

$$P_s = p_{G1} \times p_{G2} \times \cdots \times p_{Gn}. \tag{11}$$

Gleiche mittlere Ausfallzeiten für alle Geräte vorausgesetzt, wird der mittlere Ausfallabstand für das ganze System, wenn angenommen wird: $\bar{t}_{As} = \bar{t}_{Ai} \ll \bar{t}_{Bi}$

$$\bar{t}_{Bs} = \frac{\bar{t}_{B_1} \cdot \bar{t}_{B_2} \cdot \ldots \bar{t}_{Bn}}{(t_A)^{n-1}} \tag{12}$$

und für gleiche mittlere Betriebszeiten aller Geräte:

$$\bar{t}_{Bs} = \frac{(\bar{t}_B)^n}{(\bar{t}_A)^{n-1}}. \tag{13}$$

Besteht ein System aus n gleichen Geräten $G1, G2 \ldots Gn$ und ist es funktionsfähig, solange m von n Einrichtungen funktionsfähig sind (man nennt ein derartiges System ein m von n-System), so ist die Ausfallwahrscheinlichkeit des Systems [4]

$$P_s = p_G^n \sum_{\nu=(n-m+1)}^{\nu=n} \frac{n!}{\nu!\,(n-\nu!)} \left(\frac{1}{p_G} - 1\right)^{(n-\nu)} \tag{14}$$

und nach (1) die mittlere Betriebszeit:

$$\bar{t}_{Bs} = \frac{\bar{t}_A}{P_s}. \tag{15}$$

Für ein 1 von n-System erhält man aus Gleichung (14)

$$P_s = p_G^n, \tag{16}$$

was mit Gleichung (11) übereinstimmt.

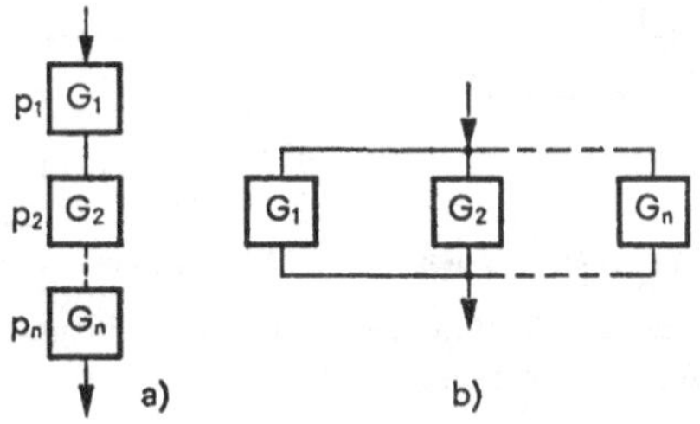

Bild 1: Zuverlässigkeit von Gerätekombinationen
a) ohne Redundanz
b) mit Redundanz

Für ein n von n-System, ein System, das zu einem Ausfall führt, sobald eines der beteiligten Geräte nicht funktionsfähig ist, erhalten wir mit Gleichung (14)

$$P_s = p_G^n \left(n \left(\frac{1}{p_G} - 1\right)^{n-1} + \frac{n\,(n-1)}{2} \left(\frac{1}{p_G} - 1\right)^{(n-2)} \ldots\right) \tag{17}$$

und für $p_G \ll 1$

$$P_s = p_G^n\, n \left(\frac{1}{p_G}\right)^{(n-1)} = n\, p_G\,. \tag{18}$$

Dieses Ergebnis entspricht den Aussagen von Gleichung (7).
An Hand der in den Gleichungen (4—14) angegebenen Beziehungen ist es möglich, die Ausfallwahrscheinlichkeit komplexer Systeme an Hand der Zuverlässigkeitsangaben der eingesetzten Geräte rechnerisch zu bestimmen.

3.3 Erhöhung der Verfügbarkeit von Systemen

Aus Gleichung (1) und (3) folgt mit $\bar{t}_A \ll \bar{t}_B$

$$q = 1 - p = 1 - \frac{\bar{t}_A}{\bar{t}_B}. \tag{19}$$

Aus dieser Beziehung kann man erkennen, daß die Verfügbarkeit q eines Systems verbessert werden kann, sowohl durch Maßnahmen zur Erhöhung der mittleren Betriebszeit $\bar{t}_B$ als auch durch Maßnahmen, die eine Verringerung der mittleren Ausfallzeit $\bar{t}_A$ bewirken. Die Ausfallzeit setzt sich aus Fehlererkennungszeit, Reparaturzeit und Wiederinbetriebnahmezeit zusammen (Kapitel 5.5). Bemerkenswert ist, daß Maßnahmen zur Verringerung der Ausfallzeit auf beispielsweise die Hälfte die gleiche positive Auswirkung auf die Verfügbarkeit einer Einrichtung haben wie Maßnahmen zur Verdopplung der mittleren Betriebszeit.

Bei der Planung eines Systems aus einem gegebenen Gerätespektrum können verschiedene Maßnahmen zur Erhöhung der mittleren Betriebszeit eines Systems beitragen. So ist es zweckmäßig, für ein System hoher Verfügbarkeit den Geräteaufwand so klein wie möglich zu halten, denn die mittlere Betriebszeit sinkt proportional mit der Anzahl der im System eingesetzten

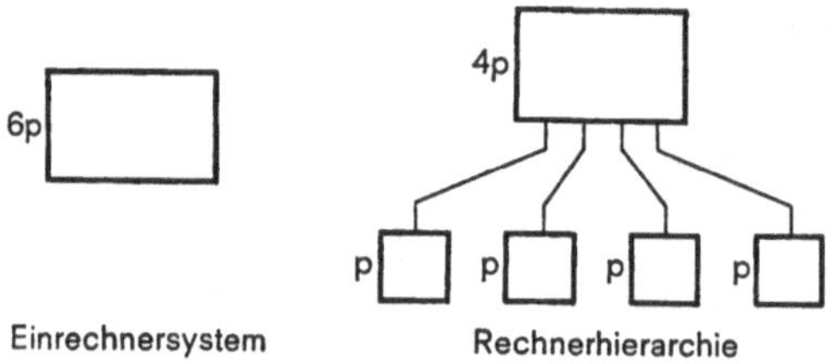

Bild 2: Verfügbarkeit bei hierarchischen Rechnersystemen

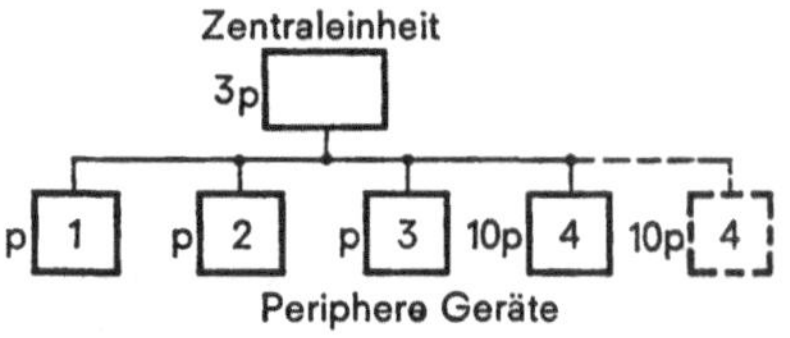

Bild 3: Erhöhen der Verfügbarkeit durch Geräteredundanz

Geräte. Ein weiterer Schritt auf diesem Weg führt dazu, ein System in mehrere kleine und selbständige Teilsysteme aufzulösen, die über Datenübertragungseinrichtungen miteinander verkoppelt sind. Es entsteht so ein **hierarchisches System.** Die einzelnen Teilsysteme haben eine größere Verfügbarkeit, als ein in einem großen Rechner realisiertes Gesamtsystem hätte (Bild 2). Das Einrechnersystem habe die Ausfallwahrscheinlichkeit 6 p. In dem hierarchischen System werden die Teilfunktionen, für die eine hohe Verfügbarkeit gefordert wird, auf vier Kleinrechner übertragen, die jeweils die Ausfallwahrscheinlichkeit p haben. Der übergeordnete Rechner habe zusammen mit der Übertragungseinrichtung die Ausfallwahrscheinlichkeit 4 p. Für jede allein auf einen Kleinrechner übertragene Aufgabe verringert sich die Ausfallwahrscheinlichkeit um den Faktor 6, für Aufgaben in Verbindung mit dem übergeordneten Rechner ist die Ausfallwahrscheinlichkeit 5 p.

Durch die Einführung von **Redundanz** kann die mittlere Betriebszeit eines Systems weiter gesteigert werden. Es ist möglich, Redundanz auf der Bauelementeebene, der Geräteebene und der Systemebene einzuführen. Für Prozeßrechner bietet Redundanz auf der Bauelementeebene wegen der kaum zu realisierenden Funktionsprüfung der redundanten Bauelemente keine Vorteile gegenüber der Redundanz auf der Geräteebene. Letztere ist ein wirksames Mittel zur Erhöhung der Systemzuverlässigkeit. Dies wird besonders deutlich bei einer Systemkonfiguration, deren mittlere Betriebszeit durch ein Gerät relativ geringer Verfügbarkeit bestimmt wird (Bild 3). Das System, bestehend aus einer Zentraleinheit und den peripheren Geräten 1—4, hat die Ausfallwahrscheinlichkeit $16\,p$. Wird dem Gerät 4 mit der relativ hohen Ausfallwahrscheinlichkeit von $10\,p$ ein gleichartiges Gerät 4' parallel geschaltet, das im Störungsfall die Funktion von Gerät 4 übernehmen kann (und umgekehrt), so wird mit kleinem Aufwand die Verfügbarkeit der ganzen Anlage wesentlich verbessert:

$$P_4 = p_4 \cdot p_4' . \tag{20}$$

Setzen wir in diesem Beispiel $p \approx \frac{\bar{t}_A}{\bar{t}_B} = \frac{1}{5000}$, (21)

so erhalten wir für das System ohne Redundanz

$$P_s = 16\,p = \frac{16}{5000} \tag{22}$$

und für das System mit Redundanz für das Gerät 4

$$P_s = 6\,p + (10\,p)^2 = \frac{6}{5000} + \frac{0{,}02}{5000} . \tag{23}$$

Der Anteil der Geräte 4 und 4' an der Systemausfallwahrscheinlichkeit ist also vernachlässigbar gering.

Eine weitere Erhöhung der Systemverfügbarkeit wird durch Redundanz auf der Systemebene erreicht. Im einfachsten und am leichtesten zu realisieren-

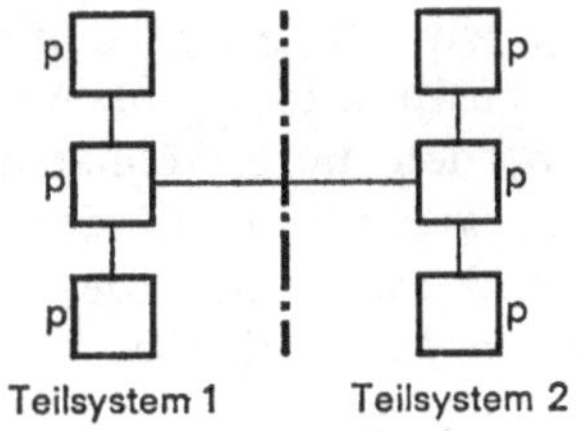

Bild 4: Erhöhen der Verfügbarkeit durch ein Doppelrechnersystem

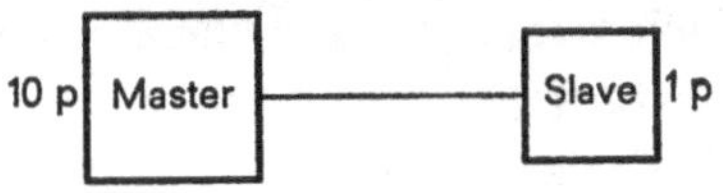

Bild 5: Erhöhen der Verfügbarkeit für ein Teilsystem durch eine Master-slave-Konfiguration

den Fall handelt es sich dabei um ein Doppelrechnersystem (Bild 4). Jedes Einzelrechnersystem habe die Ausfallwahrscheinlichkeit $3\,p$. Das Doppelrechnersystem hat dann nach Gleichung (11) die Ausfallwahrscheinlichkeit $P_s = (3\,p)^2$. Setzen wir für $p = 2 \cdot 10^{-3}$ ein und für die mittlere Ausfallzeit $\bar{t}_A = 12$ h, so erhalten wir für das Doppelrechnersystem eine mittlere Betriebszeit:

$$\bar{t}_{Bs} = \frac{\bar{t}_A}{P_s} = \frac{12 \cdot 10^6}{9 \cdot 4}\,\text{h} \mathrel{\hat{=}} 38\ \text{Jahre} \tag{24}$$

unter der allerdings theoretischen Voraussetzung der lückenlosen Funktionsübernahme auf das jeweils betriebsfähige System.

Eine spezielle Geräteanordnung, die sowohl Eigenschaften von hierarchischen als auch von Doppelrechnersystemen hat, ist die master-slave-Konfiguration (Bild 5). Ein besonders zu sichernder Teil des Gesamtsystems wird auf einem selbständigen kleinen Rechner, dem slave, bearbeitet. Im Normalbetrieb bearbeitet der übergeordnete Rechner (master) den dem slave übergebenen Teil der Aufgabe nicht. Für den Fall einer **Betriebsstörung** im slave übernimmt der master dessen Aufgaben. Ausfallwahrscheinlichkeiten von master $10\,p$ und slave $1\,p$ zugrundegelegt, ergeben für die an den slave übertragene Teilaufgabe eine Ausfallwahrscheinlichkeit

$$P_{TS} = P1 \cdot P2 = 10\,p^2\,. \tag{25}$$

In einem hierarchischen System beträgt die Ausfallwahrscheinlichkeit für das Teilsystem $P_{TS} = p$ und in einem Einrechnersystem $P_{TS} = 10\,p$. Die master-slave-Konfiguration bietet also bei nur geringem gerätetechnischen Mehraufwand die Möglichkeit, die Verfügbarkeit für ein besonders zu sicherndes kleines Teilsystem wesentlich zu erhöhen.

4 Redundante Systeme

4.1 Parallelsystem

Es werden zwei identische Einrechnersysteme über ein Datenaustauschelement miteinander verkoppelt. In beiden Teilsystemen wird die Aufgabe mit identischen Programmen synchron bearbeitet. An bestimmten vom Anwender im Programm zu kennzeichnenden Stellen werden die errechneten Teilergebnisse verglichen. Treten Abweichungen auf, so müssen in beiden Rechnersystemen Diagnoseprogramme die gestörte Funktionseinheit identifizieren. Das ungestörte Teilsystem übernimmt danach allein die Bearbeitung der Aufgabe.

Die Realisierung eines derartigen Parallelsystems bereitet große Schwierigkeiten. Insbesondere müssen Maßnahmen für die Synchronisierung der Programme getroffen werden. Für Einrechnersysteme geschriebene Anwenderprogramme können nicht ohne weiteres auf ein derartiges Parallelsystem übernommen werden.

4.2 Bereitschaftssystem

Auch ein Bereitschaftssystem besteht aus zwei gekoppelten Einrechnersystemen. Die Kopplung ist jedoch loser, da jeweils nur ein Rechner arbeitet. Im ungestörten Betrieb werden alle Aufgaben auf dem Teilsystem 1 bearbeitet. Dieses wird in kurzen Zeitabständen von einer Überwachungseinrichtung auf seine Funktionsfähigkeit getestet. Das Teilsystem 2 steht in Bereitschaft. Auch es wird periodisch auf seine Funktionsfähigkeit getestet.

Außerdem erhält es in kurzen Zeitabständen vom Teilsystem 1 die aktuellen Daten übermittelt, die für eine Übernahme der Aufgaben von Teilsystem 1 erforderlich sind. Wird im Teilsystem 1 eine Störung erkannt, so kann die Aufgabe durch das Teilsystem 2 selbständig und stoßfrei übernommen werden.
Ein Bereitschafts(stand-by)-System ist wesentlich einfacher zu organisieren als ein Parallelsystem. Auch können Anwenderprogramme von Einrechnersystemen nahezu unverändert eingesetzt werden.

4.3 Zweirechnersystem

Es ist naheliegend, Aufgaben, deren Bearbeitung einen Rechnerausfall verträgt, dem sonst untätigen Bereitschaftssystem zu übertragen und die Kapazität des Teilsystems 1 den mit großer Verfügbarkeit zu bearbeitenden Aufgaben optimal anzupassen. Als unmittelbare Folge dieser Aufgabenteilung werden die Teilsysteme eine unterschiedliche Geräteausstattung haben. Selbstverständlich muß das Teilsystem 2 so ausgelegt sein, daß es im Störungsfall die Aufgaben des Teilsystems 1 uneingeschränkt übernehmen kann.
Größte Bedeutung muß bei einem solchen Zweirechnersystem der ständigen Funktionskontrolle eines jeden Teilsystems zugemessen werden. Unerkannte Fehler in einem Teilsystem setzen die Verfügbarkeit eines Zweirechnersystems wesentlich herab. Der zur Funktionskontrolle eingesetzte Funktionswächter (Kapitel 5.5) muß in der Lage sein, in Verbindung mit Kontrollprogrammen hoher Priorität die Funktion aller an dem Teilsystem beteiligten Einrichtungen, den regulären Ablauf von Anwenderprogrammen und sich selbst zu überwachen. Die Überwachungseinrichtung eines Teilsystems prüft ebenfalls auf eine Reaktion des anderen Teilsystems. Werden Funktionsstörungen im eigenen Teilsystem erkannt, werden alle Operationen des Systems abgebrochen, und eine Meldung über die Überwachungseinrichtung wird ausgegeben.
Erkennt ein Teilsystem, daß das andere Teilsystem untätig ist, so wird eine Meldung auf dem Bedienungsblattschreiber ausgegeben. Da jedes Teilsystem eine Funktionsstörung des anderen Teilsystems erkennen kann, wird konsequenterweise eine Übernahme der Aufgaben des Teilsystems 1 durch das Teilsystem 2 von der Überwachungseinrichtung 2 veranlaßt, sobald diese das Teilsystem 1 als untätig erkannt hat und selbst nicht als untätig dem Teilsystem 1 gemeldet wird. Die Umschaltung in umgekehrter Richtung setzt voraus, daß das Teilsystem 1 entstört wurde und wird deshalb manuell eingeleitet.
Im ungestörten Betrieb ist der Arbeitsspeicher des Teilsystems 2 durch wenig dringliche Programme belegt. Bei einem Störungsfall im Teilsystem 1 müssen deshalb die für die Übernahme der Aufgaben durch das Teilsystem 2 erforderlichen Programme sicher und schnell von einem peripheren Speicher

transferiert werden. Aktuelle Parameter für die Fortführung der Aufgaben müssen in kurzen Abständen aus dem Teilsystem 1 im Teilsystem 2 für diesen Programmanlauf hinterlegt werden. Dieser Austausch von Informationen und der für die wechselseitige Funktionskontrolle der Teilsysteme erforderliche Austausch von Melde- und Quittierungssignalen erfordert ein Datenaustauschelement hoher Datenrate. Eine Funktionsstörung im Datenaus-

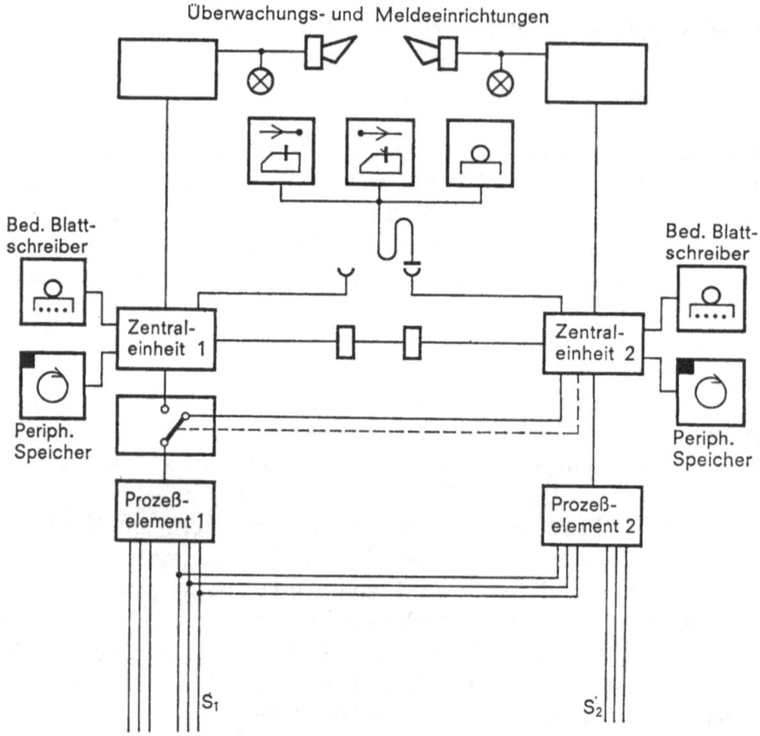

Bild 6: Beispiel für ein Zweirechnersystem

tauschelement sollte jedem Teilsystem als eine Funktionsstörung des anderen Teilsystems gemeldet werden.

Bei einem Zweirechnersystem (Bild 6) geschieht die Verbindung über Signal kanäle S1 und ein Prozeßelement 1, welches bei Ausfall des Teilsystems 1 automatisch an das Teilsystem 2 umgeschaltet wird. Auch das Teilsystem 2 verfügt über ein Prozeßelement, welches für die im ungestörten Betriebsfall zu bearbeitenden Aufgaben Signale mit der Prozeßinstrumentierung austauscht (S2). Eine Störung im Prozeßelement 1 des Teilsystems 1 würde einen totalen Ausfall des Systems zur Folge haben; wichtige Signalkanäle sind deshalb parallel an die Prozeßelemente beider Teilsysteme angeschlossen.

Verfügbarkeitsbetrachtungen sollten auch die Instrumentierung der Signalkanäle selbst und der den Signalkanälen eindeutig zugeordneten Teile des Prozeßelementes nicht außer acht lassen. Eine Funktionskontrolle dieser Teile der Anlageninstrumentierung ist bei Ausgaben über Rückmeldesignale möglich. Ein- und Ausgabekanäle können mehrfach instrumentiert werden. Die Signale der Eingabekanäle können programmtechnisch bewertet werden, die Signale von Ausgabekanälen von Bewertungsschaltungen kontrolliert und erst dann auf Stellorgane geleitet werden.
Es wird kaum möglich sein, ein so vollkommen redundantes und überwachtes System aufzubauen, wie es den Verfügbarkeitsbetrachtungen, die lückenlose Funktionsübernahmen verlangen, zugrunde liegt. Die Verfügbarkeiten der realisierbaren Zweirechnersysteme werden also wesentlich unter den dort angegebenen Werten liegen. Unvollständige Funktionsüberwachung der Teilsysteme und nicht redundanter Geräte wie Umschalteinrichtungen sind dafür die Ursache.

Literaturhinweise

Hemme, N. und Wilmzig, H.: Das überwachte Sicherheitssystem für Kernreaktoren.
Atompraxis 6 (1960) S. 392—396, [1].

Bläß, B. und Reichert, W.: Das dynamische SIMATIC-Sicherheitssystem zur Prozeßüberwachung und sein Einsatz zum Kernreaktorschutz.
Siemens-Zeitschrift 42 (1968) S. 875 bis 878, [2].

Hofmann, W.: Zuverlässigkeit von Meß- Steuer- Regel- und Sicherheitssystemen.
K. Thiemig Verlag, München 1968, [3].

Kaltenecker, H.: Auswahlsysteme zur Erhöhung der Sicherheit von Signalen.
Regelungstechnik 6 (1958) S. 93—96, [4].

Störmer, H.: Mathematische Theorie der Zuverlässigkeit.
Oldenbourg Verlag, München 1970.

5. PROJEKTABLAUF

5.1 Einsatzstudie und Anlagenausstattung

von J. Oemigk

Inhaltsübersicht

1 Zielsetzung und Vorbedingungen

1.1 Aufgaben des höheren Automatisierungsgrads

Ein höherer Automatisierungsgrad im Betrieb, in Entwicklung und Forschung hat allgemein das Kennzeichen eines wesentlich erhöhten Anfall von Daten, für deren Erfassung, Deutung und Verwertung ein Prozeßrechner eingesetzt wird. Ein solches Automatisierungsmittel ist so kostspielig, daß seine Handhabung wohl überlegt sein will und Aufwendungen bisher nicht bekannten Umfangs bedarf, gleichviel ob aus technologischen oder wirtschaftlichen Erwägungen. Grundlage dieser Überlegungen ist die Einsatzstudie. Sie dient dazu, die „optimale Instrumentierung" [1] für eine Anlage zu finden.

In der Praxis stellt sich sehr schnell heraus, daß die eigentlichen Probleme nicht auf den Prozeßrechner begrenzbar sind, sondern sich auf die Meßtechnik ausdehnen, die eine wesentliche Grundlage der Automatisierung darstellt. Somit beginnt eine Einsatzstudie bereits mit der Spezifikation der Aufgaben für die einzelnen Meßeinrichtungen der von ihnen abhängigen Regelkreise und Steuerketten, mit denen ein Prozeßrechner zunächst verkehrt, wenn er die automatische Datenverarbeitung übergeordneter Ebenen übernimmt. Der „Automatisierungsgrad" stellt aus technischer Sicht den Anteil der automatisch durchgeführten Operationen innerhalb eines Prozeßablaufes dar; er könnte aber ebenso gut aus wirtschaftlicher Sicht die Pro-Kopf-Leistung widerspiegeln oder eine noch andere Definition haben. Da es bisher noch keine allgemeingültigen Grundsätze gibt, wird dieser Begriff im Rahmen einer Einsatzstudie jeweils sinngemäß ohne weitere Erläuterungen angewandt. Die Zielsetzung kann dabei branchenabhängig sehr unterschiedliche Gesichtspunkte haben. Diese sind im wesentlichen:

- die Verbesserung eines ohnehin schon vorhandenen Automatisierungsgrades aus Gründen der Sicherheit;
- die Optimierung des verfahrenstechnischen oder fertigungstechnischen Prozeßablaufes;
- die Vorgabe übergeordneter Prozeßführungsgrößen, die aus vielen Parametern errechnet werden, aber nicht in Nomogrammen faßbar sind;
- die umfassende Endprüfung von Fertigprodukten;
- die komplexe Untersuchung und Auswertung bei Experimentieranlagen.

In der Regel ist hierbei die Zusammenarbeit von Meß-, Prüf-, Melde- oder Experimentiereinrichtungen, Regelkreisen, Steuerketten, Stell- und Schutzeinrichtungen mit dem Prozeßrechner zu realisieren [2]. Sein Einsatz ist somit nicht die bloße Erweiterung einer bestehenden Instrumentierung, sondern schließt bisher unabhängig betriebene Teile einer Anlage und deren Automatisierungsmittel zu größeren Einheiten zusammen, in denen erst die Führung eines Prozesses nach übergeordneten Gesichtspunkten gelingt. Eine solche Synthese baut sich auf einer gründlichen Prozeßanalyse auf, die eine wesentliche Phase der Einsatzstudie ist.

Aus der Prozeßanalyse, für die zweckmäßig bereits ein Planungsteam tätig wird, resultieren die Instrumentierungsaufgaben, die wie folgt zu unterscheiden sind:

a) Aufgaben, die bisher mit konventionellen Mitteln gelöst werden, die aber ein Prozeßrechner möglicherweise technisch oder wirtschaftlich besser lösen kann, z. B.

- bei Meßeinrichtungen durch programmierte Verfahren die Auswertung beschleunigen und/oder die Genauigkeit erhöhen;
- alle Aufgaben von festverdrahteten Datenverarbeitungsanlagen übernehmen;
- Regelparameter oder Regelstrukturen prozeßabhängig verändern;
- Verknüpfungen in den oberen Ebenen von Steuerungshierarchien übernehmen;
- Aufgaben der Anlagenüberwachung und des Anlagenschutzes durchführen.

b) Aufgaben, die mit konventionellen Mitteln nicht mehr lösbar sind. Dazu gehören:

- die Meßdatenerfassung sehr hoher Datenraten bei gleichzeitiger Prüfung und Auswertung;
- die Meßwertverarbeitung unter Ausnutzung charakteristischer, technischer Eigenschaften von Digitalrechnern, wie Speicherfähigkeit, Programmwechsel usw.;
- die programmierte Koordinierung der Zusammenarbeit von Meßeinrichtungen, Regelkreisen und Steuerketten nach übergeordneten Gesichtspunkten;
- die Ermittlung von Kenngrößen vermehrter Aussagekraft, die im allgemeinen nicht direkt meßbar sind und sich aus mehreren Einzelinformationen zusammensetzen;
- die automatische Überwachung und Speicherung von Aggregatzuständen sowie Anlagenteilen aus Sicherheitsgründen und zur Störungsdiagnostik;
- die automatische Überwachung sowie Lenkung des Material- und Energieflusses innerhalb einer oder mehrerer Anlagen der Produktion und Verarbeitung;
- die Überwachung und Lenkung des Einsatzes von Maschinen, Aggregaten und Hilfszeugen innerhalb einer oder mehrerer technologisch verbundener Fertigungsstätten;
- die verfahrenstechnische oder fertigungstechnische Optimierung zur Verknüpfung von Zustandsvariablen eines Produktions- oder Fertigungsprozesses mit Hilfe eines mathematischen Modells und Ableitung von Stellbefehlen.

1.2 Gesamtkonzeption

Mit dem Automatisierungsgrad eines Betriebes wachsen die Investitionskosten meist eher progressiv als linear oder gar regressiv. Es ist daher, um

Fehlinvestitionen zu vermeiden, wichtig, alles vorhandene Fachwissen der einzelnen Unternehmungsbereiche im Planungsstadium heranzuziehen. Unterbleibt dies, so ist mit entscheidenden Mängeln der Instrumentierung zu rechnen, die dann frühestens während der Umstellung auf den höheren Automatisierungsgrad erkannt werden [3,4].

Auf die Dauer wirkungsvoll und kostensparend kann nur automatisiert werden, wenn schon in einer das gesamte Unternehmen umfassenden **Vorstudie** die Struktur der einzelnen Bereiche durchleuchtet und aus dieser sowohl technische als auch organisatorische Folgerungen konsequent vorbereitet werden. Methodisch entsteht dadurch für alle Automatisierungsvorhaben ein Rahmen, der die Gesamtkonzeption umfaßt [5].

Die Grundregeln für den erfolgreichen Einsatz eines Planungsteams sind:

a) Die Gesamtkonzeption der weiterführenden Automatisierung des Unternehmens muß vorliegen und für mehrere Jahre gültig sein, gleichviel ob schrittweise oder in einem Zuge vorgegangen werden soll.
b) Die Gesamtkonzeption muß die volle Unterstützung der Unternehmungsleitung finden, so daß dem Planungsteam auch der notwendige Einblick gewährt wird.
c) Die herkömmliche Instrumentierung muß in alle wirtschaftlichen und technischen Überlegungen des Prozeßrechner-Einsatzes mit einbezogen und gegebenenfalls erweitert werden, um rechnergerechte und ausreichende Genauigkeit sicherzustellen.
d) Im Produktionsbereich muß umfassend vorgegangen werden; Aussparungen können spätere Änderungen und damit vorübergehenden Produktionsausfall verursachen.

1.3 Teambildung und Delegierung der Aufgaben

1.3.1 Organisatorische Voraussetzungen

Eine Einsatzstudie kann wegen ihres Schwierigkeitsgrades nicht allein von einem einzelnen Betriebsangehörigen durchgeführt werden. Es kommt sehr darauf an, ein Team hochqualifizierter Mitarbeiter zu bilden und diesem die Durchführung der Studie zu übertragen. Weil die Arbeit dieses Teams über Erfolg oder Mißerfolg entscheidet, sollte mit Rücksicht auf die Verantwortung und den notwendigen Durchgriff das Planungsteam der Betriebsleitung direkt unterstellt werden.

Bei der Einsatzplanung von Prozeßrechnern ist der günstigste Arbeitsablauf nicht nur eine Frage der Organisation, sondern mit vielschichtigen technischen Fragen verknüpft. Daher wird das Team so zusammengesetzt werden müssen, daß Angehörige des Betriebes und des Rechnerherstellers gleichermaßen Partner sind. Manchmal stehen diesem Grundsatz Geheimhaltungsklauseln entgegen. Andere Bedenken könnten damit begründet werden, daß der zur Einsatzstudie herangezogene Rechnerhersteller dann auch bei der Auftragsvergabe bevorzugt wird [6]. Das Argument ist unbestritten, jedoch darf nicht übersehen werden, daß beispielsweise im Produktionsbetrieb die Untersuchungen auf die gesamte Meß-, Regelungs-, Steuerungs- und Antriebstechnik ausgedehnt werden und nicht auf den Rechner begrenzt bleiben. Damit ist der Hersteller als Teilnehmer an der Einsatzstudie weniger wegen des Rechners als vielmehr wegen der herkömmlichen Automatisierungsmittel angesprochen.

1.3.2 Personelle Besetzung

Jedes Teammitglied wird zunächst nur auf seinem Arbeitsgebiet bewandert sein. Das erschwert die Verständigung. Es darf nun nicht erwartet werden, daß jedes Teammitglied genügend Zeit mitbringt, um sich die Fachkenntnisse der anderen Mitglieder erst einmal vollständig anzueignen. Aber es wird sicher sehr zur Effektivität beitragen, wenn jedes Teammitglied wenigstens ein gewisses Verständnis für das benachbarte Fachgebiet gewinnt. Je mehr gemeinsame Kenntnis letztendlich das Team hat, um so wirkungsvoller sind Diskussionen zu führen und um so schneller werden die Zielsetzungen erreicht.

Diese Koordinierung herbeizuführen, ist Aufgabe des Projektleiters, der ein Betriebsangehöriger sein wird. Von ihm müssen in erster Linie organisatorische und pädagogische Fähigkeiten verlangt werden. Kenntnisse in der Automatisierungstechnik müssen ihm den Überblick ermöglichen, um dem Team jeweils rechtzeitig alle erforderlichen Unterlagen zur Verfügung zu stellen und um seiner Betriebsleitung sachlich richtig berichten zu können. Der Hersteller stellt dem Projektleiter seinen Sprecher zur Seite, weil dieser besser Zugriff zu den Mitteln der Automatisierungstechnik, zu den Fachreferenten, zum Rechenzentrum und zu den Schulungslehrgängen seines Hauses hat. Er kann auch leichter Erfahrungen mit ähnlichen Anlagen vermitteln, wenn das zur schnelleren Lösung beiträgt.

In der Anfangsphase wird insbesondere die Schulung von einiger Bedeutung sein, denn es ist nicht zu erwarten, daß alle Teammitglieder des Betriebes Aufbau und Arbeitsweise eines Prozeßrechners, Sprachen und Grundlagen der Programmierung kennen oder sich gar in die Programmsysteme vertieft haben. Es ist eine wichtige Aufgabe, dafür zu sorgen, daß diese Kenntnisse als wesentliche Voraussetzung der Teamarbeit rechtzeitig vermittelt werden. Auch hieraus erhellt die besondere Stellung des Sprechers, dem späterhin bei der Projektabwicklung eine ebenso wichtige Funktion eingeräumt werden wird.

Die Zusammensetzung des Planungsteams und seine Kontakte (Bild 1) lassen es als zweckmäßig erscheinen, daß als Projektleiter ein Betriebsingenieur und als Sprecher des Herstellers ein Systemingenieur tätig ist.

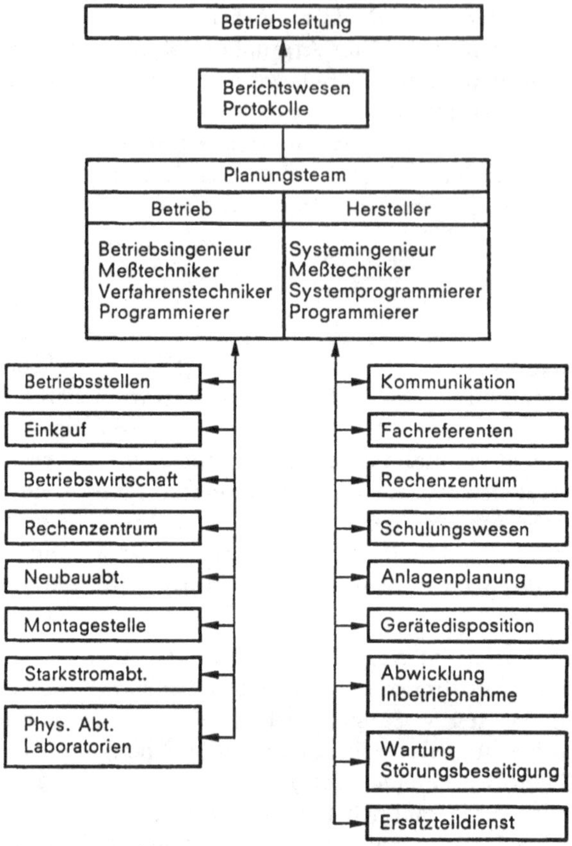

Bild 1: Zusammensetzung eines Planungsteams und seine Kontakte

1.3.3 Aufgabenteilung

Das Team arbeitet ohne Arbeitsanweisungen von außen. Es ist lediglich an Zielsetzung und Termin gebunden. Die Bindung an einen Termin verlangt, daß zur optimalen Ausnutzung der beiderseitigen Kenntnisse vom Projektleiter gleichgelagerte Aufgaben so delegiert werden, daß Doppelarbeit vermieden wird.

So ist der Meß- und Regelungstechniker des Betriebes am besten mit der Instrumentierung der Produktionsanlage vertraut. Er kann nicht nur die genaue Aufgabenstellung der einzelnen Meßgeräte, Regelkreise und Steuerketten umreißen, sondern auch die erforderlichen Auskünfte über deren notwendige Eigenschaften, Toleranzen, Gefahrenklassen, Grenzwerte, Zuverlässigkeit, Verkabelung und Kabelwege geben.

Der Meß- und Regelungstechniker des Herstellers dagegen, der die gleiche „Sprache" spricht, wird dann sehr schnell in die Lage versetzt, nicht nur

die Aufgabenstellung richtig zu erfassen, sondern diese auch in rechnergerechte Meßstellenlisten und Ablochunterlagen umzusetzen. Außerdem kann er seinerseits frühestmöglich auf die zusätzlich erforderliche Ausstattung mit Meßfühlern, Stellgliedern oder Signalgebern hinweisen und möglicherweise auch Neuentwicklungen in seinem Hause einleiten.
Bei der Aufgabenzuordnung der Teammitglieder (Tabelle 1) ist es aber je nach Ausbildungsstand oder Umfang der Aufgabe auch denkbar, daß zwei oder mehr Funktionen ganz oder teilweise von nur einem Teamangehörigen wahrgenommen werden.

Tabelle 1: Aufgabenzuordnung im Planungsteam

Teammitglied	Aufgaben
Betriebsassistent	Projektleitung und Behandlung organisatorischer Fragen, die mit der Produktionsanlage zusammenhängen; Verfolgung der Gesamtkonzeption.
Verfahrenstechniker (Fertigungstechniker)	Beschreibung des verfahrenstechnischen/fertigungstechnischen Produktionsablaufes; Bearbeitung technologischer Randbedingungen und Zielsetzungen; Mithilfe bei der Bestimmung und Formulierung von Optimierungskriterien.
Meßtechniker	Beschreibung der Meßgeräte, Regelkreise und Steuerketten; Klärung ihrer Aufgaben, Charakteristiken und Kennlinien; Bearbeitung der Meßstellenlisten; Mithilfe bei der Bestimmung und Formulierung von Regelungs- und Steuerungskriterien.
Systemingenieur	Ermittlung und Beschreibung der Korrelationen; Vorbereitung der Prozeßsteuerung und Modellbildung; Systementwurf und Ermittlung der geeigneten Anlagenausstattung; Behandlung der Datenflußpläne.
Systemprogrammierer	Bearbeitung der rechnerinternen Organisation; Entwurf und Beschreibung des Anwendersystems mit Bedienungskomfort. Vorbereitung und Durchführung des Systemtestes.
Programmierer	Entwurf und Beschreibung der Programmablaufpläne; Codieren, Übersetzen und Testen einzelner Programme.

1.4 Phasen der Einsatzstudie

Für die Durchführung der Einsatzstudie hat sich eine Unterteilung in vier Arbeitsphasen als zweckmäßig erwiesen. Die einzelnen Phasen sollen weitgehend nacheinander durchlaufen werden, weil damit einerseits eine Arbeitsentlastung der Teammitglieder verbunden ist und andererseits eine bessere Verzahnung erfolgen kann. Die einzelnen Arbeitsphasen sind:

- Die Prozeßanalyse.
  Ihr Resultat ist die Projektspezifikation.
- Die Systemplanung (Synthese).
  Ihr Resultat ist die Systemspezifikation.
- Die Anlagenplanung.
  Ihr Resultat ist die Anlagenspezifikation.
- Betrachtungen zur Wirtschaftlichkeit:

Der Vergleich von Kosten und Nutzen ergibt die Wirtschaftlichkeit unter Berücksichtigung von Ersparnis und Verfügbarkeit sowie aller Aufwendungen für hardware und software, Montage, Inbetriebnahme und Serviceleistungen.

2 Die Prozeßanalyse

Es muß vorausgesetzt werden, daß aus einer **Vorstudie** die Gesamtkonzeption (Abschnitt 1.2) für die Datenverarbeitung eines Unternehmens bereits vorliegt. Hierzu gehören die Beschreibungen der geplanten Rechnerhierarchie, die Begründung und Konzeption der Redundanz aller Automatisierungsmittel und die Abgrenzung der Kompetenzen, weil die Gesamtkonzeption im Verlauf der Einsatzstudie wiederholt angesprochen wird.

Die Prozeßanalyse, deren Ergebnisse in Arbeitsberichten festzuhalten sind, beginnt mit der allgemeinen Beschreibung der Aufgabe und Zielsetzung. Sie soll aus der Vorstudie entnommen werden können. Außerdem wird eine Istaufnahme der bestehenden Meßeinrichtungen, Regelkreise und Steuerketten mit einer kurzen Beschreibung ihrer Aufgaben, wenn notwendig auch ihrer Verkettung, durchgeführt. Die Istaufnahme findet ihren Niederschlag in den Meßstellenlisten der Arbeitsberichte und in Datenflußplänen (Bild 2). Der Prozeßablauf und die technologischen Kriterien werden zusammengestellt und beschrieben. Die endgültige Aufgabenstellung wird abgeschlossen.

Weiter werden Kenngrößen, die Aufschluß über das dynamische Verhalten des Prozeßablaufes oder den Zustand einzelner Aggregate geben, ermittelt und gegebenenfalls durch das Experiment erhärtet. Alle benötigten Meßstellen einschließlich der zusätzlich geforderten sind in den Arbeitsberichten aufzuführen.

Die Prozeßanalyse schließt ab mit der Ermittlung aller notwendigen Methoden und Berechnungsunterlagen zur Optimierung und Automatisierung. Hierzu gehören Steuerungsabläufe und Regelungsalgorithmen, Vorausberechnungen von Produktions-Sollwerten nach Bestelleingang, Planungswerte, Lagerdispositionen und Lagerbilanzen. Verbrauchsbilanzen von Energie und Einsatzstoffen sind in den Arbeitsberichten aufgelistet.

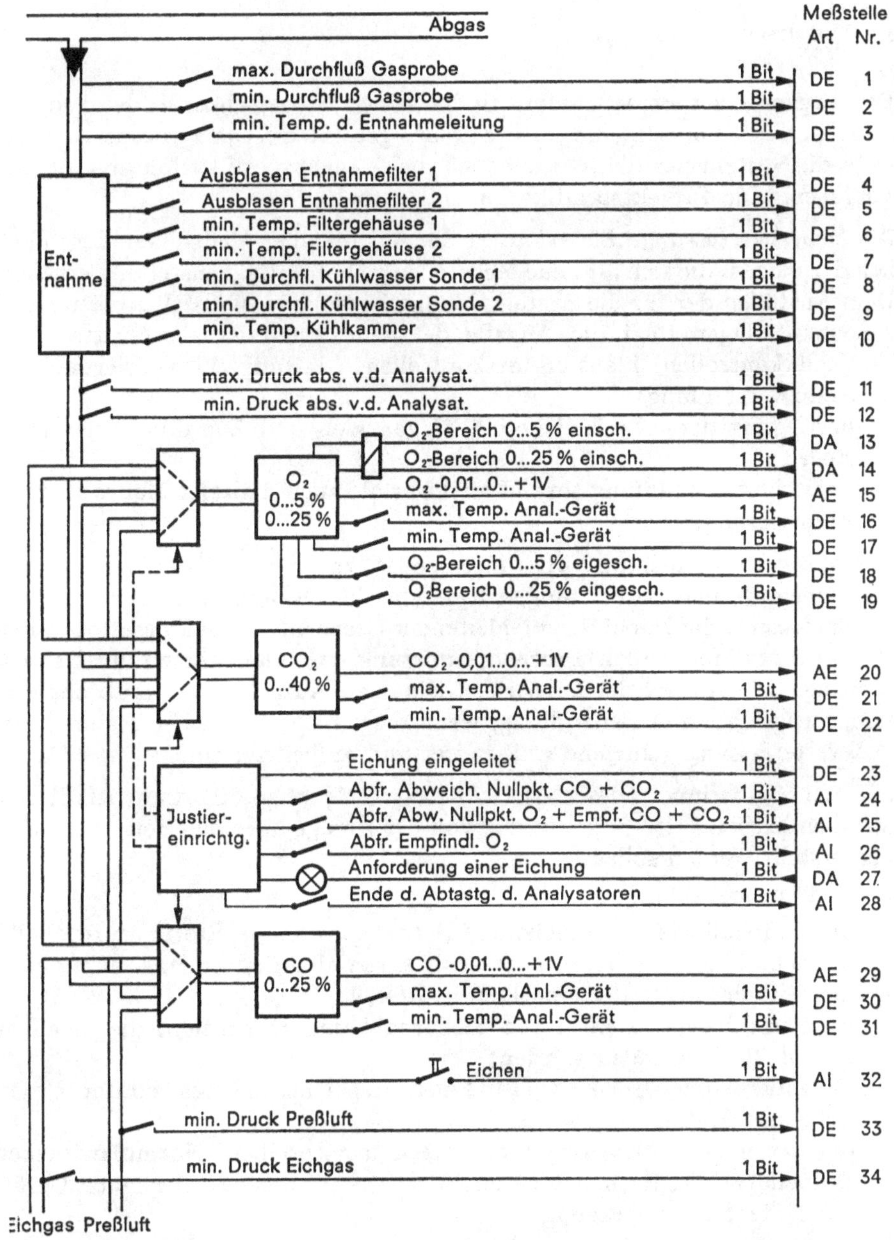

Bild 2: Datenflußplan „Abgasanalyse" für Prozeßrechner im Blasstahlwerk

Erläuterungen:
AE = Analogeingabe
DE = Digitaleingabe
AL = Alarmeingabe
DA = Digitausgabe

3 Die Projektspezifikation

Das Ergebnis der Prozeßanalyse findet seinen Niederschlag in der Projektspezifikation. Sie setzt die Mitarbeit des gesamten Teams voraus, weil sowohl die Systemspezifikation als auch die Anlagenspezifikation aus ihr hervorgehen. Die Projektspezifikation soll enthalten:

Die Meßwerterfassung. Sie erfordert die Angabe aller Meßstellen einschließlich derjenigen, die sich als neue Meßstellen gemäß Aufgabenstellung ergeben. Dem Ausfüllen der für die Systemplanung benötigten Meßstellenblätter und Ablochunterlagen folgt die Angabe der geforderten Arbeitsschritte, z. B.
- Fehlerkontrollen, Plausibilitätskontrollen, Glättung, Linearisierung und Grenzwertbildung;
- Festlegung der erforderlichen Abfragezyklen und Zuordnung der Meßstellen;
- Logische Verknüpfung sowohl analoger als auch digitaler Meßwerte;
- Archivierung.

Die Meßwertverarbeitung. Hierunter sollen zusammengefaßt werden: Die maschineninternen Berechnungen von typischen Kenngrößen eines Produktionsprozesses, die Nachführung gleitender Grenzen, Rechenoperationen mathematischer Modelle zur Prozeßoptimierung und Algorithmen zur Prozeßführung. Die Anzahl der benötigten Ein- und Ausgabewerte muß bekannt sein, fernerhin deren Behandlung, wenn diese nicht bereits im Rahmen der Meßwerterfassung genügend aufbereitet und aufgelistet sind.

Die Protokollierung. Dieser Abschnitt der Projektspezifikation befaßt sich mit dem Entwurf der Berichte, die von der Anlage über das Betriebsgeschehen erstellt werden sollen.

Es sind anzugeben:
- die Protokollarten; beispielsweise Betriebsprotokolle, Störungsprotokolle, Betriebsablaufprotokolle, aber auch Materiallaufkarten u. ä. m.;
- die zeitliche Folge der einzelnen Protokolle;
- die Anzahl der Daten, deren Stellenzahl und Dimension, die in einem Protokoll eingetragen werden;
- Besonderheiten, beispielsweise Langzeitspeicherung bestimmter Protokolle oder Daten;
- die jeweiligen Ausgabegeräte, wie Blattschreiber, Formulardrucker, Schnelldrucker, Lochkarten- und Lochstreifenstanzer, aber auch Geräte zur Datenfernübertragung.

Die Bedienung. Die Bedienung ist entscheidender Bestandteil des Prozeßrechners im Verkehr mit dem Bedienungspersonal der Produktionsanlage. Man ist geneigt, hier einen besonderen Komfort zu schaffen, muß aber dabei beachten, daß einerseits der Rechner nicht zu aufwendig wird und andererseits

der Speicherplatzbedarf erheblich anwächst. Es soll deshalb besonders beachtet werden:
- die Anzahl der Bedienungsanweisungen ist auf das Mindestmaß zu beschränken;
- was **muß** bedient werden, was **sollte** bedient werden?
- welche Geräte sind zur Bedienung **notwendig**, welche Geräte sind zur Bedienung **bequem**?

Das Steuern und Regeln. Hier sind aufzuführen:
- Beschreibung der Steuerungsaufgabe unter Angabe der erforderlichen Ein- und Ausgänge sowie die Art ihrer Verknüpfungen;
- Beschreibung der Regelungsaufgabe unter Angabe der Anzahl der Ein- und Ausgänge (auch Rückmeldungen), der Regelkreise sowie der vorgeschlagenen Regelalgorithmen;
- Beschreibung und Ausführung der stoßfreien Hand/Automatik-Umschaltung bei DDC-Betrieb mit Bereitschaftssystemen.

Die Rechnerkopplung. Aus der Gesamtkonzeption sind die technischen Richtlinien abzuleiten für:
- Führung eines oder mehrerer Prozeßrechner als Satelliten (Hierarchie);
- doppelte Abspeicherung von Meßdaten und Zwischenwerten sowie Vergleichskriterien (redundanter Aufbau);
- übergeordnete Aufgaben zur Betriebslenkung, die zwar für den aktuellen Betriebsablauf nicht mehr interessant sind, aber für langfristige Vorausplanungen benötigt werden.

4 Die Systemplanung

Eine für den Einsatz von Prozeßrechnern zur Überwachung und Steuerung wesentliche Aufgabe liegt darin, daß sein Programm außer bei normalem Ablauf auch besonders in kritischen Situationen, beispielsweise beim An- und Abfahren, bei instabilem Verhalten oder im Störungsfall schnell und in vollem Umfang tätig wird.

Die Systemplanung umfaßt diese Aufgabe. Die zu ihrer Lösung eingesetzten Teammitglieder beziehen ihr Wissen ausschließlich aus der im Rahmen der Einsatzstudie erstellten Projektspezifikation. Die Vollständigkeit und Durchdringung der Projektspezifikation bedingt die Güte der Programmierung. Die besondere Verantwortung des Anwenders für die Richtigkeit dieses Teils der Einsatzstudie wird sichtbar.

Die Systemplanung beginnt mit der Entwicklung der rohen Programmablaufpläne in Blockdarstellung und der Programmablaufpläne in Flußdarstellung für alle Teilaufgaben. Es folgt jeweils unmittelbar das Codieren, Übersetzen und Testen im Rechenzentrum des Herstellers. Dann werden die Block-

diagramme und die Nahtstellen zwischen den Einzelblöcken endgültig festgelegt sowie die Listen aufgebaut.
Mit Auswahl des Betriebssystems für die vorgesehene Rechnerausstattung sowie Festlegung der Steuerprogramme wird der Systemzusammenbau entworfen. Abschließend ist der Speicherbedarf und die zeitliche Auslastung des Prozeßrechners zu ermitteln. Die benötigte Speicherkapazität wird auf Arbeitsspeicher und Zubringerspeicher aufgeteilt.

Die **Systemspezifikation** stellt das Arbeitsergebnis der Systemplanung dar. Sie hat Einfluß auf die Wahl der Anlagenausstattung, soweit es die Kapazität des Arbeitsspeichers und der Zubringerspeicher sowie deren Typ betrifft.

5 Anlagenausstattung

5.1 Aufgaben

Aus Projekt- und Systemspezifikation ergeben sich einige Mindestanforderungen für die Automatisierungsmittel. Sie finden ihren Niederschlag in der **Anlagenspezifikation.** Sie umfaßt:

- die gewählte Konzeption und Betriebsart für den Prozeßrechner,
- den Gerätevorschlag einschließlich Notbetrieb,
- die Lieferbedingungen,
- die Aufstellungsbedingungen.

Der Gerätevorschlag wäre unvollständig, wenn er nur die Rechnerausstattung umfaßte; denn Meßfühler, Sollwertsteller, Stellglieder, Ziffernanzeiger und Tastenfelder sind bei der Automatisierung genau so unentbehrlich wie der Prozeßrechner. Außerdem müssen die Probleme bei Netzausfall ebenso bedacht werden wie ein Mindestkomfort zum Einlesen, Übersetzen und Testen neuer Programme oder beim Ändern von Programmteilen. Es ist ratsam, eine Untersuchung des Betriebsverhaltens der Meß- und Signalkreise einzubeziehen und die erforderliche Ausstattung an Prozeßsignalformern, insbesondere deren Eingangsschaltungen, Abtast- und Übertragungsgeschwindigkeiten im Detail zu betrachten. Dies alles sollte in engem Kontakt zwischen Hersteller und Anwender geklärt werden.

5.2 Auswahlkriterien

Die Auswahl des zur Lösung einer Aufgabenstellung geeigneten Digitalrechners ist nicht gerade leicht. Ein einziges Kriterium, beispielsweise das Preis/Leistungsverhältnis, reicht zur Beurteilung nicht aus, denn bei der Lösung der Aufgabenstellung kommt es auf das Kosten/Nutzenverhältnis insgesamt an. Im Grunde genommen wäre hierzu die vollständige Programmierung für jedes Rechnermodell im Rahmen der Einsatzstudie notwendig, was aber am Aufwand scheitert. Damit wird die Auswahl weitgehend zu einer Sache des Vertrauens. Es gibt jedoch gewisse Orientierungshilfen an Hand einiger charakteristischer Eigenschaften.

Bevor man sich mit den Kriterien von Prozeßrechnern auseinandersetzt, ist noch eine andere Frage zu beantworten. Es muß entschieden werden, ob der Prozeßrechner gemietet oder gekauft werden soll. Im allgemeinen bieten Hersteller beide Möglichkeiten an. Wenn ein Prozeßrechner bei guten Erfolgsaussichten in die Automatisierungsmittel vollständig einbezogen wird, besteht kein Anlaß zu einer Miete, weil sie unter diesen Umständen unrentabel ist. Läßt jedoch das Ergebnis der Einsatzstudie einigermaßen gesicherte Aussagen über den Erfolg des Prozeßrechners nicht zu, so kann der Anwender sich zur Miete entschließen. Er hat dann rechtzeitig die Möglichkeit zur Kündigung des Vertrages, wenn das Vorhaben sich als nicht realisierbar erweist oder überhaupt abgebrochen werden muß.

Von einiger Bedeutung bei der Auswahl eines geeigneten Prozeßrechnermodells wird die Operationsgeschwindigkeit sein. Die Angabe von Ausführungszeiten für einfache Rechenoperationen, wie vielfach in den Unterlagen angegeben, ist nicht annähernd ausreichend. Zum einen sagt diese Zahl nichts aus über die einzelnen Schritte der Befehlsausführung, und zum anderen besteht die Tätigkeit eines Prozeßrechners keineswegs darin, nur zu addieren oder zu subtrahieren. In weit größerem Maße hat er logische Operationen durchzuführen, Alarme und Transfers zu bearbeiten.

Um überhaupt eine Beurteilung zu ermöglichen, werden daher „mittlere Operationszeiten" herangezogen. Die mittlere Operationszeit gibt an, wieviel Zeiteinheiten für die Durchführung einer fiktiven Operation eines bestimmten Typs benötigt werden. Sie macht keinerlei Aussage über Struktur und Format der Befehle. Ebenso bleiben Ein-Ausgabeoperationen zwischen Arbeitsspeicher und Prozeßperipherie, die neben anderen Programmabläufen mit dem Kernspeicher abzuwickeln sind, außer Betracht. Die fiktive Operation ist mithin kein definierter Maschinenbefehl oder eine Folge von Befehlen, sondern sie ist der Mittelwert aus der Summe einer Anzahl von Operationen, die für die Lösung einer bestimmten Aufgabe typisch sind. Die Summe dieser Operationen heißt „Mix", ihr Bewertungsmaßstab ist die „Mixzahl". Zu ihrer Beurteilung ist es notwendig, den genauen Aufbau des Mixes zu kennen. Nur dann ist man in der Lage, Rückschlüsse auf die vorgesehene Anwendung zu ziehen. Zum Vergleich von Mixzahlen bei Prozeßrechnern sollten für die Beurteilung folgende Angaben über den Mix vorliegen:

— Anzahl der Operationen pro Teilproblem;
— Rechenzeit pro Teilproblem und Gesamtzeit unter Berücksichtigung der gewählten Gewichtung;
— Anzahl der zu durchlaufenden internen Befehle pro Teilproblem.

Die bisher bekannt gewordenen Mixe haben jedoch für den Prozeßrechner nur bedingten Wert. Dem GAMM-Mix liegen fünf arithmetische Teilaufgaben zugrunde, als Beurteilungsgrundlage ist er nur bei technisch-wissenschaftlichen Aufgaben sinnvoll. Der Gibson-Mix beruht auf einer Häufigkeitsverteilung von Maschinenbefehlen, eine solche kann wegen der Vielfalt der Programme bei einem Prozeßrechner kaum angegeben werden. Im Prozeß-Mix sind zwei Aufgabenstellungen, eine arithmetische und eine logische, enthalten. Die Gewichtung der beiden Lösungen bleibt dem Anwender überlassen. Immerhin gibt der Prozeß-Mix eine Aussage, wenn die Verteilung der beiden Aufgabenarten im Einsatz bekannt ist [7].

Andere häufig besprochene Eigenschaften sind beispielsweise die Zykluszeit, die Wortlänge, die Befehlsliste, die Vorrangbearbeitung und die Nahtstellen. Die Zykluszeit ist zweifelsohne entscheidend an der Operationszeit beteiligt. Aber sie ist nicht gleichbedeutend mit der Ausführung eines Maschinenbefehls. So ist es durchaus denkbar, daß ein Modell mit kurzer Zykluszeit beträchtlich mehr Befehle braucht als ein anderes Modell mit längerer Zykluszeit. Damit wird die Befehlsliste und die Leistungsfähigkeit der einzelnen Befehle angesprochen. Auch die Wortlänge könnte betrachtet werden. Ein Prozeßrechner mit einer Wortlänge von 12 bit ist wohl billiger als ein anderer mit einer Wortlänge von 24 bit, aber die Rechengenauigkeit kann bei gleicher Aufgabenstellung dann vergleichsweise größere Speicherkapazitäten bedingen.

Man gewinnt den Eindruck, daß alle erwogenen Eigenschaften in der Endabrechnung nicht so recht befriedigen. Da ohnehin Prozeßrechner einen hohen technischen Stand haben, tritt meist das Für und Wider einzeln diskutierter Eigenschaft bei vergleichbaren Modellen gegenüber anderen Überlegungen zurück. Mehr und mehr setzt sich nämlich die Erkenntnis durch, daß die Leistungsfähigkeit eines Prozeßrechners viel besser an seinen Programmiersprachen und Programmsystemen sowie den jeweils überlegenen Konzeptionen der Prozeßführung und Prozeßsteuerung bei diesem oder jenem Hersteller zu orientieren ist.

5.3 Aufstellungsbedingungen

Prozeßrechner sind Bestandteil der Automatisierungsmittel einer Produktionsanlage, eines Prüffeldes oder einer Experimentiereinrichtung. Hieraus erwachsen manchmal ganz unvermutet einige Probleme. Man muß bedenken, daß Prozeßrechner viele empfindliche Bauteile auch feinmechanischer Art enthalten. Hierzu gehören neben den Zentraleinheiten besonders auch externe Speicher, beispielsweise Magnettrommel- sowie Magnetplattenspeicher und alle Ein-Ausgabegeräte. Jeder Hersteller wird daher für die Rechenanlage besondere Aufstellungsbedingungen nennen, die mit Rücksicht auf die vereinbarten Lieferbedingungen ebenfalls Gegenstand der Anlagenspezifikation sein sollten.

Besonders bei Produktionsanlagen sprechen beim Anwender viele Gründe dafür, den Prozeßrechner unmittelbar im Betrieb aufzustellen. Schon im

Planungsstadium muß dann der den Aufstellungsbedingungen genügende Raum ausgesucht werden, wenn man nicht bei der Projektenabwicklung in beträchtliche Schwierigkeiten oder in Terminverzug geraten will. Außer der Gestaltung des Raumes bedarf auch seine Klimatisierung besonderer Sorgfalt; denn eine mit Spurenelementen durchsetzte Luft, zu hohe Feuchtigkeit und unzulässige Temperaturschwankungen sind Feinde der empfindlichen Anlagenteile. Manche Beanstandungen der verminderten Verfügbarkeit eines Prozeßrechners findet ihre Ursache letztlich darin, daß diesen Einflüssen zu wenig Beachtung geschenkt wurde.
An einigen Aufstellungsorten für Prozeßrechner ist während des normalen Betriebsablaufes noch mit mehr oder minder starken Erschütterungen zu rechnen. Auch sie können die Verfügbarkeit des Prozeßrechners herabsetzen oder gar zu Schäden führen, wenn eine starre Verbindung mit dem Gebäude gewählt wurde. Eine schwingungsisolierte Aufstellung kann daher notwendig werden. Zur Entscheidung dieser Frage sind schon im Planungsstadium Untersuchungen angebracht, um Pegel, Richtungs- und Frequenzverteilung des örtlichen Schwingungsgemisches zu ermitteln.
Als am besten geeignete Meßgröße zur Beurteilung der Aufstellungsbedingungen hat sich die Schwingungsgeschwindigkeit erwiesen, wenn die dynamische Gesamtbeanspruchung des Prozeßrechners zu ermitteln ist. Wenn auch allgemeingültige Maßstäbe zur Beurteilung nicht bekannt sind, so ist nach den bisherigen Erfahrungen für Prozeßrechner bekannter Bauarten mit etwa folgenden Grenzwerten der Geschwindigkeitsamplitude zu rechnen:

— häufige Einwirkung: 1—2 mm/s
  (während bis zu 10% der Lebensdauer);
— seltene Einwirkung: 4.5 mm/s
— (während bis zu 1‰ der Lebensdauer).

Umfangreiche Untersuchungen sind besonders dann zu empfehlen, wenn beispielsweise schwere Krananlagen in der Nähe des Prozeßrechners betrieben werden.

6 Betrachtungen zur Wirtschaftlichkeit

6.1 Gesichtspunkte zur Beurteilung

Die reibungslose Durchführung einer Projektabwicklung erfordert von der Planung bis zur betriebsfähigen Anlage eine gute Zusammenarbeit zwischen Anwender und Hersteller. Der erste erfolgreiche Schritt ist getan, wenn das Planungsteam seine Einsatzstudie mit einem fundierten Überblick der entstehenden Kosten und dem erwarteten Nutzen bei der Umstellung von einem Automatisierungsgrad auf den anderen beenden kann. Das Kosten/Nutzenverhältnis ist dann der Beurteilungsmaßstab für die Wirtschaftlichkeit des Prozeßrechnereinsatzes.

Die Kostenaufstellung erfordert keinen großen Aufwand, sie ist leicht und hinreichend genau aus dem Projektablauf sowie der späteren Betriebsunterhaltung ermittelbar. Wesentlich schwieriger hingegen gestaltet sich die Ermittlung des Nutzens. Hier sind nicht nur die unmittelbaren Auswirkungen des Einsatzes wie Einsparungen an Personal und Geräten, sondern auch die mittelbaren Einflüsse auf Verfügbarkeit und Produktion der Anlage zu betrachten.

6.2 Die Kosten

6.2.1 Planungskosten

Der Einsatz höherer Automatisierungsmittel und der Zusammenschluß von Produktionsanlagen zu größeren Einheiten verursacht beträchtliche Kosten bereits im Stadium der Planung. Im Regelfall bestimmen die Stärke des Teams und die Dauer der Studie allein die Höhe der Planungskosten. Es ist üblich geworden, die Planungskosten in Beziehung zu den in der Anlagenspezifikation ermittelten Gerätekosten zu setzen. Ausgehend von dieser Beziehung wird man feststellen, daß die Planungskosten nicht selten schon etwa die Hälfte der Gerätekosten des Prozeßrechners betragen. Berücksichtigt man fernerhin, daß vielfach im Rahmen der Einsatzstudie Modellvorstellungen entwickelt werden und deren Gültigkeit an Hand von Versuchen bestätigt werden muß, so wirken die hiermit verbundenen Produktionsausfälle kostensteigernd. Es nimmt nicht Wunder, wenn dann vereinzelt Planungskosten genannt werden, die die Höhe der Gerätekosten oder mehr erreichen.
Ein richtig geleitetes Team wird frühzeitig genug erkennen, daß man derart erschreckend hohe Zahlen nicht als gegeben hinnehmen muß, sondern verringern kann. Vielfach nämlich werden Planungskosten völlig überflüssig verursacht, weil sich aus falsch verstandenem Ehrgeiz heraus weder Hersteller noch Anwender dazu entschließen, auf erprobten Programmpaketen aufzubauen, obwohl die Voraussetzungen dazu gegeben sind [8].

6.2.2 Geräte- und Installationskosten

Die Phase von der Festlegung der Anlagenausstattung bis zur betriebsmäßigen Übergabe bestimmt die Höhe der Geräte- und Installationskosten.
Hierunter sind im einzelnen zu verstehen:
— der Prozeßrechner,
— die Ersatzteil-Erstausstattung,
— die Erweiterung herkömmlicher Automatisierungsmittel, wie beispielsweise Meßfühler und Stellglieder,
— die Notstromversorgung,
— die Bereitstellung von Montage- und Inbetriebnahmeingenieuren,
— die Bereitstellung von Spezialwerkzeug und Prüfeinrichtungen.

Die Kosten für einen Prozeßrechner sind an Hand von Listen leicht zu ermitteln, ebenso die Kosten für die Erweiterung der herkömmlichen Automatisierungsmittel einschließlich Sonderzubehör wie beispielsweise Bedienungspulte und Rangierverteiler. Das Ermitteln der Ersatzteil-Erstausstattung und der Notstromversorgung dagegen wird u. a. sehr beeinflußt von der erforderlichen Absicherung gegen Rechnerausfall und der gewählten Konzeption. Aufwendungen in Höhe von 8% bis 15% der Rechnerausstattung sind hier der Regelfall. Alle weiteren Posten können als Nebenkosten mit etwa 5% bis 10% bei einer mittleren Prozeßrechnerausstattung eingesetzt werden.
Dem Anwender erwachsen in dieser Phase noch weitere Kosten, die jedoch vom Hersteller nicht unmittelbar beeinflußbar sind. Hierzu gehören der Aufwand für Kabel und Leitungen, deren Rangierung sowie die Roste und Schächte; fernerhin die Herrichtung und Ausstattung der Räume sowie Versuchsläufe mit dem Prozeßrechner.

6.2.3 *Unterhaltungskosten*

Die Unterhaltungskosten umfassen die Aufwendungen für den laufenden Betrieb als Übergabe. Das sind Personalkosten ebenso wie Materialkosten. Personalkosten erwachsen durch die ständige Bereitstellung von Bedienungs-, Programmierungs- und Wartungspersonal. Materialkosten entstehen durch die Ergänzung von Ersatzteilen, Plattenstapeln und Magnetbändern sowie Lochkarten, Lochstreifen und Papier für Blattschreiber und Schnelldrucker. Es ist sicherlich nicht falsch, wenn man diese laufenden Kosten im Mittel mit etwa 20% bis 30% der Gerätekosten pro Jahr ansetzt.

6.3 Der Nutzen

6.3.1 *Schwierigkeit der Erfassung*

Die hohe Zahl installierter Prozeßrechner zeigt, daß das Stadium der Pionierleistungen weitgehend der Vergangenheit angehört. Haben bisher vornehmlich Betriebe der Chemischen Industrie, Eisenhüttenwerke und Energieversorgungsunternehmen wesentlichen Anteil am Einsatz von Prozeßrechnern gehabt, so sind nun auch andere Industriezweige sowie Behörden, Institute und Schulen ermutigt worden. Ein Betrieb, der sich heute zur Durchführung einer Einsatzstudie entschließt, tut dies gewiß in der Erwartung, später auch einen Nutzen aus dem mit beträchtlichem Aufwand verbundenen Einsatz zu ziehen [9].
Bei einem Prozeßrechner gestaltet sich die Suche nach dem Nutzen immer recht schwierig; denn Gegenstand solcher Betrachtungen sind nicht nur Personal- und Geräteeinsparung, sondern auch erhöhte Verfügbarkeit, erhöhtes Ausbringen und verbesserte Qualität durch Optimierung.

Diese Auflistung läßt erkennen, daß der beabsichtigte Einsatz eines Prozeßrechners meist einen technologischen Hintergrund hat. Über Erfolg oder Mißerfolg kann in diesem Fall erst nach längerer Betriebsdauer entschieden werden. Diese Erkenntnis verursacht gewisse Unsicherheiten, und man läuft leicht Gefahr, den Nutzen falsch einzuschätzen. So manche Enttäuschung in den Anfangsjahren muß auf diesen Umstand zurückgeführt werden. Wird beispielsweise durch übervorsichtiges Disponieren die Anlagenausstattung zu knapp bemessen, so kann die Einsatzfähigkeit des Prozeßrechners derart eingeschränkt werden, daß derselbe Erfolg auch mit herkömmlichen Mitteln erzielt worden wäre; wird in der ersten Begeisterung zu großzügig geplant, so tritt die Rentabilität erst sehr spät oder überhaupt nicht ein, es sei denn, es stellen sich zusätzliche Aufgaben heraus, die der Prozeßrechner zweckmäßig übernimmt.

6.3.2 *Personaleinsparung*

Die Personaleinsparung ist immer das spektakuläre Argument beim Einsatz höherer Automatisierungsmittel.

Das Planungsteam wird unter diesem Gesichtspunkt allein nicht zu überzeugenden Fortschritten kommen, denn bei Prozeßrechnern bleiben solche Vorstellungen meist unerfüllt; nur bei bestimmten Aufgaben der Meßwertverarbeitung können sie zutreffen. Das ist beispielsweise in Analysenlabors oder in Prüffeldern bei der Aufzeichnung und Auswertung von Meßdaten der Fall, wenn diese noch weitgehend manuell erfolgt, wobei die Genauigkeit, Schnelligkeit und Objektivität in unzulässiger Weise eingeschränkt ist.

Es darf aber nicht übersehen werden, daß der Prozeßrechner ein zwar vielseitiges, jedoch kompliziertes Automatisierungsmittel ist. Damit wird zusätzliches und vielfach hochqualifiziertes Personal benötigt, sei es für die betriebliche Instandhaltung oder sei es für die weitere Programmierung. Gewiß wird aber ein richtig geplanter Prozeßrechnereinsatz, auch wenn er einen Mehraufwand an Personal bedeutet, insgesamt zu einer Steigerung der Produktivität (pro-Kopf-Umsatz) führen und damit die anteiligen Personalkosten senken.

6.3.3 *Geräteeinsparung*

Das Einsparen von Geräten der herkömmlichen Instrumentierung ist nur dann das Ziel eines Planungsteams, wenn es den Einsatz des Prozeßrechners für die direkte digitale Regelung (DDC) oder für Ablaufsteuerungen vorzubereiten hat. Der Vergleich der Kosten hat vor allem Anwender in der Chemischen Industrie, in Raffinerien und in der Energieerzeugung dazu veranlaßt, sich eingehender mit diesem Problem zu befassen. Aber nur vereinzelt sind heute Erfolge zu verzeichnen, weil grundsätzlich neue Probleme auftauchen. Zum wichtigsten Gesichtspunkt für das Planungsteam muß nämlich nun die Absicherung der Produktionsanlage gegen den Ausfall des

Prozeßrechners werden. Man wird nur von Fall zu Fall die wirtschaftlichste Methode finden, sei es durch unterlagerte Instrumentierung der wichtigsten Regelkreise und Steuerketten oder durch redundanten Aufbau des Prozeßrechners [10]. Beide Maßnahmen erhöhen aber wiederum die Kosten. Wenn das Team fernerhin zu bedenken hat, daß nun auch besondere Bedienungspulte erforderlich sind, damit das Personal nicht völlig den Kontakt mit der Anlage verliert, so wird der Nachweis des Nutzens von Geräteeinsparungen auch in den nächsten Jahren noch auf den Einzelfall beschränkt bleiben. Allerdings muß bedacht werden, daß mit dem Prozeßrechner-Einsatz Regel- und Steuerkonzepte realisierbar werden, deren vergleichbare herkömmliche Instrumentierung zu erheblich größeren Kosten führen würde, sofern sie überhaupt ausführbar ist.

6.3.4 *Erhöhte Verfügbarkeit*

Es wird dem Planungsteam sehr schwer gemacht, an Hand von Kostenvergleichen die Wirtschaftlichkeit eines Prozeßrechners gegenüber der herkömmlichen Instrumentierung zu begründen. Seine Chancen sind viel größer, wenn es die Möglichkeiten zu nutzen versteht, die die freie Programmierbarkeit des Prozeßrechners bietet und die bei herkömmlicher Instrumentierung ausgeschlossen sind. Schon das Einbeziehen zusätzlicher Aufgaben kann das Ergebnis völlig verändern, und der Prozeßrechner benötigt hierzu kaum einen Mehraufwand. So überträgt man beispielsweise in Kraftwerken dem Prozeßrechner noch die Aufgaben der Langzeitüberwachung und Störungsaufklärung [11]. Das verkürzt Ausfallzeiten und erhöht die Verfügbarkeit ebenso wie beispielsweise die dynamische Prozeßführung des LD-Konverters im Stahlwerk. Eine weitere Erhöhung der Verfügbarkeit bietet die Tendenzüberwachung und Kenngrößenberechnung, die eine gezielte Anlagenwartung ermöglicht und sonst eintretenden Betriebsausfällen vorbeugt.

6.3.5 *Optimierung*

Neben der höheren Verfügbarkeit durch bessere Überwachung der Betriebszustände und schonendere Fahrweise ist die Optimierung eine weitere Aufgabe, von der in der Regel ein erhöhter Nutzen der Produktionsanlage zu erwarten ist. In der Chemischen Industrie hat man leistungsfähigere, nichtherkömmliche Regelalgorithmen ohne Mehraufwand in der Anlagenausstattung verwirklichen können. Man erreicht damit nicht nur Einsparungen an Energie, sondern erzielt auch eine verbesserte Fahrweise der Produktionsanlage [12]. Soweit es sich hierbei nicht nur um ein besser zu handhabendes Zusammenspiel komplexer Betriebsabläufe handelt, sondern technologische Erfolge erwartet werden, müssen Modellvorstellungen erarbeitet und zwecks hinreichender Genauigkeit im Betrieb erprobt werden [13]. Es ist erstaunlich, wie wenig Prozeßmodelle gemessen an der Anzahl der installierten Prozeßrechner erprobt sind. Das ist vor allem damit zu begründen, daß das Erarbeiten von Prozeßmodellen schwierig und zeitraubend ist und somit auch kaum in den Rahmen einer Einsatzstudie paßt. Kann das Planungsteam jedoch auf erprobte Methoden zurückgreifen, so wird ihm auch der Nachweis des Nutzens nicht versagt bleiben.

Literaturhinweise

Sturm, B.: Wo liegt die optimale Instrumentierung?
Chem. Industrie XIX/Juli 1967, S. 414 bis 415, [1].

Ankel, Th.: Prozeßrechner in der Verfahrenstechnik, Regelungstechnik.
Heft 9 (16. Jahrgang 1968), S. 386 bis 394, [2].

Vollberg, J.: Elektronische Datenverarbeitung in der Industrie.
Siemens AG, AWV-Schriftenreihe „Praxis der Elektronischen Datenverarbeitung", Bestell-Nr. 2-2600-373, [3].

Schiefer, P.: Die Bedeutung der Systemanalyse für die Projektierung komplexer Automatisierungssysteme.
Regelungstechnische Praxis und Prozeßrechentechnik 1970, Heft 1, S. 2—10 [4].

Oemigk, J.: Prozeßrechnereinsatz im Eisenhüttenwerk.
Fachtagung Elektronik 1967, S. 115 bis 128. Herausgeber: Deutsche Messe- und Ausstellungs-AG, 3000 Hannover, [5].

Heilmann, Reblin: Einsatzplanung für eine Datenverarbeitungsanlage.
Forkel Verlag, Stuttgart, [6].

Hendrie, G. C., Sonnenfeldt, R. W.: Evaluating Control Computers.
ISA Journal-August 1963, S. 73—78, [7].

Siemens-Programmsystem 300, Beschreibung der Systemprogramme für die Meßdatenerfassung und -Verarbeitung, Siemens AG Berlin/München [8].

Kaltenecker, H.: Erfahrungen über den Einsatz von Prozeßrechnern in der Industrie sowie in automatischen Auswertungs-, Prüf- und Experimentiereinrichtungen.
rtp 1969 Heft 1, S. 13—19, [9].

Amrehn, H.: Betriebserfahrungen mit Prozeßrechnern in der Chemischen Industrie.
rtp 1969 Heft 1, S. 19—25, [10].

Falkenberg, E. A., Schwarz, H. G., Stoll, A.: Erhöhung der Verfügbarkeit von Dampfkraftwerken durch Datenverarbeitungsanlagen.
Siemens-Zeitschrift, 31. Jahrgang, Februar 1967, Heft 2, S. 100—104, [11].

Kuhn, J., Strohrmann, G.: Prozeßrechner zur digitalen Vielfachregelung (DDC) einer Aldehyd-Destillations-Anlage.
Siemens AG, Best. Nr. 2-7421-286, [12].

Kapfer, E.: Prozeßrechnereinsatz im Blasstahlwerk, Konzept und Ergebnisse.
Siemens AG, WWM-Eisenhüttentag 1969, 24.—27. 3. 69 in Karlsruhe, [13].

5.2 Programmierung

von K. F. Bamberger

Inhaltsübersicht

1 Begriffsdefinition

Programmierung ist allgemein die Aufbereitung eines Problems für die automatische Bearbeitung, hier durch eine elektronische Datenverarbeitungsanlage. In dieser Definition umfaßt Programmieren alle Arbeitsphasen, die beim Aufbereiten einer Aufgabenstellung für den Einsatz einer Datenverarbeitungsanlage durchlaufen werden. Dies besagt, daß die Programmierung bei der Aufgabenklärung beginnt, als nächste Phase die Spezifikation eines Programmsystems bedingt und über die Phasen des Programmschreibens in einer Programmiersprache, des Übersetzens und Testens schließlich mit dem Systemtest beendet wird. Es ist heute jedoch üblich, unter **Programmierung** nur die Phasen Aufgabenklärung, Systemspezifikation und Systemtest zu verstehen. Die Phasen des Programmschreibens, Programmübersetzens und die Einzelteste hingegen werden das **Codieren** genannt. Die Programmerstellung in einer Assemblersprache macht zwischen der Systemspezifikation und dem Codieren das Festlegen von Programmabläufen erforderlich. Diese Phase ist weder dem Programmieren noch dem Codieren eindeutig zuzuord-

nen; sie ist vielmehr — abhängig von der Komplexität der Problemstellung — vom Programmierer oder vom Codierer, meistens jedoch von beiden gemeinsam zu bearbeiten.
Die Aufgaben, für deren Lösung Prozeßrechner eingesetzt werden, sind sehr mannigfaltig, ebenso sind es die Einsatzarten. Diese beinhalten die Probleme der Echtzeitverarbeitung, der Kommunikation zwischen Prozeß und Prozeßrechner sowie der Rechner untereinander, die Forderungen nach hoher Verfügbarkeit, womit die Probleme des Prozeßrechnerausfalls und des automatischen Wiederanlaufs in den Vordergrund treten. Diese Aufgaben müssen mit dem Programmsystem erfaßt werden; seine Spezifikation ist die wichtigste Phase innerhalb der Gesamtprogrammierung einer Prozeßrechneranlage.

2 Aufgabenklärung

Die Programmierung beginnt mit der Aufgabenklärung, die zusammen mit dem Technologen vorgenommen wird. Eine eventuell erforderlich gewesene Einsatzstudie liegt zu diesem Zeitpunkt vor; ebenfalls vorhanden ist die Aufgabenstellung. Die zur Lösung der Aufgabenstellung erforderliche Anlagenausstattung ist im wesentlichen festgelegt (Kapitel 5.1). Das gemeinsame Vorgehen von Technologen und Programmierern bei der Aufgabenklärung hat den Sinn, eine prozeßrechnergerechte Lösung unter Berücksichtigung programmtechnischer Gesichtspunkte zu erreichen. Die Aufgabenklärung beginnt immer mit der Aufgliederung der Gesamtaufgabe in einzelne, in sich abgeschlossene Aufgabenblöcke. Der erste Schritt hierbei ist die Einteilung in direkte und indirekte Prozeßaufgaben.
Direkte Prozeßaufgaben betreffen den Verkehr des Prozeßrechners mit der Prozeßanlage zu ihrer betriebsmäßigen Führung. Zunächst sind die Festlegungen über die Art der Daten — analoge oder binäre Meßdaten — und deren Erfassung — zyklische Abfragen oder sporadische Meldungen — zu treffen. Darauf schließt sich die Weiterverarbeitung der Meßdaten an. Einige der wichtigsten **Aufgabenblöcke** sind: Verarbeitung der Analogwerte, Verarbeitung der Binärwerte, Bildung logischer Verknüpfungen und Ablaufsteuerungen, Bildung von Regelalgorithmen, Berechnung von Kenngrößen, Erstellung von Protokollen, Bedienung des Programmsystems. Wesentlich bei diesen Klärungen ist es, den Umfang der Aufgaben möglichst genau zu erfassen (z. B. Anzahl der analogen und binären Meßwerte, Anzahl der verschiedenen Protokolle usw.), die den Aufgaben zugeordnete Anlagenausstattung deutlich zu machen (z. B. Arten von analogen und digitalen Gebern und Prozeßrechnereingängen, die zur Bedienung vorgesehenen Geräte wie Blattschreiber, Tastaturen, Sichtgeräte usw.) und die Zeitbedingungen herauszuarbeiten (z. B. Verarbeitungszyklen, Alarmauflösung, äquidistante Abtastungen).

Bei den **indirekten Prozeßaufgaben** sind zwei Kategorien zu unterscheiden. Unter die eine Kategorie fallen technisch-wissenschaftliche Berechnungen und die ständige Analyse der aufgeführten Arbeiten, die im Zuge einer höheren Automatisierungsstufe (z. B. Modellbildung) angestellt werden. Zur anderen Kategorie zählen sogenannte Rechenzentrumsarbeiten, vor allem das Übersetzen und Testen.

Für die direkten Prozeßaufgaben sind die Meßwerte und ihre Aufbereitung, die sie vor der Weiterverarbeitung erfahren müssen, anzugeben, während es für die indirekten Prozeßaufgaben genügt, festzuhalten, daß z. B. während des Echtzeitbetriebs simultan übersetzt und getestet werden soll.

Der geforderte Grad der Betriebssicherheit kann mit programmtechnischen oder gerätetechnischen Lösungen oder einer Kombination aus beiden Lösungswegen erreicht werden. Die Klärung dieses Punktes der Aufgabenstellung gibt insbesondere Auskunft darüber, ob ein zyklisches „Retten" von Daten auf externen Datenträgern und das Erstellen von Wiederanlaufprogrammen den Forderungen genügen oder ob eine Notstromversorgung oder gar der redundante Aufbau (Doppelrechner) der Prozeßrechneranlage erforderlich ist. Diese Überlegungen müssen dann noch hinsichtlich der Peripherie, der erforderlichen Umschaltungen von Geräten, der Art der Prozeßweiterführung bei Ausfall eines Rechners oder Gerätes und der Art des Datenaustausches der Rechner untereinander bzw. der gegegnseitigen Kontrolle vervollständigt werden.

Die Ergebnisse der Aufgabenklärung werden in Meßstellenblättern, einem Anlagenblockbild und einem Datenflußplan niedergelegt. Das **Anlagenblockbild** gibt einerseits die Kopplung zwischen Prozeß und Prozeßrechner wieder mit Aufführung der hierzu erforderlichen Prozeßperipherie, andererseits die Ausrüstung des Prozeßrechners mit kommerziellen Geräten unter Angabe ihrer Funktion. Der **Datenflußplan** gibt Aufschluß über die Informationswege, über die Darstellung der einzelnen Prozeßgrößen (z. B. 1 Volt Analogeingang, Darstellung der Binärwerte usw.) und die Informationsrichtung. Anlagenblockbild und Datenflußplan können bei weniger komplexen Aufgabenstellungen zusammengefaßt werden (Bild 1). Etwas umfangreichere Aufgabenstellungen erfordern jedoch detailliertere Darstellungen des Datenflusses, wobei jeweils identische Datenarten zu Datenblöcken zusammengefaßt dargestellt werden.

Ein wichtiger Punkt der Aufgabenklärung, der zum Zeitpunkt der Aufgabenstellung mit dem Technologen geklärt werden muß, ist die geplante Aufgabenerweiterung oder aber die Unterteilung der Gesamtaufgabe in zeitlich auseinanderliegende Ausbaustufen. Für die Entwicklung des Programmsystems ist es unerläßlich, die diesbezüglichen Forderungen zu kennen, falls man nicht Gefahr laufen will, bei der ersten Aufgabenerweiterung das vorhandene Programmsystem komplett neu überarbeiten zu müssen.

Die enge Zusammenarbeit zwischen Technologen und Programmierern gewährleistet, daß

— ungünstige Geräteausstattungen frühzeitig erkannt werden,
— unvollständige Angaben der Aufgabenstellung ergänzt werden,
— keine unsinnigen Forderungen erhoben werden,
— die Aufgabenstellung als verbindlich angesehen werden kann,
— klare Unterlagen für die Systemspezifikation vorliegen,
— die Planung in Richtung Standard-Programmsystem gelenkt werden kann,
— eine Aufwandsabschätzung rechtzeitig vorliegt.

Den Abschluß der Aufgabenklärung bilden ein Terminplan sowie ein Personalaufwandsplan.

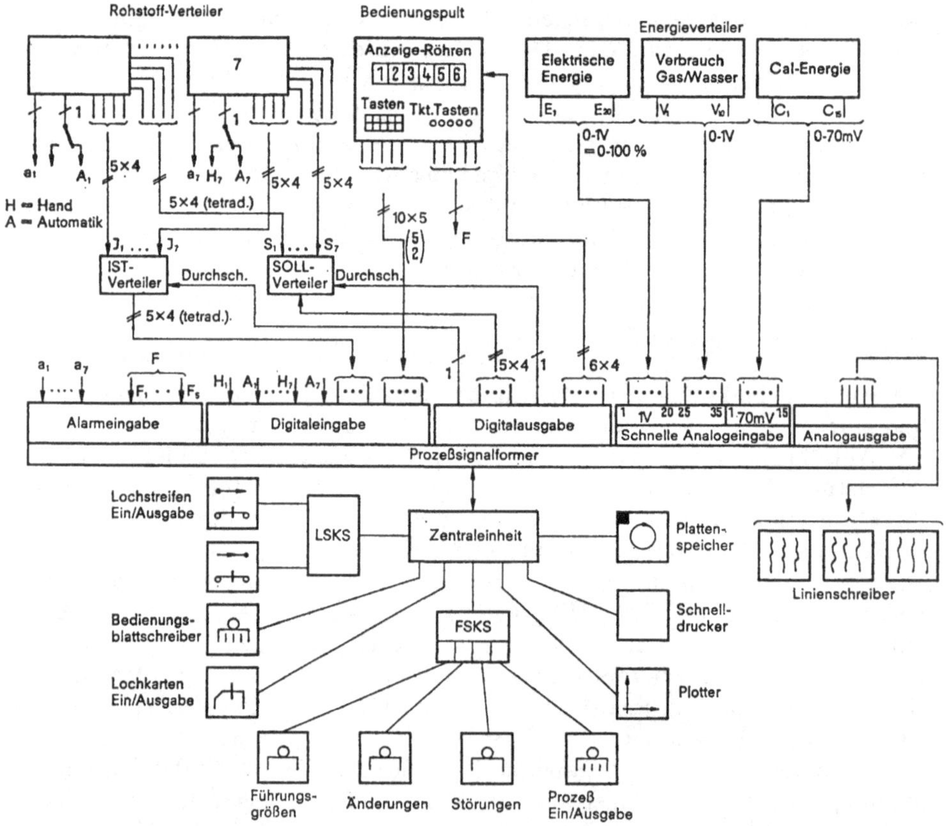

Bild 1: Anlagenbild mit Datenflußplan
(Beispiel: Verfahrenstechnische Anlage)

5×4 bedeutet vierstellige, tetradische Informationsdarstellung, bei der jede Tetrade mit einem Parity-Bit versehen ist.

a	Anschluß-Bezugszeichen	mit Indices 1 bis 7 für 7 Rohstoffarten
H	Hand	
A	Automatik	
$E_{1\cdots 20}$	el. Energie	Verbrauchsstellen
$V_{1\cdots 10}$	Gas, Wasser	
$C_{1\cdots 15}$	Wärme Energie	

3 Spezifikation des Programmsystems

3.1 Arbeitsumfang

An die Aufgabenklärung schließt sich die Ausarbeitung des Programmsystems an. Darunter versteht man die Synthese des Programmsystems aus den einzelnen Programmblöcken und das Erarbeiten verbindlicher Vorschriften für das Erstellen der Programmblöcke. Die Vorschriften umfassen Angaben über die Programmkopplung, die Programmlaufzeiten und die Residenz der Programme. Die Spezifikation des Programmsystems legt einmal die in der Einsatzstudie und Aufgabenklärung als verbindlich festgelegte Aufgabenstellung und Anlagenausstattung zugrunde, zum zweiten erfolgt sie im Hinblick auf die vorhandenen Betriebssysteme und Standard-Programmsysteme. Da die Klärung von Detailfragen bezüglich der Aufgabenstellung erst in dieser Phase erfolgen kann, ist die Mitarbeit der Technologen hier unbedingt erforderlich.
Die Ausarbeitung der Spezifikation des Programmsystems geschieht in mehreren Stufen und kann in nachstehender Reihenfolge durchgeführt werden.

3.2 Zusammenbau des Programmsystems aus Programmblöcken

Bei sorgfältig durchgeführter Aufgabenklärung kann die Festlegung der Programmblöcke einfach und schnell durchgeführt werden. Jede in sich abgeschlossene Teilaufgabe aus der gesamten Aufgabenstellung wird als Programmblock zusammengefaßt, z. B. Alarmregistrierung, Bedienung, Kenngrößenberechnung. Die so ermittelten Programmblöcke, die vorerst nur als Bezeichnung vorhanden sind, werden zu zusammengehörenden Aufgabengruppen zusammengestellt. Solche Aufgabengruppen sind einmal die zyklisch und sporadisch zu bearbeitenden Aufgaben innerhalb der direkten Prozeßaufgaben, zum anderen die indirekten Prozeßaufgaben.
Die Festlegung der Programmblöcke enthält die Vergabe einer Programmnummer. Jeder Programmblock ist damit zunächst als ein Hauptprogramm definiert und prioritätsmäßig gegenüber den anderen Programmblöcken festgelegt. Die spätere Programmanalyse eines Blockes kann dann allerdings eine weitere Vergabe von Programmnummern für denselben Block erforderlich machen. Die Entscheidung darüber wird ausschließlich durch die Zeitbedingungen, die durch den Prozeßablauf an den Programmblock gestellt werden, durch den Platzbedarf des Programmblockes und die eventuell notwendige Simultanarbeit festgelegt. Die Forderung nach Simultanarbeit hängt direkt mit den Zeitbedingungen zusammen. Da es sich bei direkten Prozeßaufgaben um Programmblöcke mit abhängigen Programmen handelt, das sind Programme, die zu ihrem Ablauf Daten aus anderen Programm-

blöcken benötigen und/oder Daten an andere abgeben, sind noch die Nahtstellen zwischen den Programmblöcken festzulegen.
In dieser Stufe der Spezifikation des Programmsystems können genaue Angaben über die Anzahl der erforderlich werdenden Listen und deren Aufbau noch nicht gemacht werden. Der Umfang und die Aufteilung der Listen läßt sich jedoch aus der Summe der Versorgungsparameter jedes zu erfassenden Meßwertes (z. B. Namen, Grenzwerte, Kennlinien, Meßstellenadressen), der Koppellisten (z. B. Ergebnisse, Meßwerte, Langzeitspeicherung) und aus der Anzahl der im Zeitraster zu erfassenden Meßwerte abschätzen.
Als Ergänzung ist noch die **Programmkopplung** der Programmblöcke untereinander und die **Datenkopplung,** die über die Nahtstelle zu nahezu allen Programmblöcken besteht, anzugeben. Der vollständige Aufbau des Programmsystems (Bild 2) ist erreicht, wenn auch das benötigte Betriebssystem im wesentlichen festgelegt ist. Auch hier gilt, daß sich zu diesem Zeitpunkt

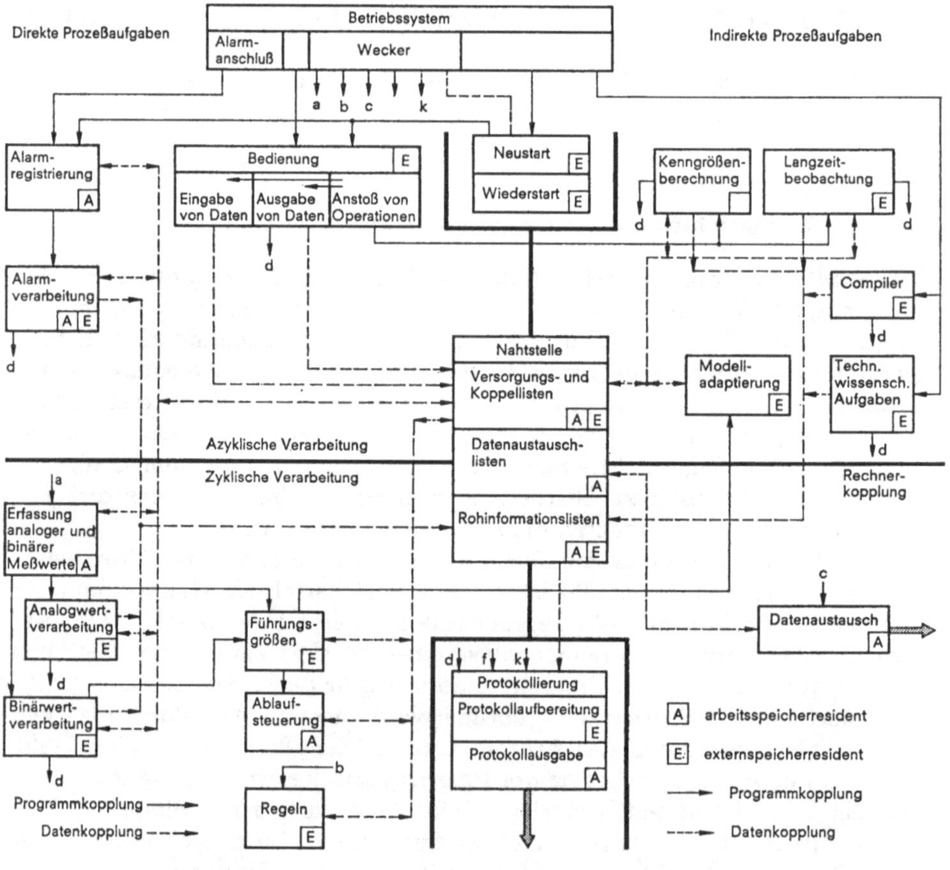

Bild 2: Programmsystem
a, b, c, d, e, f, k Anschluß-Bezugszeichen

der Systemanalyse noch nicht alle Bausteine des Betriebssystems festlegen lassen. Die Entscheidung, Arbeitsspeicher- oder Externspeicherversion, die für alle weiteren Systemüberlegungen von ausschlaggebender Wichtigkeit ist, kann jedoch gemäß der bisherigen Überlegung getroffen werden; ebenso die Festlegung einiger grundsätzlicher Bausteine des Betriebssystems wie: Bedienung, Wecker, Peripherie. Bei den noch nicht angebbaren Bausteinen handelt es sich vor allem um solche mit koordinierenden und organisatorischen Funktionen.

3.3 Speicherplatzbelegung

Gleichzeitig mit der rohen Festlegung der Programmblöcke, der Listen und des Betriebssystems erfolgt bei Anlagen mit Externspeichern, die nicht reine Datenspeicher sind, die Speicherplatzbelegung. Dazu sind zweierlei Überlegungen anzustellen: Einmal die Einteilung der Programmblöcke und Listen in solche, die arbeitsspeicherresident und solche, die externspeicherresident sind, und die Prüfung, ob mit dieser Speichereinteilung die Zeitbedingungen des Prozesses eingehalten werden können. Regeln, nach denen die Speicherplatzbelegung vorzunehmen ist, können nicht angegeben werden, da bei diesen Überlegungen die Struktur der DVA, die Zugriffs- und Transferzeiten der zur Verfügung stehenden Externspeicher, die Größe des Arbeitsspeichers und die Leistungsfähigkeit des Betriebssystems eine entscheidende Rolle spielen. Im allgemeinen gilt jedoch, daß Programme, die auf Prozeßvorgänge schnell reagieren müssen — z. B. Alarmregistrierung, zyklische Kurzzeitprogramme — arbeitsspeicherresident sein müssen.
Die Programmblöcke selbst können einen arbeitsspeicherresidenten (Programmkopf) und einen externspeicherresidenten Teil haben. Von den Listen werden diejenigen arbeitsspeicherresident sein, zu denen nahezu jeder Programmblock zugreifen muß — z. B. Koordinierungslisten, Listen mit Masken und Konstanten, Listen mit dem Anlagenabbild. Grundsätzlich ist zu beachten, daß nach dem Belegen des Arbeitsspeichers mit den arbeitsspeicherresidenten Teilen des Betriebssystems, der Anwenderprogramme und Listen ein genügend großer Arbeitsspeicherbereich oder -bereiche für den Lauf der externspeicherresidenten Programme und Listen frei bleiben, d. h., daß externspeicherresidente Programme mit den zugehörigen Listen möglichst komplett zum Lauf in den Arbeitsspeicher geladen werden können bzw. bei erforderlicher Segmentierung eine vernünftige Relation zwischen Programmlaufzeit und Programmtransferzeit besteht. Diese Hinweise zeigen schon deutlich, daß die Speicherplatzbelegung nur in der Gesamtbetrachtung der Aufgabenstellung und der geräte- und programmtechnischen Ausstattung eines Prozeßrechners zu lösen ist.
Der Test auf eine funktionsgerechte Speicherplatzbelegung er olgt durch ein Zeitdiagramm zur Ermittlung der Prozeßrechnerauslastung (Bild 3). Für besonders zeitkritische externspeicherresidente Programme, z. B. DDC-Pro-

gramme, wird unter Berücksichtigung der Programmtransferzeit, der Programmlaufzeit, der Priorität des Programms und der erforderlichen Koordinierungszeiten des Betriebssystems auf Einhaltung der Starts pro Zeiteinheit oder auf äquidistante Zeitabstände der Starts innerhalb der zulässigen Toleranzen geprüft. Dabei zeigt sich, daß Programme höherer Priorität, insbesondere arbeitsspeicherresidente Programme, die Programmlaufzeit verlängern können, z. B. durch eine Häufung von Alarmmeldungen. Unter den **Koordinierungszeiten** sind weniger die bei jedem Ansprechen des Betriebssystems durch die Programme auftretenden, meist vernachlässigbaren Zeitabschnitte gemeint, als vielmehr die Wartezeiten auf frei werdende Arbeitsspeicherbereiche oder auf Beenden gerade stattfindender Transfers vom oder zum Externspeicher.

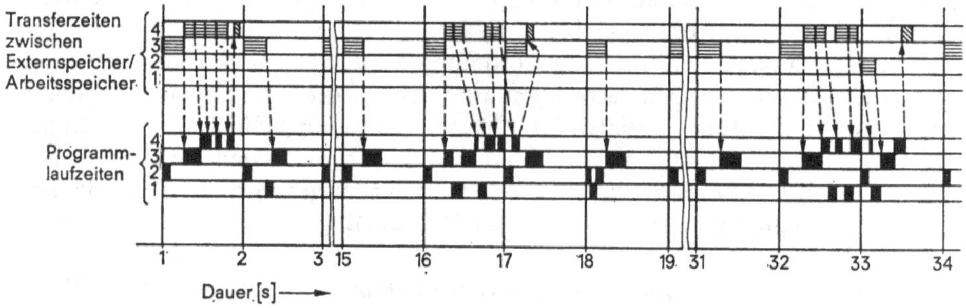

Bild 3: Zeitdiagramm zur Ermittlung der Prozeßrechnerauslastung

Programm-priorität	Aufgabe	Start	Residenz
1	Alarme	azyklisch	Arbeitsspeicher
2	Meßwerterfassung	zyklisch (jede Sekunde)	Arbeitsspeicher
3	Regelung	zyklisch (jede Sekunde)	Externsspeicher
4	Meßwertverarbeitung	zyklisch (alle 16 Sekunden)	Externspeicher

Das Ergebnis dieser Prüfung läßt eindeutig Rückschlüsse auf die Rechnerauslastung und damit auf die funktionsgerechte Speicherplatzbelegung zu. Unter Umständen müssen alle hier aufgezeigten Überlegungen mehrmals angestellt oder verschiedene Versionen zur Diskussion gestellt werden. Ein zu klein gewählter Arbeitsspeicher kann durch keine noch so geschickt gewählte Programm-Systemorganisation kompensiert werden. Den hier und in Abschnitt 3.2 aufgezeigten Überlegungen bei der P lnung eines Programmsystems sollten stets Untersuchungen auf die Verwendbarkeit von erprobten Standard-Programmsystemen vorangestellt werden. Können vorhandene Standard-Programmsysteme eingesetzt werden, so werden die Untersuchungen zur Spezifikation des Programmsystems wesentlich erleichtert, da dann über Aufbau des Programmsystems, Länge der Programme und Listen, Programmlaufzeiten und die erforderliche Anlagenausstattung exakte Angaben

vorliegen. Auch alle weiteren Überlegungen zur Spezifikation sind dann nur für eventuell erforderliche Zusatzprogramme anzustellen.
Jetzt wird auch die Forderung nach rechtzeitiger Planung der Aufgabenerweiterung und dem damit zusammenhängenden Anlagenausbau verständlich. So ist z. B. schon die Erhöhung der Zahl der Meßwerte bei der Planung der Listen, des Speicherplatzbedarfs, bei den Zeitbetrachtungen und später auch bei der Analyse der Programmblöcke zu berücksichtigen. Das Nichtbeachten dieser Forderung ist gleichbedeutend mit einer Aufgabenklärung, bei der wesentliche Punkte unberücksichtigt blieben. Die Folge kann jeweils eine Neuentwicklung des Programmsystems sein.
Nach Abschluß der in den Abschnitten 3.2 und 3.3 geschilderten Arbeiten läßt sich feststellen, ob die angebotene Anlagenausstattung, insbesondere der Arbeitsspeicherausbau und der vorgesehene Externspeicher, in jeder Hinsicht ausreichend sind. Benutzer sowie Hersteller von Prozeßrechnern müssen sich über die Tatsache, daß diese Aussage mit genügender Sicherheit erst zu diesem Zeitpunkt der Planung gemacht werden kann, im klaren sein.

3.4 Analyse der Programmblöcke

3.4.1 *Meßstellenblatt*

Es ist besonders bei umfangreichen Aufgaben zweckmäßig, die Analyse des Programmsystems mehreren Programmierern zu übertragen. Die Programmanalyse wird für jeden Programmblock einzeln durchgeführt. Die bisherigen Klärungen gestatten eine solche Aufteilung, wobei gegenseitige Absprachen nur noch hinsichtlich der Koppellisten zu treffen sind. Für das weitere Verständnis ist es also ausreichend, die Programmanalyse für einen beliebigen Programmblock darzustellen. Ein Beispiel, auf das in diesem Abschnitt immer zurückgegriffen wird, sei die Verarbeitung analoger Meßwerte. Die Programmanalyse beginnt mit dem Zusammenstellen der für den Programmblock spezifischen Daten. Die Aufgabe, die der Programmblock zu übernehmen hat, wurde in der Aufgabenklärung erarbeitet, abgegrenzt und liegt in Form von Meßstellenblättern für jeden einzelnen Meßwert vor (Bild 4). Aus den Meßstellenblättern können für jeden Meßwert die Verarbeitungsschritte und die Meßwertparameter entnommen werden. Das Erstellen und das Ausfüllen der Meßstellenblätter muß deshalb bei der Aufgabenklärung äußerst sorgfältig geschehen. Die Meßstellenblätter dienen gleichzeitig als Ablochunterlage für die Lochkarten, mit denen über den Listengenerator die Meßstellenlisten generiert werden. Das dargestellte Meßstellenblatt ist der Einfachheit halber so aufgebaut, daß die in ihm enthaltenen Daten genau die 80 Spalten einer Lochkarte füllen. In der Praxis muß man jedoch im Mittel mit dem dreifachen Umfang je Meßwert rechnen.
Dem Meßstellenblatt können die einzelnen Verarbeitungsschritte, z. B. Anpassen, Glätten, entnommen werden. Durch die klare Gliederung der Ver-

arbeitungsschritte ergibt sich beinahe von selbst die Aufteilung des Programmblocks in Programmbausteine (Bild 5), und zwar je ein Programmbaustein für einen Verarbeitungsschritt. Die Gesamtanzahl der Programmbausteine ist die Summe aus den verschiedenartigen Verarbeitungsschritten aller Meßwerte.

Einlesen	Kurzzeichen	A K 4 7	1–4
	Zyklus [s]	3 0	5 6
	Externadresse	1 2 7	7–10
Gültigkeitsprüfung	obere Bereichsgrenze	2 0 0 0	11–14
	untere Bereichsgrenze	2 5 0	15–18
Anpassen	Eingangssignal (Bereich)	7 0	19–22
	Dimension des Eingangssignals	M V	23 24
	Minimaler Betriebsbereich	3 . 5	25–28
	Maximaler Betriebsbereich	2 0 . 0	29–32
	Dimension der Meßgröße	A T U E	33–36
linear	Physikalischer Wert bei Eingangssignal 100 %		37–40
	Physikalischer Wert bei Eingangssignal 0		41–44
nicht linear	Nummer der Kennlinie	1 7	45 46
Glättung	Glättungsfaktor	4	47 49
	Kurzzeichen des geglätteten Wertes	A G 4 7	50–53
Festgrenzen	obere Grenze	+ 1 8 . 0	54–59
	untere Grenze	+ 4 . 0	60–65
Summen-Differenzbildung	Art der Verknüpfung	+	66
	2. Operand	A K 4 9	67–70
	Kurzzeichen des Ergebnises	A D 4 7	71–74
Meßwert-verfolgung	Verfolgungsabstand	1 . 0	75–78
	verfolgen bei Verletzung der oberen Grenze	×	79
	verfolgen bei Verletzung der unteren Grenze		80

Bild 4: Meßstellenblatt, Beispiel: Analogwertverarbeitung

3.4.2 Listenaufbau und Programmablauf

Der nächste ebenfalls naheliegende Schritt ist die Zusammenfassung der einem Verarbeitungsschritt beigegebenen Parameter zu einer Liste. Die Anzahl der Listen ist gleich der Anzahl der Programmbausteine, wobei jeweils eine Liste einem Programmbaustein fest zugeordnet ist. Für den Einlesebaustein ist auf die besonderen Eigenschaften des Eingabegerätes der Analogwerte Rücksicht zu nehmen. Nur bei Geräten, die mit einem sogenannten kurzen Befehl angesprochen werden (schnelle Analogeingabe), enthält der Einlesebaustein direkt Geräteaufrufe und die zugehörige Liste der erforderlichen externen Meßwertadressen. Bei langen Befehlen, z. B. integrierende Analogeingabe, sind ein zusätzlicher Programmbaustein und eine **Rohwertliste** erforderlich. Durchlaufen nicht alle Meßwerte dieselbe Verarbeitung, so ist eine Zuordnung zu den Programmbausteinen für jeden einzelnen Meßwert notwendig. Diese Zuordnung läßt sich am besten zentral von einem den Programmbausteinen übergeordneten **Steuerprogramm** vor Beginn der eigentlichen Verarbeitung eines Meßwertes durchführen. Die für jeden Meßwert auszuführenden Verarbeitungsschritte werden dem Steuerprogramm als **Steuerliste** beigestellt. Die weitere Auswertung der Meßstellenblätter ergibt, daß nicht alle Meßwerte im gleichen Zyklus erfaßt werden, also eine Zykluszuordnung zu treffen ist. Auch diese Aufgabe kann dem Steuerprogramm übertragen werden.

Durch die oben getroffenen Vereinbarungen sind die einzelnen Programmbausteine des Programmblockes grundsätzlich festgelegt. Jedoch ist bis zur Ablauffähigkeit noch eine Reihe wesentlicher Punkte zu klären. Es sind die Anlagendaten (z. B. Namen der Meßstellen, physikalische Größe der Meßstellen) als Listen festzulegen; weiterhin sind je nach Verarbeitungsart des Meßwertes — meßstellenweise oder programmweise — innerhalb des Programmblocks Zwischenpuffer anzulegen, und die Datenübergabe oder Datenübernahme an und von anderen Programmblöcken ist zu klären (Koppellisten). Bei **meßstellenweiser** Verarbeitung wird der einzelne Meßwert sämtlichen ihn betreffenden Verarbeitungsschritten unterzogen bevor zum nächsten Meßwert weitergeschaltet wird. Bei **programmweiser** Verarbeitung werden erst alle Meßwerte eingelesen, dann durchlaufen die Meßwerte z. B. die Gültigkeitsprüfung usw. Die Wahl der Verarbeitungsweise wirkt sich auf die Anzahl der Listen und deren Aufbau aus, z. B. dergestalt, daß bei programmweiser Verarbeitung zusätzlich eine Rohrwertliste benötigt wird, die alle Meßwerte zunächst einmal aufnimmt. Hieraus könnte die Schlußfolgerung gezogen werden, nur meßstellenweise zu verarbeiten. Es verlangen aber einige Verarbeitungsschritte, z. B. Summenbildung, die programmweise Verarbeitung. Im betrachteten Beispiel werden deshalb auch beide Verarbeitungsweisen angewendet.

Die Vereinbarungen über Anzahl und Aufbau der Listen bilden das Kernproblem der Programmanalyse. Im allgemeinen versucht man den Arbeits-

speicher-Platzbedarf möglichst klein zu halten. Jedoch darf die Übersichtlichkeit und Handhabung nicht darunter leiden. Der mögliche Platzgewinn wird im allgemeinen durch Mehraufwand an Programm aufgewogen und durch zusätzliche Organisationszeit zum Auffinden der Daten erkauft. Es muß ein Kompromiß zwischen Speicherplatz- und Zeitbedarf gefunden werden. Die Forderungen nach einfacher Generierbarkeit lassen einerseits ein Verkoppeln der Listen über Adreßbeziehungen nicht zu, andererseits erfordert das Sicherstellen bestimmter Daten auf Externspeichern oder anderen Datenträgern für den Fall des Rechnerausfalls und des automatischen Wiederanlaufs die Unterteilung in Einzellisten (wie oben aufgeführt). Ferner ist zu entscheiden, welche Daten zentral zu führen sind, eventuell sogar kernspeicherresident, und welche den einzelnen Programmbausteinen individuell zuzuordnen sind; weiterhin, ob zu den Daten direkt oder über **Adreßlisten** zugegriffen werden soll. Nicht zuletzt besteht die Frage nach der Listenanordnung auf dem Externspeicher — eine oder mehrere Dateien, getrennt oder zusammen mit den Programmen — und nach der Zugriffsmöglichkeit seitens anderer Programmblöcke. Hier ist vor allem auf die Bedienbarkeit des Programmblocks und die Protokollierung zu achten. Im Falle der Analogwertverarbeitung sind durch Bedienung z. B. Meßwerte, Ergebniswerte auszugeben, Glättungsfaktoren, Grenzwerte oder Bereichsgrenzen einzugeben, der Abfragezyklus bestimmter Meßwerte zu ändern oder ein Sonderbearbeitungszyklus zu starten. Bedienbarkeit sowie die Weitergabe von Daten an andere Programmblöcke verlangt eine Normierung des Listenaufbaus, der mit den Programmierern der betreffenden Programmblöcke abgestimmt werden muß.
Ergänzend sei noch erwähnt, daß das Verhalten des Programmsystems bei Prozeßrechnerausfall und der damit verbundene Wiederanlauf keineswegs allein durch einen Programmblock „Neu- und Wiederanlauf" festgelegt werden kann. Vielmehr muß jeder Programmblock auf eventuell erforderlich werdende Maßnahmen untersucht werden. Für den hier untersuchten Programmblock wäre beispielsweise zu ergründen, in welchen zeitlichen Abständen Daten, die für den kontinuierlichen Betrieb wichtig sind, sicherzustellen sind. Für bestimmte Programmbausteine (z. B. Mittelwertbildung) ist die Ausfallzeit zu markieren; spielt die Vorgeschichte eine Rolle (z. B. Grenzwertkontrolle), ist die Tatsache, daß ein Wiederanlauf stattfand, mitzuteilen. Ferner ist zu entscheiden, welche Prozeßmeldungen über den Ausfall hinweg zu retten sind usw.

3.4.3 Programmresidenz

Für den Abschluß der Programmanalyse ist jetzt noch die Programmresidenz zu betrachten. Wurde bei der Speicherplatzbelegung festgelegt, daß z. B. die Analogwertverarbeitung externspeicherresident ist, so muß unter Berücksichtigung des für Externspeicherprogramme freigehaltenen Arbeitsspeicher-

bereichs geprüft werden, ob der Programmblock in seiner Gesamtheit zum Programmlauf in den Arbeitsspeicher transferiert werden kann. Davon hängt auch die Entscheidung ab, ob die bisher festgelegten Programmbausteine zu einem Hauptprogramm ohne weitere Gliederung zusammengefaßt werden können oder ob eine Unterteilung in Teilprogramme und Unterprogramme oder gar in mehrere Hauptprogramme sinnvoll ist. Zeitbetrachtungen, wie sie bei der Speicherplatzbelegung gemacht wurden, sind erneut durchzuführen.
Beim Beispiel der Analogwertverarbeitung (Bild 5) wäre folgende Lösung denkbar: Die Programmbausteine und die Listen stehen geordnet in einem Externspeicherbereich. Das Steuerprogramm bildet den Kopf des Hauptprogramms, Programmbausteine Einlesen, Gültigkeitsprüfung und Anpassen bilden Teilprogramm 1, Glätten und Summen- oder Differenzbildung Teilprogramm 2, und die Programmbausteine Grenzwertkontrolle und Meßwertverfolgung sind zu Teilprogramm 3 zusammengefaßt. Zu Teilprogramm 1 gehören außer den speziellen Versorgungslisten eine Steuer- und Namensliste und die Meßwertliste, zu Teilprogramm 2 eine Steuer- und Namensliste und die Ergebniswertliste, zu Teilprogramm 3 eine Steuer- und Namensliste. Beim Start des Programms werden der Programmkopf und Teilprogramm 1 als gemeinsamer Programmteil vom Betriebssystem in den Arbeitsspeicher geladen und gestartet. Teilprogramm 1 deshalb, weil es von allen Meßwerten durchlaufen wird. Die Bearbeitung erfolgt meßwertweise; jeder Meßwert wird nach dem Anpassen in der **Meßwertliste** abgelegt. Nach dem Anpassen des letzten Meßwertes verbleiben die Meßwertliste und der Programmkopf im Arbeitsspeicher. Der Programmkopf holt vom Externspeicher Teilprogramm 2 (nicht mehr alle Meßwerte durchlaufen diese Verarbeitung) und überschreibt damit das Teilprogramm 1 mit Ausnahme der Meßwertliste, ohne dieses auf den Externspeicher zurückzutransferieren. Die Verarbeitung der in Frage kommenden Meßwerte erfolgt jetzt programmweise. Anschließend wiederholt sich dieser Vorgang nochmals für Teilprogramm 3. Zum Abschluß des Programmlaufs werden die Meßwertliste und die **Ergebniswert**liste in eine eigene Datei auf den Externspeicher ausgespeichert. Die Liste mit der Information für Meldungen ist laut Vereinbarung eine Arbeitsspeicherliste. Danach steht der Arbeitsspeicherbereich für einen anderen externspeicherresidenten Programmblock zur Verfügung.

3.5 Standardisierung

Die Überlegungen zur Standardisierung des Programmsystems beginnen bereits mit der Aufgabenstellung, beeinflussen die Festlegung der Programmblöcke und nehmen starken Einfluß auf die Programmanalyse (Abschnitt 3.4). Sie werden nur wegen der Übersichtlichkeit getrennt davon angestellt. Standardisierung heißt, daß zuerst die Aufgabenstellung von einem speziellen Problem losgelöst wird. Für das Programmsystem bedeutet das, daß allge-

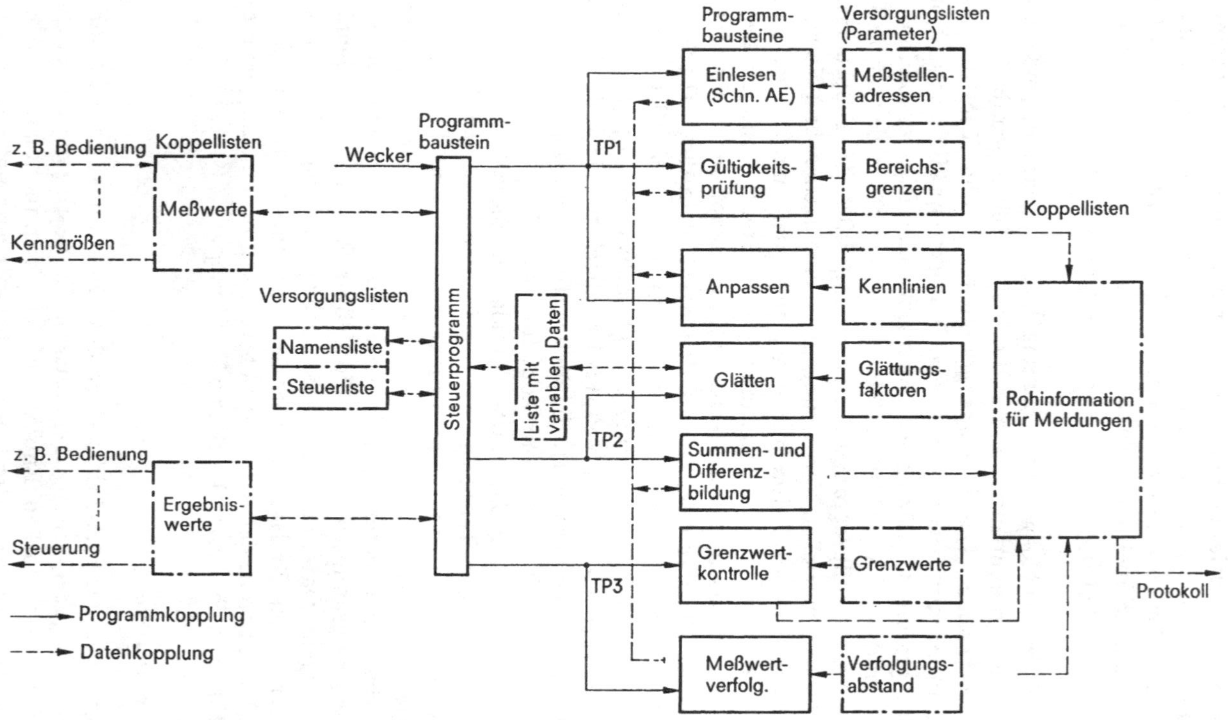

Bild 5: Programmblock, Beispiel: Analogwertverarbeitung

mein verwendbare Programmbausteine entstehen sollen. An Hand des im vorangegangenen Abschnitts analysierten Programmblocks werden einige grundsätzliche Überlegungen zur Standardisierung angestellt.

- Von der Aufgabenstellung her ist beispielsweise zu klären, mit welchen Anlagenausstattungen einer gerätekompatiblen Prozeßrechnerfamilie die Aufgabe gelöst werden soll, z. B. Ausbau des Steuerwerks, Rechenwerks, Arbeitsspeichers und der Standard- wie auch Prozeßperipherie.
- Abstufung der Anzahl der zu erfassenden Meßwerte in Abhängigkeit vom Prozeßrechnertyp.
- Größter und kleinster Umfang der zu erwartenden Aufgabenstellung (Anzahl der verschiedenen Verarbeitungsschritte).
- Variierbarkeit des Abfragezyklus (per Bedienung und/oder auch dynamisch).
- Bedienungskomfort für den Operateur.
- Protokollierung (Anzahl der Protokolle, Darstellung der Meldungen).
- Darstellung der Meßwerte in den Koppellisten.
- Namensgebung für die Meßwerte.

Für das Planen des Programmblocks bedeutet Standardisierung in erster Linie, selbständige Programmbausteine zu entwerfen, die mit Hilfe des Prozeßrechners nach Wunsch zu Programmblöcken und Programmsystemen zusammengestellt werden können. Bei der Verwirklichung heißt das: Klare Trennung zwischen Daten und Programmen; jeglicher Verkehr der Programme untereinander erfolgt über Nahtstellen, z. B. Liste mit variablen Daten (Bild 5). Die Nahtstellen werden normiert und von einem Steuerprogramm verwaltet. Das Steuerprogramm selbst besteht aus Bausteinen, sie sind nach den Richtlinien bestehender Generatorprogramme zu erstellen.
Gemäß den Angaben, die in der Aufgabenstellung aufgeführt sind, muß der Umfang der Befehlsliste geklärt werden, mit der die in Assemblersprache zu schreibenden Programme zu erstellen sind. Wird die Befehlsliste eines leistungsschwächeren Prozeßrechners verwendet, so sind die Programme auf dem leistungsstärkeren unnötig platz- und zeitaufwendig; geht man vom leistungsstärksten Prozeßrechner aus, so wird Abwärtskompatibilität verbunden mit Simulationsprogrammen vorausgesetzt. Diese Lösung ist für den kleinsten Prozeßrechner dann zumindest sehr platzaufwendig. Da Aufgabenumfang und Anlagenausstattung in einem direkten Verhältnis stehen, ist ein Kompromiß derart möglich, daß mit der Befehlsliste des kleineren Prozeßrechners nur die wichtigsten Aufgaben gelöst werden. Anderenfalls müssen für jede Teilaufgabe Programme mit verschiedenen Befehlslisten entstehen, was oft nicht zu umgehen ist. Der Grund liegt in der Verallgemeinerung der Aufgabenstellung, die zu platz- und zeitaufwendigeren Programmversionen führt, so daß es unmöglich ist, die Anforderungen sowohl für den kleinsten als auch den größten Aufgabenumfang in einem System zu erfüllen.

Verarbeitungsschritte, die unter verschiedenen Nebenbedingungen ablaufen (z. B. unterschiedliche Analogeingabe, verschiedene Protokolliergeräte, unter-

schiedliche Genauigkeitsforderungen), erfordern oft mehrere Programmbausteine und Listenanordnungen für dieselbe Aufgabe innerhalb des Standardsystems.
Ein Standardsystem muß die Möglichkeit zum Einsetzen neuer Programmbausteine bieten, sofern sie den vereinbarten Normierungen entsprechen, denn auch bei nahezu gleichbleibenden Aufgabestellungen gibt es eine Reihe anlagenspezifischer Varianten, z. B. bei Protokollaufbau, Bedienung, Meßwertauswertung, die nicht von vornherein erfaßt werden können.

4 Codieren

4.1 Aufgaben

Mit dem Abschluß der Analyse der Programmblöcke liegen alle Informationen vor, die zum Ausarbeiten der einzelnen Programmbausteine notwendig sind. Neben den Programmkonventionen betrifft das auch die Belegung der Geräte der Prozeßperipherie, z. B. Belegung des Alarmgruppenregisters, Belegung der dynamischen und statischen Digitaleingänge. Werden die einzelnen Programme in Assemblersprache erstellt, so umfaßt das Codieren das Festlegen der Programmablaufpläne, die Programmerstellung und den abschließenden Programmtest.

4.2 Programmablautpläne, Programmerstellung

Die Programmablaufpläne enthalten genaue Anweisungen für die automatische Behandlung der Aufgabe durch den Prozeßrechner. Die Arbeit beginnt damit, daß alle Randbedingungen, die in der Analyse erarbeitet wurden, für die spezielle Teilaufgabe zusammengestellt werden. Das sind Angaben über Programmart (z. B. Unterprogramm), Starten und Beenden, Listen der Versorgungs- und Ergebnisparameter. Darauf folgt die Festlegung der einzelnen Verarbeitungsschritte mit Hilfe von Sinnbildern und die Aufstellung des Programmablaufplans (Bild 6). Die Unterteilung wird dabei so gewählt, daß der Lösungsweg eindeutig erkennbar ist. An den Stellen, an denen Nahtstellen zu anderen Programmen, zu Listen und zum Betriebssystem bestehen, sind entsprechende Hinweise einzutragen. Ablaufschritte, die als Makros erklärt werden sollen, sind ebenso zu kennzeichnen wie die Verwendung eines Bibliotheksprogramms. Unmittelbar darauf folgt die Programmerstellung mit der festgelegten Befehlsliste in der Syntax der Programmiersprache. Da ein in Assemblersprache geschriebenes Programm zunächst nur dem Ersteller ohne weiteres verständlich ist, sollte das Programmprotokoll mit erklärenden Texten versehen werden. Bewährt haben sich Hinweise auf den Programmablaufplan und die Kennzeichnung von Hilfszellen mit allgemein vereinbarten mnemotechnischen Abkürzungen (z. B. K für Konstanten allgemein,

B1UB10 für in Stelle 1 und 10 gesetzte Bit). Nach Abschluß dieser Arbeiten kann der Ausbau des Betriebssystems mit der Festlegung der Koordinierungsbausteine vervollständigt werden.

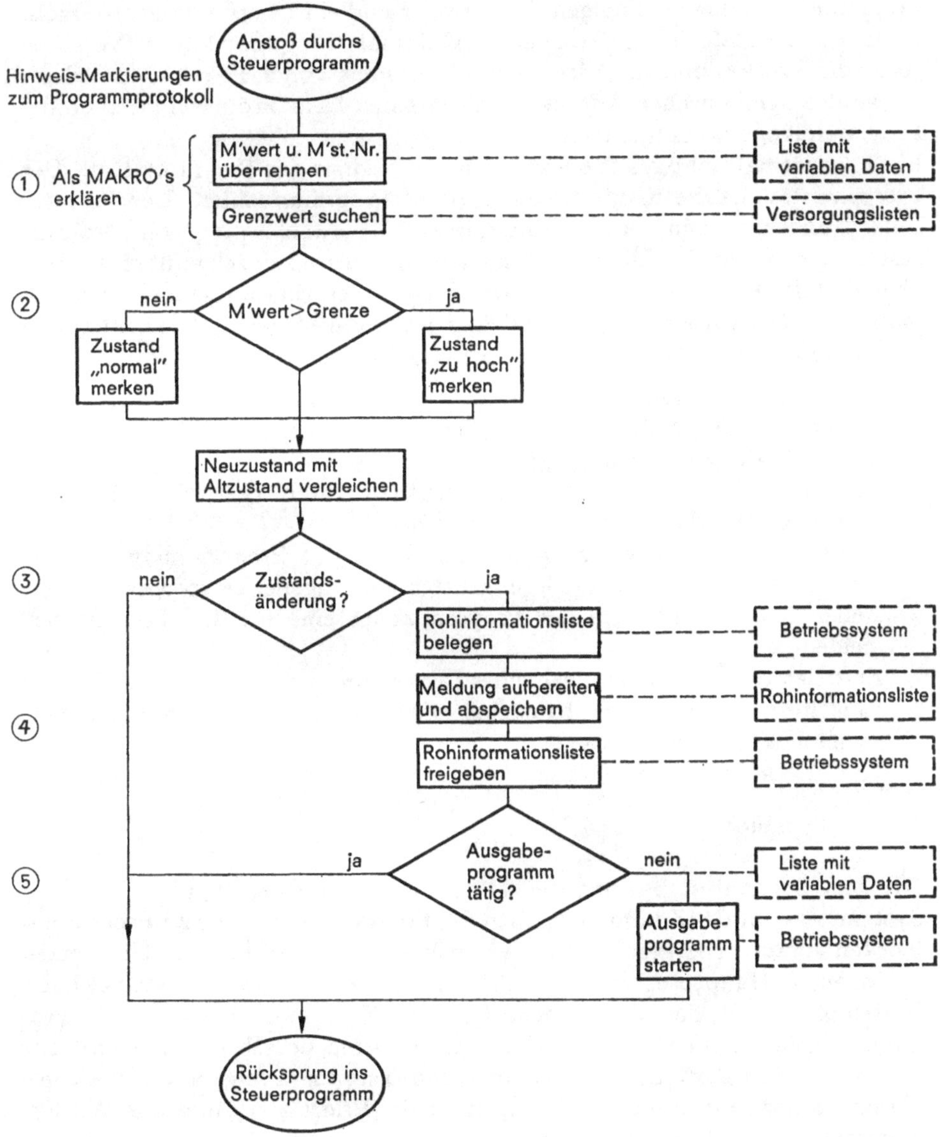

Bild 6: Programmablaufplan, Beispiel: Programmbaustein für Grenzwertkontrolle auf eine feste, obere Grenze

4.3 Übersetzen und Programmtest

Das Übersetzen ist ein automatisierter Vorgang, der im Rechenzentrum ohne Mitarbeit des Programmierers abläuft. Als Übersetzungsergebnis erhält der Programmierer je nach Wunsch das in den Maschinencode (MC) übersetzte Programm auf einem beliebigen Datenträger und ein Übersetzungsprotokoll, das außer der Befehlsfolge Hinweise auf formale Programmfehler (Verstöße gegen die Syntax) und ein Adreßbuch (Zuordnung von z. B. relativen Adressen zu den symbolischen Adreßnamen) enthält. Dem Protokoll ist auch die Programmlänge zu entnehmen.
Liegt ein formal richtiges Programm vor, so beginnt der Programmtest. Der Programmtest ist die Kontrolle auf logische Programmfehler. Der Test der Einzelbausteine kann, ein leistungsfähiges Überwacherprogramm vorausgesetzt, genau wie das Übersetzen im Rechenzentrum durchgeführt werden, ohne daß der Programmierer Zugang zur Datenverarbeitungsanlage erhalten muß. Die Testvorbereitungen sind dabei zumindest genau so wichtig und aufschlußreich wie die eigentlichen Testergebnisse. Dazu gehört:

- Festlegen der Reihenfolge der zu testenden Programmbausteine, um möglichst wenig Nahtstellen simulieren zu müssen (z. B. Grenzwertkontrolle vor Meßwertverfolgung).
- Bereitstellen von Testbeispielen (eventuell durch Technologen); dabei sind möglichst die Extremfälle anzugeben.
- Ersetzen der Prozeßein-ausgabedaten bzw. der Programmversorgung; hierfür entsprechende Versorgungslisten und eigene Testprogramme erstellen, um Modifikation der Programmbausteine für den Test zu vermeiden.
- Erstellen des Überwachungsbuches (Anweisungen für den Testlauf). Der Einzeltest des Programmbausteins wird mit der Ermittlung der Programmlaufzeit abgeschlossen.

5 Systemtest

Mit dem Systemtest beginnt die letzte Phase der Programmierung. Dem Systemtest geht das Zusammenstellen der Programmbausteine zu Programmblöcken voraus. Das geschieht im wesentlich durch gemeinsames Übersetzen der zu einem Hauptprogramm zusammengefaßten Programmbausteine. Beim Systemtest steht das Zusammenspiel der Programmbausteine und Programmblöcke im Vordergrund, d. h. Organisation der Programme mit der entsprechenden Aufteilung in Haupt- und Teilprogramme usw., Speicherplatzzuordnung, Prüfung der Simultanarbeit (Prioritäten) und das Wiederanlaufverhalten. Diese Arbeiten können, getrennt vom Prozeß, nur mit zusätzlichen, auf das Programmsystem abgestimmten Testhilfsprogrammen durchgeführt werden, die z. B. die Nahtstellen versorgen und besonders kritische Prozeßzustände (Häufung von Alarmen) simulieren. Der Systemtest ist infolge der Vielzahl der möglichen Ablaufvarianten äußerst zeitraubend und verlangt die Mitarbeit der Entwickler des Programmsystems. Der Systemtest kann jedoch im Rechenzentrum nur zu einem vorläufigen Ende gebracht werden. Seinen eigentlichen Abschluß erfährt er erst auf der Kundenanlage mit der Kontrolle der eingesetzten Anlagenparameter und des Echtzeitverhaltens.

Literaturhinweise

Chorafas, D. N.: Programmierungssysteme für elektronische Rechenanlagen. R. Oldenbourg Verlag, München–Wien 1967.

Martin, J.: Echtzeitprogrammierung. Berliner Union, Berlin 1968.

Keefe, D. D.: Hierarchical Control Programs for systems evaluation. IBM Syst. J. 7 (1968) 2, S. 123—133.

Taschenbuch der Nachrichtenverarbeitung. Herausgeg. v. K. Steinbuch, Springer-Verlag, Berlin, Auflage 1967.

5.3 Anlagenaufbau

von J. BARTA

Inhaltsübersicht

1 Aufbaugesichtspunkte

Im Rahmen des Projektablaufs einer Prozeßrechneranlage erfolgt bereits parallel zur Programmierung die Bearbeitung der gerätetechnischen Ausstattung sowie die Aufstellung einschließlich Stromversorgung und Verkabelung der betriebsbereiten Anlage. Neben den für die Datenverarbeitungsanlage selbst anfallenden Arbeiten wie Aufstellung und interne Verkabelung sind beim Einsatz als Prozeßrechner zusätzlich anwendungsbezogene Planungs- und Festlegungsarbeiten, insbesondere Projektierung der Prozeßelemente, der Stromversorgung und Außenverkabelung notwendig. Diesen vielseitigen und umfangreichen Arbeiten muß im Systementwurf Rechnung getragen werden.

Die Grundkonstruktion richtet sich streng nach dem Grundsatz der differenzierten Ausbaufähigkeit jedes Gerätetyps, um eine einwandfreie und wirtschaftliche Anpassung an den jeweiligen Prozeß zu gewährleisten. Dem Wunsch nach optimaler Anpassungsfähigkeit steht die fabrikationstechnisch und wirtschaftlich begründete Forderung nach gleichbleibenden Bausteinen großer Stückzahl gegenüber. Hier schafft die konstruktive Konzeption dadurch einen Ausgleich, daß dem Anlagenprojekteur „normierte" Bausteine in die Hand gegeben werden, aus denen er mit Hilfe einfacher Projektierungsregeln durch Kombination Geräte festlegt, die hinsichtlich ihres Ausbaugrades und ihrer Bestückung auf das jeweilige Projekt ausgerichtet sind. Auch dem Anwender bietet dies bei Änderungen, Erweiterungen, Ersatzteilhaltung und Wartung wesentliche Vorteile. Derartige, auf den besonderen Einsatzfall hin zugeschnittene Geräte sind vor allem die Prozeßelemente.

Konstruktiver Aufbau von Geräten und Anlagen

Zwecks Rationalisierung von Fertigung, Projektierung und Wartung wurden in den verschiedensten Zweigen der Automatisierungstechnik Bausteinsysteme geschaffen. Die Bausteine sind sowohl in bezug auf die Funktion als auch in bezug auf die Konstruktion miteinander kombinierbar. Eine begrenzte Anzahl häufig wiederkehrender Typen solcher Bausteine bildet ein Bausteinsystem, mit dem Baugruppen, Geräte und Anlagen für die verschiedensten Aufgaben zusammengestellt werden können, so auch Einrichtungen für Aufgaben innerhalb des Gebietes der Prozeßrechnertechnik. Ein auf die Belange der Prozeßrechentechnik zugeschnittenes Bausteinsystem ermöglicht dem Anlagenbearbeiter die Projektierung von anwenderorientierten Geräten aus einer begrenzten Menge von Grundtypen heraus.
Bausteine solcher Konstruktionssysteme [1] sind beispielsweise Steckkarten oder Flachbaugruppen, Systemsteckleitungen usw. Dazu gehören Aufbauteile wie Geräterahmen oder -Schienen zur Aufnahme der Steckkarten, Gestelle oder Schränke zur Aufnahme von Geräterahmen. Aus ihnen entstehen nach Funktionseinheiten zusammengefaßt Geräte mit maschinell z. B. in Drahtwickeltechnik erzeugter Verdrahtung (Bild 1 u. 2). Die elektrischen Bauelemente werden auf Flachbaugruppen untergebracht, die, durch obere und untere Führungen gehalten, im Geräterahmen steckbar angeordnet sind. Der Anschluß der Geräte an Steuerungen bzw. die Verbindung der Geräte untereinander erfolgt über Steckleitungen. Derartige Aufbau- und Einbausysteme haben sich zu Standardtechniken entwickelt. Sie ermöglichen die rechnergestützte Projektierung und automatisierte Fertigung.
Zu den Geräte-Aufbausystemen gehören als notwendige Ergänzung Schrank-Aufbausysteme, die den weitgehend freizügigen Einbau von mehreren Geräten gestatten. In die Schränke wird oftmals auch die Stromversorgung — wie Netzgeräte oder Spannungsregler — für die Betriebsspannungsversorgung eingebaut, um größere Leitungslängen zu vermeiden. Bei diesem System werden die Betriebsspannungen über Stromschienen großen Querschnitts zu den einzelnen Geräten geführt. Die Stromschienen werden von den im Schrank befindlichen Stromversorgungen gespeist und sind in den seitlichen Schrankholmen untergebracht.
Mehrere Schränke werden zu Schrankreihen zusammengefaßt und die darin befindlichen Geräte und Steuerungen werden von Schrankreihe zu Schrankreihe ebenfalls über System-Steckleitungen verbunden.

Bild 1: Verdrahtungsseite eines Geräterahmens

Bild 2: Baugruppenseite eines Geräterahmens

3 Gerätedisposition und Fertigung

Die von Projekt zu Projekt stark schwankenden Ausbaugrade der Anlage und innerhalb der Anlagen der Geräte bedingen eine flexible Disposition aller zum System gehörenden Bausteine, die in zunehmendem Maße durch Einsatz von Datenverarbeitungsanlagen erleichtert wird.
Auf Grund des zur Verfügung stehenden Zahlenmaterials werden in genügender Menge Bausteine wie Flachbaugruppen, Steckleitungen, Rahmen und Schränke gefertigt und bereitgehalten. Bei der Auswahl der aus ihnen zu

fertigenden Einheiten wie komplette Zentraleinheiten, Prozeßelemente bildet der vorhandene und erwartete Auftragsbestand die Grundlage. Hierzu muß das Einbau- und Schranksystem sowie ein bestimmtes Gerätespektrum festliegen und für jede zu projektierende Anlage bekannt sein:

a) Typ der Zentraleinheit;
b) Ausbau des Arbeitsspeichers;
c) Art und Anzahl der Elemente der Standardperipherie;
d) Ausbau mit oder ohne Notstromversorgung, wenn mit, dann Art der Notstromversorgung;
e) Art und Anzahl der anzuschließenden Geber- und Stellgeräte der Prozeßperipherie sowie deren Signalart;
f) Raumplan für die Aufstellung mit speziellen Angaben.

4 Projektierung der Prozeßelemente

Aus den vorliegenden Angaben (Abschnitt 3e) wird für die Prozeßelemente Art und Anzahl der benötigten Baugruppen und Art der einzusetzenden Geräte ermittelt. Aus dem maximal möglichen Ausbau jedes Gerätes kann die Anzahl der notwendigen Geräte bestimmt werden. Zusätzlich werden Art und Anzahl der Prozeßelement-Steuerungen ermittelt.
Die Geräte und Steuerungen werden zu Stromversorgungs-Verbrauchergruppen zusammengefaßt und die zu Versorgung dieser Gruppen notwendigen Netzgeräte gegebenenfalls mit Spannungsregler, bestimmt.
Wenn sämtliche Geräte, Steuerungen und Netzgeräte bzw. Spannungsregler für die Prozeßelemente festliegen, ist damit auch der Gesamtplatzbedarf dieser Einrichtungen innerhalb der Schränke bestimmt.
Bei der Belegung der Schränke mit Geräten, Steuerungen und Spannungsreglern bzw. Netzgeräten muß auf die verschiedenen Bedingungen geachtet werden, wie beispielsweise Gesamtwärmeentwicklung im Schrank, sinnvolle und übersichtliche Kabelführung, Bildung von sachlich zusammengehörigen Komplexen, maximal zulässige Leitungslängen usw. Sofern Steuerungen der Standardperipherie ebenfalls frei in Schränke einbaubar sind, geht deren Projektierung ebenso vor sich. Mit dem Typ der Zentraleinheit und dem vorgesehenen Arbeitsspeicherausbau ist dann schließlich die gesamte Schrankanzahl zu bestimmen.
Nach Festlegung der Innenausbauten der unterschiedlich bestückten Schränke kann die Fertigung der Leerschränke eingeleitet werden.
Bei der detaillierten Bestückung der einzelnen Geräte mit Baugruppen bzw. Bausteinen ist die Art der anzuschließenden Primärgeräte und deren Zuordnung an bestimmte Geräteadressen besonders zu berücksichtigen. Anschließend erfolgt die Projektierung der Geräteverkabelung innerhalb der Schränke und die Projektierung der Verkabelung zwischen eventuell vorhandenen Schrankreihen. Mit der Erstellung der Fertigungsunterlagen für

die Geräte und die Verkabelung finden die Projektierungsarbeiten der Prozeßelemente ihren Abschluß.

5 Aufstellungsplanung

5.1 Umgebungsbedingungen

Es ist denkbar, durch entsprechende Auslegung der Gerätetechnik dafür zu sorgen, daß ein Prozeßrechner in jedem beliebigen Raum ausreichender Größe aufgestellt werden kann. Ein derartiges Vorgehen würde jedoch zu einer sinnlosen Verteuerung der Einrichtung führen, denn für die mit dem Prozeßrechner umgehenden Menschen müssen gewisse Umgebungsbedingungen eingehalten werden, die sich günstig auf die Auslegung der Geräte auswirken. Jedoch werden durch sie nicht alle Anforderungen an die Umgebungsbedingungen, die von der Gerätetechnik her gestellt werden, erfüllt. Insgesamt beziehen sie sich auf die maximal zulässigen Werte für:

- Temperaturbereich,
- Bereich relativer Luftfeuchte,
- Staubkorngröße und -menge,
- Konzentration schädlicher Gase und Dämpfe,
- Erschütterungen,
- elektromagnetische Störfeldstärke,
- radioaktive Emission.

Die Anforderungen an die Umgebungsbedingungen sind bei den einzelnen Herstellern von Prozeßrechnern unterschiedlich. Es steht außer Frage, daß es wirtschaftlicher ist, für die großenteils ohnehin notwendige Einhaltung der Umgebungsbedingungen zu sorgen, als den Aufwand höherer Schutzart bei den Geräten zu treiben.

Obwohl bei der Entwicklung von Prozeßrechensystemen darauf geachtet wird, daß zum Betrieb eine **Klimaanlage** nicht unbedingt erforderlich ist, wird im allgemeinen der Einsatz im Hinblick auf das Bedienungspersonal empfohlen. Sind Magnetschichtspeicher vorgesehen, so ist eine Klimaanlage nach dem heutigen Stand der Technik nicht zu umgehen [2]. Falls Klimaanlagen vom Hersteller eines Prozeßrechners vorgeschrieben werden, sollten unbedingt registrierende Geräte zum Nachweis des Klimazustandes vorgesehen werden. Klimaanlagen für Rechenzentren sollten nach anerkannten Richtlinien [4] ausgelegt werden.

Die Entstaubung von Rechenzentren kann durch Einbau von Filtern durchgeführt werden. Die Konzentration von schädlichen Gasen und Dämpfen wird durch Aktivkohlefilter auf zulässigem Wert gehalten. Es ist zweckmäßig, die Filteranlage zusammen mit der Klimaanlage zu planen.

Erschütterungen werden durch Einsatz von federnden und dämpfenden Bauteilen, wie Schwingmetallen etc., abgeschwächt beziehungsweise verhindert.

Manchmal ist es zweckmäßiger, den Erreger der Erschütterungen zu isolieren, anstatt die erschütterungsempfindlichen Geräte schwingungsisoliert aufzustellen.
Elektromagnetische Störfelder wirken sich vor allem über die langen Verbindungskabel zum Prozeß aus, sofern die Richtlinien für ihre Verlegung (Abschnitt 6) nicht beachtet wurden. Für radioaktive Emission gelten mit Rücksicht auf das Personal strenge Sicherheitsvorschriften, Auswirkungen auf die Geräte können daher außer Betracht bleiben.

5.2 Rechnerraum

Aus den Gerätegrundrissen und entsprechenden Zuschlägen für freie Wege, Wartungsflächen sowie besondere Arbeitsplätze wird die erforderliche Größe des Raumes bestimmt [3]. Die benötigte Bodenfläche beträgt etwa das zehnfache der addierten Geräte- und Schrankflächen. Der Flächenbedarf eines Prozeßrechenzentrums schwankt je nach Anlagenumfang zwischen 25 und 100 m². Der Grundriß des Rechnerraumes sollte möglichst quadratisch sein. Bei der Auswahl des Rechnerraumes sollte noch auf folgende Punkte besonders geachtet werden:

- Lage zum Prozeß oder zur Warte,
- Lage zur Himmelsrichtung (Nordseite wegen des Wirkungsgrades der Klimaanlage),
- Ausreichende Bodenfläche,
- Ausreichende Raumhöhe,
- Zugangsmöglichkeiten (Transportwege und Notausgänge),
- Ausreichende Möglichkeiten zur Einführung der Verkabelung vom Prozeß,
- Möglichkeiten zur Verlegung von eventuell benötigten Klimakanälen,
- Ausreichende Bodenbelastbarkeit,
- Möglichkeit zur Unterbringung von Klima- und Filteranlage.

5.3 Kabelführung

Der nächste Schritt ist die Auswahl der Art der Kabelführung im Raum; sie hängt von den Möglichkeiten zur Einführung der Kabel in die Geräte und Schränke ab. Im allgemeinen geschieht die Einführung von unten. Damit ergeben sich folgende Varianten der Kabelführung von den Schrankreihen zu den Geräten beziehungsweise zu anderen Schrankreihen:

- in einem Fehlboden (Montageboden, Doppelboden),
- durch Kabelkanäle im Boden, sofern der Boden ausreichende Stärke aufweist und die Baustatik das Anlegen von Kanälen zuläßt,
- durch Bodendurchbrüche im darunterliegenden Stockwerk über Kabelwannen oder Kabelpritschen.

Die beste Lösung ist die Kabelführung in Doppelböden oder durch Bodendurchbrüche über Kabelwannen. Doppelböden oder Montageböden werden von verschiedenen Herstellern angeboten. Sie gewährleisten die größte Freizügigkeit bei der Geräteaufstellung und bei eventuell später notwendig werdenden Erweiterungen der Anlage.

5.4 Geräteaufstellung

Die Aufstellung der Schränke, Schrankreihen und Geräte sollte so erfolgen, daß sich einerseits kurze Verbindungswege ergeben, andererseits die Bewegungsfreiheit nicht beeinträchtigt wird. Bei der Aufstellungsplanung sollte dem Arbeitsfluß innerhalb des Raumes besondere Beachtung geschenkt werden. Die Zusammenfassung verschiedener häufig zu bedienender Geräte zu einem Bedienungszentrum innerhalb des Raumes ist zu empfehlen. Schränke und Geräte, an denen nicht häufig hantiert werden muß, sind zu einem weiteren Komplex zusammenzufassen. Auch die Einplanung eines Arbeitsplatzes mit Schreibtisch sollte nicht vergessen werden. Ist eine zweckentsprechende Aufstellung gefunden, so werden die genauen Kabel-Verbindungswege festgelegt und die sich daraus ergebenden Leitungslängen auf Zulässigkeit kontrolliert, da in den meisten Fällen Längenbeschränkungen bestehen (Kapitel 2.3). Die Aufstellungspläne werden gezeichnet und die Kabelführungspläne erstellt (Bild 3).
Auf Grund der Aufstellungspläne und der installierten Wärmeleistung sowie der baulichen Beschaffenheit der Wände usw. ist die eventuell notwendige Klima- und Filteranlage auszulegen. Die Planung, Lieferung und Montage wird zweckmäßigerweise einer im Bau von Klimaanlagen für Rechenzentren erfahrenen Spezialfirma übergeben. Die übrige Installation wie Beleuchtung usw. sollte ebenfalls erfahrenen Spezialfirmen übertragen werden.
Auch die Bereitstellung von Mobiliar für Arbeitsmittel und Datenträger sollte nicht vergessen werden. Bei mittleren und großen Prozeßrechnerzentren hat sich die Einrichtung eines Nebenraums für das Bedienungspersonal und die Unterbringung von Wartungsgeräten, Ersatzteilen, Arbeitsmitteln und Datenträgern bewährt.

6 Außenverkabelung

Die Verkabelung zwischen Rechnerraum und Prozeß, d. h. von den Ein- bzw. Ausgängen der Prozeßelemente zu den Geber- und Stellgeräten wird über Vorverteiler geführt, die an zentralen Punkten im Prozeß aufgebaut sind (Bild 4). Sie haben die Aufgabe, viele Einzelkabel mit wenigen Adern auf Sammelkabel mit vielen Adern umzusetzen. Die Sammelkabel werden zum Rangierverteiler geführt, in dem eine Querschnittsumsetzung und das Rangieren stattfindet. Das Rangieren ist erforderlich, da im Normalfall

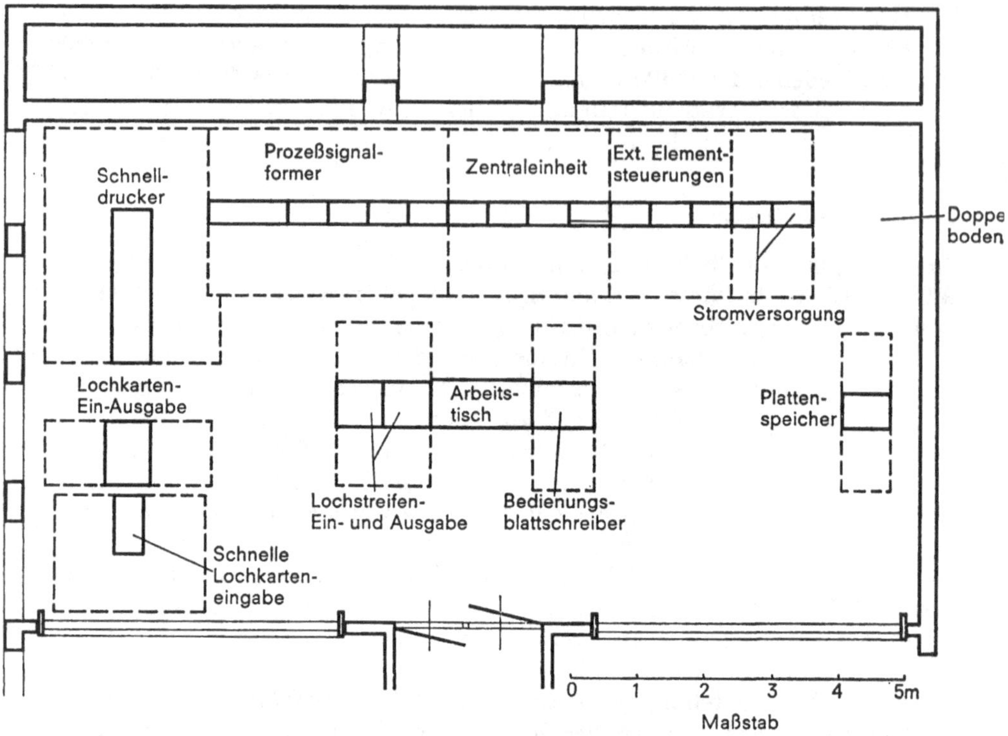

Bild 3: Raumgrundriß für einen Prozeßrechner größeren Ausbaus
— Die punktierten Linien geben die freizuhaltende Grundfläche für Arbeiten an den Geräten an. —

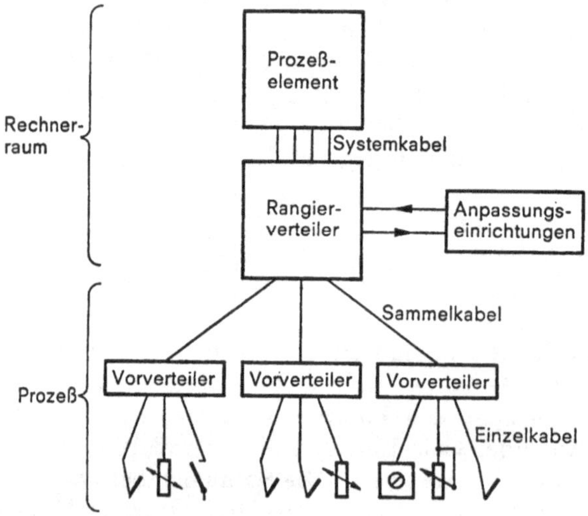

Bild 4: Verkabelung einer Prozeßrechneranlage

die Sammelkabel gemischt mit Signalen belegt sind und die Aderzahlen der Sammelkabel nicht mit den Aderzahlen der Systemkabel des Prozeßelementes übereinstimmen (Systemumsetzung). Vom Rangierverteiler werden Systemkabel zum Prozeßelement verlegt.

Bei der Verkabelung ist dem Problem der Störbeeinflussung besonders Rechnung zu tragen [5]. Durch in die Außenverkabelung eingestreute Störspannungen können Meßwerte und Signale erheblich verfälscht werden. Störbeeinflussungen können entstehen durch:

- Kapazitive Einstreuungen,
- induktive Einstreuungen,
- unzureichende Planung der Erdung.

Als Hauptmaßnahme gegen Störungen ist die gesonderte Führung der Prozeßrechner-Außenverkabelung unter Einhaltung von Respektabständen zu möglichen störenden Leitungen und Störern zweckmäßig.

Besondere Maßnahmen gegen kapazitive Störungen sind:

- hohe Signalpegel,
- Gleichtaktunterdrückung der Ein- und Ausgänge,
- erdsymmetrischer Aufbau des gesamten Signalkreises,
- gute Symmetrie der Kabeladern gegen Erde,
- Verwendung von Kabeln mit statischem Schirm,
- Einsatz von passiven oder aktiven Filtern.

Zur Unterdrückung induktiver Störungen werden gut verdrillte und vorzugsweise paarige Kabel verwendet.

Die Erdung von Schirmen usw. ist so zu planen, daß Erdschleifen nicht entstehen. Es wird vorzugsweise Einpunkt-Erdung angewendet; der Erdpunkt sollte im Rechner-Rangierverteiler liegen und keinesfalls mit dem Mittelpunktleiter rechnerfremder Starkstromverbraucher verbunden werden [6].

7 Stromversorgung

Die Auslegung der Stromversorgung von Prozeßrechenanlagen unterliegt besonderen Bedingungen. Während Ausfälle der Netzversorgung von einigen Millisekunden bei Starkstromanlagen zu keiner nennenswerten Beeinträchtigung der Funktion führen, können derartige kurzzeitige Ausfälle der Stromversorgung von Prozeßrechenanlagen vom Verlust wertvoller Information bis zum völligen funktionellen Stillstand der Anlage über längere Zeiträume führen. Sofern die Prozeßrechenanlage nicht aktiv in das Prozeßgeschehen eingreift (beispielsweise reine Meßwerterfassung), kann der kurzzeitige Stillstand von Sekunden bis zu mehreren Minuten noch hingenommen werden. Sieht die Aufgabe jedoch das aktive Eingreifen in den Prozeß vor, ist die Stromversorgung absolut sicherzustellen. Dies geschieht durch Einsatz von unterbrechungsfreien Notstromversorgungseinrichtungen. Die Art der erforderlichen Notstromversorgung ist von der Dauer und Häufigkeit von Netzausfällen und vom verwendeten Stromversorgungssystem des Prozeßrechners abhängig [7].

Folgende Systeme der Notstromversorgung werden zur Zeit angewendet:

— Betrieb der Anlage über rotierenden Umformer mit Schwungmasse zur Überbrückung kurzzeitiger Ausfälle bis ca. 0,5 sec.
— Betrieb über rotierende Umformer mit Schwungmasse und Pufferung des Antriebs mittels Batterien, Überbrückungszeit von der Batteriekapazität abhängig.
— Betrieb über statischen Wechselrichter mit Batterien, Überbrückungszeit von der Batteriekapazität abhängig.
— Speisung der einzelnen Spannungsregler mittels aus dem Netz durch Gleichrichtung gewonnener Gleichspannung, die bei Ausfall durch Batteriespannung ersetzt wird. Die Versorgung von Antrieben von Geräten erfolgt über statische Wechselrichter, batteriegepuffert, Überbrückungszeit je nach Batteriekapazität.

Die Einrichtungen müssen so ausgelegt sein, daß unter allen Umständen lückenlose Stromversorgung der Prozeßrechenanlage gewährleistet ist. Sofern eine Notstromversorgung von Primärgeräten und besonderen Einrichtungen bei gewissen Prozessen erforderlich ist, kann diese mit der Rechnerversorgung zusammengefaßt werden.

8 Prozeßrechner in der Warte

Im Zuge des Fortschritts auf dem Gebiet der Regelung und Meßtechnik und mit zunehmender Kenntnis über das Prozeßgeschehen werden die Warten immer größer und deren Instrumentierung immer umfangreicher. Mit dem Einsatz eines Prozeßrechners ist die Möglichkeit gegeben, die Instrumentierung der Warte zu reduzieren. Dies geschieht durch Verwendung der Blattschreiber, Sichtgeräte, Schnelldrucker, Ziffernanzeigen usw. dergestalt, daß nur kritische Werte ausgegeben werden. Normale Werte werden in einem bestimmten Zeitraster oder auf Anforderung ausgegeben. Steuerbefehle können auf Universaltastaturen oder Blattschreibern selektiert aufgerufen und abgesetzt werden. Ein solches Vorhaben bedarf jedoch der Planung bereits im frühesten Projektstadium.

Häufig besteht aber der Wunsch, allein schon aus Gründen der Zentralisierung den Prozeßrechner in der Warte aufzustellen. Zweckmäßigerweise wird die Zentraleinheit in die Wartentafel eingezogen. Blattschreiber und Sichtgeräte können ihren Platz im Wartentisch finden. Die Schränke für Prozeßelemente und Steuerungen der Standardperipherie werden hinter die Wartentafel verlegt, ebenso ein eventuell notwendiger Rangierverteiler. Für die gesamte Aufstellungsplanung sind dann selbstverständlich die Bedingungen für einen Rechnerraum zu beachten. Dem nachträglichen Einbau einer Prozeßrechenanlage in eine vorhandene Warte stehen meistens große bauliche Schwierigkeiten entgegen.

Explosionsschutz

Befinden sich elektrische Bauteile in einem Raum, der ständig mit Frischluft durchspült wird, wie das im Rechnerraum der Fall ist, so können normale Betriebsmittel verwendet werden. Besondere Maßnahmen wie druckfeste Kapselung oder erhöhte Sicherheit sind an den Meßgebern und Stellgliedern im Prozeß zu beachten, falls dort zündfähige Gemische auftreten können. Gelingt es, die elektrische Energie z. B. bei Meßkreisen genügend klein zu halten, so kann die Schutzart „Eigensicherheit" eingesetzt und der Aufwand für besondere Aufbaumaßnahmen gespart werden [8,9].
Allerdings muß man berücksichtigen, daß für die Schutzart „Eigensicherheit" bestimmte Forderungen beim Anlagenaufbau insgesamt zu beachten sind. Hierzu gehört eine sichere Trennung zwischen dem eigensicheren Stromkreis und anderen Stromkreisen auch außerhalb des explosionsgefährdeten Raums, also auch im Rechnerraum oder in der Warte.
Beim Anschluß von eigensicheren Meßstromkreisen an Prozeßelemente müssen deshalb entweder die Eingangsglieder ebenfalls eigensicher sein oder über Trennverstärker mit eigensicherem Eingang an die Anlage angepaßt werden. An die nachgeschalteten Funktionseinheiten werden dann keine besonderen Bedingungen im Hinblick auf den Explosionsschutz gestellt.

Literaturhinweise

Enderlein, W., Makosch, W.: SIVAREP B, ein Konstruktionssystem für die Automatisierungstechnik. Siemens Z. 42 (1968) S. 789—793, [1].

Lastenheft zur Ausführung und Installation von Klimaanlagen für Rechenzentren. Juni 1966, SIEMENS AG. Best. Nr. 2-2600-207, [2].

Empfehlungen für die Planung und Einrichtung von Rechenzentren. SIEMENS AG. Beschreibung Nr. — BS — 47, [3].

VDI-Handbuch Lüftungstechnik. VDI-Richtlinien VDI 2054 (Entwurf) [4].

Lawrence, A.: Maßnahmen gegen Störbeeinflussungen im Eingang von Prozeßrechnern. Regelungstechnik 15 (1967), 418 S. 540 bis 546, [5].

Meinhold, L.: „Kabel und Leitungen für Starkstrom" SIEMENS AG, 1965, [6].

Offer, U., Schindler, H.: Unterbrechungsfreie Stromversorgung für Prozeßrechneranlagen. Siemens Z. 42 (1968) S. 689—691, [7].

Bewerunge, R.: Explosionsgeschützte Fernmeldegeräte und -anlagen für die Meß- und Regelungstechnik. ETZ-B, 20 Heft 21 Okt. 1968 S. 607 bis 612, [8].

VDE-Vorschriftenwerk VDE 0165. VDE-Verlag 1 Berlin 12. [9]

5.4 Inbetriebsetzung

von A. Hiller

Inhaltsübersicht

1 Allgemeines

Die Inbetriebsetzung ist der letzte Abschnitt einer Projektbearbeitung. Die Anlage wird Stück für Stück überprüft und die richtige Zusammenarbeit aller Teile kontrolliert. Während der Inbetriebsetzung erfolgt damit eine Überprüfung aller Gedanken und Überlegungen, die während der Projektierungszeit gemacht wurden; evtl. falsche Voraussetzungen oder Denkfehler werden sichtbar und müssen korrigiert werden. Am Ende der Inbetriebsetzung muß eine funktionsfähige Prozeßrechneranlage stehen, die alle bei der Auftragsvergabe festgelegten Bedingungen und Wünsche des Auftraggebers erfüllt.

Unter dem Begriff „Inbetriebsetzung" sind hier die Tätigkeiten zu verstehen, die im Anschluß an den Anlagenaufbau am Ort des endgültigen Einsatzes eines Prozeßrechners abgewickelt werden müssen. In diesem Zusammenhang tauchen die Begriffe „Einschaltung" und „Vorinbetriebsetzung" auf.

Unter „Einschaltung" versteht man das Wiederinbetriebsetzen von Geräten und Gerätekombinationen, die bereits vorher im Werk geprüft wurden und funktioniert haben. Es wird also dabei nachgeprüft, ob die Geräte den Transport und den Wiederzusammenbau auf der Baustelle ohne Schaden überstanden haben. Es können dabei durchaus einige Justierungen vorgenommen werden, die sich aus dem besonderen Einsatz und der Zusammenarbeit mit anderen Geräten ergeben.

Unter „Vorinbetriebsetzung" versteht man die Inbetriebnahme einzelner kleiner Anlagenteile, z. B. untergeordnete Regelungen, die in sich ohne den Prozeßrechner funktionsfähig sind, die aber später einen Teil der gesamten Prozeßrechneranlage darstellen.

Die Überprüfung der Gesamtkombination aller Teile und Funktionen einschließlich des Programms stellt dann die eigentliche Aufgabe der Inbetriebsetzung dar.

2 Elemente eines Prozeßrechners

Zur Behandlung der Fragen, die mit der Inbetriebssetzung eines Prozeßrechners zusammenhängen, ist es zweckmäßig, sich zunächst noch einmal die Elemente eines Prozeßrechners zu vergegenwärtigen (Bild 1).

Neben den Elementen einer Datenverarbeitungsanlage wie Zentraleinheit und Standardperipherie (Ein-Ausgabegeräte, Trommelspeicher, Plattenspeicher, Sichtgeräte usw.) sind hier noch die Blöcke aufgezeichnet, die charakteristisch für Prozeßrechneranlagen sind.

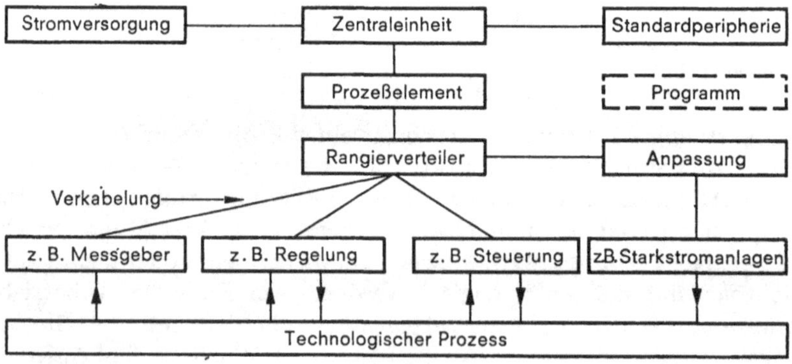

Bild 1: Elemente eines Prozeßrechners

Die Stromversorgungseinrichtungen werden umfangreich, wenn der Rechner bei Netzausfall weiterarbeiten muß oder gerade dann am dringendsten gebraucht wird, um kritische Prozeßzustände zu verhindern oder die Aufklärung einer Störung zu ermöglichen.

Der Rangierverteiler dient der einfachen Zuordnung der Prozeßsignale zu den nach anderen Gesichtspunkten festgelegten Anschlüssen des Prozeßelementes. Außerdem werden hier die robusten Kabel der technologischen Anlage auf die kleineren und mechanisch nicht so gesicherten rechnerinternen Leitungen umgesetzt. Der Rangierverteiler ist meist die Bearbeitungstrennstelle, wenn der Rechner und die außerhalb des Rechnerraumes liegenden Anlagenteile zu verschiedenen Verantwortungsbereichen gehören.

Die prozeßnächsten Teile der Anlage (unterste Reihe Kästchen) sind nur beispielsweise angegeben. Es herrscht hier eine große Vielfalt der möglichen Endpunkte der Rechneranlage. Alle diese Teile müssen aber in die Inbetriebsetzung miteinbezogen werden. Prozeßrechneranlagen sind je nach Art der technologischen Aufgabe sehr unterschiedlich aufgebaut. Für jede Anlage muß deshalb bei der Planung der Inbetriebsetzung das Strukturbild speziell aufgezeichnet werden, um an Hand dieser Übersicht die einzelnen Abschnitte festlegen zu können.

3 Koordinierung mit der technologischen Inbetriebnahme

Bei der folgenden Beschreibung der einzelnen Abschnitte einer In betrieb setzung wird davon ausgegangen, daß der Prozeßrechner zu einem technologischen Prozeß gehört, der auch ohne Rechner betriebsfähig ist. Die zur Inbetriebsetzung des Prozesses selbst erforderlichen Arbeiten können also als bereits abgeschlossen angenommen werden. Dies stellt den einfacheren Fall einer Prozeßrechner-Inbetriebsetzung dar, der heute noch überwiegt.

Die Verhältnisse sind besonders deshalb einfacher, weil die Koordinierung zwischen Prozeßrechner-Inbetriebsetzung und technologischer Inbetriebsetzung nur an einzelnen Stellen erforderlich wird. Die Notwendigkeit der Zusammenarbeit zwischen verschiedenen Menschen und verschiedenen Aufgabengebieten bringt immer eine Erschwerung und, falls sie schlecht ist, auch eine Verteuerung und Verlängerung der Inbetriebsetzung mit sich. Denn jede Verzögerung, die sich bei irgendeinem Arbeitsabschnitt ergibt, hat Rückwirkungen auf andere Arbeiten zur Folge, und die einzelnen Arbeiten können nicht nahtlos aneinander gefügt werden.

Ein wesentlicher Schritt zur guten Zusammenarbeit ist damit getan, daß die andere Seite Verständnis für die Aufgaben der einen Seite hat. Im folgenden wird das Vorgehen bei der Inbetriebnahme des Prozeßrechner-Teils dargestellt.

4 Vorbereitende Arbeiten, Stromversorgung

Vor jeder Inbetriebsetzung sind Absprachen mit den übrigen beteiligten Personen erforderlich, um einen reibungslosen Ablauf zu gewährleisten. Der für die Inbetriebsetzung verantwortliche Ingenieur soll sich mit den örtlichen Verhältnissen und den technologischen Bedingungen weitgehend vertraut machen. Die Inbetriebsetzung beginnt dann im allgemeinen mit einer ins einzelne gehenden Kontrolle der Vollständigkeit aller Lieferungen sowie der Montage; fehlende Teile und Unterlagen können noch nachbestellt werden. Der Aufstellungsraum für die Zentraleinheit, die Standardperipherie und das Prozeßelement muß bauseitig endgültig fertiggestellt sein.

Die Daten und Eigenschaften aller Meßgeber, Stellglieder und aller sonstigen an den Rechner angeschlossenen Geräte sind zu überprüfen. Sie müssen mit den Werten übereinstimmen, die bei der gerätetechnischen Auslegung des Rechners und bei der Programmerstellung zugrunde gelegt wurden.

Die Stromversorgungsanlagen werden überprüft. Hierzu gehören z. B. Batterien mit ihren Ladeeinrichtungen, Schwungradumformersätze, Notstromaggregate mit automatischen Umschalt- und Starteinrichtungen und statische Wechselrichter. Die Arbeitsweise muß überprüft werden, wobei besonders auf die Einhaltung der Umschaltzeiten, der Spannungs- und der Frequenzkonstanz zu achten ist.

Wenn eine gesicherte Stromversorgung vorgesehen ist, dann sollte sie unbedingt schon während der Inbetriebsetzungszeit zur Verfügung stehen, da gerade auf Baustellen Abschaltungen der Netzversorgung an der Tagesordnung sind. Solche Stromausfälle führen zumindest zu unliebsamen Verzögerungen beim Rechnertest.

Als selbstverständlich ist vorausgesetzt, daß der Inbetriebsetzungs-Ingenieur gründlich im Prozeßrechnerwesen ausgebildet ist, bereits über Erfahrungen bei der Inbetriebsetzung von Anlagen verfügt und sich eingehend mit seiner Anlage vertraut gemacht hat.

5 Einschaltung

5.1 Zentraleinheit mit Standardperipherie

Zentraleinheit und Standardperipherie sind die Teile eines Prozeßrechners, die im allgemeinen im Rechnerraum zusammengefaßt untergebracht sind. Da die Überprüfung der Standardperipheriegeräte eine funktionsfähige Zentraleinheit voraussetzt, beginnt die Einschaltung mit ihrer Überprüfung, zunächst vom Bedienungsfeld des Rechners aus. Es folgt dann die Überprüfung des Bedienungsblattschreibers und der wichtigsten Eingabegeräte.

Eingabegeräte sind erforderlich, um mit den vorhandenen Testprogrammen alle Funktionen der Zentraleinheit abschließend überprüfen zu können.
In ähnlicher Weise wird mit den übrigen Geräten der Standardperipherie verfahren. Für jedes Gerät existieren Prüfanweisungen und Testprogramme. Die Testprogramme sind so gestaltet, daß sie in einer wohlüberlegten Reihenfolge annähernd jedes Element beanspruchen.
Am Ende dieses Inbetriebsetzungsabschnittes steht eine funktionsfähige Gerätekombination, mit welcher die weiteren Inbetriebsetzungsarbeiten vorgenommen werden können.

5.2 Prozeßelement

Das Prozeßelement ist mit der Zentraleinheit des Rechners über eine ähnliche Nahtstelle wie die Geräte der Standardperipherie verbunden. Am Ausgang des Prozeßelementes ist eine Vielzahl von Anschlüssen, die später die Verbindung zum technologischen Prozeß herstellen.
Bei der Einschaltung besteht die Aufgabe, alle diese Ausgänge auf ihre Funktionsfähigkeit zu überprüfen. Hierzu verbindet man über vorbereitete Adapterleitungen die Ein- und Ausgänge des Prozeßelementes miteinander und läßt die Überprüfung der Funktion über ein Testprogramm durch den Rechner selbst vornehmen. Es wird also z. B. eine Gruppe von Analogausgängen mit einer entsprechenden Gruppe von Analogeingängen über Adapterleitungen verbunden, und der Rechner gibt dann nacheinander bestimmte Analogwerte vor und überprüft die Richtigkeit und Genauigkeit bei der Wiedereingabe.
In ähnlicher Weise kann bei digitalen Signalen vorgegangen werden.
Dieses Verfahren ist nur dann anwendbar, wenn das Prozeßelement so ausgebaut ist, daß jeder Art von Eingängen auch entsprechende Ausgänge zugeordnet werden können.
Ist dies nicht der Fall, so bestückt man das Prozeßelement nur für die Testarbeiten mit einer geringen Menge der nicht vorhandenen Ein- oder Ausgänge. Dies bereitet keinerlei Schwierigkeiten, wenn die Prozeßelemente nach einem wohl durchdachten Bausteinsystem aufgebaut sind.

6 Besondere Probleme der Störbeeinflussung

Bei einem Prozeßrechner besteht eine enge Verflechtung der Signalwege mit energietechnischen Anlagenteilen. Das Leistungsniveau der Rechnersignale unterscheidet sich vom energietechnischen Teil oft um mehr als sechs Zehnerpotenzen. Es kommt daher allen Maßnahmen zur Störabschirmung eine große Bedeutung zu.
Bereits bei der Montage müssen die vom Rechnerhersteller gegebenen Vorschriften für die Verkabelung und Abschirmung strikt beachtet werden. Es

ist aber trotzdem zu empfehlen, bei der Inbetriebsetzung noch einmal zumindest stichprobenweise die Einhaltung dieser Richtlinien zu überprüfen. Besonders unangenehm sind Störungen, die nur mit einer relativ geringen statistischen Häufigkeit in die Rechnersignale eingekoppelt werden, da diese Störungen sehr schwer in ihrem ursächlichen Zusammenhang aufzuklären sind. Solche Störungen ergeben dann zufällige Abweichungen der Programmbearbeitung.

Es ist sehr schwer, einfache und für alle Fälle ausreichende Abschirmmaßnahmen gegen Störbeeinflussung anzugeben. Dies ergibt sich daraus, daß die verschiedenen Eingänge des Prozeßelementes auch veschiedene Empfindlichkeit gegenüber Störsignalen haben. Statische digitale Eingänge können gegen kurzzeitige Störeinflüsse wesentlich unempfindlicher gemacht werden als z. B. dynamische Eingänge. Entsprechend müssen die Abschirmmaßnahmen bei den dynamischen Eingängen besser sein. Besondere Abschirmmaßnahmen sind auch bei den sehr empfindlichen Analogeingängen im mV-Bereich erforderlich.

In alle Überlegungen über Abschirmmaßnahmen sind dauernd oder zeitweise auftretende vagabundierende Erdströme einzubeziehen. Mit Rücksicht auf diese Ströme sollen alle Schirme und Bezugspotentiale nur an einer Stelle geerdet werden. Bei mehrfacher Erdung könnten sonst die vagabundierenden Ströme über das Schirm- bzw. Bezugspotentialsystem der Rechneranlage führen und dort Spannungsabfälle hervorrufen, die den Signalen überlagert werden. Solche vagabundierenden Erdströme können beträchtliche Größen erreichen im Falle von Erdkurzschlüssen in der Energieanlage. Deshalb müssen z. B. Gehäuseteile, die in die Schirmmaßnahmen für die Rechnereingangssignale einbezogen sind, unter Umständen isolierend angebracht werden, damit ungewollte Doppelerdungen über z. B. Eisenkonstruktionen nicht auftreten.

7 Vorinbetriebsetzung

7.1 Organisationsprogramm, Testhilfen

Wenn die Gerätetechnik betriebsfähig ist, können die ersten Programme eingelesen und ausgetestet werden. Die zur Einschaltung von Zentraleinheit und Standardperipherie benötigten Testprogramme waren noch ohne Organisationsprogramm funktionsfähig. Die später einzulesenden Anwenderprogramme und auch bestimmte Testhilfsprogramme benötigen das Organisationsprogramm.

Es wird im Werk für die spezielle Rechnerausstattung aus vorhandenen Bausteinen zusammengesetzt. Es quittiert beim Einlesen selbst den Abschluß des ordnungsgemäßen Lesevorganges und teilt den belegten Speicherbereich mit.

Die Nachprüfung der Funktionen des Organisationsprogrammes nach dem Einlesen kann sich darauf beschränken, einige wenige über den Bedienungsblattschreiber überprüfbare Funktionen auszuprobieren.

Nach dem Organisationsprogramm werden eventuell vorhandene weitere Standardprogramme und die zur Erleichterung der weiteren Arbeit benötigten Testhilfen eingelesen. Testhilfsprogramme dienen dazu, z. B. Informationen in den Kernspeicher ein- oder auszugeben, kleine Programme ablaufen zu lassen, externe Elemente und das Prozeßelement ansprechen zu können.

Außer den aus Programmbibliotheken erhältlichen Testhilfsprogrammen wird sich der Inbetriebsetzungs-Ingenieur für spezielle Aufgaben kleine Testprogramme selbst erstellen. Vom Inbetriebsetzungs-Ingenieur muß wegen der Vielfalt der Anlagen eigene Überlegung und Improvisation verlangt werden.

7.2 Geber, Stellglieder, konventionelle Anlagenteile

Alle konventionellen Anlagenteile, die mit dem Rechner zusammenarbeiten, z. B. Meßfühler, Meßumformer, Melder, Stellglieder müssen für sich allein überprüft, angepaßt und eventuell justiert oder abgeglichen werden. Da Prozeßrechner mehrere tausend solcher Verbindungselemente zum Prozeß enthalten, kann der Zeitaufwand hierfür sehr groß sein. Erschwerend bei der Überprüfung dieser Teile wirkt die große Ausdehnung der technologischen Anlagen. Die Einstellarbeiten müssen jedoch sehr sorgfältig und zuverlässig vorgenommen werden, damit sich später bei der Inbetriebnahme des Gesamtsystems aufwendige Fehlersuchen erübrigen.

Im folgenden seien nur wenige Hinweise gegeben:

Meßumformer für elektrische Größen müssen eine Potentialtrennung zwischen dem energietechnischen Teil und dem Rechnersystem enthalten.

Die Eingänge des Prozeßelementes sind nur für Gleichstromsignale geeignet. Werden die Signale als Wechselstromsignale angeboten, dann müssen sie durch eine geeignete Schaltung in Gleichstromsignale umgewandelt werden. Die einwandfreie Funktion dieser Schaltung, ihre ausreichende Konstanz, die Freiheit von Wechselstromanteilen und ihr zeitliches Verhalten sind zu überprüfen.

Geber für digitale Werte sind einzueichen, ihre Ansprechgrenzen sind zu überprüfen mit dem Ziel, eine möglichst große Zuverlässigkeit und Reproduzierbarkeit der Angaben zu erzielen. Auf die mechanische Anbringung ist sehr großer Wert zu legen, da die Zuverlässigkeit der automatischen Prozeßführung vor allem von der Zuverlässigkeit der vielen am Prozeß befindlichen Geber abhängt. Bei elektronischen (kontaktlosen) digitalen Gebern ist vor allem die Freiheit von Störspannungen zu überprüfen.

Thermoelemente sind auf ihren richtigen Anschluß zu überprüfen und Kompensationseinrichtungen für die Temperatur der kalten Lötstelle abzugleichen.

Meßumformer für nichtelektrische Größen (Druck, Temperatur, Durchflußmenge, Kraft usw.) sind abzugleichen und auf ihre Funktion im gesamten Meßbereich zu überprüfen. Die Stromversorgung für diese Meßumformer soll ebenso sicher wie die Rechnerstromversorgung sein und überwacht werden.
Fotozellen zur Materialverfolgung müssen mechanisch justiert und elektrisch auf optimale Signalbildung abgeglichen werden. Die Arbeitsweise muß auch unter extremen Prozeßbedingungen kontrolliert werden (Sichtbehinderung durch Dampf, Fremdlichteinfall usw.).
Bei motorisch angetriebenen Stellventilen sind die Begrenzungsschalter einzustellen und die Stellgeschwindigkeit ist mit den projektierten Annahmen zu vergleichen bzw. zu korrigieren.

7.3 Anpaßelektronik, untergeordnete Regelungen und Steuerungen

In vielen Fällen verkehrt der Prozeßrechner mit den Stellelementen oder Meßfühlern des Prozesses über eine Anpaßelektronik, oder es sind untergeordnete selbständige Regelungen oder automatische Steuerungen zwischengeschaltet. Der Rechner gibt in diesen Fällen z. B. nur Führungswerte für eine selbständige Regelung, er gibt nur den Startbefehl für einen selbständigen automatischen Steuerungsablauf oder er empfängt bereits aufgearbeitete Informationen aus dem Prozeß.
Diese untergeordneten Regelungen oder Steuerungen werden zunächst einmal ohne Rechner in Betrieb gesetzt und überprüft. Man muß bei jeder Inbetriebsetzung versuchen, die Gesamtanlage in möglichst weitgehend autarke Teilanlagen zu zerlegen und diese Teilanlagen unabhängig voneinander in Betrieb zu setzen. Diesem Prinzip entsprechend werden die hier behandelten Anlagenteile bearbeitet.

Als Beispiele für untergeordnete Anlagenteile seien hier angeführt:
- Elektronische Zähler, die vom Prozeß gelieferte Impulse aufaddieren und die jeweilige Summe dem Rechner auf Anforderung übergeben.
- Meßwert-Aufarbeitungsanlagen, die zum Teil nach komplizierten Verfahren bestimmte Prozeßdaten liefern, wie Materialdicken aus Durchstrahlungsmessungen oder ähnliches. Oft sind dabei auch noch bestimmte Zeitbedingungen zu berücksichtigen, d.h., über eine untergeordnete Automatik wird die Dicke nur zu einem bestimmten für den Prozeßablauf charakteristischen Zeitpunkt festgehalten.
- Komplette Antriebsregelungen, die nur noch ihre Führungswerte vom Prozeßrechner erhalten, im übrigen aber mit den Mitteln der analogen Regelungstechnik optimale Regelbedingungen herbeiführen.
- Digitale Wegregelungen, bei denen der Rechner einen bestimmten Zielpunkt angibt, der dann von der untergeordneten Regelung in der kürzestmöglichen Zeit angefahren wird.

- Verwiege- oder Dosiereinrichtungen, die vom Rechner vorgegebene Materialmengen dem Prozeß zuführen, wobei der gesamte Ablauf von der untergeordneten Automatik abgewickelt wird.
- Analysengeräte stellen die chemische Zusammensetzung der Produkte fest und geben dem Rechner bereits aufgearbeitete Informationen.

Die Inbetriebsetzung dieser Anlagenteile kann den Einsatz weiterer Spezialisten erforderlich machen. Auf die Ausführung dieser Inbetriebsetzungsarbeiten soll im Rahmen dieses Buches nicht weiter eingegangen werden.

8 Inbetriebnahme

8.1 Gesamtkombination

Die Inbetriebsetzung ist nun an dem Punkt angelangt, wo alle autark in Betrieb zu setzenden Anlagenteile überprüft und funktionsfähig sind. Es folgt dann der wichtige Abschnitt, in dessen Verlauf das Zusammenarbeiten des Gesamtsystems überprüft werden muß. Dies geschieht zunächst ohne das Anwenderprogrammsystem, um sicher zu sein, daß bei der Inbetriebsetzung mit Anwenderprogramm möglichst keine ungewollten Einflüsse von der Gerätetechnik vorliegen.

Bei der Inbetriebsetzung der Gesamtkombination fragt man über bereits vorhandene Hilfsprogramme oder durch selbstgeschriebene Programme jedes Signal vom Prozeß ab und prüft die Richtigkeit. Es wird dabei festgestellt, ob die Signale mit der richtigen Adresse im Rechner anstehen. Zu dieser Arbeit ist meist erforderlich, daß bestimmte Prozeßgrößen außen in der Anlage simuliert werden, um die Eindeutigkeit der Überprüfung zu gewährleisten. Es wird dabei dann die ganze Kette vom äußersten Meßfühler über Meßumformer oder sonstige externe Verarbeitung, über die Verschlüsselung im Prozeßelement bis zur Verarbeitung in der Zentraleinheit des Rechners kontrolliert. Hierbei kann auch schon geprüft werden, ob durch störende Beeinflussung Fehlauswertungen vorkommen.

Über die vorerwähnten Hilfsprogramme kann man sich die verarbeiteten Werte vom Bedienungsblattschreiber ausdrucken lassen.

In ähnlicher Weise wird mit den Ausgängen zum Prozeß verfahren, indem man über die Bedienungsmöglichkeit des Rechners Befehle erteilt und die ordentliche Ausführung kontrolliert. Auch hierzu sind Hilfsprogramme erforderlich.

Bei der Überprüfung der Gesamtkombination müssen alle in der Gesamtanlage tätigen Inbetriebsetzer zusammenarbeiten, da sich diese Kontrolle über alle Verantwortungsbereiche hinweg erstreckt. Wegen der oft großen räumlichen Ausdehnung einer Anlage sind Nachrichtenmittel, z. B. Funksprechgeräte, notwendig.

8.2 Anwenderprogrammsystem

Das Anwenderprogrammsystem setzt sich zusammen aus Standard-Programmen und für die vorliegende Aufgabe speziell geschriebenen Program-

men, die zu einem funktionsfähigen System zusammengesetzt werden. Bei den Standard-Programmen ist die Fehlerwahrscheinlichkeit gering, da sie bereits bei anderen Anlagen ausprobiert sind.
Die speziell für die vorliegende Aufgabe geschriebenen Programme sind vom Programmierer in einem Rechenzentrum übersetzt und ausgetestet worden. Sie enthalten also zumindest keine formalen Fehler mehr.
Die einzelnen Programmabschnitte müssen auf der Anlage sorgfältig zusammengesetzt und der richtige Ablauf muß bei jedem möglichen Prozeßzustand ausgetestet werden. Bei diesem Test wird man zunächst einmal die Ausgänge zum Prozeß unterbrechen, um ungewollte Rückwirkungen bei möglichen Fehlern zu vermeiden. Die Signale vom Prozeß können jedoch meist schon am Rechner anliegen und gehen bereits in die Bearbeitung der Programme ein. Manche Prozeßsignale müssen auch hier simuliert werden, wenn sie in geeigneter Form für den Test nicht von vornherein vom Prozeß angeboten werden.
Die vom Programm erarbeiteten Befehle an den Prozeß werden sichtbar gemacht und auf ihre Richtigkeit kontrolliert. Erst wenn man sicher ist, daß die Befehle an den Prozeß zu keinen unliebsamen Überraschungen oder Gefahrenzuständen führen können, darf man an dieser Stelle die Verbindung schließen und den Prozeßrechner im geschlossenen Betrieb arbeiten lassen. Der Übergang zu dieser Arbeitsweise setzt genaue Absprachen mit den für die Prozeßführung zuständigen Personen voraus und erfordert ein hohes Maß an Anlagenkenntnissen und Verständnis für die technologischen Belange.

8.3 Anpassungen der Gerätetechnik und der Programme

Nur in seltenen Fällen wird sich bei der Inbetriebsetzung eines Prozeßrechners vollständige Übereinstimmung zwischen allen Annahmen zum Zeitpunkt der Projektierung und der Wirklichkeit herausstellen. Es ist die Regel, daß mehr oder weniger viele Anpassungen und Abänderungen des Konzeptes im Verlauf der Inbetriebsetzung notwendig werden.
In den meisten Fällen kann man sich überlegen, ob eine Änderung auf der Geräteseite oder eine Anpassung des Programmes das bessere und wirtschaftlichere Ergebnis bringt. Man kann zum Beispiel eine stark schwankende Prozeßgröße außerhalb des Rechners glätten oder man kann Mittelwerte über das Programm bilden. Welcher der beiden Wege der günstigere ist, richtet sich jeweils nach der Frequenz der Schwankungen und der Auslegung des Rechners.
In vielen Fällen war zum Zeitpunkt der Projektierung auch die genaue Eigenschaft des Prozesses noch gar nicht bekannt.
Eine wirklich gute und zuverlässige Prognose über den Ablauf dieses Teiles der Inbetriebsetzung ist sehr schwer möglich, denn sonst hätte man es ja bereits bei der Projektierung und Programmierung berücksichtigt.

8.4 Probebetrieb

Nach Abschluß der Anpassungsarbeiten ist die eigentliche Inbetriebsetzung beendet. Die Prozeßrechneranlage muß nun in einem Probebetrieb ihr Können unter Beweis stellen. Je nach den vertraglichen Abmachungen kann ein mehrere Tage oder Wochen dauernder Probebetrieb vom Ersteller der Anlage gefahren werden müssen, oder der Probebetrieb beschränkt sich auf eine einmalige Vorführung der Anlage mit ihren wichtigsten Funktionen.
Zur Durchführung dieses Probebetriebes kann es je nach den Umständen erforderlich sein, daß der Errichter der Anlage erfahrenes Personal bereitstellt, welches einen durchgehenden Betrieb über drei Schichten täglich beherrschen kann. Für die Durchführung des Probebetriebes und die eventuell vorzunehmenden Versuche ist vorher ein Programm auszuarbeiten.

8.5 Übergabe

Nach erfolgreich absolviertem Probebetrieb geht die Anlage in die Obhut des Betreibers über. Eine weitere Verantwortung des Lieferanten und Erstellers besteht nur noch im Rahmen der üblichen Garantiebedingungen oder im Rahmen eines möglicherweise abgeschlossenen Wartungsvertrages.
Wenn während Montage und Inbetriebsetzung eine Montageversicherung abgeschlossen wurde, so kann diese mit der Übergabe erlöschen.
Die Einarbeitung des Personals des Betreibers sollte zu diesem Zeitpunkt bereits abgeschlossen sein. Es ist notwendig, daß das Betriebspersonal, das von nun an die Anlage fahren soll, schon während der Inbetriebsetzungszeit zur Verfügung gestanden und mit den verantwortlichen Personen des Errichters zusammengearbeitet hat.

9 Organisatorische Probleme

9.1 Leitender Inbetriebsetzungs-Ingenieur

Aus den Ausführungen der vorangegangenen Abschnitte ist zu ersehen, daß sich die Inbetriebsetzung eines Prozeßrechners aus einer großen Zahl von Teilaufgaben zusammensetzt, die je nach der Größe des Projektes, der Schwierigkeit und der Terminsituation von mehr oder weniger vielen Spezialisten wahrgenommen werden müssen.
Die Arbeiten dieser verschiedenen Spezialisten müssen sich an den Trennstellen nahtlos aneinanderfügen, d.h., das technische System muß auch über die Trennstellen der verschiedenen Verantwortungsbereiche hinweg funktionieren. Außerdem stehen die verschiedenen Arbeiten im Rahmen der Inbetriebsetzung auch in einem bestimmten zeitlichen Zusammenhang, sie können also nicht zu beliebigen Zeiten unabhängig voneinander abgewickelt werden.

Dies bedingt, daß eine Prozeßrechner-Inbetriebsetzung sehr sorgfältig geplant werden muß. Dies ist die Aufgabe eines „leitenden Inbetriebsetzungs-Ingenieurs".
Der leitende Inbetriebsetzungs-Ingenieur kann selbstverständlich nicht alle Arbeiten, die im Rahmen der Inbetriebsetzung notwendig sind, so gut be-

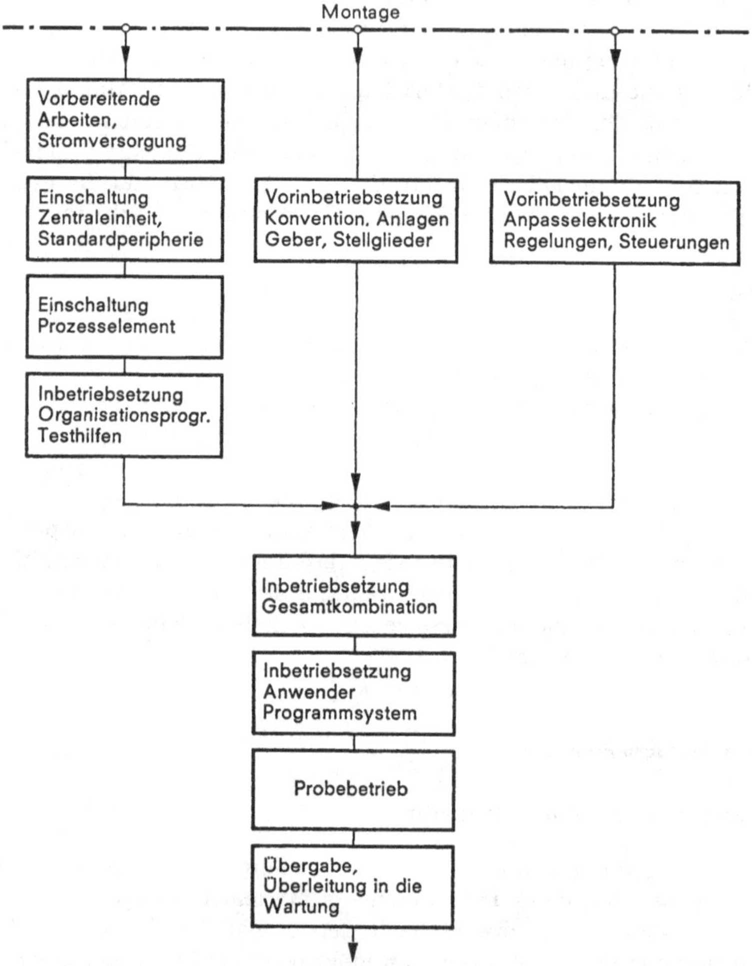

Bild 2: Zeitlicher Ablauf der Inbetriebsetzung

herrschen, wie es der Spezialist kann. Er muß aber dafür organisatorisches Geschick haben, er muß die Fähigkeit zu Menschenführung besitzen, er muß die technologischen Zusammenhänge kennen und er muß im übrigen von jeder auszuführenden Teilarbeit soviel verstehen, daß er mit den eingesetzten Spezialisten fachkundig verhandeln kann.

Der leitende Inbetriebsetzungs-Ingenieur sorgt vor allem dafür, daß keine Nahtstellen vergessen werden und daß ein Spezialist erst dann seine Arbeiten abschließt, wenn der betreffende Anlagenteil die ihm im Rahmen der Gesamtfunktion zugewiesenen Aufgaben erfüllt.

9.2 Zeitlicher Ablauf

Zu Beginn der Inbetriebsetzung (Bild 2) können durchaus einige Inbetriebsetzungsarbeiten parallel und unabhängig voneinander ablaufen. Während die Zentraleinheit, die Standardperipherie und das Prozeßelement eingeschaltet werden, können gleichzeitig die unabhängig davon funktionsfähigen Teile der Anlage überprüft und eingestellt werden. Bei größeren Anlagen müssen sogar diese letztgenannten Arbeiten wesentlich früher angefangen werden, da sie meist viel mehr Zeit beanspruchen als die Einschaltung des Rechners selbst. Er ist ein fabrikmäßig hergestelltes Gerät, welches bereits bei der Endprüfung im Herstellerwerk gearbeitet hat.
Die Wiederinbetriebsetzung geht daher im allgemeinen sehr schnell vonstatten.
Alle die Geräte und Anlagenteile jedoch, die näher am Prozeß sind, sind eigens für diese Aufgabe projektiert und zusammengestellt worden. Sie sind über viele Kabel und Leitungen miteinander verbunden und enthalten viele Verbindungsstellen. Die Fehlerhäufigkeit ist daher vielfach größer als bei den überschaubaren Geräten im Rechnerraum.
Der zeitliche Ablauf der Inbetriebsetzung ist so zu planen, daß der Abschluß der Einschaltung des Rechners mit dem Abschluß der unabhängig davon ablaufenden Inbetriebsetzungsarbeiten zusammenfällt. Dann sind die notwendigen Voraussetzungen für die Inbetriebsetzung der Gesamtkombination gegeben. Von diesem Zeitpunkt an ist ein unabhängiges Arbeiten an verschiedenen Stellen nur noch sehr schwer und mit großem Koordinationsaufwand möglich.
Über die notwendige Zeit für eine Inbetriebsetzung sind sehr schwer allgemeine Angaben möglich. Bei praktisch ausgeführten Anlagen schwanken die Inbetriebsetzungszeiten zwischen einigen Wochen und mehreren Monaten. Unter besonders erschwerten Bedingungen können sogar Jahre daraus werden, besonders dann, wenn eine Inbetriebsetzung an einem laufenden Prozeß vorgenommen werden muß und ein Produktionsausfall nicht in Kauf genommen werden kann. Ebenso sind lange Inbetriebsetzungszeiten dann notwendig, wenn bestimmte Grundlagen für die weitere Projektbearbeitung erst durch Messungen im Verlauf der Inbetriebsetzung gewonnen werden können. Bei bestimmten Prozessen kann die endgültige Programmerstellung erst erfolgen, wenn langwierige Datensammlungen über den Rechner erfolgt sind.

5.5 Betrieb und Wartung

von E. Hofmann

Inhaltsübersicht

1 Einteilung nach Gerätegruppen unterschiedlicher Störauswirkung

Ein Prozeßrechner ist ein im wesentlichen zentral organisiertes Mittel zur Automatisierung von Prozessen. Die für eine Überwachung und Steuerung erforderlichen Meß- und Steuerkanäle verbinden die Prozeßanlage mit dem Prozeßrechner. Von ihm werden in Einrichtungen, die für alle Kanäle gemeinsam sind, sequentiell die Meßsignale aufgenommen, verknüpft und gespeichert sowie die Steuer- und Meldesignale errechnet bzw. ausgegeben. Im Gegensatz dazu haben dezentral aufgebaute Einrichtungen zur Automatisierung von Prozessen in jedem Signalkanal eigene Einrichtungen für die Signalverarbeitung. Funktionsstörungen an dezentralisierten Einrichtungen zur Prozeßautomatisierung wirken sich nur auf einen beschränkten Teil der Anlage aus. Anders liegen die Verhältnisse bei einem mit einem Prozeßrechner automatisierten Prozeß.
Die Einrichtungen einer Prozeßrechenanlage können unter dem Gesichtspunkt der Auswirkungen von Störungen auf den Betrieb der Anlage in drei Gerätegruppen eingeteilt werden (Bild 1).

Die **Gerätegruppe 1** enthält die den einzelnen Signalkanälen zwischen Prozeß und Prozeßrechner, Prozeß und Warte, Bedienungspult und Prozeßrechner fest zugeordneten Geräte wie Geber, Meßumformer, Tastaturen, Anzeiger, Regler, Melder, Schalt- und Stellglieder. Sie bilden den **dezentralisiert** aufgebauten Teil der Prozeßrechenanlage. Störungen an einem dieser Geräte bleiben auf den betroffenen Signalkanal beschränkt, sie beeinflussen den gesamten Prozeßrechenbetrieb nicht wesentlich. Die Geräte der Gruppe 1

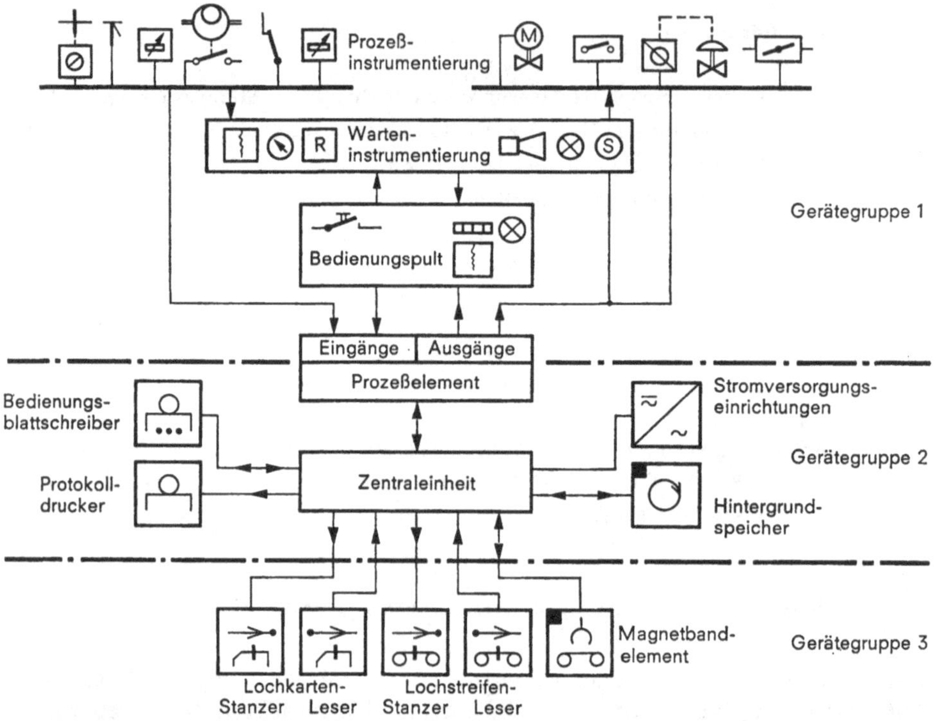

Bild 1: Zentrale Signalverarbeitung am Beispiel einer Prozeßrechenanlage

sind in ständiger Betriebsbereitschaft, jedoch nur für eine einzelne Funktion, auf die sie speziell ausgelegt sind. Es müssen Vorkehrungen getroffen sein, die einzelnen Signalkanäle während des normalen Betriebsablaufs zu überprüfen und zu entstören.

Die zentralen Einrichtungen einer Prozeßrechenanlage sind Zentraleinheit, Bedienungselement, Prozeßelement, Protokolliergeräte, gegebenenfalls Hintergrundspeicher und die Stromversorgungseinrichtungen. Sie bilden die **Gerätegruppe 2**. Jede Operation der Prozeßrechenanlage — Eingeben, Ausgeben, Verknüpfen usw. — wird über diese **zentralen** Einrichtungen veranlaßt und ausgeführt. Die Funktionsfähigkeit dieser Geräte ist also für den gesamten Betrieb der Prozeßrechenanlage entscheidend, denn eine Funktionsstörung an den Geräten der Gruppe 2 bedingt den vollständigen Ausfall der Prozeßrechenanlage. Bei der Entwicklung von Prozeßrechengeräten, aber auch bei der Planung der Prozeßrechenanlage, müssen die Ausfallmöglichkeit und die Auswirkungen von Ausfällen bedacht und eingeschränkt werden:

Die zentralen Einrichtungen einer Prozeßrechenanlage müssen sehr zuverlässig und möglichst wartungsfrei arbeiten. Sie sollen nicht umfangreicher sein, als zur Erfüllung der Prozeßrechenaufgaben unbedingt erforderlich ist, denn die Zahl der zu erwartenden Betriebsausfälle wächst mit dem Umfang der zentralen Einrichtungen an. Die Funktionstüchtigkeit aller zentralen Einrichtungen muß ständig ohne Beschränkungen für den Prozeßrechenbetrieb kontrolliert werden. Für den Fall von Betriebsstörungen in den zentralen Einrichtungen müssen Maßnahmen für die Sicherung des Prozesses getroffen sein. Voraussetzung für eine schnelle Entstörung der Anlage sind ein leistungsfähiger Wartungsdienst und ein wartungsfreundlicher Aufbau der gesamten Anlage.

An einer Prozeßrechenanlage werden zusätzlich Elemente zur Eingabe und Ausgabe von Information auf Datenträgern wie Lochkarten, Lochstreifen, Magnetbändern angeschlossen. Diese dienen zur Eingabe des vollständigen Programmsystems der Prozeßrechenanlage bei der ersten Inbetriebnahme, nach Betriebsstörungen und für Arbeiten, die nur mittelbar mit dem Prozeßbetrieb zusammenhängen, beispielsweise dem Übersetzen von Programmen. Diese Geräte werden also nur sporadisch für die Prozeßrechenaufgaben benötigt, sie müssen dann aber funktionsfähig sein. Treten an diesen Geräten Störungen auf, so wirken sich diese nicht auf den Prozeßrechnerbetrieb aus. Die Geräte dieser Kategorie sind in der **Gerätegruppe 3** zusammengefaßt. Es sind vorwiegend elektromechanische Geräte, die einen gewissen Aufwand an **Pflege** und vorbeugender **Wartung** erfordern. Diese Arbeiten können ohne Unterbrechung des Prozeßrechenbetriebes durchgeführt werden.

Die Voraussetzungen für einen möglichst störungsfreien Betrieb von Prozeßrechenanlagen müssen der Hersteller und der Betreiber gemeinsam schaffen. Die für dieses Ziel relevanten technischen, personellen und organisatorischen Maßnahmen werden im folgenden behandelt.

2 Beurteilung des Betriebsverhaltens

Als Maß für die Beurteilung des Betriebsverhaltens von Geräten und Anlagen eignen sich die Begriffe mittlere Betriebszeit und mittlere Ausfallzeit und, daraus abgeleitet, relative Ausfallzeit und Verfügbarkeit (Kapitel 4.4).

Die mittlere Betriebszeit $\bar{t}_B$ (Mean Time Between Failures, MTBF) gibt die Zeitdauer an, während der ein Gerät im Mittel fehlerfrei arbeitet. Die mittlere Betriebszeit ist eine Funktion von Anzahl und Ausfallraten der in der

betrachteten Einrichtung eingesetzten Bauelemente. Die Ausfallrate eines Bauelementes hängt von den Einsatzbedingungen ab. Deshalb ist auch die mittlere Betriebszeit eines Gerätes von Umgebungsbedingungen wie Betriebstemperatur und Erschütterungen und von der Beanspruchung der Bauelemente auf Grund der Gerätedimensionierung abhängig.
Eine errechnete mittlere Betriebszeit wird aus den bekannten Ausfallraten der eingesetzten Bauelemente ermittelt. Als Bauelement ist dabei auch jede Steck- und Lötverbindung zu betrachten. Die Umgebungs- und Betriebsbedingungen beeinflussen die Ausfallrate der Bauelemente wesentlich. Eine durch Beobachtung gleicher Geräte über ausreichend lange Zeiten gewonnene mittlere Betriebszeit ist eine zuverlässigere Größe, sie kann aber erst bestimmt werden, wenn Erfahrungen aus dem Betrieb vorliegen.
Die mittlere Betriebszeit $\bar{t}_B$ einer Anlage läßt sich aus den mittleren Betriebszeiten $\bar{t}_{Bi}$ der in der Anlage eingesetzten Geräte i berechnen (Kapitel 4.4):

$$\bar{t}_B = \frac{1}{\sum_{i=1}^{n} \frac{1}{\bar{t}_{Bi}}};$$

n = Anzahl der in einer Anlage eingesetzten Geräte.

Eine Prozeßrechenanlage dient als Beispiel (Tabelle 1).

Tabelle 1: Mittlere Betriebszeit eines Prozeßrechers

i	Gerät	$\bar{t}_{Bi}$	$\frac{1}{\bar{t}_{Bi}}$
1	Zentraleinheit mit Stromversorgung und Bedienungselement	4000 h	$2{,}5 \cdot 10^{-4}$/h
2	Prozeßelement	8500 h	$1{,}2 \cdot 10^{-4}$/h
3	Trommelspeicherelement	7700 h	$1{,}3 \cdot 10^{-4}$/h
4	Lochstreifeneingabeelement	2000 h	$5{,}0 \cdot 10^{-4}$/h

$\bar{t}_{B1-3} = 2000$ h $\qquad \bar{t}_{B1-4} = 1000$ h

Die **mittlere Ausfallzeit** $\bar{t}_A$ (Mean Down Time MDT) ist das arithmetische Mittel der Ausfallzeit, vom Auftreten einer Störung bis zur Wiederinbetriebnahme der entstörten Einrichtung.
Definition:

$$\text{relative Ausfallzeit (Ausfallwahrscheinlichkeit)} = \frac{\text{mittlere Ausfallzeit}}{\text{mittlere Betriebszeit} + \text{mittlere Ausfallzeit}} = \frac{\bar{t}_A}{\bar{t}_B + \bar{t}_A}.$$

$$\text{Verfügbarkeit} = 1 - \text{rel. Ausfallzeit}$$

$$= \frac{\text{mittlere Betriebszeit}}{\text{mittlere Betriebszeit} + \text{mittlere Ausfallzeit}} = \frac{\bar{t}_B}{\bar{t}_B + \bar{t}_A}.$$

Die mittlere Betriebszeit ist eine Geräteeigenschaft. In die Ausfallzeit und damit auch in die Verfügbarkeit gehen personelle und organisatorische Komponenten mit ein. Sie ist in hervorragendem Maße von den Fähigkeiten und dem Ausbildungsstand des Wartungspersonals und von der Ausstattung des Ersatzteillagers abhängig.
Weder mittlere Betriebszeit noch Verfügbarkeit sind allein ein hinreichendes Maß für die Beschreibung des Betriebsverhaltens einer Prozeßrechenanlage. Eine häufig, aber nur kurz ausfallende Anlage kann dieselbe Verfügbarkeit aufweisen wie eine nur selten, dann aber lang ausfallende Anlage.

3 Voraussetzungen für Betrieb und Wartung

Eine hohe Verfügbarkeit bei einer großen mittleren Betriebszeit zu erreichen, ist das Ziel aller Wartungsmaßnahmen. Die mittleren Betriebszeiten der an der Anlage eingesetzten Geräte, die Umgebungsbedingungen und die vorwiegend für mechanische Einrichtungen vorgesehenen Pflege- und vorbeugenden Wartungsarbeiten bestimmen die mittlere Betriebszeit der Prozeßrechenanlage.
Die Verfügbarkeit kann bei gegebener mittlerer Betriebszeit der Anlage nur über die Ausfallzeit beeinflußt werden. Alle Wartungsvorbereitungen und Wartungsarbeiten dienen also auch dem Ziel, die Ausfallzeiten klein zu halten. Im Störungsfall reicht die Ausfallzeit vom Ausfall der Anlage bis zur erfolgreichen Wiederinbetriebnahme. Diesen Zeitraum unterteilt man in die Fehlererkennungszeit, die Reparaturzeit und die Wiederinbetriebnahmezeit.
Die **Fehlererkennungszeit** wird klein gehalten durch einen Bereitschaftsdienst des Wartungspersonals, durch Überwachungsschaltungen, Kontrollprogramme, Fehlersuchprogramme, Wartungsgeräte, eine gute Anlagendokumentation und nicht zuletzt die Qualifikation des Wartungspersonals.
In die **Reparaturzeit** gehen bei elektronischen Einrichtungen als wesentliche Größen die Beschaffungszeit für Ersatzteile und die Konstruktion des Aufbausystems ein. Für die **Wiederinbetriebnahme** müssen bei der Anlagenprojektierung die geräte- und programmtechnischen Voraussetzungen geschaffen werden. Selbstverständlich ist die Forderung, daß in einer Prozeßrechenanlage nur Bauelemente hoher Betriebszuverlässigkeit eingesetzt werden. Die Struktur der Anlage soll übersichtlich sein. Dazu gehört, daß die Nahtstellen zwischen Zentraleinheit und peripheren Geräten, zwischen Prozeßelement und Prozeßinstrumentierung einfach und leicht überprüfbar sind. Die logischen Komplexe in den Steuerungen sollen klar gegliedert sein, selbst wenn dadurch der Aufwand an Bauelementen größer als unbedingt erforderlich wird. Minimierte logische Komplexe sind im allgemeinen sehr vermascht und wenig wartungsfreundlich.
Zur Erleichterung von Funktionsprüfungen dienen Wartungsfelder und Testhilfen. Diese ermöglichen es, periphere Geräte und ihre Steuerungen

unabhängig von der Zentraleinheit des Prozeßrechners zu betreiben und zu testen. Diese Testhilfen können Bestandteile dieser Geräte sein oder als Wartungsgeräte an die zu testenden Einrichtungen angeschlossen werden.

4 Betriebsmäßige Überwachung

4.1 Umgebungsbedingungen

Für den störungsfreien Betrieb einer Prozeßrechenanlage wird die Einhaltung von Umgebungsbedingungen wie Temperatur, Feuchtigkeit, Staubfreiheit gefordert. Bei der Installation der Prozeßrechenanlage werden diese Forderungen berücksichtigt. Aufgabe des Bedienungspersonals ist es, die kritischen Umgebungsbedingungen laufend zu überwachen und deren Einhaltung zu gewährleisten. Dies ist leichter möglich, wenn schon bei der Planung ein angemessener Abstand zu den Grenzwerten der zulässigen Umgebungsbedingungen eingehalten wurde.

4.2 Zentrale Einrichtungen

Um in keinem Fall den Prozeß zu gefährden, ist es von großer Bedeutung, Funktionsstörungen an zentralen Einrichtungen der Prozeßrechenanlage sofort zu erkennen. Dazu dienen Überwachungsschaltungen und Kontrollprogramme.

Überwachungsschaltungen melden über Anzeigen dem Betriebssystem Funktionsstörungen interner und externer Elemente der Prozeßrechenanlage. Beispiele hierfür sind Anzeigen beim Auftreten nicht interpretierbarer Befehle im Befehlsregister, durch Paritykontrolle erkannte Schreib- und Lesefehler am Arbeitsspeicher, Anzeigen beim Versuch, in geschützte Speicherbereiche einzuschreiben, und Anzeigen bei Funktionsstörungen an peripheren Geräten. Das Stromversorgungssystem und die Betriebsspannungen eines Prozeßrechners werden auf Grenzwerte überwacht. Überschreitungen werden signalisiert oder führen zu Abschaltungen. Dem schaltungstechnischen Aufwand für derartige Überwachungseinrichtungen sind Grenzen gesetzt, einmal durch die zusätzlichen Kosten dieser Einrichtungen, zum anderen wird durch den erhöhten Einsatz von Bauelementen die mittlere Betriebszeit einer Anlage herabgesetzt.

Kontrollprogramme überwachen zentrale Einrichtungen des Prozeßrechners und der peripheren Geräte. Eine Gruppe von Kontrollprogrammen wird selbsttätig vom Betriebssystem periodisch gestartet und arbeitet parallel zu den Anwenderprogrammen als Echtzeitprogramme niedrigster Priorität. Eine weitere Gruppe von Kontrollprogrammen arbeitet als Hintergrundprogramm und bedarf der Mitarbeit des Personals.

Echtzeitkontrollprogramme können zur Überwachung von Rechenwerk und Steuerwerk, Kanalsteuerung, Arbeitsspeicher, Prozeßelement, Übertragungseinrichtungen zwischen Zentraleinheiten u. a. eingesetzt werden.

Zur Erläuterung der Funktion dieser Kontrollprogramme sei ein Kontrollprogramm zur Überprüfung zentraler Einrichtungen des Prozeßelementes näher beschrieben (Bild 2).

Zur Prüfung der zentralen Einrichtungen bei Prozeßsignalformern, Digitalausgabe und Digitaleingabe werden zwei Digitalausgänge mit zwei Digitaleingängen verbunden. Das Kontrollprogramm wird jede Sekunde vom Weckerprogramm gestartet und gibt über die beiden Prüfausgänge der Digitalausgabe eine der vier Signalkombinationen aus. Über die Prüfein-

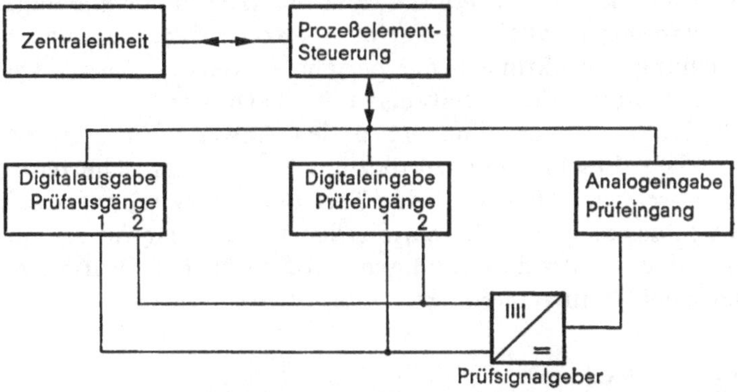

Bild 2: Funktionskontrollen an einem Prozeßelement

gänge der Digitaleingabe werden Programmunterbrechungssignale erzeugt. Das Kontrollprogramm prüft, ob die Programmunterbrechungen innerhalb der vorgesehenen Zeit einlaufen und ob die einlaufenden Signale mit den ausgegebenen übereinstimmen.

Zur Prüfung eines Prozeßsignalformers für Analogeingabe dient als Prüfsignalgeber ein präziser Digital-Analog-Umsetzer, der, von denselben zwei Bit der Digitalausgabe angesteuert, vier für die Prüfung der Analogeingabe bedeutsame Analogwerte bildet. Diese Analogwerte werden über einen Prüfeingang der Analogeingabe abgefragt. Die Analogwerte sollten so gewählt sein, daß Nullpunktsstabilität, Meßgenauigkeit und Linearität des Analog-Digital-Umsetzers der Analogeingabe überwacht werden. Betrag und Häufigkeit der Toleranzüberschreitungen sollten registriert werden. Treten Ausfälle auf, so wird die Prozeßrechenanlage auf Handsteuerbetrieb umgeschaltet. Ein derartiges Kontrollprogramm benötigt weniger als 200 Arbeitsspeicherworte und je nach Prozeßrechnertyp 1—3 msec. für einen Durchlauf. Dieser Aufwand steht in einem günstigen Verhältnis zu der damit erreichten Funktionskontrolle.

Als **Hintergrundprogramme** arbeitende Kontrollprogramme erfordern bei der Prüfung die Mitarbeit des Bedienungspersonals; sie werden beispielsweise bei jedem Schichtwechsel gestartet und dienen zur Überprüfung peripherer Geräte der Prozeßrechenanlage, die für die Dauer dieser Prüfungen nicht für den Prozeßrechenbetrieb zur Verfügung stehen.
Bei protokollierenden Geräten wie Blattschreibern und Schnelldruckern wird ein Prüftext ausgegeben. Dieser Text muß von dem Bedienungspersonal geprüft und dem Kontrollprogramm die Richtigkeit über eine Bedienungsanweisung bestätigt werden. Lochstreifenausgaben und Lochkartenausgaben stanzen eine Prüfinformation aus, die über die lesenden Geräte zum Vergleich wieder eingegeben wird. Da bei dieser Kontrolle im Fehlerfalle nicht festgestellt werden kann, ob Stanzer oder Leser gestört sind, hält man die gleiche Prüfinformation fehlerfrei auf Datenträgern bereit, um die Eingabegeräte allein auszutesten. Kontrollprogramme können auch Überwachungseinrichtungen der peripheren Geräte, die zu Anzeigen an das Betriebssystem führen, teilweise mit überprüfen.
Da Kontrollprogramme neben den Anwenderprogrammen laufen müssen, sind sie Beschränkungen bezüglich Arbeitsspeicherplatz und Rechenzeit unterworfen. Auch darf der Test der Überwachungseinrichtungen die Gerätefehler nicht simulieren, die den Betrieb der Anlage stören würden. Die von den Kontrollprogrammen durchgeführten Prüfungen sind deshalb im allgemeinen unvollständig.

4.3 Meßkanäle

Die bisher beschriebenen Funktionskontrollen überwachen zentrale Einrichtungen der Prozeßrechenanlage. Störungen an diesen Anlagenteilen sind vergleichsweise selten, die Auswirkungen einer Störung wegen der zentralen Stellung in der Anlage aber bedeutend.
Die Geräte und Übertragungswege der einzelnen Meßkanäle und die zugehörigen Eingangsglieder des Prozeßelementes sind auf der Anlage härteren Betriebsbedingungen ausgesetzt. Funktionsstörungen werden an diesen Einrichtungen vergleichsweise öfter auftreten, die Auswirkungen auf die gesamte Anlage sind jedoch gering. Zur betriebsmäßigen Prüfung der Anlageninstrumentierung in Verbindung mit dem Prozeßrechner dienen Meßwerterfassungsprogramme, die es erlauben, über Bedienungsanweisungen einzelne Meßstellen von der weiteren Abfrage auszuschließen und anstelle des aktuellen Meßwertes mit einem Festwert weiterzuarbeiten. Dieser kann von Zeit zu Zeit über Bedienungsanweisungen dem aktuellen Wert angeglichen werden. Der Meßkanal steht dann zur Verfügung, um einschließlich der Eingangsglieder des Prozeßelementes überprüft zu werden. Spezielle Prüfprogramme können diese Überprüfungen erleichtern.
Eine weitere Möglichkeit zur Überwachung von Meßkanälen bietet die **Plausibilitätskontrolle.** Von einem Baustein des Meßwerterfassungsprogramms

wird jeder Meßwert darauf geprüft, ob er in einem technologisch sinnvollen Bereich der Meßspanne liegt. Meßschaltungen werden zweckmäßig so ausgeführt, daß Unterbrechungen oder Kurzschlüsse auf den Meßleitungen zu extremen Meßwerten führen. Diese Störungen werden dann bei der Plausibilitätskontrolle entdeckt.

4.4 Funktionswächter

Vom Betriebssystem und von den Kontrollprogrammen erkannte Funktionsstörungen können von einem Funktionswächter zu einem Signal verarbeitet werden, das abhängig von der jeweiligen Aufgabenstellung der Prozeßrechen-

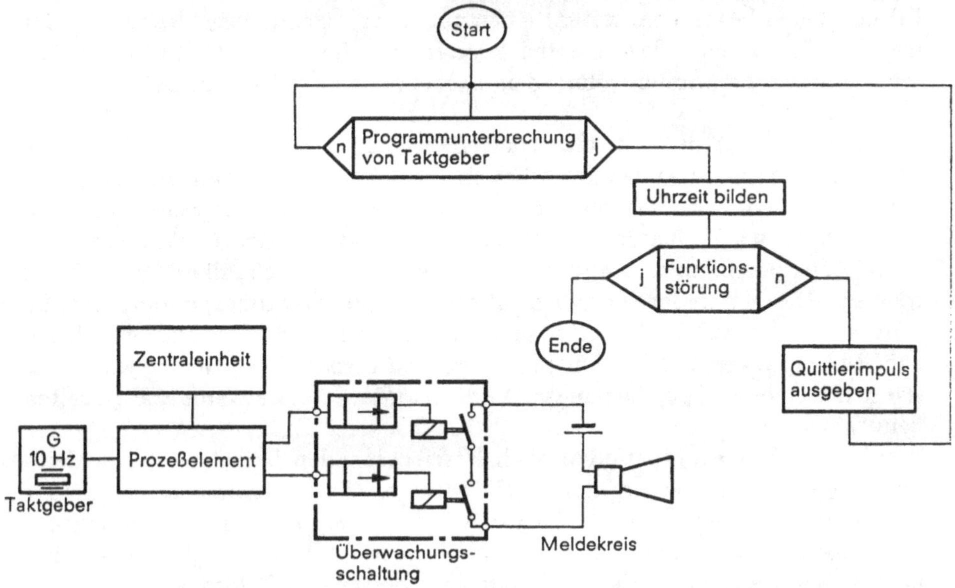

Bild 3: Funktionswächter

anlage zu einer Meldung, zu teilweiser oder vollständiger Trennung von Prozeßrechner und Prozeß führen kann (Bild 3). Dieser Funktionswächter besteht im wesentlichen aus einem über die Digitalausgabe des Prozeßelementes programmgesteuert nachladbaren Zeitglied. Bei störungsfreiem Betrieb wird er alle 100 ms vom Weckerprogrammbaustein des Betriebssystems neu versorgt. Bleibt der Versorgungsimpuls aus, kippt das Zeitglied in seine Ruhelage zurück und öffnet einen Stromkreis. Aus Sicherheitsgründen ist es zweckmäßig, eine derart zentrale Überwachungsschaltung redundant auszuführen. Der Funktionswächter kann sehr vielseitig eingesetzt werden. Die Störung einer überwachten Funktion muß die Ausgabe des Nachladesignals unterdrücken. Dies ist leicht zu erfüllen, da die Ausgabe programmgesteuert erfolgt. Jedes Kontrollprogramm und jedes Anwenderprogramm kann in diese Überwachung einbezogen werden. Es muß dann periodisch vom Weckerprogramm die Ausgabe der Quittungsimpulse an die Funktionswächter anfordern. Mit dem Funktionswächter werden so überwacht: Der zentrale Taktgeber für die Uhrzeitbildung, Programmsteuerung und Rechenwerk, die Stromversorgung der Anlage, die Programmlaufzeit von überwachten Programmen und der Funktionswächter selbst auch.

5 Pflege und vorbeugende Wartung

Elektromechanische Ein–Ausgabe-Geräte am Prozeßrechner bedürfen einer Pflege. Diese besteht im wesentlichen aus einer regelmäßigen Reinigung der Geräte. Zu diesen Pflegearbeiten können die Geräte kurzzeitig außer Betrieb genommen werden, ohne den Prozeßrechenbetrieb wesentlich zu beeinträchtigen.

Von Zeit zu Zeit muß an elektromechanischen Geräten eine vorbeugende Wartung durchgeführt werden. Durch die Überprüfung von Justierungen, den Austausch von Verschleißteilen und Staubfiltern, das Schmieren von Lagerstellen wird eine hohe Betriebszuverlässigkeit der Geräte erhalten. Diese Arbeiten können nur von geschulten Gerätemechanikern ausgeführt werden. Die Hersteller schreiben im allgemeinen Wartungsperioden für die Geräte vor und welche Arbeiten auszuführen sind. Bei Prozeßrechenanlagen zur Steuerung von Produktionsprozessen sind mechanische Geräte wie Lochstreifenleser oder Lochkartenleser zwar erforderlich, sie werden aber selten benutzt.

Werden die Wartungsperioden nach Betriebsstunden berechnet (verschleißabhängig), so wird wegen der relativ geringen Betriebszeiten dieser Geräte der durch Alterung bedingte Wartungsaufwand ungenügend berücksichtigt. Die Angabe, Wartungsarbeiten nach m Betriebsstunden, spätestens aber nach n Monaten durchzuführen, entspricht besser den Erfordernissen.

Bei digital arbeitenden elektronischen Einrichtungen ist vorbeugende Wartung nicht sinnvoll. Es ist zwar in elektronischen Einrichtungen möglich, fehlerhafte Teile aufzuspüren, bevor sie zu einer Störung der Anlage führen. Dazu müssen diese Einrichtungen in Stillstandszeiten unter extremen Betriebsbedingungen geprüft werden. Ein Teil der unerwarteten Anlagenausfälle ließe sich so vermeiden, es besteht aber die Gefahr, daß andere Bauteile beschädigt werden, die dann ihrerseits zu einem Ausfall führen.

Prozeßbedingte Stillstandszeiten der Prozeßrechenanlage werden deshalb von Zeit zu Zeit genutzt, um die Funktionstüchtigkeit der Anlage durch geschulte Wartungstechniker mit Hilfe von **Wartungsprogrammen** zu überprüfen. Diese Programme sind Einschränkungen des Speicherplatzes nicht unterworfen. Sie führen vollständige Prüfungen aus und können Fehler weitgehend eingrenzen.

In analog arbeitenden elektronischen Schaltungen sollten von Zeit zu Zeit die wichtigsten Kenngrößen überprüft werden. Diese Messungen beschränken sich auf Verstärker- und Regelschaltungen, Taktgeneratoren und ähnliche Funktionseinheiten. Sie müssen von erfahrenem Wartungspersonal ausgeführt werden.
Es muß angestrebt werden, vorbeugende Wartungsarbeiten während prozeßbedingter Stillstandszeiten durchzuführen, da sonst die Verfügbarkeit der Gesamtanlage herabgesetzt wird.
Vollständige technische Unterlagen sowohl der Prozeßrechenanlage wie auch der Anwenderprogramme und der Prüf- und Wartungseinrichtungen sind wesentliche Voraussetzungen für alle Wartungsarbeiten. Die Aufgabe des Wartungspersonals muß es sein, diese Unterlagen ständig auf dem für die Anlage gültigen Stand zu halten und alle an der Anlage vorgenommenen Änderungen in diesen Unterlagen festzuhalten.

6 Vorgehen im Störungsfall

6.1 Fehlererkennung

Eine Prozeßrechenanlage ist ein umfangreicher Komplex. Ein Wartungstechniker allein kann nicht die Kenntnisse und Erfahrungen haben, die benötigt werden, um Zentraleinheiten, Standardperipheriegeräte, Prozeßelemente, Prozeßinstrumentierung, Betriebssystem und Anwenderprogramme zu betreuen und gegebenenfalls in kürzester Zeit zu entstören. Um bei einer Betriebsstörung gezielt vorgehen zu können, ist eine Arbeitsteilung zwischen Betriebspersonal und Wartungspersonal zweckmäßig.
Das Betriebspersonal hat die Kenntnisse der Technologie des automatisierten Prozesses, ist mit der Anlagen- und Warteninstrumentierung vertraut und kennt die Aufgaben sowie das Anwenderprogramm des Prozeßrechnersystems so gut, daß es an Hand des Verhaltens der gestörten Anlage unterscheiden kann, ob eine Störung an der Prozeßinstrumentierung oder am Prozeßrechner mit seinen peripheren Geräten vorliegt. Zur weiteren Fehlereingrenzung wird Wartungspersonal hinzugezogen.
Für die Wartung der in der Prozeßinstrumentierung eingesetzten Meßgeräte Regler, Stellantriebe sind häufig diese Voraussetzungen schon erfüllt, und es besteht kein Anlaß, für die Wartung der mit dem Prozeßrechner verkehrenden Geräte von den bestehenden Regelungen abzuweichen.
Das Betriebspersonal der Prozeßrechenanlage muß in Störungsfällen ohne großen zeitlichen Aufwand feststellen können, welche Anlagenteile — Prozeßrechner oder Prozeßinstrumentierung — gestört sind. Zu dieser Fehlerortung wird dem Betriebspersonal zweckmäßigerweise eine Prüfliste in die Hand gegeben. Sobald der gestörte Anlagenteil bestimmt ist, kann das zuständige Wartungspersonal gerufen werden. Für den Fall, daß ein Fehler nicht um-

gehend lokalisiert wird, besteht die Gefahr, daß durch immer weitere Versuche und Tests das Betriebspersonal wertvolle Zeit verliert und den Wartungstechniker zu spät herbeiruft. Es wird deshalb dem Anwender empfohlen, Richtlinien festzulegen, die den betrieblichen Anforderungen angepaßt sind und dem Bedienungspersonal vorschreiben, wann und unter welchen Bedingungen das Wartungspersonal spätestens benachrichtigt bzw. zur Anlage gerufen wird und welcher Personenkreis über den Ausfall der Anlage zu informieren ist.

Für den Wartungstechniker ist es eine große Hilfe, wenn ihm vom Betriebspersonal die Funktionsstörung in ihren Auswirkungen genau beschrieben werden kann. Das ist mit ein Grund zu der Empfehlung, an der Prozeßrechenanlage ein Betriebsprotokoll zu führen, in welches u. a. Funktionskontrollen, Betriebsausfallzeiten, Funktionsstörungen und Wartungsarbeiten eingetragen werden. Die Hersteller von Prozeßrechnern sind selbst daran interessiert, zuverlässige Angaben über das Betriebsverhalten der Prozeßrechengeräte und die Leistungsfähigkeit der zuständigen Wartungsabteilung zu erhalten. Sie stellen ihren Kunden hierfür Logbücher zur Verfügung.

Eine unentbehrliche Hilfe für die Fehlersuche sind **Wartungsprogramme**. Diese prüfen sämtliche Funktionen der zu testenden Einrichtung und können auf den gestörten Baustein hinweisen.

6.2 Entstörung

Zur Behebung von Störungen am Prozeßrechner und an den peripheren Geräten bedient man sich vorteilhaft des gut geschulten und erfahrenen Personals des Lieferers der Anlage. Dieses Personal setzt sich aus Anlagentechnikern und Gerätespezialisten zusammen. Ein Anlagentechniker hat eine Ausbildung über alle an einer Prozeßrechenanlage eingesetzten Geräte erhalten. Er ist in der Lage, einen Fehler in der Anlage einzukreisen, das gestörte Gerät zu identifizieren und in den meisten Fällen diese Störung auch zu beseitigen. Bei schwierigen Entstörungsarbeiten zieht der Anlagentechniker einen Gerätespezialisten hinzu. Gerätespezialisten sind für jeweils eine Gerätegruppe besonders geschult, z. B. für Magnetschichtspeicher oder für drukkende Geräte.

Wartungstechniker und Betriebspersonal müssen sich gegenseitig unterstützen, nur gemeinsam haben sie alle Kenntnisse und Fähigkeiten, eine gestörte Anlage in kürzester Zeit wieder instandzusetzen.

Der konstruktive Aufbau einer Prozeßrechenanlage hat hierauf ebenfalls Einfluß. Alle Bausteine und die Verdrahtung müssen leicht zugänglich sein. Elektrische Bauelemente sind auf steckbaren Baugruppen angeordnet, damit defekte Teile schnell ausgetauscht werden können. Größere Funktionseinheiten werden über Steckleitungen miteinander verbunden. In allen Leitungen zum Prozeß werden zweckmäßigerweise ebenfalls Steckstellen vorgesehen. Bei mechanischen Geräten ist auf einen wartungsfreundlichen konstruktiven Aufbau besonderer Wert zu legen.

6.3 Wiederinbetriebnahme

Für den Betreiber einer Prozeßrechenanlage ist ein Ausfall mit der Reparatur noch nicht abgeschlossen. Erst wenn die Prozeßrechenanlage ihre Funktion am Prozeß wieder voll übernommen hat, ist der Ausfall beendet. Es müssen also Voraussetzungen getroffen werden, um die Prozeßrechenanlage so schnell wie möglich wieder in Betrieb nehmen zu können. Während der Reparaturarbeiten wird das Anwenderprogrammsystem im Arbeitsspeicher von Prüf- und Wartungsprogrammen überschrieben. In jedem Fall sollte der Arbeitsspeicherinhalt vor der Widerinbetriebnahme erneuert werden, zweckmäßigerweise von einem Hintergrundspeicher, z. B. einem Trommelspeicherelement. Für die Fälle, in denen kein Hintergrundspeicher vorhanden ist oder dessen Speicherinhalt durch den Prozeßrechnerausfall ebenfalls zerstört wurde, ist es unumgänglich, an der Prozeßrechenanlage über ein leistungsfähiges Eingabegerät, Lochstreifen- oder Lochkartenleser, zu verfügen. Das vollständige Programmsystem wird in ablauffähigem Zustand auf dem entsprechenden Datenträger in geschlossener Form bereitgehalten.
Bei einem Ausfall des Prozeßrechners könnten Prozeßdaten unwiederbringlich verloren gehen. Beispiele dafür sind vom Anwenderprogramm gebildete Mittelwerte und Bilanzierungswerte von Stoffflüssen. Diese Daten sollten zur Sicherung periodisch auf einen externen Datenträger, z. B. Lochstreifen, ausgegeben werden, am zweckmäßigsten in einem Format, das es erlaubt, diese Daten bei der Wiederinbetriebnahme unmittelbar einzulesen.
Während eines Prozeßrechnerausfalls muß der Prozeß von dem Bedienungspersonal mit Hilfe der für diesen Notfall vorgesehenen Einrichtung überwacht und gesteuert werden. Wird dann der Prozeßrechner wieder an den Prozeß angeschaltet, treten Angleichprobleme auf zwischen dem Prozeßgeschehen und dem Anwenderprogramm. Dieser Betriebsfall sollte bei der Projektierung der Prozeßrechenanlage und der Ausarbeitung der Anwenderprogramme berücksichtigt werden. Durch ein spezielles Anfahrprogramm sind auch diese Probleme zu beherrschen.

7 Wartungsorganisation

Bei der Auswahl eines Prozeßrechensystems müssen neben den technischen Daten der Geräte die für die Betriebszuverlässigkeit und Wartungsarbeiten getroffenen Voraussetzungen sowie die Leistungsfähigkeit der Wartungsorganisation des Lieferers geprüft werden.
Bereits bei der Projektierung einer Anlage sollten Betreiber und Lieferer alle mit der Wartung zusammenhängenden Fragen besprechen. Über die

Ausbildung des Betriebspersonals, des Wartungspersonals, die Ersatzteilhaltung, die Bereitstellung von Prüf- und Wartungsgeräten und -Programmen sowie Anlagenunterlagen müssen Vereinbarungen getroffen werden.
Wenn der Lieferer in der Lage ist, einen leistungsfähigen Wartungsdienst anzubieten, wird es für den Betreiber der Prozeßrechenanlage von Vorteil sein, einen **Wartungsvertrag** für seine Prozeßrechneranlage abzuschließen; für Mietanlagen ist die Wartung des Prozeßrechners durch den Vermieter im allgemeinen vorgeschrieben. Damit übernimmt der Lieferer die Verpflichtung, ab dem Zeitpunkt der Inbetriebnahme der Anlage ausgebildetes Wartungspersonal zur Verfügung zu halten, auch außerhalb der regulären Arbeitszeit, wenn es die Betriebsweise der Prozeßrechenanlage erfordert.
Übernimmt der Anwender selbst die Wartungsaufgaben für seine Prozeßrechenanlage, so muß mit dem Lieferer eine Vereinbarung über die Ausbildung von drei bis vier Wartungstechnikern getroffen werden. Die Ausbildungszeit für eine umfangreiche Anlage wird bis zu einem Jahr betragen.
Für eine schnelle Störungsbeseitigung ist eine umfangreiche **Ersatzteilhaltung** in der Nähe der Anlage eine wesentliche Voraussetzung. Dieser Ersatzteilschnelldienst ist ebenfalls eine Leistung des Lieferers im Rahmen eines Wartungsvertrages.
Der Lieferer hat in einem Wartungsbezirk zahlreiche Anlagen gleichen Typs zu betreuen. Die Aufwendungen des Lieferers sind deshalb, auf eine zu wartende Anlage bezogen, geringer als die Aufwendungen, die der Anwender zu erbringen hat, wenn er selbst die Wartung durchführt. Aus diesem Grund kann der Lieferer dem Betreiber seinen Wartungsdienst zu günstigen Bedingungen anbieten. Auch hat das Wartungspersonal des Lieferers bei der Betreuung vieler Anlagen und bei Inbetriebnahmen neuer Anlagen unverhältnismäßig mehr Möglichkeiten, seine Fähigkeiten zu schulen. Es wird im Störungsfall effektiver arbeiten können.

Literaturhinweise

Hendric, G. H., Sonnenfeld, R. W.: Computer Reliability, What's That? ISA Journal Januar 1963, S. 51–56, [1].

Schmäing, E.: Die Bedeutung der Zuverlässigkeit von Meß-, Regel- und Steuereinrichtungen. Regelungstechniker 13 (1965), S. 424 bis 427, [2].

Tanner, T. L.: Bauelemente-Zuverlässigkeit und Ausfallverhalten einiger amerikanischer Elektroniksysteme. Technische Zuverlässigkeit in Einzeldarstellungen 10 8 (1967) S. 43–52, [3].

Ayatomo Kanno: Zuverlässigkeit von Nachrichtengeräten. Technische Zuverlässigkeit in Einzeldarstellungen 9 (1967) S. 68–92, [4].

5.6 Ausbildung

von B. Westphal

Inhaltsübersicht

1 Besondere Anforderungen des Prozeßrechnereinsatzes

Zur Erschließung der sich mit dem Prozeßrechner neu anbietenden Möglichkeiten zur Lösung von Aufgaben der Prozeßautomatisierung ist ein Personenkreis erforderlich, der spezielle Fähigkeiten mitbringt und bereit ist, seine Kenntnisse ständig zu erweitern.

Neben dem Verständnis für die gerätetechnische Arbeitsweise müssen die Mitarbeiter auf der Hersteller- und Betreiberseite ein ausgesprochen funktionelles Denken sowohl für den Prozeßablauf als auch für die Bearbeitung sowie Verknüpfung der Einzelaufgaben durch den Prozeßrechner entwickeln. Dies gilt gleichermaßen für den normalen wie auch für den gestörten Prozeßzustand. Die Erkenntnisse über Teilwirkungen der Prozeßabschnitte und über deren Kommunikationen im Gesamtprozeß müssen in das Programm des Prozeßrechners eingebracht werden, wozu Verständnis der hierbei anzuwendenden Prozeduren gehört. Der an sich bereits sehr umfangreiche Wissensstoff ist durch die schnelle Entwicklung des Prozeßrechnergebiets in ständiger Wandlung und muß wegen des außerordentlich großen Bedarfs an neuen Mitarbeitern schnell verbreitet werden. Dies stellt besondere Anforderungen an das Ausbildungswesen, das die für die Praxis notwendigen Spezialkenntnisse vermitteln muß und derzeit nur durch die Industrie selbst den Herstellern sowie Anwendern von Prozeßrechneranlagen geboten werden kann. Der Erfolg hängt aber davon ab, daß bereits von den Universitäten, Fachschulen oder sonstigen Lehrinstitutionen gute Grundlagen, insbesondere in der Mathematik, Informatik, Physik, Elektrotechnik, Meß- und Regelungstechnik mitgebracht werden. Es sollte das Denken in „Systemen" gepflegt worden sein. Von großem Nutzen ist auch praktische Erfahrung im Umgang mit Meß- und Regeleinrichtungen im industriellen Einsatz.

2 Tätigkeitsmerkmale der Mitarbeitergruppen

Das oben angedeutete Wissensspektrum ist sehr umfangreich und führt in der Praxis zu einer Verteilung der Aufgaben auf einen größeren Personenkreis, bei dem der einzelne neben einem Gesamtüberblick ein spezielles Teilwissen haben muß. Er wird so Mitarbeiter eines Teams, in dem jeder in der Zusammenarbeit auf die Kenntnisse des anderen angewiesen ist. Dies gilt nun sowohl auf der Hersteller- als auch auf der Betreiber-Seite von Prozeßrechneranlagen.

Der vorwiegend als **Einsatzberater** für Prozeßrechner tätige Mitarbeiter muß in der Lage sein, das Automatisierungsobjekt als Ganzes zu übersehen, einen wirtschaftlichen Nutzen durch die Automatisierung zu beurteilen und die Automatisierungsmöglichkeiten umfassend darzulegen.

Der **Projektierende** muß befähigt sein, die einzelnen Prozeßschritte zu analysieren, ebenso die Prozeßstruktur. Er selbst, gegebenenfalls in Verbindung mit Technologen des jeweiligen Gebietes, stellt Überlegungen an, welches Automatisierungsverfahren und welcher Ausbaugrad in Vorschlag zu bringen ist. Abhängig von dem Ergebnis dieser Untersuchungen ist eine günstigste Geräteauswahl und Abschätzung des Programmieraufwands vorzunehmen. Spezifikation und Abwicklung der oft sehr umfangreichen Projekte verlangen neben umfassenden Kenntnissen auch dispositive Fähigkeiten.

Für die **Programmierung** von Prozeßrechneraufgaben sind zunächst Ingenieurkenntnisse erforderlich, auf denen die besondere Ausbildung im Programmieren aufbaut. Der Programmierer von Prozeßrechneranlagen muß einen Prozeßablauf genau analysieren, Programmsysteme spezifizieren und mit dem Prozeßablauf in Einklang bringen können. Dazu ist logisches und abstraktes Denkvermögen sowie eine systematische Arbeitsweise notwendig. Er soll das Programmieren technischer Probleme in allen Sprachenebenen beherrschen, wobei das Codieren an Hilfskräfte abgegeben werden kann.

Unter **Inbetriebsetzung** einer Prozeßrechneranlage ist außer der sogenannten „Einschaltung" der Datenverarbeitung die Verknüpfung und Realisierung des Zusammenwirkens vom Prozeßrechner mit der übrigen Anlage zu verstehen. Das hierfür eingesetzte Personal sollte mehrjährige Erfahrungen über Inbetriebnahmen von Meß-, Steuerungs- und Regelungsanlagen für verschiedenartige Anwendungsgebiete haben. Es muß zudem den Umgang mit elektronischen Bausteinen beherrschen, dazu die Prozeßrechnergerätetechnik in Verbindung mit dem Anwenderprogramm übersehen, wobei auch Einzelkenntnisse der wesentlichen Geräte, wie Zentraleinheiten und Prozeßelemente, erforderlich sind.

Für den **Betreiber** von Prozeßrechneranlagen empfiehlt sich die Ausbildung einer eigenen Mannschaft, wobei neben Projektierer und Programmierer der Betriebsingenieur tritt.

Der **Betriebsingenieur** muß mit der Prozeßanlage einschließlich der Auswirkungen von Meß-, Steuer- und Regelanlagen am besten vertraut sein. Bereits im Projektstadium soll er mit den Projektierenden in engem Kontakt stehen. Dasselbe gilt für die Montage und Inbetriebnahme der Automatisierungsanlage als auch für den weiteren Betrieb. Seiner Entscheidung obliegt es, welche Maßnahmen bei einer Störung der Automatisierungsanlage getroffen werden, um den Betrieb aufrechtzuerhalten und gegebenenfalls durch Austausch von Geräten eine Lösung zu finden, die den geringsten Produktionsausfall zur Folge hat.

Unter **Wartungspersonal** soll hier nur das verstanden werden, welches routinemäßig Überprüfungen der Geräte vornimmt, dabei verschlissene oder defekte Teile auswechselt und Testläufe nach Testprogrammen durchführt. Als Vorbildung sollte eine abgeschlossene Lehre in Feinmechanik oder als Elektroniker vorliegen.

Für **Wartungsaufgaben mit** zusätzlicher **Störbeseitigung** werden Mitarbeiter erforderlich, die möglichst die gesamte Prozeßrechneranlage und ihre Verknüpfung mit der Prozeßanlage in den Einzel- und Gesamtfunktionen übersehen können. Dies sind besonders geschätzte Fachkräfte mit ganz ausgeprägtem Kombinations- und Erkenntnissinn, die bei schwer aufklärbaren Störungen die Fehlerursache rasch feststellen. Neben den funktionellen Anlagen- und Gerätekenntnissen erfordert diese Aufgabe gründliche Kenntnisse der Organisations- und Anwenderprogramme.

Der **Operateur** bedient den Rechner mit seinen peripheren Geräten und wird vorwiegend in Rechenzentren zum Einsatz kommen. Für den Operateur liegt ein Anlernberuf vor, der allerdings auch technisches Verständnis erfordert, dazu Zuverlässigkeit und Ordnungssinn, sonst aber keine besondere Vorbildung oder abgeschlossene Lehre erforderlich macht.

Schließlich seien noch die **oberen Führungskräfte** des Betriebes von Prozeßanlagen angeführt. Ihre Entscheidungen erfolgen nach wirtschaftlichen Gesichtspunkten. Zur diesbezüglichen Beurteilung einer Prozeßautomatisierung müssen sie über Methoden der Prozeßanalyse ebenso wie über Automatisierungsverfahren orientiert sein.

3 Darbietung und Inhalt des Ausbildungsstoffes

Seitens der Hersteller von Prozeßrechnern wurden Schulen ins Leben gerufen, die eine gründliche Spezialausbildung in diesem Gebiet vermitteln. Sie setzen allerdings voraus, daß eine entsprechende Vorbildung vorhanden ist und daß der einzelne Teilnehmer von sich aus gewillt ist, den neuen Stoff nicht nur zu erfassen, sondern auch zu beherrschen.

Die Darbietung des Stoffes kann auf verschiedene Arten erfolgen:

- in Kursen durch Lehrkräfte,
- im Selbststudium durch Lehrbücher und Buchprogramme,
- in programmierter Unterweisung.

Die Schulung durch Lehrkräfte in Kursen ist vorläufig die günstigste, denn sie läßt sich am schnellsten dem Stoff anpassen und bietet im persönlichen Kontakt die beste Gewähr für den Ausbildungserfolg, insbesondere wenn sie mit praktischen Übungen verbunden ist. Allerdings sind dazu Lehrkräfte in größerer Anzahl notwendig. Buchprogramme und Lehrbücher zum Selbststudium liegen vorerst in beschränktem Umfang vor, denn ihre Erarbeitung erfordert einen hohen Zeitaufwand. Bei der schnellen Weiterentwicklung der Technik besteht die Gefahr, daß sie in wesentlichen Teilen bereits nach Jahresfrist veralten. Buchprogramme sollten daher vorwiegend nur in Verbindung mit den Kursen gebraucht werden.
Programmierte Unterweisungen (PU) erscheinen für viele Gebiete des Prozeßrechnerwesens noch nicht als realisierbar. Die Erstellung einer PU als Ersatz eines Wochenkurses wird dann wirtschaftlich, wenn dieser Kurs von mindestens 10000 Personen pro Jahr in Anspruch genommen werden muß. Eine so große Anzahl ist in absehbarer Zeit nicht zu erwarte. Auch wäre dies nicht mehr Aufgabe der industriellen Bildungseinrichtungen.
Zur Vermittlung des Ausbildungsstoffs im Prozeßrechnerwesen haben sich verschiedene Kursarten als notwendig erwiesen und bewährt. Als Beispiel diene der Ausbildungsplan der Siemens-AG mit folgenden 14 Kursen:

Grundlagen der industriellen Datenverarbeitung (Kurs 1), Dauer drei Tage, behandelt die Terminologie, Aufbau und Wirkungsweise einer DVA, Standard-Ein- und Ausgabeelemente, Bedienungselemente, Prozeßelemente, externe Speicher, dazu die Informationsarten und ihre digitale Darstellung, Programmiersprachen, besondere Eigenschaften des Prozeßrechners, Prozeßkopplung und Prozeßaufgaben.

Einführung in das Programmieren (Kurs 2), Dauer zwei Wochen, behandelt Struktur der Zentraleinheit und der Standardperipherie und die grundlegenden Möglichkeiten der Programmierung in Maschinen- und Assembler-Sprache. Eine Reihe von Programmierbeispielen unter Benutzung des Befehlsvorrates einer Maschine werden durchgearbeitet, dazu Überwachungsprogramme und Lochkarten erstellt.

Prozeßrechner-Programmierkurs (Kurs 3), Dauer zwei Wochen. Der Kurs wendet sich den speziellen Aufgaben der Prozeßrechner-Programmierung zu. Hierzu wird die Arbeitsweise der Prozeßelemente mit einbezogen. Hinzu kommt der Aufbau von Prozeß-Anwenderprogrammen in Verbindung mit dem Organisationsprogramm und Drucktexten. Eine Reihe kleinerer Programmierbeispiele aus Prozessen, z. B. Eingabe von Analogwerten oder Grenzwertkontrolle, wird von jedem Teilnehmer durchgearbeitet, abgelocht, unter Anleitung am Schulungsrechner übersetzt und getestet. Zusätzlich werden Überwacherprogramme und Überwachungsbuch an einem Programmierbeispiel erläutert.

Programmsysteme (Kurs 4), Dauer zwei Wochen, baut auf Kurs 3 auf und behandelt Steuerprogramm, Programmnahtstelle, Druckpuffer, Umlaufspeicher, Listen usw. Der Teilnehmer programmiert ein umfangreiches Prozeßbeispiel selbständig einschließlich ablochen, übersetzen, testen und vornehmen von Parameteränderungen durch Bedienungsanweisungen. Er ist auch gehalten, das Organisationsprogramm einzugeben und Programme zu starten.

Externspeicher-Organisation (Kurs 5), Dauer zwei Wochen, vermittelt die Kenntnisse über die Einbeziehung externer Speicher wie Trommel- und Plattenspeicher.

In den Kursen 2 bis 5 erwirbt sich ein Teilnehmer in Verbindung mit den vorgesehenen Übungen und zum ergänzenden Studium gelieferten Unterlagen alle Kenntnisse für eine schwierige Programmerstellung auch unter Verwendung externer Speicher.

Prozeßrechner-Gerätetechnik (Kurs 6), Dauer eine Woche, behandelt neben den Zentraleinheiten mit der Steuerung im Ein- und Ausgabekanal und im Schnellkanal sowie der Standardperipherie die verschiedenen Arten der Prozeßelemente, der Stellelemente, Sichtgeräte für Ein- und Ausgabe sowie die Stromversorgung.

Prozeßrechner-Projektplanung (Kurs 7), Dauer eine Woche, gibt Hinweise zur Prozeßanalyse, zu Gewinnung mathematischer und adaptiver Prozeßmodelle, behandelt Meß-, Steuerungs- und Regelsysteme sowie Automatisierungsverfahren.

Information für Führungskräfte (Kurs 8), Dauer drei Tage, bringt einen Überblick über das gesamte Prozeßrechnerwesen in gedrängter Form mit besonderer Berücksichtigung von Gesichtspunkten der Projekt- und Unternehmensleitung.

Vertrieb von Prozeßrechneranlagen (Kurs 9), Dauer eine Woche. An einer Reihe von ausgewählten Prozeßrechnereinsätzen werden Aufgaben, Lösungen und Bearbeitungsablauf gezeigt. Der Teilnehmer erhält so die Möglichkeit, für anstehende Projekte seines Bereiches vergleichende Betrachtungen anzustellen und Erfahrungen von anderen Anlagen zu übernehmen.

Wartung (Kurse 10 bis 13), Dauer mehrere Monate. In den Wartungskursen: Einführung (10), Zentraleinheiten (11), Standard-Peripherie (12) und Prozeßelemente (13) werden vorwiegend die funktionellen Zusammenhänge und Abläufe, sowie deren gerätetechnische Realisierung behandelt. Die Praxis erfordert zusätzliche Unterweisungen für jedes einzelne Rechnermodell, für jedes Standard-Peripheriegerät und für jedes Prozeßelement. Hierzu dienen Buchprogramme über das betreffende Modell, nach deren Durcharbeitung (Dauer 1—2 Monate) eine praxisnahe Ausbildung am betreffenden Modell mit Erkennen und Beseitigen simulierter Fehler anschließt.

Operateurausbildung (Kurs 14), Dauer mehrere Wochen. Der Teilnehmer wird mit der Bedienung der Maschine vertraut gemacht, ohne die inneren Funktionen der einzelnen Geräte zu kennen. Er lernt für Ein- und Ausgabe von Programmen das reihenfolgemäßig richtige Betätigen von Bedienungstasten und Elementen oder Maßnahmen, die beim Aufleuchten von Meldelampen zu befolgen sind. Der angehende Operateur bleibt einige Wochen im Ausbildungsrechenzentrum, um in den Routinen sicher zu werden.

4 Erreichen des Ausbildungsziels

Auf die einzelnen Mitarbeitergruppen ist der Stoff in den Ausbildungskursen nur schwerpunktsmäßig ausgerichtet. Um das Ausbildungsziel zu erreichen, zu dem auch das Verständnis für Zusammenarbeit gehört, ist neben den Schwerpunktskursen die Teilnahme an weiteren Kursen des Ausbildungsprogramms notwendig oder empfohlen.

Tabelle 1: Ausbildungsplan im Prozeßrechnerwesen

	Kurs-Bezeichnungen													
	Grundlagen der industriellen Datenverarbeitung	Einführung in das Programmieren	Prozeßrechner Programmierkurs	Programmsystem	Externspeicher-Organisation	Prozeßrechner-Gerätetechnik	Prozeßrechner Projektplanung	Information für Führungskräfte	Vertrieb von Prozeßrechneranlagen	Wartung (Einführung)	Wartung Rechnerkern	Wartung Standardperipherie	Wartung Prozeßelemente	Operateurausbildung
Personenkreis, Ausbildungsziel	1	2	3	4	5	6	7	8	9	10	11	12	13	14
Einsatzberater	×	×	(×)			×	(×)		×					
Projektierung	×	×	×	(×)	(×)	×	×		×					
Programmierung	×	×	×	×	×	(×)	×							
Inbetriebsetzung*	(×)	(×)	×	×	(×)		×			×	×	×	×	
Betrieb*	(×)	(×)	×	(×)	(×)	×	×			×				
Wartung*	(×)	(×)	(×)	(×)	(×)					×	×	×	×	
Operateur	×	×	×			(×)								×
Obere Führungskräfte								×						

× = Teilnahme erforderlich
(×) = Teilnahme zusätzlich empfohlen
* Im Einführungskurs Wartung werden auch Grundlagen und Einführung in das Programmieren vermittelt. Abhängig vom Ausbildungsgang dieser Personenkreise kann bei Teilnahme am Kurs 10 auf die Kurse 1 und 2 verzichtet werden.

Je nach den zu übernehmenden Aufgaben und dem darauf bezogenen Ausbildungsziel sind aus dem Ausbildungsplan (Tabelle 1) Lehrgänge ersichtlich, die eine Reihe von Kursen umfassen. Ein Teilnehmer ohne besondere Vorkenntnisse ist so in der Lage, den aufbauenden Kursen jeweils folgen zu können. Bereits Geübte können auf die Teilnahme vorangehender Kurse verzichten, sind jedoch gehalten, deren Stoff mit Hilfe der Kursunterlagen und Buchprogramme zu wiederholen. Die Erfahrung hat aber gezeigt, daß ein im Beruf Stehender kaum in der Lage ist, sich mit Selbststudium fehlende Vorkenntnisse ausreichend anzueignen.

6. TYPISCHE ANWENDUNGEN

6.1 Prozeßdatenverarbeitung und Prozeßüberwachung

von G. Hirschberg

Inhaltsübersicht

1 Überblick

Für die Überwachung von technischen Prozessen, die auf der Verarbeitung von Prozeßdaten beruht, muß der Prozeßrechner zwei unterschiedliche Grundaufgaben übernehmen:
Er muß Signale von Meßgebern, die von der Meßgröße her analogen Charakter haben, aufnehmen, aufbereiten und entsprechend den technologischen Erfordernissen des Prozesses weiter verarbeiten. Als Beispiele hierzu seien genannt: die Korrektur von Meßwerten über Kennlinien, die Überwachung von Meßwerten auf feste oder gleitende obere und untere Grenzen, die Ermittlung von Summen und Differenzen, die Bildung von Integralen.
Diese Operationen werden zu der einen Grundaufgabe **Analogwertverarbeitung** zusammengefaßt.
Für die programmtechnische Weiterverwertung ist ein vollständiges Abbild des jeweiligen Prozeßzustandes im Prozeßrechner notwendig. Hierzu gehören

außer den aufbereiteten Meßgrößen auch Informationen über die strukturelle Situation des Prozesses, wie sie z. B. durch Schalterstellungen, Ventilstellungen, Grenzwertwächter gegeben ist. Die zugehörigen Signale haben binären Charakter und sind entsprechend den technologischen Erfordernissen als Meldungen oder auch als Alarme zu übernehmen. Die hierzu erforderlichen Operationen bilden die andere Grundaufgabe, die **Binärsignalverarbeitung** genannt wird.
Analogwertverarbeitung und Binärsignalverarbeitung zusammen stellen die Prozeßdatenverarbeitung dar.
Für die **Prozeßüberwachung** ist es dabei unerheblich, ob die Meßwerte vor der Übernahme in den Prozeßrechner analog oder bereits digital verschlüsselt vorliegen. Der Anschluß von Anlagenteilen über Fernwirk- und/oder Fernmeßstrecken ist zwar von der Gerätetechnik her besonderen Bedingungen unterworfen, die Grundgedanken der Analogwert- und Binärsignalverarbeitung sind davon aber nicht betroffen.
Aufbau und programmtechnischer Ablauf von Analogwert- und Binärsignalverarbeitung werden stark von den zu lösenden Aufgaben bestimmt. Insbesondere fällt auf, daß Aufgaben der Prozeßüberwachung, Steuerung und Regelung unterschiedliche Forderungen an die Prozeßdatenverarbeitung stellen. Im folgenden werden die grundlegenden Methoden aufgezeigt, die ein breites Anwendungsgebiet zu erfassen gestatten.

2 Analogwertverarbeitung

2.1 Aufgaben

Stark unterschiedliche Prozeßgrößen müssen über die Ausgangssignale der zugehörigen Meßgeber im Prozeßrechner verarbeitet werden (Tabelle 1).
Man erkennt, daß die für den Rechnereingang bereitgestellten Signale zwischen 10 mV und 10 V liegen. Es ist ferner ersichtlich, daß der Zusammenhang zwischen der physikalischen Meßgröße und dem Rechnereingangssignal in einigen Fällen nichtlinear ist oder daß der Nullpunkt unterdrückt ist. Zum Teil ist auch eine Korrektur der Werte über nichtlineare Kennlinien erforderlich. Der Verarbeitungsweg vom physikalischen Meßwert im Prozeß über den elektrischen Wert des Geberausgangs einschließlich der Umrechnung des verschlüsselten Wertes vom Analog-Digitalwandler in die rechnerinterne Zahlendarstellung wird „**Anpassung**" genannt und stellt eine wichtige Aufgabe der Analogwertverarbeitung dar.
Für den Ablauf der Analogwertverarbeitung ist noch von großer Bedeutung, welche Möglichkeiten der Datenerfassung bestehen, um die unterschiedlichen Aufgaben zu lösen. Dabei sind zwei Eingabeverfahren zu unterscheiden:

— Alle angeschlossenen Analogwerte werden einzeln und nur dann von einem Leseprogramm abgefragt, wenn es der Prozeß erfordert oder der Anwender wünscht (azyklische Erfassung).

– In festen Zeitabständen, z. B. 2 bis 5 s, werden alle Meßwerte abgefragt oder von einer externen Gerätesteuerung in den Arbeitsspeicher eingeschrieben (zyklische Erfassung).

Die beiden Verfahren und die Konsequenzen für die Weiterverarbeitung im Rechner bestimmen die Gerätetechnik der Prozeßelemente (Kapitel 2.3). Einige Funktionen des geschilderten Ablaufs werden aus den Zentraleinheiten in die Gerätesteuerung der Analogeingabe verlegt.

2.2 Zyklische und azyklische Datenerfassung

Bei der azyklischen Erfassung werden gezielt nur die Meßwerte abgefragt, die im augenblicklichen Zustand des Prozesses interessieren. Die zyklische Erfassung bietet den Vorteil einer einfachen programmtechnischen Versorgung mit allen ihren günstigen Konsequenzen für den Aufbau von Listengeneratoren. Das zyklische Verfahren hat seine große Bedeutung vor allem für Prozeßrechneranwendungen, bei denen die Aufgaben der Prozeßüberwachung im Vordergrund stehen. Dort müssen vielfach große Datenmengen (500–1000 Analogwerte) aufbereitet werden. Der Abtastzyklus darf nicht zu klein gewählt werden, um mit Rücksicht auf weiterverarbeitende Programme die zeitliche Rechnerauslastung für diese Grundverarbeitung klein zu halten. Daher wird eine programmgesteuerte zyklische Dateneingabe aller Werte kaum unter 2–5 s liegen, wenn es sich um größere Datenmengen handelt.

Die Prozeßdaten dürfen sich im Vergleich zum Abtastzyklus nur langsam ändern. Das gilt fast uneingeschränkt z. B. im thermischen Kraftwerk für die Überwachung des Wasserdampfkreislaufes und deren Hilfsaggregate. Andere Einsatzgebiete fordern prinzipiell eine azyklische Verarbeitung, darunter fällt z. B. die Anwendung von Prozeßrechnern auf Prüfständen. Dort muß eine externgesteuerte gezielte Abtastung von Meßwertgruppen vorgenommen werden. Die Verarbeitung der Werte erfolgt vielfach in unmittelbarer Verbindung mit dem Experiment. Die Anforderungen verschiedener Einsatzgebiete richten sich nach Aufgaben der Prozeßüberwachung und Prozeßführung (Tabelle 2).

Die Wahl der Abtastzyklen und die Reaktionszeiten bei azyklischen Systemen hängen bei der Prozeßüberwachung von der Art der Instrumentierung, der Aufgabenstellung für den Rechner und vom Prozeß ab.

Bei der Prozeßführung sind die angegebenen Zeiten von der gerätetechnischen Ausführung der unterlagerten Automatisierungsebene und natürlich vom gewählten Automatisierungskonzept (Ablaufsteuerung, mathematisches Modell, Kennlinienfelder, Sollwertführung) bestimmt.

Verschiedene Zeiten für die gleiche Aufgabe lassen erkennen, daß die Wahl des Abtastzyklus von der Ausführung der unterlagerten Regelung und Steuerung abhängt. Allgemein gilt der Grundsatz: Je selbständiger die unterlagerte festprogrammierte Regelung oder Steuerung arbeiten kann,

Tabelle 1: Übersicht über den Prozeßrechneranschluß der häufigsten Analoggeber

Geber	physikal. Meßbereich	Geberausgang	Rechnereingang	Bemerkungen
Thermoelement	−200 °C bis 1000 °C	bei Fe–Konst. bzw. NiCrNi ca. 4 mV/100 °C (nichtlineare Charakteristik)	10 mV, 20 mV, 60 mV je nach Temperaturbereich	Widerstandsthermometer im Vorverteiler mißt Temperatur der Vergleichsstelle, Korrektur per Programm oder: Kompdose im Vorverteiler korrigiert Raumtemperatureinfluß von −10 bis +70 °C. Nichtlineare Charakteristik kann im Rechner berücksichtigt werden.
Meßumformer	—	10 mA, 20 mA, 50 mA	je nach Geberausgang und Bürdenwiderstand 0,4 V bis 1 V	
Widerstandsthermometer Pt 100	−50 °C bis +500 °C	100 Ω bei 0 °C ca. 40 Ω/100 °C (= 0,4 V/100 °C) nichtlineare Charakteristik	Normeingänge je nach Temperaturbereich 0,4 V bis 1 V	Stromversorgung durch den Stromgenerator der Analogeingabe oder Fremdversorgung. Nichtlinearität wird korrigiert.
Widerstandsferngeber	—	0 bis 100 Ω	1 V	Stromversorgung durch den Stromgenerator der Analogeingabe oder Fremdversorgung
Induktivgeber	—	4 V	4 V	Bürde wird am Demodulator eingestellt.
Leitfähigkeitsmessung (Salzgehalt)	0 bis $7 \cdot 10^3$ µS/cm (mg NaCl/l)	3×200 µA/200 Ω	60 mV	Der Temperatureinfluß der Meßflüssigkeit wird im Einheitsmeßzustand korrigiert. Bei vorhandenem Anzeigegerät wird der Rechner parallel angeschlossen

pH-Wert-Geber	0 bis 14 pH	−3,99 bis +3,99 mA	0,4 V	Geber wird über einen Verstärker mit hohem Eingangswiderstand angeschlossen.
CO_2-Messung CO- + H-Messung H_2-Messung O_2-Messung	0 bis 100% CO_2 0 bis 4% CO + H_2 0 bis 100% H_2 0 bis 100% O_2	10 mV 10 mV 10 mV 10 mV	10 mV	Die Angaben gelten für Gasmessungen nach dem Wärmeleitfähigkeits- bzw. paramagnet. Verfahren.
Dehnungsgeber Schwingungsgeber	je nach Verwendung je nach Verwendung	−0,5 V bis +0,5 V/2500 Ω 0 bis 1 V/2500 Ω	0,4 V	
Drehzahlmessung	0 bis 3500 U/min	10 mV	10 V	Messung nach dem Hallprinzip. Das Meßsignal wird mit einem 10 mA-Verstärker verstärkt.
Radiale Wellenlage	−1,5 bis 1 mm	133 bis 400 mV	0,4 V	Messung mit Relativschwingungsgeber, Meßausgang für radiale Wellenlage
U-Zusatz I-Zusatz Gleichstrom-trennverstärker	bis 380 V $I_N = 1$ A bzw. 5 A 50 mA Gleichstrom	1 V 1 V 20 mA	1 V 1 V 20 mA	
Barometerstand	$\Delta p = 80$ Torr	0−30 Ω	0,4 V	Messung nach dem Prinzip des Widerstandsferngebers.

Tabelle 2: Datenerfassung in verschiedenen Einsatzgebieten für Aufgaben der Überwachung und Prozeßführung

Einsatzgebiet	Aufgabe	zykl. Abtastung							azykl. Abtastung	Bemerkung
		≦100 ms	1 s	5 s	20 s	60—180 s	5 min	30—60 min		
Kraftwerk	Prozeßüberwachung			X	X	X				evtl. binär verschlüsselte
	Bilanzierung			X				X		Werte
	Ablaufsteuerung		O	O						
	Blockführung		O	O						
Lastverteiler	Überwachung					X	X			Datenerfassung über Fern-
	Netzregelung		O	O						wirkgeräte
Walzwerk	Drehzahlregelung von Motorantrieben	O							O	zyklische Abtastung über
	Positioniersteuerung	O							O	kurze Zeit, Anregung hierzu
	Blockführung	O							O	azyklisch
Hütten	LD-Konverter Prozeßführung		O	O						
	Hochofenführung				O	O				
					X	X				
	Prozeßführung im Stahlwerk			O	O					

Zementwerk	Positioniersteuerung		O							
	Ablaufsteuerung		O	O						
	Überwachung				X	X				
Lagerhaus	Positioniersteuerung		O						O	
Ölpipeline	Überwachung			X	X				X	evtl. binär verschlüsselte Werte aus Fernwirksystemen.
	Prozeßführung		O	O	O					
Gaspipeline	Überwachung				X	X				angegebener Zyklus ist der Verarbeitungszyklus. Erfassungszyklus hängt vom Fernwirksystem ab.
Haustechnik	Überwachung						X	X		
	Führung von Klimaanlagen und Kältemaschinen							O		
Chemie	Überwachung			X	X	X				
	Prozeßführung			O	O	O				
Prüfstand	Überwachung	X							X	1 Hz bis 50 kHz Abtastfrequenz
Institute	Auswertung von Versuchsergebnissen	X							X	

X = Prozeßüberwachung O = Prozeßführung

desto zeitlich unkritischer ist der Eingriff des Rechners. Es ist oft nicht leicht, hier die wirtschaftlich beste Lösung zu finden unter Berücksichtigung aller betrieblichen Forderungen des jeweiligen Anwendungsfalles. Der direkte Eingriff des Rechners auf Stellglieder erfordert im allgemeinen auch die kürzesten Abtastzyklen für Meßdatenverarbeitung. Das hat zur Folge, daß es unter Umständen zweckmäßig ist, für Prozeßführungsaufgaben getrennte Datenerfassungssysteme zu wählen.

2.3 Aufbau eines Programmsystems für Meßdatenverarbeitung

Für den Prozeßrechnereinsatz müssen mehrere Verfahren der Meßdatenverarbeitung entsprechend der Aufgabenstellung und den zeitlichen Bedingungen durch den Prozeß bestehen. Diese Forderungen gehen nun entschei-

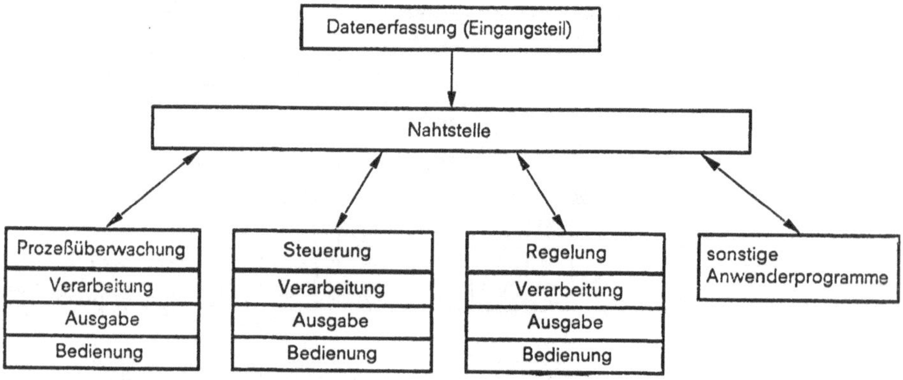

Bild 1: Aufbau eines Programmsystems für Meßdatenverarbeitung

dend auch in den Aufbau eines Programmsystems für Meßwertverarbeitung ein, wenn sowohl Aufgaben der Prozeßüberwachung als auch Steuerungs- und Regelungsaufgaben übernommen werden sollen (Bild 1).
Durch den dargestellten Aufbau wird eine weitgehende Entkopplung der Programme zwischen den Systemteilen Prozeßüberwachung, Steuerung, Regelung und sonstigen Anwendungen erreicht, außerdem gelingt es dadurch aber auch, innerhalb eines Systemteiles die Programmabschnitte Verarbeitung, Ausgabe und Bedienung voneinander getrennt zu führen.
Diese Entkopplung und der bausteinartige Aufbau sind von entscheidender Bedeutung für die Inbetriebsetzung, die Beseitigung von Programmstörungen, die Einarbeitung des Anwenderpersonals und die Erarbeitung einheitlicher Unterlagen.
Auch wird man im allgemeinen davon ausgehen können, daß Aufgaben der Prozeßüberwachung, Steuerung und Regelung zu verschiedenen Zeiten in Betrieb genommen werden, so daß eine Erprobung der Datenerfassungsprogramme und der Gerätetechnik des Prozeßrechners durch Aufgaben der

Prozeßüberwachung erfolgt und dem Einsatz von Prozeßführungsaufgaben vorausgeht. Dazu bedarf es eines Programmaufbaues mit entkoppelten Bausteinen.
Ferner sind die Ausgabe- und Bedienungsroutinen in den drei Systemteilen so unterschiedlich, daß man auch aus diesem Grunde eine Trennung anstreben muß.

2.4 Analogwerterfassung

Als Ergebnis der Datenerfassung stehen die abgefragten Meßwerte als physikalisch „richtige" Werte in normierter rechnerinterner Zahlendarstellung mit fester Arbeitsspeicheradresse an der Nahtstelle für weiterverarbeitende Programme zur Verfügung.
Der Baustein Datenerfassung muß natürlich Rücksicht nehmen auf die zeitlichen Forderungen des Prozesses (Abschnitt 2.2).
Zur Datenerfassung werden folgende Aufgaben gerechnet, die wiederum in Teilbausteinen gelöst sind:

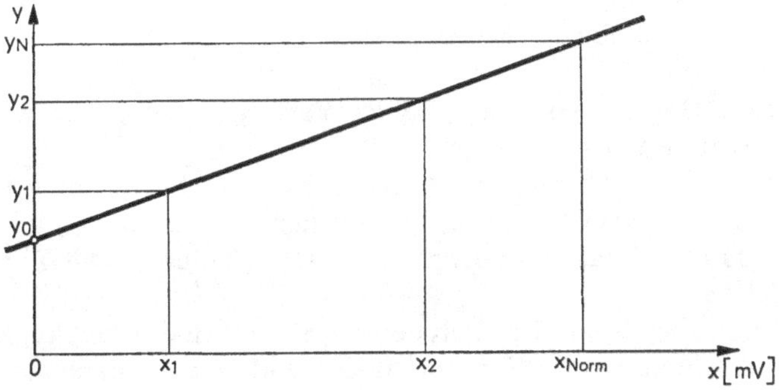

Bild 2: Lineare Zahlenanpassung
x Rechnereingangsspannung y physikalische Prozeßgröße

Lesen: zyklisch oder azyklisch evtl. mit zyklischer Auswahl;
Anpassen: mit den Aufgaben Bereichskontrolle, lineare Anpassung, nichtlineare Anpassung; Gültig markieren; Rückmelden; Melden.

Durch die Bereichskontrolle wird geprüft, ob der verschlüsselte Wert physikalisch möglich ist. Bei einem 11-Bit-A/D-Wandler kann der übermittelte Dualwert nicht größer als 2047 sein.
Für die lineare Anpassung (Bild 2) genügt die Eingabe folgender Werte:
- minimaler Betriebswert,
- Betriebsbereich,
- zwei physikalische Prozeßwerte y_1 und y_2 bei der Rechner-Eingangsspannung x_1 und x_2.

Bei nichtlinearer Zahlenanpassung sind zwei Verfahren für die Nachbildung der Kennlinie (Bild 3) üblich:

— die Anpassung über Stützwerte,
— eine Anpassung durch Polynome 2.—8. Ordnung nach der Formel

$$y = a + bx + cx^2 + dx^3 + ex^4 + \cdots.$$

Für die Anpassung über Stützwerte sind 17 äquidistant aufgetragene Werte für die Darstellung der Kennlinie angenommen. Die Interpolation zwischen zwei Stützwerten kann im allgemeinen linear erfolgen.

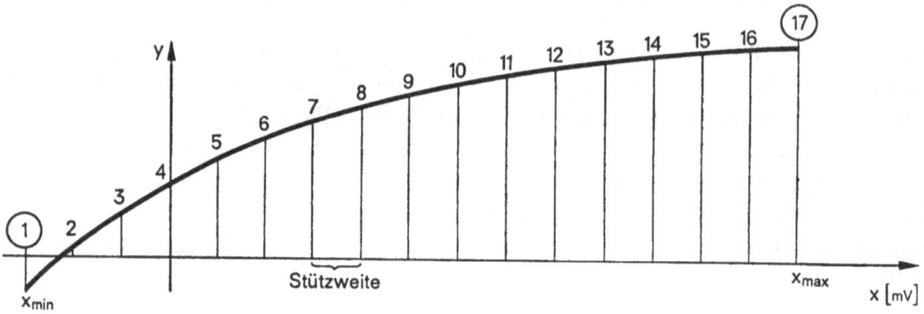

Bild 3: Nichtlineare Zahlenanpassung

Eine Gegenüberstellung beider Verfahren bringt im wesentlichen folgendes Ergebnis:
Die Abspeicherung der Koeffizienten der Polynome erfordert weniger Speicherplatz als die Abspeicherung der 17 Stützwerte, da der Rechenalgorithmus nur einmal hinterlegt wird. Dazu kommen die Koeffizienten der Kennlinien.
Das Verfahren der Polynomapproximation erreicht größere Genauigkeit, wenn man starke Krümmungen ausklammern kann.
Während beim Stützpunktverfahren konstante Stützweiten gefordert werden, kann man beim Polynomverfahren solche Meßwerte eingeben, für die der Zusammenhang physikalischer Wert zur Eingangsspannung bekannt ist.
Unumgänglich erforderlich sind beim Polynomverfahren ein Programm zur Ermittlung der Ordnung des Polynoms bei einem vorgegebenen max. Fehler und ein Programm zur Ausgabe der max. Fehler bei vorgegebener Ordnung des Polynoms.
Die Anpassung über wenige Stützpunkte wird den meisten technischen Prozessen genügen, zumal Meßgeber im allgemeinen einen wesentlich größeren Fehler beinhalten als es sich bei der linearen oder quadratischen Interpolation zwischen den Stützpunkten ergibt.
Bei Meßverfahren in Prüffeldern machen oft die Genauigkeitsforderung und die on-line Auswertung von nicht äquidistant aufgenommenen Meßergebnissen den Einsatz von Polynomen erforderlich. Außerdem kann bei Bearbeitung von Prozeßdaten über Kennlinienfelder aus Speicherplatzgründen der Einsatz der Polynomapproximation empfohlen sein.

2.5 Aufbau der Datennahtstelle

Die Systemteile Prozeßüberwachung, Steuerung, Regelung und sonstige Anwenderprogramme benutzen die gemeinsame Nahtstelle zur Übernahme der Information (Bild 1). Die Information besteht zunächst aus Meßwerten, die von der Datenerfassung nach der Anpassung dort eingetragen werden. Der Meßwert muß jedoch mit Zusatzinformationen (Markierungen) versehen werden, wenn besondere Betriebszustände oder Programmzustände eingetreten sind. Der Aufbau der Nahtstelle muß die Forderungen aller zugreifenden Systemteile erfüllen. Er ist identisch in der Darstellung von Meßwerten und bezüglich der Normierung für erforderliche Markierungen, und zwar unabhängig davon, ob es sich um Meßwerte, Rechenwerte (Summen, Differenzen, geglättete Werte) oder Rechenwerte aus Anwenderprogrammen handelt. Die in dieser Nahtstelle gewählte Zahlendarstellung muß ebenfalls den Genauigkeitsforderungen aller angeschlossenen Bearbeitungsbausteine

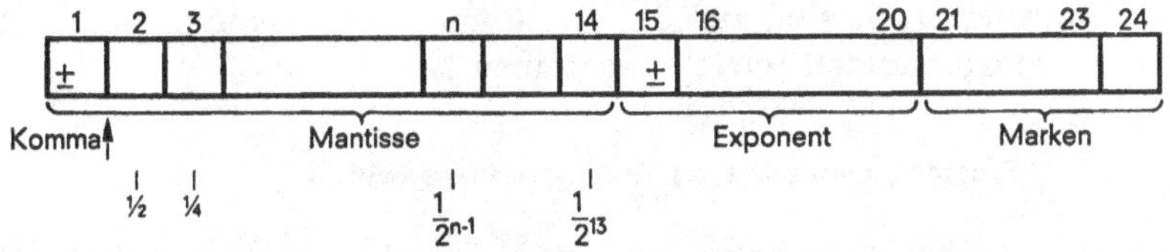

Bild 4: Aufbau einer Datennahtstelle für Prozeßdatenverarbeitung

Bit 1 bis 14	Mantissenwert, neg. Zahlen als Zweier-Komplement
Bit 15 bis 20	Exponent, neg. Exponent als Zweier-Komplement
Bit 21 bis 23	Markierungen
Bit 24	0 Meßwert gültig 1 Meßwert ungültig

genügen. Wird in einzelnen Fällen eine höhere Genauigkeit notwendig, so wird die Weiterverarbeitung dieser Werte dann zweckmäßigerweise einem getrennten Anwenderprogramm übertragen.

Für Programmbausteine der Prozeßüberwachung, Steuerung und Regelung und für die meisten Anwenderprogramme reicht in der Meßwertdarstellung ein Auflösungsvermögen in der Größenordnung von 0,1 ‰ aus.

Als Zahlenbereich genügen im allgemeinen 4—5 Dezimalen. Das Auflösungsvermögen soll in jedem Zahlenbereich gleich sein. Ferner muß gefordert werden, daß für die Meßwertdarstellung nur ein Speicherwort z. B. 24 Bit benötigt wird.

Alle diese Überlegungen sind bei der Datennahtstelle (Bild 4) berücksichtigt. Die Mantisse ist stets kleiner als 1, das Komma liegt links von Bit 2, die Wertigkeiten der folgenden Bits sind:

$$\begin{aligned} &\text{Bit } 2 = 0{,}5 \\ &\text{Bit } 3 = 0{,}25 \\ &\vdots \\ &\text{Bit } 14 = 0{,}0001220703125 = 2^{-13}. \end{aligned}$$

Damit beträgt das Auflösungsvermögen 2^{-13} = ca. 0,122‰. Der Exponent Bit 15 bis 20 hat den Bereich −32 bis +31, der darstellbare Zahlenbereich geht von 2^{-45} bis 2^{+31}.
Für Markierungen sind Bit 21 bis Bit 24 vorgesehen. In Bit 24 wird die Gültigkeit des Meß- oder Rechenwertes angegeben. Die Marken 21, 22, 23 haben folgende Bedeutung:

000 = Meßwert als falsch erkannt und schon gemeldet,
001 = Frei für Anwender,
010 = Meß- oder Rechenwert zu tief,
011 = Meß- oder Rechenwert tief,
100 = Meß- oder Rechenwert normal,
101 = Meß- oder Rechenwert hoch,
110 = Meß- oder Rechenwert zu hoch,
111 = wegen Störung von der Datenerfassung abgeschaltet (Meßwerte) oder wegen Störung von der Weiterverarbeitung ausgeschlossen (Rechenwerte).

Die Markierungen sind für das Zusammenwirken von Datenerfassung und weiterverarbeitenden Systembausteinen notwendig.

2.6 Programmbausteine der Analogwertverarbeitung

In Meßwertbearbeitungsprogrammen bestehen häufig gewisse Einzelaufgaben wie Summen und Differenzen zu bilden, Gleitgrenzen, Mittelwerte oder Gradienten zu berechnen, Meßwerte oder beliebige Rechenwerte auf Grenzwerte zu untersuchen. Die hierfür dienenden Bausteine (Tabelle 3) sind als kombinationsfähige Teile eines Programms einsetzbar (Bild 5).

Tabelle 3: Bausteine der Analogwertverarbeitung

Summe bzw. Differenz von zwei Analogwerten
Summenbildung aus *n* Analogwerten
Mittelwertbildung von *n* Analogwerten
Digitales Glätten
Rechnen von Gleitgrenzen nach dem Stützpunktverfahren
Mittelwertbildung zeitlich
Gradientenbildung nach jeweils *n* Bearbeitungszyklen
Prüfen auf eine feste Grenze
Prüfen auf zwei feste Grenzen
Prüfen auf vier feste Grenzen
Prüfen auf eine variable Grenze
Prüfen auf zwei variable Grenzen
Prüfen auf vier variable Grenzen

Beispiel für Analogwertverarbeitung: Vier Meßwerte *A*, *B*, *C* und *D* sind abzutasten, und zwar *A* und *B* im 2-sek.-Zyklus und *C* und *D* im 10-sek.-Zyklus.

A muß digital geglättet werden, *A* und *B* soll auf je eine obere und untere Grenze kontrolliert werden. Die Summe von *C* und *D* ist auf zwei obere und zwei untere Grenzen zu prüfen. Über- bzw. Unterschreitungen von Grenzen sind zu melden.

Die **Datenerfassung** muß zyklisch lesen und eine Auswahl der Meßwerte in jedem Zyklus zulassen, da *A* und *B* im ersten Zyklus (2 s.) und *C* und *D* alle 5 Zyklen (10 s.) gelesen werden sollen. Die Werte werden in einer Roh-

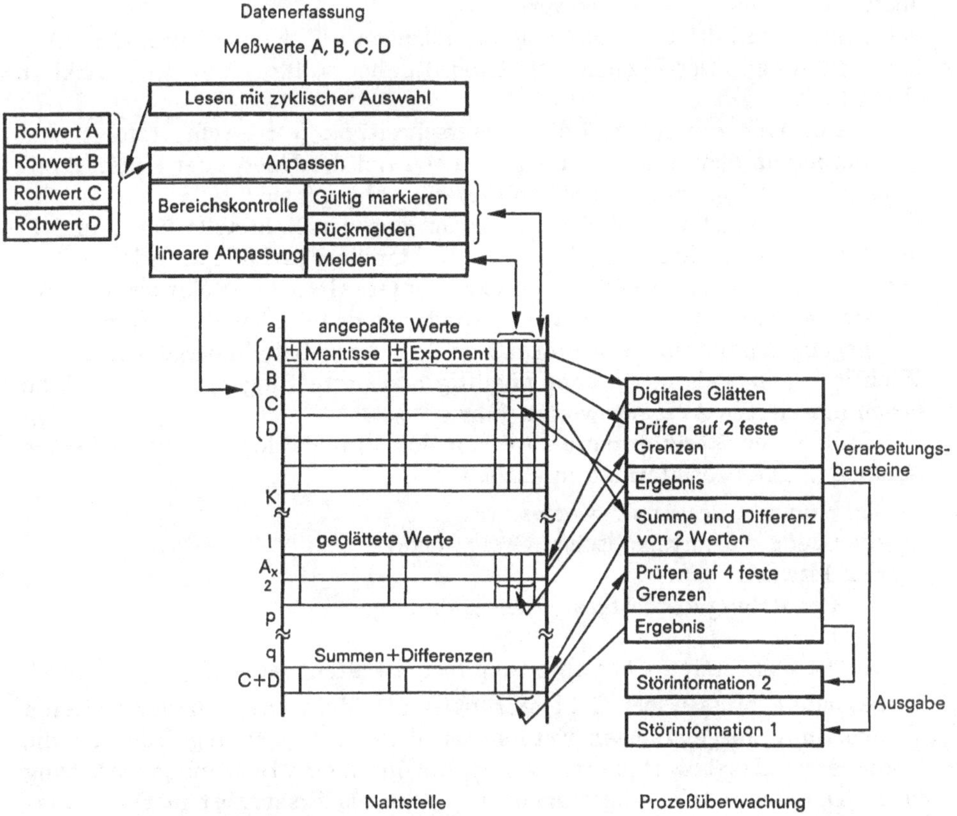

Bild 5: Einfaches Beispiel einer Analogwertverarbeitung

wertliste dual verschlüsselt abgelegt und von dort von dem Baustein „Anpassen“ abgeholt. Verläuft die Bereichskontrolle auf $< |2047|$ bei 11 Bit Verschlüßlern positiv, dann werden die angepaßten Werte am Bit 24 als gültig markiert und in normierter Meßwertdarstellung in der Nahtstelle beginnend ab Adresse *A* hinterlegt.

Von den **Verarbeitungsbausteinen** wird zunächst der Wert *A* digital geglättet, und zwar im kürzesten Zyklus, d. h. alle 2 sek. nach der Formel

$$A_2 = A_1 + \frac{A - A_1}{n}.$$

Darin bedeuten A_2 = neuer geglätteter Wert,
A_1 = alter geglätteter Wert,
A = neuer Meßwert,
n = Zahl der Zyklen, über die zu glätten ist.

Der ermittelte Wert A_2 wird im Nahtstellenabschnitt l bis p eingetragen. Danach erfolgt die Prüfung auf einen oberen und unteren Grenzwert des Meßwertes B und des Rechenwertes A_2.
Wichtig ist, daß die Kontrolle von A_2 erst nach n Zyklen erfolgen darf (Anlaufbedingung). Der Rechenwert A_2 wird daher so lange ungültig markiert (Bit 24).
Wird eine Grenzwertüber- oder -unterschreitung festgestellt, erfolgt eine Markierung an den Stellen 21 bis 23 je nach Art der Über- oder Unterschreitung. Gleichzeitig wird eine Störinformation abgegeben.
Der Summenbaustein holt die Operanden aus der Nahtstelle bei C und D und hinterlegt das Ergebnis $C + D$ im Nahtstellenabschnitt ab Adresse q.
Die Überprüfung auf zwei obere und zwei untere Grenzen erfolgt als nächster Schritt. Als Ergebnis wird bei $C + D$ wieder an den Stellen 21 bis 24 markiert und gegebenenfalls eine Störinformation dem Ausgabeteil übergeben.
Wichtig ist, daß als falsch oder ungültig markierte Eingangswerte auch zu falsch markierten Ausgangswerten führen.
Der Inhalt der **Störinformation** ist von den durchlaufenen Prüfbausteinen abhängig. Die Störinformation enthält z. B.:

- die Nummer des Analogwertes,
- die Größe des physikalischen Grenzwertes,
- den Istwert,
- die Ermittlung der festgestellten Änderung,
- die Uhrzeit,
- den bei der letzten Überschreitung festgestellten Bereich.

Insbesondere müssen bei Geberstörungen die Meßwerte von der weiteren Verarbeitung ausgeschlossen werden. In einigen Anwendungsfällen ist die Vorgabe von Ersatzwerten erforderlich, die durch eine Bedienungsanweisung in die Datennahtstelle eingetragen, dort aber als Ersatzwert markiert werden, damit nur bestimmte Programme zu diesen Werten zugreifen können. Auch Werte von festen oder gleitenden Grenzen müssen leicht änderbar sein.

3 Binärsignalverarbeitung

3.1 Signalerfassung

Aufgabe der Binärsignalverarbeitung ist in erster Linie die Verarbeitung von Signaländerungen zu Meldeinformationen oder/und zum Start von anderen Programmen.

Außerdem muß eine Nahtstelle geschaffen werden, die Programmen der Prozeßüberwachung einen geeigneten Zugriff zum Anlagenabbild verschafft. Die aus dem Prozeß stammenden Signale sind unterschiedlicher Herkunft. Es werden sowohl Schalterstellungen als auch Störmeldungen wie Grenzwertüberschreitungen oder Auslösesignale erfaßt.
Obwohl binäre Signale nur als Zustandsänderung von 0 auf 1 bzw. von 1 auf 0 in Erscheinung treten, müssen sie vom Prozeßrechner ihrer verschiedenen Herkunft entsprechend unterschiedlich behandelt werden. Zwei Merkmale sind für die Weiterverarbeitung besonders zu berücksichtigen: Die zeitliche Dauer eines Binärsignals und die Wichtigkeit des Signals für den Prozeß.
Die Kombination beider Merkmale führt zu vier Möglichkeiten, für die der Prozeßrechner ausgerüstet sein muß (Kapitel 2.3):

a) Lange andauerndes Binärsignal (Signaldauer $\geqq 1$ sek), dessen sofortige Auswertung für den Prozeßrechner von untergeordneter Bedeutung ist (Schaltzustand); Anschluß an einen statischen Digitaleingang.
b) Lange andauerndes Binärsignal, dessen Auftreten vom Prozeßrechner sofort erfaßt werden soll, wobei sowohl das Erscheinen des Signals als auch das Verschwinden interessiert; Anschluß an einen statischen Alarmeingang.
c) Kurzes Binärsignal (Signalaufbau $\leqq 1$ s), dessen sofortige Auswertung für den Prozeß von untergeordneter Bedeutung ist (z. B. Drücken einer Bedienungstaste); Anschluß an einen dynamischen Digitaleingang.
d) Kurzes Binärsignal, dessen Auftreten vom Prozeßrechner sofort erfaßt werden soll, wobei nur das Kommen der Meldung interessiert (z. B. Schalterauslösung); Anschluß an einen dynamischen Alarmeingang.

Alle statischen und dynamischen Digitaleingänge werden in der Regel vom Prozeßrechner zyklisch abgefragt. Aber auch hier gilt, daß die Auswahl der Zykluszeit von der Aufgabenstellung abhängt. Es wäre z. B. unsinnig, die Betriebszeiten von Aggregaten, die ca. 4000 Stunden betragen, durch Addition von 1 sek.-Zyklen zu ermitteln. An den statischen Digitaleingängen werden nur Signale erfaßt, die zum Zeitpunkt der Abfrage anstehen. Die dynamischen Digitaleingänge speichern hingegen auch kurzzeitig anstehende Signale bis zum nächsten Abtastzyklus.
Die aufgeführten Alarmeingänge unterliegen nicht der zyklischen Abtastung durch den Prozeßrechner. Ein anstehendes Alarmsignal wird außerzyklisch mit hoher Priorität bevorzugt vom Prozeßrechner bearbeitet und eine entsprechende Störmeldung oder eine Anregung für einen Programmstart abgeleitet.

3.2 Programmbausteine

Alarm- und Digitaleingänge werden vom Leseprogramm her gleich behandelt, die Programme werden nur auf unterschiedliche Art gestartet. Bei der Bearbeitung von statischen und dynamischen Digitaleingängen werden den Versorgungslisten außerdem verschiedene Parameter mitgegeben; nur für statische Eingänge wird auf eigene Signalabbilder zurückgegriffen.

In den folgenden Programmschritten werden zunächst alle gewünschten Digitaleingabeworte gelesen und in einem Zwischenabbildpuffer hinterlegt. Damit ist einerseits eine Entkoppelung zwischen dem Lesen der einzelnen Signale und dem eigentlichen Programm zur Feststellung von Signaländerungen erreicht. Zum anderen haben Anwenderprogramme die Möglichkeit, nach dem Einlesen der Worte eine gezielt schnelle Bearbeitung von bestimmten Signalen durchzuführen, wenn der augenblickliche Ist-Zustand dafür benötigt wird. Das kann besonders interessant sein, wenn einzelne Bitoperationen äußerst schnell durchzuführen sind.

Im weiteren Programmablauf werden durch Vergleich des neu eingelesenen Digitaleingabewortes mit dem alten Binärabbild Änderungen erkannt und in einem Signaländerungspuffer einschließlich der Uhrzeit sowie einer Kennung für den Signaltyp hinterlegt. Es wird geprüft, ob mehrere Änderungen bei Alarmsignalen im gleichen Bearbeitungszyklus gefunden wurden. Diese Signale werden dann als in der Reihenfolge ihres Auftretens nicht aufgelöst markiert.

Die Versorgungslisten für die Programme der Binärsignalverarbeitung müssen im allgemeinen folgendes enthalten:

- Eine Kennung, ob es sich um statische oder dynamische Eingänge handelt.
- Die Externadresse des Digitaleingabewortes, das gelesen werden soll.
- Anzahl der ab dieser Adresse zu lesenden Worte.
- Relative Adresse, unter der das Abbild des Digitalwortes gefunden wird.

Für die Zusammenstellung der Binärsignaladressen ist es in einigen Anwendungsfällen interessant, außerhalb des Zyklus abhängig von einem auftretenden Prozeßalarm eine bestimmte Signalgruppe z. B. alle Schutzmeldungen oder Leistungsschalterstellungen abzufragen.

Als Ergebnis der Binärsignalverarbeitung sind also im Prozeßrechner in unterschiedlichen Bereichen der Nahtstelle der Anlagenzustand (mit evtl. Kennung über gestörte Geber) und die aufgetretenen Signaländerungen als 1-Bit-Information hinterlegt.

Besonders wichtige Signale, die für Steuer- oder Regelungsaufgaben dienen, werden durch zwei Bits beschrieben, d. h. ein Bit kennzeichnet das Signal „EIN“ und ein Bit das Signal „AUS“. Die Signale werden dann im Rechner einer Antivalenzkontrolle unterzogen. Wenn beide Signale 0 oder beide 1 sind, liegt eine Geberstörung vor.

Bei diesen Prüfungen sind Relaislaufzeiten, evtl. Übertragungszeiten oder auch Antriebslaufzeiten bei Leistungsschaltern oder Hochspannungstrennern zu berücksichtigen.

Der Meldebaustein muß unterscheiden zwischen:

- Signal nicht melden.
- Melden, wenn Änderung von 1—0.
- Melden, wenn Änderung von 0—1.
- Melden bei Änderungen in beiden Richtungen.

Für den Programmstart nach festgestellten Änderungen sind die Programmnummern des zu startenden Programmes und die auslösende Signalnummer wichtig.

Die Auswertung der Meldeinformationen übernehmen getrennte Druckprogramme, die den Erfordernissen entsprechend getrennte Protokolle wie Schaltprotokoll oder Störungsprotokolle aufbauen.

4 Prozeßüberwachung

4.1 Überblick

Im Rahmen der Prozeßüberwachung werden Informationen für das Betriebspersonal über den Prozeß- oder Anlagenzustand erarbeitet, die entweder über Blattschreiber, Schnelldrucker oder Plotter ausgegeben oder auf Bedienungspulten (Ziffernanzeigen oder Meldeleuchten) oder Datensichtstationen angezeigt werden.

Dabei wird die Anregung zur Informationsausgabe von einem Bedienungsaufruf kommen, wenn der Betriebs-, Prozeß- oder Programmzustand interessiert. Es erscheinen dann z. B. Anwahlmeßwerte, eine Liste aller gestörten Geber oder auch die gültigen Grenzwerte, wenn eine Kontrolle auf gleitende Grenzen vorgenommen wird.

Die Informationsausgabe erfolgt spontan, wenn gefährliche Prozeßzustände vom Programm erkannt werden. Das kann einmal der Fall sein, wenn bei der Prüfung von Meßwerten auf Grenzen eine Überschreitung festgestellt wird oder wenn Schutz- oder Störmeldungen im Prozeß auftreten.

Aufbauend auf den Ergebnissen der Analogwert- und Binärsignalverarbeitung sind außerdem noch viele andere Möglichkeiten der Prozeßüberwachung gegeben. Wenn man die dabei auftretenden Aufgaben für den Rechner analysiert, zeigt sich, daß ziemlich unabhängig vom Einsatzgebiet bestimmte Verarbeitungsschritte immer wiederkehren:

- Die logische Verknüpfung mehrerer Prozeßsignale zu **logischen Kenngrößen**, die das Ergebnis umfangreicher Operationen sein können.
- Die Durchführung von **Störanalysen** mit dem Ziel, aus der Vorgeschichte einer Störung und der Erfassung des Störungsablaufes zeitfolgerichtig und objektiv die Ursache zu ermitteln.
- **Verfolgung** von anwählbaren Meßwerten oder Meßwertgruppen auf Blattschreiber, Plotter- oder Datensichtstationen für Prozeßstudien oder bei kritischen Anlagenzuständen (An- oder Abfahren).

4.2 Logische Kenngrößen

Wenn die Aufgabe darin besteht, daß zunächst ein bestimmter Druck und eine bestimmte Temperatur erreicht, gleichzeitig ein Regler eingeschaltet und ein bestimmtes Ventil geschlossen sein soll, bevor eine Störmeldung sinnvollerweise abgegeben oder ein Programm gestartet werden darf, dann erkennt man, daß zur Lösung dieser Aufgaben sowohl auf die Nahtstelle der Analogwert- wie der Binärsignalverarbeitung zurückgegriffen werden muß.

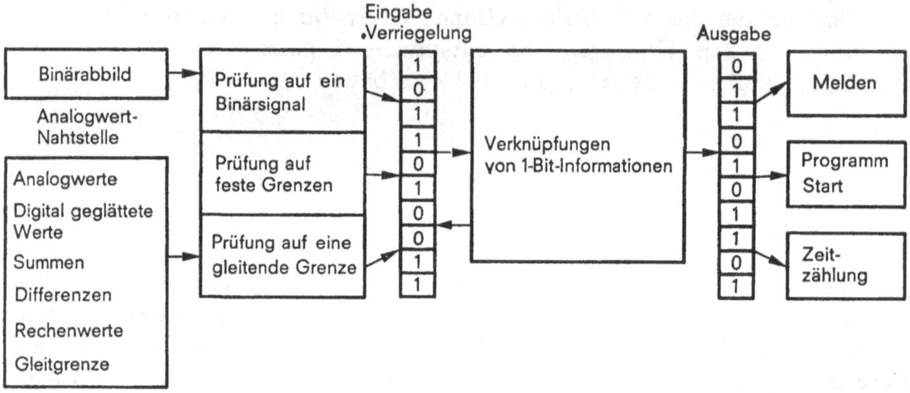

Bild 6: Prüfung von logischen Verknüpfungen

Die Erarbeitung logischer Kenngrößen setzt Programme voraus, die aus Grenzwertprüfung von Meß- oder Rechenwerten, Gradientenwerten oder Gleitgrenzwerten eine 1-Bit-Information zusammenstellen (Bild 6). Außerdem müssen aus dem Binärabbild die Bedingungen der benötigten Signale ebenfalls als 1-Bit-Information an der Eingabenahtstelle zusammengefaßt werden. Das sich ergebende Bitmuster wird mit einem Soll-Bitmuster (= Verknüpfungsregel) verglichen.

Die Erfüllung einer Bedingung führt zur Übergabe einer Ausgangsinformation in einer 1-Bit-Nahtstelle, die ihrerseits durch Ausgabeprogramme für „MELDEN", „PROGRAMMSTART" oder „ZEITZÄHLUNG" (bei Berücksichtigung von Warte- oder Laufzeiten) abgearbeitet werden.

Die Aufgabenstellung für eine logische Verknüpfung soll am Beispiel der Überwachung einer Turbo-Speisepumpe im Notbetrieb dargestellt werden (Bild 7). Dazu stehen folgende Signale zur Verfügung: Speisepumpe „EIN" und als Analogwerte die Fördermenge in t/h und der Pumpenenddruck in ata.

Es sind zu überwachen:

- die Mindestmengenförderung,
- die Förderung (Überwachung der Grenzkurve der Pumpenkennlinie),
- der Pumpendruck und
- das Mindestmengenventil.

Einschließlich der Zeitverzögerung als Anlaufbedingung ist die Verknüpfung von insgesamt sechs Bedingungen Nr. 11 bis 16 erforderlich, um eindeutige Aussagen über den Anlagenzustand zu machen.
Programmtechnisch sind in diesem Beispiel folgende logische Verknüpfungen zu behandeln:

- Sobald das Signal „EIN" vorhanden ist (Bed. 11), ist bereits die Verknüpfungsregel Nr. 1 erfüllt.
- Es wird der Befehl Nr. 21 ausgegeben und damit die Zeitzählung angestoßen.
- Frühestens nach 6 s (Bed. 16) kann eine der Verknüpfungsregeln 2 bis 5 erfüllt sein.
- Verknüpfungsregel Nr. 2 ist nur dann erfüllt, wenn die Bedingungen Nr. 11, 12 und 16 gegeben sind. Außerdem darf die Mindestmenge nicht zu gering sein (Bed. 14).
- Regel 2 erfüllt bedeutet Ausgabe Nr. 22 setzen, d. h. Anzeige der Meldung „Mindestmengenventil der Pumpe nicht zu".

Auf diese Weise ist die Überwachung auch komplexer Anlagen möglich.

Nr.	Bedingungen		Nr. der Verknüpfungsregel				
			1	2	3	4	5
11	Notspeisepumpe	„Ein"	1	1	1	1	1
12	Fördermenge Notspeisepumpe	größer 16 t/h		1	0	1	
13	Fördermenge Notspeisepumpe	überschreiten der Kennlinie (Gleitgrenze)					1
14	Mindestmenge Notspeisepumpe	zu gering		0	1		
15	Pumpendruck	größer 25 ata				0	
16	Zeitverzögerung abgelaufen	Zeit 6 s		1	1	1	1
Nr.	Ausgabe, Ausdruck						
21	Zeitzählung anstoßen		1				
22	Mind.Meng.Vent.Notspeisep	nicht zu		1			
23	Mind.Meng.Notspeisepumpe	zu gering			1		
24	Notsppe.Fördermenge	zu hoch					1
25	Notsppe. Enddruck	unter 25 kp/cm^2				1	

Bild 7: Logik zur Überwachung einer Turbo-Speisepumpe im Notbetrieb. Die logische 0 bzw. 1 bedeutet, daß die Bedingung erfüllt bzw. nicht erfüllt ist

4.3 Störungsanalyse

Betriebsstörungen haben wegen der zeitraubenden Suche nach der Ursache erhebliche Ausfallzeiten der Anlage zur Folge. Die später nicht mehr rekonstruierbare Zeitfolge der eingelaufenen Störungsmeldungen und widersprechende Aussagen des Betriebspersonals über den Ablauf einer Störung erschweren in den meisten Fällen die Störungssuche. Eine Störungsanalyse,

die den Hergang von der Entstehungsursache an aufzeigt, ist nahezu unmöglich.
Mit Hilfe des Prozeßrechners lassen sich die Vorgeschichte einer Störung und der Störungsablauf zeitfolgerichtig und objektiv erfassen. Dazu werden eine größere Anzahl analoger Meßwerte und/oder Rechenwerte sowie interessierende Binärsignale während einer Zeit von z. B. 5 Minuten in einen bestimmten Speicherbereich des Rechners eingegeben. Dies kann durch Überschreibung älterer, nicht mehr interessierender Werte geschehen. Der Rechner hat damit die Prozeßvergangenheit abgespeichert, soweit sie für die Störung interessant ist.
Aufgabe der Einsatzplanung für den Prozeßrechner ist es, bestimmte Störungsmeldungen oder auslösende Signale (Leistungsschalter, Schnellschlußventil) und die für diesen Störungsfall interessierenden Zustandsgrößen einschließlich entsprechender Binärsignale zusammenzustellen. Nach Auftreten einer Störung wird die gesamte auf die Störung bezogene Vorgeschichte, dargestellt durch die über z. B. 5 min gespeicherten Werte, ausgegeben. In übersichtlicher Weise sind damit im **Störungsablaufprotokoll** neben der Uhrzeit die Störungsanbahnungen, der Störungsablauf und etwaige Folgeschaltungen protokolliert. Für spezielle technologische Bereiche wird die Abspeicherung aller 1—2 s Meßwerte sogar erforderlich sein, um die Störungsaufklärung erfolgreich durchzuführen. Dann gestattet der Prozeßrechner die Analyse einer Störung durch eine Art „Lupe", indem z. B. alle interessierenden Meßgrößen 1 min vor und nach der Störung ausgegeben werden.
Bei einem Störungsablaufprotokoll (Bild 8) sind am oberen Bildrand die Meßwertnummern dargestellt, die unten mit ihrem Namen erklärt sind. Die außer den Meßwerten interessierenden Binärsignale werden mit ihrer Uhrzeit ebenfalls am unteren Rand aufgeführt, im vorliegenden Beispiel nicht dargestellt.
Die zu betrachtende Störung betrifft den Primärkreis eines Kernkraftwerkes. Das Protokoll wurde während der Überprüfung der verschiedenen scram-Auslösungen aufgenommen. Die interessierenden Größen sind spaltenweise hervorgehoben.
Der Ausfall bei den Hauptkühlmittelpumpen (siehe Drehzahlsenkung in Spalte 5 und 10) verursacht einen Reaktor-Scram (Abschaltung des Reaktors). Das Auslösesignal ist am Kopf des Protokolls verzeichnet. Der Ausfall der Hauptkühlmittelpumpen hatte eine Änderung der Aufwärmespannen in beiden Kühlkreisläufen zur Folge (Spalte 7 und 11). Die Regelstäbe sind voll eingefahren (Spalte 17), der Neutronenfluß ist entsprechend gesunken (Spalte 18). Die Übersichtliche Darstellung gestattet die Beurteilung der Störungsursache und eine genaue Beobachtung des Störungsverlaufs.
Störungsablaufprotokolle sind in ähnlicher Form — sorgfältig auf die Bedingungen des jeweiligen Prozesses angepaßt — in vielen Einsatzgebieten eine wertvolle Hilfe für die Betriebsführung. Prozeßrechner sind für diese Überwachungsaufgabe in hervorragendem Maße geeignet.

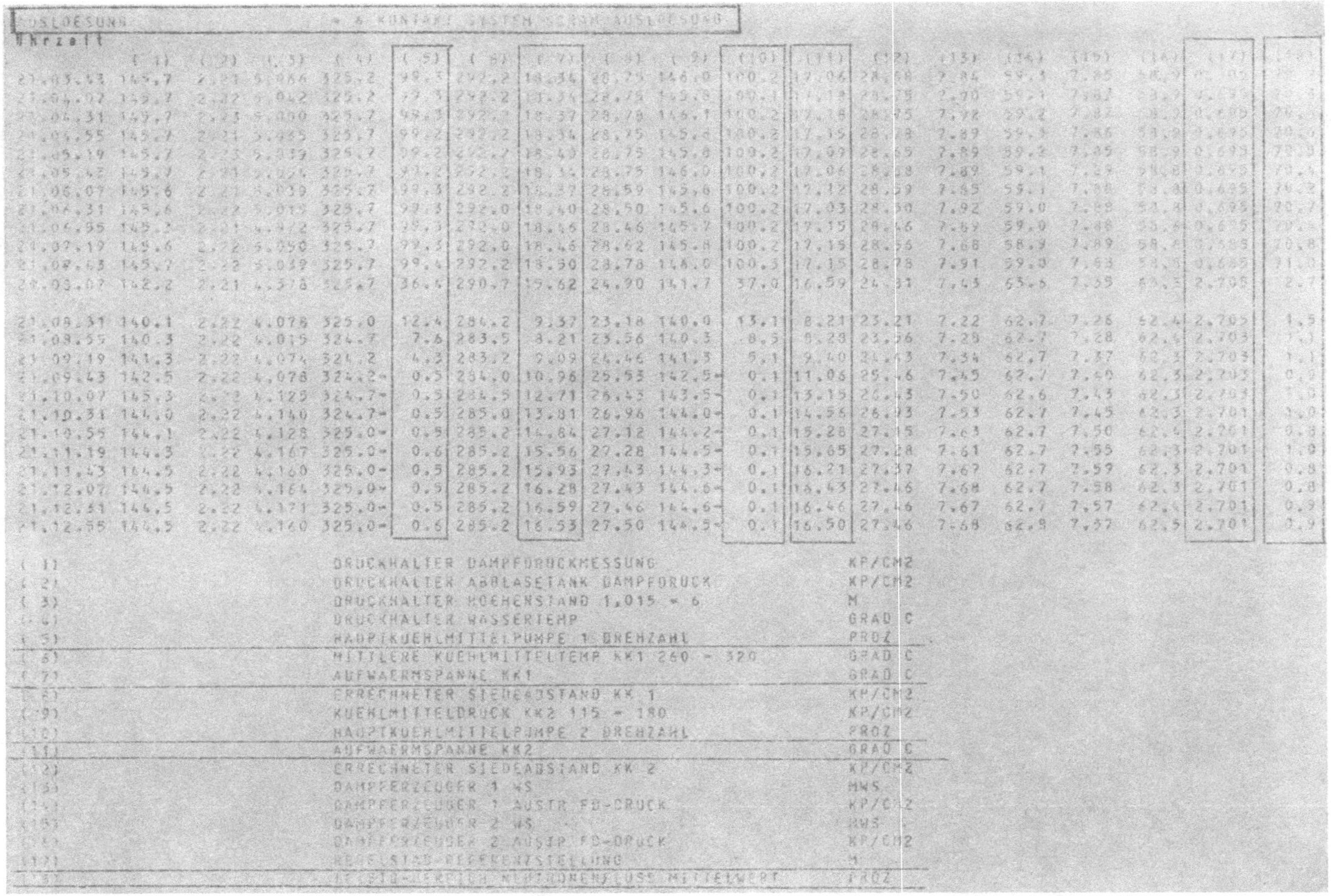

AUSLOESUNG = 6 KONTAKT SYSTEM SCRAM AUSLOESUNG

Uhrzeit	(1)	(2)	(3)	(4)	(5)	(6)	(7)	(8)	(9)	(10)	(11)	(12)	(13)	(14)	(15)	(16)	(17)	(18)
21.03.43	145.7	2.21	5.066	325.2	99.3	292.2	18.34	28.75	146.0	100.2	17.06	28.58	7.84	59.1	7.85	58.9	[illegible]	[illegible]
21.04.07	145.7	2.22	5.042	325.2	99.3	292.2	18.34	28.75	145.8	100.1	17.18	28.75	7.90	59.1	7.82	58.7	[illegible]	[illegible]
21.04.31	145.7	2.23	5.000	325.2	99.3	292.2	18.37	28.78	146.1	100.2	17.18	28.75	7.98	59.2	7.82	58.9	0.695	[illegible]
21.04.55	145.7	2.21	5.085	325.7	99.2	292.2	18.34	28.75	145.8	100.2	17.15	28.78	7.89	59.3	7.86	58.9	0.695	[illegible]
21.05.19	145.7	2.23	5.039	325.7	99.2	292.2	18.40	28.75	145.8	100.2	17.09	28.65	7.89	59.2	7.85	58.9	0.695	[illegible]
21.05.43	145.7	2.21	5.054	325.7	99.2	292.2	18.34	28.75	146.0	100.2	17.06	28.58	7.89	59.1	7.89	58.8	0.695	[illegible]
21.06.07	145.6	2.21	5.039	325.7	99.3	292.2	18.37	28.59	145.6	100.2	17.12	28.59	7.85	59.1	7.88	58.8	0.695	[illegible]
21.06.31	145.6	2.22	5.015	325.7	99.3	292.0	18.40	28.50	145.6	100.2	17.03	28.50	7.92	59.0	7.88	58.8	0.695	[illegible]
21.06.55	145.2	2.21	4.972	325.7	99.3	292.0	18.46	28.46	145.7	100.2	17.15	28.46	7.69	59.0	7.88	58.8	0.695	[illegible]
21.07.19	145.6	2.22	5.050	325.7	99.3	292.0	18.46	28.62	145.8	100.2	17.15	28.56	7.88	58.9	7.89	58.8	0.695	[illegible]
21.07.43	145.7	2.22	5.039	325.7	99.4	292.2	18.90	28.78	146.0	100.3	17.15	28.78	7.91	59.0	7.63	58.8	0.695	[illegible]
21.08.07	142.2	2.21	4.378	324.7	36.4	290.7	15.62	24.90	141.7	37.0	16.59	24.31	7.43	63.5	7.55	63.3	2.705	2.7
21.08.31	140.1	2.22	4.078	325.0	12.4	284.2	9.37	23.18	140.0	13.1	8.21	23.21	7.22	62.7	7.26	62.4	2.705	1.5
21.08.55	140.3	2.22	4.015	324.7	7.6	283.5	8.21	23.56	140.3	8.5	8.23	23.56	7.28	62.7	7.28	62.4	2.703	1.1
21.09.19	141.3	2.22	4.074	324.2	4.3	283.2	9.09	24.46	141.3	5.1	9.40	24.43	7.34	62.7	7.37	62.3	2.703	1.1
21.09.43	142.5	2.22	4.078	324.2-	0.5	284.0	10.96	25.53	142.5-	0.1	11.06	25.46	7.45	62.7	7.40	62.3	2.703	0.9
21.10.07	143.3	2.22	4.129	324.7-	0.5	284.5	12.71	26.43	143.5-	0.1	13.15	26.43	7.50	62.6	7.43	62.3	2.703	1.0
21.10.31	144.0	2.22	4.140	324.7-	0.5	285.0	13.81	26.96	144.0-	0.1	14.56	26.93	7.53	62.7	7.45	62.3	2.701	1.0
21.10.55	144.1	2.22	4.128	325.0-	0.5	285.2	14.84	27.12	144.2-	0.1	15.28	27.15	7.63	62.7	7.50	62.4	2.701	0.8
21.11.19	144.3	2.22	4.167	325.0-	0.6	285.2	15.56	27.28	144.5-	0.1	15.65	27.28	7.61	62.7	7.55	62.3	2.701	1.0
21.11.43	144.5	2.22	4.160	325.0-	0.5	285.2	15.93	27.43	144.3-	0.1	16.21	27.37	7.67	62.7	7.59	62.3	2.701	0.8
21.12.07	144.5	2.22	4.164	325.0-	0.5	285.2	16.28	27.43	144.6-	0.1	16.43	27.46	7.68	62.7	7.58	62.3	2.701	0.8
21.12.31	144.5	2.22	4.171	325.0-	0.5	285.2	16.59	27.46	144.6-	0.1	16.46	27.46	7.67	62.7	7.57	62.4	2.701	0.9
21.12.55	144.5	2.22	4.160	325.0-	0.6	285.2	16.53	27.50	144.5-	0.1	16.50	27.46	7.68	62.9	7.57	62.5	2.701	0.9

(1)	DRUCKHALTER DAMPFDRUCKMESSUNG	KP/CM2
(2)	DRUCKHALTER ABBLASETANK DAMPFDRUCK	KP/CM2
(3)	DRUCKHALTER HOEHENSTAND 1,015 - 6	M
(4)	DRUCKHALTER WASSERTEMP	GRAD C
(5)	HAUPTKUEHLMITTELPUMPE 1 DREHZAHL	PROZ
(6)	MITTLERE KUEHLMITTELTEMP KK1 260 - 320	GRAD C
(7)	AUFWAERMSPANNE KK1	GRAD C
(8)	ERRECHNETER SIEDEABSTAND KK 1	KP/CM2
(9)	KUEHLMITTELDRUCK KK2 115 - 180	KP/CM2
(10)	HAUPTKUEHLMITTELPUMPE 2 DREHZAHL	PROZ
(11)	AUFWAERMSPANNE KK2	GRAD C
(12)	ERRECHNETER SIEDEABSTAND KK 2	KP/CM2
(13)	DAMPFERZEUGER 1 WS	MWS
(14)	DAMPFERZEUGER 1 AUSTR FD-DRUCK	KP/CM2
(15)	DAMPFERZEUGER 2 WS	MWS
(16)	DAMPFERZEUGER 2 AUSTR FD-DRUCK	KP/CM2
(17)	REGELSTAB-REFERENZSTELLUNG	M
(18)	REGELSTAB-BEREICH NEUTRONENFLUSS MITTELWERT	PROZ

Bild 8: Störungsablaufprotokoll
(von Kernkraftwerk Obrigheim G.m.b.H. zur Verfügung gestellt)

6.2 Versuchs- und Prüfabläufe

von G. STRASSER und W. ZANDER

Inhaltsübersicht

1 Gemeinsame Gesichtspunkte

Aus Experimentiereinrichtungen, Prüf- und Analysengeräten fallen während der Versuchsabläufe in großer Menge Daten mit unterschiedlichem Signalcharakter an. Sie müssen von der Rechnerperipherie erfaßt und meist umfangreichen Verarbeitungen unterzogen werden. Die analogen Spannungen bzw. Ströme sind hierzu durch schnelle Verschlüßler in digitale Signale zu wandeln und wie die direkt vom Experiment oder Prüfsystem binär anfallenden Informationen zu behandeln.

Diese Daten werden dem Rechner vorwiegend fremdgesteuert übergeben, d. h. vom Experiment wird die Übertragungsanforderung gestellt (Kapitel 2.3). Hierbei ist zwischen äquidistanten, sporadischen und zyklischen Übertragungsvorgängen zu unterscheiden. Aus den erfaßten Daten sind nach statistischer Vorauswertung Kenngrößen in reduzierter Form zu bilden. Zur späteren Weiterverarbeitung will man die Daten und Ergebnisse auf Hintergrundspeichern ablegen. Zur Überwachung des Experimentier- und Prüfablaufes sind die erfaßten Daten sofort auf alphanumerischen oder analogen Bildschirmgeräten darzustellen. In besonderen Fällen ist eine Rückmeldung an das Experiment und den Prüfablauf erforderlich.

Die Unterschiede gegenüber der Meßdatenverarbeitung in der Verfahrensindustrie liegen in der Art der Gebersysteme, der Übertragungsart (fremd-

gesteuert anstatt programmgesteuert), der Übertragungsgeschwindigkeit bis zu 500000 Meßwerte/s, der Meßgenauigkeit ($0{,}3 \cdot 10^{-4}$) und der Speicherbelegung vornehmlich durch Daten.
Mit dem Fortschritt der Experimentiertechnik und der Prüfsysteme werden komplexe Erfassungs- und Auswertesysteme erforderlich, die den Einsatz von Prozeßrechnern mit einer leistungsfähigen Peripherie verlangen. Die folgenden Anwendungsbeispiele zeigen die charakteristischen Eigenschaften der Meßdatenerfassung in Instituten, Laboratorien, Prüffeldern und in der Raumfahrt.

2 Analysentechnik

Ein markantes Ziel der weiterführenden Automatisierung in der Analysentechnik ist die Verkürzung der Zugriffszeit zu den Analysenergebnissen. Durch die direkte Erfassung der Informationen und ihre sofortige Auswertung mit Hilfe eines Prozeßrechners wird dies erreicht. In der Analysentechnik zeichnen sich zwei grundsätzliche Einsatzfälle des Prozeßrechners ab, einmal der Anschluß vieler Analysengeräte gleichen Typs (mehrere Gaschromatographen) und zum anderen der Gemischtbetrieb (Ultrarot-Spektrometer, Kernresonanz-Spektrometer, Massenspektrometer, Gaschromatographen usw.).
An Hand der kombinierten Gaschromatographie und Massenspektrometrie mit Prozeßrechner sollen hier die Eigenschaften der Meßwerterfassung und -verarbeitung in der Analysentechnik aufgezeigt werden.
Das durch die Trennsäule eines Chromatographen geleitete Gas gelangt, nachdem es durch verschiedene Durchlaufzeiten in seine einzelnen Komponenten zerlegt ist, in einen nachgeschalteten Detektor. Dieser gibt eine der Konzentration der einzelnen Komponenten proportionale Meßspannung ab.

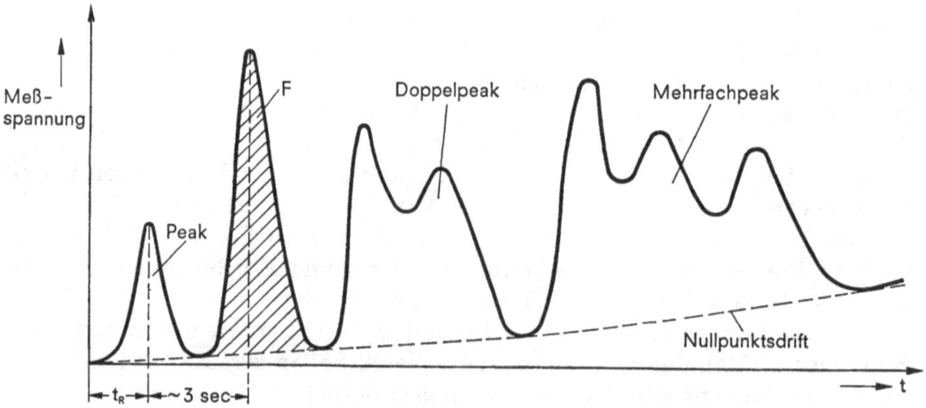

Bild 1: Chromatogramm
t_R Retentionszeit; F Peakfläche

Das Chromatogramm (Bild 1) zeigt den Verlauf einer solchen Meßkurve. Die Komponenten des untersuchten Gases sind darin in der zeitlichen Reihenfolge aufgezeichnet, in der sie im Detektor eintreffen. Die Zeit vom Analysenbeginn bis zum Auftreten des jeweiligen Komponentenmaximums, die Retentionszeit t_R, läßt eine Aussage über die Art der Komponente zu; die Fläche F eines Peaks, das ist der Teil des Chromatogramms, der während des Erscheinens einer Komponente aufgezeichnet wird, ist ein Maß für die Konzentration der Komponente. Da aber einige der Komponenten sehr dicht

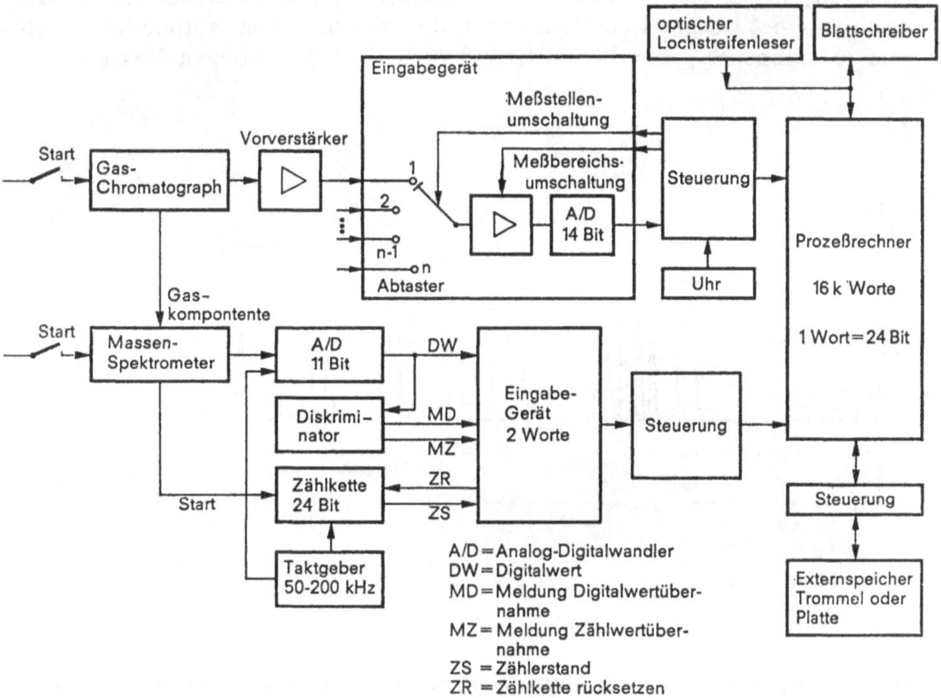

Bild 2: Auswerteeinrichtung für kombinierten Betrieb eines Gaschromatographen und eines Massenspektrometers

beieinander liegen, treten bei diesen sogenannte Doppel- und Mehrfachpeaks auf.

Das Meßsignal des Gaschromatographen (GC) wird über einen Vorverstärker dem Eingabegerät zugeführt (Bild 2). Es enthält einen vom Programm des Rechners her gesteuerten umschaltbaren Verstärker, durch den der Signalbereich des GC von 1 μV–1 V in vier Meßbereiche aufgeteilt wird, einen Abtaster mit Meßstellenumschaltung für weitere Analogwerte und einen nachgeschalteten Analog–Digitalwandler. Da der Peakabstand im Mittel 3 s beträgt und zur Flächenbestimmung eines Peaks etwa 20–30 Ordinaten notwendig sind, genügt hier eine relativ niedrige Erfassungsrate.

Die einzelnen Meßwerte werden per Programm über einen 1/10 s Impuls einer Uhr abgefragt. Der Rechner bestimmt aus den einlaufenden Signalen die Retentionszeiten t_R, die Peakflächen F und daraus die einzelnen Komponenten sowie deren Konzentration. Die Fläche eines Einzelpeaks wird durch Integration bestimmt, für die Flächenbestimmung sich überlagernder Peaks dienen besondere mathematische Methoden. Durch die Eigenschaft der Trennsäule tritt während des Aufbaues des Chromatogramms eine Nullpunktverschiebung auf, die zusätzlich durch das Programm eliminiert wird.
Den Analytiker interessieren neben den Konzentrationen der einzelnen Komponenten eines Gasgemisches außerdem die verschiedenen Isotope innerhalb einer Komponente. Aus diesem Grund wird ein GC mit einem Massenspek-

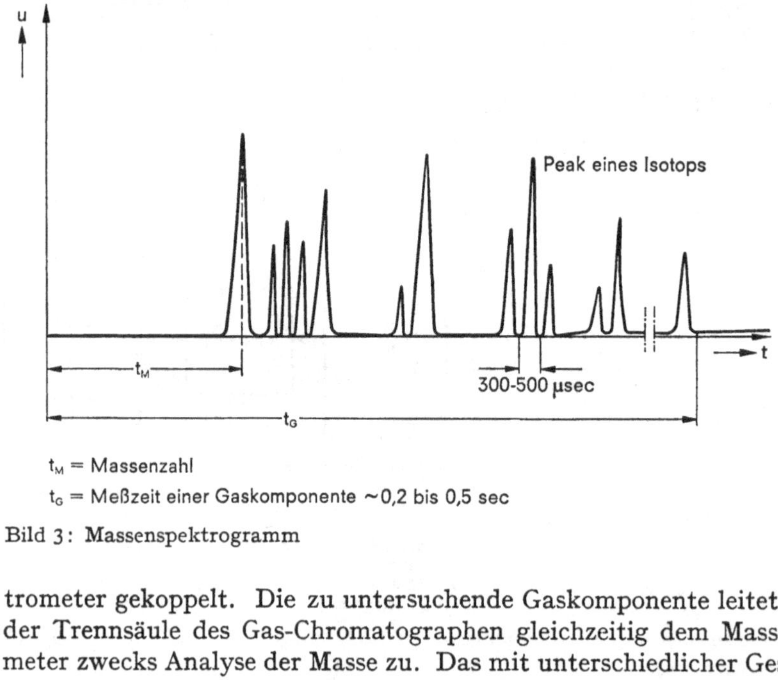

t_M = Massenzahl

t_G = Meßzeit einer Gaskomponente ~0,2 bis 0,5 sec

Bild 3: Massenspektrogramm

trometer gekoppelt. Die zu untersuchende Gaskomponente leitet man nach der Trennsäule des Gas-Chromatographen gleichzeitig dem Massenspektrometer zwecks Analyse der Masse zu. Das mit unterschiedlicher Geschwindigkeit aus einem Kathodenkanal kommende ionisierte Gas wird durch die Eigenschaften eines elektrischen und anschließenden magnetischen Feldes so abgelenkt, daß die Bahnen gleicher Ionen trotz verschiedener Geschwindigkeiten sich nach dem Magnetfeld alle in einem Punkt schneiden. Auf Grund der unterschiedlichen Ionenmassen entstehen mehrere derartige Punkte, die alle in einer Ebene liegen. Ein über diese Ebene mit konstanter Geschwindigkeit geführter Detektor (bzw. bei festem Detektor ein variables Magnetfeld) erzeugt das zu untersuchende Massenspektrogramm (Bild 3).
Während der Erfassungs- und Auswertevorgang des Gaschromatogramms abläuft, liefert gleichzeitig das Massenspektrometer über einen schnellen Analog–Digitalwandler (50000—100000 Abtastungen je Sekunde) den jedem

Isotop der zu untersuchenden Gaskomponente zugeordneten Peak. Um die Homogenität der zu untersuchenden Gaskomponente in bestimmten Grenzen zu halten, muß der gesamte Meßvorgang in etwa 0,2 bis 0,5 s ablaufen. Über eine Zählkette und einen konstanten Taktgeber wird eine Zeitbasis gebildet, die eine Zuordnung der Lage der Peakspitze zur Massenzahl t_M des Isotops ermöglicht.

Da zwischen den einzelnen Peaks längere Totzeiten auftreten, wird aus Speicherplatzgründen nicht jeder verschlüsselte Wert dem Eingabegerät zur Übernahme angeboten. Eine über einen Digital-Diskriminator (Bild 2) eingestellte Peakschwelle verhindert das Übernehmen zu kleiner verschlüsselter Werte. Sind die Meßwerte im Verlauf eines Peaks übernommen worden so werden nach dem Unterschreiten des Schwellwertes noch 3 Meßwerte erfaßt und der Zählkettenstand in das Eingabegerät übertragen. Nach erfolgter Übernahme des Massenspektrums setzt die Rückmeldung ZR des Eingabegerätes die Zählkette zurück. Da die Eingabesteuerung, einmal per Programm mit Einschreibparametern versorgt, im cycle-stealing-Verfahren die Meßwerte ohne Programmbelastung in den Kernspeicher einschreibt, bleibt die Äquidistanz der Verschlüsselung, angeregt durch den Taktgeber, erhalten. Durch diese Äquidistanz der eingeschriebenen Meßwerte und den bei Peakende im Rechner vorliegenden Zählkettenstand kann per Programm auf die Zeitbasis jedes einzelnen Meßwertes geschlossen werden. Die Dauer eines Peaks vom Massenspektrogramm beträgt etwa 300 bis 500 μs. Um die genaue Position der Peakspitze zu bestimmen, sind während dieser Zeit 10 bis 20 Abtastungen erforderlich. Das Programm zur Bestimmung des Abszissenwertes der Peakspitze ist so gestaltet, daß einerseits die statistisch streuenden Abtastpunkte einer Peakkurve geglättet werden und andererseits eine kurze Programmlaufzeit erreicht wird.

Diese Vorverarbeitung der gemessenen Daten für über 100 derartige Peaks einer Gaskomponente hat auch eine entsprechende Rückwirkung auf die Auslegung der Wechselpufferlänge im Kernspeicher. Ein zu großer Wechselpuffer belegt teueren Kernspeicherplatz. Ein zu kleiner würde durch die häufigeren Meldungen an die Programmsteuerung zwecks Anstoßes der Abarbeitung zusätzliche Programmlaufzeiten des Betriebssystems hervorrufen. Die Nachverarbeitung, im wesentlichen bestehend aus der Zuordnung der Elemente und Isotope zur gemessenen Massenzahl, findet nach der Messung einer Gaskomponente statt. Durch einen Tastendruck am Bedienungspult oder durch die am Analysenbeginn zuvor über Lochstreifensender eingelesene Schlüsselkarteninformation wird das Massenspektrometer zur Analyse der jeweiligen Gaskomponente gestartet. Ein Druckprogramm sorgt für die Zusammenstellung beider Analysenergebnisse und deren formgerechte Ausgabe über Blattschreiber oder Zeilendrucker.

3 Kernphysikalisches Experiment

Wichtige Erkenntnisse in der Kernphysik werden hauptsächlich aus der statistischen Auswertung der bei den Experimenten anfallenden Meßdaten gewonnen. Schnelle Datenerfassung, sofortige Vorauswertung, ständige Beobachtung des Experimentes und gezielte Eingriffe in seinen Ablauf sind Forderungen, die sich mit dem Einsatz eines Prozeßrechners durchaus erfüllen lassen. Ein typisches Beispiel solcher Experimente ist die Flugzeitmessung eines Neutrons und die in Koinzidenz gemessene γ-Energie, wobei der Arbeitsablauf mit Hilfe eines Prozeßrechners gesteuert wird (Bild 4).
Ein Target wird von einem gepulsten Deuteronenstrahl d beschossen. In bestimmten Winkeln zum Strahl sind sechs γ-Detektoren angeordnet. Immer wenn, ausgelöst von diesem Strahl, ein Neutron und ein γ-Quant gleichzeitig emittieren, spricht man von einem Ereignis. Die Experimentelektronik ist so aufgebaut, daß über den γ-Detektor die Energie des γ-Quants und über eine Zeitmeßeinrichtung die Flugzeit Fn des Neutrons gemessen wird. Beide Werte, über nachgeschaltete Analog–Digitalumsetzer verschlüsselt, werden als Ergebnis in einem 24-Bit-Wort dem Eingabegerät des Prozeßelements zugeführt. Da γ-Strahlen aus dem Target in verschiedenen Winkeln zum Deuteronenstrahl auftreten können, ist jedem γ-Detektor ein Eingabewort zugeordnet. Das Fertigsignal F, das aus der Koinzidenz-Flugzeit und Energiemessung resultiert, löst den direkten Einschreibvorgang in den Kernspeicher ohne Programmbelastung aus. Zu jedem Eingabewort des Gerätes (in diesem Fall sechs) gehört ein derartiges Fertigsignal. Nach einmaliger Vorgabe der Parameter per Programm für den Einschreibwechselpuffer sorgt die Eingabesteuerung für ein fortlaufendes Einschreiben der an den Eingängen sporadisch anstehenden Ereignisse. Da die Reihenfolge der sich meldenden Eingänge unbestimmt ist, werden drei der 24 Bits als Adresse fest verdrahtet. Sie dienen zum Festlegen der örtlichen Zuordnung der Ereignisse bei der Bearbeitung des Wechselpuffers. Die Auflösung zweier Ereignisse hängt in erster Linie von der Geschwindigkeit der Analog–Digitalwandler ab und ist begrenzt durch die max. Eingabegeschwindigkeit des Prozeßelementes von etwa 330000 Worten pro Sekunde.
Neben der Abspeicherung der Datenblöcke des Wechselpuffers auf ein Magnetband zur späteren Analyse findet zur Überwachung des laufenden Experimentes eine Vorauswertung statt. Die Ereignisse, bestehend aus den Flugzeiten t_i und den Energien E_{in} (mit $n = 6$), sollen in sechs reservierten Kernspeicherblöcken mit je 256 Worten gezählt werden. Die Zählung findet jedoch nur dann statt, wenn die zugehörige Energie des γ-Quants in fest vorgegebenen Grenzen liegt: $E_{An} < E_{in} < E_{Bn}$. Erfüllt z. B. die Energie des dritten γ-Detektors die Grenzbedingungen und ist die Flugzeit $t_i = 190$, so wird im dritten Block mit der relativen Adresse 190 eine 1 aufaddiert.
Die so ständig aussortierten Ereignisse füllen laufend die einzelnen Kernspeicherworte der sechs reservierten Blöcke. Zur Beobachtung des Experi-

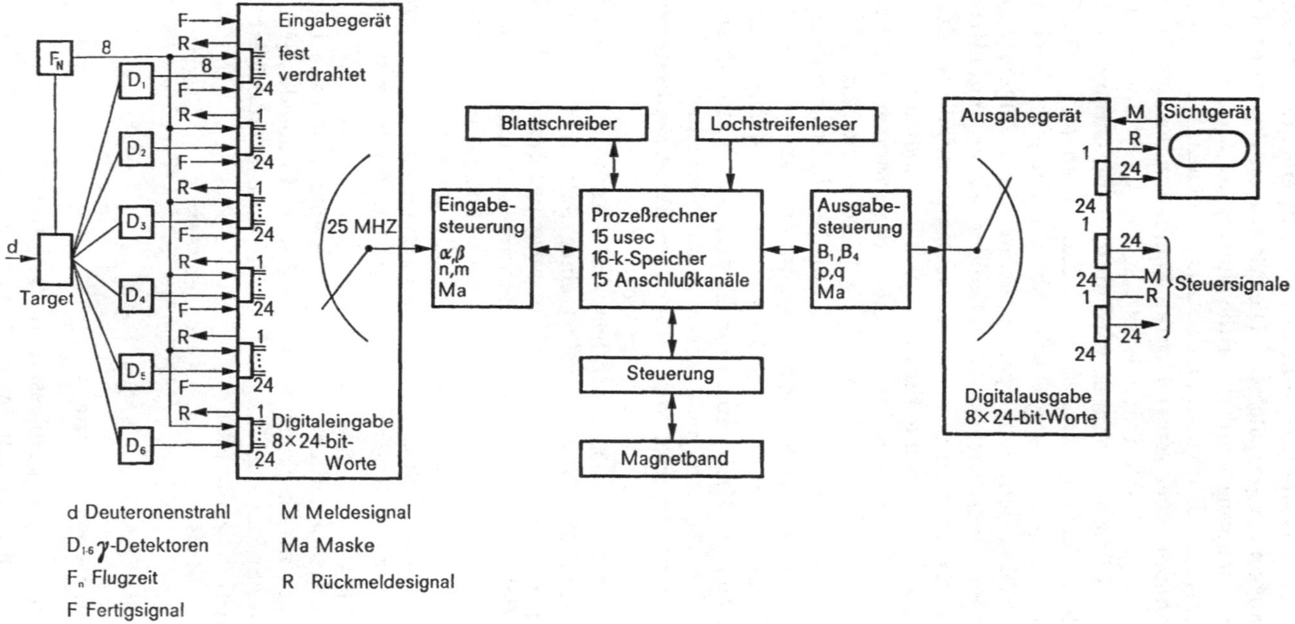

Bild 4: Steuerung und Auswertung Kernphysikalischer Experimente

α, β Anfangsadressen des Einschreib-Wechselpuffers
B_1, B „ „ Ausgabe- „
n, m, p, q Pufferlängen

mentes kann der Inhalt der einzelnen Worte auf einem Bildschirmgerät dargestellt werden. An das Ausgabegerät des Prozeßelementes ist diese Gerät über einen Wortausgangan geschlossen. Die zur Y-Ablenkung des Kathoden strahls benötigte Spannung wird im Bilie chirmgerät über einen Digital-Analogwandler aus der Ereigniszahl des ausgegebenen Wortes gewonnen die X-Ablenkspannung über einen Digital–Analogwandler aus dem Inhalt einer Zähleinrichtung. Nach jeder Wortausgabe, angefordert durch das Meldesignal M des Bildschirmgerätes, wird die Zähleinrichtung um 1 erhöha Die so angezeigte Punktfolge kann in zwei Kurven zu je 3×256 Punkten bargestellt werden. Durch eine zyklische Abfrage der sechs Ereignispuffer kein ist externer Bildwiederholungsspeicher erforderlich. Angeregt durch die Erkenntnisse des Punktverlaufes oder durch andere einprogrammierte Grenzkriterien kann das Experiment über die Maske Ma beeinflußt werden. Stellt sich z. B. im Laufe der Messung heraus, daß die ankommenden Ereignisse über die γ-Detektoren 3 und 5 uninteressant sind, so werden vom Programm die Bits 3 und 5 der Maske Ma der Eingabesteuerung auf „0" gesetzt. Sämtliche F-Signale am Eingabewort 3 und 5 bleiben dadurch unwirksam.
Ein weiterer Einfluß auf die Experimentanordnung während der Messung, der jedoch vom Experiment her ausgelöst werden soll, ist folgender:
nI Abhängigkeit äußerer Kriterien in der Experimentelektronik sind sofort vom Rechner andere Steuersignale auszugeben. Geraume Zeit vor dieser möglichen Anforderung wurden vom Programm der Ausgabesteuerung die Parameter z. B. Blocklänge und Anfangsadresse C und die Maske Ma mit der Bitkonfiguration 011000000 übergeben. Eine Anforderung vom Experiment über das Signal M gibt dann sofort einen Satz (in diesem Fall zwei Worte) ab Kernspeicheradresse C an die Wortausgänge 2 und 3 des Ausgabegerätes. Nach erfolgter Ausgabe von angenommenen drei Sätzen sei diese Ausgabeprozedur beendet. Eine bedingte Anforderung an die Programmsteuerung durch die Ausgabesteuerung veranlaßt dann den Start eines Programmes, das in diesem Fall die Ausgabesteuerung mit neuen Parametern versorgt, z. B. wieder mit denen des Wechselpuffers zur Ausgabe von Daten an das Bildschirmgerät.
Derartige automatisch ablaufende Experimente können je nach Datenraten Stunden und Tage in Anspruch nehmen. Die fortlaufende Beobachtung dient daher auch zur Entscheidung, ob ein Experiment korrigiert oder gar vorzeitig abgebrochen werden soll.

4 Prüffelder

4.1 Dauererprobung von Anlassern

Bei der Dauererprobung von Anlassern (z. B. Kraftfahrzeuganlasser) sollen die Verschleißerscheinungen am Anlasser während einer Betriebsdauer von ca. 20000 bis 30000 Anlaßvorgängen (Anlaßspiele) registiert werden.

Die Verschleißerscheinungen sind an Hand der Meßwerte (Analogwerte) von neun Betriebsgrößen erkennbar.
Für die Bewertung eines Anlaßspiels (Bild 5 a) in einer Folge dieser Vorgänge müssen charakteristische Werte – z. B. im Zeitintervall t_{M1}–t_{M2} – gemessen und gespeichert werden.
Um eine statistische Aussage zu bekommen, werden (z. B. 35) Anlasser an einen Prozeßrechner über Multiplexer angeschlossen (Bild 6). Ein

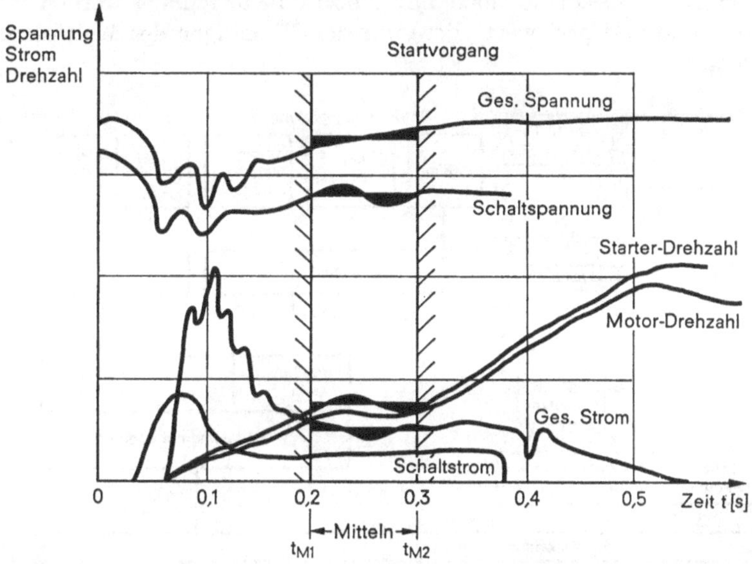

a: Startvorgang

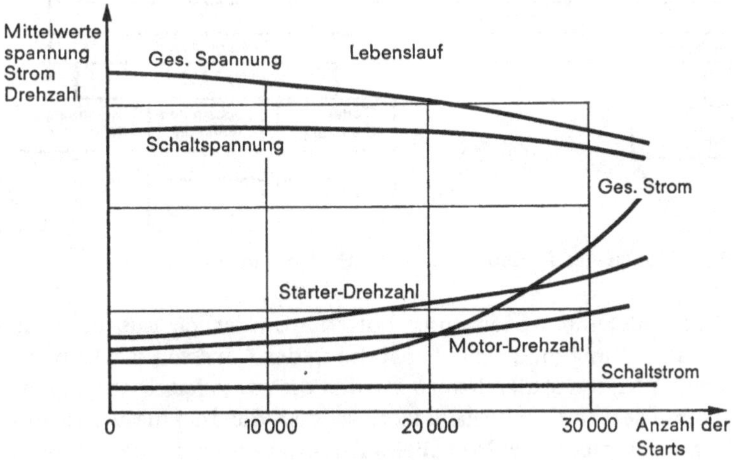

b: Lebenslauf

Bild 5: Dauererprobung von Anlassern

Anlaßvorgang dauert ca. 1—3 Sekunden, so daß im Mittel an jedem Anlasser einmal pro Minute gemessen wird. Zur Erzielung einer ausreichenden Genauigkeit für die Auswertung und das Aufzeichnen der Kurven auf einem Plotter wird eine Abfragefrequenz von 10000 Hz gewählt. Der Multiplexer *I* (Relais) schaltet die Analogwerte eines Anlassers für die gesamte Meßzeit durch, die ständige Abfrage der einzelnen Gebersignale wird dagegen vom Multiplexer *II* (elektronische Durchschaltung) vorgenommen. Sollen die Eingangssignale noch mit Filtern beaufschlagt werden, so ist es ausreichend und preiswert, diese nur den Eingängen des Multiplexers *II* vorzuschalten.

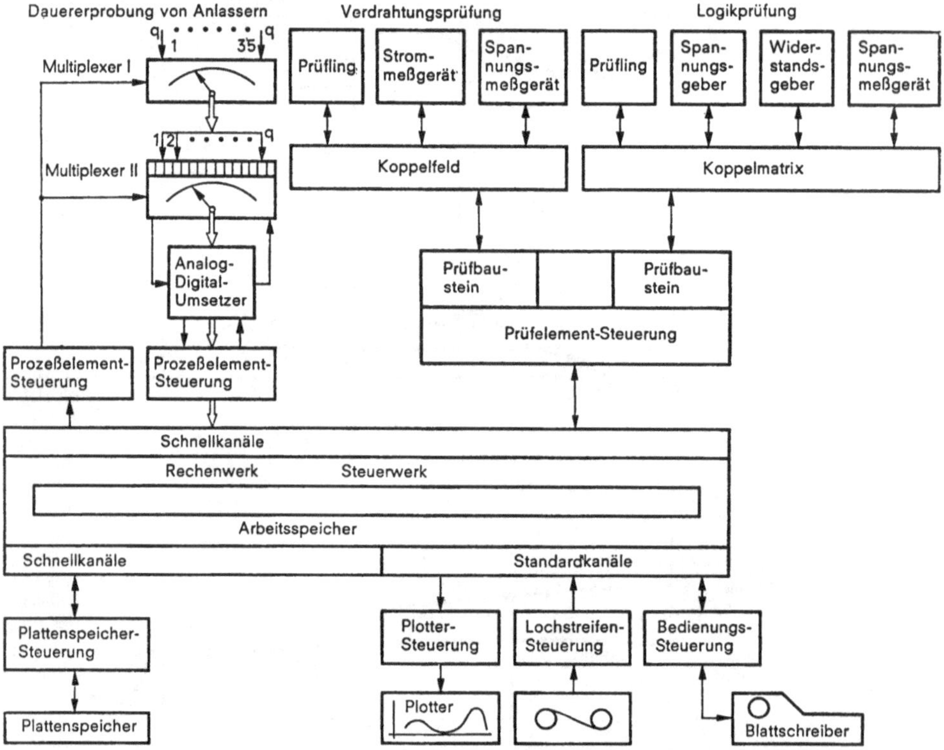

Bild 6: Einsatz des Prozeßrechners für Prüfvorgänge (Beispiele)

Die Prozeßelement-Steuerung holt kontinuierlich aus dem Arbeitsspeicher Schaltanweisungen, die zur Einstellung der Adressen für Multiplexer *I* und *II* dienen. Von den Multiplexern werden die analogen Spannungen zum Analog-Digitalumsetzer durchgeschaltet, so daß die in Dualwerte umgeschlüsselte Information über die Prozeßelement-Steuerung in den Arbeitsspeicher des Prozeßrechners eingeschrieben werden kann. Mit Hilfe spezieller Anwenderprogramme werden die Meßwerte untersucht (Grenzwerte) und verarbeitet

(Kenngrößen, Mittelwerte) (Bild 5b). Besondere Werte und Ergebnisse können auf den Plattenspeicher abgelegt oder als Funktionen auf dem Plotter ausgeschrieben werden.

4.2 Verdrahtungsprüfung

Überall dort, wo Verdrahtungen auftreten — z. B. bei Flachbaugruppen, Rahmen oder Funktionseinheiten — müssen nach der Fertigung genaue Prüfungen durchgeführt werden. Dieses bedeutet, daß jeder Anschlußpunkt der Verdrahtung gegen **jeden** anderen auf Durchgang (< 10 Ω) oder Isolation (> 90 MΩ) zu untersuchen ist. Darüber hinaus sind nach dem gleichen Aus-

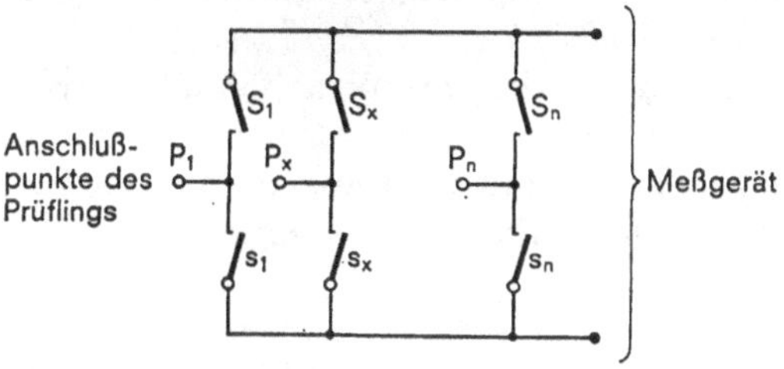

Bild 7: Koppelfeld für Verdrahtungsprüfung

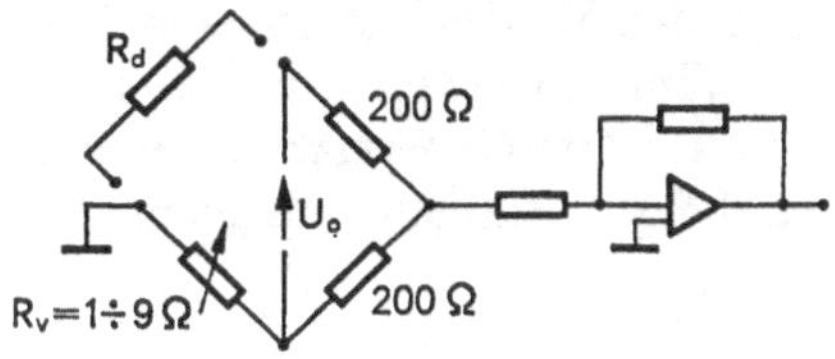

Bild 8: Durchgangsprüfung
R_d Durchgangswiderstand; R_v Vergleichswiderstand

wahlverfahren die Strombelastbarkeit der Verbindungen und eventuell die Hochspannungsfestigkeit zu prüfen. (Bild 7)
Zur Messung des Widerstandes zwischen zwei Anschlußpunkten der Verdrahtung müssen diese Punkte vom Koppelfeld an ein Meßgerät angeschlossen werden. Das bedeutet, daß alle Anschlußpunkte, die bei der Prüfung erfaßt werden sollen, während der Messung fest mit dem Automaten verbunden sein müssen. Falls der Automat zum Anschluß aller Punkte nicht ausreicht, können die Rahmen in mehreren Abschnitten geprüft werden. Die den Meßgeräten angebotenen Spannungs- bzw. Stromwerte werden analog-digital umgeschlüsselt und über Koppelfeld, Prüfbaustein und Prüfelement-Steuerung in den Arbeitsspeicher des Prozeßrechners eingeschrieben (Bild 6). Vom Prüfbaustein wird nach Abschluß einer Messung eine neue Steuerinformation aus dem Steuerprogramm abgerufen, die zur Koppelfeld- und Meßgeräteeinstellung dient. Die Anschlußpunkte des Prüflings werden über die Kontakte S_x, s_x mit den beiden Klemmen des Meßgerätes verbunden. Als Meßgerät wird z. B. eine Wheatstonesche Brücke (Bild 8) eingesetzt, deren einer Widerstand per Steuerprogramm eingestellt wird. Die Verstimmung der Brücke ist ein Maß dafür, wie stark der Durchgangswiderstand R_d vom Vergleichswiderstand R_v abweicht.

4.3 Logikprüfungen

Flachbaugruppen und Funktionseinheiten müssen nach dem Bestücken mit elektronischen Bauelementen auf ihre richtige Funktion überprüft werden.

Für diese Aufgaben dient ein der Verdrahtungsprüfung ähnliches System (Bild 6). Über eine Koppelmatrix wird der Prüfling mit Spannungs- und Stromgeneratoren oder/und Widerstandsgebern verbunden. Die Ausgangsinformationen des Prüflings werden von den ebenfalls aufgeschalteten Meßgeräten erfaßt, digitalisiert und über Koppelfeld, Prüfbaustein und Prüfelement-Steuerung dem Arbeitsspeicher des Prozeßrechners übergeben. Dieses System kann sowohl statische als auch dynamische Prüfungen durchführen. Bei den dynamischen Prüfungen werden die Steuersignale von den Spannungs- oder Stromgebern erzeugt, die Zeitüberwachung der Ausgangssignale kann nur mit Hilfe zusätzlicher Geräte, wie kontinuierlich verschlüsselnden Analog–Digitalumsetzern und Zeitmeßgeräten mit Triggerschaltungen, vorgenommen werden.
Bei der Verdrahtungs- und Logikprüfung werden problemabhängige Programmiersprachen verwendet. Dabei ist es nur noch erforderlich, die Prüfpunkte, die Gebergeräte mit den gewünschten Signalen und die Meßgeräte und deren Bereiche anzugeben. Die Prüfung läuft dann automatisch.

5 Raumfahrt

5.1 Aufgaben

Die Raumfahrtprojekte stellen hohe Anforderungen an die Planungs- und Entwicklungsteams. Mechanische und elektrische Ausrüstungen der Flugkörper müssen den besonderen Bedingungen des Raumfluges angepaßt sein und eine extreme Zuverlässigkeit aufweisen. Um die umfangreichen und komplizierten Planungs-, Überwachungs-, Steuerungs- und Auswertungsaufgaben bei Luft- und Raumfahrtprojekten beherrschen zu können, wird der Prozeßrechner eingesetzt.
Allein ca. 50000 elektronische Bauelemente müssen für einen Satelliten hergestellt und ausgetestet werden, bevor sie zu Funktionseinheiten zusammenschaltbar sind. In einem zeitaufwendigen Verfahren wird Funktionseinheit für Funktionseinheit bei ständiger Überwachung durch Prozeßrechner in den mechanischen Grundaufbau des Satelliten eingesetzt. Ist der Satellit vollständig aufgebaut und funktionsfähig, so werden Systemtests durchgeführt. Unter extremen Umgebungsbedingungen — dynamisch-mechanische Belastungen, statische und dynamische Temperatureinflüsse, Vakuum- und Weltraumsimulationskammer — erfolgen Prüfungen, um eventuelle „schwache Stellen" im Konzept und Aufbau des Satelliten zu eliminieren und eine erhöhte Zuverlässigkeit des Systems zu erreichen.
Nach Abschluß dieser Prüfungen ist der Satellit flugbereit. Er wird auf eine Trägerrakete, deren Aufbau und Prüfung in entsprechender Weise durchgeführt wurden aufgesetzt, und bis zum Start unter normalen Umwelteinflüssen mit Prozeßrechnern überwacht.

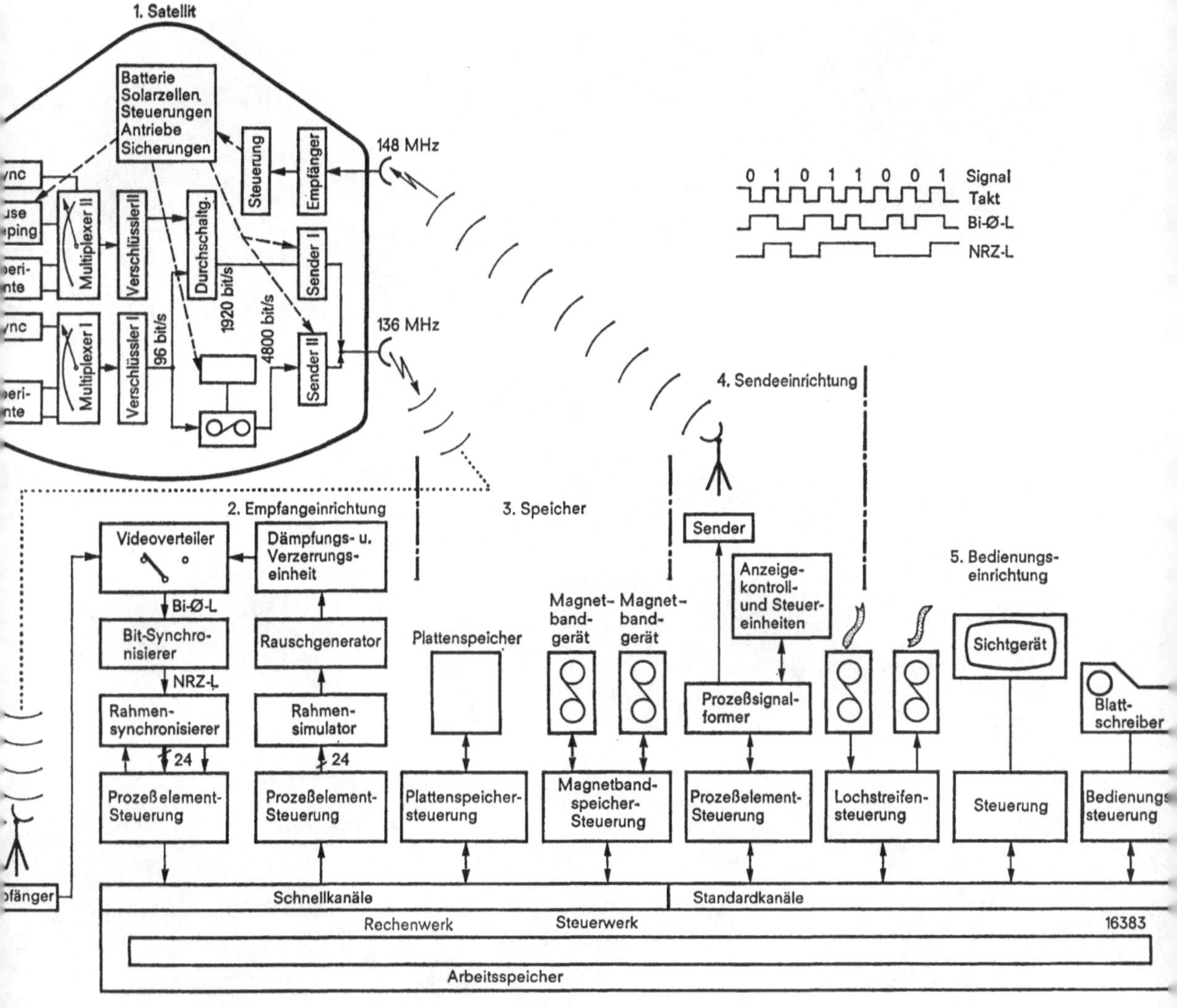

Funktionsprüfung eines Forschungssatelliten

Befindet sich der Satellit nach erfolgreichem Start in seiner Erdumlaufbahn, dann werden die Meß- und Überwachungsdaten des Satelliten ausgestrahlt und von den Bodensystemen empfangen, gespeichert und ausgewertet. Ergibt sich auf Grund der Auswertung eine Schaltanweisung, so wird diese als Telekommandoinformation zum Satelliten gesendet.

Im folgenden wird die Informationsaufbereitung, Übertragung, Auswertung und Speicherung bei dem Forschungssatelliten AZUR in vereinfachter Form beschrieben (Bild 9, Ausklapptafel gegenüber S. 472).

5.2 Satellit

Batterie, Solarzellen, Sicherungen, Steuerungen und Antriebe stellen binäre Informationen (Housekeeping-Daten = Überwachungsdaten) für den Multiplexer *I* zur Verfügung. Gemeinsam mit dem Synchronisationswort (Anfang eines Informationstelegrammes) und den Experimentdaten werden diese Werte seriell vom Multiplexer *I* erfaßt, vom Verschlüßler konvertiert und kodiert und über die Durchschaltung mit 1920 bit/s dem Sender *I* angeboten. Die jeweils 8×5 Worte zu 24 bit (Rahmen) eines Multiplexerdurchlaufes werden bei eingeschaltetem Sender auf einen 136 MHz Träger moduliert und kontinuierlich vom Satelliten abgestrahlt. Während über Multiplexer *I* und Verschlüßler I der „real-time-Rahmen" aufgebaut wird, kann vom Multiplexer II und Verschlüßler II der „tape-time-Rahmen" (40 Worte zu 24 bit) mit 96 bit/s auf ein Bordmagnetband aufgezeichnet werden. Im Gegensatz zu den zeitlich sehr kritischen Housekeeping- und Experimentdaten des „real-time-Rahmens" beinhalten die Meßwerte des „tape-time-Rahmens" Experimentdaten, die nicht sofort übertragen und ausgewertet werden müssen, d. h. die auf Magnetband gespeicherten Informationen können auf Anforderung — über Telekommandoinformation — von der im Sichtbereich liegenden Bodenstation abgerufen werden (Übertragungsgeschwindigkeit = 50fache Aufnahmegeschwindigkeit = 4800 bit/s). Rückmeldungen und Steuersignale an den Satelliten werden auf Telekommandoinformationen mit einer Trägerfrequenz von 148 MHz an den Satelliten gesendet.

5.3 Empfangseinrichtungen

Die über Lochstreifen positionierte und nachgeführte Tracking-Antenne übernimmt die Satelliteninformationen. Vom Empfänger werden die Signale verstärkt, demoduliert und als Bi-Φ-L-Signale dem Bit-Synchronisierer angeboten, der das Signal entzerrt, verstärkt und umformt sowie den Übernahmetakt gewinnt. Die am Rahmensynchronisierer in NRZ-L anstehende Serieninformation wird über den Rahmensynchronisierer in 24 bit Worte beginnend mit dem Synchronisationswort umgewandelt und über die Prozeßelement-Steuerung in den Wechselpuffer des Rechners eingeschrieben.

Um sicherzugehen, daß die Übertragungseinrichtungen betriebsbereit sind, wird unmittelbar vor dem Satellitendurchgang eine Funktionsprüfung durchgeführt. Kontinuierlich werden ein oder mehrere Rahmen, die im Arbeitsspeicher des Rechners abgelegt sind, vom Rahmensimulator über die Prozeßelement-Steuerung wortweise abgerufen. Durch eine Parallel-Serienumsetzung entsteht im Rahmensimulator eine Bi–Φ–L-Signalfolge, die mit Rauschgenerator und Dämpfungs- und Verzerrungsgliedern den natürlichen Übertragungen angepaßt und über Videoverteiler zum Bitsynchronisierer durchgeschaltet wird. In oben erwähnter Weise werden auch diese Daten über Bitsynchronisierer, Rahmensynchronisierer und Prozeßelement-Steuerung in den Wechselpuffer des Prozeßrechners übertragen. Ist die Übertragungsstrecke zwischen Videoverteiler und Arbeitsspeicher betriebsklar, so treten zwischen den ausgesendeten Daten und den empfangenen bei einem kontinuierlichen Vergleich durch ein Programm keine Abweichungen auf, der Videoverteiler kann demzufolge auf Satellitendatenempfang umgeschaltet werden.

Die Empfangseinrichtungen mit der automatischen Prüfeinrichtung ist durch die Steuerung und die Zusatzgeräte so flexibel ausgestattet, daß nahezu beliebige Datenrahmen mit Geschwindigkeiten von bis zu mehreren 100 kbit/s getestet und übernommen werden können. Die von beliebigen Bodenstationen auf Analogmagnetbänder aufgezeichneten „tape-time-Rahmen" lassen sich ebenfalls über die beschriebenen Empfangseinrichtungen in den Prozeßrechner übertragen.

5.4 Speicher, Sende- und Bedienungseinrichtungen

Vergleichsrahmen, Zwischenergebnisse und Auswerteprogramme werden auf dem Plattenspeicher abgelegt. Zur Archivierung und Zwischenspeicherung der Daten für andere Rechenzentren werden die Magnetbandspeicher eingesetzt.

Sind auf Grund der Housekeepinginformationen oder der Experimentergebnisse des „real-time-Rahmens" Steuersignale an den Satelliten zu senden, so werden diese per Programm über das Prozeßelement dem Bodensender angeboten. Darüber hinaus werden Anzeige-, Kontroll- und Steuereinheiten der Bodeneinrichtungen über dieses Prozeßelement mit Informationen versorgt.

Über die Lochstreifeneingabe werden Programme und über den Bedienungsblattschreiber Bedienungsanweisungen bereitgestellt. Fehlermeldungen und Rahmeninformationen werden alphanumerisch auf Sichtgeräten ausgegeben. Die Steuerlochstreifen für die Antennennachführungen der verschiedenen externen Stationen stanzt die Lochstreifenausgabe.

6.3 Ablaufsteuerung

von E. DOETSCH

Inhaltsübersicht

1 Grundsätzliche Wirkungsweise

Ablaufsteuerungen haben die Aufgabe, den zeitlichen Ablauf von Vorgängen in einem Prozeß nach einem gegebenen Funktionsplan zu steuern, der in Abhängigkeit vom jeweils erreichten Zustand schrittweise durchlaufen wird. Solche Ablaufsteuerungen dienen z. B. der Bearbeitung eines Werkstückes, der Umwandlung eines chemischen Produktes, der Herstellung eines bestimmten Betriebszustandes einer Geräte- bzw. Apparatekombination oder dem Einsatz von Aggregaten im Rahmen eines Gesamtprozesses mit dem Ziel einer optimalen Betriebsführung.
Eine Ablaufsteuerung hat außer ihrem Funktionsplan die wesentlichen Merkmale der logischen Verknüpfung und der zeitlichen Schrittfolge. In Abhängigkeit von der Erfüllung einer **logischen Verknüpfung** zwischen Signalen, die vom Prozeß geliefert werden, führt das Verarbeitungssystem auf ein Anforderungssignal hin eine Reaktion aus. Ist dieses Signal das Ergebnis einer vorangegangenen Reaktion, so entsteht eine **zeitliche Schrittfolge**, die, einmal angestoßen, vom Anfang bis zum Ende durchlaufen wird, so daß am Ende der Ablaufkette die Ausführung einer vorgegebenen Funktion erfolgt ist. Dabei sind in Abhängigkeit von Bedingungen Verzweigungen und Schleifen innerhalb der Gesamtfolge möglich. Voraussetzung für den vollständigen Ablauf ist normales Betriebsverhalten.

Die Signale stellen Bedingungen des Prozesses dar, die für den ordnungsgemäßen Ablauf kritisch sind. Solche können gegeben sein durch:

- Endkontakte von Schaltern und Stellgliedern.
- Signale von Grenzwertmeldern (Druckwächter, Drehzahlwächter, Niveauwächter).
- Analoge Meßgrößen, deren Grenzwerte vom Prozeßrechner selbst überwacht werden.
- Zeitkriterien.
- Signale aus einer logischen Vorverarbeitung (z. B. Zählen von Schleifendurchläufen bei der Ablaufsteuerung).

Im Grenzfall kann eine Ablaufsteuerung aus nur einem Schritt bestehen.

2 Formulierung der Aufgabe

Die wesentliche vom Prozeß vorgegebene Randbedingung ist die **Zeit**. Es gibt Prozesse, die von der Steuerung beim Auftreten eines Signales eine sofortige Reaktion erfordern. In diesem Fall muß die Steuerung durch solche Signale sofort aktiviert werden können. Andere Prozesse laufen so langsam ab, daß es sinnvoll ist, die Steuerung in bestimmten Zeitabständen (z. B. 1 Sekunde oder länger) anzuregen. Zwischen zwei solchen zyklischen Bearbeitungen erfolgte Signaländerungen führen dann jeweils zu einer Reaktion.
Der Ablauf von Steuerungen ist in den meisten Prozessen auch zeitgebunden, so daß die Zeit als Kriterium zur **Überwachung** für den richtigen Ablauf einer Aufgabe herangezogen wird. Wird die vorgegebene Überwachungszeit eines Ablaufschrittes überschritten, dann sind drei Arten von Reaktionen möglich:

- Durch das Steuerungssystem wird ein Ablauf angesteuert, der den aufgetretenen Fehler zu eliminieren sucht.
- Das Steuerungssystem gibt dem Bedienungspersonal direkte Handlungshinweise, die zur Beseitigung des Fehlers führen können.
- Das Bedienungspersonal erhält nur eine Meldung über den aufgetretenen Fehler oder über das für den Fortgang fehlende Signal und muß dann selbst über die Abhilfemaßnahmen entscheiden.

Im Falle einer notwendigen spontanen Reaktion der Steuerung muß für eine Reihe von analogen und binären Signalen beim Auftreten eines bestimmten Anregesignales eine gezielte Bearbeitung durchgeführt werden.
In einem „langsamen Prozeß" kann die **Prozeßdatenverarbeitung** als Eingangsbaustein der Steuerung verwendet werden. Dabei tragen Binärsignalerfassungsprogramme Änderungen des Anlagenzustandes in ein sogenanntes „binäres Anlagenabbild" ein. Die analogen Werte werden mit einem der Änderungsgeschwindigkeit dieser Werte angepaßten Zyklus erfaßt und auf vorgegebene Fest- oder Gleitgrenzen geprüft. Das Über- oder Unterschreiten

solcher Grenzen wird als binäre Aussage ebenfalls in einer Erweiterung des binären Anlagenabbildes eingetragen. Im Rahmen der Prozeßdatenverarbeitung können auch Zeitkriterien und Ergebnisse aus Rechnungen oder logischen Verknüpfungen ihren Niederschlag im Binärabbild haben. Der Steuerung dient dieses Abbild als Ausgangspunkt für die Erarbeitung der notwendigen Reaktionen.
Der Technologe kann die **Aufgabenbeschreibung** als Logikschema oder als Flußdiagramm liefern. Das Flußdiagramm erscheint zunächst als eine Darstellung, die dem Programmierer eines Prozeßrechners am weitesten entgegenkommt. Es erfordert aber, daß der Ersteller des Flußdiagrammes gute Kenntnisse des Programmablaufes im Rechner hat. Außerdem verlangt eine Darstellung dieser Art eine Aufteilung eines größeren Problems auf mehrere Flußdiagramme, da ihre Informationsdichte geringer ist als bei einer Darstellung mit logischen Symbolen. Die Aufzeichnung eines Problems als logische Verknüpfung bietet demgegenüber bessere Gesamtübersicht und läßt dem Technologen die notwendige Freiheit, da er den Ablauf der Aufgabe im Rechner nicht zu berücksichtigen braucht. Gleichwertig nebeneinanderstehende logische Verknüpfungen kann er auch auf seiner Darstellung nebeneinander aufzeichnen. Abläufe, die eine Folge beschreiben, kann er untereinander fortlaufend darstellen [6, 7].

3 Bearbeitung von Steuerungsaufgaben durch Prozeßrechner

3.1 Vorteile gegenüber festverdrahteten Steuerungen

Gegenüber den festverdrahteten Steuerungen ergeben sich durch den Prozeßrechner-Einsatz einige Vorteile. Bei den heute üblichen kurzen Bauzeiten von Anlagen erfolgen **Änderungen an Geräten und Aggregaten** bis kurz vor der Inbetriebnahme. Die Zeit zwischen dem Abschluß der Planung und der Inbetriebsetzung wird immer geringer, vor allem auch durch den Einsatz von Rechenanlagen zur Erstellung von Verdrahtungsunterlagen und Stromlaufplänen. Damit werden aber auch in der technologischen Aufgabenstellung immer noch Änderungen durchgeführt. Der Bearbeitungszeit von festverdrahteten Steuerungen sind durch die Verdrahtungsarbeiten feste Grenzen gesetzt.
Bei einem Prozeßrechner sind Änderungen der Steuerungsprogramme noch durchführbar bis kurz vor deren Inbetriebnahme. Durch Hinzufügen oder Ändern von Lochkarten wird der Ablauf der neuen Aufgabenstellung angepaßt. Ein Übersetzungsdurchlauf des „Wunschstapels“ erzeugt das neue Programm. Änderungen während der Inbetriebnahme können, in gegebenem Rahmen, durch einfache Bedienung berücksichtigt werden. Nach Abschluß der Änderungen bringt man durch einen weiteren Übersetzungslauf die Programme auf den neuesten Stand.

Gegenüber den festverdrahteten Steuerungen bietet der Prozeßrechner noch die Möglichkeit, weiterführende **Verarbeitungen von Signalen** durchzuführen, ohne dafür weitere Geräte zu erfordern. Von den an den Rechner angeschlossenen Analogwerten können innerhalb des Rechners per Programm Grenzwerte überwacht und für die Steuerung ausgewertet werden. Diese Grenzwerte können auch sogenannte Gleitgrenzen sein, die Höhe der Grenze kann variieren in Abhängigkeit von einer anderen Meß- oder Rechengröße.
Der Rechner ermöglicht es, **Funktionen** von einer oder mehreren Veränderlichen genauer zu errechnen, als dies bisher durch Funktionsgeber mit wirtschaftlichem Aufwand möglich war. Diese Fähigkeit führt auch zu einer besseren Möglichkeit der Verknüpfung von Regelungs- und Steuerungsaufgaben. Im allgemeinen wird es sich hierbei um Führungssysteme handeln.
Einen wesentlichen Vorteil bieten die **besseren Informationsmöglichkeiten** des Rechners für das Betriebspersonal. Durch gezielte Hinweise über Drucker und Bildschirme kann das Betriebspersonal schneller und direkter eingreifen als dies bisher möglich war. Gleichzeitig kann der Ablauf der Steuerung in den Protokollen der Betriebsführung festgehalten werden.
Durch die Wahl geeigneter Eingabe- und Bedienungsmittel kann der **Pultaufwand** für die Steuerung wesentlich reduziert werden. Zur Zeit erfolgt die Eingabe von Befehlen in der Mehrzahl der Fälle über eine Kombination von Anwahl- und Funktionstasten. Auch die Steuerungsanregung über Bildschirme läßt sich verwirklichen.
Ein weiterer oft sehr wesentlicher Vorteil ist die Möglichkeit, bei Umstellungen des Betriebsablaufes die zugehörigen Programme, die auf Externspeichern bereitgehalten werden, sehr schnell zu aktivieren.

3.2 Lösungsmethoden

3.2.1 *Gebundenes Maschinenprogramm*

Im einfachsten Fall wird die technologische Aufgabenstellung aus einem Flußdiagramm direkt in ein Maschinenprogramm umgesetzt, in dem sämtliche Daten und Parameter eingebunden sind. Diese Form ist für kleine und einfache Probleme anwendbar. Auch für spezielle Aufgaben mit überschaubarem Umfang ist hier eine optimale Ausnutzung dei Maschine zu erwarten. Ein schwerwiegender Nachteil ist jedoch der Zeitbedarf für Programmierung und Testen dieser Ablaufprogramme. Vor allen Dingen machen Änderungen im technologischen Ablauf eine Änderung der Befehlsfolge, eine neue Übersetzung des Programmes und einen neuen Test notwendig. Eine fertiggestellte Befehls- und Parameterfolge zu ändern, ist in sich schon eine Aufgabe, die höchste Konzentration des Programmierers verlangt.

3.2.2 *Problemorientierte Prozeßsprache*

Die zweite Lösungsmöglichkeit besteht in der Verwendung einer problemorientierten Prozeßsprache. Der Ablauf eines Prozesses wird dabei in der

Art von Flußdiagrammen beschrieben. Der prozeßkundige Ingenieur hat hier den Vorteil, daß er die Maschinensprache des Rechners nicht zu kennen braucht. Alle notwendigen Parameter, wie Ausgabe- und Meßgeberadressen, Wartezeiten und Codezeichen für Texte, werden neben dem Flußdiagramm in Listen eingetragen. Durch Hinzufügen von Makrobefehlen, die den einzelnen Symbolen des Flußdiagrammes entsprechen, läßt sich so der Ablauf einer Steuerung codieren. Je nach Umfang der Aufgaben und des Prozesses sind 25—30 solcher Makrobefehle notwendig, um alle Steuerungsprogramme eindeutig und übersichtlich zu formulieren [1 bis 3]. Beim Durchlauf einer Steuerung entsprechend dieser Lösung werden diese Makrobefehle mit ihren Parametern über entsprechende Unterprogramme interpretativ abgearbeitet. Ein Makrobefehl entspricht einer ganzen Folge von Befehlen, wobei seine Parameter von dieser Befehlsfolge verarbeitet werden. Eine Änderung im Steuerungsablauf bedingt hier eine Änderung der Makrobefehlsfolge oder deren Parameter.

Durch das Abbild des Flußdiagrammes in der Makrobefehlsfolge ist gegenüber der ersten Lösung sehr viel leichter ein Fehler zu finden und eine entsprechende Änderung durchzuführen. Eine Änderung bedingt den Einbau neuer Makroinformationen und ist auch bei der Inbetriebnahme der Programme durch entsprechende Bedienungsprogramme beherrschbar. Der eigentliche Programmablauf ist in Form einer Liste dargestellt, wobei die Anordnung der Parameter fest verabredet ist. Diese Lösung wird meist in Prozessen angewandt, wo die Steuerung eine sofortige Reaktion auf eine Signaländerung hervorbringen soll, oder in Fällen, wo gezielt einzelne Abläufe angesprochen werden sollen. Deshalb umfassen die Makrobefehle im allgemeinen nicht nur logische Verknüpfungen, sondern auch die Abfrage von Binärsignalen und die Abtastung und Überprüfung von Analogwerten. Diese Art der Steuerungsbeschreibung gibt sehr große Freiheit in der Behandlung von verschiedenen Steuerungsaufgaben innerhalb eines Gesamtprozesses. Von dem Ingenieur, der einen solchen Steuerungsablauf beschreibt, werden vor allem Kenntnisse der Technologie und einiges Verständnis für den Programmablauf einer Datenverarbeitungsanlage verlangt.

3.2.3 *Grundprogramme mit Parameterlisten*

Für Steuerungsaufgaben in Prozessen, die eine **einheitliche Struktur** der gestellten Einzelaufgaben haben, bietet sich eine dritte Lösung an. Die einzelnen Aufgaben kann der Technologe in der einfachsten Form in einem Ablaufschema oder einem Logikschema beschreiben. Der Aufbau eines solchen Schemas beinhaltet eine Reihe von Formalismen, die nicht für jede Aufgabe neu definiert werden müssen. Mit diesen Formalismen kann der Programmierer ein **Grundprogramm** schreiben, das für alle gestellten Probleme gleich bleibt und das die vorkommenden Einzelprobleme zu lösen vermag. Der vom Technologen definierte Ablauf wird in eine entsprechende Liste von

Parametern umgeformt, wobei der Umsetzende die technologischen Zusammenhänge nicht zu kennen braucht. Eine wesentliche Erleichterung ist für ihn, daß die Darstellung der Parameter in der Liste „Verknüpfungslogik" genau den logischen Verknüpfungen der Aufgabenstellung entspricht.

Eine wirtschaftliche und bei der Inbetriebnahme gut zu handhabende Lösung ergibt sich durch **Aufteilung der Steuerungsaufgabe.** Der erste Teil ist die Erfassung und Überwachung der Prozeßdaten mit dem Ergebnis, daß ein binäres Anlagenabbild im Rechner zu Verfügung steht. Ein zweiter Teil übernimmt die logische Verknüpfung der einzelnen Signale, wobei nur diejenigen Logikgatter bearbeitet werden, in denen eine Änderung eines oder mehrerer Eingangssignale aufgetreten ist. Damit wird die Zeit für die Bearbeitung der Logik auf ein Minimum begrenzt. Die Ergebnisse werden einem dritten Steuerungsteil, dem Ausgabe- bzw. Befehlsteil zur weiteren Verarbeitung zur Verfügung gestellt. Der Ausgabeteil kann für sich allein entsprechende Befehle an die Anlage ausgeben, im Rechner selbst Markierungen setzen, Zeitbedingungen aktivieren, andere Programme oder Steuerungsaufgaben aufrufen und Meldungen an das Betriebspersonal ausgeben.

Diese Aufteilung des gesamten Systemprogramms „Steuerung" in einzelne Bausteine ermöglicht, daß die einzelnen Komplexe getrennt voneinander durchgeprüft werden können. Für die Bearbeitung durch den Rechner ergibt sich der weitere Vorteil, daß die einzelnen Programmbausteine nacheinander ablaufen können, wobei jeweils nur eine in der Größe begrenzte Nahtstelle zur Übergabe von Daten eines Bausteines an den anderen notwendig ist. Die einzelnen Programmkomplexe benötigen zu ihrem Ablauf wiederum nur einen bestimmten Teil aus der gesamten Parameterliste, so daß der Platzbedarf im Kernspeicher beim Ablauf des gesamten Systems ein Minimum wird. Dieser Aufbau ergibt ein optimales Verhältnis von Echtzeit-Belastung und Speicherplatzbedarf bei Prozessen, bei denen zu erwarten ist, daß gleichzeitig mehrere Steuerungsabläufe aktiviert werden. Bei „langsamen" Prozessen, die keine sofortige Reaktion erwarten, kann der Erfassungsteil der Steuerung zusammenfallen mit den Bausteinen der Analog- und Binärsignalverarbeitung der Betriebsüberwachung, die zyklisch ein Abbild des zu überwachenden Prozesses erarbeitet. Hat sich dabei seit dem letzten Bearbeitungszyklus keine Änderung im Abbild ergeben, dann werden auch die weiteren Bausteine der Steuerung nicht gestartet, so daß die verbleibende Zeit im Rechner voll für andere Aufgaben zur Verfügung steht.

Die **Parameterlisten** zu den einzelnen Bausteinen werden über Listenprogramme erstellt, die die auf Lochkarten umgesetzten Ablauf- und Logikschemata programmtechnisch aufbereiten. Die Berücksichtigung aller Formalismen bei der Erstellung der Steuerungsschemata ist in diese Programme eingearbeitet, so daß das Umsetzen der Aufgabenstellung keine besonderen Kenntnisse erfordert. Zusätzlich liefern diese Listenprogramme in übersichtlicher Form die im Rechner gespeicherte Aufgabenstellung, so daß der

Technologe ohne Schwierigkeiten einen Vergleich mit seiner Aufgabenstellung im Ablaufschema vornehmen kann.
Für die Inbetriebnahmezeit und den laufenden Betrieb sind Bedienungsprogramme verfügbar, die im gegebenen Rahmen Änderungen und Ergänzungen der Listen gestatten. Durch die Tatsache, daß nur Parameterlisten und nicht die Befehlsfolgen geändert werden, entfällt nach Änderungen ein neuer Test des eigentlichen Steuerprogrammes.

4 Anwendungsbeispiel: Kraftwerksblock

4.1 Steuerungshierarchie

Die Automatisierung eines Kraftwerkblocks (Dampferzeuger und Turbosatz) führte aus Forderungen der Betriebsführung zu verschiedenen Ebenen der logischen Signalverarbeitung [4—6]. Die unterste Ebene der Steuerungshierarchie ist die **Betätigungsebene.** Jedem Stellglied oder Schaltgerät ist eine Logik in festverdrahteter Form zugeordnet, die verhindert, daß unzulässige Schalthandlungen durchgeführt werden können. Diese „Betätigungslogik" hat für die Anlage Schutz- sowie Überwachungsfunktionen und ist die Voraussetzung für einen weiteraufbauenden Automatikbetrieb. Dem mehr oder minder großen Schutzbedürfnis des Betreibers wird diese Logikebene in den einzelnen Anlagen angepaßt.
In der nächsten Ebene steht die **Schaltfolgelogik.** Die einzelnen Geräte, die zusammen eine funktionelle Einheit (Funktionsgruppe) innerhalb der Kraftwerke bilden, müssen in einer bestimmten Reihenfolge ein- und ausgeschaltet werden. Diese Schaltfolge führt für einen bestimmten Anlagenteil zu einer optimalen Betriebsweise, deren wesentliches Kennzeichen ein schrittweiser Durchlauf ist. Bei der Einschaltfolge ist das Ziel die Erfüllung einer physikalischen Aufgabe. Eine solche Aufgabe ist z. B. die Förderung von Speisewasser, die durch das Einschalten einer oder mehrerer Speisepumpen gelöst wird. Für die Einschaltfolge der einzelnen Geräte, die zusammen diese Funktion erfüllen, gibt es eine technologisch sinnvolle Reihenfolge, die eine für den Betrieb schonende Fahrweise ergibt. Ein anderes Beispiel ist das Hochfahren der Turbine vom Stillstand oder Drehwerksbetrieb bis zum Synchronisieren und Lastaufnehmen am Netz.
In der nächst höheren Ebene liegt die **Einsatzlogik,** die auf Grund von Signalen aus der Anlage Einschalt- oder Ausschaltbefehle an die darunterliegenden Schaltfolgelogiken abgibt. Diese Ebene entscheidet im wesentlichen auf Grund des Lastzustandes des Blockes über den Einsatzzeitpunkt mehrerer gleichartiger oder ähnlicher Aggregate, die sich gegenseitig ergänzen oder im Störungsfalle ersetzen.
Die oberste Ebene wird durch eine **Prozeßlogik** gebildet, die ihrerseits das Bindeglied zwischen den einzelnen Einsatzlogiken darstellt. Auf Grund des

gewünschten Blockzustandes und der Informationen aus der Anlage koordiniert die Prozeßlogik den Anstoß der darunterliegenden Ebenen. Diese Prozeßlogik ist gleichzeitig auch das Bindeglied zwischen den Steuerungs- und Regelungsaufgaben innerhalb eines Kraftwerkblockes (Bild 1). Von ihr gehen Leitwerte an die Führungsregler des Dampferzeugers und der Turbine ebenso wie zur Einsatzlogik.
Signale, die die Leistung des Blockes begrenzen, kommen aus der Anlage, und zwar sowohl aus der Steuerung, wenn Aggregate nicht betriebsbereit sind, als auch aus den Regelungen und Sollwertführungen auf Grund von

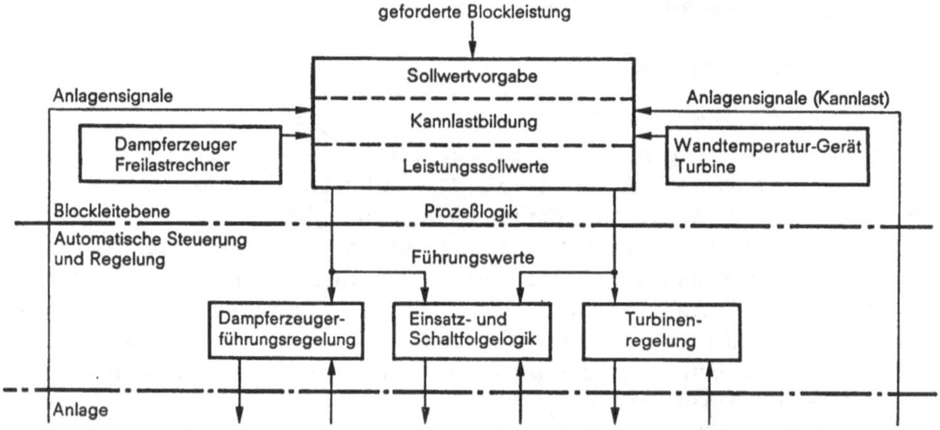

Bild 1: Logikebenen der Steuerung beim Kraftwerksblock

materialbedingten Einschränkungen ,z. B. Beanspruchung der Turbinenwand (Wandtemperatur —WT-Gerät). Diese Signale bedingen die „Kannlast"-Bildung. Das Signal, das die geringste Kannlast angibt, begrenzt den Sollwert der Blockleistung oder dessen Änderungsgeschwindigkeit und erzeugt so die Führungssignale für die untergeordneten Steuerungsebenen.

4.2 Einsatzlogik

Ein Beispiel aus der Ebene Einsatzlogik ist die Gruppensteuerung für drei elektrisch angetriebene Kesselspeisepumpen (Bild 2). Dabei gilt als Voraussetzung, daß jede Pumpe für sich in der Lage ist, die Speisewasserförderung für 50 Prozent der maximalen Blockleistung zu übernehmen. Bei Vollast steht also die dritte Pumpe jeweils in Reserve. Aus den Leit- und Lastbefehlen, den Signalen der Bevorrechtigung der einzelnen Pumpen und aus Störungssignalen aus den untergeordneten Schaltfolgelogiken entstehen die Ein–Ausbefehle für die drei Pumpenaggregate (Untergruppen). Die Einsatzlogik selbst ist nicht dargestellt, da sie immer wiederkehrend einem Teilprogramm der Steuerung entspricht, welches jeweils dann gestartet wird, wenn einer der Eingänge zur Einsatzlogik sich ändert.

4.3 Schaltfolgelogik

Für die Schaltfolgelogik wird ein vereinfachtes Einschaltprogramm der Untergruppe „Turbinensteuerung" als Beispiel betrachtet (Bild 3). Nach dem Öffnen der Entwässerungsventile im Schritt 1 wartet die Steuerung im Schritt 2, bis durch die Funktion der parallel arbeitenden Funktionsgruppen Ölversorgung, Kondensatförderung und Evakuierung die Bedingungen zum Weiterschalten erfüllt sind. Schritt 3 und 4 dienen der feinstufigen Verstellung des Impulsbegrenzers zur Erhöhung des Zwischenüberhitzerdruckes. Im Schritt 5 wird abgewartet, bis der zwischenüberhitzte

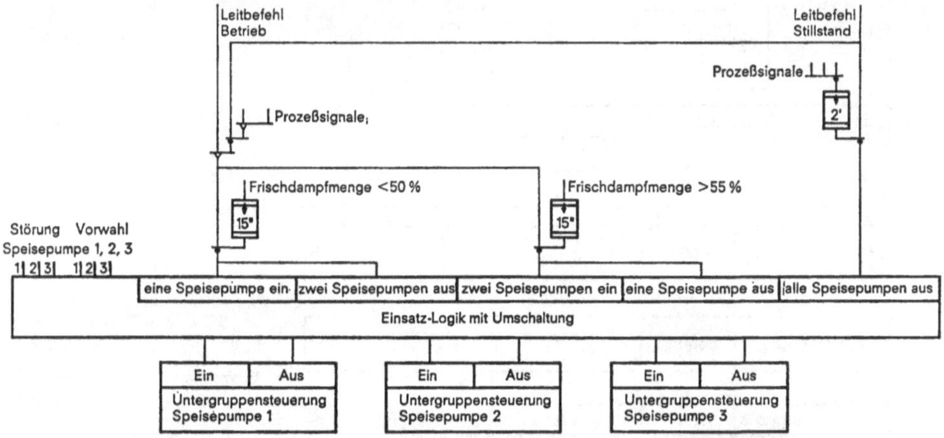

Bild 2: Einsatz-Steuerung für 3 Halblastspeisepumpen (vereinfachte (Logikdarstellung)

Dampf einen zulässigen Zustand für das Niederdruckgehäuse erreicht hat. Anschließend werden in den Schritten 6 und 7 die Schnellschlußventile geöffnet und der Sollwert für Generatorspannung vorgegeben.

Nach Erreichen von Dampfüberhitzung vor den Hochdruck-Schnellschlußventilen und Erfüllung der übrigen Bedingungen dieses Schrittes werden im Schritt 9 die Hochfahrbefehle für die Turbine gegeben. Die Drehzahlerhöhung der Turbine erfolgt nach Maßgabe des Sollwertführungsgerätes für Drehzahl, das den Spannungsfreibetrag vom WT-Gerät berücksichtigt. Nach Erreichen der Solldrehzahl erfolgt in den Schritten 10 bis 13 die Anschaltung der Maschine ans Netz bis zur Übernahme der Mindestleistung und die Umschaltung des Eigenbedarfs. Mit Schritt 14 ist das Einschaltprogramm beendet. In jeder Betriebsphase kann die Steuerung dank der Überlaufbedingungen (gestrichelt) im richtigen Schritt anfangen.

4.4 Realisierung im Rechner

Obwohl die hier angeführten Aufgabenstellungen von der Darstellung her sehr verschieden aussehen, sind sie durch ein einziges Programmsystem zu

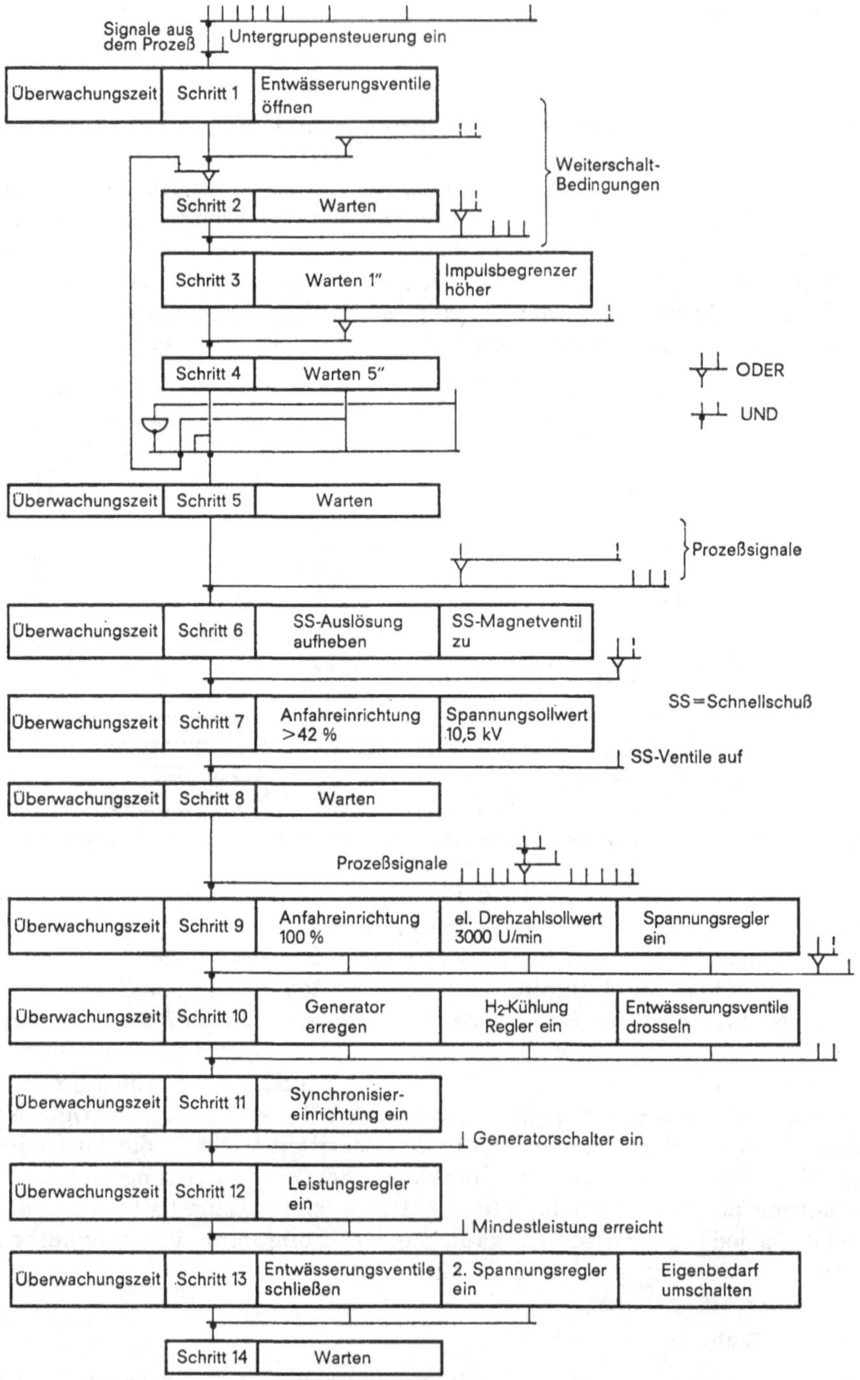

Bild 3: Ablaufsteuerung der Funktionsgruppe Turbine (vereinfachte Darstellung)
(nach A. Stoll in Schröder, Große Dampfkraftwerke Band III B Springer 1968)

lösen. Wie an den Beispielen gezeigt, tritt in den Anlagen der Energieerzeugung eine ganze Reihe gleichartiger Aufgaben auf. Deshalb wird hier vorteilhaft ein Programmsystem „Steuerung“ mit festen Grundprogrammen und dazugehörenden Parameterlisten (Abschnitt 3.2.3) verwendet (Bild 4). Die aufgezeichneten Aufgaben werden in einzelne Logikgatter aufgelöst. Aufgaben wie die Einsatz- und Umschaltlogik werden, da sie in sich ziemlich komplex sind und oft wiederkehren, als einzelne Programmbausteine ge-

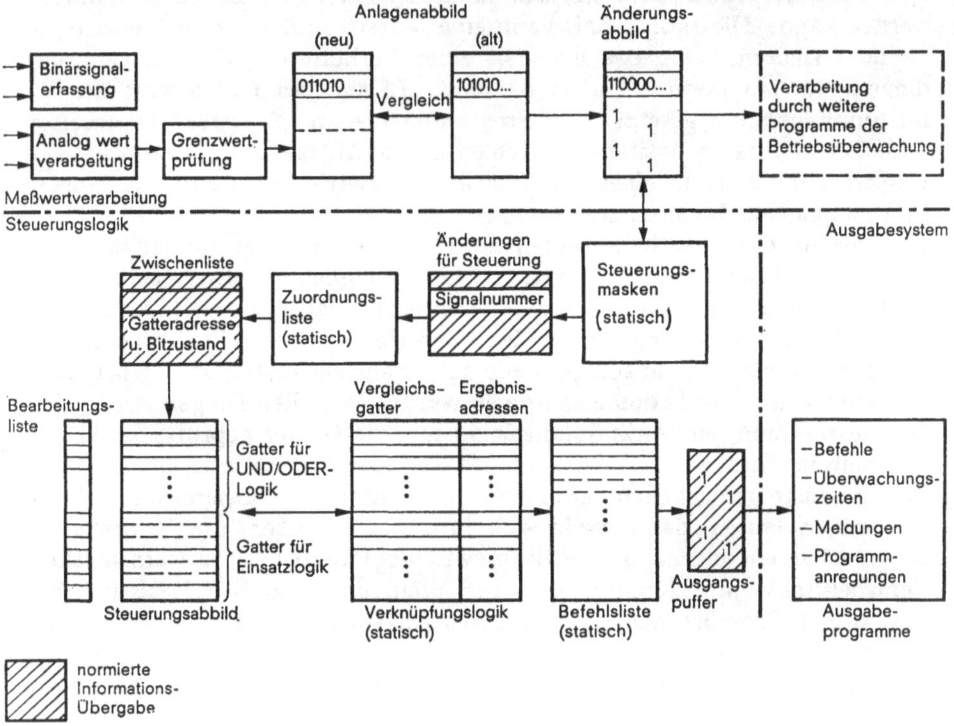

Bild 4: Programmsystem „Steuerung“

schrieben, die jeweils durch die aktuellen Parameter aus einer Liste versorgt werden.

Im folgenden wird kurz der Ablauf der Steuerung im Rechner beschrieben. Die Meßwertverarbeitung erstellt zyklisch aus den Signalen der Anlage ein binäres Anlagenabbild (neu). Durch Vergleich mit dem Abbild der vorangegangenen Verarbeitung werden Änderungen des Anlagenzustandes erkannt und im Änderungsabbild als Bit-Information eingetragen. Dieses Änderungsabbild dient auch weiteren Programmen der Betriebsüberwachung (Schalt-/Störprotokoll, Störablaufprotokoll) als Ausgangsnahtstelle.

Für die Steuerung werden durch Vergleich mit Masken nur die jenigen Änderungen herausgezogen, die für die Steuerung von Interesse sind. Die dabei

gefundenen geänderten Bits werden in Signalnummern umgesetzt. Mit Hilfe der Zuordnungsliste wird in einer Zwischenliste eingetragen, in welchen Logikgattern im Steuerungsabbild dieses Signal eingetragen werden muß. Es ist möglich, daß ein einziges Signal in mehrere solche Gatter eingetragen werden muß. Beim Eintragen einer Signaländerung in ein Gatter des Steuerungsabbildes wird gleichzeitig ein diesem Gatter zugeordnetes Bit in der Bearbeitungsliste gesetzt, so daß beim Vergleich mit der Verknüpfungslogik nur die Gatter bearbeitet werden, in denen ein neues Ergebnis erwartet werden kann. Dieses Ergebnis kann eine weitere Änderung im Steuerungsabbild bedeuten, wenn das Ergebnis einer Verknüpfung eine Eingangsbedingung für ein weiteres Gatter darstellt. In anderen Fällen wird ein Bit im Ausgangspuffer gesetzt. Der Programmbaustein „Ausgabe" verarbeitet diese Bitinformation weiter zu Befehlen an die Anlage, zum Anstoßen einer Überwachungszeit, zu einer Meldung an das Betriebspersonal oder startet in Abhängigkeit davon andere Programme.
Der Vorteil dieses Aufbaues des Steuerungssystemes liegt einmal in seiner Bausteinstruktur, die es gestattet, neu hinzukommende Aufgabenstellungen an das System anzugliedern, zum anderen darin, daß nur der Erfassungsteil der Meßwertverarbeitung rein zyklisch arbeitet. Die einzelnen Steuerungsbausteine werden nur angeregt, wenn in der für sie zuständigen Übergabeliste eine neue Information eingetragen wurde. Vor allen Dingen werden bei der Bearbeitung der Verknüpfungslogik nur die Gatter geprüft, die in der Bearbeitungsliste eingetragen sind. Wenn man davon ausgeht, daß die Systembausteine nacheinander in einem gemeinsamen Laufbereich des Kernspeichers ablaufen, dann ergibt sich für Anlagengrößen, die Kraftwerken entsprechen, ein optimales Verhältnis zwischen Platzbedarf im Kernspeicher, Verarbeitungs- und Reaktionszeit der Steuerung und der Real-time-Belastung des Prozeßrechners. Besonderes Augenmerk ist bei der Steuerung zu legen auf Bedienbarkeit, Änderungsmöglichkeit, Sicherheit und den Informationsfluß zwischen Mensch und Maschine.

Literaturhinweise

Brock, E.: Automatisierung eines 125-MW-Turbosatzes mit einem Prozeßrechner. Elektrizitätswirtschaft Igg. 68 (1969), Heft 6, S. 197—203, [1].

Levy, I., Benmergui, A.: Contrôle-commande de la centrale de Saint Laurent-Des-Eaux EDF4. La technique, Moderne Octobre 1966 S. 418—244, [2].

Moinereau, P.: Anwendung numerischer Rechner auf die Überwachung und Steuerung von Kernreaktoren. Atompraxis 14 Heft 4/5, 1968 S. 165 bis 169, [3].

Schröder, K.: Große Dampfkraftwerke, Band 3, Teil B. Berlin, Heidelberg, New York: Springer Verlag 1968 Achter Teil Leittechnik, [4].

Freymeyer, Ph.: Ein Konzept zur Automatisierung von Wärmekraftwerken. Electrotechniek 46 (1968) S. 115—120, [5].

Jung, M., Schmidt, R.: SIMATIC-Steuersystem *P* für die Funktionsgruppenautomatik in Wärmekraftwerken. Siemens-Z. 41 (1967) S. 410—416, [6].

Freymeyer, Ph., Jung, M.: SIMATIC-Steuersystem *P* für die Betätigungsebene in Wärmekraftwerken. Siemens-Z. 40 (1968) S. 436—442, [7].

Bremer, E., Haack, P.: Das Blockleitgerät ein weiterer Schritt zum rationellen Kraftwerksbetrieb im Kraftwerk Hafen, Block 5, der Stadtwerke Bremen AG. Brennst., Wärme, Kraft 20 (1968) S. 460—462, [8].

Hotes, H.: Das Anfahren von Dampfturbinen und Wege zur Automatisierung. Elektrizitätswirtsch. 63 (1964) S. 293 bis 299.

Handschuh, H., Jung, M., Sterff, J.: Der automatische Betrieb von Kesselspeisepumpen im Dampfkraftwerk. Siemens-Z. 39 (1965) S. 1039—1045.

Blümel, M.: Einsatz eines Prozeßrechners für Steuerungsaufgaben im Kraftwerk Ingolstadt. Elektrizitätswirtsch. 67 (1968) S. 140 bis 145.

Doetsch, E., Hirschberg, G.: Überwachung und automatische Betriebsführung in Dampfkraftwerken durch Prozeßrechner. Siemens-Z. 42 (1968) S. 654—659.

6.4 Digitale Vielfachregelung

von K. SCHLICK und G. STRASSER

Inhaltsübersicht

1 Einleitung

Eine digitale Datenverarbeitungsanlage als Prozeßrechner gestattet einen hohen Grad der Automatisierung. Zunächst diente der Prozeßrechner vornehmlich zur Datenerfassung von analogen Meßwerten, Zählkettenständen und binären Signalen, zu ihrer Verarbeitung zu reduzierten Daten oder Kenngrößen und schließlich zur Protokollierung der gewonnenen Ergebnisse. Dieser erste Schritt war die Grundvoraussetzung zur Lösung eines weiteren Aufgabenspektrums innerhalb der Automatisierung. Über eine dieser Aufgaben, nämlich die direkte digitale Vielfachregelung (DDC = Direct Digital Control), soll in diesem Kapitel berichtet werden.

2 Grundsätzlicher Aufbau

Ein Regelkreis, bestehend aus der Regelstrecke, dem Meßgerät für die Regelgröße, dem Regler mit Einsteller für die Führungsgröße und dem Stellglied, ist eine geschlossene Einheit. In einer zu regelnden Anlage befinden sich

mehrere dieser geschlossenen Einheiten. Alle haben die gemeinsame Aufgabe: den Vergleich der Regelgröße mit der Führungsgröße und die Erzeugung der Stellgröße über eine Rechenschaltung im Regler.
Die typische Eigenschaft einer digitalen Vielfachregelung besteht nun darin, daß die genannten Gemeinsamkeiten aller Regelkreise in einem digitalen Prozeßrechner mit Hilfe eines Programmes realisiert werden.
Vergleicht man die Einzelregelung mit der digitalen Vielfachregelung bezüglich des technischen Aufbaues, so bleibt bei beiden die Signalerfassung

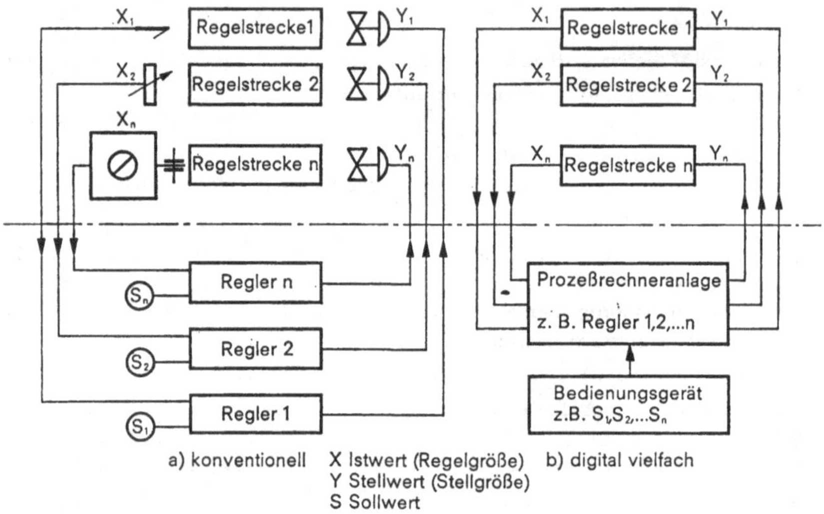

Bild 1: Einzelregelungen/digitale Vielfachregelung (DDC)

a) Einzelregelungen; b) digitale Vielfachregelung
x Regelgröße
y Stellgröße
S Sollwerteinsteller

an den Regelstrecken durch einen Meßgeber und die Signalausgabe zu den Regelstrecken an ein Stellglied unverändert (Bild 1).
Anders hingegen gestaltet sich die Signalverarbeitung; sie wird zentral durchgeführt. Zwischen den einzelnen Meßgebern und dem Prozeßrechner befindet sich eine Kopplungsinstrumentierung, der Prozeßsignalformer, der eine gesteuerte Abfrage der von den Meßfühlern angebotenen elektrischen analogen Größen über einen elektronischen Meßstellenabtaster ermöglicht und das Ergebnis einem Analog–Digitalumsetzer zuführt.
Der so gewonnene digitale Wert gelangt in den Arbeitsspeicher des Prozeßrechners. Ein Programm sorgt für die zyklische Abarbeitung der einzelnen Werte über einen regelkreisspezifischen Regelalgorithmus. Die neuerrechneten Stellwerte verlassen den Prozeßrechner wieder über einen Prozeßsignalformer, der die digitalen Stellwerte in Analogwerte umwandelt und diese über eine steuerbare Adressenmatrix dem Halteglied jedes Stellgerätes

zuführt. Zur zentralen Signalverarbeitung gehört weiterhin die Möglichkeit der Variation der Führungswerte und der Regelparameter der durch ein Programm realisierten Regler. Dazu ist ein Bedienungspult über einen weiteren Prozeßsignalformer angeschlossen.
Nach diesem Konzept ist der in sich geschlossene Betrieb der digitalen Vielfachregelung durch einen Prozeßrechner aufgebaut, der neben Eigenschaften wie Speicherung und Freiprogrammierbarkeit vor allem die Möglichkeit des Anschlusses einer umfangreichen Prozeßperipherie, der Simultanarbeit der externen Geräte und der Programme untereinander sowie des Aufbaues von Programmprioritäten hat.
Welche vielfältigen Betriebsarten und Variationsmöglichkeiten sich durch die zentrale Signalverarbeitung im Prozeßrechner gegenüber der dezentralen Signalverarbeitung in der festverdrahteten Technik bieten, wird im folgenden beschrieben.

3 Betriebsarten und Zusatzinstrumentierung

3.1 Aufgabenstellung

Drei verschiedene Aufgaben können bei den Regelkreisen in rechnergeführten Prozeßanlagen vorkommen.

a) Reine direkte digitale Regelung DDC (Bild 2a).

Der Rechner führt den Prozeß. Die einzelnen Regelstrecken werden in einem bestimmten Zyklus nacheinander abgetastet. Die jeweils gemessene Regelgröße wird mit der eingespeicherten Führungsgröße verglichen und die zu diesem Regelkreis gehörende Stellgröße errechnet. Der augenblicklich vorliegende Stellwert wird in einen Analogwert umgeformt und in einem Halteglied gespeichert, dessen Ausgangssignal das Stellglied steuert. Dabei wird der Stellwert in dem Speicher so lange festgehalten, bis vom Rechner ein neuer Wert errechnet und an den Speicher weitergegeben ist.
Der Rechner kann je nach Programm die Regelstrecken mit den bekannten Reglerfunktionen P, PI, PID oder nach Sonderfunktionen regeln und bei Störungen in der Anlage auf Hand schalten. Bei abgeschaltetem Rechner bleibt der letzte Stellwert im Halteglied gespeichert, so daß der Antrieb festgehalten wird. Ein Handeingriff — unabhängig vom Rechner — zur Steuerung des Antriebs ist über den Stellwertspeicher oder über eine getrennte Steuereinheit möglich.

b) DDC mit Bereitschaftsreglern (Reserveregler, Bild 2b).

Im normalen Betriebsfall arbeitet die Anlage als DDC. Parallel zum Rechner ist für jeden Regelkreis ein zusätzlicher Regler vorhanden. Bei Störung wird auf diesen Regler umgeschaltet, und die Regelung läuft weiter. Der Bereitschaftsregler kann in der gewohnten Weise bedient werden, d. h. Sollwertstellung, Einstellung der Regelparameter oder Umschaltung auf reinen Handbetrieb sind möglich.

c) Einzelregler mit Führungsgröße vom Digitalrechner (Bild 2c).

Für diese Betriebsweise sind die Regelkreise in gewohnter Weise instrumentiert. Die Führungsgrößen werden jedoch vom Rechner geliefert. Bei abgeschaltetem Rechner wird nach den zuletzt vorgegebenen bzw. nach den von Hand eingestellten Führungswerten gefahren.

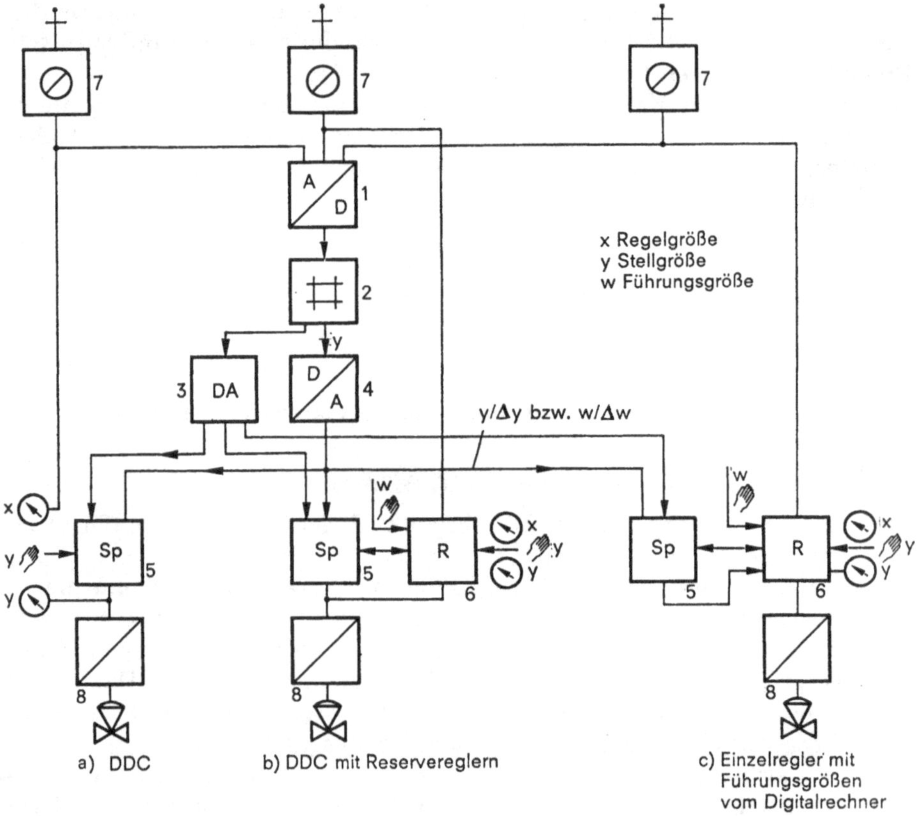

Bild 2: Instrumentierung von Regelkreisen in rechnergeführten Prozeßanlagen

1 Analog-Digitalumsetzer
2 Digitalrechner
3 Digitalausgabe
4 Digital-Analogumsetzer
5 Speicherverstärker
6 Regler
7 elektrischer Meßumformer
8 Stellantrieb mit Umformer oder Stellungsregler mit elektr. Eingang

3.2 Rechnerausgang und Halteglied

Der Prozeßrechner liefert im DDC-Betrieb jeweils für einen Regelkreis einen neuen Stellwert oder eine Änderung des Stellwertes gegenüber dem vorhergehenden Wert. Der Rechenwert liegt zunächst digital verschlüsselt vor und wird über das Ausgabegerät in einen analogen Stellwert umgeformt. Im darauffolgenden Augenblick bearbeitet der Rechner den nächsten Regelkreis, das Stellsignal muß also unabhängig vom Rechner festgehalten werden. Ein Halteglied einfacher Art ist ein **integrierender Stellantrieb** (z. B. elektromotorischer Sollwertsteller, elektromotorischer Stellantrieb). Seine Ansteuerung erfordert **längenmodulierte Impulse,** um bestimmte Verstellungen zu erzeugen. Kommen keine weiteren Impulse, so bleibt der Motor und damit der Antrieb auf dem letzten Wert stehen. Sind nur sehr wenige Kreise vom Rechner zu steuern, dann können die Digitalwerte im Rechner mit einem gesonderten Rechenprogramm in längenmodulierte Impulse umgesetzt und die Stellantriebe über Binärausgänge gesteuert werden. Bei einer größeren An-

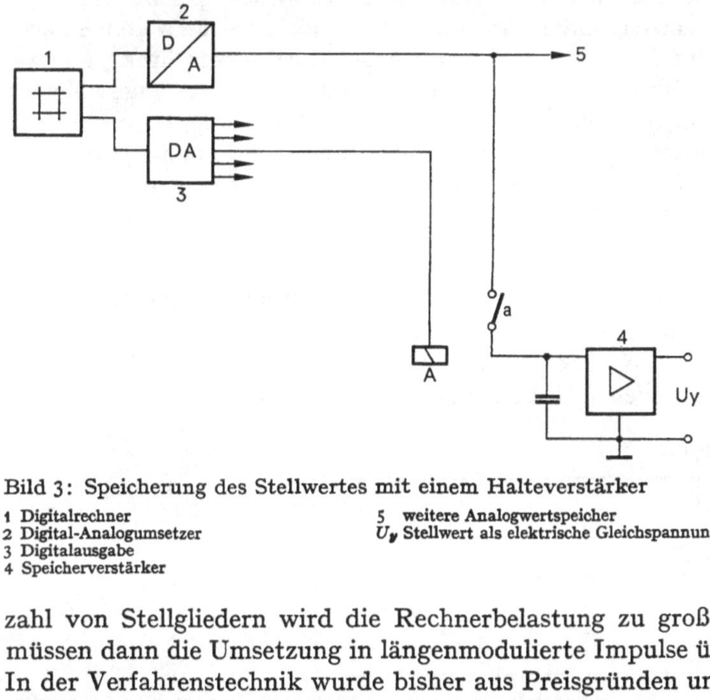

Bild 3: Speicherung des Stellwertes mit einem Halteverstärker

1 Digitalrechner
2 Digital-Analogumsetzer
3 Digitalausgabe
4 Speicherverstärker
5 weitere Analogwertspeicher
U_y Stellwert als elektrische Gleichspannung dargestellt

zahl von Stellgliedern wird die Rechnerbelastung zu groß, externe Geräte müssen dann die Umsetzung in längenmodulierte Impulse übernehmen.
In der Verfahrenstechnik wurde bisher aus Preisgründen und mit Rücksicht auf Sicherheit sowie Explosionsschutz vorwiegend pneumatisch instrumentiert. Beim Einsatz elektrischer Regelsysteme oder eines Prozeßrechners bleiben aus diesen Gründen die pneumatischen Stellantriebe bestehen. Sie werden dann durch elektropneumatische Umsetzer oder Stellwerke ergänzt. Diese Stellantriebe mit Umsetzer oder Stellwerk sind **proportional wirkend,** d. h. das Stellsignal muß ständig vorhanden sein.
Bei reinem DDC-Betrieb mit solchen proportional wirkenden Stellantrieben dient zur Speicherung des Stellwertes ein **elektronischer Speicher** (Bild 3). Über einen Digital-Analogumsetzer wird für einen Augenblick der errechnete Stellwert als Analogwert ausgegeben. Die Speicherung der Ausgangsspannung geschieht in einem Kondensator, der auf den Wert der Stellgröße in

Form einer Spannung aufgeladen wird. Ein angeschlossener Verstärker mit extrem hohem Eingangswiderstand (Feldeffekttransistoren) erfaßt die Kondensatorspannung und formt sie in einen eingeprägten Strom von 0 bis 20 mA um, der den elektro-pneumatischen oder auch elektro-hydraulischen Stellantrieb steuert. Bei einer Vielzahl von angeschlossenen Stellwertspeichern muß über eine zusätzliche Digital- bzw. Binärausgabe die Adresse für den jeweiligen Verstärker durchgeschaltet werden. Nur wenn gleichzeitig Analogwert und Adresse vorliegen, wird der Analogwert in den zugehörigen Speicher übernommen. Während der Rechner weitere Werte errechnet und an die zugehörigen Speicher weitergibt, wird der Wert im Speicher so lange festgehalten, bis der Rechner einen neuen Wert für diesen Speicher errechnet und ausgibt. Bei einer größeren Anzahl von Stellwertspeichern können zwei Digitalausgaben für Zeile und Spalte mit einer Matrixverdrahtung an zwei „UND"-Eingänge der Steuerschaltung des Stellwertspeichers angeschlossen werden, und erst dann, wenn „Zeile" und „Spalte" eines bestimmten Speichers durchgeschaltet sind, wird der gerade anliegende Spannungswert des D/A-Umsetzers auf diesen übernommen. Nach demselben Prinzip ist mit der vom Rechner gelieferten Führungsgröße bei Betrieb mit Einzelreglern zu verfahren.

Der Rechner kann zweierlei Arten Signale errechnen und ausgeben:

— Absolutwerte für Führungsgröße w oder Stellgröße y,
— Differenzwerte, welche die jeweilige Änderung des neuen Wertes im Vergleich zum vorhandenen Wert angeben (Inkremente Δw oder Δy).

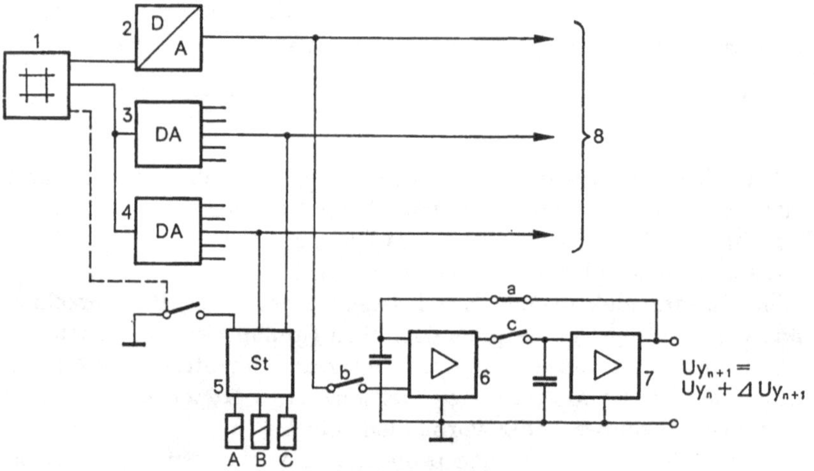

Bild 4: Stellwertspeicher mit Addierwerk

1 Digitalrechner
2 Digital-Analogumsetzer
3 Digitalausgabe „Zeile"
4 Digitalausgabe „Spalte"
5 Steuerschaltung mit „Und"-Gatter
6 Additionsverstärker
7 Speicherverstärker
8 weitere Analogwertspeicher

Für den gerätetechnischen Aufwand und die Rechnerbelastung hat die Inkrementausgabe einige Vorteile. Nur in Ausnahmefällen muß eine Rückmeldung des absoluten Stellwertes in den Rechner erfolgen. Stoßfreie Umschaltung von Reserveregelung auf DDC ist in einfacher Weise möglich.

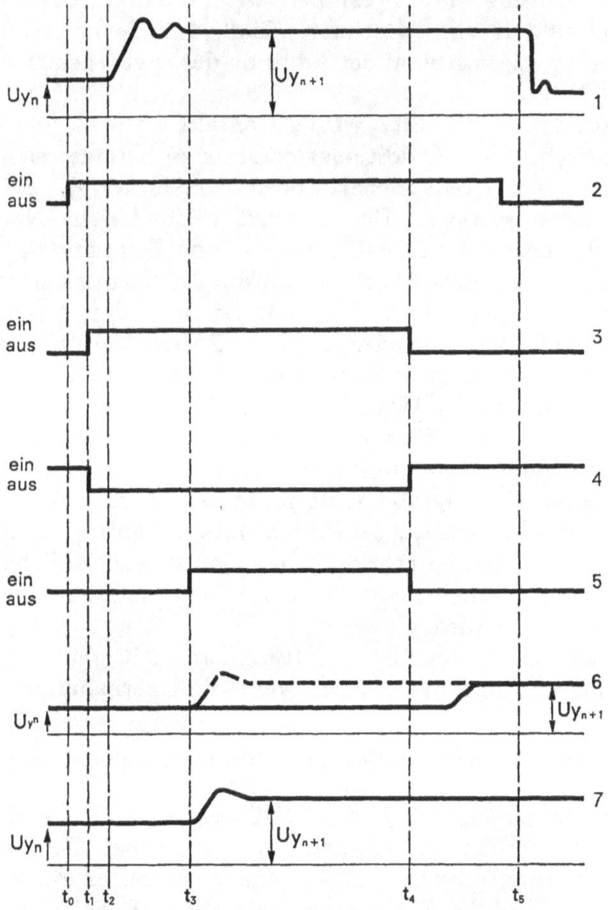

Bild 5: Ablaufdiagramm: Übernahme und Addition eines Stellinkrementes

1 Ausgang Digital-Analogumsetzer
2 Digitalausgabe „Zeile"
3 Digitalausgabe „Spalte"
4 Kontakt *a* (Bild 4)
5 Kontakt *c* (Bild 4)
6 Additionsverstärker
7 Speicherverstärker
$t_{1...5}$ Zeitpunkte
ΔU_y Stellinkrement
Uy Stellwert
$n, n+1$ Zählindex

Die Speicherung nach Bild 3 ist nur bei Absolutwertausgabe verwendbar. Sollen dagegen **Stellinkremente** ausgegeben werden, muß die Speichereinheit um eine zusätzliche Additionsschaltung (Bild 4) erweitert werden. Dieser Stellwertspeicher mit Additionsschaltung enthält zwei Speicherverstärker,

von denen der erste die Addition des Inkrementwertes zu dem jeweiligen Stellwert ausführt. Der zweite Speicherverstärker hält den jeweiligen Stellwert wie bei dem obigen Prinzip (Bild 3) fest. Die Speicher sind über eine Steuerschaltung mit der Analogausgabe des Rechners verbunden. Die Steuerschaltung wird angestoßen, wenn die drei „UND"-Eingänge durchgeschaltet sind (z. B. 1. Rechner „Ein", 2. Zeile und 3. Spalte) und bewirkt den selbsttätigen Ablauf der Addition des angegebenen Δy-Wertes zu dem letzten y_n-Wert.
Vor dem Zeitpunkt t_0 ist der Kontakt *a* geschlossen (Bilder 4 und 5) und der erste Speicher (Additionsverstärker 6) befindet sich auf dem gleichen Wert wie der zweite Speicher (Speicherverstärker 7). Bei t_1 wird die Steuerschaltung angestoßen. Der Kontakt *a* öffnet sich. Nach einer Wartezeit (Einschwingzeit des D/A-Umsetzers) zum Zeitpunkt t_3 schließen die Kontakte *b* und *c*. Der neue Wert ΔUy_{n+1} am Eingang des ersten Speichers wird zu dem gespeicherten Wert Uy_n addiert und der Ausgangswert $\Delta Uy_{n+1} + Uy_n = Uy_{n+1}$ wird an den zweiten Speicher weitergegeben. Die Kontakte *b* und *c* öffnen sich nach einer Übernahmezeit t_4. Der Kontakt *a* schließt wieder, und der Wert Uy_{u+1} wird in den ersten Speicher übernommen. Nach einer weiteren Sicherheitszeit t_5 ist der Additionsspeicher wieder frei zur Übernahme eines weiteren Additionswertes. Der Speicher kann sowohl für die Speicherung von Werten der Stellgröße *y* als auch der Führungsgröße *w* verwendet werden. Ist für die Sollwertführung die Übernahme von absoluten Führungswerten erforderlich, so ist die gleiche Schaltung verwendbar, wenn die Übernahme des *w*-Wertes in den ersten Speicher über den Kontakt *a* verhindert wird.
Eine andere Additionsschaltung kann mit einem Integrator als Speicherverstärker aufgebaut werden, wenn die Übernahmezeit exakt vorgegeben wird.

3.3 Besondere Eigenschaften von Speichergliedern und Reservereglern

Bei reiner Digitalregelung (DDC) liegen die Verhältnisse einfach. Solange der Rechner arbeitet, übernehmen die Speicher die Stellwerte und halten diese mit genügender Genauigkeit bis zur nächsten Abtastung dieses Regelkreises fest. Wird der Rechner abgeschaltet (z. B. Störung), dann muß der Speicher den letzten Stellwert genügend lange, unabhängig vom Rechner, festhalten können (z. B. Drift ca. 1% in 8 Stunden). Der Bedienungsmann muß aber für diesen Fall durch Steuereingriff den Speicherwert verändern können oder über eine getrennte Handsteuerung in den Prozeß eingreifen. Dazu ist zusätzlich eine analoge Anzeige der Betriebswerte erforderlich. Nur in wenigen Fällen kann hierauf verzichtet werden und die Stellglieder werden bei Rechnerstörung in eine Sicherheitsstellung gefahren. Wird aus Sicherheitsgründen dem analogen Speicher ein Reserveregler zugefügt, dann sollten Speicher und Regler Einrichtungen haben, um ihren Ausgangsstrom anzugleichen. Nur so ist es möglich, ohne Angleicheingriffe automatisch eine Umschaltung DDC-

Bereitschaftsregelung und umgekehrt stoßfrei auszuführen. Der Führungswert des Bereitschaftsreglers kann in unterschiedlicher Weise vorgegeben werden:

a) Der Führungswert wird stets dem Istwert der Regelgröße angeglichen, so daß bei Rechnerstörung nach dem letzten Istwert weitergeregelt wird.
b) Der Führungswert steht fest auf einem Sicherheitswert.
c) Durch Hinzufügen eines zusätzlichen Zeitgliedes wird der Führungswert, vom letzten Istwert ausgehend, langsam auf einen Sicherheitswert hingezogen.

Bei Vorgabe der Führungsgröße an Einzelregler kann das gleiche Speicherglied wie für reinen DDC-Betrieb verwendet werden. Der Ausgangsstrom des Speichergliedes wird als „Fremd-Führungswert" dem Regler zugeleitet. Bei Rechnerstörung bleibt der letzte Führungswert mit ausreichender Genauigkeit stehen. Über eine Umschalteinrichtung kann auf einen festen, einstellbaren Führungswert umgeschaltet werden. Der Speicher muß dann diesem Festwert nachgeführt werden, um eine stoßfreie Rückschaltung zu ermöglichen.

4 DDC-Programme

4.1 Quantisierung und Abtastintervall

Unabhängig vom Regelalgorithmus (P oder PID) treten bei DDC zwei zusätzliche Parameter auf, nämlich die Quantisierung der Regelgröße und das Abtastintervall. Beide Parameter sind von Einfluß auf die Regelgüte.

Die **Quantisierung** der Regelgröße bestimmt die statische Genauigkeit der Regelung. Um diesen Einfluß zu eliminieren, genügt es, die Genauigkeit der Meßwertdarstellung besser als die Genauigkeit des Gebers zu machen. Verschlüsselung des Meßwertes mit 10 bit (1‰) genügt dieser Forderung.

Das **Abtastintervall** ist die Zeitspanne zwischen zwei Abtastungen des gleichen Meßeinganges. Die Wahl des Abtastintervalles ist abhängig von den dynamischen Eigenschaften der Regelstrecke. Das Abtasttheorem von Shannon kann Auskunft über das zu fordernde Abtastintervall geben. Es besagt, daß man ein Signal begrenzter Bandbreite mit einer Frequenz abtasten muß, die mehr als das Doppelte der höchsten noch im Signal vorhandenen Frequenz beträgt, wenn man die gesamte im Signal vorhandene Information erfassen will. Die höchste Frequenz, mit der sich der Meßwert ändern kann, ist durch das Zeitverhalten der Regelstrecke festgelegt, es bestimmt, wie die Strecke auf einen Stör- bzw. Stellsprung zeitlich reagiert. Druck und Durchflußregelstrecken gehören zu den schnellsten für DDC in Frage kommenden Strecken der Verfahrenstechnik. Hierfür hat sich in der Praxis ein Abtastzyklus von 1 s als ausreichend erwiesen. Temperaturregelkreise vertragen Abtastzyklen von 20 bis 200 s. Es ist jedoch nicht sinnvoll, diese Zeiten voll auszunutzen, da der Regelkreis dann sehr träge auf Änderungen der Führungsgröße reagiert.

4.2 Regelprogramme

Folgende Funktionen sind zu erfüllen:

a) Feststellen, welche Regelkreise im augenblicklichen Zyklus bearbeitet werden sollen.
b) Ermitteln des Istzustandes der Regelstrecke in Form einer dual verschlüsselten Zahl und Übernahme in den Arbeitsspeicher des Digitalrechners.

Dieser Wert, meist eine Zahl im Bereich von 0 bis 1000, repräsentiert den Istzustand der Strecke und könnte zur Weiterverarbeitung im Regelprogramm verwendet werden. Bei anspruchsvolleren DDC-Programmen durchläuft dieser Wert jedoch noch eine Reihe weiterer Verarbeitungsroutinen, bevor er endgültig als Istwert dem Regelprogramm übergeben wird.
Auf Grund der physikalischen Eigenschaften der Regelstrecke und der Signalverarbeitung im Digitalrechner hat der abgetastete Wert einen bestimmten Bereich, z. B. 20—900. Werte außerhalb dieses Bereiches gelten als gestört (z. B. infolge Meßstellenbruch), und es ist unsinnig, sie im Regelprogramm weiterzuverarbeiten.
Durch die Trägheit der Meßsysteme und die verwendeten Bauelemente üblicher analoger Regler werden eingekoppelte Störspannungen nahezu unwirksam. Wegen des praktisch punktweisen Abtastens der entsprechenden Meßstelle durch den Digitalrechner müssen zur Unterdrückung von Störspannungen Maßnahmen zur Filterung vorgesehen werden. Diese Maßnahmen können sich auf die Gerätetechnik beschränken (RC-Siebglieder, integrale Mittelung des Meßsignales über eine 50 Hz Periode, geeignete Signalkabel) oder vom einem Glättungsprogramm (digitales Filter) unterstützt oder übernommen werden.
Ein DDC-System muß gleichsam von sich aus das Bedienungspersonal einer Anlage auf eine entstehende oder bestehende Störung hinweisen. Dies geschieht durch gestufte oder einfache Grenzwertüberwachung. Dabei wird auf Prozent Regelabweichung sowie auf obere und untere Grenze geprüft. Erst jetzt steht zur Weiterverarbeitung im Regelprogramm ein aufbereiteter und geprüfter Istwert der Regelstrecke zur Verfügung. Es ist selbstverständlich, daß bei einem DDC-System für jeden Regelkreis individuell ausgewählt werden kann, mit welchen dieser aufgezählten Programmbausteine der Istwert verarbeitet werden soll.

c) Errechnen der Regeldifferenz durch Subtraktion des Istwertes der Regelgröße von dem in gleicher Form gespeicherten Führungswert.
d) Errechnen der Stellgröße (Regelalgorithmus); die Regelfunktionen üblicher Regler z. B. PID und darüber hinausgehende beliebig entwerfbare Algorithmen werden im Digitalrechner durch ein Programm nachgebildet.

Es sind nun prinzipiell zwei verschiedene Arten von Regelgleichungen möglich, nämlich solche, welche die vollständige Stellung y des Stellgliedes errechnen (Positionsalgorithmus) und solche, die die Änderung Δy des Stellgliedes gegenüber der augenblicklichen Stellung errechnen (Geschwindigkeitsalgorithmus). Beide Konzepte haben spezifische Vor- und Nachteile.

In der Praxis wurde bisher überwiegend der **Geschwindigkeitsalgorithmus** verwendet, hauptsächlich aus Gründen der einfacheren und weniger aufwendigen Realisierung stoßfreier Umschaltung DDC-Hand-Analog in allen Richtungen. Soll z. B. von Hand auf DDC geschaltet werden, so genügt es, beim Geschwindigkeitsalgorithmus Führungsgröße = Regelgröße zu setzen, damit $\Delta y = 0$ wird. Das Stellglied behält seine Stellung bei; das Umschalten erfolgt ohne Stoß.

Schwieriger wird diese Umschaltung beim **Positionsalgorithmus.** Der nächste auszugebende Wert für y muß mit dem gerade am Stellglied eingestellten Wert übereinstimmen. Dazu muß die Stellgröße y aber erst einmal im Rechner bekannt sein, was nur durch Rückmeldung über die Analogeingabe geschehen kann (zusätzlicher Analogeingang). Damit die nächste Stellausgabe auch tatsächlich der Stellung y entspricht, ist eine zusätzliche Anpassungsrechnung notwendig.

Für den Aufbau solcher Regelgleichungen sei hier der Positions- und Geschwindigkeitsalgorithmus der bekannten P-, I- und D-Glieder abgeleitet. Im folgenden ist die Regeldifferenz $w - x = e$.

P-Glied

$$y = K_P \cdot e \qquad K_P = \text{Proportionalbeiwert.}$$

Diese Gleichung kann für den Positionsalgorithmus direkt übernommen werden, wenn für y und e die Werte zum Abtastzeitpunkt eingesetzt werden. Beim Geschwindigkeitsalgorithmus erfolgt vor der Ausgabe eine Differenzbildung:

$$\Delta y_n = y_n - y_{n-1} = K_P\,(e_n - e_{n-1})$$

$$n,\ n-1 \text{ Index des Abtastzeitpunkts.}$$

I-Glied

$$y = K_I \cdot \int_0^t e \cdot dt \qquad K_I \text{ Integrierbeiwert.}$$

Da jeder Regelkreis in diskreten konstanten Zeitabschnitten zur Bearbeitung gelangt, geht das Integral in eine Summenbildung über. Aus dem Differential dt wird eine Differenz Δt, die als Konstante vor das Summenzeichen gezogen werden kann.

$$y_n = K_I \cdot \Delta t \cdot \sum_{k=1}^{n} e_k \quad \text{oder:}\ y_n = K_I \cdot \Delta t \cdot e_n + y_{n-1}\,.$$

Die Differenzbildung für den Geschwindigkeitsalgorithmus ergibt folgende Gleichung:

$$\Delta y_n = y_n - y_{n-1} = K_I \cdot \Delta t \left[\sum_{k=1}^{n} e_k - \sum_{k=1}^{n-1} e_k \right]$$

$$\Delta y_n = K^* \cdot e_n \qquad K^* = K_I \cdot \Delta t \,.$$

D-Glied

$$x = \text{Istwert der Regelgröße}$$

$$y = K_D \cdot \frac{de}{dt} \quad \text{falls } w = \text{const.} \quad y = -K_D \cdot \frac{dx}{dt}$$

K_D Differenzierbeiwert .

Mit diskreten Zeitabschnitten gilt für den Positionsalgorithmus:

$$y_n = K_D \cdot \frac{\Delta e_n}{\Delta t} = \frac{K_D}{\Delta t} (e_n - e_{n-1}) \quad \text{bzw.}$$

$$y_n = -K_D \cdot \frac{\Delta x_n}{\Delta t} = \frac{K_D}{\Delta t} (x_{n-1} - x_n)$$

und für den Geschwindigkeitsalgorithmus:

$$\Delta y_n = y_n - y_{n-1} = \frac{K_D}{\Delta t} (e_n - e_{n-1} - e_{n-1} + e_{n-2})$$

$$= \frac{K_D}{\Delta t} (e_n - 2\, e_{n-1} + e_{n-2}) \,.$$

Oder bezogen auf die Regelgröße:

$$\Delta y_n = \frac{K_D}{\Delta t} (2\, x_{n-1} - x_{n-2} - x_n) \,.$$

Mit einem DDC-Programm ist nun jede denkbare Modifikation der P-, I- und D-Glieder möglich, einschließlich dynamischer Strukturumschaltungen und dynamischer Parameterveränderung, die beispielsweise von der Größe oder der Tendenz der Regelabweichung oder von der Führungsgröße (Lastbereich) gesteuert werden. Darüber hinaus ist jede sinnvoll erscheinende Regelfunktion verwirklichbar, wenn sie in eine mathematische Form gefaßt werden kann.
Es ist durch Potenzierung der Regeldifferenz vor der Verarbeitung im Regelprogramm möglich, auf empirischem Wege Nichtlinearitäten annähernd zu berücksichtigen. Mit Hilfe von Nachbildungen lassen sich Totzeitglieder verwirklichen.

4.3 Bedienungsprogramme

Durch die Zusamenfassung der Funktionen einer Vielzahl von Regelgeräten in einer zentralen Einheit, dem Digitalrechner, ist auch eine zentrale Änderung aller dieser Funktionen für alle Regelkreise von einer Bedienungsebene aus möglich. Die im vorhergehenden Abschnitt beschriebenen Bausteine des Regelprogramms sind alle nur ein einziges Mal vorhanden. Sie werden für jeden Regelkreis verwendet und bei der Berechnung eines bestimmten Kreises mit dessen spezifischen Parametern versorgt. Diese Parameter stehen in Parameterlisten, die für diesen Kreis definiert sind. Die Parameterliste enthält zwei verschiedene Parameterarten, nämlich Steuerkennzeichen (welche Bausteine sollen durchlaufen werden, Verhältniskaskaden, -regelung, Strukturumschaltung) und Zahlenwerte (Grenzen, Glättungsfaktoren, Adressen

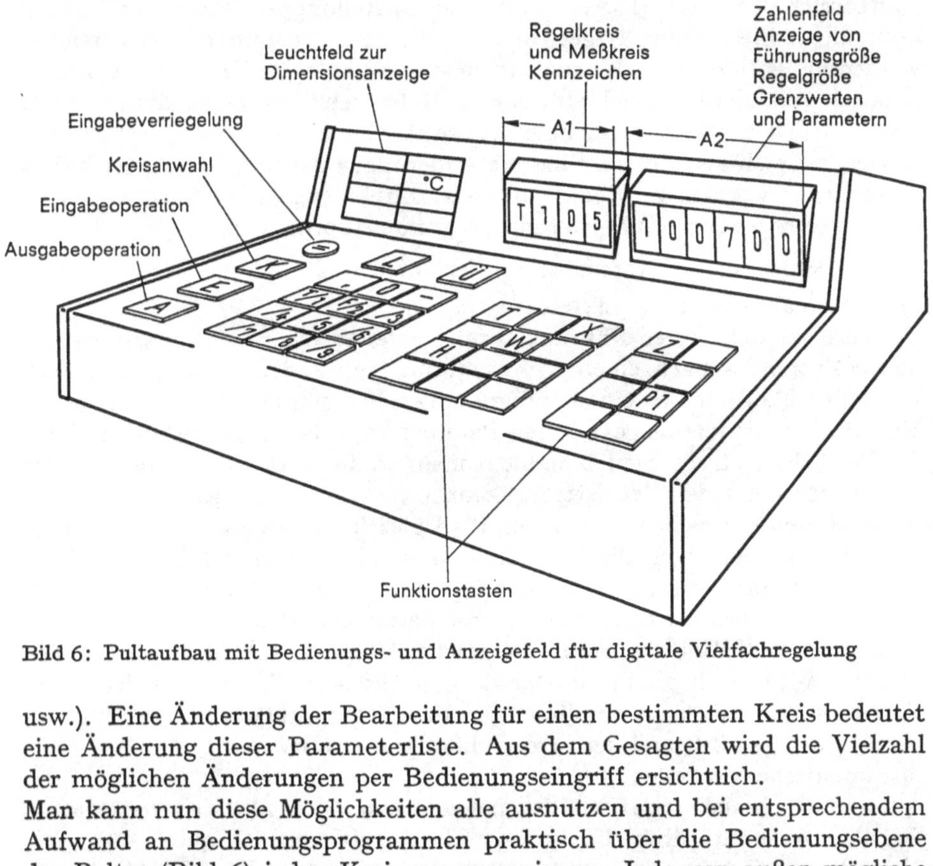

Bild 6: Pultaufbau mit Bedienungs- und Anzeigefeld für digitale Vielfachregelung

usw.). Eine Änderung der Bearbeitung für einen bestimmten Kreis bedeutet eine Änderung dieser Parameterliste. Aus dem Gesagten wird die Vielzahl der möglichen Änderungen per Bedienungseingriff ersichtlich.

Man kann nun diese Möglichkeiten alle ausnutzen und bei entsprechendem Aufwand an Bedienungsprogrammen praktisch über die Bedienungsebene des Pultes (Bild 6) jeden Kreis programmieren. Jede von außen mögliche Änderung muß ein Bedienungsprogramm ansprechen, welches die z. B. über Tastatur eingegebene Information in die richtige Parameterliste in der richtigen Normierung abliefert.

Ein zentralisiertes Regelsystem erfordert unbedingt eine Anzeigemöglichkeit beliebiger Information aus dem Prozeß. Praktisch realisiert wird dies durch Anwahl der gewünschten Information über Tastenfeld und digitale Anzeige auf dem Pult. Über dieses Auswahlfeld können beliebige Werte auf Analogschreiber geschaltet werden. Das Betriebspersonal erkennt dann praktisch mit einem Blick die Tendenz, was in Störungsfällen des Prozesses wichtig ist.

4.4 Adaptierungsprogramme

Analoge Regelkreise werden im allgemeinen bei der Inbetriebnahme des Regelkreises „optimal" eingestellt, d. h. die Reglerparameter Proportionalbereich X_p, Nachstellzeit T_n und Vorhaltzeit T_v werden für einen bestimmten Lastbereich optimiert. Die so gefundene Einstellung ist jedoch nur bedingt optimal, da die meisten Regelstrecken nicht mit konstanter Last betrieben werden und sich darüber hinaus auch noch im Laufe der Zeit in ihren Eigenschaften verändern. Hier bietet eine digitale Vielfachregelung durch leichte Änderbarkeit der Parameter aller Kreise (Verändern je eines Kernspeicherwortes) neue Möglichkeiten. Sind die Änderungen der Streckeneigenschaften erfaßbar, so werden die Reglerparameter direkt angepaßt; sonst lassen sie sich durch sogenannte Adaptierungsprogramme optimieren.

Hierfür kommen zwei verschiedene Verfahren in Betracht:

a) Testsignal auf den Regelkreis.
Es wird ein definierter Führungssprung erzeugt und die Einregelung des neuen Zustandes nach einem Gütekriterium, etwa der Betragsregelfläche, beurteilt. Nun wird in einem programmierten Suchschrittverfahren dieses Experiment mit jeweils geänderten Parametern so lange wiederholt, bis sich der Wert der Betragsregelfläche nicht mehr weiter verkleinert. Je nach der vorliegenden Art der Regelstrecke kann dieses Verfahren jedoch sehr zeitraubend werden: Schon bei einem PI-Algorithmus ergibt sich eine große Anzahl von Versuchen, die, um die Reproduzierbarkeit der Ergebnisse zu garantieren, mindestens zweimal durchgeführt werden müssen.
Bei verfahrenstechnischen Strecken mit Zeitlkonstanten in der Größenordnung bis zu 20 Minuten kann eine solche Adaptierung bis zu 10 Stunden dauern. Wenn sich die Parameter der Strecke schneller ändern, ist dieses Verfahren nicht mehr anwendbar. Die Führungssprünge sind allerdings im betriebsmäßigen Zustand der Strecke häufig unerwünscht.

b) Statistische Methoden.
Auto- und Kreuzkorrelationsfunktionen geben auch mit den natürlichen Signalen Auskunft über die vorliegende Regelstrecke (Kapitel 3.3). Mit dieser Kenntnis kann ein linearer Regressionsansatz zur Modellbildung aufgestellt werden. Modellansatz und Regelstrecke müssen jeweils die gleichen Ergebnisse liefern. Dies ist die Bedingung zur Berechnung und fortlaufenden Anpassung der Koeffizienten des Modelles. Optimierungsverfahren, z. B. empirische oder analytische, können jetzt wesentlich schneller im Modell durchgeführt werden. Diese Methoden erfordern jedoch gegenüber dem Suchschrittverfahren erheblich mehr Programm- und Speicheraufwand. Da-

für werden aber, ohne daß Testsignale erforderlich werden, Unterlagen über das System Regelstrecke selbst gewonnen.

5 Sicherheit und Überwachung

5.1 Redundanter Aufbau

Der Einsatz der digitalen Vielfachregelung ist mit Rücksicht auf die Betriebssicherheit nur dann zu vertreten, wenn die an allen Regelkreisen beteiligten zentralen Einheiten der Prozeßrechneranlage sehr hohe **Verfügbarkeit** aufweisen. Um diese zu erreichen, müssen bei Aufbau und Betrieb gewisse Gesichtspunkte beachtet werden (Kapitel 4.4). Sieht man von den Kosten ab, so wäre es naheliegend, zur weiteren Erhöhung der Verfügbarkeit eine Doppelinstrumentierung für die gesamte DDC-Anlage vorzusehen (Bild 7a). Während die eine DDC-Anlage den Betrieb regelt und überwacht, läuft die andere DDC-Anlage parallel ohne aktiven Eingriff in den Prozeß mit. Ein Ausfall muß sofort eine automatische Umschaltung auslösen und die Parallelanlage aktivieren.

Oft erfordert es die Aufgabenstellung, daß neben dem DDC-Rechner ein weiterer Rechner z. B. für Optimierungsaufgaben eingesetzt und so eine Rechnerhierarchie gebildet wird (Bild 7b). Hier kann dieser bei Ausfall des DDC-Rechners, unter einstweiliger Zurückstellung seiner Aufgaben, die Vielfachregelung übernehmen. Dabei ist noch zu unterscheiden, ob die Prozeßsignalformerausstattung zweimal vorhanden ist o er ob bei Ausfall diese auf den anderen Rechner geschaltet wird.

Ein anderer häufig beschrittener Weg des redundanten Aufbaues besteht in der Beibehaltung von Einzelreglern, die im Reservefall stoßfrei eingeschaltet werden können (Bild 7c).

Die Möglichkeiten der Rechner und/oder Regler in Verbindung mit Handfahrweisen (Abschnitt 3) bieten eine wirtschaftlichere, den Erfordernissen der einzelnen Regelkreise angepaßte Redundanz.

Träge Regelstrecken müssen bei Rechnerausfall nicht unbedingt durch einen besonderen Regler, sondern können möglicherweise durch Handverstellung weiterbetrieben werden. Eine derartige Redundanz gewährleistet dann allerdings nicht mehr das gewünschte Optimum, aber die Anlage fährt mit vielleicht etwas geringerer Regelgüte weiter.

5.2 Stromversorgung

Ein weiterer Gesichtspunkt bezüglich der Verfügbarkeit ist die gesicherte Stromversorgung (Kapitel 5.3). Doppelrechnersystem, Rechnerhierarchie und redundanter Aufbau mit Reservereglern nützen nichts, wenn bei Spannungseinbrüchen oder kurzzeitigem Netzausfall Programme im Rechner zer-

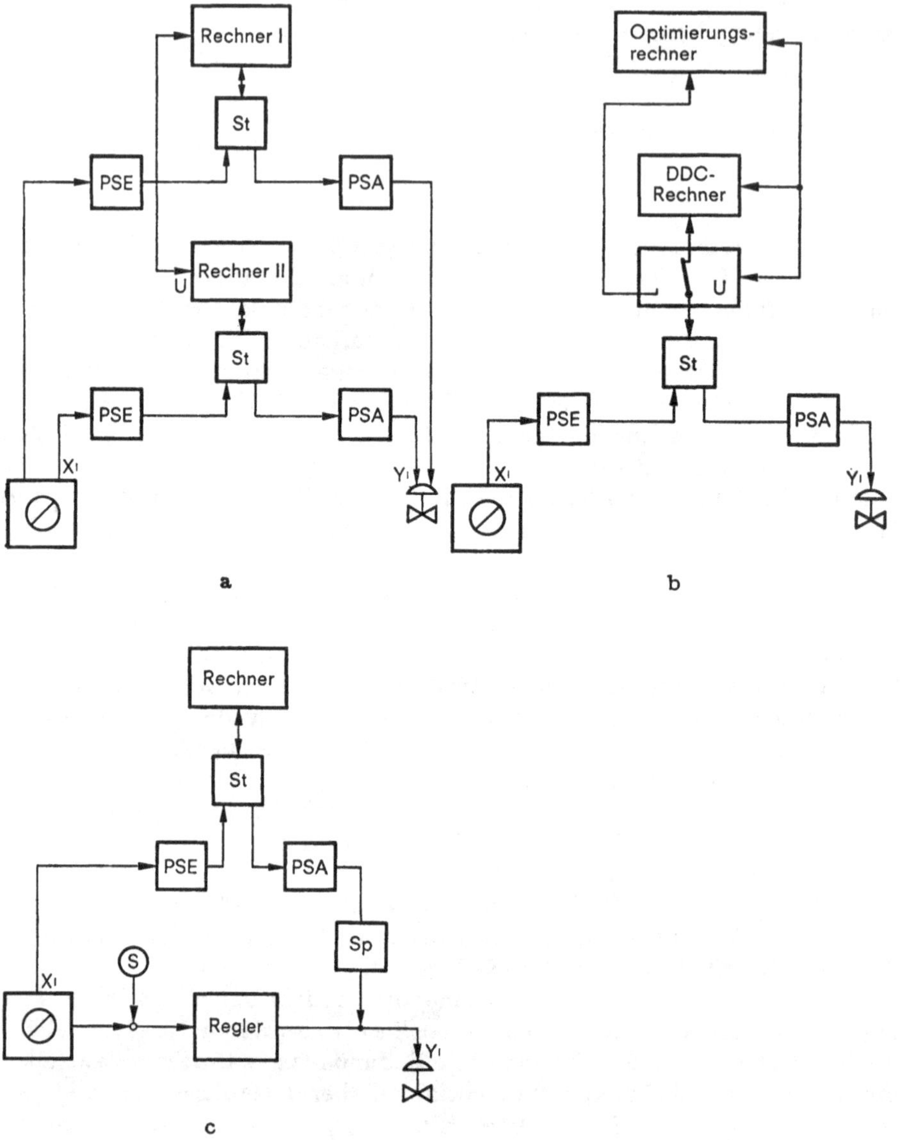

Bild 7: Redundanter Aufbau bei Prozeßrechneranlagen

a) „Stand-by"-Betrieb; b) Rechnerhierarchie; c) „back-up"-System (Bereitschaftsregler)

St	Steuerung
PSE	Prozeßsignalformer Eingabe
PSA	Prozeßsignalformer-Ausgabe
x_i	Regelgröße } i Zählindex
y_i	Setllgröße }
U	Umschaltmeldung
S	Sollwerteinsteller
Sp	Speicherverstärker

stört werden, binäre Ein- und Ausgänge undefinierte Zustände annehmen oder gar Werte der Meß- und Stellgeräte in die Endlagen ihrer Meßbereiche wandern. Ein über Batterien gepuffertes Netz, von dem alle Anlagenteile zu versorgen sind, bietet die beste Sicherheit. Dem steht jedoch bei umfangreichen Anlagen der hohe Stromverbrauch gegenüber.

5.3 Selbstüberwachung

Eine weitere Maßnahme zur Erhöhung der Verfügbarkeit ist die Selbstüberwachung des Rechners (Kapitel 5.5). Bei einer DDC-Anlage wird in einem Testkreis über ein Programm nach einer bestimmten Strategie in festen Zyklen ein Ausgangssignal auf einen separaten Speicherverstärker gegeben und dieser veränderte Wert über die Analogeingabe dem Rechner wieder zugeführt. Der zuvor abgetastete Wert wird mit dem neuen Wert verglichen und die Differenz auf eine Grenze kontrolliert. Die Nichteinhaltung der Grenze löst eine automatische Umschaltung auf das Bereitschafts-System aus.

Diese Überwachungsmethode erfaßt den Rechner, die Analogeingabe und die Stellausgabe. Zur Überwachung der zentralen Analogausgabe selbst kann über einen Eingang eine Konstantspannung abgetastet und im Rechner auf Toleranz geprüft werden. Zur Überwachung des Rechners genügt die Prüfung des Regelprogrammes, ob es in jedem Zyklus innerhalb einer festgelegten Zeit stets durchlaufen werden würde.

Durch Setzen von engeren Meßbereichsgrenzen per Programm kann die Funktion der Meßgeräte überwacht werden. Ein Über- oder Unterschreiten löst ein Sperren einer weiteren Stellwertausgabe auf das betreffende Stellglied aus und verhindert somit ein Fahren in dessen Endlage.

Alle diese anormalen Zustände, die bei der Selbstüberwachung auftreten, werden auf dem Bedienungspult bzw. auf dem Störblattschreiber mitgeteilt.

Zur Erhöhung der Verfügbarkeit führen auch noch die weiteren Maßnahmen, mit denen eine Verkürzung der Ausfallzeit erreicht wird (Kapitel 5.5).

6 Anwendung

Durch die Zentralisierung der Bearbeitung in einem freiprogrammierbaren Gerät ergeben sich wohl als Hauptvorzüge Flexibilität und unbeschränkte Anwendung soweit das Regelproblem mathematisch beschrieben werden kann.

Darüber hinaus läßt sich die digitale Regelung mit einem Prozeßrechner wesentlich homogener in ein allgemeines Steuerungs- und Optimierungskonzept im Rahmen der integrierten Prozeßdatenverarbeitung einfügen als dies sonst möglich ist [1]. Im einzelnen seien folgende Vorteile genannt:

- Einführung von Regelungen mit nicht konstanten Parametern und nicht linearen Regelalgorithmen.
- Verbesserung der Regeldynamik von Regelstrecken mit Totzeit durch Abtastsysteme.
- Modifizierung von Regelfunktionen und Regelparametern zur optimalen Anpassung — Adaptierung — an die Regelstrecke.
- Störgrößenaufschaltung zur besseren Beherrschung schwieriger Regelstrecken.
- Regelung von berechneten, d. h. nicht direkt meßbaren Regelgrößen.
- Programmierung beliebig vermaschter Regelsysteme, wie Kaskaden-, Verhältnis- und Mehrgrößenregelungen.

Die Anwendung bietet sich zunächst dort an, wo ein Prozeßrechner bereits für andere Aufgaben, z. B. die Prozeßüberwachung, eingesetzt ist. Etwas zögernder ist der Einsatz für reine DDC-Aufgaben, insbesondere dort, wo die Sicherheit bei niedrigsten Kosten vor allen möglichen Vorteilen an erster Stelle steht. Unter den Anwendungen sind zwei Richtungen zu unterscheiden: einmal die Ausnutzung der Flexibilität einer DDC-Regelung zur Erforschung und Untersuchung dynamischer Prozesse wie in der Luft- und Raumfahrt, zum anderen zur optimalen Fahrweise, wie höhere Ausbeute, gleiche Qualität bei wechselnden Lastzuständen und Einsparung von Energie [2, 3]. Es können auf Grund der besseren Regelgüte Einsparungen an Produktionskosten in einer verfahrenstechnischen Anlage erzielt werden, z. B. durch höheren Durchsatz mit der gleichen Anlage (Ausbeute) und durch Verbesserungen der Güte des Endproduktes (Qualität). Wenn sich daneben außer der reinen Regelung noch andere Rechneraufgaben finden lassen, kann sich sehr schnell die Wirtschaftlichkeit einer Prozeßrechneranlage ergeben.

Literaturhinweise

Kaltenecker, H.: Digitale Vielfachregelung von industriellen Prozessen. Fachtagung Elektronik 1967 S. 91—99, Deutsche Messen u. Ausstellungs AG Hannover, [1].

Kuhn, J., Strohrmann, H.: Prozeßrechner zur digitalen Vielfachregelung (DDC) einer Aldehyddestillationsanlage. Druckschrift PR 6.6/1 der Siemens AG, [2].

Amrehn, H.: Digitale Regelung. Regelungstechnische Praxis 1968 S. 24 bis 31 (Teil I) und S. 55—57 (Teil II), [3].

6.5 Transport und Lagerung von Stückgütern

von C. SCHENDEL

Inhaltsübersicht

1. Allgemeines

In vielen Industriezweigen sind Stückgüter zu transportieren und zu lagern. Dabei soll hier im wesentlichen der innerbetriebliche Transport von Stückgütern in abgeschlossenen Transportsystemen betrachtet werden. Die Lagerung von Gütern kann man als deren vorübergehend „ruhenden Transport" auffassen. Transport und Lagerung bedingen auch deshalb eine gemeinsame Betrachtung, weil zu einem Lager ein Zu- und Abtransport gehört und andererseits ein Transportsystem immer eine gewisse Speichermöglichkeit enthalten muß. Das Ziel ist, die zeitlich und örtlich bedingten Anforderungen der Disposition mit kleinen Lagern zu erfüllen.
Die Technik des Transports und der Lagerung hat eine sehr große Vielfalt technischer Lösungsmöglichkeiten entwickelt. Sie trägt damit den Anforderungen Rechnung, die von den verschiedenen Industriezweigen und unterschiedlichen Betriebsbedingungen gestellt werden. Die technischen Lösungen für Transport- und Lagerprobleme werden von einer ganzen Reihe von physikalischen und organisatorischen Faktoren bestimmt.
Da ist z. B. die Beschaffenheit der Güter wie Gewicht, Verpackung usw. zu berücksichtigen. Es finden sehr unterschiedliche mechanische Konstruktionen für Transportsysteme Verwendung, wie Power-and-free-Förderer in der Automobilindustrie, Rollen- und Kettenförderer für palettierte Güter,

Hängebahnsysteme zur Verbindung von Krankenhauskomplexen, Transportwannen für Fluggastgepäck oder ferngesteuerte Flurfördergeräte. Des weiteren spielt die Bauart eines Lagers eine wesentliche Rolle. Es kann als Hochregallager konzipiert sein, es kann als Flachlager ausgeführt werden, oder es ist als Umlauflager entworfen. Außerdem ist die Betriebsweise als Auslieferungslager, als Pufferlager zwischen Teilefertigung und Montage oder als Rohmateriallager von Bedeutung.

Die Automatisierungseinrichtungen für solche Transport- und Lagersysteme müssen sich begründet gewählten technischen und organisatorischen Lösungen anpassen. Im Interesse eines möglichst einfachen, übersichtlichen Gesamtsystems sollte unterschiedliche Eignung der Komponenten von vornherein berücksichtigt werden. Bei den vielfältigen Aufgaben und Lösungsmöglichkeiten in Transport- und Lagersystemen ist der Prozeßrechner in vielen Fällen das geeignete Automatisierungsmittel, mit dem die Effektivität dieser Systeme gesteigert bzw. ihr Betrieb überhaupt ermöglicht werden kann. Sein Aufbau gewährleistet die Flexibilität, die zur Anpassung an die verschiedensten Aufgaben erforderlich ist, seine Ausbaufähigkeit läßt spätere Erweiterungen zu.

Die beim Betrieb großer Transport- und Lagersysteme auftretenden Probleme, denen die Automatisierung Rechnung zu tragen hat, betreffen vor allem folgende Faktoren: Der Einsatz von gewissenhaft arbeitendem Personal zur Bedienung von Fördereinrichtungen und zur Führung von Karteien ist verhältnismäßig groß. — Große Ausdehnungen und die Vielfalt von Lagergütern führen zur Unübersichtlichkeit des Systems. — Die Forderung nach guter zeitlicher und räumlicher Ausnutzung der Anlagenteile bedingt schnelle Entscheidungen und Eingriffe. — Die immer häufigere Lagerbauweise mit Hochregalen verbietet einen bemannten Betrieb.

Die Mechanisierung als eine Voraussetzung der Automatisierung ist in vielen Fällen aus Gründen des Gewichts der Güter bereits weitgehend durchgeführt. Vom Einsatz eines Prozeßrechners als leistungsfähigem Automatisierungsmittel darf man die Lösung der vorstehenden Probleme und damit eine weitgehende optimale Führung von Transport- und Lagersystemen erwarten.

2. Transport von Stückgütern

2.1 Steuerung des Güterflusses

Aufgabe eines Transportsystems ist es im allgemeinen, Güter von einem Ausgangspunkt zu einem vorgegebenen Ziel zu befördern. In vielen Fällen spielt auch noch der zeitliche Ablauf des Vorgangs und die Reihenfolge des Eintreffens verschiedener Güter am Ziel eine Rolle. Außerdem kann eine optimale Auswahl von verschiedenen möglichen Transportwegen zu treffen sein.

Zur Lösung dieser Aufgaben sind steuernde Eingriffe in die einzelnen Komponenten des Transportsystems erforderlich. Bei automatisierten Anlagen übernimmt ein Prozeßrechner anstelle von dezentralen Einrichtungen diese Steuerung. Zentral angeordnet erzeugt er mit dem notwendigen Überblick der Gesamtanlage mit großer Schnelligkeit die Steuerkommandos und ermöglicht so eine weitgehend optimale Nutzung des Systems. Es werden motorische Antriebe ein- und ausgeschaltet bzw. Start-, Stop-, Beschleunigungs- und Bremskommandos gegeben, es werden Blockstreckenverriegelungen zur Sicherung des Transportes aufgebaut, es werden Kommandos zur Betätigung von Be- und Entladeeinrichtungen gegeben. An selbständige Zielsteuerungen werden Zieladressen vorgegeben und Signale für Weichensteuerungen erzeugt. Die Steuerkommandos werden direkt über Digitalausgänge des Prozeßelementes programmgesteuert an den Prozeß ausgegeben.

Voraussetzung für eine automatisierte mechanische Handhabung der Güter ist zunächst eine geeignete Verpackung mit einheitlichen Abmessungen. Gegebenenfalls ist das Transportgut auf Paletten, in Wannen o. ä. zu transportieren. Nur dadurch ist eine einwandfreie Trennung und Identifizierung der einzelnen Stückgüter gewährleistet.

Grundlage für die Steuerungseingriffe ist die Verfolgung der Güter im gesamten Transportsystem. Damit wird sichergestellt, daß an jedem Ort die zur Steuerung des Gütereinflusses notwendige Information zur Verfügung steht. Für die Güterverfolgung sind im wesentlichen zwei Verfahren gebräuchlich: Die Information wird in einem Abbild des Systems im Speicher des Prozeßrechners geführt oder das Stückgut wird auf Grund körperlich mitgeführter Information jeweils wiedererkannt.

2.2 Abbildung des Systems

Bei diesem Verfahren wird jeder in dem Fördersystem unterscheidbaren Position im Speicher des Prozeßrechners eine Zelle zugeordnet. In diese wird zweckmäßigerweise die Zieladresse des dort befindlichen Transportgutes eingetragen. Durch Fühler im Transportsystem wird jede Bewegung erkannt und dem Prozeßrechner zur Korrektur seines Abbildes übertragen.

Besonders einfach ist die Materialverfolgung in Taktfördersystemen, wie sie mit Plattenförderern oder speziellen Förderbändern gebildet werden können. Bei diesen Systemen ist von der Konstruktion her gesichert, daß Reihenfolge und Abstand der aufgegebenen Transportgüter während des Transportes erhalten bleiben. Bei jedem Fördertakt rücken alle Güter und eventuellen Leerplätze um eine Rasterteilung vor. Dabei muß sich der Förderer nicht unbedingt schrittweise bewegen, sondern er kann auch eine stetige Bewegung ausführen. Es muß lediglich nach dem Vorrücken um eine Rasterteilung vom Antrieb ein Taktimpuls abgeleitet werden, um die Fortschaltung des Fördererabbildes zu bewirken. Aufgabe- und Entnahmestellen sind im gleichen Raster angeordnet, die Be- und Entladung des Förderers geschieht an allen Stationen simultan im Fördertakt.

Der Taktimpuls wird z. B. durch Doppelausführung gesichert, um eine Verschiebung des Abbildes gegenüber der tatsächlichen Belegung zu vermeiden. Aus Gründen der internen Arbeitsweise des Prozeßrechners ist es zweckmäßig, nicht die gesamten Speicherzellen zu verschieben, sondern die Positionen der an Zahl wesentlich geringeren Aufgabe- und Entnahmestellen dem „feststehenden" Abbild entgegen der Förderrichtung zu bewegen. Nach jedem Fördertakt wird der Speicherinhalt auf Koinzidenz zwischen der Zieladresse und dem Zielort abgefragt. Bei Koinzidenz werden vom Prozeßrechner die entsprechenden Be- oder Entladeeinrichtungen betätigt und das Gut ein- bzw. ausgeschleust. Gleichzeitig werden die Zieladressen in den Speicher eingetragen bzw. gelöscht.
Zur Abbildung von Förderstrecken, bei denen vom Prinzip her nicht der Abstand aber die Reihenfolge der Fördergüter garantiert ist und die keine Verzweigungen im Materialfluß aufweisen (z. B. Rollenbahnen), kann man Speicherzellenanordnungen nach Art von Auffüllregistern verwenden. Die Anzahl der Speicherzellen muß der Kapazität der Förderstrecke entsprechen. Das zuerst aufgegebene Fördergut verläßt den Förderer auch als erstes. Die genaue Position des Gutes auf dem Förderer ist nicht ermittelbar aber auch nicht von Bedeutung. Signale an den Prozeßrechner bei der Aufgabe und Entnahme reichen aus zur Führung der Abbildung.
Bei Fördersystemen mit frei beweglichen Fördereinheiten (z. B. Gondelbahnen) mit Verzweigungen der Förderwege und beliebig angeordneten Be- oder Entladestationen ist eine individuelle Verfolgung der einzelnen Einheiten erforderlich. Dazu wird das gesamte Fördersystem in einzelne Blockabschnitte eingeteilt. Jede Fördereinheit gibt z. B. über Schleifleitungen eine blockabschnittsbezogene Anwesenheitsmeldung an den Prozeßrechner. Dieser registriert das Fortschreiten der Meldung in den nächsten Blockabschnitt und benutzt dieses zur Korrektur seines Fördersystemabbildes, in dem wiederum die Zieladressen der Fördereinheiten eingetragen sind.
Das Fortschreiten der Anwesenheitsmeldung wird vom Prozeßrechner umfangreichen Plausibilitätskontrollen unterzogen, um eine Verfälschung des Abbildes durch Kontaktunterbrechungen, Störimpulse usw. auszuschließen. Um die Folgen von nicht identifizierbaren Bewegungen im Fördersystem zu vermeiden, werden alle Fahrbefehle für die einzelnen Blockabschnitte vom Rechner erarbeitet und ausgegeben. Damit wird gleichzeitig eine Blockstreckensicherung zur Vermeidung von Auffahren der Fördereinheiten erreicht. Jede nicht ordnungsgemäße Funktion im Transportsystem führt ohne Verfälschung des Streckenabbildes zu einem Stau, der vom Prozeßrechner identifiziert und dem Überwachungspersonal signalisiert wird.
Zweckmäßigerweise werden die Bewegungen im Fördersystem nicht spontan über Alarmeingänge gemeldet, sondern es wird periodisch (z. B. jede Sekunde) das Fördersystem auf eingetretene Veränderungen abgefragt. Im gleichen Rhythmus wird auf Koinzidenz von Zieladressen und Zielorten geprüft, und gegebenenfalls werden Haltebefehle zur Be- oder Entladung ausgegeben.

In ähnlicher Weise wird auf Blockabschnitten vor Verzweigungen verfahren, wo aus Zieladresse sowie Meldeort ein Signal zur Stellung von Weichen erarbeitet und der Weichensteuerung zur Ausführung übertragen wird.

Zur Verfolgung des Güterflusses bei Transport mittels Zielsteuerungen (z. B. mit Lagermaschinen) gibt es zwei Möglichkeiten: Sind die Fördermittel mit autarken Zielsteuerungen ausgerüstet, so werden diesen die anzufahrenden Zieladressen vom Prozeßrechner vorgegeben. Die Fahrt dorthin wird völlig selbständig ausgeführt und der ordnungsgemäße Abschluß an den Prozeßrechner zurückgemeldet, der damit sein Fördersystemabbild korrigiert. Der Prozeßrechner kann aber auch vor allem bei Kleinanlagen die Zielsteuerung selbst übernehmen, indem er Befehle für Fahrtrichtung, Start, Stop, Beschleunigung und Verzögerung auf Grund der Wegverfolgung ausgibt.

Die Wegverfolgung läßt sich inkrementell oder absolut durchführen. Im ersten Fall wird pro zurückgelegter Wegeinheit ein Impuls zum Prozeßrechner übertragen, der die Impulse zur momentanen Position aufintegriert. Auswirkungen von Störimpulsen bleiben dadurch begrenzt, daß die Wegzählung regelmäßig an den festen Be- und Entladestationen kontrolliert und justiert werden kann. Bei der absoluten Wegmessung sind längs des Verfahrweges codierte Maßstäbe angebracht, die über berührungslose Fühler ständig die aktuelle Position des Fördermittels zur Verfügung stellen. Aus der Differenz zwischen Soll- und Istposition leitet der Prozeßrechner alle Steuerbefehle ab.

2.3 Mitgeführte Information

Bei diesem Verfahren führt das Transportgut die kennzeichnende Information, die von unterschiedlicher Art sein kann, mit. Die Information wird nur vor Orten im Transportsystem maschinell gelesen, die eine Entscheidung vom Prozeßrechner verlangen (mögliche Haltepunkte, Verzweigungen der Förderstrecke usw.). Nach dieser Lesestelle verschwindet das Transportgut wieder aus dem Abbild und taucht erst an der nächsten Entscheidungsstelle erneut auf.

Die mitgegebene Information kann die Zieladresse sein, aus der sich die Steuerbefehle ableiten. Bei Fördermitteln mit veränderlichen Transportzielen (z. B. Hängebahnwagen) müssen die Kennzeichen an den Fahrzeugen oder Verpackungen maschinell und variabel beschriftbar sein.

Eine einfachere und betriebssichere Lösung ist die Anbringung fester Kennzeichen, z. B. einer laufenden Nummer an den Fahrzeugen. Mit dieser Nummer kann das Fahrzeug an allen Lesestellen im System identifiziert werden. Die Zuordnung der laufenden Nummer des Fahrzeuges zu seiner Zieladresse geschieht durch den Prozeßrechner über eine in dessen Speicher geführte Liste. Die Zieladresse bestimmt zusammen mit dem Meldeort die Steuersignale für den weiteren Transport.

Mit diesem Verfahren und dem direkten Austausch von Signalen über das Prozeßelement kann ein Prozeßrechner umfangreiche Transportsysteme selbsttätig steuern. Bei der Güteraufgabe werden die Zieladressen entweder vom Bedienungspersonal über Tastaturen oder von mitgelieferten maschinell lesbaren Datenträgern (z. B. Lochkarten) in den Prozeßrechner eingegeben. Sie können auch an Hand von Materialbeschreibungen vom Prozeßrechner selbst festgelegt werden.
Der Prozeßrechner ist dadurch in der Lage, den Transport auf Grund eines gespeicherten Fahrplanes auch zeitlich zu steuern. Er kann selbständig Transportaufträge erteilen, er kann Leerfahrzeuge bereitstellen und kann betrieblich bedingte Zielfolgen festlegen und abrufen. Diese Aufgaben treten z. B. bei großen Krankenhauskomplexen auf, wo Versorger- und Verbraucherstationen sowie Betriebseinrichtungen mit einem Hängebahnsystem verbunden sind.
Zum wirtschaftlichen Weitertransport z. B. auf LKW kann eine vorgegebene Reihenfolge von Transporteinheiten notwendig sein. Der Prozeßrechner löst dieses Sortierproblem entweder durch gezielten zeitlichen Abruf aus dem System oder über die Steuerung spezieller Sortierstrecken.
Der Prozeßrechner kann weiterhin auf Grund seines Überblickes über die weitverzweigten Anlagen eine Störungserkennung und -signalisierung durchführen. Dem Überwachungspersonal werden über Blattschreiber oder optische Anzeigen Störungsmeldungen ausgegeben, die die Störungsbeseitigung durch Hinweise in Klartext wesentlich erleichtern und beschleunigen. In Störungs- und Betriebsprotokollen werden vom Prozeßrechner wichtige Ereignisse mit Uhrzeit in archivierbarer Form ausgegeben. Mit statistischen Auswertprogrammen lassen sich Transportaufkommen, Fördermittelauslastung usw. erfassen und Hinweise auf Engpässe oder Empfehlungen für den weiteren Ausbau des Systems gewinnen.

3. Lagerung von Stückgütern

3.1 Aufgaben

Die Lagerung von Stückgütern wirkt sich in vielen Industriezweigen oft sehr kapitalintensiv aus. Zur rationellen Verwaltung großer Lagerbestände sind heute bereits viele kommerzielle EDV-Anlagen im Einsatz. Ihr Aufgabenbereich läßt sich neben der Fakturierung des Umschlags mit folgenden Begriffen umreißen: Kaufmännische Disposition auf Grund einer Bedarfsvorhersage, Führung eines optimalen Bestands, Bestimmung von optimalen Nachbestellzeitpunkten und -mengen, Terminverfolgung, Sicherung der Verfügbarkeit. Das Ziel minimaler Kapitalbindung wird durch die zusätzliche Aufgabe der automatischen Umschlagsteuerung realisierbar.
Es ist grundsätzlich möglich, die Lagerbetriebsführung z. B. über Lochkarten für Auslagerungsanforderungen und Einlagerungsrückmeldungen mit einer

kommerziellen EDV-Anlage abzuwickeln. Die Lagerbestandsliste muß dann allerdings um die Information über die einzelnen Lagerorte ergänzt werden. Die EDV-Anlage ist jedoch normalerweise mit den Lageraufgaben wegen zahlreicher anderer Programme nur selten belastbar und daher mit dem Lagerungsprozeß nicht voll synchronisiert.
Ein mit dem Lager ständig verbundener Prozeßrechner ist jederzeit in der Lage, sich dem Betriebsgeschehen anzupassen. Er kann beliebig eintreffende Einlagerungen behandeln und Expreßauslieferungen ausführen, er ermöglicht Entnahmen für Stichproben und zur Warenzeichnung. Bei Störungen im Transportsystem können kurzfristige Umdispositionen durchgeführt wer den, wobei der jeweils aktuelle Lagerbestand zur Verfügung steht. Mit der Automatisierung all dieser Vorgänge wird das Lager insgesamt zu einer „Umschlagsmaschine" ausgebaut.
Der Prozeßrechner kann dabei innerhalb verschiedener Lagerorganisationsformen eingesetzt werden. Bei einer reinen on-line-Lösung verwaltet er selbst auf Großspeichern die Leerplatz- und Artikelbestände mit Lagerorten. Diese Lösung ermöglicht die freizügigste und effektivste Betriebsführung.
Geringeren Speicheraufwand erfordert die Lösung, bei der der Prozeßrechner nur die Leerplatzkartei führt, die Lagerbestandsführung aber von einer kommerziellen EDV-Anlage übernommen wird. Dabei sind gewisse Einschränkungen der Freizügigkeit bei Auslagerungen gegeben, die ohne die EVD-Anlage nicht ausgeführt werden können, aber von dieser nur in bestimmten Zeitpunkten bearbeitet werden. Der Datenaustausch zwischen den Rechneranlagen geschieht dabei über Koppelelemente anstelle des materiellen Datentransports, z. B. mittels Lochkarten. Durch Einbeziehen von rein kommerziellen Programmen läßt sich damit eine weitgehend integrierter Automatisierung des Lagerbetriebs erreichen.
Im folgenden werden eine Reihe typischer Aufgaben im Lagerbereich und ihre Lösungsmöglichkeiten mit Hilfe von Prozeßrechnern aufgezeigt.

3.2 Einlagerung

Grundlage ist die fehlerfreie Aufnahme aller Daten, die für die Betriebsführung notwendig sind. Dabei ist es zweckmäßig, wenn einzulagerndes Gut oder Auslagerungsanforderungen mit mechanisch lesbaren Datenträgern (Lochkarten, Lochstreifenkarten) geliefert werden. Müssen die Daten von Hand eingegeben werden, dann führt der Prozeßrechner Prüfungen auf Vollständigkeit, Format und Plausibilität durch. Auch Prüfziffernkontrolle und Doppeleingabe von unabhängigen Bedienungspersonen sind übliche Verfahren.
Der Prozeßrechner ermittelt geeignete Lagerplätze für einzulagerndes Gut. Dabei wird die Auswahl von einer Reihe von Faktoren beeinflußt. Aus der im Prozeßrechner geführten Leerplatzkartei werden freie Lagerplätze der erforderlichen Größe ermittelt. Abhängig von der Art des Lagergutes werden

Lagerzonen ausgewählt (z. B. flüssige Lagergüter werden zur Vermeidung von Folgeschäden bei Beschädigung der Verpackung in den unteren Regalreihen gelagert). Die Umschlagshäufigkeit eines Artikels wird auf Grund einer im Prozeßrechner geführten Statistik berücksichtigt. Häufig umgeschlagene Artikel werden vorn in den Regalreihen gelagert, so daß durch kurze Zugriffszeiten die Effektivität des Lagersystems erhöht wird. Es können auch Umlagerungen während betriebsschwacher Zeiten ausgeführt werden. Der Prozeßrechner sorgt weiterhin für eine gleichmäßige Verteilung pro Artikel über das gesamte Lager, um einen Zugriff auch bei Störungen einzelner Transportmittel zu sichern.
Bei der Lagerplatzauswahl wird weiterhin die Auslastung der Transportmittel bis zu dem disponierten Lagerort berücksichtigt, um einen schnellen Betriebsablauf ohne gegenseitige Blockierungen zu erreichen.
Im übrigen ist die Wahl des Platzes frei. Es sind keine festen Plätze pro Artikel erforderlich. Diese beliebige Belegung ergibt eine optimale Nutzung des verfügbaren Lagervolumens. Den schnellen Überblick gewährleistet der Prozeßrechner durch sein im Speicher geführtes Lagerabbild.
Ein besonders anpassungsfähiges Lagerabbild wird erreicht, wenn eine möglichst regelmäßige Anordnung der Lagerplätze vorliegt. Dann lassen sich aus der laufenden Numerierung der Plätze deren Koordinaten durch Rechnung ermitteln und wesentliche Einsparungen an Speicherplatz im Rechner erzielen.

3.3 Auslagerung

Bei der Auslagerung ist die am längsten lagernde Einheit von gleichwertigen Artikeln zu ermitteln. Dieses sogenannte „first in — first out"-Prinzip schützt den Lagerbestand vor Überalterung. Um nicht bei jeder Anforderung den gesamten Lagerbestand nach dieser Einheit durchsuchen zu müssen, ist das Lagerabbild (die Lagerbelegungsliste) in einer besonderen Struktur aufgebaut. Es werden Kettungen entsprechend der zeitlichen Einlagerungsreihenfolge gebildet. In Hilfslisten sind pro Artikel Anfangsadressen (für die Auslagerung) und Endadressen (für die Einlagerung) dieser Ketten hinterlegt. Dadurch sind die betreffenden Lagerorte ohne Sucharbeit gezielt auffindbar.
Eine strenge Durchführung des first in- first out-Prinzips ist nicht verträglich mit einer zeitoptimalen Ausnutzung der Transportsysteme, da keine für eine Optimierung notwendigen Ausweichmöglichkeiten bestehen. Daher ist in der Praxis eine Reihe von Kompromißlösungen üblich. Die Einlagerungen werden mit besonderen zeitlich fortschreitenden Kennziffern (z. B. Frischezahl bei Lebensmitteln) versehen. Der Prozeßrechner benutzt zur Optimierung nur Lagereinheiten, die die gleiche Kennziffer tragen. Bei den letzten Lagereinheiten mit dieser Kennziffer wird das Prinzip automatisch

streng durchgeführt und eine Überalterung des Bestandes sicher vermieden. Zur zeitoptimalen Nutzung der Lagersysteme sorgt der Prozeßrechner für eine gleichmäßige Auslastung parallel arbeitender Lagermaschinen. Weiterhin wird jedem Auslagerungsauftrag eine Einlagerung zugeordnet und damit ein effektives kombiniertes Spiel der Lagermaschinen ermöglicht. Durch Bevorzugung schnell erreichbarer Lagereinheiten wird ein schnellerer Umschlag erreicht.

Nicht nur bei automatischen, sondern auch als Hilfsmittel bei verfahrensbedingten teilautomatischen Lagersystemen werden Prozeßrechner eingesetzt. Für Kommissionierfahrten über viele Stationen ermittelt der Rechner aus den gespeicherten Aufträgen eine zeitoptimale Reihenfolge, steuert das bemannte Fördergerät, über die errechnete Route und gibt bei jeder Station Anweisungen an die Bedienungsperson über Sichtanzeigen. Dieses Verfahren kann entscheidend zur Effektivität von Kompaktregalkonstruktionen beitragen, bei denen der Lagerinhalt nicht beliebig zugänglich ist. Die Fördergeschwindigkeit dieser Anlagen ist gewichtsbedingt gering, der Optimierungsgewinn entsprechend hoch.

Bei Umlauflagern ist der Lagerbestand jeweils nur nach der Umlaufzeit wieder zugänglich. Ein Prozeßrechner kann hier durch gleichmäßige Verteilung der Artikel im Gesamtsystem eine kurze Zugriffszeit sichern und das Bedienungspersonal durch Anzeigen bei der notwendigen schnellen Hantierung am vorbeilaufenden Lager unterstützen.

3.4 Administrative Funktionen

Bei der Erfüllung der Steueraufgaben erarbeitet der Prozeßrechner eine Reihe von Informationen, die für administrative Aufgaben sinnvoll weitergenutzt werden können. Jede Neueingabe in andere Systeme würde Arbeitsaufwand bedeuten und Fehlermöglichkeiten enthalten.

Der Prozeßrechner kann jederzeit eine Lagerbestandskontrolle pro Artikel durchführen und den Lagerbestand für eine Inventur ausgeben. Bei Unterschreitung vorgegebener Mindestbestände können Meldungen gegeben oder auch Bestellformulare erstellt werden.

Dient ein Lager als Puffer zwischen Teilefertigung und Montage, so kann der Prozeßrechner durch Verfolgen der Produktion an Hand von Stücklisten den Verbrauch ermitteln und Auslagerungen von Nachschubteilen selbständig veranlassen.

Nicht immer werden Lagergüter in ganzen Lagereinheiten ausgeliefert. Die Teilmengenentnahme ist in vielen Fällen (z. B. im Hochregal) innerhalb der Lagerzone nicht möglich. Der Prozeßrechner steuert daher die entsprechende Lagereinheit zu einer Rüststelle. Über Blattschreiber wird die Rüstanweisung an das Bedienungspersonal ausgegeben. Die Anbrucheinheiten werden wieder eingelagert und zur vorrangigen Auslagerung besonders markiert.

Weiterhin können vom Rechner Begleitpapiere für die ausgelagerten Güter erstellt werden. Eine Umsatzstatistik pro Artikel dient zur Disposition von Lagerorten (s. Einlagerung) und als Entscheidungshilfe für ein bedarfsgerechtes Sortiment.

3.5 Sicherung des Verfahrens

Grundlage der gesamten Lagerführung ist die Lagerbelegungsliste, deren Übereinstimmung mit dem tatsächlichen Bestand unbedingt gesichert sein sollte. Es empfiehlt sich, den Lagerumschlag parallel auf einem unabhängigen Datenträger laufend zu protokollieren. Damit ist der Prozeßrechner in der Lage, vom letzten ebenfalls festgehaltenen Absolutbestand auf den aktuellen Lagerinhalt zu extrapolieren. Täglich nach Betriebsschluß wird dieses Ergebnis mit dem Stand der Lagerbelegungsliste verglichen. Bei eventuellen Abweichungen kann den Ursachen sofort nachgegangen werden. Als praktisch beliebig oft nutzbarer Datenträger empfiehlt sich ein Magnetband in einem sogenannten Archivierungs-Magnetbandgerät, das robust und in der Leistung völlig ausreichend ist. Das von ihm erzeugte Band läßt sich bei Rechnerausfall auch auf fremden Anlagen auswerten.

Trotz Einsatz hochwertiger elektronischer Bauelemente und sorgfältigster Fertigung läßt sich ein Ausfall der Prozeßrechneranlage nicht ausschließen. Nur in wenigen Anwendungsfällen ist es erforderlich, die Automatisierungseinrichtungen z. B. durch Einsatz von Doppelrechneranlagen stets voll verfügbar zu halten. Vielmehr sollte man durch organisatorische und technische Maßnahme eine Notsteuerung von Hand ermöglichen. Diese kann, um den Aufwand gering zu halten, in Komfort und Leistung deutlich schlechter als der Normalbetrieb sein, sie soll aber den Betrieb aufrechterhalten, ohne die Sicherheit des Verfahrens zu gefährden.

Bei Rechnerausfall ist die auch für Handsteuerung notwendige Lagerbelegungsliste u. U. nicht verfügbar. Deshalb werden im Normalbetrieb vorsorglich Daten für den Notbetrieb aufbereitet und in optisch lesbarer Form ausgegeben. Dazu bestehen im wesentlichen zwei Möglichkeiten. Es läßt sich ein Notlagerbereich schaffen, der laufend erneuert und vor Überalterung geschützt werden muß. Es sollte kein räumlich zusammenhängender Teil des Lagers sein, sondern lediglich eine Liste aller wichtigen Artikel zusammen mit ihren Lagerorten. In anderen Fällen ist es möglich, aus den vorliegenden Auslieferungsanforderungen die für einen gewissen Zeitraum im voraus ermittelten Lagerorte auszugeben. Beide Listen ermöglichen dem Bedienungspersonal die Weiterführung eines Auslagerungsbetriebes. Einlagerungen sollte man für die Zeit des Notbetriebes aussetzen. Sind Einlagerungen betrieblich wichtiger, werden die Auslagerungen gestoppt. Die obigen Listen bestehen dann aus den Adressen verfügbarer Leerplätze.

Die während des Notbetriebes von Hand durchgeführten Lagerbewegungen werden maschinell, z. B. auf Lochstreifen, protokolliert. Nach der Störungs-

beseitigung wird damit die im Prozeßrechner gespeicherte Lagerbelegungsliste schnell und ohne Fehlermöglichkeiten auf den aktuellen Stand gebracht.
Prozeßrechneranlagen vor allem für Transportsysteme werden mit unterbrechungsfreien Netzstromversorgungen ausgerüstet. Damit werden einmal die Auswirkungen von in Industrienetzen unvermeidbaren Kurzzeitunterbrechungen vermieden und zum anderen erübrigt sich die nach Spannungswiederkehr erforderliche „Synchronisierung" des Prozeßrechners mit dem Prozeß, der während der Unterbrechung ohne Kenntnis des Rechners weitergelaufen ist. Bei der unterbrechungsfreien Versorgung bleibt z. B. das Abbild eines Transportsystems erhalten und wird bei jeder Bewegung korrigiert.

4. Ausstattung der Prozeßrechneranlage

Die Zentraleinheiten werden meist mit 16K Worten Arbeitsspeicherkapazität ausgebaut. Lochstreifen-Geräte dienen der Eingabe von Programmen und Daten.
Wegen der Forderung des wahlfreien Zugriffs zu relativ großen Datenmengen (vor allem bei Lagersystemen) werden Magnetplattenspeicher mit einer Kapazität von ca. 2 Mio. Worten eingesetzt.
Das Prozeßelement stellt die direkte Kopplung zum Prozeß her. Es wird praktisch nur mit digitalen Ein- und Ausgaben bestückt. Meldesignale, Tastatureingaben usw. werden über dynamische Alarmeingaben und statische Digitaleingaben aufgenommen. Steuersignale und Anzeigen werden über Relais ausgegeben. Damit ist bei Ein- und Ausgaben die galvanische Potentialtrennung zu anderen Systemen gewährleistet. Blattschreiber für Protokolle und Anweisungen sowie zeichenweise arbeitende Lochkarten-Eingabegeräte werden über Zeichenübertragungsbausteine des Prozeßelementes angeschlossen.
Die Sicherung der Lagerbelegungsliste wird mit Archivierungs-Magnetbandgeräten durchgeführt. Der direkten Verbindung des Prozeßrechners mit übergeordneten kommerziellen Systemen stehen Koppeleinrichtungen für den Nah- und Fernbereich zur Verfügung. Verbindungen im Fernbereich über gemietete Leitungen erfordern eine Übertragungsgeschwindigkeit von etwa 2400 Bd. Fernschreibverbindungen sind in den meisten Fällen nicht ausreichend.
Unterstützt wird diese Geräteausstattung durch ein leistungsfähiges Betriebssystem und anwendungsorientierte Standardprogramme. Diese Programme sind auf die Probleme von Lager- und Transportsystemen zugeschnitten. Sie sind allgemein formuliert und werden durch Einfügen der speziellen Parameter an die Einzelanlage angepaßt. Solche Programme sind Generatorprogramme zur Erstellung der Listen für Stammdaten, Lagerbelegung, Leerplätze usw., Programme für den Verkehr mit diesen Listen

bei Verbuchung und Disposition, Ein–Ausgabeprogramme für die lagerspezifischen Peripheriegeräte, Programme für die Materialflußsteuerung, Fehlerbearbeitungsprogramme und Programme für die Datensicherung.

5. Vorteile des Prozeßrechnereinsatzes

Die unmittelbare Verbindung des Prozeßrechners mit dem Transport- und Lagersystem führt zu einer Erhöhung der Umschlagsleistung bei optimaler Nutzung der Betriebsmittel, die sonst umfangreicher ausgelegt werden müßten. Das Lagervolumen läßt sich durch bessere Nutzung verkleinern. Der Lagerbestand kann durch schnelleren Umschlag und geringeren Ausschuß reduziert werden. Der bei großem Umschlag vieler Artikel erforderliche Bedarf an gewissenhaft arbeitendem Personal wird gesenkt. Durch den Prozeßrechner wird eine Reihe von konventionellen elektronischen Steuerungen ersetzt.
Neben diese wirtschaftlich abwägbaren Faktoren treten wesentlich schlechter kalkulierbare, wie hohe Sicherheit gegen Fehlbedienungen, Erhöhung der Übersichtlichkeit der Anlagen, die teilweise den Betrieb komplexer automatisierter Systeme erst ermöglicht, Möglichkeiten der Datenverarbeitung zur Gewinnung leistungsfähiger Entscheidungshilfen für die Betriebsleitung, exakte Protokollierung des Betriebsgeschehens, hohe Flexibilität bei Änderungen der gestellten Aufgaben.
Beim Nachweis der Wirtschaftlichkeit eines Prozeßrechners sollte dieser nicht isoliert betrachtet werden, sondern auch zusammen mit seinen Auswirkungen auf die Gesamtorganisation des Betriebes, in den die Transport- und Lagersysteme eingebettet sind. Dabei ist eine möglichst umfassende Zusammenarbeit nicht nur mit übergeordneten kommerziellen Systemen, sondern auch mit Zuliefer- und Abnehmerbetrieben anzustreben. Über eine weitgehend integrierte Datenverarbeitung läßt sich die Wirtschaftlichkeit solcher Systeme noch weiter erhöhen.

6.6 Transport und Lagerung von Fließgütern

von K. LUTZ

Inhaltsübersicht

1. Aufbau einer Pipeline

Unter Fließgütern werden allgemein Materialien körniger, flüssiger oder gasförmiger Form verstanden, die zum Transport in Leitungen geeignet sind. Im vorliegenden Kapitel sollen aber nur Güter des flüssigen Materialzustandes behandelt werden, die unter dem Namen „Rohöl" oder „Erdölprodukt" bekannt sind. Wenn bei dieser Einschränkung von „Transport und Lagerung von Fließgütern" gesprochen wird, so handelt es sich um den Transport über ausgedehnte Rohrleitungssysteme und die Lagerung in Tanks.
Im Laufe der letzten Jahre gewannen diese Rohrleitungssysteme zum Transport und zur Verteilung von Rohölen sowie Produkten immer mehr an Bedeutung. Es handelt sich hierbei um „Pipelines" mit nur einer Transportrichtung (Bild 1). Das Rohrleitungssystem besteht aus der Hauptleitung, im folgenden „Zentralrohr" genannt, durch das von Pumpstationen aus der zu transportierende Stoff gedrückt wird, und Stichleitungen, die den Anschluß zu den Lieferern und Empfängern herstellen. Das Zentralrohr selbst ist in Streckenabschnitte unterteilt und kann über ein ausgedehntes Gebiet verzweigt sein. In das Zentralrohr speisen die Lieferer (Shipper) ein und aus ihm entnehmen die Empfänger (Terminal). Im Verlauf eines Zentralrohres können Tanklager (Tankfarm) angeordnet sein, sie befinden sich meist bei den Shippern und bei den Terminals. Die Tanks des Tanklagers sind über ein Verteilersystem untereinander verbunden (Manifold), dessen Auslagerungsleitung (Shipper) oder Einlagerungsleitung (Terminal) gegebenenfalls über Stichleitungen mit dem Zentralrohr verbunden sind.

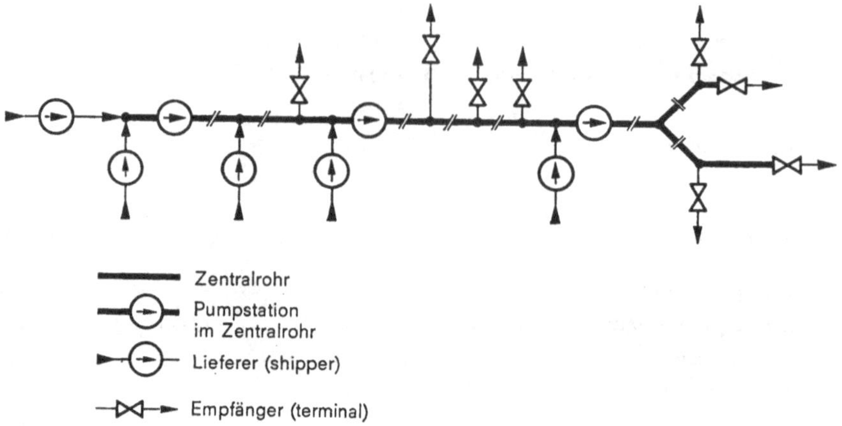

Bild 1: Rohrleitungssystem einer Pipeline

Die Pipeline wird von einer Zentrale aus betrieben (Dispatcher-Station). Diese Zentrale ist über ein leistungsfähiges und möglichst sicheres Fernwirksystem mit Shippern und Terminals, Abzweigungen und Pumpstationen verbunden. Alle zur Überwachung und Betriebsführung notwendigen Daten werden über das Fernwirksystem ausgetauscht. Die Tanklager, Abzweigungs- und Pumpstationen sind weitgehend automatisiert. Der Betrieb und die Überwachung einer längeren Pipeline ist wegen der vielschichtigen und komplexen Natur des Betriebsablaufes in Verbindung mit den geforderten Sicherheitsmaßnahmen, ziemlich kompliziert. Es ist zweckmäßig, die Aufgaben der Führung und Überwachung der Pipeline einem Prozeßrechner zu übertragen.

Batchfolge Zentralrohr	Ablieferungs-zeitpunkt	Menge m^3	
A 1	2. 3. 4.00	4.000	alter linefill
A 2	10.00	6.000	
C 1	1. 3. 14.00	4.000	
C 2	18.00	4.000	
C 3	2. 3. 0.00	6.000	
A 4	15.00	5.000	
A 5	20.00	2.500	
A 6		5.000	neuer linefill
B 1		5.000	
B 2		4.000	

Bild 2: Pumpprogramm

2. Pumpprogramm

Für den Betrieb einer Pipeline ist ein Fahrplan ähnlich wie bei der Eisenbahn erforderlich, der alle Materialbewegungen, Sollwerte für die Pumpstationen und Schieberbetätigungen vorgibt. Er geht aus dem Pumpprogramm hervor, in dem die Förderkapazität der Pipeline vordisponiert ist (Bild 2).
Die Unterlagen dieser Disposition sind: die Füllung des Zentralrohres (Line fill), das Angebot an Öl oder Produkt durch die Shipper, die Nachfrage der Terminals und die Förderkapazität der Leitung.
Das Pumpprogramm beginnt mit der Aufstellung der Reihenfolge der zu verpumpenden Einheiten (Batches). Bei der Ermittlung der Batchfolge sind außer den eingangs genannten Daten noch die Verträglichkeit der Batches untereinander, d. h. die Verwendbarkeit und die Größe des an den Berührungsstellen von zwei Batches entstehenden Mischproduktes, und der durch die Leitungsstruktur gegebene End-Line-Fill, d. h. die in den Leitungen verbleibenden Mengen, zu berücksichtigen.
Liegt die Batchfolge vor, so ist die Kapazitätsauslastung zu ermitteln. Man benutzt dazu die Abhängigkeit des reziproken Durchflusses (Dimension: Zeit pro Menge = spezifische Zeit) vom mittleren spezifischen Gewicht der zu bewegenden Flüssigkeitssäule. Der Einfluß der Viskosität kann bei diesen Überlegungen meist vernachlässigt werden. Hiermit wird die Funktion der spezifischen Zeit über der Batchfolge aufgestellt. Das Flächenintegral des spezifischen Zeit–Mengen-Diagrammes ergibt die benötigte Gesamtpumpzeit, das schrittweise Integral die Abhängigkeit von der Batchfolge zur Förderzeit.
Nach dem Vorliegen des Pumpprogrammes (Batchfolge mit Zeitabhängigkeiten) wird für jede Station der Pipeline der Fahrplan, d. h. die Batchfolge und die Sollwerte als Funktion der Zeit. ermittelt (Bild 3).

Zeit	Batch	Schieber		Pumpe		Druck kp/cm²
		x	y	1	2	
1. 3. 10.00	C 1	auf	—	—	—	—
14.00	C 2	—	—	—	—	—
18.00	C 3	—	—	—	—	—
2. 3. 0.00	A 4	zu	auf	ein	ein	30
4.00	A 5	—	—	—	—	—
10.00	A 6	—	—	—	—	—
15.00	B 1	—	—	—	aus	—
20.00	B 2	—	zu	aus	—	0

Bild 3: Stationsfahrplan

Bei der Aufstellung dieses Fahrplanes sind zu berücksichtigen:
- die je Pumpstation kostengünstig zur Verfügung stehenden Leistungen,
- das zu überwindende geographische Profil,

— die zu deckenden Leitungsverluste,
— die verfügbaren Förderhöhen je Pumpstation,
— das zulässige Druckprofil im Vergleich mit dem in jedem Moment entstehenden Druckprofil, resultierend aus dem Förderhöhendiagramm und dem spezifischen Gewicht der verpumpten Flüssigkeit.

Das Ziel des Pumpprogrammes ist die Erfüllung der Transportaufgabe unter Einhaltung der minimalen Transportkosten.

3. Materialverfolgung

Neben dem Pumpprogramm ist für die Führung einer Pipeline die Materialverfolgung über das Zentralrohr wichtig. Von der Materialverfolgung erwartet man zu jedem beliebigen Zeitpunkt Auskunft über den Füllungszustand des Zentralrohres sowie der Situation bei Shipper und Terminals, d. h. die Materialverfolgung beinhaltet das Abbild der gesamten Pipeline mit der Lage jedes Batch im Zentralrohr und Tanklager sowie den Leitungsaufbau bei Shipper und Terminal.
Welche Daten benötigt nun hierzu die Materialverfolgung?
— Von jedem mit dem Zentralrohr verbundenen Tank: Niveau, Temperatur und Qualität des gelagerten Gutes.
— Von jeder Einspeisung: Qualität und Transportkennzeichnung der zu verpumpenden Partie und den Durchfluß.
— Vom Zentralrohr: Durchmesser und Temperaturverlauf.
— Von den aktiven Terminals: Durchfluß und Temperatur.

(Eine Verfolgung des Materialstromes über das einlagernde **Manifold** des Terminals hinaus ist in der Regel nicht erforderlich). Die Hauptschwierigkeit, die die Materialverfolgung zu lösen hat, ist die Gewinnung von zuverlässigen Daten über Durchfluß und Niveau. In den meisten Fällen werden die Betriebswerte gemeldet, die unter Berücksichtigung der Systemfehler auszuwerten sind.

Als Systemfehler sind bei Durchflüssen zu korrigieren:
Temperatur,
Druck (soweit es sich um kompressible Flüssigkeiten handelt),
Viskosität.

Liegen nach dieser Korrektur die exakten Durchflüsse vor, so ist die Basis zur Ermittlung des Batchfolgenabbildes der Pipeline gegeben. In der Regel wird das entstehende Mischprodukt vernachlässigt und über das Zentralrohr mit den unvermischten Batches gerechnet.
Ähnliche Verhältnisse wie bei der Durchflußmessung liegen auch bei der Inhaltsmessung der Tanks vor. Gemessen wird hier das Füllniveau. Aus dem Niveau ist über die Tankkennlinie der Inhalt zu bestimmen, ggf. muß auch noch eine Tankverformung berücksichtigt werden.

4. Pipelineführung

Im Rahmen der Pipelineführung sind vom Prozeßrechner drei verschiedene Aufgaben zu übernehmen:

Wegesteuerung,
Pumpenbetätigung,
Regelung.

Wegesteuerung. Ähnlich, wie bei der Eisenbahn im Stellwerk dem Fahrplan entsprechend die Wege für einen Zug aufgebaut werden, so erfolgt in der Zentrale einer Pipeline an Hand des Pumpprogramms der Aufbau des Leitungszuges. Der Prozeßrechner entnimmt dem Pumpprogramm Qualität, Größe, Shipper und Terminal des Batch. Aus diesen Angaben wird der Weg vom Shipper-Tanklager über Manifold, Stichleitungen, etwaige Verzweigungen des Zentralrohres bis zum Empfänger ermittelt.

Eine der kritischsten Aufgaben in diesem Zusammenhang ist der Flying Switch-Over eines Batchwechsels, d. h. das unterbrechungslose Umschalten von einem Shipper A auf einen Shipper B oder von einem Terminal A auf ein Terminal C — falls diese Schaltung Auswirkungen auf den Verbindungsweg des Zentralrohres hat, die Herstellung des geänderten Leitungszuges — unter Berücksichtigung des notwendigen Line-Fill. Bei derartigen Umschaltungen ist darauf zu achten, daß bei einer Umschaltung zwischen den Partien eine möglichst kleine Mischzone entsteht. Ferner sind die Betriebsbedingungen der Pipeline einzuhalten, so daß es nicht infolge von Druckschwankungen bzw. Druckstößen zu Abschaltungen von Pumpstationen oder der Pipeline kommt.

Der Zeitpunkt des Flying Switch ergibt sich aus der Materialverfolgung und der Batchfolge, die im Pumpprogramm hinterlegt ist. Hierbei ergeben sich Unterschiede zwischen einer Wegesteuerung bei einer Rohöl- und einer Produktenpipeline. Bei beiden kann der Flying Switch des Shippers mengenabhängig vom Prozeßrechner vorgenommen werden.

Der Flying Switch eines Terminals kann bei einer Rohölpipeline ebenfalls mengenabhängig geschehen, da die transportierten Ölmengen einer Raffinerie zugeführt werden und evtl. auftretende Mischzonen oder Falschmengen nur geringfügige Abweichungen in der Qualität des Batch zur Folge haben, die bei einer Weiterverarbeitung vernachlässigbar sind.

Bei einer Produktenpipeline sind für die Qualität eines jeden Batch Grenzen vorgegeben, die eingehalten werden müssen, d. h. ein Produkt darf nur verbessert, aber niemals verschlechtert werden. Der Flying Switch der Terminals muß qualitätsabhängig vorgenommen werden. Zur Ermittlung des Switch-Zeitpunktes des Flying Switch wäre eine kontinuierliche Messung des Flammpunktes eine wichtige Hilfsgröße. In den meisten Fällen wird man die Mischzonen mengenabhängig einem der bei der Mischung beteiligten

Produkte zuschlagen. Falls die Mischzone keinem Produkt zugeordnet werden kann, wird es als sogenanntes Kontaminat in Tanks gefaßt. Dieses Kontaminat wird dann beim Vorliegen eines geeigneten Produktes wiederum zudosiert. Für qualitätsorientiertes Schneiden von Mischprodukten und Dosieren von Kontaminaten werden vorläufig Menschen eingesetzt, denen der Rechner Hinweise aus der Materialverfolgung und dem Pumpprogramm gibt.

Pumpenbetätigung. Die in den Pumpstationen einer Pipeline eingesetzten Pumpen sind mit Ablaufsteuerung zum Starten und Stoppen ausgerüstet. Für die durch das Pumpprogramm gegebenen Starts und Stops von Pumpen sind daher nur die Initiativkommandos an die vorhandenen Automatiken zu geben. Bei einer Produktenpipeline muß aber noch eine zusätzliche Funktion bei den Pumpen vorgesehen werden, nämlich ein Spülen, das immer dann vorgenommen werden muß, wenn in einer Pumpstation ein Produktwechsel geschieht. Durch das Spülen der Pumpen einer Pumpstation soll

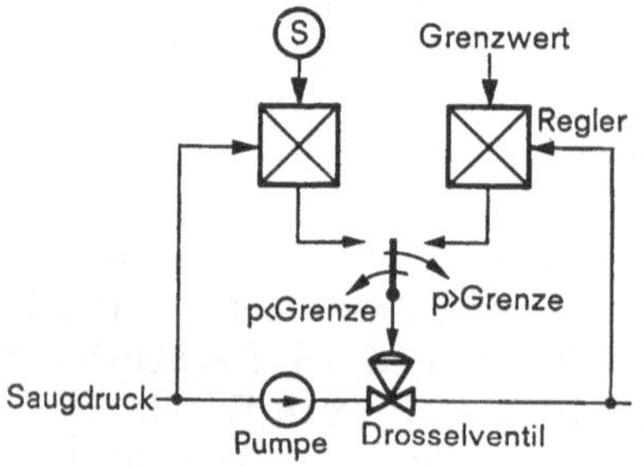

Bild 4: Override-Control einer Pumpstation

sichergestellt werden, daß die nicht benutzten Pumpen in jedem Augenblick mit dem Produkt gefüllt sind, das gerade die Pumpstation passiert. Nur auf diese Weise ist es möglich, im Bedarfsfall ohne Erzeugung neuer Mischzonen eine Pumpe einer Pumpstation einzuschalten. Die Anweisung zum Spülen wird in dem Augenblick gegeben, in dem die Materialverfolgung für die betreffende Pumpstation einen Produktwechsel meldet bzw. ankündigt.

Regelung. In den Pumpstationen bei Shippers und Terminals sind sogenannte autoselektive Regler eingesetzt, die sicherstellen, daß ein eingestellter Grenzwert nicht über- bzw. unterschritten wird, während gleichzeitig auf einen veränderlichen Führungswert geregelt wird (Override Control). In vielen Fällen wird als Grenzwert der maximal zulässige Leitungsdruck der abströmenden Seite gewählt und die zuströmende Seite, z. B. Saugdruck der Pumpstation, als Sollwert vorgegeben (Bild 4). Der veränderliche Sollwert wird von der Zentrale aus vorgegeben.

Beim Einsatz eines Prozeßrechners und beim Vorhandensein eines sicheren und leistungsfähigen Fernwirksystems können heute schon die Regelungen von dem Prozeßrechner in DDC vorgenommen werden. Das vereinfacht einerseits die Vorgabe der Führungswerte an die Regelkreise und gibt darüber hinaus noch die Möglichkeit, die Regelparameter an das sich verändernde Regelverhalten der Strecke anzugleichen und so die Regelung zu verbessern. Voraussichtlich wird man wohl auch dazu übergehen, nicht mehr die Station einzeln zu regeln, sondern sie als Druckerhöhungsstelle im Hydraulikprofil der Pipeline zu betreiben. Da nämlich der Saugdruck einer Station vom Ausgangsdruck der vorhergehenden Station bzw. der Ausgangsdruck der vorhergehenden Station vom Saugdruck der nachfolgenden Station abhängt, besteht die Möglichkeit, durch eine Verschiebung des Gesamt-Hydraulikprofiles oder eines Teiles bei permanent geöffneten Regelventilen, also ohne Drosselung, eine Einhaltung der Konzessionsdrücke sicherzustellen.

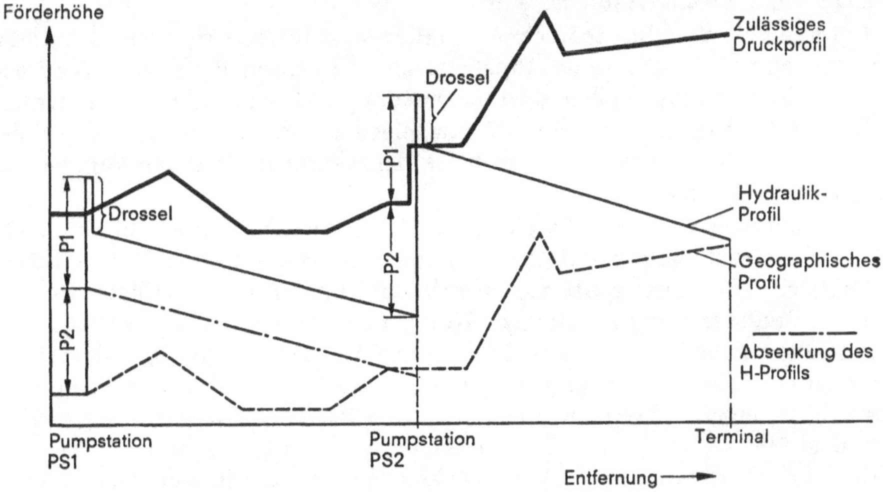

Bild 5: Hydraulikregelung

Arbeiten in der Pumpstation PS1 und PS2 je zwei Pumpen (Bild 5), so muß in beiden Pumpstationen der Ausgang gedrosselt werden, um das zulässige Druckprofil nicht zu überschreiten. Schaltet man in Station PS1 zur Einsparung der Drosselung eine Pumpe aus, so reicht das abgesenkte Hydraulikprofil noch aus, um das geographische Profil zwischen PS1 und PS2 zu überwinden. In PS2 wird infolge der Absenkung trotz Betriebs beider Pumpen das zulässige Druckprofil nicht mehr überschritten, eine Drosselung des Ausganges kann entfallen.

Auch beim DDC-Betrieb müssen in den Unterstationen Regeleinrichtungen vorhanden sein, die bei einem Ausfall der Fernwirksysteme die Einhaltung der Grenzwerte, die ihnen vorgegeben werden, sicherstellen.

5 Betriebsüberwachung

Auch bisher waren bei den Pipelines Meßwertverarbeitungsanlagen üblich, deren Aufgaben ein Prozeßrechner zusätzlich zu seiner Führungsfunktion übernimmt, nämlich die Erstellung des Betriebsablaufprotokolles, der Störprotokolles und der Leckprüfung.

Bei der Leckprüfung ermöglicht es ein Prozeßrechner, zu aufwendigeren Prüfverfahren überzugehen, wie er auch generell zusätzliche weitere Aufgaben erledigt. Diese sind Leckortung, Leistungsbezugüberwachung, Stillstands- und Betriebszeitermittlung, Wartungsbucherstellung und aus dem kommerziellen Bereich (von dem nur die Aufgaben in dieser Abhandlung genannt werden, die in einem Zusammenhang mit dem Betrieb einer Pipeline stehen): Batchprotokoll, Zollerklärung, Materialhaushalt.

Im **Betriebsablaufprotokoll** werden alle Sollwertvorgaben und Betätigungen zur Pipelineführung festgehalten.

Störprotokoll. Vom Prozeßrechner werden alle interessierenden Zustandsmeldungen und Meßwerte des Pipelinesystems zyklisch überprüft. Wird auf Grund einer Änderung einer Zustandsmeldung oder einer Über- bzw. Unterschreitung der Grenzwerte ein nicht zugelassener Betriebszustand der Pipeline festgestellt, so erfolgt ein Ausdruck der Störmeldung unter Angabe von Datum und Uhrzeit.

Zur **Lecküberwachung** von Pipelines sind heute zwei Verfahren gebräuchlich. Eines davon ist die dynamische Leckkontrolle, die auf einer Mengenbilanz (Vergleich: Einspeisung/Abgabe) beruht und nur im gleichmäßigen Betrieb unter Berücksichtigung einiger Korrekturfaktoren (z. B. Temperatur) brauchbare Ergebnisse liefert. Die andere Methode wird bei stillgesetzter und unter Druck stehender Pipeline angewandt. Bei dieser Methode, dem Druckdifferenzverfahren, werden die Drücke benachbarter Leitungsabschnitte über längere Zeit (etwa 24 bis 48 Stunden) beobachtet. Auf Grund des Druckabfallverlaufes können Leckstellen, aus denen nur wenige Liter austreten, mit Sicherheit erkannt werden. Während die dynamische Leckkontrolle in der Regel in das Fernwirksystem integriert wird, kann die Auswertung der Druckdifferenzen dem Rechner übertragen werden.

Darüber hinaus ist mit dem Rechner eine weitere Art der Leitungsbrucherkennung möglich. Sie beruht auf der Tatsache, daß im Augenblick des Bruches ein Druckentlastungsstoß entsteht, der in den der Bruchstelle benachbarten Stationen erfaßt wird (Bild 6). Aus der Laufzeit der Druckwelle zu den Meßpunkten kann zusätzlich die Lage der Bruchstelle ermittelt werden.

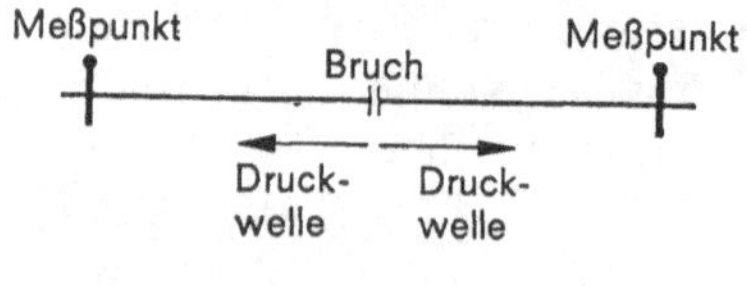

Bild 6: Leitungsbruchkontrolle und Leckortung

Leistungsbezugsüberwachung. Im allgemeinen werden die Druckerhöhungspumpen in den Pumpstationen mit Elektromotoren angetrieben (Leistung etwa 500 bis 300 kW je Pumpe). Von den Energielieferanten sind für den

Bezug von Energie in den Spitzenzeiten meist sehr strenge Vorschriften gegeben (Spitzentarif). Der Rechner kann unter Berücksichtigung der vertraglich festgelegten Werte den Energiebezug in den einzelnen Pumpstationen überwachen und bei der Überschreitung von tarifgegebenen Grenzen Warnsignale veranlassen. Kurz vor der Überschreitung der zulässigen Werte kann der Rechner den Energiebezug selbsttätig verringern, indem er die regelbaren Pumpen drosselt oder auch abschaltet. Darüber hinaus kann er eine Neuberechnung des Hydraulikprofils veranlassen, die die Einhaltung des Durchflusses der Leitung auch bei der tarifgegebenen Anbsenkung der Förderleistung einer Pumpstation sicherstellt.

Stillstand- und Betriebszeitermittlung, Wartungsbuch. Für alle in Pipelines vorhandenen Einrichtungen werden die Stillstands- und Betriebszeiten erfaßt. Diese erlauben die Ausnutzung jeder Einrichtung der Pipeline festzustellen. Wird die Betriebszeitermittlung noch weiter differenziert, so daß die Betriebszeit für zu wartende Baugruppen getrennt ermittelt wird, so besteht die Möglichkeit, die Wartung nach den effektiven Betriebszeiten vorzunehmen. Für jede Woche wird dann das sogenannte Wartungsbuch ausgegeben, in dem die im Verlauf der Woche zu wartenden Baugruppen ausgeschrieben werden. Die ausgeführte Wartung muß dem Rechner quittiert werden.

Batchprotokoll. Für jede transportierte Rohölpartie oder für jedes transportierte Produkt wird vom Prozeßrechner ein Protokoll erstellt, das die Funktionen eines Lieferscheines übernehmen kann. In diesem Batchprotokoll werden zu einer Batchidentifikation (Kennzeichnung des transportierten Batches) seine Qualitäts- und seine Mengenangaben hinterlegt. Darüber hinaus werden der Shipper sowie das oder die Terminals ausgewiesen; weiter werden aus Transportbeginn und Transportende die Transportzeiten errechnet, die zusammen mit der Transportstrecke die Basis für eine Transportkostenberechnung darstellen.

Zollerklärung. Liegt eine grenzüberschreitende Pipeline vor, so kann die Anmeldung des transportierten Gutes zur Verzollung vorgenommen werden. Für einen bestimmten Zeitraum werden die zu verzollenden Batches zusammengefaßt und unter Angabe von Datum und Zeitpunkt des Grenzübertrittes, der Batchidentifikation sowie der Qualitäts- und Mengenangaben zur Verzollung ausgewiesen.

Materialhaushalt. Für jede Pipeline ist über einen vertraglich festgelegten Berichtszeitraum der Materialhaushalt zu erstellen. Aufgabe des Materialhaushaltes ist es, eine Abrechnungsbasis für die sich auf Grund der Mischprodukte veränderten Batchgrößen zu schaffen. Nach Ermittlung der Pseudoverluste und -gewinne je Produkt für den Berichtszeitraum wird anschließend die Mengenbilanz des transportierten Gutes für jeden Shipper vorgenommen. Sie ist dann die Basis für die gegenseitige Abrechnung (indirekter Verkauf und Bezug) der Shipper.

6 Automatisierungskonzept

Die bisher aufgezählten Aufgaben werden mit dem Automatisierungskonzept (Bild 7) erfüllt. Zur Ermittlung des Pumpprogrammes sind die Transportaufträge eingegeben, den Line-Fill stellt die Materialverfolgung zur Verfügung. Das erstellte Pumpprogramm wird manuell überprüft. Im Falle von Korrekturen wird die Ermittlung mit speziellen Steueranweisungen wiederholt; im Falle der Freigabe wird es der Pipelineführung vorgegeben.

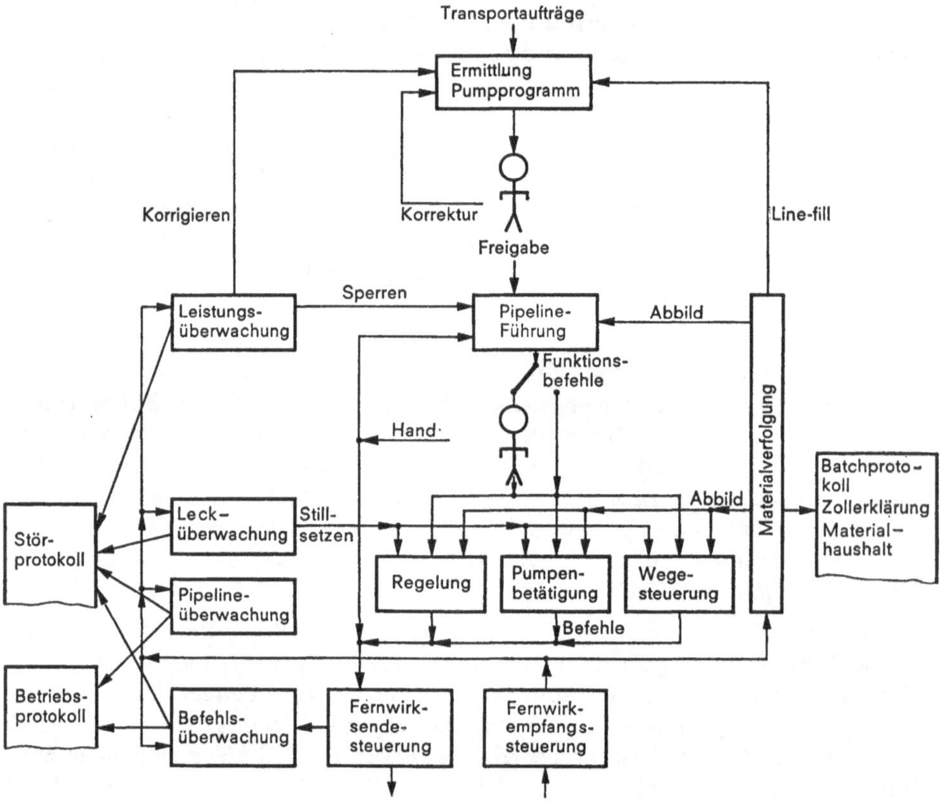

Bild 7: Automatisierungskonzept

Die Pipelineführung arbeitet nun das Pumpprogramm ab, das Pipelineabbild hierzu liefert wiederum die Materialverfolgung. Die entstehenden Funktionsbefehle gehen wahlweise direkt an die Funktionsprogramme oder müssen vor ihrer Ausführung vom Operateur bestätigt werden.
Die Funktionsprogramme erzeugen auf Grund des Funktionsbefehles und des Pipelineabbildes die notwendigen Befehle, die über die Fernwirksendesteue-

rung abgesetzt werden. Die Fernwirksendesteuerung meldet die auszuführende Betätigung der Befehlsüberwachung. Wird ein Befehl über Fernwirkempfangsteuerung quittiert und eine nicht gemeldete Betätigung festgestellt, so wird eine Betriebsmeldung ausgeschrieben, nicht quittierte Befehle werden auf dem Störprotokoll festgehalten.
Der Operateur kann direkt Befehle an die Fernwirksendesteuerung geben, setzt aber damit die Pipelineführung außer Betrieb und muß vor Wiedereinschaltung ggf. im Pumpprogramm weiterschalten.

Mit der Fernwirkmeldesteuerung arbeiten zusammen:

Die **Materialverfolgung,** die die Erstellung des Batchprotokolles der Zollerklärung und des Materialhaushaltes veranlaßt.
Die **Pipelineüberwachung,** die normale Betriebszustände auf dem Betriebsprotokoll und Störungen auf dem Störprotokoll festhält.
Die **Lecküberwachung,** die festgestellte Lecks auf dem Störprotokoll ausschreibt und die Pipeline über die Funktionsprogramme stillsetzt.
Die **Leistungsüberwachung,** die Leistungsüberschreitungen auf dem Störprotokoll ausschreibt, der Pipelineführung Pumpen sperrt und ggf. eine erneute Berechnung des Pumpprogrammes veranlaßt.

7 Rechnersystem

Auf Grund der vorliegenden Erfahrungen mit dem Einsatz von Prozeßrechnern zur Führung von Pipelines erweisen sich sowohl Einzelrechner als auch Rechnersysteme als sinnvoll. Bei größeren Pipelines ordnet man einem Zentralrechner zur Führung der Pipeline mehrere Rechnersatelliten unter, die in den Unterzentralen stehen und dort jeweils einen Abschnitt gemäß den Angaben des Zentralrechners führen.
Auf diese Weise sind die einzelnen Abschnitte autark und können auch bei einem Ausfall der Verbindung zum Zentralrechner oder des Zentralrechners selbst noch automatisch weitergefahren werden. Andererseits werden zwischen den Satelliten und dem Zentralrechner Informationen in konzentrierter Form ausgetauscht und der Datenfluß Unterstation–Zentrale reduziert.

8 Bedienungs- und Betriebsweise einer rechnergesteuerten Pipeline

Die Dispatcher-Stationen werden für den Handbetrieb mit einem Leitstand und für den rechnergesteuerten Betrieb mit einem Pult (Bild 8) ausgerüstet. Der Leitstand wird direkt mit dem Fernwirksystem verbunden, um einen Handbetrieb ohne Rechner zu ermöglichen. Da dieser Handbetrieb ohne Prozeßrechner aber nur in Ausnahmesituationen notwendig sein wird, wird man sich bei der Installation eines Leitstandes fragen, welche Informationen und Betätigungen für einen Handbetrieb ohne Rechner unbedingt notwendig sind und sich auf diese beschränken. Nur von dem Pult ist ein automatischer Betrieb oder eine Handbedienung der Pipeline über den Prozeßrechner möglich. Es enthält ein Universalsichtgerät zur Ausgabe von Graphiken und alphanumerischen Texten, einen Anwahltaster und eine Betätigungsgruppe. Sichtgerät und Betätigungsgruppe werden über eine Anwahl dem Pipelineabschnitt oder der Station zugeteilt, mit der man verkehren will.

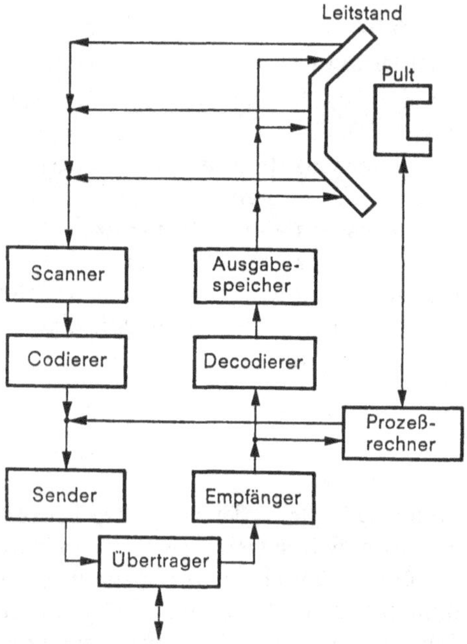

Bild 8: Bedienung u. Verknüpfung Prozeßrechner-Fernwirksystem

9 Zusammenschaltung Prozeßrechner — Fernwirksystem

Die Fernwirksysteme bestehen aus einem Empfangs- und einem Sendeteil. Beide wiederum können weiter untergliedert werden (Bild 8): in den Sendeteil mit Scanner, Codierer, Sender und den Empfangsteil mit Empfänger, Decodierer, Ausgabespeicher.

Betreibt man den Prozeßrechner parallel zu den vorhandenen Betätigungskontakten und Auswerteinrichtungen des Leitstandes, so wird am Prozeßrechner für jedes zu gebende Kommando ein Ausgang und für jedes zu empfangende Signal ein Eingang benötigt. Eine Anlagenausrüstung nach diesem System ist aufwendig. Sind aber Prozeßrechner und Fernwirksystem in der gleichen Technik ausgeführt, so ergibt sich die Möglichkeit, die Ankopplung des Prozeßrechners an die Register des Senders und Empfängers direkt vorzunehmen. In diesem Falle ist je Empfänger und Sender zwischen Prozeßrechner und Fernwirkanlage ein Kanal vorzusehen, über den von dem

Empfangsregister die codierten Informationen übernommen bzw. zum Senderregister die codierten Befehle übergeben werden. Die Decodierung der Information sowie die Decodierung der Kommandos wird im Prozeßrechner vorgenommen.

Auf diese Weise werden Prozeßrechner-Ein- und Ausgaben gespart. Werden Zentralrechner und Satellitenrechner über ein Fernwirksystem verbunden, so können zur Übertragung aufwendigere und damit sicherere Codes verwandt werden, die eine höhere Hamming-Distanz haben und die in dem korrespondierenden Prozeßrechner aufgebaut bzw. decodiert werden. Darüber hinaus besteht bei der Wahl eines entsprechenden Codes noch die Möglichkeit, im empfangenden Prozeßrechner nicht nur Fehler in der übertragenden Information zu erkennen, sondern diese Fehler auf Grund der Gesetzmäßigkeit des verwandten Codes zu korrigieren. Dieser Einsatz von sicheren Codes ist aber nur dann nicht kostenerhöhend, wenn nicht alle übertragenen Informationen parallel zum Rechner auf der Sendeseite codiert und auf der Empfangsseite decodiert werden müssen, d. h. wenn man sich für den vom Rechner unabhängigen Handbetrieb auf eine Untermenge der zu übertragenden Informationen und Betätigungen beschränkt.

6.7 Gemischführung

von R. Gerstberger

Inhaltsübersicht

1 Aufgabenstellung der Mischtechnik

In der Aufbereitungs- und Verfahrenstechnik nimmt das „Mischen" einen breiten Raum ein und stellt sich dem Verfahrenstechniker vielfach als ein Kernproblem technologischer Prozesse.

Unter dem Begriff „Mischen" versteht man ganz allgemein das Vereinigen verschiedener Rohstoffkomponenten zu einem gleichmäßigen Produkt (Gemisch, Mischung). Das Mischen zählt zu den mechanischen Arbeitsverfahren, d. h. chemische Veränderungen während des eigentlichen Mischvorganges treten nicht auf. Mit dem Mischvorgang können auch andere Verfahrensstufen gekoppelt sein, z. B. Trocknen, Kühlen, Zerkleinern, Granulieren. Das Vorbereiten chemischer Umwandlungsprozesse ist häufig die Aufgabe.

Das Mischen wird heute in unterschiedlicher Form mit mehr oder weniger gutem Erfolg angewandt, wie

— zur Herstellung von Gemischen, die anschließend einem Schmelz-, Sinter- oder Brennprozeß unterworfen werden, wie Glasmenge, Ofenmehl zur Klinkerherstellung, Erzmischungen, keramische Massen;

— zur Herstellung von Gemischen für Nahrungsmittel, Genußmittel, Futtermittel, Farbstoffe, Düngemittel, Reinigungsmittel, pharmazeutische Produkte und Preßmassen.

Da eine möglichst genaue Einhaltung der Gemischspezifikationen Voraussetzung für einen gleichmäßigen, ungestörten Verlauf eines nachgeschalteten Prozesses und für gleichbleibend hohe Qualität des Endproduktes ist, tritt die Gemischführung durch Verwendung neuer Meß- und Regeleinrichtungen einschließlich des Prozeßrechners immer stärker in den Vordergrund.
Zwei Verfahren der Gemischführung vorwiegend fester Stoffe werden in der Praxis angewendet:

— Solche, die an Hand von Versuchen im Labor und im Betrieb erprobten Rezepturen eine Wiegung bzw. Dosierung und Mischung vornehmen (feedforward). Eine Korrektur der Zusammensetzung des Gemisches, veranlaßt durch unvorhergesehene Änderung der Zusammensetzung in den einzelnen Komponenten, ist nur möglich, wenn die Rezeptur geändert wird.
— Solche, bei denen die chemische Zusammensetzung des Gemisches durch laufenden Soll-Istvergleich der Gemischspezifikationen konstant gehalten wird (feedback). Schwankungen im Gemisch führen unmittelbar oder durch geringen Zeitverlust (Totzeit der Regelstrecke) zu einer gewichtsanteiligen Verstellung der Wiege- und Dosiereinrichtungen der Komponenten.

Durch die Entwicklung neuer Analyseneinrichtungen und den Einsatz des Prozeßrechners ist eine automatische Gemischführung mit hoher Genauigkeit möglich. Praktische Beispiele aus der Zementindustrie, der Gummi- und Plastmassenherstellung zeigen, mit welchen Methoden und Mitteln man derartige Probleme löst und welcher Nutzen dabei erzeugt werden kann.

2 Mischung von Rohstoffkomponenten

2.1 Klassifizierung der verschiedenen Mischer und Mischverfahren

Zur Herstellung eines Gemisches durch Vereinigen mehrerer Rohstoffkomponenten bietet die Industrie Mischgeräte oder Mischeinrichtungen bzw. Mischverfahren in vielfältiger Form an.
Eine systematische Ordnung der Mischeinrichtungen nach verschiedenen Merkmalen und möglicherweise nach einer aussagekräftigen spezifischen Kennzahl für die Mischgüte existiert nicht. Es bleibt dem Anwender selbst überlassen, seine eigenen Maßzahlen zu finden. In einer Arbeit von B. Ries [1] findet man erstmalig einen Versuch einer Klassifizierung. Zum besseren Verständnis der folgenden Abschnitte sind einige wesentliche Gesichtspunkte herausgestellt.

Die Kennzeichnung eines Mischers oder einer Mischeinrichtung kann von der Konsistenz des Mischgutes (Trockenmischen, Naßmischen etc.), von der Krafteinleitung auf das Mischgut (Zwangsmischen, Freifallmischen etc.), der Form der Mischelemente (Schneckenmischen, Trommelmischen etc.) und weiteren Eigenschaften abgeleitet werden.

2.2 Aufbau und Arbeitsweise einer Mischanlage

Der prinzipielle Aufbau einer Mischanlage ist durch folgende Dreiteilung des Mischvorganges charakterisiert (Bild 1):

Vorratshaltung der Rohstoffkomponenten, die in Silozellen, Bunkern, Behältern etc. zwischengelagert bzw. auf stockpiles oder Mischbetten aufgeschüttet werden.

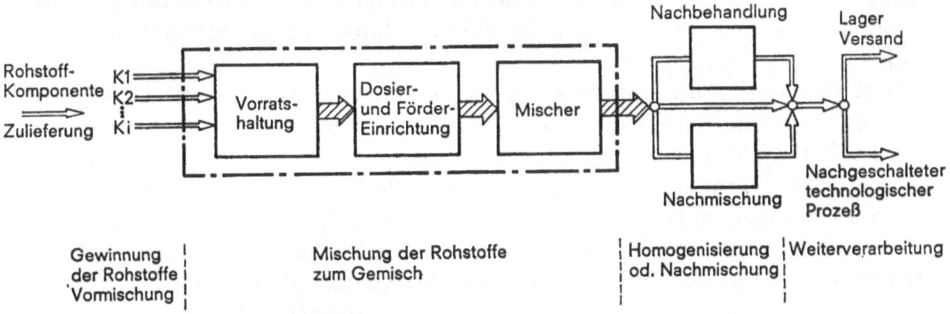

Bild 1: Aufbau einer Mischanlage

Dosier- und Fördereinrichtung der Rohstoffkomponenten. Band- und Behälterwaagen sowie Zuteilschnecken bilden das Kernstück der Verwiegung der Rohstoffkomponenten. Steuer- und regelbare Ventile, Schieber etc. dienen zur Dosierung flüssiger Komponenten. Die Fördereinrichtungen, in die vielfach auch die Waagensysteme eingebaut sind, können aus Bändern, Schnecken, Elevatoren, Pumpen etc. bestehen oder pneumatische Luft- und Fördersysteme sein.

Mischer- und Mischeinrichtungen zur Herstellung von Mischungen (Abschnitt 2.1).

Die Arbeitsweise einer Mischanlage kann je nach dem gewählten Mischverfahren diskontinuierlich oder kontinuierlich sein; dabei unterscheiden sich die Betriebsarten wie folgt.

Chargenbetrieb (diskontinuierlich):

Die Rohstoffkomponenten werden der Mischeinrichtung in den gewünschten Gewichts- oder Volumenanteilen chargenweise aufgegeben (Wiegung und Dosierung) und während einer festvorgegebenen Mischzeit gemischt. Die Durchmischung der Komponenten kann auch je nach Verfahren in verschiedenen Arbeitsstufen, z. B. durch Änderung von Drehzahl und Druck erfolgen. Ist die Mischgüte erreicht, d. h. die Mischzeit beendet, so wird die

Charge aus dem Mischer entleert und an die nächste Verarbeitungsstufe weitergeleitet.

Kontinuierlicher Betrieb:

Einstufiges Mischen. Die Rohstoffkomponenten werden kontinuierlich (gewichtsmäßig oder/und volumetrisch) der Mischeinrichtung zugeführt, gemischt und kontinuierlich an die nächste Verarbeitungsstufe weitergeführt.

Mehrstufiges Mischen. Bei diesem Mischverfahren werden mehrere kontinuierlich arbeitende Mischeinrichtungen hintereinander oder parallel geschaltet.

Umlaufmischverfahren. Die Rohstoffkomponenten werden verwogen bzw. dosiert, der kontinuierlich arbeitenden Mischeinrichtung aufgegeben und durch mehrere Umläufe gemischt. Die Anzahl der Umläufe richtet sich nach den geforderten physikalischen Eigenschaften (z. B. der Kornverteilung) oder nach der gewünschten Mischgüte (Vergleichmäßigung) des Ausgangsproduktes.

Die Mischgüte kann durch vor- und nachgeschaltete Vergleichmäßigung verbessert werden. Bei verschiedenen Rohstoffen treten von Natur aus starke Schwankungen auf, die durch Halden, stockpile oder Mischbetten ausgeglichen werden, um für die nachfolgende Mischung möglichst günstige Voraussetzungen zu schaffen. Nach dem eigentlichen Mischprozeß kann eine Homogenisierung oder Nachmischung erfolgen, um noch verbleibende Restschwankungen in der Zusammensetzung des Gemisches zu verkleinern.

3 Gemischführung mit Prozeßrechnern in der Zementindustrie

3.1 Aufgabenstellung

Für die Herstellung von Zement benötigt man als Ausgangsrohstoffe im wesentlichen Kalkstein und Ton oder natürliche Gemische aus diesen Stoffen (Mergel). Die in der Natur in reichem Maße vorhandenen Rohstoffe kommen in sehr verschiedenartiger mineralogischer und chemischer Zusammensetzung vor. Die gemahlenen Ausgangsrohstoffe werden als Rohmehl mit festgelegten Mischungsspezifikationen in einem Brennprozeß zum Klinker gesintert.

Das Mischungsverhältnis gewisser Grundstoffe, aus denen sich das Rohmehl zusammensetzt, bestimmt maßgeblich die Qualität des Zwischenproduktes Klinker und weiterhin auch das Endprodukt Zement. Es ist daher eine Aufgabe des Prozeßrechnereinsatzes, den Mischprozeß bzw. die Rohmehlaufbereitung mit einer umfassenden Mischungsregelung zu automatisieren (Bild 2).

Die Mischverfahren der Zementindustrie, entsprechend der Klassifizierung 2.1, sind Trocken- und Naßmischverfahren, wobei die ersteren in der Praxis überwiegen. Die Mischung und Zerkleinerung erfolgt vorwiegend in einem geschlossenen System und im Umlaufmischverfahren.

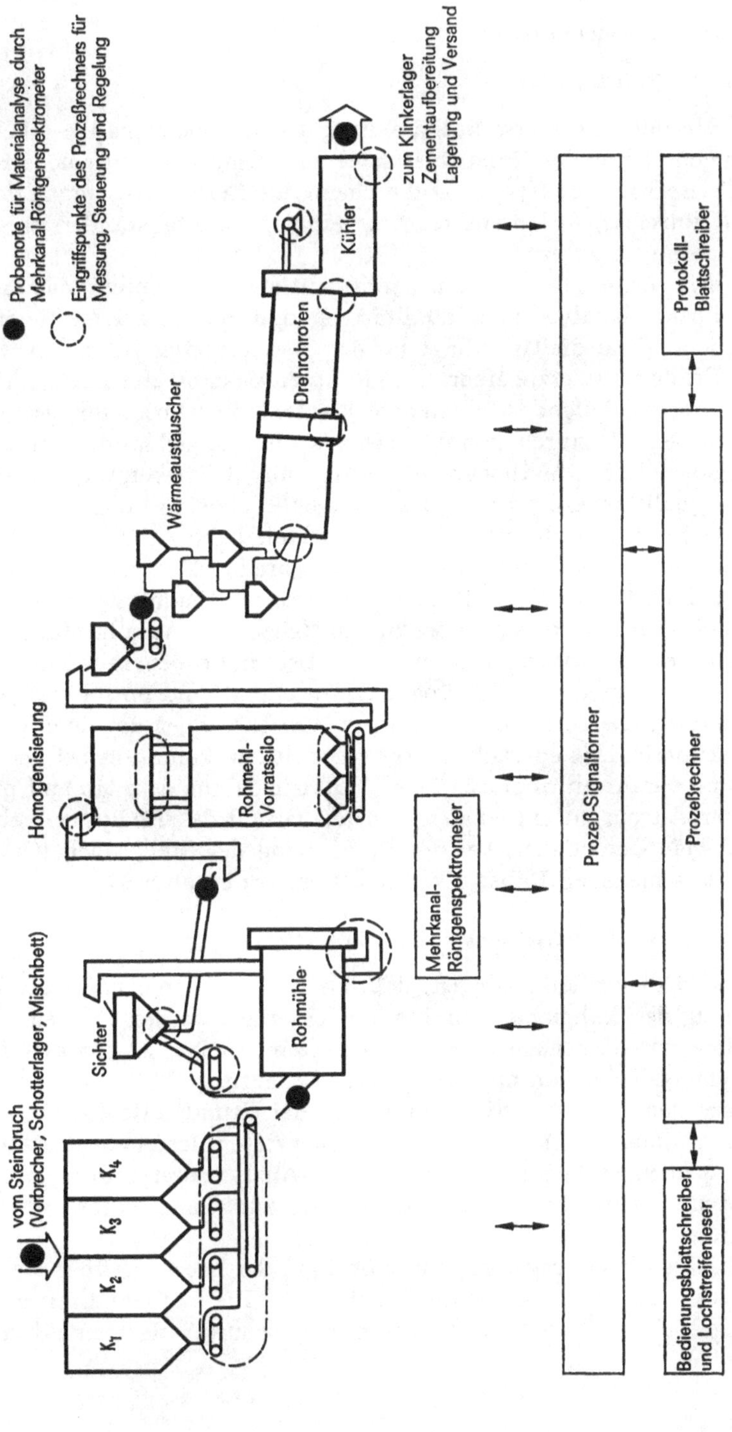

Bild 2: Einsatz des Prozeßrechners im Zementwerk

3.2 Mischungsregelung

3.2.1 Istwerterfassung

Die Mischungsregelung hat die Aufgabe, die gleichmäßige chemische Zusammensetzung des Rohmehles sicherzustellen. Um eine solche Regelung zu realisieren, ist der Istwert — die chemische Zusammensetzung des Rohmehles (Gemisches) — laufend oder in definierten Zeitabständen über Analyseneinrichtungen zu ermitteln [2].
Die seit einigen Jahrzehnten bereits auf vielen Gebieten angewandte Röntgen-Spektralanalyse zum qualitativen und quantitativen Bestimmen von Elementen war die Grundlage für das in den letzten Jahren entwickelte und mit Erfolg eingesetzte Mehrkanal-Röntgenspektrometer (MRS). Dieses Spektrometer ermöglicht es, bis zu acht Elemente in sehr kurzer Zeit (1 bis 5 min) zu messen. Dadurch konnte erstmals die Rohmehlaufbereitung mit regelungstechnischen Methoden (Abtastregelung) betrieben und auch eine erhebliche Qualitätsverbesserung des Rohmehles erzielt werden.
Weiterhin läßt sich durch die diskontinuierliche Arbeitsweise des MRS, je nach der Prüfzeit, die das Gerät vorschreibt, Material mehrerer über die ganze Fabrik verstreuter Probenentnahmestellen analysieren [3]. Durch eine Tablettierung erreicht man bei kurzen Meßzeiten eine hohe Meßgenauigkeit.
Das Betriebsanalysengerät mit automatischen Probenentnahme- und Probentransporteinrichtungen, Präparationsmechanik und normierter Anpassungseinheit ist in Verbindung mit dem Prozeßrechner zu einer geschlossenen Funktionseinheit entwickelt. Im wesentlichen kommt es bei der Probenentnahme darauf an, repräsentative Teilmengen aus dem laufend produzierten Materialstrom zu entnehmen, um auf Grund des Analysenergebnisses ausreichende Genauigkeit bei der Berechnung der Stellgrößen (Gewichtsanteil der verschiedenen Rohstoffkomponenten) zu erhalten [4].

3.2.2 Der Prozeßrechner als Mischungsregler

Es wird davon ausgegangen, daß die Istwerte der chemischen Zusammensetzung des Rohmehles durch ein MRS erfaßt werden. Ob eine Probenentnahme vor oder nach dem Mühlensystem erfolgt, ist für den Rechner als Mischungsregler von untergeordneter Bedeutung.
Neben den Istwerten (Gewichtsanteile der Grundstoffe Ca, Fe, Al, Si in der Rohmehlmischung), die aus den Impulswerten des Analysengerätes berechnet werden, erhält der Prozeßrechner Analysenwerte der Rohstoffkomponenten, die in ihrer Zusammensetzung zunächst als praktisch konstant anzusehen sind.
Mit Hilfe dieser Angaben bestimmt dann der Prozeßrechner die Stellgrößen für die Waagen der Rohstoffkomponenten. Die mathematischen Zusammenhänge sollen in dem nachfolgenden Abschnitt allgemeingültig behandelt werden.

3.2.3 Mathematischer Zusammenhang der Mischungsberechnung

In der Zementindustrie bedient man sich verschiedener Begriffe und Kenngrößen zur Beschreibung der Rohmehlmischung [5], die auszugsweise wiedergegeben sind:

$$\text{Kalkstandard KS} = \frac{100\,c}{0{,}7\,f + 1{,}1\,a + 2{,}8\,s}, \tag{1}$$

$$\text{Silikatmodul SM} = \frac{s}{a + f}, \tag{2}$$

$$\text{Tonerdemodul TM} = \frac{a}{f}. \tag{3}$$

Durch die Werte für KS, SM und TM ist die Zementqualität bestimmt. c, f, a, s bedeuten die bezogenen Gewichtsanteile der in der Rohmehlmischung enthaltenen Stoffe C (CaO), F (Fe_2O_3), A (Al_2O_3) und S (SiO_2). Sie liegen aus den Analysenwerten der Rohmehlmischung vor und liefern rechnerisch den Kalkstandard und die Moduln nach Gl. (1) bis Gl. (3).

Für die allgemeine Betrachtung der Mischungsberechnung sollen folgende Vereinbarungen gelten:

Bei der Herstellung einer Rohmehlmischung werden n Rohstoffkomponenten bestehend aus m Grundstoffen zusammengemischt. Der Grundstoff μ ($\mu = 1$ bis m) ist im Rohstoff γ ($\gamma = 1$ bis n) in der Konzentration

$$k_{\mu\gamma} \tag{4}$$

enthalten.

Der Gewichtsanteil der Rohstoffkomponente γ am Endprodukt — der Rohmehlmischung — beträgt

$$\alpha_\gamma \qquad (\gamma = 1 \text{ bis } n)\,. \tag{5}$$

In der Rohmehlmischung ist der Grundstoff μ in der Konzentration

$$r_\mu \qquad (\mu = 1 \text{ bis } m) \tag{6}$$

vertreten. Es gilt somit für die chemischen Zusammensetzung einer Rohmehlmischung bestehend aus n Rohstoffkomponenten mit m Grundstoffen

$$\begin{aligned} r_1 &= \alpha_1 \cdot k_{11} + \alpha_2 \cdot k_{12} + \dots \alpha_n\, k_{1n} \\ r_2 &= \alpha_1 \cdot k_{21} + \alpha_2 \cdot k_{22} + \dots \alpha_n\, k_{2n} \\ &\;\;\vdots \qquad\quad \vdots \qquad\quad \vdots \qquad\quad \vdots \\ r_m &= \alpha_1 \cdot k_{m1} + \alpha_2 \cdot k_{m2} + \dots \alpha_n\, k_{mn}\,. \end{aligned} \tag{7}$$

$\alpha_1 \dots \alpha_n$ im Gleichungssystem (7) bedeuten die Gewichtsanteile der Rohstoffkomponenten, die mit der Waageneinstellung festgelegt sind.

Durch die Regelung sind die Waagen der Rohstoffkomponenten so einzustellen, daß die Konzentrationen r_1 bis r_m mit den vorgegebenen Sollwerten

übereinstimmen. Voraussetzung dafür ist, daß zur Berechnung von $r_1 \ldots r_m$ (Gl. 7) auch alle $k_{\mu\gamma}$ bekannt sind.
Falls eine Rohstoffkomponente in ihrer Zusammensetzung nicht bekannt ist, kann man auf Grund der zuletzt gemessenen Analysenwerte r_1 bis r_m und der eingestellten Gewichtsanteile α_1 bis α_n ihre Konzentrationen (k_{11} bis k_{m1}) aus Gleichung (7) zurückrechnen, z. B.:

$$k_{11} = \frac{r_1 - \alpha_2 k_{12} - \ldots \alpha_n k_{1n}}{\alpha_1} . \qquad (8)$$

Diese Rückrechnung gilt nur, wenn innerhalb des Verstellzyklus der Waagen keine nennenswerte Änderung in den Konzentrationen der anderen Rohstoffkomponenten eingetreten ist.
Die Rückrechnung mehrerer Konzentrationen wäre bei mehreren Messungen (Analysen) und unterschiedlichen, definierten Waageneinstellungen möglich,

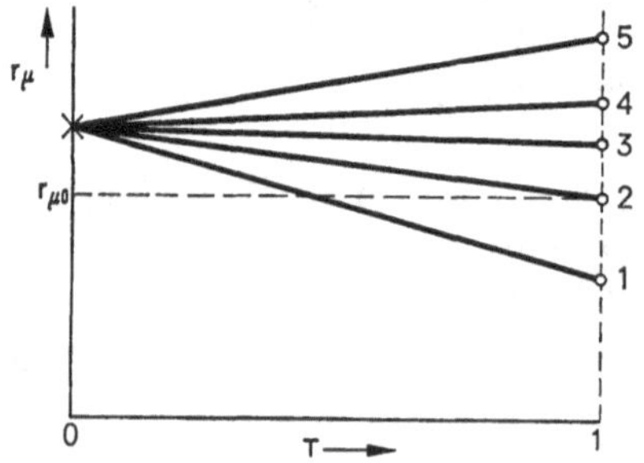

Bild 3: Mischungsregelung, Element r_μ

wobei die Zusammensetzung der Rohstoffkomponenten während der verschiedenen Messungen konstant sein muß. Eine sinnvolle und in der Praxis bewährte Methode ist die Annahme eines festen Wertes, der in größeren Zeitabständen auf Grund einer mittleren Analyse der Rohstoffkomponenten (z. B. chemische Vollanalyse) korrigiert wird.
Je nach der Richtigkeit dieser angenommenen Werte erfolgt eine Korrektur einer Sollwertabweichung von r_μ (Bild 3). Erfolgt zum Zeitpunkt $T = 0$ eine Korrektur der Waageneinstellungen, so kann zum Zeitpunkt $T = 1$ das Ergebnis 1 oder 2 . . 5 vorliegen. Unter ungünstigen Umständen wirkt die Regelung in verkehrter Richtung [6], d. h. eine Vergrößerung der Sollwertabweichung tritt auf, z. B. Ergebnis 5.
Bei näherer Untersuchung der mathematischen Zusammenhänge lassen sich bei gegebenen mittleren Werten von $k_{\mu\gamma}$ die zulässigen Abweichungen der als konstant angenommenen Konzentrationen der Rohstoffkomponenten exakt angeben.

3.2.4 *Dynamisches Verhalten der Mischungsregelung*

Der Signalflußplan des Regelkreises (Bild 4) läßt die dynamischen Eigenschaften erkennen.

Der Prozeßrechner in seiner Wirkung ist durch einen Integrator symbolisch dargestellt.
Bei richtiger Rückrechnung (Fehler = 0) erfolgt ein vollständiger Ausgleich der Störgröße z. Das gesamte Mühlensystem als Strecke besteht aus sämtlichen Totzeiten und der Übergangsfunktion der Mühle. Der Abtastcharakter der Probenentnahme begünstigt die Stabilität des Regelsystems.

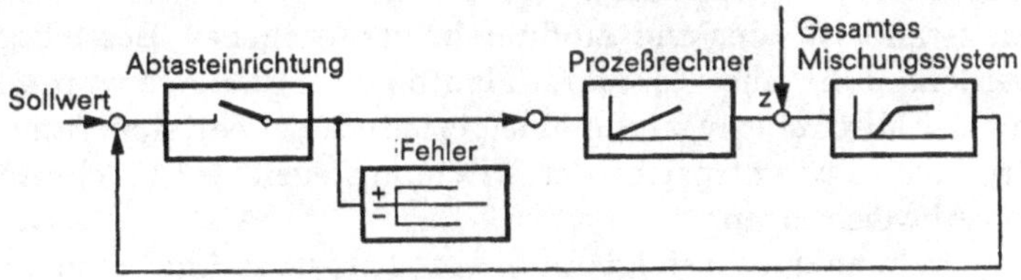

Bild 4: Signalflußplan der Mischungsregelung

3.3 Ausgeführte Mischungsregelungen

Bei der Ausrüstung von Zementfabriken mit Prozeßrechnern werden die Mischungsregelungen in den Rohmehlaufbereitungsanlage durch den Prozeßrechner mit übernommen.

Mischungsregelung der Rohmühlen. Folgende Mischungsregelungskonzepte sind mit gutem Erfolg in die Zementindustrie eingeführt:

— Die Probenahme (jeweils eine Probe) erfolgt im 30-Minuten-Zyklus am Ausgang des Mühlensystemes, und die Verstellung sowie Rückrechnung wird in der beschriebenen Weise vorgenommen (Abschnitt 3.2.2). Darüber hinaus wird eine Qualitätsverbesserung durch eine gezielte Korrektur von KS_{soll} (ebenso SM_{soll} und TM_{soll}) über mehrere Zyklen durchgeführt. Ein Ausgleich über n Zyklen geht wie folgt vor sich:

$$KSZ_i = KS_{\text{Soll}} + KSZ_{i-1} - \frac{\sum_{i=1}^{n} KS_{\text{Ist}}}{n}. \tag{9}$$

KSZ_i ist der als Führungsgröße der Regelung im i-ten Zyklus wirksame Ziel-Kalkstandard.

— Die Proben wurden in Abständen von ca. zwei Minuten automatisch aus dem Materialstrom der Rohmehlmischung, Probenort am Ausgang des Mühlensystems, entnommen.
Bezogen auf eine feste Menge des Mühlendurchsatzes (ca. $^1/_2$-stündige Produktionsmenge) werden die Proben gemischt (Materialmittelwertbildung) und anschließend analysiert. Mit der zugehörigen Waageneinstellung erfolgt die Rückrechnung der Konzentrationen $k_{\mu\gamma}$. Die Zielwertkorrektur wird ebenso nach Gl. (9) vorgenommen.

Mit Hilfe der Mischungsregelung gelingt es ohne ein umfangreiches Schotterlager bei großen Schwankungen der chemischen Zusammensetzug der Rohstoffkomponenten, die Standardabweichungen des Rohmehles stark zu reduzieren. Durch die Zielkalkstandardberechnung über mehrere Zyklen wird der erzielte Kalkstandardmittelwert sehr gut mit dem vorgegebenen Sollwert KS_{Soll} in Einklang gebracht [7].

Gezielte Mischbettsteuerung. Für die Vorvergleichsmäßigung sehr stark schwankenden Rohmaterials werden den Rohmehlaufbereitungsanlagen Mischbetten vorgeschaltet. Durch eine gezielte Mischbettsteuerung können Kalkstandard oder/und Moduln in vorgegebenen Bereichsgrenzen gehalten werden. Für eine Rohmaterialaufbereitungsanlage wurde in Kombination mit der Mischungsregelung eine gezielte Mischbettsteuerung eingesetzt. Das Grundkonzept entspricht der Mischungsregelung (Abschnitt 32.) mit folgenden Abweichungen:

Die Probennahme erfolgt im 1-Stundenzyklus über eine Probeneinrichtung mit nachgeschalteter Probenmühle und das Transportsystem zur Analyseneinrichtung [8]. Die Rückrechnung der Konzentration $k_{\mu\gamma}$ entfällt wegen der ungenauen Gewichtserfassung. Die Zielwertkorrektur des KS wird, wie beschrieben, vorgenommen.

Die Einführung der Mischungsregelung durch den Prozeßrechner im Bereich der Rohmaterialaufbereitung hat wesentliche Qualitätsverbesserungen und Kostenersparnisse gebracht. In einer Zementfabrik wurde durch den Einsatz eines Mehrkanal-Röntgenspektrometers (MRS) und eines Prozeßrechners die Ofenproduktion insgesamt um 5,5% erhöht und die spezifischen Brennstoffkosten um 6–8% gesenkt [8]. Entsprechend den in den letzten zwei bis 3 Jahren gemachten Erfahrungen ist ein Prozeßrechnereinsatz mit MRS nicht nur in neuen Zementfrabriken, sondern auch für in Betrieb befindliche Anlagen lohnend.

4 Gemischführung im Bereich der Mischerei in Gummi- und Plastmassenfabriken

4.1 Mischer

In der Gummi- und Plastmassenindustrie wird eine Vielzahl — bis zu einigen Hundert — von Rohmaterialien (Rohstoffkomponenten) in großen Mischanlagen zu Vorprodukten verarbeitet. Diese Vorprodukte wiederum sind die Ausgangsstufe für die Herstellung von Halbfabrikaten und Fertigprodukten (Artikeln); die letzteren können z. B. in einer Gummifabrik 20.000 und mehr sein.

Der prinzipielle Aufbau einer solchen Mischanlage entspricht wieder der Dreiteilung — Vorratshaltung, Wiege-, Dosier- und Fördereinrichtungen, Mischer (Bild 1). In der Gummiindustrie ist neben den Einrichtungen der Mischeranlage der Materialfluß von der Anlieferung bis zum Mischungslager besonders vielfältig (Bild 5).

Im Gegensatz zur Steine- und Erdenindustrie, insbesondere der Zementindustrie, wird in der Gummi- und Plastmassenindustrie vorwiegend der

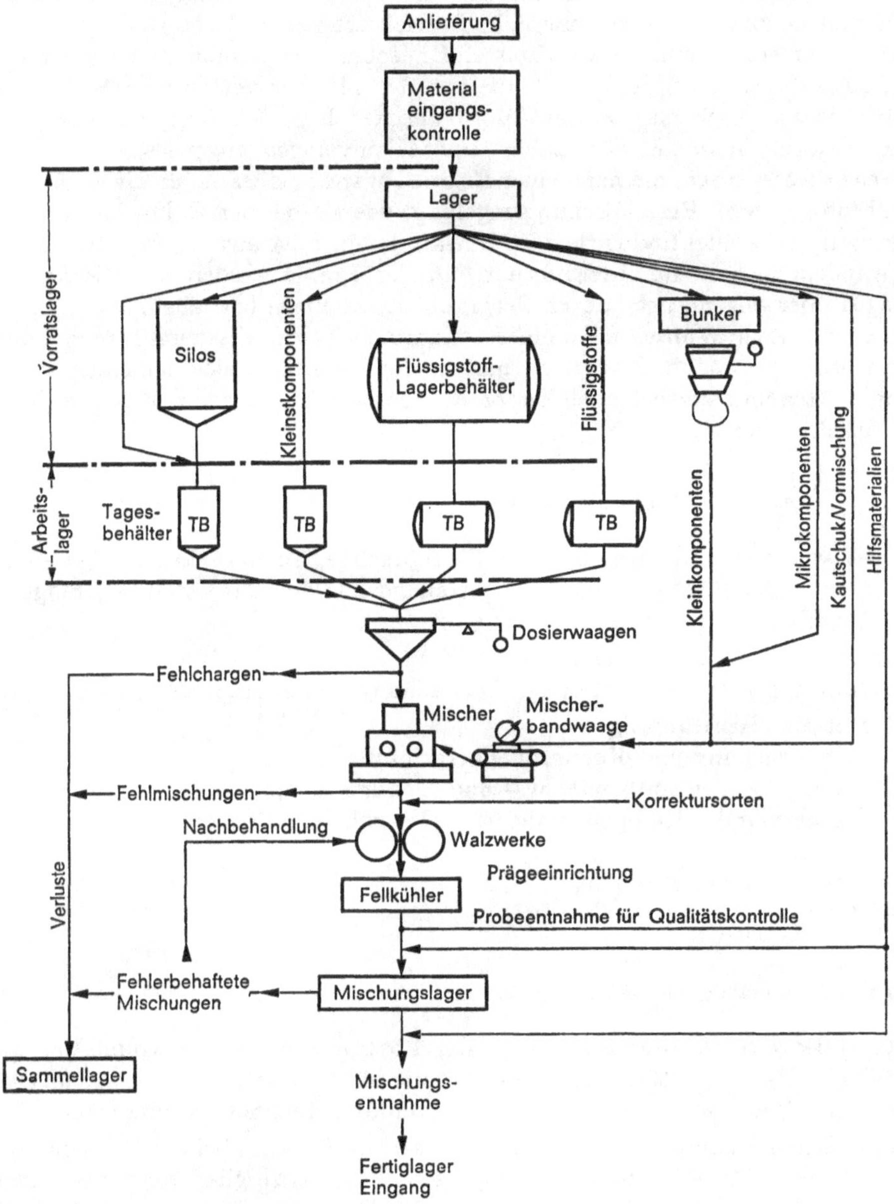

Bild 5: Mischeranlage der Gummiindustrie

Chargenbetrieb (diskontinuierlich) eingesetzt. Der Mischvorgang in Verbindung mit dem Kneten im Mischer (vielfach Innenmischer) läßt sich verfahrenstechnisch als kontinuierliche Betriebsart schwer lösen.
Da es für eine Gummi- oder Kunststoffmischung noch keine Meßgröße oder Kenngröße (Rechengröße) gibt, die das den Mischer verlassende Mischprodukt in seinen chemischen und physikalischen Eigenschaften mißt oder beschreibt, ist man auf den Labor- und Kleinversuch angewiesen. Es entstehen Rezepturen, die nach einer Erprobungszeit als Basis für die Gemischführung gelten. Eine Mischungsregelung, wie sie bei der Rohmehlaufbereitung in der Zementindustrie zum Einsatz kommt, ist aus den beschriebenen Gründen noch nicht durchführbar. In der Praxis werden die Mischeranlagen überwiegend noch durch Programmsteuerungen betrieben.
Da jedoch der Wunsch nach einer vollautomatischen Mischeranlage mit der Ausbringung von hochwertigen und in der Qualität gleichbleibenden Vorprodukten und letztlich auch Endprodukten besteht, werden neuerdings auch Prozeßrechner eingesetzt.

4.2 Aufgaben für einen Prozeßrechner

Zwei wichtige Aufgaben hat der Prozeßrechner in der Mischanlage einer Gummi- oder Plastmassenfabrik, bestehend aus den dargestellten Anlagenteilen (Bild 5), zu erfüllen:

Betriebstechnische Datenverarbeitung:
Produktionsplanung, Fertigungsüberwachung und Fertigungssteuerung.

Prozeß(Gemisch)führung:
- Überwachung und Kenngrößenberechnung,
- Steuerung der Aufbereitungs- und Dosieranlage,
- Steuerung der Rezeptvorgabe, d. h. Vorgabe der Mengen an die Waagensteuerung,
- Steuerung des Mischers,
- Optimierung des Mischprozesses.

4.3 Einsatz des Prozeßrechners in der Mischeranlage

In stark vereinfachter Form wird der Lösungsweg für eine Gummimischanlage aufgezeigt. Man kann diese Lösung in modifizierter Form auf Mischanlagen ähnlichen Aufbaues und artverwandter Technologie übertragen.

Produktionsplanung. Für die Produktionsplanung ist es bei der Vielzahl von Artikeln ($\geqq$ 20000) unzweckmäßig, eine Materialzergliederung nach den herzustellenden Artikeln vorzunehmen. Durch sogenannte „Repräsentative" wird eine große Zahl von Artikeln (Reduktion ca. 1:1000) bezüglich des Rohmaterialbedarfes und der chemisch, physikalischen Eigenschaften beschrieben.

Die Vorausplanung beruht auf den vorgegebenen Fertigungsmengen und richtet sich nach gewissen Kriterien (Teiloptimierung). Schichtpläne mit Angabe der Materialmengen, Maschinenstunden und Lohnanteile sind das Ergebnis.
Das Material wird in Abhängigkeit vom jeweiligen Vorrat bestellt. Die Verfolgung der Liefertermine geschieht automatisch; sollte eine Lieferung ausfallen, so werden gleichwertige Ersatzrezepte für die betroffenen Repräsentative ausgeworfen.
Fertigungsüberwachung und Fertigungssteuerung. Im Bereich der Materialwirtschaft werden alle Materialeingänge durch die Qualitätskontrolle überprüft und registriert. Die Materialerfassung und -verfolgung sowie die Bilanzierung sämtlicher Materialien, einschließlich Hilfsmaterialien, geschieht durch den Prozeßrechner über den gesamten Bereich der Mischeranlage.
Prozeßführung. Im Prozeßrechner sind alle gültigen Rezepte sowie der Schichtplan hinterlegt. Die Anwahl der Rezepte erfolgt automatisch durch den Schichtplan. Aus dem Schichtplan und den Rezeptdaten wird die Vorgabe der Komponenten mit den zugehörigen Mengen abgeleitet. Die Waagensteuerung sowie die Komponentenfolge und die Mischzeiten werden an die Mischersteuerung weitergegeben.
Die Mischeranlage wird umfassend überwacht. Temperatur, Drehzahl, Druck, Ankerstrom (Leistung) jedes Mischers werden durch das Meßwertverarbeitungssystem erfaßt und auf Überschreitungen überprüft. Eine Binärwertverarbeitung sorgt für die Förderwegüberwachung und verarbeitet Meldungen von den Waagen und Mischern.
Über die Analogwert- und Binärwertverarbeitung werden Kenngrößen berechnet, wie spezifische Material-Leistungs-Zeitwerte, die zu einem späteren Zeitpunkt eine Grundlage für die automatische Mischprozeßführung in optimaler Weise darstellen.

Literaturhinweise

Ries, H. B.: Mischtechnik und Mischgeräte — Versuch einer Klassifizierung —. Aufbereitungs-Technik Nr. 1/1969 S. 1 bis 30, [1].

Schrott, K. H.: Regelung von Mischverfahren mit Prozeßrechner. RTP 1969 Heft 2, S. 51—55, [2].

Henkel, F.: Anwendung der Röntgenfluoreszenzanalyse im Schichtlabor. Zement–Kalk–Gips, Jahrgang 18/1965 Heft 5, S. 253—258, [3].

Gerstberger, R.: Statistische Methoden bei der Probenauswertung zur Rohmehlanalyse und durch praktische Anwendung bei der Rohmehlaufbereitung durch Prozeßrechner. Internationales Seminar Brüssel 9–13/9/1968, S. 152—170, [4].

Henkel, F.: Röntgenfluoreszenzanalytische Vergleichsversuche an Zementrohmehlen. Zement–Kalk–Gips, Nr. 1 (1969) S. 5 bis 9, [5].

Knöfel, D.: Erfahrungen mit dem Mehrkanal-Röntgenspektrometer in der Zementindustrie.
Siemens-Zeitschrift 42 (1968) S. 30–35, [6].

Gerstberger, R.: Prozeßrechner in Zementfabriken.
Siemens-Zeitschrift 42 (1968) Heft 9, S. 673–679, [7].

Mayer, E., Neff, H.: Röntgenanalysengeräte und deren Automatisierung.
Siemens-Zeitschrift 42 (1968) Heft 8, S. 605–608, [8].

Maklin, M. O., Wilk, K.: Die Automatisierung von Anlagen zur Klinkerherstellung.
Zement–Kalk–Gips 1 (1969) S. 16–19, [9].

6.8 Reaktionsführung

von D. Winkler

Inhaltsübersicht

1 Physikalisch-chemische Prozeßgleichungen

Die Führung des Reaktionsablaufs von Prozessen erfordert eine Beschreibung des Prozesses durch ein System von Modellgleichungen, die im allgemeinen als Differential-Integral- und Integrodifferentialgleichungen angegeben werden können. Wenn das System nur im Gleichgewichtszustand betrachtet wird, läßt sich der Prozeß sehr einfach beschreiben. In diesem Fall stellen Gleichungssysteme, die aus den Stoffbilanzen und dem Massenwirkungsgesetz hergeleitet werden, die Ergebnisse für einen als stationär betrachteten Abschnitt des Prozeßablaufes dar.

Schwierigkeiten entstehen aber bereits in diesem Fall bei der Aufstellung von Wärmebilanzen, da Wärmeverluste des Systems wesentlich vom Temperaturverlauf und damit vom dynamischen Prozeßablauf abhängen. Die allgemeine Beschreibung dynamischer Systeme muß die Gesetzmäßigkeiten der Ausgleichsvorgänge innerhalb einer Phase, die Austauschvorgänge zwischen verschiedenen Phasen und die irreversiblen Vorgänge umfassen [1].

Für die Beschreibung des dynamischen Verhaltens verfahrenstechnischer Prozesse werden die Erhaltungssätze der Masse, der Energie und des Impulses herangezogen. Aus diesen Erhaltungssätzen ergeben sich die Material- oder Stoffbilanzen, die Enthalpiebilanz, die Impulsbilanz und die Entropiebilanz. Diese Bilanzen lassen sich für ein homogenes System mit m Komponenten und s Reaktionen zwischen den Komponenten angeben, wobei ein Volumenelement betrachtet wird. Damit gelingt die Beschreibung des dynamischen Verhaltens der Zustandsvariablen in zeitlich-räumlicher Darstellung [1].

2 Prozeßführung verfahrenstechnischer Anlagen

2.1 Vorgehen bei unvollständiger Meßbarkeit

An Hand von zwei Beispielen der Prozeßführung am Hochofen und am Sauerstoffaufblaskonverter soll erläutert werden, wie bei der Entwicklung von Modellen zur Prozeßführung vorgegangen wurde.
Für die Beschreibung dieser Prozesse, die bei sehr hohen Temperaturen ablaufen, sind Vereinfachungen erforderlich, weil Zahlenwerte beispielsweise für Wärmeübergangszahlen, Wärmetönungen und Reaktionswärmen nicht genau genug bekannt sind und wichtige Größen meßtechnisch nicht erfaßt werden können.
Deshalb werden zu den Methoden der Prozeßbeschreibung durch Stoff- und Energiebilanzen zusätzlich statistische und regelungstechnische Verfahren herangezogen. Auf Grund erfaßbarer Bilanzen werden charakteristische Kenngrößen ermittelt, die eine wesentlich bessere Aussage über den Prozeßablauf gestatten als einzelne Meßgrößen, die nur Teilvorgänge erkennen lassen.
Als Beispiel wurden der Hochofen und der Sauerstoffaufblaskonverter gewählt, zwei Prozesse mit ganz verschiedenartigem Reaktionsablauf. Im Hochofen spielen sich sehr unterschiedliche Vorgänge in den einzelnen Zonen des Ofens ab. Die zeitliche Änderung der Vorgänge in einer einzelnen Zone geht sehr langsam vor sich. Beim Sauerstoffaufblaskonverter ändern sich dagegen die Vorgänge im Metallbad und in der Schlacke innerhalb kurzer Zeit sehr stark, so läuft der gesamte Prozeß innerhalb von etwa 20 Minuten ab. In dieser Zeit ändert sich beispielsweise der Kohlenstoffgehalt von etwa 4% auf 0,04% und die Temperatur von 1250 °C auf 1650 °C.

2.2 Führung des Hochofenprozesses

2.2.1 *Ermittlung von Bilanzen und Kenngrößen*

Bei der Entwicklung von Hochofenmodellen wurden bisher verschiedene Methoden angewandt. Einmal wird versucht, mit Hilfe der Gesetze der Metallurgie, der Thermodynamik und der Reaktionskinetik den gesamten Hochofenprozeß ohne wesentliche Voraussetzungen zu beschreiben. Eine andere Methode setzt bestimmte Temperaturverläufe und Reaktionszonen voraus. Auf Grund von Stoff- und Wärmebilanzen wird auf den Reaktions-

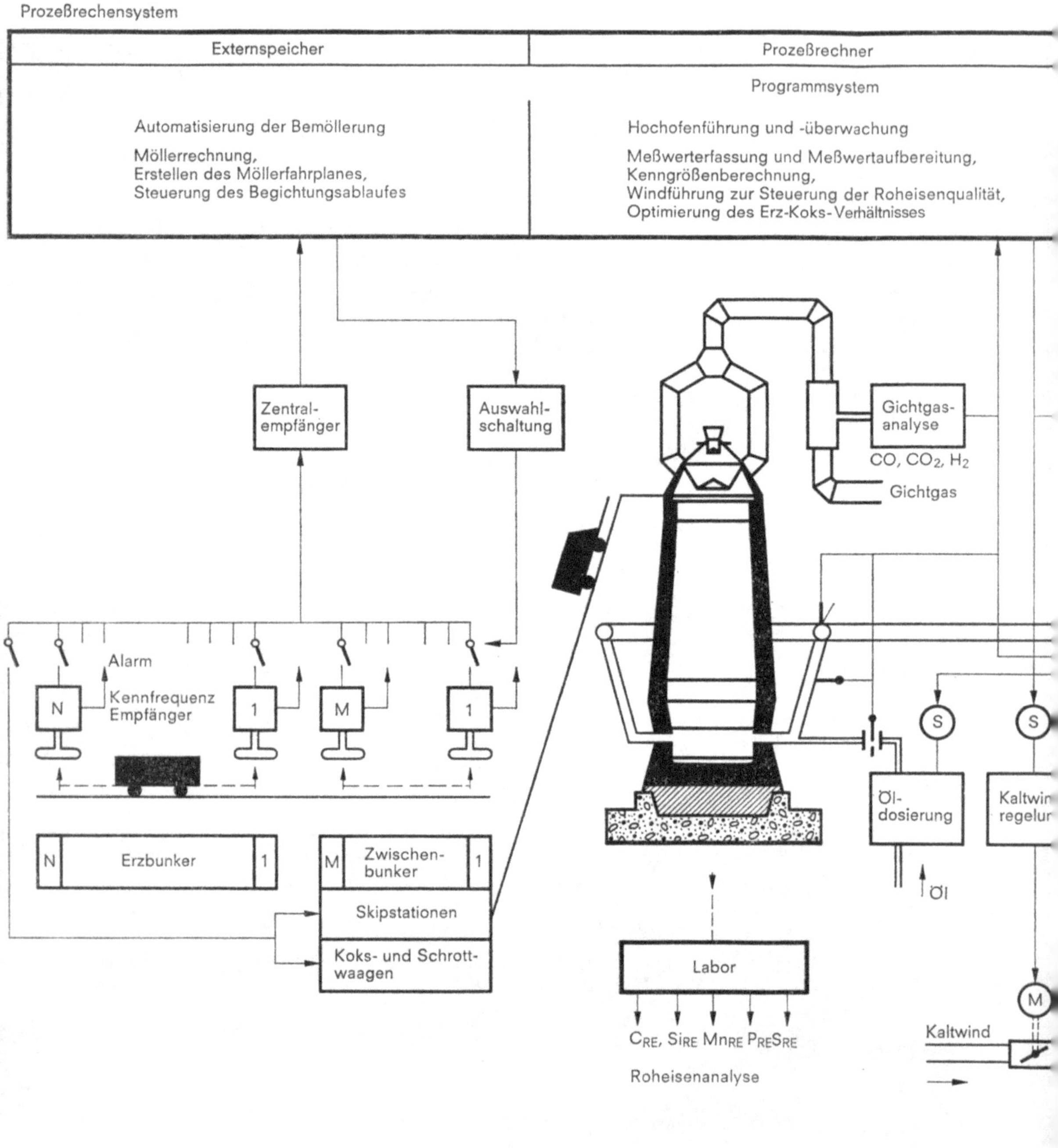

Bild 2: Hochofenanlage mit den Meß- und Stellgrößen sowie den vom Prozeßrechner bearbeiteten Aufgaben

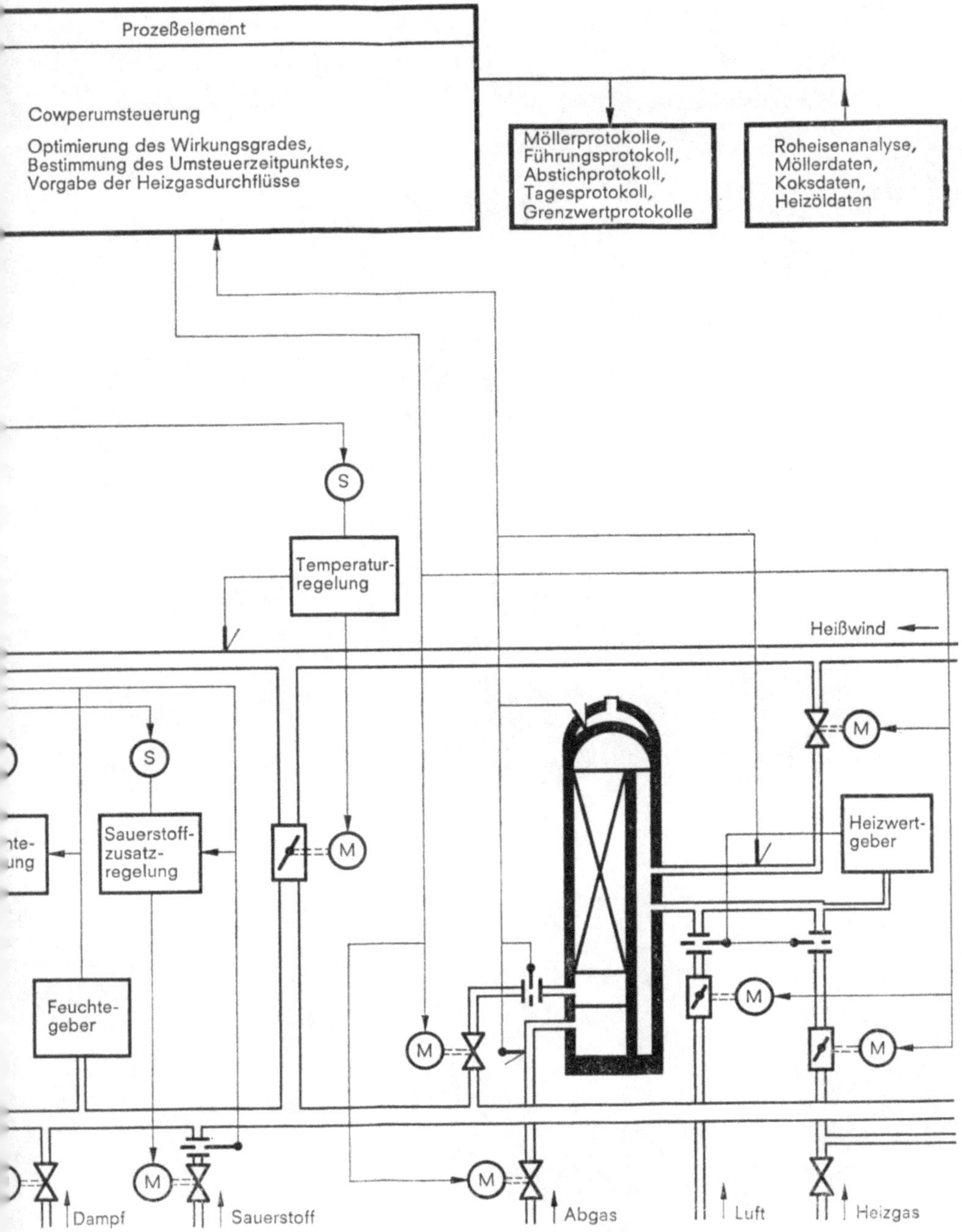

Prozeßelement
Cowperumsteuerung
Optimierung des Wirkungsgrades,
Bestimmung des Umsteuerzeitpunktes,
Vorgabe der Heizgasdurchflüsse
Möllerprotokolle,
Führungsprotokoll,
Abstichprotokoll,
Tagesprotokoll,
Grenzwertprotokolle
Roheisenanalyse,
Möllerdaten,
Koksdaten,
Heizöldaten
S
Temperatur-
regelung
Heißwind
M
S
Sauerstoff-
zusatz-
regelung
Heizwert-
geber
Feuchte-
geber
Dampf
Sauerstoff
Abgas
Luft
Heizgas

ablauf in den einzelnen Zonen geschlossen. Der Zusammenhang zwischen den Kenngrößen, die aus den Bilanzen entwickelt werden, und den Zielgrößen des Prozesses beruht auf statistischer Grundlage [2] [3]. Um den Hochofenprozeß zu beschreiben, wird eine Aufteilung in zwei Reaktionszonen vorgenommen (Bild 1).

Vorbereitungszone. In ihr wird der Möller auf 1000 °C erwärmt, die Feuchtigkeit aus Koks und Erz verdampft sowie das Hydratwasser und das CO_2 in den Möllerkarbonaten ausgetrieben. Die höheren Eisenoxyde (Fe_2O_3, Fe_3O_4) werden weitgehend bis zur Oxydationsstufe Wüstit (FeO) vorreduziert. Im unteren Teil der Vorbereitungszone stellt sich ein Gleichgewicht zwischen Eisenoxyd und den Reduktionsgasen ein, so daß in diesem Bereich das

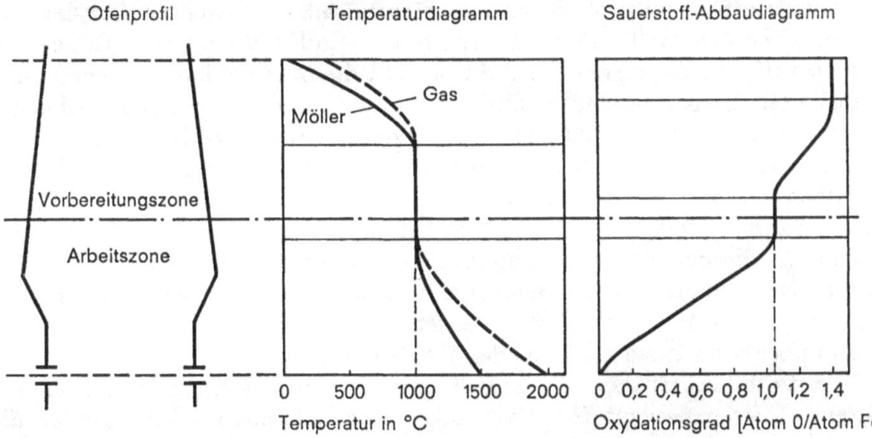

Bild 1: Reaktionszonen, Temperaturverlauf und Sauerstoffabbau im Hochofen

Eisenoxyd nicht weiter reduziert wird. Außerdem nähern sich Temperaturen von Möller und Gas weitgehend, und es stellt sich in einem größeren Bereich eine Temperatur von ca. 1000 °C ein.

Arbeitszone. Hier wird Wüstit zu Eisen reduziert. Zusammen mit dieser Reaktion läuft die Aufspaltung von CO_2 mit C zu CO ab. Weiterhin werden in dieser Zone aus dem Möller die Roheisenbegleiter (Si, Mn, P) reduziert und die festen Stoffe geschmolzen. Diese Voraussetzungen für die Herleitung der Bilanzen sind durch theoretische Überlegungen und Versuchsergebnisse weitgehend gesichert ([4], [5]).

In die Arbeitszone wird die gesamte Wärme des Prozesses durch Verbrennen von Koks und Zusatzbrennstoffen sowie durch den Wärmeinhalt des Windes eingebracht. Die Zusammensetzung und die Temperatur von Roheisen und Schlacke werden durch die Vorgänge in der Arbeitszone festgelegt. Deshalb ist die Hauptaufgabe eines Hochofenmodells, die Vorgänge in der Arbeitszone zu steuern.

Kenngrößen für das Modell werden aus den Stoff- und Energiebilanzen hergeleitet. Zu ihrer Ermittlung werden die wichtigsten Ein- und Ausgangsgrößen des Hochofens (Bild 2) herangezogen. Außerdem sind die wichtigsten Aufgaben des Prozeßrechners angegeben [3] [5], auf die hier nur im Zusammenhang mit der Prozeßführung eingegangen wird.
Die wichtigsten Eingangsgrößen des Hochofens sind die Gewichte, die Zusammensetzung der Möllerstoffe und die Größen des Windes, wie Winddurchfluß, Windtemperatur, Windzusammensetzung und Zusatzbrennstoffe. Ausgangsgrößen des Prozesses sind die Gichtgasanalyse, der Gichtgasdurchfluß, der über eine Stickstoffbilanz berechnet wird, die Roheisentemperatur, die Roheisenanaylse und die Roheisenproduktion. Diese Größen werden zur Ermittlung der Bilanzen und der Kenngrößen herangezogen.
Die **Sauerstoff-, Wasserstoff-** und **Kohlenstoffbilanzen** werden für den gesamten Ofen ermittelt. Für die Arbeitszone sind außerdem die Bilanz des Kohlenstoffs für die direkte Reduktion und die Wärmebilanz zu berechnen (Tabelle 1). In der letzten Spalte ist erläutert, wie die jeweilige Einflußgröße aus Meßwerten oder anderen Bilanzen bestimmt wird. Die Stoffmengen, die den Eingangs- und Ausgangsgrößen zugeordnet sind, werden für die einzelnen Bilanzen zusammengefaßt.
In der Sauerstoffbilanz 1. sind die Roheisenproduktion und die Sauerstoffmenge 1.2, die der direkten Reduktion durch Wasserstoff entspricht, unbekannt. Diese Saurestoffmenge wird mit Hilfe der Wasserstoffbilanz 2.1 bestimmt. In der Wasserstoffbilanz 2. ist die Wasserstoffmenge 2.4 aus dem Koks unbekannt, diese wird aus der Kohlenstoffmenge 3.3 ermittelt. In der Kohlenstoffbilanz ist dann als Unbekannte nur die Roheisenproduktion enthalten. Aus der Sauerstoff-, Wasserstoff- und Kohlenstoffbilanz werden die Roheisenproduktion und die Wasserstoffmenge für die direkte Reduktion berechnet. Die spezifische Produktion als Kenngröße ist das Verhältnis von Roheisenproduktion zu trockenem Winddurchfluß.
Für die Berechnung der Bilanzen der Arbeitszone wird vorausgesetzt:
- Die Direktreduktion der Eisenoxyde geht nur in der Arbeitszone vor sich.
- An der Grenze zwischen Arbeits- und Vorbereitungszone beträgt die Temperatur von Möller und Gas etwa 1000 °C (Bild 1).

Die Bilanz des Kohlenstoffes für die direkte Reduktion wird auf Grund der Reaktionen in der Arbeitszone entwickelt, die anschließend erläutert werden. Die Eisenoxyde werden durch CO reduziert:

$$FeO + CO \rightarrow Fe + CO_2 .$$

Bei Temperaturen oberhalb von 1000 °C überlagert sich dieser Reaktion die Aufspaltung des gebildeten CO_2:

$$CO_2 + C \rightarrow 2\,CO .$$

Das Ergebnis der Überlagerung beider Reaktionen ist die direkte Reduktion der Eisenoxyde durch Kohlenstoff:

$$FeO + C \rightarrow Fe + CO .$$

Tabelle: Bilanzen

Bilanz	Einflußgrößen der Bilanz	Meßgrößen oder Bilanzen für die Berechnung der Einflußgröße
1. Sauerstoffbilanz	Sauerstoffmengen der Ausgangsgrößen:	
	1.1. Sauerstoffmenge aus CO und CO_2 des Gichtgases.	Berechnung aus Gichtgasdurchfluß und Gichtgasanalyse
	1.2. Sauerstoffmenge, die der direkten Reduktion durch Wasserstoff entspricht.	Diese Menge wird aus der Wasserstoffbilanz bestimmt. (s. Wasserstoffbilanz Pos. 2.1).
	Sauerstoffmengen der Eingangsgrößen:	
	1.3. Sauerstoffmenge aus den Eisenoxyden reduziert.	Berechnung aus dem Sauerstoffgehalt des Erzes und der Roheisenproduktion. Die Roheisenproduktion wird aus den Bilanzgleichungen bestimmt.
	1.4. Sauerstoffmenge aus den Roheisenbegleitern reduziert.	Berechnung aus Roheisenanalyse und Roheisenproduktion.
	1.5. Sauerstoffmenge aus den Karbonaten des Möllers.	Berechnung aus den Daten des Möllers und der Roheisenproduktion.
	1.6. Sauerstoffmenge aus dem trockenen Mischwind.	Berechnung aus Winddruchfluß und Sauerstoffzusatz.
2. Wasserstoffbilanz	Wasserstoffmengen der Ausgangsgrößen:	
	2.1. Wasserstoffmenge für die direkte Reduktion.	Diese Menge wird aus den übrigen Größen der Wasserstoffbilanz berechnet und in Pos. 1.2 der Sauerstoffbilanz eingesetzt.
	2.2. Wasserstoffmenge aus H_2 des Gichtgases.	Berechnung aus Gichtgasdurchfluß und Gichtgasanalyse.
	2.3. Wasserstoffmenge aus dem Öl.	Berechnung aus Öldurchfluß und Ölanalyse.
	2.4. Wasserstoffmenge aus dem Koks.	Diese Menge wird aus dem Wasserstoffgehalt des Kokses und der Koksmenge ermittelt (s. Kohlenstoffbilanz Pos. 3.3).

Tabelle: Bilanzen (Fortsetzung)

Bilanz	Einflußgrößen der Bilanz	Meßgrößen oder Bilanzen für die Berechnung der Einflußgröße
3. Kohlenstoffbilanz	Kohlenstoffmengen der Ausgangsgrößen:	
	3.1. Kohlenstoffmenge aus CO und CO_2 im Gictgas.	Berechnung aus Gichtgasanalyse und Gichtgasdurchfluß.
	3.2. Kohlenstoffmenge im Roheisen.	Berechnung aus Roheisenanalyse und Roheisenproduktion.
	Kohlenstoffmengen der Eingangsgrößen:	
	3.3. Kohlenstoffmenge aus vergastem Koks.	Diese Menge wird aus den übrigen Größen der Kohlenstoffbilanz berechnet und in Pos. 4 der Wasserstoffbilanz eingesetzt.
	3.4. Kohlenstoffmenge aus dem Öl.	Berechnung aus Öldurchfluß und Ölanalyse.
	3.5. Kohlenstoffmenge aus den Karbonaten des Möllers.	Berechnung aus den Möllerdaten und der Roheisenproduktion.
Ergebnis der Berechnung aus den Bilanzen 1, 2 und 3:		Roheisenproduktion und Wasserstoffmenge für die direkte Reduktion.
4. Bilanz des Kohlenstoffs für die direkte Reduktion der Eisenoxyde	Kohlenstoffmenge der Ausgangsgröße:	
	4.1. Kohlenstoffmenge, die als Gas die Arbeitszone verläßt.	Berechnung aus der Differenz zwischen der Kohlenstoffmenge aus CO und CO_2 im Gichtgas (s. Kohlenstoff bilanz, Pos. 1) und der Kohlenstoffmenge aus den Möllerkarbonaten (s. Kohlenstoffbilanz, Pos. 5).
	Kohlenstoffmengen der Eingangsgrößen:	
	4.2. Kohlenstoffmenge vom Wind vergast.	Berechnung aus Winddurchfluß und Sauerstoffzusatz.
	4.3. Kohlenstoffmenge für die direkte Reduktion der Roheisenbegleiter.	Berechnung aus Roheisenanalyse und Roheisenproduktion.
	4.4. Kohlenstoffmenge für die direkte Reduktion der Eisenoxyde.	Diese Größe wird aus der Bilanz berechnet.

Tabelle: Bilanzen (Fortsetzung)

Bilanz	Einflußgrößen der Bilanz	Meßgrößen oder Bilanzen für die Berechnung der Einflußgröße
5. Wärmebilanz der Arbeitszone	Eingebrachte Wärme:	
	5.1. Wärmeinhalt des Feuchtwindes bezogen auf 1000 °C	Berechnung aus Winddurchfluß, Windtemperatur und Windzusammensetzung.
	5.2. Verbrennungswärme des Sauerstoffs aus dem Wind zu CO.	Berechnung aus Winddurchfluß und Sauerstoffzusatz.
	Verbrauchte Wärmemengen:	
	5.3. Zersetzung der Windfeuchte.	Berechnung aus Winddurchfluß und Windfeuchte.
	5.4. Zersetzung des Öls und Erwärmung auf 1000 °C.	Berechnung aus Öldurchfluß und Ölanalyse.
	5.5. Wärmebedarf für die direkte Reduktion der Eisenoxyde.	Berechnung aus der Bilanz des Kohlenstoffes für die direkte Reduktion. (s. Pos. 4).
	5.6. Wärmemenge, die der Arbeitszone oberhalb 1000 °C zur Verfügung steht.	Diese Wärmemenge wird aus der Wärmebilanz berechnet.
Ergebnis der Berechnung der Bilanzen 4 und 5		Kohlenstoff für die direkte Reduktion der Eisenoxyde und die Wärmekenngröße

Diese Reaktion ist stark endotherm, so daß dadurch die Wärmebilanz 5 der Arbeitszone wesentlich beeinflußt wird.

Berechnungsgang: Die Kohlenstoffmenge 4.1, die die Arbeitszone als Gas verläßt, ist meßtechnisch nicht erfaßbar. Sie kann aber berechnet werden, indem von der Kohlenstoffmenge 3.1 im Gichtgas die Kohlenstoffmenge aus den Möllerkarbonaten 3.5 abgezogen wird, die in der Vorbereitungszone hinzukommt. Der Sauerstoff des Windes wird bei den Windformen an Kohlenstoff als CO und CO_2 gebunden, wobei das gebildete CO_2 sofort wieder aufgespalten wird. Die Kohlenstoffmenge, die durch den Wind vergast wird, ist aus der Sauerstoffmenge für die Oxydation CO berechenbar. Die Einflußgrößen 4.1 bis 4.3 können aus Meßwerten und anderen Bilanzen bestimmt werden, so daß man aus dieser Bilanz die Kohlenstoffmenge 4.4 für die direkte Reduktion als Ergebnis erhält.

Weiter wird die **Wärmebilanz der Arbeitszone** 5. aufgestellt. In der Tabelle sind die eingebrachten und verbrauchten Wärmemengen zusammengestellt. In die Arbeitszone eingebracht wird der Wärmeinhalt des Windes 5.1 und die Verbrennungswärme 5.2 der Kohlenstoffmenge zu CO, die durch den Sauerstoff des Windes oxydiert wird. Verbraucht wird Wärme für die Zersetzung der Windfeuchte 5.3 und des Öls 5.4 sowie für die Erwärmung der Spaltprodukte des Öls auf 1000 °C 5.4. Weiterhin muß der Wärmebedarf für die direkte Reduktion der Eisenoxyde 5.5 gedeckt werden. Diese Wärmemengen werden aus Meßgrößen und der Bilanz für den Reduktionskohlenstoff 4. berechnet. Als Differenz zwischen der eingebrachten Wärme und der für die Einflußgrößen 5.3 bis 5.5 verbrauchten Wärmemengen steht der

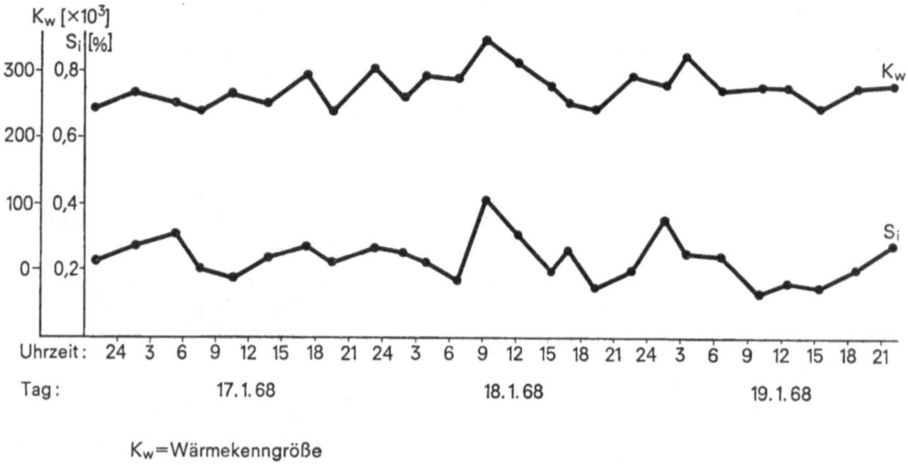

Bild 3: Zusammenhang zwischen Wärmekenngröße und Siliziumgehalt des Roheisens

Arbeitszone eine weitere Wärmemenge 5.6 zur Verfügung, die aus der Wärmebilanz der Arbeitszone berechnet werden kann. Diese Wärmemenge ist eine wichtige Größe und dient zum Schmelzen und Erwärmen der Schlacke und des Roheisens von 1000 °C auf Abstichtemperatur, zur Reduktion der Roheisenbegleiter und zur Deckung der Wärmeverluste der Arbeitszone. Wird die oben angegebene Wärmemenge auf die Roheisenproduktion bezogen, so erhält man die **Wärmekenngröße** K_w [3].

Die Übersicht über die Vorgänge, die durch den Wert der Wärmekenngröße beeinflußt werden, zeigt, daß damit wesentliche Vorgänge der Arbeitszone beschrieben und vorausberechnet werden können. Die Wärmeverluste der Arbeitszone werden sich von Abstich zu Abstich nur langsam ändern, so daß durch den Wert der Wärmekenngröße im wesentlichen das jeweilige Abstichergebnis bestimmt wird. Die Abstichanalyse und die Abstichtemperatur

sind die wichtigsten Größen für die Qualität des Roheisens und den Wärmeverbrauch des Hochofens (Bild 3). Der Siliziumgehalt des Roheisens als wichtige Komponente der Analyse und die Wärmekenngröße sind in Abhängigkeit von der Zeit dargestellt. Daraus ist eine sehr gute Korrelation zwischen beiden Größen zu erkennen, wie es auf Grund der Wärmebilanz auch erwartet wurde.
Die Wärmekenngröße kann durch Änderung von Windgrößen beeinflußt werden. Dies ist bereits ein Hinweis auf Stellgrößen zur Prozeßführung.

2.2.2 *Zeitliche Zuordnung der Meßwerte und Bilanzen*

Die verschiedenen Meßwerte für die Bilanzen und die Kenngrößen müssen zeitlich richtig zugeordnet werden. Dafür muß das Übertragungsverhalten zwischen den Eingangs- und Ausgangsgrößen bestimmt werden. Das Übertragungsverhalten wird u. a. durch die Laufzeiten der Gase, durch Verzögerungen bei der Einstellung thermischer Gleichgewichte und der Gleichgewichte chemischer Reaktionen bestimmt. Die genaue Berechnung des Übertragungsverhaltens auf Grund der Differentialgleichungen des Prozesses ist z. Z. für den Hochofen nicht möglich, weil Teilvorgänge nicht ausreichend beschrieben werden können und Zahlenwerte für wichtige Größen, wie Wärmeübergänge, Wärmetönungen und Temperaturen nicht genau genug bekannt sind. Deshalb muß das Übertragungsverhalten aus Betriebswerten bestimmt werden.
Für die Ermittlung des Übertragungsverhaltens wird der Informationsgehalt der Eingangsgrößen und der Ausgangsgrößen im laufenden Betrieb benutzt. Es sind also besondere Testsignale nicht erforderlich. Aus dem Verlauf der Eingangsgröße und der zugehörigen Ausgangsgröße werden die Autokorrelationsfunktion des Eingangssignals und die Kreuzkorrelationsfunktion des Eingangs- und Ausgangssignals berechnet. Aus der Auto- und Kreuzkorrelationsfunktion wird die Gewichtsfunktion ermittelt, die das Übertragungsverhalten beschreibt (Kapitel 3.3 Abschnitt 6.3).
Der Verlauf der Eingangsgröße Öldurchfluß und der Ausgangsgröße Wasserstoff im Gichtgas und die daraus ermittelte Gewichtsfunktion (Bild 4) läßt ein Übertragungsverhalten mit ausgeprägter Totzeit 2,5 min erkennen. Mit Hilfe der berechneten Gewichtsfunktionen können die einzelnen Größen zeitlich richtig zugeordnet werden.

Das Ergebnis der vorangegangenen Überlegungen sind charakteristische Kenngrößen für die Vorgänge im Hochofen:
— die spezifische Produktion,
— die Kohlenstoffmenge für die direkte Reduktion,
— die Wasserstoffmenge für die direkte Reduktion,
— die Wärmekenngröße.

Es wurde an diesem Beispiel gezeigt, wie auf Grund von Bilanzen und experimentell gesicherten Annahmen ein Teilmodell für die metallurgische Beschreibung der Vorgänge im Hochofen entwickelt wurde. Einzelheiten zur Bestimmung der einzelnen Einflußgrößen sind im Schrifttum enthalten. [3, 4, 6 bis 10].

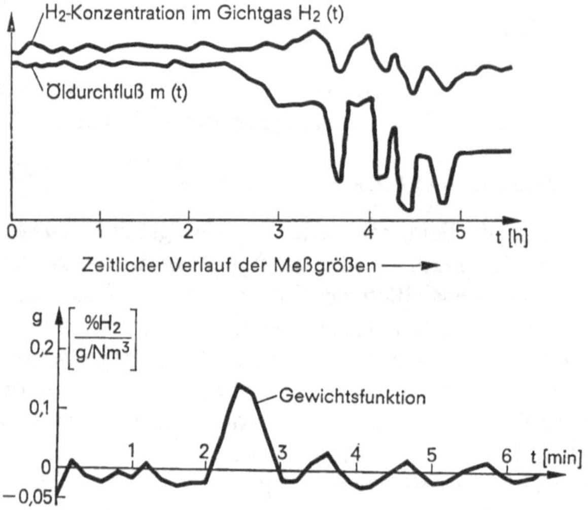

Bild 4: Ermittlung des dynamischen Verhaltens des Hochofens mit Korrelationsrechnung

2.2.3 *Modell für die Prozeßführung*

Die nächste Aufgabe ist, ein weiteres Teilmodell einzusetzen, das die Stellgrößen so vorgibt, daß für die Ausgangsgrößen vorgegebene Sollwerte erreicht werden. Die Ausgangsgrößen des Hochofens, für die Sollwerte vorgegeben werden, sind die Abstichergebnisse. Änderungen der Stellgrößen können aber daraus erst nach dem Abstich hergeleitet werden. Inzwischen kann sich der Wärmehaushalt der Arbeitszone aber bereits wieder geändert haben. Die Zeitverzögerungen sind zu groß, wenn die Änderung der Stellgrößen auf Grund der Abstichergebnisse durchgeführt wird. Wie die Bilanzen und die Versuchsergebnisse zeigen, besteht ein enger Zusammenhang zwischen der Wärmekenngröße und den Abstichergebnissen. Die Wärmekenngröße steht aber bereits während der Erzeugung des Roheisens in der Arbeitszone des Hochofens zur Verfügung. Die Eigenschaften des Roheisens können auf Grund der Wärmekenngröße während der Erzeugung beeinflußt werden. Für die Wärmekenngröße müssen dann Sollwerte vorgegeben werden, die bestimmten Abstichergebnissen zugeordnet sind.

An Stellgrößen für das Modell stehen zwei in der Schnelligkeit ihrer Auswirkung unterschiedliche Arten zur Verfügung. Die Windgrößen, Temperatur, Feuchte, Sauerstoffzusatz und Ölmenge, mit denen schnell in den Prozeß eingegriffen werden kann, und die Größen des Möllers, insbesondere das Verhältnis Erz/Koks, womit erst nach längerer Zeit der Prozeß beeinflußt wird.

Die beiden Teilmodelle zur Führung des Hochofenprozesses (Bild 5) werden aus Meßwerten aufgebaut, die aufbereitet und zeitlich richtig zugeordnet sein müssen [11]. Das metallurgische Teilmodell berechnet die erläuterten Bilanzen und Kenngrößen, die im regelungstechnischen Teilmodell weiter verarbeitet werden. Die Zusammenhänge zwischen Stellgrößen und Kenngrößen sowie den Kenngrößen und den Stellgrößen ändern sich auf Grund nicht meßbarer Störgrößen in Abhängigkeit von der Zeit. Deshalb müssen die einzelnen Größen des Modells auf Grund der Daten der unmittelbaren Vergangenheit angepaßt werden. Das sogenannte **regelungstechnische Teilmodell** beschreibt für einen bestimmten zukünftigen Zeitabschnitt, der durch die Änderungsgeschwindigkeit der nichtmeßbaren Störungen festgelegt ist, die Vorgänge im Prozeß. Die Struktur des Modells ist ein Abbild des Prozesses und ist auf Grund der Auswertungen und metallurgischer Überlegungen fest vorgegeben. Die Parameter des Modells werden dagegen laufend neu ermittelt. Der Adaptionsalgorithmus bestimmt die variablen Koeffizienten des Modells, wie Zeitkonstanten, Totzeiten und Übertragungsfaktoren. Ein solches Modell kann den Prozeßablauf vorausberechnen und ermitteln, wie sich die Zielgrößen ändern, wenn Stellgrößen verändert werden.

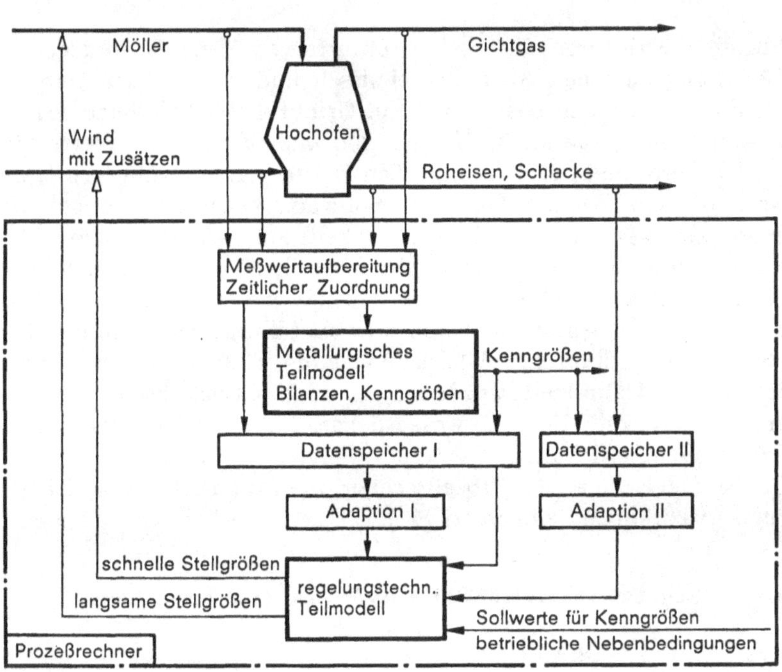

Bild 5: Prozeßführung am Hochofen

Die Stellgrößen und Kenngrößen werden im Datenspeicher I gespeichert. Auf Grund dieser Werte wird der Zusammenhang zwischen Stell- und Kenngrößen angepaßt und die Ergebnisse werden dem regelungstechnischen Teilmodell übergeben. Im Datenspeicher II werden die Kenngrößen und die Abstichergebnisse gespeichert, und daraus wird die Beziehung zwischen Kenngrößen und Abstichergebnissen bestimmt. Dieser Zusammenhang ändert sich langsamer, beispielsweise dann, wenn sich das Temperaturprofil verschiebt.

Die Vorausberechnung der Stellgrößen wird in zwei Teilschritten durchgeführt.

Für die Abstichergebnisse sind Sollwerte vom Betrieb vorgegeben. Aus der Beziehung zwischen Abstichergebnissen und Kenngrößen werden Sollwerte für die Kenngrößen bestimmt. Auf Grund dieser Sollwerte werden aus dem Zusammenhang zwischen Kenngrößen und Stellgrößen Werte für die Stellgrößen berechnet. Die Kenngrößen werden laufend überprüft, und bei Abweichung der Kenngrößen vom Sollwert, beispielsweise bei kurzfristigen Störungen im Wärmehaushalt der Arbeitszone, werden die Stellgrößen korrigiert. Dadurch werden die Abstichergebnisse sicherer erreicht.

Am Beispiel des Hochofens wurde gezeigt, wie ein Modell zur Prozeßführung hergeleitet werden kann, wobei das metallurgische Teilmodell auf Grund chemisch-physikalischer Überlegungen entwickelt wurde. Für regelungstechnische Teilmodell wurden zwar auch physikalisch-chemische Überlegungen berücksichtigt, die wesentlichen Teile wurden aber auf statistischer Grundlage entwickelt.

Das Modell ist in einem Prozeßrechner programmiert und an einem Hochofen zur Prozeßführung eingesetzt [11].

2.3 Dynamische Prozeßführung des Sauerstoffaufblasverfahrens

2.3.1 *Aufgabenstellung*

Die Prozeßführung beim Sauerstoffaufblasverfahren hat zwei Teilaufgaben. Von der **statischen** Prozeßführung werden die Gewichte der Einsatzstoffe und die Sauerstoffmenge berechnet. Die **dynamische** Prozeßführung, die hier beschrieben werden soll, hat die Aufgabe, den Prozeßablauf so zu führen, daß zu jedem Zeitpunkt eine vorgegebene Menge, Temperatur und Zusammensetzung der Schlacke und des Bades erreicht wird. Die Schlacke soll reaktionsfähig sein, damit eine gute Entphosphorung erreicht wird, anderseits darf aber auch kein Auswurf und kein Überschäumen auftreten. Der Eisengehalt der Schlacke am Ende einer Blasperiode soll möglichst gering sein, damit ein hohes Ausbringen erreicht wird. Das gebildete Abgas des Konverters wird einem Abhitzekessel zugeführt. Der Abhitzekessel und die Entstaubungsanlage müssen die angebotene Wärme verarbeiten können. Wird die Leistung des Abhitzekessels nicht ausgenutzt, so führt dies zu un-

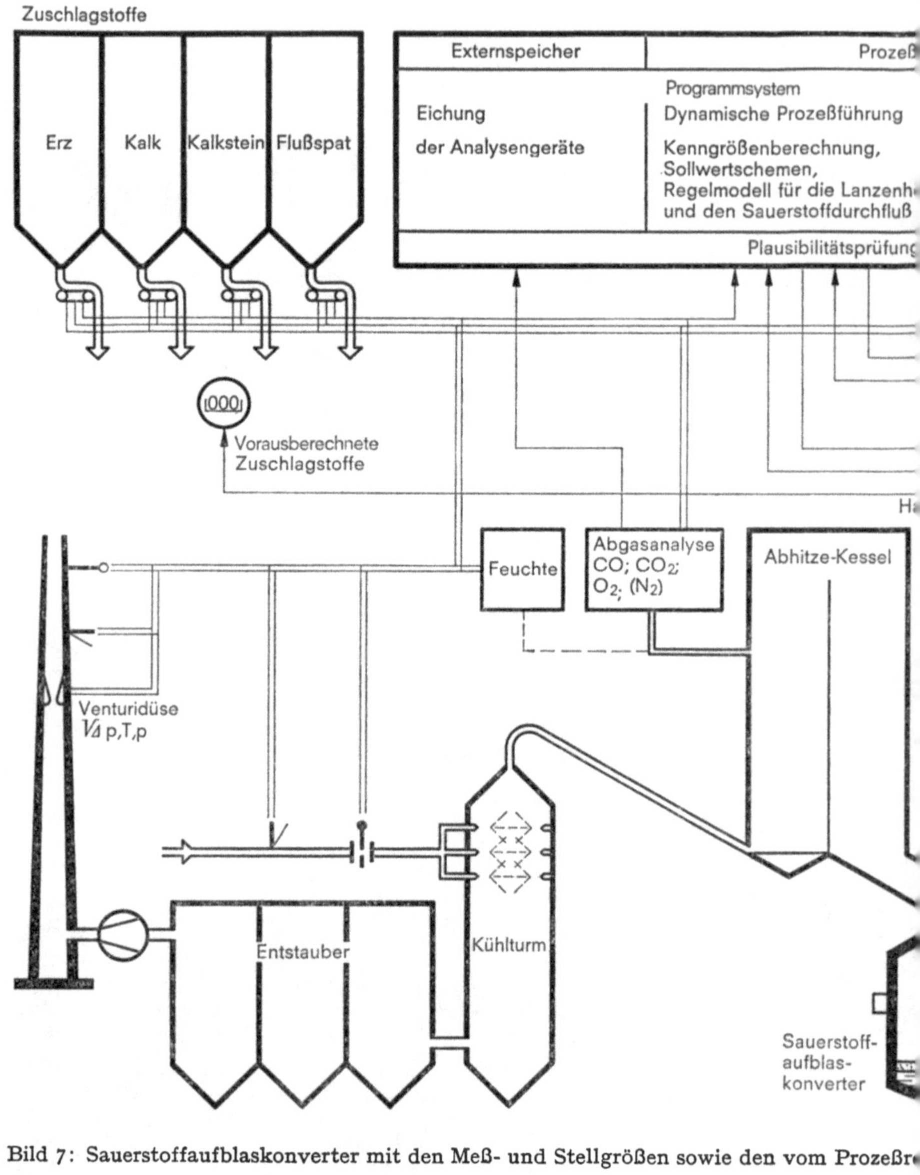

Bild 7: Sauerstoffaufblaskonverter mit den Meß- und Stellgrößen sowie den vom Prozeßr

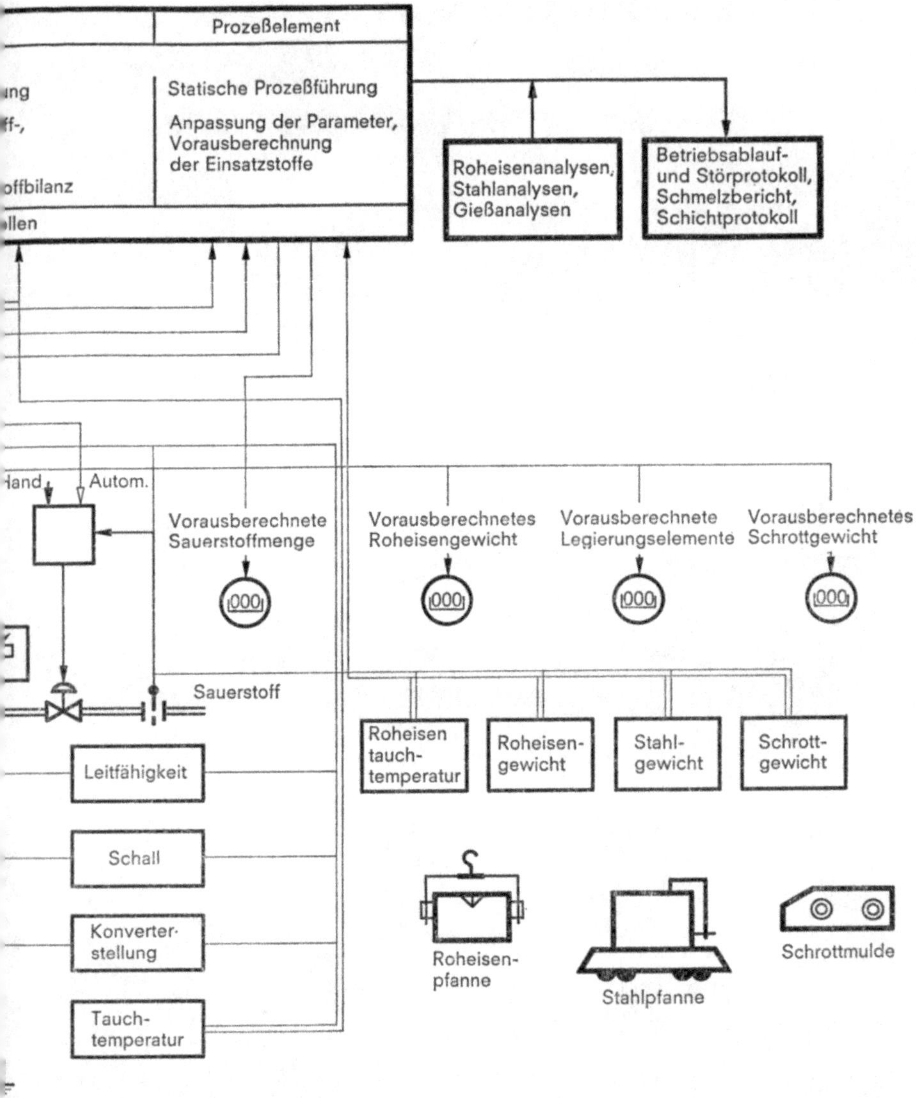

teten Aufgaben

erwünscht langen Blaszeiten. Die wesentlichen Einflußgrößen für den Ablauf der Schmelze sind der Abstand der Lanze von der Badoberfläche, der Sauerstoffdurchfluß, der Zugabezeitpunkt und die Zugabegeschwindigkeit der Zuschlagstoffe.

2.3.2 *Metallurgischer Ablauf der Schmelze*

Die Probleme der dynamischen Prozeßführung sollen an Hand des metallurgischen Ablaufes einer Schmelze erläutert werden (Bild 6). Man erkennt daraus, daß zu Beginn der Schmelze besonders die Eisenbegleiter Silizium und Mangan verschlackt werden. Ein wesentlicher Teil des aufgeblasenen Sauerstoffes wird bis zur sechsten Blasminute dafür benötigt. Eisen wird

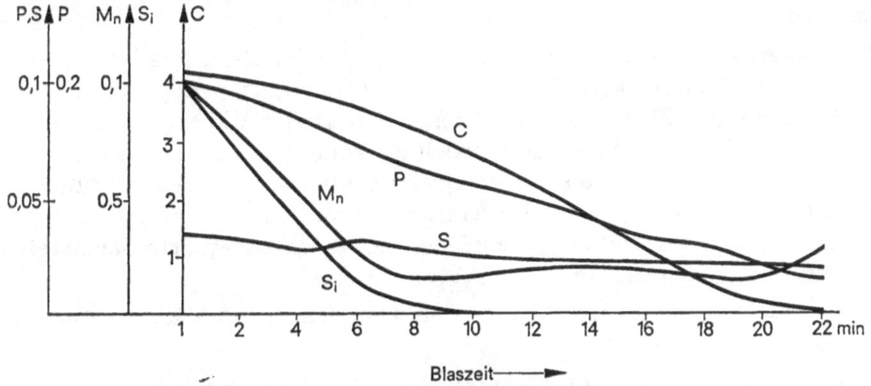

Bild 6: Verlauf des Abbrandes der Roheisenbegleiter

ebenfalls oxydiert und geht in die Schlacke über. Für die Verschlackung des Phosphors wird eine reaktionsfähige Schlacke benötigt. Die Reaktionsfähigkeit der Schlacke hängt von ihrer Zusammensetzung und Temperatur ab, wobei der Eisengehalt der Schlacke eine wichtige Rolle spielt.
Im Gegensatz zum Hochofen ändern sich die Konzentrationen der verschiedenen Elemente innerhalb kurzer Zeit sehr stark. Vereinfachte Bilanzen, die für Gleichgewichtszustände aufgestellt werden, können für das Sauerstoffaufblasverfahren nicht entwickelt werden. Eine fortlaufende Messung der Zusammensetzung und Temperatur der Schlacke und des Bades während des Blasens ist nicht möglich. Deshalb war es notwendig, charakteristische Größen zu finden, die ohne wesentliche Zeitverzögerungen Rückschlüsse auf den metallurgischen Ablauf der Schmelze ermöglichen.

2.3.3 *Kenngrößen für das Sauerstoffaufblasverfahren*

Meßtechnisch erfaßbare Größen. In der Konverteranlage, für deren statische und dynamische Prozeßführung ein Prozeßrechner eingesetzt ist (Bild 7). sind die wichtigsten Meß- und Stellgrößen angegeben. Vom Abgas wird eine Gasprobe entnommen, gereinigt, aufbereitet und analysiert. Der Abgasdurchfluß und die zur Umrechnung auf Normalbedingungen erforderlichen Größen, wie Abgasdruck, Abgastemperatur und Abgaswichte, werden gemessen oder berechnet. Weiterhin werden das Konvertergeräusch, die Leitfähigkeit zwischen isoliert aufgehängter Lanze und Bad, die Stellung der Lanze und der Sauerstoffdurchfluß gemessen.

Das Konvertergeräusch und die Leitfähigkeitsmessung ermöglichen sehr gut, das Eintauchen der Lanze in die reaktionsfähige Schaumschlacke zu erkennen und näherungsweise die Höhe der Schaumschlacke zu bestimmen. Die übrigen Meßgrößen ermöglichen als Einzelwerte nur bedingt Rückschlüsse auf den Prozeßablauf. Einen besseren Einblick in den Ablauf des Verfahrens erhält man, wenn aus mehreren Einzelmessungen Kenngrößen berechnet werden.

Die Sauerstoffverteilung. Eine wichtige Größe für den metallurgischen Ablauf ist die Sauerstoffverteilung $\dot{O}_c$, die die Aufteilung des aufgeblasenen Sauerstoffes auf die Schlacke und den Kohlenstoff angibt, der im Abgas den Konverter verläßt. Die Sauerstoffverteilung kann aus der Abgasanalyse und dem auf Normalbedingungen korrigierten Abgas- und Sauerstoffdurchfluß berechnet werden. Tritt an der Konvertermündung Luft ein, die zur Nachverbrennung des CO führt, so wird der zusätzlich zugeführte Sauerstoff auf Grund des Stickstoffanteiles im Abgas eliminiert.

Der Sauerstoffanteil im Abgas, der aus dem aufgeblasenen Sauerstoff stammt, ist zur Zeit t:

$$0^*(t) = X\,\mathrm{CO2}(t) + 0{,}5\;X\,\mathrm{CO}(t) + X\,\mathrm{O2}(t) - 21/79 \times [X\,\mathrm{N2}(t) + X\,\mathrm{Ar}(t)] \quad (1)$$

X CO2 Volumenanteil CO_2 im Abgas,
X CO Volumenanteil CO im Abgas,
X O2 Volumenanteil O_2 im Abgas,
X N2 Volumenanteil N_2 im Abgas,
X Ar Volumenanteil Ar im Abgas.

Der Durchfluß des am Kohlenstoff gebundenen Sauerstoffes ergibt sich:

$$Q_{02}(t) = 0^*(t) \cdot Q_{\mathrm{Ntr}}\,(t - T_{\mathrm{TG}})\,. \quad (2)$$

Q_{Ntr} trockener und auf Normalbedingungen umgerechneter Abgasdurchfluß,
T_{TG} Zeitverzögerungen in der Gasprobenentnahme und den Gasanalysengeräten.

Hierbei ist angenommen, daß der freie Sauerstoff im Abgas aus der nachträglich zugetretenen Luft herrührt.

Wird der am Kohlenstoff gebundene Sauerstoffdurchfluß auf den aufgeblasenen Sauerstoff bezogen, so erhält man die Sauerstoffverteilung:

$$\dot{O}_c\,(t - T_{T1} - T_{TG}) = \frac{Q_{\mathrm{O2}}(t)}{Q_{\mathrm{NO2}}\,(t - T_{T1} - T_{TG})}\,. \quad (3)$$

Q_{NO2} aufgeblasener Sauerstoffdurchfluß auf Normalzustand bezogen,
T_{T1} Laufzeit des Abgases von der Konvertermündung bis Gasprobenentnahme.

Ist $\dot{O}_c = 1$, so verläßt der gesamte aufgeblasene Sauerstoff am Kohlenstoff gebunden den Konverter. Für $\dot{O}_c < 1$ wird ein Teil des Sauerstoffes in der Schlacke gebunden, und für $\dot{O}_c > 1$ reagiert zusätzlich Sauerstoff aus der Schlacke mit dem Kohlenstoff des Bades; bereits oxydiertes Eisen in der Schlacke wird reduziert.

Der Wärmestrom. Der Kohlenstoff wird im Konverter zu CO und teilweise auch zu CO_2 oxydiert. An der Konvertermündung tritt Luftsauerstoff zu, wodurch ein Teil oder das gesamte CO zu CO_2 nachverbrannt wird. Vom Abhitzekessel muß die fühlbare und die chemische Wärme abgeführt werden, damit am Elektrofilter eine Abgastemperatur von etwa 250 °C nicht überschritten wird. Der vom Konverter dem Abhitzekessel angebotene Wärmestrom auf Grund der chemischen und der fühlbaren Wärme kann berechnet werden. Die Gleichung für den Wärmestrom bei vollständiger Nachverbrennung des im Konverter gebildeten CO ist

$$Q_w(t) = Q_{\text{Kon}}(t)\,[CO_r(t)\,(T_{\text{ein}}\,C_{CO}(T_{\text{ein}}) + a_{CO_2}) + CO_{2r}(t)\,T_{\text{ein}}\,C_{CO_2}(T_{\text{ein}}) - k\,c_{\text{Agbas}}\,(T_{\text{Aus}}) \cdot T_{\text{aus}}]\,. \quad (4)$$

CO_r im Konverter gebildeter CO-Anteil,
CO_{2r} im Konverter gebildeter CO_2-Anteil,
T_{ein} Eintrittstemperatur des Abgases in den Kessel,
T_{aus} Austrittstemperatur des Agbases aus dem Kessel,
$C_{CO}(T_{\text{ein}})$ spezifische Wärme des CO bei T_{ein},
$C_{CO2}(T_{\text{ein}})$ spezifische Wärme des CO_2 bei T_{ein},
a_{CO2} chemische Wärme für die Oxydation von CO und CO_2,
c_{Abgas} mittlere spezifische Wärme des Abgases bei T_{aus},
k Korrekturfaktor für den Luftüberschuß,

$$Q_{\text{Kon}}(t) = \frac{Q_{O2}(t)}{1 - \frac{CO_r(t)}{2}}\,.$$

2.3.4 *Modell der dynamischen Prozeßführung bei Sauerstoffaufblasverfahren*

Auf Grund metallurgischer Überlegungen werden für die Sauerstoffverteilung Sollwerte vorgegeben. Für die Sollwertvorgabe wird der unterschiedliche Sauerstoffbedarf für die Elemente, die in die Schlacke übergehen, und für den Kohlenstoff berücksichtigt. Der Sollwertvorgabe liegen die Abbrandverhältnisse der Eisenbegleiter zu Grunde (Bild 6).

Der Sollwert für den Wärmestrom ist auf Grund der Daten des Abhitzekessels fest vorgegeben. Metallurgische Bedingungen, beispielsweise erforderliche Zeiten für den Ablauf der Entphospherung oder der Schlackenbil-

dung, können auch einen niedrigen Sollwert für den Wärmestrom erfordern. Ein niedriger Sollwert für den Wärmestrom, der aufgrund metallurgischer Bedingungen notwendig ist, wird auch vorgegeben.
Stellgrößen, um die Sauerstoffverteilung $\dot{O}_c$ und den Wärmestrom Q_N zu beeinflussen, sind die Lanzenstellung h und der aufgeblasene Sauerstoffdurchfluß Q_{NO2}. Zwischen den Stellgrößen und den Kenngrößen wurden auf Grund strömungstechnischer- und metallurgischer Überlegungen folgende Zusammenhänge gefunden, die durch Versuche bestätigt wurden.
Die Sauerstoffverteilung und die Stellgrößen sind über den sogenannten Blaszahlzusammenhang miteinander verknüpft, der lautet

$$\dot{O}_c = A_1 \cdot \frac{Q_{NO2}}{(h + A_2)^2} . \tag{5}$$

Die Größen A_1 und A_2 im Blaszahlzusammenhang ändern sich im Laufe der Schmelze und können auf Grund von unmittelbar zurückliegenden Meßwerten ermittelt werden.

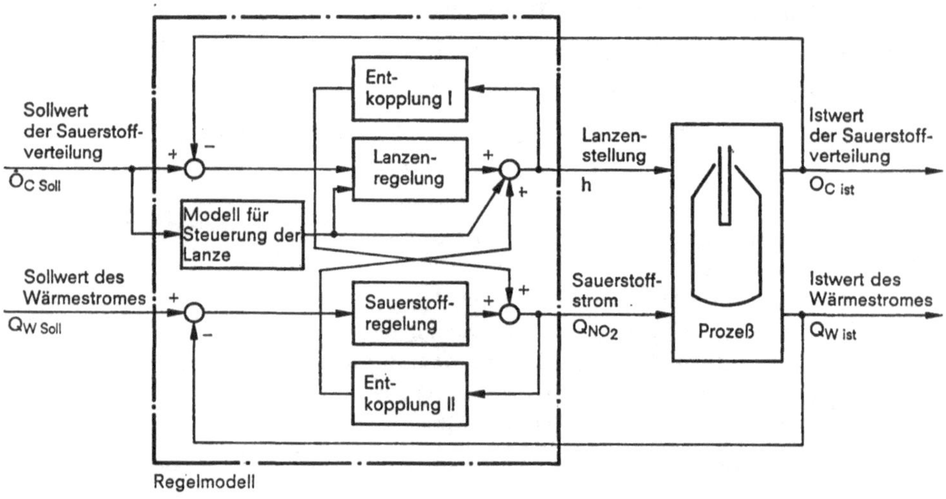

Bild 8: Regelmodell am Konverter

Der Wärmestrom ist bei einem konstanten Verhältnis CO_{2r}/CO_r proportional dem Sauerstoffdurchfluß und der Sauerstoffverteilung

$$Q_w = A_3 \, Q_{NO2} \cdot \dot{O} . \tag{6}$$
$$A_3 = f(CO_{2r}/CO_r).$$

Man erkennt daraus, daß beide Stellgrößen mit beiden Regelgrößen verkoppelt sind. Überlegungen und Versuche zeigen, daß es sinnvoll ist, die Sauerstoffverteilung mit der Lanzenstellung und den Wärmestrom mit dem Sauerstoffdurchfluß zu beeinflussen. Beim Regelmodell (Bild 8) wird für die Sauerstoffverteilung und für den Wärmestrom jeweils ein Teilmodell eingesetzt. Das verkoppelte System ist dadurch entkoppelt, daß bei Änderung des Sauerstoffdurchflusses die Lanzenstellung über einen Entkopplungsalgorithmus beeinflußt wird. Für eine Änderung der Lanzenstellung gilt entsprechendes. Bei größeren Änderungen des Sollwertes der Sauerstoffverteilung wird die Lanzenstellung mit einem Modell auf Grund des Blaszahlzusammenhanges korrigiert.

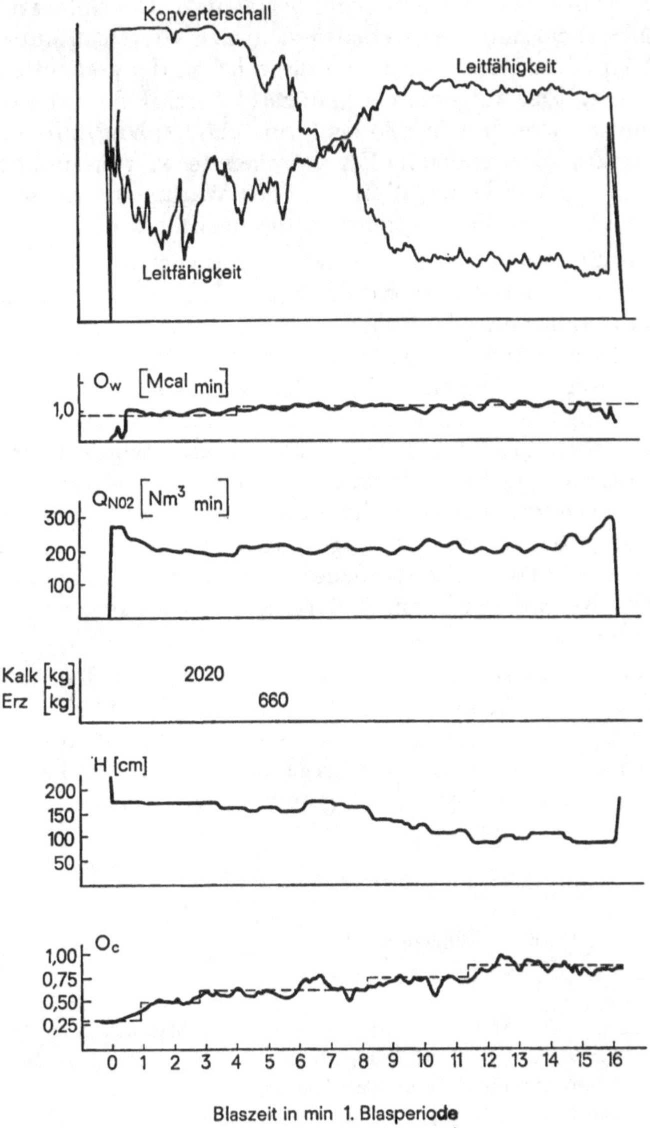

Bild 9: Verlauf der Kenngrößen und Sollwerte einer dynamisch geführten Schmelze

2.3.5 Betriebsergebnisse

Eine Thomasroheisenschmelze wurde mit Hilfe des dynamischen Modells in der ersten Blasperiode geregelt (Bild 9).

Der Verlauf der einzelnen Größen soll kurz erläutert werden. Zuerst wird die Regelung des Wärmestromes betrachtet. Der Sollwert wurde zu Beginn mit 0,95 M cal/min vorgegeben und in der vierten Minute auf 1,2 Mcal/min erhöht. Der Wärmestrom wurde während der genannten Schmelze gut eingeregelt. Der aufgeblasene Sauerstoffdurchfluß wurde durch die Regelung in einem Bereich von 180 Nm^3/min bis 300 Nm^3/min verändert. Auch nach der Zugabe von 660 kg Erz zwischen der vierten und fünften Minute ergeben sich keine zu hohen Werte für den Wärmestrom, wie es oft Prozeßführung durch das Bedienungspersonal beobachtet wird.

Der Sollwert der Sauerstoffverteilung wird im Laufe der ersten Blasperiode viermal verstellt, um die richtige Aufteilung des Sauerstoffs in Abhängigkeit vom Abbrand der Roheisenbegleiter zu erreichen. Zu Beginn wurde ein Sollwert von 0,3 vorgegeben, damit genügend Sauerstoff für die Oxydation der Roheisenbegleiter (Si, P, Mn) und des Eisens als Voraussetzung für die Bildung einer reaktionsfähigen Schlacke zur Verfügung steht. Nachdem die Roheisenbegleiter teilweise oxydiert waren, wurde die in die Schlacke gehende Sauerstoffmenge nach und nach verringert. Eine reaktionsfähige Schaumschlacke war zwischen der fünften und sechsten Blasminute gebildet. Das Konvertergeräusch fiel langsamer als normal ab, da der Konverter am Ende einer Reise war. Die Werte der Sauerstoffverteilungen wurden gut eingeregelt. Die Stellung der Lanze änderte sich zur Einregelung der O_c-Werte in einem großen Bereich.

Die metallurgischen Ziele der Schmelze wurden erreicht. Die Schmelze wurde ohne Auswurf erblasen. Der Phosphorgehalt am Ende der ersten Blasperiode betrug 0,17% und der Kohlenstoffgehalt 0,7%. Für weitere Schmelzen konnten ebenso gute Ergebnisse erzielt werden, wobei auch Stahlroheisenschmelzen dynamisch geführt wurden [12].

Literaturhinweise

Gilles, E. D.: Modellbildung für Systeme der Verfahrens- und Energietechnik. Aussprachetag Systemidentifizierung und Modellbildung. Regelungstechnik 17 (1969) S. 122—125 [1].

Maatsch, J., Winkler, D., Borowski, K., Ulrich, K. H.: Regelung von Lanzenstellung und Drucksauerstoffstrom beim Sauerstoffaufblasverfahren. Stahl und Eisen 86 (1966) Heft 19, S. 1205—1221, [2].

Kapfer, E., Steeb, R., Ringelband, W., Winzer: Hochofenführung mit Prozeßrechnern.
Siemens Zeitschrift 42 (2968), Heft 9, S. 668—671, [3].

Staib, C., Dancoisne, P., Michard, J.: Theoretische Überlegungen zur Automatisierung des Hochofenbetriebes.
Journées Internationales de Sidérurgie 1965, Amsterdam S. 133—144, [4].

Steeb, R.: Prozeßrechnereinsatz im Hochofenwerk, Konzept und Ergebnisse.
Vortrag einer Vortragsreihe der Siemens AG WWM in Karlsruhe 24. bis 27. 3. 1969, [5].

Pokhvisnev, A. N., Zhilkin, N. K.: Use of Top-Gas Composition for Analysis and Control of Thermal Condition of Blast Furnace.
Izvest. VUZ-Chern. Met. (1959) S. 29 bis 45 (Henry Brutcher's Transl. Nr. 4871/1060), [6].

Rist, A., Meysson, N.: Graphische Untersuchung des Minimalverbrauchs am Hochofen bei niedriger Windtemperatur.
Revue de Metallurgie (1964) S. 122 bis 145, [7].

Jourde, P., Remont, C., Staib, C., Jusseau, N., Schaller, A.: Überwachung und Regelung eines Hochofens mit Hilfe eines Rechengerätes.
Journées Internationales de Sidérurgie 1965, Amsterdam S. 155—167, [8].

Poos, A., Vidal, R., Lückers, J.: Kontrollsystem des Hochofenbetriebes mittels eines Rechners.
Journées Internationales de Sidérurgie 1965, Amsterdam S. 177—186, [9].

Langen, J. M. van, Fliermann, G. A., Hasenack, N. A.: Automatisierung eines Hochofens.
Journées Internationales des Sidérurgie 1965, Amsterdam S. 168—177, [10].

Ringelband, N., Schoppa, H., Winzer, D., Wiethoff, G.: Regelung mit Prozeßrechner am Hochofen III der Hoesch AG Hüttenwerke, Werk Phoenix.
Journées Internationales de Sidérurgie 1970 . Luxemburg, [11].

Graf, H.: Versuche zur Automatisierung eines 100 t Sauerstoffaufblaskonverters.
Journées Internationales de Siderurgie 1970. Luxemburg, [12].

6.9 Energieverteilung

von K. Reinhardt

Inhaltsübersicht

1 Überblick

1.1 Problemstellung

Die Betriebsführungsstellen in elektrischen Versorgungsnetzen sind prinzipiell nach einem hierarchischen Organisationssystem gegliedert. Das Netz eines Energieversorgungsunternehmens (EVU) kann in ein **Transport-** und ein **Verteilnetz** unterteilt werden. Die überlagerte Ebene bildet hierbei das Transportnetz mit den Einspeisepunkten großer Kraftwerke und den Übergabe- oder Kuppelstellen zu benachbarten EVUs. Entsprechend den Energieverbrauchsschwerpunkten und nach regionalen Gegebenheiten ist das unterlagerte Verteilnetz in einzelne Bezirke aufgeteilt.
An der Spitze dieses Organisationsschemas (Bild 1) steht der zentrale **Lastverteiler** (LV). Seine Hauptaufgabe besteht in der sicheren Versorgung des Gesamtnetzes mit elektrischer Energie nach wirtschaftlich und technisch optimalen Gesichtspunkten. Zur Erfüllung dieser Aufgabe übernimmt er die Führung der Energieerzeugung (Kraftwerkseinsatz) und des Energieaustausches mit Verbundpartnern sowie mit Fremdlieferanten; er ordnet

alle damit verbundenen Schaltmaßnahmen an und überwacht ihre Ausführung. Ferner steht der Lastverteiler im direkten Informationsaustausch mit den regionalen **Bezirkssteuerstellen** (BS). Diese steuern und überwachen alle Schaltmaßnahmen im zugehörigen Verteilnetz in eigener Verantwortung, während die Schaltungen in dem regional zugeordneten Transportnetz nur auf Veranlassung vom Lastverteiler vorgenommen werden.

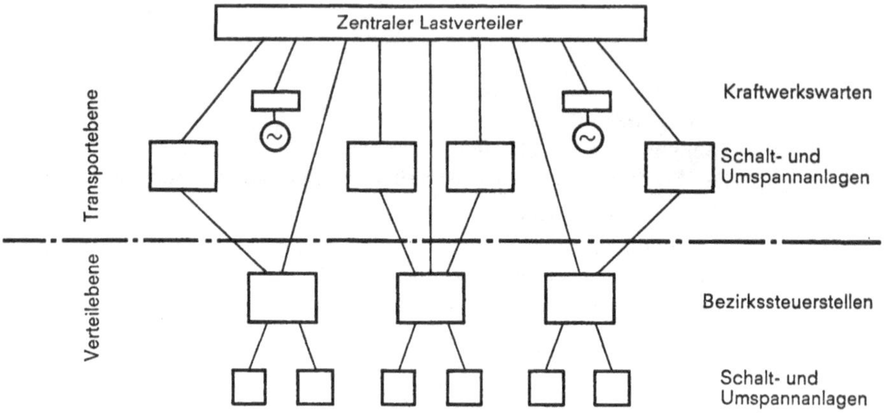

Bild 1: Aufbau von Energieversorgungssystemen

1.2 Standorte des Prozeßrechners

Entsprechend dem organisatorischen Aufbau der EVUs ergeben sich zwangsläufig Schwerpunkte der Informationsverarbeitung, die nun ihrerseits den Einsatz des Prozeßrechners in der Energieverteilung bestimmen.
Hierbei lassen sich drei hauptsächliche Einsatzorte für Prozeßrechner erkennen:

a) Im Lastverteiler,
b) in den Bezirkssteuerstellen,
c) in den Kraftwerken.

Während der Einsatz von Prozeßrechnern in a) und b) im wesentlichen durch die Problemstellung der Energieverteilung bestimmt wird, sind die Aufgabenstellungen bei c) natürlich vorrangig auf die Fragen der Kraftwerkssteuerung und -überwachung ausgerichtet, die außerhalb der Verantwortlichkeit des Lastverteilers liegen. Dennoch erscheint es notwendig, an dieser Stelle besonders auch auf den Informationsaustausch zwischen Lastverteiler und Kraftwerk hinzuweisen, da hiervon wesentlich die Wirksamkeit der Maßnahmen zur Sicherstellung der Energieversorgung abhängt.
Der Aufbau eines so entstehenden Prozeßrechnerverbundsystems wird etappenweise vorgenommen, wobei jede Ausbauphase einer weiteren Teilautomatisierung des Betriebes entspricht und in sich voll funktionsfähig sein soll.

1.3 Der Prozeßrechner im Lastverteiler und in den Betriebssteuerstellen

Entsprechend dem zunehmenden Vermaschungsgrad auf den unteren Spannungsebenen nimmt auch die Zahl der zu verarbeitenden Informationen zu. Durch die regionale Aufteilung in einzelne Bezirksnetze wird man zwar eine Unterteilung des Informationsvolumens vornehmen, trotzdem können die dargebotenen Informationen vom Menschen ohne Automatisierungshilfsmittel nicht mehr zeitgerecht erfaßt, verarbeitet und daraus folgerichtige Entscheidungen abgeleitet werden. Um jedoch besonders in Gefahrensituationen den Betrieb in die Lage zu versetzen, schnell richtige Maßnahmen zu ergreifen, ist es notwendig, ihn ständig über den aktuellen Betriebszustand zu informieren, wobei auf eine übersichtliche und schnell erfaßbare Darstellung der wichtigsten Informationen größter Wert gelegt werden muß. Es handelt sich hierbei also primär um eine umfangreiche Informationsverarbeitung, die vom Prozeßrechner mit folgenden Schwerpunkten ausgeführt wird:

— Informationserfassung und -verarbeitung unter besonderer Berücksichtigung der Datenreduktion,
— übersichtliche, komprimierte und vollständige Information des Betriebspersonals,
— Bereitstellung weiterer Hilfsmittel zur Führung eines automatisierten Betriebes.

Im zentralen LV treten neben diesen Aufgaben insbesondere die Fragen der Netzsicherheit, Netzregelung und Optimierung sowie übergeordnete Abrechnungsaufgaben in den Vordergrund. Die typischen on-line-Aufgaben des LV werden hierbei durch off-line-Probleme erweitert, die aber ihrerseits wieder auf der Basis der mit dem Netz ausgetauschten Information stehen. Die Lösung dieser Probleme, die man unter den Begriff „übergeordnete Betriebsführung" zusammenfassen kann, benötigen in der Regel sehr rechenintensive Programme, die mit ihrer Anforderung entscheidend die Auswahl des Rechnerkerns einschließlich der Peripherie beeinflussen.

2 Das Nahtstellenproblem

2.1 Datenverkehrs-Nahtstellen

Bei der Ausrüstung von Lastverteilern oder Bezirkssteuerstellen mit Prozeßrechnern ist den Nahtstellen (Bild 2) Rechner–Netz und Rechner–Betriebspersonal besondere Aufmerksamkeit zu schenken. Der erzielbare Fortschritt durch Einsatz eines Prozeßrechners, sei es im LV oder in den BS, hängt wesentlich davon ab, wie es gelingt, diese beiden Nahtstellen ausreichend mit Information zu versorgen.
Der Datenaustausch des Rechners mit dem Netz vollzieht sich über drei verschiedene Gruppen von Informationsquellen:

- Örtliche Informationsgeber und Empfänger,
- über Fernwirkgeräte angeschlossene Informationsquellen,
- über spezielle Leitungen angeschlossene Informationsquellen (z. B. entfernte Ein- und Ausgabestationen, wobei als Sonderfall die Koppelung mit weiteren Rechnern von Bedeutung ist).

2.2 Direkte Informationsverarbeitung

Örtlich vorliegenden Binärinformationen werden entweder zyklisch durch Abfrage aller parallel aufgelegten Meldungen oder spontan nach Anreiz durch

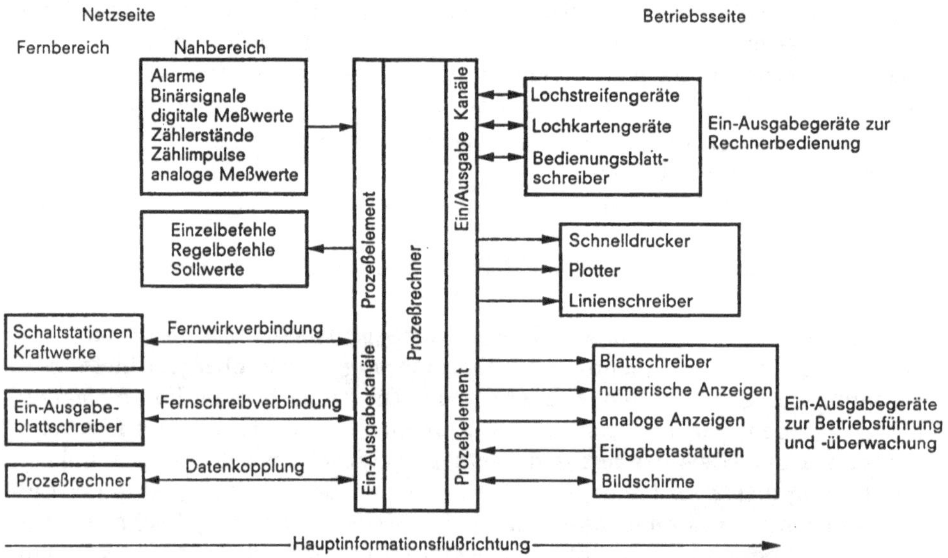

Bild 2: Informationsaustausch zwischen Netz-Prozeßrechner und Betriebspersonal

die Änderung einer Meldung übernommen. Die Information kann hierbei entweder direkt von den Steuerzwischenrelais der einzelnen Schalter oder über zusätzliche Abriegelrelais abgenommen werden. Bei digitalen Meßwerten sowie dekadisch vorliegenden Zählerständen wird man vorzugsweise die Informationen multiplex am Rechner auflegen und bei der Rechnerabfrage die einzelnen Register durchschalten. Zählimpulse von Impulsgeberzählern ohne nachgeschaltete abfragbare Zähleinrichtungen werden vom Rechner spontan übernommen oder auf speichernde Eingänge geschaltet; sie werden in einem Zyklus abgefragt, der entsprechend der höchsten Zählfrequenz ausgewählt wird.
Analoge Meßwerte werden prinzipiell parallel aufgelegt und durch zyklische Programme eingelesen. Das Verarbeitungsintervall von ca. 30 Meßwerten/s

ist dabei für die Anforderungen der nachgeschalteten Meßwertverarbeitungsprogramme völlig ausreichend.
Die Ausgabe von örtlichen Einzelbefehlen und die Abgabe von Registerdurchschaltekommandos, Sperr- und Freigabebefehlen für Zählspeicher geschieht direkt ohne Multiplexschaltungen, um den Decodieraufwand außerhalb des Rechners klein zu halten. Insbesondere bei Einzelschaltbefehlen ist eine zusätzliche Sicherung vorzusehen, um die Ausführung von fehllaufenden Befehlen zu unterbinden.
Wenn der Rechner die Sollwerte für örtliche Regelkreise (z. B. Netzregelung) vorgibt, kann die Ausgabe ein analoges oder ein digitales Signal sein.
Die vorgenannte Informationsnahtstelle ist umfangmäßig proportional der Informationsmenge; sie ist ferner gekennzeichnet durch einen hohen Verdrahtungsaufwand, wobei jedoch der Vorteil besteht, die Wege vom Informationsgeber bis zum Rechnereingang direkt zu verfolgen.

2.3 Informationsübertragung über Fernwirkeinrichtungen

Der hauptsächliche Informationsfluß zwischen Prozeßrechner und Netz geht über die Fernwirkstrecken (FW-Strecken). Zunächst kann davon ausgegangen werden, daß jeder fernbedienten bzw. fernüberwachten Station ein eigener Fernwirksender und -empfänger zugeordnet ist. Für die Lage der Schnittstelle FW-Gerät/Rechner kommen drei Informationsumsetzpunkte in Betracht (Bild 3):

a) unmittelbar nach der Demodulation, wobei der Rechner das seriell einlaufende Telegramm aufnehmen und die bitserielle Auswertung einschließlich der Serien-Parallel Umsetzung sowie alle Prüfroutinen vornehmen muß;
b) direkt aus dem Telegrammeinlaufregister nach Durchführung aller Kontrollfunktionen durch das FW-Gerät, wobei der Rechner in sich geschlossene Block- oder Satzinformationen parallel übernimmt;
c) nach der Adreßdekodierung von den analogen bzw. digitalen Endspeichern oder Steuermelderelais. Diese Nahtstelle entspricht vollkommen der unter 2.2 beschriebenen.

Allgemein durchgesetzt hat sich die Lösung b), wobei insbesondere ihr vom FW-Gerät unabhängiger Aufbau, die relativ enge Nahtstelle und die exakte Trennungsmöglichkeit zwischen Rechner und FW-Gerät hervorzuheben sind. Darüber hinaus werden alle Prüfroutinen zur Übertragungssicherung von dem FW-Gerät vorgenommen, so daß der Rechner nur formal richtige Informationen übernimmt.
Die Übernahme wird durch einen Anreiz vom FW-Gerät eingeleitet, das damit entsprechend der Nahtstellenbreite einen Informationsblock formal geprüft parallel dem Rechner anbietet. Daraufhin wird der Übernahmealarm bis zum Einlesen der Information programmgesteuert bearbeitet. Diese Routine bringt eine der Übertragungsgeschwindigkeit und der Anzahl der

Schnittstelle	a) nach der Demodulation	b) nach der Serien-Parallelumsetzung	c) nach der Telegrammauswertung

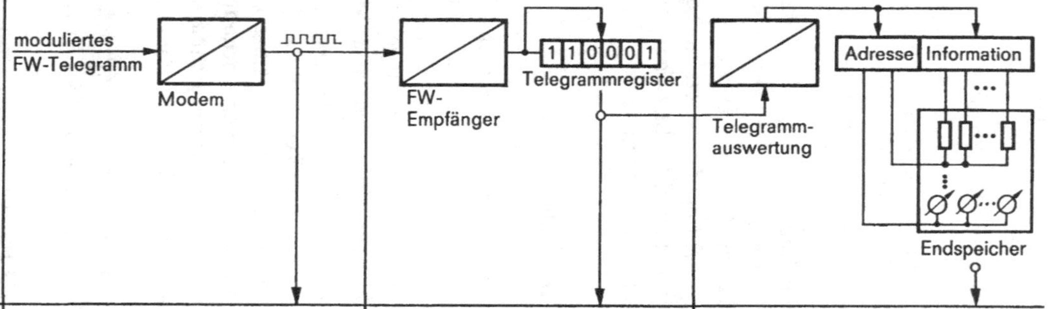

Nahtstellenbreite Informationsübernahme Informationsverarbeitung	1 Bit seriell spontan	8-72 Bit parallel multiplex spontan	proportional der Informationsanzahl parallel zyklisch
Rechnerbelastung	proportional der Übertragungsgeschw.	proportional der Telegramme je sec	abhängig vom Auflösungsvermögen
Verarbeitungsschritte im Prozeßrechner	Zeichenübernahme Zeichenauswertung Serien-Parallel-Umsetzung Telegrammaufbau Telegrammkontrollen Telegrammdecodierung Informationsabbild aktualisieren und Informationsänderungen feststellen	Telegrammübernahme	Informationsübernahme
Prüfung der Telegramme und der Übertragungsstrecke	nur im Prozeßrechner möglich	unabhängig durch FW-Gerät und Rechner möglich	nur durch FW-Gerät möglich
Kopplung zwischen FW-Gerät und Prozeßrechner	schwierig	einfach	aufwendig

Bild 3: Informationsübergabe-Nahtstellen zwischen Prozeßrechner und Empfängerseite der FW-Geräte

angeschlossenen FW-Empfänger etwa proportionale Rechnerbelastung. Aus diesem Grund setzt man bei entsprechend vielen Empfängern und Übertragungsgeschwindigkeiten $\geq$ 600 Baud Prozeßelemente ein, die ein fremdgesteuertes direktes Einschreiben der Information in den Arbeitsspeicher der Zentraleinheit gestatten ohne die Programmsteuerung zu benutzen (Kapitel 2.3).
In Kommandorichtung bildet wiederum ein Übergaberegister die Nahtstelle zum FW-Gerät, das parallel vom Rechner gesetzt wird und mit einem zusätzlichen Übergabekommando den FW-Sender aktiviert. Da der Informationsfluß in Steuerrichtung wesentlich geringer als in Melderichtung ist, kann man hierbei mehrere Stationen zu einer Linie zusammenfassen, die von einem gemeinsamen Steuersender angesprochen werden oder am Rechner durch Parallelanschaltung der einzelnen Senderregister eine Multiplexversorgung über ein Ausgaberegister erreichen.

2.4 Informationsübertragung über Daten- und Fernschreibkanäle

Folgende Betriebsfälle im Lastverteilerbetrieb sind möglich: **Nahkoppelung** Rechner–Rechner beim örtlichen Zusammenschluß vom Lastverteiler und Bezirkssteuerstelle über das Datenaustauschelement (Kapitel 2.3). **Fernkoppelung** beim Rechnerverbundsystem, wobei Datenrate und geforderte Übertragungssicherheit im wesentlichen die Auswahl der Elemente und den vorzusehenden Kanal bestimmen. Beschränkt sich der Datenaustausch auf wenige Informationen, so wird bereits ein ausgebautes oder mitbenutztes Fernwirksystem den Anforderungen genügen.
Häufig werden Fernschreibsender und -empfänger an den Rechner angeschlossen, um z. B. Betriebsanweisungen an Kraftwerke, Abrechnungsprotokolle an Verwaltungszentren auszugeben oder umgekehrt von dort Daten einzugeben und anzufordern. Die Nahtstelle zu den Fernschreibleitungen verschiedenster Art (Standverbindungen Datex-Telex-Netz) bildet das Fernschreibelement mit der Telegraphieanschlußeinheit, über die die Informationen mit dem Rechner als Fernschreibzeichen ausgetauscht werden.

2.5 Nahtstelle Prozeßrechner — Betriebspersonal

Die Ein-Ausgabegeräte sind durch personelle Forderungen bestimmt und sollen als Kommunikationsmittel zwischen dem Personal und dem Netz verstanden werden, wobei Geräte, die primär für den internen Verkehr mit dem Prozeßrechner eingesetzt werden, von untergeordneter Bedeutung sind. Zu den Hilfsmitteln bei der Betriebsführung zählen Schnelldrucker und Plotter, über die Ergebnisse von off-line-Rechnungen (z. B. Lastflußberechnung) protokolliert bzw. als Kurvenzüge (z. B. Belastungskurven oder Fahrpläne) ausgegeben werden. Diese Geräte werden meist nicht in der Warte

eines Lastverteilers aufgestellt, da ihre ausgegebenen Informationen in der Regel für eine Langzeitbeurteilung des Betriebes herangezogen werden.
Zu den unmittelbaren Informationsquellen, aus denen sich der Betrieb über die Vorgänge im Netz einen Überblick verschafft, gehören Eingabetastaturen, numerische und analoge Anzeigen, Ein-Ausgabeblattschreiber und Sichtgeräte. Die Reihenfolge der aufgeführten Geräte spiegelt gleichzeitig die Tendenz beim Einsatz von betriebsnahen Informationsmedien wieder.
Am stärksten verwandt mit den konventionellen Bedienungsgeräten sind Tastenfelder und Anzeigeeinheiten. Über sie werden Schaltmaßnahmen eingeleitet, Anwahlen durchgeführt und Anforderungen zur Ausgabe bestimmter Daten an den Rechner weitergeleitet. Durch die Zusammenfassung zu einzelnen Funktionsgruppen erreicht man eine sehr übersichtliche und einfach zu bedienende Ein-Ausgabeeinheit.
In der überwiegenden Zahl aller Einsatzfälle von Prozeßrechnern in der Energieverteilung wird der Blattschreiber als Ausgabegerät eingesetzt. Die Möglichkeit, ihn zur Sofortinformation des Personals sowie zur Ausgabe längerer Protokolle einzusetzen, verbunden mit den Vorteilen der Archivierung der Information zu Kontroll- und Dokumentationszwecken, sichert ihm einen vorrangigen Platz unter den Betriebsinformationsgeräten.
Unmittelbar und schneller kann das Personal durch alphanumerische Bildschirmgeräte über Störungen oder besondere Betriebszustände informiert werden. Kombiniert man die Bildschirmstation noch mit einer Bedienungstastatur zur Eingabe und Anwahl speziell gewünschter Daten und einem Blattschreiber zur Archivierung der wesentlichsten Betriebsvorgänge und Informationen, so erhält man einen äußerst leistungsfähigen Arbeitsplatz, der der eingangs gestellten Forderung nach schneller, übersichtlicher und umfassender Information des Betriebspersonals am nächsten kommt. Über die Darstellung von Netzbildern, Schaltstationen und dergleichen auf graphischen Bildschirmeinheiten erreicht man eine weitere Konzentrierung der Betriebsführung durch den Rechner.

3 Einsatzbeispiel

3.1 Anlagenaufbau

An einem typischen Einsatzfall für einen Prozeßrechner im Lastverteiler eines großstädtischen Energieversorgungsunternehmens soll Aufgabenumfang und Lösung dargestellt werden:

Netzaufbau: Das 110 kV-Transportnetz wird zur Begrenzung der Kurzschlußleistung in mehrere Teilnetze aufgelöst. Von den Teilnetzen bestehen Kuppelmöglichkeiten zu den angrenzenden 110 kV-Netzen der Nachbar-EVUs, während über eine zentrale Kupplung die Verbindung zum 220 kV-Verbundnetz hergestellt wird. Auf der Energieerzeugungsseite stehen sieben

thermische und ein Pumpspeicherkraftwerk zur Verfügung, die in das Transportnetz einspeisen.
Das unterlagerte Mittelspannungsnetz wird über 26 Schaltstationen, die im Bereich des 110 kV-Netzes liegen, versorgt.
Aufgaben des Lastverteilers: Entsprechend den vorhandenen Betriebsanlagen ergaben sich folgende Aufgaben für die zentrale Lastverteilung:
- Planung, Koordinierung und Überwachung des Kraftwerkseinsatzes;
- Steuerung und Überwachung des elektrischen Energietransports im 110 kV-Netz;
- Überwachung und Durchführung des Energieaustausches mit dem Verbundnetz.

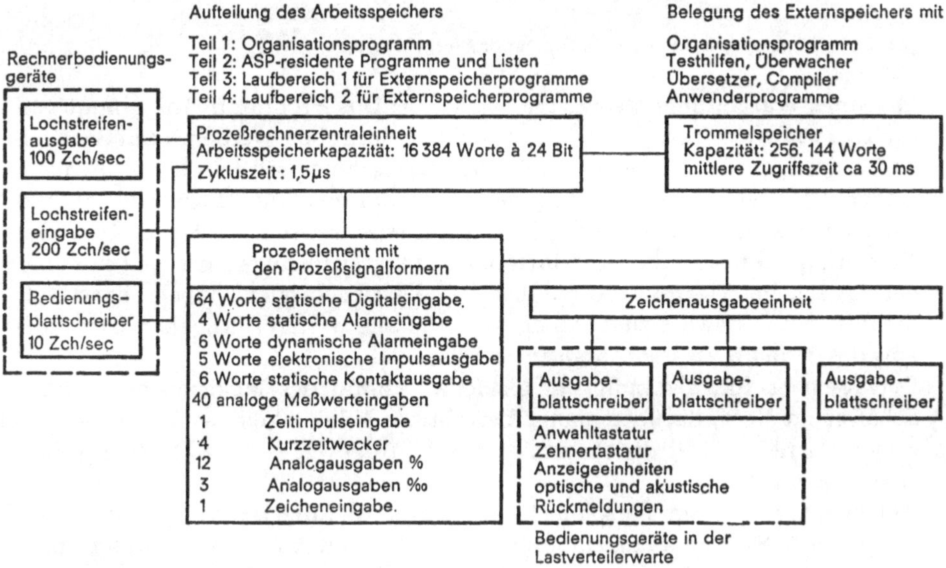

Bild 4: Gerätekonfiguration eines Prozeßrechners im Lastverteiler

Zur Unterstützung und Entlastung des Personals bei der Durchführung dieser Aufgaben ist ein Prozeßrechner eingesetzt worden, der durch die Realisierung einer vielschichtigen Aufgabenstellung eine führende Rolle unter den Betriebs- und Bedienungshilfen im Lastverteiler angenommen hat.
Konfiguration des Prozeßrechners: Der Prozeßrechner steht über ein umfangreiches Prozeßelement ständig im Informationsaustausch mit dem Netz und verkehrt selbständig mit den angeschlossenen Fernwirkgeräten (Bild 4). Dem Wartenpersonal stehen zwei Ausgabeblattschreiber, Tastenfelder für die Anwahl und Eingabe von Informationen sowie mehrere Anzeigeeinheiten als Ein-Ausgabeeinheit des Rechners unmittelbar zur Verfügung.
Die Zentraleinheit mit den Bedienungsgeräten einschließlich Stromversorgung und externem Trommelspeicher und einem weiteren Protokollblatt-

schreiber ist in einem von der Warte getrennten Raum untergebracht. Entsprechend dem vorliegenden Aufgabenvolumen ist eine Zentraleinheit mit 16 K Arbeitsspeicher und festverdrahteter Gleitkommaarithmetik gewählt worden. Im Hintergrundspeicher sind alle Programme und Daten einschließlich des Organisationsprogramms gespeichert, während im Arbeitsspeicher neben dem Organisationsprogramm nur die Programme hinterlegt sind, die auf spontane Bearbeitung warten und unverzögert gestartet werden müssen.
Das Betriebssystem der Anlage umfaßt außer dem Organisationsprogramm-Prüf- und Testhilfen für die Anwenderprogramme, Übersetzer und Compiler für Assemblersprache sowie für ALGOL und FORTRAN.

3.2 Programme für Grundinformationsverarbeitung

Meldungsverarbeitung, Meßwertverarbeitung: Das Programm übernimmt von ca. 20 Fernwirkgeräten, die mit 200 Baud betrieben werden, ständig nach Aufforderung Telegramme. Meldungstelegramme werden spontan nach Änderung einer Schalterstellung gesendet, während die Meßwerte dauernd zyklisch übertragen werden. Die Meldungen werden entsprechend der Reihenfolge ihres zeitlichen Eintreffens unter Hinzufügen des Datums und der Uhrzeit im Klartext protokolliert. Jeder einzel- oder doppelpoligen Meldung ist ein Codewort zugeordnet, aus dem alle weiteren Angaben zum Aufbau des Drucktextes entnommen werden.
Der Rechner führt ständig ein aktuelles Abbild des Meldezustandes aller Schalter im Netz, darüber hinaus besteht die Möglichkeit, nach Ausfall einzelner Betriebsmittel durch eine Generalabfrage jederzeit das Meldeabbild zu aktualisieren.
Außerdem kann vom Personal durch simulierte Eingabe von Stellungsmeldungen das Rechneranlagenabbild an den tatsächlichen Netzzustand angepaßt werden. Bei rückgemeldeten Trennerstellungen wird per Programm eine Laufzeitüberwachung durchgeführt, die nach Überschreitung einer wählbaren Laufzeit eine entsprechende Störmeldung ausgibt.
Alle Befehle, die vom Anwahlmutterfeld ausgegeben werden, müssen ebenfalls auf dem Kontrollblattschreiber registriert werden.
Protokollierung und Auswertung der Erdschlußwischer-Richtungsmeldungen: Beim Auftreten eines Erdschlusses spricht eine Vielzahl von E-Wischer-Richtungsmeldungen an, deren Signalzustand in die Zentrale übertragen wird. Das Programm speichert diese Meldungen über einen bestimmten Zeitraum und beginnt dann mit der Auswertung. Alle E-Wischer-Richtungsmeldungen werden in Form eines Netzschaltbildes ausgedruckt. Kann der Erdschlußort aus diesen Informationen eindeutig bestimmt werden, gibt der Rechner die entsprechende Leitung oder Sammelschiene in Form einer Störmeldung aus.

Meßwertverarbeitung: Die Meßwerte werden zyklisch bearbeitet, wobei Grenzwert-, Gradienten- und Plausibilitätskontrollen durchgeführt werden. Die Ausgabe des Meßwertprotokolls erfolgt halbstündlich bzw. auf Abruf jederzeit. Darüber hinaus werden besonders wichtige Meßwerte, errechnete Kennwerte und Mittelwerte in einem Tagesprotokoll festgehalten.
Zählerstandsverarbeitung: Das Programm führt eine zyklische Abfrage der Zählerstände durch bzw. addiert einzeln die Impulse von Impulsgeberzählern auf. Nach der Plausibilitätskontrolle werden die Zählerstände zur Errechnung von Salden, Mittelwerten, Freileistung und 24-Stunden-Arbeit getrennt nach Hoch- und Niedertarif weiter aufbereitet. Verschiedene Protokolle geben dem Betriebspersonal einen Überblick über die aktuellen Zählerstände einschließlich der wesentlichsten Daten an den Übergabe- und Kuppelstellen zu den Nachbar-EVUs.
Mit diesen Programmen für die Grundinformationsverarbeitung ist die Basis geschaffen worden, auf der alle übrigen Programme aufbauen. Bei der Klassifizierung dieser Programme unterscheidet man zwischen Regel- und Steuerprogrammen, die aktiv auf den Prozeß einwirken, und übergeordneten Betriebsführungs- und Überwachungsprogrammen, die als Ergebnis meist umfangreicher Rechnungen spezielle Informationen zur Aufrechterhaltung eines störungsfreien Betriebes ermitteln.

3.3 Programme für Steuerung und Regelung

Steuerung der Erdschlußkompensationsspulen: Das Programm ermittelt nach Schaltänderungen im Netz die zu verstellende Erdschlußlöschspule sowie die Zahl der zu verstellenden Stufen. Nach Ausgabe dieser Information auf dem Blattschreiber bedarf es nur noch der Freigabe durch das Schaltpersonal. Anschließend wird der Verstellvorgang automatisch vom Rechner durchgeführt, die ermittelten Befehle werden an das entsprechende FW-Gerät ausgegeben und der Verstellvorgang wird bis zum Erreichen der gewünschten Endstellung überwacht.
Programmschaltungen: Neben den Einzelschalthandlungen werden im 110 kV-Netz häufig Schaltaufgaben durchgeführt, die in einer festgelegten Reihenfolge eine Vielzahl von Einzelaktionen beinhalten. Zu diesen Aufgaben gehören Sammelschienenwechsel, Abzweigschaltungen und Kuppelschalterbetätigungen. Mit der Übernahme dieser Aufgaben durch den Rechner kann der Schaltingenieur nach Anwahl über eine Tastatur und Freigabe des Programmes alle gewünschten Schaltoperationen im Netz vornehmen, ohne aktiv eingreifen zu müssen. Das Schaltprogramm überprüft die Zulässigkeit, löst die Gesamtaufgabe in einzelne Teilkomplexe auf und gibt nacheinander die Einzelbefehle aus, wobei an Hand einer Prüfroutine die Einhaltung von Bedingungen laufend überwacht wird. Meldungen nach erfolgreicher Durchführung bzw. im Fehlerfall nach Abbruch der Schalthandlung teilen dem Personal das Ergebnis der Steuerungsaufgabe mit.

Netzregelung: Der Rechner wird zur arbeits- bzw. frequenzabhängigen Leistungsregelung eingesetzt. Der Sollwert für die Übergabeleistung wird ca. eine Woche im voraus ermittelt und in Form eines Fahrplanes in den Rechner eingegeben. Das Programm überprüft laufend über kurze Zeitintervalle, ob die aus dem Fahrplan errechnete Sollarbeitsmenge der tatsächlich gelieferten Arbeitsmenge, die aus den abgefragten Zählerständen ermittelt wurde, entspricht. Bei Abweichungen wird die Differenz als Leistungskorrekturwert in die einzelnen Kraftwerke übertragen. Durch eine Anpassung der Maschinenleistung an diesen Wert können größere Abweichungen von den vertraglich vereinbarten Arbeitsmengen vermieden werden.

Außerdem wird nach dem Netzkennlinien-Verfahren laufend ein Regelwert gebildet, der in die Kraftwerke übertragen wird.

Um den Kraftwerken vorausschauend Leistungsänderungen anzeigen zu können, überprüft der Rechner zyklisch die Soll- und Istwerte für Leistung und Arbeit der Übergabestelle und vergleicht sie mit der abgespeicherten Tageskurve. Unter Berücksichtiung der Tendenz dieser Kurve wird ein Leistungsänderungsbetrag ermittelt, der in die Kraftwerke übertragen wird.

3.4 Programme für übergeordnete Betriebsführung

Leitungsüberwachung: An Hand der zyklisch übertragenen Leitungsströme überprüft das Programm die Zulässigkeit der Belastung der einzelnen Leitungen unter Berücksichtigung der aktuellen Umgebungstemperatur. Warnmeldungen machen das Personal auf Gefahrensituationen aufmerksam, wobei gleichzeitig die noch zulässige Überlastungszeit mit ausgegeben wird.

Eingrenzung von Störungen: Zur Beurteilung einer Störung im Netz ist es wichtig, das Ausmaß der Auswirkungen zu kennen. Der Rechner prüft daher im Störungsfall, ob es sich um eine Kraftwerksstörung, Netzstörung oder übergeordnete Verbundstörung handelt und gibt das Ergebnis dieser Auswertung sowohl in der Warte als auch in den einzelnen Unterstationen bekannt.

Lastflußrechnung, Lastflußplan: Aus den übernommenen Meßwerten für Energieerzeugung und Verbrauch sowie den gemessenen Leitungsströmen gibt der Rechner auf Abfrage einen Lastflußplan aus, der in Form eines Schaltbildes auf dem Blattschreiber protokolliert wird.
Einen Schritt weiter geht man bei der Durchführung der tatsächlichen Lastflußberechnung, die auf dem momentanen Schaltzustand aufbaut. Damit ist das Personal in der Lage, Netzunsicherheiten schnell zu erkennen und rechtzeitig Gegenmaßnahmen zu ergreifen.

Kurzschlußrechnung: Ebenfalls auf der Basis des abgespeicherten Schaltzustandes werden Kurzschlußrechnungen durchgeführt und die dabei ermittelten höchsten Kurzschlußleistungen auf dem Blattschreiber ausgegeben.

Optimale Lastverteilung: In der zweiten Programmausbaustufe wird über den Rechner eine optimale Lastverteilung durchgeführt, wobei den einzelnen Kraftwerken zyklisch der Sollwert für die Leistung vorgegeben wird. Die Ermittlung der Leistungssollwerte wird nach dem Prinzip des Kostenzuwachsverfahrens durchgeführt. Sofern die Voraussetzungen für die direkte Durchschaltung des Sollwertes auf die einzelnen Blöcke noch nicht gegeben sind, wird der ermittelte Wert in den Kraftwerken dem Betriebspersonal angezeigt.

3.5 Ersatzlösungen im Störungsfall

Bereits bei der Projektierung und Planung des Prozeßrechnereinsatzes müssen Ersatzlösungen vorgesehen werden, um im Störungsfall einen reibungslosen Übergang vom Rechnerbetrieb auf Notbetrieb zu gewährleisten. Im vorbeschriebenen Einsatzfall beschränkt man sich im Notbetrieb auf die manuelle Ausführung der wichtigsten Aufgaben zur Aufrechterhaltung des Betriebes, im einzelnen ist dabei folgendes vorgesehen:
Die wichtigsten Rückmeldungen aus dem Netz werden auf der Blindschalttafel angezeigt, die Führung des Betriebsprotokolls wird von Hand vorgenommen, Übersichtsprotokolle entfallen. Anstelle der Programmschaltungen und der automatischen Erdschlußspulen-Verstellung muß das Personal alle Schaltungen als eine Kette von Einzelbefehlen durchführen. Parallel dazu besteht die Möglichkeit, die Schalthoheit in einzelne Bezirkssteuerstellen zu verlagern. Die Netzregelung wird von dem stets parallel laufenden analogen Netzregler vorgenommen. Schließlich verzichtet man für die Dauer der Störung auf die übergeordneten Betriebsführungsaufgaben wie Lastfluß- und Kurzschlußrechnung sowie laufende Leitungsüberwachung. Eine 24stündige Besetzung der Warte trägt dieser Ausfallmöglichkeit auf der personellen Seite Rechnung.
Die Überlegungen für Ersatzlösungen bei Rechnerausfall führen zwangsläufig zu einem System direkt gekoppelter Rechner. Bei einem Mindestaufwand für den speichernden Hintergrund, aufgebaut in konventioneller Technik, kann bei Ausfall eines Rechners der zweite den vollen Aufgabenumfang übernehmen. Durch einen ständigen Datenaustausch über die Koppelnahtstelle informieren und überwachen sich beide Rechner. Als Ersatz für das fehlende Blindschaltbild und das Anwahlmutterfeld wird das Netzbild als Übersichtsbild und in Detaildarstellungen auf Bildschirmen ausgegeben, die über den Rechner gesteuert und versorgt werden. Durch Markierung des gewählten Schaltelementes auf dem Bildschirm wird der Schalter gesteuert und seine Stellung quittiert.

6.10 Verformung

von H. Seyfried und R. Fleischer

Inhaltsübersicht

1 Aufgabenstellung

Für Verformungsprozesse ist das Walzen ein typisches Beispiel. Durch die Automatisierung des Walzvorganges bei Blechstraßen sollen die Fertigungstoleranzen verkleinert und der Durchsatz erhöht werden; dies ist für die Wirtschaftlichkeit der kapitalintensiven Einrichtungen einer Mittelblech- und Grobblechstraße von besonderer Bedeutung.
Voraussetzung für die Automatisierung ist die genaue Kenntnis des gesamten Walzvorganges, der in mehreren Schritten, den Stichen, vor sich geht. Als Grundlage für die Optimierung des Walzprozesses sind umfangreiche logische sowie mathematische Operationen durchzuführen und ein Modell für den Verformungsvorgang ist zu bilden. Es soll hierfür ein Prozeßrechner eingesetzt werden, der alle Phasen des Prozesses in unmittelbarer Abhängigkeit von der jeweiligen Lage und dem jeweiligen Bearbeitungszustand des Walzgutes im Echtzeitbetrieb leitet. Außer dem Walzablauf sind die besonderen technologischen Vorgänge der Verformung im Walzspalt zu erfassen und die Steuerungen sowie Regelungen für optimale Prozeßführung zu realisieren.

2 Struktur der Prozeßsteuerung und -regelung

Im Programmablauf (Bild 1) werden zunächst an der „Dateneingabe" mittels Lochkarte die Eingangs- und Endabmessungen, Gewicht sowie Materialeigenschaften des Walzguts eingelesen. Dies geschieht vor Einlaufen der zu walzenden Bramme in den automatisierten Bereich der Walzstraße bereits auf der Steuerbühne einer Vorstraße.

Zum Führen des Walzprozesses benötigt der Rechner außerdem ständig genaue Informationen über die Lage des Walzgutes auf den Rollgängen der Straße. Zu diesem Zweck erstellt das Programm „Walzgutabbildung" im Rechner ein Abbild der Walzgutbewegung. Signale der Meßfühler (wie Fotozellen, Preßduktoren etc.), die die jeweilige Lage des Walzgutes erfassen,

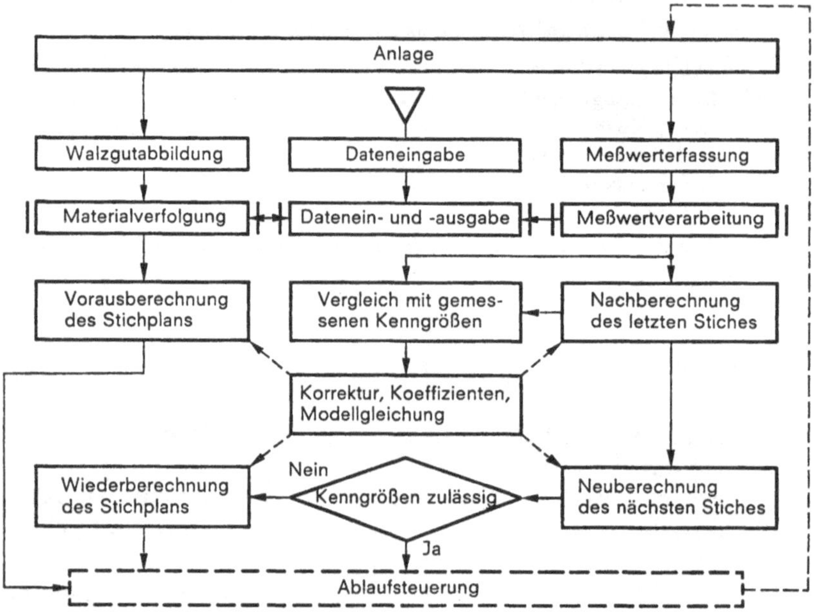

Bild 1: Aufbau einer Prozeßsteuerung und -regelung

werden über Alarmeingänge dem Rechner mitgeteilt. Die Bewegungsrichtung des Walzgutes wird mit Hilfe einer Richtungslogik mit jeweils zwei Fotozellen erfaßt.

Für die zusätzlich zu diesem Abbild noch erforderlichen Angaben, um welche spezielle Walztafel es sich im einzelnen Abschnitt handelt, sorgt das Programm „Materialverfolgung", in welchem ein eindeutiges Kennzeichen dem Walzgutabbild im Rechner zugeordnet wird. Damit kann dann der Rechner den Durchlauf des Walzgutes verfolgen.

Zum Führen des Walzprozesses werden vom Programm „Meßwerterfassung" alle erforderlichen Meßgrößen erfaßt. Die Meßwerterfassung steuert den Zeitpunkt und die Anzahl der Messungen und übernimmt die Meßwerte für die Auswertung.

Das Programm „Meßwertverarbeitung" bereitet die gewonnenen Meßdaten so auf, daß sie für eine weitere Verwendung im Rahmen anderer Anwenderprogramme zur Verfügung stehen. Für die Temperatur-, Breiten- und Dickenmessungen werden umfangreiche Teilprogramme gestartet, die die Meßgeräte auf Meßbereitschaft überprüfen, die erforderliche Anzahl von Meßwerten ermitteln, sie statistisch auswerten und abspeichern. Auf diese Weise werden den anderen Anwenderprogrammen nur gesicherte Meßwerte angeboten. Diese Meßwerte und Daten werden der entsprechenden Bramme zugeordnet, in Datenspeichern gesammelt und ggf. als Produktions- und Prozeßprotokolle über die „Datenausgabe" zur Verfügung gestellt.

Mit Hilfe der bisher beschriebenen passiven Funktionen werden alle anlagenspezifischen Kenngrößen für die Modellbildung des Verformungsvorgangs ermittelt.

Die aktiven Funktionen, wie „Stichplanberechnung" mit „Korrektursystem" und „Ablaufsteuerung", erhalten die erforderlichen Informationen von den passiven Funktionen. Der Stichplan, d. h. der Plan für Folge und Größe der Stichabnahmen, wird nach den Modellgleichungen und den maßgebenden Kenngrößen vorausberechnet. Die Ergebnisse der Stichauswertung werden im Programm der Stichplanberechnung über ein autoadaptives System berücksichtigt. Die Ablaufsteuerung gibt den Antrieben und Geräten die ermittelten Führungswerte vor, veranlaßt also die Materialbewegung und bestimmt den Walzablauf. Rückmeldungen aus der Anlage geben die erforderlichen Kontrollinformationen.

3 Stichplanberechnung

3.1 Grenzbedingungen

Die wichtigste Aufgabe beim Automatisieren einer Mittelblech- und Grobblechstraße ist das richtige Erstellen des Stichplanes. Die Endabmessungen des Produktes sollen mit möglichst wenigen Stichen angefahren und mit gegebener Toleranz erreicht werden. Dabei dürfen bestimmte Grenzwerte nicht überschritten werden:

- die maximal zulässige Walzkraft;
- die zulässige Veränderung der Walzkraft von Stich zu Stich für eine bestimmte Querschnittsform, gegeben durch die Walzendurchbiegung, unter Berücksichtigung der Ebenheit des Endproduktes;
- das maximal zulässige Drehmoment;
- die maximal zulässige absolute Abnahme von Stich zu Stich mit Rücksicht auf den Greif- und Durchziehwinkel;
- die maximal zulässige prozentuale Abnahme.

3.2 Kenngrößen

Zum Ermitteln des Stichplanes werden dem Rechner über eine Eingabe-Lochkarte verschiedene Kenngrößen mitgeteilt, wie Abmessungen der angelieferten Vorbramme, gewünschte Endabmessungen der Blechtafel, Werkstoffzusammensetzung und besondere walztechnische Kennzeichen, z. B. Querwalzen, Längsstiche vor dem ersten Drehen u. a.
Zusätzliche Anlagedaten, wie Walzenradius, Walzenform und Nullpunktkorrektur der Anstellung, können vom Steuermann von Hand vorgegeben werden.
Zum Berechnen aller walztechnischen Kenngrößen enthält das Programm des Rechners die Modellgleichungen. Sie beziehen sich im wesentlichen auf Walzkraft, Temperaturverhalten, Walzmoment, Walzendurchbiegung, Breitung des Walzgutes und Gerüstauffederung. Die Walzkraft ist die wichtigste dieser Kenngrößen. Sie vergrößert bei unveränderter Anstellung den Walzspalt wegen der elastischen Verformung des Gerüstes und der Walzen. Damit man bei belastetem Gerüst genau die richtige Abnahme bekommt, muß der noch unbelastete Walzspalt um die Auffederung kleiner eingestellt werden.

3.3 Modellgleichungen

Aus der Walztheorie des Flachstiches sind die Variablen bekannt, von denen die Walzkraft abhängt. Gleichungen, die den Vorgang im Walzspalt theoretisch beschreiben, liegen vor; leider ist ihre Genauigkeit für eine Stichplanberechnung nicht ausreichend. Die Vorgänge sind zu komplex, als daß sich eine allgemein gültige Formel dafür aufstellen ließe.
Die Modellgleichung zum Berechnen der Walzkraft beschreibt zunächst näherungsweise, wie die Walzkraft von den beim Walzen auftretenden Einflußgrößen abhängt. Diese Gleichung (Bild 2) ist mit Koeffizienten versehen, deren Werte aus Meßergebnissen nach den statistischen Methoden der Korrelationsanalyse so genau bestimmt werden, daß mit dem Modell eine zuverlässige Führung des Walzvorgangs gelingt.
Die Walzkraft (P) wird durch das Produkt aus Formänderungswiderstand (K_w), Walzgutbreite (B) und gedrückter Länge (Wurzel aus Arbeitswalzenradius r und Abnahme Δh) beschrieben. Der Formänderungswiderstand (K_w) berücksichtigt:

- die Warmfestigkeit des Materials (K_m);
- den Einfluß der Geometrie des Walzspaltes und des Walzgutes (K_g);
- den Einfluß der Walzguttemperatur (K_t)
- den temperaturabhängigen Einfluß der Formänderungsgeschwindigkeit (K_v).

Diese Formel stellt eine Umschreibung der theoretischen Grundlagen des Flachstiches dar. Da jedoch die multiplikativen Verknüpfungen der linearen

Korrelationsanalyse nicht zugänglich sind, muß die Formel logarithmiert, umgestaltet und die Modellform der Programmiertechnik angepaßt werden. Auch die anderen Modellgleichungen für Temperaturverhalten, Walzmoment, Walzendurchbiegung, Breitung des Walzgutes und Gerüstauffederung hat man auf die gleiche Weise entwickelt.

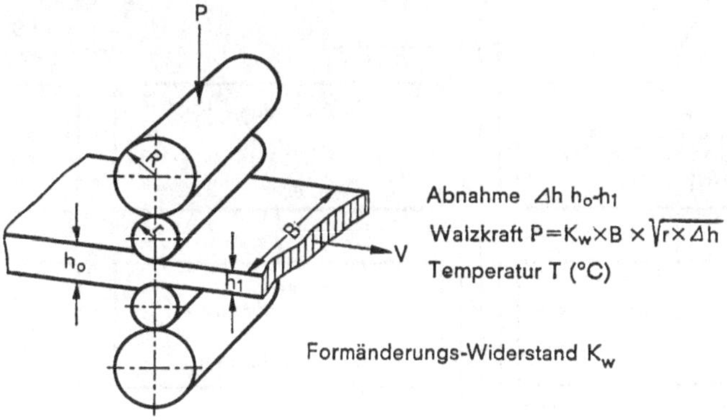

$$K_w = K_m \times \underbrace{\left[a_1 + a_2\sqrt{\tfrac{r}{h_o}} + \left(a_3 + a_4\sqrt{\tfrac{r}{h_o}}\right)\left(\tfrac{\Delta h}{h_o} - 0{,}26\right)\right]}_{K_g} \times \underbrace{\left[b_1 + b_2 T + b_3 T^2\right]}_{K_t} \underbrace{\left[\tfrac{v}{50r}\sqrt{\tfrac{r}{h_o}}\right]^{(c_1 + c_2 T + c_3 T^2)}}_{K_v}$$

$$K_w = K_m \times K_g \times K_t \times K_v$$

Bild 2: Modellgleichung für Flachstiche — Berechnung der Walzkraft —

3.4 Stichplanberechnung

Die Stichplanberechnung (Bild 3) muß die verschiedenen Sequenzen berücksichtigen, d. h. die technologisch und zeitlich richtige Folge von Breitungsstichen und Längsstichen.

Beim Eintritt des Walzgutes in den Prozeßabschnitt wird die Vorausberechnung des Stichplanes gestartet. Der Rechner übernimmt die Walzgutabmessungen zum Beginn der Sequenz und ebenfalls die Materialklasse. Entsprechend der Materialklasse werden die notwendigen Koeffizienten der Modellgleichungen von der Trommel in den Arbeitsspeicher gelesen.

Es folgt die Ermittlung der Walzgutabmessungen am Ende der Sequenz. Diese Walzgutabmessungen können die geforderten Fertigabmessungen sein, wenn nur Längsstiche zu fahren sind. Sind zunächst Breitungsstiche erforderlich, so müssen diese Abmessungen aus der vorgegebenen Fertigbreite ermittelt werden.

Zur Vorbereitung der Berechnung für den ersten Stich wird ein Stichzähler (n) auf 1 gesetzt. Die nun folgende Berechnungsschleife wird für jeden Stich durchlaufen. Vorab berechnet der Rechner die Breite, ausgehend von der Eingangsbreite und der bisher angefallenen Breitung. Ebenfalls wird der Temperaturabfall bis zum Anstich des eben zu berechnenden Stiches ermittelt.

Es folgt die Berechnung der möglichen Abnahme für diesen Stich in Abhängigkeit der vorher genannten fünf Grenzbedingungen. Anschließend werden die laufenden Abmessungen nach Beendigung des Stiches ermittelt. In der anschließenden Weiche wird abgefragt, ob die Enddicke der Sequenz unter-

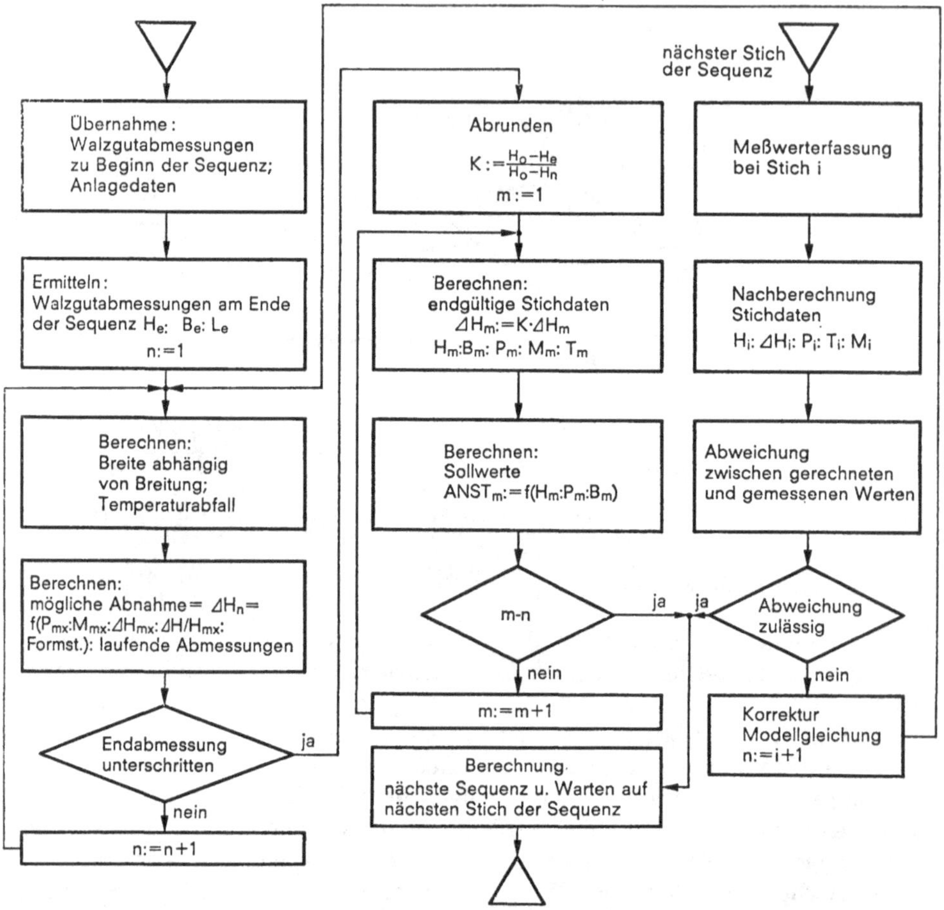

Bild 3: Stichplanberechnung einer Sequenz

schritten worden ist. Wenn nein, wird der Stichzähler fortgeschaltet, und es folgt, wie beschrieben, die Berechnung für den nächsten Stich.
Wurde die Endabmessung der Sequenz unterschritten, so folgt über den positiven Ausgang das Abrundungsprogramm, welches hier in sehr vereinfachter Form wiedergegeben ist. Das Abrundungsprogramm muß gewährleisten, daß nach dem letzten Stich die geforderte Enddicke genau angefahren ist und zusätzlich die Bedingungen für die optimale Querschnittsform und die Ebenheit des Endproduktes eingehalten werden. In der anschließenden Be-

rechnungsschleife werden für jeden Stich die endgültigen Stichdaten und alle notwendigen Sollwerte für Haupt- und Hilfsantriebe berechnet.
Wenn nun der nächste Stich (*i*) der Sequenz gefahren wird, erfolgt die Erfassung aller Meßwerte, die während dieses Stiches anfallen.
Mit Hilfe eines gesonderten Nachberechnungsprogrammes werden auf Grund der angefallenen Meßwerte alle Kenndaten des Stiches nachberechnet, wie Ausgangshöhe, Abnahme, Walzkraft, Temperatur und Walzmoment. Anschließend folgt die Ermittlung der Abweichungen zwischen den nachgerechneten und den gemessenen Kenngrößen. Sind die Abweichungen zulässig, so werden die Sollwerte für den nächsten Stich unter Berücksichtigung eben dieser Abweichung neu berechnet und sofort den Antrieben vorgegeben. Überschreiten sie jedoch die Grenzbedingungen, so ist ein neuer Stichplan vorauszuberechnen, wobei jeweils die Ausgangsgrößen des zuletzt gefahrenen Stiches zugrunde gelegt sind. Diese Nachberechnung wird bei jedem Stich wiederholt.

3.5 Autoadaption

Durch den Vergleich mit dem Prozeß verbessert sich das Modell selbsttätig und paßt sich ihm schließlich so genau an, daß mit seiner Hilfe eine gezielte Automatisierung des Prozesses ermöglicht wird. Der Vorgang — im folgenden Autoadaption genannt — ist sowohl beim Walzen von Stich zu Stich als auch von Walztafel zu Walztafel wirksam. Das Modell vermag so die tatsächlichen Vorgänge beim Walzen mit genügender Genauigkeit zu beschreiben.
Die Autoadaption des Modells von Stich zu Stich ist beim automatischen Walzen eines 8 mm Bleches verfolgt worden (Bild 4). Alle drei Walzkraftwerte, mit denen das Modell arbeitet (die vorausberechnete Walzkraft, die auf Grund der tatsächlichen Abnahme und der Temperaturen nachberechnete Walzkraft und die gemessene Walzkraft) sind über die jeweilige Dicke nach jedem Stich aufgetragen. Die ausgefüllten Flächen kennzeichnen den Unterschied der drei Walzkraftwerte bei jedem Stich. Die Autoadaption beginnt nach dem zweiten Stich auf Grund eines Vergleiches der gemessenen und nachberechneten Walzkräfte. Es ist zu sehen, wie wirkungsvoll die Autoadaption bereits nach drei weiteren Stichen ist und wie eng beieinander vorausberechnete, nachberechnete und gemessene Walzkraft bei den restlichen Stichen bis zum Ende liegen. Entscheidend für eine gute Dickengenauigkeit ist, daß die Abweichung zwischen berechneter und gemessener Walzkraft beim letzten Stich nicht mehr als 50—60 t beträgt, denn diesem Wert entspricht bereits eine um 0,1 mm geänderte Auffederung. Der Adaptionsvorgang wird durch die Änderung eines Korrekturfaktors der Walzkraft beschrieben. Dieser war im vorliegenden Fall absichtlich zuerst auf 1,0 gesetzt worden, um die Wirksamkeit der Adaption besser sichtbar zu machen.

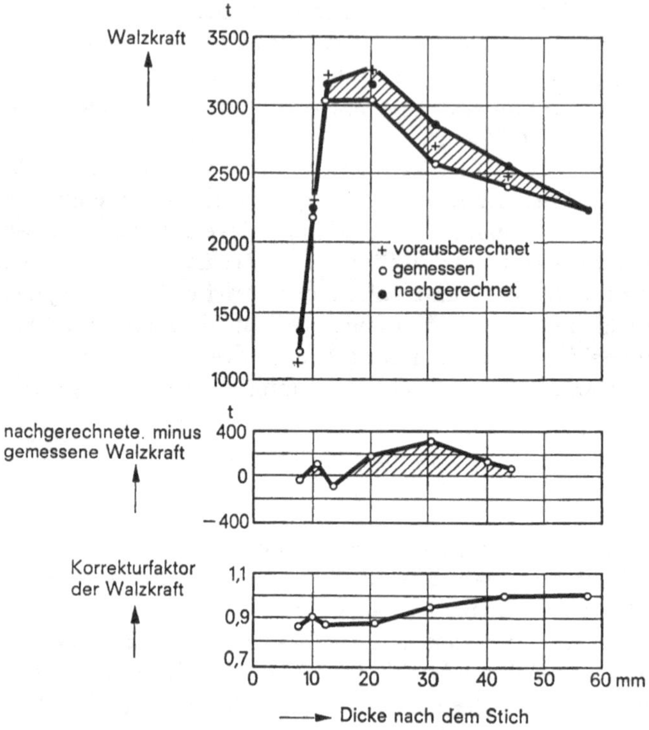

Bild 4: Automatisches Walzen eines 8 mm-Blechs

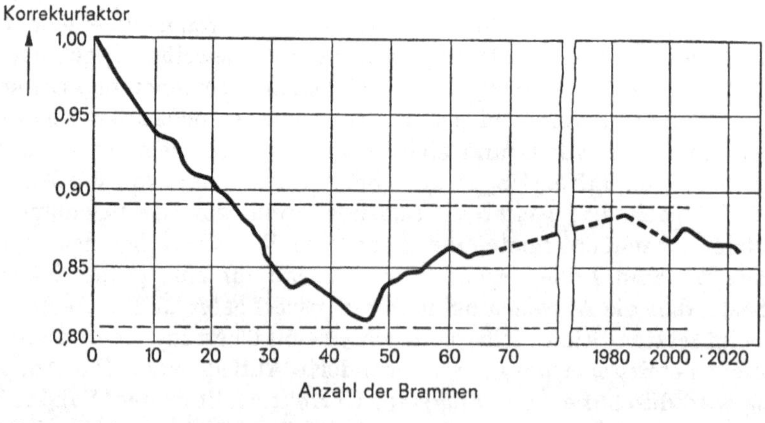

Bild 5: Verlauf des Korrekturfaktors der Walzkraft über der Anzahl der gewalzten Brammen

Der Faktor erreicht am Ende einen Wert von 0,88 und zeigt damit, daß das Walzgut etwa 12% weicher war als vom Modell anfänglich angenommen.
Um jedoch die Vorausberechnung vom ersten Stich an noch besser an den Formänderungswiderstand des Walzgutes anzupassen, wird der Korrekturfaktor der Walzkraft vom Rechner der jeweiligen Walzgutqualität zugeordnet und von Walztafel zu Walztafel weiter vererbt. Der Rechner speichert also selbsttätig güteabhängige Merkmale des Walzgutes und beginnt die Stichplanberechnung einer neuen Vorbramme der gleichen Stahlgüte sofort mit dem Faktor, der vom Walzen der vorhergehenden Vorbramme dieser Güte bereits gespeichert ist (Bild 5). Man erkennt den Verlauf dieses Faktors für die Sorte „Schiffbaugüte A" beim Walzen von etwa 60 Vorbrammen und

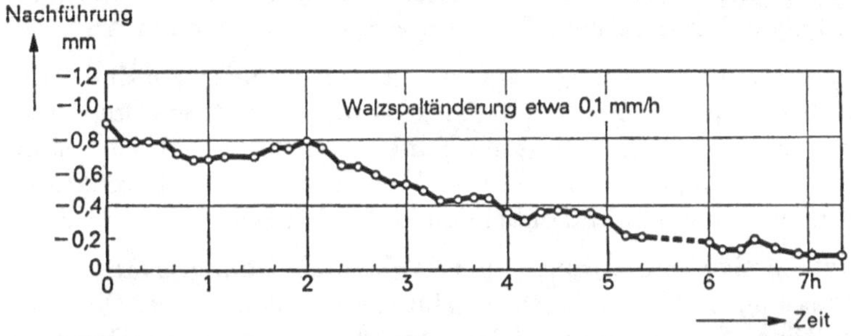

Bild 6: Änderung der Nachführung der Dickensteuerung in sieben Stunden

nochmals, nachdem 2000 Vorbrammen gewalzt worden sind. Der Faktor erreicht, von 1,0 ausgehend, schon nach etwa 30 Vorbrammen einen Wert von 0,85 und pendelt von da ab um diesen Wert. Das Pendeln ist auf die verschiedensten Störgrößen, beispielsweise Analysenunterschiede, Restfehler des Modells und der Temperaturrechnung sowie Meßfehler zurückzuführen. Im Rechner sind z. Z. über 300 verschiedene Stahlgüten gespeichert.
Einer der weiteren Regelkreise innerhalb der gesamten Prozeßregelung befaßt sich mit der Nachführung der Dickensteuerung (Bild 6). Die Warmdicke des Materials kann auf Grund der gemessenen Walzkraft, der Anstellung und des Moduls der Gerüstauffederung nach der „Gaugemeter"-Gleichung berechnet werden. Infolge zeitlicher Veränderung, z. B. Walzenverschleiß, Temperaturausdehnung der Walzen und Gerüstständer, weicht die berechnete Warmdicke von der gemessenen ab. Aus dieser Differenz wird fortlaufend eine Nachführung berechnet, die dafür sorgt, daß die Gaugemeter-Gleichung den Walzspalt zu jedem Zeitpunkt richtig beschreibt. Nach Walzenwechsel werden zunächst einige Walztafeln mit Handsteuerung gewalzt. Während dieser Zeit stellt sich die Nachführung selbsttätig auf den richtigen Wert ein. Sie kann jedoch auch über Handsteller beeinflußt werden. Es ist zu erkennen, wie sich die Nachführung der Dickensteuerung im Verlauf von sieben Stunden geändert hat. In dieser Zeit hat sich der Walzspalt um etwa 0,1 mm/h bei

gleicher Anstellung vergrößert. Dies ist sowohl auf Walzenverschleiß als auch auf Temperaturänderung der Walzen und der Gerüstständer zurückzuführen.

4 Erfahrungen bei der Inbetriebnahme des Prozeßrechnersystems

Bei der Automatisierung von Mittelblech- und Grobblechstraßen steht immer die Wirtschaftlichkeit im Vordergrund, gleichermaßen, ob es sich nun um die Modernisierung einer bestehenden Anlage oder um einen Neubau handelt. In jedem Fall ist zu gewährleisten, daß durch die Inbetriebnahme des Prozeßrechnersystems kein Produktionsausfall verursacht wird.

Dieser Grundforderung trägt die interne Organisation des Automatisierungssystems Rechnung, indem die gesamte Prozeßsteuerung und -regelung in autarke in sich geschlossene Funktionen unterteilt ist. Man kann so die einzelnen Funktionsgruppen nach einer vorher bestimmbaren Systematik in Betrieb nehmen, ohne dabei den laufenden Betrieb zu stören.

Alle passiven Funktionen, wie Walzgutabbildung, Dateneingabe, Meßwerterfassung und -verarbeitung, Materialverfolgung und Datenausgabe greifen in keiner Weise in den Walzprozeß ein. Nach Inbetriebnahme dieses Teiles sind die Voraussetzungen für eine Datenverarbeitung gegeben, deren Aufgabe es ist, die Koeffizienten der nach theoretischen Überlegungen aufgebauten Modellgleichungen mittels der statistischen Methoden der Korrelationsanalyse zu bestimmen. Dazu werden die anfallenden Meßergebnisse über Lochkarten ausgegeben und in einem getrennten Rechenzentrum ausgewertet.

Nach Erhärtung der Modellvorstellungen mit Hilfe der Einflußgrößen-Rechnungen wurde mit der Inbetriebnahme der aktiven Funktionen begonnen. Parallel zu der noch im Handbetrieb gefahrenen Anlage läßt man den laufenden Walzvorgang vorausberechnen, nach jedem gefahrenen Stich nachberechnen und startet die sogenannte Neuberechnung. Mit Hilfe des Korrektursystems der Stichplanberechnung konnten die Abweichungen zwischen dem vorausberechneten Stich und dem willkürlich von Hand gefahrenen Stich in Form der erläuterten Störgrößenaufschaltung berücksichtigt werden. Dadurch war es möglich, das autoadaptive Korrektursystem, welches einen geschlossenen Regelkreis darstellt, auf seine Stabilitätsbedingungen hin zu untersuchen und zu optimieren.

Nachdem die Prozeßregelung als solche arbeitsfähig war, bestand der Übergang vom Handbetrieb in den automatischen Betrieb im wesentlichen in der Anpassung der Grenzbedingungen und in der Verbesserung der Berechnungs methoden für die Ebenheit des Endproduktes.

5 Betriebsergebnisse

Durch die Prozeßautomatisierung einer Mittelblech- und Grobblechstraße konnten eindeutige Verbesserungen des Walzprozesses erzielt werden. Sie beziehen sich bei der ersten Ausbaustufe auf folgende Kenngrößen:

— Entschieden genaueres Anfahren der Solldicke. Die Standardabweichung der Dickengenauigkeit bei Handbetrieb von 0,2 mm konnte auf 0,12 mm verbessert werden. Zur Zeit laufen Versuche, die Standardabweichung unter 0,1 mm zu drücken.

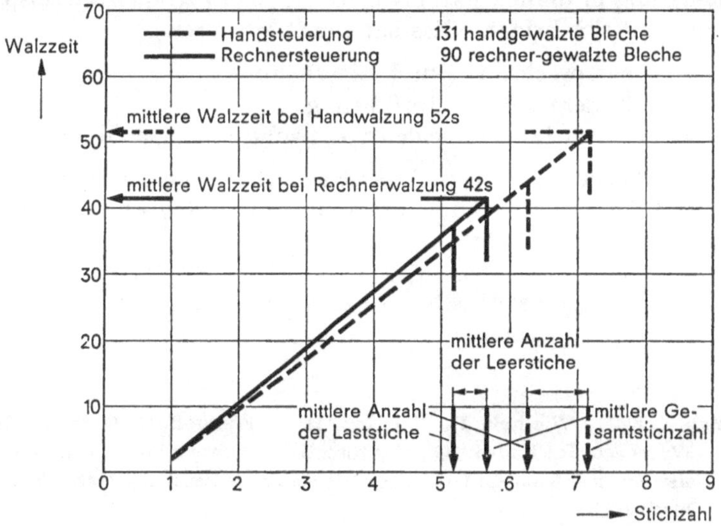

Bild 7: Stichzahl-Zeit-Kennlinie für 5 bis 7 mm dicke Bleche gleicher Gesamtabnahme — nach Untersuchungen des Betriebsforschungsinstituts des Vereins Deutscher Eisenhüttenleute

— Besseres Anpassen der Solldicke der Walztafel an die geforderten Normvorschriften und Toleranzangaben und dadurch bedingt eine Verringerung des Ausschusses.
— Besseres Ausnützen der installierten Leistungen bei gleichmäßigerem Arbeiten der Straße und demnach Vermeiden von momentanen Überbeanspruchungen von elektrischen oder mechanischen Ausrüstungen.
— Verminderung der notwendigen Stichzahl und der Walzzeit.

Für die Dickenklasse von 5—7 mm sind eingehende Untersuchungen bezüglich Stich und Zeiteinsparungen durchgeführt worden (Bild 7).
Es wurden verglichen: 131 handgewalzte Bleche mit 90 rechnergewalzten Blechen gleicher Gesamtabnahme. Bei Handsteuerung wurden im Mittel

6,3 Laststiche gefahren gegenüber 5,2 Laststichen bei vollautomatischem Betrieb, also im Mittel etwa ein Laststich weniger als bei Handsteuerung.
Da grundsätzlich der letzte Stich immer ein ungerader Stich ist, der Rechner aber mit gleicher Wahrscheinlichkeit sowohl mit einem geraden als auch mit einem ungeraden Laststich fertig wird, muß bei Rechnerbetrieb noch ein halber Leerstich im Mittel zur Laststichzahl hinzugezählt werden.
Bei Handsteuerung wird bei etwa 90% der Bleche noch ein Leerstich gefahren, was hauptsächlich durch die Anordnung der Dickenmeßanlage vor der Straße bedingt ist.
Betrachtet man die mittlere Walzzeit bei Hand- und Rechnersteuerung, so zeigt sich, daß die mittlere Einsparung an Last- und Leerstichen bei Rechnersteuerung in diesem Fall etwa 10 s, d. h. 24% Walzzeiteinsparung je Walztafel, mit sich bringt. Dies hat zur Folge:

— eine entsprechende Durchsatzerhöhung
— eine bessere Temperaturführung
— ein eventuelles Veımeiden von nachträglichem Glühen.

Die wirtschaftlich sehr wichtige Randschrotteinsparung ist ein weiterer Fortschritt der gezielten Automatisierung durch den Prozeßrechner.

Literaturhinweis

Mayer, K. E., Wiethoff, G., Seyfried, H., Wurzbach, R., Ludwig, G., : Automatisierung einer Tandem-Grob und -Mittelblechstraße.
Stahl und Eisen, Jahrg. 1969, H. 4, S. 178 bis 185.

Wiethoff, G., D. Sass, F. Knorr und G. Ludwig: Neuere Ergebnisse der Prozeßsteuerung einer Grob- und Mittelblechstraße.
Stahl und Eisen, Jahrg. 1970, H. 14, S. 760 bis 774.

7. ANHANG

7.1 Begriffe, Sinnbilder

Zu Grunde gelegte deutsche Normen und Normenentwürfe:

Fachnormenausschuß Informationsverarbeitung (FNI)	Prozeßrechensysteme (Begriffe)	Vorlage Juli 1969
	Schaltzeichen, Digitale Informationsverarbeitung	DIN 40700 Bl. 14
	Informationsverarbeitung; Sinnbilder für Datenfluß- u. Programmablaufpläne	DIN 66001 Sept. 1966
	Informationsverarbeitung, Begriffe	Vorlage Februar 1968
Fachnormenausschuß Messen, Steuern, Regeln (FMSR)	Regelungstechnik und Steuerungstechnik Begriffe und Benennungen	DIN 19226 Mai 1968

7.2 Sachregister

MIX
Papier | Fördert gute Waldnutzung
FSC® C083411

Kolibri 360 GmbH
Ferdinand-Jühlke-Straße 7
99095 Erfurt, Deutschland
produktsicherheit@kolibri360.de